MANUEL
DE L'INGÉNIEUR

DES PONTS ET CHAUSSÉES

RÉDIGÉ

CONFORMÉMENT AU PROGRAMME

ANNEXÉ AU DÉCRET DU 7 MARS 1868

RÉGLANT L'ADMISSION DES CONDUCTEURS DES PONTS ET CHAUSSÉES
AU GRADE D'INGÉNIEUR

PAR

A. DEBAUVE

INGÉNIEUR DES PONTS ET CHAUSSÉES

6°, 7° ET 8° FASCICULES

AVEC 436 FIGURES ET 16 PLANCHES

—

Mécanique, Machines hydrauliques et à vapeur

PARIS

DUNOD, ÉDITEUR

LIBRAIRE DES CORPS DES PONTS ET CHAUSSÉES ET DES MINES

49, QUAI DES AUGUSTINS, 49

—

1875

MANUEL

DE L'INGÉNIEUR

DES PONTS ET CHAUSSÉES

RÉDIGÉ

CONFORMÉMENT AU PROGRAMME

ANNEXÉ AU DÉCRET DU 7 MARS 1868

RÉGLANT L'ADMISSION DES CONDUCTEURS DES PONTS ET CHAUSSÉES
AU GRADE D'INGÉNIEUR

PAR

A. DEBAUVE

INGÉNIEUR DES PONTS ET CHAUSSÉES

6ᵉ, 7ᵉ ET 8ᵉ FASCICULES

AVEC 436 FIGURES ET 16 PLANCHES

—

Mécanique, Machines hydrauliques et à vapeur

PARIS

DUNOD, ÉDITEUR

LIBRAIRE DES CORPS DES PONTS ET CHAUSSÉES ET DES MINES

49, QUAI DES AUGUSTINS, 49

—

1873

PARIS. — IMP. SIMON RAÇON ET COMP., RUE D'ERFURTH, 1.

MANUEL

DE L'INGÉNIEUR

DES PONTS ET CHAUSSÉES

RÉDIGÉ

CONFORMÉMENT AU PROGRAMME

ANNEXÉ AU DÉCRET DU 7 MARS 1868

RÉGLANT L'ADMISSION DES CONDUCTEURS DES PONTS ET CHAUSSÉES
AU GRADE D'INGÉNIEUR

PAR

A. DEBAUVE

INGÉNIEUR DES PONTS ET CHAUSSÉES

6ᵉ, 7ᵉ ET 8ᵉ FASCICULES

AVEC 436 FIGURES ET 16 PLANCHES

Mécanique, Machines hydrauliques et à vapeur

PARIS

DUNOD, ÉDITEUR

LIBRAIRE DES CORPS DES PONTS ET CHAUSSÉES ET DES MINES

49, QUAI DES AUGUSTINS, 49

1873

PARIS. — IMP. SIMON RAÇON ET COMP., RUE D'ERFURTH, 1.

PROGRAMME

MÉCANIQUE DES CORPS SOLIDES

1. Du mouvement. — Mouvement uniforme; vitesse. — Mouvement varié; accélération. — Représentation graphique et expression du mouvement d'un point. — Mouvement relatif. — Composition et décomposition des vitesses et des accélérations.

Divers mouvements d'un corps solide; translation; rotation; roulement. — Mouvements composés.

Transformation des mouvements. — Poulies, chaînes, courroies, engrenages, vis. Manivelles, excentriques, cames. Parallélogrammes articulés.

2. Des forces. — Inertie de la matière. — Mode d'action et mesure des forces; unité de force. Travail des forces mouvantes et résistantes; unité de travail.

Masse d'un corps; unité de masse. — Quantité de mouvement et force vive d'un corps en mouvement. — Centre de gravité. — Force vive d'un corps tournant autour d'un axe; moments d'inertie.

3. Dynamique d'un point matériel. — Mouvement varié rectiligne produit par une force constante. — Relation entre la masse, la force et l'accélération. — Relation entre la quantité de mouvement, la force et le temps. — Relation entre le travail et la force vive. — Application à la chute des corps pesants.

Mouvement de décomposition des forces concourantes, parallélogramme et polygone des forces. — Effet du travail des forces; force tangentielle; force centripète. — Application; trajectoire d'un point pesant dans le vide. — Pendule simple; pendule composé.

4. Dynamique générale. — Principe de la réaction égale à l'action. — Relation entre l'impulsion des forces et la quantité du mouvement d'un système matériel. — Loi du mouvement du centre de gravité. — Relation entre le travail des forces et la force vive du système.

5. Statique générale. — Principe des vitesses virtuelles ou du travail virtuel avec quelques applications. — Conditions d'équilibre d'un système solide; cas particuliers.des forces situées dans un plan et des forces parallèles. — Composition des forces appliquées à des points différents.

PROGRAMME

MACHINES

1. OBJET DES MACHINES. — Moteur, récepteur, organes de transmission, outil. — Effet utile. — Mouvement uniforme ou périodique; régulateurs, volants.

2. DES RÉSISTANCES PASSIVES. — Lois générales des frottements de glissement et de roulement. — Équilibre dynamique du plan incliné, du treuil, de la vis à filets carrés; travail absorbé par les frottements. — Frein de Prony; son emploi. — Frottement des engrenages. — Roideur des cordes. — Équilibre de la poulie et des moufles. — Frottement d'une corde ou d'une courroie glissant sur un cylindre. — Notions sur le choc des corps. — Marteaux mus par des cames, absorption de travail par l'effet des chocs et du frottement.

3. DES MOTEURS ANIMÉS. — Efforts exercés par l'homme en agissant sur divers appareils ou instruments; quantités de travail journalier. — Quantités de travail journalier du cheval et d'autres animaux attelés à différents genres de voiture ou à des manéges.

4. DES ROUES HYDRAULIQUES ET DES POMPES. — Travail moteur d'une chute d'eau. — Action de l'eau sur les récepteurs hydrauliques. — Roues en dessous; roues de côté, roues à aubes courbes de M. Poncelet. — Roues à augets. — Roues pendantes. — Roues horizontales. — Turbines. — Organes spéciaux des pompes, soupapes et pistons. — Pompe foulante, aspirante, aspirante et foulante; déchets dans ces diverses pompes.

5. DES MACHINES A VAPEUR. — Chaudières : à bouilleurs, à foyer intérieur, tubulaires; surface de chauffe. — Grilles, carneaux, cheminées; leurs dispositions et dimensions. — Quantités variables de vapeur produites par kilogramme de combustible consommé. — Appareils de sûreté. — Alimentation des chaudières; indicateur de niveau. — Dispositions réglementaires sur l'établissement et l'emploi des appareils à vapeur. — Machines à vapeur à condensation : formes et dispositions des principales pièces. — Quantité d'eau nécessaire à la condensation. — Effet utile avec ou sans détente. — Machines à vapeur sans condensation. — Machines locomotives. — Détente variable; effet utile. — Notions élémentaires sur l'établissement des machines à vapeur et sur les frais de construction, d'entretien et de conduite.

MÉCANIQUE RATIONNELLE

TABLE DES MATIÈRES

MACHINES

MACHINES A VAPEUR ET MACHINES A GAZ

MÉCANIQUE RATIONNELLE

NOTIONS PRÉLIMINAIRES

Du temps et de l'espace. — Le temps et l'espace sont deux choses que tout homme connaît et conçoit parfaitement, sans pouvoir les définir autrement que par un cercle vicieux. Cherchez telle définition que vous voudrez, et il vous sera facile de reconnaître qu'elle trouve son point de départ dans l'idée première que vous vous faites de l'espace et du temps.

La mesure relative de l'espace et du temps est le mètre et la seconde; c'est un principe qu'il faut toujours avoir en vue dans les calculs de mécanique.

Point matériel. — Les corps se conçoivent comme une agrégation de parties élémentaires qu'on appelle molécules. Si, par la pensée, on divise la molécule en parties plus petites, puis chacune de ces parties en d'autres plus petites encore, on arrive à la conception de ce qu'on appelle le point matériel. Le point matériel diffère du point géométrique en ce qu'il résulte de la combinaison de l'infiniment petit dans l'espace avec l'infiniment petit dans la matière.

De la continuité. — Le temps et l'espace, tels qu'on les conçoit, sont des quantités essentiellement continues. Considérez un temps quelconque, vous pourrez toujours le supposer divisé en deux parties égales, chacune de celles-ci en deux autres égales, et ainsi de suite; donc, on peut toujours concevoir, dans un temps quelconque aussi petit qu'on le voudra, un nombre de parties aussi grand qu'on le voudra. Le temps mathématique est donc le temps intelligible et non le temps réel, et le temps intelligible est essentiellement continu.

Il en est de même de l'espace mathématique.

Cette notion de la continuité du temps et de l'espace est indispensable à qui veut comprendre les théories et les calculs basés sur l'infiniment grand et l'infiniment petit. Ces théories et ces calculs ont leur seule raison d'être dans la notion de continuité.

Du mouvement. — Le mouvement est le résultat de la combinaison du temps et de l'espace.

Considérez un système de points matériels, choisissez-en trois d'entre eux que vous supposerez invariables dans leur position relative, et auxquels vous joindrez tous les autres points du système. La position d'un point sera, à chaque instant, fixée par ses distances aux trois points fixes ; ces distances restent-elles toujours constantes : le point qu'elles déterminent est en repos dans le système ; au contraire, sont-elles variables avec le temps : le point qu'elles représentent est en mouvement dans le système.

Ce point en mouvement s'appelle un mobile, et on donne au chemin qu'il décrit le nom de trajectoire.

On voit que la conception du mouvement est quelque chose d'essentiellement relatif : ainsi, un objet, en repos sur la surface du sol, n'en est pas moins animé d'un mouvement complexe par rapport au soleil ; ce dernier lui-même est emporté avec son système planétaire, et se meut par rapport aux étoiles fixes ; il est probable que ces dernières ne nous paraissent immobiles que par suite du peu de durée de nos observations.

De la mécanique. — La mécanique est la science qui s'occupe du mouvement et des forces.

Nous venons de définir le mouvement ; nous appellerons *force* toute cause qui produit ou qui est susceptible de produire le mouvement.

On peut étudier le mouvement indépendamment de ses causes, et la partie de la mécanique, qui comprend cette étude, prend le nom de *cinématique* (du grec *cinèma*, mouvement).

La cinématique est une science abstraite, c'est une sorte de géométrie à quatre dimensions : en effet, supposez trois axes de coordonnées, et un point mobile par rapport à ces trois axes, on connaîtra le mouvement de ce point si à chaque instant l'on connaît ses trois coordonnées : quatre quantités suffiront donc à déterminer, à toute époque du mouvement, la position du mobile, et le temps jouera le rôle d'une quatrième coordonnée.

La seconde section de la mécanique traite des forces et de leurs effets, on lui donne le nom de *dynamique* (du grec *dynamis*, force).

Quelquefois, on distingue une troisième division, qui n'est qu'un cas particulier de la dynamique, nous voulons parler de la *statique*, qui considère les systèmes de forces en équilibre.

Il ne faut pas oublier que les résultats fournis par la cinématique doivent toujours être contrôlés par la dynamique ; faute d'y avoir songé, plus d'un inventeur a subi des mécomptes.

CHAPITRE PREMIER

CINÉMATIQUE

Mouvement uniforme ; vitesse. — Mouvement varié ; accélération. — Représentation graphique et expression du mouvement d'un point. — Mouvement relatif. — Composition et décomposition des vitesses et des accélérations. — Divers mouvements d'un corps solide ; translation-rotation ; roulement. — Mouvements composés. — Transformation des mouvements. — Poulies, chaînes, courroies, engrenages, vis. — Manivelles, excentriques, cames. — Parallélogrammes articulés.

MOUVEMENT ABSOLU OU RELATIF

Un point est en mouvement dans un système lorsqu'il prend avec le temps des positions variables par rapport à trois points ou à trois axes fixes du système.

Il est en repos lorsque ses distances aux trois points ou aux trois axes fixes sont constantes.

Le mouvement, comme le repos, est absolu ou relatif. On dit que le mouvement ou le repos sont absolus lorsque les trois repères, fixes dans le système, le sont aussi dans l'espace indéfini. Dans la nature, il n'en est jamais ainsi, et c'est dans notre esprit que nous trouvons la conception du mouvement absolu. Ce que nous rencontrons partout, c'est le mouvement relatif.

Du reste, le mouvement relatif par rapport à un système mobile est le même que le mouvement absolu par rapport à ce système supposé fixe. Imaginez un bateau qui soit immobile en un point de l'espace, le mouvement absolu d'un mécanisme qu'il porte sera le même que le mouvement relatif de ce mécanisme fonctionnant sur un bateau qui parcourt l'océan.

l nous suffira donc d'étudier le mouvement d'un mobile par rapport à un système supposé fixe : cette étude nous permettra de résoudre les deux questions suivantes :

Étant donnée la trajectoire d'un mobile et sa position à une époque déterminée prise comme origine des temps :

1° *Déterminer sa position sur sa trajectoire à un moment donné ;*

2° *Ou bien déterminer à quelle époque il occupera une position donnée.*

Tel est l'énoncé des deux grands problèmes de la cinématique. Si le système, par rapport auquel on les a résolus n'est pas fixe, on connaîtra le mouvement de ce système par rapport à un autre système supposé fixe. A chaque instant, on pourra donc construire la position du premier système par rapport au second ; mais, à chaque instant, on connaît ainsi dans le premier système la position du mobile, donc on pourra, par l'intermédiaire de ce premier système, obtenir la position du mobile par rapport au second système supposé fixe, et c est par la composition des deux mouvements qu'on arrivera au résultat cherché.

Un mouvement est rectiligne ou curviligne suivant que la trajectoire est droite ou courbe.

MOUVEMENT UNIFORME; VITESSE

Le plus simple de tous les mouvements est le mouvement uniforme.

C'est celui dans lequel les espaces parcourus sur la trajectoire sont proportionnels aux temps qu'il a fallu pour les parcourir.

Soit AM la trajectoire d'un mobile, dont la position est à chaque instant t déterminée par sa distance M′A ou s au point fixe A. Supposons, en outre, qu'à l'époque t_0 le mobile était en M à la distance s_0 du point A.

D'après la définition même du mouvement uniforme, le rapport de l'espace parcouru M′M ou $(s - s_0)$ est à chaque instant proportionnel au temps $(t - t_0)$ qu'il a fallu pour le parcourir. Appelons (a) ce rapport constant, l'équation

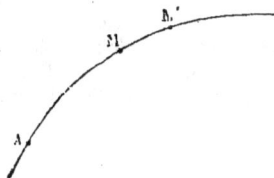

Fig. 1.

$$\frac{s - s_0}{t - t_0} = a \quad \text{ou} \quad (s - s_0) = a\,(t - t_0)$$

permettra de résoudre les deux questions qu'on peut se poser dans l'étude du mouvement : 1° trouver la position du mobile à un instant donné; 2° dire à quelle heure le mobile sera en un point donné de sa trajectoire.

On donne à la constante (a) le nom de vitesse, et on la désigne par v. C'est le rapport de l'espace parcouru au temps qu'il a fallu pour le parcourir, ou, ce qui revient au même, c'est l'espace parcouru pendant l'unité de temps.

Si dans l'équation générale du mouvement uniforme, qui est de la forme $s = c + vt$ (c étant une constante), on suppose que l'origine des temps et des espaces correspond au passage du mobile au point fixe A, alors s s'annule en même temps que t, et l'équation devient :

(1) $$s = vt$$

On peut donner de la vitesse une définition mathématique, qui se confond, du reste, avec la précédente, et dire :

La vitesse est la dérivée de l'espace par rapport au temps. En effet, la formule (1) nous donne $\frac{ds}{dt} = v$, ce qui revient à appliquer la définition du mouvement uniforme à des temps infiniment petits.

Le mouvement uniforme serait évidemment le plus favorable pour la mesure du temps, mais nous n'en trouvons guère d'exemple dans la nature, et, dans nos horloges, c'est à des mouvements périodiquement uniformes que nous avons recours, et non pas à des mouvements d'une uniformité continue.

Exemples des calculs relatifs au mouvement uniforme. — 1° La lumière parcourt 300,000 kilomètres à la seconde, quel temps mettra-t-elle pour parcourir la distance du soleil à la terre, cette distance étant de 136 millions de kilomètres?

Dans la formule $s = vt$, nous n'avons que t d'inconnu.

$$s = 136.000.000 \quad v = 300.000, \text{ donc } t = \frac{s}{v} = \frac{1360}{3} = 453 \text{ secondes}$$

La lumière mettra donc 453 secondes ou 7' 1/2 environ à venir du soleil à la terre.

2° Un train parcourt 60 kilomètres à l'heure, à quelle distance du point de départ sera-t-il après 3 heures 1/2?

$$v = 60 \quad t = 3,5 \quad s = 3,5 \times 60 = 210 \text{ kilomètres}$$

3° Deux mobiles, parcourant la même trajectoire sont à une distance d l'un de l'autre à l'époque t_0, à quelle époque se rencontreront-ils, leurs vitesses respectives étant v et v'?

Soit t l'époque cherchée; à ce moment, les mobiles auront parcouru des espaces donnés par les équations

$$s = v(t - t_0) \quad s' = v'(t - t_0)$$

Mais le mobile qui était en retard a parcouru une longueur (d) de plus que l'autre, donc $s' = s + d$, et l'on a, pour déterminer t, l'équation :

$$v(t - t_0) + d = v'(t - t_0) \text{ ou } t = t_0 + \frac{d}{v' - v}$$

Ce problème, qui se résout par une équation du premier degré, est bien connu sous le nom de problème des mobiles; on peut le varier de bien des façons, et en faire une discussion complète.

4° Nous trouvons encore une application des lois du mouvement uniforme dans la méthode en usage pour la mesure *de la vitesse d'un navire*.

On se sert pour cela d'un appareil appelé *loch* : c'est un triangle ou secteur en bois, plombé à la base de manière à se tenir sensiblement vertical dans l'eau. On le jette à l'arrière du navire, auquel il est rattaché par un petit cordage ou ligne. On laisse filer assez de ligne pour que le loch ne soit plus affecté par les remous du navire; à ce moment, le matelot qui tient la ligne voit passer dans sa main un repère en étoffe rouge, appelé la houache, il crie : « Tourne! » à un matelot qui tient un sablier; celui-ci tourne le sablier, et, quand le dernier grain de sable s'écoule, il crie : « Stop! » L'homme du loch arrête sa ligne, et mesure la vitesse du navire par l'espace compris entre la houache et le point d'arrêt. Cet espace est facile à apprécier, car la ligne porte des nœuds équidistants.

D'ordinaire, le sablier se vide en une demi-minute, soit en $\frac{1}{120}$ d'heure, et alors l'intervalle entre deux nœuds correspond à $\frac{1}{120}$ de mille marin. Le mille marin est de 1,852 mètres, donc la longueur d'un nœud sera théoriquement de $15^m,42$; on le fait un peu plus court, afin de tenir compte de l'allongement de la ligne, et aussi parce qu'il vaut mieux se tromper en plus qu'en moins, surtout à l'approche des côtes.

Le loch ordinaire est nécessairement imparfait, car il prend diverses vitesses dans le sillage du navire et ne reste point immobile : on l'a perfectionné, mais les perfectionnements ne se sont guère propagés.

MOUVEMENT VARIÉ

Lorsque dans des temps égaux, si petits qu'ils soient, les espaces parcourus sont inégaux, on dit que le mouvement est varié.

Si les espaces parcourus dans des temps consécutifs égaux vont sans cesse en augmentant, on dit que le mouvement est accéléré; dans le cas contraire, c'est un mouvement retardé. Si les augmentations ou les diminutions de vitesse dans des temps égaux sont constantes, le mouvement est uniformément accéléré ou uniformément retardé.

On distingue encore le mouvement varié périodique, qui nous sert à la mesure du temps, et qui se compose d'une succession de périodes identiques, pendant lesquelles le mouvement peut, du reste, avoir une allure quelconque.

Vitesse dans le mouvement varié. — Prenons le chemin parcouru par le mobile pendant un temps t, et divisons ce chemin s par le temps, nous aurons la vitesse moyenne du mobile dans l'intervalle considéré, c'est-à-dire la vitesse qu'il aurait prise si son mouvement avait été uniforme.

Supposons que l'intervalle de temps considéré aille sans cesse en diminuant, il en sera de même de l'espace parcouru, et l'on peut toujours concevoir un intervalle assez petit pour que le mouvement soit, pendant cet intervalle, sensiblement uniforme; la vitesse moyenne différera donc, d'aussi peu qu'on le voudra, de la vitesse réelle du mobile au moment considéré.

Pour avoir la vitesse, il faut donc chercher le rapport d'un espace infiniment petit à un temps infiniment petit; ce rapport est précisément la dérivée de l'espace par rapport au temps; et, si les espaces sont liés au temps par la relation,

$$s = f(t), \text{ la vitesse sera } \frac{ds}{dt} = f'(t)$$

On peut dire encore que la vitesse dans le mouvement varié est la vitesse du mouvement uniforme qui succéderait à ce mouvement varié, si toutes les causes qui influent sur lui pour le modifier à chaque instant venaient à être instantanément supprimées.

Quelle est à chaque instant la direction de la vitesse? C'est la direction du chemin élémentaire parcouru, c'est-à-dire un élément rectiligne infiniment petit de la trajectoire. Prolongez cet élément, vous aurez la tangente à la trajectoire. La vitesse du mobile en un point de sa trajectoire est donc dirigée suivant la tangente à cette trajectoire.

De l'accélération. — Le mouvement uniformément varié est, avons-nous dit, celui dans lequel la vitesse varie de quantités égales dans des temps égaux, ou, ce qui revient au même, celui dans lequel la vitesse varie proportionnellement au temps. Si donc on considère la vitesse v_0 à un moment pris comme origine, et la vitesse v à tout autre instant t, on aura un rapport constant $\frac{v - v_0}{t}$, que l'on appelle l'accélération (j).

$$j = \frac{v - v_0}{t}.$$

Le mot accélération a donc un sens bien défini en mécanique, sens qui se rapproche de celui qu'on donne au même mot dans le langage vulgaire. Il ne faut pas oublier que l'accélération, comme la vitesse, peut être positive et négative, et il est fort important de prendre toujours les quantités bien exactement avec leur signe.

Quelle est l'unité de vitesse et l'unité d'accélération? Les espaces sont exprimés en mètres, et les temps en secondes. La vitesse est l'espace parcouru dans l'unité de temps dans un mouvement supposé uniforme. On peut donc l'exprimer en mètres; mais en réalité c'est un nombre abstrait, un simple rapport, c'est même le rapport de deux nombres abstraits, car on ne saurait comparer un espace à un temps; ce que l'on peut seulement comparer, ce sont les mesures de l'espace et du temps par rapport à leurs unités. L'expression de la vitesse changerait donc avec les unités de longueur et de temps; ce qui ne change jamais, c'est le rapport de deux vitesses.

De même l'accélération est le rapport de deux nombres abstraits, qui mesurent un accroissement de vitesse et un temps; c'est donc un nombre abstrait, qui variera aussi avec les unités de longueur et de temps : mais le rapport de deux accélérations ne varie pas. Dans le mouvement uniformément varié, on dit que l'accélération est l'accroissement de la vitesse dans l'unité de temps, et alors on l'exprime en mètres comme la vitesse. C'est une mauvaise chose, qui ne peut que fausser les idées, et l'on doit toujours écrire les vitesses et les accélérations sous une forme abstraite. Soit un mobile qui, d'un mouvement uniforme, parcourt 40 mètres en 8 secondes, sa vitesse sera exprimée par le nombre abstrait 5 et non par la quantité concrète 5 mètres.

Revenons à l'accélération : nous l'avons calculée dans le mouvement uniformément varié, et nous avons trouvé

$$j = \frac{v - v_0}{t}$$

Cette relation est vraie, quelque petit que soit le temps. Or, dans un mouvement varié quelconque, nous pouvons toujours prendre un intervalle assez petit pour que le mouvement diffère aussi peu qu'on le voudra d'un mouvement uniformément varié, l'accélération à l'instant considéré deviendra le rapport de l'accroissement infinitésimal de la vitesse à l'accroissement infinitésimal du temps, et l'on aura :

$$j = \frac{dv}{dt}, \text{ or : } v = \frac{ds}{dt}, \text{ donc } j = \frac{d^2s}{dt^2}$$

L'accélération est donc la dérivée première de la vitesse par rapport au temps, ou la dérivée seconde de l'espace par rapport au temps.

Les relations précédentes, établies indépendamment de la trajectoire, ne sont vraies que pour le mouvement rectiligne; dans le mouvement curviligne, l'accélération n'a plus la valeur que nous venons d'établir, et elle n'est pas dirigée suivant la tangente à la trajectoire. Nous étudierons la question plus loin. Les notions actuelles nous suffisent pour les calculs relatifs à l'action de la pesanteur.

Calculs relatifs à la chute des corps. — La chute des corps nous fournit le meilleur exemple d'un mouvement uniformément varié.

Nous avons vu en physique qu'en chaque lieu du globe les corps tombaient suivant une direction fixe, la verticale du lieu, normale à la surface des eaux tranquilles. Nous avons de plus vérifié expérimentalement les lois de la chute des graves :

1º Dans le vide, tous les corps tombent avec la même vitesse ;

2º Les espaces parcourus sont proportionnels aux carrés des temps, comptés depuis l'origine du mouvement;

3º La vitesse à un instant donné est proportionnelle au temps qui s'est écoulé depuis l'origine du mouvement.

Nous avons donc affaire à un mouvement uniformément varié, et les lois précédentes se traduisent comme il suit :

$$(1) \quad s = \frac{gt^2}{2} \qquad (2) \quad v = \frac{ds}{dt} = gt \qquad (3) \, j = \frac{dv}{dt} = g$$

A cause des unités adoptées, l'accélération g de la pesanteur est le double de l'espace parcouru dans la première seconde de la chute. Ce nombre g, que nous retrouverons dans la plupart de nos calculs, doit être gravé dans la mémoire, sa valeur est :

$$g = 9,8088$$

Si vous laissez tomber un corps à une époque t_0, les formules (1) et (2) vous donneront la position et la vitesse de ce corps à une époque quelconque t; mais, comme le commencement de la chute n'est pas pris pour origine des temps, vous aurez à remplacer dans les formules t par $(t - t_0)$.

Exemples de calculs relatifs à la chute des corps. — 1º Quel temps un corps mettra-t-il à tomber d'une hauteur de 150 mètres, et quelle vitesse aura-t-il acquise au bas de sa chute?

$$s = 150 \qquad s = \frac{gt^2}{2} \quad v = gt$$

$$t = \sqrt{\frac{2s}{g}} = \sqrt{\frac{300}{9,8089}} = 4'',4 \qquad v = 9,8088 \times 4,4 = 54,2$$

2º De quelle hauteur devrait tomber un corps pour acquérir une vitesse de 10 mètres?

$$(1) \qquad s = \frac{gt^2}{2} \qquad (2) \qquad v = gt.$$

De (2) on tire $t = \frac{v}{g}$ ou $t^2 = \frac{v^2}{g^2}$, et portant dans (1) il vient :

$$s = \frac{gv^2}{2g^2} = \frac{v^2}{2g} \quad \text{ou bien } v^2 = 2g.s \qquad (4) \qquad v = \sqrt{2gs} \,;$$

telle est la relation qui lie les espaces parcourus aux vitesses; cette formule (4) est encore une formule usuelle qu'il faut retenir.

Elle nous sert à résoudre le problème proposé :

$$s = \frac{v^2}{2g} \qquad v = 10 \qquad v^2 = 100 \qquad s = \frac{100}{2 \times 9,8088} = 5^m,1$$

Le corps devra tomber d'une hauteur de $5^m,1$ pour acquérir une vitesse de 10 mètres.

3° A quelle hauteur parviendra un corps lancé de bas en haut avec une vitesse intiale v_0?

Si la pesanteur n'existait pas, le mobile prendrait un mouvement uniforme dont l'équation serait $s = v_0 t$; mais la pesanteur agit à chaque instant pour retarder le mouvement et finit par l'annuler, au moment où le mobile arrive, par exemple en k; alors le mobile retombe suivant la même verticale en obéissant aux lois de la pesanteur.

En supposant que l'on compte les temps à partir du moment où on lance le corps, la hauteur parcourue à l'époque t

sera

(1) $\begin{cases} s = v_0 t - \dfrac{gt^2}{2} \\[2mm] v = v_0 - gt \end{cases}$

et la vitesse (2)

Fig. 2.

Le corps s'arrêtera quand la vitesse sera nulle, faisons donc dans l'équation (2) $v = 0$, il viendra $t = \dfrac{v_0}{g}$, tel est le temps de l'ascension totale, et la hauteur

$$s = v_0 \frac{v_0}{g} - \frac{g}{2}\left(\frac{v_0}{g}\right)^2 = \frac{v_0^2}{g} - \frac{v_0^2}{2g} = \frac{v_0^2}{2g}$$

Arrivé en k, le mobile retombe et arrivé à son point de départ (m), il a pris d'après la formule (4) une vitesse :

$$v_1 = \sqrt{2gs}\,;\ \text{or}\ s = \frac{v_0^2}{2g},\ \text{donc}\ v_1 = \sqrt{2g.\frac{v_0^2}{2g}} = v_0.$$

Le corps possède, en chaque point de la verticale, la même vitesse en montant qu'en descendant, et le temps employé à descendre est le même que le temps employé à monter.

4° On laisse tomber une pierre dans un puits, et il se passe un temps t avant qu'on entende le bruit de la pierre atteignant l'eau, quelle est la profondeur s du puits, la vitesse du son étant de 340?

Le temps t comprend : 1° le temps de la chute; 2° le temps que le son met à parcourir la profondeur s du puits.

Le temps de la chute, d'après la formule $s = \dfrac{gt^2}{2}$ est $t = \sqrt{\dfrac{2g}{s}}$. Le temps que le son met à parcourir la profondeur s du puits est donné, d'autre part, par $\dfrac{s}{340}$. On a donc l'équation du second degré :

$$\sqrt{\frac{2g}{s}} + \frac{340}{s} = t$$

d'où on déduit la valeur de s. Cette équation donne deux racines, dont une est étrangère à la question; cela tient à ce qu'en élevant le radical au carré, on ne tient pas compte de son signe. C'est la plus petite valeur de s qui représente la profondeur du puits.

REPRÉSENTATION GRAPHIQUE ET EXPRESSION DU MOUVEMENT D'UN POINT

Quel que soit le mouvement d'un point, on peut toujours supposer que les espaces sont liés aux temps par une relation $s = f(t)$; si l'on donne à t une série de valeurs, on en déduira une série de valeurs de s; réunissez ces deux séries dans deux colonnes parallèles et vous obtiendrez un tableau représentatif du mouvement. Pour les valeurs des variables qui ne sont pas inscrites au tableau, vous les obtiendrez d'une manière approchée par l'interpolation.

Il est un autre moyen plus simple et plus net de peindre aux yeux les diverses phases du mouvement, c'est de recourir aux systèmes de coordonnées que nous avons étudiées en géométrie analytique.

Sur un axe ox on compte les temps, et sur l'axe perpendiculaire oy on compte

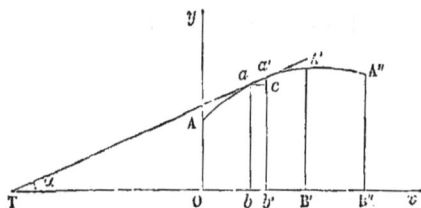

Fig. 3.

les espaces : étant donnée une valeur oB' de t, on calculera la valeur correspondante de s que l'on portera sur l'ordonnée en $B'A'$. Le point A' appartiendra à la courbe représentative du mouvement.

Ayant obtenu une série de points tels que A, suffisamment rapprochés, on les joindra par un trait continu, et la courbe ainsi tracée fournira immédiatement les espaces et les temps qu'il fallait auparavant calculer par des formules souvent longues et pénibles. L'interpolation devient inutile : les courbes étant construites à une échelle donnée, l'emploi du double décimètre ou du papier quadrillé fournit les quantités cherchées.

Dans ce qui précède, nous supposons connue l'équation du mouvement, et nous en tirons la courbe représentative; inversement, supposons une série d'expériences sur un mouvement quelconque, ces expériences nous conduisent à des valeurs simultanées de s et de t, que nous représentons par des points isolés A, A', A″, que nous réunissons ensuite par un trait continu. D'après l'aspect de la courbe obtenue, nous pouvons juger quelle sera la forme de la fonction f, et passer de la courbe à cette fonction inconnue.

Le tracé de la courbe expérimentale a un autre avantage, celui de déceler les erreurs qu'on a pu commettre; ces erreurs s'accusent par une anomalie, une irrégularité, un défaut de continuité de la courbe, qui indique immédiatement quelles sont les expériences à revoir.

Enfin, la courbe représentative du mouvement permet de mesurer la vitesse à chaque instant d'une manière graphique. Soit deux temps voisins Ob, Ob' (fig. 3), auxquels correspondent les espaces ba, $b'a'$: dans le triangle élémentaire $aa'c$, le côté vertical $a'c$ représente l'accroissement de l'espace (ds), et le côté horizontal ac représente l'accroissement du temps dt; le rapport $\frac{ds}{dt}$, ou $\frac{a'c}{ac}$, de ces deux accroissements simultanés, mesure la tangente de l'angle $a'ac$, ou de son égal $a'TO$. Lorsque l'on considère deux temps de plus en plus rapprochés, la droite aa' diffère d'aussi peu qu'on le veut de la tangente à la courbe au point A, et à la limite on obtient :

$$\frac{ds}{dt} = \tan \alpha = v$$

La vitesse du mobile à l'instant considéré est donc représentée par la tangente trigonométrique de l'angle que fait avec l'axe des abscisses la tangente à la courbe représentative du mouvement.

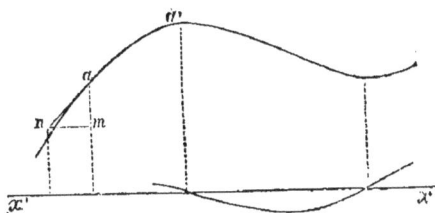

Fig. 4.

Cette remarque va nous permettre de construire la courbe des vitesses comme nous avons construit la courbe des espaces; nous mènerons la tangente an en divers points tels que (a) de la courbe des espaces (fig. 4), nous abaisserons l'ordonnée (am) et nous construirons le triangle rectangle (anm), dans lequel la parallèle (nm) à l'axe des abscisses est égale à l'unité. La tangente trigonométrique de l'angle (anm) représente la vietsse, or $tang\ (anm) = \frac{am}{mn}$, mais (mn) est par construction égale à l'unité, donc (am) mesure la vitesse, et si l'on porte cette longueur am sur l'ordonnée ba, on obtiendra un point n_1 de la courbe représentative des vitesses. Cette courbe sera par exemple $m_1 m_1'$. Lorsque la tangente à la courbe des espaces est horizontale, la vitesse est nulle et la courbe des vitesses coupe l'axe des abscisses.

La courbe représentative de la chute d'un corps est une parabole à axe vertical (fig. 5), qui a pour équation $s = \frac{gt^2}{2}$, son paramètre est égal à $\frac{1}{g}$: pour avoir l'espace parcouru au bout du temps AB, il suffit de mesurer la longueur de l'ordonnée BM; on a construit les vitesses UT, U'T' aux points M et M', en prenant les longueurs horizontales $MU = M'U' = 1$. La courbe représentative des vitesses s'obtiendrait en portant sur BM une longueur $BM_1 = UT$ et sur B'M' une longueur $B'M_1' = U'T'$, et joignant par un trait continu les points $M_1 M_1'$. etc.

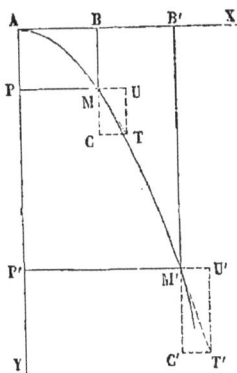

Fig. 5.

Ici la courbe des vitesses serait une droite $v = gt$, faisant avec l'horizontale AX un angle dont la tangente trigonométrique est égale à (g).

Tableau graphique de la marche des trains. — L'application la plus curieuse et la plus utile des courbes représentatives du mouvement est sans doute le tableau graphique de la marche des trains, imaginé vers 1845 par M. Ibry, et qui se trouve aujourd'hui dans les mains de tous les employés de chemins de fer : ce tableau est tellement simple et facile à lire qu'un homme d'équipe le saisit sans peine après un quart d'heure d'étude. Il est regrettable que les compagnies ne le fassent point vendre au public, car il serait bien préférable à tous ces indicateurs plus ou moins clairs que l'on trouve dans les gares.

Le tableau porte sur les lignes horizontales de son cadre les divisions du temps pendant vingt-quatre heures. Sur la hauteur du cadre on marque les distances et on les exprime en intervalles égaux de kilomètres parcourus. Il est évident que la courbe donnée par les rencontres successives des coordonnées correspondantes indiquera la marche du train. La vitesse a pour expression $\frac{ds}{dt}$. Si la vitesse est uniforme (ce que l'on suppose toujours entre deux arrêts), la courbe devient une ligne droite, et son inclinaison plus ou moins grande sur l'horizontale indique la vitesse plus ou moins grande du convoi. Pour une vitesse nulle, la ligne des espaces se confond avec l'horizontale : tous les arrêts dans les gares sont donc indiqués par des traits horizontaux, plus ou moins longs suivant la durée de l'arrêt. Dans un espace rectangulaire de 90°, il y a place pour représenter toutes les vitesses de zéro à l'infini.

On voit qu'à l'aide du tableau de M. lbry, on peut indiquer le service journalier d'un chemin de fer, intercaler dans ce service un convoi extraordinaire et fixer d'avance ses points de rencontre avec les trains de voyageurs et de marchandises. On remet alors au mécanicien une carte où sont notées les heures de départ et de passage à chaque station, de manière à éviter tout inconvénient et tout danger dans la marche des trains qui souvent possèdent des vitesses très-différentes. Un profil en long du chemin de fer, annexé au tableau, rappelle les dispositions de localité ou de pentes auxquelles on doit avoir égard.

PRINCIPE DE L'INDÉPENDANCE DES MOUVEMENTS SIMULTANÉS

Principe. — Dans un système de points matériels, le mouvement particulier d'un de ces points, considéré par rapport à trois points du système, reste le même si l'on imprime un autre mouvement au système entier. Les mouvements particuliers coexistent avec le mouvement général et chacun d'eux produit son effet comme si les autres n'existaient pas.

Quelques auteurs admettent ce principe comme un axiome, nous ne pensons pas qu'il en soit ainsi : « Aucune considération rationnelle, dit Auguste Comte dans sa philosophie positive, ne nous donne le droit de conclure a priori que le mouvement général ne fera naître aucun changement dans les mouvements particuliers. Cela est tellement vrai, que, lorsque Galilée a exposé pour la première fois cette grande loi de la nature, il s'est élevé de toutes parts une foule d'objections a priori, tendant à prouver l'impossibilité rationnelle d'une telle proposition qui n'a été unanimement admise que lorsqu'on a abandonné le point de vue logique pour se placer au point de vue physique. »

C'est donc aux considérations physiques et expérimentales qu'il nous faut recourir pour trouver la démonstration du principe de l'indépendance des mouvements simultanés.

Lorsque vous vous promenez dans un bateau, vos mouvements, par rapport à tous les points du bateau, sont les mêmes quel que soit le mouvement de ce bateau ; les corps tombent et les machines se meuvent par rapport au bateau qui se déplace, comme ils le feraient si le bateau était immobile.

Nous citons cet exemple ; mais on en trouve à chaque instant dans la nature ; tous les corps de la terre sont soumis sans cesse à des mouvements simultanés, puisqu'ils participent à ceux du système planétaire. Il est donc inutile de chercher des expériences particulières, quand on en a tant sous les yeux : on a monté sur un chemin de fer une machine d'Atwood, un appareil de Morin, et on a vérifié que le mouvement du support n'influait en rien sur les lois de la chute des corps.

Le principe de l'indépendance des mouvements simultanés doit être considéré par nous comme une vérité rigoureuse, parce qu'il se vérifie dans tous les mouvements dont nous sommes sans cesse entourés.

COMPOSITION DES MOUVEMENTS ET DES VITESSES

1° Composer deux mouvements rectilignes et uniformes, dirigés suivant la même droite.

Puisque ces deux mouvements produisent séparément chacun leur effet, comme si l'autre n'existait pas, les espaces parcourus s'ajoutent ou se retranchent suivant que les mouvements sont de même sens ou de sens contraire. On a pour les espaces élémentaires parcourus par le mobile :

$$s = vt \quad s' = v't,$$

et l'espace total :

$$S = s + s' = (v + v')\, t = V.t.$$

Le mouvement est le même que si le mobile était animé d'un seul mouvement uniforme de vitesse $V = v + v'$.

On composera donc les vitesses, comme les mouvements, en les ajoutant avec leur signe, c'est-à-dire en en prenant la somme algébrique.

C'est ainsi que, si l'on considère un bateau susceptible de recevoir une vitesse propre v, et parcourant une rivière dont le courant a une vitesse v', ce bateau descendra la rivière avec une vitesse $v + v'$ et il remontera avec une vitesse $v - v'$: cette dernière quantité peut être nulle ou négative, et alors le bateau restera en place ou s'en ira à la dérive.

2° Si les deux mouvements qui s'effectuent suivant la même droite sont des mouvements variés, l'espace total parcouru par le mobile dans un temps donné est toujours la somme des espaces parcourus pour chacun des mouvements, on a donc $S = s + s'$; et, si l'on passe à des intervalles infiniment petits,

$$dS = ds + ds', \text{ ou } \frac{dS}{dt} = \frac{ds}{dt} + \frac{ds'}{dt},$$

et à la limite $V = v + v'$. La vitesse résultante à un moment donné, est donc la somme algébrique des vitesses relatives à chacun des mouvements variés.

3° Composer deux mouvements rectilignes et uniformes dans deux directions quelconques.

Considérons (fig. 6) un point matériel O animé d'un mouvement rectiligne et uniforme de vitesse v suivant la droite OX et supposons en outre que cette droite OX marche parallèlement à elle-même avec une vitesse uniforme v', de telle sorte que tous ses points décrivent des droites parallèles à OY, il en résultera que le point O sera soumis à deux mouvements séparés. Quelle sera sa position au bout d'un temps t? La droite OX sera venue par exemple en QX₁ après s'être déplacée suivant OY d'une quantité $OQ = v't$; mais le mouvement du point sur la droite OX se sera effectué comme si cette droite était restée immobile, et le point matériel O sera maintenant en M à une distance $QM = vt$. Le point M est donc la position finale du mobile au bout du temps t; on aura de

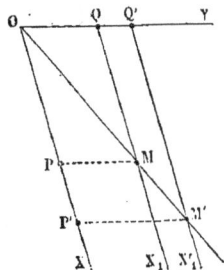
Fig. 6.

même sa position M', au bout du temps t', il suffira de prendre $OQ'=v't$ et $Q'M' =vt'$.

Remarquons que le rapport $\dfrac{MQ}{MO}=\dfrac{v}{v'}=\dfrac{M'Q'}{Q'O}$, le point matériel décrit donc une ligne droite MM' et le mouvement résultant est rectiligne ; à chaque instant le mobile est à l'extrémité de la diagonale du parallélogramme qui a pour côtés les chemins élémentaires OQ et QM, et il parcourt cette diagonale. En outre les vitesses étant mesurées par les espaces parcourus dans le même temps, si l'on prend pour mesurer v' la longueur OQ, il en résultera que la vitesse v et la vitesse

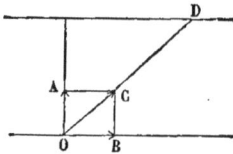

Fig. 7.

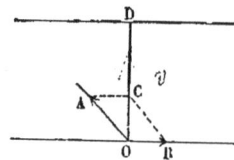

Fig. 8.

résultante V seront mesurées par QM et OM, ce qui revient à énoncer le théorème suivant :

La résultante des vitesses est représentée en grandeur et en direction par la diagonale du parallélogramme construit sur les deux vitesses composantes.

Comme application, supposons un nageur qui part d'un point O de la rive d'une rivière, et qui fend le courant normalement avec une vitesse v; soit v' la vitesse du courant ; au bout d'un temps t, le nageur aura parcouru transversalement l'espace OA$=vt$, mais il aura été entraîné par le courant d'une longueur AC$=vt'$; finalement il sera venu en C après avoir parcouru la diagonale OC, et il ira toucher l'autre rive en un point D.

S'il avait voulu toucher le point D, directement en face de O, il eût fallu que sa vitesse fût sans cesse dirigée suivant la direction OA, telle que $\dfrac{AC}{CO}=\dfrac{v'}{v}$.

4° Composer deux mouvements rectilignes variés.

Le point O (fig. 9) possède un mouvement varié sur la droite OY, et cette droite

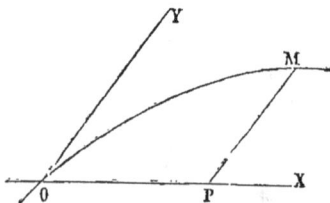

Fig. 9.

marche parallèlement à elle-même suivant une loi quelconque dans le sens OX. Au bout d'un temps t, la droite mobile est par exemple en PM, et le point matériel a cependant parcouru cette droite PM comme si elle n'avait pas bougé, il est par exemple arrivé finalement en M.

Le mobile se trouve donc toujours à l'extrémité de la diagonale du parallélogramme construit sur les deux espaces composants, mais les extrémités de ces diagonales successives ne sont plus en ligne droite, et le point O décrit une courbe OM.

Les mouvements variés pouvant être considérés comme uniformes pendant des intervalles infiniment petits, on pourra appliquer à chaque instant la règle du parallélogramme des vitesses ; la vitesse résultante sera égale en grandeur et en direction à la diagonale du parallélogramme construit sur les vitesses composantes. Cette vitesse résultante est la tangente en M à la courbe OM.

Appliquons les principes précédents au mouvement des projectiles :

Soit un boulet lancé de bas en haut avec une vitesse v_0 dirigée suivant la droite OA qui fait avec l'horizontale l'angle α, cette vitesse v_0 peut se considérer comme la résultante de deux autres, qui produiront le même effet qu'elle, l'une $v_0 \cos \alpha$, et l'autre $v_0 \sin \alpha$. Au bout d'un temps t, l'espace parcouru horizontalement par le boulet sera (1) $x = v_0 \cos \alpha\, t$, et l'espace parcouru verticalement sera $v_0 \sin \alpha\, t$ moins l'effet de la pesanteur; la pesanteur représente un mouvement uniformément retardé, et le retard pour un temps t est $\frac{1}{2} gt^2$, l'espace parcouru verticalement sera donc (2) $y = v_0 \sin \alpha\, t - \frac{1}{2} gt^2$.

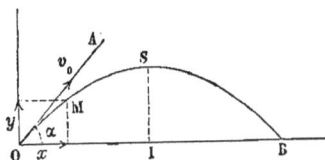

Fig. 10.

A chaque instant, on aura la position du boulet en cherchant le sommet M du rectangle construit sur x et y, ou, ce qui revient au même, en cherchant le point dont les coordonnées sont x et y. Ces coordonnées dépendent d'une variable t; si on l'élimine entre les équations (1) et (2), il restera une relation entre x et y, c'est-à-dire l'équation de la trajectoire.

$$(3) \qquad y = x \tan \alpha - \frac{1}{2} g\, \frac{x^2}{v_0^2 \cos^2 \alpha}$$

C'est une parabole tangente à la droite OA; l'amplitude OB du jet s'obtient en faisant $y = 0$, et l'on trouve $OB = \frac{v_0^2}{g} \cdot 2 \sin \alpha \cdot \cos \alpha = \frac{v_0^2}{g} \sin 2\alpha$, amplitude, qui pour une vitesse donnée sera maxima pour $2\alpha = 90°$ ou $\alpha = 45°$.

Le maximum d'amplitude a donc lieu, lorsque l'âme de la pièce est inclinée à 45°.

Quel est l'angle sous lequel il faut lancer le boulet pour qu'il touche un point M? (fig. 11).

Le point M étant connu, on porte ses coordonnées x et y dans l'équation (3) qui ne renferme plus que l'angle α comme inconnue; on la met sous la

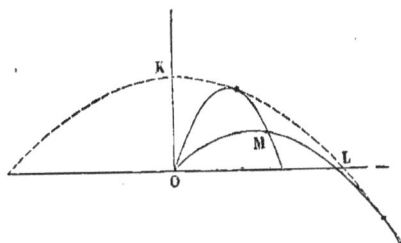

Fig. 11.

forme d'une équation du second degré en remarquant que $\cos^2 \alpha = \dfrac{1}{1 + \tan^2 \alpha}$, et alors

$$y = x \tan \alpha - \frac{1}{2} \frac{gx^2}{v_0^2}\, (1 + \tan^2 \alpha)$$

D'où l'on tire deux valeurs pour α; on peut donc atteindre le point M au moyen de deux inclinaisons et par suite de deux paraboles, l'une surbaissée (parabole pour abattre), l'autre surhaussée (parabole pour écraser). Pour que les racines soient réelles, c'est-à-dire pour que, du point O, on puisse atteindre le point M, il faut dans l'équation en $\tan \alpha$ faire $b^2 - 4ac > 0$, ou $y + \dfrac{g}{2v_0^2}\, x^2 < \dfrac{v_0^2}{2g}$, c'est-à-dire que le point M (x,y) doit être situé à l'intérieur de la parabole KL (parobole de sûreté).

Les paraboles de tir sont toutes tangentes à la parabole de sûreté, ainsi qu'il est facile de le voir en cherchant leur intersection; on trouve deux racines égales.

Composition d'un nombre quelconque de vitesses. — Jusqu'à présent, nous n'avons considéré que des points matériels soumis à deux mouvements, et nous avons trouvé la vitesse résultante.

Ainsi lorsqu'un point O est soumis (fig. 12), à deux mouvements, dont les vitesses à un moment donné sont représentées par OA et OB, la vitesse résultante du mouvement composé est représentée par OB, diagonale du parallélogramme OACB, et l'on a :

$$\overline{OB}{}^2 = \overline{OA}{}^2 + \overline{AB}{}^2 - 2.\,OA \times OB \times \cos \overline{OAB}$$

ou
$$V^2 = v^2 + v'^2 + 2\,vv' \cos vv',$$

formule dans laquelle l'angle COA, supplément de OAB est représenté par (v, v').

Lorsqu'on a trois vitesses à composer, il est facile de trouver leur résultante par deux opérations successives. En effet on compose (fig. 13) la 1ʳᵉ vitesse OA avec la 2ᵉ AB, et leur résultante est la diagonale OB; la 3ᵉ vitesse BC coexiste avec

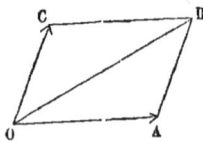

Fig. 12.

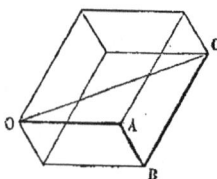

Fig. 13.

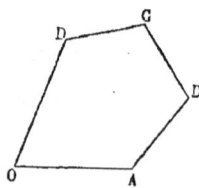

Fig. 14.

la 1ʳᵉ résultante OB, ainsi que cela résulte du principe de l'indépendance des mouvements simultanés, et leur résultante est la diagonale OC du parallélogramme construit sur OB et BC. Cette résultante finale n'est autre que la diagonale du parallélipipède construit sur les trois vitesses composantes.

Dans le cas où ces dernières sont dirigées suivant trois axes rectangulaires on a la relation :

$$V^2 = v^2 + v'^2 + v''^2$$

Si l'on a à composer un plus grand nombre de vitesses (fig. 14), on compose les deux premières OA et AB, leur résultante est OB; on compose cette résultante partielle avec la 3ᵐᵉ vitesse BC, et la seconde résultante partielle est OC, et ainsi de suite jusqu'à ce qu'on arrive à la résultante finale OD, qui ferme le polygone OABC... En somme, pour avoir la résultante d'un nombre quelconque de vitesses, on porte ces vitesses à la suite les unes des autres en grandeur et en direction, et la ligne, qui joint l'origine au dernier sommet obtenu, représente en grandeur et en direction la vitesse résultante.

Nous avons vu en géométrie analytique, et il est facile de le démontrer, que la projection droite ou oblique du côté OD d'un polygone fermé est égale à la somme algébrique des projections sur le même axe de tous les autres côtés OA, AB, BC...

Donc, la projection de la vitesse résultante sur une droite quelconque est égale à la somme algébrique des projections des vitesses composantes.

Ce théorème permet de déterminer par le calcul la valeur de la vitesse résultante V : soit v, v', v''... les composantes; appelons ABC les cosinus des angles de la vitesse résultante avec trois axes de coordonnées rectangulaires; appelons de même a, b, c, a', b', c', a'' b'', c''... les cosinus des angles des vitesses élémentaires avec les mêmes axes, le théorème précédent nous donne :

$$(1) \begin{cases} V.A = va + v'a' + v''a'' + \ldots \\ V.B = vb + v'b' + v''b'' + \ldots \\ V.C = vc + v'c' + v''c'' + \ldots \end{cases}$$

Mais nous avons vu, en géométrie analytique, que la somme des carrés des cosinus des angles qu'une direction fait avec trois axes rectangulaires est égale à l'unité.

En effet, dans un parallélipipède droit, si on prend un sommet comme origine, les coordonnées x, y, z du sommet opposé, par rapport aux trois faces du parallélipipède, sont précisément les trois côtés de ce parallélipipède, et en appelant l la longueur de la diagonale, on a $l^2 = x^2 + y^2 + z^2$, mais $x = l \cos \alpha$, $y = l \cos \beta$; $z = l \cos \gamma$, donc $1 = \cos^2\alpha + \cos^2\beta + \cos^2\gamma$.

On a donc : $A^2 + B^2 + C^2 = 1$, avec :

$a^2 + b^2 + c^2 = 1$, $a'^2 + b'^2 + c'^2 = 1$; $a''^2 + b''^2 + c''^2 = 1$, ...

et, si nous ajoutons les trois équations (1) après les avoir élevées au carré, il viendra :

$$V^2 = v^2 + v'^2 + v''^2 + \ldots 2vv'(aa' + bb' + cc') + \ldots$$

Or nous avons vu aussi en géométrie analytique que l'angle des deux droites v et v' était donné par la relation :

$$\cos (vv') = aa' + bb' + cc'.$$

Donc, nous arrivons pour la valeur de V à la forme synthétique :

$$V^2 = \Sigma v^2 + 2\Sigma (vv' \cos (vv'))$$

DU MOUVEMENT RELATIF

Lorsqu'un observateur fait partie d'un système mobile, comme une voiture, un chemin de fer, un bateau, et qu'il ne songe pas à son mouvement propre, il lui semble que les objets qui lui passent sous les yeux, tels que les arbres et les maisons ont un mouvement de progression en sens contraire de celui du véhicule. C'est là un exemple usuel du mouvement relatif.

D'après le principe de l'indépendance des mouvements simultanés, on ne changera pas le mouvement relatif de deux points en leur imprimant un mouvement commun.

Ceci posé, soit deux points M et M' parcourant la même droite avec des vitesses différentes v et v', on ne changera pas leur mouvement relatif en les soumettant tous les deux à une nouvelle vitesse égale et de signe contraire à v. Mais alors, le point M sera immobile, et le point M′ possédera par rapport au point M une vitesse $(v'-v)$.

Ainsi, lorsque deux voitures cheminent dans le même sens, la vitesse relative de l'une par rapport à l'autre est la différence de leurs vitesses absolues. Au contraire, lorsque deux voitures se croisent, la vitesse de l'une par rapport à l'autre est égale à la somme arithmétique de leurs vitesses particulières ; lorsqu'en chemin de fer on rencontre un train marchant en sens inverse de celui dans lequel on se trouve, il semble qu'on le voit passer comme un éclair, c'est qu'il possède une vitesse relative égale à la somme des vitesses des deux trains.

Prenons maintenant deux points M et M′ animés de vitesses MA, M′A′ de direction différente ; appliquons à ces deux mobiles une vitesse commune, égale et de signe contraire à MA, leur mouvement relatif ne sera pas changé ; mais le point M sera devenu immobile, et le point M′ prendra une vitesse M′B′ résultante de sa vitesse propre et de vitesse A′B′ de M prise en sens contraire. Au moment considéré l'observateur placé en M verra l'objet M′ se mouvoir dans la direction M′B′.

Applications : 1º Un point M se meut avec une vitesse MA, dans quelle direction faudra-t-il partir du point M′ avec une vitesse v' pour rejoindre le mobile M ? La

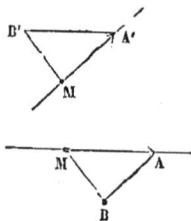

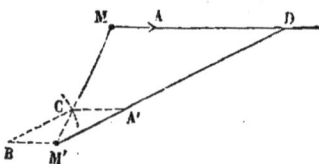

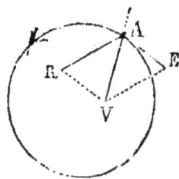

Fig. 15.   Fig. 16.   Fig. 17.

vitesse relative du mobile M′ doit toujours être dirigée vers M ; or cette vitesse relative est la résultante de M′B (égale et de sens contraire à MA) et de la vitesse v' dont la direction est inconnue. Du point B comme centre avec v' pour rayon, on décrira l'arc BC qui donnera le point C, on prendra CA′ = M′B et la droite M′A′ sera la vitesse relative de M′, qui par suite rejoindra le mobile M au point D.

2º Un cylindre tourne autour de son axe dans le sens marqué par la flèche (fig. 17), et un point matériel A pénètre dans ce cylindre avec la vitesse R ; sa vitesse relative V est la résultante de sa vitesse propre R et de la vitesse E de la circonférence prise en sens inverse du mouvement. Si le mobile A est un liquide et le cylindre une roue à palettes, les palettes devront être inclinées dans la direction AV pour que le liquide entre sans choc dans la roue.

ÉQUATIONS DU MOUVEMENT

Imaginons un point M, qui décrit sa trajectoire et que l'on projette sur trois axes rectangulaires fixes Ox, Oy, Oz ; soit PQR ses projections. Pendant que le mobile M se déplace, ses projections se déplacent aussi, et prennent des mouvements simultanés qui se déduisent du mouvement principal, puisque le mobile de l'un des axes de coordonnées coïncide toujours avec la projection du mobile de l'espace.

Réciproquement, la position du mobile de l'espace sera connue à chaque instant, si l'on connaît la position de ses trois projections, et par suite, le mouvement de l'espace sera déterminé si l'on connaît le mouvement des trois projections.

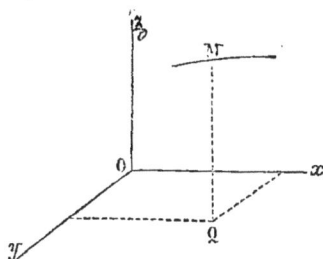

Fig. 18.

$$x = f(t) \quad y = f_1(t) \quad z = f_2(t).$$

Cette complication apparente amène en réalité à une grande simplification; car on remplace un mouvement curviligne par trois mouvements rectilignes; on appelle équations du mouvement considéré les trois équations qui donnent le mouvement des trois projections.

Si on tire la valeur de t de l'une de ces équations et qu'on la porte dans les deux autres, on aura deux équations en x, y, z, représentant deux surfaces dont l'intersection est précisément la trajectoire du mobile considéré, puisque les coordonnées de ce mobile vérifient à chaque instant les équations de cette intersection.

La vitesse $\dfrac{ds}{dt}$ du mobile de l'espace est la résultante des vitesses de ses trois projections $\dfrac{dx}{dt}, \dfrac{dy}{dt}, \dfrac{dz}{dt}$.

Nous avons déjà fait implicitement usage des équations de mouvement dans le calcul de la parabole des projectiles.

COMPOSANTES DE LA VITESSE EN COORDONNÉES POLAIRES. — VITESSE DE GLISSEMENT VITESSE ANGULAIRE

Soit deux positions voisines M et M' d'un mobile sur sa trajectoire. La trajectoire est définie par ses deux coordonnées polaires qui sont : le rayon vecteur PM ou ρ, et l'angle ω que ce rayon vecteur fait avec une direction fixe.

Quand on passe du point M au point infiniment voisin M', le rayon vecteur décrit un angle $d\omega$, et d'après le principe des mouvements simultanés, on peut admettre que le point M vient en M' en décrivant d'abord l'arc de cercle MN, dont P est le centre, puis la portion M₁M' du rayon vecteur ou $d\rho$.

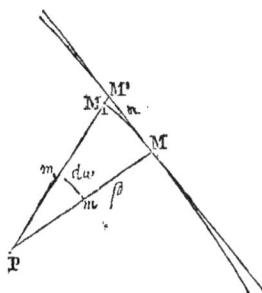

Fig. 19.

Ceci posé, nous appelons 1° vitesse angulaire la vitesse avec laquelle le rayon vecteur décrit l'angle $d\omega$, cette vitesse est $\dfrac{d\omega}{dt}$, et elle est mesurée par l'arc mm_1, décrit avec un rayon égal à l'unité; 2° vitesse de circulation, la vitesse avec laquelle est décrit l'arc de cercle MM_1; elle est égale à la précédente multipliée par ρ, $\rho\,\dfrac{d\omega}{dt}$; 3° vitesse de glissement le long du rayon vecteur, la vitesse avec laquelle le mobile parcourt l'élément droit M_1M' $\dfrac{d\rho}{dt}$; 4° vitesse aréolaire, le rapport de l'aire décrite MPM' au temps qu'il a fallu pour la décrire. Voici les valeurs de ces diverses vitesses.

La vitesse angulaire θ est égale à. . . . . $\dfrac{d\omega}{dt}$

La vitesse de circulation. $\rho\,\dfrac{d\omega}{dt}=\rho.\,\theta$

La vitesse de glissement le long du rayon vecteur est égale à . . . $\dfrac{d\rho}{dt}$

et la vitesse aréolaire est égale à. . . $\dfrac{\text{surface PMM}'}{dt}$, ou $\dfrac{\text{PMM}_1}{dt}=\dfrac{1}{2}\,\rho^2\,\dfrac{d\omega}{dt}=\dfrac{1}{2}\,\rho^2\theta$.

La vitesse du mobile sur sa trajectoire est la résultante de la vitesse de glissement et de la vitesse de circulation.

Les lois de Képler nous apprennent que, dans le mouvement des planètes, les aires décrites dans des temps égaux sont égaux, c'est-à-dire que la vitesse aréolaire est une constante K; donc

$$\frac{1}{2}\,\theta\,\rho^2=\mathrm{K}, \quad \text{d'où}\quad \theta=\frac{2\mathrm{K}}{\rho^2}.$$

La vitesse angulaire du rayon vecteur, qui va du soleil à une planète, varie donc en raison inverse du carré de ce rayon vecteur.

Le géomètre Roberval a fort habilement mis en œuvre le principe de la composition des vitesses, pour arriver à construire la tangente d'une courbe définie géométriquement, mais non tracée.

Son principe est le suivant : lorsqu'un mobile décrit une courbe, la direction de son mouvement coïncide à chaque instant avec la tangente à la courbe. Le principe bien simple donne lieu à des développements très-curieux et très-utiles, mais qui rentrent dans le domaine de la géométrie pure.

ACCÉLÉRATION DANS UN MOUVEMENT QUELCONQUE

Nous avons défini l'accélération dans le mouvement rectiligne, c'est la dérivée de la vitesse par rapport au temps $\dfrac{dv}{dt}$, ou le rapport de l'accroissement de la vitesse à l'accroissement du temps pendant un instant infiniment petit. Or un mouvement rectiligne peut se représenter par l'équation $s=\mathrm{F}(t)$, qui s'applique à la trajectoire, ou par les trois équations $x=f(t)$, $y=f_1(t)$ $z=f_2(t)$ qui s'appliquent à trois axes de coordonnées rectangulaires; nous avons vu de plus que les vitesses des projections étaient les projections de la vitesse du mobile, donc :

$$v_x=v\cos\alpha \qquad v_y=v\cos\beta \qquad v_z=v\cos\gamma,$$

α, β, γ étant les angles de la trajectoire rectiligne avec les trois axes de coordonnées. Si l'on prend les dérivées de ces trois équations par rapport au temps, et si l'on remarque que les angles α, β, γ sont constants, quel que soit l'élément de la trajectoire, puisque cette trajectoire est rectiligne, on aura :

$$\frac{dv_x}{dt} = \frac{dv}{dt}\cos\alpha, \quad \frac{dv_y}{dt} = \frac{dv}{dt}\cos\beta, \quad \frac{dv_z}{dt} = \frac{dv}{dt}\cos\gamma$$

Mais $\frac{dv}{dt}$ n'est autre que l'accélération J du mobile ; $\frac{dv_x}{dt}$, $\frac{dv_y}{dt}$ et $\frac{dv_z}{dt}$ sont les accélérations J_x, J_y, J_z des projections ; par suite les accélérations des projections du mobile sur trois axes de coordonnées sont les projections de l'accélération de ce mobile sur sa trajectoire.

L'accélération du mobile est la résultante des accélérations de ses projections.

En somme, la composition et la décomposition des accélérations dans le mouvement rectiligne se font exactement comme celles des vitesses, et l'on construit le parallélogramme ou le parallélipipède des accélérations comme le parallélogramme et le parallélipipède des vitesses.

Mais cette similitude n'existe plus lorsque l'on passe du mouvement rectiligne au mouvement curviligne ; la composition des vitesses ne change pas, parce que pour obtenir les vitesses on considère un seul élément de la courbe, que l'on peut toujours prendre assez petit pour qu'il diffère d'une ligne droite d'aussi peu qu'on le voudra : on remplace le mouvement curviligne par une série de mouvements rectilignes. Au contraire, pour arriver à la connaissance des accélérations il faut considérer des accroissements de vitesse, c'est-à-dire étudier deux éléments consécutifs de la trajectoire, et la courbure de cette trajectoire intervient nécessairement. Nous avons pu tout à l'heure différentier facilement l'équation $v_x = v\cos\alpha$, parce que l'angle α était constant lorsqu'on passait d'un élément de la trajectoire à l'autre ; dans le mouvement curviligne, l'angle α n'est plus constant et sa différentielle entre nécessairement dans la formule de l'accélération.

Il existe des méthodes fort élégantes pour la recherche de l'accélération totale dans le mouvement curviligne ; malheureusement, elles nécessitent l'emploi de principes algébriques que nous n'avons pas développés, nous nous contenterons donc de la démonstration suivante.

Connaissant la trajectoire curviligne d'un mobile, et voulant obtenir l'accélération de ce mobile au point M, nous rapporterons le mouvement au plan osculateur de la trajectoire au point M. Nous avons parlé du plan osculateur en géométrie analytique : c'est le plan qui contient trois points voisins ou deux éléments rectilignes adjacents d'une courbe donnée ; si MM', MM" sont deux éléments adjacents de la trajectoire, et que l'on

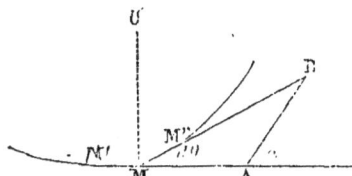

Fig. 20.

considère, parmi tous les plans de l'espace qui contiennent la tangente M'MA, celui qui contient en même temps la tangente voisine MM"B, celui-là sera le plan osculateur ; c'est lui qui offre avec la courbe le contact le plus intime, puisqu'il contient trois points infiniment rapprochés de la courbe, et il est le seul puisqu'on ne peut faire passer qu'un plan par trois points donnés.

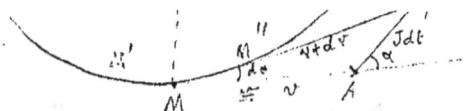

En prolongeant les deux éléments voisins de la trajectoire, nous obtenons les deux tangentes successives MA, MB; prenons sur la première une longueur MA égale à la vitesse v avec laquelle le mobile parcourt le premier élément, et prenons sur la seconde une longueur MB égale à la vitesse $(v + dv)$ avec laquelle le mobile parcourt le second élément. La vitesse MB est la résultante de la vitesse MA et de la droite AB qui ferme le triangle MAB; les lignes MA et MB faisant entre elles un angle infiniment petit $d\theta$, la longueur AB sera un infiniment petit du premier ordre que nous pouvons désigner par Jdt (dt étant le temps infiniment petit pendant lequel on considère le mouvement).

Ceci posé, menons dans le plan osculateur la perpendiculaire MC à la tangente; cette perpendiculaire est ce que nous avons appelé en géométrie analytique la normale principale de la courbe considérée; c'est sur cette normale que se compte le rayon de courbure principale, ou rayon du cercle osculateur.

Appelons α l'angle de la droite AB avec la tangente MA.

Dans le triangle MAB nous connaissons deux des côtés (v) et $(v + dv)$ et nous savons que la projection du troisième côté AB sur un axe quelconque est égale à la somme algébrique des projections des deux autres côtés.

Projetons d'abord le triangle sur la normale principale MC, la projection de AB est $Jdt \sin \alpha$, la projection de MB est $(v + dv) \sin d\theta$, donc :

$$Jdt \sin \alpha = (v + dv) \sin d\theta$$

L'angle $d\theta$ étant infiniment petit, il est permis dans le calcul de le substituer à son sinus; mais si nous nous rappelons que le rayon de courbure ρ est égal en un point M'au rapport d'un arc infiniment petit M'M'' ou ds à l'angle que font entre elles les deux tangentes aux extrémités M' et M'' de cet arc, nous voyons immédiatement que $d\theta = \dfrac{ds}{\rho}$; d'autre part, l'arc ds parcouru dans le temps dt est égal à vdt, donc, nous pouvons finalement remplacer $\sin d\theta$ par $\dfrac{vdt}{\rho}$, et notre équation de projection devient :

$$Jdt \sin \alpha = (v + dv) \frac{vdt}{\rho}$$

Et à la limite, lorsque les points voisins se rapprochent jusqu'à se confondre

(1) $$J \sin \alpha = \frac{v^2}{\rho}$$

Calculons maintenant la projection horizontale :

Pour cela, appelons v_0 la vitesse MA prise comme point de départ, et soit v la vitesse variable sur l'élément voisin MM'', vitesse qui devient égale à v_0 lorsque le point M'' se rapproche de M jusqu'à se confondre avec lui.

La géométrie élémentaire nous apprend que, dans le triangle MAB on a la relation :

$$\overline{MB}^2 = MA^2 + \overline{AB}^2 + 2MA \times AB \times \cos MAB$$

qui peut s'écrire :

$$v^2 = v_0{}^2 + (Jdt)^2 + 2v_0 . J . dt . \cos \alpha$$

Égalons les dérivées des deux membres de cette équation, dans laquelle v_0 est une quantité constante, il vient :

$$2. v \frac{dv}{dt} = 2 \, \mathrm{J}^2 dt + 2v_0 \mathrm{J} \cos \alpha.$$

A la limite v devient égal à v_0, le terme $\mathrm{J}^2 dt$ s'annule, et il reste :

(2) $$\frac{dv}{dt} = \mathrm{J} \cos \alpha$$

Les équations (1) et (2) nous donnent donc les deux composantes de l'accélération totale, et nous permettent de la construire en grandeur et en direction.

La première composante, dirigée suivant la normale principale, est l'accélération principale, elle a pour valeur le quotient du carré de la vitesse sur la trajectoire au point considéré par le rayon de courbure ρ, soit $\frac{v^2}{\rho}$.

La seconde composante, dirigée suivant la tangente à la trajectoire, s'appelle l'accélération tangentielle ; elle a pour valeur $\frac{dv}{dt}$, c'est-à-dire qu'elle est égale à l'accélération du mouvement, supposé rectiligne et considéré indépendamment de la trajectoire.

La première composante représente l'effet de la courbure, et la seconde l'effet de la variation de vitesse du mobile.

Nous avons donné ce calcul un peu long et délicat, parce qu'il nous a paru nécessaire à l'intelligence du mouvement curviligne.

Si l'on projette la figure 20 sur un plan quelconque, le théorème des accélérations composantes subsistera, et l'on en peut conclure que l'accélération totale de la projection d'un mobile sur un plan est égale à la projection de l'accélération totale du mobile dans l'espace.

De même, la projection de l'accélération d'un mobile, sur un axe quelconque représente l'accélération de la projection de ce mobile sur le même axe.

Étudier le mouvement de la projection d'un point qui parcourt un cercle d'un mouvement uniforme. — Avant de quitter ces questions purement théori

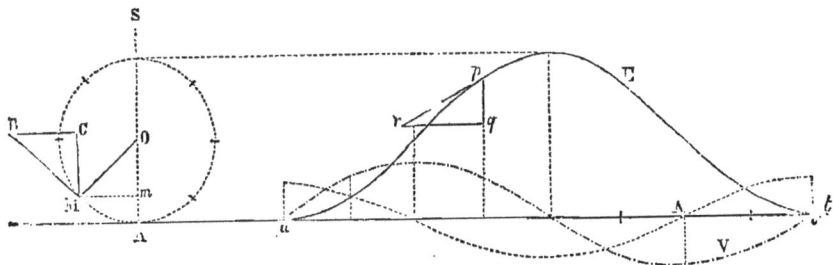

Fig. 21.

ques, et dans le but de les faire saisir, nous étudierons d'une manière complète le mouvement de la projection d'un point qui parcourt un cercle avec une vitesse uniforme. Nous rencontrerons bien souvent ce mouvement dans la pratique ; c'est par exemple le mouvement de la tige d'un piston mû par une bielle et une manivelle, lorsque le bouton de celle-ci est animé d'un mouvement uniforme.

A l'origine des temps, le mobile part du point A, avec une vitesse uniforme (a), et au bout du temps t, il est en (M), sa projection est alors en m. La vitesse de circulation du point M étant égale à (a), la vitesse angulaire du rayon OM, c'est-à-dire l'angle parcouru dans l'unité de temps sera $\frac{a}{r} = \omega$.

Au bout du temps t, l'arc AM sera égal à (at) et l'angle AOM à ωt; l'espace parcouru par le point (m) sera :

$$s = AO - OM = r - OM.\cos MOm = r\,(1 - \cos \omega t)$$

La vitesse du point m est la projection MC de la vitesse MB du point M, donc :

$$v = a \sin \omega t = \omega r \sin \omega t,$$

valeur que l'on peut encore trouver en prenant la dérivée de s.

L'accélération du point (M) est :

$$j = \frac{dv}{dt} = \omega^2 r \cos \omega t = \omega^2 \times Om$$

On voit que la vitesse de la projection est maxima lorsque le point M est sur l'élément vertical du cercle, et alors le mouvement est uniforme puisque l'accélération est nulle. L'accélération s'annule à ce moment-là en changeant de sens; de positive, elle devient négative, et son maximum en valeur absolue est aux extrémités du diamètre vertical.

Nous avons construit sur la droite de la figure les trois courbes figuratives des espaces, des vitesses et des accélérations.

Nous avons développé en uv la circonférence partagée en huit parties égales, et la courbe des espaces s'obtient en élevant aux points de division des ordonnées égales à la longueur Am correspondante.

La courbe des vitesses se déduit de la première, en menant par exemple au point (p) la tangente (pr) à la courbe des espaces, et prenant l'horizontale (qr) égale à l'unité, la longueur (pq) représente la vitesse.

La courbe des accélérations se déduit de la courbe des vitesses comme celle-ci s'est déduite de la courbe des espaces ; en effet, l'accélération est la dérivée de la vitesse, et par suite elle est représentée par le coefficient angulaire de la tangente à la courbe des vitesses.

La durée d'une oscillation complète du mobile est égale au temps que M met à parcourir la circonférence $2\pi r$ avec la vitesse (a) ou ωr; cette durée est donc égale à $\frac{2\pi r}{a}$ ou $\frac{2\pi}{\omega}$.

DIVERS MOUVEMENTS D'UN CORPS SOLIDE

On distingue plusieurs espèces de mouvements d'un corps solide, qui sont :

1° La *translation*. C'est le mouvement dans lequel les chemins parcourus par tous les points du solide, dans un temps donné, sont égaux et parallèles.

Si ces chemins sont des lignes droites, la translation est rectiligne, et peut être du reste uniforme ou variée, suivant que la vitesse commune de toutes les molécules est constante ou variable.

La translation est curviligne lorsque toutes les molécules décrivent des courbes égales et parallèles.

2° La rotation simple autour d'un axe fixe.

3° Le mouvement quelconque parallèlement à un plan fixe.

4° Mouvement quelconque de rotation autour d'un point fixe.

5° Mouvement quelconque composé d'une translation et d'une rotation.

Un système solide, c'est-à-dire un corps dont toutes les molécules se maintiennent à des distances invariables, est déterminé de position dans l'espace lorsqu'on connaît la position de trois de ses points. En effet, un point quelconque du mobile est déterminé par ses distances aux trois points considérés.

Nous pouvons donc substituer à tous les solides possibles un simple triangle, dont nous étudierons le mouvement.

1° Mouvement de translation. — Les trois points fixes parcourent en un temps donné des lignes égales et parallèles qui sont droites ou courbes, mais qui sont toujours superposables. On appelle vitesse du mouvement de translation la vitesse commune de tous les points du système.

Une droite quelconque du système marche à chaque instant parallèlement à elle-même; et l'on se représente la translation comme le mouvement d'un corps qui chemine parallèlement à lui-même sur une ligne droite ou courbe.

2° Mouvement de rotation autour d'un axe fixe. — Lorsque les distances de trois points d'un système à deux points fixes restent constantes, les distances de ces trois points à la droite qui joint les deux points fixes sont aussi constantes, et il en est de même pour toutes les molécules du système.

Le solide possède alors un mouvement de rotation autour de la droite qui joint les deux points fixes, droite que l'on appelle axe de rotation.

C'est ce mouvement qui engendre les surfaces de révolution, que nous avons étudiées en géométrie descriptive; chaque molécule du solide décrit un cercle dont le centre est sur l'axe de rotation et dont le plan est perpendiculaire à cet axe.

Si d'un point du solide on abaisse une perpendiculaire sur l'axe de rotation, cette perpendiculaire est le rayon du cercle décrit par le point; l'angle décrit par ce rayon dans un temps donné est le déplacement angulaire du système, car il est le même pour toutes les molécules du solide. — Si cet angle devient infiniment petit, et qu'on en prenne le rapport au temps qu'il a fallu pour le parcourir, on aura la vitesse angulaire, dont nous avons déjà la notion.

Le mouvement de rotation est déterminé lorsqu'on connaît la position de l'axe et la vitesse angulaire.

La rotation la plus simple est celle pour laquelle la vitesse angulaire est constante.

Si ω est la vitesse angulaire à un instant donné, la vitesse de circulation d'un point situé à une distance (d) de l'axe sera ωd.

Lorsque la vitesse angulaire n'est pas constante, on considère une accélération angulaire $\dfrac{d\omega}{dt}$.

Pour représenter une rotation constante, on donne son axe, sur lequel on porte une longueur qui mesure la vitesse angulaire ω à une échelle donnée, et on termine cette longueur par une flèche. Imaginez un observateur placé dans l'axe de rotation, de telle sorte qu'il ait les pieds à la base de la flèche et la figure à la tête de cette flèche; il pourra voir tourner le mobile, soit de sa gauche à sa droite, soit de sa droite à sa gauche. Il y aurait donc lieu à des erreurs, si l'on ne faisait une convention spéciale; on admet que le sens de la flèche est tel que l'observateur, placé ainsi que nous l'avons dit plus haut, voit toujours la rotation s'exécuter de sa gauche à sa droite. Par suite, deux rotations de sens différents seront représentées par des flèches dirigées l'une vers l'autre.

La rotation de gauche à droite est celle que prend à nos yeux le soleil lorsque nous regardons le nord; c'est aussi le sens dans lequel se meuvent les aiguilles d'une montre.

Rotation de la terre. — Un exemple classique d'une rotation uniforme est le mouvement de la terre, qui tourne d'une circonférence entière 2π en 24 heures ou en 86,164 secondes; la vitesse angulaire de la terre est donc :

$$\omega = \frac{2\pi}{86164} = 0,000073,$$

et la vitesse de circulation d'un corps situé à l'équateur est :

$$v = \omega.r = 0.000073 \times 6.300.000 = 460^{\mathrm{m}} \text{ environ.}$$

Composition des rotations. — La composition des translations se déduit immédiatement du théorème du polygone des vitesses. Deux ou plusieurs translations se composent entre elles pour donner un mouvement unique de translation dont la vitesse est la résultante des vitesses de toutes les translations données.

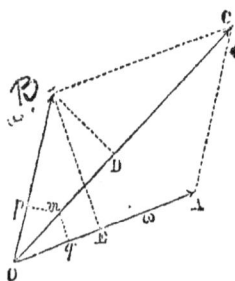

Fig. 22.

La composition des rotations ne paraît pas aussi simple au premier abord.

Soit un système animé, par rapport à trois axes coordonnés, d'une rotation ω, représentée par OA, en grandeur et en direction, et supposons que les trois axes soient eux-mêmes animés d'une rotation ω', représentée par OB; admettons que les deux rotations soient concourantes. Quel sera le mouvement absolu du corps?

Le point O, appartenant aux deux axes de rotation, reste immobile; mais lorsqu'un point d'un corps reste immobile pendant un temps donné, le corps est pendant le même temps animé d'un mouvement de rotation autour d'un axe qui passe par le point fixe. (Cette notion, que l'esprit admet sans peine, sera approfondie plus loin.) Le mouvement résultant est donc une rotation autour d'un axe OC. Cet axe est tel, que tous ses points ont une vitesse résultante nulle; il ne peut donc être en dehors du plan AOB, puisqu'en dehors de ce plan les vitesses dues à l'une et à l'autre rotation font un angle entre elles, et par suite ne sauraient s'annuler. Soit un point (m) de cet axe, il reçoit de la rotation (ω) une vitesse $(\omega \times mq)$, et de la rotation ω' une vitesse $(\omega' \times mp)$; ces deux vitesses sont de sens contraire, et elles s'annulent si $\omega.mq = \omega'.mp$, ou bien

$$\frac{\omega}{\omega'} = \frac{mq}{mp}.$$

L'axe de la rotation résultante est donc dirigé suivant la diagonale du parallélogramme construit sur les deux rotations composantes. Il est facile de voir qu'en outre cette diagonale représente en vraie grandeur la rotation résultante ; soit (x) cette rotation ; cherchons la vitesse du point B lorsqu'il est soumis aux deux rotations ω et ω', ω' est sans influence sur lui et sa vitesse est $\omega \times$ BE ; d'autre part, la vitesse du même point B, soumis à l'influence de la rotation résultante x, est $x \times$ BD. On a donc, en égalant ces deux valeurs de la vitesse d'un même point :

$$\omega \times BE = x \times BD. \quad (1)\, x = \omega . \frac{BE}{BD}$$

Le triangle OCA a pour mesure :

$$\frac{1}{2} OA \times BE = \frac{1}{2} \omega . BE$$

Le triangle OBC, égal au précédent, a pour mesure :

$$\frac{1}{2} OC \times BD ;$$

$$\text{donc } \omega . BE = OC \times BD, \quad \frac{BE}{BD} = \frac{OC}{\omega}, \quad x = \omega \times \frac{OC}{\omega}, \quad x = OC$$

ce qu'il fallait démontrer.

1° Les rotations concourantes se composent donc, comme les vitesses, par la règle du parallélogramme ou du polygone.

2° Deux rotations parallèles ont une résultante égale à leur somme algébrique, comprise dans leur plan, et dont les distances à ses composantes sont dans le rapport inverse de ces dernières. Si les rotations données sont de même sens, la rotation résultante se trouve entre elles ; si elles sont de sens contraire, la rotation résultante est en dehors de l'intervalle qui sépare les composantes et du côté de la plus grande. Cette règle permet de remplacer par une seule rotation un nombre quelconque de rotations parallèles. La démonstration est absolument calquée sur celle des rotations concourantes.

3° Lorsque deux rotations sont parallèles, égales et de sens contraire, elles ont une résultante nulle qui s'éloigne à l'infini, ainsi que cela résulte de la règle précédente. Que devient le mouvement dans ce cas ? Soit (fig. 25) une section du système par un plan perpendiculaire à celui des deux axes de rotation : les projections de ces deux axes sur le plan de la figure sont deux points A et B. Le point (m) du système, contenu dans le plan sécant, reçoit de la rotation A une vitesse (mp) perpendiculaire à Am, et de la rotation B une vitesse (mq) perpendiculaire à Bm ; la vitesse résultante est mr ; le triangle (mqr) est semblable au triangle mAB, car l'angle q est égal à l'angle AmB, et de plus

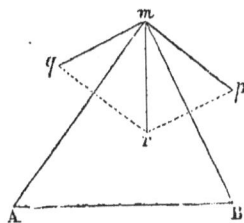

Fig. 25.

$$\frac{mq}{qr} = \frac{\omega . mB}{\omega . mA} = \frac{mB}{mA}$$

donc la vitesse résultante (mr) est perpendiculaire à AB, et sa valeur est $\omega.$AB.

Par suite, tous les points du système possèdent des vitesses égales et parallèles, et le mouvement résultant de deux rotations égales, parallèles et de sens contraire, est une translation rectiligne, perpendiculaire au plan des rotations. L'ensemble de ces deux rotations s'appelle un couple de rotation.

4° Si maintenant on demande la résultante d'un nombre quelconque de rotations, en un point de l'une d'elles on appliquera des rotations égales et parallèles à toutes les autres, et en même temps on appliquera les rotations égales et de signe contraire; par cette addition on ne changera pas le mouvement et on aura transformé le système en une série de rotations concourantes que nous savons composer, et une série de couples de rotation, c'est-à-dire de translations que nous savons composer aussi.

Le problème de la composition d'un nombre quelconque de rotations est donc complétement résolu.

3° Mouvement quelconque parallèlement à un plan fixe. — THÉORÈME. —

Lorsqu'une figure plane se déplace dans son plan sans changer de forme, il y a toujours, à chaque instant élémentaire, un point de cette figure qui reste immobile, et la figure tout entière tourne autour de ce point fixe.

Remarquons d'abord que, pour étudier le mouvement d'une figure plane dans son plan, il suffit de connaître le mouvement de deux de ses points A et B, car tous les autres points de la figure sont déterminés par leurs distances à ces deux points A et B.

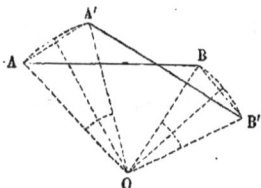
Fig. 24.

Supposons donc que la droite AB soit venue après un certain temps en A'B'; joignons AA', BB', et élevons au milieu de ces droites des normales qui se rencontrent au point O; les triangles AOB, A'OB' sont égaux comme ayant les trois côtés égaux; donc l'angle AOB = A'OB', et par suite l'angle AOA' = BOB'.

Si donc on imagine autour du point O une rotation égale à cet angle AOA', le point A viendra en A', et le point B viendra en B'.

Ainsi, lorsqu'une figure s'est déplacée dans son plan, on peut toujours passer de sa première position à la seconde par une rotation autour d'un point O, facile à déterminer.

Si nous considérons maintenant un temps élémentaire dt, la droite AA' devient l'élément de trajectoire parcouru par le point A, la droite BB' l'élément de trajectoire parcouru par le point B; le point O, qui reste immobile, s'appelle le centre instantané de rotation; les perpendiculaires aux éléments AA', BB', etc., deviennent les normales aux trajectoires des divers points de la figure.

Donc, lorsqu'une figure se meut dans son plan, les normales aux trajectoires des divers points de cette figure à un instant donné concourent au centre instantané de rotation.

Les vitesses des différents points de la figure sont égales au produit de la vitesse angulaire par leur distance au centre instantané de rotation; c'est la règle démontrée pour une rotation quelconque.

La notion du centre instantané de rotation est très-utile en géométrie pour le tracé des tangentes; si, pour une figure mobile dans son plan, on connaît les trajectoires de deux points, cela suffira pour déterminer à chaque instant le centre instantané de rotation; en joignant celui-ci à tous les points de la figure, on aura les normales à leurs trajectoires, et on en déduira les tangentes.

Si nous voulons peindre d'une manière satisfaisante le mouvement d'une figure dans son plan, supposé fixe, construisons le lieu OPQR... des centres instantanés de rotation à la fin d'une série de temps infiniment petits dt, lequel lieu est rapporté au plan fixe; c'est donc une courbe immobile; construisons Opqr... dans la ligure mobile, nous obtiendrons une courbe mobile, entraînée par la figure dans son mouvement, et réciproquement. Le centre instantané de rotation étant en O, la figure tourne autour de ce point; l'élément O*p* du lieu mobile vient s'appliquer sur l'élément OP du lieu fixe, le centre instantané devient le point P et une seconde rotation élémentaire s'effectue autour de ce centre, rotation qui amène l'élément mobile *pq* sur l'élément fixe PQ, et ainsi de suite.

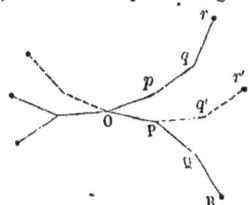

Fig. 25.

Si nous passons à la limite, pour laquelle les temps *dt* s'annulent, nous obtenons deux courbes de longueur égale, l'une fixe S, l'autre mobile S′, et le mouvement de la figure, liée à la courbe S′, est représenté et comme dessiné aux yeux par le roulement sans glissement de la courbe S′ sur la courbe fixe S; un arc de la première courbe s'applique sur un arc égal de la seconde; c'est ce que l'on appelle un roulement sans glissement.

Fig. 26.

Au lieu d'une figure plane se mouvant dans son plan, si l'on considère un solide qui se meut parallèlement à un plan fixe, on fera une section du solide par un plan parallèle au plan fixe, et il suffira évidemment d'étudier le mouvement de cette section puisqu'elle entraine avec elle le solide tout entier. Le mouvement du solide sera donc représenté, comme plus haut, par celui de deux courbes de longueur égale, l'une fixe et l'autre mobile, celle-ci roulant sans glissement sur la première.

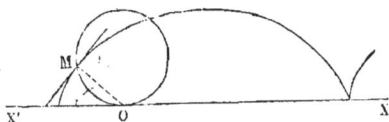

Applications. — 1° La cycloïde, que nous avons étudiée en géométrie analytique,

Fig. 27.

est la courbe engendrée par un point M d'une circonférence qui roule sans glissement sur une ligne droite XX′. Le centre instantané de rotation est au point O; donc la normale à la cycloïde est la droite OM, et la tangente est la perpendiculaire à OM.

2° Soit une pierre que l'on transporte sur des rouleaux : chaque point des rouleaux décrit une cycloïde; le centre instantané de rotation est au contact du rouleau avec le sol; Si *r* est le rayon du rouleau, la vitesse de son axe est ωr, la vitesse du point par lequel la pierre touche le rouleau est $\omega \times 2r$. La pierre avance donc deux fois plus vite que le rouleau; celui-ci finit par rester en arrière, et il faut remplacer le rouleau qui s'échappe par un autre que l'on place en avant de la pierre.

Le mouvement des plaques tournantes est le même que le précédent : la couronne de galets, qui supporte la plaque, marche deux fois moins vite que la partie correspondante de cette plaque.

Des épicycloïdes planes. — Lorsque l'on a dans un plan une courbe mobile qui roule sur une courbe fixe, un point de la courbe mobile décrit une courbe qu'on appelle épicycloïde, lorsque la courbe mobile roule sur la convexité de la courbe fixe, et qu'on appelle hypocycloïde lorsque la courbe mobile roule sur la concavité de la courbe fixe.

L'épicycloïde la plus simple est celle qu'engendre un point d'une tangente qui roule sur son cercle; c'est la courbe que nous avons étudiée en géométrie analytique sous le nom de développante de cercle.

Inversement, si un cercle roule sur une ligne droite, un point du cercle engendre une épicycloïde, qui n'est autre que la cycloïde ordinaire représentée par la figure 27.

Le mouvement d'un solide parallèlement à un plan fixe est un mouvement épicycloïdal, ainsi que nous l'avons vu plus haut.

On appelle roulette la courbe mobile, et base de la roulette la courbe fixe. (Celle-ci peut encore se définir géométriquement comme l'enveloppe de la courbe mobile.)

Lorsque l'épicycloïde est engendrée par un point, invariablement lié à la roulette, quoique non situé sur cette courbe, on dit que l'épicycloïde est allongée ou raccourcie, suivant que le point qui l'engendre est à l'extérieur ou à l'intérieur de la courbe.

Les épicycloïdes les plus intéressantes, et les seules pratiques, sont celles qu'engendre le roulement d'un cercle sur un autre cercle. Nous engageons le lecteur à construire lui-même une série d'épicycloïdes intérieures et extérieures, allongées et raccourcies, afin de se bien rendre compte de leur forme et des différences qu'elles présentent.

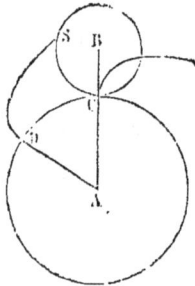

Fig. 28.

L'épicycloïde ordinaire est engendrée par le point S d'un cercle B qui roule sur un cercle A (fig. 28); l'arc CS est égal à l'arc CD; c'est en divisant les deux circonférences en petits arcs égaux que l'on construit par points l'épicycloïde : s'il y a par exemple cinq petits arcs entre D et C, on obtiendra le point S de l'épicycloïde en prenant sur la circonférence B un arc CS égal aussi à cinq petits arcs élémentaires.

Parmi les hypocycloïdes les plus curieuses, on remarque celle qu'engendre un point d'une circonférence qui roule à l'intérieur d'une circonférence de rayon double ; ce point décrit une ligne droite, qui est un diamètre du cercle fixe. Cette propriété se démontre par la géométrie élémentaire; elle fournit un moyen commode de transformer un mouvement circulaire continu en mouvement rectiligne alternatif.

4° Mouvement quelconque de rotation autour d'un point fixe. — Lorsqu'un corps a un point fixe O, si l'on imagine une sphère décrite de ce point O

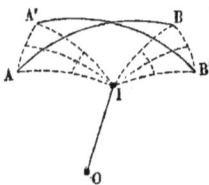

Fig. 29.

comme centre de manière à couper le solide, tous les points de l'intersection ne quitteront pas la sphère pendant le mouvement, quel qu'il soit, puisque le solide est invariable. Toutes les autres molécules du solide étant invariablement liées à celles de la section sphérique, celle-ci les entraîne dans son mouvement, et il nous suffit, pour nous rendre compte du mouvement général, d'étudier le mouvement de la section sur sa sphère.

Théorème. — La section du solide par la sphère peut toujours être amenée d'une de ses positions à l'autre par une rotation autour d'un axe fixe.

Il suffit de démontrer le théorème pour deux points A et B, car deux points étant fixés, tous les autres s'en déduisent puisque leurs distances à ces deux points sont fixes.

Supposons donc que l'arc de grand cercle AB soit venu en A'B' au bout d'un certain temps. Menons les arcs de grand cercle AA', BB', et au milieu de ceux-ci les arcs de grand cercle qui leur sont perpendiculaires et qui se croisent en I. Les triangles sphériques AIB, A'IB' sont superposables, donc les angles de même nom sont égaux, ainsi que leurs différences AIA', BIB'. Si donc on fait tourner l'arc de grand cercle AB, sur la sphère autour du point I, A viendra en A' et B en B'. Le même résultat sera obtenu si l'on imprime à la figure un mouvement de rotation autour de l'axe OI.

Ainsi, on peut passer d'une position à l'autre du solide par une rotation simple autour d'un axe immobile. — Un axe est immobile lorsque deux de ses points ne bougent pas : cela résulte immédiatement de l'invariabilité des distances entre les molécules d'un solide.

Dans ce qui précède, la durée du déplacement est quelconque ; passons à un temps infiniment petit, le résultat précédent sera toujours applicable. Et l'on voit qu'à chaque instant, dans un solide qui se meut autour d'un point fixe, il y a un axe immobile autour duquel le solide tourne pendant un temps infiniment petit. Cet axe immobile porte le nom d'axe instantané de rotation. D'un instant à l'autre, il change dans le corps et dans l'espace.

Si l'on considère le lieu des axes instantanés dans l'espace, c'est évidemment une surface conique S, ayant pour sommet le point fixe O puisque tous les axes instantanés passent en ce point; le lieu des axes instantanés dans le solide mobile est une autre surface conique S', ayant aussi pour sommet le point O. Si nous coupons ces deux cônes par une sphère, nous aurons leurs bases s et s'.

On pourra concevoir le mouvement du solide comme produit par le roulement de la courbe s sur la courbe s', ces deux courbes restant sur la sphère, et mieux encore comme produit par le roulement du cône S' sur le cône fixe; pendant un temps dt, le cône mobile tourne autour de la génératrice Oa du cône fixe, jusqu'à ce que la génératrice mobile Ob' s'applique sur la génératrice fixe Ob; à ce moment, c'est la génératrice Ob qui devient axe de rotation, puis la génératrice Oc....; finalement, lorsque les intervalles considérés décroissent indéfiniment, on a l'image et la représentation frappante du mouvement, en considérant le cône S' qui roule sans glisser sur le cône S.

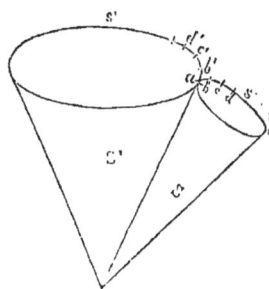

Fig. 50.

C'est Euler et d'Alembert qui ont ébauché cette belle théorie; mais c'est Poinsot qui l'a mise au jour, c'est à lui que nous devons l'image élégante des deux cônes.

Mouvement diurne de la terre. — Lorsqu'on observe, pendant un temps relativement faible, le mouvement de la terre, on reconnaît qu'elle tourne autour d'un axe fixe, appelé ligne des pôles : les deux points où cet axe rencontre la surface terrestre sont les pôles nord et sud, boréal et austral. Mais on s'aperçoit par une observation prolongée que cet axe, censé fixe, est mobile et décrit autour de la perpendiculaire au plan de l'écliptique un cône dont le demi-angle au sommet est de 23°27'30''. L'écliptique est le plan que décrit le rayon vecteur qui va du centre du soleil au centre de la terre, ce plan semble fixe dans l'espace.

Puisque l'axe de rotation de la terre n'est point fixe dans l'espace et décrit le cône ci-dessus défini, il n'est point fixe non plus dans la terre, qui par suite possède à chaque instant un axe instantané de rotation.

Nous connaissons le cône fixe S, cône droit ayant pour axe la perpendiculaire à l'écliptique et pour demi-angle au sommet 23°27'30''; ce cône est décrit en 25800 ans environ, c'est-à-dire que la vitesse angulaire de la génératrice est de 50'' par an, ou 0'',157 par jour. Représentons cette rotation en grandeur et en direction par la ligne OI portée sur son axe ; la rotation de la terre se fait autour de l'axe apparent des pôles OP, elle a pour valeur diurne 360°, et sera représentée en grandeur et en direction par la ligne O*u*. Construisons le parallélogramme des rotations sur O*u* et OI ; la résultante sera O*t*, c'est-à-dire l'axe du cône S′ que l'axe instantané de rotation décrit dans la terre : nous nous figurerons donc le mouvement de la terre, comme produit par le roulement du cône S′ à l'intérieur du cône fixe S, le cône mobile parcourant tout le cône fixe en 25800 ans environ.

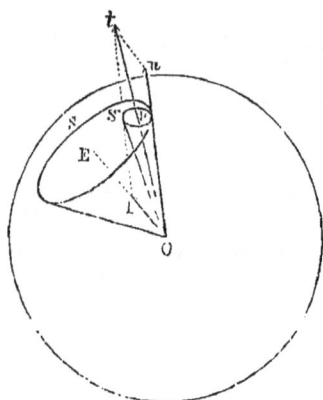

Fig. 51.

La composition des rotations, que nous avons indiquée plus haut, montre que le rayon de la circonférence que découpe le cône mobile à la surface de la terre est de $0^m,27$; cette circonférence a donc pour longueur $1^m,68$. Le pôle apparent de la terre décrit donc chaque jour autour du pôle vrai une circonférence de $0^m,27$ de rayon : on voit que la différence n'est guère appréciable.

5° Mouvement le plus général d'un corps solide. — Imaginons trois axes de coordonnées, fixes dans l'espace, et soit O le point d'un solide en mouvement qui au temps *t* coïncide avec l'origine de ce système de coordonnées ; par ce point O menons dans le solide trois axes qui coïncident avec les axes fixes ; admettons que ces axes, entraînés par le mobile, puisqu'ils ont comme origine un de ses points, restent toujours parallèles au système fixe qui leur a donné naissance, quel sera le mouvement du solide ?

Il résultera 1° du mouvement relatif de ce solide par rapport aux axes mobiles qui lui sont liés, et 2° du mouvement propre de ces axes mobiles par rapport aux axes fixes.

Or le mouvement du solide par rapport à ses axes mobiles est, comme nous venons de le démontrer au paragraphe précédent, une rotation autour d'un axe instantané ; d'autre part, les axes mobiles restant toujours parallèles aux axes fixes, leur mouvement propre est une translation.

Donc le mouvement le plus général d'un corps solide se compose d'une translation et d'une rotation autour d'un axe instantané, dont les positions successives se trouvent sur un cône que le mobile entraîne avec lui.

Ce qui précède laisse dans l'esprit de l'indécision, car on peut choisir à volonté la direction des axes fixes, et par suite on peut décomposer le mouvement d'une infinité de manières en une translation et une rotation autour d'un axe instantané.

Les choses vont se simplifier, car il est toujours possible de trouver une direction telle, que la translation soit à chaque instant parallèle à l'axe instantané.

Voici comme l'a démontré le général Poncelet :

Choisissons dans le mobile trois points fixes A B C et par un point O de l'espace (fig. 52), menons des droites égales en grandeur et en direction aux vitesses absolues V, V′, V″ des trois points A, B, C au moment considéré. Abaissons du point O une perpendiculaire OP sur le plan qui joint les extrémités de ces vitesses et joignons à ces extrémités le pied P de la perpendiculaire, nous obtiendrons trois droites *v*, *v′*, *v″* situées dans un même plan.

La vitesse V peut se remplacer par la vitesse OP et par *v*
—   V′   —   —   OP — *v′*
—   V″   —   —   OP — *v″*

Le mouvement des trois points fixes du mobile peut donc se considérer comme résultant d'une translation OP, et du mouvement produit par des vitesses qui sont toutes dans un même plan; ce dernier mouvement, parallèle à un plan fixe, a été étudié en détail; il est produit par une rotation instantanée autour d'un axe perpendiculaire au plan fixe.

Le mouvement de trois points déterminés du solide étant connu, le mouvement du solide est connu par cela même, puisque toutes les autres molécules sont invariablement liées aux trois premières.

Ainsi, le mouvement le plus général d'un corps se compose d'une rotation autour d'un axe instantané et d'une translation parallèle à cet axe; ce n'est autre chose que le mouvement d'une vis qui pénètre dans son écrou; la vis n'est pas dirigée suivant une ligne droite, elle change de direction d'un instant à l'autre, et son axe dans l'espace est une courbe, qui peut être plus ou moins régulière.

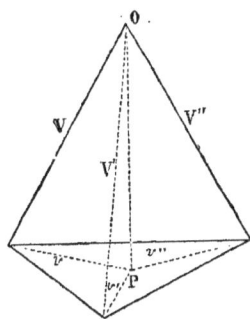

Fig. 52.

C'est par cette image simple que l'on peut se représenter le mouvement le plus général d'un corps solide.

DU MOUVEMENT RELATIF EN GÉNÉRAL

Nous avons défini le mouvement relatif et nous l'avons étudié au point de vue de la vitesse seulement.

On dit qu'un mouvement est relatif lorsque les axes auxquels on le rapporte ne sont pas fixes dans l'espace, mais sont eux-mêmes animés d'un mouvement, que l'on appelle le mouvement d'entraînement.

Le mouvement absolu du mobile résulte de la composition de son mouvement relatif avec le mouvement d'entraînement. L'étude du mouvement relatif d'un mobile, c'est-à-dire de ses positions successives par rapport à trois axes mobiles, est, du reste, fondée sur les mêmes principes que l'étude du mouvement absolu; le mouvement relatif se calculera absolument comme le mouvement absolu du mobile par rapport aux trois axes supposés fixes.

Nous avons démontré plus haut le théorème des vitesses dans le mouvement relatif :

1° La vitesse absolue est la résultante de la vitesse relative et de la vitesse d'entraînement.

2° La vitesse relative est la résultante de la vitesse absolue et de la vitesse d'entraînement prise en sens contraire.

Passons aux accélérations :

Nous savons déterminer l'accélération totale dans un mouvement absolu quel qu'il soit; elle est, à chaque instant, la résultante de l'accélération tangentielle et de l'accélération centripète; nous pouvons donc déterminer l'accélération totale relative, en faisant abstraction de l'entraînement des axes auxquels est rapporté le mobile.

1° Si le mouvement d'entraînement est une translation, l'accélération totale absolue est la résultante de l'accélération totale relative et de l'accélération d'entraînement; et par suite, l'accélération totale relative est la résultante de l'accélération totale absolue et de l'accélération d'entraînement, prise en sens contraire. En effet, nous avons montré que si l'on considère sur une trajectoire deux positions voisines M et M' d'un mobile, l'espace élémentaire $v'dt$ était la diagonale du parallélogramme construit sur les longueurs vdt et $\frac{1}{2}J(dt)^2$ (fig. 20);

appliquons ce principe. Sur la figure 33, la courbe MM' représente la trajectoire absolue du mobile, la courbe MM_1, la trajectoire qu'il suivrait s'il n'était soumis qu'à la vitesse d'entraînement, et la courbe MM'' la trajectoire qu'il suivrait s'il n'était soumis qu'au mouvement relatif; les deux premières trajectoires sont rapportées aux axes fixes et la dernière est rapportée aux axes mobiles. Au bout d'un temps dt, le mobile est venu en M' sur la trajectoire absolue, et il serait venu en M_1 sur la trajectoire d'entraînement; mais le mobile fictif, qui chemine sur la trajectoire d'entraînement, emporte avec lui la trajectoire relative, qui vient se placer parallèlement à elle-même en M_1M' (le mouvement étant une trans-

Fig. 33.

lation). Le chemin MM' est résultant des chemins MM_1 et M_1M', ce qui revient à dire que la vitesse absolue est la résultante de la vitesse relative et de la vitesse d'entraînement. L'espace MM' ou $V'dt$, est résultant de MA (Vdt) et de AM' $\left(\frac{1}{2}J(dt)^2\right)$; l'espace MM_1 est résultant de ME ($v_e dt$) et $EM_1\left(\frac{1}{2}J_e(dt)^2\right)$; l'espace M_1M' est résultant de M_1R ($v_r dt$) et $RM'\left(\frac{1}{2}J_r(dt)^2\right)$. Si l'on mène la droite EA, elle représentera $v_r dt$, puisqu'elle ferme un triangle qui a pour côtés Vdt et $v_e dt$; donc elle sera égale à M_1R; de plus, elle lui sera parallèle, puisque la trajectoire relative a été transportée parallèlement à elle-même de M en M_1; par suite, la figure EM_1RA est un parallélogramme, et l'on a :

$$AR = EM_1 = \frac{1}{2}J_e(dt)^2$$

Dans le triangle AM'R, la droite AM' ou $\frac{1}{2}J(dt)^2$ est résultante de AR ou $\frac{1}{2}J_e(dt)^2$ et de RM' ou $\frac{1}{2}J_r(dt)^2$, ce qu'il fallait démontrer.

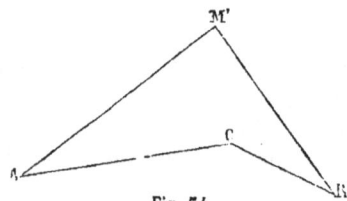

Fig. 34.

2° Mais si le mouvement d'entraînement est une rotation, les choses se compliquent; la trajectoire relative ne se transporte plus parallèlement à elle-même le long de la trajectoire d'entraînement, le contour EM_1RA n'est plus un parallélogramme, et si par le point A on mène une droite égale et parallèle à EM_1, ou $\frac{1}{2}J_e(dt)^2$, l'extrémité C de cette droite ne tombera plus en R, et pour achever le contour M'AR, il faudra une droite supplémentaire CR (fig. 34).

L'accélération totale absolue, représentée par M'A a donc pour composantes :

1° l'accélération d'entraînement, représentée par AC ;

2° l'accélération totale relative représentée par RM' ;

3° une longueur, représentée en grandeur et en direction par la droite CR, et à laquelle on donne le nom d'accélération complémentaire.

Ce serait vouloir entrer dans de longs calculs que de se proposer de la calculer ; nous dirons seulement que, dans le cas d'entraînement qui nous occupe, à savoir une rotation autour d'un axe fixe, cette accélération complémentaire prend le nom d'accélération centrifuge composée et qu'elle a pour valeur : $2 \omega v_r \sin(\omega, v_r)$, formule dans laquelle ω est la vitesse angulaire de la rotation, v_r la vitesse relative, et (ω, v_r) l'angle que fait l'axe représentatif de la rotation avec la vitesse relative.

Lorsqu'un observateur se place sur l'axe de rotation, dans le même sens que cette rotation, et qu'il regarde la vitesse relative, il trouve toujours que l'accélération centrifuge composée est dirigée vers la gauche de la vitesse relative.

Effets de l'accélération centrifuge composée dans le mouvement des projectiles. — Dans notre hémisphère, la rotation de la terre est représentée par la ligne des pôles NS, et comme la terre tourne de l'ouest à l'est, c'est-à-dire en sens inverse des aiguilles d'une montre, la flèche de son axe de rotation est dirigée vers le pôle sud ; pour un observateur, qui par la pensée se place debout au pôle nord, et qui regarde la vitesse relative, l'accélération centrifuge composée sera dirigée à la droite de cette vitesse relative.

1° Lorsqu'un corps est lancé verticalement de haut en bas, l'accélération centrifuge composée est dirigée vers l'occident ; la trajectoire du mobile n'est donc pas une verticale, mais une courbe qui s'écarte de plus en plus de la verticale du côté de l'occident.

2° Si le corps tombe de haut en bas, par exemple dans un puits, il ne suit pas la verticale, mais est dévié vers l'est ; la déviation horizontale x est donnée par la formule :

$$x = \frac{\omega g \cos \lambda}{3} \cdot \left(\frac{2z}{g} \right)^{\frac{3}{2}},$$

formule dans laquelle ω est la vitesse angulaire de la terre que nous avons calculée plus haut (environ $\frac{1}{13700}$), g est l'accélération de la pesanteur et z la hauteur de chute.

Cette formule est facile à établir en éliminant t entre les équations :

$$z = \frac{g t^2}{2}, \quad \frac{d^2 x}{dt^2} = 2 \omega . v . \sin(\omega . v) = 2 . \omega . g t . \cos \lambda$$

Après une chute de un kilomètre, la déviation orientale sera d'à peu près $0^m,45$.

3° On pourra étudier de même le mouvement d'un corps qui se meut horizontalement, par exemple un train de chemin de fer, les eaux d'une rivière, une bille de billard, etc. Si ce corps marche vers le sud, la déviation est occidentale ; s'il marche vers le nord, la déviation est orientale. La Seine par exemple tendra à ronger sa rive droite plus que sa rive gauche ; mais la vitesse est trop faible, et les circonstances géologiques ont trop d'influence pour que l'on puisse démêler l'effet de l'accélération centrifuge composée.

4° C'est encore la notion de l'accélération centrifuge composée qui a conduit

M. Foucault à sa fameuse expérience du pendule, par laquelle il démontre la rotation de la terre. Supposez un pendule formé d'une boule très-lourde, suspendue à un fil très-fin et très-long, de telle sorte que l'on puisse négliger l'effet de la torsion; quand le pendule oscille, il tend sans cesse à être dévié de son plan vertical par l'effet de l'accélération centrifuge composée, et en résumé son plan vertical d'oscillation tourne autour de la verticale.

L'expérience s'est faite au Panthéon; le fil de suspension descendait de la coupole pour supporter la lentille qui touchait presque le sol et qui, par le moyen d'un appendice inférieur, marquait sur du sable fin la trace de ses plans successifs d'oscillation; vu la grande longueur du fil, l'effort de torsion était presque nul, et l'on pouvait considérer la boule comme soutenue tout simplement par un fil mathématique.

TRANSFORMATIONS DE MOUVEMENT. MACHINES ÉLÉMENTAIRES

Les machines au point de vue du mouvement. — Lorsqu'on se trouve en présence d'une machine, on cherche d'abord, quels sont les moyens, les intermédiaires, quelles sont en un mot les transmissions qui portent le mouvement du récepteur à l'outil (le récepteur est la partie de la machine qui reçoit directement l'effort du moteur). Si l'on a sous les yeux un métier de filature ou bien une montre on ne se demande pas immédiatement quelle est la force nécessaire pour produire le mouvement, on veut découvrir avant tout comment le mouvement de rotation de la poulie ou de la roue motrice se transmet soit à la broche du métier, soit aux aiguilles de la montre.

On étudie la machine au point de vue du mouvement seul, indépendamment des forces qui concourent à le produire.

Nous dirons donc en cinématique qu'une machine est un instrument à l'aide duquel on peut changer la direction et la vitesse d'un mouvement donné; tandis qu'en dynamique une machine sera pour nous un instrument à l'aide duquel on peut changer la direction et l'intensité d'une force donnée.

Il est important de saisir et de distinguer ces deux modes d'envisager les machines; l'habileté du mécanicien consiste à les posséder parfaitement l'une et l'autre, et à les combiner avec soin, car il peut arriver qu'un mécanisme, excellent sous le rapport cinématique, ne vaille rien sous le rapport dynamique.

L'avantage de considérer à part le mouvement et les forces, c'est d'éviter toute confusion dans l'esprit, et de montrer nettement d'une part la partie géométrique, et d'autre part la partie dynamique plus difficile à saisir, quoique actuellement plus connue et mieux enseignée que la cinématique dans les écoles industrielles.

On a donné plusieurs classifications des machines élémentaires; comme la question est d'une haute importance, nous dirons quelques mots de ces diverses classifications, en commençant par la plus ancienne, celle de Lanz et Bétancour.

CLASSIFICATION DES MACHINES ÉLÉMENTAIRES D'APRÈS LANZ ET BÉTANCOUR

C'est à Monge que l'on doit l'idée de cette première classification, qui fut composée vers 1806 par Hachette, Lanz et Bétancour, professeurs à l'École polytechnique.

En voici le point de départ :

De toutes les lignes qu'un point peut décrire dans un plan, les plus simples sont le cercle et la ligne droite. Si ce point décrit une circonférence entière en tournant toujours dans le même sens, on nomme cette espèce de mouvement *circulaire continu*. Si, après avoir décrit la circonférence entière ou une partie de circonférence dans un sens, le point tourne en un sens contraire pour reprendre la position primitive, son mouvement est *circulaire alternatif*. S'il décrit une ligne droite sans changer de direction, son mouvement est *rectiligne continu*. S'il change de direction sur la même droite, pour revenir au point de départ, le mouvement est *rectiligne alternatif*.

Les machines les plus complexes sont des combinaisons de mouvements circulaires avec des mouvements rectilignes, et les machines simples ou élémentaires sont celles qui transforment l'un des quatre mouvements circulaires et rectilignes d'un point mobile en un autre de ces mêmes mouvements.

Le mécanicien, pour arriver à une exécution parfaite dans la forme et dans les dimensions, évite autant que possible l'emploi de solides d'une forme irrégulière. La plupart des surfaces courbes dont on fait usage sont ou de révolution ou réglées; quelques-unes de ces dernières sont cylindriques ou coniques; toutes ont en somme des génératrices qui se déduisent du mouvement d'une droite ou d'un cercle.

Les quatre mouvements simples, en se combinant deux à deux, donnent lieu à dix combinaisons renfermant chacune un certain nombre de machines.

Il est donc possible par ce moyen de donner une classification artificielle, une énumération complète de toutes les machines simples.

Cette classification est résumée dans le tableau suivant :

NUMÉRO ET DÉSIGNATION DE LA SÉRIE.	DÉSIGNATION DES MACHINES QUI ENTRENT DANS LA SÉRIE.
1° Transformation du mouvement rectiligne continu en mouvement rectiligne continu.	Corde passant sur une poulie ordinaire fixée par sa chape. — Corde passant sur une poulie mobile. — Corde passant sur des moufles ou palans. — Plan incliné. — Poulies situées dans des plans différents. — Tiges verticales flexibles restant toujours tangentes aux deux secteurs opposés d'un balancier. — Coins des presses (un coin vertical s'enfonce entre deux coins horizontaux : rien ne limite le mouvement théorique). — Bélier hydraulique.
2° Transformation du mouvement rectiligne continu en mouvement rectiligne alternatif.	Planche portant une rainure ondulée dans laquelle glisse un bouton relié à une tige guidée ; la planche ayant un mouvement progressif continu communique au bouton et à la tige guidée un mouvement oscillatoire rectiligne.
3° Transformation du mouvement rectiligne continu en circulaire continu. . .	Treuil. — Cric. — Roue mue par une crémaillère. — Roue dentée mue par une chaîne à la Vaucanson, ou par une chaîne Galle. — Vis avec écrou. — Vis différentielle. — Roue à aubes. — Vis d'Archimède. — Roue à réaction. — Madrier roulant sur rouleaux. — Treuil à tambour conique. — Treuil à câble plat pour les mines. — Crémaillère et vis sans fin. — Machine à aléser. — Cylindre avec rainure hélicoïde guidant une tige.
4° Transformation du mouvement rectiligne continu en circulaire alternatif. . . .	Pendule hydraulique de Perrault. — Autres pendules hydrauliques. — Bateau avec son gouvernail et son ancre. — Encliquetage à crémaillère mû par un levier.
5° Transformation du mouvement circulaire continu en rectiligne alternatif. . . .	Communication immédiate par excentrique. — Manivelle et tige guidée à coulisse. — Excentrique circulaire et tige guidée à cadre. — Excentrique quelconque. — Excentrique et tige à deux roulettes. — Communication immédiate par engrenage ou came ; pignon partiellement denté et cadre guidé à deux crémaillères. — Pilon et arbre à cames. — Arbre à cames et cadre à mentonnets intérieurs. — Pignon et cadre à denture intérieure continue. — Manivelle ou excentrique circulaire, bielle et tige guidée. Deux roues dentées égales, deux bielles égales et un joug menant une tige. — Communication par engrenage intermédiaire. — Roue à mouvement épicycloïdal de Lahire. — Plateau incliné tournant sur un pivot et tige à galet. — Roue à ondes et tige à galet. — Rainure continue dans un cylindre tournant et cheville glissante.

NUMÉRO ET DÉSIGNATION DE LA SÉRIE.	DÉSIGNATION DES MACHINES QUI ENTRENT DANS LA SÉRIE.
6° Transformation du mouvement circulaire continu en circulaire continu. . . .	Cylindres roulants. — Engrenages extérieur, intérieur, hélicoïde. — Poulies avec courroie, corde ou chaîne. — Courroies croisées et non croisées. — Roues accouplées par des bielles. — Essieux coudés réunis par des bielles. Joint d'Oldham. — Trains de roues dentées ou de poulies à axes parallèles. — Communication par mouvement épicycloïdal plan. — Communication par mouvement épicycloïdal sphérique. — Cônes roulants, engrenages coniques. — Vis sans fin. — Engrenage hyperboloïde. — Roues dentées intermédiaires. — Courroies sans fin obliques. — Poulies de renvoi. — Engrenage elliptique. — Engrenage par carrés arrondis. — Engrenage de trois roues dentées dont une est excentrée. — Cônes inverses de Rœmer. — Secteurs dentés engrenant alternativement. — Engrenage intermittent. — Manivelles unies par une bielle. — Joint de Cardan.
7° Transformation du mouvement circulaire continu en circulaire alternatif.. . .	Balancier appuyé sur un excentrique à révolution entière. — Manivelle à révolution entière dont le bouton se meut dans une rainure oscillante. — Martinet. — Marteau frontal. — Communication par bielle ou encliquetage. — Manivelle, bielle et pédale. — Excentrique ou manivelle avec balancier. — Levier de Lagarousse. — Levier à encliquetage intermittent. — Encliquetage Dobo. — Balancier à double crémaillère guidée. — Roue planétaire de Watt. — Roue partiellement dentée et pignon alternativement intérieur et extérieur. — Marteau à soulèvement latéral. — Balancier appuyé sur un excentrique conique.
8° Transformation du mouvement rectiligne alternatif en rectiligne alternatif. .	Deux tiges guidées, l'une à coulisse, l'autre à bouton parcourant la coulisse de la première. — Deux tiges guidées réunies par une bielle articulée. — Tige guidée reposant sur un plan incliné.
9° Transformation du mouvement rectiligne alternatif en circulaire alternatif. .	Archet appliqué à forer. — Balancier à coulisse et tige guidée à bouton. — Balancier à bouton et tige guidée à coulisse. — Tambour ou secteur lié à une tige tangente ou à deux tiges tangentes. — Bielle liant une tige guidée et un balancier. — Balancier à support oscillant et tige guidée. — Balancier à bride. — Parallélogramme de Watt. — Zigzag.
10° Transformation du mouvement circulaire alternatif en circulaire alternatif.	Système de deux pendules reliés par une bielle. — Pédale du tour. — Balancier. — Tous les systèmes qui transforment le mouvement circulaire continu en circulaire continu peuvent transformer le mouvement circulaire alternatif en circulaire alternatif.

Il faudrait ajouter une onzième classe, comprenant la transformation d'un mouvement suivant une courbe en un mouvement suivant une autre courbe.

Le plus souvent, lorsqu'un outil doit suivre un chemin curviligne, on transforme un mouvement circulaire en un mouvement suivant la courbe donnée ; on se sert cependant d'un instrument qui transforme une courbe en une autre, c'est le pantographe qu'emploient les dessinateurs pour rapporter les dessins.

On reproche au travail précédent d'être plutôt une énumération qu'une classification logique. En effet, 1° la distinction entre le mouvement circulaire et le mouvement rectiligne est insignifiante, car c'est avec les mêmes systèmes qu'on arrive à produire l'un et l'autre ; 2° la distinction en mouvement continu et mouvement alternatif ne vaut guère mieux; géométriquement, l'appareil qui produit un de ces mouvements produit l'autre ; il faut séparer seulement les mouvements qui ont une amplitude géométriquement illimitée, de ceux qui ont une amplitude géométriquement limitée ; 3° la classification de Lanz et Bétancour a bien vieilli, nous avons aujourd'hui bien des engins nouveaux, et de plus ils avaient le tort de ranger par exemple une roue hydraulique au nombre des machines simples, qui transforment un mouvement rectiligne continu (celui des eaux) en un mouvement circulaire continu (celui de la roue); l'eau est un moteur et non pas un mécanisme, une roue hydraulique n'est qu'un appareil destiné à transformer un mouvement circulaire continu en un autre circulaire continu : Lanz et Bétancour prenaient le moteur pour le récepteur.

Il existe une classification plus logique, inventée par Robert Willis et présentée pour la première fois par E. Bour, le savant et regretté professeur de l'École polytechnique. C'est d'après lui que nous allons l'exposer.

CLASSIFICATION DES MACHINES DONNÉE PAR BOUR, D'APRÈS ROBERT WILLIS

Nous distinguerons d'abord deux grandes classes de machines :

1° La première comprend les mouvements qui théoriquement peuvent continuer indéfiniment dans le même sens ;

2° La seconde comprend les mouvements dont l'étendue est limitée, et qui sont tels, que le sens de la vitesse d'une des pièces au moins doive changer périodiquement.

Dans chacune de ces classes on peut distinguer deux genres : 1° Dans l'un le rapport des vitesses est constant, 2° dans l'autre il est variable.

Et enfin, dans chaque genre, nous établirons trois espèces : 1re espèce, pièces en contact immédiat; 2e espèce, pièces réunies par un lien rigide; 3e espèce, pièces réunies par un lien flexible.

Tel est le principe de cette classification, principe que résume le tableau suivant :

CLASSIFICATION DES MACHINES ÉLÉMENTAIRES.

CLASSES.	GENRES.	ESPÈCES.
1re CLASSE. Mouvements pouvant géométriquement continuer indéfiniment dans le même sens.	**1er GENRE.** Rapport des vitesses constant.	1re ESPÈCE.— Pièces en contact immédiat. 2e ESPÈCE.— Emploi d'un lien rigide. 5e ESPÈCE.— Emploi d'un lien flexible.
	2e GENRE. Rapport des vitesses variable.	1re ESPÈCE.—Contact immédiat. 2e ESPÈCE. — Lien rigide. 5e ESPÈCE. — Lien flexible.
2e CLASSE. Mouvements dont l'étendue est limitée, et qui sont tels, que le sens de la vitesse d'une des pièces au moins doive changer périodiquement.	**GENRE UNIQUE.** Rapport des vitesses constant ou variable.	1re ESPÈCE.—Contact immédiat. 2e ESPÈCE. — Lien rigide. 5e ESPÈCE. — Lien flexible.

Le développement de cette classification se trouve dans les tableaux suivants, où sont représentées et sommairement décrites les machines élémentaires les plus connues :

CLASSIFICATION DES MACHINES ÉLÉMENTAIRES

1re CLASSE. — **Mouvements pouvant, géométriquement, continuer indéfiniment dans le même sens.**

1er GENRE. — **Rapport des vitesses constant.**

1re ESPÈCE. — **Pièces en contact immédiat.**

1. — Rouleaux de friction.
2. — Madrier entraîné par un rouleau.
3. — Cône roulant sur un disque tournant.
4. — Cône de friction.
5. — Hyperboloïdes de friction.
6. — Joint universel sphérique.
7. — Engrenage extérieur.
8. — Engrenage intérieur.
9. — Engrenage à vis.
10. — Engrenage conique.
11. — Roue dentée et crémaillère.
12. — Came et pilon.
13. — Rainure hélicoïde guidant un petit chariot à tige.
14. — Vis mobile et écrou fixe.
15. — Vis fixe et écrou mobile.
16. — Poulie montée sur une vis, mobile dans un écrou fixe.
17. — Barre d'attelage; vis double composée de deux vis égales et de sens contraire.
18. — Vis différentielle; la progression de l'écrou mobile est la différence des translations que subissent les deux vis.
19. — Vis sans fin et crémaillère.
20. — Vis sans fin et roue dentée.

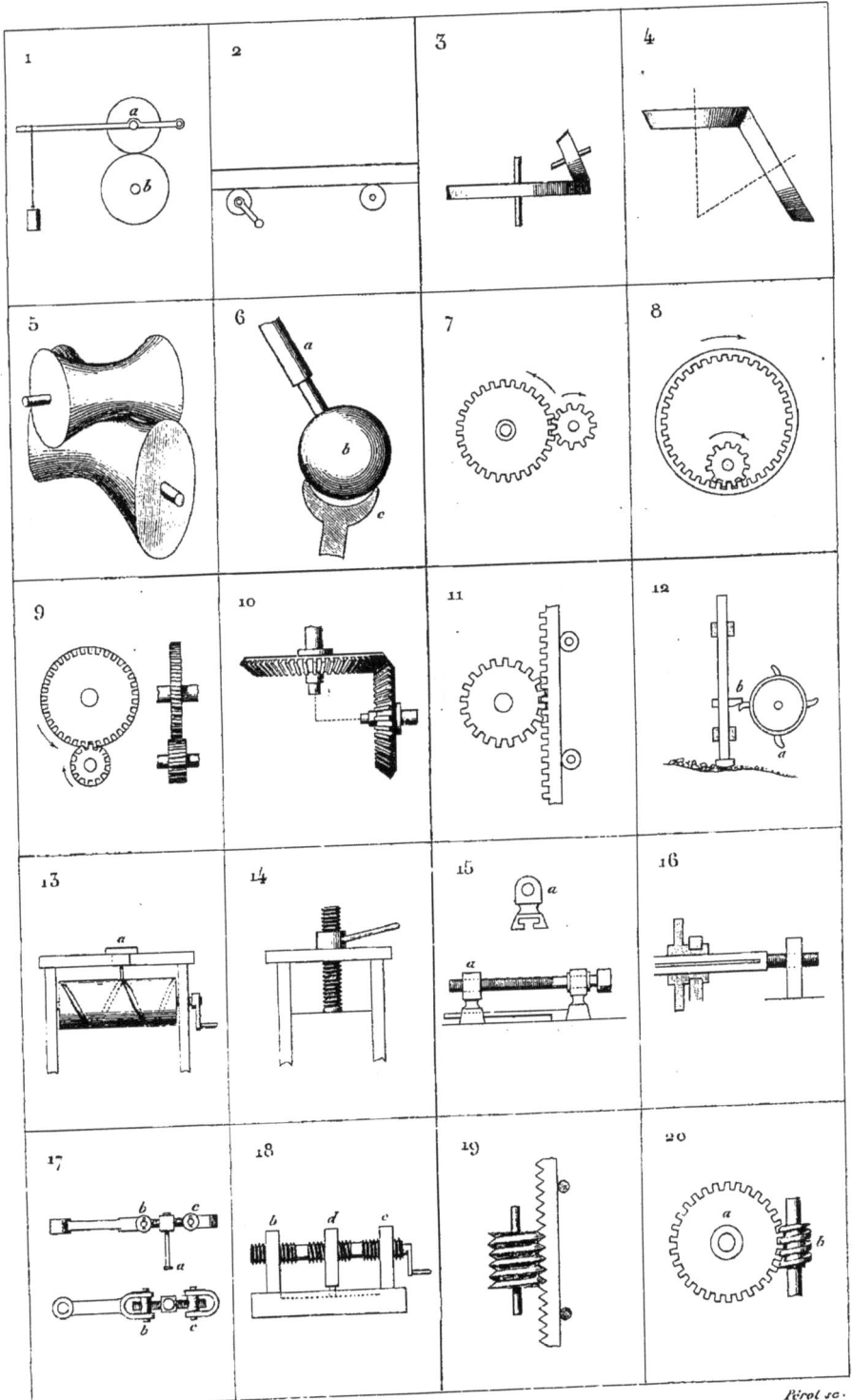

Tableau N.º 1

Debauve Mécanique

Pérol sc.

CLASSIFICATION DES MACHINES ÉLÉMENTAIRES

1ʳᵉ CLASSE. — **Mouvements pouvant, géométriquement, continuer indéfiniment dans le même sens.**

1ᵉʳ GENRE. — **Rapport des vitesses constant.**

2ᵐᵉ ESPÈCE. — **Pièces réunies par un lien rigide.**

1. — Coins.
2. — Tige guidée par un plan incliné.
3. — Roues accouplées — (locomotives).
4. — Accouplement de roues dentées; la roue horizontale inférieure entraine le pignon vertical qui, à son tour, entraine la roue horizontale supérieure.
5. — Système de plusieurs roues dentées qui se commandent, ou train épicycloïdal.
6. — Autre train épicycloïdal; la roue motrice est le pignon inférieur à manivelle — (horloge lunaire de Pecqueux).
7. — Autre train épicycloïdal. (Compteur universel.)
8. — Roues dentées et vis avec écrou mobile. (Machine à diviser.)
9. — Machine à aléser.
10. — Machine automatique pour fabriquer les câbles.
11. — Mouche ou roue planétaire de Watt.
12. — Train épicycloïdal. (Paradoxe de Fergusson.)
13. — Renvois de sonnettes.
14. — Communication par tiges et varlets. (Ancienne machine de Marly.)

Tableau Nº 2

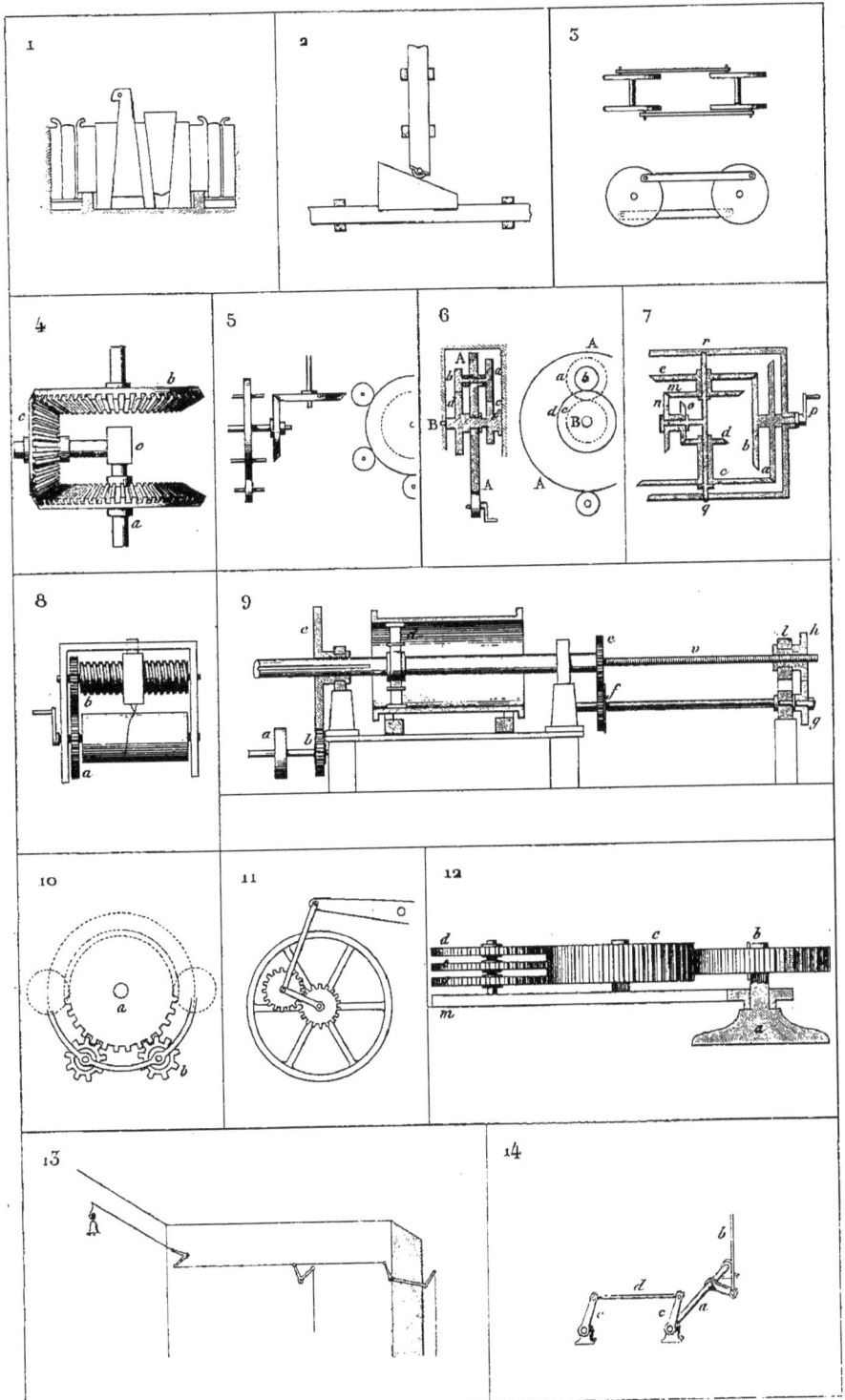

CLASSIFICATION DES MACHINES ÉLÉMENTAIRES

1ʳᵉ CLASSE. — **Mouvements pouvant, géométriquement, continuer indéfiniment dans le même sens.**

1ᵉʳ GENRE. — **Rapport des vitesses constant.**

3ᵐᵉ ESPÈCE. — **Pièces réunies par un lien flexible.**

1. — Corde et poulie fixe.
2. — Corde et poulie mobile.
3. — Corde passant sur deux poulies non situées dans le même plan.
4. — Courroie sans fin reliant deux poulies.
5. — Courroie sans fin à brins croisés, reliant deux poulies.
6. — Courroie sans fin reliant deux poulies non situées dans le même plan.
7.-8. — Combinaisons pour relier deux poulies non situées dans le même plan.
9. — Tambour moteur relié par des courroies à un certain nombre de poulies.
10. — Câble Hirn pour transmission à grandes distances.
11. — Chaîne de Galle et pignon à dents.
12. — Combinaison de deux poulies: l'une fixe et l'autre mobile.
13, 14, 15. — Moufles et palans.
16. — Treuil de puits.
17. — Treuil chinois ou différentiel.
18. — Cabestan.
19. — Transmission du mouvement par un liquide. (Presse hydraulique.)

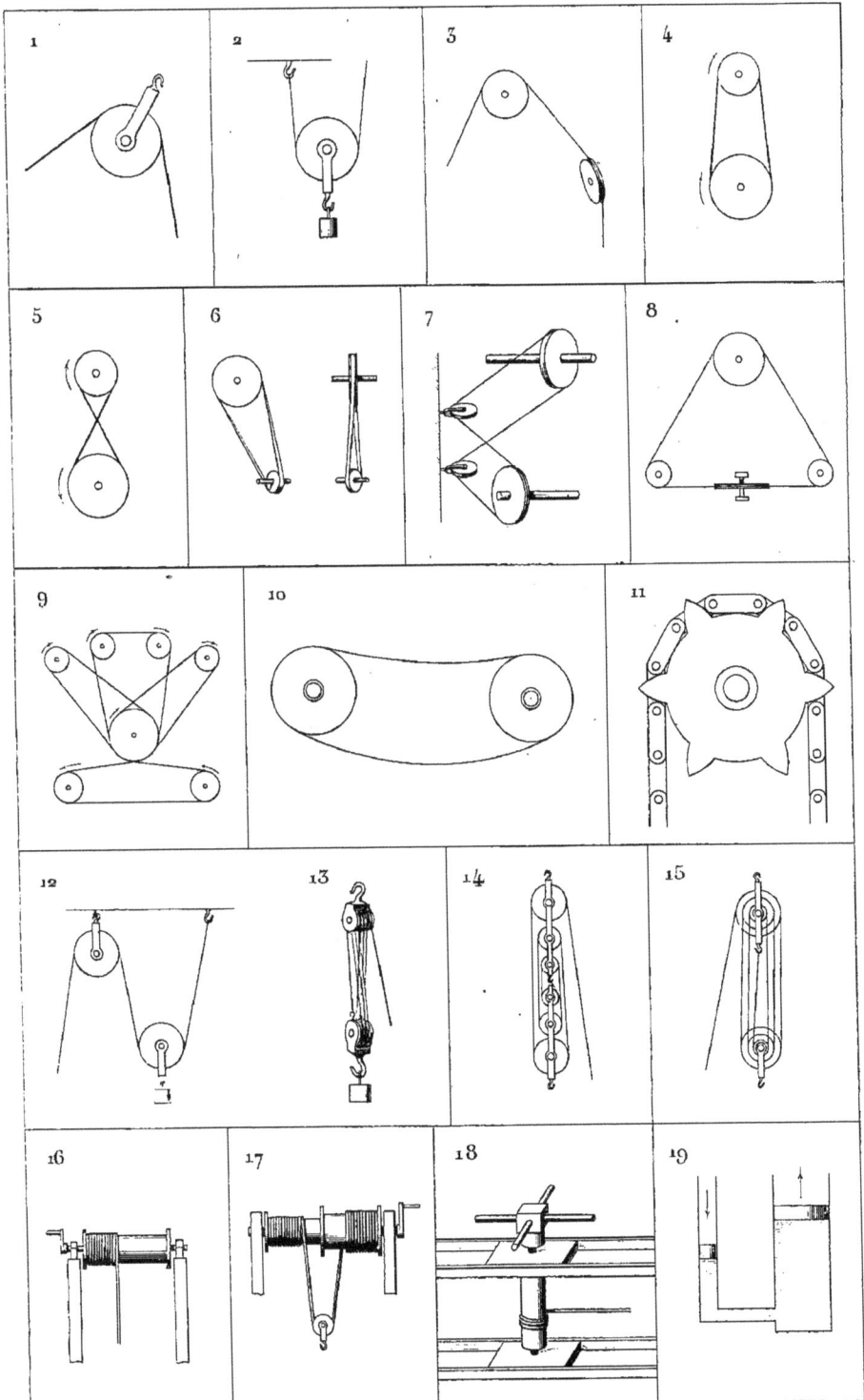

CLASSIFICATION DES MACHINES ÉLÉMENTAIRES

1ʳ CLASSE. — Mouvement pouvant, géométriquement, continuer indéfiniment dans l même sens.

2ᵉ GENRE. — Rapport des vitesses variable.

1ʳᵉ ESPÈCE. — Pièces en contact immédiat (A).

1. — Roues à profil d'ellipse engrenant l'une avec l'autre.
2. — Roue d'Huyghens.
3. — Engrenage par secteurs dentés de rayon variable.
4. Roue portant un doigt qui conduit d'une manière intermittente une roue dentelée
5. Roue partiellement dentée conduisant d'une manière intermittente une roue totale ment dentée.
6. — Roue de Rœmer.

1ʳᵉ classe. — 2ᵉ genre. — 2ᵉ espèce : pièces réunies par un lien rigide (B).

7. — Manivelles articulées par une tige.
8. — Manivelles, l'une à doigt, l'autre à coulisse.
9. — Joint de Cardan, ou joint universel.
10. — Roues dentées (*a*) et (*b*) réunies par une autre roue (*c*) qui les suit dans leur mouvement: la roue (*a*) est excentrée.

1ʳᵉ classe — 2ᵉ genre — 3ᵉ espèce: pièces réunies par un lien flexible (C).

11. — Treuil à tambour conique.
12. — Treuil à câble plat des mines — à mesure que le câble s'enroule, le rayon du tambour augmente.
13. — Poulie (*a*) et (*d*) réunies par une courroie sans fin que tend une poulie à poids (*e*). — La poulie (*d*) est elliptique, donc le mouvement transmis est à vitesse variable.
14. — Treuils coniques inverses.
15. — Treuil conique et treuil cylindrique. (Fusée des montres.)

Tableau Nº 4

A

1   2   3

4   5   6

B

7   8   9   10

C

11   12   13   14   15

Debauve Mécanique

Pérot sc.

CLASSIFICATION DES MACHINES ÉLÉMENTAIRES

2ᵉ CLASSE. — Mouvements à étendue limitée et tels, que le sens de la vitesse d'u[...] des pièces au moins change périodiquement.

GENRE UNIQUE. — Rapport des vitesses constant ou variable.

1ʳᵉ ESPÈCE. — Pièces en contact immédiat.

1. — Roue dentée interrompue qu'un pignon parcourt indéfiniment, en passant pér[...] diquement de l'intérieur à l'extérieur.
2. — Pignon et cadre dentés.
3. — Pignon partiellement denté et crémaillères opposées jumelles.
4. — Roue à moitié dentée agissant alternativement sur deux pignons portés par [...] même tige.
5. — Arbre à trois doigts agissant périodiquement sur les saillies d'un cadre à ti[...] guidée.
6. — Marteau de forge soulevé par un arbre à cames.
7. — Cisaille de forge mue par une poulie excentrée.
8. — Excentrique à cœur avec tige guidée.
9. — Autre excentrique.
10. — Bouton d'une tige guidée glissant dans une rainure (excentrique).
11. — Excentrique en contact avec une tige guidée à ressort.
12. — Excentrique circulaire et cadre.
13. — Excentrique triangulaire.
14. — Autre excentrique (périodes de repos dans la tige guidée).
15-16. — Excentrique circulaire (manœuvre des tiroirs de machines).
17. — Galet terminant une tige guidée et glissant sur un disque incliné par rapport s[...]n arbre de rotation.
18. — Tige guidée à ressort en contact avec une roue dentelée.

Tableau Nº 5.

Pérot sc.

CLASSIFICATION DES MACHINES ÉLÉMENTAIRES

2ᵉ CLASSE. — Mouvements à étendue limitée et tels, que le sens de la vitesse d'une des pièces au moins change périodiquement.

GENRE UNIQUE. — Rapport des vitesses constant ou variable.

2ᵉ ESPÈCE. — Pièces réunies par un lien rigide (A).

1. — Balancier avec cliquets agissant sur une double crémaillère mobile qui se trouve relevée à chaque oscillation.
2. — Levier de Lagaroust.
3. — Levier à encliquetage.
4. — Encliquetage muet.
5. — Encliquetage Dobo.
6. — Balancier, bielle et manivelle.
7. — Manivelle et tige guidée à coulisse.
8. — Manivelle, bielle et tige à glissières prolongeant un piston.
9. — Manivelle de machine oscillante.
10. — Arbre à cames et martinet.
11. — Tige guidée par un galet, bielle et manivelle. (Machine de Mausdlay).
12. — Levier, bielle et tige guidée.
13. — Levier à coulisse et tige guidée à bouton.
14. — Balancier et contre-balancier.
15. — Parallélogramme de Watt.

2ᵉ classe. — Genre unique. — 3ᵉ espèce : pièces liées par un lien flexible (B).

16. — Manivelle et corde passant sur une poulie et soutenant un poids.
17. — Courroie à tendeur.

A

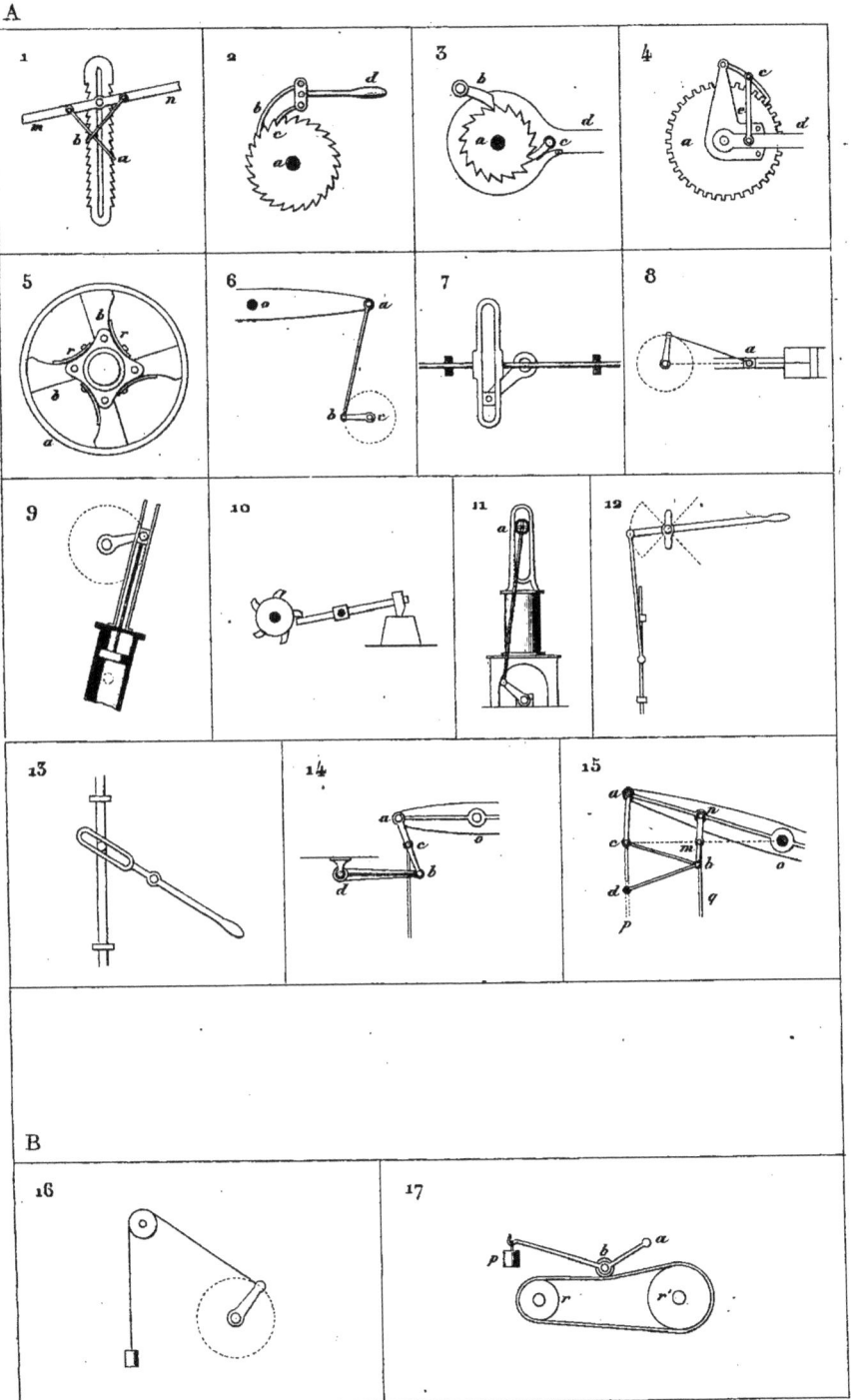

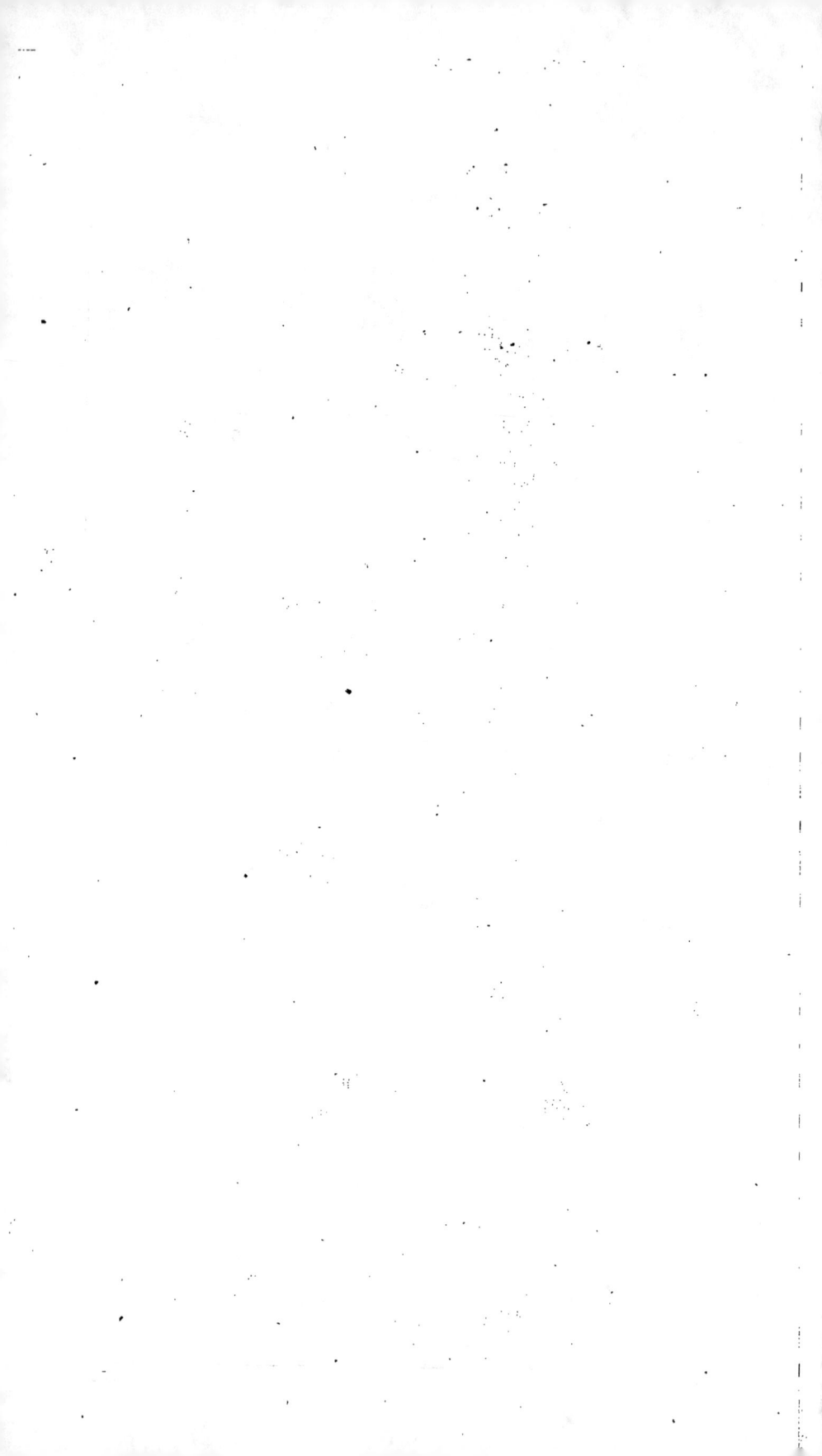

trapèze ; bien que théoriquement ils soient possibles, ils donneront toujours de mauvais résultats dans la pratique.

Roues dentées à profil quelconque. — Théoriquement, on peut se donner arbitrairement le profil de la dent d'une roue et en déduire le profil de la dent de l'autre roue. Voici comment :

Lorsque deux courbes sont assujetties à rester en contact en tournant autour de deux points fixes O et O', leur mouvement relatif peut être de diverses natures. Pour étudier ce mouvement relatif, nous pouvons supposer que l'une des courbes O reste fixe, cela revient à rapporter le mouvement à des axes de coordonnées liés à cette courbe O. Soit m le point de contact à un instant donné, et soit m_1 le point de la courbe mobile qui viendra en m_2 de la courbe fixe un moment après.

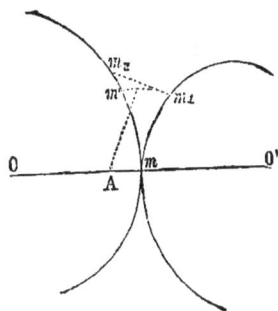

Fig. 55.

1° Lorsque l'arc mm_1 est, pour tout intervalle de temps considéré, égal à l'arc mm_2, il y a roulement simple.

2° Lorsque l'arc mm_1, ou l'arc mm_2, est constamment nul, il y a glissement simple, et l'une des courbes glisse sur l'autre sans qu'il y ait le moindre roulement ;

3° Enfin, dans le cas mixte où l'arc mm_1 diffère de l'arc mm_2, on est en présence d'un mouvement complexe qui comprend à la fois un roulement et un glissement.

Dans ce dernier cas, soit mm^2 plus grand que mm_1, prenons $mm' = mm_1$; le point m_1 viendra en m' par un roulement simple de la courbe mobile sur la courbe fixe le point m_1 viendra ensuite en m^2 par un glissement simple de la courbe mobile sur la courbe fixe. Le centre instantané de rotation, qui permet d'amener m_1 en m_2, est sur la normale commune aux deux courbes en un point A qui est la limite de l'intersection de cette normale et de la perpendiculaire élevée au milieu de la droite $m_1 m_2$.

Lorsqu'il y aura roulement simple, les arcs mm_1, mm_2 seront égaux ; nous pouvons admettre, vu la faible dimension de ces axes, que leurs cordes seront égales aussi, le triangle $mm_1 m_2$ sera isocèle et la perpendiculaire au milieu de la base passera au sommet, c'est-à-dire au point m.

Ainsi, dans le cas où deux courbes en contact éprouvent l'une par rapport à l'autre, un roulement simple, non compliqué de glissement, le centre instantané de rotation est à leur point de contact. La réciproque est vraie. Lorsque le centre instantané de rotation ne coïncide pas avec le point de contact des deux courbes, on a toujours un mouvement composée d'un roulement et d'un glissement.

Donc, lorsque deux courbes roulent l'une sur l'autre, leur mouvement sera un roulement simple, et par suite le rapport de leurs vitesses angulaires sera constant, si leur point de contact coïncide avec le centre instantané de rotation, ou si, ce qui revient au même, les normales aux trajectoires de leurs divers points passent toutes par le point de contact. « Nous savons en effet qu'à chaque instant les normales aux trajectoires des divers points d'une figure mobile dans son plan, concourent au centre instantané de rotation. »

Ce principe nous sera utile pour l'étude des divers engrenages.

Revenons à la question posée en tête du paragraphe :

Les centres des circonférences primitives sont en O et O′, et leur point de contact en (m) : étudions leur mouvement relatif, pour cela, considérons le rayon OmO′ appartenant à la circonférence O, le point O′ possède une vitesse de circulation égale à $\omega \times OO'$, appliquons à ce point deux vitesses égales et de signe contraire à la précédente, le mouvement relatif ne sera pas changé, et nous pourrons considérer la circonférence O comme immobile pendant que la circonférence O′ tourne autour d'elle par un mouvement de roulement et occupe successivement les positions O″, O‴.

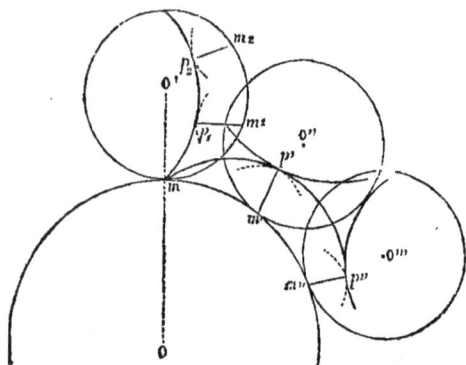

Fig. 36.

Soit $mp' p''$ le profil d'une dent de la roue fixe ; lorsque la roue mobile sera en O″, le centre instantané de rotation sera en m', donc la normale commune aux profils en contact sera la normale $m'p'$ abaissée du point m' sur le profil fixe ; de même, la circonférence mobile étant en O‴, le point de contact des deux profils sera le pied p'' de la normale $m''p''$ au profil fixe. — Revenons maintenant au point de départ en O′ ; à ce moment le point m' est en m_1, l'arc mm_1 étant égal à mm', de même le point m'' est en m_2 ; du point m_1 décrivons un arc de cercle avec $m_1 p_1 = m'p'$ pour rayon, de même du point m_2 décrivons un arc avec $m_2 p_2 = m''p''$ pour rayon. Menons la courbe émanant du point (m) et tangente à tous les arcs de cercle ainsi tracés, cette courbe $mp_1 p_2$ sera le profil à donner aux dents de la seconde roue.

En effet, les deux profils se conduisant l'un l'autre, leur centre instantané de rotation est constamment en (m) d'après la construction même, donc le mouvement des circonférences primitives est un roulement simple, c'est-à-dire que le rapport des vitesses angulaires, imprimées aux arbres O et O′ est constant.

Nous avons donné cette construction afin de bien faire comprendre la théorie. Nous allons examiner maintenant les solutions usuelles de la question des engrenages.

Roues dentées à flancs rectilignes. — Le flanc d'une roue dentée est la partie du profil de cette dent qui se trouve à l'intérieur de la circonférence primitive.

Beaucoup de constructeurs font encore usage des dents à flancs rectilignes.

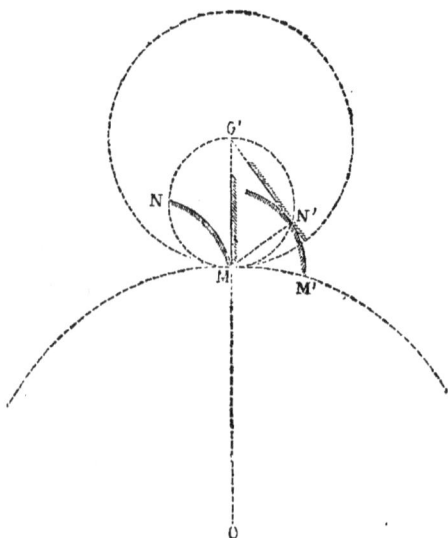

Fig. 37.

Appelons toujours O et O′ les centres des circonférences primitives dont le point de contact est en M; décrivons sur le rayon O'M comme diamètre une circonférence, et soit MN, l'épicycloïde engendrée par un point de cette circonférence, lorsqu'elle roule sur la circonférence O, prenons cette épicycloïde pour profil d'une dent de la roue O ; elle conduira le flanc d'une dent de la roue O' et l'on prend pour ce flanc une ligne droite, le rayon O'M.

Au bout d'un certain temps, le profil MN sera venu en M'N', et le flanc rectiligne sera dans la position de la tangente menée à l'épicycloïde par le centre O'. D'après la définition même de l'épicycloïde, l'arc MN' est égal à l'arc MM' et la corde MN' n'est autre que la normale à l'épicycloïde, puisque le point M est le centre instantané de rotation. Joignons O'N', l'angle O'N'M inscrit dans une demi-circonférence est droit; par suite O'N' est perpendiculaire à la normale en N' à l'épicycloïde, elle coïncide donc avec la tangente en ce point N', c'est-à-dire avec la nouvelle position du flanc rectiligne de la roue conduite.

Ainsi la normale au point de contact des deux profils passe toujours au point M, contact des deux circonférences primitives ; le mouvement relatif de ces deux circonférences est donc un roulement simple et les vitesses angulaires des deux roues sont dans un rapport constant.

Grâce aux profils adoptés, le mouvement des axes sera donc le même que si l'on avait deux cylindres de friction ayant même diamètre que les circonférences primitives.

Afin que les deux roues puissent se conduire réciproquement, on complétera le profil MN par un flanc droit dirigé suivant MO, et le profil MO' par une épicycloïde qu'engendre le mouvement de la circonférence décrite sur OM comme diamètre et roulant sur la circonférence O'.

On achèvera les dents en leur donnant un profil symétrique, en limitant le creux de telle sorte, qu'il suffise à loger la saillie, et en remplaçant les angles vifs par des pans coupés.

Finalement, on obtiendra les profils représentés par la figure 38. On voit sur cette figure un des vices de cet engrenage : la dent est moins large à la base qu'au milieu ; elle a une forme renflée peu favorable à la résistance. Mais le plus

Fig. 38.

grand inconvénient est que le profil de la roue O dépend du rayon de la roue O' ; on ne peut en effet construire l'épicycloïde sans connaître ce rayon. Ainsi, une

roue dentée ne peut théoriquement engrener qu'avec une seule roue d'un diamètre déterminé ; pour chaque combinaison, il faudra un nouveau profil, et l'on
ne pourra faire varier le diamètre de la roue, conduite par une roue donnée ; c'est
cependant une chose indispensable lorsque le travail exige une variation dans le
rapport des vitesses.

Roues dentées à flancs épicycloïdaux. — Considérons toujours les deux
circonférences primitives se touchant en M (fig. 39) et ayant leurs centres en O
et O′. Prenons une longueur MA, inférieure
au plus petit rayon de toutes les roues qui sont
destinées à engrener avec la roue O, et sur MA
comme diamètre décrivons une circonférence.

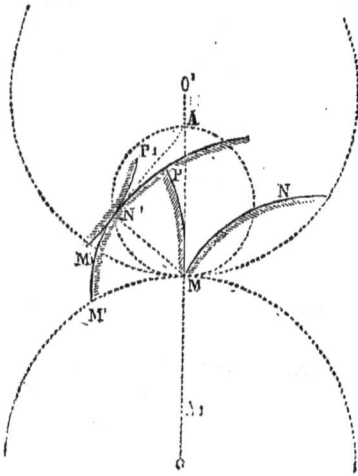

Soit MN l'épicycloïde engendrée par le roulement de cette circonférence sur la circonférence de rayon OM et soit MP l'hypocycloïde
engendrée par le roulement de cette même
circonférence MA à l'intérieur du cercle de
rayon O′M. L'hypocycloïde sera le flanc de la
dent conduite, et l'épicycloïde sera la tête de
la roue conductrice.

Lorsque l'épicycloïde MN est venue en M′N′,
l'arc MM′ est, par définition même, égal à
l'arc MN′ ; prenons l'arc $MM_1 = MM'$ et construisons l'hypocycloïde M_1P_1 égale à MP ;
cette hypocycloïde passera au point N′, puisque l'arc MM_1 a été pris égal à MM′ et que

Fig. 39.

celui-ci est égal à MN′, cela résulte encore de la génération même des hypocycloïdes. Les deux courbes passent donc en N′, de plus elles y sont tangentes ;
en effet, d'après leur construction même, elles ont pour normale commune la
droite MN′.

De là résulte que lorsque l'épicycloïde sera en M′N′, elle aura conduit l'hypocycloïde en M_1N_1 ; les arcs par-
courus sur les circonférences
primitives sont égaux, donc le
mouvement est un roulement
simple, et le rapport des vitesses angulaires des deux arbres
est constant ; c'est là précisément le but qu'on se proposait
d'atteindre.

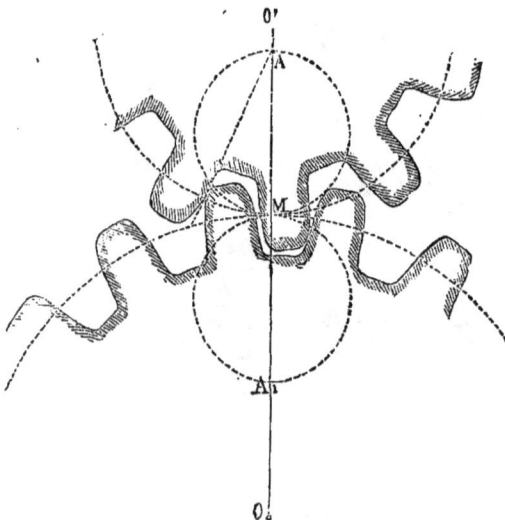

On complétera le profil MN
par un arc de l'hypocycloïde
que décrit la circonférence de
diamètre A_1M roulant à l'intérieur de la circonférence de
rayon OM, et on complétera le
profil MP par un arc de l'épicycloïde engendrée par la circonférence de diamètre AM roulant
sur la circonférence de rayon
O′M.

Fig. 40.

ÉTUDE DES MACHINES ÉLÉMENTAIRES REPRÉSENTÉES DANS LES TABLEAUX PRÉCÉDENTS

Les tableaux précédents représentent la presque totalité des machines élémentaires connues jusqu'à ce jour; il en est dans le nombre qui sont fort peu employées et qui se comprennent à la simple inspection de la figure, nous n'y reviendrons pas. Mais il en est d'autres, les engrenages par exemple, dont l'importance est capitale. Ce sont celles-ci, que nous allons examiner en détail.

1re CLASSE, 1er GENRE, 1re ESPÈCE DES MACHINES ÉLÉMENTAIRES

Mouvements pouvant, géométriquement, continuer indéfiniment dans le même sens. — Rapport des vitesses constant. — Pièces en contact immédiat.

Cylindres de frictions. — La figure 1 du tableau I représente deux cylindres de friction,

Le cylindre (a), animé d'un mouvement de rotation autour de son axe, le communique au cylindre (b) avec lequel il est en contact; par suite de la pression réciproque que ces deux cylindres exercent l'un sur l'autre, le premier entraîne le second; le mouvement est un roulement simple, et les arcs parcourus sur l'un et l'autre cylindre, dans un temps donné, sont égaux.

C'est ainsi que les choses se passent théoriquement; ce n'est vrai en pratique que si l'effort transmis est très-faible, et ne dépasse point le frottement qui s'exerce sur les éléments en contact. Lorsqu'on veut augmenter l'effort transmis, il faut augmenter le frottement, ce à quoi on arrive en exerçant sur l'arbre du cylindre moteur (a) une pression obtenue soit par un levier, soit par un contrepoids.

Il va sans dire aussi que les surfaces des deux cylindres doivent être aussi rugueuses que possible.

Quoi que l'on fasse, elles finissent toujours par se polir et s'user inégalement, et il arrive un moment où le roulement n'est plus continu, et où il se produit de nombreux glissements. L'appareil est donc nécessairement imparfait.

Engrenages cylindriques. — Pour le perfectionner et pour empêcher les glissements de se produire, on a eu depuis des siècles, l'idée d'armer de dents les deux cylindres qui se commandent. Une dent du cylindre moteur pousse une dent de l'autre cylindre, et c'est ainsi que le mouvement se communique. Si l'on considère une section transversale par un plan perpendiculaire aux axes des deux cylindres, on obtiendra leurs courbes de base; toutes les sections parallèles seront égales à celles qu'on vient d'obtenir, et si l'on a le profil d'une section, on aura l'appareil entier en imaginant un cylindre ayant ce profil pour base. Il nous suffira donc d'étudier le mouvement en plan, c'est-à-dire de considérer deux circonférences, situées dans le même plan et telles, que l'une transmette à l'autre son mouvement de rotation.

Ces cylindres armés de dents constituent les engrenages cylindriques; le profil des dents s'est perfectionné peu à peu; nous décrirons sommairement les principaux systèmes en usage.

Nous commencerons par poser quelques principes, qui devront nous guider dans le cours de cette étude :

1° Lorsqu'on se propose de construire un système d'engrenage, on se donne deux axes parallèles et le rapport des vitesses angulaires qu'ils doivent prendre, vitesses appropriées au genre de travail qu'on a en vue. On mène un plan perpendiculaire aux deux axes, et soit O et O' leurs traces sur ce plan ; on divise la distance OO' en deux parties OM, O'M qui soient en rapport inverse des vitesses angulaires données, et l'on décrit les deux circonférences qui ont pour rayons ces droites OM et O'M ; ces circonférences, dites circonférences primitives du système, sont celles que devraient avoir pour bases deux rouleaux de friction, qui se commanderaient en prenant des vitesses angulaires égales aux vitesses données.

2° Chacune des circonférences primitives va donc être garnie de dents ; comme ces dents peuvent se pousser réciproquement, il faut ménager entre deux dents consécutives d'une roue un espace suffisant, c'est-à-dire un creux, pour loger une dent de l'autre roue.

L'arc qui, sur la circonférence primitive, comprend la largeur d'une dent et d'un creux, constitue le pas de l'engrenage.

Deux roues qui se commandent ont même largeur de dent et même largeur de creux ; elles ont donc le même pas, ce qui est indispensable pour une transmission régulière.

L'égalité du pas suffit pour obtenir un mouvement périodique, puisqu'à la fin de chaque pas on reviendra aux mêmes positions ; mais il faut en outre calculer la forme des dents de manière que le mouvement soit non-seulement périodique, mais même uniforme pour chacune des roues.

Chaque circonférence primitive comprend donc un nombre exact de pas, puisqu'ils se succèdent sans aucune interruption.

De là résulte qu'on ne peut déterminer le pas à l'avance et qu'il dépend des longueurs mêmes des circonférences.

Il faut chercher les communs diviseurs de ces circonférences et adopter l'un d'eux. La valeur du commun diviseur qu'il faudra choisir lorsque le choix sera possible, dépend de la dimension des roues, de l'effort qu'elles auront à transmettre et de la matière dont elles sont composées.

Le nombre des pas et par suite celui des dents est donc pour chaque roue proportionnel à son rayon.

3° Le sens du mouvement des roues doit pouvoir changer suivant les besoins du travail ; il faut donc que chacune d'elles puisse être indifféremment conductrice et conduite, et que les dents soient limitées latéralement à deux courbes égales et symétriques.

4° Considérons deux roues dentées en mouvement ; avant d'avoir passé sur la ligne des centres, les dents marchent l'une vers l'autre, et si dans ces conditions elles agissent l'une sur l'autre, elles tendent à s'arc-bouter et à produire un frottement considérable ; au contraire, lorsque ces dents arrivent sur la ligne des centres et la dépassent, elles peuvent fort bien se commander sans qu'il y ait arc-boutement à craindre, puisqu'elles tendent à se dégager l'une de l'autre. Dans un engrenage soigné, on devra donc éviter de faire agir les dents d'une roue sur celles de l'autre avant qu'elles n'arrivent à la ligne des centres.

5° C'est aussi pour éviter les arcs-boutements et les chocs que l'on proscrit les profils de dents qui sont concaves, renflés vers le milieu, à section carrée ou

Enfin, on achèvera les dents en leur donnant un profil symétrique, et en remplaçant les arêtes vives par des parties arrondies.

La figure 40 représente un engrenage construit d'après les principes précédents. On voit que la forme des dents est bien préférable à celle des dents à flanc rectiligne. La largeur est maxima à la base d'assemblage avec la couronne.

Autre avantage de la méthode : les cercles de diamètre MA et MA$_t$ qui nous servent à engendrer les épicycloïdes et les hypocycloïdes ont un diamètre indépendant de celui des roues, de sorte qu'une roue donnée O pourra guider toutes les roues O′ dont le rayon sera supérieur à la longueur MA ; réciproquement une roue O′ pourra conduire toutes les roues O dont le rayon sera supérieur à la longueur MA$_1$.

Dents formées d'arcs de cercle.—La solution précédente est donc à beaucoup près la meilleure et la plus pratique.

Les épicycloïdes et les hypocycloïdes sont des courbes faciles à tracer exactement ; le premier dessinateur venu peut s'acquitter de cette besogne et construire géométriquement les patrons des dents. Les patrons, une fois tracés sur du papier fort, sont reproduits sur une lame de tôle ou de zinc que l'on découpe, et qui peut servir indéfiniment à construire et à vérifier l'ensemble des roues dentées correspondant au calibre donné.

En réalité, dans la pratique, ce ne sont point les courbes cycloïdales mêmes que l'on emploie, on les remplace par des arcs de cercle qui s'en approchent le plus possible ; la courbe étant tracée, on cherche par tâtonnement l'arc de cercle qui se confond sensiblement avec elle, et cette opération n'est pas difficile, car la portion de courbe utile n'a qu'une faible longueur et ne s'écarte guère de son cercle de courbure. Cette opération doit être exécutée par un agent exercé, qu dresse alors les profils en arcs de cercle, destinés à fournir les calibres.

Nous le répétons, on arrive par ce procédé, exécuté soigneusement à d'excellents résultats.

Mais, il est évident que l'on serait plus certain de ne pas se tromper si l'on calculait directement les rayons de courbure en un ou deux points du profil, et qu'on remplaçât ce profil par un ou deux de ses cercles de courbure; c'est ce qu'a fait en Angleterre M. Willis, il a dressé des tables qui donnent immédiatement les rayons des cercles : sa méthode réellement pratique ne s'est guère répandue en France. Du reste, la méthode simple que nous avons indiquée plus haut, s'applique à tous les cas et n'exige qu'un peu de soin de la part de l'opérateur.

Engrenage à développantes de cercles. — On s'est servi assez souvent de l'engrenage à développantes de cercle que l'on engendre comme il suit :

Les deux circonférences primitives O et O′ et leur point de contact M étant donnés, on mène par ce point M une droite AA′ et l'on décrit des points O et O′ les deux circonférences OA, O′A′ tangentes à cette droite ; les deux triangles OMA, O′MA′ étant semblables, les rayons des nouvelles circonférences sont proportionnels aux rayons des circonférences primitives. Considérons la développante de cercle MN engendrée par le point M de la droite MA roulant sur la circonférence OA, et la développante

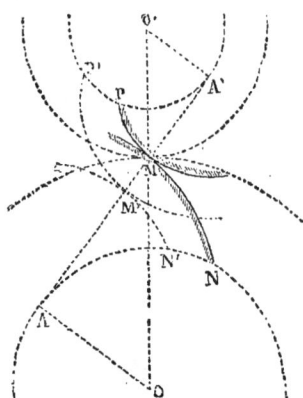

Fig. 41.

de cercle MP engendrée par le point M de la droite MA′ s'enroulant sur la circonférence O′A′ ; ce sont ces deux développantes que nous adopterons pour le profil
des dents.

Après un certain temps, la développante MN est venue en M′N′, et, d'après la
construction même de cette courbe, la longueur MM′ interceptée sur la normale
AA′ est égale à l'arc MN′ ; prenons l'arc PP′ = NN′ = MM′, et prenons la développante P′M′ qui passe en P′. Cette développante, d'après sa construction même,
interceptera sur sa normale AA′ une longueur égale à l'arc PP′, elle passera donc
en M′, et de plus elle sera tangente à la courbe N′M′ puisqu'elle a même normale
qu'elle.

Ainsi, lorsque la première développante est venue en M′N′, la seconde, qui est
conduite par la première, est venue en M′P′ tangentiellement à M′N′. Les arcs parcourus sur les circonférences OA, O′A′ sont égaux, et, par suite de la proportionnalité des rayons, les arcs parcourus dans le même temps sur les circonférences primitives sont aussi égaux.

Donc, le mouvement est un roulement simple ; les vitesses angulaires des
arbres sont constantes et dans le rapport voulu.

L'engrenage par développantes a l'avantage de donner un profil de dent très-
résistant, de permettre à une roue d'engrener avec plusieurs autres, et de
fonctionner pour une distance variable des centres ; mais il a un inconvénient,
sérieux au point de vue dynamique, c'est que la pression, qui se transmet toujours
suivant la normale commune, conserve une direction constante oblique sur la
ligne des centres.

On peut remplacer les développantes par des cercles qui s'en rapprochent
beaucoup ; mais la développante est une courbe si facile à tracer que nous ne
voyons pas de raison pour la rejeter.

Engrenage à lanterne.—Jusqu'à la fin du dix-septième siècle, on se bornait
à armer les roues dentées de saillies à section carrée, combinaison excessivement défectueuse, puisque le mouvement de deux dents en contact est toujours un glissement ; cela
donnait lieu à des chocs perpétuels et à des pertes considérables de travail.

C'est le géomètre français de Lahire qui eut le premier l'idée de recourir aux épicycloïdes.

L'engrenage le plus usité à l'origine du nouveau système, engrenage qui fut d'un
emploi général jusqu'au commencement de ce siècle et qu'on retrouve encore dans de
vieilles usines, est celui que l'on connaît sous le nom d'engrenage à fuseau et à lanterne.

Il est représenté par la figure 42. La lanterne est composée d'une série de barres
cylindriques AA′, BB′, maintenues entre deux
plateaux et engrenant avec les dents d'une
roue ; on voit que par ce moyen le mouvement se transmet d'un arbre à l'autre.

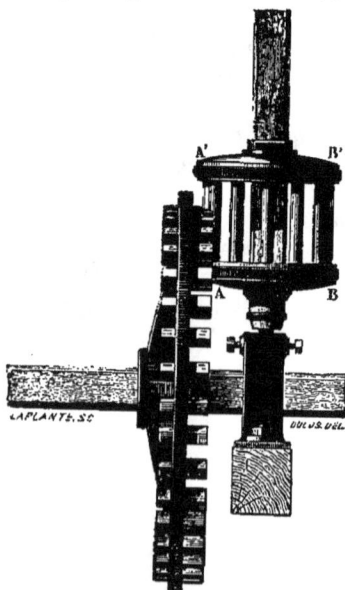

Fig. 42.

Dans la figure 42, les deux arbres sont rectangulaires, l'un est vertical, l'autre
est horizontal ; mais les deux arbres peuvent tout aussi bien être parallèles ; on se

représentera la disposition en faisant tourner l'un des engins de 90°.—La théorie est la même dans les deux cas. Nous allons l'exposer lorsqu'il s'agit de deux axes parallèles O et O' (fig. 43).

Soit M le point de contact des circonférences primitives; considérons l'épicycloïde MN engendrée par le roulement de la circonférence O' sur la circonférence O, et adoptons cette courbe pour le profil des dents de la roue; supposons en outre le fuseau assez petit pour qu'on puisse supposer sa section réduite à un point, qui est lié à l'axe O' et qui décrit la circonférence O'M. — D'après cela, lorsque la dent sera venue de MN en M'N', le fuseau aura passé de M en N'; or, d'après la construction même de l'épicycloïde, l'arc NM' est égal à l'arc MN'; donc le système se meut comme s'il était soumis à un roulement simple des deux circonférences primitives, et le rapport des vitesses angulaires des deux arbres est constant; c'est là précisément le but que l'on se proposait d'atteindre.

En réalité, le fuseau n'a pas un rayon nul, et il faut adopter pour le profil des dents, qu'on appelle alluchons, une courbe parallèle à MN et située à une distance égale au rayon du fuseau. Le profil définitif est donc celui que représente la figure 44.

C'est toujours la roue qui doit conduire la lanterne; car, dans le cas inverse, le fuseau engrènerait avec l'alluchon avant la ligne des centres, ce qui est tou-

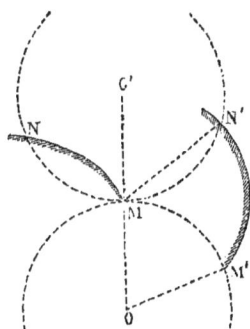
Fig. 43.

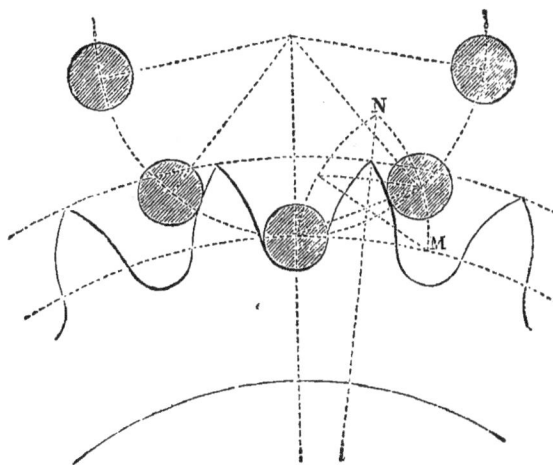
Fig. 44.

jours, ainsi que nous l'avons déjà dit, une cause d'arc-boutement, de choc et de frottement considérable.

Ce système présente encore l'inconvénient d'exiger un modèle spécial pour chaque combinaison.

Engrenages intérieurs. — Les engrenages intérieurs se construisent d'après les mêmes principes que les précédents, en remplaçant, là où cela est nécessaire, les épicycloïdes par des hypocycloïdes.

Comme la construction et l'ajustage sont toujours plus compliqués, on préfère en général ne pas recourir à un engrenage intérieur et interposer entre les deux arbres donnés un arbre parasite.

Lorsque l'on fait un engrenage intérieur, c'est qu'on veut transmettre à l'arbre

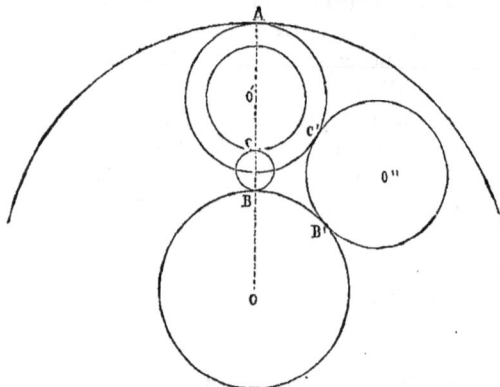

Fig. 45.

O' une rotation de même sens que celle de l'arbre O; dans les engrenages extérieurs, les rotations transmises sont toujours de sens contraire.

Pour construire l'engrenage intérieur, on cherchera sur le prolongement de OO' le point A tel, que $\dfrac{OA}{O'A}$ soit le rapport inverse des vitesses angulaires données, et les circonférences primitives auront pour rayons respectifs OA et O'A. Mais on peut arriver au même résultat de la manière suivante :

Prenons sur OO' deux rayons OB et OC tels, que $\dfrac{OB}{OC}$ soit le rapport inverse des vitesses données, et que la somme $OB + OC$ soit inférieure à OO'; interposons une circonférence décrite sur BC comme diamètre, elle sera la circonférence primitive d'une roue dentée intermédiaire, et elle recevra le mouvement de la roue O pour le transmettre à la roue O'; les deux axes tourneront dans le même sens. De plus, la vitesse de la roue intermédiaire, mesurée en B, sera $\omega \times OB$, mesurée en C elle sera $\omega' \times O'C$; ces quantités sont évidemment égales, $\omega \times OB = \omega' \times O'C$, d'où $\dfrac{\omega}{\omega'} = \dfrac{O'C}{OB}$, quantité égale par construction au rapport donné des vitesses. La transmission sera donc telle qu'on se proposait de l'avoir, et l'on a remplacé le système des deux roues intérieures par un système de trois roues extérieures.

Il est clair que nos conclusions subsistent, même quand la roue intermédiaire est excentrée par rapport à la droite OO', quand par exemple elle a son centre en O''.

Engrenages hélicoïdes de Hooke. — Nous avons démontré que, dans les engrenages, les circonférences primitives se mouvaient l'une sur l'autre par un roulement simple; mais ce sont là des courbes fictives et théoriques; en réalité, dans la pratique, ce sont les profils des dents qui s'appuient l'un sur l'autre; quel est le mouvement relatif de deux profils? Ce ne saurait être un roulement simple, puisqu'il faudrait que le centre instantané de rotation fût constamment au point de contact des deux profils : or, cela est impossible, puisque les systèmes tournent autour de points fixes. Il y a donc mouvement complexe, formé d'un roulement et d'un glissement.

Au point de vue du frottement et du travail perdu, le roulement a peu d'influence; c'est le glissement seul qu'il faut considérer. Nous démontrerons, lors de l'étude du frottement, que, dans les engrenages, le frottement est proportionnel au carré du pas.

Pour réduire le frottement, et perfectionner la transmission, il faut donc chercher à réduire le pas le plus possible ; et réduire le pas revient en somme à réduire la largeur de dent ; mais, d'un autre côté, la largeur de dent est déterminée par l'effort à transmettre, car la dent doit pouvoir résister à cet effort; on ne peut donc réduire cette largeur à volonté.

Cependant on y est arrivé par l'artifice suivant : On établit sur chacune des jantes plusieurs rangs de dents égales, par exemple, quatre rangs de dents échelonnées ; le pas est ainsi réduit au quart, quoique la largeur de dent soit conservée. Les dents du premier rang engrènent d'abord, puis celles du second rang, et ainsi de suite...

A mesure que le nombre des rangs échelonnés augmente, le glissement diminue ; on fera donc disparaître complétement le glissement en multipliant les dents à l'infini, c'est-à-dire en les disposant en hélice sur la jante. C'est le système que représente la figure 9 du tableau I ; il est connu sous le nom d'engrenage hélicoïdal de Hooke et de White. La surface des dents, au lieu d'être un cylindre engendré par la translation du profil parallèlement à l'axe de la roue, est un hélicoïde engendré par la translation du même profil le long d'une hélice tracée sur la jante de la roue. Pour deux roues qui se commandent, les hélices directrices doivent avoir même inclinaison sur les génératrices de la jante, et cette inclinaison est en sens inverse pour les deux roues.

Cet engrenage a l'inconvénient d'être difficile à construire, et d'exercer sur l'axe des roues un effort longitudinal, puisque la pression de deux dents en contact est oblique sur cet axe. D'autre part, il ne supprime pas absolument le frottement de glissement, car l'axe instantané de rotation est oblique sur le plan tangent commun des deux profils en contact ; or on reconnaît sans peine que deux surfaces en contact ne peuvent rouler l'une sur l'autre que si l'axe instantané de rotation est dans le plan tangent commun; autrement, la rotation instantanée peut se décomposer en deux : l'une dans le plan tangent, l'autre suivant la normale ; la première donne un roulement simple et la seconde un pivotement. Or le pivotement n'est qu'une forme particulière du glissement; donc le frottement n'est pas absolument supprimé dans l'engrenage de Hooke.

De la saillie des dents d'un engrenage. — La saillie des dents d'un engrenage dépend de la distance à laquelle on veut faire commencer le contact des dents; on limite le profil pour cela.

Il est évident qu'il faut au moins une couple de dents toujours en contact ; mais s'il n'y avait exactement qu'une couple, on risquerait fort d'avoir des chocs et des arrêts lorsqu'on passerait d'une couple de dents à la suivante. D'un autre côté, il est désavantageux d'avoir un contact qui s'éloigne trop de la ligne des centres OO', puisque la pression se transmet alors très-obliquement par rapport à cette ligne. Aussi se limite-t-on d'ordinaire à n'avoir que deux couples constamment en contact ; il suffit même que le contact dure pendant un peu plus d'un pas, afin qu'il n'y ait pas d'interruption dans l'action réciproque des deux roues.

Rappelons encore, ce que nous avons déjà dit, que l'action des dents doit se faire plutôt lorsqu'elles s'éloignent l'une de l'autre que lorsqu'elles se rapprochent, c'est-à-dire plutôt après qu'avant le passage sur la ligne des centres; le frottement est ainsi beaucoup moindre, et l'on n'a pas d'arc-boutement à craindre. Aussi, l'arc de prise avant le passage sur la ligne des centres doit toujours être plus faible que l'arc de prise qui suit le passage sur la ligne des centres.

Engrenage par roue dentée et crémaillère. — Lorsque l'une des circonférences primitives d'un engrenage extérieur voit son rayon augmenter indéfiniment, elle se transforme en une ligne droite, et l'on obtient le système connu sous le nom d'engrenage à roue dentée et crémaillère, lequel est représenté par la figure 11 du tableau I. On le trouve aussi dessiné en perspective sur la figure 46.

Les diverses constructions qui donnent le profil des dents d'une roue s'appliquent à la crémaillère.

1° Si l'on adopte un flanc rectiligne pour la crémaillère, la tête de la dent de la roue, au lieu d'être une épicycloïde, est simplement la cycloïde engendrée par le roulement de la circonférence primitive de la roue sur la droite primitive de la crémaillère. Si l'on achève le profil de manière que la crémaillère puisse conduire la roue, celle-ci aura un flanc droit, et la tête de la dent de la crémaillère sera un arc de la développante engendrée

Fig. 46.

par le roulement de la droite primitive sur la circonférence primitive. Mais alors le point de contact par lequel la crémaillère agit sur la roue est toujours le même; c'est une disposition vicieuse.

2° Aussi est-il préférable de recourir à des flancs épicycloïdaux, les épicycloïdes étant décrites par deux cercles MA de même diamètre (fig. 39); la crémaillère est alors capable d'engrener avec toutes les roues de même pas, ayant un diamètre inférieur à MA.

3° On pourra appliquer aussi aux crémaillères l'engrenage à fuseau et à lanterne, et l'engrenage à développantes de cercle; dans ce cas, l'une des développantes se transforme en une droite perpendiculaire à la droite AA' (fig. 41).

La vitesse de progression de la crémaillère est la même que la vitesse d'un point de la circonférence primitive de la roue dentée.

L'arbre à cames, représenté par la figure 12 du tableau I, est une variété de la crémaillère. Les cames (a) viennent successivement soulever le mentonnet (b) d'une tige en bois qui se termine par un pilon métallique; la tige soulevée retombe quand la came l'abandonne, et le pilon agit sur les matières qu'on lui présente. Tel est l'appareil appelé bocard, dont on se sert pour pulvériser les minerais. Le mouvement ayant toujours lieu dans le même sens, le mentonnet ne se compose que d'un flanc droit, et la face de la came est une développante de cercle. La construction est exactement la même que pour la crémaillère.

Pour se familiariser avec ces diverses questions, le lecteur fera bien de construire graphiquement les profils de dents qui se rapportent aux diverses combinaisons.

La figure 2 du tableau I donne le système générateur de la crémaillère; c'est un cylindre tournant autour de son axe qui entraîne une lame rigide.

Engrenages coniques. — Lorsqu'il s'agit de transmettre le mouvement à un autre axe, non parallèle au premier mais situé avec lui dans un même plan, on peut recourir aux cônes de friction que représentent les figures 3 et 4 du tableau I ; mais, pour être assuré qu'il ne se produira point de glissement, on préfère, en général, armer de dents la surface des cônes, et l'on obtient alors ce qu'on appelle un engrenage conique ; on le voit sur la figure 10 du tableau I, et à une plus grande échelle sur la figure 47.

Étant donné deux axes OS et OT, on construira dans leur angle la droite OB

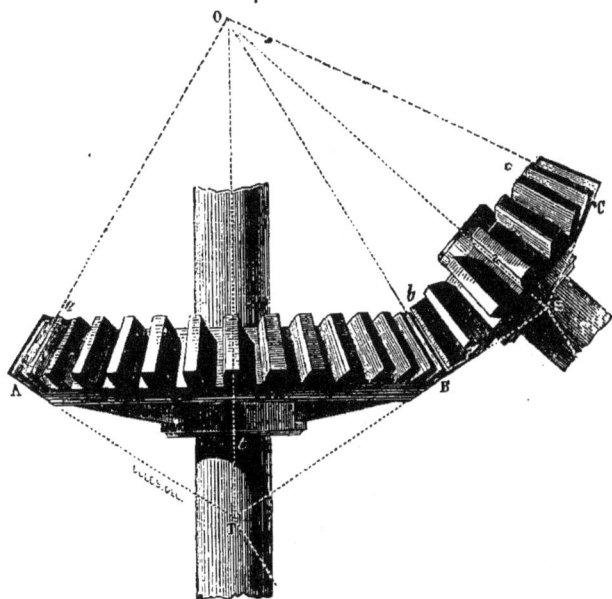

Fig. 47.

telle, que le rapport de ses distances aux deux axes soit l'inverse des vitesses angulaires qu'on veut leur imprimer.

Le cône primitif de la première roue sera engendré par la rotation de OB autour de OT, et celui de la seconde roue par la rotation de OB autour de OS ; ces deux cônes de révolution seront tangents tout le long de la génératrice OB.

L'engrenage ne règnera que sur une certaine longueur B*b* de cette génératrice, longueur qui dépend surtout de la valeur des efforts à transmettre et de la perfection que l'on peut apporter dans la construction des dents.

Voici quelle serait la construction théorique exacte des dents de l'engrenage conique :

On décrit du point O comme centre, la sphère de rayon OB, elle coupe les deux cônes suivant deux circonférences tangentes ; pour obtenir, par exemple, l'engrenage à flancs épicycloïdaux, on imagine un troisième cône tangent intérieurement au cône OS, il découpe sur la sphère une circonférence, on imprime à cette circonférence un mouvement de rotation sur l'un et sur l'autre cercle de base des cônes primitifs, et l'on obtient ainsi des épicycloïdes sphériques qui composent le profil des dents. Si l'on voulait avoir l'engrenage à développantes, on ferait passer par le point de contact B des deux bases des cônes primitifs un arc de grand cercle ; cet arc, en s'enroulant successivement sur l'une et l'autre base, décrirait des développantes sphériques qui donneraient le profil des dents.

Il est bien certain que l'on pourrait à la rigueur construire géométriquement les épures de toutes ses courbes et les rapporter ensuite sur la sphère, mais ce serait une opération longue et pénible, inadmissible en pratique où l'on ne pourrait l'exécuter avec exactitude et précision.

Supposons cependant ces courbes obtenues et rapportées sur la sphère, ou la partie de sphère, d'où l'on doit extraire les roues dentées, on les prendra comme bases de cônes ayant leur sommet au point O, et la surface de ces cônes limitera les dents sur la longueur de la couronne B*b*.

Toutes les sections par des sphères parallèles à la première seront semblables, et la transmission se fera partout d'une manière constante pour les raisons que nous avons exposées en parlant des engrenages cylindriques.

Mais, nous le répétons, les constructions sur la sphère sont trop compliquées, et l'on préfère recourir à une solution, théoriquement moins exacte, quoique susceptible de fournir de meilleurs résultats pratiques. Le long des cercles de base des cônes primitifs, on remplace la sphère par ses cônes circonscrits; si l'on mène la perpendiculaire TBS à OB, le premier cône circonscrit sera le cône décrit par la droite TB autour de OT, et le second sera le cône décrit par la droite SB autour de OS. Supposons maintenant que l'on développe ces cônes sur le plan ST, perpendiculaire au plan de la figure, et rabattu sur celui-ci, les développements des deux cônes seront deux cercles tangents en B et ayant pour rayons respectifs TB et SB. Nous considérerons ces cercles comme les cercles primitifs d'un engrenage cylindrique, et nous tracerons cet engrenage suivant l'une des méthodes exposées plus haut. Cela fait, nous prendrons l'épure construite sur une feuille flexible et nous l'appliquerons sur les cônes, ce qui nous permettra de fixer les profils de la base extérieure des dents. Considérant ces profils comme les bases de cônes ayant pour sommet le point O, nous aurons construit les dents tout entières, que nous limiterons à des surfaces coniques passant au point (*b*) et parallèles aux cônes circonscrits TB, SB.

Souvent le point O est en dehors des limites de l'épure; alors on considère les deux cônes parallèles aux premiers, et limitant intérieurement les roues dentées, ces cônes passent en (*b*); on les développe sur le plan (*bt*) perpendiculaire au plan de la figure, ainsi qu'on a fait pour les premiers, on trace par la même méthode les profils des dents, et l'on joint par des lignes droites les points homologues des profils opposés.

On voit, qu'en somme, on n'a de la sorte qu'une approximation; le mouvement transmis aux axes n'est pas absolument constant, puisqu'on a remplacé des zones sphériques par des zones coniques; mais la différence des résultats est insensible dans la pratique.

L'épure complète de l'engrenage conique, quoique ainsi modifiée, ne laisse pas que de demander beaucoup de soin; nous engageons le lecteur à l'exécuter afin de bien posséder la question.

Engrenages hyperboloïdes. — La figure 5 du tableau I représente deux hyperboloïdes de révolution roulant par friction l'un sur l'autre : c'est un moyen pour transmettre le mouvement entre deux arbres non situés dans le même plan.

On a, dans ces derniers temps, perfectionné le système en armant les extrémités des hyperboloïdes de dents qui engrènent ensemble et qui sont dirigées suivant les génératrices rectilignes des hyperboloïdes. Mais cet engrenage ne s'est guère propagé, il est assez difficile à construire, et ne fonctionne guère que dans des machines de précision.

Remarquez, du reste, qu'on peut s'en passer au moyen d'un arbre intermédiaire rencontrant les deux arbres donnés; on établit alors deux engrenages coniques, ou seulement un engrenage conique avec un engrenage cylindrique, si l'on choisit pour axe auxiliaire la parallèle menée à l'un des axes donnés par un point de l'autre.

Joint sphérique de M. Porro. — Il est représenté par la figure 6 du tableau I. Une tige guidée (a) se termine par une sphère (b) qui repose sur une calotte (c) dont elle ne fait que toucher le bord. Le mouvement de rotation de la calotte entraîne par frottement la sphère et la tige, qui tourne dans ses paliers ; le rapport des vitesses est constant, puisque la position relative des diverses pièces ne change pas dans le mouvement. Mais il est évident qu'on est exposé à des glissements, et le rapport des vitesses dépend en outre de la nature et de l'état des surfaces frottantes.

Vis et écrou. — Le mouvement de la vis et de son écrou est connu de tout le monde ; il est basé sur la considération de l'hélice que nous avons étudiée dans tous ses détails en géométrie analytique.

Si vous avez un cylindre de révolution et que vous le fendiez tout le long d'une génératrice, pour le développer sur le plan tangent qui contient cette même génératrice, si maintenant vous tracez une ligne droite sur la surface développée que vous enroulerez ensuite pour reproduire le cylindre donné, la droite se transformera en une courbe que l'on appelle hélice. Si l'on enroule le plan d'une manière indéfinie sur le cylindre, on aura une courbe qui montera indéfiniment tout autour du cylindre en coupant toutes les génératrices sous un angle constant. On appelle spire de l'hélice la longueur de la courbe comprise entre deux points consécutifs de rencontre de l'hélice avec une même génératrice ; c'est la longueur de droite nécessaire pour produire un enroulement d'un tour complet ou de 360°. Le pas est la hauteur de la spire, mesurée sur l'axe du cylindre. Lorsqu'un point parcourt sur l'hélice une longueur d'une spire, sa projection parcourt sur l'axe une longueur égale au pas. Cette dernière phrase résume le principe de la vis et de l'écrou.

Lorsqu'une ligne liée invariablement à une hélice est animée d'un mouvement de translation parallèle à cette hélice, elle décrit une surface de vis.

Fig. 48.

Fig. 49.

On distingue dans la pratique deux surfaces de vis :

1° La vis à filet carré (fig. 48) engendrée par le carré (abcd) animé d'un mouvement de translation le long de l'hélice que décrit le point (a); le côté (cd) engendre un cylindre;

2° La vis à filet triangulaire (fig. 49), engendrée par la translation du triangle (mnp) le long de la génératrice décrite par le point (m).

Les écrous de ces vis présentent en creux l'empreinte que les vis elles-mêmes portent en saillie.

Les formes précédentes sont, à vrai dire, des formes théoriques; celles qu'il convient de donner aux filets des vis pour avoir des instruments résistants et fonctionnant bien, ce ne sont ni les filets carrés, ni les filets triangulaires.

La meilleure forme de filet se rapproche beaucoup d'une forme trapèze (fig. 50). Celle-ci peut être considérée comme une correction de la vis à filet triangulaire dont on aurait abattu en chanfrein les arêtes saillantes et tranchantes, tant autour de la vis que dans l'écrou. Et, en réalité, depuis un temps immémorial, les charpentiers de village, qui taillent en bois de grosses vis pour les pressoirs, les

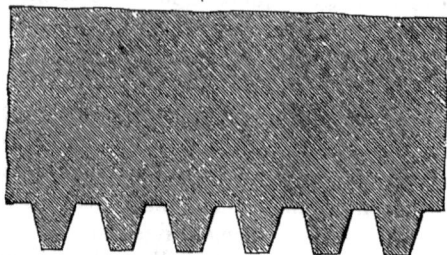

Fig. 50.

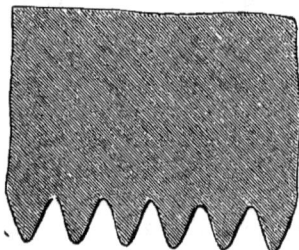

Fig. 51.

taillent avec des filets trapèzes. De même, les fondeurs qui coulent, pour toutes sortes d'industries, de grosses vis en fonte avec leurs écrous en fonte, se gardent bien d'employer les filets carrés, non plus que les filets triangulaires, mais bien les filets trapèzes.

Et ce qui est encore mieux, ce sont les filières et tarauds, en excellent acier fondu, que l'on trouve chez tous les bons marchands d'outils. Ces vis présentent, dans une coupe suivant l'axe, deux courbes ondulées finement (fig. 51), dont chaque saillie est un filet saillant de la vis et un filet rentrant de l'écrou, et réciproquement.

Ces vis ne présentent aucune arête, ce qui est une bonne condition de résistance.

Il est fâcheux, en ceci comme en beaucoup d'autres choses, de voir les praticiens industriels plus avancés que les auteurs des livres dans lesquels on va chercher une instruction élémentaire.

Mais revenons à la vis :

1° Lorsqu'une vis est fixe et son écrou mobile, si l'on communique à celui-ci un mouvement de rotation, il prendra en même temps un mouvement de translation, et, pour chaque rotation complète de 360°, il avancera d'un pas parallèlement à l'axe. C'est le système que représente la figure 52; un boulon est fixe, on fait avancer son écrou en lui communiquant un mouvement de rotation au moyen d'une clef. De même, si la vis est maintenue dans ses paliers, de manière à pouvoir seulement tourner sans avancer, si, en outre, son écrou (a) est guidé par une rainure de manière à ne pouvoir tourner en même temps que la vis, il prendra un mouvement de translation parallèle à la rainure et avancera d'un pas à chaque tour de la vis (fig. 15, tabl. I). La figure 15 du tableau I donne un système analogue, un cylindre portant une rainure en hélice tourne autour de son axe, et la tige (a), guidée par l'hélice, prend, ainsi que le petit chariot qu'elle supporte, un mouvement de translation parallèle à l'axe du cylindre; c'est le principe de la machine à diviser: lorsque le cylindre tourne d'une circonférence, le chariot avance d'un pas, si la rotation n'est que de $\frac{1}{10}$ de circonférence, le chariot avance de $\frac{1}{10}$ de pas. Mais, le système en usage pour la machine à diviser est plutôt la vis différentielle représentée par la figure 18 du tableau I; sur un même cylindre sont tracées trois vis, celle du milieu est en sens contraire des deux autres et elle a un pas supérieur au pas commun de celles-ci; les deux écrous (b) (c) sont fixes; l'écrou (d), guidé par une rainure, peut prendre un mouvement de translation; lorsqu'on fait tourner la manivelle, comme les écrous (b) et (c) sont fixes, le système s'avance dans le sens (cb) et il s'avance d'un pas pour un tour complet, mais la vis médiane a tourné aussi de 360° et son écrou mobile a avancé d'un pas dans le sens (dc); en réalité, cet écrou, soumis à deux translations opposées, n'est avancé que d'une quantité égale à leur différence, il a donc marché d'une longueur égale à la différence des pas, et ce peut être une quantité très-petite si les pas sont peu différents l'un de l'autre. Cet engin est ce qu'on appelle la vis différentielle de de Prony.

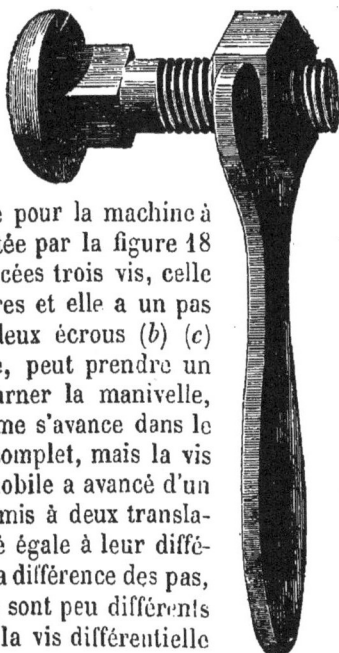

Fig. 52.

La figure 17 du tableau I représente encore un engin analogue, c'est la barre d'attelage des wagons; en faisant tourner le levier (a), les deux vis, qui lui sont latérales et qui sont de sens contraire, tournent chacune dans leur écrou (b) et (c); ces écrous, qui ne peuvent prendre qu'un mouvement de translation, se rapprochent, et le serrage s'établit.

2° Lorsqu'une vis tourne d'une circonférence dans un écrou fixe, elle se transporte parallèlement à elle-même d'une quantité égale à son pas. C'est le principe des presses à vis; la figure 53 représente un de ces engins. On voit de même la vis de pression sur la figure 14 du tableau I.

Vis sans fin. — On conçoit immédiatement que l'écrou mobile, pour être dirigé et pour recevoir l'action de la vis, n'a pas besoin d'entourer complétement celle-ci; un petit secteur d'écrou suffira pour que le mouvement se transmette, pourvu que les pièces soient maintenues en contact. Au lieu de maintenir cet écrou dans une direction rectiligne, enroulez-le sur une roue (a), la vis agira comme tout à l'heure sur chacun des éléments de cette roue qui se présenteront tangentiellement à elle (fig. 20 du tableau I), et le mouvement de rotation uni-

Fig. 53.

forme de la vis (*b*) se transformera en une rotation uniforme de la roue (*a*). Pour un tour de la vis, il passe une seule dent de la roue, ce qui permet de calculer la vitesse relative des deux systèmes.

Le même système peut se transformer en vis sans fin agissant sur une crémaillère (fig. 19 du tableau I).

1ʳᵉ CLASSE. — 1ᵉʳ GENRE. — 2ᵉ ESPÈCE DES MACHINES ÉLÉMENTAIRES

Mouvements pouvant, géométriquement, continuer indéfiniment dans le même sens. — Rapport des vitesses constant. — Pièces réunies par un lien rigide.

La figure 1 du tableau II représente la transmission du mouvement par coins; étant donné la vitesse verticale du coin et l'inclinaison de ses faces sur la verticale, on voit de quelle quantité la largeur du coin, située à un niveau déterminé augmente dans l'unité de temps et par suite, on en déduit la vitesse transmise horizontalement. Mais la considération de vitesse n'est que secondaire dans cet engin.

La figure 2 du même tableau représente une tige verticale guidée que conduit un plan incliné, soumis à une translation horizontale si α est l'angle du plan incliné avec l'horizon, la tige guidée se meut d'une quantité (*d* tang α) lorsque le plan incliné avance horizontalement de (*d*).

La figure 3 du même tableau représente deux roues accouplées par une tige articulée; la seconde roue est solidaire de la première, elles prennent la même vitesse et ne peuvent se mouvoir l'une sans l'autre ; ce système a pour but d'augmenter l'effort de traction des locomotives, en augmentant le nombre des roues dont le moteur doit vaincre l'adhérence sur le rail. On voit sur la figure que l'accouplement est obtenu au moyen de deux tiges, quand il semble qu'une seule suffirait ; cette disposition est nécessitée par l'existence des points morts.

Lorsque la tige articulée est en *aa'* (fig. 54), joignant les extrémités *a* et *a'* des diamètres horizontaux des roues, il y a indécision sur le sens du mouvement

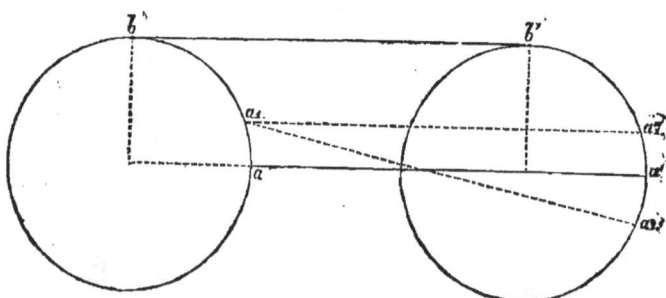

Fig. 54.

ultérieur, et un instant après la tige peut, géométriquement, venir en *aa₁'*, aussi bien qu'en *aa₁''*; dans le premier cas, la vitesse angulaire transmise à la seconde roue serait variable et de sens contraire à celle de la première roue, l'un des mouvements peut aussi bien se produire que l'autre; lorsque la machine fonctionne, le mouvement continue en raison de la vitesse acquise; mais, au départ, il pourra être difficile de se mettre en marche dans le sens voulu. En outre, nous verrons en dynamique que l'effort transmis est nul, lorsque la bielle passe en (a) et (a'), c'est-à-dire aux points que l'on appelle les points morts; pour parer à cet inconvénient, on adapte une seconde bielle (bb') placée à 90° de la première sur les circonférences, et qui par suite possède son maximum d'action lorsque l'effet de la première bielle est nul.

Combinaisons de roues dentées et de vis. — Nous avons vu que lorsqu'on interposait une roue parasite entre deux roues dentées, on ne modifiait pas les vitesses que ces deux roues prendraient si elles engrenaient ensemble; seulement, les rotations des roues extrêmes sont de même sens, au lieu d'être de sens contraires.

Pour modifier les rapports des vitesses, il faut recourir à un système de pignons et de roues dentées.

On appelle pignon une roue dentée de faible diamètre, montée sur le même arbre qu'une roue ordinaire.

La figure 55 représente ce qu'on appelle un équipage de roues dentées et de pignons. Étudions la transmission du mouvement dans un pareil système.

Soit O la roue motrice (ω), sa vitesse angulaire et ρ son rayon, elle engrène avec le pignon (a), monté sur l'arbre de la roue A, soit (α) la vitesse angulaire de cet arbre; la roue A engrène avec le pignon (b), monté sur l'arbre de la roue B, soit 6 la vitesse angulaire de cet arbre; la roue B engrène avec le pignon (c), monté sur l'arbre de la roue C,

Fig. 55.

soit γ la vitesse angulaire de cet arbre. Appelons encore $r r' r''$, les rayons des pignons a, b, c, R, R' R', les rayons des roues dentées, n, n' n'' les nombres de dents des pignons, N, N', N'', N''' les nombres de dents des roues.

La vitesse à la circonférence de la roue O est $\omega\rho$
—   —   des pignons est αr, $\beta r'$, $\gamma r''$.
—   —   des roues A.B.C. est αR., βR' γR''.

Les vitesses de deux roues ou pignons en contact sont évidemment égales, donc :

$$\omega\rho = \alpha r, \quad \alpha R = \beta r', \quad \beta R' = \gamma r''$$

multipliant ces trois équations membre à membre, il viendra :

$$\omega.\rho \times \alpha.R \times \beta.R' = \alpha.r \times \beta.r' \times \gamma.r''$$

les facteurs α et 6 disparaissent et il reste :

$$\frac{\omega}{\gamma} = \frac{r.r'.r''}{\rho.R.R'}$$

D'où le théorème suivant : Les vitesses angulaires des arbres extrêmes sont entre elles comme le produit des rayons des pignons est au produit des rayons des grandes roues.

Il est évident que la grande roue C montée sur le dernier arbre n'intervient pas dans le calcul, puisque la vitesse angulaire de cet arbre dépend uniquement du mouvement du pignon (c).

On peut présenter la formule sous une autre forme :

La roue motrice O et le pignon (a), engrenant ensemble, ont même pas, et comme chaque roue a autant de pas que de dents, les circonférences, ou les rayons qui les représentent, sont entre elles comme le nombre des dents, donc :

$$\frac{r}{\rho} = \frac{n}{N} \quad \frac{r'}{R} = \frac{n'}{N'} \quad \frac{r''}{R'} = \frac{n''}{N''}$$

et la formule devient :

$$\frac{\omega}{\gamma} = \frac{n.n'.n''}{N.N'.N''}.$$

Nous avons pris trois arbres, on peut en prendre une quantité quelconque et le théorème est toujours vrai.

Il est donc géométriquement possible de trouver un système qui amplifie ou qui diminue dans un rapport donné les vitesses de deux arbres.

Quelquefois, dans la pratique, on peut rencontrer certaines difficultés, parce que les roues sont faites d'après une série de modèles, et l'on ne peut pas toujours les combiner de manière à obtenir le rapport voulu. Ainsi dans l'horlogerie on n'emploie que des pignons ayant au moins huit dents et des roues ayant au plus 150 dents ; entre ces deux limites existent un certain nombre de modèles, permettant d'établir une série considérable de combinaisons ; mais cette série ne comprend pas tous les nombres, et il arrivera que le rapport donné sera compris entre deux termes de la série, il faudra alors construire une roue spéciale, ou, ce qui est presque toujours possible, modifier légèrement la transmission.

Lorsqu'il y a un nombre pair d'arbres parasites entre l'arbre moteur et l'arbre extrême de l'engrenage, les rotations des deux arbres extrêmes sont de sens contraire; lorsque le nombre est impair, les rotations sont de même sens.

Trains épicycloïdaux. — Le tableau n° 2 présente plusieurs systèmes de combinaisons de roues dentées ;

La figure 4 représente une roue conique (a) à axe vertical, conduisant un pignon conique (c) à axe horizontal, lequel axe peut tourner autour du point (o) et se placer dans tous les azimuts de l'horizon : le pignon (c) engrène avec une autre roue conique à axe vertical. Le pignon entraîné par la roue (a) entraîne à son tour la roue (b), en décrivant un cercle autour du point o avec une vitesse angulaire qui est la moitié de la vitesse angulaire des roues horizontales; le mouvement est analogue à celui que nous avons signalé pour les plaques tournantes et les couronnes de galets.

La figure 6 représente un train épicycloïdal employé en horlogerie : on voit en bas un pignon à manivelle qui engrène avec la roue AA, laquelle est folle sur l'arbre B et par suite tourne autour de lui sans l'entraîner ; mais elle entraîne avec elle un arbre, qui la traverse à frottement doux, et sur lequel sont montées à droite une roue (a) et à gauche une roue (b); la roue (a) roule sur la roue (c) qui est immobile et fixée au bâti de l'appareil, cette roue (a) communique donc un mouvement de rotation sur son axe à la roue (b) qui entraîne à son tour la roue (d), fixée à l'arbre sur lequel la roue A est folle. La rotation de cette roue (d) est indiquée par l'aiguille de l'horloge, laquelle aiguille est implantée sur le carré B.

Faisons le calcul d'un pareil système, afin d'indiquer comment on devrait s'y prendre dans des cas analogues :

Connaissant la vitesse angulaire du pignon moteur, on en déduit la vitesse angulaire (ω) de la roue A, qui représente la vitesse angulaire d'entraînement de l'arbre sur lequel sont montées les roues (a) et (b). Le mouvement relatif de ce dernier arbre, pour un observateur entraîné avec la roue A, sera une rotation dont ω' est la vitesse angulaire ; enfin, appelons ω'' la vitesse angulaire absolue de la roue finale (d) et de l'aiguille établie en B. Soit r, r', r'', r''' les rayons des roues a, b, c, d.

La vitesse du point de contact des deux circonférences primitives (b) et (d) peut s'obtenir de deux manières :

Ce point de contact considéré comme appartenant à la roue (d) a pour vitesse $\omega'' \times r'''$; considéré comme appartenant à la roue (b), il a une vitesse absolue qui est la résultante de la vitesse relative ($\omega' \times r'$) et de la vitesse d'entraînement ($\omega \times r'''$) autour de l'axe de la roue A, les vitesses composantes ayant même direction, la résultante n'est autre que leur somme algébrique ($\omega r''' - \omega' r'$), et l'on a l'égalité :

$$(1) \qquad \omega.r''' - \omega'.r' = \omega''.r'''$$

D'autre part, cherchons la vitesse absolue du point de contact des deux circonférences primitives (a) et (c), on peut l'obtenir de deux manières :

Ce point de contact, considéré comme appartenant à la roue (c) est immobile et a une vitesse nulle, puisque cette roue est fixe ; considéré comme appartenant à la roue (a) sa vitesse absolue est la résultante de la vitesse relative ($-\omega' \times r$) et de la vitesse d'entraînement ($\omega \times r''$), ces deux composantes ont même direction, donc la résultante est leur somme algébrique ($\omega.r'' - \omega' r$). Égalant les deux expressions d'une même vitesse, nous avons la seconde équation :

$$(2) \qquad \omega r'' - \omega' r = 0$$

Entre les équations (1) et (2) éliminons la vitesse angulaire ω' de l'arbre parasite, il viendra :

$$\omega' = \omega \frac{r''}{r'} \quad \text{et (4)} \quad \omega'' = \frac{1}{r'''}\left(\omega r''' - \omega\frac{r'' r'}{r'}\right) = \omega\left(\frac{r'''}{r''} - \frac{r'}{r}\right)$$

équation qui donnera la valeur de ω'' lorsque (ω) sera connu, ou qui permettra de déterminer les rayons lorsque ω et ω'' seront des données de la question, comme dans les horloges.

On obtient ainsi un nombre considérable de combinaisons de vitesses. Voici encore quelques systèmes de trains épicycloïdaux :

La figure 10 du tableau 2 représente la machine en usage pour la fabrication des câbles de la marine. La grande roue (a) est fixe ; les pignons (b) sont montés sur un anneau mobile concentrique à la grande roue, et par suite ils parcourent celle-ci d'un mouvement épicycloïdal. Chaque pignon porte une bobine fixe d'où s'échappe un toron ; tous les torons aboutissent à une sorte d'entonnoir où ils s'enroulent les uns par rapport aux autres pour former le câble ; la rotation propre des pignons a pour effet de les tordre, et la rotation de l'anneau les enroule suivant une hélice. Soit (ω) la vitesse angulaire de l'anneau, ω' la vitesse angulaire propre d'un pignon ; cherchons la vitesse absolue du point de contact de la roue fixe et d'un pignon, cette vitesse prise par rapport à la grande roue est nulle, prise par rapport au pignon elle est la somme algébrique de la vitesse relative et de la vitesse d'entraînement, donc $\omega' b - \omega a = o$, $\dfrac{\omega}{\omega'} = \dfrac{b}{a}$, résultat facile à trouver directement.

La figure 11 est la mouche ou roue planétaire de Watt ; c'est le système que ce grand inventeur avait d'abord adopté pour relier le balancier de sa machine à l'arbre du volant ; il est évidemment bien inférieur au système de bielle et manivelle. A la rigueur, nous n'aurions pas dû le placer dans le tableau n° 2 parce que le rapport des vitesses transmises n'est pas constant ; mais nous n'avons pas voulu séparer ce qui était relatif aux trains épicycloïdaux, et, du reste, on peut, pour le calcul, admettre la constance du rapport des vitesses, à cause de la présence du volant.

La figure 12 représente un train épicycloïdal connu sous le nom de paradoxe de Fergusson. La roue (b) montée sur le pivot (ab) est immobile ; la tige (am) qui porte les autres roues peut tourner autour du pivot fixe ; la roue intermédiaire (c) tourne aussi sur son axe ; les trois roues (d, e, g) montées sur le même axe, tournent autour de lui, mais d'une manière indépendante, parce qu'elles ne sont pas reliées entre elles. La roue fixe (b) a 20 dents, la roue intermédiaire (c) en a un nombre quelconque, les trois roues d, e, g ont respectivement 19, 20, 21 dents. Supposons que la manivelle (m) tourne de droite à gauche, la roue (c) aura sa rotation propre aussi de droite à gauche, et les autres roues auront leur rotation propre en sens inverse, c'est-à-dire de gauche à droite. Considérons la roue (e) qui a 20 dents comme la roue (b), lorsque la manivelle avance de $\frac{1}{20}$ de tour, la roue (e) prend une rotation relative en sens contraire de $\frac{1}{20}$, et cette roue se transporte parallèlement à elle-même sans tourner autour de son axe. Les deux autres roues (d) et (g) qui ont 19 et 21 dents tournent sur leur axe, d'un mouvement différentiel et en sens contraire l'une de l'autre.

La figure 7 du tableau 2 nous présente encore un train épicycloïdal : la manivelle (p) communique une vitesse angulaire (ω) aux roues (a) et (b) ; la roue (a) engrène avec le système (c, d) qui prend autour de son axe géométrique (qr) une vitesse ω' ; la roue (b) engrène avec le système (e, m) qui prend autour de son axe géométrique (qr) une vitesse ω'' ; enfin, la roue (m) engrène avec (n), la roue (d) avec (o), et le système (no) prend autour de son axe une vitesse angulaire ω''' ; les deux systèmes (c, d) (e, m) tournent à frottement doux sur l'axe (qr) ; mais l'axe du système (o, n) est lié à l'axe (qr) et lui transmet une vitesse angulaire ω^{IV}. On demande le rapport qui s'établit entre les vitesses ω et ω^{IV}.

Désignons les rayons des roues par les lettres mêmes de ces roues, et considérons la vitesse absolue des divers points de contact des systèmes entre eux, on peut exprimer cette vitesse absolue de deux manières et l'on a :

$$
\begin{aligned}
\text{Au contact de } (a) \text{ et de } (c). \;. \quad & \omega.a = \omega'c \\
\text{—} \qquad \text{de } (b) \text{ et de } (e). \;. \quad & \omega.b = \omega''.e \\
\text{—} \qquad \text{de } (m) \text{ et de } (n). \;. \quad & \omega''.m = \omega^{IV}.m - \omega'''.n \\
\text{—} \qquad \text{de } (d) \text{ et de } (o). \;. \quad & \omega'.d = \omega^{IV}d - \omega'''.o.
\end{aligned}
$$

Nous avons établi ainsi quatre relations, entre lesquelles il est facile d'éliminer ω', ω'', ω''' ; il reste entre ω et ω^{IV} l'équation :

$$
\omega \frac{nca + obm}{n.c.e} = \omega^{IV} \frac{dn + om}{n}.
$$

Terminons maintenant la description des figures du tableau 2 :

Sur la figure 8, la manivelle communique son mouvement de rotation à la roue (a) qui agit sur le pignon (b), monté sur l'axe de la vis qui tourne avec lui ; l'écrou de la vis avance d'un pas à chaque tour, et la pointe fixée à cet écrou décrit une hélice sur le cylindre inférieur. Le calcul des rapports des vitesses est élémentaire.

La figure 9 représente la machine à aléser : (a) est la poulie motrice, et le pignon (b) monté sur l'arbre moteur engrène avec la roue (c) montée sur l'arbre de l'outil (d) ; cet outil (d) attaque la surface intérieure du cylindre fixe qu'il s'agit d'aléser. L'outil doit prendre, outre son mouvement de rotation, un mouvement de progression lent et uniforme ; la roue (c) est montée sur son arbre à rainure et à languette ; cet arbre se prolonge par une vis (v) qui tourne dans son écrou (l). Si cet écrou était fixe, l'outil avancerait d'un pas à chaque tour de son arbre ; ce serait un mouvement trop rapide ; l'arbre principal porte une roue (e) qui engrène avec la roue f, montée sur un arbre carré le long duquel elle peut glisser ; cet arbre carré porte une autre roue (g) qui engrène avec la roue (h) de l'arbre principal, laquelle roue (h) porte l'écrou ; en somme, cette dernière roue et par suite l'écrou tourne en sens inverse de la vis ; si la rotation de l'écrou est seulement un peu inférieure à celle de la vis, le mouvement de progression de celle-ci sera une fraction très-faible de son pas ; c'est précisément le but que l'on voulait atteindre. Les roues (e) et (f), (g) et (h), ont donc des rayons très-peu différents, calculés de manière à produire l'effet voulu.

La figure 13 représente la transmission de mouvement que tout le monde a vu appliquer pour les sonnettes. Sur la figure 14 on remarque un système analogue connu sous le nom de tiges et valets, qui fut usité longtemps à la fameuse machine de Marly, qui amène les eaux à Versailles. La tige (b) communique à l'arbre (a) et par suite au valet (c) un mouvement d'oscillation ; l'oscillation se transmet d'un valet à l'autre par les tiges articulées (d).

1ʳᵉ CLASSE. 1ᵉʳ GENRE. 3ᵉ ESPÈCE DES MACHINES ÉLÉMENTAIRES

Mouvements pouvant, géométriquement, continuer indéfiniment dans le même sens. — Rapport des vitesses constant. — Pièces réunies par un lien flexible.

Cette subdivision comprend les systèmes de poulies et de treuils, transmettant le mouvement par l'intermédiaire de liens flexibles : cordes, chaînes, courroies, câbles métalliques.

Nous parlerons plus loin des cordes et des chaînes.

Courroies. — Les courroies sont le plus souvent en cuir ; elles ont la forme d'une lame sans fin qui entoure deux poulies. Lorsque la tension est assez élevée pour que le frottement de la courroie sur la poulie soit supérieur à la résistance à vaincre, le mouvement se transmet d'un arbre à l'autre.

Les longueurs de courroie qui, dans le même temps, s'enroulent respectivement sur chaque poulie sont évidemment égales ; les arcs parcourus dans le même temps étant égaux, les angles c'est-à-dire les vitesses angulaires sont entre elles dans le rapport inverse des rayons des poulies.

Ce qui revient à dire que, dans un temps donné, les nombres de tours exécutés par les arbres, sont en raison inverse des rayons ou diamètres des poulies montées sur ces arbres. On voit qu'il est facile d'après cela, d'établir entre deux arbres tel rapport de vitesses angulaires que l'on voudra.

La poulie pour courroies n'est pas à gorge, théoriquement c'est un anneau à surface cylindrique; mais, il faut toujours bomber cette surface, afin que la courroie ne s'échappe pas et tende toujours à revenir à la partie centrale.

On distingue dans une courroie : 1° le brin conducteur, qui possède la plus forte tension et sur lequel on doit faire agir les tendeurs ainsi que les appareils d'embrayage, 2° le brin conduit, dont la tension est généralement faible et qui reste toujours plus ou moins lâche.

D'ordinaire, une courroie se compose d'une ou plusieurs feuilles de cuirs accolées et serrées l'une contre l'autre; dans ces derniers temps, on a perfectionné la fabrication de cet engin.

On a exécuté des courroies, dites homogènes, formées par la réunion, au moyen de lanières intérieures, d'une série de bandes de cuirs placées de champ dans le sens longitudinal de la courroie.

Dans d'autres cas, on a placé les bandes de champ dans le sens transversal de la courroie, et on les maintient serrées par des ressorts plats en acier, sur lesquels elles sont comme enfilées.

Poulies ordinaires. — La poulie ordinaire est un disque, en bois ou en métal, plein ou évidé, pouvant tourner autour de son axe : les tourillons de cet axe sont soutenus par une chape en fer, qui se termine par un crochet.

Lorsque la poulie doit recevoir une corde, elle porte une gorge, ou creux dans lequel pénètre la corde. Lorsqu'au contraire elle guide une chaîne de Galle ou une chaîne à la Vaucanson, on l'arme de dents qui pénètrent dans les mailles de la chaîne; nous avons vu cette disposition usitée dans les grues à treuils.

Fig. 56.

A un bout de la corde ou de la chaîne est accroché le fardeau, à l'autre bout agit l'effort.

L'étude du mouvement des poulies est très-simple si on remarque que la longueur du lien qui se déroule est, dans un temps donné, égale à la longueur qui s'enroule.

Ainsi, dans le cas de la poulie fixe, si les deux brins de la corde sont verticaux, le fardeau monte d'une quantité égale à la longueur dont on raccourcit la corde en agissant sur elle par traction.

Si les deux brins sont inclinés, les longueurs parcourues suivant les brins étant égales, celles qui seront parcourues verticalement, seront comme les projections des premières sur la verticale.

Poulie mobile. — Quelquefois la poulie est mobile et le fardeau est suspendu à la chape; un des brins de la corde est fixé et solidement attaché en B, sur l'autre brin A agit la puissance.

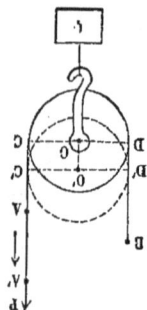

L'effort s'exerçant en A, lorsque la poulie est en 0, on demande où s'exercera l'effort lorsque la poulie sera en 0′ ? pour amener la poulie en 0′, il faut l'élever de 00′, c'est-à-dire raccourcir le brin conduit de DD′ et le brin conducteur de CC′, ce qui revient à dire que l'effort ira de A en A′, la hauteur AA′ étant double de celle qu'a parcourue le centre de la poulie.

Fig. 57.

Le chemin parcouru par l'effort est le double de celui qu'a parcouru le fardeau.

Si les deux brins sont inclinés sur la verticale, il sera facile, par des considérations identiques aux précédentes, en introduisant les projections verticales, de calculer la quantité dont s'élèvera le fardeau pour un raccourcissement donné de la corde.

Axes non situés dans le même plan. — Il n'est point nécessaire que les poulies soient situées dans le même plan ; les cordes et les courroies sont assez flexibles pour passer d'une poulie à une autre non parallèle ; c'est ce que l'on voit représenté sur les figures 5, 6, 7 du tableau 3.

Étant donné deux droites A et B, l'une représentant la direction de l'effort à exercer et l'autre celle de la résistance, joignez-les par une troisième droite C, le plan AC vous donnera la section principale d'une des poulies, et le plan BC la section principale de l'autre.

Moufles. — Les moufles (de l'allemand *muffel*, manchon) sont des assemblages de poulies fixes et de poulies mobiles. Elles servent à soulever de lourds fardeaux au moyen d'efforts beaucoup plus faibles ; mais, ce que l'on gagne en force, on le perd en vitesse, c'est-à-dire que les chemins parcourus sont en raison inverse des forces. Une force de 10 kilogrammes soulèvera un fardeau de 100 kilogrammes, pourvu que le chemin parcouru par le fardeau soit dix fois moindre que le chemin parcouru par l'effort.

Mais laissons cette explication anticipée du travail pour expliquer les moufles au point de vue cinématique.

Soit une poulie O, portant le fardeau Q, sa corde est attachée au point fixe B par un bout et par l'autre bout à la chape de la poulie O' ; la corde de celle-ci est de même fixée en B' à un bout et à l'autre bout à la chape de la poulie O'', et ainsi de suite ; pour la dernière poulie, le cordon mobile passe sur une poulie de renvoi C, et l'effort s'exerce en A.

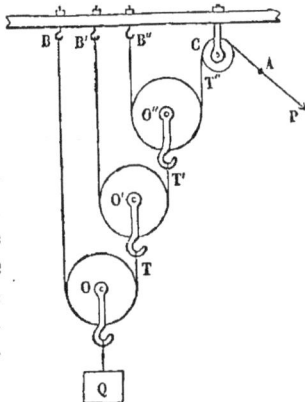

Fig. 58.

Pour élever le fardeau d'une hauteur h, l'extrémité mobile T de sa corde doit s'élever de $2h$; la poulie O' s'élève donc de $2h$ et l'extrémité mobile de sa corde s'élève par suite de $4h$... La poulie de rang (n), s'élève de $2^{n-1}h$ et l'extrémité mobile de sa corde s'élève de $2^n h$. Si cette poulie est la dernière, l'effort parcourra le même chemin $2^n h$, pour élever le fardeau seulement de la hauteur h.

On a plus souvent recours à la disposition suivante (fig. 59) :

La chape qui porte les trois poulies supérieures O, O', O'' est fixe ; au contraire, la chape qui porte les trois poulies inférieures C, C', C'' est mobile et supporte le fardeau. On voit sur la figure comment la corde, attachée à la chape fixe en i, passe successivement d'une poulie mobile à une poulie fixe et enfin vient au point A où s'exerce l'effort.

Lorsque le fardeau s'élève d'une hauteur h, les n cordons parallèles, qui sont en même nombre que l'ensemble des poulies, se raccourcissent de la quantité h. Le brin conducteur, c'est-à-dire l'effort, se déplace donc d'une hauteur égale au produit du déplacement du fardeau par le nombre total des poulies de la moufle.

Généralement, les poulies fixes et les poulies mobiles sont respectivement montées sur un même axe ; les cordons ne sont plus exactement parallèles, mais la différence de parallélisme est trop peu accusée pour qu'il y ait lieu d'en tenir compte dans la pratique. C'est vraiment à cet appareil que l'on donne le nom de mouffle.

Lorsqu'on interpose une moufle entre deux parties d'un même cordage, les

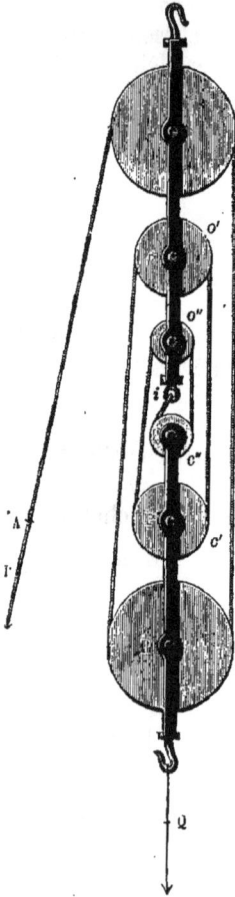

Fig. 59.   Fig. 60.

deux chapes de la moufle sont mobiles ; en les rapprochant plus ou moins, on fait subir au cordage une tension plus ou moins énergique, on a ce qu'on appelle un palan.

On voit représentées sur le tableau III les diverses combinaisons de poulies.

Câble Hirn. — La figure 10 de ce tableau indique le câble Hirn ou câble télodynamique (transport de la force à grande distance). Nous l'étudierons plus en détail dans la section des machines ; rappelons seulement qu'il est fondé sur le principe du travail : ce que l'on gagne en force, on le perd en vitesse.

On a deux poulies, plus ou moins éloignées, réunies par un câble métallique qui, par frottement, transmet le mouvement de l'une à l'autre.

La poulie motrice possède une très-grande vitesse, qu'elle communique au câble ; la vitesse étant considérable, la tension est faible, et l'on peut donner au câble une section modérée. La vitesse du câble est transmise à la seconde poulie, qui prend elle-même une grande vitesse angulaire; la transmission, interposée entre la dernière poulie et l'outil, a pour but de réduire dans une certaine proportion cette vitesse angulaire, en augmentant dans la même proportion l'effort appliqué à l'outil.

Les poulies sont d'un grand diamètre : 3 à 4 mètres; les câbles sont soutenus, tous les 100 mètres environ, par des poulies de support. On a ainsi transmis la force à plus d'un kilomètre, et cela par un moyen d'une extrême simplicité, fondé sur une interprétation judicieuse des principes élémentaires de la mécanique.

Treuils et cabestans. — Le treuil ordinaire, ou treuil des puits, se compose d'une manivelle NA de rayon R, dont le mouvement de rotation se transmet au

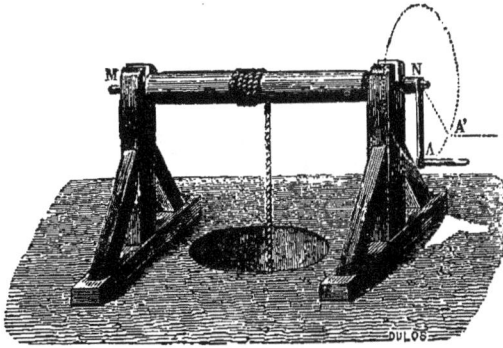

Fig. 61.

cylindre ou tambour MN, sur lequel s'enroule la corde qui monte le fardeau, et dont le rayon est r.

Le tambour fait autant de tours que la manivelle dans un temps donné; donc le chemin parcouru par l'effort appliqué à la circonférence de la manivelle est au chemin parcouru par le fardeau, c'est-à-dire à l'arc dont la corde s'est enroulée, dans le rapport inverse du rayon de la manivelle au rayon du tambour.

Si le rayon de la manivelle est quatre fois celui du cylindre, le fardeau s'élèvera d'une hauteur égale au quart de l'arc parcouru par la main qui agit sur la manivelle.

Au lieu d'une manivelle, on peut avoir la roue des carrières que représente la figure ci-contre. C'est une roue à échelons, d'un grand diamètre (d'ordinaire 6 mètres), sur laquelle marchent sans cesse un ou plusieurs hommes. C'est absolument le même appareil que le précédent, si ce n'est que le rayon de la manivelle est augmenté dans une grande proportion.

Sur le même principe est fondé le cabestan, ou treuil à tambour vertical. Les ouvriers agissent sur des bras horizontaux et tournent régulièrement; l'effort est transmis au fardeau par le cordage FF′, qui s'enroule sur le tambour; le cordage ne fait d'ordinaire que deux ou trois tours sur le tambour, et cela suffit pour produire un frottement considérable.

Un aide reçoit le cordage à mesure qu'il se déroule, et le dispose en anneaux superposés; on évite de la sorte la variation de rayon du tambour, et les chocs qui pourraient résulter du glissement des spires les unes sur les autres.

Le chemin parcouru par le fardeau est à celui que parcourent les hommes dans le rapport inverse de la longueur des bras au rayon du tambour.

La figure 16 du tableau III représente le treuil chinois ou différentiel; le tambour est double, et la corde s'enroule sur une moitié, tandis qu'elle se déroule

Fig. 62.

sur l'autre; pour un tour de manivelle, le fardeau s'élève d'une quantité égale à

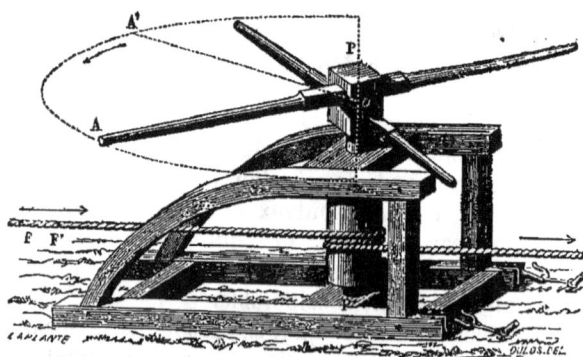

Fig. 63.

la différence des circonférences du grand et du petit tambour, différence que
l'on peut rendre aussi faible qu'on le voudra.

1re CLASSE. — 2e GENRE. — 1re ESPÈCE DES MACHINES ÉLÉMENTAIRES.

Mouvements pouvant, géométriquement, continuer indéfiniment dans le même sens. — Rapport des vitesses variable. — Pièces en contact immédiat.

Cette subdivision offre peu d'intérêt; les principales machines qui la composent sont figurées en tête du tableau 4. En voici la description rapide :

1. Engrenage elliptique. — Soit deux ellipses égales mobiles autour d'un de leurs foyers f et f' ; la distance ff' est égale au grand axe commun. Les deux ellipses roulent sans glisser l'une sur l'autre, ainsi qu'il est facile de le reconnaître géométriquement. En les armant de dents, le contact sera continuel, et l'on aura un roulement simple avec un rapport variable des vitesses angulaires.

2. Roue d'Huyghens. — Transmet le mouvement entre deux arbres rectangulaires; elle se compose d'un long pignon (a) conduisant une roue excentrée; si la vitesse angulaire du pignon est constante, la vitesse angulaire de la roue variera en raison inverse des rayons vecteurs qui joignent l'axe de la roue à son point de contact avec le pignon. La vitesse angulaire oscille donc entre un maximum et un minimum, correspondant, le premier au plus petit rayon vecteur, et le second au plus grand rayon vecteur. En construisant convenablement le profil de la roue (b), on peut reproduire telle succession de vitesses que l'on voudra.

3. Roues dentées à rayon variant brusquement. — On obtient avec cet appareil des changements brusques de vitesse, qui peuvent être utiles pour certaines opérations. Il est clair que la somme des rayons des secteurs en contact est constante.

4. Roue armée d'un doigt qui, à chaque tour, fait avancer d'un cran une roue à échancrures. — C'est un mouvement intermittent.

5. Roues dentées, dont une n'est que partiellement armée de dents. — Cela sert encore à produire des mouvements intermittents dont la période peut être quelconque.

6. Roues de Rœmer. — Ce sont deux roues coniques, dont une porte des rainures, et l'autre des saillies, disposées suivant une courbe calculée d'avance. Les rayons des bases des troncs de cône étant R et r, R' et r', le rapport des vitesses angulaires varie de $\frac{R'}{r'}$ à $\frac{r}{R}$, et la manière dont la variation se produit dans l'intervalle dépend de la courbe, suivant laquelle sont implantées les dents de la roue conductrice.

1re CLASSE. — 2e GENRE. — 2e ESPÈCE DES MACHINES ÉLÉMENTAIRES

Mouvements pouvant, géométriquement, continuer indéfiniment dans le même sens. — Rapport des vitesses variable. — Pièces réunies par un lien rigide.

Les principales de ces machines sont figurées à la seconde partie du tableau 4. En voici la description :

7. On a deux arbres parallèles, situés à une distance (d) et portant deux manivelles de rayons r et r', articulées par une tige rigide de longueur l. Un pareil

système ne peut évidemment fonctionner que s'il existe une certaine relation entre les quantités d, r, r', l. Prenons les quatre positions pour lesquelles les manivelles r et r' sont parallèles ; de ces quatre positions, il y en a deux qui donnent des minimums de distance pour les extrémités des manivelles, et les deux autres donnent des maximums ; il est clair que la longueur (l) doit être supérieure aux minimums et inférieure aux maximums ; on trouve ainsi :

$$l > r - r' - d \ (1) \quad l > r - r' + d$$
$$l < r + r' + d \ (2) \quad l < r + r' - d$$

Pour satisfaire à ces quatre inégalités, il suffit, comme on le voit à la simple inspection des formules, de satisfaire aux deux dernières. Mais celles-ci ne peuvent être vraies simultanément qu'autant que r' est supérieure à (d). Il faut donc, outre les deux conditions précédentes, une troisième condition, qui est :

L'arbre de la grande manivelle doit être à l'intérieur de la circonférence décrite par le bouton de la petite manivelle.

Grâce à ces dispositions, la transmission de mouvement s'effectuera. Cherchons à nous rendre compte du rapport des vitesses.

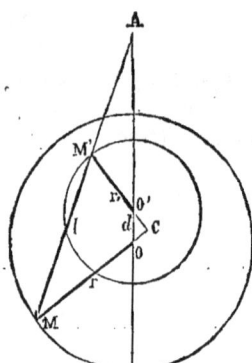

Fig. 64.

Pour cela, projetons le mécanisme sur un plan perpendiculaire aux deux arbres ; le premier arbre se projette en O, et soit OM la grande manivelle de rayon r ; O'M' est la petite manivelle de rayon r', la bielle MM' est de longueur l. Quel est le centre instantané de rotation de cette bielle ? Rappelons que les normales aux trajectoires de tous les points du corps mobile concourent au centre instantané. Or, la normale à la trajectoire du point M est le rayon OM, de même la normale à la trajectoire du point M' est le rayon O'M' ; le centre instantané de rotation de la bielle est donc au point C, et par suite les vitesses d'entraînement v et v' des points M et M' sont entre elles comme les longueurs CM et CM'. Si l'on veut passer aux vitesses angulaires ω et ω' que prennent les manivelles, on remarquera que :

$$v = \omega \times OM \quad v' = \omega' \times O'M',$$
$$\frac{v}{v'} = \frac{CM}{CM'} = \frac{\omega \times OM}{\omega' \times O'M'}, \quad = \text{d'où} \ \frac{\omega}{\omega'} = \frac{CM}{CM'} \times \frac{O'M'}{OM}.$$

Considérons le triangle COO', coupé par la transversale AM ; on sait que, si l'on prend les six segments déterminés par la transversale sur les trois côtés du triangle ou leurs prolongements, le produit de trois segments non adjacents est égal au produit des trois autres ; donc

$$CM \times O'M' \times AO = CM' \times OM \times AO',$$

et par suite :

$$\frac{\omega}{\omega'} = \frac{AO'}{AO}$$

Les vitesses angulaires des deux manivelles sont donc entre elles dans le rapport inverse des segments déterminés sur la ligne des centres par la bielle ou son prolongement.

Généralement, l'arbre moteur a une rotation uniforme, et l'une des vitesses, ω', par exemple, est constante; on déterminera graphiquement l'autre vitesse, et on en construira la courbe représentative. Nous engageons le lecteur à construire cette courbe dans un cas particulier, afin de se rendre bien compte du mécanisme que nous venons de décrire; on prend ω' pour unité, afin de faciliter l'opération.

8. La figure 8 représente un système plus simple de deux manivelles, l'une à doigt et l'autre à coulisse. On trouvera sans peine les conditions de fonctionnement d'un pareil système. On construira, comme nous l'avons indiqué, la courbe des vitesses angulaires transmises à la manivelle à coulisse par l'autre manivelle animée d'une rotation uniforme.

9. La figure 9 représente le joint à la Cardan, joint universel ou joint hollandais. On a deux arbres dont les axes prolongés se rencontrent en (a); chacun se termine par un enfourchement, et les extrémités des fourches sont articulées et réunies par un croisillon formé de deux tiges mn et pq, qui se croisent au point (a) et qui sont perpendiculaires entre elles.

Le mouvement de rotation d'un arbre se transmet à l'autre; mais on démontre que le rapport des vitesses angulaires est variable, et la variation est d'autant plus forte que l'angle des deux arbres est plus accusé.

Cet assemblage ne convient donc que pour des arbres qui sont presque dans le prolongement l'un de l'autre. Ainsi, lorsque l'on se sert d'un long arbre de couche, formé de plusieurs parties, on peut réunir ces diverses parties par des joints à la Cardan; cela dispense d'un ajustage parfait, qu'il serait très-difficile d'obtenir. On pourra de même avoir recours à cet assemblage, lorsqu'un arbre de couche devra former en plan une ligne légèrement brisée.

10. On peut encore obtenir un rapport de vitesses variables en communiquant, par l'intermédiaire de la roue parasite c, la rotation de la roue (b) à une autre roue dentée, dont l'axe est excentré et placé en (a), à une distance (d) du centre. La roue parasite est évidemment mobile, et elle est reliée aux centres des deux autres roues par des tiges articulées. Le rayon de rotation de la roue conductrice est constant et égal à r', celui de la roue conduite varie de $r-d$ à $r+d$, de sorte que le rapport des vitesses angulaires varie d'une manière continue de

$$\frac{r'}{r-d} \quad \text{à} \quad \frac{r'}{r+d}$$

Le diamètre de la roue parasite est indifférent, pourvu toutefois qu'il soit supérieur à la distance maxima qui peut exister entre les roues principales.

1re CLASSE. — 2e GENRE. — 3e ESPÈCE DES MACHINES ÉLÉMENTAIRES

Mouvements pouvant, géométriquement, continuer indéfiniment dans le même sens. Rapport des vitesses variable. — Pièces réunies par un lien flexible.

Voici quelques exemples des machines de cette subdivision, que l'on trouvera au bas du tableau 4.

11. Treuil à tambour conique. — Le cordage s'enroule sur un tronc de cône, tandis que la manivelle conserve un rayon constant. Si R est le rayon de la manivelle, r et r' les rayons extrêmes du tambour, la vitesse de la mani-

velle est à celle du fardeau dans un rapport qui varie d'une manière continue de $\frac{R}{r}$ à $\frac{R}{r'}$.

12. Les bennes sont soulevées dans les puits de mines au moyen de câbles plats qui s'enroulent sur un tambour de même largeur ; les spires successives se recouvrent les unes les autres et sont maintenues par des ailes que porte latéralement le tambour. Le rayon de celui-ci va donc sans cesse en augmentant, et la vitesse d'ascension augmente à mesure que le câble s'enroule, en supposant une rotation uniforme de l'arbre moteur.

13. Deux roues (a) et (b), l'une circulaire et l'autre elliptique, sont réunies par un câble ou par une courroie ; mais, pour que le lien soit toujours suffisamment tendu, il est nécessaire de le faire passer sur une poulie à contre-poids, qui monte ou descend suivant que le lien, compris entre les roues, s'allonge ou se raccourcit. Ce système n'est pas usité.

14 et 15. Tambours cylindriques et coniques, réunis par des cordages. — On voit immédiatement entre quelles limites varient les vitesses angulaires.

2ᵉ CLASSE. — GENRE UNIQUE. — 1ʳᵉ ESPÈCE DES MACHINES ÉLÉMENTAIRES

Mouvements à étendue limitée, et tels que le sens de la vitesse d'une des pièces au moins change périodiquement. — Rapport des vitesses constant ou variable. — Pièces en contact immédiat.

Les principales machines élémentaires de cette subdivision sont réunies sur le tableau 5.

1. Roue à lanterne interrompue sur une partie de sa circonférence. — Elle est conduite par un pignon qui passe périodiquement de l'intérieur à l'extérieur de la lanterne. Pour faciliter ce mouvement, le pignon est monté sur un arbre assez long et assez flexible pour qu'il puisse recevoir un léger déplacement horizontal. Le rapport des vitesses angulaires est constant, mais le sens de la rotation de la lanterne change périodiquement ; elle exécute des oscillations isochrones.

2. Pignon conduisant un cadre denté. — L'arbre du pignon est encore long et assez flexible pour pouvoir engrener successivement avec la crémaillère de droite et avec celle de gauche. L'axe du cadre se prolonge par une tige guidée qui prend un mouvement d'oscillation. A la fin de chaque oscillation, se produit un temps d'arrêt, et la vitesse de cette oscillation est uniforme.

3. Pignon fixe, conduisant un cadre partiellement denté. — La tige guidée exécute une série d'oscillations séparées par d'assez longs repos.

4. Double pignon conduit par une roue, dentée sur la moitié seulement de sa circonférence. La roue engrène d'abord avec le pignon supérieur, puis, au moment où elle le quitte, elle engrène avec le pignon inférieur. L'arbre des pignons est donc toujours animé d'une rotation uniforme, qui change de sens à chaque demi-tour de l'arbre moteur. On peut évidemment produire des arrêts plus ou moins longs, en n'armant la roue de dents que sur un arc inférieur à une demi-circonférence.

5. Un arbre porte trois doigts qui viennent successivement en contact avec les saillies (a) et (a') d'un cadre, que prolonge une tige guidée. L'action des

doigts sur la saillie (a') pousse le cadre de droite à gauche, et leur action sur la saillie (a) le ramène de gauche à droite.

6. Un arbre à cames (a), animé d'une rotation uniforme, soulève le marteau frontal (b), qui, abandonné par la came, retombe ensuite sur son enclume.

7. Cisaille à métaux. Un tambour excentré (a), soulève et laisse retomber périodiquement le levier (b) de la cisaille dont les mâchoires se rapprochent et s'éloignent périodiquement l'une de l'autre.

Excentriques. 8. — *Excentrique en cœur.* — Nous commençons ici la série des excentriques.

Si l'on considère un disque à profil quelconque (a), tournant d'un mouvement uniforme autour d'un centre (o) et restant toujours en contact avec un galet (c) invariablement lié à une tige guidée *mn*, le galet et par suite la tige prendront un mouvement rectiligne qui dépendra de la variation des rayons vecteurs, émanant du centre de rotation (o) et aboutissant aux points successifs du profil. Si l'on accole deux profils symétriques, le premier profil agira sur le galet *c* pendant un demi-tour de l'arbre, et le second profil agira sur le galet *c'* pendant le reste du tour. La tige exécutera donc des oscilla-

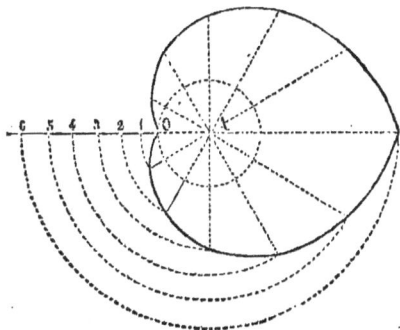
Fig. 65.

tions périodiques et la vitesse de son mouvement, à un instant donné, dépendra du profil de la courbe qui dirige le galet.

Ces notions vont s'éclaircir par une application à un cas général : supposons que l'on veuille donner à une tige guidée l'amplitude d'excursion O6, on divise la durée de la course en un certain nombre d'intervalles égaux, par exemple en six, et l'on sait, d'après le mouvement que l'on veut produire, que l'extrémité de la tige, c'est-à-dire le galet qui la dirige, se trouve à la fin de chaque intervalle aux points marqués 1, 2, 3, 4, 5, 6; ceci posé, le disque ayant son axe de rotation en A, son rayon vecteur sera à l'origine AO. A la fin du premier intervalle, la rotation étant uniforme, le rayon vecteur du disque aura décrit un arc égal au $\frac{1}{6}$ de la demi-circonférence, et sa longueur devra être telle, qu'il pousse le galet jusqu'au point 1; à la fin du second intervalle, le rayon vecteur aura décrit un arc égal aux $\frac{2}{6}$ de la demi-circonférence, et sa longueur devra être telle, qu'il pousse le galet jusqu'au point 2, et ainsi de suite.

Si donc nous divisons la demi-circonférence de rayon OA en six parties égales, et que nous menions les rayons vecteurs correspondants, sur lesquels nous prendrons successivement des longueurs A1, A2, A3, A4, A5, A6, nous obtiendrons le profil de l'excentrique en joignant par un trait continu les points ainsi trouvés.

Le demi-profil déterminé produit une oscillation simple; pour faire revenir maintenant le galet de gauche à droite, nous compléterons le profil au moyen d'une courbe symétrique de la première par rapport à la droite OA, et nous placerons un second galet en O'. Après le premier demi-tour, l'excentrique agira sur le second galet, pendant le second demi-tour, et ramènera de gauche à droite la tige guidée, qui passera de nouveau par toutes les phases du mouvement qu'elle a subies dans la première oscillation simple.

On comprend sans peine qu'en adoptant pour le disque un profil quelconque, il en résultera pour la tige un mouvement quelconque. Voici comment on peut étudier le mouvement de la tige :

1° On construira la courbe des espaces parcourus par le galet; pour cela, on portera sur un axe d'abscisses, par exemple, six temps égaux, et sur l'ordonnée correspondant à chacun, on portera la distance parcourue par le galet depuis son point de départ. Joignant par un trait continu les points ainsi obtenus, on aura la courbe des espaces.

2° On construira la courbe des vitesses, ainsi que nous l'avons expliqué en détail, en se servant des tangentes à la courbe des espaces.

3° On construira de même la courbe des accélérations, en se servant des tangentes à la courbe des vitesses.

Grâce à ces opérations géométriques d'une grande simplicité, on se rendra un compte exact du mouvement de la tige, et l'on verra si la combinaison obtenue est acceptable dans la pratique.

L'excentrique, qui paraît le plus simple au premier abord, est celui qui communique à la tige une translation uniforme; on l'appelle l'excentrique à cœur. Par définition, il doit être tel, que les rayons vecteurs de son profil croissent proportionnellement aux angles qu'ils ont décrits; nous avons étudié, en géométrie analytique, la courbe qui réalise cette condition, c'est la spirale d'Archimède.

La figure 66 en donne la construction : soit OB l'amplitude de la course, et A

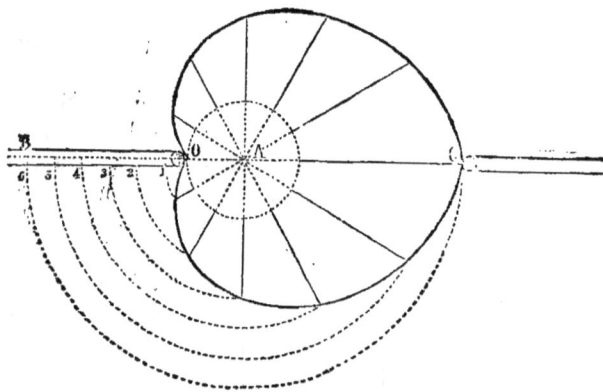

Fig. 66.

le centre du disque; on divise la longueur OB et la demi-circonférence supérieure de rayon OA en six parties égales; on numérote les divisions de la tige et celles des arcs à partir du point O, on décrit du point A comme centre des circonférences ayant pour rayon A1, A2, A3..., et les points de rencontre de ces circonférences avec les rayons vecteurs de même numéro donnent des points de la spirale d'Archimède.

Pour produire l'oscillation simple en sens inverse, on achève le disque en prenant le demi-profil, symétrique du premier par rapport à la tige, et l'on place en O′ un second galet.

On obtient ainsi l'excentrique à cœur, qui présente un angle rentrant en O et un angle saillant en O′; en ces angles, la direction du mouvement change brusquement, et, comme la vitesse est uniforme, il en résulte des chocs sensibles.

Aussi ne faut-il pas se servir de l'excentrique à cœur lorsque l'on dispose de pièces un peu lourdes.

Il vaut mieux se donner d'abord le mouvement de la tige, de telle sorte que les vitesses tendent à s'annuler lorsqu'une oscillation simple commence ou finit; on déduira de là le profil de l'excentrique, en recourant à la construction géométrique que nous avons indiquée plus haut.

Pour l'excentrique à cœur, la courbe des espaces est évidemment une ligne droite inclinée sur l'axe des abscisses; la courbe des vitesses est une droite parallèle à cet axe, mais l'ordonnée en est positive ou négative, suivant que l'oscillation a lieu dans un sens ou dans l'autre.

Remarquons encore que, dans les appareils de ce genre, la pression du disque sur la tige n'est pas dans le sens du mouvement de celle-ci, ce qui est la cause d'un frottement considérable.

9. *Excentrique à ondes.* — La figure 9 du tableau 5 représente l'excentrique à ondes; le profil du disque se compose d'arcs de cercle, de rayons inégaux, ayant leur centre sur l'axe de rotation, et raccordés par des courbes correspondant à un angle plus ou moins grand.

Lorsque les galets sont en contact avec les arcs de cercle, ils restent immobiles puisque le rayon vecteur ne change pas; lorsqu'au contraire, ils sont guidés par les courbes de raccordement, ils prennent ainsi que la tige un mouvement de translation.

Cet excentrique est commode pour produire des déplacements rapides de la tige, déplacements auxquels succèdent des repos plus ou moins longs. Supposez que la tige porte une plaque qui puisse ouvrir et fermer l'orifice d'un réservoir d'eau ou de vapeur, l'excentrique produira automatiquement le mouvement de va et vient de la tige, et l'appareil fonctionnera d'une manière parfaitement régulière.

Il est bon de remarquer que, dans tous les excentriques à deux galets, les diamètres sont constants; en effet, la distance des galets est invariable.

10 et 11. Il n'en est pas de même des excentriques que représentent les figures 10 et 11.

Le numéro 10 est l'excentrique à rainure; la rainure guide un bouton par lequel se termine la tige guidée; c'est la courbe de la rainure qui joue exactement le même rôle que le profil du disque des excentriques précédents. L'étude du mouvement est identique.

Le numéro 11 est un excentrique à ressort; le profil de l'excentrique agit d'une manière continue sur le galet, lequel est maintenu constamment en contact par l'action du ressort r.

12, 15, 16. *Excentriques circulaires.* — Les excentriques circulaires produisent un mouvement identique à celui de la bielle et de la manivelle. Sur un arbre animé d'une rotation uniforme est fixée une manivelle qui, par une pièce droite appelée bielle, est réunie à une tige guidée; celle-ci prend un mouvement d'oscillation, et si la bielle est assez longue par rapport au rayon de la manivelle, on peut admettre sans grande erreur qu'elle est dans le prolongement de la tige guidée; alors un point de cette tige est animé du même mouvement que la projection du bouton de la manivelle sur un diamètre du cercle qu'il décrit.

Nous avons étudié avec détails (voy. la figure 21) ce mouvement de la projection d'un point qui parcourt un cercle d'un mouvement uniforme, et nous engageons le lecteur à le revoir.

Revenons à l'excentrique circulaire : le mouvement de la tige guidée est indépendant du rayon du cercle d'excentrique; supposez, en effet, que le centre de rotation coïncide avec le centre du disque, la tige guidée restera immobile, quel que soit le rayon du cercle. Le mouvement de la tige ne dépend donc que de l'excentricité, et la longueur de l'oscillation simple est précisément égale à cette excentricité, c'est-à-dire à la distance qui sépare le centre de rotation du centre géométrique.

Le mouvement étant indépendant du rayon du disque, on peut toujours supposer ce rayon nul, le disque se réduit à son centre, qu'il faut supposer invariablement relié à l'axe de rotation. Le point, qui représente l'excentrique, décrit un cercle autour de l'axe de rotation, et la tige guidée prend un mouvement, qui est la projection du précédent sur un diamètre. Le raisonnement précédent montre bien l'identité de l'excentrique circulaire et du système composé, appelé bielle et manivelle.

La figure 12 représente un excentrique circulaire agissant sur un cadre. Le plus souvent on l'emploie sous la forme que représentent les figures 15 et 16 : l'arbre, dont on voit la section, porte un disque circulaire excentré (e), qui souvent est évidé, lorsqu'il a des dimensions notables; cet excentrique est entouré d'un collier (c) à l'intérieur duquel il glisse, à frottement doux; ce collier en métal est formé de deux parties réunies par des boulons, et il est fixé à un triangle métallique rigide t, dont le sommet s'articule soit avec un levier (n° 15), soit avec une tige guidée (n° 16).

Cet excentrique est employé dans les machines à vapeur pour régler le mouvement des tiroirs de distribution.

13. *Excentrique triangulaire.* — On construit un triangle rectiligne équilatéral (abc), et de chaque sommet on décrit un arc de cercle avec le côté de ce triangle pour rayon. On obtient un triangle équilatéral curviligne, que l'on adopte comme profil de l'excentrique; l'axe de rotation est placé, par exemple, au sommet (a) de ce triangle, et la rotation se fait dans le sens de la flèche. Quel sera le mouvement du cadre?

L'arc (ac) pousse le côté horizontal inférieur du cadre, jusqu'à ce que le point (c) soit venu en (d); à ce moment, c'est l'arête projetée en (c) qui pousse le cadre, jusqu'à ce que le point (c) soit arrivé en (e); alors, c'est l'arc cb qui va agir sur le cadre, mais cet arc, ayant pour centre le point (a), glissera simplement sur le cadre; celui-ci restera immobile, il y aura un repos de la tige guidée. Ce repos durera jusqu'à ce que le point (c) soit arrivé en (f), et alors l'oscillation recommencera en sens contraire.

14. La figure 14 représente une modification de l'excentrique triangulaire dont les bords ont été arrondis.

17. Une tige guidée (a) se termine par un galet, qui roule sur un plateau circulaire (b), dont le plan est oblique sur son axe de rotation (c). On conçoit qu'avec ce système la tige guidée est soumise à un mouvement d'oscillation.

18. Une tige guidée est maintenue par un ressort r en contact avec une roue à dents animée d'un mouvement de rotation. En suivant le profil des dents, le galet prend un mouvement oscillatoire, dont l'amplitude et la vitesse dépendent du profil de la roue.

2ᵉ CLASSE. — GENRE UNIQUE. — 2ᵉ ESPÈCE DES MACHINES ÉLÉMENTAIRE

Mouvements à étendue limitée et tels, que le sens d'une des pièces au moins change pé-riodiquement. — Rapport des vitesses constant ou variable. — Pièces réunies par un lien rigide.

Encliquetages. — Les figures 1 à 5 du tableau 6 représentent les divers encli-quetages.

1. Un balancier (*mn*) agit par les cliquets (*a*) et (*b*) sur une double lame de scie. Si l'extrémité (*m*) s'abaisse, le cliquet (*a*) glisse sur les dents de droite; mais le cliquet (*b*) tend à se relever, et son extrémité recourbée agit sur une dent de gauche. Quand l'extrémité (*m*) se relève, c'est l'effet inverse qui se produit. On voit qu'à chaque oscillation simple du balancier la double lame de scie, et par suite la tige guidée qui la prolonge, s'élèvent d'un cran. On transforme ainsi un mouvement circulaire alternatif en rectiligne progressif.

2. 3. 4. *Encliquetages par roue à rochet.* — On appelle roue à rochet une roue armée de dents pointues non symétriques et toutes inclinées dans le même sens.

Examinons l'encliquetage de la figure 3 : on voit en (*a*) la roue à rochet montée sur un arbre, auquel on veut communiquer un mouvement de rotation progres-sif. Sur cet arbre est monté un manchon qui l'entoure à frottement doux, et qui se prolonge par un levier *d*. Au levier (*d*) est fixé un doigt ou cliquet (*c*) main-tenu par un ressort en contact avec la roue à rochet ; supposez que l'on fasse osciller le levier de haut en bas, le cliquet fera avancer la roue à rochet ; rame-nez maintenant le levier de bas en haut, le cliquet n'agit pas sur les dents, il glisse à leur surface. Pour empêcher la roue, sollicitée par le fardeau, de revenir en arrière, on dispose sur le bâti de l'appareil un second cliquet fixe (*b*), qui ne s'oppose pas au mouvement progressif de la roue, mais qui l'arrête dès qu'elle tend à tourner en sens inverse.

La figure 2 montre ce qu'on appelle le levier de Lagaroust. Dans l'enclique-tage précédent, le mouvement n'est transmis à la roue que lorsque le levier (*d*) descend ; l'appareil de Lagaroust a pour but de supprimer une perte de temps et de faire avancer la roue à rochet à chaque oscillation simple du levier. A ce levier sont fixés deux cliquets (*b*) et (*c*). Le cliquet (*c*) agit sur la roue lorsque le levier descend, et le cliquet (*b*) lorsqu'il monte ; l'action est continue, et il est inutile de recourir au doigt de retenue.

L'inconvénient de ces encliquetages est le bruit que produit le cliquet qui retombe à chaque oscillation. Cela n'arrive pas avec l'encliquetage muet de la figure 4; le doigt est amené en place par un levier articulé (*e*) qui participe au mouvement du levier moteur (*d*). Il n'existe plus de chute et les chocs dispa-raissent.

La figure 5 représente le meilleur système d'encliquetage, c'est l'encliquetage Dobo. (*a*) est une poulie folle, qui repose à frottement doux sur les rayons (*b*, *b*...), lesquels sont articulés avec un manchon fixé à l'arbre de la poulie; les pièces (*b*) sont maintenus par des ressorts (*r*) que porte le manchon. Quand la poulie tourne de (*a*) vers (*b*), elle glisse à la surface extérieure des pièces (*b*) qui s'infléchissent en courbant les ressorts; mais, si la poulie tend à tourner en sens contraire, elle fait rebrousser les pièces (*b*) qui s'arc-boutent; le glissement ne se produit plus et le mouvement de la poulie est transmis à l'arbre.

6. Balancier, bielle et manivelle. — C'est la transmission ordinaire des grandes machines à vapeur. La manivelle (*cb*) tourne d'un mouvement uniforme autour de son axe (*c*). Le bouton (*b*) est articulé avec la bielle qui, à son autre extrémité (*a*) s'articule avec le balancier; celui-ci oscille autour du point *o*. Quel sera le mouvement du point (*a*)? Si l'amplitude d'oscillation de ce point est relativement faible, et le rayon (*oa*) assez grand, pour qu'on puisse assimiler à une ligne droite l'arc de cercle décrit par ce point (*a*), si, d'un autre côté, la bielle est assez longue pour qu'on puisse la considérer comme toujours parallèle à la ligne (*ca*), le point (*a*) se mouvra sensiblement comme la projection sur le diamètre (*ca*) du point (*b*) qui parcourt un cercle d'un mouvement uniforme.

Généralement, cette approximation est suffisante ; mais, si l'on veut construire exactement le mouvement de la bielle, on y arrivera en cherchant à chaque instant son centre instantané de rotation, qui est à la rencontre des droites *oa* et *cb*. On construira le lieu des centres instantanés dans l'espace et dans la figure mobile, et le roulement de ces deux courbes l'une sur l'autre indiquera le mouvement vrai de la bielle, et, par suite, celui de son extrémité (*a*).

Lorsque la bielle est courte et d'une longueur inférieure à cinq fois le rayon de la manivelle, la différence entre la méthode approchée et la méthode exacte est très-sensible; la demi-oscillation de retour s'effectue plus rapidement que la demi-oscillation du départ; cette propriété a été utilisée dans certains cas.

7. Manivelle animée d'un mouvement uniforme, et dont le bouton agit sur une tige à coulisse; celle-ci reçoit un mouvement oscillatoire régulier.

8. Bielle et manivelle. — Lorsque la bielle a une longueur supérieure à cinq fois le rayon de la manivelle, son extrémité (*a*) possède sensiblement le mouvement de la projection d'un point qui parcourt un cercle d'une vitesse uniforme.

9. Machine oscillante Cavé. — Le cylindre oscille sur deux tourillons pendant que la manivelle tourne d'un mouvement uniforme.

10. Marteau à soulèvement. — Arbre à cames agissant sur le manche d'un marteau.

11. Machine de Mausdlay. — Au lieu de glissière, l'extrémité de la bielle est guidée par un galet qui roule dans une rainure. Cette disposition est mauvaise, car, à la longue, il se forme des méplats sur le galet, et le frottement de glissement finit par s'établir.

2. Levier oscillant agissant sur une tige guidée, à laquelle il est réuni par une bielle.

13. Levier oscillant à coulisses agissant sur une tige guidée.

Parallélogrammes articulés. — 14. *Parallélogramme simple.* — Dans les machines à vapeur, la tige du piston possède un mouvement oscillatoire rectiligne, qu'il faut transformer en un mouvement oscillatoire circulaire du balancier. Si l'on articulait directement l'extrémité de la tige du piston avec le balancier, il faudrait, pour que la transmission fût possible, donner à la tige un jeu considérable dans la boîte à étoupes qu'elle traverse en sortant du cylindre; et encore, les pièces seraient soumises à des efforts obliques et à des torsions qui ne tarderaient pas à déformer et à détruire le mécanisme. C'est dans le but de remédier à cet état de choses que Watt inventa les parallélogrammes qui portent son nom.

La figure 14 du tableau 6 représente le parallélogramme simple; le balancier est en (*oa*) et le point (*a*) décrit un arc de cercle ayant le point (*o*) pour centre, soit (c) l'extrémité de la tige du piston, joignons (ac) et prolongeons cette droite d'une longueur égale (cb); le point (b) est articulé avec une tige (bd) égale et parallèle au demi-balancier. Le point (d) est fixe, et par suite le point (b) décrit un arc de cercle inverse de celui que décrit le point (a). En donnant au système diverses positions successives, on construira le lieu des points (c); on trouve que ce lieu est une courbe allongée, en forme de 8, dont un des jambages est presque vertical, c'est une courbe dite à longue inflexion; dans sa partie médiane, la seule intéressante pour le mouvement, elle se confond très-sensiblement avec une ligne droite, la verticale du point (c), prolongement de l'axe du piston. Bien que la coïncidence ne soit pas géométriquement exacte, elle l'est suffisamment dans la pratique, et l'appareil fonctionne d'une manière très-satisfaisante.

Ce système a l'inconvénient d'exiger un contre-balancier (db), aussi long que le balancier et par suite très-encombrant. Aussi l'a-t-on partout remplacé par le suivant, que représente la figure 15 du tableau 6.

15. *Parallélogramme articulé*. — Aux points (a) et (n) de l'axe du balancier, on articule un parallélogramme (acbn), dont tous les côtés peuvent tourner autour des sommets; c'est ce qu'on appelle un parallélogramme articulé, il peut se déformer de toutes les manières en prenant des angles quelconques.

Prenons sur le cercle décrit par le point (a) une série de positions successives, et construisons les positions correspondantes du parallélogramme, en les déterminant par cette condition que le sommet (c) reste constamment sur la verticale (cp), qui représente la tige du piston. Construisons le lieu des positions du point (b); si par trois de ces positions, on fait passer une circonférence dont le centre est en (d), on reconnaît que toutes les autres positions du point (b) sont sensiblement sur cette circonférence.

Réciproquement, si l'on réunit le point (b) au point fixe (d) par un lien rigide, ce sommet (b) décrit forcément la circonférence ci-dessus définie, et l'autre sommet (c) parcourt une courbe qui, dans sa partie utile, coïncide presque avec la verticale (cp).

Nous avons obtenu de la sorte le même résultat qu'avec le parallélogramme simple, et le point (c) décrit encore une courbe à longue inflexion, dont la partie utile s'écarte assez peu de la verticale pour qu'on puisse, dans la pratique, en négliger l'écart. L'avantage de ce second système est que le point fixe (d) est assez rapproché de la tige et qu'il est assez commode de le placer sur le bâti.

D'ordinaire le point (n) se trouve au milieu du balancier.

Si nous joignons le point (c) au point (o), la droite ainsi obtenue coupe le côté (nb) du parallélogramme en un point (m); les triangles onm, oac sont semblables, et le rapport $\frac{om}{oc}$ est constant. Donc, le point (m) décrit une courbe semblable à celle du point (c), et par suite sa trajectoire coïncide sensiblement avec la verticale (mq); c'est, généralement, en ce point (m) que l'on articule la tige des pompes d'alimentation.

2ᵉ CLASSE. — GENRE UNIQUE. — 5ᵉ ESPÈCE DES MACHINES ÉLÉMENTAIRES

Mouvements à étendue limitée et tels que le sens, de la vitesse d'une des pièces au moins change périodiquement. — Rapport des vitesses constant ou variable. — Pièces réunies par un lien flexible.

Les machines de cette subdivision sont peu intéressantes et peu nombreuses. Nous n'en citerons que deux, représentées par les figures 16 et 17 du tableau 6.

16. Une manivelle, animée d'une rotation uniforme, agit sur une corde, qui passe sur une poulie de renvoi et se trouve ensuite tendue par un poids. Le poids exécute des oscillations verticales régulières; la vitesse de son mouvement de translation est, à chaque instant, égale à la projection de la vitesse du bouton de la manivelle sur la verticale.

17. *Courroie à tendeur.* — Deux roues (r) et (r') sont réunies par une courroie. Sur cette courroie s'appuie un rouleau (b) monté sur un levier dont (a) est le point fixe et p le contre-poids. La courroie est plus ou moins tendue suivant la valeur du contre-poids, et l'on peut augmenter à volonté le frottement de la courroie sur la poulie, ce qui permet de vaincre une résistance variable.

Si le contre-poids est constant, ce système permet un léger déplacement de l'axe d'une des poulies, sans qu'il en résulte un arrêt dans la transmission.

Il est à remarquer qu'on peut aussi, avec le tendeur, faire varier la longueur de l'arc de contact de la courroie, et par suite le diamètre utile de la poulie; de la sorte, on obtient un rapport de vitesses variable.

Nous avons étudié les mouvements au point de vue géométrique; reste à voir comment on assure le mouvement rectiligne ou circulaire des diverses pièces mobiles.

ÉTUDE DES ORGANES DESTINÉS A GUIDER ET A ASSURER LE MOUVEMENT

C'est le mouvement circulaire qui s'obtient et qui se guide le plus facilement : nous commencerons par lui.

Guides du mouvement circulaire. — Lorsqu'une pièce possède un mouvement circulaire, elle est généralement montée sur un arbre, qui possède deux ou plusieurs points fixes. Le système est différent suivant que l'arbre est horizontal ou vertical; ce n'est qu'exceptionnellement que l'on place un arbre dans une direction inclinée. Nous distinguerons donc deux classes de guides : 1° guides d'un arbre horizontal; 2° guides d'un arbre vertical.

Guides d'un arbre horizontal. — Un arbre horizontal se termine à chaque extrémité par une partie cylindrique exactement tournée; cette partie s'appelle tourillon. Le tourillon repose sur un palier en fonte (a) (*fig.* 68), par l'intermédiaire d'un coussinet formé de deux coquilles (b) en bronze ordinaire ou en bronze d'aluminium. La coquille supérieure, ainsi que la partie supérieure du palier forment le chapeau; le chapeau n'est pas en contact avec la partie inférieure; on les réunit par deux boulons, que l'on serre de manière à ce que le tourillon soit bien en contact avec son coussinet. Au bout d'un certain temps, il se produit une usure; le contact ne subsiste plus; on le rétablit en serrant les boulons.

Le tourillon (*fig.* 67) est généralement de plus faible dimension que le corps de l'arbre ; on le termine extérieurement par un épaulement, destiné à empêcher les oscillations de l'arbre parallèlement à son axe, et l'épaulement se raccorde au tourillon par un congé.

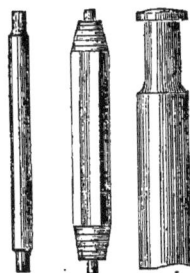

Fig. 67.

On amène un corps gras, le plus souvent de l'huile, à la surface du tourillon, de telle sorte que les surfaces frottantes du tourillon et du coussinet soient constamment lubrifiées, et qu'il n'y ait à craindre ni échauffement, ni grippement, ni usure extraordinaire.

Passons en revue les systèmes de paliers les plus connus :

1° *Palier ordinaire* (fig. 68). — Nous venons d'en faire plus haut la description. Pour envoyer l'huile à la surface du tourillon, on perce le chapeau d'un orifice vertical, évasé à la partie supérieure, et dans cet orifice on vient de temps en temps verser de l'huile avec une burette.

La surface du tourillon porte plusieurs rainures de forme curviligne qui forment pour l'huile des canaux de circulation.

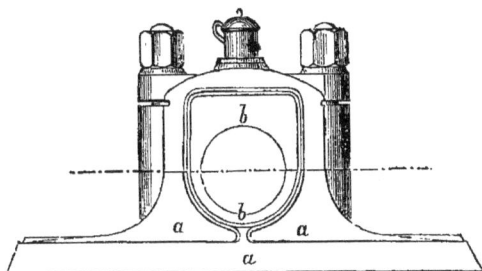

Cette disposition, qui laisse le graissage au soin de l'ouvrier, ne se rencontre plus guère maintenant. On recouvre l'orifice vertical d'une boîte ou godet renfermant une provision de graisse ou d'huile que l'on renouvelle de temps en temps.

Seulement, on obtient de la sorte un afflux trop considérable de l'huile, et il vaut mieux disposer une sorte de vis au-dessus du conduit, vis que l'on fait mouvoir à volonté et qui laisse plus ou moins de passage à l'huile. Quelquefois encore on dispose le réservoir à côté du conduit, et

Fig. 68.

l'on met une mèche en fil qui plonge d'un côté dans l'huile et qui, de l'autre, aboutit au-dessus du conduit ; cette mèche aspire l'huile par capillarité, et forme siphon ; l'huile tombe goutte à goutte dans le conduit.

On ne saurait adopter un conduit trop étroit, parce qu'il s'engorgerait et s'encrasserait rapidement ; il est même indispensable de nettoyer de temps en temps les paliers, parce qu'ils s'engorgent toujours au bout d'un temps plus ou moins long.

Les inconvénients de ce système sautent aux yeux : 1° l'afflux de l'huile est irrégulier ; 2° il y a perte considérable, puisque l'huile s'écoule à chaque bout du tourillon et n'est pas recueillie ; 3° enfin, l'huile s'écoule sur les supports du palier et sur le plancher, et c'est une cause de malpropreté continuelle.

On voit, sur le plan du palier ordinaire, un trou ovale à chaque extrémité ; ce trou sert pour la mise en place du palier, qui doit être faite avec une exactitude mathématique, si l'on ne veut pas fausser l'arbre ; généralement, le palier repose sur le massif par l'intermédiaire d'une semelle en fonte, scellée et reliée au massif par de forts boulons noyés dans la maçonnerie ; sur la semelle, on vient boulonner le palier, et l'on ménage aux boulons des trous ovales, afin de pouvoir rectifier complétement la position du palier avant le serrage définitif.

2° *Palier Decoster.* — Le palier Decoster (*fig.* 69) commence la série des paliers à graissage automatique. Le tourillon porte en son milieu un disque mince,

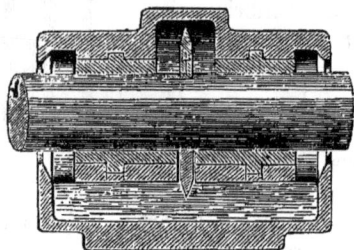

Fig. 69.

qui tourne avec lui et qui passe dans des fentes ménagées dans la coquille supérieure et dans la coquille inférieure. Au-dessous de celle-ci est une cavité ou boîte à huile, dans laquelle pénètre le disque ; il enlève donc de l'huile dans son mouvement de rotation, et celle-ci retombe sur la partie centrale du tourillon, où elle rencontre les canaux qui la distribuent sur la surface entière. Le tourillon est plus court que le palier, de sorte qu'à la sortie l'huile en excès tombe dans le réservoir pour être employée de nouveau.

Lorsque la vitesse de l'arbre et un peu considérable, l'huile est lancée par la force centrifuge sur le dôme antérieur du chapeau, d'où elle retombe sur le tourillon. Cet effet, dans certains cas, peut même se trouver exagéré, et l'huile, soumise à une agitation perpétuelle, arrive quelquefois à s'émulsionner ou à se résinifier, ce qui est un inconvénient sérieux. Le palier Decoster peut donc, dans certains cas, donner des résultats médiocres, lorsque la rotation est rapide.

Ce palier a besoin d'être nettoyé de temps en temps, parce que les poussières et l'huile finissent par former du cambouis qui obstrue les canaux.

Il est nécessaire aussi de renouveler l'huile à certains intervalles, parce qu'il y a toujours perte et usure.

3° *Autre palier à graissage automatique* (fig. 70). — M. Avisse a imaginé un

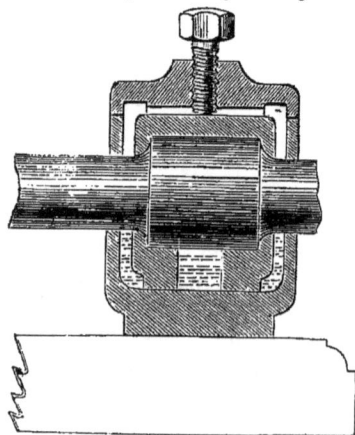

Fig. 70.

système de palier à graissage automatique qui diffère des autres en ce que le tourillon a un diamètre supérieur à celui de l'arbre. La coquille inférieure du coussinet présente en son milieu une cavité pleine d'huile ; cette coquille plonge du reste tout entière dans le réservoir d'huile. La partie centrale du tourillon entraîne le liquide dans sa rotation, et celui-ci, en retombant, rencontre les canaux des parties latérales du tourillon ; il les lubrifie et retourne au réservoir par des cavités ménagées dans la coquille. Il n'y a jamais un excès d'huile d'entraîné, parce que le tourillon touche presque le dôme de la coquille supérieure, et par suite ne peut entraîner qu'une lame d'huile assez mince.

Lorsque le tourillon est plus petit que l'arbre, l'huile, en arrivant aux bords extérieurs du tourillon, tend souvent à s'élever le long de l'épaulement, parce que la force centrifuge va en augmentant le long du congé qui réunit l'arbre et le tourillon ; il y a toujours une partie de l'huile qui ne redescend pas au réservoir, mais qui suit l'arbre et qui tombe sur le sol. Avec le système que nous venons de décrire, cet inconvénient n'est pas à craindre.

4° *Palier Bourdon* (fig. 71). — M. Bourdon a imaginé un palier basé sur le même principe que le précédent, mais plus simple; la rondelle entraîne l'huile, qui, par l'effet de la force centrifuge, s'accumule à la circonférence;
à la partie supérieure, la circonférence du disque rase une cuiller
légèrement inclinée vers un conduit
percé dans la coquille supérieure du
coussinet. La cuiller s'empare de
l'huile et la laisse tomber dans le
conduit qui débouche à la partie
centrale du tourillon; là, les canaux
la distribuent, et quand elle quitte
le tourillon, elle retombe dans le
réservoir. M. Bourdon a appliqué

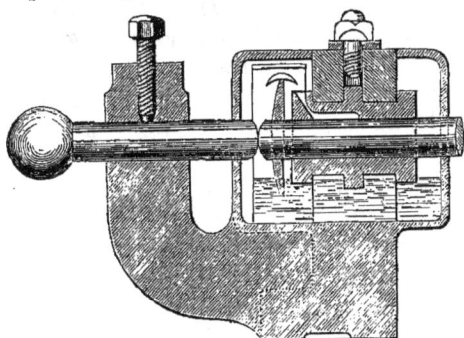

Fig. 71.

cet appareil, plus ou moins modifié, au graissage des arbres inclinés et des arbres verticaux.

5° *Palier à pompe foulante.* — On a eu l'idée de surmonter le palier d'un godet cylindrique renfermant un tube central qui surmonte le conduit de graissage; dans le cylindre est une petite pompe foulante manœuvrée par un levier que fait mouvoir, à chaque tour de l'arbre, un doigt fixé sur cet arbre; le tuyau d'ascension de la pompe foulante débouche dans le tube central; l'orifice de ce tube est plus ou moins réduit par un bouchon conique, de manière à n'admettre que la quantité d'huile nécessaire; ce qui arrive en trop retombe dans le cylindre.

L'huile qui a servi au graissage et qui se trouve en excès, s'écoule et tombe au pied du palier; c'est une perte et un inconvénient; mais il faut dire aussi qu'on obtient un meilleur graissage avec une huile toujours nouvelle qu'avec une huile qui sert indéfiniment.

On arrive à un résultat analogue au précédent, sans qu'il soit besoin de pompe, en employant un godet cylindrique que l'on ferme en haut par un piston, à qui l'on impose une surcharge plus ou moins forte, suivant l'activité que l'on veut produire dans le graissage.

6° *Palier hélicoïdal.* — Voici en quels termes M. l'ingénieur Worms de Romilly, dans un des rapports de l'Exposition universelle de 1867, décrit le palier hélicoïdal de M. Piret : « M. Piret a exposé un palier graisseur qu'il appelle palier hélicoïdal; un palier ordinaire, dont le réservoir à huile supérieur est ouvert et très-évasé, est fixé au milieu d'une boîte métallique dont le fond forme un second réservoir dans lequel l'huile retombe en sortant des coussinets. La boîte-enveloppe est fermée et elle s'adapte exactement sur l'arbre, qui se prolonge un peu au delà des coussinets. L'arbre est muni, à son extrémité, d'un disque plein venu de fonte, avec des nervures qui figurent, sur l'un de ses côtés, deux couronnes concentriques et plusieurs cloisons transversales; le disque est calé sur l'arbre, et, pendant la marche, il fait fonction de roue élévatoire, versant constamment, dans le récipient placé sur le palier, le liquide qu'il recueille au fond de la boîte-enveloppe et qui peut être indifféremment de l'huile ou de l'eau. L'inclinaison des cloisons sur les couronnes doit varier avec la vitesse de rotation; il suffit, du reste, de trois types différents pour les vitesses inférieures à 1000 tours par minute. L'appareil hélicoïdal a déjà été essayé avec succès sur plusieurs lignes de chemin de fer. »

7° *Palier hydraulique.* — Les paliers hydrauliques de M. Jouffray, dit le même rapport, sont destinés à équilibrer une partie de la pression que les arbres des machines exercent sur les surfaces frottantes.

Dans ces appareils, un vide ménagé au milieu des coussinets est mis en communication avec un réservoir où l'eau est maintenue à une pression déterminée, au moyen d'un piston plongeur chargé de poids; la déperdition d'eau est presque nulle, de sorte que le réservoir peut être de petites dimensions, et il suffit de le remplir à des intervalles de temps assez éloignés; quant aux arbres verticaux, pourvu qu'ils présentent un bourrelet saillant, on peut leur appliquer une disposition analogue. Il est évident qu'en diminuant la pression, on diminue l'usure des pièces. Le système de M. Jouffray a été appliqué avec avantage dans plusieurs usines.

8° *Graissage des cylindres de machines à vapeur.* — Dans les machines à condensation ou à faible pression, l'eau qui se forme toujours dans les cylindres, suffit à diminuer le frottement autant qu'il est possible, et il n'est pas besoin de recourir à un graissage spécial. Mais dans les machines à haute pression, la vapeur est presque sèche, et il est nécessaire de lubrifier les surfaces. On a essayé d'abord d'introduire l'huile dans les cylindres par le moyen d'un conduit à robinet surmonté d'un petit entonnoir; l'huile versée dans l'entonnoir tombait dans le cylindre lorsqu'on ouvrait le robinet, pourvu toutefois que la pression intérieure ne fût pas supérieure à la pression atmosphérique.

Donc, avec cet engin, on ne pouvait graisser les machines que lorsqu'elles étaient au repos.

Afin de pouvoir graisser en marche, on fit un conduit à deux robinets, présentant entre eux un renflement destiné à recevoir l'huile. On ouvre le robinet supérieur et l'on verse l'huile dans le petit entonnoir; lorsque celui-ci est plein, on ferme le robinet supérieur et l'on ouvre le robinet inférieur, l'huile tombe dans le cylindre.

On a reconnu que l'huile versée pendant la marche se trouve divisée par la vapeur, et, en somme, s'en va par le tiroir; de sorte que les mécaniciens de locomotives doivent graisser leurs cylindres lorsque le tiroir est fermé, par exemple en descendant les pentes.

Lorsque l'on fait le graissage pendant que le piston est tout à fait au repos, l'huile s'amasse au fond du cylindre et se trouve chassée par les premiers coups de piston, lorsqu'on se remet en marche.

Le réservoir à double robinet, ci-dessus décrit, a été perfectionné; on a placé dans le conduit, entre le cylindre et le réservoir, un tube plus petit qui communique d'un bout avec le cylindre, et d'autre bout avec le gaz confiné à la partie supérieure du réservoir; l'équilibre des pressions s'établit et l'huile, soumise à la seule action de la pesanteur, tombe goutte à goutte dans le cylindre. On est arrivé par ce système à de bons résultats.

Le graissage des cylindres de machines à vapeur devait être traité dans le paragraphe relatif aux guides du mouvement rectiligne; mais nous avons voulu réunir tout ce qui se rapportait au graissage des machines, et nous allons finir par quelques remarques générales sur les matières graissantes.

Digression sur les matières employées au graissage des machines. — Dans la plupart des machines peu perfectionnées, on a recours à la graisse; par exemple dans les voitures ordinaires, on enduit de graisse le tourillon de l'essieu, ainsi que le manchon qui occupe la partie centrale du moyeu. Cela suppose un jeu ossez considérable entre l'essieu et son manchon, et le tirage se ressent beaucoup de cette mauvaise disposition.

Dans certaines machines, on remplit de graisse au lieu d'huile les godets qui surmontent les paliers ; mais la graisse a toujours un grand désavantage sur l'huile. En effet, il faut, pour que le tourillon soit lubrifié, que la graisse fonde, c'est-à-dire qu'elle soit échauffée ; cet échauffement ne s'obtient que par un grippement du tourillon sur son coussinet ; il y a donc usure et détérioration des surfaces frottantes, et le remède arrive quand le mal est déjà fait.

L'huile, au contraire, est un remède préventif, qu'il faut toujours préférer, lorsque cela est possible. Ce serait même un grand perfectionnement des véhicules ordinaires que de leur appliquer un graissage continu au moyen de godets ordinaires. Malheureusement, on cherche presque toujours à perfectionner les engins compliqués et l'on néglige les appareils simples qui sont d'un usage général et continuel.

Sur presque tous les chemins de fer, on emploie encore la graisse ; cependant, la boite à huile est introduite dans tous les nouveaux wagons, et elle est bien préférable à l'ancienne boite à graisse.

La graisse, employée sur les chemins de fer, est un mélange de suif, de carbonate de soude ou sel de soude, d'huile et d'eau. Les proportions sont variables ; en hiver, on fait dominer l'élément liquide, parce que le froid contrarie le ramollissement ; en été, au contraire, c'est l'élément solide qui l'emporte.

Pour fabriquer la graisse, on a une dissolution chaude de sel de soude dans l'eau, et une dissolution chaude de suif dans l'huile ; on mélange et on agite ensemble ces deux dissolutions, et l'on ne cesse d'agiter que lorsque le mélange prend une consistance pâteuse.

Voici la composition de diverses graisses :

COMPOSITION DES GRAISSES POUR WAGONS.

DÉSIGNATION DES MATIÈRES.	Cⁱᵉ DE L'OUEST.		Cⁱᵉ D'ORLÉANS.	Cⁱᵉ DU NORD.	
	ÉTÉ.	HIVER.	PRINTEMPS.	ÉTÉ.	HIVER.
Suif.	40	25	50	43.8	26.8
Huile de baleine.	12.5	25	»	»	»
Huile de palme.	»	»	»	7.8	7.3
Huile de colza..	»	»	50	2.00	5.9
Sel de soude.	2.5	2.5	2	3.5	1.6
Eau..	45	50	58	43.1	60.4

Une bonne huile doit posséder plusieurs qualités. Ces qualités ne s'accusent que par un usage prolongé, car toutes les matières grasses donnent sensiblement le même coefficient de frottement lorsqu'on les expérimente pendant un temps assez court. L'essai expérimental du frottement ne peut donc donner aucun renseignement. Ce sont les autres qualités physiques de l'huile qu'il faut étudier.

Beaucoup d'huiles ne se conservent pas à l'air; elles absorbent l'oxygène, s'oxydent et deviennent pâteuses ou résineuses; elles donnent bien vite du cambouis, et il faut procéder à de fréquents nettoyages.

Grand nombre d'huiles sont acides, elles attaquent le métal cuivreux des coussinets, ceux-ci verdissent et ne tardent pas à être mis hors d'usage, en même temps que le tourillon qu'ils supportent.

Certaines huiles s'émulsionnent par l'agitation; elles augmentent beaucoup de volume, et débordent en dehors du palier; d'autres, au contraire, se congèlent facilement, et sont d'un mauvais emploi en hiver sur les machines qui fonctionnent à l'air.

La consistance de l'huile est aussi à considérer; une huile trop fluide n'est pas économique, parce qu'on en perd beaucoup; une huile trop épaisse circule mal et donne un mauvais graissage.

Il est facile de reconnaître expérimentalement la qualité d'une huile : la fluidité s'essaye en déposant des gouttes d'huile sur une plaque de verre et voyant sous quel angle elles commencent à s'écouler; l'altération comparée de plusieurs huiles exposées à l'air se fait en déposant des gouttes de ces huiles sur des plaques polies et voyant au bout de combien de jours elles se solidifient, l'huile en gouttes s'altère plus rapidement que l'huile en grandes masses; par le degré de coloration rouge qu'une huile donne à la teinture bleue de tournesol on juge de son acidité; presque toutes les huiles sont plus ou moins acides. C'est encore par l'expérience directe que l'on reconnaît si une huile se congèle facilement, si elle s'émulsionne par l'agitation. Quelques constructeurs jugent de l'onctuosité d'une huile en en versant dans le creux de leur main et la frottant avec un doigt. (Consulter, au sujet des qualités des huiles, une note de M. Brull, ingénieur civil, dans le *Portefeuille des machines* de 1860.)

On a préparé, dans ces derniers temps, une huile dépouillée de ses principes acides, qui n'attaquait plus ni les cuivres ni les bronzes, tandis que l'huile d'olive et l'oléine de bœuf les attaquent assez rapidement. Elle coûtait plus cher que l'huile ordinaire, et l'usage ne semble pas s'en être propagé dans une grande mesure.

Les huiles végétales ont le défaut de coûter cher; aussi leur a-t-on substitué, en bien des endroits, un mélange de graisse commune et d'huile minérale, telle que l'huile de schiste. Mais ces composés sont toujours inférieurs aux bonnes huiles végétales.

Certains constructeurs commencent par mettre de l'huile dans leurs paliers; puis, lorsque cette huile s'est épaissie et a recouvert les tourillons d'une espèce d'enduit, ils remplacent l'huile par l'eau. La lubrification est, paraît-il, assez satisfaisante.

9° *Palier à sphères roulantes.* — Dans les paliers que nous avons décrits plus haut, le tourillon est soumis à un frottement de glissement sur son coussinet; or on sait que le coefficient du frottement de glissement est bien supérieur à celui du frottement de roulement, il y aurait donc un grand avantage à substituer l'un à l'autre.

C'est ce que nous avons déjà vu dans la machine d'Atwood, employée en physique pour la démonstration des lois de la chute des corps. Un axe animé d'un mouvement de rotation repose dans l'angle formé par deux cercles juxtaposés;

l'axe communique son mouvement de rotation à ces deux cercles, et ne subit plus qu'un frottement de roulement au lieu d'un frottement de glissement. Il est vrai que le frottement de glissement est transféré à l'axe des cercles qui supportent l'axe de rotation principal.

Pour avoir le frottement de roulement seul, on a imaginé d'entourer le tourillon d'une série de billes qui se mettent toutes à tourner en sens contraire du tourillon; mais il faut interposer quelque chose entre deux billes consécutives pour qu'elles ne se touchent pas, car, si elles se touchaient, comme elles tournent dans le même sens, elles glisseraient l'une sur l'autre. On a donc interposé entre deux billes successives une bille plus petite qui ne touche point le tourillon, mais qui touche l'enveloppe circulaire extérieure du système; ces petites billes tournent en sens inverse des grandes, c'est-à-dire dans le même sens que le tourillon; mais elles ont toujours un frottement de glissement contre la couronne extérieure, et l'on retombe dans l'inconvénient que présentent tous les galets essayés jusqu'à ce jour; il se forme des méplats sur ces petites billes qui perdent leur rondeur et qui donnent lieu à des chocs et à des frottements considérables.

Le système précédent, sur lequel on avait fondé de grandes espérances, est donc encore bien loin de la perfection.

Les paliers ne sont pas toujours établis sur les massifs de fondation des machines; on les place quelquefois sur des chaises en fonte fixées aux murs ou à la charpente de l'usine (*fig.* 72); ainsi, lorsqu'un long arbre de couche règne sur toute la longueur d'un atelier, on place de distance en distance des chaises analogues à celles qui sont représentées sur la figure ci-jointe. C'est ainsi qu'à l'Exposition universelle de 1867, on trouvait, de chaque côté du promenoir central de la grande galerie, un arbre polygonal dont les côtés étaient articulés, soit par un joint à la Cardan, soit par un engrenage conique, et les différents morceaux de cet arbre reposaient sur des chaises de contour triangulaire.

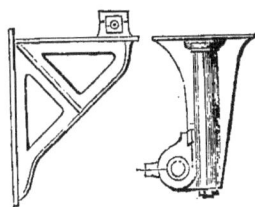

Fig. 72.

Guides d'un arbre vertical. — Un arbre vertical transmet tout son poids à sa base, et la zone de contact entre cette base et son support est de faible étendue.

Le mouvement de la base sur son support est un pivotement; le pivotement n'est autre chose qu'un glissement.

En effet, on dit qu'un corps glisse sur une surface fixe, lorsque son mouvement est une translation parallèle au plan tangent commun; un traîneau, qui se meut sur la glace, est le type du mouvement de glissement.

Un corps pivote sur une surface fixe lorsqu'il tourne autour de la normale commune aux deux surfaces en contact; c'est ainsi qu'un arbre vertical, que l'on termine toujours par une partie convexe, pivote sur son support ou crapaudine autour de la verticale qui passe par l'axe du système. On voit qu'il y a glissement, et l'étendue du glissement, très-faible pour un tour de l'arbre, atteint une valeur de plus en plus grande à mesure que l'on considère un nombre de tours de plus en plus considérable.

La figure 75 montre les dispositions usuelles de pivots et de crapaudines. Lorsque la crapaudine est fixe, comme il y a usure à la longue, l'arbre s'abaisse avec le temps et cela peut déranger le mécanisme; aussi, pour les arbres très-lourds, donnant une usure notable, on a soin de faire reposer la crapaudine sur une tige à vis, que l'on peut faire tourner à volonté, ce qui permet d'abaisser ou d'élever la crapaudine, et par suite de régler la position de l'arbre vertical.

La crapaudine est en bronze et son fond est recouvert d'une plaque convexe en acier très-dur; c'est ce que l'on appelle le grain qui reçoit le pivot. On met de l'huile dans la cavité, mais elle n'adoucit guère que le frottement des parties latérales, parce que le poids de l'arbre vertical chasse tout

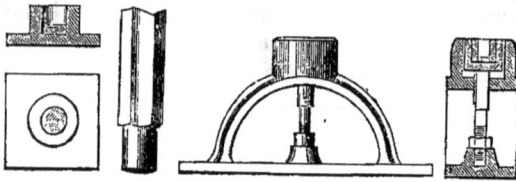

Fig. 73.

le liquide qu'on voudrait interposer au-dessous de lui.

Nous avons vu plus haut qu'en fixant au pivot un collet horizontal, au-dessous duquel on fait agir une pression hydraulique, on arrive à contre-balancer la charge verticale de l'arbre et le pivotement est rendu beaucoup plus facile; ce système n'a guère été mis en usage jusqu'à présent.

L'arbre vertical ne peut tenir avec le secours de son pivot seul; il est maintenu de place en place par des colliers, qui n'ont évidemment aucun poids à supporter, mais qui n'en sont pas moins soumis à un frottement notable, parce que le collier doit embrasser l'arbre étroitement et par suite le serrer un peu.

Les surfaces frottantes de ce collier doivent être graissées. On a imaginé plusieurs systèmes de graissage automatique. M. Bourdon, constructeur à Paris, place au-dessous du collier une cuvette annulaire, qui est fixée à l'arbre, et qui tourne avec lui; dans cette cuvette plonge un disque vertical tournant autour d'un axe horizontal engagé dans l'enveloppe du collier; le disque frottant sur la cuvette prend un mouvement de rotation, enlève de l'huile, qui se porte vers la circonférence, sous forme d'un bourrelet, et qui rencontre au sommet de sa course une cuiller inclinée vers l'arbre. L'huile se déverse donc au-dessus du collier et se répand sur les surfaces en contact.

Mais on comprend immédiatement que ce système perfectionné ne saurait convenir à des arbres animés d'une grande vitesse; la force centrifuge lancerait toute l'huile en l'air et il n'en retomberait pas une goutte sur les surfaces frottantes.

M. Bourdon a imaginé une disposition ingénieuse pour graisser les arbres verticaux, qui, dans certains métiers de filature, font quelques milliers de tours par minute; ces arbres, généralement très-légers, tournent sur deux pointes en acier qui s'engagent dans de petites cavités également en acier très-dur. Supposez un vase conique entraîné par l'arbre et renfermant de l'huile sur une certaine hauteur; cette huile est soumise à la force centrifuge, elle tend à s'éloigner de l'axe de rotation, et, par suite, elle s'élève le long des parois; tout le monde a fait cette expérience et a vu le liquide se déprimer au centre et remonter sur les bords pour présenter à l'œil la surface d'un paraboloïde de révolution; l'huile, qui remonte ainsi le long des parois du vase, rencontre, à une certaine hauteur, des lames fixes qui la recueillent et qui la conduisent à l'axe de l'appareil, au point même où se fait le frottement.

On a tenté aussi de substituer le frottement de roulement au frottement de glissement qui s'exerce sur les paliers. La figure 74, représente un arbre en bois à section polygonale faisant corps à la hauteur du collier avec une partie cylindrique en métal, laquelle roule sur une couronne de galets cylindriques à axe vertical; ces galets sont reliés par un anneau métallique en haut et en bas et cet anneau porte entre deux galets consécutifs des tiges transversales qui glissent, sur la partie mobile du collier fixée à l'arbre, et sur la partie fixe du même collier maintenue par un support. Quelle est la vitesse de la couronne de galets, la vitesse angulaire de l'arbre étant ω et son rayon r, le rayon du galet étant r′ et sa vitesse angulaire ω′ ?

Le centre instantané de rotation du galet est à son point de contact avec la couronne fixe, puisque ce point reste immobile pendant un

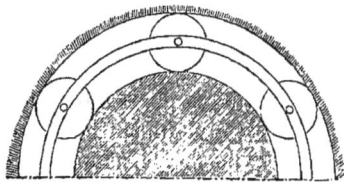

Fig. 74.

temps infiniment petit ; (ω′) est la vitesse angulaire autour de ce centre instantané, et la vitesse de circulation du centre d'un galet sera ω′r′. D'un autre côté, la vitesse de la circonférence de l'arbre est ωr, et la vitesse de la partie du galet qui roule sur cet arbre est $2ω'r'$, or, ces deux vitesses sont égales puisqu'il y a roulement simple, donc :

$$2\omega'r' = \omega r \text{ ou } \omega'r' = \frac{1}{2}\omega r.$$

La vitesse de circulation de la couronne de galets est donc moitié de la vitesse de circulation à la circonférence de l'arbre, et la couronne de galets fait un tour pendant que l'arbre en fait deux.

Nous avons déjà trouvé le même résultat lorsque nous nous sommes occupés des plaques tournantes ; la plaque tournante est un guide d'un axe vertical. Les galets de la plaque doivent être coniques, afin de pouvoir se développer en anneau plan, sans qu'il y ait déchirure ni duplicature. Un galet cylindrique ne peut rouler sur un plan qu'en ligne droite ; si on le force à décrire une ligne courbe, il faut, pour passer d'une position à l'autre, qu'il pivote autour de la verticale d'un angle égal à l'angle de courbure ; il y a donc un mouvement complexe qui participe à la fois du roulement et du glissement.

Dans les plaques tournantes, la vitesse de circulation de la plaque est aussi le double de celle de la couronne des galets coniques.

Ces couronnes de galets sont en usage aussi pour guider le mouvement de l'axe vertical de rotation dans les ponts tournants, et pour substituer le roulement au glissement. Le pont tournant sur la Penfeld, à Brest, est un des plus beaux exemples de cette disposition.

Lorsque les arbres au lieu d'être horizontaux ou verticaux sont inclinés, on les guide par des systèmes analogues à ceux que nous venons de décrire, ou qui en dérivent simplement. A l'extrémité inférieure on trouve un pivot ; à l'extrémité supérieure un palier et la charge de l'arbre se partage entre ces deux supports.

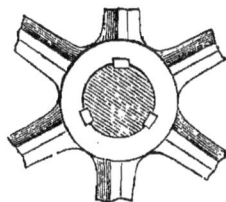

Fig. 75.

Les arbres portent des roues qui sont souvent d'une grande dimension, on cale ces roues sur les arbres, par exemple comme le montre la figure 75 ; des tiges carrées pénètrent moitié dans l'arbre, moitié dans la roue de manière à les rendre bien solidaires.

Il arrive souvent que l'on doit articuler deux pièces mobiles, par exemple une bielle et une manivelle. La bielle (fig. 76), se termine par un coussinet de palier qui entoure et maintient le bouton de la manivelle, bouton qui a exactement la forme d'un tourillon avec épaulement. Pour réunir ces deux engins, on enlève le coin en fer A de la bielle, on écarte la coquille supérieure du coussinet, on introduit le bouton de la manivelle, on rapproche la coquille supérieure et on obtient un serrage convenable, au moyen du coin A et du contre-coin B. La bielle porte avec elle son godet graisseur, qui envoie par un conduit l'huile nécessaire à la lubrification des surfaces frottantes.

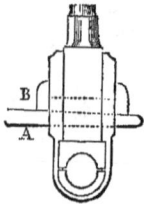

Fig. 76.

L'assemblage le plus simple, du genre bielle et manivelle, est la charnière ordinaire, que tout le monde connaît ; c'est le système qui guide le mouvement de la lame d'un couteau par rapport au manche.

Guides du mouvement de rotation autour d'un point fixe. — Supposez une tige que l'on veut laisser libre de tourner autour d'un point fixe, on la terminera par une sphère polie, que l'on engagera dans une cavité sphérique du même rayon, ménagée dans le support. Cet assemblage existe dans plusieurs appareils d'arpentage et de nivellement; jusqu'à ces derniers temps, on ne l'avait point rencontré dans les machines puissantes ; on l'a récemment employé dans la locomotive Engerth. La cavité du support est généralement obtenue au moyen de deux mâchoires, dont le creux est sphérique et qui peuvent s'écarter ou se rapprocher ; on les écarte pour introduire la sphère mobile, puis on les rapproche et on maintient le contact par un serrage convenable.

Guides du mouvement rectiligne. — Les guides du mouvement rectiligne sont plus simples que les précédents. Nous les décrirons rapidement : 1° Les guides les plus ordinaires et les plus simples sont les cordages et les chaînes.

Les cordages peuvent se fabriquer avec les fibres de plusieurs végétaux; mais les plus communs et les meilleurs sont faits avec le chanvre.

L'élément primitif est le fil, formé de filaments juxtaposés puis tordus ensemble de manière à éprouver un frottement considérable les uns contre les autres. (Dans toute filature on distingue trois classes d'outils : les éplucheurs qui nettoient la matière première, les cardes qui disposent les filaments parallèlement les uns aux autres, et les métiers fileurs qui font subir aux filaments parallèles une torsion énergique.)

Le fil des cordiers a à peu près 2 millimètres de diamètre, il s'appelle fil de caret ; le fil bitord est une réunion de deux fils tordus ensemble en sens inverse de leur torsion propre. La réunion de trois fils constitue le merlin, et la réunion d'un plus grand nombre de fils s'appelle un toron. Plusieurs torons forment des cordages de grosseur variable ; en général, on appelle aussière, ce qui résulte de la torsion de plusieurs torons, et câble le résultat de la torsion de plusieurs aussières réunies.

On fait aussi des câbles en fils de fer, simplement accolés et serrés ensemble, ou réunis par une légère torsion.

Il a été fait une application fort curieuse et très-importante des cordages dans les métiers automates, connus en filature sous le nom de mull-jenny ; un char. ot à quatre roues glisse sur des rails; le difficile était de le guider, sans qu'il oscillât aucunement à droite ou à gauche, on y est arrivé au moyen de deux cordages a et b, qui passent sur deux tambours en décrivant chacun un Z ; ces cordages étant modérément tendus par la traction, le moindre mouvement en dehors de la ligne droite aurait pour effet de les allonger et d'augmenter énormément leur tension, aussi conservent-ils une direction parfaitement rectiligne.

On distingue trois espèces de chaînes, qui sont :

1° La chaîne ordinaire (*a*) (*fig.* 78).

2° La chaîne à la Vaucanson (*b*).

3° La chaîne de Galle (*c*), que nous avons décrite en détail, lorsque nous avons

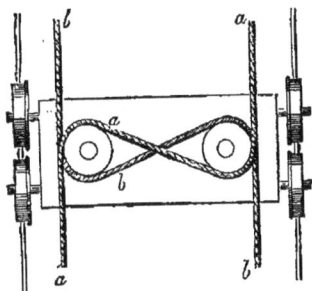

Fig. 77.

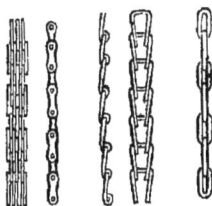

Fig. 78.

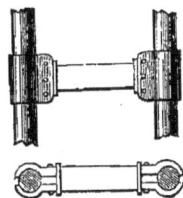

Fig. 79.

parlé des grues dans le traité de l'exécution des travaux.

2° Lorsqu'il s'agit de guider une tige mobile, on se sert d'œils on de douilles. La figure 79, représente une double tige guidée par des œilletons à section circulaire, formés de deux mâchoires qui se rapprochent plus ou moins au moyen d'un boulon que l'on serre.

La figure suivante représente une tige de piston guidée dans un collier (*fig.* 80).

3° Dans les meubles, on rencontre souvent un guide très-simple, composé d'une roulette mobile dans une rainure.

4° En menuiserie, on se sert aussi de languettes glissant dans une rainure ; quelquefois la languette et la rainure sont à queue d'hironde, afin qu'une fois mises au contact elles ne se quittent plus ; c'est la disposition que l'on peut remarquer dans les tiroirs de beaucoup de meubles.

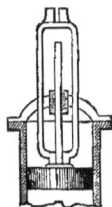

Fig. 80.

5° Dans la machine de Mausdlay, que l'on voit représentée sur les tableaux des machines élémentaires (2e classe, 2e espèce), (fig. 11 du tableau n° 6) l'extrémité de la bielle est guidée par un galet à gorge qui se meut dans une rainure ; théoriquement, c'est une bonne disposition, puisqu'on n'a qu'un frottement de roulement ; mais, à chaque changement de marche, le galet éprouve toujours un léger glissement, il se forme peu à peu des méplats et le mouvement de rotation se change en un glissement continu.

6° Dans les machines horizontales, le piston se termine par une coquille à deux faces planes horizontales, comprise entre deux glissières bien dressées et bien polies ; la fourchette de la bielle vient s'assembler sur la coquille, autour du centre de laquelle elle oscille pour communiquer à la manivelle un mouvement continu de rotation. Cet ap-

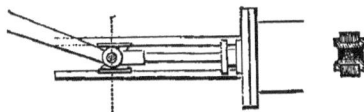

Fig. 81.

pareil demande à être monté avec soin, et alors il fonctionne très-bien. La coquille embrasse les faces latérales des glissières et ne peut pas s'écarter transversalement ; elle porte avec elle son godet graisseur.

7° Nous citerons encore les rails de chemins de fer comme guides d'un mouvement rectiligne. Les roues sont calées sur l'essieu de sorte que tout le système tourne ensemble ; la jante des roues est une surface conique inclinée du côté de la voie. Les deux roues ont toujours même vitesse angulaire : supposez que l'une d'elles se trouve en retard ou ait à parcourir un chemin plus long, elle se présentera obliquement sur le rail, le point de contact se rapprochera du mentonnet (a), le rayon de rotation augmentera et avec lui la vitesse de circulation et par suite le chemin parcouru. La roue en retard reviendra au niveau de l'autre, qui du reste en raison du même mécanisme tend à ralentir sa vitesse. En courbe notamment, cette disposition sera fort utile puisque la roue extérieure devra parcourir un chemin plus long; cette roue montera sur le rail et l'essieu prendra une position inclinée; le mentonnet (a) sert à guider les roues et à les empêcher de sortir de la voie, ce qu'elles ne manqueraient pas de faire surtout au passage des courbes.

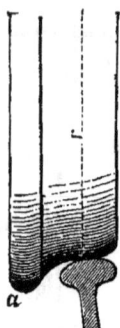

Fig. 82.

DES ORGANES SERVANT A ÉTABLIR, A ARRÊTER OU A MODIFIER BRUSQUEMENT
LE MOUVEMENT

Dans un grand atelier, un arbre de couche règne sur toute la longueur, ainsi que nous l'avons déjà dit; des poulies sont calées sur cet arbre de distance en distance, en face des outils qu'il s'agit de faire mouvoir : ceux-ci possèdent aussi une poulie motrice en regard de la première. Les deux poulies sont réunies par une courroie en cuir, qui communique le mouvement. Lorsque l'on veut faire marcher l'outil, on amène la courroie sur la poulie motrice, ou embraye; lorsqu'au contraire on veut l'arrêter, on fait glisser la courroie en dehors de la poulie motrice, on désembraye ou on débraye. Pour ne pas fatiguer et user la courroie, on dispose généralement à côté de la poulie motrice A, une poulie folle B, c'est-à-dire non calée sur l'arbre. Un levier à fourchette, mobile autour du point fixe C (fig. 83) permet de donner à la courroie un déplacement transversal et de la porter de la poulie fixe sur la poulie folle, ou inversement ; cette disposition permet donc d'établir et d'interrompre le mouvement à volonté d'une manière instantanée.

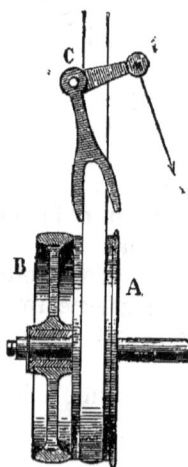

Fig. 83.

La disposition précédente a l'inconvénient d'exiger le déplacement de la courroie de commande. On a imaginé dans ces dernières années plusieurs systèmes d'embrayage qui supposent l'emploi d'une seule poulie.

« Dans l'appareil de M. Franchot, dit le rapport déjà cité de M. Worms de Romilly, la poulie motrice dont les rayons sont reportés sur le côté est folle sur l'arbre ; un frein, formé de deux sabots en bois, est placé à son intérieur et tourne avec l'arbre ; en écartant les sabots de l'arbre, on les presse contre la poulie qui est alors entraînée. Deux petits ressorts, fixés au sabot du frein et au manchon d'embrayage, produisent le serrage ; l'appareil ne peut se désembrayer de lui-même, parce que le déplacement du manchon exigerait d'abord une compression des ressorts qui ne peut être produite par le jeu de l'appareil.

« Dans un autre système, le frein est formé par deux pièces en fer en forme de

Σ que l'on peut presser contre la poulie au moyen de coins en fer adaptés au manchon.

« Dans un troisième système, les sabots sont en fer et aussi larges que la poulie, dont ils couvrent environ la moitié de la circonférence ; un levier coudé, soulevé par un manchon de forme conique, les presse contre la poulie qui devient ainsi solidaire avec l'arbre.

« Le frein d'embrayage d'Olmstead se compose de deux poulies concentriques ; une pièce de bois est placée entre elle, et, suivant la position qu'on lui donne, elle laisse les poulies indépendantes ou les cale l'une sur l'autre. »

Au lieu d'avoir à embrayer ou à débrayer une courroie, on peut se proposer d'établir ou d'interrompre brusquement la communication d'un arbre avec son prolongement : divers appareils permettent d'y arriver :

1° Le plus usité se compose de deux manchons dentelés, placés en regard l'un de l'autre, de manière que les dents du premier correspondent aux creux du second ; ces manchons sont clavetés sur les portions d'arbres auxquelles ils appartiennent ; l'un d'eux est mobile et peut se mouvoir à frottement doux parallèlement à l'arbre, mais il est forcément entraîné par lui dans son mouvement de rotation. Un levier, dont le point fixe est en A, se termine par une fourchette qui embrasse le manchon mobile et peut lui donner un mouvement de va et vient; par ce moyen, on arrête ou on établit instantanément la communication de mouvement.

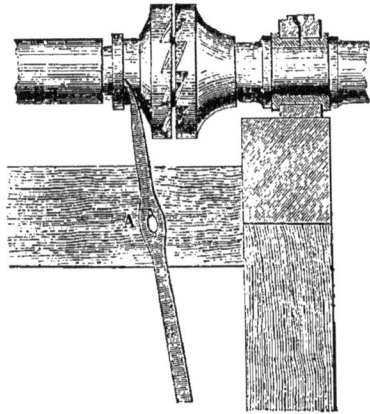

2° Au lieu de manchons à dents, on a quelquefois recours à deux manchons coniques dont l'un peut entrer dans l'autre, par suite du mouvement d'oscillation qu'il reçoit du levier. Le frottement de ces deux cônes l'un contre l'autre, suffit à produire l'embrayage. Il est évident que ce système est inférieur à l'autre surtout lorsque les deux manchons de celui-ci s'emboîtent bien exactement sans vide ni discontinuité.

Dans les machines puissantes, le levier simple pourrait être insuffisant pour produire le débrayage ; on se sert alors d'un levier à vis ; la vis est mue par une petite manivelle, et l'oscillation du levier se produit d'une manière continue au lieu de se produire brusquement.

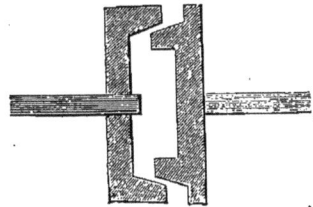

Fig. 84.

Fig. 85.

3° Lorsque l'on doit embrayer ensemble deux arbres qui portent des roues dentées, on peut agir de deux manières.

Si l'un des arbres est léger, on lui donne un jeu longitudinal dans ses paliers ; c'est-à-dire que chaque tourillon est plus long que le palier d'une quantité un peu supérieure à la roue dentée. L'arbre peut recevoir un mouvement de va et vient au moyen d'un levier à fourchette, et cela permet de placer la roue dentée en regard ou à côté de la roue dentée de l'autre arbre.

Le plus souvent, on ne peut ainsi rendre un arbre mobile ; alors la roue dentée de cet arbre est folle, un manchon claveté sur l'arbre et entraîné dans son mouvement de rotation est susceptible cependant de recevoir, par un levier à fourchette, une translation d'une certaine amplitude parallèle à l'axe de l'arbre; ce manchon porte des saillies qui pénètrent dans des cavités égales ménagées dans la roue dentée, de sorte que celle-ci peut à volonté faire corps avec l'arbre ou rester folle. L'embrayage et le débrayage sont donc faciles. Si la roue folle est sur l'arbre moteur, celui-ci tourne seul et les deux roues en contact restent immobiles ainsi que le second arbre; si la roue folle est sur l'arbre dirigé, c'est cet arbre qui reste seul immobile, les deux roues et l'autre arbre reçoivent un mouvement de rotation.

4° L'embrayage de deux surfaces roulantes est susceptible de se produire de la manière suivante: les deux surfaces, par exemple deux rouleaux, sont au repos et écartés d'une petite distance; le rouleau moteur est fixe, l'autre a ses paliers sur un châssis mobile que l'on peut manœuvrer par un levier ou par une corde avec poulie de renvoi; on rapproche par là le rouleau mobile du rouleau moteur et la transmission du mouvement s'effectue.

5° Les déclics des sonnettes que nous avons décrits avec détail dans l'exécution des travaux sont un moyen assez fréquent d'arrêter brusquement un mouvement.

6° Nous avons placé au nombre des machines simples la courroie à tendeur; une courroie passe d'une poulie motrice à une autre à laquelle elle communique le mouvement, un petit rouleau manœuvré par un levier peut s'appuyer plus ou moins sur la courroie; la tension est donc variable, on peut la rendre assez forte pour que le mouvement s'arrête et que la poulie motrice glisse dans la courroie; ce système sert à changer la vitesse du mouvement transmis, en effet l'arc de la poulie motrice embrassé par la courroie est plus ou moins long suivant que la tension est plus ou moins forte, par suite le diamètre théorique de cette poulie est variable.

Il va sans dire que l'on agit sur le brin moteur de la courroie, et non sur le brin non tendu qui retourne à la poulie motrice; la même remarque s'applique à l'embrayage simple décrit en tête de ce paragraphe, le levier à fourchette doit embrasser le brin moteur de la courroie.

7° Divers systèmes sont employés pour changer les rapports des vitesses transmises d'un arbre à l'autre.

La figure 86 en représente un qui fera comprendre tous les autres. Au lieu d'avoir une seule poulie, on en a plusieurs accolées, ce qu'on appelle une poulie à plusieurs diamètres. Deux poulies, à plusieurs diamètres sont montées sur les deux arbres, et placées inversement l'une par rapport à l'autre, de sorte que le plus grand diamètre de la poulie motrice corresponde au plus petit de la poulie conduite. La différence de deux diamètres consécutifs est constante sur les deux poulies, afin qu'on n'ait pas besoin de changer la longueur de la courroie lorsqu'elle passe d'un diamètre à l'autre. Ceci posé, on voit immédiatement qu'avec le système représenté par la figure, on peut adopter trois combinaisons de vitesse différentes. Le nombre des diamètres n'étant pas limité, le nombre des combinaisons peut être beaucoup plus considérable.

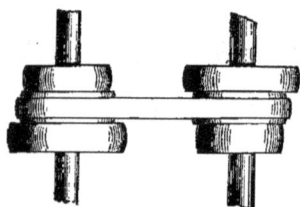

Fig. 86.

Il peut même être infini, si l'on remplace les deux poulies par deux cônes inverses sur lesquels s'enroule une courroie; on voit qu'avec ce système on peut passer d'une combinaison de vitesses à une autre par des gradations insensibles (fig. 87).

On a sur un arbre deux poulies égales (*a*) et (*b*), et l'on peut faire passer la courroie motrice de l'une à l'autre ; la poulie (*a*) fait corps avec la roue (*c*), et

Fig. 87.

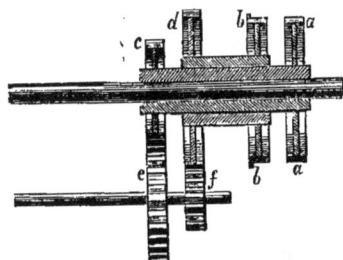

Fig. 88.

la poulie (*b*) avec la roue (*d*) ; (*c*) engrène avec la roue (*e*) et (*d*) avec la roue (*f*) ; les roues (*e*) et (*f*) étant calées sur l'arbre à conduire ; on voit que le rapport des vitesses changera suivant que la courroie sera mise sur (*a*) ou sur (*b*). La figure 88 ne représente que deux poulies, mais il peut y en avoir un plus grand nombre et par suite un plus grand nombre de combinaisons de vitesses.

8° Lorsqu'un galet cylindrique roule sur un plateau, on peut faire varier la vitesse de rotation en éloignant plus ou moins le galet de l'axe du plateau ; on a recours pour cela à un levier. De même, lorsqu'un galet roule sur un cône, dont l'axe est vertical et la grande base horizontale, si le galet descend, sa vitesse augmentera ; s'il monte, elle diminuera. Un levier communique le mouvement au galet, qui est claveté sur son axe de rotation, de manière à pouvoir prendre un mouvement de translation parallèlement à cet axe.

9° La vis sans fin est un moyen commode de changer le sens du mouvement ; nous en avons vu un exemple dans les machines à forer les métaux. L'arbre moteur (*a*) communique son mouvement par un engrenage conique à l'arbre vertical (*b*) qui porte le foret ; la roue dentée horizontale est maintenue à une hauteur constante par un manchon relié au bâti de l'appareil ; son arbre (*b*) est assemblé avec elle à rainure et à languette, de sorte qu'il participe au mouvement de rotation de la roue dentée tout en restant libre de se mouvoir verticalement. La roue dentée tourne toujours dans le même sens ; pendant que la mèche creuse son trou, la vis sans fin (*d*) qui engrène avec les roues (*c*) les fait tourner et l'arbre (*b*) descend petit à petit. Lorsque le trou est achevé, on cale les roues (*c*) sur leur arbre ; elles restent immobiles et font office d'écrou fixe, la vis (*d*) remonte donc et avec elle l'arbre tout entier, sans que le mouvement de l'engrenage conique se soit arrêté un seul instant.

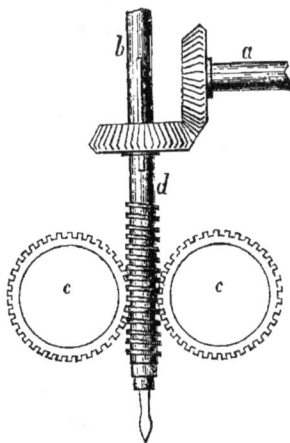

Fig. 89.

10° Les freins sont des engins destinés à arrêter brusquement un mouvement. Nous citerons les freins ordinaires pour voitures que tout le monde connaît, et les freins en ruban d'acier, dont nous avons expliqué le fonctionnement en parlant des treuils à engrenages (exécution des travaux).

11° Le meilleur moyen d'embrayer et de débrayer sera toujours d'agir sur le moteur. Cela n'est pas possible dans un grand atelier, où l'on arrête un métier pendant que tous les métiers voisins continuent leur besogne ; mais lorsqu'un moteur, une locomobile par exemple, ne fait marcher qu'un outil, il est plus simple d'agir sur le moteur, et de l'arrêter ou de le mettre en marche selon les nécessités du travail à produire. Tous les engins qui servent à arrêter ou à renverser le mouvement des machines à vapeur peuvent être considérés comme des appareils d'embrayage et de débrayage.

DES MACHINES OUTILS.

En parlant du travail du fer et du bois dans le traité de l'exécution des travaux, nous avons décrit les machines-outils employées à ce travail ; ce sont les seules qui nous intéressent et nous ne reviendrons pas sur ce sujet. Cependant, nous croyons utile de rappeler ici quelques considérations intéressantes extraites du rapport sur les machines-outils présenté, à la suite de l'Exposition universelle de 1867, par M. Tresca, le savant directeur du Conservatoire des arts et métiers.

« Les machines-outils destinées le plus ordinairement au façonnage des métaux et des bois n'offrent en général, à l'Exposition de 1867, rien d'inattendu dans leur constitution ni dans leur mode de fonctionnement. Elles ont toujours pour organe agissant quelque outil plus ou moins dérivé des outils les plus primitifs, et elles ne diffèrent les unes des autres que par le choix et le groupement plus ou moins ingénieux des fonctions que cet outil peut effectuer, soit sous la direction du conducteur, soit même d'une manière absolument automatique. Pour transformer une masse solide, de manière à lui donner en tous sens des dimensions parfaitement déterminées, il faut tout à la fois que la pièce soit parfaitement assise, et que l'action de l'outil se produise dans des conditions géométriques parfaitement définies.

« La réalisation de ces deux parties du problème a été le but des modifications successivement accomplies depuis que l'on a doté l'outil le plus simple d'un emmanchement solide ; et, si de nouveaux progrès ont été mis en lumière par l'Exposition actuelle, ils doivent nécessairement avoir pour objet soit d'utiliser des outils nouveaux, soit de rendre leur fonctionnement plus automatique, soit de fixer la pièce en travail d'une manière plus appropriée à l'effet à produire, soit enfin de donner à tout l'ensemble une stabilité de plus en plus grande. Cette stabilité, surtout, est devenue d'autant plus nécessaire que les besoins modernes de l'industrie mécanique ont conduit à augmenter les dimensions des pièces et à éviter certains fractionnements qui n'étaient pas suffisamment exigés par le résultat à produire. C'est à ces divers points de vue que nous devons examiner les machines-outils du palais du Champ de Mars. »

Machines-outils servant au travail des métaux. — Ces machines se recommandent à nous comme étant indispensables pour la construction économique des organes de toutes les machines de l'industrie manufacturière. Nous devons rechercher dans chacune d'elles les inventions qui portent sur la nature de l'outil, sur les combinaisons qui déterminent son fonctionnement et sur le groupement d'ensemble de tous les organes. Un pays qui n'aurait pas de machines-outils à la disposition de ses ateliers de construction serait aujourd'hui tellement tributaire des autres pays qu'il ne pourrait compter que pour un faible contingent dans le chiffre total de la production industrielle.

Outils. — Les formes des outils n'ont pas éprouvé de grands changements, mais leurs dimensions se sont successivement augmentées, et l'on remarque une tendance générale vers les larges passes ; les plus puissantes machines servent à détacher des copeaux, dont la largeur atteint et dépasse même 15 centimètres. Cette tendance ne peut toutefois être satisfaite qu'à la condition d'une construction plus robuste, par l'application raisonnée des règles de la résistance des matériaux. Deux constructeurs éminents se sont préoccupés de la nécessité, toujours fâcheuse pour la qualité de l'acier, des forgeages successifs auxquels les aciers à outils sont trop souvent soumis, et ils se sont affranchis de cette nécessité en employant des barres étirées d'un profil spécial, qu'ils émeulent sous une forme toujours la même et sous le même angle.

C'est ainsi que M. Whitworth emploie, toutes les fois qu'il le peut, des burins à section triangulaire, solidement emmanchés dans une sorte de pince à ressort, dont les mâchoires embrassent exactement les trois faces latérales du prisme. Ce serrage très-efficace est déterminé par deux vis noyées, qui ramènent l'une vers l'autre les deux parties de la pièce primitive, que l'on a d'abord séparées par un trait de scie. M. Zimmermann a cherché la solution du même problème en employant des aciers cylindriques, mais la solidarité de son outil n'est pas aussi complète par rapport au manche, et il nous paraît que l'emploi de cet outil, en quelque sorte universel, laisse par cela même beaucoup à désirer. La disposition de meules et de supports spéciaux, pour l'affûtage sous un angle constant, s'était déjà fait remarquer à l'exposition de 1862. Elle s'est répandue depuis lors et constitue, dès maintenant, un progrès assuré.

La forme la plus convenable à donner à chaque outil, suivant la nature de la matière sur laquelle il doit opérer, a fait l'objet, dans ces dernières années, de nombreuses expériences dans les ateliers de la marine française. En déposant au Conservatoire des arts et métiers la collection complète des outils les plus efficaces, après les avoir fait figurer à l'exposition, M. le ministre de la marine a rendu certainement un grand service aux ateliers de construction. Dans cette collection, presque complète, chaque outil porte une inscription, indiquant les meilleures conditions de son emploi, et, en particulier, celle de la vitesse qui lui convient, suivant qu'on opère sur du fer, de la fonte ou du bronze.

La fraise, dont le domaine s'était beaucoup restreint lors de l'introduction des premières machines-outils, a repris une grande faveur, et elle entre maintenant dans la construction d'un grand nombre de machines qui portent le nom générique de machines à fraiser. Peu employées avant l'exposition de 1862, ces machines importantes sont maintenant utilisées à l'égal des machines à burins. Il n'est pas rare de voir plusieurs fraises, portées sur un même bâti, disposées de manière à exécuter sur une seule pièce les diverses façons successives. Les machines à fraiser, les vis de MM. Brown et Sharp, de Philadelphie, les machines analogues exposées par M. Kreutzberger et appartenant au ministère de la guerre de France, montrent bien tout le parti que l'on peut tirer de ces utiles auxiliaires des machines plus classiques, connues sous le nom de tours et de machines à raboter. Il est vrai que l'extension donnée à l'emploi de la fraise a été grandement favorisée par la création de certains types de machines, uniquement destinées à faire ces fraises, c'est-à-dire, à établir autour d'un solide de révolution des entailles à arêtes vives, disposées d'une façon parfaitement symétrique. On obtient ainsi des outils qui peuvent façonner les métaux les plus durs suivant les profils les plus variés, avec une parfaite exactitude de calibre entre tous les exemplaires successivement produits.

En France, c'est à M. Kreutzberger que l'on doit cette renaissance d'un outil déjà ancien, et les ateliers de l'État en font aujourd'hui un usage tel, que plusieurs centaines de machines à fraiser, sorties des ateliers de l'industrie privée, sont, dès à présent, employées, soit à la construction des nouveaux fusils, soit à la transformation des anciens.

La fraise n'est pas le seul outil qui donne l'exemple d'une rénovation dans son emploi; nous devons encore parler, au même point de vue, de la scie, qui n'était en quelque sorte employée mécaniquement pour le travail des métaux que sous la forme de la scie circulaire, dans quelques opérations métallurgiques d'importance secondaire. Voici, en effet, que la scie à lame sans fin, si précieuse dans le découpage du bois, devient l'outil le plus habile pour le découpage du fer; il a suffi de modifier sa vitesse de transport et de changer l'espacement des dents pour l'appliquer avec un réel avantage à la fabrication des nombreux ornements découpés qui figurent dans l'exposition de l'amirauté anglaise. Un bloc de fer de 0m,20 d'épaisseur, dans lequel on a aussi découpé une double spirale avec une épaisseur de trait de 0m,002 est accompagné de la note suivante, que nous croyons devoir transcrire en entier :

« La scie sans fin employée au sciage du bois est l'invention de M. Perrin, qui l'a fait figurer à l'exposition de 1855, où elle a été achetée par le colonel Tulloh, alors surintendant des ateliers royaux de charronnage. Pour le sciage du fer, elle doit être conduite à une vitesse moindre; celle de 1m,30 par seconde paraît la plus convenable; les dents de la scie sont droites et très-fines, au nombre de quatre seulement par centimètre, et la scie elle-même doit être faite avec l'acier le plus dur que l'on puisse obtenir. Le fer de 25 millimètres d'épaisseur peut être débité, suivant une courbe quelconque, à raison de près de 40 millimètres par minute. Cette scie est très-employée pour le découpage des joues et des traverses des affûts et pour toutes les pièces de formes irrégulières qui entrent dans la construction des bâtis en fer; l'avantage de ce procédé consiste en une diminution de main-d'œuvre due à ce qu'il reste peu de choses à faire après le travail de la scie, et de ce que le déchet de matière est aussi beaucoup moindre. »

Un grand avenir est réservé à ce mode de travail, qui est pour la première fois représenté dans les expositions.

Nous ne parlerons pas de l'emploi de plus en plus vulgaire de l'étampe, sous l'action des plus puissants marteaux pilons comme sous celui des plus petites machines à forger, car, si les applications de ce mode de travail sont plus nombreuses, elles ne présentent aucune modification bien caractéristique; mais il ne nous est pas possible de passer sous silence l'usage plus général du diamant, pour le façonnage des matières les plus dures.

M. Barère, auquel le jury a accordé une de ses premières récompenses, paraît être le premier qui s'en soit servi pour la gravure de précision sur pierre. Plus récemment, le diamant noir a été employé sur une grande échelle, dans les ateliers de M. Hermann, au burinage du granit, et nous le retrouvons à l'exposition de 1867 comme le principal organe de la machine à perforer les roches, de M. Leschot, rendue plus pratique par M. de la Roche-Tolay, qui fait agir le diamant à effort constant au moyen d'une pression hydraulique, s'exerçant d'une manière continue sur le porte-outil.

Cet examen rapide des outils, considérés en eux-mêmes, nous amène à penser que nous retrouverons successivement tout l'arsenal de l'outillage manuel de nos pères, venant, dans des proportions différentes, il est vrai, se mettre à la disposition des bras mécaniques qui forment l'ossature des machines-outils dont l'usage est indispensable aujourd'hui. Aussitôt qu'une machine nouvelle apparaît dans ce nouvel ordre d'idées, si elle n'est condamnée dès ses premiers pas, elle devient bientôt universelle.

Mode de fonctionnement. — Dans nos ateliers de construction modernes, le travail moteur est le plus ordinairement fourni sur un arbre animé d'un mouvement de rotation, et transmis individuellement à chaque machine-outil par le moyen d'une courroie, qui embrasse la poulie dite motrice de cette machine. Il faut, dans ce cas, que l'arbre principal de la machine détermine, à chaque révolution, les déplacements des outils ou des pièces en travail, quelquefois des unes et des autres, au moment précis où ils doivent se rencontrer. De là la nécessité d'une série d'organes de transmission, dont le fonctionnement régulier exige une grande stabilité dans les supports, une liberté suffisante et un ajustement précis dans les guides toujours nombreux de toutes les pièces. Ces conditions se sont traduites, grâce au progrès de l'art de la fonderie, par l'emploi presque exclusif de la fonte creuse pour la confection des bâtis et par l'augmentation toujours plus marquée du poids intéressé à la stabilité de l'ensemble. L'exposition de 1867 nous montre que ce mode de construction, inauguré par M. Whitworth, a été adopté d'une manière générale et que les bâtis en fonte d'une seule pièce constituent désormais, au risque même d'une grande complication dans les modèles, le type le plus parfait des nouvelles machines-outils.

La construction de ces bâtis s'est d'ailleurs beaucoup améliorée par la facilité que les machines-outils elles-mêmes ont donnée, dans ces derniers temps, de percer tous les trous d'ajustage dans des directions exactement parallèles ou perpendiculaires. On ne saurait attacher trop d'importance à ce mode d'exécution.

La constante préoccupation des constructeurs de machines-outils est dirigée vers la diminution de l'assistance manuelle de l'ouvrier, et d'une exposition à l'autre, on peut reconnaître que les machines-outils deviennent de plus en plus automatiques ; mais cette tendance est moins accusée cependant dans les machines à usage général que dans les machines constituées spécialement pour la fabrication d'un même produit. Les machines à clous et les machines à charnières nous fourniront à ce sujet d'utiles observations. Disons cependant que, dans le domaine des grands outils, la machine à tailler les engrenages, de Sellers, est arrivée à tailler automatiquement, l'une après l'autre, toutes les dents d'une roue d'engrenage, depuis 10 jusqu'à 300 dents, sans que le conducteur, après avoir réglé les conditions du travail, ait autre chose à faire qu'à enlever l'engrenage lorsqu'il est terminé. De pareilles œuvres sont bien faites pour montrer jusqu'à quel point l'homme peut être remplacé, non pas seulement dans les manœuvres de force, mais encore dans celles qui exigent un certain ordre arithmétique dans la suite des opérations.

On avait beaucoup remarqué, en 1862, les machines doubles qui permettaient de faire exécuter deux pièces à la fois, sous la surveillance d'un seul ouvrier ; les meilleurs constructeurs ont persisté dans cette méthode pour la fabrication des petits objets, tels que les boulons et les écrous, mais pour les grosses pièces, on préfère maintenant employer deux outils qui travaillent successivement dans deux sens opposés, dans les machines à mouvement alternatif, telles que les machines à raboter et les étaux limeurs. Ainsi se trouve résolue, pour les grandes raboteuses, la question de prééminence restée jusqu'alors indécise entre les machines à retour rapide et les machines à outils tournants, disposés de manière à travailler dans les deux sens. La réalisation du retour rapide exige toujours une certaine complication dans les organes de transmission, et elle n'évite que partiellement les temps perdus. La rotation de l'outil après chaque passe est rarement accompli avec assez de précision pour que les différentes coupes se raccordent parfaitement. L'emploi des deux outils indépendants est, sous ces deux points de vue, plus avantageux.

Mais toutes ces méthodes seraient illusoires si la pièce à travailler n'était absolument stable, par rapport à l'outil, dans chacune de ses positions. Aussi le mode d'agrafage des pièces a-t-il été l'objet d'importantes améliorations, qui se traduisent presque toutes par l'emploi des tables à rainures, disposées dans des plans parallèles ou perpendiculaires sur les différents côtés du bâti. La mise en chantier des plus grosses pièces se fait, à l'aide de ces tables, avec plus de rapidité, et l'on obtient en outre, la stabilité nécessaire à tout bon travail.

Les tables à rainures sont surtout indispensables pour les grandes machines à percer et pour les limeuses. Dans ces dernières machines, on réussit d'ailleurs très-bien au moyen de deux tables distinctes sur lesquelles les deux extrémités d'une pièce longue peuvent être respectivement fixées. L'ajustage des bielles est devenu chose facile avec cette disposition.

Machines-outils d'un emploi général. — Aucun atelier de construction ne saurait maintenant prospérer et se suffire à lui-même, s'il ne possède un assortiment complet des principales machines-outils, c'est-à-dire plusieurs tours, plusieurs machines à raboter, à mortaiser, à aléser, à percer, à fraiser, à tarauder, à tailler les engrenages, à poinçonner et à cisailler, un certain nombre d'étaux limeurs et des machines à faire les boulons et les écrous.

Un marteau-pilon pour les grosses pièces de forge et une petite forgeuse mécanique sont également indispensables; enfin, il faut joindre à cette liste déjà nombreuse les outils spéciaux de l'atelier de chaudronnerie, qui diffèrent complétement de ceux de l'atelier d'ajustage. »

CHAPITRE II

DES FORCES

Inertie de la matière. — Modes d'action et mesure des forces ; unité de force. — Travail des forces mouvantes et résistantes ; unité de travail. — Masse d'un corps ; unité de masse — Quantité de mouvement et force vive d'un corps en mouvement. — Force vive d'un corps tournant autour d'un axe ; moment d'inertie.

INERTIE DE LA MATIÈRE

L'inertie de la matière est la propriété qu'elle possède de ne pouvoir modifier d'elle-même son état de repos ou de mouvement.

Ce principe ne se démontre pas ; il résulte des faits qui se passent sans cesse sous nos yeux.

Lorsqu'un corps en repos vient à se déplacer, nous apercevons toujours quelque cause externe, à laquelle il faut rapporter l'effet produit. S'il·peut se présenter quelque doute dans certains cas, une analyse attentive du phénomène ne tarde pas à convaincre que la cause du mouvement est toujours en dehors du mobile.

La matière est incapable aussi de modifier par elle-même son état de mouvement. Au premier abord, cela ne semble pas exact, puisque nous voyons tous les mouvements s'éteindre après un temps plus ou moins long ; mais il faut remarquer que toujours la cause du ralentissement ou de l'extinction est en dehors du mobile. Soit, par exemple, un pendule qui oscille autour d'un axe horizontal ; il finit par s'arrêter au bout d'un certain temps : cela tient à ce que son mouvement est sans cesse contrarié par la résistance de l'air et par le frottement des tourillons : perfectionnez ces tourillons, graissez les surfaces frottantes, et faites osciller le pendule dans le vide, et vous verrez que le mouvement durera bien plus longtemps. Soit encore une bille que l'on lance sur une surface ; si cette surface est raboteuse, la bille ne va pas loin ; mais, si vous prenez une surface plane, le mouvement dure plus longtemps et la bille roule en ligne droite ; le mouvement persistera plus longtemps encore si la surface plane est parfaitement polie.

Nous sommes donc logiquement amenés à admettre que, si toutes les causes extérieures venaient à disparaître, le mouvement rectiligne persisterait indéfiniment.

Ainsi, lorsqu'un corps en mouvement est soustrait à l'action des forces qui agissent sur lui, le mouvement se continue indéfiniment suivant une ligne droite, tangente à la trajectoire au point où les forces ont cessé d'agir ; la vitesse de ce mouvement est constante et égale à celle qu'il possédait au moment où les

8

forces ont disparu. En un mot, le mobile se met à parcourir d'un mouvement uniforme la tangente à l'extrémité de sa première trajectoire.

Tel est le principe de l'inertie de la matière qui, combiné avec le principe de l'indépendance des mouvements simultanés, a permis de fonder la dynamique.

On rencontrera dans la pratique bien des effets qui s'expliquent par l'inertie de la matière.

Lorsqu'on descend d'une voiture en marche, le corps entier participe au mouvement du véhicule; les pieds, en touchant le sol, s'arrêtent, mais le haut du corps continue sa marche, et l'on se trouve projeté sur le sol; il faut donc avoir soin, en descendant, de rejeter le haut du corps en sens inverse du mouvement, pour balancer par l'effet de la pesanteur l'effet de l'impulsion acquise. De même, lorsqu'un train de chemin de fer s'arrête brusquement, les voyageurs continuent leur marche en avant et sont exposés à des chocs dangereux; il est donc parfaitement inutile de chercher le problème de l'arrêt instantané des trains, puisque cet arrêt produirait le même effet qu'une collision. Lorsqu'on cherche à emmancher un marteau, on frappe la tête du manche sur le sol; le fer ne se trouve pas arrêté instantanément, il continue sa marche tant que le frottement le lui permet, et il descend le long du manche.

Il faut se garder de donner en mécanique au mot inertie son sens vulgaire, qui est incapacité et impuissance; la matière n'est pas incapable de produire du mouvement, puisque c'est presque toujours par l'action de la matière sur la matière qu'on l'obtient. Inertie signifie seulement que la matière est incapable de trouver en elle-même ce qu'il faut pour modifier son état de repos ou de mouvement.

« Cette propriété de l'inertie, dit Ed. Bour, est une de celles qui distinguent l'âme de la matière et qui démontrent l'immatérialité de l'âme, puisque deux substances doivent être réputées différentes quand elles se révèlent à nous par des phénomènes différents et même contradictoires. Ainsi, la matière est divisible, le moi ne l'est pas; de plus, la matière est inerte, elle a besoin, pour prendre le mouvement, de subir l'influence d'une cause externe, tandis que l'âme possède une activité propre en vertu de laquelle elle décide et agit indépendamment de toute influence extérieure. »

MODE D'ACTION ET MESURE DES FORCES

On appelle force toute cause qui tend à modifier l'état de repos ou de mouvement d'un corps.

Pour déterminer une force, plusieurs éléments sont nécessaires : 1° le point où elle agit, et que l'on nomme son point d'application; 2° sa direction, c'est-à-dire la direction et le sens de la droite suivant laquelle le corps se mettrait en mouvement s'il cédait à l'action de la force; 3° l'intensité de cette force, c'est-à-dire la plus ou moins grande énergie de son action, quantité que nous apprendrons à mesurer et à exprimer en nombres comme toutes les autres grandeurs.

On distingue les forces : 1° en forces mouvantes ou impulsives, qui peuvent à volonté produire le mouvement ou le modifier (pesanteur, chaleur, électricité), et 2° forces résistantes, qui ne font jamais que modifier le mouvement dû à d'autres causes, mais qui ne produisent pas le mouvement (résistance de l'eau et de l'air, frottement).

Les forces, quelles qu'elles soient, ne produisent jamais leur effet d'une manière instantanée ; il faut un temps, toujours appréciable, pour que la force communique le mouvement au mobile. Ainsi, la poudre qu'on enflamme dans un canon, agit sur le boulet, non par un choc brusque comme on peut se le figurer, mais par un effort continu, quoique très-court; il faut même, autant que possible, éviter les poudres qui brûlent en très-peu de temps, car elles sont brisantes; les meilleures sont celles qui brûlent complétement dans le temps que le projectile met à parcourir l'âme de la pièce, du fond jusqu'à la gueule. Il n'existe donc pas de force instantanée, et, pour se rendre compte des mouvements que l'on attribuait jadis à des forces instantanées, il est de toute nécessité de les considérer comme exerçant un effort continu, bien que quelquefois d'une faible durée.

Lorsque nous cherchons à faire mouvoir un corps, par exemple à le pousser dans une certaine direction, nous avons conscience qu'il est nécessaire, même en supposant tout obstacle écarté, d'exercer sur le corps un effort continu plus ou moins long. De même, pour soutenir un corps, il nous faut exercer un effort continu.

Supposons que l'on interpose, entre le corps et la main qui le soutient ou qui le pousse, un ressort par l'intermédiaire duquel l'action soit obligée de s'exercer, ce ressort fléchira et prendra un certain degré de tension, qui dépend de l'intensité de l'effort transmis. Nous dirons que deux forces sont égales lorsque, dans des circonstances identiques, elles produiront la même flexion sur le ressort.

Ayant deux forces égales, faisons-les agir toutes les deux ensemble et dans le même sens sur le ressort; elles produiront une nouvelle flexion, et nous dirons que toute force, qui produira la même flexion, sera double des deux premières, c'est-à-dire qu'elle équivaudra à leur somme.

Nous pourrons constater de la même manière qu'une force est triple, quadruple... d'une autre; et en somme nous arrivons à concevoir des forces dans un rapport quelconque.

Unité de force.—Connaissant les rapports des forces entre elles, il nous sera facile de les mesurer et de les représenter par des nombres en choisissant l'une d'elles comme unité.

On peut toujours produire une flexion donnée du ressort en le soumettant à l'action d'un poids. Les poids et les forces sont donc des quantités équivalentes, et l'on a l'habitude de choisir comme unité de force le kilogramme.

L'unité de force est donc le kilogramme, c'est-à-dire le poids d'un décimètre cube d'eau distillée, pris à la température de 4°,1. En réalité, ce poids n'est pas fixe en tous les points du globe; il augmente à mesure que l'on s'approche du pôle et diminue quand on se dirige vers l'équateur. En réalité, dans la pratique, les variations ne sont guère sensibles et on les néglige. On emploie donc le même étalon dans toutes les parties du globe.

TRAVAIL DES FORCES MOUVANTES ET RÉSISTANTES. — UNITÉ DE TRAVAIL

Pour mesurer l'effet utile des forces, chose capitale en industrie, la considération de l'intensité est insuffisante; une force donnée peut transporter un poids à des distances variables, et l'effet utile sera proportionnel, non-seulement au poids transporté, mais encore au chemin parcouru.

C'est la notion du travail qui s'introduit et qui tient compte à la fois de l'effort et du déplacement.

1° Supposons la force constante et le déplacement se produisant dans la direction de la force; prenons un exemple simple : il s'agit de tirer de l'eau d'un puits avec un seau d'une capacité donnée; si la hauteur du puits vient à doubler, le travail doublera, et, en général, si la hauteur du puits varie dans un rapport quelconque, le travail variera dans le même rapport, donc le travail est proportionnel à la hauteur. Inversement : supposons la hauteur constante, et le seau devenant successivement d'un poids double, triple..., le travail doublera, triplera..., donc le travail est proportionnel au poids soulevé.

En résumé, les travaux T et T', nécessaires pour élever les poids P et P' à des hauteurs H et H', sont entre eux comme les produits de ces poids par les hauteurs correspondantes :

$$\frac{T}{T'} = \frac{P \times H}{P' \times H'}.$$

Les poids étant rapportés au kilogramme et les hauteurs au mètre, supposons que $P' = 1$ et $H' = 1$, il restera : $\frac{T}{T'} = P \times H$; et si l'on prend le travail T' pour unité, on aura définitivement $T = PH$.

Le travail est représenté par le nombre abstrait qui résulte du produit de l'effort par le chemin parcouru.

L'unité de travail est ce qu'on appelle le *kilogrammètre*, c'est le travail nécessaire pour élever un kilogramme à 1 mètre de hauteur.

Dans quelques traités déjà anciens, on trouvera pour unité de travail le *dyname*, c'est le travail nécessaire pour élever 1,000 kilogrammes à 1 mètre de hauteur.

D'une manière générale, lorsque le déplacement produit est dans la direction de la force, le travail est le produit de la force par le chemin qu'a parcouru son point d'application.

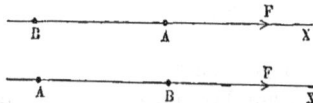

La force est exprimée en kilogrammes, le chemin en mètres, et le travail en kilogrammètres.

Fig. 90.

Il est important de considérer les forces et les déplacements avec leur signe. Si le mobile se meut de A en B, dans le sens de AX de la force, celle-ci est de même signe que le chemin parcouru AB, la force est mouvante ou impulsive et le travail est positif. Mais si le déplacement AB est en sens inverse de AX, il faut avoir soin de donner au déplacement le signe —, la force est résistante et l'on obtient un travail négatif ou résistant.

On désignera donc le déplacement par la lettre x, qu'il faudra toujours considérer avec son signe.

Le travail est nul lorsque la force est nulle, et aussi lorsque le déplacement est nul : imaginez un effort, si grand que vous voudrez, appliqué à une muraille indéfiniment résistante, vous n'obtiendrez aucun travail, aucun effet utile, le travail sera nul.

Les exemples précédents nous montrent que la notion mécanique du travail correspond bien à la notion usuelle, et que le salaire industriel doit être proportionnel au travail produit, c'est-à-dire à la quantité PH. Ainsi, lorsqu'un manœuvre tire de l'eau d'un puits, et qu'on lui donne un certain salaire pour en élever un poids P à la hauteur H, il faudra lui donner encore le même salaire si le poids devient $\frac{1}{2}$P et la hauteur 2H, ou si le poids devient 2P et la hauteur $\frac{1}{4}$H.

2° Dans le cas où la trajectoire est curviligne et la force inclinée sur la trajectoire, on appelle travail élémentaire le produit d'un déplacement infiniment petit MM' ou (ds), par la force F et par le cosinus de l'angle α que cette force fait avec l'élément MM', c'est-à-dire avec la tangente à la trajectoire au point M.

En somme, cela revient à dire :

Le travail élémentaire est le produit de la force par la projection du chemin élémentaire sur la direction de cette force.

Fig. 91.

Ou bien encore :

Le travail élémentaire est le produit du chemin élémentaire par la projection de la force sur le chemin élémentaire, c'est-à-dire sur la tangente à la trajectoire.

La force et le chemin élémentaire n'ont pas de signe, on les prend en valeur absolue; ce qui détermine le signe du travail, c'est le cosinus de l'angle de la direction de la force avec la direction du chemin parcouru; si cet angle est aigu, la force est impulsive et le travail est positif; si cet angle est obtus, la force est résistante et le travail est négatif ou résistant.

Si pour tous les éléments successifs de la courbe on prend le travail élémentaire, et qu'on en fasse la somme

$$\Sigma \, F.ds.\cos \alpha,$$

on obtiendra le travail total.

On représente d'ordinaire le travail total par l'aire d'une courbe.

Supposons qu'on ait remplacé la trajectoire par un polygone à côtés infiniment petits, et qu'on ait développé ce polygone sur une ligne droite en AB₁, le côté MM' sera venu en M₁M₁'; on élève en M₁ une ordonnée M₁N₁, égale à la valeur de F cos α qui correspond à l'élément MM' de la trajectoire. Le travail élémentaire, pour le côté MM', sera représenté par le rectangle M₁N₁E₁M₁', et le travail total sera représenté par la limite de l'aire AB₁D₁N₁. Cette limite correspond au cas où les côtés du polygone décroissent indéfiniment, de manière que celui-ci se confonde avec la trajectoire. L'arc AB est plus long que le polygone AB₁, et le travail total est, en définitive, représenté par l'aire

Fig. 92.

ABCD; un point N de la courbe CD est tel, que son abscisse AM est égale au développement de l'arc AM de la trajectoire, et son ordonnée MN est égale à la valeur que prend F cos α au point M de la courbe.

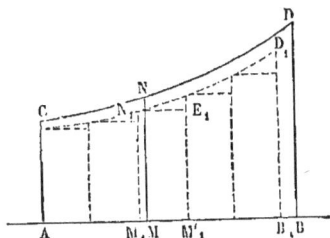

Dans le mouvement curviligne, une force constamment normale à la trajectoire produit un travail nul, car cos $\alpha = o$; cela se conçoit, du reste, parce que l'esprit ne se rend pas compte qu'une force ainsi placée puisse influer sur le mobile.

L'unité de travail reste toujours la même, car les forces sont exprimées en kilo-

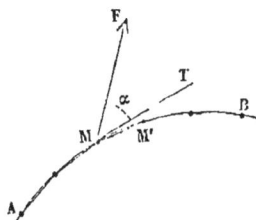

grammes, les chemins parcourus en mètres, et les cosinus sont de simples facteurs numériques.

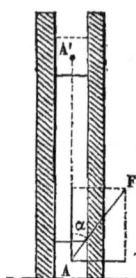

Exemples de travail mécanique. — 1° Supposez que l'on veuille
faire monter un corps A entre deux glissières parfaitement polies, et par suite dénuées de frottement, on exerce sur ce corps
une traction inclinée F. Le travail moteur pour élever le corps
d'une hauteur $AA' = l$ sera $l \times F \cos \alpha$; le travail résistant dû
au poids du corps sera $P \times l$. Or les deux travaux sont égaux,
puisqu'il n'y a pas de frottement, donc

$$P = F. \cos \alpha.$$

Lorsque α est égal à 90°, $\cos \alpha$ est nul, et il faut théoriquement
une force infinie pour faire monter le corps; donc ce corps ne
montera pas, et la force n'aura pour effet que de l'appuyer sur les glissières;
le travail produit est nul.

Fig. 93.

1° *Travail de la vapeur dans les machines à détente.* — Soit AB le cylindre
d'une machine à vapeur, AB ou l est la longueur de la course
du piston et AA ou S est sa section. Quand le piston se meut
de A en C, le dessous du piston est toujours en communication
avec le générateur de vapeur, dont la pression constante est p;
la force est constante et le travail correspondant à cette partie
de la course est égal à $p s \dfrac{l}{n}$, en représentant par $\dfrac{1}{n}$ la fraction de la course totale que représente AC.

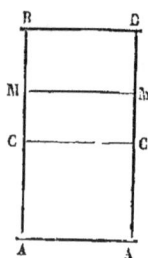

A partir de C jusqu'en B, la vapeur ne communique plus
avec le générateur, elle se dilate et par suite sa pression diminue; elle varie en raison inverse du volume qu'elle occupe, conformément à la
loi de Mariotte. Ainsi, lorsque le piston est en MM, la pression est devenue :

Fig. 94.

$$p \times \frac{\text{vol. AC}}{\text{vol. AM}} = p \times \frac{\text{AC}}{\text{AM}} = p \frac{\dfrac{l}{n}}{\dfrac{l}{n}+x} = p \frac{l}{l+nx}$$

et le travail élémentaire est le produit de la force par le chemin élémentaire dx;
c'est donc :

$$p.S \frac{l}{l+nx} \cdot dx.$$

Le travail total, quand le piston se meut de C en M, est fourni par l'intégrale :

$$\int^{l\left(1-\frac{1}{n}\right)} p.S. \frac{l}{l+nx} dx ; \quad \text{or,} \quad \frac{l}{l+nx}$$

est la dérivée de la fonction : $\dfrac{l}{n}$ log. nép. $(l+nx)$.

Prenant l'intégrale entre ses deux limites 0 et $l\left(1-\dfrac{1}{n}\right)$, il vient :

$$p.S. \frac{l}{n}\left\{ \text{log. nép. } nl - \text{log. nép. } l \right\} = p.S. \frac{l}{n} \text{log. nép. } n$$

Le travail total, pour la course entière du piston, est donc représenté par :

$$T = p \cdot S \cdot \frac{l}{n} + pS \frac{l}{n} \log. \text{nép.} \ n = p \cdot S \frac{l}{n} \left\{ 1 + \log. \text{nép.} \ n \right\}$$

Du cheval-vapeur. — L'unité de travail est, avons-nous dit, égale à la quantité de travail nécessaire pour élever un kilogramme à 1 mètre de hauteur, c'est le kilogrammètre.

Dans quelques auteurs déjà anciens, on trouve pour unité le dyname ou dynamode, qui correspond au travail nécessaire pour élever 1,000 kilogrammes à un mètre de hauteur.

Mais on comprend que, pour évaluer réellement la puissance d'une machine, il faut préciser en combien de temps elle est susceptible de fournir un travail donné. C'est pour répondre à ce besoin qu'on a imaginé le cheval-vapeur.

Une force de cheval-vapeur représente le travail nécessaire pour élever, en une seconde, 75 kilogrammes à 1 mètre de hauteur.

Une machine d'un cheval donnera donc un travail de 75 kilogrammètres à la seconde, et une machine de dix chevaux donnera un travail de 750 kilogrammètres à la seconde.

A l'origine des machines à vapeur, lorsque Watt les substitua aux chevaux que l'on faisait agir sur des manéges pour fournir la force motrice dans les mines d'Angleterre, on voulut comparer facilement le nouveau système à l'ancien, et l'on chercha à exprimer en chevaux le travail de la vapeur. En adoptant 75 kilogrammètres par seconde pour le travail d'un cheval, on est au-dessus de la moyenne, et de plus on ne tient pas compte de la discontinuité de l'action du moteur animé. Le cheval-vapeur, travaillant pendant vingt-quatre heures, est à peu près équivalent à 5,5 chevaux ordinaires, travaillant pendant huit heures.

Le plus souvent, cette évaluation en chevaux-vapeur n'est pas commode, et, pour une industrie donnée, il est préférable d'évaluer la force des machines d'après le travail effectif qu'elles produisent, par exemple d'après le nombre de meules qu'elles font tourner, s'il s'agit d'un moulin, ou d'après le nombre de broches qu'elles font mouvoir, s'il s'agit d'une filature.

La force des locomotives ne s'évalue pour ainsi dire jamais en chevaux-vapeur.

La force de cheval n'est pas constante dans tous les pays et dans toutes les industries, ce qui amène une certaine complication; toutefois, lorsqu'on est prévenu et qu'on connaît le rapport des unités, il est facile de passer d'un système de numération à l'autre.

Ainsi, dans les machines marines à moyenne pression (d'après M. Ledieu, *Traité des machines marines*), le cheval-vapeur est de 180 à 240 kilogrammètres si on le mesure sur le piston, et de 135 à 180 kilogrammètres si on le mesure sur l'arbre. Pour toute machine, en général, il faut bien spécifier dans les marchés à quel endroit le travail sera mesuré; le travail sur l'arbre moteur est toujours inférieur au travail sur le piston, puisque entre ces deux engins il y a de nombreuses causes de pertes et de frottements, qui absorbent une quantité notable de travail.

Le travail sur le piston, étant représenté par 100 kilogrammètres, n'est plus en moyenne que de 75 kilogrammètres sur l'arbre de couche.

Depuis 1858, dans les machines à haute pression de la flotte française, le cheval-vapeur est de 250 à 300 kilogrammètres sur les pistons, et de 190 à 225 kilogrammètres sur l'arbre.

Il serait bon que l'on arrivât à une entente générale pour évaluer la puissance des machines, par exemple sur leur arbre de couche; malheureusement, la majorité des constructeurs ne s'y prêtera guère.

Remarquons, en finissant, combien est impropre cette expression de force de cheval; ce n'est pas une force, c'est un travail, ce qui est bien différent, ainsi que nous l'avons vu; il faut avoir toujours cette distinction à l'esprit. Du reste, Watt, auteur de l'expression cheval-vapeur, disait puissance et non force.

MASSE D'UN CORPS; UNITÉ DE MASSE

La masse d'un corps est le quotient du poids (p) d'un corps par l'accélération (g) de la pesanteur dans le lieu où l'on pèse ce corps. Donc :

$$m = \frac{p}{g} \text{ ou } p = mg.$$

Cette notion de la masse s'éclaircira en dynamique dans le chapitre suivant, et nous verrons que, pour un corps donné, la masse est un rapport constant existant entre les forces qui agissent sur ce corps et les accélérations qu'elles lui communiquent. Parmi toutes les forces connues, la plus simple est la pesanteur; l'action de la pesanteur est représentée par le poids, et son accélération (g) est généralement connue sous toutes les latitudes.

La définition de la masse est donc bien simple, et le calcul en est facile.

Pour obtenir l'unité de masse, il suffit de faire $m = 1$ dans l'équation ci-dessus, et il reste $p = g$.

L'unité de masse est donc la masse du corps dont le poids exprimé en kilogrammes est représenté par le même nombre que l'accélération de la pesanteur, exprimée en mètres.

La masse est une quantité essentiellement abstraite. En un point donné du globe, les masses sont proportionnelles aux poids.

QUANTITÉ DE MOUVEMENT ET FORCE VIVE D'UN CORPS EN MOUVEMENT

Un corps en mouvement, même de forme irrégulière et de composition hétérogène, peut toujours être considéré comme une agrégation de points matériels. Nous désignerons par M la masse du corps en mouvement, et la variable (m) représentera la masse d'un point matériel.

On appelle *quantité de mouvement* d'un point matériel à un moment donné le produit de sa masse par sa vitesse :

Quantité de mouvement d'un point matériel. . . . . $= mv$
Et la quantité de mouvement d'un système matériel est : . . . Σmv

On appelle *force vive* d'un point matériel, à un moment donné, le produit de sa masse par le carré de sa vitesse;

La force vive d'un point matériel est donc. . . mv^2
Et la force vive d'un système matériel. . . . . Σmv^2.

Force vive d'un corps tournant autour d'un axe. Moment d'inertie. — Lorsqu'un corps est animé d'un mouvement de rotation autour d'un axe, mouvement dont ω est la vitesse angulaire, nous avons vu que la vitesse de circulation d'un point matériel, situé à une distance r de l'axe, est $\omega r = v$. Cette relation géométrique est nette et facile à saisir.

Que devient l'expression de la force vive pour un corps qui tourne autour d'un axe?

On a :

$$\Sigma\, mv^2 = \Sigma\, m\omega^2 r^2,$$

or, à un moment quelconque, la vitesse angulaire ω est la même pour tous les points du mobile, et l'on peut écrire

$$\Sigma m\, \omega^2 r^2 = \omega^2 \times \Sigma\, mr^2$$

La quantité $\Sigma m r^2$ joue donc un rôle important dans l'étude des rotations; c'est ce que l'on appelle le moment d'inertie du corps par rapport à l'axe de rotation considéré. Si cet axe change, il est clair que le moment d'inertie change aussi.

Cette quantité est fort utile à considérer dans beaucoup de questions, et notamment dans les calculs de la résistance des matériaux.

Le moment d'inertie est, en somme, quelque chose de purement géométrique. Ayant un corps de forme déterminée, on mène un axe quelconque, et l'on abaisse de tous les points du corps des perpendiculaires sur cet axe, le produit de la masse du point matériel par sa distance à l'axe est un moment d'inertie élémentaire, et la somme, ou plutôt l'intégrale de toutes ces parties est le moment d'inertie total $\Sigma m r^2$.

Rayon de gyration. M étant la masse d'un corps et Σmr^2 un de ses moments d'inertie, on pose :

$$\Sigma\, mr^2 = \mathrm{M} \mathrm{R}^2$$

d'où l'on déduit la valeur de R.

Cette longueur R est ce qu'on appelle le rayon de gyration. Il représente la distance à laquelle il faudrait placer un point matériel de masse M, qui aurait même moment d'inertie que le corps tout entier.

Nous allons donner la valeur des moments d'inertie pour quelques figures utiles dans la pratique.

On a presque toujours affaire à des corps homogènes, de sorte qu'on peut substituer aux masses les poids et les volumes qui leur sont proportionnels. On arrive même à chercher le moment d'inertie d'une surface homogène, et, dans ce cas, on remplace les masses élémentaires par des surfaces élémentaires (s) dont on prend la distance à l'axe. La quantité Σmr^2 se transforme en Σsr^2; c'est cette dernière qui nous sera le plus utile, elle représente ce qu'on appelle le moment d'inertie d'une surface.

On peut même considérer le moment d'inertie d'une ligne, les éléments de masse sont remplacés par des éléments de droite et le moment d'inertie devient $\Sigma l r^2$.

1° Soit une tige de longueur (a) tournant autour d'un axe qui lui est perpendiculaire et qui passe par une de ses extrémités, cherchons son moment d'inertie.

L'élément de longueur dx, situé à une distance x de l'axe, a pour moment d'i-nertie x^2dx, et le moment d'inertie total est :

$$\int_0^l x^2 dx = \frac{l^3}{3},$$

Le rayon de gyration est $\dfrac{l}{\sqrt{3}}$;

2° Supposons maintenant (fig. 95) une droite AB inclinée d'un angle α sur son axe de rotation Ay, qui passe par une de ses extrémités.

L'élément dx, situé à la distance x du point A, a pour moment d'inertie :

$$dx.\overline{BC}^2 = x^2dx.\sin^2\alpha$$

et le moment d'inertie total est :

$$\sin^2\alpha \int_0^l x^2 dx = \frac{l^3}{3}\sin^2\alpha.$$

Le rayon de gyration devient :

$$\frac{l\sin\alpha}{\sqrt{3}}.$$

Si la droite géométrique se transforme en une tige matérielle de section assez

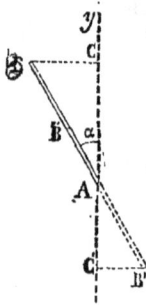

Fig. 95.

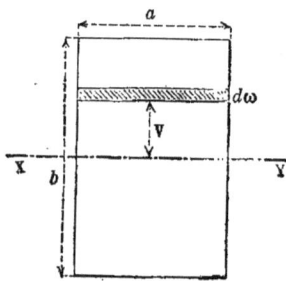

Fig. 96.

faible pour qu'on puisse la supposer réduite à un point, et que cette tige ait un poids (p) par mètre courant, le moment d'inertie Σmr^2 deviendra :

$$\frac{p}{g}.\frac{l^3}{3}\sin^2\alpha.$$

3° Soit un rectangle plein et homogène, de largeur (a) et de longueur (b), tournant autour d'un axe XY parallèle à son côté (a). La surface élémentaire $d\omega$, située à la distance V de l'axe de rotation a pour valeur (adV); son moment d'iner-tie sera donc :

$$a\,V^2dV,$$

et le moment d'inertie total devient :

$$a.\int_{-\frac{b}{2}}^{+\frac{b}{2}} V^2dV = a\left\{\frac{V^3}{3}\right\}_{-\frac{b}{2}}^{+\frac{b}{2}} = \frac{a}{3}\left(\frac{b^3}{8}+\frac{b^3}{8}\right) = \frac{ab^3}{12}.$$

La surface étant (ab), le rayon de gyration est $\dfrac{b}{2\sqrt{3}}$.

4° Soit un rectangle creux, dont on demande le moment d'inertie par rapport à son axe de figure, ce moment d'inertie est la différence du moment d'inertie du rectangle extérieur et du moment d'inertie du rectangle intérieur. C'est donc

$$\frac{1}{12}\,(bh^3 - b'h'^3)$$

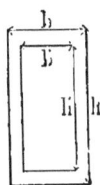

Fig. 97.

5° Quel est le moment d'inertie d'une section à double T, comme celle de la figure 98?

Appelons h la hauteur totale, h' la hauteur entre les faces intérieures des branches; b la largeur des branches et $\dfrac{b'}{2}$ la saillie d'une branche sur l'âme de la pièce.

Le moment d'inertie est égal au moment d'inertie du rectangle total, moins deux fois le moment d'inertie du vide rectangulaire qui existe de chaque côté de l'âme; sa valeur est donc:

$$\frac{1}{12}\,bh^3 - 2\,\frac{1}{12}\cdot\frac{b'}{2}\,h'^3 = \frac{1}{12}\,(bh^3 - b'h'^3)$$

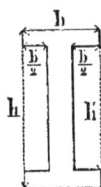

Fig. 98.

6° Quel est le moment d'inertie d'un cercle plein et homogène, par rapport à un de ses diamètres?

On peut décomposer le cercle par une série de parallèles au diamètre considéré en une infinité de rectangles; soit le rectangle d'épaisseur dx, qui est à une distance (x) du diamètre de rotation; la demi-largeur y de ce rectangle sera $\sqrt{r^2 - x^2}$; la surface d'un rectangle élémentaire est donc $2\,dx\,\sqrt{r^2 - x^2}$, son moment d'inertie est $2x^2dx\sqrt{r^2 - x^2}$, et le moment d'inertie total devient:

$$\int_{-r}^{+r} 2x^2dx\,\sqrt{r^2 - x^2}.$$

Sans développer le calcul de cette intégrale, il nous suffira de donner le résultat:

Le moment d'inertie d'un cercle plein par rapport à son diamètre est représenté par $\dfrac{1}{4}\,\pi\,R^4$.

Le rayon de gyration est égal à:

$$\sqrt{\frac{\frac{1}{4}\pi R^4}{\pi R^2}} = \frac{1}{2}\,R.$$

7° Quel est le moment d'inertie d'une couronne circulaire homogène, par rapport à un de ses diamètres?

C'est la différence des deux moments d'inertie du cercle extérieur et du cercle intérieur, c'est-à-dire:

$$\frac{1}{4}\,\pi\,(R^4 - R'^4).$$

8° Le moment d'inertie d'une ellipse, dont le demi grand axe est (b) et le demi petit axe (h), pris par rapport au grand axe, s'obtient par une intégrale analogue à celle que nous avons écrite pour le cercle ; ce moment d'inertie est :

$$\frac{1}{4} \pi \, bh^3,$$

et en effet, si l'ellipse se transforme en cercle, les deux axes deviennent égaux, et la formule se change en $\frac{1}{4} \pi \mathrm{R}^4$.

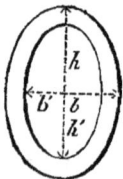

9° S'il s'agit d'un anneau homogène elliptique, comme celui que représente la figure 99, l'ellipse extérieure ayant pour demi-axes b et h, et l'ellipse intérieure b' et h', le moment d'inertie de la surface par rapport à l'axe (b), est la différence de deux moments d'ellipse, c'est-à-dire :

Fig 99.

$$\frac{1}{4} \pi \left(bh^3 - b'h'^3 \right)$$

10° Quel est le moment d'inertie d'un cercle plein par rapport à un axe, passant par son centre et perpendiculaire à son plan ?

On peut diviser le cercle en une série d'anneaux, d'épaisseur dx et de rayon x, lequel rayon varie de o à r ; un des anneaux a pour surface $2\pi x\,dx$, et son moment d'inertie est

$$2\pi x dx \times x^2 = 2\pi . x^3 dx.$$

Le moment d'inertie total est donc :

$$\int_0^r 2\pi x^3 dx = 2\pi \left(\frac{r^4}{4} \right)_0^r = \frac{\pi r^4}{2}.$$

Le rayon de gyration est égal à $\dfrac{r}{\sqrt{2}}$.

Un cylindre circulaire droit a même rayon de gyration par rapport à son axe de figure ; le moment d'inertie d'un cylindre plein de rayon R et de poids P sera donc :

$$\frac{\mathrm{P}}{g} \cdot \frac{\mathrm{R}^2}{2}, \quad \text{ou bien si l'on fait } \mathrm{P} = \pi \mathrm{R}^2 . \mathrm{H.D},$$

le moment d'inertie devient :

$$\frac{\pi . \mathrm{H.D}}{2g} \cdot \mathrm{R}^4.$$

Le moment d'inertie d'une colonne creuse par rapport à son axe sera donc :

$$\frac{\pi \, \mathrm{H.D}}{2g} \left(\mathrm{R}^4 - \mathrm{R}'^4 \right).$$

formule dans laquelle H est la hauteur de la colonne, D la densité de la matière dont elle est faite, R et R' ses rayons extérieur et intérieur.

11° On trouvera, par des moyens semblables, le moment d'inertie de la surface d'une sphère par rapport à un de ses diamètres.—Ce moment d'inertie est :

$$\frac{8}{3}\pi R^4,$$

et s'il s'agit d'une demi-sphère $\frac{4}{3}\pi R^4$.

La surface de la sphère étant $4\pi R^2$, le rayon de gyration dans les deux cas précédents est égal à $R\frac{\sqrt{2}}{\sqrt{3}}$.

Lorsque l'on aura à calculer le moment d'inertie d'une sphère mince, dont on connaîtra le poids P et le rayon R, ce moment sera donné par :

$$\frac{P}{g}\cdot\frac{2R^2}{3}.$$

Le rayon de gyration d'une sphère pleine est égal à $R\frac{\sqrt{2}}{\sqrt{5}}$; de cette quantité, on déduira facilement le moment d'inertie d'un sphère donnée.

Dans un ellipsoïde, dont a, b, c sont les demi-axes, le rayon d'inertie, pris par rapport à l'axe (c), par exemple, est égal à

$$\frac{1}{\sqrt{5}}\sqrt{a^2+b^2},$$

formule qui se confond avec celle de la sphère, lorsque l'ellipsoïde est de révolution autour de l'axe (c).

Moment d'inertie des pièces quelconques. — En général, il n'est facile de calculer exactement le moment d'inertie que pour les pièces de formes géométriques simples, et symétriques par rapport à l'axe de rotation.

Aussitôt que la formule se complique, ou bien lorsqu'il y a dissymétrie, le calcul exact devient très-difficile.

On peut heureusement, dans la plupart des cas que l'on rencontre en pratique, opérer par approximation, et c'est ce que nous engageons le lecteur à faire, toutes les fois qu'il se trouvera embarrassé.

On décompose la surface ou le volume, dont il s'agit, en un certain nombre de parties d'étendue limitée, et dont on puisse, sans trop d'erreur, considérer tous les points comme situés à la même distance de l'axe de rotation; on calcule la surface ou la masse considérée, et on la multiplie par le carré de cette distance constante. Ainsi, soit un fer à T, dont il faut prendre le moment d'inertie par rapport à un axe quelconque, on considérera les branches et l'âme comme deux rectangles élémentaires dont on prendra les surfaces, et on multipliera ces surfaces par les carrés des distances de leurs centres de gravité respectifs à l'axe de rotation; la somme de ces produits donnera le moment d'inertie cherché, et cela d'une manière suffisamment approchée pour l'exactitude à laquelle on peut arriver dans la pratique.

CHAPITRE III

DYNAMIQUE D'UN POINT MATÉRIEL

Mouvement varié rectiligne produit par une force constante. — Relation entre la masse, la force et l'accélération. — Relation entre la quantité de mouvement, la force et le temps. — Relation entre le travail et la force vive. — Application à la chute des corps pesants. — Méthode de décomposition des forces concourantes, parallélogramme et polygone des forces, force tangentielle, force centripète. — Application : trajectoire d'un point pesant dans le vide. — Pendule simple ; pendule composé.

MOUVEMENT VARIÉ RECTILIGNE PRODUIT PAR UNE FORCE CONSTANTE

Nous avons montré l'identité qu'il y avait entre les forces et les poids, et nous avons même pris, comme unité de force, l'unité de poids : le kilogramme.

Une force qui fait mouvoir un corps n'agit pas sur le corps tout entier, mais sur un point matériel déterminé de ce corps, c'est le point d'application de la force.

Pour représenter une force, on mène, à partir de son point d'application, dans la direction de l'effort, une ligne droite sur laquelle on prend autant d'unités de longueur que la force comprend de kilogrammes. Chaque force est ainsi représentée, en grandeur et en direction, par une ligne droite limitée.

Une force, agissant sur un point matériel, lui communique un mouvement rectiligne dont la direction est celle même de la force ; ceci ne se démontre pas, et résulte évidemment de la définition même de la force. Il n'y a pas de raison pour qu'elle entraîne le point dans une direction faisant un angle α avec sa direction propre, plutôt que dans toute autre direction faisant le même angle α ; or il est absurde d'admettre que la force soit susceptible d'entraîner le point dans une infinité de directions ; donc, ces directions en nombre infini doivent toutes se confondre, ce qui ne peut avoir lieu que si elles coïncident avec la direction même de la force.

Quel mouvement une force, constante en grandeur et en direction, peut-elle produire sur un point matériel, partant du repos ?

C'est la première question qui se présente dans l'étude des forces. Il est facile d'y répondre, si l'on veut se reporter au principe de l'indépendance des mouvements simultanés, principe posé par Galilée, et que nous avons longuement expliqué au chapitre Iᵉʳ, ainsi qu'au principe de l'inertie, que Kepler a eu le premier l'honneur de définir bien nettement.

1° Dans un système de points matériels, le mouvement particulier d'un de ces points, considéré par rapport à trois points du même système, reste le même si l'on imprime un autre mouvement au système entier. Les mouvements particuliers coexistent avec le mouvement général, et chacun d'eux produit son effet, comme si les autres n'existaient pas.

2º Le matière est inerte, c'est-à-dire qu'elle est incapable de tirer d'elle-même ce qui est nécessaire pour changer son état de repos ou de mouvement.

Ces principes rappelés, supposons une force F, qui agit sur un point matériel O dans la direction OX. Sous l'action de la force, le mobile acquiert, au bout de l'unité de temps, une vitesse v ; si, à ce moment, la force cessait d'agir, le point O, en vertu de sa vitesse acquise, continuerait à parcourir la droite OX d'un mouvement uniforme ; mais la force continue son action, indépendamment de l'effet antérieur qu'elle a produit ; la nouvelle vitesse, qu'elle imprime au mobile, coexiste donc avec l'ancienne, et après une seconde unité de temps, cette nouvelle vitesse sera égale à v, et le mobile aura pris une vitesse totale $2v$; après trois unités de temps, la vitesse acquise sera $3v$; ....., après n unités de temps, elle sera nv.

C'est dire que la vitesse du mobile croît proportionnellement au temps, ou bien que le mouvement est uniformément accéléré.

Ainsi, un point matériel, partant du repos, soumis à l'action d'une force, constante en grandeur et en direction, prend, dans la direction de cette force, un mouvement rectiligne uniformément accéléré.

Si le point ne part pas du repos, et qu'il possède à l'origine du mouvement une certaine vitesse, dirigée dans le même sens que la force, cette vitesse s'ajoute algébriquement à celle que produit la force; le mouvement est encore uniformément varié ; il peut être accéléré ou retardé, suivant que la vitesse initiale est dirigée dans le même sens que la force ou en sens contraire.

Lorsque la vitesse initiale n'est point dans la direction de la force, cette vitesse se compose à chaque instant avec la vitesse que produit la force, suivant la règle du parallélogramme des vitesses, et il en résulte une trajectoire curviligne.

La réciproque du théorème, démontré plus haut, est vraie : Lorsqu'un point matériel est animé d'un mouvement rectiligne uniformément varié, c'est qu'il est soumis à l'action d'une force constante dirigée suivant la même droite que le mouvement.

En effet, 1º le point matériel est soumis à une force, sans quoi il se mouvrait d'un mouvement uniforme ; 2º cette force est dirigée dans le même sens que la trajectoire rectiligne du mobile ; sans cela, le mouvement serait curviligne, ainsi que nous l'avons dit plus haut ; 3º cette force est constante, car, si elle ne l'était pas, l'augmentation de la vitesse ne serait pas constante, et, par suite, le mouvement ne serait pas uniformément varié.

Rappelons ici que la quantité, dont la vitesse s'accroît pendant l'unité de temps, est l'accélération ; l'accélération, rapport de l'accroissement de la vitesse à l'accroissement du temps, est quelque chose de caractéristique pour la force agissant sur un corps déterminé.

Nous avons démontré, en physique, que la chute des corps était rectiligne et uniformément variée ; la pesanteur, ou cause de ce mouvement, est donc, en un point du globe, une force constante, dont la direction est indiquée par la verticale du lieu, et dont l'accélération g a pour valeur, à Paris, 9,8088.

COMPOSITION DES FORCES CONSTANTES DE MÊME DIRECTION

Lorsque plusieurs forces constantes F, F', F'' .... agissent sur un même point matériel, l'effet de chacune se produit indépendamment de l'effet des autres ; et le mouvement final résulte de la composition d'un certain nombre de mouvements variés. L'accroissement total de vitesse, après un temps donné, est la somme des accroissements de vitesse dus à chaque force séparément ; c'est-à-dire que l'accélération du mouvement résultant est la somme des accélérations des mouvements composants.

Les forces sont proportionnelles aux accélérations qu'elles impriment à un même point matériel. — Cette proposition découle de la précédente : une force F imprime au point matériel une vitesse v au bout de l'unité de temps ; si on fait agir sur le point une seconde force F, celle-ci produira aussi une vitesse v ; de même, sous l'action de trois, quatre, cinq ..... forces égales à F, le point matériel prendra, après chaque unité de temps, une augmentation de vitesse égale à $3v$, $4v$, $5v$ ..... Mais il résulte de la définition même des forces que deux, trois quatre ..... forces égales superposées constituent une force double, triple, quadruple ..... Ainsi, les forces sont proportionnelles aux accroissements de vitesse qu'elles communiquent au mobile après chaque unité de temps ; or, ces accroissements de vitesse représentent précisément les accélérations, donc les forces sont proportionnelles aux accélérations qu'elles impriment à un même mobile.

Par suite, on peut adopter l'accélération comme mesure des forces agissant sur un même corps ; c'est pour cela que l'on a quelquefois appelé l'accélération intensité de la force. Ainsi, on donne souvent le nom d'intensité de la pesanteur au nombre g, qui n'est autre que l'accélération d'une force constante : la pesanteur.

RELATION ENTRE LA MASSE, LA FORCE ET L'ACCÉLÉRATION

Soit un point matériel de poids P, la pesanteur lui communiquera un mouvement varié dont l'accélération est g. D'autre part, faisons agir sur ce point une série de forces F, F', F'' ....., elles lui communiqueront des accélérations γ, γ', γ'' ....., et, d'après le théorème du paragraphe précédent, les forces sont proportionnelles aux accélérations, ce qui revient à dire que les rapports tels que $\frac{F}{\gamma}$ sont égaux entre eux. Or $\frac{P}{g}$ est un de ces rapports, et par définition, $\frac{P}{g}$ est la masse du mobile considéré ; on a donc la relation :

$$\frac{F}{\gamma} = \frac{F'}{\gamma'} = \frac{F''}{\gamma''} = \ldots = \frac{P}{g} = M.$$

Nous arrivons par ce moyen à une nouvelle définition de la masse :

La masse d'un corps est le rapport constant qui existe entre les forces agissant sur ce corps et les accélérations qu'elles lui communiquent respectivement.

Si une même force F agit successivement sur deux corps de masse M et M', elle leur imprimera des mouvements variés, différents, dont les accélérations seront γ et γ', et l'on aura les relations :

$$\frac{F}{\gamma} = M \quad \frac{F}{\gamma'} = M', \quad \text{d'où } \frac{\gamma}{\gamma'} = \frac{M'}{M}.$$

Les accélérations qu'une même force imprime à deux ou à plusieurs corps différents sont donc en raison inverse des masses de ces corps.

La masse représente donc assez bien à l'esprit la quantité de matière contenue dans les corps; il nous semble, en effet, qu'un corps doit être d'autant plus difficile à mouvoir qu'il renferme plus de matière; c'est cette notion vague que nous venons de préciser par une relation mathématique.

RELATION ENTRE LA QUANTITÉ DE MOUVEMENT, LA FORCE ET LE TEMPS

La force qui agit sur un corps est le produit de la masse de ce corps par l'accélération que la force lui communique. On a la relation :

$$F = m\,\gamma.$$

Mais, dans le mouvement uniformément varié, l'accélération est le rapport de l'accroissement de la vitesse à l'accroissement du temps; si donc nous supposons que la vitesse initiale est nulle, nous aurons :

$$\gamma = \frac{v}{t} \qquad F = \frac{mv}{t} \quad (1) \quad F.t. = m.v.$$

Le produit mv est précisément ce que nous avons défini, au chapitre précédent, sous le nom de quantité de mouvement.

La quantité de mouvement d'un corps de masse m, au moment où il est animé d'une vitesse v, est le produit mv.

Le premier membre de l'équation (I) est aussi une quantité importante, c'est ce que l'on appelle l'impulsion totale de la force F pendant le temps t.

Ainsi l'impulsion totale, pendant une période déterminée, est égale à la quantité de mouvement que possède le corps à la fin de cette période.

Impulsion d'une force. — Si l'on a une force X, variable d'intensité, mais de direction constante, agissant sur un point matériel de masse m, et si l'on représente par (x) la distance du point matériel à son lieu de départ, après un temps t, la vitesse à cette époque sera, ainsi que nous l'avons vu, la dérivée de l'espace x par rapport au temps, et l'accélération sera la dérivée de la vitesse par rapport au temps, ou la dérivée seconde de l'espace. On a donc à chaque instant du mouvement :

$$X = m\,\gamma = m\,\frac{dv}{dt} \quad \text{et} \quad (1) \quad Xdt = mdv.$$

$X\,dt$ représente l'impulsion de la force pendant le temps dt, mdv représente 'accroissement de la quantité de mouvement pendant le même temps. Donc, l'impulsion élémentaire de la force est égale à l'accroissement élémentaire de la quantité de mouvement. Si l'on intègre les deux membres de l'équation (I) entre o et t, il viendra :

$$\int_0^t Xdt = mv - mv_0.$$

La force X est généralement exprimée en fonction du temps, on pourra donc, théoriquement, intégrer le premier membre. Cette intégrale constitue l'im-

9

pulsion totale de la force F pendant le temps t, et l'on voit que cette impulsion totale est égale à la variation de la quantité de mouvement.

Nous aurons lieu de revenir sur ce sujet en dynamique générale.

RELATION ENTRE LE TRAVAIL ET LA FORCE VIVE

Une force constante F agit sur un point matériel de masse m, qui prend un mouvement uniformément accéléré et se trouve à la distance x de son lieu de départ après un temps t. Le travail de la force pendant le temps t est le produit Fx de cette force par le déplacement de son point d'application; or

$$F = m\gamma \text{ et } \gamma = \frac{v}{t}, \text{ donc :}$$

$$\text{le travail} = Fx = m\frac{v}{t}\,x = mv.\frac{x}{t}.$$

L'espace (x) est parcouru dans le temps t avec une vitesse qui varie d'une manière uniforme de o à v, $\frac{x}{t}$ représente la vitesse moyenne qui est rigoureusement égale à $\frac{v}{2}$; il en résulte que :

$$\text{le travail } Fx = \frac{mv^2}{2}.$$

Le travail, au bout du temps t, est donc égal à la moitié de la quantité que nous avons définie, au chapitre précédent, sous le nom de force vive.

Nous allons démontrer le même théorème d'une manière plus simple et plus générale :

Le travail élémentaire d'une force F, d'intensité variable, mais de direction constante, est Fdx; or F est égal à $m\gamma$ ou $m\frac{dv}{dt}$, et de plus, la vitesse v, à un moment quelconque, est $\frac{dx}{dt}$, donc :

Le travail élémentaire $Fdx = m\frac{dv}{dt}.dx = m.dv.\frac{dx}{dt} = m.v.dv$; le travail total lorsque le point d'application de la force passe de x_0 en x sera donc :

$$\int_{x_0}^{x} Fdx = \int_{v_0}^{v} mvdv,$$

ce qui donne :

$$\text{travail total} = \frac{mv^2}{2} - \frac{mv_0^2}{2}.$$

Et le théorème s'énonce comme il suit :

Le travail total d'une force, qui agit sur un point matériel de masse m, dont la vitesse à l'origine est v_0, est égal à la demi-variation de la force vive du point matériel, dans l'intervalle considéré.

COMPOSITION ET DÉCOMPOSITION DES FORCES CONCOURANTES

La composition des forces concourantes se résout d'une manière analogue à la composition des espaces, des vitesses et des accélérations que nous avons étudiée en détail dans le chapitre premier.

En parlant des vitesses, nous avons pris, comme point de départ, le principe de l'indépendance des mouvements simultanés; en parlant des forces, nous partirons du principe de l'indépendance des effets des forces, qui est, sous un autre nom, le même que le précédent.

Étant donné deux forces F et F′ qui agissent sur un point M, elles tendent à l'entraîner dans une direction intermédiaire entre leurs directions primitives, et l'on conçoit bien que le corps va commencer à se mouvoir, par exemple, dans le sens M R; imaginez en sens contraire, un effort MR′, qui maintienne le point matériel immobile, cet effort annulera l'effet des deux forces F et F′, il leur sera équivalent. Prenez suivant MR un effort égal à MR′, cet effort MR sera aussi équivalent à l'ensemble des forces F et F′ et produira le mouvement; MR est ce qu'on appelle la résultante de F et F′, et celles-ci en sont les composantes.

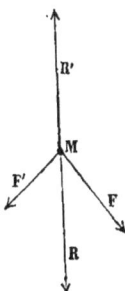

La résultante de plusieurs forces concourantes est une force telle, que le mouvement qu'elle communique au point matériel est le même que celui que lui communique l'ensemble des forces données.

Fig. 100.

Parallélogramme des forces. — Cherchons la résultante de deux forces F et F′, constantes en grandeur et en direction, agissant sur un point matériel O de masse M.

Chacune d'elles tend à entraîner le mobile suivant sa direction propre et d'un mouvement uniformément varié.

La force F, agissant suivant OX, imprime au mobile un mouvement dont l'accélération est γ, et la force F′, agissant suivant OY, imprime au mobile un mouvement dont l'accélération est γ'.

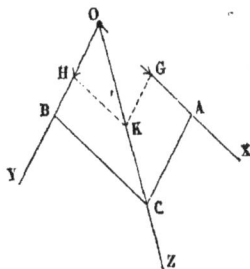

Fig. 101.

Les espaces parcourus suivant OX sont donnés par la formule $\dfrac{\gamma t^2}{2}$

et   —   —   OY   —   — $\dfrac{\gamma' t}{2}$

Au bout du temps t, le mobile, soumis à l'action de la force F seule, serait venu en A, et, soumis à l'action de la force F′ seule en B; en vertu de l'indépendance des mouvements simultanés, tout s'est passé, en réalité, comme si le mobile avait parcouru d'abord OA, puis AC égale et parallèle à OB, il est donc venu au point C. Le rapport $\dfrac{OA}{AC}$ est indépendant du temps, et égal au rapport des accélérations; donc le point C décrit la ligne droite OC d'un mouvement uniformément varié, dont l'accélération OK est la diagonale du parallélogramme construit sur les accélérations composantes OG et OH.

122 MÉCANIQUE RATIONNELLE.

Les forces étant proportionnelles aux accélérations qu'elles impriment à une même masse, il en résulte que la résultante est représentée en grandeur et en direction par la diagonale R du parallélogramme construit sur les deux forces données F et F'.

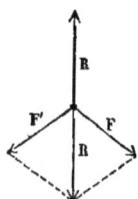

Si l'on considère la force R', égale et de sens contraire à R, elle lui sera équivalente, et, par suite, équivalente aussi à l'ensemble des forces F et F'; le point matériel O soumis à l'action des trois forces R',F,F' restera donc immobile; il ne faut pas confondre ce genre d'immobilité avec celle qui résulte de l'absence de toute action extérieure; dans le cas actuel, le corps est en équilibre, il reste immobile bien que soumis à plusieurs actions.

Fig. 102.

Polygone des forces. — Quand on sait trouver la résultante de deux forces, on peut par cela même trouver la résultante d'un nombre quelconque de forces concourantes F,F',F'',F'''...

On compose F et F', et l'on obtient une résultante partielle R que l'on compose à son tour avec F''; on obtient une seconde résultante partielle R' que l'on compose avec F''', d'où une troisième résultante R''..., et ainsi de suite indéfiniment.

Ainsi, soit trois forces appliquées en O; par l'extrémité A de la première, on mène une droite AB égale et parallèle à la seconde force; la résultante des deux premières forces est donc la droite OB que l'on compose avec la troisième force BC. La résultante totale est la diagonale OC du parallélipipède construit sur les trois forces données.

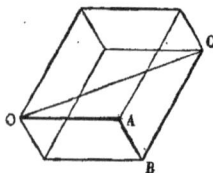

Fig. 103.

Appliquons la même méthode à un nombre quelconque de forces; par l'extrémité A de F, on mène AB égale et parallèle à F'; on compose la première résultante partielle OB avec la force F'', ce qui donne une seconde résultante partielle OC, laquelle, composée avec F''', donne la résultante définitive OD.

Cette construction revient en somme à placer toutes les forces, les unes à la suite des autres en grandeur et en direction, et la droite, qui joint le point de départ à l'extrémité de la dernière force, est la résultante. C'est cette droite qui ferme le polygone; on peut dire qu'elle est la somme géométrique de toutes les forces données.

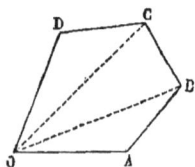

Fig. 104.

C'est là ce qui constitue la règle du polygone des forces. Il est facile de démontrer, par la géométrie, que l'ordre, dans lequel on porte les forces les unes à la suite des autres, n'influe pas sur la résultante; ce fait sera du reste rendu évident par la théorie des projections qui va suivre.

Lorsque le polygone se ferme de lui-même, c'est-à-dire que l'extrémité de la dernière force tombe précisément au point de départ, la résultante est nulle et le point est en équilibre malgré l'action de toutes les forces qui le sollicitent.

Projection des forces. — Lorsqu'on projette sur une droite une autre droite représentant une force, on a l'habitude de donner à la projection le nom de projection de la force; c'est une locution vicieuse, car on ne conçoit pas qu'un effort puisse être projeté; la projection d'une force n'est donc que la projection de la droite représentative de cette force.

Ceci posé, une force R étant donnée, si l'on mène par son point d'application deux droites, faisant un angle quelconque, que l'on considérera comme des axes de projection, et que l'on prenne la projection de la force sur ces deux axes, on établit la proposition suivante :

La force R est la résultante de ses projections sur deux axes de cordonnées situés dans le même plan qu'elle.

Généralement, on désigne les projections de la force par X et Y, et si θ est l'angle des deux axes de coordonnées, on a :

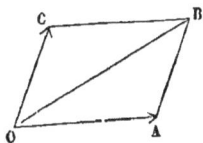

Fig. 105.

$$R^2 = X^2 + Y^2 + 2XY \cos \theta.$$

Un nombre quelconque de forces concourantes, situées dans un même plan, peut donc se réduire à deux forces dirigées suivant des droites déterminées.

De même, dans l'espace, si l'on mène par le point d'application d'une série de forces concourantes trois axes de coordonnées sur lesquels on projettera toutes les forces, le système tout entier se trouvera réduit à trois forces X, Y, Z, dirigées suivant les axes. Et, en particulier, si les axes sont rectangulaires, on aura :

$$R^2 = X^2 + Y^2 + Z^2$$

Reste à déterminer X, Y, Z ; nous y arriverons en nous reportant à la projection sur un axe fixe d'un contour polygonal quelconque : nous avons vu, en géométrie analytique, que, lorsqu'on projette sur un axe quelconque un contour polygonal fermé OABCD, la somme algébrique des projections des côtés était nulle. En effet, la quantité dont on s'éloigne du point O dans une direction quelconque est égale à la quantité dont on s'en rapproche, puisqu'il faut revenir au point de départ ; les projections de sens contraire s'annulent, et la somme algébrique est nulle. Ce théorème est vrai, même si le polygone présente des angles rentrants, et il est facile de s'en assurer.

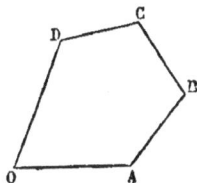

Fig. 106.

Il résulte de ceci que la projection du dernier côté OD, prise dans le sens OD, est égale à la somme algébrique des projections de tous les autres côtés.

Par suite, la projection, sur un axe quelconque, de la composante d'un nombre quelconque de forces concourantes, est égale à la somme algébrique des projections des composantes.

Si l'on représente par R la résultante, et par α, β, γ ses angles avec trois axes de coordonnées rectangulaires, si on appelle F, F', F''.... les forces concourantes, et a, b, c, a', b', c', a'', b'', c''.... leurs angles avec les trois axes de coordonnées, on aura les trois relations :

$$R \cos \alpha = F \cos a + F' \cos a' + F'' \cos a'' \ldots$$
$$R \cos \beta = F \cos b + F' \cos b' + F'' \cos b'' \ldots$$
$$R \cos \gamma = F \cos c + F' \cos c' + F'' \cos c'' \ldots$$

Ces trois relations ne suffisent pas à déterminer les quatre inconnues R, α, β, γ. Il faut une quatrième équation ; nous la trouvons immédiatement si nous nous rappelons que :

$$\cos^2 \alpha + \cos^2 \beta + \cos^2 \gamma = 1$$

Cette relation est facile à démontrer ; dans un parallélipipède rectangle, en appelant l la diagonale, x, y, z, les côtés, on a :

$$l^2 = x^2 + y^2 + z^2.$$

mais $x = l \cos \alpha$, $y = l \cos 6$, $z = l \cos \gamma$, donc $1 = \cos^2 \alpha + \cos^2 6 + \cos^2 \gamma$.
Élevons au carré les trois premières équations, et ajoutons-les, il viendra :

$$R^2 (\cos^2 \alpha + \cos^2 \beta + \cos^2 \gamma) \text{ ou } R^2 = (F \cos a + F' \cos a' + F'' \cos a'' \ldots)^2 +$$
$$+ (F \cos b + F' \cos b' + F'' \cos b'' \ldots)^2 + (F \cos c + F' \cos c' + F'' \cos c'' \ldots$$

Développons les carrés, et remarquons qu'on a toujours :

$$\cos^2 a + \cos^2 b + \cos^2 c = 1 \qquad \cos a \cos a' + \cos b \cos b' + \cos c \cos c' = \cos (F.F')$$

on obtiendra en définitive :

$$R^2 = F^2 + F'^2 + F''^2 + \ldots + 2FF' \cos (F.F') + 2FF'' \cos (F.F'') + \ldots$$

Le symbole (F, F') représente l'angle que la force F fait avec la force F'.
Ces formules se résumeront simplement de la manière suivante : soit X, Y, Z les projections de la résultante R, on aura :

$$\begin{cases} X = \Sigma F. \cos (F.x) \\ Y = \Sigma F. \cos (F.y) \\ Z = \Sigma F. \cos (F.z) \\ R^2 = X^2 + Y^2 + Z^2 \end{cases}$$

Dans ces équations, les symboles (F, x), (F, y), (F, z) représentent les angles d'une force quelconque F avec les trois axes de coordonnées.
Lorsque le point matériel sera en équilibre, la résultante sera nulle, ses trois composantes le seront aussi, et réciproquement.
Pour qu'un point matériel soit en équilibre, il faut et il suffit que les sommes des projections de toutes les forces qui le sollicitent, sur trois axes de coordonnées, soient nulles, et cette condition s'exprime ainsi :

$$\Sigma F. \cos (F.x) = o \qquad \Sigma F. \cos (F.y) = o \qquad \Sigma F. \cos (F.z) = o.$$

MOUVEMENT PRODUIT PAR UNE FORCE CONSTANTE AGISSANT SUR UN POINT ANIMÉ D'UNE VITESSE INITIALE

Lorsque le point matériel sur lequel une force constante vient à agir est animé d'une vitesse initiale, deux cas peuvent se présenter, suivant que la force est ou n'est pas dans la direction de la vitesse initiale.
Si la droite qui représente la force est la même que la droite qui représente la vitesse initiale, le mouvement uniformément varié, que produit la force, se compose avec le mouvement uniforme dû à la vitesse acquise ; et il en résulte un mouvement uniformément varié qui est accéléré ou retardé, suivant que la vitesse est ou n'est pas dans le même sens que la force.
Mais si la force constante fait un angle avec la vitesse initiale, la trajectoire est curviligne.
Soit O le point matériel, Ox la direction de la vitesse initiale v, et Oy la direction de la force constante F qui est susceptible d'imprimer à la masse (m) du

mobile une accélération γ; si le point O était soumis à l'action seule de la vitesse initiale, il parcourrait l'axe des x et serait, après le temps t, à une distance de l'origine fournie par l'équation :

$$x = vt;$$

d'un autre côté, si la force F agissait seule, elle entraînerait le mobile dans sa direction, et, au bout du temps t, celui-ci serait à une distance de son point de départ égale à :

$$y = \frac{\gamma t^2}{2}.$$

En vertu du principe de l'indépendance des mouvements simultanés, les choses se passent comme si les deux mouvements, ci-dessus décrits, coexistaient, et le mobile se trouve, au bout du temps t, au point de l'espace dont les coordonnées sont :

$$x = vt \qquad y = \frac{\gamma t^2}{2}.$$

On obtiendra l'équation de sa trajectoire en éliminant t entre les deux équations précédentes, et il vient :

$$y = \frac{\gamma}{2v^2} x^2$$

Cette trajectoire est une parabole, ayant pour tangente la vitesse initiale, et, pour diamètre correspondant, la force donnée.

Ainsi, tout point animé d'une vitesse initiale et sollicité par une force constante en grandeur et en direction, décrit une parabole du second degré.

Il existe dans la nature un exemple continuel de ce genre de mouvement, c'est celui des projectiles que l'on lance dans une direction quelconque et qui restent soumis à une force constante égale à leur poids.

Nous avons étudié, dans le premier chapitre, le mouvement des projectiles, et nous ne reviendrons pas sur cette question, qui a été traitée en détail.

MOUVEMENT PRODUIT PAR UNE FORCE VARIABLE

Lorsqu'une force variable de grandeur et de direction agit sur un point matériel, celui-ci décrit une courbe dont la forme dépend de la loi qui régit les variations de la force. A chaque instant, le mouvement nouveau se combine avec le mouvement acquis pour dévier le mobile de la ligne droite.

Si l'on décompose le temps en intervalles assez petits, pour qu'il soit possible, pendant ces intervalles, de considérer la force comme constante, on rentrera dans le cas du paragraphe précédent, et la trajectoire se composera d'une série continue d'éléments paraboliques.

Réciproquement, si l'on connaît la courbe décrite par un mobile et les éléments du mouvement sur cette courbe, on pourra construire à chaque instant la force qui agit sur le mobile. En effet, la courbe et le mouvement étant donnés, on peut construire l'accélération totale, comme nous l'avons fait au premier chapitre; la force est dirigée suivant cette accélération totale γ et égale à $m\gamma$.

Nous avons vu que, dans le mouvement curviligne, l'accélération totale était la résultante de deux quantités bien déterminées :

1° L'accélération tangentielle, égale à $\dfrac{dv}{dt}$, qui ne dépend que de la vitesse v du mobile sur sa trajectoire;

2° L'accélération centripète, égale à $\dfrac{v^2}{\rho}$, qui dépend à la fois de la vitesse du mobile sur sa trajectoire et de la courbure de celle-ci.

Les forces étant proportionnelles aux accélérations, il en résulte que la force, qui agit sur un point matériel de masse (m) animé d'un mouvement rectiligne, est la résultante de deux autres forces :

1° la force tangentielle, égale à $m\,\dfrac{dv}{dt}$

2° la force centripète, égale à $m\,\dfrac{v^2}{\rho}$

La force tangentielle n'agit que pour modifier la vitesse du mobile sur sa trajectoire; lorsqu'elle est nulle, cette vitesse est uniforme.

La force centrifuge n'agit que pour modifier la courbure de la trajectoire; lorsqu'elle est nulle, la courbure est nulle et la trajectoire est rectiligne.

Cette forme de décomposition représente bien nettement à l'esprit l'effet d'une force variable sur un point matériel; elle n'est pas toujours commode pour le calcul, et souvent on a recours à la méthode suivante :

On projette à chaque instant le mobile sur trois axes fixes rectangulaires, et l'on en déduit la loi du mouvement de chacune des projections; on remplace ainsi un mouvement curviligne par trois mouvements rectilignes; le parallélipipède des espaces et celui des vitesses donnent à chaque instant la position et la vitesse du mobile sur sa trajectoire; de même le parallélipipède des accélérations donne à chaque instant l'accélération totale.

La composante X, dirigée suivant l'axe des x, donne une accélération $\dfrac{d^2x}{dt^2}$

— Y — y — $\dfrac{d^2y}{dt^2}$

— Z — z — $\dfrac{d^2z}{dt^2}$

Les forces étant proportionnelles aux accélérations, on a les trois équations :

$$X = m\,\frac{d^2x}{dt^2}, \quad Y = m\,\frac{d^2y}{dt^2}, \quad Z = m\,\frac{d^2z}{dt^2}$$

Ces trois équations permettent de résoudre les deux grands problèmes qui constituent toute la dynamique :

1° Étant donnée une force, quel mouvement produira-t-elle?

Puisqu'on connaît la force, on connaît aussi ses projections X, Y, Z, il n'y a donc plus qu'à intégrer les trois équations précédentes; l'intégration donnera les valeurs de x, y, z; les trois mouvements des projections seront donc déterminés, et il en sera de même du mouvement dans l'espace qui est leur résultante. Théoriquement, le problème est résolu; pratiquement, l'intégration ne sera pas toujours facile.

2° Étant donné un point matériel qui parcourt une trajectoire déterminée, quelle est, à chaque instant, la force qui l'anime?

Connaissant le mouvement dans l'espace, on connaît ses trois projections, et par suite les valeurs de x, y, z, d'où on déduit celles de $\dfrac{d^2x}{dt^2}$, $\dfrac{d^2y}{dt^2}$, $\dfrac{d^2z}{dt^2}$: les trois équations fondamentales donneront les valeurs de X, Y, Z, et le parallélipipède des forces servira à déterminer la valeur de la force de l'espace.

Les notions précédentes vont s'éclaircir par quelques exemples :

1° Mouvement d'un point matériel, soumis à l'action seule de la pesanteur, mais forcé de rester sur une courbe ou sur une surface donnée.

Il semble que, dans certains cas, la théorie que nous venons d'exposer est en contradiction avec les faits. Prenons, par exemple, un point matériel attaché à l'extrémité d'un fil inextensible, lequel est lié à un point fixe ; il est clair que ce point restera toujours sur la surface d'une sphère, quelles que soient les forces qui le sollicitent, pourvu que ces forces ne tendent point à comprimer le fil. Le mouvement semble donc, dans ce cas, indépendant de la force.

Il n'en est rien, ainsi que le démontre une analyse attentive ; ce qu'on voit immédiatement, ce sont les forces extérieures au système qui viennent agir sur lui, mais, ce qu'on ne saisit pas tout d'abord, c'est l'action du lien sur le point matériel. Pour maintenir ce point, le fil lui transmet un certain effort, dont il faut tenir compte dans le calcul ; cet effort est variable et dépend des forces extérieures ; il prend à chaque instant la valeur nécessaire pour détruire l'effet des forces extérieures, qui tendent à faire sortir le point matériel de la trajectoire qu'il est forcé de parcourir.

On ne doit donc pas considérer ce point matériel comme s'il était libre, ou bien, si l'on veut agir ainsi, il faut ajouter aux forces extérieures une force particulière qui est la tension du fil, et en général la réaction que le lien exerce sur le point matériel.

Cette précaution est indispensable toutes les fois que le mobile n'est pas libre ; la réaction des obstacles, qui le forcent à suivre un chemin déterminé, ne doit pas être oubliée dans le calcul ; c'est seulement en ajoutant cette réaction aux forces extérieures qu'il sera permis de considérer le point matériel comme absolument libre.

Mais revenons à la question posée en tête du paragraphe :

Un point M parcourt un cercle d'un mouvement uniforme, à quelle force est-il soumis?

Si l'on fait abstraction de la pesanteur, et qu'on appelle v la vitesse du point M sur le cercle, l'accélération tangentielle est nulle, l'accélération centripète est égale à $\dfrac{v^2}{r}$, et par suite la force centripète est $\dfrac{mv^2}{r}$.

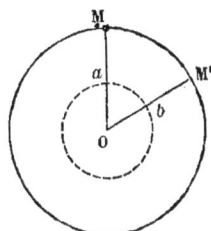

Fig. 107.

On peut en donner une autre expression en fonction de la vitesse angulaire ω du fil OM, en effet

$$v = \omega r, \text{ et la force centripède} = \frac{m\omega^2 r^2}{r} = m\omega^2 r.$$

Étudions maintenant le cas plus compliqué où l'on tient compte de l'action de la pesanteur. Ce cas est, par exemple, celui d'une fronde dont la pierre tourne autour d'un point fixe. L'accélération centripète est $\dfrac{v^2}{r}$, elle se compose avec l'accélération de la pesanteur qui est toujours égale à (g) et toujours dirigée suivant la verticale ; on obtiendra l'accélération totale en construisant un parallélogramme sur les deux accélérations précédentes. Lorsque la pierre est en haut ou en bas de sa course, les deux accélérations composantes sont situées sur la verticale, elles s'ajoutent algébriquement, et l'accélération totale, qui est alors centripète, est égale à

$$\left(\frac{v^2}{r}+g\right) \text{ ou à } \left(\frac{v^2}{r}-g\right).$$

Sauf dans ces deux positions, l'accélération totale a toujours une composante tangentielle ; donc, la pierre de la fronde ne saurait, théoriquement, tourner d'un mouvement uniforme ; en réalité, comme $\dfrac{v^2}{r}$ est très-grand par rapport à g, l'accélération tangentielle a peu d'importance et le mouvement est sensiblement uniforme.

Si l'on voulait considérer la pierre de la fronde comme absolument libre dans l'espace, il faudrait admettre qu'elle est à chaque instant soumise à l'action de deux forces :

1° La force centripète, représentée par la tension du fil, égale à $m\dfrac{v^2}{r}$, et toujours dirigée vers le point O ;

2° La force de la pesanteur, toujours verticale et égale à mg.

Pour que le mouvement de la fronde soit possible, il faut que la pierre ne tende pas à tomber lorsqu'elle est en haut de sa course, et comme la tension du fil est alors égale à $m\left(\dfrac{v^2}{r}-g\right)$, cette tension doit être positive, c'est-à-dire $v > \sqrt{rg}.$

2° Mouvement de la projection d'un point qui parcourt un cercle d'un mouvement uniforme. — Un mobile M parcourt un cercle avec une vitesse uniforme v ; on peut le considérer comme soumis à l'action de la force centriprète $m\dfrac{v^2}{r}$,

Fig. 108

qui est constante et passe toujours au centre C du cercle. L'accélération de la production (m) du mobile M est la projection de l'accélération de ce mobile ; représentons l'accélération $\dfrac{v^2}{r}$ de M par la droite MC, l'accélération de la projection sera représentée par la droite mC. Ainsi l'accélération du point (m) varie proportionnellement à la distance de ce point au centre, et si on appelle γ cette accélération, on aura :

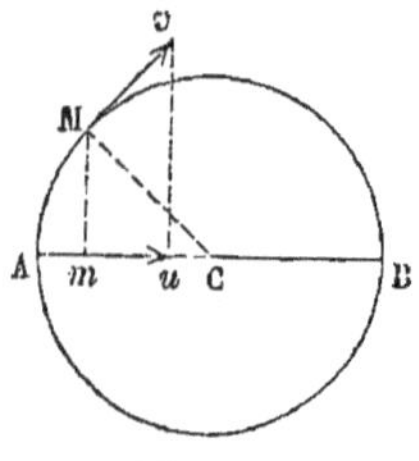

$$\gamma = \frac{v^2}{r} \cdot \frac{m\text{C}}{\text{MC}} = \frac{v^2}{r^2}x,$$

x est la distance du point (m) au milieu C de son oscillation totale AB.

Ainsi tout point A qui décrit une droite AC, en étant toujours sollicité par une force dirigée vers le point C et proportionnelle à la distance AC ou x, peut être considéré comme la projection d'un point qui parcourrait d'un mouvement uniforme le cercle décrit sur l'oscillation totale AB comme diamètre.

La durée T d'une oscillation AB est la même que la durée d'une révolution complète de M, donc :

$$T = \frac{2\pi r}{v}$$

Si on appelle γ l'accélération du point (m), a un moment donné, on a :
$\gamma = kx$, k étant l'accélération qui se produit sur le mobile à l'unité de distance, mais nous avons déjà vu que : $\gamma = \frac{v^2}{r^2} x$, donc :

$$k = \frac{v^2}{r^2} \quad \text{et} \quad \frac{v}{r} = \sqrt{k}.$$

La durée d'une oscillation s'exprime alors comme il suit :

$$T = \frac{2\pi r}{v} = \frac{2\pi}{\sqrt{k}},$$

On voit que cette durée est indépendante de l'amplitude. Ainsi, les oscillations d'un point soumis à l'action d'une force dirigée vers un centre fixe et proportionnelle à la distance qui, à chaque instant, sépare ce centre du mobile, ces oscillations sont isochrones; elles ont toujours la même durée, quelle que soit l'amplitude, ou, ce qui est la même chose, quelle que soit la distance qui sépare le mobile du centre d'attraction, à l'origine du mouvement.

3° Mouvement du pendule simple. — Les faits exposés au paragraphe précédent vont nous fournir une solution élégante et rapide de la question du pendule simple.

Le pendule simple est un point matériel M, réuni à un centre fixe O par un lien mathématique; le point M écarté de la verticale OA, puis abandonné à lui-même, va redescendre, revenir en A et remonter de l'autre côté, jusqu'à ce que sa vitesse soit annulée par l'effet de la pesanteur; il redescendra alors et, en somme, exécutera de part et d'autre de la verticale une série indéfinie d'oscillations. Ces oscillations ont toujours lieu dans le même plan vertical, puisque la force, qui agit sur le mobile, ne sort pas de ce plan.

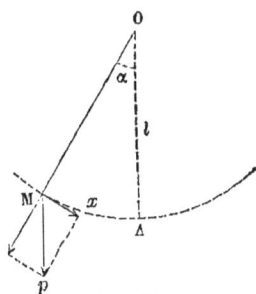

Fig. 109.

Soit OA $= l$, la longueur du fil, α l'angle d'écart, que l'on suppose toujours très-petit, x l'arc MA qui est variable avec α, et p le poids du mobile M, dont la masse est m.

Le poids (p), qui agit sur le fil, se décompose en deux forces : l'une dans la direction MO, et qui n'influe pas sur le mouvement puisqu'elle est normale à la trajectoire, elle exerce seulement une traction sur le fil suspenseur; l'autre, tangentielle, qui produit le mouvement du mobile sur sa trajectoire, et qui est égale à : $p \sin \alpha$, ou $p\alpha$, puisque l'angle α est très-petit.

Or : $$p = mg, \quad \alpha = \frac{x}{l},$$

donc : la force tangentielle $= p\,\alpha = mg.\frac{x}{l}.$

Cette force est proportionnelle à l'arc MA qui sépare le mobile M du centre A d'oscillation ; l'angle étant très-petit, l'arc MA peut, sans grande erreur, se confondre avec sa tangente, et nous nous trouvons dans le cas du paragraphe précédent.

Donc, les petites oscillations du pendule simple sont isochrones, c'est-à-dire que leur durée est indépendante de leur amplitude.

L'accélération k à l'unité de distance étant égale à $\frac{g}{l}$, il en résulte que la durée d'une oscillation simple est donnée par la formule :

$$T = \frac{\pi}{\sqrt{k}} = \pi \sqrt{\frac{l}{g}},$$

et une oscillation complète, c'est-à-dire une allée et une venue du pendule qui retourne à son point de départ, durera le double de la précédente ou $2\pi \sqrt{\frac{l}{g}}$.

On voit, en effet, que cette formule est indépendante de l'angle α. La loi de l'isochronisme, trouvée par Galilée, a été vérifiée par l'expérience.

Mais il ne faut pas oublier qu'elle s'applique seulement aux petites oscillations du pendule ; ce n'est qu'en négligeant certains termes que nous sommes arrivés aux formules précédentes. Si l'on veut faire une analyse complète du phénomène, on trouve que la durée d'une oscillation simple est donnée par la formule :

$$T = \pi \sqrt{\frac{l}{g}} \left\{ 1 + \left(\frac{1}{2}\right)^2 \sin^2 \frac{\alpha}{2} + \left(\frac{1.3}{2.4}\right)^2 \sin^4 \frac{\alpha}{2} + \left(\frac{1.3.5}{2.4.6}\right)^2 \sin^6 \frac{\alpha}{2} + \ldots \right\}$$

Les termes de la série décroissent très-rapidement, et, en résumé, si α est petit, il n'y a pas grande erreur à prendre $T = \pi \sqrt{\frac{l}{g}}$.

En faisant $T = 1$ dans cette formule, on aura une équation qui donnera la longueur l du pendule à secondes :

$$l = \frac{g}{\pi^2} = 0^m,994$$

à la latitude de Paris.

La formule $T = \pi \sqrt{\frac{l}{g}}$, montre que les durées des oscillations sont, en un même lieu, proportionnelles à la racine carrée de la longueur des fils de suspension ; lorsque le fil est quatre fois plus grand, l'oscillation dure deux fois plus de temps.

4° Pendule composé. — Le pendule simple ne saurait évidemment être réalisé dans la pratique ; aussi, se sert-on de ce qu'on appelle des pendules composés, corps quelconques oscillant autour d'un axe horizontal qui ne passe point par leur centre de gravité. Généralement, les pendules composés ont la forme de ceux que nous voyons dans les *horloges* ordinaires ; ce sont des sphères ou des lentilles métalliques, supendues à une tige métallique qui se termine par un axe horizontal autour duquel le système oscille.

Les lois que nous venons de démontrer pour le pendule simple sont vraies aussi pour le pendule composé ; c'est, évidemment, en se servant de ce dernier qu'on les a découvertes par l'expérience.

Ainsi les oscillations d'un pendule composé sont isochrones, c'est-à-dire indépendantes de l'amplitude d'oscillation, pourvu que cette amplitude reste assez faible, et la durée d'oscillation est proportionnelle à la racine carrée de la longueur du pendule.

Mais qu'appellerons-nous longueur du pendule composé? C'est la longueur du pendule simple synchrone du pendule composé, c'est-à-dire la longueur du pendule simple dont les oscillations sont égales en durée à celles du pendule composé.

A vrai dire, nous ne devrions pas traiter, dans ce chapitre, la question du pendule composé, puisque nous ne nous occupons que du mouvement d'un point matériel; nous n'avons pas voulu séparer deux questions connexes.

Mais il nous faut anticiper sur des propositions qui seront ultérieurement démontrées.

D'une manière générale, le moment d'une force, par rapport à un axe quelconque, est le produit de la projection de cette force sur un plan perpendiculaire à l'axe par la plus courte distance de la force et de l'axe.

Nous démontrerons, dans le chapitre suivant, que le moment d'une résultante est égale à la somme algébrique des moments des composantes. En particulier, s'il s'agit de la pesanteur, les poids élémentaires p de tous les points matériels qui composent un corps de poids total P, ont une résultante verticale égale à P ou à Mg et appliquée en un point fixe qu'on appelle le centre de gravité. Pour tout axe horizontal en particulier, on a la relation :

$Pa = \Sigma p x$, dans laquelle a est la distance de la verticale passant par le centre de gravité à l'axe, et x la distance variable qui sépare le même axe de la verticale passant par une molécule quelconque du corps dont p est le poids.

Ceci posé, revenons au pendule composé, dont il s'agit de déterminer la longueur (l); soit G le centre de gravité du pendule, O la projection de l'axe horizontal de suspension qui est perpendiculaire au plan de la figure. Tous les points du corps vont osciller dans des plans perpendiculaires à l'axe de suspension; considérons en particulier un point matériel (m) appartenant au pendule; si le centre de gravité de celui-ci vient en G' après une déviation α, le point (m) subira la même déviation α et viendra en m'. Ainsi, la durée de l'oscillation d'un point quelconque du mobile est constante et indépendante de la distance du point à l'axe de suspension; ceci résulte immédiatement de l'invariabilité des distances dans un système matériel, et de la liaison des divers points entre eux.

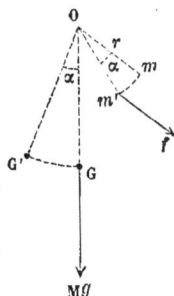

Fig. 110.

Supposons maintenant que (m) soit libre et soumis à une force, dont la direction constante est Om, et dont l'accélération est proportionnelle à la distance $r = Om$, cette accélération sera, par exemple, Kr; sous l'influence de cette force constante, le point libre (m) se mouvra comme un pendule simple, et la durée d'une oscillation, au lieu d'être

$$T = \pi \sqrt{\frac{l}{g}} \text{ sera } T = \pi \sqrt{\frac{r}{kr}} = \pi \sqrt{\frac{1}{k}};$$

Cette formule montre que la durée de l'oscillation est indépendante de la distance du point considéré à l'axe; le point matériel libre, soumis à l'action de la force ci-dessus définie se mouvra comme il se mouvait tout-à-l'heure, lorsqu'on le supposait relié à tous les autres points du pendule composé. Nous avons substitué à la liaison une force spéciale. Il en est de même de toutes les molécules matérielles du pendule composé.

Si l'on veut que toutes les forces mKr produisent sur le pendule le même mouvement que son poids appliqué au centre de gravité G, il faudra que le moment de ce poids, par rapport à l'axe d'oscillation soit, à chaque instant, égal à la somme des moments des forces élémentaires. Prenons une déviation α, la force appliquée en (m) est f, et son moment est $mKr \times r \sin \alpha$; la force appliquée au centre de gravité est Mg, et son moment, par rapport à l'axe, est $Mga \sin \alpha$, en appelant (a) la distance OG. On devra donc avoir, quel que soit α, la relation :

$$Mga \sin \alpha = \Sigma\, mkr^2 \sin \alpha, \quad \text{ou} \quad Mga = k \Sigma mr^2.$$

Il en résulte :

$$k = \frac{Mga}{\Sigma\, mr^2}$$

et   (1)

$$T = \pi \sqrt{\frac{1}{k}} = \pi \sqrt{\frac{\Sigma\, mr^2}{Mg.a}}.$$

Si nous appelons l la longueur du pendule simple synchrone, elle sera donnée par l'équation :

(2)

$$T = \pi \sqrt{\frac{l}{g}}.$$

Identifiant les équations (1) et (2), nous **trouvons** pour l'inconnue l la valeur

$$l = \frac{\Sigma\, mr^2}{Ma}.$$

M est la masse totale du pendule composé, (a) la distance du centre de gravité à l'axe d'oscillation et Σmr^2 le moment d'inertie du pendule par rapport à cet axe d'oscillation.

Si R est le rayon de gyration du pendule, par rapport à l'axe 0, on a :
$\Sigma mr^2 = MR^2$ par définition, donc $l = \dfrac{R^2}{a}.$

Cette formule peut être mise sous une autre forme intéressante : soit AB un axe, par rapport auquel on prend le moment d'inertie d'un corps, on veut prendre ensuite le moment d'inertie, par rapport à un axe parallèle Oz, passant par le centre de gravité G du corps. Soit un point (m) de ce corps, dont les coordonnées x,y,z, sont : OP,PC,Cm.

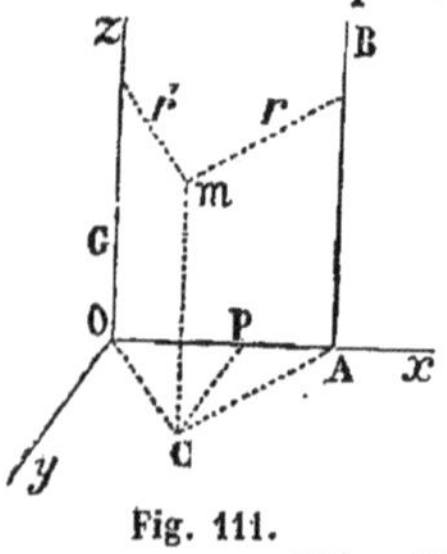

D'après un théorème de géométrie élémentaire, la longueur OP étant la projection de OC, on a dans le triangle OAC la relation :

Fig. 111.

$$\overline{CA}^2 = \overline{CO}^2 + \overline{OA}^2 - 2CA \times OP, \quad \text{ou bien} \quad r^2 = r'^2 + a^2 - 2ax$$

et par suite :
$$\Sigma\, mr^2 = \Sigma\, mr'^2 + \Sigma\, ma^2 - 2a\, \Sigma mx.$$

D'après le théorème des moments, Σmx est nul, puisque la verticale du centre de gravité passe par l'axe Oz, il reste donc :

$$\Sigma\, mr^2 = \Sigma\, mr'^2 + a^2 \Sigma m, \quad \text{ou} \quad R^2 = R'^2 + a^2.$$

La valeur de la longueur du pendule devient :

$$l = \frac{R'^2 + a^2}{a} = \frac{R'^2}{a} + a.$$

Pour construire cette longueur on portera donc sur la verticale OG (*fig.* 110), à partir du point G, vers le bas, une longueur GK égale à $\frac{R'^2}{a}$; la droite OK représentera la longueur du pendule.

Si maintenant, on mène par le point K une parallèle à l'axe de suspension, et que l'on prenne cette parallèle pour nouvel axe de suspension, on obtiendra un nouveau pendule composé, dont la longueur sera :

$$l' = a' + \frac{R'^2}{a'},$$

mais a' est précisément la distance $KG = \frac{R'^2}{a}$, donc :

$$l' = \frac{R'^2}{a} + \frac{R'^2}{\left(\frac{R'^2}{a}\right)} = \frac{R'^2}{a} + a = l.$$

Le nouveau pendule sera synchrone du premier ; les deux axes de suspension sont dits axes réciproques.

5° PENDULE CONIQUE. — Une masse M est reliée par un fil inextensible à un point O ; il y a une articulation en O, de sorte que le rayon OM de longueur l, peut tourner autour de l'axe vertical OC. Appelons ω la vitesse angulaire du plan MOZ ; cette vitesse est constante à un moment donné.

Le point M peut être considéré comme libre, si on le soumet à deux forces : l'une MA égale à son poids mg, et l'autre MB égale à la tension du fil.

Si le point M décrit un arc de cercle, la résultante des deux forces précédentes sera MD dirigée suivant le rayon de ce cercle et égale à

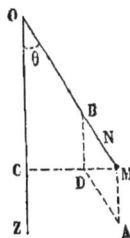

Fig. 112.

$$\frac{mv^2}{MC} = m\,\omega^2 . \frac{\overline{MC}^2}{MC} = m.\,\omega^2 . \overline{MC} = m\,\omega^2\,l\sin\theta\,;$$

mais $MD = MA\,\tan g\theta = mg\,\tan g\theta$; donc :

$$m\,\omega^2\,l\sin\theta = mg\,\tan g\,\theta, \quad \text{d'où} \quad \cos\theta = \frac{g}{\omega^2 l}.$$

L'angle d'écart du pendule sera donc constant tant que la vitesse angulaire ω le sera aussi. Pour qu'il y ait écart, le cosinus doit être réel, c'est-à-dire

$$\frac{g}{\omega^2 l} < 1 \quad \text{ou} \quad \omega > \sqrt{\frac{g}{l}}\,;$$

l'écart ira en croissant avec ω et sera de 90°, lorsque ω prendra une valeur infinie.

Nous retrouverons cet appareil dans les machines à vapeur, où il est connu sous le nom de régulateur à boules.

6° Du mouvement des planètes autour du soleil. — Les planètes décrivent autour du soleil des ellipses de faible excentricité, que nous admettrons être des cercles ; le mouvement sur ces courbes est à peu près uniforme. On doit donc admettre qu'une planète est soumise à l'action d'une force constamment dirigée vers le soleil et égale à $\dfrac{mv^2}{r}$.

Kepler a démontré que les carrés des temps, que les planètes mettent à parcourir leurs orbites, sont proportionnels aux cubes des grands axes de ces orbites elliptiques, ou sensiblement proportionnels aux cubes des rayons de ces orbites considérées comme circulaires. Pour deux planètes différentes, on a donc :

$$\frac{T^2}{T'^2} = \frac{r^3}{r'^3} ;$$

d'autre part, la vitesse uniforme d'une planète sur sa trajectoire est le quotient de la longueur de cette trajectoire par la durée de la révolution,

$$v = \frac{2\pi r}{T}.$$

La force d'attraction vers le soleil devient donc

$$F = m\frac{v^2}{r} = 4\pi^2 m \frac{r}{T^2}$$

pour deux planètes différentes, on aura :

$$\frac{F}{F'} = \frac{m}{m'} \cdot \frac{r}{r'} \cdot \frac{T'^2}{T^2} = \frac{m}{m'} \cdot \frac{r}{r'} \cdot \frac{r'^3}{r^3} = \frac{mr'^2}{m'r^2}.$$

Les forces d'attraction sont donc proportionnelles aux masses et en raison inverse du carré des distances.

C'est la grande loi de l'attraction universelle, formulée par Newton : « Les choses se passent dans la nature, comme si tous les corps s'attiraient proportionnellement à leurs masses et en raison inverse des carrés de leurs distances. »

EFFET DU TRAVAIL DES FORCES

Effet du travail des forces. — Le travail de la résultante de plusieurs forces est égal à la somme des travaux des composantes.

En effet, le travail élémentaire d'une force est égal au chemin parcouru par son point d'application, multiplié par la projection de la force sur ce chemin. Ainsi les forces $F, F', F''\ldots$ agissent sur un point matériel, lequel parcourt l'espace ds pendant le temps dt ; l'élément ds est dirigé suivant la tangente à la trajectoire du mobile, et les forces $F, F'F''\ldots$ font des angles $\alpha, \alpha', \alpha''\ldots$ avec cette tangente ; la résultante R fait un angle A.

Nous savons que la projection de la résultante sur un axe quelconque est égale à la somme algébrique des projections des composantes, donc :

$$R \cos A = F \cos \alpha + F' \cos \alpha' + F'' \cos \alpha'' + \ldots$$

et si l'on multiplie les deux membres de cette équation par ds, on a :

$$R.ds. \cos A. = F.ds. \cos \alpha + F'.ds. \cos \alpha' + F''.ds. \cos \alpha'' + \ldots$$

Chaque terme de cette équation représente le travail élémentaire d'une force, et il en résulte que le travail de la résultante est bien égal à la somme des travaux des composantes.

Nous avons démontré que le travail d'une force de direction constante F agissant sur un mobile de masse (m) est égal à la demi-variation de la force vive. Soit, en effet, v_0 la vitesse initiale du mobile et v sa vitesse à l'époque t, le travail élémentaire de la force est à chaque instant Fds ; mais, si m est la masse du point matériel, la force F sera à chaque instant égale à m multiplié par l'accélération

$$\frac{dv}{dt}, \quad \text{et} \quad F ds = m \frac{dv}{dt} . ds = m. dv. \frac{ds}{dt} = m. v. dv$$

Le travail total est la somme des travaux élémentaires, et l'on a pour l'expression de ce travail

$$\int_{s_0}^{s} F ds = m \int_{v_0}^{v} v. dv = m \frac{v^2}{2} - m \frac{v_0^2}{2}$$

Le travail total est égal à la demi-variation de la force vive.

Supposons maintenant un point parcourant une trajectoire quelconque, toutes les forces qui agissent sur lui se réduisent à leur résultante R, qui, à chaque instant, peut se décomposer en deux autres : la force tangentielle et la force centripète, et le travail de R est la somme des travaux de ses deux composantes.

La force centripète est toujours normale au chemin parcouru ds, donc elle ne produit aucun travail ; le travail total est donc le fait de la force tangentielle, laquelle a toujours même direction que le mouvement du mobile.

Le travail qu'elle produit, pendant un intervalle quelconque, est donc égal à la demi-variation de la force vive pendant cet intervalle.

Et il en est de même du travail de la résultante R, et, par suite, de la somme des travaux des composantes.

Ainsi, d'une manière générale, le travail total T produit par un nombre quelconque de forces, appliquées à un point matériel de masse m, est représenté par la demi-variation de la force vive :

$$T = \frac{1}{2} mv^2 - \frac{1}{2} mv_0^2$$

Si la vitesse, à l'origine, est nulle,

$$T = \frac{1}{2} mv^2.$$

Si, au contraire, on veut que v devienne nul,

$$T = -\frac{1}{2} mv_0^2.$$

Donc, pour annuler la vitesse d'un point matériel, c'est-à-dire pour l'arrêter dans son mouvement, il faut toujours produire une quantité de travail résistant égale à la demi-force vive de ce point, et cela, quelles que soient la grandeur et la durée d'action de la résistance.

Travail dû à la chute des corps. — Un point matériel de masse (m) parcourt dans le vide, sous l'action de la pesanteur seule, une trajectoire AB qui n'exerce sur lui aucun frottement. Il n'est donc soumis qu'à deux forces : 1° la réaction normale de la trajectoire, qui ne produit pas de travail ; 2° la pesanteur, dirigée suivant la verticale, égale à mg, et dont le travail est égal à (mg) multiplié par la projection de l'élément (ds) sur la verticale ; cette projection est égale à dz, si l'on a rapporté la trajectoire à des axes de coordonnées dont l'axe des z est dirigé suivant la verticale.

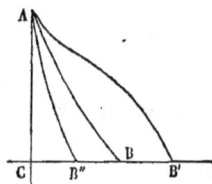

Fig. 113.

Le travail élémentaire devient donc : $mgdz$, et le travail total produit par la chute du mobile entre A et B, est :

$$\int_{z_0}^{z} mgdz = mg\,(z_0 - z) ;$$

$z_0 - z$ est précisément la hauteur de chute h ; par suite, le travail peut s'écrire .

$$mgh = \frac{mv^2}{2} - \frac{mv_0^2}{2} \quad \text{d'où} \quad v^2 = v_0^2 + 2gh.$$

La vitesse, à la fin du mouvement, ne dépend que de la vitesse initiale et de la hauteur de chute ; elle est la même, quelle que soit la courbe AB, AB', AB''.

Si la vitesse initiale v_0 est nulle, ce qui est le cas ordinaire, il reste :

$$v^2 = 2gh.$$

Que l'on fasse parcourir à un point matériel une trajectoire plus ou moins longue, plus ou moins inclinée, la vitesse, au bas de la chute, sera la même que si on avait simplement laissé tomber le corps suivant la verticale.

CHAPITRE IV

DYNAMIQUE GÉNÉRALE

Principe de la réaction égale à l'action. — Force d'inertie. — Composition des forces appliquées en des points différents. — Composition des forces parallèles. — Centre de gravité. — Relation entre l'impulsion des forces et la quantité de mouvement d'un système matériel. — Loi du mouvement du centre de gravité. — Relation entre le travail des forces et la force vive du système.

PRINCIPE DE LA RÉACTION ÉGALE ET CONTRAIRE A L'ACTION

Jusqu'à présent, les deux principes fondamentaux, connus sous le nom de loi de l'inertie et loi de l'indépendance des mouvements simultanés nous ont suffi, parce qu'il ne s'agissait que de l'étude du mouvement d'un point matériel.

Nous allons passer maintenant à l'examen du mouvement d'un système matériel, c'est-à-dire d'une collection de points matériels réunis entre eux, et nous allons voir s'introduire un troisième axiome, basé, comme les précédents, sur une analyse exacte de ce qui se passe dans la pratique. Nous voulons parler du principe de la réaction égale et contraire à l'action, qui s'énonce ainsi :

Lorsqu'un point matériel M exerce sur un autre point M' une action F, attractive ou répulsive, réciproquement le point M' exerce sur M une action égale et de sens contraire que l'on peut représenter par — F ; ces deux forces sont dirigées suivant la droite MM'.

Si donc on suppose les deux points M et M', reliés invariablement l'un à l'autre par une tige infiniment rigide, leur action réciproque se détruira et ils resteront immobiles.

Newton avait désigné la réaction des corps sous le nom de force d'inertie ; bien que cette locution prête à la critique, nous la conserverons et nous en donnerons quelques exemples.

Toutes les fois qu'un corps est forcé de suivre une trajectoire déterminée, il faut, pour le supposer libre, adjoindre aux forces manifestes une action de la trajectoire sur ce corps ; réciproquement, le corps exerce sur sa trajectoire matérielle une réaction égale et contraire à l'action qu'il en reçoit.

Si, par exemple, vous tirez un corps au moyen d'une chaîne, de manière à lui imprimer une certaine vitesse, la chaîne exerce sur le corps une action déterminée ; mais, réciproquement, le corps tend la chaîne et lui transmet une réaction égale et contraire à l'action qu'il en reçoit ; cette réaction est bien sensible pour la main de l'homme qui tire sur la chaîne.

Si vous manœuvrez une fronde, à chaque instant la pierre tend à s'échapper suivant la tangente au cercle de rotation et à se mouvoir en ligne droite ; pour la forcer à s'infléchir, vous exercez sur elle un effort constant égal à la force centripète; réciproquement, elle exerce sur votre main une traction égale et contraire à la force centripète. Cette traction constitue la force centrifuge, ou force d'inertie.

D'une manière générale, lorsqu'on voudra trouver la force d'inertie exercée par un corps sur un autre corps qui le met en mouvement, on construira l'accélération totale du mouvement; par cela même, on aura obtenu la résultante R de tous les efforts qui agissent sur le mobile. La force d'inertie sera égale à R et de signe contraire; nous la représenterons par — R.

La force totale d'inertie peut, comme R, se décomposer en deux autres :

1° La force d'inertie tangentielle, représentée par $- m\frac{dv}{dt}$;

2° La force d'inertie centrifuge, représentée par. . $- \frac{mv^2}{r}$.

La force centrifuge est la plus intéressante; nous la retrouverons dans bien des cas; elle se manifeste dans les systèmes qui tournent autour d'un axe fixe, systèmes que l'on rencontre souvent dans la pratique.

Le principe de la réaction, égale et contraire à l'action, sert à comprendre comment un système matériel ne peut trouver en lui-même la force nécessaire pour modifier son mouvement. Placez-vous dans un bateau et exercez sur les parois de ce bateau le plus grand effort que vous pourrez, vous n'arriverez pas à faire dévier le bateau; en effet, votre effort développe immédiatement une réaction égale et opposée, et ces deux forces s'annulent réciproquement. Pour changer le mouvement, il faut trouver un point d'appui extérieur au système; alors, le point d'appui réagit sur le système, en lui rendant l'effort qu'il a reçu, et de cette réaction peut naître le mouvement.

Cherchez tous les exemples imaginables, et vous reconnaîtrez la vérité de ce principe :

Si les animaux progressent, si l'homme marche, ils ne peuvent le faire qu'en trouvant un point d'appui en dehors; ils pressent ce point d'appui, qui leur rend une poussée égale. Mais il faut que le sol soit disposé de manière à pouvoir réagir; si l'on essaye de marcher sur une surface parfaitement polie, qui ne donne lieu à aucun frottement, on n'y arrivera pas, parce que la réaction ne se produira pas.

SOLIDES NATURELS ET SOLIDES INVARIABLES

Solides naturels et solides invariables. — Nous appelons système matériel une collection ou plutôt une agrégation de points matériels.

Les points matériels ainsi réunis ne sont pas libres, et le mouvement de l'un influe sur le mouvement des autres.

Les corps de la nature sont composés d'une réunion de points matériels, qui ne sont pas à des distances fixes les uns des autres; nous avons vu, en effet, que les corps étaient plus ou moins dilatables, plus ou moins compressibles, ce qui nous prouve que les distances de leurs éléments ne sont pas constantes.

Puisque tous ces points se maintiennent en contact, c'est qu'ils exercent les uns sur les autres des efforts réciproques; ces efforts sont ce qu'on appelle les forces intérieures : les forces intérieures sont variables et peuvent croître dans des limites considérables, lorsque la distance des points du système vient à varier même de quantités faibles. A toute force intérieure en correspond une autre égale et directement opposée ; elles sont donc en équilibre par elles-mêmes, et n'influent point sur les phénomènes produits par des forces extérieures.

L'étude de ces forces intérieures est des plus importantes ; elle est la base des calculs relatifs à la résistance des matériaux, et nous aurons lieu d'en parler de nouveau, lorsque nous traiterons de ces calculs.

Pour le moment, en mécanique rationelle, nous laisserons de côté les forces intérieures, et nous raisonnerons sur des solides de convention, les solides invariables, composés d'une collection de points matériels maintenus à des distances constantes les uns des autres.

De pareils solides n'existent point, et, en réalité, toute force, si faible qu'elle soit, qui agit sur un corps matériel, le déforme d'une manière plus ou moins sensible.

Il faudra donc être prudent, dans l'extension aux solides naturels, des propositions démontrées pour les solides invariables ; celles de ces propositions, qui sont indépendantes de l'action des forces intérieures, où, dans lesquelles, ces forces disparaissent, parce qu'elles sont égales et directement opposées, seront toujours vraies ; mais il en est d'autres qui se trouveront plus ou moins modifiées par le fait de la constitution naturelle des solides.

Il est important de porter son attention sur ce point, afin d'éviter des confusions regrettables.

COMPOSITION DE DEUX FORCES DIRIGÉES SUIVANT LA MÊME DROITE

Soit deux forces F et F', appliquées aux points A et B d'un solide, et dirigées suivant la droite AB. Quelle est leur résultante ?

Pour répondre à la question, nous établirons d'abord le principe suivant :

Si deux forces égales sont appliquées à deux points A et B d'un solide invariable, dans la direction AB de la droite qui les joint, elles se font équilibre ; elles exercent sur la droite AB une traction ou une tension, mais elles ne sauraient produire un mouvement quelconque de cette droite, puisque l'effet de l'une est exactement détruit par l'effet de l'autre. Elles n'influent donc pas sur le mouvement du solide, et l'on dit qu'elles sont en équilibre.

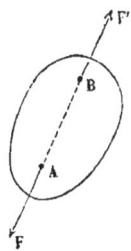

Fig. 114.

De ce principe résulte le suivant : une force F, appliquée en un point A d'un solide invariable et, dans la direction AB, peut être transportée en un point quelconque B de la même direction, sans que le mouvement du solide en soit changé. En effet, appliquons en B deux forces F' et F'' égales à F et directement opposées, elles s'annulent réciproquement et ne changent point le mouvement du solide ; mais F', égale et opposée à F, et appliquée en un point B de la direction de F, fait équilibre à celle-ci d'après le principe établi plus haut. Reste donc, pour produire le mouvement du corps, la force F'' qui n'est autre que F, transportée parallèlement à elle-même de A en B.

De ce qui précède résulte que la résultante de deux forces dirigées suivant la même droite AB, est égale à leur somme algébrique.

COMPOSITION DE FORCES CONCOURANTES

Lorsque les directions de deux forces appliquées en des points A et B d'un corps solide se rencontrent en un point O, on peut, d'après ce qui précède, transporter les deux forces parallèlement à elles-mêmes en O, et l'on se trouve avoir à composer deux forces appliquées à un même point matériel, ce que l'on fait par la règle du parallélogramme.

Lorsqu'il y a plusieurs forces dont les directions concourent en un même point, ces forces ont une résultante unique qui s'obtient par la règle du polygone des forces.

COMPOSITION D'UN NOMBRE QUELCONQUE DE FORCES APPLIQUÉES
A UN CORPS SOLIDE

Théorème. — Toutes les forces appliquées à un corps solide peuvent se réduire à deux, dont une passe par un point A choisi à volonté.

Prenons dans le corps deux autres points fixes B et C, et soit OF une des forces données. Joignons OA, OB, OC, et décomposons F en trois autres forces, dirigées suivant ces droites OA, OB, OC; cette décomposition se fait par la règle du parallélipipède des forces. Répétons les mêmes constructions pour toutes les autres forces, telles que O'F', nous décomposons F' en trois forces dirigées suivant O'A, O'B, O'C.

De la sorte, nous remplaçons le système donné par trois groupes de forces, qui concourent en A, B, C; chaque groupe se réduit à une force conformément à la règle du polygone, et, finalement, on a réduit tous les efforts qui agissaient sur le solide à trois forces MA, NB, PC.

Menons le plan ABN, ACP, ils se coupent suivant une droite AX; prenons sur cette droite un point E que nous joignons à B et C; nous pouvons décomposer la force BN en deux autres, l'une BK, dirigée suivant AB et l'autre BE; de même CP se décompose en deux forces, l'une CL, dirigée suivant AC et l'autre CE.

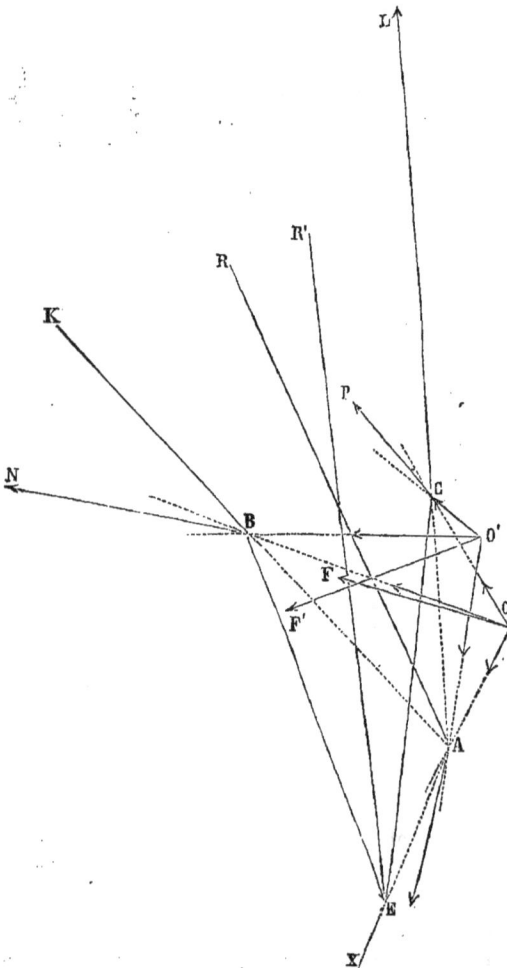

Fig. 115.

Les forces BK et CL peuvent être transportées en A où elles se composent avec AM, et donnent une force AR; de même les deux forces concourentes BE CE se composent et donnent la résultante ER'.

Donc, le système entier est remplacé par deux forces équivalentes R et R', dont une passe au point A, ce qu'il fallait démontrer.

Théorème des moments. — Nous avons déjà défini le moment d'une force F, par rapport à un axe quelconque OZ.

C'est le produit de la projection MF_1, de la force MF sur un plan perpendiculaire à l'axe par la plus courte distance AB de la force et de l'axe.

Si l'axe OZ coupe le plan P, qui lui est perpendiculaire, en un point O et qu'on abaisse la perpendiculaire OC sur MF_1, cette perpendiculaire est égale à la plus courte distance AB de la force et de l'axe, et le moment est égal à $MF_1 \times OC$.

Il est urgent de donner un signe aux moments : pour cela, on imagine que l'axe OZ est invariablement lié au

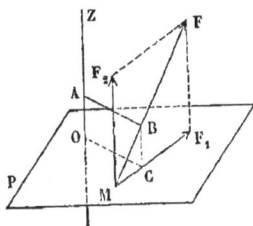

Fig. 116.

solide, dont M est un point matériel ; cet axe OZ étant fixe, le solide tourne autour de lui, une force F tend à faire tourner le corps, soit de la gauche à la droite d'un observateur placé debout le long de l'axe de rotation, soit, au contraire, de sa droite à sa gauche.

Dans le premier cas, le moment est positif et dans le second cas négatif.

Les moments positifs sont donc fournis par les forces, qui tendent à faire tourner le solide de gauche à droite, c'est-à-dire dans le sens du mouvement des aiguilles d'une montre. En se reportant toujours à ce point de comparaison simple, on ne risquera pas de se tromper.

Lorsque l'on a plusieurs forces situées dans un même plan, et que l'on prend un axe perpendiculaire à ce plan, la notion du moment peut se simplifier : la projection de l'axe sur le plan des forces se réduit au point O, et le moment de la force A est égal à $MA \times OD$, ou au double de l'aire du triangle OMA ; mais le double de cette aire est encore représenté par $OM \times MA'$. Le moment d'une force F est donc représenté par la distance du point fixe au point d'application, multipliée par la projection de la force sur la perpendiculaire à cette distance OM.

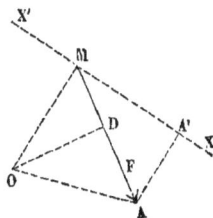

Fig. 117.

Si l'on a plusieurs forces concourantes, situées dans un même plan, et que l'on prenne leurs moments, par rapport à un axe perpendiculaire à ce plan, il entre dans ces moments un facteur constant OM et les projections de toutes les forces sur une même droite XX'.

Or la projection de la résultante est égale à la somme des projections des composantes; donc, le moment de la résultante est égal à la somme des moments des composantes.

Supposez, maintenant, un nombre quelconque de forces concourantes dans l'espace, dont on prend les moments par rapport à un axe quelconque, il faut projeter toutes ces forces sur un même plan perpendiculaire à l'axe, et la projection de la résultante est égale à la somme des projections des composantes.

Mais nous venons de démontrer que le moment de la résultante projetée est égal à la somme des moments des composantes projetées; donc, il en est de même dans l'espace et d'une manière générale.

Le moment, par rapport à un axe quelconque, de la résultante d'un nombre quelconque de forces concourantes, est égal à la somme des moments des composantes.

Il faut toujours entendre somme algébrique, et avoir soin de donner à chaque moment le signe qui lui convient.

Le moment d'une force, par rapport à un axe, est nul, dans deux cas : 1° lorsque la force rencontre l'axe : 2° lorsqu'elle lui est parallèle. D'une manière générale, le moment d'une force est nul lorsque cette force est dans un même plan avec l'axe ; et, en effet, la force, dans ce cas, ne tend pas à faire tourner le solide autour de l'axe des moments, elle exerce seulement sur cet axe une tension ou une pression.

Nous avons montré que tout système de forces appliquées à un solide invariable, pouvait se réduire à deux forces. Si l'on veut reprendre la série des transformations par lesquelles nous avons passé, on verra que nous avons toujours remplacé les forces données par des systèmes de forces concourantes, et que, par suite, le théorème des projections, aussi bien que celui des moments, sont applicables. Donc :

1° Un système quelconque de forces appliquées à un corps solide, peut toujours être réduit à deux résultantes, dont l'ensemble est équivalent au système.

2° La somme algébrique des projections des deux résultantes, sur un axe quelconque, est égale à la somme algébrique des projections des composantes ;

3° La somme algébrique des moments des deux résultantes, par rapport à un axe quelconque, est égale à la somme algébrique des moments des composantes.

Nous avons démontré que, dans un système de forces concourantes, le travail de la résultante est égal à la somme des travaux des composantes. Or, comme nous ne nous servons, dans la composition des forces appliquées à un corps solide, que de systèmes de forces concourantes, nous pouvons ajouter un nouveau théorème aux trois théorèmes précédents :

4° La somme algébrique des travaux des deux résultantes est égale à la somme algébrique des travaux des composantes.

COMPOSITION DES FORCES PARALLÈLES

La composition des forces parallèles n'est qu'un cas particulier de la composition des forces concourantes, lorsqu'on suppose que le point de concours s'éloigne à l'infini.

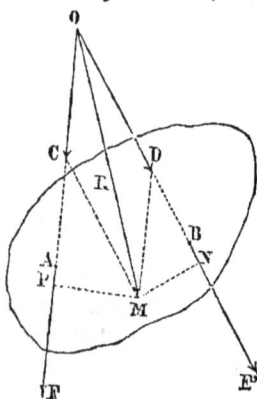

Fig. 118.

Soit donc deux forces F et F', appliquées aux points A et B d'un corps solide, et situées dans le même plan. Leurs directions prolongées se rencontrent en O, et l'on peut admettre, sans changer l'effet produit, que les deux forces sont appliquées au point O, lequel est invariablement relié au solide.

Les deux forces OD et OC, ont alors une résultante OM, qui est la diagonale du parallélogramme OCMD. Si d'un point M de cette résultante on abaisse des perpendiculaires MN, MP sur les directions des forces données, les triangles MDN, MCP sont semblables et donnent la relation :

$$\frac{MN}{MP} = \frac{MD}{MC} = \frac{F}{F'}.$$

Donc, les distances d'un point de la résultante aux deux composantes sont en raison inverse de ces composantes.

Supposons maintenant que le point O s'éloigne indéfiniment, les relations précédentes resteront l'expression de la vérité; le parallélogramme MCOD s'aplatit de plus en plus, et l'angle O devient infiniment petit. La résultante R, toujours comprise sans cet angle, fait avec les directions F et F' des angles infiniment petits; donc, à la limite, elle est parallèle à leur direction commune. Le triangle MOD finit par se confondre avec une ligne droite, et la résultante OM devient la somme des côtés OD et DM. En outre, la relation $\dfrac{MN}{MP} = \dfrac{F}{F'}$ subsiste toujours.

Donc :

La résultante de deux forces parallèles est égale à leur somme, elle leur est parallèle, et la distance qui la sépare de chacune des forces F et F' est en raison inverse de ces forces.

Les considérations précédentes s'appliqueraient à des forces parallèles dirigées en sens contraire; mais il est préférable que nous donnions la démonstration directe relative à ce cas.

Nous avons deux forces F et F', parallèles et de sens contraire, appliquées en A et B; appliquons en B une force BC égale à F' et de sens contraire, et appliquons une force F—F' en un point I tel que

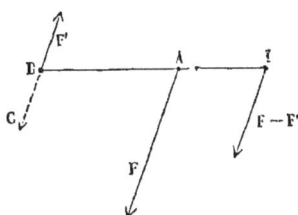

Fig. 110.

$$\frac{AI}{AB} = \frac{F'}{F - F'}.$$

Les forces BC et F—F' ont pour résultante précisément la force F, ainsi que cela résulte du théorème précédent; donc, réciproquement, on peut substituer à F ces deux forces BC et F—F'; le système F,F' est remplacé par le système équivalent des trois forces : F',BC, F—F'; les deux premières, égales et directement opposées, se font équilibre, reste donc comme résultante définitive des forces données la force (F—F'), appliquée au point I tel que

$$\frac{AI}{AB} = \frac{F'}{F - F'} \quad \text{ou} \quad \frac{AI}{AB + AI} = \frac{F'}{F} = \frac{AI}{BI}.$$

Par suite, la résultante de deux forces parallèles et de sens contraire leur est parallèle et située du côté de la plus grande, elle est égale à leur différence, et la distance d'un de ses points aux deux forces données est en raison inverse de ces forces.

Lorsque les deux forces F et F' sont égales et de sens contraire, leur résultante est nulle, et son point d'application est à l'infini, cependant, il est clair que le système donné est capable de faire mouvoir le corps. Cela nous indique simplement que la composition est impossible, qu'il n'y a pas de résultante; on est en présence d'un système particulier, bien nettement défini, qu'on appelle un couple. Nous l'étudierons plus loin.

RÉSULTANTE D'UN NOMBRE QUELCONQUE DE FORCES PARALLÈLES

ᴅe la composition de deux forces parallèles, on passe simplement à celle d'un nombre quelconque de forces parallèles. Soit, en effet, trois forces F,F′,F″, appliquées aux points A,A′,A″, d'un corps solide. On joint AA′, que l'on divise par le point I en raison inverse des forces F et F′; la résultante de ces deux premières forces est R_1, égale à leur somme et appliquée au point I.

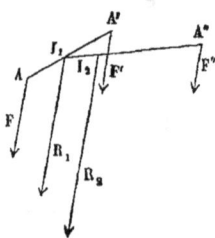

On compose de même R_1 avec F″, ce qui donne R_2. On composerait R_2 avec F‴ et ainsi de suite indéfiniment, jusqu'à ce qu'on obtienne une résultante unique.

Cette résultante est parallèle aux forces données et égale à leur somme algébrique.

Fig. 120.

Il est facile de voir que sa position est indépendante de l'ordre qu'on a suivi pour composer les forces; on peut en faire la démonstration géométrique sur la figure 120, mais nous le démontrerons plus loin d'une manière générale par le théorème des moments.

Le point d'application de la résultante ne dépend que de la grandeur des forces et de la position de leurs points d'application respectifs; il est indépendant de la direction. Si donc on imagine que les forces tournent d'une manière quelconque autour de leurs points d'application, sans changer de grandeur, et tout en restant parallèles les unes aux autres, le point d'application de leur résultante restera fixe dans le solide. Ce point fixe s'appelle le centre des forces parallèles.

La composition des forces parallèles n'étant qu'un cas particulier des forces concourantes, les théorèmes démontrés pour celles-ci sont vrais aussi pour celles-là. Ainsi :

1° La projection de la résultante sur un axe quelconque est égale à la somme algébrique des projections des composantes; ceci est évident, puisque la résultante est la somme algébrique des composantes.

2° Le moment de la résultante, par rapport à un axe quelconque, est la somme algébrique des moments des composantes.

Nous allons donner de ce dernier théorème une démonstration simple : il suffit de le démontrer pour un axe perpendiculaire à la direction commune des forces, car, pour tout autre axe, il faut d'abord passer par une projection sur un plan qui lui est perpendiculaire, et cette projection, qui ne change pas les bras de levier des forces, ne fait que les réduire toutes dans un rapport constant, égal au cosinus de leur direction avec le plan.

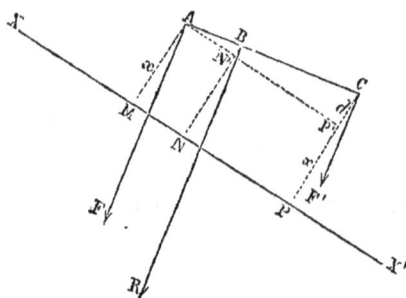

Prenons donc un axe des moments XX′ perpendiculaire à la direction des forces, et soit deux forces F,F′ dont la résultante est R; par l'axe menons un plan perpendiculaire aux forces, il con-

Fig. 121.

tiendra les perpendiculaires AM, BN, CP, et les moments des forces seront :

$$\times AM, \quad R \times BN, \quad F' \times CP,$$

ou :
$$F \times x \quad (F+F') BN \quad F'(x+d).$$

Or :
$$BN = NN' + BN' = x + BN'$$

$$\frac{BN'}{CP'} = \frac{AB}{AC} = \frac{F'}{F+F'} \quad BN' = d.\frac{F'}{F+F'},$$

donc le moment de la résultante s'écrit :

$$(F+F') BN = (F+F') \left(x + d\frac{F+F'}{F'} \right) = F.x + F'(x+d).$$

On voit qu'il est égal à la somme des moments des composantes.

Le théorème, étant démontré pour deux forces, s'applique de proche en proche aux résultantes partielles d'un nombre quelconque de forces ; il est donc vrai pour leur résultante totale.

Le théorème des moments nous conduit à l'expression analytique du centre des forces parallèles.

Étant donné un solide en divers points duquel agissent des forces F, F', F'', rapportons-le à un système de trois coordonnées rectangulaires, Ox, Oy, Oz, dans lequel l'axe des (z) est vertical. Les coordonnées du point d'application de la force F sont désignées par x, y, z.

La position du centre cherché étant indépendante de la direction commune des forces, prenons cette direction verticale ; le moment d'une des forces par rapport à l'axe des y sera $F.x$, et le moment par rapport à l'axe des x sera Fy. Faisons maintenant tourner toutes les forces de manière à les rendre parallèles à l'axe des y, le moment de l'une d'elles est Fz par rapport à l'axe des x.

Appliquant le théorème des moments, et désignant par $x_1 y_1 z_1$ les coordonnées du point d'application de la résultante, nous obtenons :

$$(1) \quad \begin{cases} R.x_1 = \Sigma\,(F.x) \\ R.y_1 = \Sigma\,(F.y) \\ R.z_1 = \Sigma\,(F.z) \end{cases}$$

Nous avons déjà :

$$R = \Sigma\,(F).$$

Cela nous fait quatre équations pour déterminer les quatre inconnues R, x_1, y_1, z_1 ; et le problème de la composition des forces parallèles est complètement résolu grâce à ces quatre équations.

En particulier, le centre des forces parallèles s'obtient au moyen des trois équations :

$$x_1 = \frac{\Sigma\,(F.x)}{\Sigma\,(F)}, \qquad y_1 = \frac{\Sigma\,(F.y)}{\Sigma\,(F)}, \qquad z_1 = \frac{\Sigma\,(F.z)}{\Sigma\,(F)}$$

Il ne faut pas oublier qu'une résultante, comme une force quelconque agissant sur un solide, n'a pas de point d'application déterminé, et qu'il est indifférent de la supposer appliquée en un point quelconque de sa direction. Le centre des forces parallèles est d'ordinaire choisi comme point d'application de la résultante, et cela uniquement à cause de ses propriétés spéciales.

DU CENTRE DE GRAVITÉ

L'exemple le plus curieux du centre des forces parallèles est celui que la pesanteur détermine dans un corps quelconque.

Un solide étant composé d'un assemblage de points matériels de poids p, chacun d'eux est sollicité, en vertu de la pesanteur, par une force verticale égale à (p). Toutes ces forces verticales ont une résultante verticale aussi, égale à leur somme, c'est-à-dire au poids total P du corps, et appliquée au centre de gravité que l'on désigne d'ordinaire par la lettre G.

Le solide étant rapporté à un système de coordonnées rectangulaires, son centre de gravité $(x_1 y_1 z_1)$ est déterminé par les trois équations :

$$x_1 = \frac{\Sigma(px)}{P}, \quad y_1 = \frac{\Sigma(p.y)}{P}, \quad z_1 = \frac{\Sigma pz}{P}.$$

En réalité, le centre de gravité n'existe que pour les solides; cependant, on distingue aussi un centre de gravité dans les lignes et dans les surfaces. Lorsqu'on a une ligne, on suppose qu'en chaque élément de cette ligne agit une force de direction constante, proportionnelle à la longueur de l'élément; le centre de gravité de la ligne est le centre des forces parallèles ainsi déterminées. Lorsqu'on a une surface, on suppose qu'en chaque élément agit une force de direction constante, proportionnelle à la surface de l'élément; le centre de gravité de la surface est le centre des forces parallèles ainsi déterminées.

Ces principes posés, passons à la détermination des centres de gravité utiles dans la pratique.

1° Lorsqu'un corps possède un centre géométrique ou centre de figure, le centre de gravité coïncide avec le centre de figure. En effet, le centre de figure est tel, que toute droite, menée par ce point et limitée à la surface du corps, est partagée par le centre en deux parties égales. Il existe sur chaque moitié, si le corps est homogène, un nombre égal de points matériels, et par suite un nombre égal de forces élémentaires (p), dont la résultante passe au milieu de la droite, c'est-à-dire au centre de figure. Il en est de même de toutes les résultantes partielles et, par suite, de la résultante totale.

Ainsi le centre de gravité se confond avec le centre de figure pour les cercles, les anneaux, les ellipses, les hyperboles, les sphères, les tores, les ellipsoïdes et les hyperboloïdes.

Le centre de gravité n'est pas nécessairement à l'intérieur du solide; ainsi, dans un anneau, il est au centre de figure, en un point où l'on ne trouve pas de matière.

2° Lorsqu'un corps possède un plan de symétrie ou plan diamétral, le centre de gravité est situé sur ce plan; en effet, le plan de symétrie partage en deux parties égales toutes les lignes menées dans le corps parallèlement à une certaine direction; donc, à tout point matériel, situé d'un côté du plan diamétral, correspond un point matériel situé à égale distance de l'autre côté, et la résultante de leurs poids a son point d'application dans le plan diamétral. Il en est donc de même du point d'application de la résultante totale, c'est-à-dire du centre de gravité.

3° De même, lorsqu'un corps possède un diamètre, son centre de gravité est situé sur ce diamètre. Il en est ainsi d'un arc de cercle, d'un segment circulaire ou sphérique, d'un arc d'ellipse, etc...

4° *Centre de gravité du périmètre d'un triangle.* — Pour l'obtenir, il faut appliquer aux milieux D, E, F des côtés trois forces parallèles et proportionnelles à ces côtés, et chercher le point d'application de leur résultante.

Les forces en D et E ont leur résultante au point H, tel que $\dfrac{EH}{HD} = \dfrac{AB}{AC}$, mais,

$EF = \frac{1}{2} AB$, et $DF = \frac{1}{2} AC$, donc $\dfrac{EH}{HD} = \dfrac{EF}{DF}$ et la droite FH est la bissectrice de l'angle

EFD; le centre de gravité se trouve par conséquent sur cette droite; il est de même sur les bissectrices des angles FED, FDE; donc, il se trouve en G au point de concours de ces trois bissectrices, c'est-à-dire au centre du cercle inscrit dans le triangle DEF.

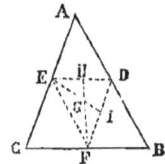

Fig. 122.

5° *Centre de gravité d'un arc de cercle.* — Il est sur le rayon OC qui passe par le milieu de l'arc dont le rayon est r et la longueur (l); appelons (c) la longueur de la corde et (x) la distance du centre de gravité G au centre de l'arc, et prenons les moments par rapport à l'axe OX parallèle à la corde.

L'élément rectiligne MM′, dont le milieu est en I, a pour moment $MM' \times ID$; menons la verticale MN et l'horizontale M′N, les triangles MM′N, OID sont semblables comme ayant leurs côtés respectivement perpendiculaires; donc :

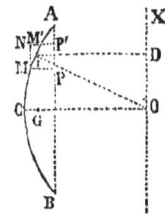

Fig. 123.

$$\frac{MM'}{OI} = \frac{MN}{ID} \quad \text{ou} \quad \frac{PP'}{ID}, \quad MM' \times ID = PP' \times r$$

Le moment total de l'arc sera $r \Sigma (PP') = r.c$, et le théorème des moments nous donnera :

$$r.c = xl, \text{ d'où } x = \frac{r.c}{l}.$$

6° *Centre de gravité de l'aire d'un triangle.* — Les médianes d'un triangle sont des diamètres, puisqu'elles partagent en deux parties égales toutes les droites parallèles aux bases.

Donc, le centre de gravité de l'aire d'un triangle est au point de concours G de

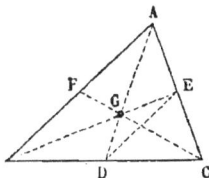

Fig. 124.

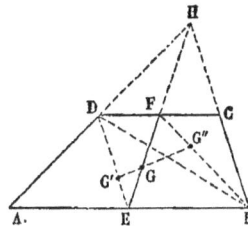

Fig. 125.

ses trois médianes ou, sur une médiane, au tiers de la base, car le point G partage chaque médiane dans le rapport de 1 à 2.

7° *Centre de gravité de l'aire d'un trapèze* ABCD. — Ce centre de gravité est sur la ligne E F qui joint les milieux des bases; en effet, c'est une ligne diamétrale.. Menons la diagonale DB du trapèze, elle le divise en deux triangles, dont les centres de gravité sont : l'un en G' au tiers de la médiane DE, et l'autre en G" au tiers de la médiane BF; joignons G'G", et cette droite coupera EF en un point G qui est le centre de gravité cherché.

Il faut supposer en G' et G" deux forces parallèles représentées par les surfaces des triangles ADB, DBC, et composer ces deux forces dont on trouvera le point d'application de la résultante en G, tel que :

$$\frac{GG'}{GG''} = \frac{\text{triangle BDC}}{\text{triangle ADB}} = \frac{DC}{AB},$$

ce qui revient à dire qu'il faut diviser la ligne G'G" en deux parties inversement proportionnelles aux bases du trapèze.

Autre solution : Soit h la hauteur du trapèze, x et y les distances du point G aux bases AB $= B$ et DC $= b$, les distances de G' et G" aux bases sont $\frac{1}{3}h$ et $\frac{2}{3}h$, et les forces appliquées en G, G' et G" sont proportionnelles aux surfaces du trapèze et des deux triangles, c'est-à-dire à $\frac{B+b}{2}h$, $\frac{Bh}{2}$, $\frac{bh}{2}$. Appliquons le théorème des moments, en prenant pour axe d'abord AB, puis CD, nous aurons :

(1) $\dfrac{B+b}{2} . h.x = \dfrac{Bh}{2}\dfrac{h}{3} + \dfrac{bh}{2}\dfrac{2h}{3}$, ou $(B+b) x = h\left(\dfrac{B}{3} + \dfrac{2b}{3}\right)$

(2) $\dfrac{B+b}{2} . h.y = \dfrac{Bh}{2}\dfrac{2h}{3} + \dfrac{bh}{2}.\dfrac{h}{3}$, ou $(B+b) y = h\left(\dfrac{2B}{3} + \dfrac{b}{3}\right)$

Divisant ces équations l'une par l'autre, on obtient :

$$\frac{x}{y} = \frac{B+2b}{2B+b} = \frac{\frac{B}{2}+b}{\frac{B+b}{2}},$$

ce qui se traduit géométriquement de la manière suivante :

Pour trouver le centre de gravité d'un trapèze, menez la ligne EF qui joint les milieux des deux bases, prenez sur le prolongement de la petite base une longueur AT égale à la grande base, et sur le prolongement de celle-ci une longueur CS égale à la petite base, joignez la droite ST, elle coupe EF en un point G, qui est le centre de gravité. En effet :

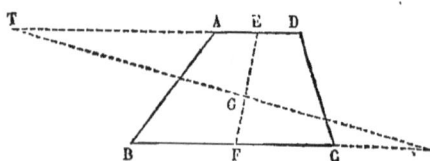

Fig. 126

$$\frac{x}{y} = \frac{GF}{GE} = \frac{FS}{ET} = \frac{\frac{B}{2}+b}{\frac{B+b}{2}}.$$

8° *Centre de gravité d'un quadrilatère quelconque ABCD*. — Menons la diagonale BD, et joignons son milieu E aux sommets A et G; le centre de gravité du triangle BAD est en G', au tiers de EA, et celui du triangle BCD est en G", au tiers de EC. Pour obtenir le centre de gravité du quadrilatère, il faut composer deux forces parallèles, appliquées en G' et G'' et proportionnelles aux surfaces des triangles BAD, BCD.

Ces triangles ayant même base, sont entre eux comme leurs hauteurs, ou comme les segments AF, FC de l'autre diagonale. Prenons $CH = AF$, il en résultera $AH = CF$, et joignons EF ; cette droite rencontre $G'G''$ en un point G, qui est le centre de gravité cherché. En effet :

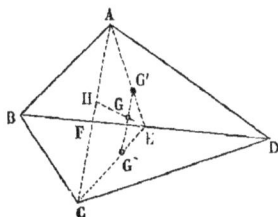

Fig. 127.

$$\frac{GG'}{GG''} = \frac{AH}{HC} = \frac{CF}{AF} = \frac{\text{triangle BAD}}{\text{triangle CBD}}$$

De là résulte une construction géométrique du centre de gravité d'un quadrilatère quelconque, construction facile à définir en langage vulgaire.

9° *Centre de gravité d'un secteur de cercle OAB.* — Il est sur le rayon OC, qui coupe en deux parties égales l'angle du secteur ; si l'on divise l'arc AB en une infinité d'éléments rectilignes, dont on joint les extrémités au centre, on décompose le secteur en une infinité de triangles isocèles égaux, dont les centres de gravité sont aux $\frac{2}{3}$ des rayons à partir du centre, c'est-à-dire sur la circonférence Oab.

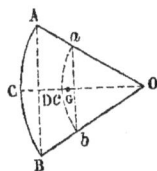

Fig. 128.

Nous sommes donc ramenés à composer des poids égaux appliqués en tous les points d'un arc de cercle acb, c'est-à-dire à chercher le centre de gravité de cet arc ; nous avons vu que ce centre de gravité était en un point G tel que :

$$OG = Oa \times \frac{ab}{acb} = \frac{2}{3}\, OA \times \frac{\frac{2}{3}AB}{\frac{2}{3}ACB}$$

Exemple : Si on cherche le centre de gravité d'un demi-cercle, il faut faire dans la formule précédente :

$$c = 2r \quad l = \pi r, \text{ d'où } OG = \frac{2}{3}\, r.\ \frac{2r}{\pi r} = \frac{4}{3}\frac{r}{\pi}$$

10° *Centre de gravité d'un segment de cercle ACB* (fig. 128). — Il est sur le rayon bissecteur OC, et pour le trouver, il faut composer le poids du secteur appliqué en G, avec le poids du triangle OAB pris en sens contraire et appliqué aux $\frac{2}{3}$ de la médiane OD.

La surface du secteur est égale à sa base l multipliée par la moitié du rayon, ce qui donne $\frac{lr}{2}$.

La surface du triangle AOB est égale à

$$\frac{c}{2}\sqrt{r^2 - \frac{c^2}{4}},$$

et la surface du segment est la différence

$$\frac{lr}{2} - \frac{c}{2}\sqrt{r^2 - \frac{c^2}{4}},$$

Appliquons le théorème des moments, par rapport à un axe passant en O et parallèle à AB, en ayant soin de donner des signes contraires aux moments composants, et en appelant (x) la distance du centre O au centre de gravité cherché, nous aurons :

$$x \left\{ \frac{lr}{2} - \frac{c}{2} \sqrt{r'^2 - \frac{c^2}{4}} \right\} = \frac{2}{3} \frac{r.c}{l} \cdot \frac{lr}{2} - \frac{2}{3} \frac{c}{2} \sqrt{r'^2 - \frac{c^2}{4}} \cdot \sqrt{r'^2 - \frac{c^2}{4}}.$$

d'où l'on tire :

$$x = \frac{c^4}{6 \left(lr - c \sqrt{r^2 - \frac{c^2}{4}} \right)}$$

11° Centre de gravité d'un prisme triangulaire. Le centre de gravité d'un prisme triangulaire est au milieu de la droite qui joint les points de rencontre des médianes des deux bases.

En effet, menons les médianes AI, A'I' des bases, le plan AA'II' est un plan diamétral, c'est-à-dire qu'il partage en deux parties égales toutes les droites parallèles à BI, donc le centre de gravité est situé dans ce plan; de même, il est dans le plan diamétral BKK', donc il se trouve sur la droite OO', intersection des deux plans. Par le milieu de cette droite, menons un plan parallèle aux bases; il coupe en deux parties égales toutes les parallèles aux arêtes; c'est donc aussi un plan diamétral qui contient le centre de gravité. Ainsi, le centre de gravité est en G, au point de rencontre des trois plans diamétraux.

12° Centre de gravité d'un prisme quelconque. On le décompose en une série de prismes triangulaires, qui ont chacun leur centre de gravité au milieu de la droite, qui joint les centres de gravité de leurs bases. Il faut composer une série

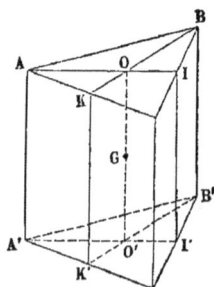

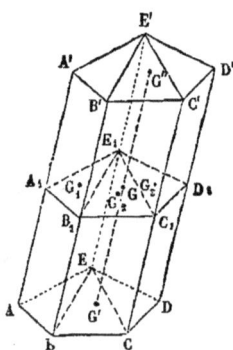

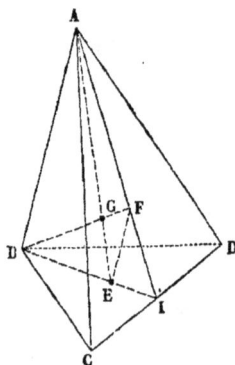

Fig. 129.   Fig. 130.   Fig. 131.

de forces parallèles proportionnelles aux volumes de ces prismes triangulaires, c'est-à-dire proportionnelles à leurs bases, puisqu'ils ont même hauteur. Le centre de gravité G du prisme se confond donc avec celui de la section du prisme faite parallèlement aux bases par le milieu des arêtes, ce qui revient à dire que le point G est au milieu de la droite G'G'' qui joint les centres de gravité des bases.

13° Centre de gravité de la pyramide triangulaire. — Menons la médiane BI de la base, le plan ABI est diamétral et partage en deux parties égales toutes les droites parallèles à DC; il contient le centre de gravité. Il en est de même des autres plans diamétraux de la base, et le centre de gravité est sur la droite AE. qui joint un sommet au centre de gravité de la base opposée. La proposition est vraie pour les quatre droites analogues, telles que BF, et ces quatre droites concourent en un point G, qui est le centre de gravité du tétraèdre.

IF est le tiers de IA et IE le tiers de IB, donc EF est parallèle à AB, et les triangles EGF, AGB sont semblables, d'où :

$$\frac{EG}{AG} = \frac{EF}{AB} = \frac{1}{3} \quad EG = \frac{1}{3} AG. \quad \text{ou } EG = \frac{1}{4} AE$$

Le centre de gravité du tétraèdre se trouve donc sur la droite, qui joint un sommet au point de concours des médianes de la base opposée, et au quart de cette droite à partir de la base.

Le centre de gravité de la pyramide coïncide avec le centre de gravité de quatre poids égaux placés à ses sommets. En effet, composons D et C, leur résultante R_1 est au milieu I de CD, la résultante R_2 de R_1 et de A est en F, au tiers de IA ; de même la résultante totale R de R_2 et de B est en G au quart de FB, ce qu'il fallait démontrer.

Incidemment, nous avons prouvé que le centre de gravité d'un triangle coïncide avec le centre de gravité de trois poids égaux appliqués à ses sommets.

14° *Centre de gravité d'une pyramide à base quelconque.* — En décomposant une pyramide à base quelconque en une série de pyramides à base triangulaire, on arrive à cette conclusion que le centre de gravité est sur la droite qui va du sommet au centre de gravité de la base, et au quart de cette droite à partir de la base.

15° *Centre de gravité d'un cylindre ou d'un cône.* — Le cylindre est une variété de prisme, et le cône une variété de pyramide. Donc :

Le centre de gravité d'un cylindre est au milieu de la droite qui joint les centres de gravité des bases ;

Le centre de gravité d'un cône est sur la droite qui joint le sommet au centre de gravité de la base, et au quart de cette droite à partir de la base.

16° *Centre de gravité d'un tronc de pyramide.* — Le tronc de pyramide est la différence de deux pyramides ayant leur sommet en S; soit $SG' = a$ et $SG'' = a'$. La grande pyramide a son centre de gravité en G_1, et la petite en G_2 ; pour obtenir le centre de gravité du tronc, il faut appliquer en G_1 et G_2 deux forces parallèles, mais de sens contraire, proportionnelles aux volumes des deux pyramides, c'est-à-dire aux cubes de leurs dimensions homologues, puisqu'elles sont semblables. Ces volumes seront donc représentés par a^3 et a'^3.

Appliquons le théorème des moments par rapport à un axe passant en S parallèlement à la base ABCDE, nous aurons :

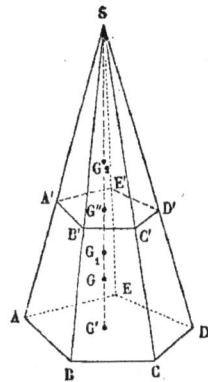

Fig. 152.

$$(a^3 - a'^3) x = a^3 \times \frac{3a}{4} - a'^3 \frac{3a'}{4}$$

$$\text{d'où } x \text{ ou } SG = \frac{3}{4} \frac{a^4 - a'^4}{a^3 - a'^3} = \frac{3}{4} \frac{(a^2 - a'^2)(a^2 + a'^2)}{(a - a')(a^2 + aa' + a'^2)} = \frac{3}{4} \frac{(a + a')(a^2 + a'^2)}{a^2 + aa' + a'^2}$$

On en déduit :

$$GG'' = x - a' = \frac{3}{4}\frac{(a+a')(a^2+a'^2)}{a^2+aa'+a'^2} - a' = \frac{3a^3 - a'a^2 - aa'^2 - a'^3}{4(a^2+aa'+a'^2}$$

$$GG' = a - x = a - \frac{3}{4}\frac{(a+a')(a^2+a'^2)}{a^2+aa'+a'^2} = \frac{a^3+a^2a'+aa'^2-3a'^3}{4(a^2+aa'+a'^2)}$$

$$\frac{GG'}{GG''} = \frac{a^3+a^2a'+aa'^2-3a'^3}{3a^3-a'a^2-aa'^2-a'^3} = \frac{(a-a')(a^2+2aa'+3a'^2)}{(a-a')(a'^2+2aa'+3a^2)}$$

En remarquant que les bases b et b' des deux pyramides semblables sont entre elles comme les carrés des dimensions homologues (a) et (a'), on trouve

$$\frac{GG'}{GG''} = \frac{b+2\sqrt{bb'}+3b'}{b'+2\sqrt{bb'}+3b}$$

Et si l'on considère un tronc de cône, les bases sont proportionnelles aux carrés de leurs rayons r et r', et l'on détermine le centre de gravité par la formule

$$\frac{GG'}{GG''} = \frac{r^2+2rr'+3r'^2}{r'^2+2rr'+3r^2}$$

17° Centre de gravité d'une zone sphérique. — Soit O le centre de la zone limitée aux plans parallèles dont AB et CD sont les traces.

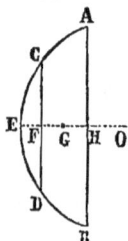

Rappelons d'abord que l'aire d'une zone sphérique a pour mesure sa hauteur FH multipliée par la circonférence d'un grand cercle $2\pi \times OA$. La surface des zones est donc proportionnelle à leur hauteur. Divisons FH en un certain nombre de parties égales et par les points de division menons des plans parallèles aux bases de la zone; nous déterminerons ainsi des zones égales qui, toutes, ont leur centre de gravité sur la hauteur FH. Le centre de de gravité de la zone totale est donc en G, au milieu de la hauteur.

Ce résultat s'applique aussi bien à la zone à une base, ou calotte sphérique, qu'à la zone à deux bases.

Fig. 133.

18° Centre de gravité d'un secteur sphérique. — Le secteur est engendré par la rotation du triangle mixtiligne OBA autour de l'axe OG.

On le décompose en une quantité de pyramides égales ayant leur sommet en O

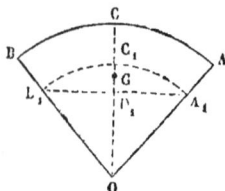

Fig. 154.

et leur centre de gravité au quart du rayon à partir de la sphère, c'est-à-dire sur la zone $A_1 G_1 B_1$.

En tous les points de cette zone sont appliquées des forces parallèles égales dont le centre est en G, au milieu de la hauteur $C_1 D_1$ de la zone. Il est facile d'en traduire la construction en langage vulgaire.

Ainsi, le centre de gravité du volume d'une demi-sphère se trouve sur le rayon perpendiculaire à la base, à une distance égale aux $\frac{3}{8}$ de ce rayon.

Théorèmes de Guldin. — Ces théorèmes, connus de l'antiquité et remis en lumière au dix-septième siècle par le géomètre Guldin, ont trait à la mesure des surfaces et des volumes engendrés par des lignes et des surfaces tournant autour d'un axe fixe.

1° Lorsqu'une courbe plane AB tourne autour d'un axe XX' situé dans son plan, la surface engendrée par une rotation complète de cette courbe est égale à sa longueur multipliée par la circonférence que décrit son centre de gravité.

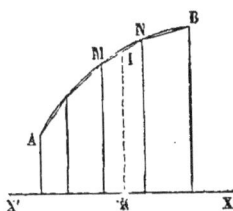

Fig. 155.

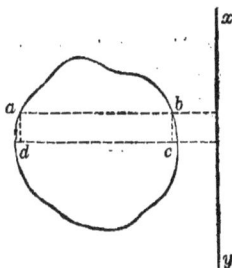

Fig. 156.

En effet, l'élément MN de longueur (dl) engendre un tronc de cône dont la circonférence moyenne est égale à $2\pi \times$ IK ou $2\pi x$. La surface totale sera donc :

$$\Sigma 2\pi x.dl = 2\pi \Sigma x dl.$$

Mais, d'après le théorème des moments, si L est la longueur totale de la ligne, et X la distance de son centre de gravité à l'axe, on a :

$$L.X = \Sigma x.dl, \text{ donc } 2\pi L.X = \Sigma 2\pi x.dl$$

ce qu'il fallait démontrer.

2° Lorsqu'une surface plane tourne autour d'un axe situé dans son plan, le volume engendré par une rotation complète de cette surface est égal à son aire multipliée par la circonférence que décrit son centre de gravité.

Le volume engendré par l'élément de surface $abcd$, qu'on peut considérer comme un rectangle, est un cylindre creux dont la hauteur est ad ou dx, et la base la surface annulaire engendrée par la droite (ab). Cet anneau, d'après le théorème précédent, a une surface égale à la longueur (ab) de la droite multipliée par la circonférence $2\pi z$ que décrit son centre de gravité. Mais, le centre de gravité de la droite (ab) est à la même distance de l'axe que celui du rectangle $abcd$. Donc le volume élémentaire est $(ab \times 2\pi z, dx)$. Or $ab \times dx$ est la surface élémentaire ω du rectangle, par suite, le volume total sera

$$\Sigma 2\pi.z.\omega = 2\pi \Sigma z.\omega$$

Appelons Ω la surface totale, et Z l'ordonnée de son centre de gravité, le théorème des moments nous donne :

$$Z.\Omega = \Sigma z.\omega \text{ ou } 2\pi Z.\Omega = \Sigma 2\pi z.\omega,$$

ce qu'il fallait démontrer.

Exemple. — 1° La surface d'un tore, dont la circonférence génératrice a pour rayon r, le centre de cette circonférence étant à la distance R de l'axe de rotation, est mesurée par

$$2\pi r \times 2\pi R = 4\pi^2 R.r$$

2° Et le volume du même tore est

$$\pi r^2 \times 2\pi R = 2\pi^2 R r^2.$$

DU TRAVAIL DE LA PESANTEUR SUR UN CORPS SOLIDE

Nous avons démontré que, pour un point matériel, le travail de la pesanteur était égal au produit du poids par la hauteur qui sépare le point du départ du point de l'arrivée, ce produit est ph.

Pour un solide on arrive à un résultat analogue, et le travail de la pesanteur est égal au produit du poids du corps par la hauteur qui sépare le point de départ du centre de gravité de son point d'arrivée, soit à PH. En effet :

Appelons p le poids d'un des points matériels qui composent le solide, dZ la hauteur verticale dont il descend pendant un temps dt, le travail total est égal à la somme des travaux élémentaires, donc :

$$T = \Sigma p\, dz,$$

mais, d'après la théorie du centre de gravité, si Z est, à chaque instant, la hauteur de ce centre au-dessus du plan de comparaison, on a :

$$P.Z = \Sigma p.z, \text{ ou, en différentiant, } P.dZ = \Sigma p.dz,$$

Ainsi :

$$T = P.dZ$$

et, dans l'intervalle que le corps met à descendre de Z_0 en Z_1, c'est-à-dire à parcourir la hauteur H,

$$T = P \int_{z_o}^{z_1} dZ = P \left\{ Z_0 - Z_1 \right\} = P.H,$$

relation qui n'est autre que la traduction algébrique de l'énoncé du problème.

THÉORIE DES COUPLES

En parlant de la composition des forces parallèles, nous n'avons fait que signaler le cas où les deux forces parallèles sont égales et de sens contraire. Nous avons vu que leur résultante était nulle, et avait son point d'application à l'infini, ce qui signifie tout simplement que le problème de la réduction à une seule force est impossible, et que l'on se trouve en présence d'un système particulier auquel on a donné le nom de couple.

Un couple se compose donc de deux forces, égales, parallèles et de sens contraire, agissant sur un même solide.

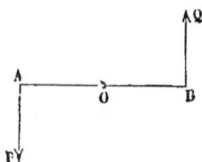
Fig. 137.

La distance des deux forces, mesurée suivant leur perpendiculaire commune, s'appelle le bras de levier du couple, et, comme une force peut être supposée agir en un point quelconque de sa direction, on admet d'ordinaire que les forces du couple sont appliquées aux extrémités du bras de levier. Un couple est donc représenté par la figure 137.

Les couples n'interviennent pas dans les équations de projection, puisque les deux forces qui les composent, étant égales et de sens contraire, ont des projections égales et de signe contraire, dont la somme algébrique est nulle. Mais il interviennent dans les équations des moments, et nous verrons plus loin sous quelle forme :

1° On peut, sans changer le mouvement, transporter un couple parallèlement à lui-même dans son plan ou dans un plan parallèle.

Soit un couple P,Q, dont AB est le bras de levier ; il est équivalent au couple parallèle P′,Q′ dont A′B′ est le bras de levier, en effet :

Appliquons en A′ et B′ deux systèmes de deux forces égales et directement opposées P′ et P″, Q′ et Q″ ; ces forces s'annulent réciproquement et ne changent rien au mouvement du corps. Composons maintenant les six forces en présence : P et Q″ ont une résultante appliquée en I, centre du parallélogramme ABA′B′, et

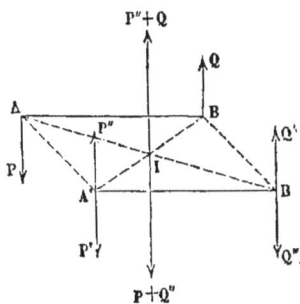

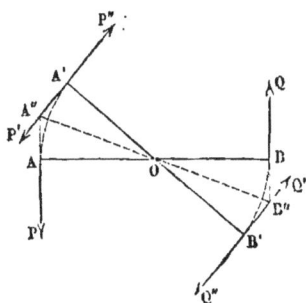

Fig. 138. Fig. 139.

égale à P + Q″, de même P″ et Q ont une résultante appliquée en I, égale à P″ + Q et directement opposée à la précédente ; ces deux résultantes partielles se font donc équilibre, et le système entier se trouve remplacé par le système des forces P′,Q′, c'est-à-dire par le couple transporté parallèlement à lui-même.

2° On peut, sans changer le mouvement, faire tourner un couple comme on voudra dans son plan.

Comme il est permis de transporter un couple parallèlement à lui-même, il nous suffira de montrer que l'on peut le faire tourner d'un angle quelconque autour du milieu O de son bras de levier, et amener ce bras de levier, par exemple, de AB en A′B′.

Appliquons en A′, comme en B′, deux forces égales à celles du couple et directement opposées, nous ne changerons rien au mouvement du corps ; composons maintenant les six forces en présence.

Les forces égales P″ et P, appliquées en A″, ont une résultante dirigée suivant la bissectrice A″O de leur angle ; de même les forces égales Q″ et Q ont une résultante dirigée suivant la bissectrice B″O de leur angle. Ces deux résultantes sont égales, et le système est réduit au système P′,Q′, c'est-à-dire au couple primitif qui a tourné d'un certain angle.

3° Si l'on appelle moment d'un couple le produit d'une des forces de ce couple par le bras de levier, on peut toujours remplacer un couple donné par un autre de même moment situé dans son plan ou dans un plan parallèle, et tendant à faire tourner le solide dans le même sens. Il suffit évidemment, grâce aux deux propositions précédentes, de démontrer le théorème pour deux couples parallèles situés dans le même plan.

On peut même les placer de manière qu'une des forces de l'un soit dans le prolongement d'une des forces de l'autre.

Nous avons les deux couples P,Q dont AB est le bras de levier, et P′,Q′, dont BC est le bras de levier, tels que :

$$P \times AB = P' \times BC \text{ ou (1)} \quad \frac{P}{P'} = \frac{BC}{AB},$$

et nous disons que le second est équivalent au premier.

En effet, prenons le couple P,Q, et proposons-nous de le transformer en un couple dont BC soit le bras de levier; prenons une force $Q' = P \times \frac{AB}{BC}$, et appliquons en C deux forces égales et contraires Q′,Q″; cela ne changera rien au mouvement du solide. Composons maintenant les quatre forces P,Q,Q′,Q″ ; les forces P et Q″ ont une résultante égale à leur somme et appliquée au point B puisque $\frac{AB}{BC} = \frac{Q''}{P}$. Cette résultante se compose avec la force Q, et leur somme algébrique est égale à Q″, ou à Q′, ou à P′. Le système est donc ramené au couple P′,Q′, dont le moment est le même que celui du couple primitif.

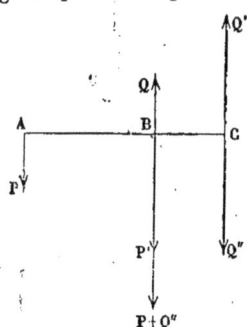

Dans les équations des moments, les deux forces d'un couple ont des moments opposés et de sens contraire, dont la somme algébrique est précisément égale au moment du couple.

4° Ainsi, un couple est complétement défini, au point de vue du mouvement produit, lorsqu'on connaît : 1° son moment; 2° la direction de son plan.

C'est pourquoi on se contente, d'ordinaire, de représenter un couple par une ligne droite, dont la direction est perpendiculaire à celle du plan et dont la longueur mesure le moment du couple. Tous les couples de l'espace sont ainsi représentés par une série de droites concourantes. La droite est dirigée dans un sens tel que, pour un observateur placé le long de cette droite et dans sa direction, le couple tende à faire tourner le solide dans le sens du mouvement des aiguilles d'une montre.

Fig. 140.

5° Pour composer deux ou plusieurs couples parallèles, il suffit de faire la somme algébrique de leurs droites représentatives. En effet, on peut les amener tous dans le même plan, leur donner à tous le même bras de levier ; les forces appliquées à chaque extrémité se composent, et il en résulte un couple formé avec le même bras de levier et avec la somme algébrique, de toutes les forces données. On voit donc que le moment de ce couple résultant est égal à la somme algébrique des moments des couples composants.

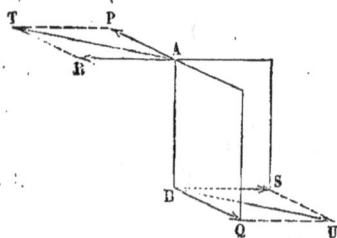

6° Lorsqu'on a deux couples situés dans deux plans non parallèles, on prend l'intersection de ces plans, et on amène les couples à avoir même bras de levier AB sur cette intersection.

Les couples sont alors P,Q et RS. Les forces P et R ont une résultante T, diagonale de

Fig. 141.

leur parallélogramme; de même les forces Q et S ont une résultante U, diagonale de leur parallélogramme, parallèle et égale à la précédente.

Les deux couples se composent donc en un seul couple T,U, ayant AB pour bras de levier.

Les moments de ces trois couples sont proportionnels à leurs forces, puisque le bras de levier est constant ; leurs droites représentatives font entre elles les même angles que leurs forces, puisqu'elles sont perpendiculaires aux plans respectifs des couples, et que ces couples ont pour bras de levier commun l'intersection de leurs plans. Donc, pour avoir la droite représentative du couple résultant, il suffira de prendre en grandeur et en direction la diagonale du parallélogramme construit sur les droites représentatives des couples composants.

D'une manière générale, les couples se composent, à l'aide de leurs droites représentatives, absolument comme un système de forces concourantes.

RÉDUCTION DE TOUTES LES FORCES APPLIQUÉES A UN CORPS SOLIDE

Nous avons vu qu'un nombre quelconque de forces appliquées à un corps solide, pouvait se réduire à deux forces P et Q, dont une passe en un point déterminé A du solide.

Appliquons en A deux forces Q',Q'', égales à Q et directement opposées ; les forces P et Q'' se composent et ont une résultante R.

Le système est donc réduit à un couple et à une force, qui passe en un point déterminé A.

Ainsi, un nombre quelconque de forces appliquées à un corps solide, peut être remplacé par un couple et par une force, passant en un point déterminé du solide.

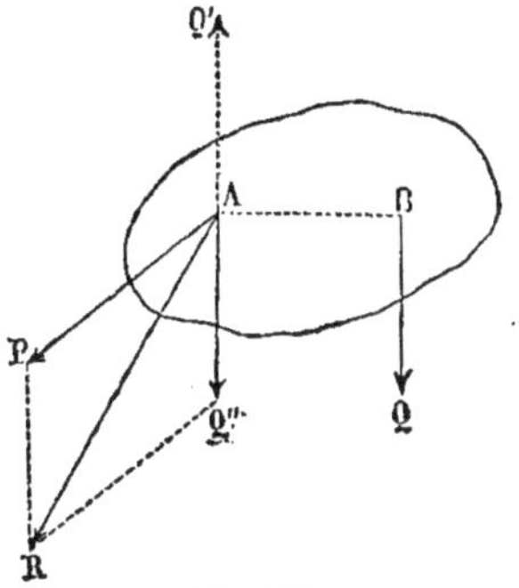

La grandeur et la direction de ce couple, sont donc variables avec le point A choisi arbitrairement.

Fig. 142.

On démontre qu'il existe un point, pour lequel la force est perpendiculaire au plan du couple, et le couple est alors le plus petit possible.

On voit là quelque chose d'analogue au résultat, trouvé en cinématique, pour le mouvement d'un corps solide : le mouvement le plus général se compose d'une rotation autour d'un axe instantané et d'une translation parallèle à cet axe. N'est-il pas naturel d'attribuer la rotation au couple et la translation à la force, qui est perpendiculaire au couple ; il en résulte ce mouvement complexe, qu'on se représente bien par le mouvement hélicoïdal de la vis.

RELATIONS ENTRE L'IMPULSION DES FORCES ET LA QUANTITÉ DE MOUVEMENT
D'UN SYSTÈME MATÉRIEL

Nous avons défini quantité de mouvement d'un point matériel à un instant donné, le produit de sa masse par sa vitesse ; la quantité de mouvement d'un solide sera la somme des produits analogues, ou Σmv.

Nous avons défini impulsion d'une force le produit du nombre, qui mesure cette force par le temps de son action ; l'impulsion élémentaire est Fdt, et l'impulsion pendant l'intervalle t est Ft.

Lorsqu'une force variable ou constante agit sur un point matériel, l'impulsion totale de cette force, pendant un certain temps, est égale à l'accroissement algébrique de la quantité de mouvement pendant le même temps, ce qui se résume par l'équation.

$$\int_0^t \mathrm{F}.dt = mv - mv_0$$

Cherchons ce que deviennent, pour un assemblage de points matériels, les relations entre les impulsions des forces et les quantités de mouvement.

Premier théorème. — L'accroissement algébrique de la somme des quantités de mouvement de tous les points matériels d'un système projetées sur un axe, est égal à la somme des impulsions totales de toutes les forces agissant sur le système projetées sur le même axe.

Si l'on rapporte le mouvement d'un point matériel à trois axes de coordonnées Ox, Oy, Oz, et que l'on considère les mouvements simultanés de ses trois projections, on voit que les vitesses de ces projections sont les projections V_x, V_y, V_z de la vitesse de l'espace, et que les forces de direction constante qui les sollicitent, sont les projections X,Y,Z de la force de l'espace, de sorte que le mouvement du point matériel est déterminé, si on connaît le mouvement de ses trois projections.

Si (m) est la masse du point matériel et son accélération $\dfrac{dv}{dt}$, la force de l'espace est $m\,\dfrac{dv}{dt}$, et l'on a pour ses projections les trois rel tions :

$$\mathrm{X} = m\frac{dv_x}{dt} \qquad \mathrm{Y} = m\frac{dv_y}{dt} \qquad \mathrm{Z} = m\frac{dv_z}{dt},$$

ou bien

$$m dv_x = \mathrm{X} dt \qquad m dv_y = \mathrm{Y}.dt \qquad m.dv_z = \mathrm{Z}.dt, \text{ et, en intégrant :}$$

$$(1) \qquad mv_x - mv_{0.x} = \int_0^t \mathrm{X} dt, \qquad m v_y - mv_{0y} = \int_0^t \mathrm{Y} dt, \qquad mv_z - mv_{0.z} = \int_0^t \mathrm{Z} dt$$

Ces équations (1) sont précisément la traduction algébrique du premier théorème énoncé plus haut.

Il en résulte que dans un solide, sur lequel n'agit aucune force extérieure, la somme des projections de quantité de mouvement sur un axe quelconque est constante.

Deuxième théorème. — Dans un système matériel, l'accroissement algébrique de la somme des moments des quantités de mouvement, par rapport à un axe quelconque, est égale à la somme des moments, par rapport au même axe, des impulsions de toutes les forces qui agissent sur le système.

Nous démontrerons ce théorème, d'abord, pour un point matériel : si l'on se reporte à la cinématique (chapitre I, figure 20), on voit qu'à un instant $(t + dt)$ la vitesse v d'un mobile M, qui parcourt sa trajectoire, est la résultante de la vitesse v_0 à l'instant t, et d'une droite complémentaire Jdt, dirigée suivant l'accélération totale et égale à cette accélération multipliée par l'intervalle infiniment petit dt. Or le moment d'une résultante, par rapport à un axe quelconque, est égal à la somme des moments des composantes (nous avons, en effet, démontré cette proposition sur des lignes, auxquelles on peut donner le nom que l'on veut); donc, en multipliant toutes les lignes par m, on aura :

$$\mathrm{M}^t\, mv = \mathrm{M}^t\, mv_0 + \mathrm{M}^t\, m\, \mathrm{J}dt.$$

La quantité $m\mathrm{J}$, produit d'une masse par une accélération totale, est la résultante F des forces qui agissent sur le point matériel, et la relation précédente peut s'écrire :

(1) $$\mathrm{M}^t\, mv - \mathrm{M}^t\, mv_0 = \mathrm{M}^t\, \mathrm{F}dt$$

Le théorème des moments des quantités de mouvement est donc vrai pour un temps élémentaire dt; si l'on considère un intervalle compris entre le temps o et t, et que cet intervalle soit partagé en une série de temps égaux dt, il faudra, pour obtenir la variation des moments des quantités de mouvement, faire la somme d'une infinité d'équations, telles que (1), et l'on obtiendra évidemment :

(2) $$\mathrm{M}^t\, mv - \mathrm{M}^t\, mv_0 = \int_0^t \mathrm{M}^t\, \mathrm{F}dt$$

Voici donc le théorème démontré pour un point matériel; appliquons l'équation précédente à tous les points d'un système, et nous trouverons :

(3) $$\Sigma\, \mathrm{M}^t\, mv - \Sigma\, \mathrm{M}^t\, mv_0 = \Sigma \int_0^t \mathrm{M}^t\, \mathrm{F}dt$$

Il est bon de remarquer que les quantités de mouvement, comme les impulsions, sont exprimées par des droites, sur lesquelles on prend des longueurs mesurant les produits mv ou $\mathrm{F}t$. Ces droites sont dirigées, pour les quantités de mouvement, suivant la tangente à la trajectoire du point matériel, et, pour les impulsions, suivant les forces qui agissent sur le point.

Conservation des moments et des aires. — Lorsque les moments des impulsions des forces extérieures sont constamment nulles, par rapport à un axe donné, la somme des moments des quantités de mouvement, par rapport au même axe, est constante.

Pour que les moments des impulsions des forces soient nuls, il faut que ces forces rencontrent toutes l'axe considéré.

Cherchons à interpréter, dans ce cas, le théorème des quantités de mouvement.

Commençons par un point matériel : un point matériel M est soumis à des forces telles, que leur résultante passe constamment par l'axe projeté en O, il en résulte que le moment de la quantité de mouvement (mv) de ce point matériel est constant et égal à C, on a donc :

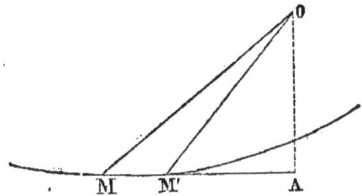
Fig. 143.

(1) $$\mathrm{M}^t\, mv = \mathrm{C},$$

mais le moment de mv est égal à mv multiplié par la perpendiculaire OA, abaissée de l'axe sur la tangente MM', et de plus la vitesse v est égale à $\dfrac{\mathrm{MM'}}{dt}$. L'équation (1) peut alors s'écrire :

$$m \times \mathrm{MM'} \times \mathrm{OA} = \mathrm{C}dt$$

MM′ × OA est le double de l'aire $d\omega$ du triangle OMM′, nous aurons donc :

$$d\omega = \frac{C}{2m} dt$$

L'accroissement de l'aire décrite par le rayon vecteur OM est proportionnel à l'accroissement du temps; c'est-à-dire que les rayons vecteurs décrivent des aires proportionnelles aux temps.

Passons à un système matériel; pendant un temps élémentaire dt nous aurons :

$$\Sigma\, md\omega = \frac{C}{2} dt$$

Ce ne sont plus les aires qui croissent proportionnellement aux temps, mais les produits des masses des divers points matériels par les aires que décrivent leurs rayons vecteurs.

Ce théorème peut être vrai accidentellement pour un seul axe de l'espace; mais il peut être vrai aussi pour tous les axes de l'espace, et cela, lorsque la résultante des forces extérieures, qui agissent sur le solide, est constamment nulle.

Lorsqu'un corps animé d'un mouvement de rotation autour d'un axe fixe, n'est soumis à l'action d'aucune force, la somme des moments des quantités de mouvement est constante. Prenons ces moments, par rapport à l'axe de rotation, en appelant r la distance d'un des points du corps à l'axe, on aura :

$$\Sigma\, mv \times r = c^{te}, \text{ mais, } v = \omega r, \text{ donc : } \omega\, \Sigma\, mr^2 = c^{te}.$$

Or $\Sigma\, mr^2$, moment d'inertie du corps, par rapport à l'axe de rotation, est constant; donc la vitesse angulaire est constante, et le corps tourne d'un mouvement uniforme.

Réciproquement, lorsqu'un corps tourne d'un mouvement uniforme, aucune force extérieure n'agit sur lui.

Remarquez, en terminant, que les théorèmes des projections et des moments des quantités de mouvement, comme ceux des projections et des moments des forces, s'appliquent aussi bien aux solides naturels qu'aux solides invariables; car, les forces intérieures, étant toujours égales deux à deux et directement opposées, disparaissent dans toutes les équations précédentes. C'est un point des plus importants qu'il ne faut pas oublier.

LOI DU MOUVEMENT DU CENTRE DE GRAVITÉ

Théorème. — Le centre de gravité d'un système se meut, comme si toute la masse M y était concentrée, et que toutes les forces y fussent transportées parallèlement à elles-mêmes.

En effet, soit G le centre de gravité, dont les coordonnées, par rapport à trois axes rectangulaires, sont X, Y, Z; elles sont déterminées par les équations :

$$(1) \qquad MX = \Sigma\, mx \qquad MY = \Sigma\, my \qquad MZ = \Sigma\, mz$$

Si l'on prend les dérivées des deux membres par rapport au temps, et qu'on les égale, en remarquant que

$$\frac{dx}{dt} = v_x \quad \frac{dy}{dt} = v_y \quad \frac{dz}{dt} = v_z,$$

on trouvera :

(2) $\qquad MV_x = \Sigma\, mv_x \quad MV_y = \Sigma\, mv_y \quad MV_z = \Sigma\, mv_z,$

Ainsi la projection de la quantité de mouvement du centre de gravité, considéré comme ayant une masse M, est égale à la somme des projections des quantités de mouvement de tous les points du corps. Il en est de même pour les moments des quantités de mouvement.

Prenons les dérivés des équations (2), ce qui revient à prendre les dérivées secondes des équations (1) par rapport au temps ; les produits tels que $m\dfrac{dv_x}{dt}$ deviennent les projections des forces F agissant sur le point M ; on a donc, en appelant R la force qui sollicite le centre de gravité :

(3) $\qquad R_x = \Sigma\, F_x, \quad R_y = \Sigma\, F_y, \quad R_z = \Sigma\, F_z.$

et ces équations signifient que la force R est précisément la résultante de toutes les forces F, transportées parallèlement à elle-même, en G, point d'application de R.

Là encore, les forces intérieures au système disparaissent d'elles-mêmes, et n'influent en aucune manière sur le mouvement du centre de gravité. Si, par exemple, un être animé est immobile, il lui sera impossible de se mouvoir au moyen des actions mutuelles de ses embres, si fortes qu'elles soient, car ces actions sont égales et directement opposées ; le centre de gravité n'est donc soumis à aucune force, et, s'il est en repos, il y reste indéfiniment. Le mouvement ne commencera que du moment où s'introduira une réaction extérieure.

Conservation du mouvement du centre de gravité. — Si la résultante des forces extérieures devient nulle après avoir produit son effet, le centre de gravité continuera à se mouvoir en ligne droite et d'un mouvement uniforme, en vertu de la vitesse acquise, sans être jamais dérangé de sa route par les actions et modifications quelconques qui peuvent se produire à l'intérieur du système.

Ainsi, le centre de gravité d'une bombe décrit dans l'air une parabole qu'il parcourt d'un mouvement uniforme, si l'on fait abstraction de la résistance du fluide. Quand la bombe éclate, les morceaux se dispersent et se séparent ; mais il ne se produit point de force extérieure au système, l'action d'un des éclats est égale à la réaction de l'autre, et le centre de gravité continue à parcourir uniformément sa parabole.

Le recul des canons s'explique de même, soit M la masse du canon et m celle du boulet ; le centre de gravité du système est immobile ; après la décharge, il ne s'est produit que des actions intérieures, donc le centre de gravité du système doit rester à la même place, et, comme le centre de gravité du boulet s'éloigne par exemple vers la droite, il faut que le centre de gravité du canon et de l'affût s'éloigne vers la gauche. Si v est la vitesse du boulet et v' celle du canon qui recule, la quantité de mouvement du système est constamment nulle, puisqu'il n'y a pas de forces extérieures, et $mv - Mv' = o$, d'où $v' = \dfrac{m}{M}\, v.$

La vitesse du recul, très-faible par rapport à v, se trouve rapidement annulée par le frottement de l'affût sur le sol, mais le recul se produit toujours plus ou moins.

Lorsqu'un homme marche sur un plan horizontal, il lève par exemple la jambe droite et la porte en avant, mais le centre de gravité du corps ne doit pas se mouvoir; pour qu'il reste en place, il serait nécessaire que la jambe gauche reculât; ce recul se produirait sur une surface parfaitement polie et l'homme n'avancerait pas, mais, sur le sol, la tendance au recul se transforme en réaction, et le mouvement de progression peut se produire.

Un homme isolé dans l'espace pourra faire mouvoir ses membres, mais son centre de gravité sera immobile, et lorsqu'une jambe fera un mouvement dans un sens, l'autre jambe fera un mouvement en sens inverse, afin que le centre de gravité du système reste immobile. En outre, il ne pourra se donner un mouvement de rotation autour de son centre de gravité, car la somme algébrique des aires décrites par tous les rayons vecteurs qui vont d'un point de son corps à un axe passant par le centre de gravité, cette somme des aires est constante. Elle est nulle au point de départ, donc elle doit être toujours nulle. Si une partie du corps tourne dans un sens et décrit une aire positive, une autre partie du corps tournera en sens contraire, et décrira une aire négative, de telle sorte que la somme algébrique des aires soit constante.

D'une manière générale, dans un système en mouvement, on peut introduire telles liaisons ou actions intérieures que l'on voudra, sans changer le mouvement du centre de gravité.

RELATIONS ENTRE LE TRAVAIL DES FORCES ET LA FORCE VIVE DU SYSTÈME

Théorème. — La somme des travaux des forces, tant intérieures qu'extérieures d'un système, est égale à la demi-variation de la force vive du système.

Nous avons démontré pour un point matériel que la somme des travaux des forces agissant sur ce point était égale à la demi-variation de la force vive. Du reste, le travail d'une résultante est égal à la somme des travaux des composantes, et toutes les forces qui agissent sur un point peuvent se réduire à une seule. Ce principe du travail, appliqué à un point matériel, nous donne

$$T(F) = \frac{1}{2} mv^2 - \frac{1}{2} mv_0^2.$$

Cette équation sera vraie pour tous les points d'un système matériel, pourvu qu'on ajoute les forces intérieures f aux forces extérieures F, de sorte que l'équation générale du travail s'écrira :

(1) $$\Sigma.T(F+f) = \frac{1}{2} \Sigma (mv^2 - mv_0^2)$$

Les forces intérieures apparaissent dans ce théorème, et cela se conçoit, car elles correspondent à des déplacements et à des déformations intérieures qui absorbent une certaine quantité de travail.

Ces forces intérieures ne disparaîtront que dans trois cas :

1° Lorsqu'on est en présence d'un solide invariable, c'est-à-dire indéfiniment rigide, il n'y a point de déplacement de ses points matériels, et, par suite, pas de travail ;

2° Lorsque le corps est parfaitement élastique, c'est-à-dire lorsqu'il revient exactement à sa forme primitive au moment où l'action qui l'avait modifié vient à cesser. En revenant à cette forme, il produit une quantité de travail égale et contraire à celle qu'il avait absorbée, et l'influence des forces intérieures se trouve annulée.

3° Lorsque le corps est parfaitement liquide : alors, ses molécules roulent les unes sur les autres, sans frottement ni compression, comme si elles étaient libres. Il n'y a point de forces intérieures ; f est constamment nulle et ne saurait, en conséquence, produire aucun travail.

CHAPITRE V

STATIQUE GÉNÉRALE

Principe des vitesses virtuelles ou du travail virtuel avec quelques applications. — Conditions d'équilibre d'un système solide; cas particuliers des forces situées dans un plan et des forces parallèles.

PRINCIPE DES VITESSES VIRTUELLES OU DU TRAVAIL VIRTUEL

Nous avons un système matériel dont les divers points sont sollicités par des forces quelconques; nous pouvons toujours supposer que nous écartions un des points du système dans une direction quelconque, de manière à le conduire de M en M', son mouvement étant indépendant du mouvement de tous les autres points.

Le chemin parcouru MM' s'appelle un déplacement virtuel. Les déplacement virtuels sont toujours supposés correspondre à un temps infiniment petit dt, et l'on appelle vitesse virtuelle du point considéré le rapport de l'espace parcouru à ce temps infiniment petit qu'il a fallu pour le parcourir; c'est le rapport $\frac{MM'}{dt}$.

Cette conception du déplacement virtuel est purement géométrique, et il ne faut pas y chercher autre chose que ce que nous venons de définir; il est clair que, dans la nature, on ne rencontrera pas de système dans lequel un point puisse se mouvoir, dans un sens quelconque, indépendamment des autres points du système. Le déplacement virtuel est une simple fiction géométrique; nous le répétons, afin de ne laisser à ce sujet aucun doute dans l'esprit du lecteur.

Par analogie, le travail virtuel d'une force qui agit sur un point matériel est le produit du déplacement virtuel par la projection de la force sur ce déplacement. Si l'on appelle ds le déplacement virtuel, et α l'angle de la force F avec le déplacement, le travail virtuel est

$$F.ds.\cos\alpha.$$

On dit qu'un corps est en équilibre sous l'action de plusieurs forces, lorsque ces forces combinées n'affectent point l'état de repos ou de mouvement du corps.

En particulier, un point matériel est en équilibre lorsque la résultante de toutes les forces qui le sollicitent est nulle; cette condition est évidemment nécessaire et suffisante.

Théorème du travail virtuel. — 1° *La condition nécessaire et suffisante pour qu'un point matériel soit en équilibre est que la somme des travaux virtuels de toutes les forces appliquées à ce point soit nulle pour un déplacement virtuel quelconque.*

Nous venons de dire que la condition nécessaire et suffisante de l'équilibre d'un point matériel est que la résultante de toutes les forces qui le sollicitent soit nulle.

Lorsque la résultante est nulle, son travail virtuel pour un déplacement virtuel quelconque est nul; et inversement, lorsque son travail virtuel est nul pour un déplacement virtuel quelconque, c'est que le second terme de l'expression du travail est nul aussi; ce second terme n'est autre que la résultante.

Mais nous avons démontré et c'est uniquement une proposition géométrique, que le travail d'une résultante était égal à la somme des travaux des composantes. Donc :

1° Lorsqu'un point est en équilibre, le travail virtuel de la résultante pour un déplacement virtuel quelconque, est nul, ou, ce qui revient au même, si l'on considère toutes les forces qui sollicitent le point, la somme de leurs travaux virtuels, pour un déplacement virtuel quelconque, est nulle.

2° Réciproquement, lorsque le travail virtuel de la résultante, pour un déplacement virtuel quelconque du point matériel, est nul, ou, ce qui revient au même, lorsque la somme des travaux virtuels de toutes les forces qui sollicitent le point est nulle, le point matériel est en équilibre.

Ces deux principes, que nous venons de démontrer par les considérations les plus simples, sont contenus dans l'énoncé du théorème du travail virtuel, inscrit en tête du paragraphe.

Il est clair qu'au nombre des forces qui sollicitent le point matériel, il faut compter les forces intérieures que lui transmettent les autres points d'un même système.

2° *La condition nécessaire et suffisante pour qu'un système matériel soit en équilibre est que la somme des travaux virtuels de toutes les forces, extérieures et intérieures, agissant sur les divers points du corps, soit nulle, quels que soient, relativement les uns aux autres, les divers déplacements virtuels imprimés à tous les points du système.*

Cette seconde partie découle immédiatement de la première; en appliquant l'équation des travaux virtuels à tous les points matériels d'un système, et ajoutant entre elles toutes les équations partielles, on obtient l'équation générale dont l'énoncé précédent est la traduction en langage vulgaire.

Les conditions de l'équilibre sont donc toutes contenues dans le théorème du travail virtuel; mais ce théorème nous donne une infinité d'équations, qui toutes doivent être satisfaites; il semble donc, au premier abord, qu'il n'ait pas avancé la question.

Nous devons donc introduire des conditions particulières, afin de n'avoir plus à résoudre qu'un nombre fini d'équations :

Parmi les déplacements virtuels, choisissons ceux qui sont compatibles avec la forme du système, c'est-à-dire des déplacements tels, que les distances de tous les points du système restent constantes, et que le système entier se déplace sans déformation; les forces intérieures étant deux à deux directement opposées, et la distance des points matériels, qu'elles sollicitent, étant constante, leur travail sera nul.

Il nous suffira donc d'exprimer, pour l'équilibre, que la somme des travaux virtuels des forces extérieures est nulle, pour un déplacement virtuel, compatible avec l'invariabilité de la forme du système.

Or, nous avons vu, en cinématique, que l'on distinguait deux mouvements simples des corps solides, à savoir : la translation et la rotation, et que, pendant un instant infiniment petit, le mouvement le plus général d'un solide était composé d'une translation et d'une rotation autour d'un axe instantané.

1° Dans un mouvement de translation, tous les points du système décrivent des trajectoires égales et parallèles; un déplacement virtuel de translation (d) sera donc le même pour tous les points du système; le travail virtuel correspondant d'une force F, qui fait l'angle α avec la translation, sera:

$$d.F.\cos \alpha,$$

et la somme des travaux virtuels de toutes les forces extérieures, qui doit être nulle, prendra la forme :

$$\Sigma \, d.\,F \cos \alpha \text{ ou}: d.\,\Sigma \,F \cos \alpha \times 0;$$

le facteur commun (d) disparaît, et il reste $\Sigma \,F \cos \alpha = 0$.

La condition revient donc à ceci :

La somme des projections des forces extérieures sur la translation virtuelle, c'est-à-dire sur un axe quelconque, doit être nulle.

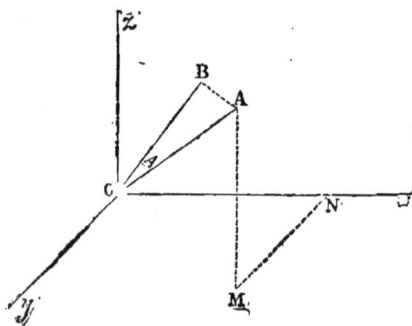

Fig. 144.

Ce qui nous fournit une infinité de conditions, que l'on peut réduire à trois, ainsi que nous allons le montrer :

Soit une force F représentée par la droite OA, on mène par le point O trois axes de coordonnées rectangulaires, et l'on représente par X, Y, Z les projections ON, MN, MA de la force sur ces trois axes; on demande maintenant la valeur de la projection de F sur un axe quelconque OB, qui fait avec OA un angle A et avec les axes de coordonnées les angles α, β, γ. Abaissons du point A la perpendiculaire AB sur OB, et projetons sur cet axe les deux contours polygonaux OAB, ONMAB; la somme algébrique des projections de ces deux polygones, qui ont leurs extrémités communes, est la même; on a donc :

$$F \cos A = X \cos \alpha + Y \cos \beta + Z \cos \gamma$$

Si l'on a plusieurs forces F, la somme des projections de ces forces sur un axe OB sera égal à la somme des projections, sur le même axe, de toutes les composantes des forces F dirigées suivant les axes de coordonnées, on aura :

(1) $$\Sigma \,F \cos A = \cos \alpha \, \Sigma \,X + \cos \beta \, \Sigma \,Y + \cos \gamma \, \Sigma \,X.$$

Revenons à notre théorème du travail virtuel : il y a équilibre pour une translation virtuelle, lorsque les projections de toutes les forces extérieures sur un axe quelconque ont une somme nulle. Il suffit que cette somme soit nulle par rapport à trois axes Ox, Oy, Oz, car alors, d'après l'équation (1), $\Sigma \,F \cos A$ sera toujours nul, et cette expression représente la somme des projections des forces F sur un axe quelconque.

Ainsi, les conditions nécessaires et suffisantes, pour qu'il y ait équilibre d'un système animé d'un mouvement de translation, se réduisent à trois :

$$\Sigma.X = o \quad \Sigma.Y = o \quad \Sigma.Z = o,$$

ce qui s'énonce.

La somme des projections de toutes les forces extérieures sur les trois axes de coordonnées doit être nulle, pour qu'il y ait équilibre.

2° Soit une rotation virtuelle autour d'un axe fixe. La force F, située à une distance R de l'axe, fournira, pour une rotation ω, un travail virtuel égal à : $F \times R\omega$, et la somme des travaux virtuels, qui doit être constamment nulle, sera représentée par :

$$\Sigma FR.\omega \text{ ou } \omega.\Sigma F.R = o.$$

Le facteur constant ω disparaît, et il reste $\Sigma F.R = o$; mais le produit F.R de la force par sa distance à l'axe virtuel, est le moment de la force F.

Donc, pour qu'il y ait équilibre du système, il faut et il suffit que la somme des moments des forces extérieures par rapport à un axe quelconque soit nulle.

Nous trouvons encore là une infinité de conditions qui se réduisent à trois :

Si la somme des moments est nulle par rapport à trois axes de coordonnées, elle sera nulle par rapport à tout autre axe de l'espace; la démonstration de ce fait est identique à celle que nous avons donnée plus haut (fig. 144), il suffit de supposer que les droites représentent des moments au lieu de représenter des forces.

Ainsi, un corps animé d'un mouvement de rotation sera en équilibre, lorsque la somme des moments de toutes les forces qui le sollicitent, prise par rapport à trois axes fixes, sera nulle.

ÉQUATIONS GÉNÉRALES DE L'ÉQUILIBRE D'UN CORPS SOLIDE

Le mouvement le plus général d'un corps étant composé d'une translation et d'une rotation, si l'on remarque que le travail dû à un mouvement est la somme des travaux dus à ses mouvements composants, les conditions nécessaires et suffisantes pour que ce corps soit en équilibre, sous l'action des forces extérieures qui le sollicitent, seront au nombre de six :

1° Les sommes des projections de toutes les forces sur trois axes fixes de coordonnées doivent être nulles.

2° Les sommes des moments de toutes les forces sur trois axes fixes de coordonnées doivent être nulles.

La statique tout entière est contenue dans ces six équations.

Nous les avons démontrées directement et par des raisonnements simples; mais il ne faut pas oublier que la statique est un cas particulier de la dynamique, et nous pouvions obtenir les relations précédentes au moyen des résultats déjà trouvés en dynamique.

En effet, la projection sur un axe quelconque de la résultante des forces appliquées à un point matériel, ou la somme des projections sur un axe quelconque des deux résultantes des forces appliquées un à corps solide, est égale à la somme des projections des composantes.

Le même théorème est vrai si l'on substitue les moments aux projections.

Ces deux propositions ont été démontrées en dynamique; or, pour qu'un système soit en équilibre, il faut et il suffit que les résultantes de toutes les forces, qui agissent sur lui, soient nulles; la somme de leurs projections ou de leurs moments, par rapport à un axe quelconque, sera donc nulle aussi, et il en résultera que :

1° La somme des projections de toutes les forces extérieures sur un axe quelconque sera nulle ;

2° La somme des moments de toutes les forces extérieures par rapport à un axe quelconque sera nulle.

Lorsqu'on applique les équations générales de l'équilibre, il faut se rappeler que les corps doivent être considérés comme absolument libres ; pour cela il faut avoir soin de représenter par des forces les réactions des appuis ou des liaisons, par lesquels le corps est soutenu ou dirigé, et ces forces doivent être comprises dans les équations de l'équilibre. Nous aurons souvent à appliquer cette remarque, lors de l'étude des machines et de la résistance des matériaux

SYSTÈMES DE FORCES ÉQUIVALENTS

Deux systèmes de forces sont dits équivalents lorsqu'ils font séparément équilibre à un autre système constant.

Il en résulte que la machine, à laquelle ces systèmes sont appliqués, est en équilibre sous l'action du premier et du troisième, comme sous l'action du second et du troisième ; les équations de l'équilibre sont donc vérifiées dans les deux cas ; dans ces équations, tout ce qui est relatif au troisième système est constant ; donc, dans chaque équation, l'ensemble des termes relatifs au premier système est égal à l'ensemble des termes relatifs au second.

Il en résulte que :

1° La somme des projections des forces du premier système, sur un axe quelconque, est égale à la somme des projections des forces du second système.

2° La somme des moments des forces du premier système, par rapport à un axe quelconque, est égale à la somme des moments des forces du second système.

CAS PARTICULIERS DE L'ÉQUILIBRE

1° *Forces situées dans un même plan.* — Nous avons un système de forces situées dans un même plan ; rapportons-les à trois axes de coordonnées rectangulaires, dont deux, Ox et Oy, sont dans le plan des forces, et le troisième, Oz, perpendiculaire à ce plan.

Les projections des forces sont, par construction, nulles sur l'axe des z, et leurs moments sont nuls aussi par rapport aux axes des x et des y. Les six équations se réduisent à trois, et le système se trouvera en équilibre, pourvu que :

1° Les sommes des projections des forces sur deux axes, situés dans le plan, soient nulles ;

2° La somme des moments des forces, par rapport à un axe perpendiculaire au plan, soit nulle aussi.

Le plus souvent, on est supposé prendre les moments par rapport au point d'intersection de l'axe des z et du plan ; en effet, les distances de ce point aux forces mesurent le bras de levier des forces.

2° *Forces concourantes.* — Lorsque les forces concourent en un même point O, si nous prenons pour axe de coordonnées trois droites rectangulaires passant en ce point, les moments des forces par rapport aux trois axes sont nuls par construction, puisque toutes les forces rencontrent les axes, et les conditions de l'équilibre se réduisent à trois :

Les sommes des projections des forces sur les trois axes considérés doivent être nulles.

3° *Forces parallèles.* — Prenons l'axe des z parallèle aux forces, les axes des x et des y seront dans un plan perpendiculaire. Chaque force donne une projection nulle sur les axes des x et des y, et un moment nul par rapport à l'axe des z.

Les équations de l'équilibre se réduisent donc à trois :

1° La somme des projections de toutes les forces sur un axe parallèle à leur direction doit être nulle ;

2° Les sommes des moments des forces, par rapport à deux axes situés dans un plan perpendiculaire à leur direction, doivent être nulles.

APPLICATIONS DU THÉORÈME DES TRAVAUX VIRTUELS

1° *Équilibre du levier.* — Un levier est un corps solide, et plutôt une tige rigide qui présente un point fixe ; le mouvement des divers points du levier ne peut être qu'une rotation autour du point fixe. Le levier sert à vaincre, au moyen d'un effort P appliqué en A, une résistance Q appliquée en B.

Pour qu'il y ait équilibre entre l'effort ou puissance et la résistance, ces deux forces doivent être dans le même plan, et, lorsque cette condition est vérifiée, il fau en outre que la somme des projections des travaux virtuels sur un axe quelconque soit nulle.

Prenons un axe passant par le point fixe O, perpendiculaire à la droite AB et situé dans le plan des forces : soit α l'angle de P, et β l'angle de Q avec l'axe que nous venons de définir ; soit encore (a) et (b) les longueurs OA et OB ; le travail de P, pour une rotation virtuelle $d\omega$, est (P $a\,d\omega$ cos α), et le travail de Q est (Q. $b.d\omega$ cos β) ; ces travaux sont de signe contraire, et l'on a :

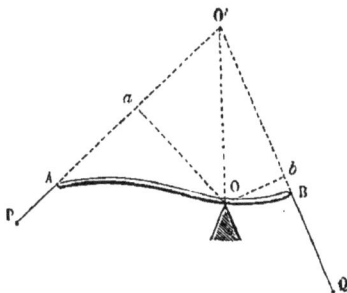

Fig. 145.

$$P.\,a.d\omega.\cos\alpha - Q\ b.\,d\omega.\cos\beta = 0$$

ou

$$\frac{P}{Q} = \frac{b.\cos\beta}{a.\cos\alpha}$$

Les quantités $b\cos\beta$ et $a\cos\alpha$ sont représentées sur la figure 145 par O a et O b ; ce sont les bras de levier des deux forces, c'est-à-dire les perpendiculaires abaissées du point fixe sur la direction des forces. D'où :

Lorsqu'il y a équilibre entre la puissance et la résistance, ces forces sont en raison inverse de leur bras de levier, et réciproquement.

Le plus souvent, les forces sont perpendiculaires à la droite AB, et l'équation d'équilibre se réduit à $\dfrac{P}{Q} = \dfrac{b}{a}$.

Le levier que nous venons de décrire est un levier du premier genre; le point fixe s'y trouve entre la puissance et la résistance. On distingue encore :

Le levier du second genre (fig. 146), dans lequel le point d'application de la résistance est entre le point fixe et le point d'application de la puissance ;

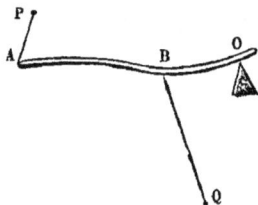 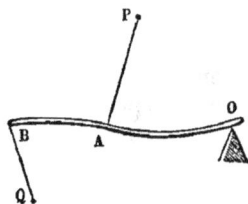

ig. 146.　　　　Fig. 147.

Le levier du troisième genre, dans lequel le point d'application de la puissance est entre le point fixe et le point d'application de la résistance (fig. 147).

Dans les leviers des deux derniers genres, la puissance et la résistance sont dirigées en sens contraire l'une de l'autre.

Le centre de gravité du levier ne coïncide généralement pas avec le point fixe; aussi faudrait-il en tenir compte, et la pesanteur vient en aide tantôt à la puissance, tantôt à la résistance; le plus souvent, le poids du levier est très-faible par rapport aux forces mises en jeu et on le néglige.

Parmi les leviers du premier genre, nous citerons la balance ordinaire et la romaine, décrites en physique; parmi les leviers du second genre, nous citerons les pinces et leviers dont on se sert sur tous les chantiers pour soulever les pièces pesantes.

Un levier exerce sur son point d'appui une certaine pression, et, pour supposer ce levier complètement libre, il faut lui supposer, appliquée en O, une réaction R égale et de sens contraire à la pression qu'il transmet à son appui. Le levier doit alors se trouver en équilibre sous l'action des forces P, Q, R, c'est-à-dire que R est égale et directement opposée à la résultante de P et Q, ou bien égale à la diagonale du parallélogramme construit sur P et Q prises en sens contraire. La force R n'est pas intervenue dans le travail virtuel, parce qu'elle passe par l'axe choisi; mais c'est seulement en l'adjoignant aux deux autres que l'on peut supposer le levier complètement libre dans l'espace.

2° *Équilibre de la poulie.* — C'est, à vrai dire, un levier du premier genre dont les bras sont égaux; il faut, pour l'équilibre, que la puissance égale la résistance.

Dans une moufle ou dans un palan, le travail de la puissance doit être égal au travail de la résistance; donc, ces deux forces sont en raison inverse des chemins qu'elles parcourent, et on en trouvera le rapport en retournant à la cinématique.

5° *Équilibre du treuil.* — Le travail de la résistance appliquée au tambour de rayon (r) doit être, pour une rotation élémentaire $d\omega$, égal au travail de la puissance appliquée à la manivelle du rayon R ; donc

$$p r\, d\omega = \text{P.R}\, d\omega \ \text{ou}\ p.r = \text{PR}, \frac{p}{\text{P}} = \frac{\text{R}}{r}$$

Les moments de la puissance et de la résistance par rapport à l'axe de rotation doivent être égaux.

Pour supposer le treuil absolument libre, il faudrait introduire les réactions R et R' des tourillons; prenons pour axe des x l'axe du treuil, les axes des y et des z seront dans un plan perpendiculaire, appelons R_x, R_y, R_z, et R'_x, R'_y, R'_z, les composantes des réactions suivant les trois axes; X,Y,Z et M,N,P les sommes des projections et des moments des forces extérieures par rapport aux trois axes de coordonnées; soit enfin l la distance entre les tourillons; l'origine des axes étant sur un des tourillons, l'une des forces R a tous ses moments nuls, l'autre a son moment nul par rapport à l'axe des x, mais son moment, par rapport à l'axe des z est $R'_y \times l$, et par rapport à l'axe des y, $R'_z \times l$. Les six équations de l'équilibre s'écrivent donc :

$$X + R_x + R'_x = o, \quad Y + R_y + R'_y = o, \quad Z + R_z + R'_z = o,$$
$$M = o, \quad N - lR'_r = o, \quad P - lR'_y = o$$

Les six inconnues n'entrent que dans cinq équations, et l'on ne trouve que la somme $(R_x + R'_x)$ des compressions qui s'exercent suivant l'axe du treuil; et cela se comprend, car ces compressions se confondent et s'ajoutent forcément dans la nature.

Généralement, les équations précédentes se simplifieront, parce que les réactions des tourillons sont normales à l'axe du treuil; mais nous avons traité la question d'une manière générale pour montrer comment on devait opérer dans des cas analogues.

4° *Équilibre des corps pesants.* — Appliquons à un corps soumis à la seule action de la pesanteur le théorème des travaux virtuels; la somme des travaux virtuels de tous les poids élémentaires est égale au travail de leur résultante, le poids du corps appliqué au centre de gravité G.

Le corps sera en équilibre, si ce travail est nul; or, pour qu'il soit nul, le poids ne l'étant pas, il faut que le déplacement du centre de gravité soit nul; donc :

Un corps, soumis à la seule action de la pesanteur, est en équilibre lorsque son centre de gravité est immobile sur la verticale.

Le centre de gravité sera immobile sur la verticale, lorsqu'il sera directement

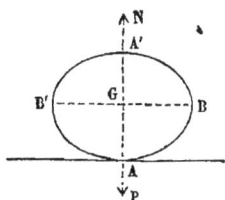

Fig. 148.

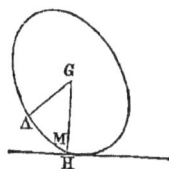

Fig. 149.

soutenu par un fil ou par un appui, ou lorsqu'il se trouve au point le plus haut ou le plus bas du chemin qu'il lui est permis de parcourir.

On dit qu'un corps est en équilibre stable (figure 148), lorsque son centre de gravité est soutenu et ne peut descendre davantage; si on écarte le corps de sa position d'équilibre, il tend à y revenir, car son centre de gravité, une fois élevé, tend sans cesse à redescendre par l'effet de la pesanteur.

Au contraire, l'équilibre est instable, lorsque le corps, écarté de sa position, tend à s'en éloigner; c'est qu'alors le centre de gravité n'est pas au point le plus bas de sa course, et, une fois qu'il n'est plus soutenu, il tend à descendre davantage.

L'équilibre est indifférent, lorsqu'il persiste dans toutes les positions; c'est le cas d'une sphère posée sur un plan horizontal.

La réaction totale des appuis est égale au poids du corps : soit une table, qui

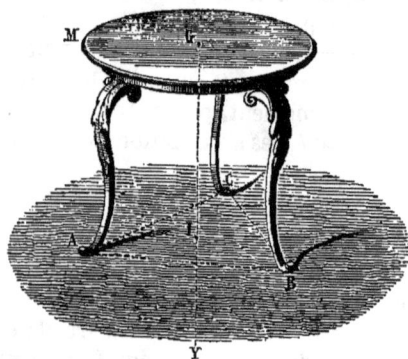

repose sur un plan horizontal par trois points A,B,C; pour la supposer libre dans l'espace et en équilibre, il faut supposer que la somme des réactions exercées sur elle par ses points d'appui est égale à son poids. Les trois réactions composées doivent donner une résultante égale et contraire au poids GI du corps, poids appliqué au centre de gravité.

Nous avons résolu les principales questions d'équilibre, et, grâce aux principes et aux exemples que nous nous sommes efforcé d'exposer avec clarté, nous espérons que le lecteur ne rencontrera pas de difficulté dans les questions analogues.

Fig. 150.

DE LA DYNAMIQUE RAMENÉE A LA STATIQUE

De la dynamique ramenée à la statique. — La statique n'est qu'un cas particulier de la dynamique, celui où toutes les forces agissant sur un corps ont une résultante nulle.

Toutefois, on a ramené la dynamique à la statique par des considérations simples, et c'est à partir du jour où l'on a trouvé cette combinaison que la mécanique pure a fait les plus grands progrès.

C'est à d'Alembert que l'on doit cette idée.

Nous avons appelé force d'inertie d'un point matériel une force égale et directement opposée à la résultante des forces qui agissent sur lui; c'est la réaction du point sur le système qui lui communique son mouvement.

Ceci posé, si l'on considère un point matériel, soumis à des forces en nombre quelconque, et que l'on ajoute à ces forces la force d'inertie, le point sera évidemment en équilibre, puisque la force d'inertie est précisément égale et de sens contraire à la résultante de toutes les autres.

Remarquez que la force d'inertie est quelque chose de fictif, tandis que toutes les autres sont réelles.

Ainsi, voici le principe de d'Alembert :

Il y a équilibre entre les forces de toutes espèces, extérieures ou intérieures, qui agissent sur un corps, et les forces d'inertie des divers points de ce corps.

Nous pouvons donc appliquer à ce système les équations de l'équilibre. Dans ces équations, les forces réelles sont connues, les forces d'inertie sont inconnues; on les déterminera en résolvant les équations, et, en prenant des forces égales et directement opposées, on trouvera pour chaque point la résultante des forces qui le sollicitent.

Nous ne donnerons qu'un exemple de cette théorie : projetons toutes les forces sur un axe quelconque, appelons F la projection d'une force extérieure, et R la projection d'une force d'inertie ; les projections des forces intérieures disparaissent, et l'on a :

$$\Sigma.\,F - \Sigma R = o,$$
d'où
$$\Sigma.\,F = \Sigma R.$$

S'il s'agit d'un point matériel, la force R est unique et égale à ΣF, et l'on retrouve le théorème des projections, relatif non plus à l'équilibre, mais à la composition des forces, à savoir :

La projection de la résultante sur un axe quelconque est égale à la somme des projections des composantes.

Nous ne faisons qu'indiquer cette méthode féconde ; la développer plus longtemps nous entraînerait trop loin, et ne servirait qu'à nous faire retrouver les résultats que nous connaissons déjà.

Nous terminons ici la mécanique rationnelle pour entrer dans l'étude des machines ; les sujets que nous venons de traiter sont quelquefois arides, mais leur importance est capitale, et il faut les posséder parfaitement si l'on veut voir juste dans les questions pratiques. En mécanique, plus encore peut-être que dans les autres sciences, le flambeau de la théorie est indispensable à qui veut marcher droit dans le chemin de la vérité.

MACHINES

CHAPITRE PREMIER

OBJET DES MACHINES

Moteur, récepteur, organes de transmission, outil. — Effet utile. — Mouvement uniforme ou périodique; régulateurs, volants.

MOTEUR, RÉCEPTEUR, ORGANES DE TRANSMISSION, OUTIL

On distingue dans une machine quatre éléments constitutifs.

1° Le *moteur* qui fournit la force nécessaire à l'opération. Dans bien des cas, c'est un moteur animé qui agit par sa force musculaire : c'est, par exemple, un homme qui tourne une manivelle, un cheval qui fait tourner un manége; mais le moteur animé, bien que présentant certains avantages, a le grave inconvénient de coûter très-cher et de fournir un travail faible et irrégulier. Aussi, l'industrie s'est-elle complétement métamorphosée depuis qu'elle a eu recours aux moteurs inanimés, et notamment à la force élastique de la vapeur d'eau. La force due à la dilatation de l'air et des gaz, celle que produit la pression du vent sur les surfaces contre lesquelles il se brise, et enfin les forces dues au mouvement et à la chute des eaux courantes sont à peu près les seules que l'on emprunte aux moteurs inanimés.

2° Le *récepteur*, qui reçoit et recueille l'effort du moteur. Sa forme dépend évidemment de la nature du moteur et de ses propriétés physiques; ce sera pour l'homme une manivelle, pour le cheval un manége, pour l'air et l'eau des surfaces soumises à la pression de ces fluides, pour les vapeurs et les gaz des pistons parcourant des cylindres fermés.

3° Les organes de transmission, ou simplement la *transmission*, interposée entre le récepteur et l'outil, et transmettant à celui-ci l'effort de celui-là. Sa forme dépend surtout de la manière dont le mouvement du récepteur doit se transformer pour donner le travail voulu.

13

4° L'*outil*, qui agit sur les objets à travailler, et qui dépend de la modification qu'on se propose d'apporter à ces objets. A chaque métier correspond son outil spécial, marteau, lime, burin, cisaille, pompe, etc.

Il va sans dire que le choix de ces divers éléments est très-important dans toute machine, si l'on veut employer le mieux possible le travail moteur dont on dispose. Ainsi la vitesse du récepteur peut influer sur le travail moteur : lorsque cette vitesse est infinie, la pression du moteur sur le récepteur est nulle, et lorsque cette vitesse est nulle, la pression du moteur est maxima; dans ces deux cas, le travail moteur est nul, puisque l'un ou l'autre des termes qui le composent vient à disparaître; entre ces deux limites, le travail moteur présente donc un maximum qui correspond à une vitesse déterminée du récepteur et par suite à une pression déterminée du moteur.

PRINCIPE DE LA TRANSMISSION DU TRAVAIL DANS LES MACHINES

L'étude des machines, au point de vue dynamique, est résumée dans une seule équation : l'équation du travail et des forces vives que nous avons démontrée pour un système quelconque de points matériels.

La somme des travaux de toutes les forces, qui agissent sur un système, est égale à la demi-variation de la somme des forces vives pendant le temps considéré. La force vive d'un point est le produit de sa masse par le carré de sa vitesse; la force vive d'un système est la somme des produits analogues pour tous les points du système.

Nous pouvons appliquer aux machines le théorème du travail, démontré pour un système matériel quelconque.

Mais il faut avoir soin d'adjoindre aux forces extérieures, mouvantes et résistantes, les forces intérieures que produisent les frottements, les liaisons, les ébranlements et les chocs de toute nature.

Désignons par T_m la quantité de travail moteur due aux forces mouvantes extérieures, pendant un certain temps pour lequel on veut appliquer le principe de la transmission du travail; par T_r la quantité de travail résistant produite, pendant le même temps, par les forces résistantes extérieures, auxquelles nous supposons réunis les efforts dus à la résistance des milieux gazeux ou liquides; par T_f la quantité de travail absorbée par tous les frottements qui s'établissent entre les diverses pièces dont est composée la machine; par T_c la quantité de travail absorbée par tous les chocs entre ces pièces; enfin, appelons m et v la masse et la vitesse d'un point matériel du système, le principe de la transmission du travail est exprimé par l'équation

$$(1) \qquad T_m - T_r - T_f - T_c = \tfrac{1}{2} \Sigma \left(mv^2 - mv_0^2 \right).$$

Cette équation permet de déterminer à chaque instant l'état dynamique de la machine : le travail moteur et la vitesse d'un des points du récepteur sont des données pratiques de la question; connaissant la vitesse d'un des points du système, la cinématique nous fournit immédiatement la vitesse de tous les autres points et le second membre de l'équation (1) s'en déduit; les forces du frottement et du choc dépendent du poids des pièces en présence, de leur vitesse

et de leur mouvement particulier, toutes choses connues ou déduites de la cinématique ; il ne nous reste donc, dans l'équation (1), en fait d'inconnu, que le
travail résistant T_r que cette équation nous permettra de déterminer.

Lorsque la machine marche pendant un temps assez long, comparativement à
celui qu'il lui faut pour se mettre en train et pour atteindre son allure normale,
les termes T_m, T_r... croissent indéfiniment, les vitesses, au contraire, restent toujours comprises dans de certaines limites, généralement fort restreintes, et, en
somme, le second membre de l'équation devient de plus en plus petit par rapport aux termes du premier membre, et ce rapport peut même devenir aussi
petit qu'on le voudra, pourvu que la machine marche pendant longtemps. L'équation de la transmission du travail se réduit alors à

$$(2) \qquad\qquad T_m = T_r + T_f + T_c.$$

Cette équation (2) est l'expression du principe général de la transmission du
travail dans les machines :

Le travail moteur est égal à la somme du travail résistant, utilisé par l'outil,
et des travaux absorbés par les frottements et les chocs des diverses pièces de
la machine.

Effet utile. — Dans le travail résistant T_r, nous avons compris celui des résistances du milieu dans lequel se meut l'outil, il faut y comprendre encore les
frottements inhérents à cet outil lui-même, et, ce qui reste, est le travail réellement utile, celui qui a servi à produire l'opération voulue. — C'est ce qu'on
appelle l'effet utile de la machine.

IMPOSSIBILITÉ DU MOUVEMENT PERPÉTUEL

L'effet utile sera par exemple le travail dû au poids du charbon extrait d'un
puits de mine, au poids de l'eau qu'une pompe élève, etc... D'une manière générale, l'effet utile se mesure par le travail effectué sur la matière. Pour le calcul
de la machine, il est nécessaire d'évaluer cet effet utile en kilogrammètres à la
seconde, ou en chevaux-vapeur; aussi ne mesure-t-on pas directement le travail
produit, mais le travail résistant que le dernier organe de la machine transmet à
l'outil; d'ordinaire, on mesure le travail pris sur l'arbre de couche qui actionne
l'outil, et on le compare au travail moteur qu'il a fallu dépenser pour le produire.

Rendement de la machine. — Le rendement de la machine est le rapport de
l'effet utile au travail moteur dépensé pendant le même temps. L'équation (2)
nous apprend que l'effet utile est toujours inférieur au travail moteur d'une
quantité égale au travail qu'absorbent les frottements et les chocs de toute
nature.

Ainsi, le rendement est toujours inférieur à l'unité.

Exemple : une chute d'eau a une force de 100 chevaux, et l'on n'en recueille
que 75 sur l'arbre de couche; le rendement de la machine hydraulique est donc
$\frac{75}{100}$ ou $\frac{5}{4}$, ou, comme on dit d'ordinaire, 75 p. 100.

L'effet utile est toujours inférieur au travail moteur, car, si l'on peut atténuer
considérablement les frottements et les chocs au moyen d'une construction soi-

gnée, on ne saurait les faire entièrement disparaître; le frottement tient à la constitution même des systèmes matériels.

On ne saurait donc espérer de trouver une machine qui amplifie le travail qu'elle a reçu, et qui permette de transformer une quantité limitée de travail en une quantité supérieure. Ce problème de la recherche du mouvement perpétuel a séduit plus d'un esprit, et l'on a dépensé, bien en pure perte, beaucoup d'argent pour le résoudre. Le principe de la transmission du travail met immédiatement au jour l'inanité de toutes ces conceptions; supposez 10 litres d'eau tombant de 10 mètres de hauteur, cela représente un travail de 100 kilogrammètres; faites agir ce volume d'eau sur telle machine que vous voudrez, si cette machine s'approche de la perfection, vous pourrez élever près de 10 litres d'eau à 10 mètres de hauteur; mais, jamais vous n'en élèverez plus de 10 litres; bien plus, vous en élèverez toujours moins de 10 litres, car il n'existe point dans la nature de machine parfaite, c'est-à-dire dénuée de frottement.

Nous avons choisi un exemple simple, mais il en est de beaucoup plus compliqués sur lesquels ont pâli bien des inventeurs infortunés; il est inutile même de les examiner, le principe qui les condamne et que nous venons d'exposer est aussi certain qu'un théorème de géométrie.

CONSIDÉRATIONS GÉNÉRALES SUR LES MACHINES

Jamais un travail n'engendre un travail plus grand; le travail se conserve sans s'accroître ni diminuer; il ne s'accroît jamais, nous venons de le voir, mais il paraît diminuer toujours, il n'en est rien; le travail qui semble s'anéantir est seulement transformé, il produit une usure des surfaces frottantes, et une augmentation de chaleur qui est en rapport constant avec la quantité de travail disparue. Cette étude féconde de la conservation du travail et de sa transformation en chaleur a fait faire à la science un pas immense; nous la reprendrons plus loin.

Puisqu'une machine ne crée pas de travail et que, au contraire, elle en absorbe, on peut se demander en quoi elle est utile. Elle est utile en ce sens qu'elle modifie les forces dans un rapport quelconque, tandis qu'avec les moteurs animés les forces ne varient que dans une étendue fort limitée; ainsi, soit un poids de 1000 kilogrammes, un homme sera incapable de le soulever et de le mouvoir; mais il soulèvera bien un poids de 50 kilogrammes par exemple, et le rendement, ou rapport de l'effet utile à la puissance, s'approchera de l'unité, car le travail perdu par le frottement et l'extension des muscles est peu considérable; au contraire, une grue élévatoire dépensera plus de travail pour élever 1000 kilogrammes à 1 mètre de hauteur, que l'homme n'en dépense pour élever 20 fois 50 kilogrammes à la même hauteur, mais la grue aura effectué une besogne impossible à la force moléculaire de l'homme.

Les machines ont donc l'immense avantage de modifier les forces dans tel rapport que l'on voudra, mais elles ont l'inconvénient d'absorber du travail. Il ne faut pas oublier, du reste, qui si la force varie, le travail reste constant, et que, par suite, son second terme, le chemin parcouru, doit varier en raison inverse de la force. C'est ce qu'exprime le vieil adage: « Ce que l'on gagne en force, on le perd en vitesse, et réciproquement. »

Les moteurs offrent un travail qu'ils ne sont point capables de modifier par eux-mêmes, à l'exception toutefois des moteurs animés qui jouissent à cet égard d'une certaine latitude ; les machines reçoivent ce travail des moteurs, elles le transforment et l'approprient à l'opération qu'on a en vue.

Les machines, dit Coriolis, sont destinées à augmenter ou à diminuer soit la force motrice, soit le chemin décrit dans un temps donné par son point d'application ; à partager l'un ou l'autre en plusieurs portions, à modifier leurs positions et leurs directions ; en un mot, à changer tout ce qui constitue la force et le chemin, mais sans pouvoir jamais augmenter le travail. La portion de cette quantité que les machines peuvent reproduire est d'autant moins différente de celle qu'elles ont reçue, que les frottements sont moins considérables. S'il était possible de construire des machines sans frottement, on pourrait dire alors que le travail est une quantité qui ne se perd pas. En réalité, la perte de travail n'est qu'apparente, c'est plutôt une transformation du travail en usure de la matière et en chaleur.

On peut comparer la transmission du travail par les machines à l'écoulement d'un fluide, qui se répandrait dans les corps en passant de l'un à l'autre par les points de contact ; se diviserait en plusieurs courants dans le cas où un seul corps en pousse plusieurs ; ou formerait, au contraire, la réunion de plusieurs courants dans le cas où plusieurs corps en poussent un seul. Ce fluide pourrait en outre s'accumuler dans certains corps et y rester en réserve jusqu'à ce que de nouveaux contacts, ou des contacts avec écoulement plus considérable, en fissent sortir une plus grande quantité ; ce travail en réserve, que nous assimilons ici à un fluide, est ce que nous avons appelé la force vive. En suivant cette comparaison, une machine, dans le sens ordinaire du mot, est un ensemble de corps en mouvement, disposés de manière à former une espèce de canal par où le travail prend son cours pour se transmettre, le plus intégralement possible, sur les points où l'on en a besoin. Il se perd peu à peu par les frottements et par les déformations des corps, ou bien il va se répandre dans la terre, où, s'étendant indéfiniment, il devient bientôt insensible, ne laissant après lui que des déformations ou des échauffements permanents.

Nous ne produisons rien de ce qui est nécessaire à nos besoins, sans déplacer les corps ou changer leur forme ; ce qui ne peut se faire qu'en surmontant des résistances et en exerçant certains efforts dans le sens du mouvement. C'est donc une chose utile que la faculté de produire ainsi le déplacement accompagné de la force dans le sens de ce déplacement ; en d'autres termes, c'est une chose utile que la faculté de produire du travail. Soit qu'on le tire des animaux, de l'air en mouvement, de la pression de la vapeur ou de l'eau qui descend de localités élevées dans d'autres plus basses, il est limité pour chaque temps, pour chaque lieu, et ne se crée pas à volonté ; les machines ne font que l'employer ou le tenir en réserve sans pouvoir l'augmenter ; dès lors, la faculté de le produire se vend, s'achète et s'économise comme toutes les choses utiles qui ne sont pas en extrême abondance, et qu'on ne peut se procurer sans dépenses.

DES PHASES DU MOUVEMENT D'UNE MACHINE

Dans le mouvement d'unemachine, on distingue trois phases qui correspondent à trois états particuliers de l'équation du travail et que nous allons examiner. Rappelons l'équation générale

$$T_m - T_r - T_f - T_c = \tfrac{1}{2} \Sigma (mv^2 - mv_o^2).$$

1° *Période de la mise en train.* — Une machine est au repos, et l'on commence à la faire mouvoir, on la met en train, comme on dit. Que devient l'équation du travail? Les vitesses initiales v_o sont nulles, et le travail résistant total $(T_r + T_f + T_c)$ est moindre que le travail moteur T_m, leur différence est $\tfrac{1}{2} \Sigma mv^2$. Donc le travail moteur doit être assez considérable, non-seulement pour vaincre les résistances utiles et passives, mais encore pour communiquer aux diverses pièces en mouvement une force vive croissante.

Cette force vive, et par suite la vitesse des pièces mobiles, va croissant jusqu'à une certaine limite, dite de vitesse normale ; la vitesse normale est celle qui convient le mieux au bon fonctionnement de la machine au point de vue de la dynamique et de la besogne dont cette machine est chargée.

Ainsi, dans cette première période, il faut comme un supplément de travail moteur, ce qu'on appelle le coup de collier du départ, et qui s'obtient dans les machines à eau et à vapeur en faisant arriver sur la roue ou sur le piston des quantités de liquide ou de vapeur plus considérables que celles qui sont nécessaires à la marche normale.

2° *Période normale.* — Dans la période normale du fonctionnement, les vitesses sont généralement constantes et appropriées à l'outil et au travail qu'il doit produire ; dans ce cas, le second terme de l'équation du travail est constamment nul.

Toutefois, dans certaines machines, les opérations à exécuter exigent des vitesses variables; presque toujours, ces vitesses sont périodiquement variables, c'est-à-dire qu'elles passent régulièrement par une série de grandeurs successives, et elles recommencent la série aussitôt qu'elles l'ont terminée. Lorsque la périodicité absolue n'existe pas, ce qui est bien rare, les vitesses oscillent dans des limites restreintes. Dans tous les cas, la force vive du système éprouve des variations très-faibles, et oscille dans des limites suffisamment rapprochées, pour qu'il soit permis d'admettre que le second terme est constamment nul; cependant, ce n'est pas absolument vrai, la variation de la force vive ne devient nulle qu'à certaines époques plus ou moins périodiques.

D'une manière générale, nous dirons que, dans le cas de la marche normale d'une machine, pourvu que l'on considère un intervalle de temps embrassant plusieurs périodes du mouvement, le second membre de l'équation du travail est toujours dans un rapport très-petit, et souvent nul, avec les termes du premier membre.

Donc, le travail moteur T_m est constant et égal au travail résistant total représenté par la somme $T_r + T_f + T_c$.

C'est évidemment pour ce cas de la marche normale que les éléments des machines doivent être calculés.

3° *Période d'arrêt.* — Lorsque arrive pour la machine le moment du repos, l'arrêt n'est pas instantané, car pour annuler une force vive, il faut un travail, c'est-à-dire une force et un déplacement. Une force, si grande qu'elle soit, ne produit aucun travail s'il n'y a point déplacement de son point d'application. On ne peut donc arrêter instantanément une machine, et l'on passe nécessairement par une période plus ou moins longue de ralentissement, à la fin de laquelle les vitesses v sont nulles.

L'équation de la transmission du travail s'écrit donc

$$T_m - (T_r + T_f + T_c) = -\tfrac{1}{2} \Sigma\, m v_0^2.$$

Le travail moteur est inférieur au travail résistant total, et leur différence est représentée par la demi-variation de la force vive.

Le système matériel en mouvement restitue sa force vive, sous forme de travail, ce qui permet de vaincre toujours les mêmes résistances avec un travail moteur moindre, jusqu'à ce que la force vive étant épuisée, la machine s'arrête.

Ainsi, pour ramener le système à l'immobilité, il faut diminuer le travail moteur; d'ordinaire, on le supprime complétement, et la machine ne continue à fonctionner qu'en vertu de sa force vive, qui ne tarde pas à disparaître en se transformant peu à peu en travail.

Les trois phases du mouvement des machines se résument donc comme il suit :

1ʳᵉ PHASE. — *Mise en train.* — Travail moteur supérieur au travail résistant total.
2ᵉ PHASE. — *Période normale.* — Travail moteur égal au travail résistant total.
3ᵉ PHASE. — *Arrêt.* — Travail moteur inférieur au travail résistant total. . . . .

DES VOLANTS

On doit chercher à obtenir dans les machines un mouvement parfaitement uniforme de toutes les pièces; car ces pièces se trouvent alors en équilibre sous l'action de toutes les forces qui les sollicitent, et leur état dynamique est constant. Elles ne sont donc pas soumises à des pressions variables ni à des chocs funestes pour la solidité de l'appareil et du bâti.

D'autre part, la vitesse du récepteur aussi bien que celle de l'outil ne varient pas; elles restent appropriées soit à la nature du moteur, soit à la besogne que l'on se propose; l'outil travaille sans choc, et il n'y a point de perte de force vive.

Mais l'uniformité du mouvement n'est point toujours possible à obtenir; les arbres de rotation sont, dans la pratique, les seuls engins qui donnent l'uniformité, et l'on doit tendre à les substituer à tous les autres organes. C'est ainsi que la nouvelle machine à vapeur rotative est appelée à rendre de précieux services. Dans l'état actuel, avec les transmissions par bielles et par manivelles ou par pièces animées d'un mouvement alternatif, l'uniformité du mouvement est impossible. Du reste, il arrive souvent que le travail moteur et le travail résistant sont sujets à des variations plus ou moins accidentelles, qui tiennent à la nature même des choses et qu'il est presque impossible de supprimer.

Toutes les fois qu'on transmet un effort par l'intermédiaire d'une bielle et d'une manivelle, la force motrice a son effet maximum lorsque la bielle et la manivelle font entre elles un angle droit ; mais, lorsque leurs directions se confondent, la force motrice n'a plus d'action, son travail est nul puisque la force est perpendiculaire au chemin parcouru par le bouton ; ce phénomène se produit à chaque demi-tour, au passage des points morts, et le travail moteur oscille sans cesse entre une valeur nulle et sa valeur maxima. De cette irrégularité dans le travail moteur résulte nécessairement une irrégularité correspondante dans la vitesse transmise à l'outil.

Considérons maintenant un arbre à cames soulevant des pilons ; quand une came est en contact avec le mentonnet d'un pilon, le travail résistant est constant et maximum, mais, au moment où la came abandonne le pilon pour le laisser retomber, le travail résistant s'annule ; supposons le travail moteur à peu près constant, il en résultera, pendant la période de soulèvement du pilon une diminution sensible de la vitesse de toutes les pièces mobiles, et pendant la période de chute une augmentation brusque de cette vitesse. A chaque oscillation, l'appareil éprouvera donc des chocs considérables.

De tout ce qui précède, il résulte que l'uniformité du mouvement dans les machines n'existe pas en général.

Comme cette uniformité est fort désirable et fort avantageuse, il faut chercher à s'en approcher le plus possible.

On arrive à réduire considérablement l'amplitude des oscillations de la vitesse, au moyen de pièces très-lourdes, sorte de grandes roues métalliques, montées et fixées sur l'arbre de couche, de manière à tourner avec lui. Nous voulons parler des volants.

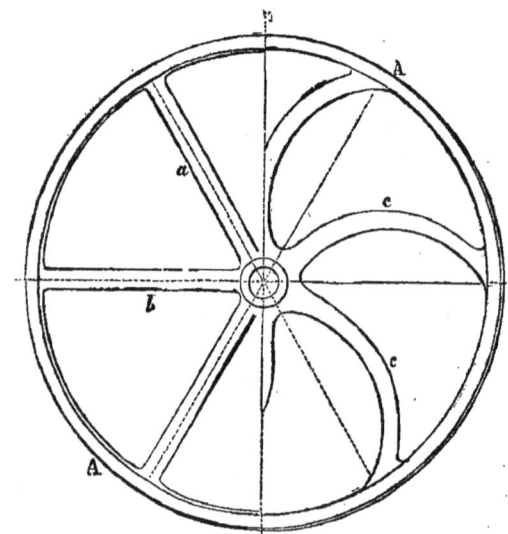

Fig. 151.

Un volant est une roue en fonte dont la jante A a une section tantôt carrée ou rectangulaire, tantôt circulaire ou elliptique, tantôt plus compliquée et analogue aux sections que représente la fig. 152. Cette jante fondue d'une seule pièce ou de plusieurs morceaux suivant ses dimensions, est reliée au manchon central par des rayons droits (a, b) ou courbes (c, c) ; ceux-ci sont préférables, mais les premiers sont plus faciles à couler et avec eux les dangers du retrait sont moindres. La section en est variable aussi ; ils sont elliptiques, ou rectangulaires, ou rectangulaires avec nervure centrale ; cette forme paraît la plus résistante ; mais les sections arrondies offrent, pour les rayons, comme pour la jante, l'avantage de fendre beaucoup mieux l'air, et de recevoir de la part de ce fluide une résistance beaucoup moindre ; il ne faut pas oublier que cette résistance de l'air peut prendre une importance notable, car elle croît comme le carré de la vitesses des pièces mobiles.

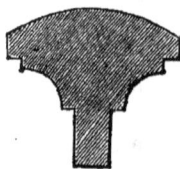

Fig. 152.

Les petits volants sont fondus tout d'une pièce; les grands volants se composent de plusieurs pièces assemblées ; on fond quelquefois ensemble le moyeu et les rayons, ou un arc de jante avec les rayons qui y aboutissent; quelquefois, enfin, les rayons, le moyeu et les jantes sont fabriqués séparément et réunis par des assemblages.

Calculons maintenant l'effet dynamique du volant; la jante étant la partie de beaucoup la plus lourde, et la plus éloignée de l'axe de rotation, c'est elle surtout qui a de l'influence sur le mouvement, puisqu'elle peut prendre une force vive considérable. Appelons ω la vitesse angulaire normale de l'arbre sur lequel le volant est claveté, r le rayon de la jante, et m sa masse, et supposons que la vitesse angulaire varie de ω à $(\omega + \delta)$, la force vive du volant sera, en désignant par v la vitesse de circulation d'un point de la jante,

$$m(v'^2 - v^2) = mr^2\left((\omega + \delta)^2 - \omega^2\right) = mr^2(2\,\omega\,\delta + \delta^2), \text{ ou, approximativement :}$$
$$m(v'^2 - v^2) = 2\,mr^2\,\omega.\,\delta.$$

Ainsi, pour une variation donnée de force vive, la variation δ de la vitesse angulaire sera d'autant moindre que la masse du volant, sa vitesse de rotation et son rayon seront plus grands.

Or la variation de force vive est égale à la somme des variations qui se produisent dans le travail moteur et dans le travail résistant; on peut, dans la pratique, prévoir quelles seront les maximums des écarts du travail moteur et du travail résistant, et en déduire la variation maxima de la force vive. Cette quantité obtenue et égale à A, la variation dans la vitesse angulaire de l'arbre du volant sera donnée par l'équation

$$\delta = \frac{A}{2\,mr^2\,\omega},$$

ω est la vitesse angulaire normale que l'on connaît; on pourra donc disposer de la masse m et du rayon r, ou ce qui revient au même, du moment d'inertie mr^2 de la jante, de manière à rendre δ aussi petit que l'on voudra.

Donc, en choisissant convenablement les dimensions d'un volant, on arrivera toujours à renfermer les variations de vitesse d'un arbre tournant entre deux limites données aussi rapprochées qu'on le voudra.

Pratiquement les dimensions et la vitesse angulaire d'un volant sont limitées ; l'inertie développe dans un volant une force centrifuge égale à $\frac{mv^2}{r}$ ou $m\omega^2 r$,

qui, comme on le voit, est proportionnelle au rayon de la jante et au carré de la vitesse angulaire du volant. Cette force centrifuge exerce sur les rayons une traction considérable, à laquelle ceux-ci doivent être capables de résister ; connaissant la force centrifuge maxima F susceptible de se produire, et la résistance (a) de la fonte par millimètre carré, c'est-à-dire le nombre de kilogrammes auxquels elle peut résister par traction sans se rompre, on en déduira la limite $\frac{F}{a}$ de la section d'un rayon. La force F se rapporte seulement à l'arc de jante, avec lequel s'assemble le rayon, cet arc étant terminé au milieu des intervalles qui séparent le rayon donné des rayons voisins.

Si la force centrifuge venait à dépasser la limite calculée ci-dessus, le bras du volant ne pourrait plus résister, il se briserait et la jante, abandonnée à elle-même, continuerait son mouvement en vertu de la vitesse acquise; elle s'échapperait suivant la tangente, changée en un projectile des plus dangereux. Cet effet s'est naturellement produit plus d'une fois.

En somme, un volant est une sorte de réservoir de force vive; le niveau s'y élève et de la force vive s'y emmagasine lorsque le travail moteur vient à s'accroître accidentellement; au contraire, le niveau s'y abaisse et de la force vive s'en échappe lorsque le travail moteur subit une diminution. Grâce à lui, l'arbre moteur de l'outil a une vitesse sensiblement constante; l'outil exécute son travail dans de bonnes conditions et sans éprouver de choc.

D'ordinaire, on détermine les dimensions d'un volant de façon que les plus grandes variations de vitesse de son arbre moteur ne dépassent pas $\frac{1}{15}$ de la vitesse moyenne.

On ne trouve guère aujourd'hui de machines sans volants, à moins que ces machines ne présentent que des mouvements de rotation, ou que le récepteur ne forme lui-même volant, comme dans les roues hydrauliques. Toutes les manivelles destinées à être mises en mouvement par l'homme, telles que manivelles de moulins broyeurs, de hache-pailles, de tours, etc., sont aujourd'hui munies de volants qui facilitent le passage des points morts, et régularisent le travail moteur variable que l'homme exerce sur le bouton de la manivelle. Le volant est indispensable aussi dans toutes les machines à action intermittente, telles que balanciers destinés à frapper les médailles, appareils à emporte-pièce ou à matrice comme les machines à river et à poinçonner, etc.

Voici, d'après M. l'ingénieur Mathieu les dimensions et les poids des volants de machine à vapeur :

MACHINES A BASSE PRESSION.					MACHINES A MOYENNE PRESSION AVEC DÉTENTE AU TIERS ET CONDENSATION.					MACHINES A HAUTE PRESSION AVEC DÉTENTE AU TIERS ET SANS CONDENSATION.				
FORCE en chevaux.	NOMBRE de tours par minute.	DIAMÈTRE du volant.	VITESSE moyenne de l'anneau par seconde.	POIDS de la jante.	FORCE en chevaux.	NOMBRE de tours par minute.	DIAMÈTRE du volant.	VITESSE moyenne de la jante par seconde.	POIDS de la jante.	FORCE en chevaux.	NOMBRE de tours par minute.	DIAMÈTRE du volant.	VITESSE moyenne de l'anneau par seconde.	POIDS de la jante.
		mètres.	mètres.	kilog.			mètres.	mètres.	kilog.			mètres.	mètres.	kilog.
1	68	1.00	3.53	180	1	57	1.52	3.95	260	1	66	1.03	3.50	325
2	47	1.54	3.76	450	2	54	1.57	4.52	456	4	50	1.74	4.55	1012
3	41	1.82	3.90	715	4	48	1.98	4.94	844	10	43	2.46	5.50	2010
4	58	2.10	4.14	912	8	45	2.60	5.85	1148	20	59	3.20	6.51	3160
6	52	2.57	4.28	1524	12	39	3.00	6.12	1848	32	36	3.62	7.20	4480
8	50	2.93	4.59	1880	16	38	3.50	6.54	2224	40	34	4.22	7.48	5480
10	28	3.21	4.70	2400	20	36	3.62	6.80	2780	50	33	4.66	8.02	6150
16	25	3.85	5.02	3776	24	35	3.85	7.03	3192	60	31	5.04	8.15	7620
20	24	4.20	5.25	4480	32	34	4.12	7.31	3528	70	30	5.58	8.43	8540
24	23	4.55	5.47	5184	40	33	4.54	7.82	4104	80	29	5.74	8.70	9820
32	22	5.16	5.94	6150	50	32	4.94	8.25	4770	90	27	6.08	8.59	11790
40	21	5.70	6.25	7210	60	30	5.40	8.46	5885	100	26	6.58	8.68	13300
50	20	6.30	6.58	8550	70	28	5.86	8.57	7280	120	25	6.92	9.05	15240
60	20	6.78	7.10	8820	100	24	7.22	9.07	11600	140	23	7.45	8.97	19740
70	19	7.23	7.18	10570	120	23	7.93	9.56	13080	160	22	7.96	9.15	22720
100	17	8.40	7.47	15800	150	21	8.72	9.57	17850	200	20	8.86	9.26	30400

On peut se demander quelle est la place du volant dans une machine ; la théorie nous apprend que, pour éviter les chocs et les frottements, il faut monter le volant sur l'arbre qui présente une résistance variable. Mais il y a souvent plusieurs arbres à résistance variable, et l'on se trouvera quelquefois embarrassé. Lorsqu'un même arbre de couche actionne plusieurs outils, on monte sur cet arbre de couche, près de la machine motrice, un volant principal, et chaque outil possède en outre son volant particulier.

Avant de quitter cette question des volants, n'oublions pas de remarquer que ces engins ont un inconvénient sérieux : leurs poids est considérable, ils sont donc coûteux et en outre surchargent énormément l'arbre qui les porte ; les tourillons de celui-ci transmettent à leurs appuis des pressions, d'où résultent des frottements considérables qui absorbent beaucoup de travail. D'autre part, les volants emmagasinent une quantité de travail qui demanderait, pour être absorbée rapidement, une résistance excessive, dont on ne saurait disposer ; on ne peut donc arrêter brusquement une machine à volant ; elle ne cesse son mouvement que lorsque la force vive du volant a disparu, ce qui demande toujours un temps assez long ; cette circonstance est fâcheuse dans bien des cas, particulièrement lorsqu'il arrive quelque accident

DES CONTRE-POIDS DANS LES MACHINES

Influence du poids des pièces non centrées. — Lorsqu'une pièce est mobile, elle peut être centrée ou non centrée. La pièce est centrée lorsque son centre de gravité reste fixe pendant le mouvement ; dans ce cas, le travail dû à la pesanteur est constamment nul, ainsi que nous l'avons vu en mécanique rationnelle, et la pesanteur n'intervient point dans l'équation des forces vives, tel est le cas d'une roue centrée, d'un wagon qui roule sur un plan horizontal. La pièce est excentrée ou non équilibrée, lorsque son centre de gravité n'est pas fixe pendant le mouvement ; le centre de gravité ne s'élève point ou ne s'abaisse point indéfiniment, sans quoi il est clair que la pièce en question quitterait la machine et n'en ferait pas partie ; les pièces mobiles revenant périodiquement aux mêmes positions, leur centre de gravité décrit une courbe fermée ; tant que le centre de gravité s'abaisse, le travail de la pesanteur est positif, et vient en aide au moteur ; au contraire, tant que le centre de gravité s'élève, le travail de la pesanteur est négatif ou résistant ; c'est le cas d'une manivelle non équilibrée, d'un excentrique, etc.

Les pièces excentrées ou à mouvement alternatif ont donc une influence détestable sur l'uniformité du mouvement des machines, et c'est cette influence que l'on combat par les contre-poids.

1° *Contre-poids d'une manivelle ordinaire.* — Soit une manivelle simple A (fig. 153), son centre de gravité est en (g); lorsque la manivelle descend, son poids appliqué au centre de gravité s'ajoute à la pression exercée par l'ouvrier, et le mouvement tend à s'accélérer ; lorsque la manivelle monte, son poids produit un travail résistant et le mouvement tend à diminuer de vitesse. Dans tous les cas, le poids de la manivelle s'oppose à l'uniformité du mouvement.

Aussi, dans les appareils bien construits, on se sert de manivelles telles que B, équilibrées par un contre-poids C, de sorte que le centre de gravité soit sur l'axe de rotation ; le centre de gravité reste immobile pendant la rotation et le travail de la pesanteur est constamment nul; l'ouvrier peut alors exercer une pression uniforme sur la manivelle, afin de produire un mouvement uniforme.

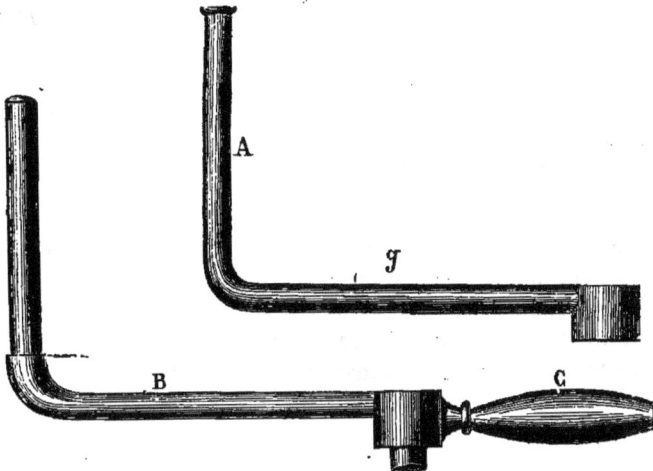

Fig · 153.

2° *Contre-poids d'une machine à simple effet.* — Lorsqu'une tige FA agit sur le bouton d'une manivelle, celui-ci décrit un cercle dont le centre est en O; on dit que la machine est à simple effet, lorsque la force F, transmise par la tige, n'agit que pendant une demi-révolution MAN de la manivelle, le complément de la révolution s'achevant en vertu de la vitesse acquise; la machine est à double effet, lorsque la puissance F agit d'une manière continue pendant toute la rotation. Généralement, la bielle FA est assez longue pour que l'on puisse, sans erreur sensible, admettre qu'elle possède une direction constante; cette direction est presque toujours verticale ou horizontale; la figure 154 suppose une bielle verticale. La traction exercée par cette bielle étant constante et égale à F, la force, qui sollicite le bouton tangentiellement à sa circonférence, sera variable;

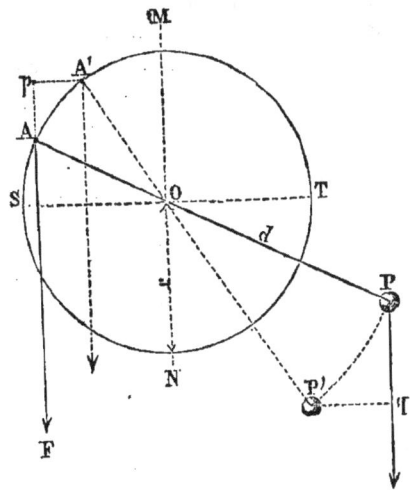

Fig. 154.

elle sera nulle aux points morts M et N, et maxima aux points S et T, lorsque le chemin élémentaire parcouru coïncidera avec la direction de la force.

Dans la machine à simple effet, le travail moteur de la manivelle est donc excessivement variable. On le régularise au moyen d'un contre-poids P, placé sur le prolongement du rayon OA à une distance *d* telle que

$$P \times d = \tfrac{1}{2} F . r$$

Le moment du contre-poids P par rapport à l'axe de rotation est la moitié du moment de la puissance F par rapport à ce même axe. Donnons à la manivelle une rotation élémentaire, pour laquelle le bouton descend de A′ en A, et le centre de gravité du contre-poids monte de P′ en P ; le travail de la puissance sera F × Ap, et le travail du contre-poids P × Pq ; or les triangles ApA′, PqP′ sont semblables, donc

$$\frac{Ap}{Pq} = \frac{AA'}{PP'} = \frac{AO}{OP} = \frac{r}{d}.$$

Le travail de la puissance est donc proportionnel à F.r, et celui du contre-poids à P.d ; mais nous avons fait par construction P.$d = \frac{1}{2}$ F.r. Donc le travail de la puissance F est le double du travail du contre-poids P ; ces deux travaux sont toujours de sens contraire, et le contre-poids intervient pour réduire de moitié le travail de la force F pendant la descente du bouton ; mais, pendant que le bouton remonte, la force F n'agit plus, le contre-poids agit au contraire comme force motrice, et rend à la manivelle le travail qu'il lui avait enlevé pendant la première moitié de la rotation.

Grâce à cette disposition, on ne dépense pas plus de travail moteur, mais on le divise en deux parts égales qui agissent pendant une rotation complète, au lieu d'agir, comme leur somme primitive, pendant une demi-rotation.

Remarquez encore que le contre-poids P joue le rôle de volant et augmente la masse tournante, de sorte qu'il concourt, encore à ce point de vue, à diminuer les variations de vitesse.

Le système précédent s'applique au rouet, au tour à pédale, etc...

Effets du mouvement alternatif de certaines pièces. — Considérons une locomotive en marche et animée d'un mouvement uniforme ; son centre de gravité doit, lui aussi, marcher d'un mouvement uniforme, c'est-à-dire rester fixe par rapport à la machine ; or, il y a certaines pièces comme le bâti et les longerons qui sont absolument fixes, elles supportent les autres pièces par l'intermédiaire de ressorts puissants ; d'autres pièces, comme les pistons et les bielles, sont mobiles ; quand elles vont en avant, leur centre de gravité s'avance, et par suite le centre de gravité de l'ensemble ne peut rester immobile que si les pièces fixes éprouvent un mouvement inverse à celui du piston, c'est-à-dire un recul ; au contraire, si les pistons reviennent en arrière, la partie de la machine montée sur les ressorts revient en avant pour que le centre de gravité reste fixe.

Il en résulte plusieurs mouvements qui affectent plus ou moins les locomotives et qui sont au nombre de quatre :

1° Mouvement de va et vient dans le sens du chemin parcouru, c'est le tangage que nous venons de décrire ;

2° Mouvement de rotation de la machine autour d'un axe transversal à la voie, c'est le mouvement de galop ;

3° Rotation de la machine autour d'un axe parallèle à la voie, c'est le mouvement de roulis ;

4° Rotation de la machine autour d'un axe vertical, c'est le mouvement de lacet, lequel se communique aux attelages et par suite à toutes les voitures du train.

Si les deux pistons marchaient toujours parallèlement l'un à l'autre, et étaient tous les deux parfaitement horizontaux ainsi que leurs bielles, le tangage seul se produirait ; mais les deux bielles sont calées à 90° l'une de l'autre, les cylindres sont souvent inclinés sur l'horizontale, et en tous cas les bielles le sont toujours ; il en résulte que le centre de gravité de la partie, montée sur les ressorts, oscille dans plusieurs sens, verticalement et horizontalement, et prend les divers mouvements énumérés plus haut.

Dans les machines fixes, ces mouvements d'oscillation ont aussi tendance à se produire, au grand préjudice des bâtis, qui doivent être très-solides pour résister aux efforts d'arrachement et pour éteindre rapidement les vibrations transmises.

On doit, autant que possible, s'efforcer de réduire la masse et la vitesse de toutes les pièces capables de produire des forces d'inertie dangereuses, car l'effet de ces pièces croît proportionnellement à leur masse et au carré de leur vitesse. Les grandes machines fixes ont presque toujours des vitesses relativement faibles, et les perturbations dues aux pièces mobiles y sont peu considérables ; cependant, ces perturbations sont un obstacle sérieux au développement des machines rapides, qui sont beaucoup plus économiques sous le rapport du poids et du volume.

Dans les locomotives, aussitôt que la vitesse augmente, les perturbations s'accroissent dans une grande proportion, et c'est là l'inconvénient le plus sérieux des locomotives rapides.

On est arrivé à atténuer, sinon à faire disparaître les perturbations au moyen de contre-poids, placés sur les roues motrices à l'opposé du bouton des manivelles ; la manivelle, faisant corps avec l'essieu moteur, constitue avec la roue motrice un corps tournant non équilibré, on obtient le centrage au moyen d'un contre-poids placé dans la roue sur le prolongement du rayon de la manivelle.

L'utilité de ces contre-poids est bien reconnue, mais tous les ingénieurs n'ont pas été d'accord sur la valeur qu'il convenait de leur donner. Nous citerons à ce sujet les travaux de MM. Lechatellier et Couche, et en dernier lieu de M. H. Arnoux. (Voy. les *Annales des mines* de 1867.)

« Dans les machines qui travaillent à grande vitesse, dit M. Arnoux, les pièces du mécanisme produisent des perturbations importantes du mouvement et mettent en jeu les réactions des appuis de ces machines, de façon à devenir la cause non-seulement d'inconvénients fâcheux, mais encore de véritables dangers. Ces inconvénients croissent rapidement avec la vitesse ; aussi ont-ils été signalés depuis longtemps pour les locomotives et les machines de bateaux à vapeur.

« On peut même dire que la suppression de ces perturbations devient une question de premier ordre, si l'on veut dépasser avec sécurité les vitesses qu'on atteint maintenant.

« Cette question a été traitée par plusieurs auteurs dans le cas particulier d'une locomotive, mais, même dans ce cas, elle n'a pas été résolue complétement. »

Nous ne suivrons pas M. Arnoux dans le développement de son étude ; nous nous contenterons d'en donner le principe et les résultats importants.

Principe. — Dans une machine quelconque, pour que les pièces du mécanisme ne donnent lieu à aucune perturbation du mouvement et par suite à aucune modification dans les réactions des appuis, il faut et il suffit que les forces d'inertie provenant de ces pièces se fassent constamment équilibre.

Or nous avons vu en mécanique rationnelle que, lorsqu'un corps était sollicité par des forces qui se détruiraient s'il était rigide, ou qui du moins n'auraient d'autre effet que de développer des tensions ou pressions intérieures entre les diverses parties du système matériel, ce corps possédait les propriétés suivantes (théorème de la conservation des quantités de mouvement)

1° La somme des quantités de mouvement de tous les points du système, projetés sur un axe fixe, est constante;

2° La somme des moments des quantités de mouvement de tous les points du système par rapport à un axe fixe est constante ;

3° Le centre de gravité du système est animé d'un mouvement uniforme. On appliquera ces relations par rapport à un axe fixe et appartenant à la machine considérée, de sorte que le centre de gravité de l'ensemble devra rester immobile par rapport à cet axe.

Considérons une machine à vapeur fixe à un seul cylindre, agissant par l'intermédiaire d'une bielle et d'une manivelle sur un arbre moteur. Soit b la longueur de la bielle, l et l' les distances de son centre de gravité à l'extrémité de la tige du piston et au bouton de la manivelle, le poids B de cette bielle se répartit entre l'articulation de la tige du piston et le bouton de la manivelle.

$$\text{L'articulation de la tige porte un poids. . B.}\ \frac{l'}{b},$$

$$\text{et le bouton de la manivelle. . . . . B.}\ \frac{l}{b}$$

Le poids de la bielle se partage donc entre l'articulation du piston et le bouton de la manivelle, et il est évident que le centre de gravité de cette bielle ne peut se déplacer que dans deux directions : l'une perpendiculaire à la direction variable du rayon de la manivelle, et l'autre parallèle à la tige du piston.

Pour annuler le déplacement du centre de gravité dans le sens perpendiculaire au rayon de la manivelle, on fera équilibre au poids $B\frac{l}{b}$, supporté par le bouton, au moyen d'un contre-poids P placé à une distance (d) de l'axe de rotation : ce contre-poids devant en même temps faire équilibre au poids M de la manivelle, lequel est appliqué à une distance (m) de l'axe de rotation, on aura, en désignant par r le rayon de la manivelle,

$$(1) \qquad\qquad\qquad P\,d = B\,\frac{l}{b}\,r + \text{M}.\,m.$$

D'ordinaire, on place le contre-poids P à la jante des roues; par suite, la distance (p) est connue et le poids P se déduit de l'équation (1).

Reste à annuler le déplacement du centre de gravité dû au déplacement du poids appliqué à l'extrémité de la tige du piston; appelons Q le poids de l'attirail mobile du piston, et plaçons sur le prolongement de la tige de ce piston un contrepoids R, qui se meuve en sens inverse du piston avec une vitesse qui soit à celle du piston dans le rapport inverse de R à la somme des poids mobiles avec le piston $\left(Q + B\frac{l'}{b}\right)$. Alors, le moment de l'attirail mobile du piston et celui du contre-poids, pris par rapport à un point fixe de l'axe du cylindre, varieront de quantités égales en temps égaux; comme ils sont en sens contraire, ils s'annuleront et le centre de gravité sera invariable. Le contre-poids R est relié par une bielle à une manivelle montée sur l'arbre de rotation à 180° de la première; ce mécanisme réalise évidemment les conditions exprimées plus haut.

Après avoir appliqué les résultats précédents aux locomotives, M. Arnoux calcule la grandeur des forces et des couples perturbateurs ainsi que l'amplitude des perturbations. Voici les principaux résultats qu'il donne pour une locomotive Crampton, animée d'une vitesse de 90 kilomètres à l'heure :

1° Le maximum de la force qui produit le tangage est de.. . . . . 5427 kilog.
2° La force constante qui produit le mouvement de trépidation, par lequel le centre de gravité décrit une petite circonférence, est de. 2753
3° Le maximum du couple qui produit le galop est de. 2878
4°   —   —   roulis est de. 2505
5°   —   —   lacet est de.. . . . . . . , ... 7649

Supposez que le frottement des roues sur les rails s'abaisse au $\frac{1}{10}$ de la charge,

ce qui arrive quelquefois ; comme la machine pèse 27 tonnes, le frottement de glissement sera alors de 2,700 kilogrammes, c'est-à-dire qu'une force supérieure à 2,700 kilogrammes sera capable de déplacer la locomotive sur les rails ; les deux forces de tangage et de trépidation sont précisément dans ce cas.

La charge sur l'essieu moteur étant de 12,000 kilogrammes, et le rayon de sa roue 1^m,05, le couple qui ferait patiner les roues motrices, en admettant toujours le coefficient de frottement $\frac{1}{10}$, serait

$$1200 \times 1,05 = 1260.$$

Le couple qui donne le galop peut donc produire cet effet de patinage, puisqu'il est supérieur à 1260.

D'après M. Arnoux, l'amplitude du tangage est de 0^m,007, et l'amplitude du

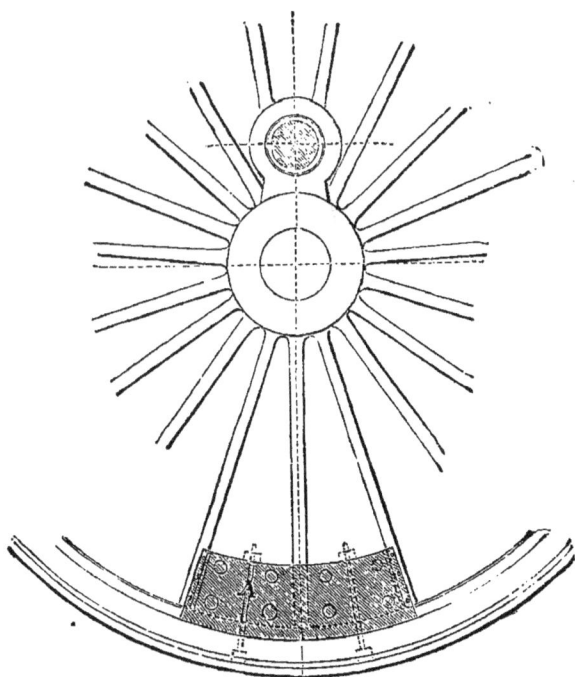

Fig. 155.

mouvement de lacet est 0^m,03 à la distance de 1 mètre du centre de gravité ;

l'essieu d'avant, qui est à 2 mètres de ce centre, sera donc susceptible de prendre un déplacement de 0ᵐ,06.

Il est clair que ce mouvement de lacet est fort important au point de vue de la sécurité, et qu'on ne saurait trop chercher à le réduire ; combiné avec une voie courbe ou mal entretenue, il peut conduire à de graves accidents.

Aussi s'est-on attaché à faire disparaître surtout ce mouvement de lacet, au risque même d'amplifier les autres mouvements de roulis et de trépidation.

La figure 155 représente le contre-poids de la roue motrice d'une machine à grande vitesse. On voit ce contre-poids en A, boulonné sur la jante, et directement opposé au bouton de la manivelle. Le centre de gravité du contre-poids doit se trouver dans le plan que décrit le rayon de la manivelle; pour n'avoir pas observé cette règle, on est arrivé quelquefois à rendre le remède pire que le mal, car on n'équilibrait pas la manivelle et, au contraire, on augmentait les masses excentrées.

DES MODÉRATEURS ET RÉGULATEURS

Outre les volants et les contre-poids, on se sert encore d'une troisième classe d'engins, afin d'obtenir l'uniformité du mouvement dans les machines ; ce sont les modérateurs et les régulateurs.

1º Les modérateurs ont en général pour but de dépenser un excédant de travail fourni par le moteur ; ils empêchent ainsi la machine de s'emporter pendant les intermittences du travail de l'outil. Ils ont un grave inconvénient, qui est de dépenser inutilement du travail moteur.

2º Les régulateurs agissent plus spécialement sur le moteur lui-même dont ils règlent l'effort, de manière à le proportionner au travail de l'outil ; ainsi un régulateur limitera la quantité de vapeur à admettre dans un cylindre, et l'augmentera ou la diminuera suivant qu'il sera nécessaire d'obtenir un effort plus ou moins puissant. On voit que les régulateurs ont sur les modérateurs l'avantage de ménager les forces du moteur, et ne les dépensent point inutilement.

Modérateurs. — Le modérateur le plus usité est le frein dont nous verrons plus loin la théorie. Vient ensuite le volant à ailettes, que nous avons vu dans l'appareil du général Morin, pour la recherche des lois de la chute des corps, et qui sert aussi dans la sonnerie des horloges ; un poids tombe en entraînant une corde qui se déroule d'un tambour et le fait tourner, le mouvement est, théoriquement, un mouvement accéléré dont la vitesse croît proportionnellement au temps ; sur l'axe du tambour on monte une roue à ailettes, celle-ci se met à tourner et tend aussi à prendre un mouvement accéléré, mais la résistance de l'air croît proportionnellement au carré de la vitesse, et il arrive une certaine vitesse pour laquelle la résistance de l'air fait équilibre à la pesanteur, le mouvement devient alors uniforme ; par cet artifice, les coups du marteau sur le timbre d'une horloge ne sont pas précipités, mais régulièrement espacés.

Au nombre des modérateurs, il faut placer aussi les déversoirs des usines, et les soupapes de sûreté des machines à eau et à gaz.

Régulateurs. — On distingue deux sortes de régulateurs : ceux qui sont manœuvrés par la main de l'homme, et les régulateurs automates.

Les régulateurs, qui sont à la portée du mécanicien, permettent de mettre en marche, d'arrêter ou de modérer la vitesse de la machine ; ce sont par exemple les vannes d'admission de l'eau sur une roue hydraulique, les robinets de prise d'eau, ou les vannes de prise de vapeur que le mécanicien manœuvre par un levier à main.

Dans les locomotives, le régulateur ne saurait être automate; il doit être toujours à la disposition du mécanicien; nous verrons plus loin comment il est disposé.

Dans la plupart des machines fixes au contraire, on se sert d'un régulateur automate, adopté par Watt, mais connu avant lui, c'est le régulateur à force centrifuge ou pendule conique.

Nous en avons donné la théorie en mécanique rationelle, en voici la description.

L'arbre moteur de la machine communique son mouvement à un arbre vertical AB, et la transmission se fait, soit par des courroies soit par un engrenage conique, car l'arbre de la machine est généralement horizontal. L'arbre vertical AB prend donc un mouvement de rotation plus ou moins rapide, et il entraîne avec lui les deux tiges MM articulées à son sommet B, et terminées par des masses pesantes; ces tiges sont guidées par un arc, et, à leur point de rencontre avec cet arc, elles sont articulées avec des tiges NN, articulées elles-mêmes à un manchon CD mobile le long de l'arbre vertical AB; lorsque la vitesse angulaire augmente, la force centrifuge qui agit sur les boules augmente aussi et les écarte davantage de la verticale; le manchon CD se trouve donc soulevé; ce manchon est entouré d'un collier, qui se prolonge par un levier mobile autour d'un point E; la tige EF prend un mouvement oscillatoire et elle peut fermer ou ouvrir plus ou moins

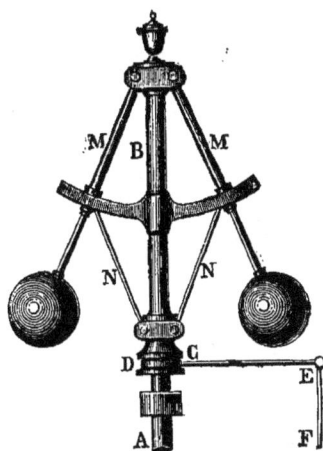

Fig. 156.

une valve de prise de vapeur. Lorsque la rotation s'accélère, la valve tend à se fermer, elle réduit l'orifice qui sert au passage de la vapeur; au contraire, si la rotation se ralentit, les boules se rapprochent de la verticale, le manchon s'abaisse et le levier marche en sens contraire, il ouvre davantage la valve d'admission, la vapeur afflue et la puissance augmente.

Soit M le centre de gravité d'une boule, θ l'angle de sa tige avec la verticale, ω la vitesse angulaire du plan MOZ autour de la verticale OZ; le point M est sollicité par deux forces : le poids (p) ou (mg) de la boule et la force centripète $MD = \dfrac{mv^2}{r} = \dfrac{mv^2}{MC}$; or $v = \omega . + MC$, et $MC = MO \sin\theta = l\sin\theta$, donc, la force centripète peut s'écrire :

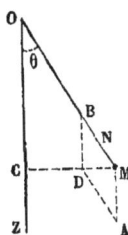

Fig. 157.

$$m\,\omega^2 l \sin\theta.$$

Ces deux forces ne tendront pas à faire monter ni descendre la boule, pourvu que leur résultante MB soit dirigée suivant la tige de suspension OM; et alors, on aura

$$MD = DB.\tan\theta, \text{ ou } m\,\omega^2 l \sin\theta = mg.\tan\theta$$

et par suite $$\cos\theta = \frac{g}{\omega^2 l}.$$

·A chaque valeur de la vitesse angulaire ω, correspondra une valeur de l'angle θ, et cet angle d'écartement sera constant tant que ω ne variera pas, il augmentera avec ω et diminuera avec ω. Le mouvement du manchon, et par suite celu du levier subiront des variations analogues; et l'on voit que l'appareil remplit bien le but proposé.

Une valve de vapeur est d'ordinaire une sorte de clef de poêle ou papillon à contour octogonal ou elliptique; ce papillon est placé dans le tuyau d'amenée de la vapeur, et s'appuie sur un siége de même forme que lui; le contact s'établit au moyen de chanfreins évidés, afin d'arriver à une clôture hermétique; la valve fermée fait avec la section droite du tuyau un angle de 8 à 10°, afin d'éviter les

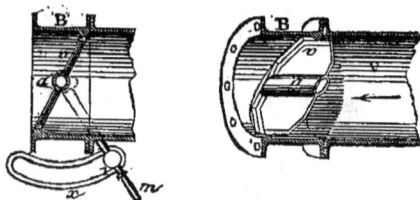

Fig. 158.

arcs-boutements et le coinçage.

La valve est montée sur un axe mobile, dont une extrémité traverse le tuyau de vapeur dans une boîte à étoupes; à cette extrémité est fixé un levier (m) dont le bouton parcourt un arc évidé x; suivant qu'on meut ce levier dans un sens ou dans l'autre, on ouvre ou on ferme l'orifice.

Si le levier est articulé avec la tige du régulateur à boules, le système est automatique.

Il est à remarquer que ce système de valve, quoique le plus usité, a un inconvénient sérieux : lorsque l'orifice est peu ouvert, il y a des étranglements et des changements brusques de direction dans le courant de vapeur, ce qui ne laisse point que de causer une perte notable de force vive. Aussi a-t-on eu recours, dans quelques cas, à de véritables vannes susceptibles de recevoir, au moyen d'un pignon et d'une crémaillère, un mouvement de va et vient analogue à celui d'une vanne hydraulique.

Régulateur Farcot. — Le régulateur ordinaire à force centrifuge n'est pas toujours très-sensible, à cause du frottement du manchon et des articulations, mais il a en outre le grand inconvénient de ne pas remplir le but que l'on se proposait : obtenir l'uniformité du mouvement de l'arbre de couche.

En effet, supposez à cet arbre sa vitesse normale; elle vient à s'accélérer pour une cause quelconque, les boules du régulateur s'élèvent et l'orifice d'admission de la vapeur est réduit dans une certaine proportion; si l'orifice ainsi réduit convient au nouveau travail que doit fournir la machine, il est clair que l'ancienne vitesse de l'arbre ne pourra persister puisqu'elle correspond à un travail supérieur au travail actuel. Un nouveau régime va s'établir, pour lequel le travail dépensé, l'écartement des boules et par suite la vitesse de l'arbre de couche auront changé.

MM. Farcot ont signalé cet inconvénient et cherché un régulateur dans lequel les boules puissent demeurer à un écartement quelconque, pourvu que la vitesse de l'arbre fût la vitesse normale.

Nous avons trouvé plus haut que l'angle d'écartement était donné par la formule

$$\cos\theta = \frac{g}{l.\omega^2}, \text{ or, } l\cos\theta = OC = z \text{ donc } z = \frac{g}{\omega^2}.$$

Si maintenant l'on veut que la vitesse de l'arbre de couche soit **constante**, ω ne variera pas non plus ; donc z devra être constant. Ceci est impossible si l'on garde la disposition précédente, puisque la projection OC du rayon OM varie évidemment avec l'angle θ. Mais, la relation pourra être constamment vérifiée, s5 l'on adopte pour guider les tiges une autre courbe qu'un arc de cercle.

La longueur OC est la sous-normale de la courbe que décrit le point M (*fig.* 7) ; cette sous-normale doit être constante, donc la courbe décrite par le point M est une parabole.

MM. Farcot tracent cette parabole, puis lui substituent un arc de cercle qui s'en rapproche le plus possible et dont le centre est en C pour la boule A et en C' pour la boule A' ; les deux bras qui supportent la boule sont alors croisés

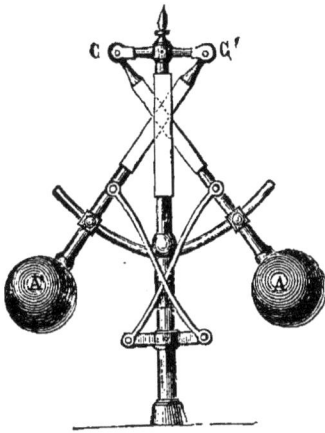

Fig. 159.

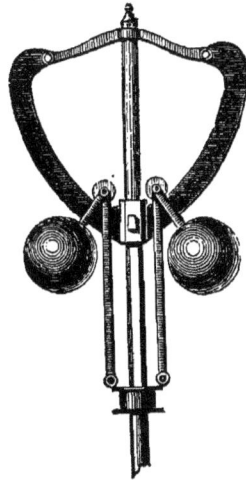

Fig. 160.

comme le montre la figure 159. Avec cet appareil on est arrivé à d'excellents résultats pour l'uniformité du mouvement de l'arbre de couche ; sa vitesse est constante quel que soit l'équilibre dynamique qui s'établit entre le travail moteur et le travail dépensé.

Autre régulateur parabolique. — D'autres constructeurs ont adopté pour directrices des courbes exactement paraboliques sur lesquelles la tige d'articulation des boules s'appuie par l'intermédiaire d'un galet mobile, ainsi qu'on le voit sur la figure 160.

Régulateur Pilter. — En beaucoup de cas, on est arrivé à de bons résultats en équilibrant les boules par des contre-poids, la sensibilité de l'appareil s'est trouvée augmentée. C'est ainsi qu'est construit le régulateur Pilter que représente la figure 161 ; on réunit quatre boules deux à deux au moyen de bras susceptibles d'osciller autour du point A ; lorsque la vitesse de rotation augmente, les boules s'écartent de leur axe et le manchon m est entraîné de

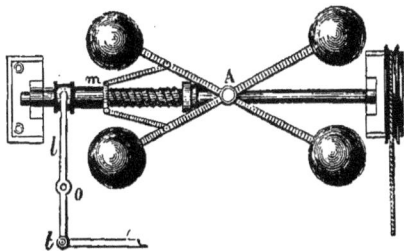

Fig. 161.

droite à gauche, en comprimant le ressort ; lorsque, au contraire, la vitesse diminue, les boules se rapprochent, et le ressort pousse le manchon de gauche à

droite. Les oscillations du manchon sont transmises à la tige *t* par le levier *l*
dont le point fixe est en *o*.

Régulateur de pression. — On a, dans ces derniers temps, inventé un nouveau régulateur de pression, basé sur le même principe que le manomètre
Bourdon : Lorsque la vapeur circule dans un anneau creux et incomplet, dont
une extrémité débouche dans le tuyau d'amenée de la vapeur, et dont l'autre
extrémité, fermée, est reliée à un point fixe par un ressort, l'anneau tend à se
dérouler si la pression augmente à l'intérieur et à s'enrouler si la pression diminue ; par suite le ressort s'allonge ou se raccourcit suivant que la pression
augmente ou diminue ; supposez que ce ressort agisse sur le levier régulateur de
la soupape d'admission, il fermera ou ouvrira cette soupape suivant que la pression augmentera ou diminuera. On aura donc un régulateur de pression, qu'il ne
faut pas confondre avec les régulateurs de vitesse décrits plus haut.

Régulateur Larivière. — Le régulateur Larivière, employé par beaucoup de
constructeurs, se compose essentiellement d'un piston mobile dans un cylindre ;
à la tige du piston est liée par un levier la valve d'admission de la vapeur ; la partie inférieure du cylindre dans lequel se meut le piston communique par un premier orifice avec une pompe à air manœuvrée par l'arbre de la machine, et par
un second orifice avec l'atmosphère extérieure. La pompe à air comprime l'air
sous le piston, et cet air comprimé s'échappe par l'orifice libre ; lorsque la vitesse
de l'arbre est constante, il en est de même de la vitesse de la pompe à air, et la
pression de l'air comprimé sous le cylindre est constante aussi, l'orifice d'écoulement dans l'atmosphère étant limité, cet air doit prendre dans le cylindre une
pression constante afin qu'il s'en écoule autant qu'il en arrive. Si, maintenant, la
vitesse de la machine augmente, la pompe enverra sous le cylindre une plus
grande quantité d'air, et, pour que cet air puisse s'écouler complètement par
l'orifice dont la section n'a pas varié, sa pression doit augmenter ; il agira donc
sur le piston pour le relever et celui-ci transmettra le mouvement à la valve d'admission. L'effet inverse se produira lorsque la machine viendra à se ralentir.

Citons encore le régulateur Roland, peu usité jusqu'à présent, mais parfait au
point de vue théorique.

CHAPITRE II

DES RÉSISTANCES PASSIVES

Lois générales des frottements de glissement et de roulement. — Equilibre dynamique du plan incliné, du treuil, de la vis à filet carré; travail absorbé par les frottements. — Frein de Prony, son emploi. — Frottement des engrenages. — Roideur des cordes. — Équilibre de la poulie et des moufles. — Frottement d'une corde ou d'une courroie glissant sur un cylindre. — Notions sur le choc des corps. — Marteaux mus par des cames; absorption de travail par l'effet des chocs et du frottement.

LOIS GÉNÉRALES DU FROTTEMENT DE GLISSEMENT

Lorsqu'un corps repose sur une surface horizontale, il semble d'abord que la seule réaction, qu'il reçoive du plan, soit une force verticale N égale à son poids; cela est vrai pour l'état de repos, mais lorsqu'on passe à l'état de mouvement et que l'on cherche à faire glisser le corps sur la surface, on s'aperçoit qu'il existe une réaction plus complexe de la surface frottante sur le corps qu'elle supporte.

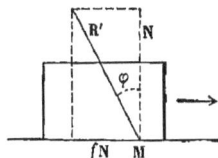

Fig. 162.

En effet, il faut, pour faire mouvoir le corps, lui appliquer une certaine force horizontale; cette force produit un travail moteur, qui doit nécessairement correspondre à un travail résistant équivalent; la réaction verticale N ne saurait produire ce travail résistant puisqu'elle est normale au chemin parcouru, il faut donc que la réaction totale ait en outre une composante horizontale, autrement dit, cette réaction totale est une force R' inclinée sur l'horizon, en sens inverse du mouvement.

Ce résultat n'a rien ui doive nous étonner :

En effet, tous les corps, quelque polis qu'on les suppose, sont couverts d'éminences et de cavités, faciles à distinguer à la loupe; quand on frotte deux corps l'un contre l'autre, les pointes du premier s'engagent dans les cavités du second, et de là résulte une difficulté plus ou moins grande à les séparer en traînant seulement l'un sur l'autre.

On distingue deux genres de frottement, l'un de glissement et l'autre de roulement; le premier se manifeste entre deux corps qui glissent l'un sur l'autre sans tourner; il est beaucoup plus sensible que le second. Le frottement de glissement résulte d'un mouvement de translation, et le frottement de roulement résulte d'une rotation simple. La plupart des mouvements sont complexes, et peuvent se réduire, ainsi que nous l'avons démontré, à une translation et à une rotation ; donc, dans un mouvement quelconque, le frottement sera complexe et participera tout à la fois du roulement et du glissement.

Le frottement est la cause principale de la détérioration et de l'usure dans les machines, en même temps que la plus grande cause de perte de travail, et l'on doit faire tous ses efforts pour en diminuer les pernicieux effets.

Cependant, il y a un grand nombre de circonstances où le frottement est de la plus grande utilité. Le mouvement de progression des animaux n'est possible que grâce au frottement. Les clous, les chevilles, les écrous ne consolident les assemblages que par leur adhérence aux diverses parties qui composent le système. L'enroulement d'une corde ou d'un câble autour d'un cylindre immobile produit un frottement considérable, au moyen duquel on modère la descente de lourds fardeaux le long d'un plan incliné. Tout le monde connaît l'usage des freins pour diminuer la vitesse des voitures, lorsque la pente du chemin est trop rapide. L'effet de l'encliquetage Dobo, que nous avons décrit, dépend essentiellement du frottement.

Il n'est donc pas étonnant que la mesure du frottement ait souvent préoccupé les savants. Les expériences de Coulomb relatées dans un mémoire qu'il a présenté en 1781, sont les premières en date.

Frottement au départ. — On distingue deux sortes de frottements : 1° l'un est la force qu'il faut déployer pour faire passer le corps glissant de l'état de repos à l'état de mouvement uniforme, c'est ce qu'on appelle le frottement au départ ; 2° l'autre est la force nécessaire pour entretenir le mouvement uniforme du corps glissant, c'est le frottement en marche.

L'appareil, dont se servait Coulomb, se compose d'un banc horizontal parfaitement dressé, sur lequel on place le corps que l'on veut faire glisser. On lui attache une corde qui passe sur une poulie de renvoi et soutient un plateau, que l'on charge de poids. On reconnaît d'abord qu'il faut que la charge atteigne une certaine limite avant de produire le mouvement, et l'on voit ensuite que cette limite varie suivant les circonstances physiques de l'expérience. Le corps glissant est une caisse creuse, à qui l'on peut donner un poids variable en y plaçant un plus ou moins grand nombre de boulets.

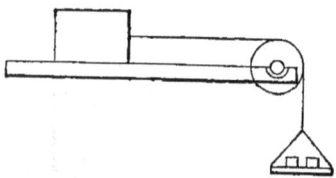

Fig. 163.

Le frottement de glissement paraît dépendre de quatre causes :

1° De la nature des matières en contact et de leurs enduits ;

2° De la longueur du temps écoulé depuis que les surfaces sont en contact ;

3° De l'étendue des surfaces ;

4° De la pression que ces surfaces éprouvent.

Cette dernière cause du frottement est la principale et la plus constante ; elle n'est variable que pour de petites pressions.

En augmentant indéfiniment la pression, à partir d'une limite inférieure que l'expérience indique, le rapport du poids, qui tire un corps, pour le mettre en mouvement, au poids de ce corps, est indépendant de la grandeur des surfaces, et du temps de repos qui a précédé l'expérience, pourvu que pendant ce repos les surfaces ou les enduits ne se modifient pas comme cela arrivera avec certaines graisses.

En augmentant la pression, le rapport du frottement à cette pression atteint une limite à peu près constante.

Nous pouvons donc énoncer comme il suit les lois du frottement au départ :

Première loi. — Le frottement au départ est indépendant de l'étendue des surfaces frottantes, et du temps depuis lequel ces surfaces sont en contact.

Deuxième loi. — Le frottement au départ est proportionnel à la pression normale.

Troisième loi. — Le rapport constant, qui existe entre le frottement et la pression, dépend de la nature des surfaces et des enduits en contact. A chaque substance correspond un rapport particulier.

Frottement pendant le mouvement. — Voici comment Coulomb détermina le frottement pendant le mouvement : soit P le poids total de la caisse, on met sur le plateau des poids croissants jusqu'à ce qu'on arrive à déterminer le mouvement, soit p la valeur de ces poids. On note, au moyen de repères, les points de passages de la caisse à la fin de la première seconde du mouvement, à la fin de la deuxième seconde, et ainsi de suite, et on reconnaît que les distances de ces points de passage à l'origine du mouvement varient proportionnellement aux temps qu'il a fallu pour les parcourir. Donc le mouvement de la caisse est uniformément accéléré ; si l'on désigne par (j) son accélération, et par (e) les espaces, on aura

$$e = \frac{jt^2}{2}, \quad \text{ou,} \quad j = \frac{2e}{t^2},$$

cette équation donnera la valeur de (j) puisqu'on connaît (e) et (t).

Il est clair que l'accélération du mouvement du plateau est la même que celle de la caisse, puisque ces deux corps sont invariablement liés l'un à l'autre. Mais le plateau est sollicité de haut en bas par son poids p, et de bas en haut par la réaction T de la corde ; la force totale qui agit sur lui est donc $p - $T, et elle est égale au produit de sa masse $\frac{p}{g}$ par son accélération j. La caisse de son côté est sollicitée par la tension T de la corde qui est dirigée dans le sens du mouvement, et par la force horizontale F du frottement, dirigée en sens inverse ; sa masse est $\frac{P}{g}$ et son accélération (j).

On aura donc les deux équations

$$p - T = \frac{p}{g} . j \text{ et } T - F = \frac{P}{g} j.$$

Ajoutons-les membre à membre, il restera

$$p - F = \frac{j}{g} (P + p), \text{ qui donne } F = p - \frac{j}{g} (P + p).$$

Cette équation nous apprend que la force F qui représente le frottement pendant le mouvement est moindre que la force p qui représente le frottement au départ, que cette force F est constante puisque j est constant. De plus, si l'on fait varier le poids P de la caisse, on reconnaît que le rapport $\frac{F}{P}$ est constant, pourvu qu'on ne change rien à la nature des surfaces frottantes.

Nous énoncerons donc comme il suit les lois du frottement pendant le mouvement :

Première loi. — Le frottement pendant le mouvement est inférieur au frottement au départ.

Deuxième loi. — Il est indépendant de la vitesse de glissement des corps.

Troisième loi. — Il est proportionnel à la pression normale.

Quatrième loi. — Il est indépendant de l'étendue des surfaces en contact. (Ce qu'il est facile de vérifier.)

Pour deux corps donnés, le rapport du frottement à la pression normale est un nombre constant que l'on désigne d'habitude par la lettre f; de sorte que, si N est la pression normale, le frottement sera fN.

Si l'on se reporte à la figure 162, on voit que la réaction totale d'une surface, sur laquelle glisse un corps de poids N, est la résultante de la force verticale N et de la force horizontale fN; c'est donc une force R', qui fait avec la verticale un angle φ, tel que

$$\operatorname{tang} \varphi = \frac{f\mathrm{N}}{\mathrm{N}} = f.$$

L'angle φ se nomme l'angle de frottement; sa tangente est précisément égale au coefficient f du frottement.

Lorsqu'un corps glisse sur un plan horizontal, la réaction du plan est une force oblique, dirigée en sens inverse du mouvement et inclinée sur la verticale d'un angle φ, égal à l'angle de frottement.

Inversement, la pression totale exercée sur le plan pendant le mouvement du corps glissant est une force directement opposée à la précédente; c'est donc une force oblique, dirigée dans le sens du mouvement et inclinée sur la verticale d'un angle égal à l'angle du frottement.

Voici, d'après les expériences du général Morin, les coefficients de frottement des diverses substances :

FROTTEMENT DES SURFACES PLANES, LORSQU'ELLES ONT ÉTÉ QUELQUE TEMPS EN CONTACT. — FROTTEMENT AU DÉPART.

INDICATION DES SURFACES EN CONTACT.	DISPOSITION DES FIBRES.	ÉTAT DES SURFACES.	RAPPORT du frottement à la pression. (Coefficient de frottement, ou tangente de l'angle de frottement.
Chêne sur chêne.	Parallèles.	Sans enduit.	0.62
	Id.	Frottées de savon sec.	0.44
	Perpendiculaires.	Sans enduit.	0.54
	Id	Mouillées d'eau.	0.71
Chêne sur orme..	Bois debout sur bois à plat.	Sans enduit.	0.43
	Parallèles.	Id.	0.38
Orme sur chêne..	Id.	Id.	0.69
	Id.	Frottées de savon sec.	0.41
Frêne, sapin, hêtre, sorbier sur chêne..	Perpendiculaires.	Sans enduit.	0.57
	Parallèles.	Id.	0.55
Cuir tanné sur chêne.	Le cuir à plat	Id.	0.61
	Le cuir de champ	Id.	0.43
	Id.	Mouillées d'eau.	0.79
Cuir noir corroyé ou courroie.. Sur surface plane en chêne.	Parallèles.	Sans enduit.	0.74
Sur tambour en chêne	Perpendiculaires.	Id.	0.47
	Parallèles.	Id.	0.50
Natte de chanvre sur chêne.	Id.	Mouillées d'eau.	0.87
Corde de chanvre sur chêne.	Parallèles.	Sans enduit.	0.80
	Id.	Id.	0.62
Fer sur chêne..	Id.	Mouillées d'eau.	0.65
Fonte sur chêne..	Id.	Id.	0.65
Cuivre jaune sur chêne.	Id.	Sans enduit.	0.62
Cuir de bœuf pour garniture de piston, sur fonte..	A plat ou de champ.	Mouillées d'eau.	0.62
	Id.	Avec huile, suif, saind.	0.12
Cuir noir corroyé ou courroie sur poulie en fonte.	A plat.	Sans enduit.	0.28
	Id.	Mouillées d'eau.	0.38
Fonte sur fonte.	»	Sans enduit.	0.16
Fer sur fonte.	»	Id.	0.19
		Enduites de suif.	0.10
Chêne, orme, charme, fer, fonte et bronze glissant deux à deux l'un sur l'autre. .	»	Enduites d'huile ou de saindoux.	0.15
Pierre calcaire oolithique sur calcaire oolithique..	»	Sans enduit.	0.74
Pierre calcaire dure dite muschelkalk sur calcaire oolithique.	»	Id.	0.75
Brique sur calcaire oolithique.	»	Id.	0.67
Chêne sur calcaire oolithique..	Bois debout.	Id.	0.63
Fer sur calcaire oolithique..	»	Id.	0.49
Pierre calcaire dure ou muschelkalk sur muschelkalk.	»	Id.	0.70
Pierre calcaire oolithique sur muschelkalk.	»	Id.	0.75
Brique sur muschelkalk.	»	Id.	0.67
Fer sur muschelkalk.	»	Id.	0.42
Chêne sur muschelkalk.	»	Id.	0.64
Pierre calcaire oolithique sur calcaire oolithique..	»	Avec enduit de mortier de trois parties de sable fin et une partie de chaux hydraulique.	0.74

FROTTEMENT DES SURFACES PLANES EN MOUVEMENT LES UNES SUR LES AUTRES.

DÉSIGNATION DES SURFACES EN CONTACT.	DISPOSITION DES FIBRES.	ÉTAT DES SURFACES.	RAPPORT du frottement à la pression. (Coefficient de frottement f.
Chêne sur chêne.............	Parallèles.	Sans enduit.	0.48
	Id.	Frottées de savon sec.	0.16
	Perpendiculaires	Sans enduit.	0.34
	Id.	Mouillées d'eau.	0.25
	Bois debout sur bois à plat.	Sans enduit.	0.19
Orme sur chêne..............	Parallèles.	Id.	0.43
	Perpendiculaires.	Id.	0.45
Frêne, sapin, hêtre, poirier sauvage et sorbier, sur chêne.............	Parallèles.	Id.	0.25
	Id.	Id.	0.36 à 0.40
Fer sur chêne...............	Id.	Id.	0.62
	Id.	Mouillées d'eau.	0.26
	Id.	Frottées de savon sec.	0.21
Fonte sur chêne.............	Id.	Sans enduit.	0.49
	Id.	Mouillées d'eau.	0.22
Cuivre jaune sur chêne.........	Id.	Frottées de savon sec.	0.19
Fer sur orme...............	Id.	Sans enduit.	0.62
Fonte sur orme..............	Id.	Id.	0.25
Cuir noir corroyé sur chêne.......	Id.	Id.	0.20
Cuir tanné sur chêne..........	Id.	Id.	0.27
	A plat ou de champ.	Id.	0.50 à 0.55
	Id.	Mouillées d'eau.	0.29
Cuir tanné sur fonte et sur bronze....	A plat ou de champ.	Sans enduit.	0.56
	Id.	Mouillées d'eau.	0.36
	Id.	Onctueuses et mouillées d'eau.	0.23
	Id.	Enduites d'huile.	0.15
Chanvre en brins ou en corde sur chêne.	Parallèles.	Sans enduit.	0.52
	Perpendiculaires.	Mouillées d'eau.	0.53
Chêne et orme sur fonte.........	Parallèles.	Sans enduit.	0.58
Poirier sauvage sur fonte........	Id.	Id.	0.44
Fer sur fer...............	Id.	Id.	»
Fer sur fonte et sur bronze.......	»	Id.	0.18
Fonte sur fonte et sur bronze......	»	Id.	0.15
Bronze. { Sur bronze............	»	Id.	0.20
Sur fonte.............	»	Id.	0.22
Sur fer.............	»	Id.	0.16
Chêne, orme, charme, poirier sauvage, fonte, fer, acier et bronze, glissant l'un sur l'autre ou sur eux-mêmes....	»	Lubrifiées à la manière ordinaire avec enduit de suif, saindoux, huile, cambouis mou, etc.	0.07 à 0.08
Pierre calcaire oolithique sur calcaire oolithique..............	»	Légèrement onctueuses au toucher.	0.15
	»	Sans enduit.	0.64
Pierre calcaire dite muschelkalk sur calcaire oolithique............	»	Id.	0.67
Brique ordinaire sur calcaire oolithique.	»	Id.	0.65
Chêne sur calcaire oolithique......	Bois debout.	Id.	0.58
Fer forgé sur calcaire oolithique.....	Parallèles.	Id.	0.69
Pierre calcaire dite muschelkalk sur muschelkalk................	»	Id.	0.38
Pierre calcaire oolithique sur muschelkalk.................	»	Id.	0.65
Brique ordinaire sur muschelkalk....	»	Id.	0.60
Chêne sur muschelkalk..........	Bois debout.	Id.	0.58
Fer sur muschelkalk...........	Parallèles.	Id.	0.24
	Id.	Mouillées d'eau.	0.50

INDICATION de la NATURE DES SURFACES EN CONTACT.	ÉTAT DES SURFACES.	RAPPORT du frottement à la pression. — (Coefficient f.)	OBSERVATIONS.
Tourillons de fonte sur coussinets de fonte.	Enduites d'huile d'olive, de saindoux ou de suif.. . . .	0.054 0.070 à 0.080	Lorsque l'enduit est sans cesse renouvelé. Lorsque l'enduit se renouvelle à la manière ordinaire.
	Enduites et mouillées d'eau.. .	0.079	
	Enduites d'asphalte..	0.054	
	Onctueuses..	0.137	
	Onctueuses et mouillées d'eau..	0.157	On devra rapporter à ce cas les tourillons dont l'enduit ne serait pas sans cesse renouvelé.
	Très-onctueuses.	0.073	
	Très-onctueuses et mouillées d'eau.	0.075	
Tourillons de fonte sur coussinets de bronze.	Enduites d'huile d'olive, de saindoux ou de suif.	0.054 0.070 à 0.080	Lorsque l'enduit est sans cesse renouvelé. Lorsque l'enduit se renouvelle à la manière ordinaire.
	Enduites de cambouis mou.. .	0.065	
	Onctueuses..	0.166	
	Très-peu onctueuses.	0.194	Les surfaces commencent à se roder.
	Onctueuses et mouillées d'eau..	0.161	
	Onctueuses d'asphalte.	0.091	
	Onctueuses d'asphalte et mouillées d'eau. ., ...	0.086	
Tourillons en fonte sur coussinets en bois de gayac.	Sans enduit.	0.185	L'enduit étant continuellement renouvelé.
	Enduites d'huiles.	0.092	
	Enduites de suif.	0.092	
	Enduites d'un mélange de saindoux et de plombagine.. . .	0.109	
	Onctueuses après avoir été enduites d'huile.	0.100	
	Onctueuses après avoir été enduites de saindoux et de plombagine..	0.143	
Tourillons en fer sur coussinets en fonte.	Enduites d'huile d'olive, de saindoux ou de suif.	0.054 0.070 à 0.080	Lorsque l'enduit est sans cesse renouvelé. Lorsque l'enduit se renouvelle à la manière ordinaire.
Tourillons en fer sur coussinets en bronze.	Enduites d'huile d'olive, de saindoux ou de suif.	0.054 0.070 à 0.080	Lorsque l'enduit est sans cesse renouvelé. Lorsque l'enduit se renouvelle à la manière ordinaire.
	Enduites de saindoux et plombagine..	0.111	L'enduit n'étant pas sans cesse renouvelé.
	Enduites de cambouis.	0.090	Le cambouis est un peu dur.
	Enduites d'asphalte..	0.090	Id.
	Onctueuses et mouillées d'eau.	0.189	Les surfaces commencent à se roder.
Tourillons en fer sur coussinets en bois de gayac.	Enduites d'huile.	0.114	L'enduit se renouvelant à la manière ordinaire.
	Enduites de saindoux..	0.155	
	Onctueuses..	0.188	
Tourillons en bronze sur coussinets en bronze.	Enduites d'huile..	0.101	L'enduit étant renouvelé à la manière ordinaire.
	Enduites de suif.	0.093	
Tourillons en bronze sur coussinets en fonte.	Enduites d'huile..	0.052	L'enduit étant continuellement renouvelé.
	Enduites de suif..	0.045	
Tourillons en gayac sur coussinets en fonte.	Enduites de saindoux..	0.116	L'enduit étant renouvelé à la manière ordinaire.
	Onctueuses.	0.155	
Tourillons en bois de gayac sur coussinets en bois de gayac.	Enduites de saindoux..	0.070	L'enduit étant continuellement renouvelé.

De l'ensemble des expériences relatées au dernier tableau, on peut conclure que, pour les tourillons de fer et de fonte sur coussinets de fonte ou de bronze, avec enduit d'huiles, de saindoux ou de suif, ce qui comprend presque tous les cas de la pratique, le rapport du frottement à la pression est le même, et a pour valeur, quand les surfaces sont :

Continuellement alimentées d'enduit. 0,054
Alimentées à la manière ordinaire.. . . . . 0,07 à 0,08
Un peu onctueuses, sèches ou mouillées d'eau.. . . . . . 0,14 à 0,16

Ces trois résultats sommaires qui résument à eux seuls presque tous ceux que l'on a obtenus, sont d'ailleurs à peu près les mêmes que nous avons déduits des expériences sur le frottement des mêmes corps à l'état de surfaces planes en mouvement les unes sur les autres, et sont faciles à retenir pour les applications.

Les tableaux précédents sont complétés par le suivant qu'a donné le général Poncelet.

TABLEAU DES RÉSISTANCES AU GLISSEMENT POUR QUELQUES MATÉRIAUX
A L'INSTANT DU DÉPART ET APRÈS QUELQUE TEMPS DE CONTACT.

INDICATION DE LA NATURE DES SURFACES EN CONTACT.	RAPPORT DU FROTTEMENT A LA PRESSION NORMALE. (Coefficient de frottement f.)
Grès uni sur grès uni à sec.	0.71
Grès uni sur grès uni à sec, avec mortier frais. . . .	0.66
Calcaire dur poli sur calcaire dur poli.	0.58
Calcaire dur bouchardé sur calcaire dur bouchardé.. .	0.78
Granit bien dressé sur granit bouchardé.	0.66
Granit avec mortier frais sur granit bouchardé. . . .	0.49
Caisse en bois sur pavé.	0.58
Caisse en bois sur la terre battue..	0.33
Pierre de libage sur un lit d'argile sèche.	0.51
— l'argile étant humide et ramollie.	0.34
— l'argile pareillement humide, mais recouverte de grosse grève.	0.40

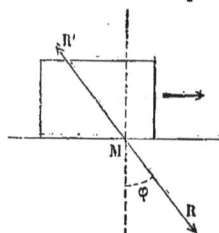

Fig. 164.

Nous avons vu plus haut que, lorsqu'un corps glissait sur un plan, la pression totale exercée par ce corps sur le plan était une force R, dirigée dans le sens du mouvement et inclinée sur la verticale d'un angle égal à l'angle de frottement. Cette force R est égale et directement opposée à la réaction totale R que le plan exerce sur le corps.

Lorsque la pression totale R fera avec la surface de contact un angle inférieur à l'angle de frottement, donné par tang. $\varphi = f$, le glissement ne pourra se produire et l'équilibre persistera. Lorsque la pression totale fera avec la surface de contact un angle égal à l'angle de frottement, le corps prendra un mouvement uniforme ; si l'angle est plus grand, le mouvement sera uniformément accéléré. Dans les calculs relatifs à la résistance des matériaux, cette considération est importante, et la pression totale qu'un massif exerce sur sa base, doit faire avec cette base un angle inférieur à l'angle de frottement ; c'est à cette condition seulement que l'équilibre sera assuré.

CONSIDÉRATIONS GÉNÉRALES SUR LES LOIS DU FROTTEMENT DE GLISSEMENT

Les expériences de Coulomb et celles de M. Morin ont été faites entre des limites trop peu étendues théoriquement pour que l'on puisse en admettre la généralisation absolue. Il en est de la démonstration expérimentale de ces lois comme de la démonstration de beaucoup d'autres lois physiques : en effet, lorsque deux quantités y et x sont liées par une relation naturelle $y = f(x)$, on peut arriver à développer en série la fonction f, et alors on a

$$y = mx + nx^2 + px^3 + qx^4 \dots$$

Les coefficients m, n, p, des termes de cette série vont presque toujours en diminuant très-rapidement ; et, si l'on ne possède que des valeurs de x assez rapprochées, ce qui arrive souvent dans les expériences physiques, les termes qui suivent le premier tendent à disparaître, et prennent souvent des valeurs comparables aux erreurs d'expérience ; l'expression se réduit à $y = mx$, c'est-à-dire que l'on tirera des expériences la conclusion : y varie proportionnellement à x.

Généralement, cette proportionnalité ainsi démontrée sera suffisante pour les besoins de la pratique, et, lorsqu'on connaîtra le coefficient m, on pourra résoudre toutes les questions relatives au phénomène considéré. Mais il ne faut pas oublier que ces relations simples ne sont pas l'expression d'une loi naturelle et générale, et qu'elles ne s'appliquent qu'entre les limites qui comprennent les expériences prises comme point de départ.

Beaucoup de lois physiques, ainsi démontrées entre des intervalles assez petits, ont été généralisées : on les admettait pour vraies en partant de ce principe que la nature doit faire simple, ce qui est loin d'être exact.

Les considérations précédentes s'appliquent aux lois du frottement, telles que Coulomb les a posées : on peut les conserver pour le calcul des machines ordinaires, cependant elles sont loin d'être vérifiées en toutes circonstances, et en voici la preuve :

Vers 1850, M. l'ingénieur Poirée fit, au chemin de fer de Lyon, une série d'expériences sur le frottement des corps animés d'une grande vitesse. Le corps glissant était un wagon, dont les roues étaient enrayées par un frein puissant afin de ne pouvoir tourner ; on obtenait ainsi un véritable traîneau, qui glissait sur une voie horizontale, et l'on mesurait le frottement, c'est-à-dire la traction horizontale de la locomotive, au moyen d'un dynamomètre qui reliait le moteur et le wagon. Les résultats des expériences sont résumés au tableau suivant :

NUMÉROS des expériences.	ÉTAT DES RAILS.	POIDS DU WAGON GLISSANT.	COEFFICIENT DE FROTTEMENT OU RAPPORT DU TIRAGE AU POIDS TOTAL DU WAGON GLISSANT POUR DES VITESSES PAR SECONDE DE					
			4ᵐ à 6ᵐ.00	6ᵐ à 8ᵐ	8ᵐ à 10ᵐ	10ᵐ à 14ᵐ	14ᵐ à 18ᵐ	20ᵐ à 22ᵐ
1	Secs.	3400ᵏ	0.208	0.179	0.167	»	0.144	»
2	Très-secs.	3400ᵏ	»	0.246	»	0.222	0 202	0.187
5	Humides.	3400ᵏ	»	»	0.110	»	»	0 083
4	Secs et rouillés.	3400ᵏ	0.201	0.182	0.175	0.162	»	0.156
5	Secs (ressorts calés)	3400ᵏ	»	0.200	»	0.172	0.154	0.132

Ce tableau nous apprend que le coefficient de frottement, ou rapport du frottement à la pression, diminue sensiblement avec la vitesse ; ainsi, sur des rails secs, il varie de 0,20 à 0,14 lorsque la vitesse varie de 4 à 14ᵐ, sur des rails humides, il varie de 0,11 à 0,08 lorsque la vitesse varie de 8 à 20ᵐ.

D'autres expérimentateurs ont fait voir que le frottement des wagons augmente lorsqu'ils reposent sur des rails très-larges par une large étendue de jante. Ainsi le frottement augmente dans un certain rapport avec l'étendue des surfaces frottantes.

En outre, la proportionnalité du frottement à la pression n'est pas non plus absolument justifiée ; M. Poirée l'a démontré par ses expériences.

Ainsi, il faut appliquer avec précaution les lois de Coulomb, et avoir soin de les corriger lorsque la vitesse du glissement dépasse 4 à 5 mètres par seconde.

Le frottement varie encore suivant l'état des substances en contact, et suivant les circonstances physiques des phénomènes.

Le frottement diminue à mesure que la surface est plus polie, car les aspérités disparaissent, la pénétration des deux corps est moins intime. A la longue, les surfaces frottantes se polissent réciproquement, et l'on s'en aperçoit dans les machines où les articulations prennent un jeu considérable, auquel on remédie par des vis et des coins de serrage, ménagés à cet effet.

Lorsque les surfaces en contact ne sont pas lubrifiées, il s'en détache de petits grains arrachés aux aspérités ; ces grains mobiles se creusent des rainures dans les surfaces, et les pièces grippent l'une contre l'autre.

Lorsque la surface frottante vient à diminuer dans des proportions telles, que la pression par unité de surface prenne une valeur relativement considérable, les lois du frottement deviennent absolument fausses, car les enduits se trouvent chassés, et la pénétration des surfaces considérablement augmentée.

La température intervient pour modifier le frottement ; la chaleur dilate les pièces et change les réactions des surfaces frottantes ; elle modifie aussi les enduits et les rend plus liquides, ils peuvent alors se trouver exprimés et chassés par la pression. Par le froid, les enduits deviennent plus compactes, et se figent ;

le frottement augmente et il devient quelquefois difficile de mettre les machines en marche.

Dans certains cas, la pression atmosphérique intervient pour augmenter la pression; lorsque le contact des surfaces est parfait, à ce point que l'air comprimé entre elles est entièrement expulsé, l'atmosphère pesant à l'extérieur s'ajoute à la charge verticale.

Nous avons étudié en cinématique la question du graissage et des enduits; nous ne la reprendrons pas. Nous rappellerons seulement le principe suivant posé par M. Hirn.

Toutes choses égales d'ailleurs, le meilleur enduit est celui qui se rapproche le plus de la fluidité parfaite.

Ainsi, le frottement est moindre avec l'huile qu'avec la graisse, avec l'eau qu'avec l'huile, avec l'air qu'avec l'eau. Ceci paraît étonnant au premier abord; mais, il faut remarquer que chaque enduit doit être employé dans des conditions convenables, de manière à se conserver et à n'être pas exprimé par la pression. Si vous avez une pression considérable, les gaz et les liquides se trouveront chassés de l'assemblage, et la marche sera moins bonne qu'avec de la graisse; mais, si, par une contre-pression communiquée à l'eau ou au gaz, vous annulez la pression de l'arbre sur son appui, l'eau ou l'air interposés demeureront entre les surfaces frottantes, et vous aurez un glissement d'une grande douceur.

C'est ce qu'a compris et appliqué M. Girard, l'habile inventeur du chemin de fer hydraulique (on en trouve la description détaillée dans Opermann, *Portefeuille des machines*, 1865).

Sous la voie de ce chemin de fer est une conduite d'eau à haute pression; la pression est obtenue par un réservoir élevé ou par un accumulateur placé à la tête de ligne. De distance en distance un branchement se détache de la conduite et vient déboucher dans l'axe de la voie; les wagons moteurs portent en dessous, le long de leur axe longitudinal, une série d'aubes courbes analogues à celles des turbines; l'eau de la conduite vient frapper contre ces aubes et donne au train son impulsion. Voilà pour le moteur.

Les wagons reposent sur un rail spécial par de larges patins, de sorte que ces wagons sont des traîneaux, qu'il serait difficile d'entraîner si l'on n'interposait pas entre le patin et le rail un enduit très-fluide. Un des wagons porte une petite locomobile faisant mouvoir une pompe; la pompe prend de l'eau dans un réservoir la comprime et l'envoie dans une conduite principale qui court le long des patins. A chaque patin correspond un branchement spécial, de sorte que l'eau comprimée s'introduit entre le patin et le rail, et le glissement s'opère sur une surface liquide; le patin est assez large et la pression de l'eau assez forte pour que le poids du wagon soit équilibré par la sous-pression. Aussi, le traîneau marche-t-il avec le frottement le plus doux.

Le coefficient de frottement du fer sur le fer est de 0,52; le coefficient de roulement est d'à peu près $\frac{1}{10}$; avec l'appareil de M. Girard à enduit hydraulique, le coefficient de frottement peut descendre à $\frac{4}{1000}$, soit 4 kilogrammes par tonne, ou une force horizontale de 40 kilogrammes par wagon de dix tonnes; on voit que l'on n'a pas besoin d'un moteur bien puissant.

Évidemment, un pareil système demande à être très-soigné comme construction et comme entretien, et ne se développera sans doute pas beaucoup dans la pratique; mais c'est une application fort curieuse de la théorie.

Des causes du frottement. — Dans un mémoire inséré aux *Annales des ponts et chaussées* de 1870, M. l'inspecteur général Vallès expose avec une grande netteté les causes du frottement, soit à l'état statique, soit à l'état dynamique. Nous citerons de nombreux passages de son remarquable mémoire :

« Si tous les corps présentaient un poli parfait, si leur surface n'était pas parsemée d'inégalités, de parties saillantes et de creux, on ne comprendrait pas comment la circonstance, en vertu de laquelle ils viennent à se trouver en contact, pourrait être une cause de diminution dans les effets produits par les forces qui les sollicitent.

« Un corps étant posé sur un plan, que nous supposerons parfaitement horizontal, ne pourra se mouvoir parce que la direction de la gravité est perpendiculaire à ce plan.

« Mais pour peu que l'on donne à ce plan une direction qui cesse d'être horizontale, il faudrait, dans l'hypothèse d'un poli parfait, qu'aussitôt le mouvement se produisît et qu'il y eût descente le long du plan devenu incliné.

« L'expérience nous apprend cependant que ce n'est pas ainsi que les choses se passent ; que non-seulement les corps ne descendent pas lorsque les inclinaisons qu'ils pourraient suivre sont faibles, mais que, dans un grand nombre de circonstances, même lorsque les inclinaisons sont assez fortes, aucun mouvement ne se produit.

« Ces faits nous paraissent démontrer sans réplique que l'hypothèse d'un poli parfait est inacceptable.

« Nous devons donc, dans la réalité des choses, nous représenter les surfaces des corps quelque unies qu'elles paraissent, non pas comme formées par des plans géométriques, mais comme parsemées d'inégalités présentant des séries d'aspérités et de creux.

« Cette conception admise, étudions-la dans ses développements et voyons s'il ne nous sera pas possible d'en déduire quelques conséquences utiles sur les effets que l'existence de ces aspérités et de ces creux pourra produire dans le jeu des diverses forces auxquelles les corps sont soumis.

I. *Du frottement lorsque les corps sont en repos.*

« Un poids P repose sur un corps S, et l'on suppose que la surface de ce corps, qui est en contact avec celle du poids, est horizontale ; par l'effet de la pression de P, les aspérités de celui-ci sont logées dans les creux de S et réciproquement.

« Si les aspérités n'existaient pas, la moindre force horizontale F appliquée au poids P produirait le déplacement de celui-ci, qui glisserait sur la surface S avec une vitesse dépendant de l'intensité de F ; mais, à cause des aspérités, on comprend *a priori* que si F est très-faible, le poids P pourra ne pas se déplacer, et qu'il faudra que F acquière une certaine valeur pour que le mouvement devienne possible.

« En poursuivant cette première idée, on reconnaîtra sans peine que, pour que le déplacement de P s'opère, il sera nécessaire que ce poids soit soulevé de manière à ce que les faces de ses aspérités glissent sur celles des creux dans lesquels elles sont engagées, et cette conception fait immédiatement comprendre que la théorie de l'espèce de résistance dont nous nous occupons ici, résistance à laquelle on a donné le nom de *frottement*, ne sera autre chose que celle du mouvement des corps sur le plan incliné.

« Développons cette pensée.

« Le premier effet de la force horizontale qui agit sur le poids est de dégager la face arrière d'une aspérité quelconque de son contact, avec celle du creux, dans lequel elle est engagée, et de faire appuyer la face avant contre la face correspondante du même creux ; puis, la force continuant d'exercer son action, provoque la remonte du poids sur le plan incliné que forment les parois juxtaposées des creux et des saillies, jusqu'à ce que, par une conséquence du soulèvement ainsi produit, cette juxtaposition cesse d'exister. Dans ce moment, les obstacles ont disparu, et la force mouvante, n'étant plus entravée, produira tout son effet sur le déplacement du poids.

« Au moment de l'équilibre, la force horizontale F agira sur le poids P pour lui faire remonter un plan d'inclinaison α ; on aura donc $\tang \alpha = \frac{F}{P}$, de sorte que le rapport de la valeur actuelle de F à la pression est la représentation numérique d'une inclinaison géométrique très-réelle, mais dont les éléments rectangulaires échappent par leur petitesse à tout procédé direct de mensuration.

« Il ne faudrait pas d'ailleurs attribuer à ce que nous disons ici sur ces inclinaisons une idée trop absolue de régularité géométrique, et s'imaginer par exemple que les creux et les saillies sont des cônes parfaits ; il n'est nullement probable que dans la nature les choses se passent ainsi. Il est à supposer, nous le croyons, que la forme générale est celle du cône ; mais ce sont des cônes à génératrices diversement inclinées, soit quand on passe d'une arête à l'autre, soit dans le cours d'une même arête, et c'est même ainsi qu'on peut s'expliquer comment le frottement ne conserve pas la même valeur lorsque les corps mis en contact présentent, comme les matières végétales et animales, des structures différentes dans divers sens.

« Ainsi, le chêne placé sur du chêne, les fibres étant parallèles, donne pour rapport du frottement à la pression 0,62 ; tandis que lorsque les fibres sont perpendiculaires, il donne 0,54 ; et probablement pour les directions intermédiaires entre ces deux extrêmes, il donnerait des nombres variant de 0,62 à 0,54.

« C'est encore ainsi que le cuir tanné, frottant à plat sur le chêne, produit un frottement mesuré par 0,61, tandis que pour le même cuir posé de champ, le frottement est réduit à 0,43.

« Ce que l'on doit comprendre lorsque nous disons que l'inclinaison des creux et des saillies peut être apprécié par la relation $\tang \alpha = \frac{F}{P}$, c'est que l'effet général des diverses valeurs, que peut avoir réellement dans un corps cette inclinaison, revient exactement à celui d'une inclinaison régulière et unique dont la tangente aurait pour mesure $\frac{F}{P}$.

« A en juger par les résultats connus des expériences faites, on peut affirmer que ces inclinaisons sont loin de tomber dans l'ordre des infiniment petits. Ainsi, pour les bois de diverses qualités, frottant les uns sur les autres, la valeur du rapport du frottement à la pression totale, c'est-à-dire $\sin \alpha$ varie de 0,58 à 0,69, ce qui correspond à des inclinaisons comprises entre 22° et 44° ; pour les pierres calcaires frottant, soit l'une avec l'autre, soit avec des briques, le rapport du frottement à la pression varie de 0,67 à 0,75, ce qui correspond à des inclinaisons comprises entre 42° et 49°. (Voir la théorie du plan incliné.)

« Pour les métaux, les inclinaisons sont beaucoup plus faibles et varient de 8° à 12°.

« Il importe maintenant de remarquer que les nombres dont nous venons de donner les valeurs sont ceux qu'on obtient lorsque les corps frottent à sec, lorsque aucune matière liquide ou onctueuse n'est interposée entre les surfaces frottantes.

« L'expérience prouve que cette interposition joue un rôle des plus importants, soit pour augmenter le frottement dans certains cas, soit pour le diminuer dans d'autres. Or nous allons faire voir qu'il n'est pas un seul des détails relevés par ces expériences qui ne soit une conséquence toute naturelle de la théorie que nous expliquons ici, à tel point, que cette théorie permet d'apprécier spontanément, sinon la jauge numérique de ces variations, du moins le sens additif ou soustractif dans lequel elles doivent agir suivant les cas.

« En effet, nous avons expliqué, dans ce qui précède, qu'il n'est guère possible d'admettre que les formes des creux et des saillies sont des figures géométriques parfaites; tout porte à croire, par exemple, que la section faite par un plan vertical de ces saillies et de ces creux, au lieu d'être représentée par deux lignes droites, dont le sommet est émoussé sous forme curviligne, l'est par deux lignes, très-voisines sans doute de la ligne droite, mais légèrement infléchies dans tout leur cours.

« Ce qu'il y a de certain, c'est que l'émoussement des sommets saillants est une des conséquences les plus naturelles de l'usure de la matière par le fait du mouvement, tout comme le remplissage de la partie inférieure des creux est un des effets les plus probables des compressions produites sur les corps par les forces à l'action desquelles ils sont soumis. Un tel état de choses n'existerait-il pas à l'origine, lorsque les substances employées sortent de la main de l'ouvrier, qu'il ne répugnera à personne d'admettre qu'il doit certainement se produire après quelque temps de fonctionnement.

« Or, ce fait admis, d'importantes conséquences vont en découler, et tout ce qui se rapporte à l'influence des enduits interposés va pouvoir être mécaniquement apprécié.

« Imaginons, en effet, que l'on verse un liquide sur les surfaces en contact, et supposons d'abord que ce liquide n'exerce aucune action physique ou chimique sur les substances mises en expérience.

« Une couche liquide d'une certaine épaisseur va donc se trouver emprisonnée entre le corps supérieur et le corps inférieur, et comme la propriété essentielle des liquides est l'incompressibilité, il va résulter de là que le rapprochement des deux corps sera certainement moins intime que précédemment ; le poids frottant va se trouver soulevé d'une certaine quantité au-dessus de sa position primitive, et, lorsque sollicité à se mouvoir par la force horizontale F, les saillies viendront à se rencontrer, cette rencontre se faisant sur des points plus rapprochés que précédemment de leurs sommets, le plan incliné qu'il faudra remonter se rapprochera davantage de l'horizontale, et par conséquent la résistance provenant de ces saillies, le frottement, se trouvera atténué.

« Que ce liquide soit de l'eau, qu'il soit un corps huileux, pourvu qu'il n'exerce aucune action chimique ou physique sur les substances mises en œuvre, les choses se passeront identiquement de la même manière, puisqu'elles dépendent uniquement du principe de l'incompressibilité qui s'applique généralement à tous les liquides. Seulement, comme l'eau s'évapore et disparaît plus rapidement que les huiles, ses effets seront beaucoup plus passagers, et cela explique pourquoi, dans la pratique, c'est surtout aux liquides gras qu'on a recours lorsqu'on veut diminuer les frottements

« Mais il n'en est plus de même lorsque les liquides exercent une action sur les corps frottants, et l'on va voir que les motifs de cette différence sont faciles à apprécier.

« Ainsi, l'eau mise en contact avec les matières animales et végétales, avec les bois, avec les cordes, avec les peaux, s'imbibe rapidement dans ces substances et y produit à la fois un élargissement dans le sens des diamètres, un raccourcissement dans celui des longueurs.

« Sous l'influence de cette imbibition, que nous supposons d'ailleurs modérée, deux effets vont se produire d'abord : la couche de liquide interposée va rapidement disparaître, absorbée qu'elle sera par les substances en contact ; l'effet de soulèvement dont nous parlions tout à l'heure deviendra donc à peu près nul. D'un autre côté, les saillies vont se renfler et se renfleront davantage dans leurs parties les plus épaisses, c'est-à-dire vers leurs bases; cette déformation aura pour résultat de modifier l'inclinaison primitive des faces et de la rapprocher de la verticale ; la valeur de l'angle α va donc augmenter, et partant l'expression P sin α du frottement croîtra.

« Toutes ces conséquences sont pleinement confirmées par les faits, et l'expérience prouve que les variations obtenues sont d'autant plus grandes que les corps, mis en contact, sont plus susceptibles d'être impressionnés par le phénomène de l'imbibition de l'eau.

« Par exemple, lorsque du chêne frotte sur du chêne, les fibres étant perpendiculaires, le rapport du frottement à la pression est 0,54 quand il n'y a pas d'enduit, et devient 0,71 quand les surfaces sont mouillées ; ces deux nombres sont entre eux dans le rapport de 1 à 1,31.

« Les cordes étant plus impressionnables à l'eau que les bois, lorsqu'une des pièces de chêne est remplacée par une natte de chanvre, la différence va devenir plus considérable ; en effet, dans ce cas, lorsqu'il n'y a pas enduit, le rapport du frottement à la pression est 0,50, et ce rapport augmente jusqu'à 0,87 lorsque les surfaces sont mouillées d'eau. Ces deux nombres sont entre eux dans le rapport de 1 à 1,75.

« Le cuir substitué à la natte de chanvre produit un écart encore plus considérable, puisqu'on trouve que le frottement est égal à 0,43 sans enduit et à 0,79 quand les surfaces sont mouillées d'eau. Ces deux nombres sont entre eux dans le rapport de 1 à 1,84.

« Si, au contraire, à la place de l'une des pièces de chêne on emploie une substance sur laquelle l'eau est sans action, le fer par exemple, la variation n'a plus qu'une très-faible importance; on passe alors de la valeur 0,62 à celle 0,65, nombres qui sont entre eux dans le rapport de 1 à 1,05.

« Enfin le cuir étant plus impressionnable à l'eau que le bois, la variation pour une courroie agissant sur métal sera plus grande que pour du chêne agissant aussi sur métal. En effet, les valeurs du frottement pour la courroie sont : 0,28 sans enduit, et 0,38 quand les surfaces seront mouillées d'eau.

« Tous ces faits d'expérience sont dans un tel accord avec le principe qui nous a servi de point de départ, qu'ils nous paraissent être une justification à peu près complète des idées théoriques ci-dessus développées.

II. *Du frottement lorsque les corps sont en mouvement.*

« Jusqu'à présent, nous avons considéré le frottement à son point de départ, à l'état naissant pour ainsi dire, lorsque le corps P est au repos et que l'on veut l'en faire sortir. Procédons maintenant à l'étude de ce qui doit avoir lieu pendant que le corps P est en mouvement, et disons d'abord quels ont été les résultats des observations.

« L'expérience a appris, dit M. Morin, que quand les corps ont été quelque temps en contact, comme une vanne avec ses coulisses, le frottement, au moment où on veut les faire glisser l'un sur l'autre, est plus grand que quand ils sont déjà en mouvement ; il faut donc distinguer deux cas, celui où les corps ont été quelque temps en contact, celui où les corps sont en mouvement les uns sur les autres. »

En fait, les variations qu'éprouve la valeur du frottement suivant que les corps sont au repos ou en mouvement sont quelquefois considérables. Ce n'est guère que pour les métaux qu'elles sont à peu près insignifiantes, et cela doit tenir à ce que c'est pour ces sortes de corps, ainsi que déjà nous l'avons fait remarquer, que les inclinaisons faciales des creux et des saillies descendent à de très-faibles valeurs ; mais pour toutes les autres substances, même lorsqu'elles sont employées concurremment avec les métaux, les différences prennent presque toujours de l'importance ; on en jugera par les exemples suivants :

Pour le chêne sur le chêne, les fibres étant parallèles, le frottement est 0,62 au repos 0,48 en mouvement ; lorsque les fibres sont perpendiculaires, on a 0,54 au repos et 0,34 en mouvement.

Pour le cuir sur le chêne, on a 0,61 au repos et de 0,30 à 0,35 en mouvement.

Pour le chanvre sur le chêne, on trouve les nombres 0,80 et 0,52.

Pour le chêne sur la fonte, ou a 0,65 au repos et 0,38 en mouvement.

Dans les pierres on trouve : pour le calcaire oolithique 0,74 au repos et 0,64 en mouvement.

Pour le muschelkak sur le muschelkak 0,70 au repos, 0,38 en mouvement.

Pour d'autres substances frottant sur la pierre, on a :

Chêne sur muschelkak 0,64 au repos, 0,38 en mouvement.

Fer sur muschelkak 0,42 au repos, 0,24 en mouvement.

Nous avons cru nécessaire de citer un assez grand nombre de faits d'expérience, afin de bien fixer l'attention du lecteur sur l'importance des modifications qu'éprouve le phénomène du frottement suivant que les corps sont considérés comme partant du repos ou comme se trouvant à l'état de mouvement.

Le fait de ces variations étant ainsi bien constaté, examinons, d'une part, s'il est conforme aux idées théoriques que nous venons d'émettre, et recherchons, d'autre part, si la circonstance du mouvement ne vient pas introduire dans le phénomène un nouveau mode d'action résistante.

Il résulte de ce qui a été exposé ci-dessus que lorsqu'un corps part du repos, les saillies et les creux ont eu le temps et les moyens d'engrener autant que possible les unes avec les autres, et que, pour que la résistance du frottement soit vaincue, il faudra que le corps supérieur ait parcouru en entier les plans inclinés depuis leur base jusqu'à leur sommet. C'est toujours vers la base des saillies que se trouvent les plus fortes inclinaisons, et comme ce sont ces inclinaisons qui déterminent l'intensité de la résistance qui nous occupe, on peut affirmer que cette intensité sera d'autant plus considérable que les corps se seront pénétrés et rapprochés davantage, circonstance qui se produit évidemment lorsque les corps partent du repos.

Imaginons maintenant que cette résistance initiale du frottement est vaincue, que le corps frottant a terminé son parcours sur le plan incliné, qu'il se trouve par conséquent soulevé à la hauteur des sommets des saillies, qu'il se meut horizontalement, et examinons ce qui va se passer.

Dans ce moment, les obstacles ont disparu, et la force mouvante n'étant plus entravée produira tout son effet sur le mouvement du corps ; mais comme cette force est horizontale, elle ne saurait altérer les effets naturels de la gravité ; dès lors le corps P ne pourra éprouver le plus petit déplacement horizontal sans que dans le temps pendant lequel ce déplacement aura eu lieu, il ne s'opère simultanément un mouvement de descente qui fera engrener encore une fois et plus ou moins profondément, suivant la vitesse de transport, les saillies et les creux.

D'ailleurs, puisque c'est pendant que le corps frottant est sous l'influence d'un certain mouvement que la rencontre des saillies entre elles se produit, un fait nouveau va se manifester qui donnera naissance à une résistance d'une nature différente de la première : ce sera celui de chocs successifs coïncidant inévitablement avec chaque rencontre.

On comprend d'après cela que la résistance première une fois vaincue est de nature, sinon à se reproduire identiquement telle qu'elle était à l'origine, du moins à être suivie de nouvelles résistances dont nous allons étudier le développement et qui seront subsistantes pendant toute la durée du mouvement.

L'importance du mouvement de descente et des chocs que nous venons de signaler à l'attention du lecteur variera évidemment suivant l'intensité de la force horizontale.

Les chutes prennent pour les différentes vitesses des valeurs très-variables, et en présence de ce résultat, il serait bien difficile d'admettre que le frottement ou que du moins l'espèce de résistance dont nous nous sommes occupé jusqu'à présent, et telle qu'on la conçoit dans le cas du repos, pût conserver une même intensité à toutes ces vitesses.

En effet, lorsque la quantité dont le corps tombe quand il parcourt l'ouverture d'un creux est une fraction assez importante de la profondeur de ce creux, on peut bien admettre que le corps descendra jusqu'aux parties les plus inclinées des faces latérales du creux, et qu'il rencontrera par conséquent la même résistance qu'auparavant ; mais il en sera d'autant moins ainsi que cette fraction deviendra plus petite, et l'on conçoit qu'il y aura un terme où la descente sera si faible que la rencontre du corps supérieur avec le corps inférieur se fera sur la partie émoussée et arrondie des saillies où les inclinaisons sur l'horizontale sont de plus en plus faibles, et où par conséquent la résistance provenant du frottement aura sensiblement moins d'intensité qu'au début. On est même conduit à penser qu'il y aura telle vitesse pour laquelle cette sorte de résistance deviendra à peu près insignifiante.

Nous pouvons donc poser en principe que la résistance produite par la remonte du corps supérieur sur les aspérités du corps inférieur, résistance qui, dans l'état de repos, est notable, diminuera nécessairement avec la vitesse.

Mais, tandis que, au repos, cette résistance est la seule qui s'oppose à l'action de la force qui sollicite les corps, il en est une autre qui se développe par le fait du mouvement et qui concourt avec elle à produire des effets retardateurs.

Cette résistance provient des chocs successifs qui se produisent à chaque rencontre d'une aspérité supérieure avec une saillie inférieure, résistance qui est évidemment d'autant plus considérable que la vitesse est plus grande.

Il suit de là, que si, d'un côté, les effets retardateurs qui proviennent de la remonte sur les plans inclinés vont nécessairement en diminuant à mesure que la vitesse augmente, d'un autre côté, ceux qui dépendent des chocs des saillies entre elles iront en augmentant avec cette vitesse.

Toutefois, il convient de remarquer, au sujet de cette dernière assertion, qu'à mesure que la vitesse augmente les deux corps qui se choquent se rencontrent en des points où leur tangente commune fait un angle de plus en plus petit avec l'horizontale, c'est-à-dire avec la direction de la force F, ce qui tend à diminuer la perte de force produite par le choc.

En résumé, à l'état de repos, une seule nature de résistance se manifeste, celle résultant de la nécessité de faire remonter les saillies du corps frottant sur les faces inclinées des cavités du corps inférieur.

A l'état de mouvement, cette sorte de résistance s'atténue très-rapidement avec la vitesse; mais il s'en produit une autre résultant du choc des saillies contre les creux, et si l'inclinaison sur l'horizontale du plan tangentiel aux surfaces au point où se fait le choc restait constante, cette force retardatrice irait en augmentant avec la vitesse; mais, comme, à mesure que celle-ci croît, l'inclinaison du plan tangentiel diminue, on voit que cette sorte de résistance est soumise à deux influences agissant en sens inverse pour la modifier.

Y a-t-il compensation, sinon exacte, du moins partielle entre la cause aggravante et la cause atténuante, de manière que la différence de l'une à l'autre se maintienne constante à toutes les vitesses? A en juger par l'expérience, on doit se prononcer pour l'affirmative.

Quoi qu'il en soit, si les observations qui précèdent ne sont pas suffisantes, à cause de leur généralité, pour nous donner la connaissance de la balance numérique qui doit exister entre le doit et l'avoir de ces effets contraires, elles nous paraissent du moins avoir le mérite d'indiquer les raisons théoriques en vertu desquelles la constance de cette balance peut se comprendre; de telle sorte que son principe devient aussi rationnel en théorie que sa manifestation paraît incontestable dans la pratique.

Puisque la résistance du frottement est d'une nature toute différente suivant que les corps sont au repos ou en mouvement, il serait imprudent de prononcer a priori que l'effet des liquides interposés sera le même dans tous les cas.

Nous avons analysé dans ce qui précède les effets produits par cette interposition lorsque les corps sont au repos, et nous avons constaté que dans le cas où les liquides n'exercent aucune action sur les corps, ils contribuent à diminuer le frottement; que dans le cas, au contraire, où les liquides sont susceptibles d'imbiber les corps mis en contact, l'effet de cette imbibition est de produire des renflements latéraux dans les saillies, d'où résulte une plus grandeur roideur dans les inclinaisons de leurs faces, et par suite une augmentation de frottement.

Or, comme à ce renflement de la base des saillies, à cette plus grande inclinaison de leurs parois correspondra toujours un plus grand affaissement à leur sommet, on peut en conclure certainement que lorsque les corps, au lieu de se pénétrer intimement, ainsi qu'ils le font au repos, n'auront plus de communication entre eux que par les parties supérieures des saillies, ainsi que cela a lieu pendant le mouvement, les résistances seront d'autant plus diminuées que l'imbibition aura été mieux satisfaite, puisque alors l'affaissement des sommets aura été plus considérable.

Ainsi, au point de vue des conditions géométriques de la rencontre des corps qui se choquent, il y aura certainement atténuation de la résistance dans le cas de l'imbibition. Il en sera d'ailleurs de même au point de vue dynamique, parce que les corps imbibés d'eau sont certainement plus élastiques que les mêmes corps à l'état sec et que la conservation des forces vives est en raison de cette élasticité.

Nous pouvons donc conclure que, dans les corps en mouvement, l'interposition d'une substance liquide, que cette substance exerce ou n'exerce pas d'action sur ces corps, aura toujours pour effet de diminuer la résistance,

On remarquera au surplus que les corps gras qui s'évaporent moins vite que l'eau et qui ne sont pas absorbés avec la même facilité qu'elle provoqueront, toutes choses égales d'ailleurs, un relèvement plus prononcé et plus permanent du corps frottant au-dessus du corps inférieur, le placeront en conséquence plus sûrement dans des conditions favorables à la diminution des résistances et produiront par suite une plus forte réduction dans la valeur numérique du coefficient du frottement.

L'expérience confirme ces faits dans tous leurs détails, et les différences qu'elle met à jour sont quelquefois énormes.

Ainsi, pour le chêne frottant sur du chêne, les fibres étant perpendiculaires, la résistance est 0,54 à l'état sec, et 0,25 lorsque les surfaces sont mouillées d'eau ; pour le fer frottant sur le chêne, la résistance est 0,62 dans le premier cas, 0,26 dans le second et 0,21 quand les surfaces sont frottées avec du savon sec ; pour la fonte sur le chêne, on a 0,49 à l'état sec, 0,22 quand on mouille avec de l'eau et 0,19 avec le savon sec ; pour le cuir tanné sur fonte et sur bronze, la résistance est 0,56 sans enduit, 0,36 quand on mouille avec de l'eau, 0,23 quand les surfaces sont onctueuses et 0,15 quand elles sont enduites d'huile.

Il y a donc, on le voit, une interversion complète pour le rôle que joue l'eau dans le phénomène du frottement suivant [que les corps susceptibles d'imbibition sont au repos ou en mouvement. Dans le premier cas, la résistance est considérablement augmentée, dans le second, elle est notablement diminuée.

LOIS GÉNÉRALES DU FROTTEMENT DE ROULEMENT

Le frottement de roulement ou de seconde espèce se produit lorsqu'une surface, en contact avec une autre, se meut sur celle-ci par une rotation simple. Dans le glissement, la zône de contact est toujours la même ; dans le roulement, elle varie à chaque instant. Le mouvement le plus général d'un corps solide, se composant d'une translation et d'une rotation, le frottement total résultera de la combinaison du frottement de glissement avec le frottement de roulement.

Ce dernier est surtout intéressant au point de vue du mouvement des véhicules de toute nature, et nous en ferons ultérieurement, dans le cours de routes, une étude approfondie.

Pour le moment, nous n'avons besoin que de considérations sommaires; car, le frottement de roulement, étant de beaucoup inférieur au frottement de glissement, est généralement négligé dans les calculs de mécanique pratique.

Le premier expérimentateur fut Coulomb, qui traite le roulement d'une manière incidente ; vient ensuite le général Morin, dont nous résumons ci-après les expériences :

« Les moyens d'expérimentation que j'ai mis en usage ont varié selon le but spécial des expériences entreprises, et, sans m'astreindre, dans leur description à suivre l'ordre des époques auxquelles je les ai employés, je commencerai par celui qui offre le plus d'analogie avec l'appareil dont Coulomb s'est servi.

« Sur un banc horizontal, formé de deux poutres de 0^m,30 d'épaisseur sur 0^m,25 de largeur, et éloignées de 1 mètre intérieurement, on a placé des madriers en peuplier dont la surface a été mise de niveau dans le sens longitudinal et transversal. Sur ces madriers, ou sur des bandes de substances et dimensions différentes, qui y étaient fixées, on a fait mouvoir des rouleaux de divers diamètres à leurs extrémités. Lorsqu'on a employé des rouleaux en bois de chêne, ils avaient tous, à très-peu près, le même diamètre au corps ou à la partie intermédiaire entre les extrémités qui roulaient sur les bandes; ils étaient équilibrés autour de leur axe de figure. Pour les rouleaux en fonte, l'arbre en fer était toujours le même, et pouvait recevoir successivement à ses extrémités des rouleaux de différents diamètres.

« La charge des rouleaux en bois était formée, comme dans l'appareil de Coulomb, par des poids égaux, suspendus aux deux extrémités d'une ficelle flexible. Ces poids étant des obus chargés de balles de plomb, et lestés tous au poids constant de 15 kilogrammes. On pouvait ainsi, sur la longueur du corps d'un rouleau, placer jusqu'à quatre à cinq cordes ou huit ou dix obus, formant une charge additionnelle de 120 ou de 150 kilogrammes. Afin que le poids des cordes ne pût, en variant pendant le mouvement, influencer les résultats, on a eu soin de laisser pendre en dessous de chaque obus et de chaque côté une longueur de corde telle, qu'elle pût toujours toucher le sol, et d'ajouter le poids constant des deux brins à celui de la charge. Les cordes employées n'ayant que 0^m,003 de diamètre et étant souples, on pouvait négliger leur roideur dans ces expériences, ainsi que l'a fait Coulomb dans les siennes.

« Le mouvement des rouleaux était produit par deux poids différents. L'un agissait pendant toute la course du rouleau, et, par un tâtonnement qui constituait pour ainsi dire l'expérience, on déterminait sa valeur, de façon que le mouvement imprimé au rouleau s'entretînt à une vitesse uniforme. Au-dessous de ce poids, un bout de corde, de longueur constante, descendait jusqu'à terre, afin que la force motrice fût toujours la même. L'autre poids était suspendu au-dessus du sol par une corde qui n'était retenue au corps du rouleau que par une boucle accrochée à une pointe sans tête; de sorte qu'aussitôt que le poids touchait terre ou que la corde se décrochait, il cessait d'agir. On voit que ce poids additionnel ne servait qu'à produire avec le précédent le mouvement, que celui-ci seul devrait entretenir.

« Pour reconnaître la nature du mouvement, qui avait lieu pendant une chute de 4^m,50 environ du poids moteur, on observait, à l'aide d'un compteur à pointage, donnant les dixièmes de seconde, la durée des tours ou demi-tours du rouleau.

« Lorsque le cylindre se met en mouvement sous l'action des poids moteurs, il reçoit un double mouvement de rotation et de translation, et, les poids suspendus aux ficelles résistant par leur inertie à ces mouvements, il s'ensuit que, dans les premiers instants, les ficelles s'inclinent d'une petite quantité dans le sens de la marche. Il résulte de là que les obus forment autant de pendules qui prennent un mouvement oscillatoire outre les mouvements d'ascension verticale et de transport horizontal qui leur sont communiqués. Lorsque la marche du cylindre est continue, décidée, le mouvement oscillatoire de la charge n'a pas d'influence sensible sur sa régularité; mais il faut pour cela qu'il ne se produise pas d'oscillations en sens contraire, et encore moins de chocs entre les obus qui descendent et ceux qui montent, ce qui apporterait une perturbation grave au mouvement. On parvient facilement à éviter ces effets en recherchant par tâtonnement à quelle hauteur il faut élever le poids additionnel pour que le mouvement de transport soit convenablement rapide. Pour réussir dans ces expériences, il faut donc que le rouleau marche sans incertitude.

« C'est pour éviter ces inconvénients que j'ai fait faire plus tard un arbre en fer cylindrique, dont la charge était formée par des disques en plomb tournés, dont on pouvait varier le nombre, de manière à opérer sous différentes pressions, et aux extrémités duquel on plaçait des roues de différents diamètres.

« Le mouvement de cet arbre était d'ailleurs produit aussi par un poids additionnel qui cessait d'agir après une portion convenable de la course, et d'un poids constant qui devait entretenir le mouvement uniforme, et dont on déterminait par tâtonnement la valeur, en observant la loi du mouvement avec un compteur à pointage.

« On remarquera aussi qu'avec cet arbre en fer, il n'y avait plus de cordes qui s'enroulassent et que cette légère cause d'erreur inhérente à l'appareil de Coulomb avait été évitée avec celui-ci.

« **Résultats des expériences de Coulomb.** — Avant d'aller plus loin, je crois devoir rappeler succinctement les résultats qui ont été obtenus par Coulomb. Ce célèbre physicien n'avait pour but que de se mettre à même d'apprécier la résistance au roulement, éprouvée par des rouleaux d'orme ou de gaïac sur du bois de chêne, pour pouvoir en tenir compte dans ses expériences sur la roideur des cordes. Ce n'était donc pour lui qu'une recherche incidente, et il ne faut pas s'étonner qu'il n'ait porté son attention que sur les éléments qui l'intéressaient alors, l'influence du diamètre et celle de la pression. Il faut remarquer qu'il n'indique pas la largeur des surfaces en contact, qui, sans doute, a toujours été à peu près le même, et qu'il n'a opéré que sur du bois de chêne, qui est dur et roide, avec des rouleaux en orme et en gaïac.

« Son mode d'expérimentation était le même que je viens de décrire, à cette exception que, n'ayant pas de compteur à pointage qui fractionnât la seconde, il recherchait quel était le poids qui produisait un mouvement continu, mais insensible, c'est-à-dire très-lent ; ce qui rendait négligeables ou nuls les effets de l'inertie des masses en mouvement.

« La conclusion des résultats obtenus par Coulomb, c'est que la résistance au roulement est proportionnelle à la pression et en raison inverse du diamètre des rouleaux. D'où il suit qu'en nommant :

« R cette résistance rapportée à la circonférence du rouleau,

« P la pression,

« r le rayon du rouleau,

« A un coefficient constant, dépendant de la nature du rouleau et de la surface sur laquelle il roule, on a la relation :

$$R = A \frac{P}{r}.$$

« Coulomb ajoute que, sous les petites pressions, le frottement paraît un peu plus grand que celui qui résulterait d'une résistance proportionnelle à la pression.

« Quant à la largeur des parties en contact et à la vitesse du mouvement, n'en a pas étudié l'influence. »

M. Morin reprit donc les expériences de Coulomb, en se servant de l'appareil décrit plus haut, et, de la moyenne d'un grand nombre d'essais, il tira les conclusions suivantes :

1° Sur les corps fibreux, comme les bois, sur les tissus spongieux, comme le cuir, sur les corps grenus, comme le plâtre, la résistance au roulement varie en raison inverse du diamètre des rouleaux. Cette résistance au roulement R est mesurée à la circonférence du rouleau : c'est la force qu'il faut appliquer tangentiellement au rouleau pour lui imprimer un mouvement uniforme.

2° Sur les corps compressibles la résistance au roulement augmente quand la largeur de la zone de contact diminue.

3° Dans le roulement des cylindres sur les corps élastiques, tels que le caoutchouc, les profondeurs des impressions sont sensiblement proportionnelles aux pressions, tant que l'élasticité n'est pas altérée; sous ce rapport, il importe donc, dans la construction des chemins de fer, d'employer des fers durs plutôt que des fers tendres.

Sur les bois et sur les corps homogènes dont la pression altère l'élasticité, les expériences montrent que la résistance au roulement croît plus rapidement que la pression; les pavages en bois ne conviennent donc pas pour les routes fréquentées par de gros chargements.

Sur les routes en empierrement solide, le rapport de la résistance à la pression est sensiblement constant entre des limites de chargement qui comprennent à peu près tous ceux de la pratique.

La loi de la proportionnalité du frottement de roulement à la pression, admise par Coulomb et par d'autres expérimentateurs ou théoriciens, n'est donc pas une loi générale et mathématique; elle n'est approximativement vraie que pour certains cas, auxquels il faut en borner l'application.

En résumé, il n'existe pas de loi générale qui régisse les effets physiques du glissement et du roulement des corps.

La résistance R à la circonférence d'un rouleau de rayon r, et dont le poids total est P, est donnée, d'après la loi de Coulomb, par la formule $R = A \dfrac{P}{r}$; A est une constante.

PRINCIPALES VALEURS DE A

DÉSIGNATION DES SURFACES EN CONTACT.	VALEURS DE A.
Rouleaux de bois de chêne sur des madriers de peupliers. (Fibres du chêne perpendiculaires au mouvement, celles du peuplier parallèles).	0.000876
Rouleaux de bois de chêne sur des bandes de cuir. . .	0.001895
Rouleaux de bois de chêne sur une couche de plâtre.. .	0.000824

Pour des rouleaux de fonte en contact avec du bois de sapin, le rapport de la résistance R, appliquée à la circonférence, à la charge totale P de la bande, est variable avec les largeurs de bandes, les charges et les poids moteurs. Dans les expériences du général Morin, ce rapport est compris entre 0,004 et 0,009.

Cherchons à construire la réaction que les supports exercent sur le corps roulant, comme nous l'avons fait dans le cas du glissement :

Sur un rouleau 0 s'enroule une corde qui porte, à un bout, une charge $\frac{P}{2}$, et à l'autre bout la même charge $\frac{P}{2}$ avec un poids additionnel p, destiné à entretenir le mouvement uniforme. La réaction des appuis est une force qui fait équilibre aux deux précédentes, elle est donc verticale, égale à leur somme, et appliquée à gauche du centre du rouleau, c'est-à-dire dans le sens du mouvement, à une distance x du centre telle que

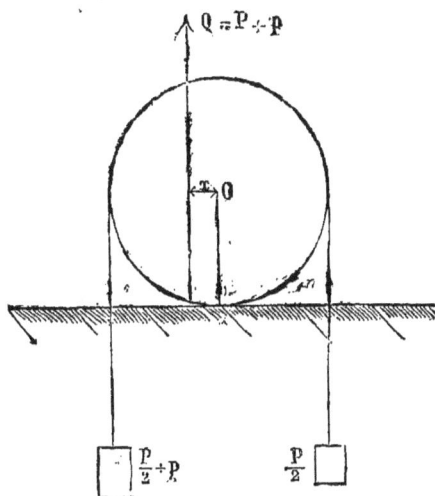

Fig. 165.

$$\frac{r+x}{r-x} = \frac{p+\frac{P}{2}}{\frac{P}{2}},$$

ce qui revient à

$$\frac{r}{x} = \frac{p+P}{p} \quad \text{ou} \quad x = \frac{p.r}{P+p}.$$

Cette équation détermine la distance x de la réaction verticale de l'appui au centre du rouleau ; inversement, la pression totale du rouleau sur son appui est une force verticale égale et directement opposée à Q.

La surcharge p est précisément la résistance R de la formule $R = A.\frac{p}{r}$; P représente ici la charge totale, c'est-à-dire $P+p$; donc la constante A est précisément la distance x, c'est-à-dire le bras de levier de la réaction des supports ; nous en avons donné plus haut quelques valeurs expérimentales.

Lorsqu'un rouleau est sollicité par une force inclinée, au lieu de l'être par des poids verticaux comme le montre la figure 165, la réaction des appuis est une force inclinée qui, par suite, a une composante horizontale ; cette composante horizontale est généralement très-faible, et c'est le roulement qui se produit ; mais si la composante atteint la valeur de la composante horizontale relative au frottement de glissement, c'est le glissement qui se produira.

La faible influence du roulement engage à le substituer au glissement toutes les fois qu'on le peut ; c'est ainsi que nous avons vu en cinématique les couronnes de galets substituées aux coussinets (nous avons même montré les inconvénients de ce système). C'est ainsi encore que sur les chantiers on transporte les grosses pierres au moyen de rouleaux ; dans ce cas, les rouleaux sont soumis à deux frottements de roulement, l'un au contact du sol, l'autre au contact de la pièce à transporter; par ce moyen, la résistance horizontale peut atteindre seulement une valeur égale à quelques centièmes de la charge totale.

TRAVAIL ABSORBÉ PAR LES FROTTEMENTS.

L'équation générale du travail nous a appris que le travail moteur était égal au travail résistant total, lequel comprend : 1° le travail utile produit par l'outil, 2° le travail absorbé par les frottements, 3° le travail absorbé par les chocs.

Le frottement absorbe nécessairement un certain travail ; ainsi dans le glissement la réaction de la surface a une composante horizontale ; le mouvement lui-même étant horizontal, cette composante produit un travail déterminé.

Nous allons étudier cette perte de travail dans diverses machines élémentaires.

ÉQUILIBRE DYNAMIQUE DU PLAN INCLINÉ

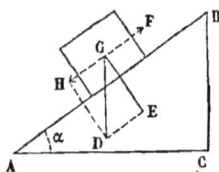

Fig. 166.

Soit un plan incliné AB faisant avec l'horizon l'angle α ; sur ce plan est posé un corps de poids P dont le centre de gravité est en G. Si nous faisons abstraction de la pesanteur, ce corps est soumis à la seule action de son poids P, lequel a deux composantes : l'une $GE = P \cos \alpha$, normale au plan et équilibrée par la réaction de ce plan, l'autre GH, parallèle à la ligne de plus grande pente, égale à $P \sin \alpha$: celle-ci produit le mouvement du corps. Sous son impulsion, le mobile va descendre d'un mouvement uniformément accéléré, dont l'accélération :

$$= \frac{GH}{M} = \frac{P \sin \alpha}{\left(\dfrac{P}{g}\right)} = g \sin \alpha.$$

L'accélération de la chute est celle de la pesanteur multipliée par le sinus de l'inclinaison du plan.

On voit que, de la sorte, on obtient un mouvement analogue à celui de la chute libre, mais dont la vitesse est réduite dans telle proportion que l'on veut. Galilée a profité de cette circonstance pour étudier le mouvement de la chute des corps, en faisant descendre un petit chariot le long d'une corde tendue ; le frottement étant très-faible, il reconnut que les espaces parcourus par le chariot variaient proportionnellement aux carrés des temps, et cela pour toutes les inclinaisons ; il put donc étendre cette loi au cas de la chute verticale.

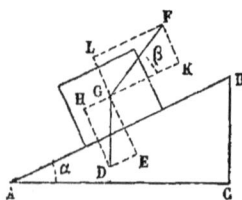

Fig. 167.

Pour que le corps soit en équilibre, il faudra annuler l'effet de la force GH, c'est-à-dire appliquer au centre de gravité du mobile, une force GF ou $P \sin \alpha$, égale et directement opposée à GH (fig. 166).

Passons maintenant au cas le plus général, en tenant compte du frottement, et supposons le corps sollicité par une force F, située dans le plan vertical de plus grande pente, et faisant un angle β avec la ligne de la plus grande pente.

Le poids P a deux composantes : l'une normale au plan GE$=$P$\cos\alpha$, l'autre parallèle GH$=$P$\sin\alpha$; la force F a de même deux composantes GL$=$F$\sin\beta$ et GK$=$F$\cos\beta$ (fig. 167).

La pression totale sur le plan est donc P$\cos\alpha-$F$\sin\beta$, et, si f est le coefficient de frottement, cette pression déterminera un frottement de glissement, c'est-à-dire une force parallèle au plan, mesurée par f(P$\cos\alpha-$F$\sin\beta$) et dirigée en sens inverse du mouvement.

Si l'on veut que le corps monte le long du plan incliné d'un mouvement uniforme, les forces GK ou F$\cos\beta$, GH ou P$\sin\alpha$, et la force de frottement f(P$\cos\alpha$ $-$F$\sin\beta$) devront se faire équilibre ; donc

$$F\cos\beta = P\sin\alpha + f(P\cos\alpha - F\sin\beta);$$

d'où l'on tire
$$F = P\frac{\sin\alpha + f\cos\alpha}{\cos\beta + f\sin\beta}.$$

Nous avons appelé φ l'angle de frottement, c'est-à-dire l'angle que la réaction totale du plan fait avec la normale à ce plan, et nous avons vu que le coefficient de frottement f mesurait précisément la tangente trigonométrique de cet angle, par suite

$$f = \operatorname{tang}\varphi = \frac{\sin\varphi}{\cos\varphi} \quad \text{et} \quad (1) \quad F = P\frac{\sin\alpha\cos\varphi + \cos\alpha\sin\varphi}{\cos\beta\cos\varphi + \sin\beta\sin\varphi} = P\frac{\sin(\alpha+\varphi)}{\cos(\beta-\varphi)}$$

Cette force F, nécessaire pour faire monter le corps d'un mouvement uniforme le long du plan incliné, varie avec l'angle β ; elle est minima lorsque $\cos(\beta-\varphi)$ est maximum, c'est-à-dire lorsque $\beta=\varphi$. Ainsi, pour exercer l'effort minimum, il faudra diriger la traction suivant une ligne qui fasse avec la ligne de plus grande pente du plan, et au-dessus de cette ligne, un angle égal à l'angle de frottement.

Le travail moteur de la force F, pour une longueur (d) parcourue sur la ligne de plus grande pente est

$$F.d.\cos\beta = P.d.\frac{\sin(\alpha+\varphi)}{\cos(\beta-\varphi)} \times \cos\beta = T_m;$$

pour le même déplacement, le travail utile est

$$Pd\sin\alpha = T_u.$$

Le travail absorbé par le frottement est la différence :

$$T_m - T_u = Pd\left\{\frac{\sin(\alpha+\varphi)}{\cos(\beta-\varphi)}\cos\beta - \sin\alpha\right\}$$

les angles α et φ étant constants, ce travail absorbé aura son maximum lorsque la fraction $\dfrac{\cos\beta}{\cos(\beta-\varphi)}$ sera maxima ; cette fraction

$$\frac{\cos\beta}{\cos(\beta-\varphi)} = \frac{\cos\beta}{\cos\beta\cos\varphi + \sin\beta\sin\varphi} = \frac{1}{\cos\varphi + \operatorname{tang}\beta\sin\varphi}$$

Cette fraction acquiert son maximum, lorsque $\tang \beta$ est nul, alors l'angle β est nul aussi et la force F est parallèle au plan. Au contraire, le travail absorbé est minimum lorsque la fraction précédente est minima, c'est-à-dire lorsque $\beta = 90°$. Mais à ce moment la force F ne produit plus aucun travail, puisqu'elle est normale au chemin parcouru.

Lorsque la traction F est parallèle au plan, l'équation (1) qui donne la valeur de cette force dans la position d'équilibre, devient

$$F = P \frac{\sin(\alpha + \varphi)}{\cos(-\varphi)} = P \frac{\sin(\alpha + \varphi)}{\cos \varphi},$$

Revenons au cas de la figure 166 : un corps, sollicité par son poids seul, descend sur un plan incliné ; quel mouvement va-t-il prendre ?

Le poids P détermine une réaction normale $P \cos \alpha$, et par suite un frottement $f P \cos \alpha$, parallèle au plan et dirigé en sens contraire du mouvement. Ce frottement se compose avec la composante tangentielle $P \sin \alpha$ du poids, et comme ces deux forces sont de signe contraire, leur résultante :

$$R = P \sin \alpha - f P \cos \alpha = P \left\{ \sin \alpha - \tang \varphi \cos \alpha \right\} = P \frac{\sin(\alpha - \varphi)}{\cos \varphi}$$

1° Si $\alpha = \varphi$, la résultante est nulle, et le corps va descendre d'un mouvement uniforme en vertu de la vitesse acquise ;

2° Si $\alpha > \varphi$, la résultante est positive, c'est-à-dire dirigée dans le sens BA, et le corps va descendre d'un mouvement uniformément accéléré dont l'accélération est égale à $g \dfrac{\sin(\alpha - \varphi)}{\cos \varphi}$;

3° Si $\alpha < \varphi$, la résultante est négative et évidemment inférieure à la valeur du frottement ; donc, si le corps est en repos, il restera en repos ; s'il est animé d'une vitesse descendante V, il continuera son mouvement en vertu de la vitesse acquise, mais son mouvement sera uniformément retardé. L'accélération de ce mouvement retardé est $g \dfrac{\sin(\alpha - \varphi)}{\cos \varphi}$, et le corps finira par s'arrêter après un temps t, tel que

$$V = - gt, \frac{\sin(\alpha - \varphi)}{\cos \varphi}$$

Il sera facile dans ces divers cas de mesurer le travail absorbé par le frottement.

Le travail de la pesanteur a été calculé en mécanique : il est égal au poids du corps multiplié par le déplacement vertical de son centre de gravité. Il ne dépend donc que de la hauteur du plan incliné, et non de son inclinaison pourvu que la hauteur ne change pas en même temps que l'inclinaison.

Équilibre dynamique du treuil. — Un treuil est un arbre ou tambour reposant sur deux coussinets par l'intermédiaire de deux tourillons ; la puissance P, appliquée à une manivelle à une distance p de l'axe du tambour, entraîne la résistance Q au moyen d'une corde qui s'enroule sur le tambour dont q est le rayon. Nous avons décrit tout cela en cinématique. Nous voulons trouver actuellement les relations qui existent entre la puissance, la résistance, et les réactions des tourillons, lorsque le treuil est en équilibre sous l'action de ces diverses forces, c'est-à-dire lorsque le mouvement de rotation est sur le point de naître et qu'une augmentation infiniment petite de la puissance va engendrer une rotation uniforme.

Faisons d'abord abstraction du frottement. Les deux forces P et Q seront en équilibre si leurs moments par rapport à l'axe de rotation sont égaux, c'est-à-dire si

$$P p = Q q.$$

La puissance et la résistance sont entre elles dans le rapport inverse de leurs bras de levier.

Supposons ces deux forces verticales : l'une DP et l'autre BQ; les points D et B sont dans le plan horizontal qui contient l'axe du treuil, tirons la droite DB, elle

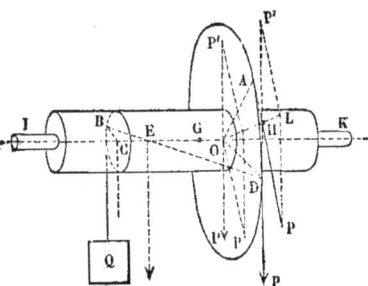

Fig. 168.

rencontre l'axe en E; la résultante de P et de Q, est appliquée en E, car

$$\frac{DE}{EB} = \frac{OD}{CB} = \frac{p}{q} = \frac{Q}{P}.$$

Cette résultante, égale à P + Q, peut se décomposer en deux forces : l'une Q appliquée en C et l'autre P, appliquée en O, en effet

$$\frac{EO}{EC} = \frac{OD}{CB} = \frac{p}{q} = \frac{Q}{P}.$$

Donc la puissance P transmet à l'arbre une charge verticale, précisément égale à P, et située dans son plan ; il en est de même de la résistance et en général de toute force verticale, quel que soit son bras de levier.

Si la puissance AP n'est pas verticale, appliquons en D deux forces P et P′ égales et directement opposées, elles ne changent pas l'équilibre : DP′ et AP se rencontrent en H et ont une résultante HL, que l'on peut transporter en O, et, alors la remplacer par ses deux composantes P et P′; d'autre part, la force verticale DP transmet à l'axe, ainsi que nous venons de le démontrer, une pression verticale OP. La pression totale sur l'arbre est donc la résultante de OP′ et des deux forces OP, c'est-à-dire qu'elle se réduit à la force OP, égale et parallèle à la puissance AP.

Connaissant les diverses pressions exercées sur l'arbre, nous décomposerons chacune d'elles en deux forces parallèles appliquées aux deux tourillons, et la résultante de toutes les pressions, qui sollicitent un tourillon, représentera la pression totale de ce tourillon sur son coussinet. La réaction totale du coussinet sur le treuil sera une force égale et directement opposée à la précédente.

Désignons par R et R′ ces réactions totales, dans lesquelles entre le poids de l'appareil. Le treuil peut se considérer comme un corps isolé en équilibre sous l'influence de la puissance, de la résistance et des réactions des appuis.

Faisons le calcul dans le cas où la puissance et la résistance sont verticales et soit (m) le poids de l'appareil.

La réaction du tourillon sur son coussinet doit être normale à la surface commune, c'est-à-dire passer par le centre O du tourillon, sans quoi celui-ci sollicité par une force tangentielle, ne garderait pas une position constante. S'il n'y avait pas de frottement, cette réaction serait verticale, et le point de contact du tou-

rillon se trouverait au point le plus bas du coussinet; mais le frottement détermine une composante horizontale, et la réaction du cous-
sinet est inclinée sur la verticale en sens inverse du mouvement; le tourillon s'élève donc un peu sur la surface du
coussinet, du côté de la puissance P, son point de contact
est en m et sa réaction totale est la droite (mn) qui fait avec
la verticale R l'angle de frottement φ.

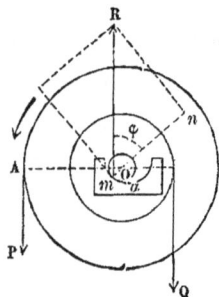

Exprimons que toutes les forces sont en équilibre :

D'abord, la somme de leurs projections sur la verticale
est nulle, d'où .

Fig. 169.

$$(1) \qquad R + R' - (P + Q + m) = o.$$

Ensuite, la somme des moments par rapport à l'axe du treuil est nulle, ce qui
donne, en désignant par r le rayon du tourillon,

$$(2) \qquad Pp - Qq - (R + R') r \sin \varphi = o.$$

En effet, le bras de levier d'une des forces mR est la perpendiculaire abaissée
de O sur cette force, perpendiculaire égale à $Om.\sin \varphi$ ou $r \sin \varphi$.

Des équations (1) et (2) on tire

$$Pp - Qq - (P + Q + m) r \sin \varphi = o, \qquad P (p - r \sin \varphi) = Qq + (Q + m) r \sin \varphi$$

$$(3) \qquad P = \frac{Qq + (Q + m) r \sin \varphi}{p - r \sin \varphi} = \frac{Qq}{p} + \frac{\left(Q + Q\frac{q}{p} + m\right)\frac{r}{p} \sin \varphi}{1 - \frac{r}{p}\sin \varphi}.$$

Pour un tour complet, le travail de la puissance est $2\pi Pp$, celui de la résistance
$2\pi Qq$. Or l'équation (3) nous donne

$$2 \pi Pp = 2 \pi Qq + 2 \pi p. \frac{\left(Q + Q\frac{q}{p} + m\right)}{1 - \frac{r}{p}\sin \varphi} .$$

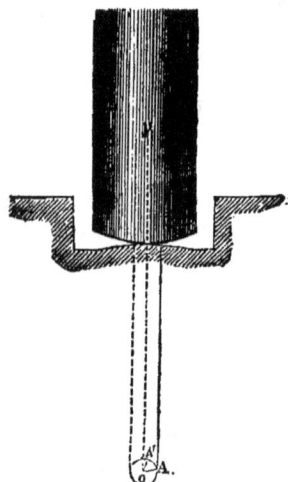

Le second terme du second membre de cette
équation est donc l'expression du travail absorbé
par le frottement des tourillons pour un tour complet du treuil.

Frottement d'un pivot sur sa crapaudine. —
Soit P (*fig. 170*) un pivot qui repose sur sa crapaudine; le cercle de contact, dont on voit la projection horizontale a un rayon r, le mouvement des
divers points en contact n'est autre qu'un glissement
qui se fait suivant une circonférence dont le centre
est en O.

Appelons P la charge totale, la charge rapportée
à l'unité de surface sera $\frac{P}{\pi r^2}$; divisons le cercle de

Fig. 170.

base OA en une série d'anneaux, dont le rayon x varie de o à r, et dont l'épaisseur constante est dx.

La surface d'un de ces anneaux est $2\pi x.dx$, et la pression verticale qu'il supporte est $\dfrac{P}{\pi r'^2} 2\pi.x.dx$; de cette pression normale résulte un frottement ou force tangentielle, dont la valeur est $f\dfrac{P}{\pi r^2} 2\,\pi x.dx$.

Cette force tangentielle est toujours dirigée en sens inverse du mouvement, son bras de levier est x, et son moment par rapport à l'axe du pivot

(1)
$$2\,f.\dfrac{P}{r^2} x^2\, dx.$$

Le moment total des forces de frottement s'obtiendra en intégrant l'expression précédente de $x = o$ à $x = r$, ce qui donne :

$$2f.\dfrac{P}{r^2}\int_{o}^{r} x^2\, dx = \dfrac{2}{3}\,f\,\dfrac{P}{r^2}\, r^3 = \dfrac{2}{3}f P.\, r.$$

Ce moment peut être obtenu par une force égale à $\dfrac{2}{3} f\, P$, appliquée à la circonférence extrême de contact, c'est-à-dire ayant un bras de levier r.

Elle sera équivalente à toutes les forces de frottement; son travail pour un tour de l'arbre sera

$$\dfrac{2}{3}\,f.\,P.\,2\,\pi.\,r,$$

de sorte que, si l'arbre fait n tours à la seconde, le travail résistant absorbé par le frottement sera

(2)
$$\dfrac{4}{3}\,n.\,f.\,\pi.\,P.\,r.$$

Au lieu d'avoir un cercle de contact, on a quelquefois un anneau dont les rayons extérieur et intérieur sont r et r'; c'est ce qui arrive par exemple lorsque l'épaulement d'un tourillon frotte contre le palier, ou lorsqu'un arbre vertical présente un renflement qui glisse dans un collet.

La pression P est alors répartie sur une surface $\pi\,(r^2 - r'^2)$, et l'expression (1) devient

$$2f.\dfrac{P}{r^2 - r'^2}x^2 dx,$$

qu'il faut intégrer entre r' et r.

Il en résulte, pour le travail absorbé pendant un tour, la valeur

$$\dfrac{4}{3}\,f.\,\pi.\,P\,\dfrac{r'^3 - r'^3}{r^2 - r'^2} = \dfrac{4}{3}f.\,\pi.\,P\,\dfrac{r^2 + rr' + r'^2}{r + r'}. \qquad (5)$$

Si nous nous reportons à la formule (2), elle nous apprend que c'est une bonne pratique de terminer le pivot et la crapaudine par des surfaces convexes, ainsi qu'on le voit sur la figure 170. Par ce moyen, on ne change pas le frottement, puisqu'il est indépendant des surfaces; mais on diminue son bras de levier r auquel le travail absorbé est proportionnel.

ÉQUILIBRE DYNAMIQUE DE LA VIS A FILETS CARRÉS

La vis à filet carré est, comme nous le savons, engendrée par un carré normal à un cylindre de révolution le long d'une génératrice, et animé d'un mouvement hélicoïdal autour de l'axe de ce cylindre.

La figure 171 représente une vis à filets carrés et son écrou fixe.

La puissance P est partagée en deux parties égales qui agissent aux extrémités

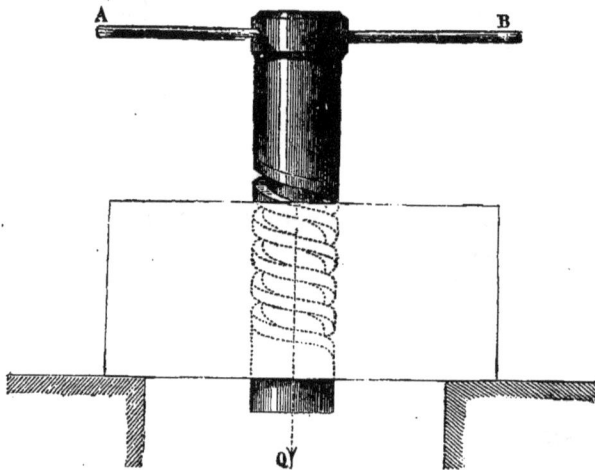

Fig. 171.

d'un bras de levier AB, de longueur totale 2R, le moment de la puissance est donc égal à PR. La vis est en outre soumise à une force verticale Q dirigée suivant son axe.

Considérons la surface de contact de la vis et de son écrou, et prenons l'hélice moyenne qui partage cette surface en deux parties égales ; soit h le pas de cette hélice, c'est-à-dire la hauteur d'une spire, et r le rayon du cylindre générateur sur lequel elle s'enroule, la tangente à cette hélice fait avec l'horizon un angle constant i, donné par

$$\tan g\, i = \frac{h}{2\pi r},$$

ainsi que nous l'avons démontré en géométrie analytique.

Considérons le plan qui a pour ligne de plus grande pente cette tangente à

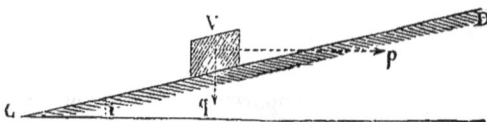

Fig. 172.

l'hélice moyenne ; il contient la génératrice même de la face du filet, puisque cette génératrice est le côté horizontal du carré générateur. Donc, il est tangent à la surface du filet, et l'on peut admettre que cette surface se confond avec lui sur une petite longueur. Projetons ce plan sur le plan tangent au cylindre de l'hélice moyenne (fig. 172) ;

sa trace sera la droite CD qui fait l'angle i avec l'horizon, cette trace correspondra à la surface de l'écrou, et l'on voit au-dessus un élément V de la vis.

La charge verticale Q se répartit sur toute la zone de contact de la vis et de l'écrou ; soit q la portion de cette charge qui correspond à l'élément V. La puissance P se répartit de même sur toute la surface de contact, et nous devons considérer qu'à chaque élément V correspond un effort horizontal p, dû à la puissance P.

L'élément de vis se trouve donc dans le cas d'un corps solide qui se meut sur un plan incliné, et qui est soumis à une force verticale (q) et à une force horizontale p.

1° Commençons par le mouvement ascendant. La puissance P tend à faire monter la vis dans son écrou, donc la force élémentaire p est dirigée comme l'indique la figure 172. L'équilibre dynamique existera, lorsque l'élément V sera en équilibre sous l'action des forces p et q.

Ces deux forces ont une composante normale, égale à ($q \cos i + p \sin i$), et il en résulte un frottement, c'est-à-dire une force tangentielle au plan incliné, mesurée par

$$f(q \cos i + p \sin i)$$

L'élément, sollicité par trois forces, p, q, et f ($q \cos i + p \sin i$) sera en équilibre si la somme des projections de ces forces sur un axe quelconque est nul ; prenons comme axe la droite CD, il viendra

$$p \cos i - q \sin i - f(q \cos i + p \sin i) = o$$

d'où $\quad p = q \dfrac{\sin i + f \cos i}{\cos i - f \sin i}$, et, (1) $\quad pr = qr \dfrac{\sin i + f \cos i}{\cos i - f \sin i}$.

L'ensemble des forces p doit faire équilibre à la puissance P, et comme elles tendent à faire tourner la vis autour de son axe, il suffit que la somme de leurs moments soit égale au moment de la puissance, donc

$$\Sigma p . r = \text{P. R.}$$

L'ensemble des forces q doit faire équilibre à Q ; toutes ces forces sont parallèles, il suffit que leur somme algébrique soit nulle, ce qui donne

$$Q = \Sigma . q.$$

Si donc on fait la somme des équations (1) pour tous les éléments de la vis, on trouvera comme résultat définitif

(2) $\quad \text{PR} = Qr \dfrac{\sin i + f \cos i}{\cos i - f \sin i} = Qr \dfrac{\tang i + f}{1 - f \tang i} = Q.r \dfrac{h + 2 \pi r f}{2 \pi r - f h}.$

Cette équation (2) détermine la valeur que doit prendre la puissance P, pour que l'équilibre dynamique existe, c'est-à-dire pour que la vis soit sur le point de remonter d'un mouvement uniforme. Cette puissance P va en augmentant indéfiniment à mesure que le dénominateur $\cos i - f \sin i$ diminue.

Lorsque $\cos i - f \sin i = o$, ou $\tang i = \cotang \varphi$, $i = 90° - \varphi$, il faut pour vaincre la résistance du poids Q une puissance infinie appliquée au bras de levier. C'est-à-dire que, quelle que soit la puissance, la vis ne remontera jamais ; et cela n'a rien d'étonnant si l'on considère que l'inclinaison de la vis est le complément de l'angle de frottement et que par suite cette inclinaison est très-forte et s'approche de 90°.

2° Veut-on produire un mouvement descendant, et trouver les conditions d'équilibre dynamique de la vis, lorsqu'elle est sur le point de descendre dans son écrou?

Il faut se rappeler que le frottement est toujours dirigé en sens inverse du mouvement ; nous n'aurons donc qu'à remplacer f par $-f$ dans les formules précédentes, et nous trouverons

$$PR = Qr \frac{\sin i - f\cos i}{\cos i + f\sin i} = Qr \frac{h - 2\pi r.f}{2\pi r + fh}.$$

Supposons qu'on exerce sur le bras de levier un effort constant P, et dans l'axe de la vis une pression égale à Q, on aura la relation

$$Q = \frac{PR}{r} \frac{\cos i + f\sin i}{\sin i - f\cos i}.$$

Lorsque $\sin i - f\cos i$ sera nul, ou, $\tan i = f$, l'inclinaison de la vis sera égale à l'angle de frottement, et Q prendra une valeur infinie ; quelle que soit la pression Q exercée suivant l'axe, elle sera insuffisante pour déterminer le mouvement de la vis. C'est là le principe des vis de pression, qui ne se desserrent pas, bien que soumises à une forte pression suivant l'axe. Si l'inclinaison est inférieure à l'angle de frottement, le même résultat se produit à plus forte raison.

Inversement, si la pression Q suivant l'axe est constante, la puissance P est nulle pour $i = \varphi$, elle change de signe et prend une valeur assez faible pour $i < \varphi$. On peut donc avec un léger effort horizontal desserrer la vis. tandis qu'un effort vertical ne la fait pas bouger.

ÉQUILIBRE DYNAMIQUE DU COIN

Le coin est un prisme triangulaire qui pénètre entre deux surfaces planes, inclinées sur la verticale de la même quantité que les faces du coin.

Soit $2i$ l'angle C au sommet du coin dont ABC est la section.

S'il n'y avait pas de frottement, l'équilibre s'établirait entre la force verticale P qui presse le coin et les réactions normales N et N' exercées sur ses faces latérales. Donc ces trois forces devraient concourir au même point, et l'une d'elles serait la résultante des deux autres; à elles trois, elles formeraient un triangle dont les côtés seraient perpendiculaires à ceux du triangle ABC. Il y aurait donc similitude des triangles, c'est-à-dire que les forces P,N,N' seraient proportionnelles aux côtés correspondants du triangle ABC, section du coin.

Mais le frottement intervient pour produire des réactions tangentielles fN et fN', dirigées en sens inverse du mouvement qui tend à naître.

Fig. 173.

1° *Mouvement descendant.* — Lorsque le coin tend à descendre, les frottements sont dirigés vers le haut, et le coin sera en équilibre lorsque les sommes algébriques des projections sur deux axes des cinq forces, qui le sollicitent, seront nulles.

Cette somme est évidemment nulle sur l'horizontale puisque la force P est verticale et que les deux forces N et N′ sont égales, en admettant toutefois que la section du coin est un triangle isocèle.

Reste à projeter sur la verticale, ce qui donne

(1) $$P = 2N \sin i + 2fN \cos i = 2N (\sin i + f \cos i).$$

Cela ne suffit pas : le corps contre lequel pressent les faces AC du coin exercent sur ce coin des pressions horizontales égales Q ; ces pressions sont égales, sans quoi tout le système s'en irait à droite ou à gauche, et en outre il y a équilibre aux points D et D′ entre la force Q et les réactions N et fN. Projetons ces trois forces sur l'horizontale, nous aurons

$$Q = N \cos i - fN \sin i, \text{ ou, } N = \frac{Q}{\cos i - f \sin i}.$$

Portons cette valeur de N dans l'équation (1) il viendra

(2) $$P = 2Q \frac{\sin i + f \cos i}{\cos i - f \sin i}.$$

Telle est la relation d'équilibre entre la pression verticale P du coin et les pressions horizontales Q des corps qu'il tend à éloigner l'un de l'autre.

Lorsque le dénominateur $\cos i - f \sin i$ est nul, c'est-à-dire lorsque tang i = cotang φ, ou lorsque $i = 90° - \varphi$, il faut pour enfoncer le coin une force infinie. Donc, quelle que soit la pression qu'on lui applique, il ne s'enfoncera pas ; ce qui n'a rien d'étonnant puisque l'angle C du coin est alors très-obtus.

2° *Mouvement ascendant*. — La force P étant constante, quelle doit être la valeur de la compression latérale Q, pour que le coin soit sur le point de remonter ?

Les forces du frottement changent de sens, et l'équation d'équilibre s'obtiendra en remplaçant f par $-f$ dans l'équation (2).

$$P = 2Q \frac{\sin i - f \cos i}{\cos i + f \sin i}, \quad \text{d'où} \quad Q = \frac{P}{2} \frac{\cos i + f \sin i}{\sin i - f \cos i}.$$

Lorsque $\sin i - f \cos i$ sera nul, ou lorsque i sera égal à φ, on trouve pour Q une valeur infinie. Cela signifie que, quelle que soit la grandeur de Q, le coin ne remontera pas, si son angle au sommet est le double ou inférieur au double de l'angle de frottement.

Tel est le principe de la presse à coin.

ÉQUILIBRE DYNAMIQUE DU PILON

La tige du pilon est guidée entre quatre tasseaux, tels que C ; elle porte un mentonnet sur lequel agit la came d'un arbre de rotation. Nous admettons que la pression P de cette came est verticale, et nous chercherons l'équilibre, dans le cas où la tige tend à s'élever, en négligeant toutefois le frottement de la came sur le mentonnet.

Sous l'action de la pression verticale P, la tige du pilon tend à basculer vers la gauche, elle vient donc presser contre le tasseau supérieur de gauche, et contre le tasseau inférieur de droite. Ces tasseaux lui rendent des réactions normales N et N', qui seront égales, si l'on admet que le mentonnet reste sensiblement au milieu de la tige guidée. Appelons l la distance de la puissance P à l'axe de la tige ; d'après l'hypothèse faite plus haut, le pied de la perpendiculaire l est à peu près au milieu de la distance verticale d qui sépare les tasseaux.

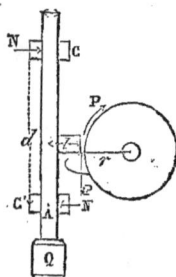

Exprimons que le pilon est en équilibre sous l'action de : 1° la puissance P, qui s'exerce de bas en haut ; 2° son poids Q, qui s'exerce suivant son axe de haut en bas ; 3° des réactions horizontales égales N appliquées en C et C' ; 4° des frottements fN appliqués en C et C', et dirigés de haut en bas sur la verticale.

Fig. 174.

Prenons d'abord la somme des projections sur la verticale

(1) $$P = 2fN + Q ;$$

prenons maintenant les moments par rapport au milieu de la distance d comptée sur l'axe du pilon :

$$Pl = N\frac{d}{2} + N\frac{d}{2} = Nd, \quad \text{d'où} \quad N = P\frac{l}{d}.$$

Portant cette valeur de N dans l'équation (1), il vient

$$P = 2fP\frac{l}{d} + Q, \quad P = \frac{Qd}{d-2fl} = Q\frac{d-2fl+2fl}{d-2fl} = Q + Q\frac{2fl}{d-2fl}.$$

Telle est la relation qui lie la puissance P à la résistance Q. Lorsque le dénominateur $d - 2fl$ est nul, c'est-à-dire lorsque $\frac{l}{d} = 2f$, la puissance P est infinie. Ce qui signifie que, si grande que soit la valeur de P, la tige du pilon ne remontera pas ; elle s'arc-boutera contre les tasseaux. A plus forte raison l'arcboutement se produira lorsque $d - 2fl$ sera négatif.

Là encore, comme dans le coin, un mouvement, géométriquement possible, est impossible à réaliser dans la pratique. Ce qui vérifie ce que nous avons dit en mécanique rationnelle, qu'on ne saurait faire de la mécanique avec la cinématique seule ; sans quoi, on risque de se heurter à des absurdités pratiques.

DU FROTTEMENT DANS LES ENGRENAGES

Les dents d'une roue dentée, qui en conduit une autre, ont par rapport aux dents de celle-ci un mouvement complexe, composé d'un roulement et d'un glissement. Nous avons vu, du reste, que le mouvement le plus général d'un corps solide était toujours composé d'un roulement et d'un glissement.

Il se développe alors deux genres de frottement : un frottement de glissement et un frottement de roulement, dont il faut apprécier séparément l'influence. En général, on néglige dans la pratique le frottement de seconde espèce ou frottement de roulement dont l'intensité est très-faible relativement à celle du glissement.

C'est ce que nous allons faire pour les engrenages.

Une roue A, à la circonférence primitive de laquelle agit la puissance P, et qui a pour rayon r, commande une roue A', de rayon r', à la circonférence primitive de laquelle agit la résistance Q.

On demande la relation qui doit exister entre P et Q, au moment de l'équilibre dynamique, c'est-à-dire au moment où le mouvement est sur le point de se produire?

S'il n'y avait point de frottement, on aurait l'équilibre en exprimant que le travail

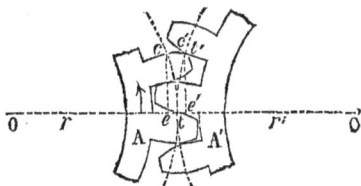

Fig. 175.

de P est égal au travail de Q ; pour une rotation ω, l'arc parcouru par la puissance est égal à l'arc parcouru par la résistance.

Donc la puissance serait égale à la résistance.

Mais le frottement intervient : considérons ce qui se passe depuis le moment où deux roues sont en contact sur la ligne des centres OO' jusqu'à l'instant où elles se quittent, et rappelons d'abord que le pas commun (a) des deux roues est l'arc tc' ou tc, qui correspond sur la circonférence primitive à l'ensemble d'une dent et d'un creux. On admet que la roue A ne commande A' que pendant un pas après la ligne des centres ; donc t' est le dernier point de contact des deux dents, puisqu'à ce moment les arcs tc, tc', parcourus par le point t, sont égaux au pas. Ainsi, dans ce parcours d'un pas, le point de contact t a décrit sur la dent conductrice un arc $t'c$, et sur la dent conduite un arc beaucoup plus petit $t'c'$. Le mouvement s'est effectué partie par roulement, partie par glissement ; dans le roulement, les arcs parcourus par le point de contact sont égaux sur les deux surfaces ; le plus petit arc $t'c'$ correspond donc au roulement, et il y a eu un glissement égal à la différence $t'c - t'c' = cc'$.

L'arc cc' peut se confondre avec sa corde, la courbure en est peu prononcée : de plus, on ne commettra pas généralement une grande erreur en supposant cette corde parallèle à la ligne des centres OO', nous la remplacerons donc par sa projection ee' sur la ligne des centres.

L'étendue du glissement est donc $\overline{ee'} = et + te'$; or on a les relations

$$\overline{ce}^2 = 2r \times et \quad \text{et} \quad \overline{c'c'}^2 = 2r' \times te'.$$

On peut admettre que les perpendiculaires (ce) et $(c'e')$ sont égales aux arcs tc, tc', lesquels sont eux-mêmes égaux au pas (a) ; donc

$$a^2 = 2r \times et \quad a^2 = 2r' \times te',$$

et, le glissement total

$$ee' = et + te' = \frac{a^2}{2r} + \frac{a^2}{2r'}.$$

La pression normale entre les dents en contact est variable presque dans tous les cas ; elle n'est constante que pour les engrenages à développantes de cercle. Nous admettrons que la moyenne de cette pression est la résistance Q, ce qui s'écarte peu de la vérité. L'intensité du frottement de glissement sera alors Qf.

Le travail moteur, pour un déplacement égal au pas, sera.. . . . . Pa,

Le travail résistant utile.. . . . . Qa,

et le travail absorbé par le frottement.. . . . . $Qf\left(\dfrac{a^2}{2r}+\dfrac{a^2}{2r'}\right)$.

De sorte que, si l'on désigne par T_m le travail moteur, et par T_u le travail utile, l'équation de la transmission du travail sera, pour un pas,

$$(1)\qquad T_m = T_u + Qf\frac{a^2}{2}\left(\frac{1}{r}+\frac{1}{r'}\right)=T_u\left\{1+f\frac{a}{2}\left(\frac{1}{r}+\frac{1}{r'}\right)\right\}.$$

On a presque toujours deux paires de dents en contact, entre lesquelles se répartissent les pressions, et le contact a lieu avant et après la ligne des centres; mais la relation précédente n'est pas changée, puisque nous avons supposé la pression totale appliquée à une seule paire de dents.

Nos résultats ne sont pas absolument exacts, parce que nous avons fait diverses hypothèses approximatives : ainsi, nous avons supposé le pas très-petit par rapport aux circonférences des roues. Une étude plus approfondie nous montrerait que le frottement avant le passage sur la ligne des centres est beaucoup plus nuisible que le frottement après le passage, et qu'il produit souvent des arc-boutements, c'est-à-dire des impossibilités de mouvement.

C'est pourquoi nous avons recommandé en cinématique de ne point faire agir les dents l'une sur l'autre beaucoup avant le passage sur la ligne des centres. L'arc-boutement correspond au cas où la réaction mutuelle des deux dents en contact passe par le centre de la roue conductrice.

Dans les engrenages coniques, le frottement sera donné par la formule démontrée plus haut, dans laquelle on remplacera les rayons r et r' par les longueurs des génératrices des cônes développés, c'est-à-dire par les rayons des développements des cercles de base.

Application de l'équation (1). — L'équation (1) s'applique au travail pendant le déplacement d'un pas. Cherchons ce qu'elle devient pour une rotation qui durera une seconde.

Si n et n' sont les nombres de dents des roues A et A', on a

$$na = 2\pi r \quad \text{et} \quad n'a = 2\pi r', \quad \text{d'où} \quad r=\frac{na}{2\pi} \quad \text{et} \quad r'=\frac{n'a}{2\pi},$$

et l'équation de travail devient

$$T_m = T_u\left\{1+f\frac{a}{2}\left(\frac{2\pi}{na}+\frac{2\pi}{n'a}\right)\right\}=T_u\left\{1+f\pi\left(\frac{1}{n}+\frac{1}{n'}\right)\right\}.$$

Cette formule est indépendante du temps; si donc T_m est de 1,000 kilogrammètres par seconde, que la grande roue ait 100 dents, et la petite 10 dents; que le coefficient de frottement soit 0,08, on aura

$$1000 = T_u\left\{1+0,08\times3,14\left(\frac{1}{100}+\frac{1}{10}\right)\right\}=T_u\times1,0727$$

d'où
$$T_u = \frac{1000}{1,0027}=997 \text{ kilogrammètres};$$

3 kilogrammètres par seconde sont absorbés par le frottement.

DES MOYENS EMPLOYÉS POUR MESURER LES FORCES ET LE TRAVAIL. — DYNAMOMÈTRES.
— FREINS DYNAMOMÉTRIQUES

La plupart des auteurs emploient le mot dynamomètre pour désigner à la fois les appareils qui servent à mesurer les forces et ceux qui servent à mesurer le travail : bien qu'il y ait une différence capitale au point de vue théorique entre les deux choses : la force et le travail ou produit de la force par le chemin parcouru, la différence n'est pas difficile à combler dans la pratique, car l'élément principal à déterminer est la force constante ou variable qui agit sur une machine ; une fois qu'on la connaît, on obtient rapidement le travail, car le chemin parcouru est presque toujours facile à déduire, soit des données de la question, soit de l'expérience la plus simple.

Nous comprendrons donc sous le nom de dynamomètres (δύναμις, puissance, et μέτρον, mesure) les engins en usage pour mesurer soit les forces, soit le travail.

1° **Mesure des forces.** — Les forces, avons-nous dit, s'expriment en kilogrammes ; et cela se conçoit, car, quel que soit le mouvement qu'une force imprime à un corps, on pourra toujours produire ce mouvement au moyen d'une corde attachée au corps, passant sur une poulie et terminée par un poids.

L'unité de force est donc le kilogramme.

Balances. — Le dynamomètre le plus simple est la balance, basée sur le principe du levier.

La balance ne sert d'ordinaire qu'à mesurer les forces spéciales, dues à l'action de la pesanteur, c'est-à-dire le poids des corps.

On conçoit cependant qu'on puisse faire agir une force sur le plateau d'une balance, au moyen d'une corde ou d'un crochet, et l'équilibrer avec des poids gradués placés dans l'autre plateau ; la somme des poids gradués est la mesure de la force.

Dynamomètre à ressort. — Mais la balance ne se prête pas facilement à de telles expériences, et, depuis bien longtemps déjà, on a recours dans la pratique aux dynamomètres ou pesons à ressort.

Ils ont pour principe l'élasticité des métaux, et notamment celle de l'acier, auquel on donne un profil favorable à la déformation.

Lorsqu'une barre prismatique repose sur deux appuis, si on la charge en son milieu d'un poids P, elle se courbe et prend une flèche f ; on enlève le poids et la barre revient à son état primitif pourvu toutefois qu'on n'ait pas dépassé la limite d'élasticité de la matière. Toutes les fois qu'une force égale à P agira sur la barre, celle-ci reprendra la même flèche f ; on reconnaîtra donc que deux forces sont égales lorsque appliquées successivement au même point de la barre et dans la même direction, elles produiront la même déformation.

Si l'on soumet la barre à des séries de poids croissants, on pourra noter la flèche correspondant à chacun d'eux. Voulant ensuite mesurer une force, on cherchera quelle flèche elle produit ; si cette flèche est égale à l'une de celles obtenues par les poids, on dira que le poids correspondant est égal à la force ou qu'il en est la mesure. Généralement, la flèche est comprise entre deux des valeurs obtenues par les poids ; on obtient alors la mesure de la force par une

interpolation linéaire, c'est-à-dire en supposant que les poids varient proportion
nellement aux flèches.

Au lieu d'une barre flexible, on prendra un ruban contourné en spirale ou en
hélice, ce qu'on appelle un ressort à boudin ; mais, le plus souvent, lorsque les
forces sont un peu considérables, on se sert de deux lames légèrement courbées
placées en regard l'une de l'autre et réunies par leurs extrémités ; l'une de ces
barres est attachée par son milieu à un point fixe, et au milieu de l'autre on
applique la force.

Tous ces systèmes ont pour but d'amplifier les déformations, afin de rendre la
lecture plus facile et l'approximation plus exacte ;
mais le principe est toujours le même : à une déformation donnée, correspond une force déterminée.

La figure 176 représente le dynamomètre ou peson
à ressort ordinaire : il se compose d'une lame d'acier
LL recourbée ; à la branche supérieure est fixé un
arc A', qui traverse sans frottement un œil ménagé à
l'extrémité de la branche inférieure ; à la branche
inférieure est fixé un autre arc A, qui traverse sans
frottement un œil ménagé à l'extrémité de la branche
supérieure. A l'extrémité libre de l'arc A, on trouve
un anneau (d), et à l'extrémité libre de l'arc A' un
crochet c ; l'anneau sert à suspendre l'appareil à une
pièce immobile, et on attache au crochet des poids
gradués de 1, 2, 3, 4, kilogrammes, les branches de
la lame se rapprochent de plus en plus, et l'on mesure la déformation par les longueurs qu'intercepte
sur l'arc A la face supérieure e de la lame supérieure L. Aux points d'arrêt successifs, on marque
les numéros 1, 2, 3, 4.

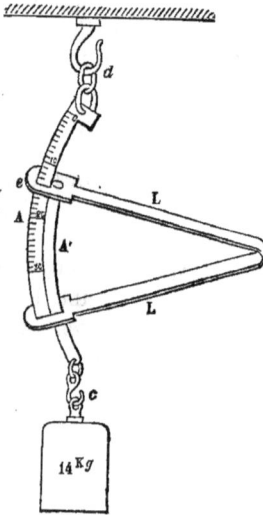

Fig. 176.

L'appareil est alors gradué, et il est facile de s'en servir pour mesurer un poids
ou une force.

S'il s'agit d'un poids, on le suspend au crochet, on note le point de division en
face duquel s'arrête la face (e), et le numéro correspondant donne en kilogrammes
la valeur du poids. Généralement, la lame ne s'arrête pas sur une division ; alors
on apprécie à l'œil la fraction de kilogramme.

S'il s'agit de mesurer une force, par exemple la traction qu'exerce une corde
sur un corps B qu'elle entraîne, on coupe la corde et on en réunit les deux bouts

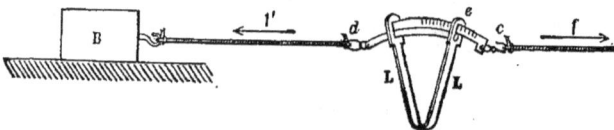

Fig. 177.

par le dynamomètre comme le montre la figure 177 ; la corde exerce sa traction f
sur le crochet c, et la réaction f' du corps B s'exerce sur l'anneau (d). Le
dynamomètre se trouve dans la même position que s'il était fixé par l'anneau
(d) et sollicité en bas par un poids P = f. La réaction exercée sur l'anneau est,
dans les deux cas, égale au poids ou à la force.

En notant le point de division où s'arrête la lame (e), on connaît la valeur de la traction, exprimée en kilogrammes.

Dynamomètre Regnier. — Le dynamomètre Regnier se compose de deux lames d'acier flexibles ab, et cd, réunies par des arcs rigides A et B. On suspend l'appareil à un point fixe par l'extrémité A, et sur l'extrémité B on fait agir le poids ou la force à mesurer.

Les lames flexibles s'allongent et la distance qui sépare leurs milieux diminue. C'est par la variation de cette distance que l'on apprécie les forces, et l'on s'arrange de manière à amplifier les variations.

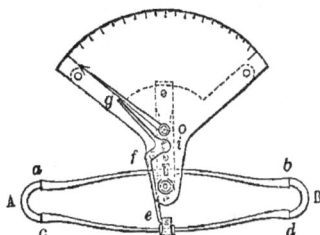

Fig. 178.

La lame (ab) porte un secteur au centre (o) duquel est fixée une aiguille qui parcourt un arc gradué ; en contact avec l'aiguille est un levier coudé gif, qui oscille autour du point i; en f s'articule une droite rigide fe, que pousse un taquet fixé à la lame cd. Comme la branche if est beaucoup plus courte que ig, les variations du point g ont plus d'amplitude que celles des points f et (e) ; ces variations sont encore amplifiées sur l'arc que parcourt l'aiguille.

La graduation et l'usage de cet appareil sont absolument les mêmes que pour le peson à ressort.

Dynamomètre chromatique. — Le dynamomètre chromatique (de chroma, couleur) inventé par le savant M. Wertheim, est plutôt un instrument de laboratoire qu'un instrument d'atelier; mais il est fort curieux, et peut rendre d'utiles services, notamment dans l'étude de la résistance des matériaux.

Lorsque la lumière traverse des corps transparents, bien homogènes et présentant dans tous les sens la même élasticité, tels que le verre ou les cristaux cubiques, elle subit le phénomène de la réfraction simple, que nous avons étudié en physique. Mais, si le corps traversé a des élasticités différentes dans des directions différentes, c'est-à-dire s'il est composé de cristaux n'appartenant pas au premier système, la lumière subit la double réfraction.

Les rayons lumineux qui tombent sur de pareilles substances se dédoublent à la sortie, et se divisent en deux faisceaux.

M. Wertheim a démontré que la double réfraction pourrait être produite artificiellement par une traction ou par une compression exercée sur une substance homogène; en effet, cette traction ou cette compression modifie l'élasticité du corps dans la direction suivant laquelle elle s'exerce. La double réfraction artificiellement produite est, pour une même substance, proportionnelle aux changements linéaires que l'action mécanique produit suivant les axes principaux des cristaux, et par conséquent proportionnelle aussi au changement de volume des corps.

D'après ce principe, dit la *Chronique des annales des ponts et chaussées* de janvier 1854, on peut construire un instrument capable de mesurer très-exactement la pression qui s'exerce entre deux corps solides, et à l'aide duquel on peut, par conséquent se rendre compte des effets de plusieurs machines nouvelles, telles que presses, étaux, balanciers, etc., sur lesquelles on ne possède jusqu'à présent que fort peu de renseignements scientifiques.

La partie essentielle du dynamomètre chromatique de M. Wertheim est une plaque de verre parfaitement transparente dans le sens de sa longueur, de dimension telle, qu'elle puisse supporter des pressions très-considérables, et noircie sur

MACHINES.

tout son pourtour, à l'exception des deux points opposés à travers lesquels on peut viser. Cette plaque de verre est garnie sur ses deux surfaces horizontales de plaques parallèles en caoutchouc vulcanisé et en carton, et est placée entre deux plateaux en fonte bien dressés et suffisamment épais : le plateau inférieur, porte deux tubes en laiton, dont la face intérieure est noircie. Le tube objectif contient un prisme de Nicol à son extrémité la plus rapprochée de l'observateur, et porte à l'autre bout une plaque de porcelaine blanche qui est mobile dans deux sens perpendiculaires, et qui, par conséquent, peut toujours être placée de manière à être bien éclairée. Cette disposition a l'avantage de ne laisser arriver au prisme de Nicol que des rayons sensiblement parallèles à l'axe, et d'écarter les réflexions intérieures toujours nuisibles ; l'autre tube porte un prisme biréfringent. Ces deux tubes sont montés à frottement dur dans des coulisses adaptées à la plaque inférieure, de manière à ce que, en employant des plaques de verre de différentes épaisseurs, on puisse toujours placer leurs axes sur le prolongement l'un de l'autre et à moitié de la hauteur du verre.

La plaque de fonte supérieure est tout à fait libre ; elle est posée sur le dernier carton, et ne sert qu'à transmettre au verre la pression qu'elle reçoit, sans pouvoir, par un frottement quelconque, occasionner aucune perte de force.

En plaçant cet appareil peu volumineux entre les deux surfaces entre lesquelles la pression doit s'exercer, la mesure de cette pression effective sera toujours donnée à l'aide d'une relation très-simple, par l'inspection des couleurs qui se présentent dans l'image ordinaire et dans l'image extraordinaire.

M. Wertheim, en employant son appareil, a constaté que la pression exercée par deux petits écrous serrés avec les doigts peut aller jusqu'à 220 kilogrammes.

Il a déterminé l'effort exercé par les presses à décalquer les lettres, effort qui s'élève à 800 ou 900 kilogrammes. Il a mesuré ensuite les effets d'un balancier des ateliers de M. Breguet, donnant, au moment du choc, une pression de près de 1,500 kilogrammes.

Enfin en plaçant le dynamomètre chromatique entre les plateaux de la presse hydraulique à quatre pistons du Conservatoire des arts et métiers, on a pu reconnaître que les pressions déduites des indications des manomètres étant de

4355 kilog., 5080 kilog., 5625 kilog., 6351 kilog., 7258 kilog. 8528 kilog.,

les pressions réelles étaient respectivement

3338 kilog., 3427 kilog., 4099 kilog., 4480 kilog., 4950 kilog., 5891 kilog.

Cette expérience établit nettement l'importance des erreurs que l'on commettrait en négligeant l'influence des frottements dans le calcul des effets d'une presse hydraulique.

L'appareil de M. Wertheim rendra un autre service dans les études relatives à la résistance des matériaux à l'écrasement.

Une des difficultés de ce genre de recherches résulte de l'incertitude où l'on est constamment sur la répartition des pressions sur les faces des prismes soumis à l'essai.

En interposant une plaque de glace, la moindre inégalité de pression d'un point à l'autre est indiquée par une déformation immédiate des images observées.

2° Mesure du travail. — Comme nous l'avons souvent répété, ce qu'il importe de considérer dans une machine, ce n'est point la force, mais le travail, produit de la force par le chemin parcouru.

Les appareils précédents peuvent, à la rigueur, servir à la détermination du travail. Exemple :

Un peson à ressort étant interposé entre un véhicule et l'attelage, on notera de temps à temps la grandeur de la traction, et au même instant la distance parcourue depuis le point de départ ; on admettra que la traction F reste constante pendant que le véhicule parcourt le chemin élémentaire (e) correspondant à cette traction F. Le travail élémentaire sera Fe, et le travail total $\Sigma.F.e$.

On peut encore opérer autrement : noter à des intervalles égaux la valeur F de la traction, faire la somme des valeurs de F et diviser cette somme par le nombre des intervalles de temps. On aura la force moyenne, que l'on supposera appliquée constamment au véhicule, et, en la multipliant par le chemin parcouru total, le travail développé en résultera.

Ces méthodes sont peu commodes et peu exactes. On les a bien perfectionnées dans ces derniers temps et la dynamométrie a fait de grands progrès. Nous décrirons sommairement les principaux appareils en usage.

Dynamomètres de traction du général Morin. — Lors de ses expériences sur le tirage des voitures, le général Morin eut l'idée de recourir à des appareils enregistreurs qui notent d'eux-mêmes à chaque instant la force et le chemin parcouru.

Sur une ligne d'abscisses XX', on porte les longueurs mesurant le chemin par-

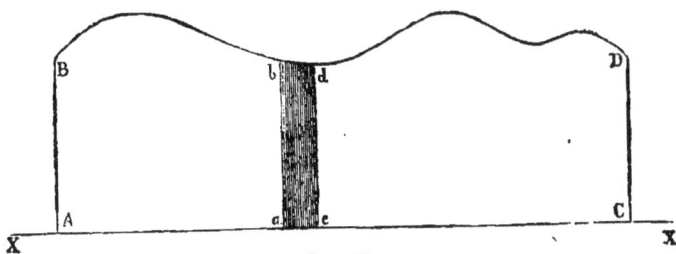

Fig. 179.

couru, et à l'extrémité de chaque abscisse on élève une ordonnée égale à la valeur correspondante de la force (*fig.* 179).

Considérons deux valeurs voisines ab, cd de la force ; elles diffèrent très-peu, et il est permis, dans l'intervalle (ac) de remplacer la force variable par une force constante $\dfrac{ab + cd}{2}$. Le travail élémentaire sera le produit de cette force constante par le chemin parcouru ac ; il sera donc mesuré par l'aire du trapèze $abcd$.

La somme des travaux élémentaires, c'est-à-dire le travail total, est donc mesurée par la somme des trapèzes $abcd$, ou par l'aire totale ABCD, limitée à l'axe des abscisses, à la courbe et aux deux ordonnées extrêmes.

La recherche du travail est ramené à un problème géométrique : trouver la surface d'une aire plane. Nous avons décrit, dans le cours de nivellement et de lever des plans, les méthodes et les appareils en usage pour la mesure des aires planes ; nous ne reviendrons pas sur ce sujet.

L'appareil employé par le général Morin, se compose de deux ressorts ab, cd, dont la section transversale est rectangulaire, et la section longitudinale a le profil parabolique des solides d'égale résistance. Avec cette forme, on obtient, à traction égale, une flèche plus considérable et par suite plus facile à noter.

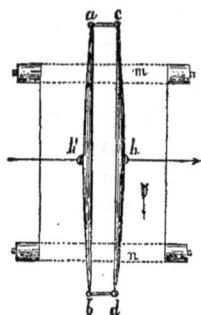

Fig. 180.

L'un des ressorts (ab) est fixé au véhicule; au milieu de l'autre ressort (cd) on attelle le moteur. Chaque ressort porte en son milieu un crayon tendre ou un pinceau h et h'.

Sous les crayons passe une feuille de papier qui se déroule du cylindre (m) pour s'enrouler sur le cylindre (n); ces deux cylindres sont indépendants des ressorts et montés sur le véhicule. L'arbre du cylindre n porte une roue qui engrène avec une vis sans fin, dont l'axe est parallèle à l'essieu du véhicule; l'axe de la vis sans fin porte une poulie reliée par une corde ou une courroie à une autre poulie montée sur l'essieu.

Qu'arrive-t-il pendant la marche du véhicule? à chaque tour de l'essieu, la poulie qui lui est fixée tourne aussi, et imprime, par l'intermédiaire de la courroie, une certaine rotation à la vis; celle-ci actionne la roue dentée, avec laquelle tourne le cylindre (n), et en résumé la bande de papier avance. Mais les vitesses des mouvements transmis varient dans des rapports constants, donc, la vitesse de la feuille de papier est proportionnelle à celle d'un point de la circonférence de la roue, c'est-à-dire proportionnelle au chemin parcouru.

En réalité, il y a des précautions à prendre, car, à mesure que la feuille s'enroule sur le cylindre (n), le rayon de celui-ci augmente et la vitesse du papier va croissant. Aussi interpose-t-on une transmission auxiliaire par courroie qui passe d'un tambour cylindrique monté sur l'arbre de la roue dentée à un tambour conique monté sur l'arbre du cylindre (n): le rapport des vitesses reste constant, parce que la courroie se déplace sur le tronc de cône de manière à rouler sur une circonférence plus grande. Connaissant l'épaisseur des feuilles de papier dont on se sert, il est facile de calculer l'inclinaison des génératrices du treuil conique, de telle sorte que le rapport des vitesses ne change pas.

On peut encore placer au-dessus du cylindre (n) un cylindre égal; la feuille de papier est comme laminée entre ces deux rouleaux, et de temps en temps on l'enroule à la main sur une bobine indépendante.

Le crayon h' est fixe et décrit une droite parallèle à la vitesse de translation de la feuille, les chemins parcourus sur cette droite par le crayon sont donc proportionnels aux chemins parcourus par le véhicule. Le crayon h est à une distance du crayon h', égale à la flèche, laquelle mesure la traction.

Ainsi, le crayon h' décrit l'axe des abscisses XX' de la figure 179, sur lequel on compte les distances, et le crayon (h) décrit la courbe à laquelle s'arrêtent les ordonnées qui mesurent les forces. L'aire de cette courbe, limitée à deux ordonnées déterminées, mesure le travail total de la traction pendant que le véhicule a parcouru l'espace mesuré par la distance qui sépare les deux ordonnées.

Nous avons décrit longuement cet appareil, car il a été le point de départ de beaucoup d'autres systèmes analogues, que le lecteur pourra maintenant comprendre à la seule inspection.

Quelquefois, le cylindre qui porte la feuille de papier est mis en mouvement par un appareil d'horlogerie; la feuille de papier s'avance donc de quantités proportionnelles, non plus aux distances, mais aux temps qu'il a fallu pour les parcourir. L'aire de la courbe ne représente plus le travail, mais la somme des impulsions de la force ae traction : nous avons vu que l'impulsion d'une force était le produit de cette force par la durée de son action.

En divisant l'aire de la courbe par le temps total, on obtient l'effort moyen, qui, multiplié par le chemin parcouru, donne le travail cherché.

Le dynamomètre de traction, plus ou moins modifié, a été employé par beau-

Fig. 181.

coup d'expérimentateurs, par exemple à déterminer la traction nécessaire pour mettre en mouvement les charrues.

La figure 181 représente à grande échelle le dynamomètre appliqué par le général Morin à ses recherches sur le tirage des voitures.

Les deux lames de ressort R et R' sont articulées à des charnières N; les charnières de chaque extrémité sont solidement réunies entre elles et invariablement reliées. La pièce G, fixée à la voiture maintient immobile le milieu du ressort postérieur; la pièce K embrasse le milieu du ressort antérieur et se prolonge par un crochet, destiné à recevoir l'anneau de la barre d'attelage.

Dynamomètre de rotation du général Morin. — Soit un arbre (ab) que l'on fait mouvoir par une manivelle ; on veut savoir quel est le travail transmis ; pour cela, on monte sur cet arbre une manivelle spéciale : (de) est un bras de manivelle qui entoure l'arbre (ab) par un manchon à frottement doux ; en agissant sur la manette m, on fait donc tourner la manivelle, mais l'arbre reste immobile. Cette première manivelle est réunie par un ressort r, à une seconde manivelle (np), laquelle est calée sur l'arbre.

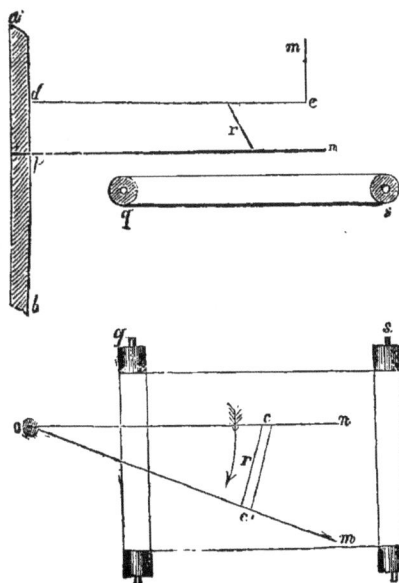

Fig. 182.

Le ressort (r) est enchâssé solidement, à une extrémité, sur la manivelle (np); à l'autre extrémité, il est maintenu entre deux taquets montés sur la manivelle

17

(*de*); lorsqu'on agit sur celle-ci, le ressort se tend à mesure que la force augmente, et, quand la force a atteint la grandeur nécessaire pour faire tourner l'arbre (*ab*), la manivelle *np*, à laquelle cette force est transmise par le ressort, se met aussi en mouvement et entraîne l'arbre.

L'écartement angulaire des deux manivelles, figuré en plan par l'angle (*nom*), est d'autant plus considérable que la force est plus grande, il en est de même de l'écart que prend le ressort. Reste à enregistrer cet écart à chaque instant du mouvement, afin de trouver la variation de la force transmise.

Aux points où le ressort est fixé aux deux manivelles, on place deux crayons *c* et *c'*, qui marquent leur trace sur une feuille de papier ; cette feuille de papier se déroule du cylindre (*q*) pour s'enrouler sur le cylindre (*s*) ; elle se meut donc parallèlement à la manivelle (*pn*), qui porte tout ce petit appareil. Il en résulte que le crayon (*c*) décrit sur la feuille une ligne droite (l'axe des abscisses), et le crayon mobile *c'* décrit la courbe limitant les écarts.

La vitesse de la feuille doit être proportionnelle au chemin parcouru par la manivelle ; pour cela, on monte sur l'arbre (*ab*) une couronne dentée, qui entoure l'arbre à frottement doux, et qui est maintenue immobile au moyen d'un taquet extérieur au système. Avec cette couronne dentée engrène un pignon porté par la manivelle *pn*, et c'est ce pignon qui, par une vis sans fin, transmet le mouvement aux rouleaux à papier. Ceux-ci se déroulent donc avec une vitesse proportionnelle à la vitesse angulaire de la manivelle et le but est atteint.

On obtient, comme avec le dynamomètre de traction, une courbe dont l'aire représente le travail cherché.

Dynamomètre Taurines. — Le dynamomètre Taurines, dit M. l'ingénieur des mines Worms de Romilly, dans un des rapports sur l'exposition de 1867, est destiné à mesurer le travail de machines puissantes ; il a servi à faire des expériences nombreuses sur les machines-outils des ateliers d'Indret et sur le travail développé par les machines des bâtiments à hélice ; l'effort exercé est mesuré par la déformation d'un ressort.

Le dynamomètre de rotation pour machines de 6 à 8 chevaux se compose de deux cylindres concentriques, solidaires, l'un du moteur, l'autre de la machine outil ; ils sont reliés l'un à l'autre au moyen de deux ressorts en arc de cercle fixés aux extrémités de quatre manivelles calées sur les cylindres, et transmettent d'un arbre à l'autre l'effort exercé sur l'un d'eux. Un troisième ressort transversal est assujetti par ses extrémités au milieu des deux premiers.

Si on cherche à vaincre la résistance de la machine outil, les deux ressorts circulaires se courbent, leurs milieux se rapprochent et le milieu du troisième ressort subit un déplacement longitudinal, suivant la direction de l'axe de l'appareil. Ce déplacement est en rapport avec l'effort exercé ; il suffit donc de l'enregister sur une bande mobile pour obtenir un diagramme du travail produit.

Cet appareil peut toujours être taré à l'avance, il donne très-simplement les tracés des courbes de pression, et il a rendu de grands services ; il a l'avantage de s'appliquer à des machines puissantes, ce qu'on ne pourrait faire avec la manivelle dynamométrique du général Morin,

De nombreuses expériences ont été faites sur des hélices de bâtiments à vapeur avec les dynamomètres de rotation et de poussée de M. Taurines, et elles ont fourni des données précises montrant l'influence de la forme et du nombre des ailettes sur l'utilisation de la puissance de la machine et la régularité de la marche.

Dynamomètre Bourdon. — M. Bourdon a construit, dit encore M. Worms de Romilly, un dynamomètre de rotation composé d'une lame de ressort, sur laquelle on exerce un effort proportionnel à celui qui est transmis du moteur à la machine. Deux arbres sont reliés par des courroies ou par tout autre moyen, l'un au moteur, l'autre à l'outil; ces arbres sont parallèles, le mouvement se communique de l'un à l'autre par deux roues dentées à engrenage hélicoïdal; l'arbre relié à la machine-outil peut se déplacer dans le sens de sa longueur, il n'est retenu que par la réaction d'un ressort sur le milieu duquel il vient s'appuyer.

Si les roues d'engrenage avaient leurs dents génératrices parallèles aux axes des arbres, la transmission du mouvement produirait sur chaque dent en contact un effort qui se traduirait par une pression sur les paliers; mais, à cause de l'inclinaison des dents, cet effort se décompose en deux forces, l'une dirigée verticalement et détruite par les paliers, l'autre dirigée parallèlement à l'axe; cette dernière fait glisser l'axe jusqu'à ce que la réaction du ressort lui fasse équilibre; une aiguille à levier suit les mouvements du ressort et indique, sur un cadre gradué, l'intensité de l'effort transmis.

Il serait bien facile d'ailleurs de compléter cet appareil, de manière à lui faire enregistrer ses indications.

Le dynamomètre de M. Bourdon offre cet avantage qu'on peut ne transmettre à la partie délicate de l'appareil qu'une très-petite fraction de l'effort exercé; il suffit pour cela de donner aux dents une très-faible inclinaison par rapport à la direction de l'axe.

Frein dynamométrique de M. de Prony. — Tout le monde connaît le frein ordinaire employé pour modérer la vitesse des voitures; c'est une pièce de bois que l'on peut presser plus ou moins contre le bandage de la roue, en se servant d'une vis ou d'un levier.

Si P est la pression, f le coefficient de frottement, R le rayon de la roue, le travail résistant, produit par le frein pendant un tour de la roue, sera :

$$2\pi.R.f.P,$$

et si la force vive, qu'il s'agit d'anéantir, est une quantité Q, il faudra, avec la pression P, un nombre n de tours de roue donné par la formule :

$$n.2\pi.R.f.P = Q.$$

f est une quantité fixe peu considérable, l'effort P est limité aussi; donc, on ne pourra pas toujours arrêter le mobile aussi rapidement qu'on le voudra, et le nombre n de tours de roue, avant l'arrêt définitif, sera quelquefois considérable.

M. de Prony, directeur général des ponts et chaussées, eut l'idée de se servir du frein pour déterminer le travail transmis par un moteur à l'arbre de couche d'une machine. Cette détermination est des plus importantes; ce qui intéresse surtout l'industriel, c'est le travail disponible sur l'arbre de couche; un moteur peut être très-puissant, mais le système de transmission très-défectueux, il y a alors une grande perte de travail moteur et l'on arrive à récolter une très-faible proportion de ce travail. Beaucoup de charbon ou beaucoup d'eau peuvent alors se trouver dépensés en pure perte.

Cette détermination permet en outre de fixer la quantité de travail nécessaire pour effectuer une besogne donnée : pour faire tourner une broche de filature ou une meule de moulin. Lors donc que l'on voudra, dans la suite, établir une nouvelle usine, on aura tous les renseignements nécessaires pour fixer la puis·sance et le prix du moteur.

L'invention de M. de Prony a donc rendu les plus grands services à l'industrie; elle a mis fin aux tâtonnements et à l'arbitraire du constructeur.

En voici le principe :

Ayant une usine et un moteur dont l'effet est transmis à un arbre de couche principal, on observe pendant quelque temps l'allure moyenne qu'il convient de donner au moteur pour que l'usine fonctionne convenablement. Puis on débraye l'arbre de couche, et on l'isole de tous les outils qu'il fait marcher; sur une

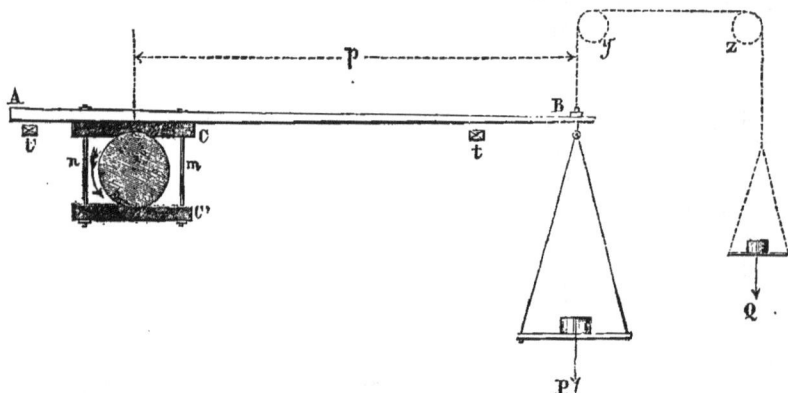

Fig. 183.

partie polie de cet arbre on installe deux mâchoires en bois C et C′, que l'on serre plus ou moins au moyen de boulons (m) et (n). La mâchoire supérieure est liée à un long levier AB, terminé à son extrémité par un plateau de balance dans lequel on met des poids variables P.

On donne au moteur l'allure moyenne qui convient à l'usine ; l'arbre de couche tend alors à s'emporter, car le travail moteur n'est point équilibré par un travail résistant. On serre les écrous des boulons m et n, et à mesure que la pression augmente, on développe un frottement proportionnel, auquel correspond un travail résistant facile à évaluer. Il arrive un moment où le travail moteur est équilibré par le travail résistant de la transmission, interposée entre l'arbre de couche et lui, et par le travail résistant spécial que l'on produit au moyen du frein. Celui-ci mesure donc le travail disponible sur l'arbre de couche, lorsque la machine a son allure moyenne.

Reste à évaluer le travail résistant du frein :

Si F est la pression normale totale exercée par les mâchoires sur la partie qu'elles entourent, le frottement, qui est indépendant de l'étendue des surfaces frottantes, sera égal à fF, et son travail, pendant une seconde, sera le produit de fF par la vitesse d'un point de la circonférence, c'est-à-dire par ωr, en appelant r le rayon de l'arbre et ω sa vitesse angulaire.

Le travail T que l'on veut calculer a pour expression

$$T = f\text{F}.\omega.r.$$

F et f sont des quantités variables et difficiles à déterminer. Mais, on a placé dans le plateau des poids P tels, que le frein et son levier soient en équilibre; ce poids P, dont le bras de levier est p, fait donc équilibre aux forces de frottement dont le bras de levier est r, et l'on a

$$P.p = f.F.r.$$

D'où résulte

$$T = P.p.\omega;$$

les trois termes du travail sont des quantités simples et d'une évaluation facile. Le problème est donc résolu.

Exemple. L'arbre d'une machine fait 100 tours à la minute, le poids P du plateau dans l'essai au frein est de 40 kilogrammes, et le bras de levier p est de 5 mètres. Quelle est, en chevaux-vapeur, le travail disponible sur l'arbre?

La vitesse angulaire ω est l'angle parcouru en une seconde, cet angle est

$$\frac{100}{60} . \pi = \frac{5}{3}\pi$$

Et l'on a

$$T = P.p.\omega = 40 \times 5 \times \frac{5}{3}\pi = 120\pi = 120 \times 3,14 = 376,8 \text{ kilogrammètres,}$$

ou, en chevaux-vapeur

$$T = \frac{376,8}{75} = 5,02.$$

Le travail disponible sur l'arbre est donc de cinq chevaux-vapeur.

Dans la pratique, il n'est point toujours commode d'équilibrer le frein d'une manière continue, et la vitesse angulaire ω oscille toujours entre certaines limites; le levier est donc animé d'oscillations perpétuelles qui nuisent à l'exactitude du procédé, car, lorsque l'horizontalité n'est pas parfaite, le bras de levier des poids P varie de quantités qui ont une influence très-appréciable.

Quelquefois même, le frein est entraîné dans le mouvement de rotation de l'arbre, et de graves accidents seraient à craindre, si l'on n'avait soin de limiter l'amplitude des oscillations par deux taquets t et t'.

L'opérateur doit être constamment à portée de l'écrou qu'il manœuvre avec une clef, de manière à suivre les oscillations du levier et à en limiter l'amplitude; lorsque le levier vient à toucher un des taquets, l'expérience se trouve faussée et il est prudent de la recommencer.

Les écrous doivent être d'une manœuvre très-facile et exigeant peu d'efforts, car l'effort n'a pas, en général, un moment nul par rapport à l'axe de rotation, et alors il intervient dans l'équation de l'équilibre.

L'opération doit être prolongée pendant un quart d'heure au moins, pour qu'on puisse être certain des résultats obtenus, et la vitesse de l'arbre doit être la même à la fin qu'au commencement; c'est un point important à vérifier, car à une variation de vitesse correspond une variation de force vive, qui peut fort bien représenter un cheval-vapeur, surtout lorsqu'on accole au moteur de lourds volants.

Il est à remarquer encore que la nature du frottement change avec le temps; si la vitesse est un peu considérable, les surfaces s'échauffent et le coefficient de frottement varie ; il faut agir sur les écrous pour faire varier la pression en sens inverse de ce coefficient.

Ce n'est pas tout ; au poids P il faut ajouter le poids du levier lui-même, dont le moment par rapport à l'axe peut avoir une valeur très-notable et comparable à celle de P. Pour apprécier cette influence du poids du levier, on fait une expérience préalable, on fait reposer la mâchoire supérieure sur un couteau prismatique, dont la section est représentée en pointillé au point x ; l'arête de ce couteau est bien sur la verticale de l'axe de rotation. On attache l'extrémité B du levier à une corde qui passe sur deux poulies verticales y et z, et se termine par un plateau de poids connu ; on ajoute dans ce plateau des poids gradués, jusqu'à faire équilibre au poids de l'appareil et à rendre le levier AB horizontal. L'ensemble des poids gradués du poids du second plateau et du poids de la corde verticale qui pend au-dessous de la poulie z, est égal à la composante verticale appliquée en B du poids de l'appareil, plus le poids de la corde verticale qui pend au-dessous de la poulie y.

Supposons les deux bouts de corde égaux, le poids Q du plateau auxiliaire et de sa charge représentera l'effort vertical, qu'il faut ajouter au poids P pour tenir compte de la pesanteur du système.

L'équation du travail se trouvera donc modifiée de la manière suivante :

$$T = (P+Q).\omega.r.$$

La détermination précédente doit être faite avec beaucoup de soin, car l'appareil n'est pas toujours bien sensible.

La disposition classique de M. de Prony est encore d'un emploi général, car l'installation du système ne présente pas de difficultés, et le calcul est très-simple. Toutefois, on a apporté à cette disposition plusieurs modifications heureuses.

M. Rolland, directeur des manufactures de l'État, compose son frein avec une poulie en fonte qu'entourent des mâchoires en bois, embrassant la poulie sur un arc assez étendu. La poulie est fondue en deux parties, qui se réunissent au moyen de boulons et qu'on peut ainsi poser en un point quelconque d'un arbre, sans s'astreindre à choisir une portée parfaitement dressée.

La poulie présente une gorge à la partie centrale, et dans cette gorge des tuyaux amènent de l'eau d'un réservoir élevé, eau qui se trouve à une température et à une pression constantes. Les surfaces en contact ne s'échauffent pas, le degré d'humidité est toujours le même, et le coefficient de frottement est constant. Remarquez en outre que le rayon de la circonférence, sur laquelle agit le frottement, est beaucoup plus grand qu'avec le frein ordinaire ; à vitesse angulaire égale, pour obtenir le même travail résistant, on pourra avoir un frottement et, par suite, une pression et un serrage des écrous beaucoup plus faibles. Il y a donc de ce fait bien moins de chances d'erreur. M. Rolland les a presque fait disparaître en obtenant le serrage des écrous au moyen d'un système de roues et de pignons, dont l'arbre moteur se confond avec la verticale qui passe par le centre de rotation ; l'effort de serrage est très-faible et de plus se trouve à l'aplomb de l'axe. Son moment n'a donc guère d'influence sur l'équation d'équilibre.

Un autre perfectionnement a consisté à suspendre le plateau P à une corde qui s'enroule sur un secteur circulaire dont le centre est sur l'axe de l'arbre ; on est sûr alors que le bras de levier du plateau est constant, quelles que soient les oscillations.

Frein dynamométrique de M. Kretz. — Dans le frein dynamométrique imaginé par M. Kretz, ingénieur des manufactures de l'État, tous les inconvénients
signalés pour le frein de Prony sont supprimés. On établit sur l'arbre de couche

un volant de 4 à 5 mètres de diamètre, qui va servir de poulie au frein;
sur cette poulie frottent plusieurs
voussoirs en bois a, a... reliés par
une barre de fer circulaire, dont les
extrémités m et n sont réunies par
une double vis, mobile dans son
écrou. Quatre leviers implantés dans
cet écrou permettent de faire mouvoir facilement les vis, de rapprocher les points m et n, et par suite
de faire varier à volonté la pression
des surfaces en contact. A l'autre

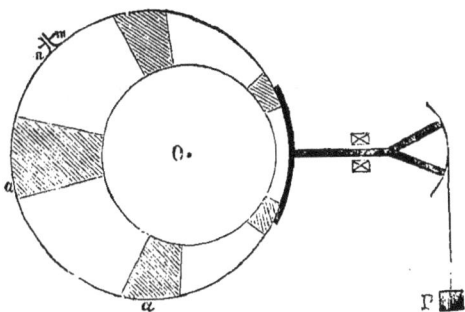

Fig. 184.

bout du diamètre horizontal, on trouve un secteur circulaire sur lequel s'enroule
la corde du plateau qui porte la surcharge.

L'appareil est construit de manière que son centre de gravité, le plateau et sa
corde exceptés, se trouve exactement sur l'axe de rotation. On n'a donc aucunement à tenir compte du poids de l'appareil.

L'effort à exercer est assez faible, vu le grand diamètre de la poulie, car le
chemin parcouru par la force du frottement se trouve considérablement amplifié.
D'autre part, l'effort qu'on exerce sur l'écrou est dans le plan de l'axe de rotation; son moment par rapport à cet axe est nul, et il n'intervient point dans
l'équation d'équilibre.

Les surfaces frottantes sont constamment rafraîchies par un courant d'eau à
pression et à température constante, de sorte que la valeur du frottement est
aussi uniforme que possible.

Avec cet appareil perfectionné, on peut essayer au frein des machines d'une
puissance considérable.

Pandynamomètre de M. Hirn. — « La mécanique expérimentale, dit
M. Hirn, dispose de deux espèces d'appareils précis pour mesurer le travail que
donne un moteur ou que coûte une machine : ce sont le frein de Prony et les
divers instruments connus sous le nom de dynamomètre de rotation à ressorts
ou à poids.

« Le frein de Prony peut être, à juste titre, regardé comme une des plus belles
et des plus utiles inventions de notre époque. Il constitue une véritable balance
dynamique à l'aide de laquelle on peut déterminer, avec une remarquable précision, le travail des plus puissants moteurs.

« D'un autre côté, il est possible aujourd'hui de construire des dynamomètres
qui, interposés entre un moteur et la machine qu'il commande, permettent de
déterminer, avec une précision plus que suffisante, le travail qui passe du premier à la seconde,

« Il semble donc qu'en ce sens tous les besoins de la mécanique appliquée
soient remplis, et qu'il n'y ait plus rien à chercher utilement. Il va cependant
m'être facile de montrer que, si j'ai cherché un appareil tout différent de ceux
qu'on a employés jusqu'ici pour déterminer le travail mécanique, je n'étais mû
ni par le vain désir d'innover, ni par celui de critiquer injustement ce qui existe.

« En tout premier lieu, les dynamomètres, dont on s'est servi jusqu'ici pour mesurer le travail transmis par un moteur à une usine, deviennent extrêmement dispendieux à construire, dès qu'il s'agit de forces considérables. Ils ne peuvent pas se poser et puis s'enlever sans occasionner des modifications considérables, et dispendieuses aussi, dans l'état de la transmission qui va du moteur à l'usine.

« Lorsqu'il s'agit, par exemple, de grandes industries consommant des centaines de chevaux-vapeur de travail, les dynamomètres des systèmes les plus simples connus deviennent en réalité des machines puissantes et coûteuses, dont très-peu d'industriels se soucient de faire les frais.

« D'un autre côté, il est facile de reconnaître que le frein de Prony ne peut pas toujours servir à atteindre commodément et facilement le but qu'on se propose.

« Remarquons tout d'abord que l'opération à l'aide du frein est au fond une pesée par substitution. Veut-on, en effet, connaître la force moyenne consommée par une usine ou fournie par un moteur? On substitue le frein à l'usine, et l'on cherche à mettre le moteur aussi exactement que possible dans les conditions où il se trouve pendant le travail industriel. Ceci est facile quand le travail consommé est à fort peu près constant; mais c'est là ce qui arrive fort rarement. On est donc obligé, pour parvenir à une approximation satisfaisante, d'observer durant un certain nombre de jours l'état du moteur pendant le travail de l'usine : la pression, la détente, s'il s'agit d'une machine à vapeur; la chute et le volume d'eau consommée, s'il s'agit d'un moteur hydraulique. Et puis, par l'essai du frein, on place le moteur dans l'état moyen où il s'est trouvé pendant la série de jours d'observation. Il est facile de voir que c'est là un genre d'opérations qui exige beaucoup d'attention, et qui, en somme, n'est pas susceptible d'une précision absolue.

D'un autre côté, si c'est le moteur lui-même qu'on veut juger au point de vue de son rendement, le frein, en thèse générale, ne peut servir immédiatement que dans des cas assez limités ; et dans le plus grand nombre de cas, on n'est encore forcé de s'en servir que par substitution. En effet, quand il s'agit d'évaluer des forces très-considérables, la chaleur développée par le frottement et l'usure des mâchoires du frein posent une limite assez étroite à la durée de l'expérience.

Pour les moteurs hydrauliques, on peut en très-peu de temps évaluer le volume d'eau qu'ils consomment, et cette évaluation peut se faire facilement pendant l'expérience au frein : celle-ci donne alors immédiatement le rendement. Il ne saurait en être ainsi quand on veut évaluer la quantité de combustible que coûte un moteur à vapeur pour un travail donné : il faut alors opérer, non pendant quelques heures, mais pendant des journées entières, si l'on veut arriver à une exactitude un peu tolérable ; et l'expérience au frein ne peut plus se faire en même temps que la pesée du combustible.

On est donc obligé encore d'opérer par substitution. Tandis que le moteur commande l'usine, on le tient pendant quelques jours à un régime constant de pression, de détente, etc., de manière à lui faire produire un travail rigoureusement constant, et puis quand on s'est assuré de la consommation de combustible en un temps donné, on substitue le frein à l'usine, en maintenant le moteur dans les conditions où il se trouvait pendant toute la période de pesée. C'est par ce procédé que j'ai pu exécuter toutes mes expériences sur des machines à vapeur de 100 et 200 chevaux, à l'aide desquelles j'ai constaté la quantité de calorique que coûte le travail. Chacun comprendra qu'il n'est possible de procéder ainsi que quand une usine est commandée par deux moteurs : l'un étant tenu à un régime stable et produisant un travail constant, l'autre sert à produire seulement l'excédent de travail variable d'un instant à l'autre que consomme l'usine. Je me permets de dire que toute expérience de cette nature faite autrement ne peut donner de résultats corrects; que, par exemple, toutes les expériences pendant lesquelles on prétend déterminer à la fois le travail d'un moteur à vapeur et la quantité de houille qu'il consomme sont nécessairement fausses : elles flattent toujours le moteur et donnent souvent des résultats de 50 p. 100 supérieurs à la réalité des choses.

Trop de fois l'opinion publique a été trompée par cette manière vicieuse d'opérer de quelques ingénieurs et constructeurs. Mais on comprend aussi qu'il n'est que rarement possible de trouver des usines pourvues de plusieurs moteurs liés les uns aux autres de telle façon, qu'on puisse faire marcher tel ou tel d'entre eux pendant une semaine entière à un même régime, comme j'ai pu le faire, par exemple, dans mes expériences concernant la théorie mécanique de la chaleur.

J'ajoute maintenant que quand il s'agit d'essayer au frein des machines à vapeur de très-grande puissance, l'expérience est fort souvent, sinon toujours, accompagnée de dangers réels et la moindre inadvertance peut donner lieu à des accidents terribles. Je citerai comme exemple un des cas où l'on court la chance presque certaine de briser l'une ou l'autre des pièces d'un moteur puissant, lorsqu'on veut en relever le travail à l'aide d'un frein. Ce cas se présente lorsqu'on est obligé d'installer le frein à une grande distance de ce moteur, au bout d'un long arbre de transmission commandé par des engrenages intermédiaires. Par suite de l'élasticité des pièces qui amènent à la poulie du frein le travail du moteur, il devient à peu près inévitable que cette poulie tourne par saccades plus ou moins éloignées les unes des autres ; le frein dès lors broute, et dès ce moment les dents des engrenages qui commandent l'arbre, au lieu d'appuyer régulièrement les unes sur les autres, se séparent et se heurtent alternativement en produisant des chocs tels, qu'elles se brisent inévitablement si on continue l'expérience.

Trouver un dynamomètre qui, sans trop de frais et sans aucun dérangement dans les pièces d'un moteur ou d'une usine, puisse servir à enregistrer exactement le travail pendant des journées entières, tel est le but que je me suis proposé, et dont chacun, d'après ce qui précède, comprendra l'utilité. Tel est aussi le but que j'ai atteint d'une façon très-simple. Voici le principe sur lequel repose le dynamomètre.

Tous les matériaux dont sont construits nos moteurs et nos machines sont des corps plus ou moins flexibles et élastiques. Toutes les pièces qui servent à transmettre un effort moteur changent de forme temporairement, et d'autant plus que l'effort est plus grand, pour reprendre leur forme, quand le travail cesse. Nos arbres de transmission (fonte, fer forgé, acier, etc.,) si gros qu'ils soient, se tordent pendant qu'ils transmettent à une usine le travail du moteur, et reviennent à leur état primitif quand l'effort cesse.

Supposons que, pendant un temps déterminé, nous sachions, par un procédé exact, mesurer la torsion d'un tel arbre, et puis, qu'au repos nous mesurions l'effort qu'il faudra exercer dans le sens de la rotation pour obtenir la même torsion. Il est évident qu'en multipliant cet effort par la vitesse qu'aurait le point d'application pendant le travail, nous aurons précisément la valeur numérique de celui-ci.

Voici sommairement les dispositions adoptées par M. Hirn :

AB est une portion de l'arbre sur lequel on veut mesurer le travail disponible; sur cet arbre, et à la distance la plus grande possible l'une de l'autre, on cale deux poulies égales. Soit deux génératrices *ab*, *cd*, de ces poulies placées sur la

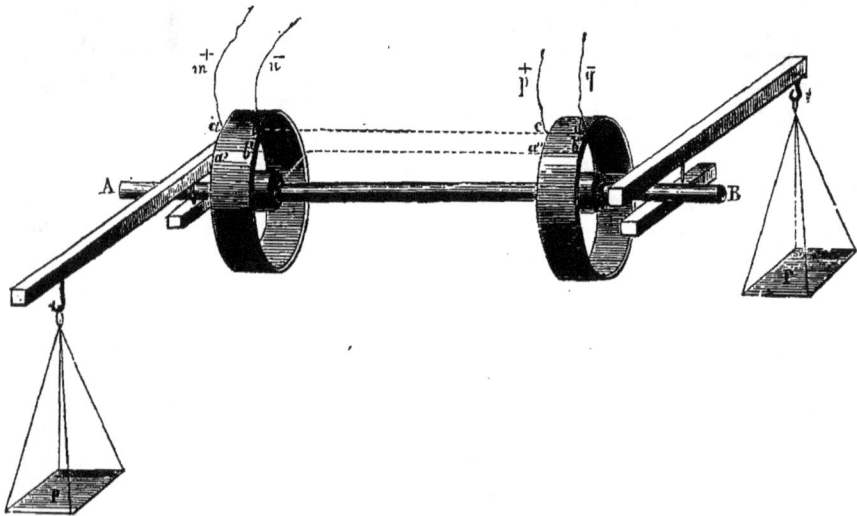

Fig. 185.

même parallèle à l'axe de rotation ; lorsque l'arbre transmet le mouvement, il se tord sur toute sa longueur, et les traits se déplacent ; mais, si la poulie de gauche est la plus rapprochée du moteur, le trait *ab* se déplace plus que le trait *cd* ; leur torsion relative est mesurée par l'arc *a″c*, qui sépare le trait de droite du prolongement *a″b″* du trait de gauche. Cet arc *a″c* mesure l'angle de torsion, en prenant pour unité le rayon de l'arbre.

Pendant plusieurs jours, cet angle de torsion est enregistré de minute en minute ; on déduit de là la torsion moyenne α.

On débraye l'arbre à ses deux extrémités pour le ramener au repos ; on monte ensuite sur cet arbre en dehors des deux poulies deux leviers égaux de longueur *l*, que l'on charge de poids (*p*) de manière à produire l'angle α de la torsion moyenne. Les mâchoires des leviers sont plus ou moins serrées au moyen d'écrous comme on le fait avec le frein de Prony, jusqu'à ce qu'on obtienne l'équilibre ; le moment de la force de frottement F appliquée à l'arbre de rayon (*r*) est égal au moment des poids *p*, et l'on a

$$F.r = pl.$$

Mais, si pendant la durée de l'expérience l'arbre a fait (*n*) tours, nombre facile à obtenir au moyen d'un compteur, le travail résistant total a été :

$$T = 2\pi.r.F.n = 2\pi.p.l.n$$

De cette formule on déduira le travail correspondant à un tour de l'arbre et par suite le travail à la seconde.

« On voit clairement d'après cela, dit M. Hirn, quel est le principe sur lequel repose le pandynamomètre. Les ressorts, les poids des dynamomètres ordinaires y sont remplacés par l'une des pièces mêmes du mécanisme dont on veut évaluer le travail, et c'est la flexion de cette pièce qui sert à cette évaluation. Cet appareil permet donc de mesurer en quelque sorte au passage le travail qu'un moteur envoie par un arbre de transmission à une machine, à un ensemble de machines, à une usine entière. Il permet de substituer une expérience de statique des plus faciles à une expérience de dynamique, quelquefois insuffisante, toujours des plus délicates et souvent dangereuse.

L'expérience se partage en effet en deux parties. La première a pour objet la détermination de l'angle de torsion répondant à un travail donné ; elle se fait à l'aide d'un appareil spécial, qui ne donne lieu à aucun démontage, à aucun dérangement dans les pièces d'une usine. La seconde a pour objet la mesure de l'effort nécessaire pour produire l'angle de torsion observé ; elle se fait à l'état de repos, non sur le moteur, non sur la machine qui consomme le travail, mais sur l'arbre qui transmet ce travail. »

Reste à mesurer l'angle de torsion : M. Hirn emploie pour cela deux systèmes différents ; c'est la partie délicate de l'expérience, le mécanisme présente une complication plus apparente que réelle, qui a empêché la propagation du pandynamomètre.

Dans le pandynamomètre différentiel, la torsion de l'arbre principal est transmise par des roues dentées à un arbre parallèle très-mince, qui obéit à la torsion pour ainsi dire sans effort ; la torsion se transmet à un engrenage de roues d'angles qui fait mouvoir un très-long levier. La déviation de celui-ci est proportionnelle à la torsion ; cette déviation est enregistrée à intervalles égaux au moyen d'un système particulier.

Le pandynamomètre électrique semble préférable : la circonférence des poulies est recouverte d'un enduit non conducteur de l'électricité, et les traits ab, cd, sont, au contraire, des fils métalliques très-déliés. Sur chacune des poulies sont appliquées par un ressort des fils conducteurs m et n, p et q, correspondant aux pôles de deux piles ; dans le mouvement de la poulie, ces fils frottent à sa surface, le courant de la pile est interrompu par cette surface non conductrice, et il ne se produit que pendant un instant très-court, lorsque les fils touchent le trait ab ou cd. Lorsque l'arbre est au repos, les deux courants, produits par les traits ab et cd, sont simultanés ; mais, dès que l'arbre se meut, il y a torsion, et les courants se produisent à un intervalle qui varie proportionnellement à l'angle de torsion.

Les conducteurs de chacun des courants traversent un tambour métallique recouvert de papier préparé, comme le papier du télégraphe de Morse ; à chaque passage instantané du courant, il se produit une décomposition chimique, et un point apparaît sur le papier. L'arbre étant au repos, les points produits par les deux courants sont sur la même génératrice du tambour mobile ; mais, lorsqu'il y a torsion, ces points sont séparés par un certain angle, proportionnel à l'angle de torsion. Ce dernier angle peut être amplifié dans une proportion quelconque, car on peut donner au tambour enregistreur une vitesse aussi grande qu'on le veut.

Dynamomètre à compteur. — Dans les dynamomètres enregistreurs du général Morin, on obtient une surface dont l'aire mesure le travail. Nous avons vu qu'il existait des appareils, nommés planimètres, qui donnaient mécaniquement les surfaces, c'est-à-dire la somme d'un nombre quelconque de produits de deux longueurs.

En adaptant au dynamomètre un compteur de ce genre, on pourra enregistrer sur un cadran le travail dépensé par une machine, dans un laps de temps quelconque, de même que l'on enregistre le nombre de tours qu'un arbre exécute.

On a construit quelques dynamomètres à compteur, mais l'usage ne s'en est pas répandu.

Cependant, un pareil engin, rendu bien pratique, serait une excellente chose, susceptible de rendre à l'industrie de grands services.

RAIDEUR DES CORDES

Lorsqu'une corde est posée sur un cylindre horizontal, elle n'embrasse pas une demi-circonférence complète, ainsi qu'elle devrait le faire si elle était parfaitement flexible et soumise à l'action seule de la pesanteur. L'arc embrassé est

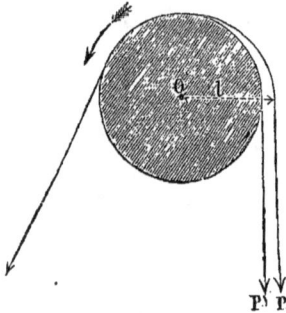

moindre qu'une demi-circonférence, et le dernier élément de la corde n'est pas vertical mais oblique. Cela tient à la raideur de la corde, c'est-à-dire à sa résistance à la flexion.

Aussi, lorsqu'on exerce sur une corde qui s'enroule sur une poulie, une tension F, afin de soulever un poids P, cette tension doit être supérieure à P d'une quantité qui mesure la roideur, indépendamment de toutes les autres causes de frottement. En effet, la résistance n'est pas appliquée en P_1, suivant la tangente à la circonférence, mais en P, avec un bras de levier l supérieur au rayon de la poulie.

Fig. 186.

L'équation des moments, qui exprime l'équilibre, au lieu d'être

$$F.r = Pr, \text{ ou } F = P, \text{ devient } Fr. = P.l,$$

et comme $r < l$, il faut que F soit supérieur à P.

Pour plier 1 mètre de longueur de corde dont d est le diamètre, sur une poulie de rayon R, lorsque le poids à enrouler est P, il faut développer sur le brin conducteur une tension

$$F = P + \frac{d^\mu}{r}(a + bP). \qquad (1)$$

Le second terme de cette valeur de F représente la raideur; elle est en raison inverse du rayon de la poulie, et, pour des poulies et des cordes de rayon constant, elle se compose d'un terme constant $\frac{d^\mu}{r}a$, plus un terme qui varie proportionnellement au poids P qu'il s'agit de soulever.

La question importante est de fixer le coefficient μ, il est très-variable suivant la nature et l'état physique de la corde.

Pour une corde neuve, μ diffère peu de 1,80, Navier le fait même égal à deux pour les cordes neuves d'un grand diamètre.

Pour les cordes vieilles et à moitié usées, le coefficient μ descend à 1,40, et, pour les petites ficelles, il est permis de faire $\mu = 1$.

En général, pour une corde bien saine, non mouillée ni goudronnée, on s'éloigne peu de la vérité en faisant $\mu = 1,7$.

Lorsqu'on imprègne la corde de savon ou d'un corps gras, le coefficient diminue ; en effet, la raideur semble tenir aux frottements qui se développent entre les fils d'une corde ; toute cause qui tend à diminuer le frottement doit diminuer la raideur.

Cependant la raideur double presque pour des cordes blanches et neuves imbibées d'eau ; il y a là un autre effet que le frottement : les fils, imprégnés d'eau se gonflent et se pressent plus énergiquement les uns contre les autres ; le frottement est favorisé par la présence de l'eau, mais la modification physique subie par la matière l'augmente notablement. Les deux effets se composent, et il en résulte un accroissement de raideur.

Quand la température est très-basse, la raideur des cordes goudronnées augmente.

Nous avons décrit plusieurs fois la composition des cordes et des câbles. L'élément d'une corde est le fils de caret, qui résulte de la juxtaposition des fibres de chanvre ou d'autres matières végétales : la filature comprend deux opérations principales : disposer les fibres parallèlement à elles-mêmes, puis les tordre énergiquement les unes sur les autres pour obtenir un frottement et par suite une résistance convenable.

De ces deux opérations résulte le fils de caret.

Les cordes sont obtenues par le commettage de plusieurs fils de caret : on appelle commettre des fils les réunir ensemble puis les tordre de manière à les enrouler et à les enlacer les uns aux autres. La ficelle est obtenue par le commettage de deux ou trois fils, on a ainsi un toron ; le commettage de plusieurs torons donne une aussière, et de plusieurs aussières un câble.

La résistance d'un fil de caret est d'environ 80 kilogrammes ; il est prudent de ne point lui faire porter plus de la moitié de ce poids, soit 40 kilogrammes, ou 2,5 à 3 kilogrammes par millimètre carré. Les cordes goudronnées perdent $\frac{1}{3}$ ou $\frac{1}{4}$ de la force qu'elles avaient à l'état de cordes blanches, et les cordes mouillées depuis longtemps perdent $\frac{1}{3}$; le frottement des fibres est en effet facilité par la présence d'un liquide.

Navier a mis l'expression (1) sous la forme

$$F = P + \frac{A + BP}{D}, \qquad (2)$$

dans laquelle D est le diamètre de la poulie, A et B deux constantes qui dépendent du diamètre d de la corde, et il a dressé le tableau suivant en se servant de ses expériences et de celles de Coulomb :

DÉSIGNATION DES CORDES.	NOMBRES DE FILS DE CARET.	DIAMÈTRES DES CORDES.	POIDS DES CORDES PAR MÈTRE DE LONGUEUR.	VALEURS DU COEFFICIENT A	VALEURS DU COEFFICIENT B
Corde blanche neuve.. . .	30	0ᵐ.020	0ᵏ.285	0.222	0.010
Id.	15	0ᵐ.014	0ᵏ.145	0.063	0.005
Id.	6	0ᵐ.009	0ᵏ.052	0.011	0.002
Corde goudronnée.	30	0ᵐ.024	0ᵏ.335	0.330	0.012
Id.	15	0ᵐ.017	0ᵏ.165	0.106	0.006
Id.	6	0ᵐ.010	0ᵏ.069	0.021	0.003

Équilibre dynamique de la poulie fixe. — 1° Si l'on ne tient pas compte du frottement au tourillon, il faut et il suffit pour l'équilibre que le moment $F \frac{D}{2}$ de la puissance, soit égal au moment $P\,l$ de la résistance. Donc

$$F \frac{D}{2} = Pl.$$

Mais l'équation (2) donne

$$\frac{FD}{2} = P \frac{D}{2} + \left(\frac{A + BP}{2} \right),$$

$$P.l = P \frac{D}{2} + \frac{1}{2}(A + BP) = P.r + \frac{1}{2}(A + BP). \tag{3}$$

Telle est l'expression du moment de la résistance, lorsque l'on tient compte de la raideur de la corde. Cette formule va nous servir plus loin.

2° Lorsqu'on tient compte du frottement au tourillon, il faut chercher d'abord la réaction du coussinet; nous avons vu dans l'équilibre dynamique du treuil que la pression sur le tourillon était la résultante de toutes les forces extérieures transportées parallèlement à elles-mêmes sur l'axe de ce tourillon. La pression est donc la résultante de F et de P; admettons que ces deux forces ne soient pas verticales, elles font un angle θ et leur résultante Q est le troisième côté du triangle construit sur F et P. Donc

$$Q = \sqrt{F^2 + P^2 + 2FP \cos \theta.}$$

Si f est le coefficient de frottement, et r' le rayon du tourillon; il faudra pour l'équilibre que le moment de la puissance Fr, soit égal au moment Pl du poids plus le moment de la force de frottement fQr'. Donc

$$Fr = Pl + fQr'.$$

Remplaçant Pl par sa valeur que donne l'équation (3), il vient

$$F.r = P.r + \frac{1}{2}(A + BP) + f\,Qr',$$

ou   (4) $$F = P + \frac{1}{2r}(A + BP) + fQ\frac{r'}{r}.$$

Dans le cas le plus ordinaire, F et P sont parallèles, et $Q = F + P$. L'équation (4) de l'équilibre devient alors

$$F = P + \frac{1}{2r}(A + BP) + f(F + P)\frac{r'}{r}, \quad \text{ou} \quad F(2r - 2fr') = P(2r + 2r'f + B) + A$$

$$F = \frac{A}{2(r - fr')} + P\frac{2r + 2r'f + B}{2(r - fr')}:$$

Dans le cas ou les dimensions de la poulie sont constantes ainsi que le diamètre de la corde, cette expression est de la forme

(5) $$F = m + pP,$$

dans laquelle (m) et (p) sont des nombres constants.

Équilibre dynamique de la moufle et du palan. — La moufle se compose de deux systèmes de poulies égales, montés sur deux arbres parallèles. La chape supérieure est fixe, à la chape inférieure est accroché le poids. La corde t_1 dont l'extrémité est fixée à la chape du haut vient passer sur une poulie du bas, remonte par t_2 sur la première poulie du haut, descend par t_3 sur la seconde poulie du bas et ainsi de suite.

S'il n'y avait ni raideur, ni frottement de tourillons, toutes les tensions t_1 t_2 t_3, seraient égales entre elles et à la puissance P ; lorsque le poids Q monte d'une hauteur h, chaque cordon doit se raccourcir de la même hauteur h et s'il y a n cordons ou n poulies, le point d'application de la puissance P parcourt une longueur nh. L'équation du travail s'écrit alors

$$Qh = Pnh, \quad \text{ou} \quad P = \frac{Q}{n},$$

Fig. 1

La puissance devrait être la $n^{\text{ième}}$ partie de la résistance.

Mais il faut tenir compte des résistances passives dues à la raideur des corde et aux tourillons. L'équation (5) nous apprend que, pour deux brins consécutifs, l'un qui se déroule t_2 et l'autre qui s'enroule t_1, on a la relation $t_2 = m + pt_1$.

On aura de même successivement

$$t_2 = m + pt_1$$
$$t_3 = m + pt_2$$
$$t_4 = m + pt_3$$
$$t_{n+1} \text{ ou } P = m + pt_n,$$

Multipliant la première de ces équations par p^{n-1}, la seconde par p^{n-2}, l'avant-dernière par p, et la dernière par l'unité, puis faisant la somme de toutes ces équations membre à membre, on trouve

(6) $$P = m\left\{1 + p + p^2 + \ldots + p^{n-1}\right\} + p^n t_1 = m\frac{p^n - 1}{p - 1} + p^n t_1$$

Mais d'autre part la somme des tensions t_1, t_2 t_n, t_{n+1}, ou P, est égale au poids à soulever Q, et l'on a

$$Q = t_1 + t_2 + t_3 \ldots + t_{n+1} = t_1 + nm + p(t_1 + t_2 \ldots + t_n) = t_1 + nm + p(Q - P)$$

$$Q(1 - p) = nm - Pp + t_1 = nm - Pp + \frac{P(p-1) - m(p^{n-1})}{p^n(p-1)},$$

d'où l'on tire

(7)
$$P(1 - p^{n+1}) = m\frac{p^{n-1}}{p-1} - Qp^n(p-1) - nmp^n$$

Cette équation (7) est l'équation qui donne l'équilibre dynamique d'une moufle à n poulies, chargée de soulever un poids Q. Nous engageons le lecteur à en faire l'application à un exemple particulier.

Remarquons cependant que la force P peut être nulle ; c'est dans le cas où l'on a une valeur de Q qui annule le second nombre de l'équation (7). Dans ce cas, le poids Q est soutenu par les forces dues au frottement et à la raideur des cordes. Cette circonstance pourrait même servir de moyen pour mesurer l'influence du frottement et de la raideur : on suspendrait à la moufle un plateau dans lequel on placerait des poids croissants, jusqu'à ce que le mouvement de descente commençât à naître ; à ce moment le second membre de l'équation (7 serait nul et l'on aurait une relation entre les coefficients m et p. En faisant varier le nombre des poulies de la moufle, on aurait une nouvelle équation entre les coefficients m et p, ce qui permettrait d'en déterminer la valeur.

Nous répéterons au sujet de la raideur des cordes ce que nous avons dit à propos du frottement : nous sommes en présence d'un fait complexe et variable avec la nature des choses et avec les conditions physiques de l'expérience. On ne peut trouver une formule exacte et générale, il faut se contenter d'approximations, et n'appliquer les formules obtenues qu'entre les limites des expériences qui ont permis de calculer les coefficients constants.

Câbles en fil de fer. — Les câbles en fil de fer sont aujourd'hui d'une fabrication courante ; longtemps on a été arrêté par la nécessité de recuire les fils, ce qui leur enlève une grande partie de leur résistance ; mais on est arrivé ensuite à se servir de fil non recuit, que l'on met en œuvre avec des machines analogues à celles dont on se sert pour le chanvre.

Le grand inconvénient des cordages tout en fer est leur peu de flexibilité ; cet inconvénient a disparu aujourd'hui, grâce à la précaution que l'on prend de donner à ces cordages une âme en chanvre goudronné.

Ces câbles coûtent le même prix par kilogramme que les cordages de chanvre, et sont trois ou quatre fois plus résistants ; ils ne se raccourcissent pas en absorbant l'humidité, et, pour toutes ces raisons, ils sont appelés à rendre de grands services à la navigation.

Un vaisseau de premier ordre porte souvent plus de 50,000 mètres de cordage ; avec des câbles en fer on aura la même résistance, un poids trois fois moindre, et un volume beaucoup plus petit.

Il faut dire cependant que les câbles en fer ont moins de moelleux que les cordages en chanvre, et qu'ils supportent beaucoup moins bien les chocs et les efforts brusques.

FROTTEMENT D'UNE CORDE OU D'UNE COURROIE GLISSANT SUR UN CYLINDRE

C'est une étude toute spéciale et fort intéressante, car il ne semble pas au premier abord que le frottement puisse être considérable. En effet les courroies restant tangentes à la poulie, ne peuvent lui transmettre une forte pression normale.

Ce système de transmission est cependant le plus répandu et peut être le meilleur.

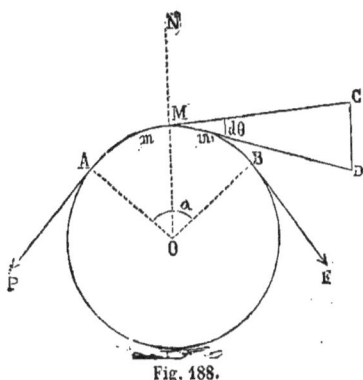

Fig. 188.

Soit une corde ou une courroie qui s'enroule sur une poulie suivant un arc AB, auquel correspond un angle au centre α. A un bout de la corde est appliquée la puissance F et à l'autre bout la résistance P. On demande la condition de l'équilibre dynamique d'un pareil système. C'est-à-dire la relation qui existe entre F et P lorsque le mouvement est sur le point de naître dans le sens de F.

Considérons deux éléments consécutifs m et m' de la courroie, la tension de l'un est T et celle de l'autre T + dT ; ces tensions sont dirigées suivant les éléments et mesurés par les droites MC, MD. La droite CD est la résultante de ces deux forces. Comme MC et MD diffèrent très-peu, il est permis d'admettre que le triangle MCD est isocèle, et que sa base CD est parallèle à la droite OM bissectrice de l'angle formé par les deux éléments consécutifs. Cette bissectrice n'est autre que le rayon du cercle qui passe par le point M.

Si l'on appelle $d\theta$ l'angle CMD des deux tensions, la base CD sera égale à $2 T \sin \dfrac{d\theta}{2}$, car nous avons supposé le triangle CMD isocèle.

La pression normale est donc $2 T \sin \dfrac{d\theta}{2}$, ou, plus simplement T $d\theta$ en remplaçant le sinus d'un angle infiniment petit par cet angle lui-même. Et, si f est le coefficient de frottement, il en résulte une résistance tangentielle égale à $f T d\theta$.

Cette résistance tangentielle doit équilibrer l'accroissement de tension qui se produit lorsqu'on passe d'un élément à l'autre.

Donc l'équation différentielle de l'équilibre est

$$dT = T . f d\theta \qquad \frac{dT}{T} = f . d\theta,$$

et, en intégrant, on trouve

$$\text{log. nép. } T = f\theta + \text{une constante C}$$

Si l'on se rappelle que la base des logarithmes népériens est le nombre $e = 2,71828$, l'équation précédente pourra s'écrire

(1) $$T = e^{f\theta + C} = e^{f\theta} \times e^{C} = A e^{f\theta}$$

18

Pour $\theta = o$, $T = F$, et pour l'angle $AOB = \alpha$, $T = P$, donc :

$$F = A \text{ et } P = Ae^{f\alpha} = Fe^{f\alpha}.$$

L'équation de l'équilibre dynamique est amenée à sa forme définitive

$$P = Fe^{f\alpha}, \text{ ou } P = Fe^{f\frac{s}{r}}$$

en appelant s l'arc embrassé par la courroie sur la poulie dont r est le rayon

On voit que, pour une puissance constante F, le poids soutenu P croit très-rapidement avec la longueur de l'arc de frottement, et que ce poids peut devenir énorme, lorsque s fait plusieurs tours sur la poulie.

Il faut donc en général une force énorme pour déterminer le glissement de la courroie sur sa poulie, et cette circonstance est précieuse dans les transmissions par courroies, puisque le mouvement transmis est un roulement simple, non compliqué de glissement. Toutefois, lorsqu'une résistance accidentelle énorme vient à se produire, le glissement pourra se faire, et l'on ne risquera point de briser le mécanisme.

1re Application. — Le frottement des courroies sur les cylindres ou tambours est mis en usage pour arrêter les bateaux.

Soit un bateau de poids $P = 300000$ kilogrammes; sa masse est $\frac{P}{g} = \frac{300000}{9,808}$ ou, en nombre rond, $M = 30000$.

Il est animé d'une vitesse de 1 mètre par seconde, sa demi force vive est donc $\frac{1}{2}Mv^2 = \frac{1}{2}30000 = 15000$. Cette demi force vive est le travail résistant qu'il faut développer pour arrêter le bateau.

On lui attache un câble qui vient s'enrouler d'un angle α sur un pieu d'amarrage ou cylindre en bois; ce câble est soumis à une tension T de la part du bateau, et, après son enroulement à une tension t qu'exerce un homme qui tient dans sa main le bout du câble.

On a $\qquad\qquad T = e^{f\alpha}.t.$

Le coefficient f du frottement d'une corde neuve sur un cylindre en bois est 0,5 ; admettons que la tension t exercée par l'homme soit de 10 kilogrammes, et que la corde T fasse deux tours sur le pieu, alors $\alpha = 2\pi$, et

$$\log T = f.\alpha.\log e + \log t = \frac{1}{2}.2\pi.0,4343 + 1 = 2,3637,$$

d'où $\qquad\qquad T = 231 \text{ kilogrammes.}$

Soumis à la traction T, le bateau parcourra une longueur l, et le travail de cette traction doit égaler la demi force vive 15000.

$$T.l = 15000 \qquad l = \frac{15000}{231} = 65^m$$

Le bateau parcourra donc une distance de 65 mètres avant de s'arrêter complétement.

Et si l'homme exerçait sur le bout du câble une traction de 40 kilogrammes au lieu de 10 kilogrammes, l'espace parcouru serait quatre fois moindre, soit égal à 16 mètres.

Supposez maintenant que le câble fasse quatre tours sur le pieu d'amarrage, et que l'homme exerce une traction de 10 kilogrammes, on aura

$$T = e^{f\alpha t} \quad \log T = f\alpha \log e + \log t = 0,5.\, 4\pi.\, 0,4343 + 1 = 3,7274.$$
$$T = 5338 \text{ kilogr.} \quad Tl = 15000, \quad l \text{ inférieur a 5 mètres.}$$

Le bateau parcourra dans ce cas un espace de 3 mètres au plus avant de s'arrêter.

Ainsi, avec quatre tours au lieu de deux, on réduira le déplacement du bateau de 65 mètres à 3 mètres.

2ᵉ Application. — Si l'on transmet le mouvement d'une poulie A de rayon r à une poulie B de rayon r', et que P soit la puissance rapportée à la circonférence de A et F la résistance rapportée à la circonférence de B, on demande la condition d'équilibre dynamique d'un pareil système en appelant T la tension du brin conducteur et t la tension du brin conduit.

La roideur des courroies est très-faible et on la néglige; nous n'avons donc à tenir compte que du frottement des tourillons. Nous supposerons la tension de la courroie assez forte pour qu'il n'y ait pas de glissement sur la surface des poulies; nous admettrons en outre, pour simplifier le calcul, que

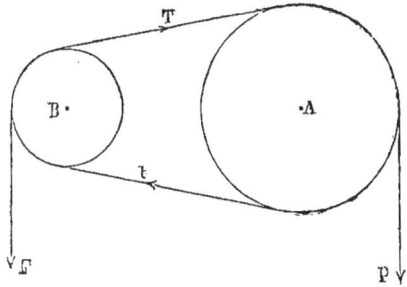

Fig. 189.

les brins des courroies sont horizontaux, ce qui s'écarte fort peu de la vérité dans la pratique, car la distance des poulies est toujours notable.

Le tourillon de A exerce sur son coussinet une pression qui est la résultante de P, T et t; cette pression est donc $\sqrt{P^2 + (T+t)^2}$, et il en résulte une force tangentielle de frottement égale à $f\sqrt{P^2 + (T+t)^2}$, et appliquée à la circonférence du tourillon dont le rayon est q.

L'équation d'équilibre de la poulie A s'obtient par le théorème des moments en remplaçant les tractions par leurs réactions, et l'on a

$$(1) \qquad Pr - Tr + tr - f\rho\sqrt{P^2 + (T+t)^2} = o, \text{ ou } P = T - t + f\frac{\rho}{r}\sqrt{P^2 + (T+t)^2}$$

L'équation d'équilibre de la poulie B s'obtient de même :

$$(2) \qquad Tr' - tr' - Fr' - f\rho'\sqrt{F^2 + (T+t)^2} = o, \text{ ou } F = T - t - f\frac{\rho'}{r'}\sqrt{F^2 + (T+t)^2},$$

Telles sont les équations d'équilibre, mais il faut encore que le glissement des courroies à la surface des poulies ne se produise pas, ce qui exige

$$T \leq e^{f\alpha}t \quad \text{et} \quad T \leq e^{f'\alpha}t.$$

Il suffira de satisfaire à la plus petite de ces inégalités, et déposer par exemple

$$\frac{T}{-} \leq k. \qquad (3)$$

Les équations (1), (2), (3) permettront de calculer les inconnues T, t et F.

Pour arriver à produire une tension constante, de manière à obtenir un frottement uniforme, on a quelquefois recours au tendeur que nous avons décrit en cinématique.

Voici, d'après le général Morin, la valeur du rapport $k = \dfrac{T}{t}$ qu'il convient d'adopter dans les diverses circonstances :

RAPPORT DE L'ARC EMBRASSÉ A LA CIRCONFÉRENCE ENTIÈRE	VALEURS DU RAPPORT K					
	COURROIES NEUVES SUR TAMBOUR EN BOIS.	COURROIES A L'ÉTAT ORDINAIRE.		COURROIES HUMIDES SUR POULIE EN FONTE.	CORDES SUR TAMBOURS OU TREUILS EN BOIS.	
		SUR TAMBOUR EN BOIS.	SUR POULIE EN FONTE.		BRUTS.	POLIS.
0.20	1.87	1.80	1.42	1.61	1.87	1.51
0.30	2.57	2.43	1.69	2.05	2.57	1.86
0.40	3.51	3.26	2.02	2.60	3.51	2.29
0.50	4.81	4 38	2.41	3.30	4.81	2.82
0.60	6.59	5.88	2.87	4.19	6.5S	3.47
0.70	9.00	7.90	3.43	5.32	9.01	4.27
0.80	12.34	10.62	4.09	6.75	12.34	5.25
0.90	16.90	14.27	4.87	8.57	16.90	6.46
1.00	23.14	19.16	5.81	10.89	23.90	7.95
1.50	»	»	»	»	111.31	22.42
2.00	»	»	»	»	535.47	63.23
2.50	»	»	»	»	2573.80	178.52

Avec une courroie quelconque, on peut donc conduire des forces très-considérables, pourvu que l'arc enveloppant soit assez grand.

La largeur de la courroie est indifférente pourvu qu'elle soit assez forte pour résister à la tension T.

D'ordinaire, on fait supporter aux courroies en cuir une tension de 0kil 25 par millimètre carré de section.

La tendance des bons constructeurs est de diminuer la tension des courroies, en augmentant la vitesse des poulies : on arrive ainsi à transmettre un grand travail avec une force relativement faible.

M. Kretz a fait voir que l'allongement des courroies par le fait de la tension était cause d'une légère perte de vitesse et de travail. En effet le brin conducteut s'allonge plus que le brin conduit; et, comme la même quantité de matière doit s'échapper de chaque poulie dans le même temps, la vitesse de la portion qui quitte la poulie motrice est supérieure à la vitesse de la portion de courroie qui quitte la poulie conduite. Il y a donc une certaine perte de vitesse, qui peut devenir notable lorsque la transmission comprend plusieurs courroies successives. M. Kretz a démontré qu'il fallait augmenter de 2 pour 100 le diamètre des poulies motrices, calculé par la relation simple que nous avons vue en cinématique : $\omega r = \omega' r'$.

3e Application. — Tout le monde a vu fonctionner dans les treuils ordinaires le frein de la figure 190. Une lame d'acier entoure une poulie en fonte montée sur l'axe du treuil et tournant avec lui dans le sens de la flèche; cette lame se termine d'un bout en un point fixe B et de l'autre bout à l'extrémité C d'un levier ABC. Lorsqu'on veut arrêter le treuil, un ouvrier agit à l'extrémité A de ce levier et y exerce un effort F; la lame s'appuie sur la poulie et celle-ci glisse à l'intérieur de l'anneau.

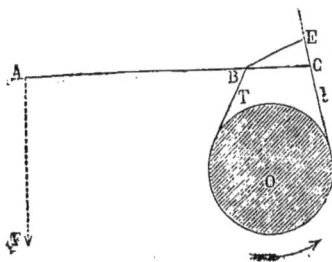

Fig. 190.

Le mouvement relatif est le même que si la poulie était immobile et que la lame d'acier glissât sur elle en sens inverse de la flèche; le brin B est soumis à la plus forte tension T, et le brin C à la moindre tension t, et l'on a la relation

$$T = e^{f\alpha}.t.$$

D'autre part le levier ABC donne

$$\frac{t}{F} = \frac{AB}{BE} = \frac{l}{l'};$$

donc. $$T = e^{f\alpha} F \frac{l}{l'} \quad \text{et} \quad T - t = F \frac{l}{l'} (e^{f\alpha} - 1).$$

Le travail résistant pour un tour de la poulie dont r est le rayon, sera

$$2\pi r (T - t) = 2\pi r F . \frac{l}{l'} (e^{f\alpha} - 1).$$

Le frottement de l'acier sur la fonte sans enduit a pour coefficient $f = \frac{1}{5}$; on peut supposer, sans grande erreur, que la lame embrasse la circonférence entière, alors $\alpha = 2\pi$; et il est facile de calculer le travail résistant nécessaire pour arrêter par exemple un poids de 1,000 kilogrammes dont la vitesse et de 1 mètre par une seconde; il suffira de prendre l'équation

$$n . 2\pi r . F \frac{l}{l'} \left(e^{\frac{2\pi}{5}} - 1 \right) = \frac{1}{2} mv^2,$$

et cette équation donnera, si F est connu, le nombre n de tours de la poulie avant l'arrêt du treuil; ou si on donne n, on déduira F.

Si l'arbre tournait en sens inverse du sens indiqué par la flèche, la tension T aboutirait en C, et la tension plus petite t aboutirait en B. Le calcul serait analogue, mais la différence T—t serait plus petite, et la première disposition est de beaucoup la meilleure.

Rappelons ici ce que nous avons déjà dit :

Un frein doit toujours être placé sur l'arbre de la manivelle ou du moteur, et non sur l'arbre du treuil ; car, dans le premier cas, les résistances passives des engrenages interposés s'ajoutent à l'effet du frein.

Ce système de frein est loin d'être parfait, et il faut recourir à de meilleurs engins lorsque, dans certaines machines, il y a à craindre pour la vie des hommes.

Câbles télodynamiques. — Nous avons dit plus haut que la tendance des constructeurs était d'augmenter la vitesse de rotation des poulies en diminuant la tension des courroies. On peut de la sorte transmettre un travail même très-considérable : le travail étant le produit de la force par son déplacement, une force faible fournira un grand travail, si on donne à son point d'application une vitesse suffisante.

C'est ce qu'a bien nettement compris et bien heureusement appliqué le savant M. Hirn. C'est à lui qu'on doit l'invention des câbles télodynamiques (τελος, lointain, δύναμις, force) destinés à transporter le travail à de grandes distances.

Jusqu'à présent, cette transmission de travail ne se faisait guère qu'en transportant le moteur lui-même, par exemple au moyen d'une canalisation ; il ne faut pas ranger parmi les engins pratiques le fameux système de tiges et de varlets en usage à l'ancienne machine de Marly.

M. Hirn a résolu, d'une manière aussi parfaite que possible, ce problème de la transmission du travail à grandes distances.

Nous trouvons dans le rapport de MM. les ingénieurs Jacqmin et Cheysson sur le service mécanique de l'exposition de 1867 une excellente description du câble télodynamique, que nous reproduisons ici :

« Les questions relatives à la transmission de la force motrice ont une importance considérable, et tous les ingénieurs connaissent les solutions qui ont été proposées pour assurer cette transmission ; succession d'arbres reliés les uns aux autres par des engrenages, emploi de poulies actionnées par des courroies qui se commandent successivement, envoi de la vapeur dans des conduites protégées contre le refroidissement par des enveloppes isolantes. Applicables à des intervalles relativement faibles, ces solutions deviennent, pour ainsi dire, sans valeur dès que la distance augmente ; les organes intermédiaires absorbent alors en vibrations, en frottements, en résistances de toute nature, une part importante du travail moteur, et pour un intervalle de plusieurs centaines de mètres, on ne retrouverait plus, à l'extrémité de la transmission, qu'une fraction minime du travail moteur.

M. Hirn s'est posé la question de la transmission de la force motrice d'une manière générale, c'est-à-dire indépendamment de l'intensité de la puissance à transmettre et de la distance à parcourir, et il a donné de ce grand problème une solution si simple que les appareils dont il a proposé l'emploi semblent ne rien présenter de nouveau. Jamais le caractère fondamental des grandes découvertes, la simplicité, ne s'est accusé si nettement que dans les câbles télodynamiques.

En les voyant marcher, tout le monde pense que rien n'était plus facile à faire, et cependant personne ne s'en était avisé avant M. Hirn.

Le jury de la classe 52 a fait, à cet égard, une recherche approfondie ; un de ses membres a compulsé les volumineux registres qui contiennent l'énoncé des brevets d'invention pris depuis un très-grand nombre d'années, et il n'a rien trouvé qui eût le moindre rapport avec les câbles télodynamiques.

Les transmissions à grande distance reposent sur l'application d'un seul principe de mécanique, que l'on formule en disant que : la puissance dynamique est mesurée par le produit de la force multipliée par la vitesse avec laquelle elle se meut ; de telle sorte que, dans le travail mécanique, la force peut être, à volonté, convertie en vitesse, et la vitesse en force. Par application de ce principe, dans l'appareil de M. Hirn, au point de départ du travail, la majeure partie de la force est convertie en vitesse, puis, à l'arrivée, la vitesse est de nouveau convertie en force.

Une poulie d'un grand diamètre (3 à 4 mètres), marchant à une vitesse de 100 à 150 tours par minute, commande, à l'aide d'un fil métallique, une poulie d'un diamètre égal, située à des distances qui, expérimentées à 50, 80, 100 mètres d'intervalle, n'ont pas tardé à atteindre 700 à 800 mètres, et même à dépasser 1 kilomètre.

Si la première poulie est actionnée par une puissance motrice de 100 chevaux, le câble transmet presque intégralement cette puissance à la seconde poulie sur l'arbre de laquelle une usine peut la recueillir et l'utiliser.

Pour les grandes distances, il est nécessaire d'employer des poulies de support sur lesquelles passe le câble, ou à l'aide desquelles on peut diviser l'intervalle à franchir en sections. Après beaucoup d'essais, M. Hirn a reconnu qu'un intervalle de 90 à 100 mètres était celui qui répondait le mieux au sectionnement des câbles.

La construction de ces poulies de support a présenté les plus grandes difficultés ; aucune des substances essayées d'abord ne résistait au frottement du câble. La gutta-percha, fortement comprimée dans la gorge en fonte des poulies, a heureusement donné une résistance extraordinaire, et des poulies, garnies de cette substance, fonctionnent depuis plusieurs années, sans donner trace d'usure.

Les premières applications des câbles télodynamiques, faites par M. Hirn, remontent à dix-sept ans, en 1850. Nous citerons :

En 1850, une force de 12 chevaux, transmise à 80 mètres de distance (cette transmission marche encore aujourd'hui) ; en 1852, une force de 40 chevaux, transmise à 240 mètres de distance, à l'aide de deux poulies de 3 mètres, faisant 92 tours par minute, et reliées par un câble de 12 millimètres de diamètre ;

En 1854 une force de 45 chevaux, transmise à 1000 mètres.

1858	50	1150
1859	100	984

Cette dernière transmission, exécutée à Obereessel, près Francfort, est effectuée à l'aide d'un câble sectionné en huit stations. Le diamètre des poulies est de 3m,75 ; le diamètre du câble, 15 millimètres, et sa vitesse 22 mètres par seconde.

A partir de 1859, les applications ne se comptent plus. En 1862, M. Hirn en connaissait plus de 400 ; ce nombre est, aujourd'hui, au moins doublé.

M. Hirn n'a point pris de brevet, et il a guidé par ses conseils toutes les personnes qui ont voulu établir des câbles télodynamiques.

Nous n'avons pas besoin d'insister sur les avantages que cette admirable application des règles de la mécanique assure à l'industrie et à l'agriculture.

Dans l'industrie, on rencontre souvent des forces naturelles très-difficilement utilisables dans les lieux où elles existent. On pourra, à l'aide d'une roue hydraulique, recueillir sur un cours d'eau une puissance considérable, mais il sera impossible de l'utiliser, parce que les berges du cours d'eau se prêteront mal à l'établissement d'une usine juxtaposée à la roue hydraulique. Avec un câble télodynamique, une turbine installée dans une gorge étroite transmettra à un bâtiment situé sur un terrain convenable, une force de 100 ou 150 chevaux avec une perte que l'expérience a montré ne pas dépasser 5 à 6 pour 100.

En agriculture, bien des personnes ne voient pas sans inquiétude une locomobile allumée près d'une grange. Avec un câble télodynamique, on peut laisser plusieurs centaines de mètres entre le foyer et le lieu de dépôt des matières combustibles; une transmission de ce genre existe dans le département de l'Eure, et marche avec un intervalle de 1,500 mètres.

Nous citerons, en terminant, une application récente qui montrera tout le parti que l'on peut tirer des câbles télodynamiques.

En 1864, une explosion terrible fit disparaître presque toute la grande poudrerie d'Ockhta, à 10 kilomètres de Saint-Pétersbourg. Quatorze édifices, séparés par des cours de 8 mètres de largeur, furent anéantis jusque dans leurs fondements; beaucoup d'autres furent renversés. L'établissement tout entier dut être reconstruit. Après l'étude d'une très-grande quantité de combinaisons, entraînant toutes des murs extrêmement épais et assez rapprochés, un officier d'artillerie proposa de profiter des ressources nouvelles que les câbles télodynamiques offraient aux ingénieurs, et de réaliser la seule combinaison qui soit efficace dans les poudreries, l'espacement des édifices. Cette proposition fut approuvée, et la poudrerie d'Ockhta, presque complétement reconstruite, offre aujourd'hui :

8 édifices dont les axes sont distants de 50 mètres.
6 édifices distants de 100 à 120 mètres.
5 édifices distants de 70 mètres.

La force donnée par deux turbines, produisant ensemble 280 chevaux, est divisée entre tous ces édifices par deux groupes de câbles télodynamiques. La première transmission a 400 mètres de longueur, depuis le moteur jusqu'à la dernière poulie; la seconde transmission a une longueur de 1,400 mètres.

L'ensemble des moulins, machines à grainer, à polir la poudre, s'élève à 70; la force nécessaire à chaque machine varie entre $\frac{3}{4}$ de cheval et 5 chevaux. Que l'on remplace ces appareils, qui ne sont, en somme, que des engins de destruction, par des métiers, par des machines utiles, on aura un village industriel dans lequel la force d'une chute d'eau est répartie à domicile proportionnellement aux besoins de chacun; on aura résolu un des plus grands problèmes sociaux qui se présentent aujourd'hui aux préoccupations de l'économiste : la production de la force motrice mise à la disposition de l'ouvrier au foyer domestique, où il sera retenu, et pourra exercer son industrie. C'est le même objet que se proposent les moteurs à gaz et qu'ils remplissent en effet, quoiqu'un peu chèrement, dans certaines conditions, comme nous l'avons dit plus haut.

Sur d'autres points, en Russie, on se dispose à actionner tous les appareils d'une poudrerie par une machine à vapeur, qui serait placée à plusieurs centaines de mètres des moulins, et dont l'application à ce genre de fabrication n'est rendue possible que par le câble télodynamique.

NOTIONS SUR LE CHOC DES CORPS

Il y a choc entre deux corps solides lorsque, dans leur mouvement, ils tendent à occuper, au même instant, la même portion de l'espace.

Ces deux corps se rencontrent et agissent l'un sur l'autre en se déformant plus ou moins; celui qui possède la plus grande vitesse, en perd une certaine partie, celui qui possède la plus petite vitesse en gagne au contraire, et il arrive un moment où les deux corps en contact prennent une vitesse commune, intermédiaire entre les deux vitesses initiales.

Suivant la constitution moléculaire des corps, le phénomène peut s'arrêter au moment où les solides ont pris une vitesse commune, ou bien il peut se poursuivre et entrer dans une nouvelle phase.

Lorsqu'on est en présence de corps mous, c'est-à-dire de corps qui se déforment sous la moindre pression, sans tendre à reprendre leur position première, il n'y a point de réaction du corps choqué sur le corps choquant; ils restent en contact et se meuvent de conserve lorsqu'ils ont pris la vitesse commune.

Lorsque, au contraire, on est en présence de corps élastiques, c'est-à-dire qui reviennent à leur position initiale lorsque l'effort, qui les en a écartés, vient à cesser, les réactions moléculaires des parties en contact continuent après le moment de la vitesse commune, et repassent en sens inverse par les valeurs qu'elles avaient prises dans la première période; les corps se séparent et marchent ensuite indépendamment l'un de l'autre.

Le choc a donc pour effet de développer entre les deux corps en contact des réactions moléculaires, qui changent les conditions du mouvement, et qui produisent des déformations persistantes ou seulement momentanées, suivant que les corps sont parfaitement mous ou parfaitement élastiques.

La théorie du choc est longtemps restée fort obscure; elle est encore aujourd'hui une des questions les plus difficiles. Le théorème de Carnot et les travaux de Coriolis (*Théorie mathématique du jeu de billard*) ont mis en lumière les circonstances principales du phénomène.

Du reste, on n'a pu comprendre le choc que le jour où l'on a abandonné l'hypothèse des forces instantanées. Nous l'avons déjà dit, il n'y a point de forces instantanées qui soient susceptibles de produire un travail ou une déformation quelconque; les forces qui sollicitent un corps agissent sur lui pendant un temps que l'on peut, à première vue, juger très-court, mais qui n'est jamais nul.

L'étude du choc dans les corps de forme quelconque est des plus complexes, et nous nous bornerons à rechercher ce qui se passe dans la rencontre de deux sphères A et B, de masses m et m', animées de vitesses v et v', lesquelles sont constantes et dirigées suivant la ligne des centres (fig. 191).

Les vitesses v et v' étant dirigées dans le même sens, il faut que v soit plus grand que v', si l'on veut que les sphères se rencontrent. Aussitôt que les corps sont en contact, il est évident que la sphère A presse la sphère B et la déforme; la vitesse de celle-ci augmente et la vitesse de celle-là décroît, jusqu'à ce que les vitesses des deux mobiles aient atteint une valeur commune V.

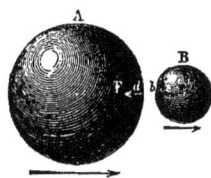

Fig. 191.

A ce moment, si nous admettons que les corps sont parfaitement mous, le phénomène est terminé, et les deux sphères réunies forment un seul mobile qui se meut avec une vitesse uniforme V suivant la ligne des centres.

On se propose de calculer la valeur de cette vitesse finale V. Nous l'obtiendrons au moyen du théorème des quantités de mouvement, que nous avons longuement expliqué en mécanique rationnelle :

« Dans un système matériel en mouvement, l'accroissement de la somme des quantités de mouvement des divers points du système, projetées sur un axe donné, est égal à la somme des impulsions de toutes les forces qui sollicitent le système pendant l'intervalle considéré, ces impulsions étant projetées sur l'axe donné. »

Puisque les sphères sont animées d'un mouvement uniforme, il n'y a point de forces extérieures et par suite point d'impulsion due à ces forces.

D'un autre côté, les forces intérieures sont constamment égales deux à deux et directement opposées, la somme de leurs projections ou des projections de leurs impulsions sur un axe quelconque est donc constamment nul.

Le second membre de l'équation des quantités de mouvement est donc constamment nul, et il en est de même de l'accroissement de la somme des quantités de mouvement pendant un temps quelconque. Donc, la somme des quantités de mouvement est constante, avant comme après le choc.

Avant le choc cette somme est. . . . . $mv + m'v'$. . . . .

Après le choc.. $(m + m')$ V,

et la vitesse finale V est donnée par l'équation. . . . . .

. . . . $mv + m'v' = (m + m')$ V   (1) $V = \dfrac{mv + m'v'}{m + m'}$

Il est à remarquer que la même relation subsisterait quand même les sphères seraient soumises à l'action de forces extérieures ; car la durée du choc étant très-faible, l'impulsion des forces extérieures sera aussi très-faible et le second membre de l'équation des quantités de mouvement différera peu de zéro.

La vitesse du centre de gravité est la même après le choc qu'avant ; en effet, nous avons vu que le centre de gravité d'un système matériel se meut comme un point matériel qui aurait une masse égale à la masse totale du système, et qui serait soumis à l'action de la résultante de translation de toutes les forces du système. Dans le cas qui nous occupe, cette résultante de translation est nulle, et le mouvement du centre de gravité est uniforme.

Le phénomène du choc se bornera, pour les corps parfaitement mous, au fait que nous venons d'exposer.

Mais, pour les corps parfaitement élastiques, les réactions moléculaires mutuelles continueront d'agir après que les deux sphères auront pris la vitesse commune V, et ces réactions passeront en sens inverse par toutes les valeurs qu'elles ont déjà prises. La vitesse de la sphère B va augmenter encore à partir de V, et la vitesse de A va diminuer ; cela se passera en un temps très-court à la suite duquel les deux sphères se sépareront. Appelons v_1 et v'_1 leurs vitesses au moment de la séparation ; la diminution de vitesse de la sphère A a été, pendant la première période, $v - V$, dans la seconde période elle est $V - v_1$; les réactions mutuelles étant les mêmes pendant les deux périodes, puisque les sphères sont parfaitement élastiques, il en résulte que les deux diminutions de vitesse sont égales.

De même, la vitesse de la sphère B s'est augmentée dans la première période de $V - v'$, et, dans la seconde période, d'une quantité égale $v'_1 - V$. On a donc les deux relations

$$(2) \quad v - V = V - v_1, \quad (3) \quad V - v' = v'_1 - V;$$

et, en les ajoutant membre à membre, on trouve

$$(4) \qquad\qquad v - v' = v'_1 - v_1.$$

La vitesse relative de A par rapport à B est $v - v'$, avant le choc, et $v_1 - v'_1$ après le choc. D'après l'équation (4), ces quantités sont égales et de signe contraire.

Ainsi, dans le cas où deux sphères parfaitement élastiques viennent à se choquer, leur vitesse relative est, en valeur absolue, la même après le choc qu'avant; mais elle a changé de signe.

Lorsque les deux sphères ont des masses égales, la formule (1) donne $V = \dfrac{v + v'}{2}$. On déduit de l'équation (2) la relation

$$v_1 = 2V - v = v + v' - v = v';$$

et de l'équation (3)

$$v'_1 = 2V - v' = v + v' - v' = v.$$

La vitesse finale de la boule A est égale à la vitesse initiale de la boule B et réciproquement. Par suite du choc, les deux boules ont échangé leur vitesse. Ainsi, lorsqu'une bille est immobile sur un billard, et qu'une autre bille, dont la vitesse est dirigée suivant la ligne des centres, vient à la frapper, il y a échange des vitesses; c'est-à-dire que la bille frappée se meut dans la même direction et avec la même vitesse que possédait la bille motrice; celle-ci est devenue immobile à son tour.

Le fait précédent se démontre dans les cours de physique avec l'appareil que représente la figure 192 : plusieurs boules en ivoire de même diamètre sont suspendues à des traverses, de manière que leurs centres soient sur une même ligne horizontale. On soulève la boule extrême B, puis on la laisse retomber; elle vient rencontrer la seconde boule, et lui communique sa vitesse ; la seconde boule, en contact avec la troisième, change de vitesse avec elle, c'est-à-dire

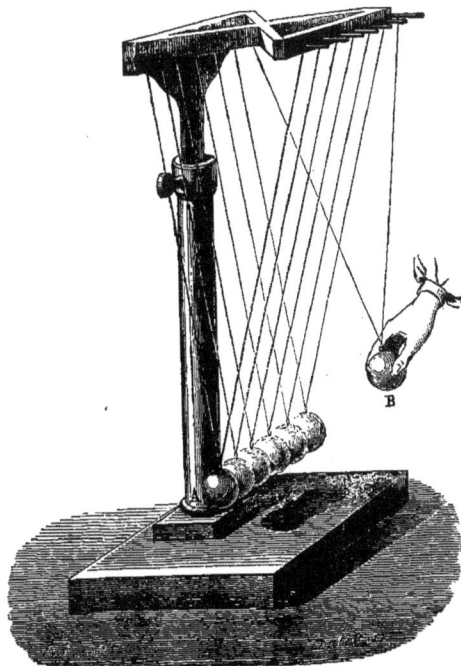

Fig. 192.

qu'elle reste immobile; de même, la troisième boule change de vitesse avec la quatrième, et par suite reste immobile, et ainsi de suite jusqu'à la boule A, qui prend la vitesse qu'avait la boule B à la fin de sa chute, et qui remonte à une hauteur égale à celle dont B était tombée. Les oscillations de ce pendule d'un nouveau genre continuent de la sorte, pendant un temps plus ou moins long.

De la perte de force vive dans le choc. — Au point de vue pratique, ce qui intéresse le plus dans le choc, ce n'est point la connaissance des diverses phases du phénomène, mais la perte de force vive et par suite de travail, dont l'influence économique est souvent notable.

La force vive disparue représente le travail absorbé par les déformations et les vibrations de toutes natures que le choc a produites. On conçoit donc, tout d'abord, que, dans les corps élastiques, si l'on peut éviter les vibrations qui ne s'éteignent qu'après le choc, la perte de force vive sera nulle; en effet, le travail absorbé par les compressions de la première période est restitué par les dilatations de la seconde.

Cherchons donc la perte de force vive correspondant à la première période du choc, perte de force vive qui sera permanente dans le cas des corps mous :

La force vive initiale du système était. . . . . $mv^2 + m'v'^2$. . . . .
La force vive finale est. . . . . $(m + m') V^2$. . . . .

La perte de force vive est donc

$$P = mv^2 + m'v'^2 - (m + m') V^2,$$

et, si l'on remplace V par sa valeur que fournit l'équation (1), la relation précédente devient

$$(5) \qquad P = mv^2 + m'v'^2 - (m + m') \frac{(mv + m'v')^2}{(m + m')^2} = \frac{mm' (v - v')^2}{m + m'}.$$

Cette quantité est toujours positive, donc il y a toujours perte de force vive.

La valeur de P a été mise par Carnot sous une forme élégante et facile à retenir. On a en effet

$$(6) \qquad P = m (v - V)^2 + m' (V - v')^2.$$

Car, en substituant dans cette équation (6) la valeur de V, et développant le calcul, on retrouve exactement l'équation (5).

Traduite en langage vulgaire, la relation (6) veut dire :

« *La perte de force vive, éprouvée par chaque corps, est la force vive qui correspond à la variation de vitesse de ce corps, et la perte totale de force vive est la somme des forces vives qui correspondent aux variations de vitesse des corps en contact.* »

Voilà ce qui se passe dans le choc des corps parfaitement mous; mais la conception des corps mous, c'est-à-dire de corps qui, après s'être choqués, restent en contact, n'est qu'une abstraction qui ne se rencontre pas dans la nature. Si l'on fait quelquefois cette supposition, c'est pour avoir un maximum de la perte de travail due au choc.

Dans la réalité, les corps qui se sont choqués ne restent pas en contact, ils se séparent par une réaction moléculaire. C'est à cette tendance à se séparer ainsi, par l'effet de la réaction moléculaire, qu'on a donné le nom d'élasticité, en distinguant l'élasticité plus ou moins parfaite. L'élasticité parfaite serait la propriété qu'auraient certains corps de reprendre après le choc la même disposition des molécules qu'avant le choc : les réactions mutuelles ayant repassé par les mêmes états de grandeurs, quand les distances redeviennent les mêmes, en sorte que du moment ou toute action aurait cessé entre les molécules voisines du contact dans les deux corps, il n'y aurait plus ni vibration ni dérangement dans leur intérieur. Dans ce cas, il est clair qu'il n'y aurait aucune perte de force vive par l'effet du choc. Cette supposition n'est qu'une abstraction qui ne se réalise qu'assez imparfaitement pour des corps particuliers et dans des cas de choc tout spéciaux. Le choc est toujours accompagné d'une transmission de vibrations, qui se propagent et qui ne sont pas toujours éteintes lorsque le contact vient à cesser ; il y a donc de ce fait une perte de force vive, indépendante de celle due à la déformation.

D'une manière générale, les chocs sont toujours à éviter dans les machines ; car : 1° ils donnent lieu à une dépense inutile de travail ; 2° ils sont une cause incessante de destruction des organes ; les pièces soumises à des chocs s'altèrent rapidement, et, comme elles communiquent leurs vibrations aux bâtis qui les supportent, ceux-ci se trouvent exposés à des causes incessantes de destruction et de désagrégation.

Toutefois, dans certaines opérations, on se sert du choc comme communication de mouvement : le choc a l'avantage de produire en un temps très-court des effets qu'on ne pourrait obtenir que par une pression continue très-considérable. Cette propriété est mise à profit dans les balanciers qui servent à frapper les monnaies, et dans les sonnettes et moutons que l'on emploie pour battre les pilotis.

Nous avons décrit en détail, en traitant de l'exécution des travaux, les sonnettes à tiraudes, à déclic, et celles qui sont mues par la vapeur.

Il y a dans ce travail deux effets distincts : 1° le pieu est enfoncé et une partie du travail moteur est absorbée par le frottement du pieu contre le terrain qui l'entoure ; 2° il se produit une désagrégation des fibres du bois, des vibrations considérables, qui vont se perdre dans le sol et tout cela consomme une certaine quantité de travail.

Cet effet inutile, et même nuisible, doit être atténué le plus possible. On y arrive en partie en entourant la tête du pieu d'une frette en fer, et en protégeant sa pointe par un sabot métallique. La perte de force vive, résultant des vibrations, est réduite aussi dans une grande proportion lorsqu'on augmente le rapport de la masse du mouton à la masse du pieu. En effet, l'équation (5) nous apprend que la force vive perdue est donnée par la formule

$$P = \frac{mm'(v-v')^2}{m+m'},$$

La vitesse v' du pieu est nulle, et la relation précédente devient

$$P = mv^2 \frac{m'}{m+m'} = mv^2 \frac{1}{\frac{m}{m'}+1}.$$

Pour un pieu de masse donnée m', il y a donc avantage à augmenter la masse

m du monton, puisque la fraction de la force vive mv^2, qui est absorbée, se trouve diminuée.

Cela explique la préférence qu'on doit accorder aux sonnettes à déclic sur les sonnettes à tiraudes, et aux sonnettes à vapeur sur les sonnettes à déclic.

Avant de quitter ce sujet, nous ferons remarquer, que toutes les fois qu'on ne peut éviter un choc, il faut au moins s'arranger de manière à le recevoir sur un corps élastique, tel que le caoutchouc, ou les ressorts sur lesquels agissent les tampons des voitures de chemins de fer.

CLASSIFICATION DES MOTEURS

A l'origine des sociétés, l'homme exécutait par lui-même toutes les opérations simples, nécessaires à son existence : il était le seul moteur.

Peu à peu il apprivoisa certains animaux sur lesquels il se déchargea des plus durs labeurs.

Puis il eut l'idée de se servir des forces naturelles qu'engendre le mouvement des éléments fluides, tels que l'air et l'eau; avec la pression de l'air, il fit mouvoir ses navires et quelques machines simples. Ce n'est guère que sous les Romains qu'on eut recours à la force motrice de l'eau : Vitruve parle de ce fait comme d'une curiosité, et l'usage des moulins à eau ne se développa sérieusement que sous le Bas-Empire, pendant le règne d'Arcadius et d'Honorius.

L'industrie des moteurs resta longtemps stationnaire : elle ne fit aucun progrès pendant le moyen âge, jusqu'à l'époque de l'invention de la poudre. En dehors de son emploi spécial dans les armes de guerre, la poudre servit quelquefois de moteur dans certaines machines restées sans usage; cependant on s'est servi de la poudre dans ces derniers temps pour faire mouvoir des moutons de sonnette.

Au dix-huitième siècle, paraît au jour la grande invention des temps modernes, qui a bouleversé complétement les conditions de l'industrie humaine, la machine à feu, le moteur universel de notre époque.

Depuis quelques années on a fait l'essai d'un nouveau moteur : l'électricité, dont l'usage est encore fort restreint.

En résumé, les moteurs se divisent en quatre grandes classes que nous allons successivement étudier :

1° Les moteurs animés;

2° Les machines mues par les fluides, tels que l'air et l'eau;

3° Les machines à feu, dans lesquels on transmet la chaleur à des gaz et à des vapeurs;

4° Les machines mues par l'électricité.

CHAPITRE III

DES MOTEURS ANIMÉS

DE L'HOMME CONSIDÉRÉ COMME MOTEUR[1]

Le corps humain, composé de différentes parties flexibles mues par un principe intelligent, se plie en une infinité de formes et de positions; considéré sous ce point de vue, c'est presque toujours le moteur le plus commode que l'on puisse employer dans les mouvements composés qui demandent des mesures et des variations dans les degrés de tension, de vitesse et de direction.

Quoique la force de l'homme soit très-bornée, on l'emploie souvent de préférence à celle des animaux, même dans des mouvements simples et uniformes, parce que, dans quelques circonstances, il est facile de suppléer par le nombre à ce qui manque de force à chaque individu; parce que les hommes occupent, à effet égal, souvent moins de place que les autres agents ; parce qu'ils peuvent toujours agir par des machines plus simples et plus faciles à transporter que celles où l'on emploie les animaux ; parce qu'enfin leur intelligence leur fait économiser leurs forces, modérer leur travail, suivant les résistances qu'ils ont à vaincre.

Le service de l'homme employé aux travaux agricoles est indispensable dans la saison des moissons ; mais s'il n'a pas une autre industrie, il sera souvent dans la nécessité de se livrer le reste de l'année à un travail qui pourrait être fait par un agent mécanique.

L'action journalière de l'homme dépend de l'effort ou de la tension dont ce moteur est capable à chaque instant, de la vitesse du point d'application de la tension et de la durée du travail effectif pendant un jour de 24 heures, déduction faite des heures de repos, des repas, etc. ; nommant ces trois quantités respectivement R, V, T, le produit RVT est l'expression de l'action journalière de l'homme. Mais en conservant l'égalité de ce produit, peut-on faire varier à volonté les facteurs ? Daniel Bernouilli, qui a discuté cette question, a pensé qu'on pouvait, à fatigue égale, obtenir la même action journalière en changeant convenablement les éléments de cette action. Coulomb juge cette opinion erronée, et il se fonde sur ce qu'il y a toujours pour chaque homme, et pour le genre de travail auquel il est habitué, un maximum d'action journalière qui correspond au produit des

---

1. L'étude des efforts des moteurs animés a beaucoup perdu de son importance depuis que l'usage de la machine à vapeur s'est généralisé. Il n'existe guère de travaux récents sur ce sujet. Les faits exposés dans ce chapitre sont extraits des ouvrages de Coulomb, Hachette, Navier, Poncelet, etc.....

trois facteurs R,V,T. La vérité de cette observation détruit l'opinion de Daniel Bernouilli, qui pensait que l'homme ou tout autre moteur animé, de quelque manière qu'il emploie ses forces, soit en marchant, soit en tirant, soit sur une manivelle, soit sur la corde d'une poulie ou de toute autre machine, produisait avec le même degré de fatigue la même quantité d'action, et par conséquent le même effet.

Il existe, pour chaque moteur animé et pour chaque genre de travail qu'on lui demande, des valeurs de R, de V et de T, pour lesquelles le produit RVT, c'est-à-dire le travail journalier utile, est maximum.

Cependant si, connaissant les valeurs des facteurs de la plus grande action journalière de l'homme, on leur donnait d'autres valeurs peu différentes de celles-là, de manière que leur produit fût constant, on serait sûr de ne pas outre-passer les limites de la force naturelle de l'homme, et de l'effort dont il est capable, ce qui serait conforme à l'hypothèse de Daniel Bernouilli.

Daniel Bernouilli estime l'action journalière d'un rameur égale au poids de 275 mètres cubes d'eau élevés à la hauteur d'un mètre, et il suppose que cette action est produite en 8 heures de travail effectif sur 24.

Quelquefois on confond la durée du travail effectif avec le temps que l'homme passe sur l'atelier ou près de la machine qu'il fait mouvoir. Néanmoins ces deux temps sont bien différents. Si l'homme marche, et qu'il fasse une halte de quelques minutes, on doit regarder la durée des haltes comme un temps de repos qu'il faut ajouter à celui des repas et du sommeil. Il en est de même de tout autre travail qui exige une suite alternative d'action et de repos. Ne considérant que la durée de l'action, elle diminue en même temps que la force motrice, ou l'intensité de l'effort momentané du moteur, augmente. On observe que l'homme ou le cheval développe la force, dont il est capable en un jour de 24 heures en un temps très-variable, qui est au moins d'une heure, quelquefois d'une heure et demie, ordinairement de 8 à 10 heures, et au plus de 12 heures.

Lorsqu'on peut disposer des trois éléments de la force journalière d'un moteur animé, c'est une question fort intéressante à résoudre, de trouver les valeurs de ces éléments qui déterminent la plus grande action journalière.

En multipliant les expériences sur un grand nombre d'hommes et plusieurs années de suite, on parviendra à connaître exactement les diverses actions journalières, ou du moins les limites de ces actions, en ayant égard au plus ou moins de force naturelle des individus, aux climats, et à tous les accidents qui modifient cette force.

Coulomb, étant directeur des fortifications de la Martinique, y a fait construire de grands travaux, et il a observé que, dans cette colonie, où la température est rarement au-dessous de 20° Réaumur, les hommes y sont presque toujours inondés de leur transpiration, et ils ne sont pas capables de la moitié de la quantité d'action journalière qu'ils auraient pu fournir en Europe.

DE LA VITESSE DE L'HOMME

La vitesse de l'homme qui se promène ou qui marche en plaine, sans charge, est de 13 à 16 décimètres par seconde ; lorsqu'il tire, ou lorsqu'il agit par son poids sur une roue, sa vitesse est seulement de 3 à 4 décimètres. Suivant une observation de M. Bouvard, aux courses du Champ de Mars, à Paris, 251 mètres et demi ont été parcourus en 33'', ce qui donne pour la plus grande vitesse de l'homme qui court sans charge, 7 mètres $\frac{7}{10}$ par seconde.

La troupe d'infanterie fait :

Au pas ordinaire, 76 pas par minute et parcourt 50ᵐ.;
Au pas accéléré, 100 pas   —   66ᵐ.;
Au pas de course, 200 pas   —   130ᵐ.;

Ce qui donne pour la longueur du pas ordinaire ou accéléré, 0ᵐ,66, ou à peu près 2 mètres pour trois pas.

La vitesse de la troupe en 1'' est :

Au pas ordinaire. . . . . . . $\frac{50ᵐ}{60}$ ou 0ᵐ,8;

Au pas accéléré. . . . . . $\frac{66ᵐ}{60}$ ou 1ᵐ,1;

Au pas de course. . . . . . $\frac{130ᵐ}{60}$ ou 2ᵐ,1;

L'homme voyageant librement et sans charge, parcourt, en plaine de 40 à 50 kilomètres par jour, en marchant de 8 à 10 heures sur 24 : cet espace est beaucoup moindre si l'homme est chargé ou obligé de monter. Le soldat en marche porte un sac, un fusil, etc., formant ensemble un poids d'environ 18 kilogrammes en temps de paix, et de 25 kilogrammes en temps de guerre.

La vitesse de l'homme qui tire un bateau sur un chemin de halage, ou qui marche sur une roue à chevilles, pour tirer les pierres dans les carrières des environs de Paris, n'est que de 33 centimètres par seconde, environ la moitié de la vitesse de l'homme au pas ordinaire.

DE L'HOMME QUI MARCHE CHARGÉ OU NON CHARGÉ

Le travail journalier de l'homme a toujours pour mesure une résistance exprimée en poids, multipliée par le chemin que parcourt le point d'application de la force à la résistance, pendant la durée du travail effectif. Mais lorsque l'homme marche, la résistance qu'il éprouve à chaque instant est inconnue. S'il monte un escalier sans charge, il élève à chaque pas le poids de son corps à la hauteur d'une marche ; en prenant ce poids pour la mesure de sa tension, sa force journalière a pour mesure le produit du poids du corps, par la hauteur à laquelle il s'est élevé pendant la durée de la marche, en un jour. D'après une expérience faite au pic de Ténériffe, dont la hauteur au-dessus du niveau de la mer est de 3,780 mètres, huit hommes chargés d'environ 7 à 8 kilogrammes en instruments de géodésie, accompagnant le chevalier Borda, se seraient élevés, le premier jour, en 7 heures et demie de travail effectif, à la hauteur de 2,923 mètres. Supposant le poids de l'homme de 56 kilogrammes et sa charge de 7 kilogrammes, on a pour l'effet dynamique journalier de chacun des huit hommes 184,000 kilogrammes élevés à la hauteur d'un mètre.

La rampe étant de 20 kilomètres en longueur, la pente était d'environ 14 centimètres par mètre. Dans cette expérience la hauteur à laquelle un homme s'est élevé en un jour, n'est pas celle à laquelle il s'élèverait en marchant modérément, car Coulomb a souvent proposé à des manœuvres le prix d'une journée de travail ordinaire pour monter 18 fois et sans charge, par une rampe, à la hauteur de 150 mètres, ou une seule fois à la hauteur de 2,700 mètres, et ils ont constamment refusé.

Il est donc probable qu'un homme voyageant en pays de montagnes, sans charge et sur une rampe assez douce, a terminé sa journé lorsqu'il s'est élevé, en marchant 8 heures, à 2 kilomètres, tandis qu'il peut, dans le même temps, et sans se fatiguer davantage, parcourir en un jour 40 à 50 kilomètres sur un chemin horizontal. En ne tenant compte, dans la marche, que de l'effort nécessaire pour élever à chaque pas le corps entier au-dessus de la surface du terrain, et supposant que cette élévation soit de 3 centimètres, l'élévation totale sera le produit du nombre de pas par 3 centimètres : or le nombre de pas est le quotient du nombre de mètres parcourus en un jour, par la longueur du pas, ou de 40,000^m divisés par 0^m,66 qui est 60,606 ; multipliant ce nombre par 0^m,03, le produit est 1,818 mètres. Multipliant ce nombre par 60 kilogrammes, poids de l'homme, on a 109,000 kilogrammètres pour l'action journalière de l'homme qui marche en plaine sans charge. Le même poids, 60 kilogrammes multiplié par 2 kilomètres, hauteur à laquelle l'homme peut s'élever en un jour, donne 120,000 kilogrammètres pour l'action journalière de l'homme qui marche sans charge en pays de montagne.

L'art du marcheur consiste à effleurer le terrain, et à n'élever, à chaque pas, que le moins possible le centre de gravité du corps. Ce premier effet produit, il faut encore se donner une vitesse horizontale ; ce second effet de la marche exige un effort qui s'ajoute à celui qui l'a précédé pour l'élévation du corps, mais qui est évidemment beaucoup moindre. On ne connaît aucune expérience qui détermine le rapport de ces deux efforts.

Coulomb a observé qu'un homme pouvait porter en un jour six voies de bois, à la hauteur de 12 mètres ; chaque voie de 734 kilogrammes, était portée en 11 voyages et les six voies l'étaient en 6 heures et demie. Ainsi l'homme a fait 66 voyages, et a élevé un poids de 6 × 734 kilogrammes de bois à la hauteur de 12 mètres, ou 53,000 kilogrammes, à la hauteur de 1 mètre. Il s'est élevé lui-même 66 fois à la hauteur de 12 mètres, et ce travail est exprimé par 47,000 kilogrammètres, produit des trois nombres 60 kilogrammes (poids de l'homme) 12 mètres et 66.

Ajoutant ce nombre au précédent 53,000 kilogrammètres on a 100,000 kilogrammètres pour la mesure du travail journalier de l'homme qui monte chargé.

Dans l'expérience faite sur le porteur de bois, chaque charge de $\frac{734}{11}$ ou 67 kilogrammes, était montée dans 1 minute $\frac{1}{10}$, en sorte que la durée du travail principal, en un jour de 24 heures, était de 1 heure 12 minutes.

Le temps qui s'écoulait entre deux montées consécutives était presque un temps de repos, il était employé à charger les crochets bûche à bûche, à descendre l'escalier, etc. Il paraît que cette manière de couper en de petits intervalles d'action et de repos le travail des hommes qui portent de grands fardeaux est celle qui convient le mieux à l'économie animale, et que les hommes préfèrent une action très-fatigante de quelques instants, suivie du temps nécessaire pour se reposer, à une action moins forte qui serait plus continue, et d'une plus longue durée.

Le résultat de l'expérience citée de Coulomb diffère peu des résultats suivants : On a observé des manœuvres qui montaient de la houille par des escaliers très-roides et incommodes, leur charge variait de 35 à 40 kilogrammes, et l'effet journalier était de 42 à 50 kilogrammes élevés à un kilomètre. Ayant égard au poids de l'homme, 60 kilogrammes, l'action journalière varierait de 102 à 110 mille kilogrammètres.

Les charges à poids égal fatiguent d'autant moins qu'elles sont distribuées plus également sur toutes les parties du corps ; l'homme portant un poids égal au sien, et montant une rampe ou un escalier d'une hauteur donnée, doit se fatiguer davantage que s'il montait sans charge, par le même escalier, à une hauteur double. Quoique dans les deux cas on produirait le même effet dynamique, la hauteur de la montée sans charge serait, à fatigue égale, plus grande que le dou ble de la montée avec charge.

Coulomb a proposé à différents portefaix de porter des meubles d'un logement dans un autre, à une distance de 2 kilomètres, sur un chemin horizontal, en chargeant à chaque voyage un poids de 58 kilogrammes ; ils lui ont tous dit qu'ils ne pourraient faire que six voyages par jour : ils ajoutaient qu'ils ne pourraient pas soutenir un pareil travail deux jours de suite.

Plusieurs colporteurs interrogés pour savoir quel était le plus grand poids qu'ils portaient dans leurs voyages, et quelle longueur de chemin ils pourraient parcourir dans une journée avec ce poids, les plus forts ont répondu que : chargés de 44 kilogrammes, tout le chemin qu'ils pouvaient faire dans la journée était de 18 à 20 kilomètres.

On conclura de ces diverses expériences que l'action de marcher, avec ou sans charge, en plaine ou en pays de montagnes, est renfermée dans des limites qui dépendent du développement des forces vitales, forces qui sont très-variables, et dont on n'a aucune mesure absolue.

La résistance surmontée à chaque instant par un moteur animé n'est déterminée et mesurable que lorsque cette résistance est en dehors du moteur. Dans ce cas, le moteur exerce sur le point résistant une tension équivalente à celle d'un poids. L'homme qui marche, chargé ou non chargé, exerce deux espèces de pressions, les unes sur le terrain, les autres sur lui-même ; ces dernières sont inconnues, d'où il suit qu'il n'y a aucune mesure absolue de l'action journalière de l'homme en marche, et elle diffère essentiellement des actions journalières, dans lesquelles on ne considère que la tension exercée sur un objet extérieur.

De quelque nature que soient les actions journalières, elles ne sont comparables entre elles que lorsqu'elles produisent le même degré de fatigue, et lorsque les moteurs animés peuvent, sans nuire à leur constitution physique, soutenir le travail journalier qui est l'objet de la comparaison.

DE L'HOMME QUI TRANSPORTE DES FARDEAUX SUR UNE BROUETTE OU AUTRES PETITS CHARIOTS

Pascal est, dit-on, l'inventeur de la brouette; cette machine est, comme on le sait, une caisse plus longue que large, attachée à un brancard dont les bras sont plus allongés d'un côté de la caisse que de l'autre. L'extrémité la moins allongée porte les tourillons de l'essieu d'une petite roue. Le fardeau est sur la caisse, et l'homme chargé de le transporter saisit les bras de la brouette à 15 décimètres à peu près de distance de l'essieu. Le poids total de la brouette est moyennement de 30 kilogrammes, et pour le transport des terres, on la charge ordinairement de 70 kilogrammes environ. Vauban dont le nom rappelle l'époque des plus grandes constructions en terre, a observé qu'un homme, dans son travail journalier, peut faire 500 voyages, en parcourant à chaque voyage la distance de 29 mètres avec la brouette chargée de 70 kilogrammes. Pour comparer cet effet à celui qu'on obtient des porteurs sur crochets, nous estimerons l'action journalière de ceux-ci par le produit du poids transporté et de la distance horizontale à laquelle on transporte. Ainsi on a, pour l'effet utile des colporteurs en un jour, 44 kilogrammes × 20 kilomètres, et pour celui du manœuvre à la brouette 70 kilogrammes × 14 kilomètres 5. Ces deux effets de transport sont dans le rapport de 880 à 1,015 ; ainsi, en n'ayant égard qu'au poids des masses transportées, la brouette, comme moyen de transport, est préférable aux crochets ; mais il est à remarquer que le volume des masses augmente la difficulté du transport, et il est probable que les colporteurs se sont plus fatigués que les brouetteurs.

Coulomb a trouvé qu'en soutenant la brouette chargée, au moyen d'un peson fixé au même point où les hommes tiennent les bras, l'aiguille du peson indiquait une tension de 18 à 20 kilogrammes, et il a encore trouvé que la force nécessaire pour pousser la brouette chargée, sur un terrain sec et uni, était de 2 à 3 kilogrammes. Ce poids mesure l'effort continu de l'homme qui pousse la brouette, multipliant cet effort par l'espace 14 kilomètres qu'il parcourt en 500 voyages, on a de 28,000 à 42000 kilogrammètres pour la mesure du travail qui produit l'effet de transport journalier. On obtient donc, par l'emploi de la brouette, ce double avantage d'augmenter l'effet utile, et de ménager le moteur, en diminuant l'effet dynamique dont il est capable.

Dans les travaux des mines, on se sert quelquefois de traîneaux qui glissent sur un sol assez inégal et ordinairement argileux : ils sont traînés par un seul homme, et chargés de 90 kilogrammes de houille; dans une expérience, le trajet était de 290 mètres : le manœuvre faisait 24 voyages dans la journée et revenait avec le traîneau vide, ce qui donne pour l'effet de transport en un jour, 90 kilogrammes transportés à 6,960 mètres ou 626 kilogrammes transportés à 1 kilomètre, effet moindre que celui des colporteurs, et qui a été estimé 880.

Les petits chariots dont on se sert dans les mines métalliques sont portés sur quatre roues très-petites, et traînés par des hommes distribués sur toute la longueur du chemin, à une distance d'environ 100 mètres. Le chariot roule sur des planches, et l'effet journalier de chaque homme est de 900 à 1,000 kilogrammes transportés à 1 kilomètre. Lorsqu'il y a des inégalités sur le sol des galeries, supposées d'ailleurs horizontales, cet effet se réduit à 600 kilogrammes transportés à la même distance.

DES HOMMES AGISSANT SUR DES TAMBOURS A MARCHE OU DES ROUES A CHEVILLE

Tout le monde connaît la roue à chevilles dont on se sert notamment pour extraire les blocs de pierre dans les carrières des environs de Paris.

C'est une roue de 6 mètres de diamètre, garnie sur sa jante de chevilles normales espacées de 0ᵐ,30. Un homme se place à l'extérieur, en A, à l'extrémité du diamètre horizontal, et fait comme s'il voulait monter le long de cette échelle

Fig. 193.

sans fin. Celle-ci se met à tourner, en sens inverse de l: marche de l'homme et entraîne avec elle le tambour en bois sur lequel s'enro le la corde qui porte la pierre.

Un homme communique à la circonférence de la roue une vitesse de 0,15, il pèse environ 60 kilogrammes, et peut fournir 8 heures de travail effectif sur 24. Il en résulte un travail journalier de

$$0.15 \times 60 \times (8 \times 60 \times 60) = 259,200 \text{ kilogrammètres.}$$

On peut augmenter un peu ce rendement en chargeant l'homme d'un poids additionnel, ou en lui faisant poser la main sur une barre fixe, qui lui permet d'exercer sur les chevilles une poussée supplémentaire.

On a varié la forme de cette roue, en la remplaçant par un grand cylindre ou tambour à marches, ainsi que nous l'avons vu pour la drague rochelaise (exécution des travaux).

On a des marches à l'intérieur et à l'extérieur, et deux groupes d'hommes, marchent l'un en dedans et en bas du tambour, l'autre au dehors et en haut. Ces engins sont abandonnés ; les écureuils enfermés dans des cages, et les chiens des rémouleurs et des forgerons sont aujourd'hui les seuls animaux à qui l'on impose cette besogne fastidieuse. Le rendement de ces appareils peut atteindre 275,000 kilogrammètres par homme.

Le capitaine de vaisseau Salicis, professeur à l'École polytechnique, a fait du poids de l'homme la meilleure utilisation possible dans son appareil appelé barotrope. Le barotrope est une sorte de rouet à deux pédales, sur lesquelles est monté un ouvrier, qui porte le poids de son corps alternativement sur l'une et l'autre pédale. Les deux pédales agissent sur deux bielles, articulées avec deux manivelles opposées, montées sur le même arbre ; cet arbre prend un mouvement de rotation uniforme, et fait mouvoir un outil que l'ouvrier dirige.

Un travail continu de 5 heures a fourni avec le barotrope 205,000 kilogrammètres.

DES HOMMES AGISSANT SUR DES POULIES

Premier exemple. Expériences de Coulomb.

Les moutons ordinaires dont on se sert pour enfoncer les pieux pèsent de 350 à 450 kilogrammes. Une corde, qui passe sur une poulie, soutient d'un côté le mouton ; à l'autre extrémité de la corde sont attachés différents cordons que les hommes saisissent avec leurs mains.

Lorsque le mouton porte sur le pilotis, les hommes tiennent le cordon à peu près à la hauteur de leur chapeau ; s'abaissant en même temps qu'ils font effort sur le cordon, ils élèvent le mouton d'environ 11 décimètres. On bat à peu près 20 coups par minute, et 3 à 4 minutes de suite ; après quoi les hommes se reposent autant de temps qu'ils ont travaillé. Malgré ce repos, on est obligé de les relever le plus souvent d'heure en heure. Les hommes ne peuvent résister à plus de 3 heures de travail effectif dans la journée ; le reste du temps est employé à placer et déplacer les sonnettes, à redresser les pilotis ; ces ouvrages exigent peu d'effort, et donnent le temps de reprendre des forces.

Dans cette expérience, le nombre d'hommes appliqué à la sonnette est tel, que chaque homme soulève 19 kilogrammes du poids du mouton.

D'après ces données, l'action journalière, dans ce genre de travail, a pour mesure le produit de ces trois nombres, 11 décimètres, 19 kilogrammes et le nombre de coups battus dans 3 heures de travail effectif, à raison de 20 coups par minute ; ce qui donne 75,000 kilogrammètres.

Deuxième exemple.

Coulomb a suivi quinze mois de suite la fabrication des pièces de la Monnaie de Paris. On frappait ces pièces au moyen d'un mouton qui pesait 38 kilogrammes.

Deux hommes manœuvraient ce mouton, et, par conséquent, chacun élevait un poids de 19 kilogrammes. Cette élévation était de 4 décimètres, et l'on battait dans la journée 5,200 pièces, ou, ce qui revient au même, l'on élevait le mouton 5,200 fois en un jour; ce qui donne, pour le travail journalier, 39,500 kilogrammètres. Dans l'exemple précédent, on avait, pour la mesure de cette action, 75,000 kilogrammètres, mais il faut remarquer que les mêmes hommes ont travaillé à la Monnaie pendant quinze mois de suite, au lieu qu'en battant des pilotis, les hommes passent à un autre genre de travail, lorsqu'ils sont fatigués.

Troisième exemple.

Expérience faite, en 1811, au pont de l'École militaire de Paris, sous la direction de M. Lamandé, ingénieur en chef des ponts et chaussées.

On se servait, pour l'enfoncement des pieux, d'un mouton pesant 587 kilogrammes, manœuvré par 38 hommes. À chaque coup, on élevait le mouton de 1m,45; après trente coups ou une volée, on se reposait un temps égal à celui de la volée. Ces hommes donnaient 12 volées par heure ou 360 coups en 30 minutes de travail effectif et continu. En supposant qu'ils aient pu soutenir ce travail six heures par jour, à 12 volées par heure, l'action journalière de chaque homme aurait pour mesure le produit de $\frac{587}{38}$ ou 15 kilogrammes 44 par 1m,45, et par 72 volées $\times$ 30 coups; ce qui donne 48,000 kilogrammètres.

Quatrième exemple.

J'ai fait (dit Coulomb) tirer l'eau d'un puits qui avait 37 mètres de profondeur. L'homme puisait au moyen d'un double seau attaché aux extrémités d'une corde qui roulait sur la gorge d'une poulie. Il a monté le premier jour 125 seaux, et le second 119. L'effort moyen, mesuré avec un peson, était de 16 kilogrammes. On a l'action journalière, en multipliant les trois nombres 16 kilogrammes, 37 mètres, et 120, nombre de seaux montés en un jour; le produit est 71,000 kilogrammètres.

DES HOMMES AGISSANT SUR DES MANIVELLES

Suivant Coulomb, la tension qu'un homme, dans un travail continu, exerce sur la poignée de la manivelle, ne va pas au delà de 7 kilogrammes, le plus souvent la vitesse de rotation de la poignée est telle, que chacun de ses points décrit, en une minute, de 20 à 22 circonférences, chacune de 23 décimètres en développement.

La durée du travail effectif, en un jour, est de 6 heures environ. Dans cette hypothèse, l'action journalière est le produit des trois nombres 7 kilogrammes, 6 $\times$ 60 minutes, 20 $\times$ 2 mètres, 3, ou 116,000 kilogrammètres.

Le rayon de la manivelle de Coulomb était 0m,36, et la vitesse de la poignée 0m,80.

Dans une autre expérience de Navier, le rayon de la manivelle était de 0m,35, à 0m,40, la vitesse de la poignée 0m,75, l'effort exercé 8 kilogrammes, et la durée du travail effectif 8 heures. De ces nombres, il résulte que le travail produit était 0,75 $\times$ 8 $\times$ (8 $\times$ 60 $\times$ 60) = 172,800 kilogrammètres.

La vérité doit se trouver entre ces deux expériences, mais plus près des résultats fournis par Navier; car le rayon de la manivelle de Coulomb était un peu faible, et la vitesse de la poignée trop forte, d'où résulterait un effort trop petit.

On peut porter facilement l'effort continu à 9 kilogrammes en réduisant la vitesse à 0^m,60. La durée du travail effectif peut être alors d'environ 8 heures par jour.

DE L'HOMME QUI POUSSE EN MARCHANT, OU QUI TIRE A LA BRICOLE

Perronet rapporte une expérience faite sur le canal de Loing (tome II de ses œuvres, page 46). Un seul homme tire un bateau chargé de 100 milliers (50,000 kilogrammes), et en dix jours il parcourt un espace de 110 kilomètres, en sorte que l'effet utile d'un travail journalier de l'homme est le transport de 50,000 kilogrammes à 11,000 mètres ; en supposant le tirage de l'homme de 10 kilogrammes, cet effet utile correspond à 110,000 kilogrammètres.

RÉSUMÉ DES EXPÉRIENCES SUR L'ACTION JOURNALIÈRE DE L'HOMME.	KILOGRAMMÈTRES.
I. — EFFETS DYNAMIQUES JOURNALIERS DE L'HOMME QUI MARCHE AVEC OU SANS CHARGE.	
1° L'homme s'est élevé en un jour, par une pente de 14 centimètres par mètre, à la hauteur de 2,925 mètres, avec une charge de 7 kilogrammes, son poids est de 56 kilogrammes ; la marche est forcée.	184.000
La marche étant modérée, le poids de l'homme 60 kilogrammes et la hauteur 2000 mètres.	120.000
2° L'homme marche en plaine, sans charge, il fait en un jour 60606 pas, et s'élève à chaque pas de 3 centimètres, son poids est de 60 kilogr. .	109.000
3° Porteur de bois par un escalier.	109.000
4° Porteur de houille par un escalier.	112.000 à 120.000
5° L'homme appliqué à une poulie.	75.000, 71.000, 48.000 et 40.000
6° L'homme appliqué à la manivelle d'un treuil.	116.000
7° Porteur à la brouette.	35.000
8° Homme de halage, tirant un bateau à la bricole.	110 000
9° Homme agissant sur une roue à cheville.	260.000
10° Homme agissant sur un tambour à marches.	275.000
11° Homme agissant sur un barotrope (pendant 8 heures.).	528.000
12° Homme poussant les barres d'un cabestan ou halant sur une corde. .	207.000
II. — ACTION JOURNALIÈRE DE L'HOMME EN EFFETS DE TRANSPORT.	
L'unité d'effet de transport étant le poids de 1000 kilogrammes transporté à la distance horizontale d'un mètre.	
1° Homme voyageant en plaine, sans charge (poids de l'homme, 70 kilogrammes, chemin, 50 kilomètres.	3.500
2° Soldat chargé de 20 à 25 kilogrammes, faisant 20 kilomètres par jour.	1.800 à 1.900
3° Soldat romain (marche forcée de 40 kilomètres par jour).	4 400 à 4.800
4° Porteur sur crochets (poids de l'homme non compris).	792 à 880
5° Porteur à la brouette (poids de l'homme non compris).	1.015
6° Porteur avec traîneau ou petit chariot (poids de l'homme non compris).	
Sur un terrain inégal, argileux.	626
Sur un chemin en planches.	1.000
7° L'homme traînant un bateau chargé.	550.000

On remarquera que ies nombres portés à la colonne des kilogrammmètres indiquent des effets mécaniques qui sont produits hors du moteur ; qu'on a toujours fait abstraction des efforts inconnus qui résultent de l'action musculaire ou de la force vitale; ce qui explique les différences considérables de l'action journalière de l'homme considéré comme moteur. Le mode d'action d'un moteur animé est variable, et quel que soit ce mode, il y a une partie de son action qui est latente, et qu'on ne mesure pas.

2° DU CHEVAL, CONSIDÉRÉ COMME MOTEUR

Il y a plusieurs races de chevaux plus ou moins estimées, selon l'usage auquel on les destine. Les chevaux arabes sont recherchés pour la selle, et les chevaux anglais pour la course. En France, on distingue le cheval flamand, normand, breton, limousin, navarrin, ardennais, etc. Ces diverses espèces s'emploient pour l'agriculture, le charroi et le carrosse. Les races diffèrent beaucoup entre elles par la grosseur.

Le poids moyen d'un bon cheval de trait français est, suivant M. Huzard, membre de l'Académie royale des sciences, de 225 à 250 kilogrammes. La taille moyenne, qui se mesure sur une verticale, depuis le sommet du garrot jusqu'à terre, varie de 14 à 15 décimètres. On voit néanmoins dans plusieurs contrées, et notamment en Belgique, une race de chevaux de trait remarquable par le poids moyen des individus, qui s'élève jusqu'à 500 kilogrammes.

Certains chevaux sont capables de faire deux courses successives, chacune de 5 à 6 minutes, et de parcourir chaque fois 4 kilomètres ; la plus grande vitesse dans ce cas est de 12 à 15 mètres par seconde.

M. Bouvard, membre du bureau des Longitudes et de l'Académie royale des sciences, a observé qu'au Champ de Mars de Paris un cheval portant son cavalier, et courant sur un chemin plat, sinueux, de la forme d'un 8, parcourait 2,575 mètres 5 en 5 minutes 51 secondes ou 211 secondes. Aux courses de Newmarket, un cheval a parcouru 6,784 mètres en 7 minutes 50 secondes. Un cheval attelé à un char a parcouru au Champ de Mars, sur un chemin de la forme d'un huit renversé ∞ , 1,478 mètres en 2 minutes 13 secondes.

Ces trois expériences donnent, pour la plus grande vitesse du cheval en une seconde :

La première. . . . . $12^m,21$.
La deuxième. . . . . $15^m,00$.
La troisième. . . . . $11^m,11$.

Aux courses de Paris de 1826, pour les prix royaux, la jument anglaise *lady of the Lake*, hors d'âge, a parcouru la carrière du Champ de Mars de 4 kilomètres, à la première épreuve en 5 minutes 4 secondes, et à la seconde, en 5 minutes 10 secondes; ce qui donne, pour sa vitesse par seconde, $15^m,12$, et $12^m,90$. Le cavalier qui montait la jument pesait $57^{kil},5$.

On assure que le chien lévrier est capable de suivre à la course le meilleur cheval anglais, et que le renne, attelé à un traîneau, court avec une vitesse de 8 mètres par seconde.

La cavalerie fait par minute,

Au pas ordinaire 120 pas, et parcourt 100 mètres ;
Au trot. . . . . 180 pas,   —   200
Au galop. . . . 100 pas,   —   320

ce qui donne, pour la longueur du pas ordinaire du cheval, $0^m,83$; pour la vitesse correspondante à ce pas, $1^m,66$ par seconde ; pour la vitesse au trot, $3^m,3$, et pour la vitesse au galop $5^m,3$.

On remarquera que le pas de l'homme, plus ou moins accéléré est toujours à peu près de la même longueur. L'inégalité du pas du cheval provient de ce qu'il s'élance en courant, et franchit un espace qui s'ajoute au pas ordinaire. M. Bosc, de l'Académie royale des sciences, a vu dans l'Amérique septentrionale, des sauvages qui sautaient en marchant ; et il assure que cette manière de marcher, très-favorable pour une vitesse accélérée et continue, est aussi celle qui fatigue le moins.

Un bon cheval, chargé d'environ 80 kilogrammes (le poids du cavalier compris), peut parcourir journellement, en 7 ou 8 heures, 40 kilomètres ; ce qui donne, pour sa vitesse, $1^m,4$ à $1^m,5$ par seconde.

Dans les entreprises de roulage, on calcule ordinairement la charge des charrettes à raison de 700 à 750 kilogrammes par cheval, sans y comprendre le poids de la voiture. Ce poids est d'environ 250 kilogrammes par chaque cheval de l'attelage ; ce qui porte la charge totale à 1,000 kilogrammes. Le tirage d'un bon cheval de roulier est d'environ 140 kilogrammes, ou le septième de la charge totale. La direction de ce tirage étant oblique par rapport au terrain, l'effort du cheval est décomposé, et la partie de cet effort qui surmonte le frottement est plus grande que le frottement même, qu'on estime pour les routes ordinaires le $\frac{1}{8}$ de la charge. L'attelage du roulier parcourt, sur un bon chemin horizontal, de 38 à 40 kilomètres en 8 ou 9 heures sur 24. A 40 kilomètres en 8 heures, la vitesse du cheval est à peu près de $1^m,4$ par seconde.

Les chevaux attelés aux diligences, allant toujours le trot, et faisant poste ou 8 kilomètres à l'heure, parcourent journellement de 34 à 38 kilomètres (moyenne 36 kilomètres) ; le tirage de chacun d'eux est d'environ 90 kilogrammes ; leur vitesse en une seconde est de $2^m,2$.

L'action journalière du cheval de roulier étant exprimée en effets dynamiques par le produit des deux nombres 140 kilogrammes et 40 kilomètres, et celle du cheval de diligence par le produit des deux nombres 90 kilogrammes et 38 kilomètres, ces deux effets sont dans le rapport de 5,600 à 3,420, ou de 163 à 100, tandis que les vitesses sont entre elles comme 63 à 100, la plus petite vitesse correspondant au plus grand effet dynamique.

Pour comparer les actions journalières des chevaux de roulier et de diligence en effets de transport, nous admettrons que les charges sont proportionnelles aux tirages. Le rapport du tirage étant d'après l'observation $\frac{140}{90}$, et la charge du cheval de roulier 750 kilogrammes, celle du cheval de diligence sera de 482 kilogrammes, et les effets de transport seront entre eux comme les produits 750 kilogrammes $\times$ 40 kilomètres et 482 kilogrammes $\times$ 36 kilomètres, ou comme 173 est à 100. Le plus grand effet de transport correspond encore à la plus petite vitesse.

On évalue à 10 tonnes le chargement qu'un cheval peut traîner sur un chemin de fer horizontal avec une vitesse de 3 kilomètres 22 par heure. Prenant pour unité de transport la tonne (1,000 kilogrammes) portée à la distance horizontale de 1 kilomètre, l'effet de transport du cheval en une heure sera exprimé par 32,2. Si le cheval de roulage porte 750 kilogrammes à 40 kilomètres en 8 heures l'effet de transport sera seulement de 3,75, ou environ le huitième de l'effet qu'on aurait obtenu sur un chemin de fer.

Les expériences donnent 100 kilogrammes pour le tirage moyen des chevaux employés dans un manége, la vitesse correspondante à ce tirage varie de 4 à 8 décimètres par seconde.

Nous avons décrit dans l'exécution des travaux la machine à contre-poids de M. Coignet, employée aux terrassements.

Elle se compose de deux plateaux, réunis par un câble qui passe sur une poulie : un plateau monte, pendant que l'autre descend. L'ouvrier du fond place sa brouette pleine sur un plateau, et monte sur la plate-forme supérieure par une échelle voisine; il se place alors dans le plateau du haut avec une brouette vide et par son poids enlève la brouette pleine.

C'est une utilisation du poids de l'homme, dont le rendement est considérable, surtout lorsque la profondeur de la fouille est notable, parce qu'alors l'influence des pertes de temps se trouve amoindrie.

On a cherché à établir un système analogue avec des chevaux et des bœufs ' mais cela n'a pas réussi parce qu'on est forcé de faire monter ces animaux sur une rampe peu inclinée, ce qui perd beaucoup de temps.

Nous avons résumé dans le tableau ci-après les résultats de l'action journalière d'un cheval.

RÉSUMÉ DES EXPÉRIENCES SUR L'ACTION JOURNALIÈRE DU CHEVAL

DÉSIGNATION DU CHEVAL.	VITESSE PAR SECONDE.	DURÉE DU TRAVAIL JOURNALIER.	EFFET UTILE EN KILOGRAMMÈT. PAR JOUR.	EFFORT MOYEN.
1° Cheval de course. . . . . Id.	12ᵐ.20 14ᵐ.43	0ʰ.3'.31" 0ʰ.7'.50"	» »	» »
2° Cheval attelé à une voiture et marchant au pas.	0ᵐ.90	10ʰ	2.168.000	70ᵏ
3° Cheval attelé à une voiture et allant au trot.	2ᵐ.20	4ʰ.5	1.568.160	44ᵏ
4° Cheval attelé à un manége et allant au pas.. .	0ᵐ.90	8ʰ	1.166.400	45ᵏ
5° Cheval attelé à un manége et allant au trot..	2ᵐ.00	4ʰ.5		30ᵏ
6° Un bœuf attelé à un manége et allant au pas.	0ᵐ.60	8ʰ	1.036.800	60ᵏ
7° Un mulet attelé à un manége et allant au pas.	0ᵐ.90	8ʰ	777.600	50ᵏ
8° Un âne attelé à un manége et allant au pas..	0ᵐ.80	8ʰ	322.560	14ᵏ

Les différences qu'on trouve entre les nombres qui expriment les effets dynamiques directs d'un cheval, proviennent, comme pour l'homme, de ce qu'on ne tient pas compte de la dépense en force musculaire, qui détruit plus ou moins promptement l'animal. Les entrepreneurs de voitures publiques et de roulage accéléré n'hésitent pas à sacrifier une partie des chevaux qu'ils emploient, lorsque l'intérêt du capital nécessaire pour le remplacement de ceux qui sont mis hors de service, est moindre que la dépense qu'il faudrait faire pour acquérir et entretenir un plus grand nombre de chevaux qui, étant assujettis à un travail plus modéré, se détérioreraient moins promptement.

De la nourriture du cheval.

Les chevaux, abandonnés à eux-mêmes dans des parcs ou des forêts, vivent de l'herbe qui couvre le sol ; mais le cheval qui travaille doit prendre une nourriture plus forte. La ration ordinaire d'un cheval de trait est d'une demi-botte de foin, de deux bottes de paille et d'un boisseau d'avoine (ou 13 litres pesant 5 kilogrammes $\frac{3}{4}$) ; la botte de foin ou de paille pèse 5 kilogrammes.

De la mesure du plus grand effort d'un moteur animé.

On a vu que l'action journalière d'un moteur animé dépend de trois éléments, la tension qu'il exerce sur la résistance à vaincre, la vitesse du centre d'application de cette tension, et enfin la durée de l'action. Quel que soit le moteur, et quelle que soit la machine à laquelle le moteur est appliqué, l'expérience peut toujours faire connaître les valeurs qu'on doit donner à ces trois éléments, pour que, dans un temps donné, l'effet dynamique du moteur, direct ou secondaire, soit le plus grand possible.

Ces valeurs limites étant trouvées, on conçoit que l'on pourra augmenter l'une d'elles, par exemple la tension, et diminuer la vitesse du point d'application. Le produit de la tension ainsi augmentée et de la vitesse correspondante, donnera un effet dynamique moindre que celui qui correspond aux valeurs limites, et même cet effet sera nul, lorsque la tension fera équilibre à la résistance, puisque la vitesse du point d'application de la tension sera réduite à zéro. C'est le cas où la tension devient une pression.

Nous avons fait connaître les plus grandes vitesses que le cheval et l'homme peuvent prendre dans les courses pour les prix des concours publics ; ces courses ont lieu pendant quelques minutes, et ce temps suffit pour épuiser les forces d'un jour entier. L'effet dynamique qui exprime l'action journalière du moteur animé de cette grande vitesse, est presque nul ; en diminuant convenablement cette vitesse, on obtient le maximum d'effet dynamique, et enfin, lorsque la tension se change en pression, elle correspond au plus grand effort dont le moteur est capable, et l'effet dynamique est nul.

On se sert du dynamomètre pour mesurer la plus grande tension, ou la pression qu'un moteur peut exercer sur un obstacle fixe. Un homme qui presse de toutes ses forces, entre ses mains, le ressort d'un dynamomètre, tend ce ressort et fait tourner l'aiguille qui indique la tension. Des expériences faites sur des individus plus ou moins fortement constitués ont appris que la pression sur le ressort était équivalente à celle d'un poids qui variait de 50 à 71 kilogrammes.

L'échelle de tirage du même dynamomètre donne 140 à 150 kilogrammes pour le plus grand poids qu'un homme puisse soulever en s'aidant des mains et des reins.

On croyait généralement que les forces musculaires de l'homme à l'état sauvage surpassaient celles des ouvriers d'un pays civilisé. Des expériences faites à la Nouvelle-Hollande ont prouvé que les matelots français et anglais, qui sont à peu près de la même force que les sauvages pour serrer avec leurs mains, leur étaient bien supérieurs par l'action des reins. La mesure moyenne de cette action était de 100 kilogrammes pour les uns et 128 pour les autres.

CHAPITRE IV

DES MACHINES QUI EMPRUNTENT LA FORCE DES FLUIDES EN MOUVEMENT

Moulins à vent. — Travail moteur d'une chute d'eau. — Action de l'eau sur les récepteurs hydrauliques. Roues en dessous ; roues de côté ; roues à aubes courbes de M. Poncelet. — Roues à augets. — Roues pendantes. — Roues horizontales, turbines. — Organes spéciaux des pompes ; soupapes et pistons. — Pompe foulante, aspirante, aspirante et foulante ; déchets dans ces diverses pompes.

DE L'AIR EMPLOYÉ COMME MOTEUR

L'emploi de la force vive, que possède l'air en mouvement, est fort ancien ; dès l'antiquité la plus reculée, on a présenté au vent les voiles qui se gonflent sous son impulsion, et qui exercent sur les navires une traction plus ou moins forte ; dans le cours de navigation maritime, nous reviendrons sur ce sujet.

La force de dilatation de l'air comprimé a été mise à profit pour faire mouvoir des trains de chemin de fer (chemin atmosphérique de Saint-Germain), et des machines destinées à perforer les roches (tunnel du Mont-Cenis.) Ces applications seront étudiées dans une autre section de l'ouvrage.

Les ventilateurs ont pour objet d'établir dans les endroits mal aérés d'énergiques courants d'air ; ces ventilateurs rentrent dans la classe des pompes ordinaires ou centrifuges. C'est donc en parlant des pompes que nous nous en occuperons.

Restent les machines, connues sous le nom de moulins à vent, qui se composent d'un arbre horizontal ou vertical, lequel porte des ailes armées de voiles. La pression du vent agit sur ces ailes, qui impriment à l'arbre un mouvement de rotation, que l'on transforme en vue du travail à exécuter.

En fait de moulins à vent à axe vertical, on ne se sert guère que des anémomètres ; nous les avons décrits en détail dans le cours de physique.

Notre tâche actuelle se borne donc à l'étude des moulins à vents à axe horizontal : c'est à tort que, dans la plupart des cas, on conserve à ces engins le nom de moulins, car ils ne servent plus guère à la mouture ; d'ordinaire ils mettent en mouvement des appareils destinés à l'élévation des eaux.

MOULINS A VENT

On sait, dit Coriolis que les machines destinées à recueillir le travail des courants d'air sont des roues garnies d'ailes ; elles recueillent le travail à peu près comme les roues à aubes qui reçoivent celui d'un courant d'eau.

La quantité d'air en mouvement étant indéfinie, on en retirerait un travail aussi grand qu'on voudrait en augmentant les dimensions des ailes, si les frais de construction et d'entretien des machines ne mettaient pas une limite au profit qu'on peut y trouver. L'emplacement nécessaire pour présenter au vent beaucoup d'ailes à la fois, la fragilité de celles-ci lors des ouragans, le peu de constance des vents qui ne règnent régulièrement que dans des lieux élevés éloignés des habitations ; toutes ces circonstances sont autant de causes qui empêchent de tirer un grand parti des courants d'air, quoique théoriquement ce moteur nous offre une quantité de travail presque indéfinie.

Il y a cette différence entre les courants d'air et les courants d'eau, que ces derniers étant presque toujours limités lorsqu'on les reçoit à leur sortie d'une retenue ou d'un barrage, on ne peut pas augmenter le travail qu'on en retire en augmentant les dimensions des aubes, tandis qu'on peut toujours le faire pour le vent. Aussi ne met-on pas ordinairement un grand intérêt à construire les ailes de manière à satisfaire rigoureusement à la condition de retirer le plus de travail possible d'un courant d'air d'une section déterminée; on se borne à chercher quelles sont les dispositions qui, sans rien coûter de plus en construction, sont les plus favorables. Sous ce rapport, il y en a qui sont indiquées par l'expérience et par la théorie et qu'on adopte effectivement.

Euler s'est occupé de cette question, mais en prenant pour point de départ des formules empiriques, et c'est Coriolis qui, le premier, a résolu mathématiquement le problème :

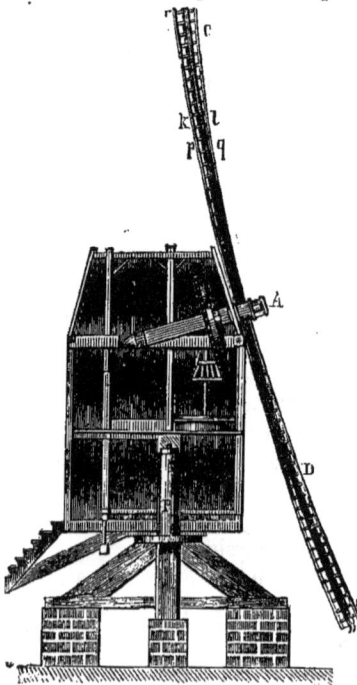

Fig. 194.

L'appareil se compose habituellement (*fig.* 194) d'un arbre horizontal AB, sur lequel sont montées, perpendiculairement entre elles, quatre ailes telles que C et D qu'on aperçoit en projection.

Chaque aile se compose d'un bras médian (*mn*) qui atteint une longueur de 24 mètres de longueur sur 0,20 à 0,30 d'équarrissage; ce bras ou volant, à 2 mètres de distance de l'axe de rotation, est traversé, normalement à son axe, par un barreau ou latte de 2 mètres de long, qui fait un angle de 30° avec le plan vertical perpendiculaire à l'axe AB; de $0^m,40$ en $0^m,40$, en s'éloignant de l'axe, on a implanté d'autres lattes, dont la longueur va croissant, et dont l'angle avec le plan vertical ci-dessus défini diminue progressivement jusqu'à n'être plus que d'environ 12° à l'extrémité de l'aile. Les bouts des lattes sont engagés dans des pièces de bois latérales telles que *rs*. On a ainsi un treillis sur lequel on applique une toile à voile.

Le moulin tout entier, c'est-à-dire la cage en bois qui abrite le mécanisme intérieur, est mobile autour d'un pivot vertical P, parce qu'il est nécessaire que les ailes du moulin prennent toujours le vent, c'est-à-dire que l'arbre BA soit directement opposé à la vitesse du vent.

En réalité, cet arbre n'est pas horizontal, parce qu'on a remarqué que le vent ne soufflait jamais parallèlement au sol, mais suivant une direction plongeante de 10° à 12° en moyenne. C'est ce que représente la figure.

Dans le calcul, nous ne tiendrons pas compte de la forme légèrement courbe du volant (*mn*), et nous supposerons que son axe est une droite perpendiculaire à l'axe de rotation AB.

De plus, comme l'inclinaison des lattes sur cet axe ne varie que progressivement nous admettrons que l'élément de surface *klpq*, compris entre deux lattes consécutives est sensiblement plan, bien qu'il appartienne à une surface gauche.

Cet élément plan est donc normal à l'axe de rotation AB, il fait avec cet axe un angle α variable d'un élément à l'autre, et qui d'une valeur de 70° à 2 mètres de l'axe va en augmentant jusqu'à environ 80° à l'extrémité de l'aile.

La surface gauche, ainsi formée, reçoit l'effort du vent et le décompose comme nous allons le voir :

Le plan de la figure 195 est horizontal et passe par l'axe de rotation AB ; l'élément plan *pqkl* de la figure 194 est perpendiculaire au plan de la figure et se projette suivant la droite *pq*. La vitesse du vent *v* est dirigée suivant l'axe AB, elle fait donc l'angle α avec la surface choquée.

Mais le vent n'agit point sur la surface en question par sa vitesse absolue ; la surface est mobile et le vent n'influe sur elle que par sa vitesse relative. La vitesse relative du vent par rapport à la surface (*pq*) est la résultante de sa vitesse absolue *v*, représentée par la longueur AM, et de la vitesse d'entraînement prise en sens contraire.

L'arbre AB tournant de droite à gauche avec une vitesse angulaire ω, si l'élément plan *pq* est situé à une distance *x* de l'axe de l'arbre, il tourne autour de cet axe avec une vitesse de circulation égale à ωx, et dirigée de droite à gauche ; la longueur MN, représentative de cette vitesse ωx et dirigée

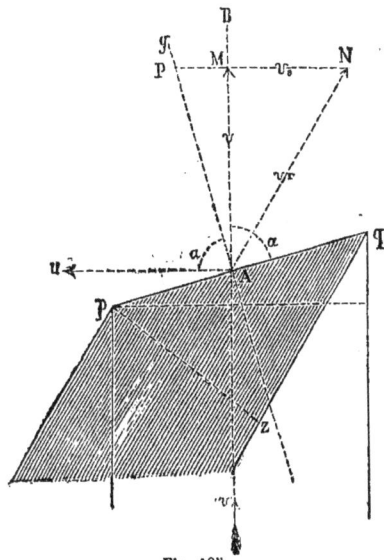

Fig. 195.

de gauche à droite, perpendiculairement à l'arbre AB, sera la deuxième composante de la vitesse relative du vent ; cette vitesse relative v_r est donc la droite AN.

Nous exposerons en hydraulique, et nous admettrons pour vrais dès maintenant les résultats suivants de l'expérience :

La pression qu'un courant d'air exerce sur une surface est proportionnelle :

1° À la section droite du courant d'air qui frappe sur la surface, en admettant pour la direction de ce courant celle de sa vitesse relative ;

2° Au sinus de l'angle que fait avec la surface la direction du vent ;

3° Au carré de la vitesse relative du vent par rapport à la surface.

Appliquons ces résultats à l'élément *p, q, k, l*, dont la largeur est (*a*) et la hauteur *dx*, sa surface est (*a,dx*), et la section droite du courant d'air est égale à la projection de cette surface sur un plan perpendiculaire à la vitesse relative du vent, lequel plan est représenté par *pz*. Cette section droite du courant d'air est donc $a,dx \cos(qpz)$, ou, $a,dx \sin NAq$.

La valeur de la pression exercée par le vent sur la surface élémentaire de l'aile s'obtiendra donc par la formule :

$$P = C.\,a.\,dx.\sin \mathrm{N}Aq \times \sin \mathrm{N}Aq \times v_r{}^2 = Ca.dx\,(v_r \sin \mathrm{N}Aq)^2.$$

dans laquelle C désigne un nombre constant.

Projetons la vitesse relative AN et ses deux composantes AM et MN sur la perpendiculaire Ay à l'élément de l'aile, nous aurons

$$\mathrm{AN}\cos \mathrm{N}Ay, \text{ ou, } v_r \sin \mathrm{N}Aq = \mathrm{AM}\cos \mathrm{M}Ay - \mathrm{MN}\cos \mathrm{MPA} = v \sin \alpha - \omega x.\cos \alpha.$$

La pression P s'écrira donc

$$P = C.a.dx\,(v \sin \alpha - \omega x \cos \alpha)^2.$$

Le travail de cette pression P sur l'élément, pendant une seconde, est le produit du chemin parcouru par la projection de la force sur ce chemin ; le chemin parcouru est $x\omega$, dirigé suivant Au, et la force P est dirigée suivant Ay. Le travail cherché est donc

$$(1) \qquad P.\omega x.\cos \alpha = C.a.dx.\,(v \sin \alpha - \omega x \cos \alpha)^2.\,\omega.x.\cos \alpha.$$

La valeur de la vitesse angulaire ω de l'arbre du moulin est fixée à l'avance entre certaines limites, qui conviennent à une marche convenable du mécanisme. D'autre part, la distance x est déterminée pour chaque élément ; le travail maximum produit par la pression sur cet élément dépendra donc uniquement de l'angle α ; ce maximum correspond au cas où la dérivée du second membre de l'équation (1) est nulle, ce qui donne

$$(2) \quad 2\cos \alpha\,(v \sin \alpha - \omega x \cos \alpha)\,(v \cos \alpha + \omega x \sin \alpha) - (v \sin \alpha - \omega x \cos a)^2 \sin \alpha = 0,$$

ou :
$$2\,(v \cos \alpha + \omega x \sin \alpha)\cos \alpha - (v \sin \alpha - \omega x \cos \alpha)\sin \alpha = 0.$$

ivisant tous les termes de cette équation par $\cos^2 \alpha$, il vient

$$2v + 2\omega x \tan \alpha - v \tan^2 \alpha + \omega x \tan \alpha = 0,$$

équation du second degré d'où on tire la valeur de α (l'une des racines est étrangère à la question).

On voit que $\tan \alpha$ dépend de x, donc l'angle α est variable et la surface de l'aile est une surface gauche.

D'ordinaire, on donne à l'aile une section transversale légèrement concave et non rectiligne, ainsi que nous l'avons supposé dans le calcul. Voici en outre quelques résultats d'expérience.

Étant donné un bras de 12 mètres de longueur, l'aile proprement dite ne commence guère à partir de l'axe qu'au quart de la longueur du bras ; sa largeur est le $\frac{1}{6}$ de la longueur du bras, soit 2 mètres ; l'angle des lattes avec l'axe de rotation varie de 72° à 83°, valeur qu'il atteint à l'extrémité de l'aile ; si on divise la longueur de l'aile en cinq parties égales, les angles aux six points de division doivent être 72°, 71°, 72°, 74°, 77°, 83° (d'après Smeaton).

On a cherché une formule empirique qui donnât approximativement la valeur

du travail transmis aux ailes par le vent. Ce travail par seconde, exprimé en kilogrammètres, est proportionnel à la surface S d'une aile et au cube de la vitesse
du vent, et est donné par la formule :

$$T = N.S.V^3.$$

Le coefficient N peut varier de 0,12 à 0,15, mais le premier nombre se rapproche davantage de la vérité.

Le tableau suivant montre les diverses vitesses du vent et les pressions correspondantes par mètre carré :

DÉSIGNATION DU VENT.	VITESSE PAR SECONDE.	PRESSION PAR MÈTRE CARRÉ.
	Mètres.	kilogr.
Vent très-faible.....................	1.00	0.14
Brise légère......................	2.00	0.54
Vent frais ou brise.................	4.00	2.17
Vent bon frais, convenable pour les moulins......	7.00	6.64
Forte brise.....................	8.00	8.67
Vent grand frais, convenable pour la marche en mer. .	9.00	10.97
Très-forte brise.....................	10.00	13.54
Vent très-fort....................	15.00	30.47
Vent impétueux....................	20.00	54.16
Tempête.......................	24.00	78.00
Ouragan......................	36.15	176.96
Grand ouragan....................	45.30	277.87

MOULINS A VENT PERFECTIONNÉS

Plusieurs constructeurs, voyant avec peine que, depuis l'invention des machines à vapeur, on a de plus en plus négligé cette source curieuse de travail
que nous offrent les courants d'air, ont cherché à perfectionner l'ancien moulin
à vent.

Le plus grand obstacle à vaincre est celui qui résulte du caprice et de l'irrégularité perpétuelle de la force motrice; les machines mises en mouvement
devant être soumises à des vitesses qui ne varient en général qu'entre des limites
assez restreintes, il est nécessaire d'agir sur le moteur de manière à régulariser
son action. Les appareils régulateurs sont de deux sortes : ou ils agissent sur les
ailes du moulin pour réduire la surface exposée au vent, lorsque la vitesse de
celui-ci augmente, ou ils agissent au contraire sur l'outil pour lui faire exécuter
un travail plus considérable à mesure que la vitesse et la pression du vent s'accroissent. Cette dernière méthode est en général d'une application facile; les
moulins à vent sont employés surtout à faire mouvoir des pompes ou autres machines élévatoires, il suffira donc d'imaginer un régulateur qui augmente par

exemple la course du piston des pompes à mesure que la rotation de l'arbre s'accélère.

On a pu remarquer, à l'exposition universelle de 1867, plusieurs moteurs aériens installés dans le parc : en voici la description sommaire prise dans le rapport de M. Le Bleu, ingénieur des mines :

« Des quatre moulins à vent exposés dans le parc, un seul justifie son nom et est destiné à la mouture du grain. La désignation de moteur aérien leur conviendrait mieux, car ces appareils sont disposés pour utiliser, sous des formes variables, le travail mécanique développé par la pression du vent sur des surfaces mobiles. Malheureusement, ce moteur, le plus économique de tous, est aussi le plus inconstant; aussi a-t-on renoncé à l'appliquer à des travaux qui ne peuvent s'accommoder d'un chômage prolongé. Il trouve sa principale utilisation dans l'élévation de l'eau pour les irrigations ou les desséchements des marais.

« La France compte trois exposants de moulins à vent : MM. Lepaute, de Paris, Mahoudeau, de Saint-Épain, et Formis, de Montpellier. L'industrie étrangère n'est représentée que par la société de Châtelineau (Belgique) qui a installé un moulin à vent du système Thirion.

« Dans les trois appareils français, la force du vent sert à élever l'eau ; M. Lepaute emploie une chaîne à godets ou noria, M. Mahoudeau une pompe foulante, et M. Formis une espèce de turbine qui est disposée spécialement pour les épuisements à de faibles profondeurs ou l'élévation à de faibles hauteurs, comme le cas se présente dans le desséchement des marais.

« M. Lepaute a disposé, sur le sommet d'une tour de 20 mètres d'élévation, deux disques à jour d'un diamètre de 3 mètres environ, munis chacun de seize ailes d'inclinaison constante, comprises entre un cercle extérieur qui les enveloppe et un plateau en fonte calé sur un arbre horizontal. Les deux volées sont indépendantes l'une de l'autre, et, commandant chacune une noria, elles sont orientées chacune par un gouvernail. Le faible diamètre de la volée rend inutile l'emploi d'un modérateur, indispensable dans les autres systèmes. La résistance de la noria suffit pour l'empêcher de prendre une vitesse excessive sous l'action d'un vent violent.

« Le moteur aérien de M. Lepaute date de 1858; il fonctionne d'une manière satisfaisante depuis cette époque.

« M. Mahoudeau a conservé l'ancienne disposition des ailes; mais il a perfectionné et simplifié le mécanisme du moulin à vent, qu'il est parvenu à rendre d'un emploi assez fréquent dans les exploitations agricoles. Il a déjà construit plus de deux cents appareils semblables à celui qu'il expose. Ce moulin a six ailes offrant une surface de voilure de 10 mètres carrés; six bras rigides de 3 mètres de longueur et légèrement inclinés vers l'extérieur, sont fixés à un manchon calé sur l'arbre horizontal. L'extrémité libre de chacun de ces bras porte, au lieu de vergue, une lame de ressort assez flexible pour permettre à l'aile formée par la toile de s'incliner plus ou moins suivant la force du vent. Ce modérateur très-simple remplit parfaitement son but; dès que le vent s'élève, la voile s'efface et lui présente une surface normale moindre. L'arbre horizontal mû par la volée commande directement, au moyen d'un coude ou manivelle, la tige de la pompe foulante. Il porte à l'extrémité opposée à la volée un contrepoids qui équilibre celle-ci, tout en lui permettant de s'orienter et de se présenter toujours normalement à la direction du vent. Le moulin à vent de M. Mahoudeau s'oriente et se règle ainsi de lui-même; la simplicité de son mécanisme permet de l'établir à très-bas prix. Celui qui est exposé coûte 600 francs seulement et paraît à l'abri de la plupart des causes de dérangement.

« Le moulin à vent de M. Formis a été imaginé par M. Dellon, ingénieur des ponts et chaussées. Comme celui de M. Lepaute, il commande un axe vertical par le moyen de deux roues d'angle qui lui permettent de s'orienter de lui-même, mais il présente une disposition nouvelle des ailes et de leur régulateur. A l'extrémité de chacun de ses huit bras ou rayons rigides se trouve attachée l'extrémité flottante d'une vergue prenant son point d'appui sur le milieu du bras précédent ; l'espace compris entre le bras et cette vergue est rempli par une voile triangulaire qu'il s'agit d'incliner plus ou moins suivant la force du vent ; à cet effet, l'écoute de la vergue file le long du bras et pénètre à l'intérieur de l'arbre horizontal d'où elle sort, par l'extrémité opposée à la volée ; cette écoute est tendue par un contre-poids convenablement calculé pour se soulever et laisser éloigner le bout de la vergue, lorsque la limite de pression est dépassée. Ce contre-poids remplit ainsi le même office que le ressort adopté par M. Mahoudeau.

« L'appareil de M. Formis a été employé avec succès au dessèchement des marais entre Montpellier et Cette ; il a résisté au mistral, ce vent impétueux du Midi. Malheureusement, le modèle exposé n'a pu permettre de constater ses qualités ; il est placé, en effet, dans un point bas du parc, et est, en outre, masqué par des plantations qui l'empêchent de recevoir le vent ; aussi n'a-t-il presque pas tourné pendant la durée de l'exposition.

« Il nous reste à décrire l'appareil du système Thirion, exposé par la société de Châtelineau. Ce moulin à vent est disposé pour un travail bien supérieur à celui des trois spécimens français. Il compte, en effet, vingt ailes en bois comme dans le système Lepaute, mais libres à leur extrémité opposée à l'arbre horizontal qu'elles font mouvoir. Chacune de ces ailes présente la forme d'un secteur étroit pouvant pivoter autour d'un rayon ; elle est emmanchée par un gond au plateau en fonte calé au bout de l'arbre et, vers le milieu de sa longueur, dans un deuxième gond fixé sur un cercle réunissant toutes les ailes. Le système de régulateur est basé sur la force centrifuge, comme dans les modérateurs de machines à vapeur. Il se compose d'un deuxième grand cercle, de même diamètre que le premier, et auquel sont adaptées par une de leurs extrémités des tringles articulées dont l'autre extrémité est fixée au centre de chaque aile. Deux de ces articulations portent à leur sommet des masses pesantes qui, sous l'action de la force centrifuge, tendent à s'éloigner du centre du grand cercle et à faire pivoter les ailes. Tant que la vitesse de régime n'est pas dépassée, l'inclinaison initiale des ailes reste la même ; le deuxième grand cercle est entraîné par les tringles et tourne avec leur vitesse angulaire ; mais dès que le mouvement de rotation dépasse la limite fixée, les ailes pivotent autour de leurs gonds en vertu de la force centrifuge, et présentent au vent une surface de plus en plus réduite à mesure que la vitesse s'accélère. La transmission de mouvement par engrenage permet d'ailleurs l'orientation de l'appareil, la volée pouvant se déplacer tout autour du pivot en entraînant avec elle l'arbre horizontal et la roue de commande.

Ce moulin à vent porte, outre son régulateur, un frein à main agissant sur une poulie de l'arbre horizontal ; celui de M. Formis porte aussi cet appareil de sûreté d'une utilité incontestable. En somme, on peut considérer les moulins à vent de l'exposition comme résumant les divers perfectionnements dont ces appareils ont été l'objet. Sans présenter des progrès bien marquants, la construction

de ces appareils a été étudiée, et ils rendent des services incontestables. »
Il serait injuste de ne point citer, à la suite des engins que nous venons de
décrire, le moulin auto-régulateur de M. Bernard, qui a donné de bons résultats
pour l'élévation des eaux dans les promenades publiques de Paris et de Lyon, en
Sologne, et même sur certaines lignes de chemin de fer :

Le moulin Bernard est installé sur une charpente pyramidale en fer, qui ne
gêne point l'action du vent. Il reçoit le vent par derrière et est placé automatiquement dans la direction convenable; l'arbre qui porte les ailes est horizontal,
il tourne sur deux paliers qui reposent sur un bâti, lequel possède à la partie
inférieure une face plane horizontale, qui roule sur quatre galets placés au sommet des montants de la charpente en fer. Le poids des ailes est équilibré par une
masse de fonte placée à l'autre extrémité de l'arbre; vers le centre de la tour,
l'arbre porte une roue d'angle verticale, qui engrène avec une autre roue d'angle horizontale terminant un arbre vertical. Cet arbre vertical communique en
bas son mouvement à l'arbre horizontal qui actionne la bielle des pompes; ce
dernier arbre porte un volant et un régulateur à boules. Les vergues ou lattes
sont montées à charnière sur la volée, et maintenues en arrière par un ressort
convenablement tendu; lorsque la pression augmente, le ressort cède, la voile
s'efface, et le système ne s'emporte ni ne se rompt.

Le régulateur agit sur une vis, dont l'écrou s'élève ou s'abaisse; à cet écrou
est fixée la tige des pompes, de sorte que la course du piston est amplifiée ou
ralentie suivant que la vitesse de rotation augmente ou diminue.

Cet appareil a fonctionné régulièrement, quoiqu'avec une puissance variable;
il utilise des vents même très-faibles, et pourrait être très-utile, par exemple au
bord de la mer, pour accumuler dans un réservoir de grandes quantités d'eau,
dont la chute restituerait à volonté le travail irrégulier produit par le vent.

Moulin Letestu à ailes horizontales. — Les moulins à ailes horizontales sont
connus depuis longtemps; on en a construit dont les ailes, fixées à un arbre vertical, sont planes et de la forme d'un rectangle; leurs plans passent par l'axe de
l'arbre. Quelques-unes des ailes sont exposées au choc plus ou moins direct du
vent, et les autres y sont soustraites, soit en les masquant, soit en les mettant
dans la direction du vent.

On a aussi imaginé d'attacher à un arbre vertical des voiles courbes, dont les
surfaces sont les unes concaves et les autres convexes, par rapport à la direction
du vent; les moulins ainsi disposés s'appellent panemores, nom qui exprime
qu'ils tournent à tout vent, sans qu'on soit obligé de changer la direction de
l'arbre ou des ailes. L'arbre des panemores tourne par la différence des actions
simultanées du vent contre les surfaces concaves et convexes des ailes. L'expérience a montré que les moulins, dont l'arbre est parallèle à la direction du vent,
produisent des effets 8 à 10 fois plus grands que ceux qu'on obtient des panemores ou autres moulins dont l'arbre est vertical.

Les moulins à arbre vertical, munis d'ailes hémisphériques ou coniques, ont
donc un rendement très-faible, et on ne les emploie guère que comme anémomètres.

M. Letestu, bien connu par ses pompes, les a perfectionnés : sur un arbre vertical, il dispose, à des hauteurs croissantes, des rayons formant comme les génératrices d'une surface de vis à filet carré; les rayons sont réunis par un treillage
en fer à mailles assez larges; sur ce treillage sont fixées par un de leurs bords
des bandes de caoutchouc.

Lorsque le vent tend à appliquer le caoutchouc sur le treillage mécanique, la pression est recueillie et transmise à l'arbre; mais, après une demi-rotation, le vent agit derrière les mailles et repousse les bandes de caoutchouc qui se placent normalement au treillage et ne transmettent plus de pression.

Ce système se présente bien et semble devoir donner de bons résultats; mais nous ne croyons pas qu'il ait été expérimenté sur une grande échelle.

DE L'EAU EMPLOYÉE COMME MOTEUR

Travail moteur d'une chute d'eau. — Le point de départ de toute la théorie des moteurs hydrauliques est l'évaluation du travail moteur que peut théoriquement fournir une chute d'eau.

Un courant liquide parcourt un canal, et un poids P d'eau passe par chaque seconde dans la section droite de ce canal; en un endroit donné, le niveau du plafond du canal et par suite le niveau de l'eau s'abaisse de telle sorte, que le centre de gravité de la section d'écoulement après la chute est à une hauteur H au-dessous du centre de gravité de la section d'écoulement avant la chute.

La vitesse du courant avant la chute est V_0 et après la chute V.

Le poids P qui passe dans une section quelconque par seconde étant constant, le travail élémentaire produit par la gravité sera le même que si l'on avait transporté le poids P de la section supérieure à la section inférieure du canal; le travail sera donc le produit de ce poids P par la hauteur H qui sépare les centres de gravité des deux sections, c'est-à-dire PH.

Il y a, de plus, une variation de force vive égale à $\frac{P}{g}(V_0^2 - V^2)$.

Le travail total T qu'on a pu recueillir pendant une seconde est donc

$$T = P \left\{ H + \frac{1}{2g}(V_0^2 - V^2) \right\}$$

et pour exprimer ce travail en chevaux, on n'a qu'à prendre $\frac{T}{75}$.

La plupart du temps, on néglige la vitesse du cours d'eau, et on se contente de considérer la puissance de la chute comme égale à PH.

Le poids de l'eau étant représenté par son volume, il est à remarquer que le poids P es⸗ exprimé par le nombre qui donne en litres le débit du cours d'eau en une seconde. Ce débit se détermine par divers procédés de jaugeage que nous décrirons en hydraulique.

La formule démontrée plus haut nous enseigne que le travail disponible est d'autant plus élevé que la vitesse V est moindre; il faut donc réduire et même annuler, si cela est possible, la vitesse à la sortie.

Le travail théorique, que donne la formule, est toujours inférieur au travail que l'on recueille dans la pratique, et cela se comprend, car il en est ici comme d'une machine quelconque: les frottements et les chocs du liquide, sur lui-même ou sur les parois qui le contiennent, peuvent être réduits dans une proportion plus ou moins grande; mais ils ne disparaissent jamais complétement.

L'eau qui coule dans une rivière ou dans un canal, dit Coriolis, reçoit de la gravité un travail dont la mesure est le poids de cette eau multiplié par la hauteur verticale, dont est descendu son centre de gravité. Ce travail serait tout employé à accroître continuellement la vitesse du fluide sans les forces résistantes produites par les frottements qui l'absorbent en entier. Une fois qu'il n'y a plus d'accroissement de vitesse dans le courant, et que la rivière ou le canal a pris ce qu'on appelle un régime, c'est-à-dire une vitesse constante, on peut dire que le travail dû au poids de l'eau, qui se rend des terres à la mer, est employé à opérer ce transport en surmontant les frottements qui en résultent, de même que le tirage des chevaux opère celui des marchandises sur les routes. Ce travail qu'exige le transport de l'eau est d'autant plus considérable que la vitesse est plus grande, puisque les frottements augmentent avec la rapidité du courant. Il en résulte que, pour obtenir une certaine vitesse, il faut une pente qui produise un travail suffisant. Le courant fournissant une quantité d'eau déterminée, la section de la rivière dépend de la vitesse; lors donc qu'on a la faculté d'augmenter cette section, soit en tenant les eaux plus hautes dans leur lit, soit en les laissant s'étendre en largeur, on peut diminuer la vitesse, et dès lors diminuer aussi la pente nécessaire pour fournir le travail que doivent absorber les frottements. C'est ce qu'on fait à l'aide des retenues ou barrages : ils économisent une portion du travail qui serait perdue par l'accroissement des frottements que produirait une vitesse plus grande qu'il n'est nécessaire, et cette portion économisée se transmet à des usines où elle est employée à diverses fabrications. Mais une fois que la pente est devenue très-faible, on accroîtrait dans une proportion énorme les inondations, si l'on voulait la diminuer encore pour économiser une très-petite quantité de travail; on ne peut donc jamais disposer au plus, dans un jour, que d'un travail égal au produit du poids de l'eau que fournit la rivière dans ce temps, multiplié par la hauteur verticale dont on peut diminuer la pente totale sans rendre la section par trop grande et sans produire des inondations. Ainsi, chaque localité fixe une limite pour le travail qu'on peut rendre disponible dans une rivière.

Il faut remarquer qu'un courant d'eau ne peut pas fournir, même en théorie, tout le travail qui est dû à la hauteur dont on peut diminuer la pente; car à chaque barrage où l'on établira une machine destinée à recueillir le travail dû à la chute qu'il forme, il faudra que toute l'eau de la rivière entre dans la machine et en sorte ensuite sans occuper immédiatement un espace aussi grand que celui de la rivière; conséquemment, il faudra qu'elle prenne, pour sortir de cette machine, une vitesse plus grande que celle qu'elle avait dans la rivière. Or ces accroissements de vitesse exigent l'emploi d'une certaine portion de travail, qui est ensuite perdue dans le courant par les frottements. On rend cette portion la plus petite possible, en ne resserrant pas trop l'espace par lequel se fait cette sortie; mais on perd toujours ainsi quelques centimètres de chute. Comme cette hauteur perdue peut varier dans les différentes machines, et que c'est une perfection à atteindre que de la diminuer, il convient, quand on veut apprécier ces machines, de comparer le travail qu'elles recueillent à celui qui est dû à la chute totale : celle-ci se mesurera en prenant la distance verticale qui sépare les surfaces des deux courants à quelque distance au-dessus et au-dessous du barrage, là où la rivière a un cours réglé.

Il est bon de remarquer que, lorsqu'on parle du plus ou du moins de travail disponible par la chute d'eau que forme un courant, on sous-entend que ce travail est calculé pour un temps donné, par exemple, pour une journée. Un cours d'eau qui descend, étant une source indéfinie de travail, il faut, pour donner une idée de cette source, énoncer ce qu'elle produit dans une certaine unité de temps, comme dans une seconde ou dans vingt-quatre heures. Il y a ici analogie entre l'évaluation d'une source de travail et celle d'une source d'eau.

CLASSIFICATION DES MOTEURS HYDRAULIQUES

Pour mettre un peu d'ordre dans cette étude des moteurs hydrauliques, nous les diviserons en deux grandes classes, et dans la première classe nous distinguerons deux genres, comme cela est indiqué au tableau suivant :

1ʳᵉ CLASSE. { Moteurs dont le mouvement persiste { 1° Moteurs à axe horizontal.
{ indéfiniment dans le même sens. { 2° Moteurs à axe vertical.
2ᵉ CLASSE. Moteurs à mouvement alternatif.

1° MOTEURS DONT LE MOUVEMENT PERSISTE INDEFINIMENT DANS LE MÊME SENS
ET DONT L'AXE EST HORIZONTAL

1. Roues pendantes sur bateau. — Les eaux courantes d'un fleuve possèdent une force vive souvent considérable, qui peut atteindre, dans des rivières rapides comme le Rhône, à Genève, une valeur de plus de 2000 chevaux

Si l'on place sur la masse liquide en mouvement une roue à palettes, dont l'axe est normal au courant, le choc de l'eau contre les palettes inférieures leur communique une impulsion qui se transforme en rotation de l'axe. La roue ne plonge évidemment que par sa partie inférieure. Les coussinets de son axe sont d'ordinaire supportés par un bâti en charpente placé sur le flanc d'un bateau.

On voit encore à Paris, près du Palais de Justice, une roue pendante montée sur un bateau, dans lequel sont installées des machines à broyer les couleurs.

D'autres fois, ces roues pendantes sont disposées dans l'arche d'un pont, mais alors il est nécessaire de les suspendre à des chaînes que l'on allonge ou que l'on raccourcit, suivant que les eaux baissent ou s'élèvent. La transmission de mouvement doit se prêter aussi à ces variations de distance.

Les roues pendantes sont nécessairement massives et pesantes, et par suite de leur installation difficile, on ne peut leur donner une grande largeur. Il est rare que leur puissance dépasse quelques chevaux : on n'utilise donc qu'une minime fraction du travail disponible.

La figure 196 donne le profil habituel de ces roues : leur diamètre est d'environ 5 mètres ; les aubes ou palettes occupent le quart du rayon, et la largeur de l'appareil varie de 2 à 5 mètres.

M. Colladon a perfectionné les roues pendantes ; il remarque que leur faible puissance tient surtout à la difficulté qu'on rencontre à les soutenir. La roue, dont il se sert, se compose d'un tambour creux en tôle, hermétiquement fermé et armé à sa circonférence de palettes parallèles à son axe, ou mieux d'aubes hélicoïdales. Cette roue se tient d'elle-même sur l'eau, et le bâti qui l'entoure se réduit à un système de montants destiné à la maintenir dans une position normale au fil de l'eau.

Le calcul des roues pendantes est facile :

En effet, si V est la vitesse du courant, et (u) la vitesse de circulation du centre de pression des palettes, la vitesse relative de l'eau est $V - u$, et c'est elle

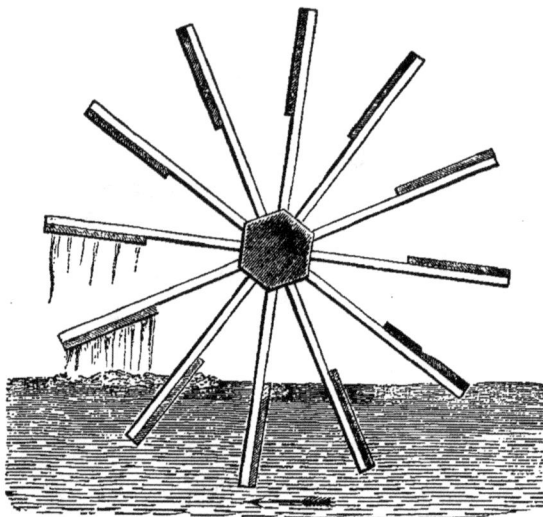

Fig. 196.

seule qui intervient dans l'intensité du choc. Appelons S la surface de la palette; la pression P exercée sur elle par l'eau qui vient la frapper est proportionnelle à cette surface S, et au carré de la vitesse relative $V - u$; donc, en désignant par K un coefficient constant, on aura

$$P = KS (V - u)^2,$$

et si l'on veut trouver le travail par seconde, il faudra multiplier cette pression par le chemin que parcourt dans le même temps le centre de la palette, c'est-à-dire par u. Il viendra alors

$$P.u. = KS (V - u)^2 u.$$

Ce travail sera maximum lorsque la dérivée du second membre sera nulle, ce qui donne

$$(V - u)^2 - u.2. (V - u) = 0 \qquad V - u - 2u = 0 \qquad u = \frac{V}{3}.$$

En réalité, on trouve dans la pratique que la combinaison la plus favorable est $u = 0,4 V$. Mais, on comprend sans peine que tout cela est très-variable.

Le rendement de cette sorte de roue est assez faible, car le choc de l'eau se fait obliquement, avant que les palettes ne soient arrivées dans la verticale, et, pour émerger, celles-ci doivent soulever une portion de l'eau qui les surmonte.

On affirme cependant que des roues pendantes bien établies peuvent donner un rendement de 30 p. 100, ce qui signifie qu'elles utilisent les $\frac{30}{100}$ de la force vive que possède la partie du courant qu'elles interceptent.

En résumé, c'est un système dont l'usage est aujourd'hui fort restreint.

2. Roues en dessous à aubes planes. — La roue en dessous à aubes planes (fig. 197) se compose d'un arbre horizontal en bois, mobile sur deux tourillons, et relié par un système de rayons ou bras à un cylindre ou tambour en bois de

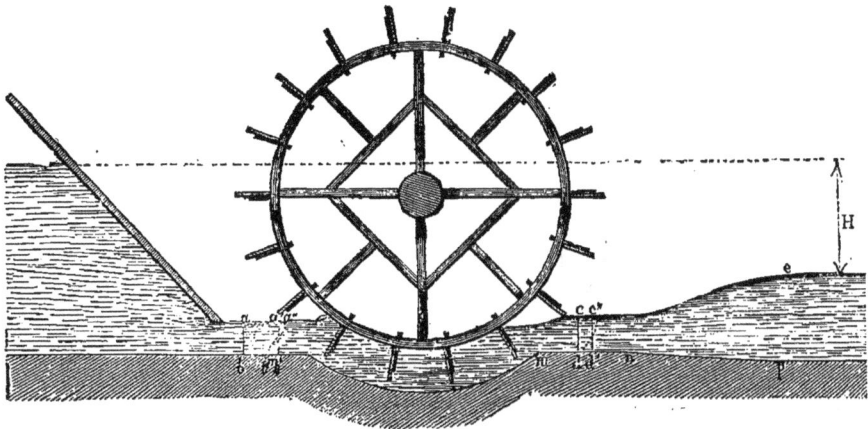

Fig. 197.

4 à 5 mètres de diamètre, sur lequel sont implantées normalement les aubes ou palettes. Ces aubes planes ont de $0^m,30$ à $0^m,40$ de longueur et sont séparées entre elles par un intervalle égal.

Du côté opposé au choc de l'eau, les palettes sont renforcées par des pièces de bois implantées normalement dans le tambour.

La roue, dont la largeur est faible relativement au diamètre, est comprise, pour sa moitié inférieure entre deux murs parallèles ; l'intervalle libre constitue le coursier, et le jeu qui sépare la tranche des palettes du parement des murs, doit être aussi faible que possible.

Les eaux de la rivière sont retenues par un vannage, elles se gonflent, et, sous l'influence de la pression, s'échappent avec force au-dessous des vannes, que l'on lève à la hauteur nécessaire pour que le niveau d'amont reste constant, c'est-à-dire pour que la tranche d'eau qui s'écoule en une seconde soit précisément égale au débit de la rivière.

Le courant qui s'échappe vient choquer les palettes inférieures de la roue, se trouve emprisonné dans l'espace compris entre les aubes successives, y perd sa vitesse et passe dans le bief d'aval avec une vitesse bien inférieure à celle qu'il possédait à la sortie de la vanne. La force vive perdue a été en partie absorbée par les chocs, et le reste a servi à imprimer une certaine vitesse à la roue et à son mécanisme.

Voici la théorie élémentaire de cet appareil :

Appelons v la vitesse de l'eau à la sortie de la vanne, et v' sa vitesse à la sortie de la roue ; le travail dû à la chute est, en appelant P le débit, et H la hauteur de chute, PH ou $P\dfrac{v^2}{2g}$; car nous verrons en hydraulique que la vitesse de l'eau qui descend d'une hauteur H est donnée par la formule $v^2 = 2gH$, laquelle s'applique à la chute de tous les corps pesants.

La demi-force vive de l'eau qui quitte la roue est $\dfrac{Mv'^2}{2}$, ou $\dfrac{Pv'^2}{2g}$; par suite du choc, qui fait passer cette masse de la vitesse v à la vitesse v', il y a une perte de force vive proportionnelle au carré de la vitesse perdue. Cette perte de force vive est donc $\dfrac{P}{2g}(v-v')^2$.

Le travail moteur T transmis à la roue est la différence entre le travail disponible à l'origine et la somme de la demi-force vive conservée par l'eau plus la demi-force vive absorbée par le choc

$$T = \frac{P}{2g}\left(v^2 - v'^2 - (v-v')^2\right) = \frac{P}{2g}(2vv' - 2v'^2) = \frac{P}{g}(v-v')v'.$$

Dans cette expression, la quantité v' est seule variable, et nous pouvons en disposer de manière à rendre le travail utilisé maximum. Les deux facteurs $v-v'$ et v' ont une somme constante, donc leur produit sera maximum lorsqu'ils seront égaux, c'est-à-dire lorsque v' sera la moitié de v.

Dans ce cas, le travail $T = \dfrac{1}{2}\left(\dfrac{Pv^2}{2g},\right)$ il est donc seulement la moitié du travail que la chute est susceptible de fournir.

Mais, ce rendement théorique de 50 pour 100 est encore bien supérieur à ce que donne réellement la pratique.

Nous allons du reste nous en rendre compte en examinant la théorie complète de la roue en dessous à aubes planes, donnée par M. l'ingénieur en chef Bélanger :

L'eau qui s'échappe de la vanne est contenue dans le coursier rectangulaire dont (b) est la largeur, et prend par exemple une hauteur $(ab) = h$; admettons que tous les filets liquides soient animés de la même vitesse horizontale, v, égale à leur vitesse moyenne.

De même, l'eau qui sort de la roue occupe la largeur b du coursier, une hauteur h', supérieure à h (puisque la largeur d'écoulement est la même et la vitesse moindre), et prend une vitesse moyenne v'.

Appliquons à la masse liquide $abcd$ le théorème des quantités de mouvement projetées sur un axe horizontal :

L'accroissement total de la somme des quantités de mouvement d'un système, projetées sur un axe quelconque, pendant un temps quelconque, est égale à la somme des impulsions totales des forces extérieures, projetées sur le même axe pendant le même temps.

Cherchons l'accroissement de la quantité de mouvement de la masse $abcd$, lorsqu'au bout du temps θ elle est venue en $a'b'c'd'$; il y a dans les deux positions une partie commune $a'b'cd$, et, comme le régime permanent d'écoulement s'établit toujours, la vitesse du liquide en un point déterminé du courant reste constante ; les masses et les vitesses de toutes les molécules qui composent la masse $a'b'cd$ sont donc les mêmes au commencement qu'à la fin du temps θ, par suite, l'accroissement des quantités de mouvement est nul pour cette partie commune.

Reste à trouver l'accroissement relatifs aux volumes de liquide qui dans le temps θ ont traversé les sections ab et cd. Si P est le débit de la rivière, la masse de liquide qui traverse une de ces sections dans l'unité de temps est $\dfrac{P}{g}$, et, dans le temps θ, c'est $\dfrac{P}{g}\theta$; cette masse est représentée par les deux aires égales $aba'b'$, $cdc'd'$. La masse $aba'b'$ étant animée d'une vitesse v la masse $cdc'd'$ ne possède qu'une vitesse v' ; l'accroissement de la quantité de mouvement est donc négatif, et est représenté par

$$\frac{P}{g}\,\theta\,(v'-v).$$

Apprécions maintenant les impulsions des forces :

La pesanteur du liquide, les frottements de ce liquide sur lui-même ou sur les parois du coursier sont des forces normales à l'axe de projection, les projections de leurs impulsions sont donc nulles. Reste à apprécier les impulsions des pressions exercées par le liquide sur les surfaces ab et cd, et l'impulsion de la résultante F des actions exercées par le courant sur les aubes ; cette force F, que nous admettrons horizontale, représente aussi bien l'action totale du courant sur les aubes, que la réaction de celles-ci sur le courant ; c'est cette réaction qu'il faut considérer dans l'équation des impulsions, elle est dirigée de l'aval vers l'amont et son impulsion est F.θ.

Cherchons la pression que le liquide d'amont exerce sur la section (ab) dont l'aire est bh : on sait que la pression sur un élément de surface ω pris à l'intérieur d'un liquide est mesurée par une colonne d'eau qui a pour base cet élément ω et pour hauteur la distance verticale qui sépare le centre de cet élément du niveau supérieur du liquide dans le vase. La pression moyenne qui s'exerce sur les éléments de la section (ab) est due à une colonne d'eau dont la hauteur est $\frac{1}{2}\,h$; la pression totale sera donc, en appelant π, le poids du mètre cube d'eau :

$\frac{1}{2}\pi bh^2$, et l'impulsion pendant le temps θ devient, $\frac{1}{2}\pi\,bh^2\theta$.

De même la section $c'd'$ reçoit du liquide à l'aval une pression totale égale à $\frac{1}{2}\pi bh'^2$, et il en résulte une impulsion $\frac{1}{2}\pi bh'^2\theta$.

L'équation des quantités de mouvement s'écrira donc

$$\frac{P}{g}\,\theta(v'-v)=\frac{1}{2}\pi b\theta(h^2-h'^2)-F.\theta,$$

d'où l'on tire

$$F=\frac{P}{g}(v-v')-\frac{1}{2}\pi b(h'^2-h^2).$$

Le travail moteur T est celui de la force F pendant l'unité de temps ; ce travail est le produit de la force par son déplacement correspondant v', on a donc

$$T=Fv'=\frac{P}{g}(v-v')v'-\frac{1}{2}\pi bv'(h'^2-h^2).$$

Mais on a les relations $P=\pi bhv=\pi bh'v'$, d'où l'on tire $\dfrac{v}{v'}=\dfrac{h'}{h}$ et il en résulte

$$(1)\quad T=\frac{P}{g}\,v'(v-v')-\frac{1}{2}\pi h\left(\frac{h'}{h}-\frac{h}{h'}\right)=\frac{P}{g}\,v'(v-v')-\frac{1}{2}\,Ph\left(\frac{v}{v'}-\frac{v'}{v}\right).$$

Il est évident, si l'on considère les diverses hypothèses que nous avons faites, que cette formule n'est pas absolument exacte, car, par exemple, la résultante des actions de l'eau sur les aubes n'est pas horizontale, surtout lorsque la hauteur immergée de la roue devient considérable; mais, en somme, nous sommes beaucoup plus près de la vérité que nous ne l'étions dans la première théorie.

Dans le second membre de l'équation (1) la quantité v' est seule variable, et si l'on pose $\dfrac{v'}{v} = x$, on aura une expression en x dont on cherchera le maximum; en égalant sa dérivée à zéro, on obtiendra la valeur de x correspondant au maximum. Cette valeur de x dépend de h et de v, elle est donc variable.

Dans la pratique, l'expérience a indiqué pour x la valeur 0,4; c'est-à-dire que le rapport de la vitesse de l'eau qui quitte la roue, c'est-à-dire de la vitesse même du centre des palettes, à la vitesse de l'eau qui s'échappe de la vanne est de $\dfrac{4}{10}$.

Des expériences de Smeaton, effectuées sur un petit modèle de roue à aubes, il résulte que le rendement, c'est-à-dire la proportion utilisée du travail disponible PH, varie entre 29 et 35 0/0, en moyenne 33 0/0.

La formule démontrée plus haut donne des nombres qui s'écartent peu de ceux-ci.

Lorsque l'on construit une roue en dessous à aubes planes, il est urgent de réduire le plus possible le jeu latéral et le jeu sous la tranche des aubes afin d'éviter les pertes de liquide. La totalité du courant doit passer par les boîtes fermées que forment deux aubes consécutives avec les parois et le fond du coursier. L'agitation de l'eau, d'où résulte la perte de vitesse, se produit entièrement à l'intérieur de ces cavités fermées et l'effet sur les aubes est maximum.

C'est donc une excellente précaution que de ménager dans le fond du coursier une partie cylindrique, parallèle au cylindre qui limite les aubes et aussi peu distante que possible de celui-ci (dans une construction soignée, le jeu peut n'être que de $0^m,01$ ou $0^m,02$) bien des constructeurs ont oublié cette précaution, et les pertes d'eau sont bien plus considérables.

La hauteur h, sous laquelle la lame d'eau vient frapper les palettes, ne doit guère dépasser 0,20, car, nous avons vu que $\dfrac{h'}{h} = \dfrac{v}{v'} = \dfrac{1}{0,4}$, donc $h' = \dfrac{h}{0,4} = \dfrac{0,20}{0,4} = 0^m,50$; ainsi, lorsque h est de 0,20, la hauteur h' de la couche d'eau à la sortie est de $0^m,50$; les aubes, qui émergent, se présentent obliquement sur la masse de l'eau qu'elles ont à traverser, il faut qu'elles la soulèvent, et il en résulte une perte notable de travail. D'un autre côté, si la hauteur h est trop faible, l'influence du jeu sous la roue devient relativement considérable. Aussi, comprend-on la valeur de h entre $0^m,15$ et $0^m,20$.

Cette donnée permet de fixer la largeur (b) de la roue, car il faut que le débit P de la rivière puisse passer sous une charge donnée H, par l'orifice inférieur de la vanne dont h est la hauteur et (b) la largeur.

L'eau qui s'échappe de la roue traverse la section cd avec une vitesse $v' = 0,4v$; le coursier est généralement beaucoup plus étroit que la rivière, donc, quand le courant s'épanouit à l'aval, il perd une grande partie de sa vitesse. Supposons cette vitesse nulle au point (e); il y a eu de (d) en (e) une perte de force vive proportionnelle à v'^2; cette force vive a été absorbée en partie par les chocs et par les remous, mais, ce qu'il en reste a produit un travail positif, qui se manifeste par une surélévation de l'eau, lorsqu'on passe de (d) en (e). (Cette assertion sera vérifiée complétement en hydraulique). La surélévation de l'eau est égale à $\dfrac{v'^2}{2g}$

ou $0,16\ \dfrac{v^2}{2g}$, théoriquement du moins; mais, en tenant compte de ce qu'absorbent les chocs et les remous, on peut admettre que la surélévation du point (e) par rapport à (c) est simplement les $\dfrac{2}{3}$ de $0,16\ \dfrac{v^2}{2g}$, soit environ $0,11\ \dfrac{v^2}{2g}$.

Cette surélévation est très-avantageuse, car elle revient à augmenter la hauteur de chute H de la différence de niveau qui sépare le point (e) du point (d), c'est-à-dire de $0,11\ \dfrac{v^2}{2g}$.

La hauteur de chute étant augmentée de cette quantité, la perte qui était de $\dfrac{(0,04v)^2}{2g}$ ou $0,16\ \dfrac{v^2}{2g}$, est réduite à $(0,16-0,11)\ \dfrac{v^2}{2g}$ ou $0,05\ \dfrac{v^2}{2g}$.

C'est donc une excellente disposition à adopter que celle qui produit un pareil effet, voici comment on la réalise :

A partir du point m, où se termine la partie cylindrique du coursier, on donne au plafond de celui-ci une faible pente sur 2 mètres de longueur, jusqu'au point n, puis on raccorde le fond du coursier avec le fond de la rivière à l'aval par une pente rapide de $0^m,10$. Les murs des bajoyers se terminent à l'aplomb du point p, où se fait le raccordement.

Le niveau du point (c) est déterminé par rapport au plan d'eau à l'aval, puisqu'on sait qu'il est au-dessous du point (e) d'une quantité égale à $0,11\ \dfrac{v^2}{2g}$; le point (c) du plafond se détermine par la condition $\dfrac{h'}{h}=\dfrac{1}{0,4}$ ou $h'=2,5.h$. Le profil complet du coursier est donc déterminé.

La forme précédente de coursier, imaginée par M. Belanger, n'est point spéciale à la roue en dessous à aubes planes; elle convient aussi à toutes les autres roues à axe horizontal, et on fera bien de ne pas la négliger.

La vitesse de la lame d'eau qui s'échappe sous la vanne est considérable lorsque la retenue a une certaine hauteur ; les frottements du liquide sur les parois du canal et sur lui-même sont donc considérables aussi, et il y a grand avantage à réduire le plus possible le chemin que doit parcourir le liquide entre la vanne et les aubes. On y arrive en substituant au vannage vertical un vannage incliné analogue à celui que nous avons représenté sur la figure 197.

(Nous avons supposé que les sections de liquide ab, cd se transportaient parallèlement à elles-mêmes, parce que nous les considérions comme animées de leurs vitesses moyennes; en réalité, la section (ab) est devenue, au bout du temps θ, une surface courbe, telle que $a''b''$; les filets inférieurs sont retardés par le frottement considérable du fond, tandis que les filets supérieurs, soumis au seul frottement de l'air, ne perdent guère de leur vitesse).

Même avec toutes les précautions que nous venons d'indiquer, la roue en dessous à aubes planes ne donne toujours qu'un rendement médiocre. Notre avis est donc que toutes ces précautions sont inutiles, et qu'il faut installer la roue en dessous le plus économiquement possible; car, lorsqu'on s'en sert, c'est qu'on a un grand excès de force disponible, et qu'on ne tient pas au rendement. Si, au contraire, on tient beaucoup au rendement, il faut proscrire la roue en dessous à aubes planes et recourir à un engin perfectionné.

Des conditions que doit remplir une bonne roue hydraulique. — Nous venons d'examiner la roue hydraulique la plus ancienne, qui est aussi la plus mauvaise ; cet examen nous a déjà fait prévoir quelles sont les conditions à remplir pour obtenir un bon rendement. Nous allons les indiquer ici d'une manière précise :

1re *Condition.* — Il faut éviter de soumettre le courant à des chocs, à des déviations brusques, à des remous et à des tourbillonnements, car à tout cela correspondent des pertes de force vive. On doit diriger les eaux et non leur faire violence.

2e *Condition.* — La force vive conservée par l'eau qui quitte la roue doit être aussi faible que possible. On ne saurait l'annuler complétement, car une certaine vitesse est toujours nécessaire à l'écoulement, et, si cette vitesse est trop faible, on tombe dans un autre inconvénient qui est de noyer la roue.

On ne peut donc obtenir un moteur hydraulique parfait, c'est-à-dire qui utilise complétement le travail PH de la chute ; mais, on s'en rapproche beaucoup, lorsqu'on satisfait exactement aux conditions précédentes, que l'on résume d'ordinaire comme il suit :

Pas de choc à l'entrée — pas d'agitation de l'eau pendant qu'elle agit sur la roue — pas de vitesse à la sortie.

Lorsque l'eau arrive sur le récepteur, elle possède une certaine vitesse ; si, en touchant la roue, cette vitesse change de grandeur ou de direction, il y a choc et perte de force vive. On doit donc s'arranger de telle sorte. que la vitesse moyenne de la lame d'eau ne change pas brusquement à l'entrée dans la roue. Il est évident que cette condition ne peut être absolument réalisée, puisque les filets liquides n'ont pas tous la même vitesse ; l'allure de la roue qui convient à l'un ne convient pas à l'autre ; c'est une moyenne qu'il faut choisir.

Aucune partie de l'eau reçue ne doit quitter le récepteur avant d'avoir produit tout son effet, c'est-à-dire avant d'avoir réduit sa vitesse à ce qui est strictement nécessaire pour l'écoulement.

De tout cela résulte qu'il faut éviter l'action de l'eau par percussion, et la faire agir surtout par son poids. Si on pouvait même arriver à la faire agir par son poids seul, on aurait un récepteur théoriquement parfait.

Ces idées sont en contradiction avec le préjugé vulgaire, qui consiste à juger la puissance d'après le fracas qu'elle produit ; c'est précisément ce fracas qui est une cause d'affaiblissement.

Il en est d'un bon récepteur hydraulique, comme d'une bonne transmission ; il faut qu'on voie marcher le mécanisme sans entendre le moindre bruit.

Il sera toujours plus facile d'obtenir un bon rendement avec un récepteur à mouvement lent, qu'avec un récepteur à mouvement rapide. C'est le mouvement lent qui a fait le succès de plusieurs roues hydrauliques ; il permet en effet de prendre l'eau au niveau supérieur de la retenue, avec une vitesse très-faible ; il y aura très-peu de choc et d'agitation, car la vitesse de l'eau et celle de la roue sont très-faibles ; l'eau qui quitte la roue, ne la quitte qu'avec la vitesse même de cette roue, et, comme cette vitesse est peu considérable, la perte de force vive est minime aussi.

Ces préliminaires établis, passons à l'examen des roues perfectionnées.

3. Roues en dessous à aubes courbes, ou roue Poncelet. — La roue Poncelet a l'avantage de pouvoir prendre une vitesse assez élevée tout en conservant un rendement convenable; le général Poncelet a cherché simplement à résoudre ce problème :

« Faire en sorte que l'eau n'exerce aucun choc à son entrée dans la roue, ni dans son intérieur, et la quitte également sans conserver aucune vitesse sensible. »

Les figures 1, 2, 3, planche I, représentent une des premières roues construites dans ce système, à Romilly-sur-Andelle (Eure), nous en donnerons plus loin une description détaillée.

Les figures 1 et 2, planche II, représentent une roue à la Poncelet perfectionnée, établie aux forges de la Chaussade (Nièvre). Les détails relatifs à cette roue sont extraits du *Portefeuille des machines* de M. Oppermann, année 1861.

De l'inspection de ces dessins résulte la description suivante : la retenue d'amont est formée par une vanne dont l'inclinaison sur la verticale varie de 35° à 45°; cette vanne étant levée donne passage en dessous d'elle à une lame d'eau, qui entre dans le coursier pour aller agir sur les aubes.

Les bords latéraux de l'orifice sont arrondis et le dessous de la vanne est taillé en biseau ; de la sorte, il n'y a pas épanouissement brusque des filets liquides, et l'on évite une perte de force vive.

Les aubes courbes, en bois ou en tôle, sont assemblées entre deux anneaux parallèles aux murs du bajoyer ; de la sorte, on n'a pas à craindre le mauvais effet du jeu qui existait dans la roue à palettes entre la tranche des palettes et le bajoyer; la cavité, comprise entre les aubes, se trouve complétement fermée par les anneaux, et le liquide ne s'écoule pas latéralement.

La largeur libre entre les anneaux est du reste un peu supérieure à la largeur de l'orifice sous la vanne, afin que tout le liquide qui s'échappe tombe bien dans la roue.

Les aubes courbes sont limitées à deux surfaces cylindriques; elles coupent à peu près normalement le cylindre intérieur et le cylindre extérieur sous un angle de 30°. Leur profil est du reste quelconque entre ces deux cylindres, pourvu toutefois que la courbure varie d'une manière continue.

Il va sans dire que les intervalles entre les aubes, sur le cylindre intérieur, ne sont pas fermés, sans quoi l'air confiné se trouverait comprimé par la force de l'eau et il en résulterait un travail inutile.

Le nombre des aubes est variable avec le diamètre de la roue : pour les roues de 4 mètres de diamètre on adopte 36 aubes et 48 pour celles de 6 mètres.

La tranche d'eau, qui sort de la vanne, pénètre entre deux aubes ; en vertu de sa vitesse acquise, elle monte le long de l'aube inférieure et en montant perd peu à peu sa force vive dont profite la roue. Cherchons à nous rendre compte de ce qui se passe, en ayant recours à un calcul approché.

Considérons une molécule d'eau animée d'une vitesse horizontale v et admettons que l'aube courbe se raccorde tangentiellement avec le cylindre extérieur de la roue ; la vitesse de cette aube est horizontale aussi, et représentée par (u); il en résulte que la vitesse relative de la molécule liquide, qui vient toucher l'aube, est $v - u$.

Or, de même qu'un corps qui tombe d'une vitesse h prend une vitesse $v = \sqrt{2gh}$, de même un corps, qui possède une vitesse v et qui s'élève, s'arrête à une hauteur $h = \dfrac{v^2}{2g}$.

La molécule liquide, dont $(v - u)$ est la vitesse par rapport à l'aube, s'élèvera

21

donc sur cette aube d'une hauteur égale à $\dfrac{(v-u)^2}{2g}$; arrivée au sommet de sa course, elle aura cédé à la roue toute sa force vive, et se mettra à descendre tout le long de l'aube. Mais nous avons vu qu'un corps, qui retombe, reprend en ordre inverse toutes les vitesses qu'il a déjà prises en montant ; donc, lorsque la molécule sera revenue à l'origine de l'aube, elle aura retrouvé sa vitesse $v-u$, mais dirigée en sens contraire de la rotation de la roue, tandis qu'auparavant elle était de même sens.

Quelle sera la vitesse absolue de cette molécule ? Pour l'obtenir, il faut composer la vitesse $v-u$ de la molécule par rapport à la roue avec la vitesse absolue (u) de cette roue ; la seconde vitesse est en sens contraire de la première, et la vitesse absolue de la molécule qui s'échappe de la roue est $v-2u$.

Cette vitesse sera nulle si $u=\dfrac{v}{2}$, c'est-à-dire si la vitesse à la circonférence de la roue est la moitié de la vitesse de l'eau qui passe sous la vanne.

Ainsi, d'après la théorie qui précède, nous avons un récepteur parfait, puisqu'aucun choc ne se produit soit à l'entrée, soit pendant l'action, et qu'en outre la vitesse de sortie est nulle.

Il est loin d'en être ainsi dans la pratique, en effet :

1° Les frottements de l'eau sur les parois du coursier et des aubes ne sont pas négligeables ;

2° Les molécules ne se meuvent pas comme si elles étaient isolées ; elles se contrarient réciproquement et sont forcées d'infléchir leurs trajectoires à mesure qu'elles s'élèvent sur l'aube ; il y a donc une série de chocs. En outre, la molécule arrivée au sommet de sa course ne redescend pas librement, comme nous l'avons supposé ; elle rencontre les molécules suivantes qui tendent à s'élever, il en résulte un choc et une agitation plus ou moins vive, nouvelle perte de force vive ;

3° L'écoulement étant nécessaire, la vitesse de sortie ne saurait être nulle ;

4° Enfin, les aubes ne se raccordent pas tangentiellement avec la circonférence de la roue, elles font avec elles un angle de 30° ainsi que nous l'avons dit plus haut. La vitesse relative (v') de l'eau qui entre dans la roue n'est pas tangentielle à la circonférence, comme nous l'avons supposé ; elle est la diagonale du parallélogramme construit sur la vitesse absolue v de l'eau et sur la vitesse de rotation u, prise en sens contraire, et fait l'angle α avec l'élément de circonférence que l'eau vient rencontrer.

Si l'on considère un arc de cette circonférence égal à l'unité, et que l soit la largeur de la roue, la quantité d'eau reçue par l'aube en une seconde sera : $v'l \sin. \alpha$. Cette quantité sera nulle en même temps que l'angle α ; il est donc indispensable que la vitesse de l'eau, par rapport à la roue dans laquelle elle entre, fasse avec la circonférence un certain angle α, que l'expérience a fixé à 30°.

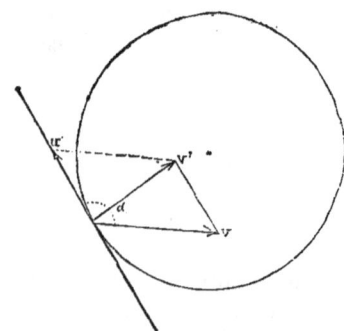

Fig. 198.

Pour qu'aucun choc ne se produise, le premier élément de l'aube doit être tangent à la vitesse relative de l'eau qui entre ; donc, cet élément doit faire aussi un angle de 30° avec la circonférence de la roue.

La vitesse relative de sortie fait le même angle avec la circonférence, et la vitesse absolue est la résultante de cette vitesse relative et de la vitesse de rotation prise en sens contraire ; cette résultante se rapproche de la verticale, on ne peut donc l'utiliser par une contre-pente, ainsi que nous l'avons indiqué pour la roue à palettes, et la force vive qu'elle représente est totalement absorbée par l'agitation qui se produit dans la masse liquide.

Les principaux perfectionnements de la roue Poncelet ont porté sur la forme à donner au coursier à la suite de la vanne : autrefois, le fond du coursier se composait d'une partie plane assez inclinée, se raccordant avec une surface cylindrique parallèle à la roue (voy. les dessins de la roue de Romilly), et le fond du coursier, à l'aplomb de l'orifice sous vanne, était au niveau du plan d'eau d'aval.

Aujourd'hui (fig. 49), le fond du coursier se compose d'une partie droite IM, inclinée au dixième, et de faible longueur, suivie d'une courbe MK, que nous

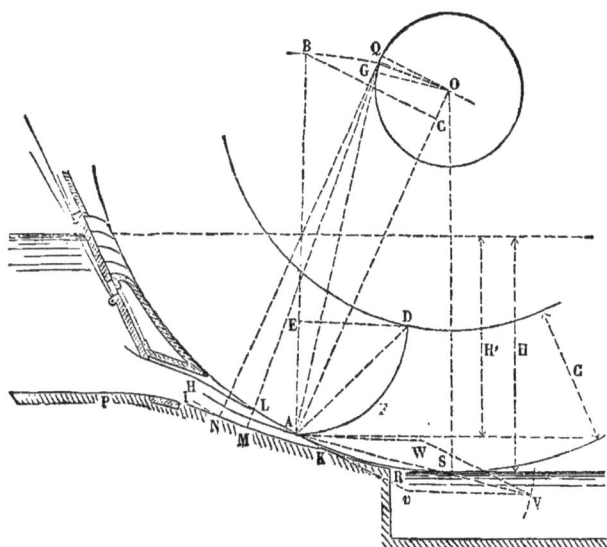

Fig. 199.

allons déterminer tout à l'heure, et d'une partie cylindrique KR parallèle au tambour extérieur de la roue ; le point R est au niveau du plan d'eau d'aval, et la hauteur de chute est représentée par la ligne H.

Nous avons vu que la vitesse relative de l'eau à l'entrée, comme à la sortie, était $v - u$, et la vitesse de rotation (u), que ces deux vitesses étaient égales puisque $u = \frac{1}{2} v$; il en résulte que la vitesse absolue V de l'eau à l'entrée (fig. 45), est la résultante de deux vitesses égales : AW, la vitesse relative, et Av la vitesse de rotation, lesquelles font un angle de 30°. Leur résultante est donc leur bissectrice AV, c'est-à-dire qu'elle fait avec la circonférence un angle de 15°.

Il est donc nécessaire que tous les filets liquides viennent rencontrer la circonférence de la roue, sous un angle de 15°, ce qui n'est pas possible avec un coursier à fond plan ; on a eu recours au fond courbe. Le filet liquide qui passe en A a une vitesse absolue V, qui doit être parallèle au fond du coursier ; la perpendiculaire AG à AV est donc normale à ce fond ; mais l'angle OAG = VAv = 15°, il est constant, ainsi que la perpendiculaire OG.

Toutes les normales au fond sont donc tangentes au cercle de rayon OG ; le profil du fond est par suite une développante de ce cercle.

On l'arrête au point K où elle rencontre la partie cylindrique, qui offre un jeu de 0^m,01 à 0^m,02 avec le tambour de la roue, et à l'autre extrémité on l'arrête à la normale ML qui passe par le point où le filet le plus élevé de la lame liquide rencontre la circonférence de la roue.

Dans les derniers modèles de roue Poncelet, on a substitué à la développante de cercle une courbe en spirale (cette invention est de M. l'ingénieur Morin) :

On trouvait que la courbure de la développante était trop accentuée et que par suite le seuil de l'orifice sous vanne se trouvait beaucoup trop exhaussé, surtout lorsque l'épaisseur de la lame liquide était notable.

Comme le tracé de cette développante est basé sur des considérations qui ne sont pas absolument exactes, et que le profil de la courbe est à peu près indifférent pourvu qu'il ramène les filets liquides inférieurs dans une direction moins oblique par rapport à la circonférence du tambour, on a eu recours au tracé suivant, qui donne une spirale.

On mène à la circonférence OA, une tangente BC inclinée au $\frac{1}{10}$; dans la roue de Romilly, cette tangente représente le fond du coursier ; on mène à BC une

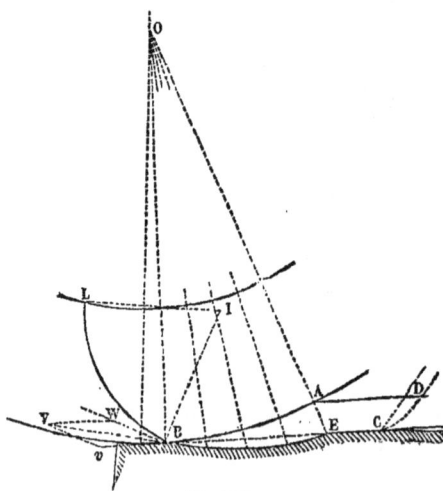

Fig. 200.

parallèle AD, située à une distance égale à l'épaisseur de la lame liquide. On tire le rayon OAE, et on joint le point E au point B par une courbe telle, que les parties de rayon comprises entre les arcs BA et BE soient proportionnelles aux angles décrits par le rayon BO. On divisera par exemple l'angle BOA, et la longueur AE en quatre parties égales et on portera sur les trois rayons intermédiaires successivement une, deux, trois de ces parties.

A gauche du point B, le coursier se prolonge, comme plus haut, par une partie cylindrique.

Lorsque la hauteur de chute est inférieure à 1^m,50, l'expérience indique une épaisseur de 0^m,20 à 0^m,30 pour la lame liquide qui s'échappe sous la vanne ; lorsque la hauteur de chute est supérieure à 2 mètres, on peut réduire à 0^m,10 l'épaisseur de la lame liquide.

Théoriquement nous avons vu que l'eau s'élevait dans les aubes à une hauteur égale à $\frac{(v-u)^2}{2g}$; comme $u = \frac{1}{2} v$, cette expression devient $\frac{1}{4} \frac{v^2}{2g}$, ce qui correspond au quart de la hauteur de chute.

Ainsi, la hauteur de l'anneau qui comprend les aubes doit être au moins le quart de la hauteur de chute H et, pour être certain qu'il ne se produira pas de déversement, on adopte ordinairement pour cette hauteur de l'anneau le tiers de la hauteur de chute H.

Le rendement de la roue Poncelet est de 60 0/0, ce qui a constitué un grand perfectionnement sur les anciennes roues à palettes.

Avant de quitter la roue Poncelet, nous reproduirons ici la description des roues de Romilly (Eure) et de la Chaussade (Nièvre), dont nous avons donné les dessins.

Roue de Romilly. « Le volume des eaux dont on pouvait disposer était celui de toute la rivière. On l'a mesuré en 1833, au mois d'octobre, époque à laquelle les eaux sont parvenues à leur quantité moyenne. Cette mesure a donné 5^{mc},68 par seconde. La chute, à la même époque, était réellement de 1^m,40 ; mais par prévision, en cas de réduction opérée par le règlement des eaux ou d'autres circonstances, on a cru ne devoir compter que sur une chute de 1^m,30. Ainsi, d'après ces données, il s'agissait de tirer parti d'une force motrice dont la valeur était 7384 kilogrammètres ou 98,45 chevaux vapeur. Mais on ne demandait qu'une roue de la force utile de 50 chevaux. On n'avait donc pas à faire une roue unique qui employât le volume entier du cours d'eau en temps ordinaire.

Parmi les systèmes de roues proposés pour les petites chutes et les grands volumes, l'expérience a suffisamment prouvé que la meilleure solution est celle de M. Poncelet. Cette forme de roue convient surtout aux courants dont le volume est peu variable, et l'Andelle est dans ce cas. En sorte que la roue de 50 chevaux qu'il s'agissait de construire laissait disponible une partie de la force motrice dont on pouvait tirer encore un emploi assez régulier.

Quoique, suivant les calculs de M. Poncelet, l'effet utile de la roue soit évalué aux 0,67 de toute la force motrice qui lui est appliquée, on a jugé convenable de ne compter que sur les 0,60 afin d'obtenir un résultat plutôt avantageux que trop faible. Ainsi, réduisant dans cette proportion la force de 98,45 chevaux, on n'a plus que 59,07 : et comme on ne demandait que 50 chevaux, le volume d'eau employé par la roue n'a dû être que les $\frac{50}{59}$ de 5^{mc},68 ; ce qui équivaut à 4^{mc},81. Il s'agit donc de faire passer sous la vanne, par chaque seconde, un volume d'eau égal à 4^{mc},81.

En supposant que l'épaisseur de cette lame d'eau soit de 0^m,25, et que par conséquent la hauteur d'eau au-dessus de sa tranche moyenne soit égale à 1^m,175, la vitesse de cette tranche sera de 4^m,80. Pour calculer la largeur de la vanne, en nommant x cette dimension, et le coefficient de la contraction étant 0,78, il faut résoudre l'équation suivante :

$$x \times 0,78 \times 4,80 \times 0,25 = 4^m81.$$

$$\text{Donc} \quad x = \frac{4,81}{0,78 \times 4.80 \times 0,25} = 5^m14.$$

Cette longueur serait celle des aubes de la roue, dans la supposition qu'elle serait comprise entre deux couronnes ; mais dans le cas dont il s'agit, en tenant compte de la grande longueur de cette partie du mécanisme, on ne pouvait se dispenser de l'emploi de trois couronnes intermédiaires, dont l'épaisseur doit être ajoutée à la largeur totale de la roue. De plus, suivant le conseil de M. Poncelet, il faut laisser 0^m,05 de part et d'autre, afin de diminuer l'effet de la contraction. Ainsi la longueur totale de la roue est composée de vide et de l'épaisseur des cinq couronnes. A la rigueur cette roue peut être considérée comme l'assemblage de quatre roues égales, placées sur le même axe, et séparées par des couronnes mitoyennes. Chacune devait être traitée comme si elle eût été isolée ; elle a donc reçu 0^m,10 d'augmentation de longueur, et par conséquent la longueur de la roue entière est composée :

1° De la largeur du pertuis. . . . .   5^m,14
2° De quatre fois 0^m,10. . . . .   0^m,40
3° Et enfin de l'épaisseur des cinq couronnes.   0^m,50

TOTAL. . . . . . .   6^m,04

Pour déterminer le diamètre de la roue, on a procédé dans l'ordre suivant : 1° Le sol de l'atelier est à 2^m,025 au-dessus du niveau des eaux inférieures ; 2° Comme le mouvement est transmis à une roue d'engrenage dont l'axe est le prolongement de celui de la roue hydraulique, il fallait que cet axe, ainsi prolongé, fût placé à une certaine hauteur au-dessus du sol, afin de pourvoir à la facilité des réparations, et de diminuer la profondeur des fosses où sont logées les roues d'engrenage, et les tenir ainsi plus à l'abri de l'invasion des eaux. Cependant cette élévation de l'axe au-dessus du sol devait être réduite à son minimum, car il est évident que l'augmentation de diamètre de la roue, est une cause de dépense qu'il faut en général tâcher d'éviter. D'après cela, en tenant compte de toutes les circonstances locales, et d'après les informations recueillies sur le régime des eaux, on a conclu qu'il suffirait de placer l'axe à 0^m,67 au-dessus du sol, et qu'ainsi le diamètre pourrait être de 5^m,39. Mais il faut remarquer que le canal de décharge n'a pas encore les dimensions qu'il convient de lui donner, et qui feront baisser le niveau des eaux inférieures d'environ 0^m,06. Comme ce travail tend évidemment au perfectionnement de l'usine, dont la chute se trouverait ainsi augmentée, on a dû supposer qu'il était exécuté, et de cette manière le diamètre de la roue a été porté, en nombre rond à 5^m,50.

Les données principales étant ainsi établies, il ne s'agit plus que de passer aux détails.

Avant tout, il fallait se décider sur le choix de la matière avec laquelle la roue serait construite, c'est-à-dire opter entre le fer et le bois, ou l'emploi simultané de ces deux matériaux. Les questions qui se présentent ici sont très-complexes, car il faut considérer, à la fois, l'effet mécanique, la durée des constructions et leur prix. Quant à la durée, l'opinion est en faveur du fer, sans que, cependant on soit autorisé à dire que d'assez longues expériences l'ont mis hors de doute. On a plus de faits sur la durée des constructions en bois faites avec soin ; mais, dans tous les cas, on conviendra, sans doute, qu'une construction peut racheter, par l'avantage d'être plus économique, l'inconvénient de durer un peu moins longtemps. On ne doit pas perdre de vue que l'industrie marche à grands pas depuis qu'elle est éclairée par les sciences ; si quelques découvertes viennent changer les formes des machines, et augmenter leur puissance, on ne pourra se dispenser de renoncer à tout ce qui existe aujourd'hui, et par conséquent les constructions actuelles auront assez duré. En embrassant un intervalle de plus d'une génération, on a certainement fait tout ce qu'il faut, si même on n'est pas allé au delà du besoin. Il n'y avait donc pas d'inconvénient à choisir le bois comme matière principale de la construction dont il s'agit, et les calculs suivants, appliqués aux aubes de la roue, justifieront ce choix.

Une roue toute en fer, d'une belle exécution, celle de la forge de Guérigny, dans le département de la Nièvre, nous fournira un terme de comparaison. Ses aubes, au nombre de quarante-huit, sur une longueur de 2^m,40, sont partagées chacune en deux, et maintenues entre trois couronnes. La largeur des couronnes de cette roue est de $0^m,66$ comme celle des couronnes de la roue de Romilly. Les aubes sont en tôle de $0^m,006$ d'épaisseur et les quatre-vingt-seize pièces dont elles sont composées pèsent 4140 kilogrammes. Ces aubes plient sous la charge de l'eau qu'elles ont à soutenir, ce qui ne serait pas sans inconvénient dans beaucoup de cas. Si donc on avait employé à Romilly des aubes en tôle, il aurait fallu leur donner une plus grande épaisseur, non-seulement par cette raison, mais parce qu'elles auraient été plus longues que celles de la roue de Guérigny, dans le rapport de $1^m,20$ à $1^m,585$. A la rigueur, on aurait pu se contenter de leur donner une épaisseur de $0^m,00636$ pour les mettre en état de résister autant que celles de Guérigny, mais, dans ce cas, la flèche de leur courbure aurait été plus grande ; il fallait donc augmenter encore l'épaisseur et l'on ne pouvait se dispenser de la porter jusqu'à $0^m,008$. A Guérigny, les aubes et leurs attaches pèsent 5603 kilogrammes. A Romilly des aubes et des attaches de même matière auraient pesé 12447 kilogrammes. Celles que l'on a exécutées en bois pèsent avec leurs armatures 4100 kilogrammes.

Ainsi, outre qu'il est bien plus facile et moins dispendieux de travailler le bois que le fer (et, dans le cas dont il s'agit, il aurait fallu faire une machine pour cintrer les aubes), on obtient une économie de 8347 kilogrammes, poids dont l'axe est déchargé, ce qui diminue le frottement. Mais le principal avantage de cette construction consiste dans le bas prix des matières et du travail, comparé à celui du fer. D'après le relevé exact des dépenses d'exécution de la roue de Guérigny, les 5603 kilogrammes d'aubes posées ont coûté 5,421 francs ; ainsi, les 12447 kilogrammes de Romilly auraient dû coûter 12,042 francs au lieu de 2,414 francs que l'on a dépensés pour les aubes de la roue telle qu'elle est.

Voici les motifs pour lesquels on a fait l'arbre plutôt en bois qu'en fer. Comme la roue doit opérer un grand effet de torsion, il s'agissait de rendre l'arbre capable de ce mode d'action, et par conséquent de lui résister. Or, comme la résistance à la torsion est, à longueur égale, proportionnelle au cube du diamètre, il fallait préférer les matières les plus légères, et qui, pour le même poids, ont le plus grand volume. Le fer forgé devait être exclu, parce qu'en raison de sa flexibilité, que la température augmente, il eût été nécessaire de lui donner un très-grand volume pour obtenir une résistance suffisante, et qu'on n'aurait pas pu augmenter le volume, en substituant un tube à un cylindre plein. On n'aurait donc pu employer que la fonte. Dans ce cas, en prenant un tube dont le diamètre intérieur serait de $0^m,54$, on ne pourrait lui donner moins de $0^m,06$ d'épaisseur pour résister à la torsion, sur une longueur de 6 mètres, et, dans ce cas, son poids serait de 5091 kilogrammes. Un prisme orthogonal plein, en bois de chêne, circonscrit à un cercle de $0^m,66$ de diamètre, est capable d'une résistance équivalente, et, sur la même longueur, il ne pèse que 2534 kilogrammes. Si nous en comparons le prix, nous verrons que l'arbre en fonte eût coûté au moins 3,563 francs, tandis que celui qui est actuellement en place n'a pas coûté plus de 250 francs. »

Roue des forges de la Chaussade près Guérigny (Nièvre). — « Le diamètre extérieur de cette roue est de $6^m,50$ et sa largeur de $2^m,85$ est divisée en deux parties par une couronne intérieure. Ces couronnes sont en tôle de 9 millimètres d'épaisseur et ont $0^m,650$ de hauteur ; elles sont composées chacune de huit feuilles assemblées à recouvrement et reliées par des rivets ; leur écartement est maintenu par des boulons entretoises fixés sur chacun de ces assemblages ; des segments en fonte ayant toute la hauteur des couronnes et maintenus sur elles par quatre rivets, servent à retenir, au moyen de boulons, les quarante-huit aubes en tôle de 5 millimètres d'épaisseur espacées ainsi de 0m,425.

« Les trois couronnes sont reliées à l'arbre de la roue au moyen de huit bras en fer de 0m,030 d'épaisseur, rivés sur elles dans une entaille ménagée à l'extrémité supérieure de ces bras ; l'autre extrémité est boulonnée sur un tourteau en fonte ayant 1m,060 de diamètre, calé sur l'arbre au moyen de clavettes. A 1m,690 de l'extrémité des bras, à partir du bord extérieur des couronnes, se trouvent des boulons qui servent à leur entretoisement transversal, et contribuent à maintenir l'écartement des couronnes ; de plus, ils sont reliés entre eux par des bandes de fer plat, pincées par ces mêmes boulons pour conserver toujours le même angle et éviter les déformations qui pourraient se produire par suite du choc de l'eau contre les aubes ; ces bandes de fer plat remplissent les mêmes fonctions qu'un contreventement.

Le coursier en bois est établi avec une pente de 0m,05 par mètre, depuis la vanne jusqu'à son point de tangence avec la circonférence extérieure de la roue ; à partir de ce point, il est concentrique à la roue jusqu'à une distance en aval de la verticale passant par l'axe de la roue, égale à l'intervalle de deux aubes consécutives, soit 0m,425. Enfin, il se termine par un ressaut de 0m,40 de profondeur dont le sommet est au niveau des eaux moyennes dans le canal de fuite; la largeur du coursier entre la vanne et la roue, est égale à l'ouverture de la vanne, 0m,320; la partie qui touche la roue est établie de manière à envelopper les couronnes en laissant 1 centimètre de jeu.

La largeur du coursier, en aval de la vanne est de 2m,800 et, en aval du ressaut, elle a été portée à 3m,150, afin que l'eau, qui possède une petite vitesse à sa sortie de la roue, puisse s'étaler dans le canal.

La largeur de la vanne est de 2m,400, c'est-à-dire 0m,085 en moins que la largeur de la roue, afin de forcer l'eau à entrer immédiatement dans les aubes ; son inclinaison étant à peu près 45° ou 1 de base sur 1 de hauteur, et les côtés verticaux du pertuis étant arrondis pour diminuer les effets de la contraction, le coefficient de la dépense pourra être porté à 0m,80.

La vanne est manœuvrée au moyen d'un treuil donnant le mouvement à une crémaillère fixée sur le bâti, et roulant sur des galets qui facilite la marche de l'appareil tout en empêchant cette longue tige de flamber et de se déplacer d'un côté ou de l'autre. »

On voit que dans cette roue, comme dans la précédente, on a conservé au fond du coursier la forme plane ; c'est une faute, car le choc de l'eau sur les aubes est bien plus accentué qu'avec les coursiers à fond courbe. Le rendement peut se trouver augmenté, grâce au coursier courbe, de 60 0/0 à 65 0/0 ; et de plus, la roue peut marcher sans trop de désavantage à des vitesses supérieures ou inférieures à son allure moyenne.

Les aubes en tôle de la roue des forges de la Chaussade ont été cintrées sur un appareil spécial, composé d'un secteur en bois sur lequel on les appliquait à chaud ; les aubes reviennent ensuite sur elles-mêmes, et il faut les cintrer sur un secteur dont le rayon soit seulement les $\frac{4}{5}$ de celui que l'on veut obtenir.

Le poids de cette roue compris l'arbre, est de 13,660 kilogrammes, et elle a coûté, toute montée, 20,000 francs ; sa puissance est de 37 chevaux-vapeur.

4. Roues de côté. — Les roues de côté sont supérieures aux précédentes comme rendement. La roue de côté, perfectionnée par M. Sagebien, est un des meilleurs récepteurs hydrauliques.

Les deux systèmes de roue de côté, actuellement en usage, sont représentés par les figures 201 et 202. Comme construction, ces roues sont analogues aux roues à aubes planes ; mais, au lieu de recevoir l'eau à la partie inférieure de leur diamètre vertical, elles la reçoivent sur le côté à un niveau un peu inférieur à leur axe de rotation. L'eau s'introduit de deux manières différentes, soit par le dessous d'une vanne et alors elle est animée d'une vitesse assez considérable, soit par un déversoir et alors sa vitesse est très-faible ; dans le premier cas, l'eau agit d'abord par choc, et ensuite par son poids ; dans le second cas, le choc est très-faible, et la pesanteur seule engendre le travail. Il est évident que cette dernière disposition est bien préférable à l'autre.

Les aubes forment une série de vases à peu près fermés qui maintiennent l'eau et qui doivent n'en laisser échapper qu'une quantité minime lorsque la construction est bien soignée.

Établissons d'abord la formule générale qui donne l'expression du travail moteur T_m :

Ce travail est la différence entre le travail brut de la chute et le travail

Fig. 201.

total absorbé par les chocs et frottements, ainsi que par la force vive que l'eau conserve à sa sortie.

Si P est le poids ou le volume d'eau, qui passe en une seconde, et H la hauteur de chute, c'est-à-dire la hauteur entre le bief d'amont et le bief d'aval, le travail brut est donné par PH.

Si v' est la vitesse de l'eau qui s'échappe de la roue, il en résulte une perte de travail, égale à la demi-force vive $\dfrac{Pv'^2}{2g}$, et si de plus nous désignons par T_r le travail résistant dû aux frottements et aux chocs de toute nature que le liquide exerce sur lui-même et sur les parois qui le contiennent, on aura

$$T_m = PH - \frac{1}{2}\frac{Pv'^2}{2g} - T_r,$$

et le rendement sera représenté par la fraction $\dfrac{T_m}{PH}$.

Dans cette formule, les termes nuisibles sont $\dfrac{Pv'^2}{2g}$, et surtout T_r ; nous allons

indiquer par quels procédés on arrivera à les réduire, et pour cela, il est nécessaire de considérer les diverses phases du mouvement.

Nous laisserons de côté le cas où l'eau est introduite en passant sous une
vanne ; elle possède nécessairement une vitesse relative assez considérable, et il

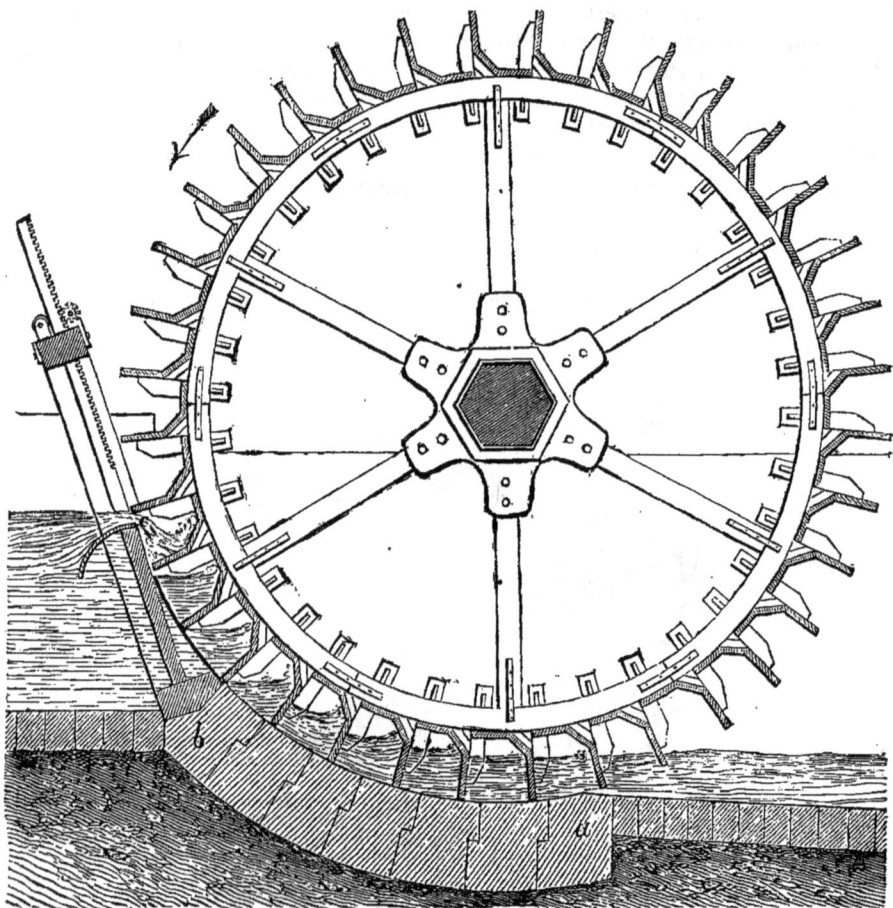

Fig. 202.

en résulte des chocs violents qui absorbent une notable partie de la force vive.

Il convient de prolonger le coursier cylindrique (*ab*) par une pièce de bois ou
de fonte (*bc*) que l'on appelle col de cygne, qui retient l'eau, et forme à la partie
supérieure un déversoir par où s'épanche la lame liquide.

La vanne est noyée derrière le col de cygne, et se termine par une partie arrondie qui forme le seuil du déversoir ; la vanne porte deux crémaillères latérales
qui permettent de la soulever plus ou moins de manière à proportionner au débit
variable de la rivière l'épaisseur de la lame d'eau admise dans la roue ; toutefois,
il est convenable que la variation d'épaisseur de la lame d'eau soit peu considérable ; avec une épaisseur faible, on a des contractions et des frottements ; avec
une forte épaisseur les filets liquides n'ont pas tous une bonne direction à l'entrée.

C'est pourquoi l'épaisseur de la lame d'eau doit être comprise entre 20 et 27 centimètres.

De la sorte, la vitesse d'écoulement est très-limitée, et, comme la roue tourne d'un mouvement très-lent, la vitesse relative de l'eau qui pénètre dans la cavité des aubes, est faible et les chocs sont insignifiants.

Pour éviter le choc de l'eau contre les aubes, la vitesse relative du liquide doit être, ainsi que nous l'avons déjà vu, tangente au premier élément des aubes. Comme en général la vitesse relative est très-faible, on ne s'en inquiète pas, et l'on place les aubes normalement à la circonférence de la roue.

Si cependant [cette vitesse relative n'était point négligeable, voici comme il faudrait déterminer le premier élément de l'aube :

La vitesse d'entraînement à la circonférence de la roue étant v, et la vitesse absolue de l'eau V, sa vitesse relative résultante de la vitesse absolue et de la vitesse d'entraînement prise en sens contraire) est u.

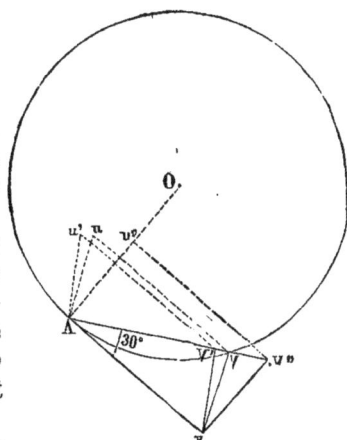

Fig. 205.

Cette vitesse ne peut être nulle que si $V = v$, et si V fait avec v un angle nul ; mais alors, il n'entrera pas d'eau dans la roue, et le courant s'écoulera tangentiellement à la circonférence de celle-ci.

Il faut donc adopter une autre disposition : la vitesse absolue V de l'eau fait d'ordinaire avec la circonférence, c'est-à-dire avec la vitesse v, un angle de 30°, et la vitesse relative de l'eau Au est égale et parallèle à la droite Vv qui joint les extrémités des vitesses absolue et d'entraînement.

La direction de la vitesse V est fixe et ne dépend que de la forme du seuil de la vanne ; mais sa valeur est variable avec l'épaisseur de la lame d'eau, et on en peut disposer de telle manière que la vitesse relative Au soit minima ; il suffit d'abaisser vV' perpendiculaire à AV et de fixer la hauteur de la lame d'eau de manière que sa vitesse soit représentée par AV' ; la vitesse relative sera alors Au' égale et parallèle à vV', et cette vitesse sera minima.

Le premier élément de l'aube sera donc dirigé suivant Au', laquelle droite fai avec la circonférence un angle

$$u'Av = u'AV + VAv = 90° + 30° = 120° ;$$

c'est un inconvénient, car l'aube se trouvera déjà verticale avant que le point A n'arrive à l'aplomb de l'axe de rotation ; l'eau s'échappera trop tôt, et, à l'émergence, les aubes tendront à soulever une certaine quantité d'eau prise dans le bief d'aval.

Par suite, il est nécessaire de recourir à une autre disposition : on fait passer la vitesse relative par l'axe O de rotation, elle est donc normale à la circonférence du tambour, et il en est de même de l'aube ; l'inconvénient signalé plus haut n'existe plus, et l'aube ne devient verticale que lorsque le point A arrive à l'aplomb de l'arbre.

L'angle VAv étant égal à 30°, on aura

(1) $\qquad u = v \tan 30° = 0,57 v \qquad$ et $\qquad$ (2) $\qquad V = \dfrac{v}{\cos 30°} = 1,15 v.$

Déterminons d'abord la vitesse v de rotation de la roue :

Soit P le débit de la chute ; l la largeur de la roue (déduction faite des cloisons transversales) ; h la hauteur dont les palettes entrent dans l'eau du bief d'ava lorsqu'elles se trouvent à l'aplomb de l'arbre ; (d) l'espacement moyen des aubes, mesuré sur la circonférence qui passe par le milieu de la hauteur h immergée, (n) le nombre d'aubes, R le rayon de la roue et v la vitesse d'un point situé sur sa circonférence extérieure.

Le volume d'eau contenu dans une aube qui passe à l'aplomb de l'arbre est $l\,h\,d$; chaque aube occupe sur la circonférence extérieure un arc $\dfrac{2\pi\mathrm{R}}{n}$, et comme v est la vitesse d'un point de cette circonférence, le nombre d'aubes, qui passe en une seconde, à l'aplomb de l'arbre est

$$\frac{v}{\left(\dfrac{2\pi\mathrm{R}}{n}\right)}=\frac{vn}{2\pi\mathrm{R}}.$$

Le volume d'eau dépensée par seconde est donc

$$\mathrm{P}=l.h.d.\frac{n}{2\pi\mathrm{R}}\cdot v.$$

Les indéterminées sont l, h, v ; on peut se donner deux d'entre elles, et en déduire la troisième. Il y a avantage, à certains points de vue, à réduire la vitesse de la roue, car on évite les chocs et la perte de force vive à la sortie. D'un autre côté, si la vitesse est faible, on ne pourra débiter le volume P qu'avec des dimensions considérables des augets ; il en résulte une roue lourde, coûteuse, produisant de grands frottements sur ses tourillons. Il faut donc adopter les dimensions indiquées comme les plus convenables par l'expérience :

La hauteur d'immersion des palettes, h, varie de $0^{\mathrm{m}},15$ à $0^{\mathrm{m}},25$;

La vitesse à la circonférence doit être voisine de $1^{\mathrm{m}},25$;

De ces deux nombres, on déduit la largeur de la roue.

Le débit est de 180 à 200 litres par seconde et par mètre courant de la largeur.

L'équation (2) nous a montré $\mathrm{V}=1{,}15.v$; V est donc déterminé, et la hauteur de chute correspondante est $\dfrac{\mathrm{V}^2}{2g}$, elle représente l'épaisseur de la lame d'eau qui se déverse au-dessus de la vanne ; la direction convenable (angle de 30° avec la circonférence) est donnée aux filets liquides par la partie arrondie qui termine la vanne et qu'on dispose en conséquence.

Cette partie arrondie a un autre avantage, c'est d'amoindrir la contraction qui se produit lorsqu'une lame liquide passe sur un déversoir limité à des arêtes aiguës ; la contraction entraîne toujours une perte de charge que l'on évite en modifiant peu à peu la direction des filets liquides.

La vanne d'admission doit, pour ainsi dire, être tangente à la roue, afin que l'eau tombe immédiatement du bief sur les aubes ; c'est une condition que nous avons déjà signalée ; de l'eau qui chemine éprouve des frottements souvent considérables soit sur elle-même, soit sur les parois qui la guident, et il faut réduire le plus possible le chemin parcouru.

Un peu avant la vanne d'admission, on ménage quelquefois dans le canal d'amenée une grande rainure transversale, destinée à recueillir les corps lourds de toutes espèces qui pourraient s'accumuler derrière la vanne et en gêner la manœuvre.

Le nombre des bras d'une roue de côté est d'ordinaire de six pour les roues de 3 à 5 mètres de diamètre ; ces bras, encastrés dans le tourteau central, viennent s'assembler dans la couronne qui porte les aubes.

Lorsque les aubes sont en tôle, on les fait courbes, comme pour la roue Poncelet, en plaçant le premier élément normal à la circonférence ; d'ordinaire les aubes sont en planches de chêne ou d'orme, bien dressées, de 25 millimètres d'épaisseur, taillées en biseau à leur extrémité de manière à ne laisser que fort peu de jeu entre elle et le coursier. Les aubes en bois affectent un contour polygonal. De la sorte, l'eau perd sa vitesse relative, non pas uniquement par choc et tourbillonnement, mais surtout en s'élevant sur la partie courbe des aubes métalliques ou sur le contour polygonal des aubes en bois.

A chaque secteur de la roue, c'est-à-dire à chaque arc compris entre deux bras successifs, correspond un certain nombre d'aubes ; l'espacement de ces aubes sur la circonférence extérieure est variable : dans les roues lentes, on le fait égal aux $\frac{4}{3}$ ou aux $\frac{3}{2}$ de la hauteur de la lame d'eau qui coule sur le déversoir ; dans les roues rapides, l'espacement doit être plus grand que l'arc intercepté par la lame liquide sur la circonférence du tambour. Un espacement trop grand est une cause de chute de l'eau, d'où résulte un choc et une perte de force vive ; avec un espacement trop faible, l'eau pénètre difficilement dans la roue et se trouve en partie projetée à l'extérieur.

La hauteur des aubes dans le sens du rayon est double de la hauteur (h) dont ces aubes sont immergées à l'aplomb de l'arbre, sans toutefois que cette hauteur puisse dépasser $0^m,70$.

L'axe de rotation de la roue est toujours à un niveau supérieur au bief d'amont ; théoriquement, il pourrait être au même niveau, et le diamètre de la roue serait à peu près le double de la chute ; mais, l'introduction de l'eau se ferait mal, vu la forme des palettes, qui sont à l'origine dirigées dans le sens du rayon, et il est convenable de placer l'axe à $0^m,50$ environ au-dessus du bief d'amont.

Il faut toujours avoir soin, dans le cas où les aubes forment des capacités ermées, de réserver une série de trous qui livreront passage à l'air et l'empêcheront de se comprimer.

Le coursier se fait quelquefois en bois ; on le supporte alors sur des pilotis recouverts de chapeaux que l'on dresse convenablement, et sur les chapeaux on applique un platelage. Lorsque le terrain se prête à une construction maçonnée, on ébauche le massif, on laisse les tassements se produire ; puis on met en place le gabarit de la roue que l'on recouvre d'un voligeage représentant le tambour extérieur ; c'est en se guidant sur ce gabarit que l'on achève le coursier au moyen d'un enduit de ciment, et l'on arrive ainsi à une grande perfection. Le jeu peut être réduit à 5 ou 6 millimètres, 1 centimètre au plus.

Le coursier est limité d'un côté par le mur de l'usine, appelé mur de tampanne, et de l'autre par un mur qui supporte le second palier de l'arbre, c'est le mur d'éperon.

Les chutes auxquelles s'applique avec avantage la roue de côté sont comprises entre 1 mètre et $2^m,50$, et le diamètre est compris entre 4 et 7 mètres.

La roue de côté convient surtout aux cours d'eau d'un débit régulier ; elle perd ses qualités lorsque le cours d'eau est soumis à des variations notables.

Le rendement en est assez considérable; il peut, par hasard, atteindre 90 0/0 ; mais, si l'on veut avoir une base certaine, il faut compter au plus sur 80 0/0.

Les pertes de charge et de force vive sont dues : 1° à la contraction qui se produit lors du passage sur le déversoir, on les réduit comme nous l'avons indiqué plus haut; 2° au choc qui se produit après l'entrée de l'eau, et qui annule la vitesse relative (u), il en résulte une perte de force vive $\dfrac{Pu^2}{2g}$, on la réduit en diminuant autant que possible la vitesse u, et en donnant aux aubes un profil courbe polygonal ; 3° au frottement de l'eau contre les parois du coursier, ce frottement augmente avec la vitesse de la roue; 4° à la dénivellation qui se produit entre l'eau à l'aplomb de l'arbre et le bief d'aval, elle n'est pas très-considérable, sauf pour les roues rapides, et on peut la corriger en adoptant le canal de fuite imaginé par M. Belanger.

Roue de M. Mary. — M. Mary a installé aux bassins de Chaillot, une roue de côté dont les aubes se meuvent dans un coursier annulaire.

Les aubes sont elliptiques, limitées latéralement, mais non sur toute leur hauteur par des anneaux en tôle, et emboîtées dans un coursier annulaire en ciment; à la partie supérieure, l'anneau s'évase en entonnoir pour recevoir l'eau du bief d'amont; à la partie inférieure, il se prolonge un peu au delà de l'aplomb de l'arbre, et se raccorde avec le bief d'aval.

Le coursier forme donc une sorte de conduite dans laquelle l'eau pénètre ; elle se trouve renfermée entre les aubes et descend en agissant sur celles-ci par son poids, comme si elle pressait la face d'un piston. Les aubes métalliques sont taillées par en dessous comme la proue d'un navire, et, par en dessus, comme la poupe d'un navire; on a voulu par là réduire les chocs et la résistance du liquide au mouvement de la roue.

Cet appareil, d'une construction assez compliquée, est à vitesse lente; il ne s'est pas propagé bien qu'on en ait obtenu un rendement de 75 à 80 0/0.

Roue Sagebien, ou roue vanne. — La roue Sagebien, de l'espèce des roues de côté, est un excellent moteur dont l'emploi s'est beaucoup développé dans ces dernières années; les détails de la construction sont bien différents de ceux que nous venons de décrire pour les roues de côté ordinaire.

Dans un mémoire inséré aux annales des ponts et chaussées (2me cahier de 1858), M. l'ingénieur Charles Leblanc a donné la description de la roue Sagebien; il en a fait une théorie mathématique complète, fort intéressante, mais qui sortirait du cadre de notre ouvrage. Nous nous contenterons de reproduire quelques extraits de son mémoire.

« La roue vanne (fig. 6, pl. III) est une roue de côté, à aubes planes emboîtées dans un coursier cylindrique.

Les aubes sont extrêmement hautes, ce qui donne à la roue un aspect tout particulier et en constitue, d'ailleurs, la disposition saillante.

A cette grande hauteur des aubes correspond nécessairement une grande profondeur d'eau sur le seuil, c'est-à-dire sur l'arête supérieure du coursier cylindrique, et en général sur tout le coursier; en un mot, la roue est noyée d'une manière entièrement inusitée.

En revanche, la vitesse à la circonférence est à peine égale à la moitié de celle qu'on donne aux plus lentes des roues de côté.

La roue vanne prend donc l'eau sur une très-grande hauteur avec une vitesse très-faible.

L'eau, en pénétrant dans les intervalles des aubes, conserve sensiblement le niveau du bief amont ; cependant, à l'instant où la communication d'un intervalle compris entre deux aubes va se fermer, parce que la seconde aube est sur le point d'atteindre l'arête supérieure du coursier cylindrique, il se produit une faible dénivellation. Une fois qu'elle est engagée dans les intervalles fermés, l'eau se comporte comme dans les intervalles inférieurs d'une roue lente de côté ; on ne remarque enfin aucune agitation à la sortie.

Il y a deux vannes motrices : la première se place en amont de la roue; elle est verticale et doit être entièrement levée quand la roue marche.

L'autre est une vanne cylindrique qui est disposée de manière à permettre de diminuer dans une certaine mesure la section de la prise d'eau.

Telles sont les dispositions caractéristiques de la roue-vanne.

Pour préciser les idées et faire connaître quelques dispositions particulières qui ne m'ont pas semblé assez remarquables pour figurer parmi les caractères de l'espèce, je donnerai la description détaillée de la roue d'Yvré-l'Évêque elle-même.

Cette roue a 6 mètres de largeur et 8 mètres de diamètre; elle porte soixante-quatre aubes de $0^m,02$ d'épaisseur; il y a donc à la circonférence, entre deux aubes consécutives, un intervalle libre de $0^m,3727$. Elle est destinée à faire de 1,50 à 2 tours par minute; ce qui donne une vitesse à la circonférence comprise entre $0^m,628$ et $0^m,838$ par seconde. Les aubes ont $1^m,95$ de hauteur ; elles ne sont pas dirigées suivant le rayon, elles sont relevées de telle sorte, que leur plan passe à $0^m,50$ de l'axe; mais sur les quinze derniers centimètres vers la circonférence extrême, elles font un angle qui les ramène dans la direction du rayon. Ce relèvement est en sens inverse de celui qu'on observe sur beaucoup de roues rapides, et qui a pour objet de faciliter l'émergement des aubes; il a pour résultat de rapprocher de la verticale les aubes qui viennent se présenter à la prise d'eau.

Le jour de l'expérience avant la mise en marche, l'arête supérieure du coursier cylindrique était de $1^m,80$ en contre-bas du niveau d'amont, et l'arête inférieure à $1^m,41$ au-dessous du niveau d'aval. Pendant la marche, et par suite de l'obstruction partielle du canal de fuite, cette dernière hauteur était portée à $1^m,53$.

L'arête supérieure du coursier cylindrique est à $3^m,41$ au-dessous de l'axe de la roue, et l'arête inférieure, par suite d'une erreur de pose, est à $4^m,08$, au lieu de $4^m,005$ au-dessous du même niveau. Ce coursier se prolonge un peu au delà de l'aplomb de l'axe, et comprend dans son développement un nombre entier d'intervalles ; il est suivi d'un abaissement brusque de 10 centimètres et d'un coursier plan de 3 mètres de longueur incliné à $0^m,013$ par mètre.

M. Sagebien a étudié avec beaucoup de soin les diverses dispositions de sa machine ; je compléterai cette description en faisant connaître les considérations qui l'ont déterminé à adopter chacune d'elles.

La vitesse à la circonférence des roues-vannes doit être de $0^m,60$ à $0^m,70$ par seconde, tandis que le minimum de vitesse recommandé pour les routes lentes de côté est de $1^m,50$.

On sait que, même pour ces dernières roues, les pertes principales de quantité de travail sont dues aux vitesses de l'eau à l'entrée et à la sortie de la roue; il était donc naturel de chercher à réduire encore ces vitesses. M. Sagebien y est parvenu en prenant le contre-pied des constructeurs de roues lentes, lesquels demandent ce résultat à la réduction de l'épaisseur de la lame d'eau d'alimentation ; il a donné une très-grande épaisseur à cette lame, et, par ce moyen il a pu réduire considérablement les vitesses nuisibles, tout en obtenant un grand débit par mètre courant.

Par la réduction des vitesses, il a augmenté le rendement, et l'accroissement du débit lui a permis de donner une quantité de travail déterminée avec une roue beaucoup moins large, et, par conséquent, beaucoup moins lourde, et dispendieuse qu'une roue lente ordinaire travaillant dans les mêmes conditions.

Si en effet la roue d'Yvré-l'Évêque, qui a 6 mètres de large, donne 60 chevaux avec 1 mètre de chute, chaque mètre de largeur produit 10 chevaux, tandis qu'une roue lente de côté avec la même chute, le sommet du déversoir étant à $0^m,20$ au-dessous du niveau d'amont, et le rendement étant de 0,80, donnerait 1,70 cheval par mètre de largeur seulement.

Le diamètre d'une roue vanne doit être grand, afin que la direction des aubes qui se présentent à la prise d'eau soit peu inclinée sur la verticale. C'est dans le même but que les aubes sont relevées par rapport au rayon.

M. Sagebien attache beaucoup d'importance à cette disposition, à laquelle il attribue une grande influence sur la facilité du remplissage des intervalles. Quant à l'influence nuisible qu'elle peut avoir sur la facilité de l'émergement des aubes, il ne paraît pas la redouter, tant que l'aube émergeante fait un angle d'au moins 45° avec l'horizon.

Le redressement des aubes dans la direction du rayon, sur les 15 centimètres les plus rapprochés de la circonférence, a pour objet de leur permettre de céder à un obstacle qu'elles viendraient à rencontrer sur le coursier. En effet, si la partie de l'aube voisine de la circonférence était relevée comme le reste, elle ferait un angle aigu avec le coursier, de telle sorte que, en pliant à la rencontre d'un obstacle, elle se rapprocherait de cette surface et anéantirait le jeu, tandis qu'un élément normal au cylindre s'en écarte en pliant.

Les aubes sont très-multipliées ; cette disposition a pour objet, d'une part, de réduire la perte due au jeu, et, de l'autre, d'empêcher qu'il ne s'établisse une dénivellation prématurée dans l'intervalle qui s'engage dans le coursier circulaire.

L'eau contenue dans un des intervalles compris entre deux aubes engagées dans le coursier cylindrique, tend à s'écouler dans l'intervalle qui le précède (sens de la marche de la roue) par le jeu ménagé entre la roue et le coursier. Cette perte est d'autant moindre que les différences de niveau entre les intervalles consécutifs sont plus petites ; or, toutes choses égales, d'ailleurs, ces différences elles-mêmes sont d'autant moindres que les aubes sont moins écartées les unes des autres. On diminue donc la perte due au jeu en multipliant les aubes.

La seconde des considérations invoquées pour motiver le rapprochement des aubes est contestable ; M. Sagebien, cependant, y attache beaucoup d'importance, comme à tout ce qui se rattache, dans sa pensée, à la réduction au minimum des pertes à l'entrée de l'eau dans la roue.

Si le niveau du bief aval était constant, le point le plus bas du coursier cylindrique devrait être à la profondeur nécessaire pour que le niveau de l'eau, dans le plus bas des intervalles fermés, fût celui du bief aval, ou tout au plus inférieur au niveau de ce bief de la hauteur qui ferait équilibre à la force centrifuge.

Dans le cas général, il faut prévoir les variations du niveau d'aval, et disposer le coursier et la vanne cylindrique de manière que ce niveau s'écarte le moins possible de celui de l'eau dans le premier des intervalles fermés (sens de la marche de la roue).

La vanne cylindrique donne le moyen de combattre, dans une certaine mesure, l'élévation du niveau du bief aval; car, en abaissant le sommet du coursier cylindrique, on augmente la hauteur de la colonne d'eau du plus élevé des intervalles engagés et, par conséquent, de tous les autres, sans accroître le cube d'eau débité dans une assez grande proportion pour que le niveau à l'aval de la roue soit sensiblement relevé.

Du reste, M. Sagebien considère comme très-faible la perte qui résulte de la différence de niveau qui peut exister entre l'eau de l'intervalle qui va se dégager et le bief aval, et nous verrons plus loin que sur ce point, comme pour la plupart des dispositions de la roue, son sentiment de mécanicien ne l'a pas trompé.

Résumé. — Il existe peu de récepteurs hydrauliques de cette puissance, et je crois pouvoir affirmer qu'il n'en existe pas avec une chute de 1 mètre. Mais, ce qu'il y a de particulièrement remarquable, ce sont les dimensions relativement peu considérables et le rendement élevé de cette puissante machine.

Sur ce dernier point, je suis persuadé qu'une roue-vanne bien montée, et marchant avec une vitesse à la circonférence de $0^m,30$ à $0^m,50$ par seconde, anrait un rendement d'environ 90 p. 100, supérieur, par conséquent, à celui des meilleures roues connues.

En résumé, l'invention de M. Sagebien est une idée simple autant que féconde, et qu'on ne devait pas s'attendre à voir tirer d'un sujet aussi épuisé que la roue hydraulique de côté.

Je crois, ainsi que je l'ai dit en commençant, la roue-vanne appelée à prendre une place importante parmi les récepteurs hydrauliques, et j'espère qu'il suffira d'une comparaison sommaire entre les plus perfectionnés de ceux qui sont le plus en usage aujourd'hui et la roue-vanne, pour faire partager ma conviction au lecteur.

Les meilleurs récepteurs hydrauliques employés aujourd'hui sont la roue Poncelet, la roue à augets, la roue lente de côté et la turbine.

La roue Poncelet convient aux chutes moyennes, sa puissance de débit est considérable, mais son rendement ne dépasse pas 60 p. 100.

La roue à augets convient surtout aux grandes chutes et aux petits débits.

La roue lente de côté convient aux chutes moyennes; son rendement est très-grand, mais elle est très-sensible aux variations de niveau du bief aval, et ses dimensions deviennent énormes dès qu'on veut utiliser un débit un peu considérable. Ces dernières considérations empêchent la plupart des constructeurs de monter de véritables roues lentes, et les amènent le plus souvent à donner la préférence à des roues bâtardes, dont le rendement est beaucoup moindre, mais qui débitent plus d'eau à largeur égale, et qui s'accommodent mieux des variations de niveau du bief aval.

La turbine convient aux chutes grandes et moyennes, sa puissance de débit est grande, son rendement considérable; elle est insensible aux variations de niveau des biefs, tant que la chute n'en est pas altérée; mais c'est une machine délicate pour laquelle on ne paraît pas encore sorti de la voie des tâtonnements; en outre, son rendement n'est vraiment considérable que pour un débit déterminé. Le premier de ces inconvénients est appelé sans doute à disparaître, mais il n'est nullement certain qu'il en soit ainsi du second.

Quant à la roue-vanne, elle est spéciale pour les petites chutes associées à un grand débit. On pourra évidemment avec elle utiliser d'importantes quantités de travail qu'on perd aujourd'hui, faute d'un récepteur convenable.

Pour les chutes moyennes, on ne peut lui comparer que la turbine et la roue lente de côté; or, elle l'emporte de tous points sur cette dernière, et la turbine trouvera en elle une rivale redoutable.

En effet, la roue-vanne a une puissance de débit au moins égale à celle de la turbine; elle est presque aussi insensible aux variations de niveau des biefs; son rendement reste à peu près constant, bien que sa puissance varie du simple au quadruple, et il ne descend pas au-dessous du rendement maximum de la turbine; enfin elle est d'une construction aussi simple et d'un emploi aussi sûr que la roue lente de côté.

La roue-vanne, d'ailleurs, me paraît devoir absorber ce dernier genre de roue dont elle a tous les avantages sans les inconvénients; et comme cette fois les dispositions indiquées par la théorie sont réalisables dans la pratique, il y a lieu d'espérer que, dans un avenir peu éloigné, ces innombrables roues de côté que les charpentiers en moulin construisent sur toute la surface de la France se seront rapprochées de la roue-vanne, et qu'ainsi la quantité de travail emprunté au cours d'eau, et mise à la disposition de l'industrie et de l'agriculture, se sera notablement accrue, sans qu'il y ait besoin d'attendre que le progrès industriel ait substitué partout les roues de mécanicien aux roues de charpentier. »

M. Leblanc a donné à la roue Sagebien le nom de roue-vanne, pour exprimer que l'eau agissait sur ces grandes aubes successives, comme elle ferait sur une série de vannes parallèles, équidistantes, se mouvant parallèlement à elles-mêmes le long d'un plan incliné, dont la hauteur est celle de la chute. C'est avec cette hypothèse, qui, en somme, vu le grand diamètre des roues Sagebien, s'écarte peu de la vérité, que M. Leblanc a établi ses calculs théoriques sur l'engin qui nous occupe.

Pour terminer ce que nous voulions dire sur la roue Sagebien, nous ne pouvons mieux faire que de donner quelques paragraphes du rapport présenté sur ce sujet, par M. Tresca, à la Société d'encouragement pour l'industrie nationale :

« La roue Sagebien doit être classée parmi les roues dites de côté, emboîtées dans un coursier circulaire, dans lesquelles l'eau arrive latéralement par une vanne en déversoir, disposition qui est assez connue pour que l'on comprenne immédiatement la disposition nouvelle par la seule indication des différences caractéristiques qu'elle présente par rapport à ces roues de côté.

Celles-ci sont armées de palettes assez espacées, de faible longueur, sur lesquelles l'eau arrive avec une vitesse qui doit être, au point de vue théorique, pour le maximum d'effet utile, en rapport avec celle de la roue. Le filet moyen de la nappe ne rencontre la palette qu'après avoir acquis une certaine vitesse en tombant d'une certaine hauteur, et l'analyse indique les conditions les plus favorables dans lesquelles il convient de restreindre cette vitesse qui est toujours faible, la hauteur du niveau d'amont au-dessus de la crête du déversoir étant rarement supérieure à $0^m,30$. L'eau qui est venue agir sur l'une des palettes se maintient dans l'auget correspondant, qui ne se trouve ainsi alimenté que pendant un très-petit parcours et qui ne peut s'emplir que partiellement, au risque de donner lieu à un déversement par l'intérieur de la roue.

Par suite de ces conditions, les roues à palettes planes, emboîtées dans un coursier circulaire, ne débitent habituellement que 200 litres d'eau par seconde et par mètre de largeur; elles sont d'une bonne application pour les chutes supérieures à 2 mètres, mais surtout pour des chutes de 3 à 5 mètres, et, bien que leur effet utile se réduise quand elles sont noyées à l'aval, elles sont, sous ce rapport, plus favorables que les roues à augets.

La roue de M. Sagebien a des palettes plus rapprochées, d'une longueur beaucoup plus grande et variant de $1^m,50$ à 2 mètres, et elle est alimentée par une nappe d'eau dont l'épaisseur dépasse quelquefois $1^m,60$. Le débit de l'eau affluente se fait ainsi dans plusieurs augets à la fois, et l'eau s'élève dans tous ses augets, à un niveau très-peu différent du niveau d'amont, sous l'action de la pression motrice à laquelle elle ne cesse d'être soumise pendant un assez long parcours, et qui ne communique dès lors au liquide aucune augmentation de vitesse.

Il résulte de ces conditions que la roue Sagebien peut dépenser jusqu'à 1,000 ou 1,200 litres par seconde et par mètre de largeur. Elle convient surtout aux faibles chutes de $0^m,60$ à $1^m,50$, et la nécessité dans laquelle on se trouve de limiter suffisamment la vitesse à la circonférence, pour assurer le remplissage complet des augets, lui donne, en outre, la propriété de fonctionner très-bien lorsqu'elle est noyée à l'aval, fût-ce même de toute la hauteur des aubes. La roue ordinaire ne doit être noyée ni à l'amont ni à l'aval, et l'on peut dire, par opposition, que la roue Sagebien peut être, au contraire, noyée des deux côtés ou, en quelque sorte, plongée dans l'eau motrice sans s'éloigner des meilleures . conditions d'un bon fonctionnement.

La vitesse des roues ordinaires peut s'élever, à la circonférence des palettes, à 2 mètres par seconde; celle de la roue Sagebien ne doit pas dépasser $0^m,60$ à $0^m,80$, rarement atteindre $0^m,90$, ce qui exige, par suite de la grande longueur des palettes, que sa rotation soit très-lente. La plupart des roues de ce système que nous avons examinées ne font qu'un tour et demi par minute, deux tours au plus, et ce mode d'exécution exige, dès lors, des diamètres très-considérables, de 6 à 9 mètres, souvent de 12 mètres, suivant que l'on doit utiliser des chutes de 1 mètre ou des chutes de 2 à 4 mètres, pour lesquelles on ne donnerait à la roue ordinaire que 6 mètres seulement.

La roue de Trilbardou a 11 mètres de diamètre et $2^m,50$ de longueur d'aube; ce grand diamètre était nécessaire pour parer aux crues fréquentes de la Marne et pour pouvoir marcher parfois lorsqu'on est noyé de $2^m,50$ à 3 mètres.

Ajoutons à cette considération que la lenteur même des roues exige, pour un travail donné, des efforts très-grands à la circonférence des organes de transmission et que, par conséquent, le nouveau système exige tout à la fois une charpente robuste ou des engrenages plus robustes encore.

Dans les roues ordinaires, les palettes sont habituellement dirigées suivant les rayons; dans les roues Sagebien, les palettes en charge passeraient, si elles étaient prolongées, notablement au-dessus du centre, et il nous semble que cette disposition, dont la raison n'a pas été donnée, suivant nous, d'une manière satisfaisante, est de nature à doter la nouvelle roue d'une partie des avantages de la roue Poncelet. Au moment où elle s'immerge, cette aube est inclinée à 40 degrés sur l'horizon, et l'on voit l'eau s'y étaler tranquillement à mesure que l'immersion augmente. Il est évident que le petit flot qui en résulte est influencé dans son amplitude par la vitesse même de l'eau d'amont, et qu'ainsi la force vive due à cette vitesse se dépensera en partie par une élévation de l'eau sur la palette, élévation à la suite de laquelle le travail ainsi dépensé pourra être restitué à la roue par un flot inverse, avant que l'immersion soit terminée. La courbure des aubes de la roue Poncelet n'a pas d'autre but; mais on sait qu'elle a résolu le même problème pour des vitesses de rotation beaucoup plus grandes, en réalisant, pour la première fois, un principe qui restera l'un des titres les plus sérieux de l'illustre géomètre à la reconnaissance de la science mécanique, qui lui doit tant d'autres créations importantes.

L'utilisation de la vitesse de l'eau dans le bief d'amont, qui n'est jamais comptée dans l'évaluation du travail moteur, pourrait expliquer, pour une petite part, le rendement excessif des roues Sagebien dans la plupart des expériences faites.

Ces roues agissent à la manière d'un compteur dans lequel le liquide serait déposé tranquillement, et qui se mouvrait plein d'eau, de manière à déposer, avec la même tranquillité, le produit de chacun de ses compartiments dans le bief d'aval.

En fait, la nappe d'eau affluente conserve une surface unie et horizontale qui permet, au besoin, d'en observer le niveau, et, au sortir de la roue, le liquide n'est pas plus agité qu'à l'entrée ; il n'y a ni clapotement ni émulsion, et le silence très-remarquable de la roue répond assurément au grand produit de l'effet utile, de la réalisation très-approximative des conditions théoriques de l'entrée de l'eau sans choc et de sa sortie sans vitesse.

C'est surtout dans les départements du Pas-de-Calais, de la Somme et de la Seine-Inférieure, que M. Sagebien a réussi à faire adopter son système de roues ; celle de 90 chevaux, établie chez M. Sement, à Serquigny (Eure), est une des plus importantes.

Quelques-unes de ces roues doivent d'ailleurs être mentionnées plus spéciale- ment. Sept d'entre elles ont remplacé des turbines, avec un avantage très- marqué, dans le produit des usines. Chez M. Fresné, on a remarqué le même avantage par rapport à la roue Poncelet que la nouvelle installation remplaçait ; il en a été de même à Brunoy par rapport à une roue de côté.

Le choix, fait par M. Fontaine, de la roue Sagebien, pour ses moulins de Chartres et de Dreux, démontre surabondamment que cet habile constructeur n'aurait pas espéré le même résultat en y employant ses turbines.

A Villers-Saint-Pol et à Yvré-l'Évêque, les roues continuent à marcher dans les hautes eaux, alors que les usines voisines sont arrêtées par le remous de l'Oise. Enfin, on remarquera que la chute utilisée à Eu, chez M. Plouard, ne dépasse pas $0^m,25$.

A l'inverse, une roue de 10 mètres, établie plus récemment pour la filature de M. Mulendorf, près de Verviers (Belgique), utilise une chute de $4^m,20$; elle y remplace deux turbines disposées pour fonctionner alternativement pendant les plus grands et les plus faibles débits.

On voit déjà, par les indications qui précèdent, que les roues de M. Sagebien sont sérieusement entrées dans la pratique ; mais on se fera une plus juste idée de l'efficacité du système en s'arrêtant à l'examen qui nous reste à faire des expériences de rendement déjà publiées et qui ont un caractère officiel. Ces expériences sont les suivantes :

Roue de M. Pecourt, à Amiens.	0,90	M. de Marsilly.
Roue de l'établissement hydraulique d'Amiens..	0,94	M. Liénard.
Roue de MM. Trail et Lawson, à Beaurain. . .	0,88	
Roue de M. Queste, à Rouquerolles..	0,85	
Petite roue de 10 chevaux, à Châlons	0,93	
Roue de M. Raupp, au Houlme.	0,88	M. Slaw.ski.
Roue de M. Duboc, à Camy..	0,90	

Roue de M. Cœurderoy, à Brionne.	0,88	
Roue de M. Despoisses, à Brionne.	0,85	
Roue de M. Sement, à Serquigny.	0,93	MM. Tresca, Faure et Alcan.
Roue de M. de Croix, à Serquigny.	0,92	M. de Bernay.
Roue de MM. Gresle et Toury, à Yvré-l'Évêque.	0,86	MM. de Hennezel et Leblanc.
Roue de Saint-Mars-la-Bruyère.	0,85	MM. Julien et Ponton d'Amécourt.
Roue de Trilbardoux (en eau montée).	0,70	MM. Belgrand et Huet.

En citant sans commentaire ces résultats, nous sommes certainement en droit d'en conclure que, si les jaugeages ont été bien faits, le rendement de ces différentes roues est supérieur à 80 p. 100, c'est-à-dire à un chiffre qu'aucun système de récepteur hydraulique n'avait encore présenté.

Ce n'est pas trop de ce grand nombre de résultats pour faire accepter un re n dement aussi élevé, que M. Sagebien, de son côté, regardera, non sans quelque raison, comme inférieur au rendement réel.

Nous proposons à votre sanction, avec une entière conviction, les conclusions suivantes qui renferment notre opinion sur le système de roue de M. Sagebien :

1° Le système de la roue Sagebien est éminemment favorable à l'utilisation des petites chutes ;

2° Son effet utile atteint et dépasse 80 p. 100, même lorsque les niveaux varient dans de grandes limites et que la roue se trouve noyée d'une manière notable ;

3° Ce rendement est complétement assuré lorsque la roue ne fait qu'un tour et demi à deux tours par minute. Cette dernière vitesse ne doit pas être dépassée ;

4° Malgré les inconvénients de cette lenteur, ce système de roue a fourni, dans plusieurs circonstances, un rendement supérieur à 80 p. 100, en mesurant le travail fourni sur un arbre faisant de 40 à 60 tours par minute ;

5° La largeur de la roue, à égal débit, est beaucoup moindre que celle de la roue de côté, emboîtée dans un coursier circulaire, parce que l'on peut admettre l'eau dans la roue sur une hauteur beaucoup plus grande, et qui, dans certains cas, peut atteindre et dépasser 2 mètres.

5. Roues à augets. — Dans les roues de côté, deux aubes successives forment avec les bajoyers du coursier, qui les limitent latéralement, un vase ou auget presque fermé ; cependant, le jeu latéral existe toujours et donne lieu à une perte de liquide.

On se sert souvent de la roue à augets, dans laquelle les aubes sont comprises entre deux couronnes latérales montées sur la roue, de sorte que l'eau se trouve contenue dans de véritables auges fermées.

Quelquefois, notamment en Angleterre, l'introduction de l'eau se fait par le côté ; mais, cette disposition est médiocre, car, on ne peut donner aux augets une forme qui retarde le déversement de l'eau, lorsqu'elle arrive au-dessous du diamètre horizontal de la roue, et de plus, la première impulsion de l'eau, due à sa vitesse, tend à faire tourner la roue en sens inverse de son mouvement normal. Cet engin est donc peu usité.

On ne rencontre guère que la roue à augets, dite roue en dessus, représentée par la figure 204, les augets sont limités par une surface courbe en tôle ; l'eau du bief supérieur est amenée par un canal en charpente presque à l'aplomb de l'arbre ; l'eau, déposée dans les augets, agit par son poids et descend avec une vitesse modérée, jusqu'à ce qu'elle se déverse à la partie inférieure de la roue.

On voit sur la figure une roue à augets qui actionne une roue à seaux, destinée à élever une partie de l'eau du bief d'amont.

Avant d'aborder les détails, étudions sommairement les conditions dans lesquelles il convient d'établir ce récepteur pour en obtenir un bon rendement.

Le travail transmis aux augets sera d'autant plus grand qu'ils recevront une plus grande partie de l'eau qui descend, et que celle-ci y entrera avec moins de vitesse relative par rapport aux augets, puisque c'est cette vitesse relative qui

Fig. 204.

donne lieu aux pertes de travail dues aux bouillonnements, aux frottements e aux ébranlements que la roue peut prendre et communiquer au sol environnant. On voit aussi évidemment que l'eau, quittant les augets avec la vitesse de ceux-ci, possédera encore une certaine force vive, et n'aura pas transmis tout le travail dû à la chute. Conséquemment, il faudra donner à la roue le moins de vitesse possible ; il suffit que l'eau de la rivière puisse s'écouler en passant ainsi par les augets. Si donc on a plus d'eau à y faire passer, il vaudra mieux donner plus de largeur à ces augets que d'augmenter leur vitesse. Il ne faudra pas non plus donner trop d'épaisseur à la lame d'eau qu'ils reçoivent, parce qu'il y aurait une différence trop sensible entre les vitesses du dessus et du dessous de cette lame, et qu'il en résulterait des frottements et des ébranlements plus sensibles à son entrée dans les augets.

Comme l'eau qui arrive sur la roue doit passer dans un espace que les localités limitent ordinairement, il faut bien qu'elle ait une certaine vitesse. Pour profiter le plus possible de celle-ci, on fait arriver l'eau un peu en arrière du diamètre vertical de la roue, afin que l'impulsion produise une certaine surélévation.

Pour que la chute de l'eau qui tombe dans les augets soit aussi faible que possible, le fond du coursier doit être très-mince et arriver tangentiellement à la circonférence de la roue. D'ordinaire, ce coursier est en bois, et se prolonge par un fond en tôle ; la lame de tôle est très-mince et réalise parfaitement la condition précédente.

Il faut aussi avoir soin d'emboîter la roue dans un canal qui empêche qu'une partie de l'eau fournie par le bief ne coule dans le coursier sans entrer dans les augets. Il est clair en effet que ce liquide qu'ils ne reçoivent pas ne peut transmettre aucun travail à la roue ; aussi a-t-on l'habitude de prolonger les joues du canal d'amenée bien au delà de l'aplomb de l'arbre, ainsi qu'on le voit sur la figure de manière à empêcher la déperdition latérale de l'eau.

Par suite de la configuration des augets, une partie du liquide sort avant d'être arrivée au bas de la chute ; il ne transmet donc pas tout le travail qu'il reçoit de la gravité et qu'il aurait pu communiquer. Il faut donc calculer la forme des augets de telle sorte que l'introduction de l'eau soit suffisamment facile et que cependant elle s'échappe le plus tard possible. Une autre cause de déversement peut être la vitesse exagérée de la roue ; dans ce cas, la force centrifuge prend une valeur suffisante pour donner une forme concave à la surface de l'eau dans les augets, et, à volume égal, la hauteur occupée par l'eau dans l'auget devient plus considérable.

Le poids de l'eau que fournit la chute, et qui entre dans les augets, produira, par sa descente du bief supérieur au bief inférieur, une quantité de travail qui se partagera en deux parties : une portion sera employée à donner à l'eau qui arrive sur la roue une certaine force vive ; l'autre sera transmise aux augets pendant qu'ils descendent avec le liquide. La première portion, c'est-à-dire la force vive qu'a l'eau à son entrée dans l'auget, se partagera en trois parties : une première sera perdue en bouillonnements de l'eau et en ébranlements de l'auget et de la roue ; une seconde sera transmise à cet auget et produira un certain travail moteur, que la roue transmettra en même temps que celui qui sera dû au poids de cette eau ; enfin, une troisième sera la force vive qui restera à l'eau en quittant l'auget. Il est clair que, de ces trois parties, une seule sera employée utilement, les deux autres seront perdues sans profit : il faut donc chercher à rendre la somme de ces pertes aussi petite que possible. Or, pour cela, il suffit de faire tourner la roue le plus lentement possible et de faire entrer l'eau dans l'auget avec une faible vitesse.

La roue à augets ne doit pas arriver à des dimensions considérables, sans quoi elle deviendrait lourde et coûteuse ; elle convient donc parfaitement à une grande chute accompagnée d'un faible débit.

Elle convient bien à un cours d'eau dont le débit est peu variable ; si le débit augmente, l'introduction se fait dans de mauvaises conditions. L'appareil étant calculé pour un débit moyen, il ne faut pas s'inquiéter outre mesure de ce qui peut arriver en temps de crue ; le rendement devient alors beaucoup moindre, mais la quantité de travail recueilli ne diminue pas toujours.

C'est dans le cas où le débit est trop variable qu'on a été conduit à adopter la roue à augets qui reçoit l'eau de côté : la vanne de retenue porte un certain nombre d'orifices étagés, que l'eau traverse pour tomber à peu près verticalement dans les augets ; suivant que le débit augmente ou diminue, on augmente ou on diminue le nombre des orifices ouverts. Mais c'est toujours un mauvais système, car l'eau, en s'écoulant verticalement, prend une grande vitesse qui disparaît en chocs et tourbillonnements.

Les considérations précédentes suffisent à indiquer les conditions d'une bonne construction de roue à augets ; nous allons les compléter par quelques détails r

1° Quelle est la forme qu'affecte la surface de l'eau dans les augets pour une vitesse angulaire ω de la roue.

Soit (cd) le profil de cette surface ; une molécule liquide (m) est sollicitée pa plusieurs forces sous l'influence desquelles elle est en équilibre (nous admettons que l'agitation due à l'introduction de l'eau a cessé). Si cette molécule est en équilibre, c'est que la résultante des forces qui agissent sur elle est normale à la surface, sans quoi cette molécule glisserait à droite ou à gauche, en vertu de la fluidité du système. Or la molécule, de masse μ, est soumise 1° à son poids p, qui est vertical, 2° à la force centrifuge $\mu\omega^2 r$, dirigée suivant mq, prolongement du rayon Om; donc la diagonale (mr) du parallélogramme $mprq$ est normale à la surface. Prolongeons cette diagonale jusqu'en (a); les deux triangles oam, mpr, sont semblables et l'on a $\dfrac{oa}{mp} = \dfrac{om}{pr}$, mp

Fig. 205.

est le poids de la molécule liquide. On a donc $mp = \mu g$, $om = r$, $pr = \mu\omega^2 r$, et la formule précédente donne

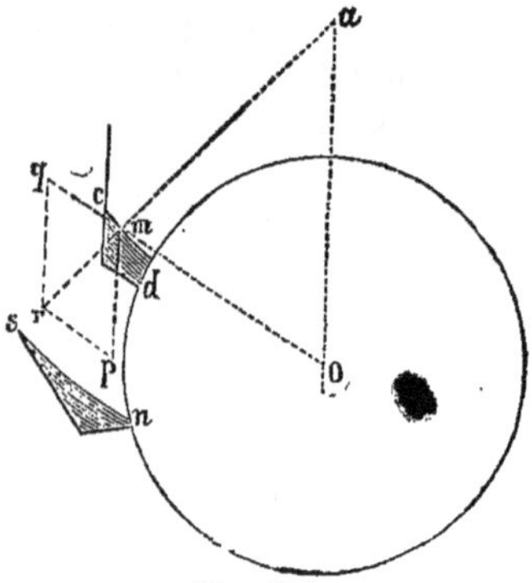

$$0a = \mu.g.\frac{r}{\mu.\omega^2 r} = \frac{g}{\omega^2}.$$

Ainsi la longueur oa est constante, quelle que soit la position du point m; les normales à la surface (cd) concourent toutes en un même point; le profil de cette surface est donc un arc de cercle décrit du point (a) comme centre.

Connaissant le volume d'eau qui entre dans chaque auget, on cherchera par tâtonnement l'arc de cercle qui limite ce volume dans chaque position de l'auget; on voit que l'équilibre n'est pas absolu, puisque le rayon de cet arc change à chaque instant, ainsi le liquide contenu dans les augets se déplace sans cesse d'une manière plus ou moins sensible. Il arrive un moment où l'arc de cercle prend la position ns, qui affleure l'extrémité de l'auget et à ce moment le déversement commence.

Il faut que la vitesse angulaire ω soit assez forte pour que la distance (oa) n'ait pas une valeur relativement considérable; dans les cas ordinaires, la courbure et l'inclinaison de l'eau dans les augets sont assez faibles pour qu'on puisse les négliger. On admet que la surface du liquide est toujours horizontale, et, alors, connaissant le volume d'eau qui entre dans chaque auget, il est facile de construire par tâtonnement le profil noyé dans chaque position de cet auget. En particulier, on trouvera à quel moment le déversement commence, et pour toutes les positions subséquentes, le volume d'eau maintenu par l'auget ira en diminuant, et son niveau passera par l'arête extérieure de l'auget.

En construisant à grande échelle un profil de la roue, on pourra construire graphiquement le profil de l'eau dans tous les augets à un moment donné.

2° Déterminer le volume d'eau qui pénètre dans un auget.

Appelons l la largeur de la roue, n le nombre des augets, P le débit du cours d'eau par seconde, v ou ωR la vitesse de la roue à la circonférence; un auget occupe sur cette circonférence un arc $\dfrac{2\pi R}{n}$, le nombre d'augets, qui passe par seconde en un point donné, est donc $\dfrac{v}{\left(\dfrac{2\pi R}{n}\right)} = \dfrac{vn}{2\pi R}$ et ces augets doivent absorber sur une largeur l le débit P ; la part qui revient à chacun, par mètre courant de largeur, est donc

$$\frac{P}{l.\frac{vn}{2\pi R}} = \frac{2\pi.R.P}{n.l.v.}$$

cette expression donne en mètres carrés la superficie minima du profil d'un auget. Le plus souvent le profil de l'auget est déterminé d'avance, et c'est la largeur l de la roue qu'il s'agit de déterminer ; si S est la surface du profil, on a

$$S = \frac{2\pi.R.P}{n.lv}, \qquad \text{ou} \qquad l = \frac{2\pi.R\ P}{n.v.S}.$$

3° Calcul du rendement d'une roue à augets.

La vitesse V avec laquelle l'eau arrive sur la roue est celle que prend cette eau dans le canal d'amenée ; cette vitesse est variable avec les dispositions adoptées' et avec la charge de la vanne sous laquelle on fait passer quelquefois l'eau avant de l'envoyer sur la roue. Il sera dans tous les cas facile de trouver cette vitesse V ; si v est la vitesse de la roue à sa circonférence, la vitesse relative de l'eau qui est dirigée à peu près tangentiellement à la circonférence, est $V - v$. Une partie de cette vitesse sert bien à communiquer une certaine impulsion à la roue, mais il est plus sage d'admettre que cette vitesse tout entière est absorbée par les chocs.

D'où, une perte de force vive égale par seconde à $\frac{P}{g}(V - v)^2$.

D'autre part, l'eau qui quitte la roue possède la vitesse v de cette roue, nouvelle perte de force vive $\frac{P}{g} v^2$.

Enfin, il y a lieu de tenir compte de la perte de force vive due à ce que une partie de l'eau se déverse avant d'être arrivée au bas de la course. Il sera facile de la calculer approximativement de la manière suivante :

Supposons que le déversement commence à l'auget n, situé à une hauteur h au-dessus du bief d'aval ; l'auget suivant $(n + 1)$ a perdu un volume p_1 d'eau, et cet auget est à la hauteur h_1, le poids p_1 d'eau est donc tombé inutilement d'une hauteur $\frac{h + h_1}{2}$, et le travail perdu est $p_1 \left(\frac{h + h_1}{2}\right)$; l'auget $(n + 2)$, située à une hauteur h_2 a perdu par rapport à l'auget $(n + 1)$ un volume p_2, d'où résulte une perte de travail égale à $p_2 \left(\frac{h_1 + h_2}{2}\right)$... et ainsi de suite, jusqu'à l'auget qui se trouve complétement vide, un peu avant d'arriver à l'aplomb de l'arbre.

Cette perte de travail par le déversement des augets se produit pour une rotation de la roue mesurée par l'arc qui s'étend depuis le point où le déversement commence jusqu'à l'extrémité inférieure du diamètre vertical de la roue ; soit A cet arc ; en une seconde la fraction parcourue de cet arc sera $\frac{v}{A}$, et la fraction de travail perdu sera la même ; (cela s'applique évidemment à une moyenne de temps, et non pas à un intervalle d'une seconde, choisi à un moment déterminé).

Les quantités précédentes seront faciles à obtenir graphiquement, et en résumé, le travail moteur T_m, recueilli par la roue sera

$$T_m = PH - \frac{P}{2g}(V-v)^2 - \frac{P}{2g}v^2 - \frac{v}{A}\left\{ p_1\left(\frac{h+h_1}{2}\right) + p_2\frac{h_2+h_1}{2} + p_3\frac{h_2+h^3}{2}\cdots\right\}.$$

Et le rendement du moteur s'exprimera par $\frac{T_m}{PH}$.

4° Détails pratiques de construction.

En tête du canal d'amenée est une vanne, qui laisse passer sous elle une lame d'eau de $0^m,06$ à $0^m,10$ de hauteur, et la hauteur totale de l'eau sur le fond du canal est de $0^m,20$ à $0^m,25$. La lame liquide a donc une hauteur très-faible, et c'est ce qui facilite son introduction dans les augets. L'inconvénient de cette faible épaisseur est la vitesse qu'il faut donner au liquide afin d'absorber le débit ; nous avons vu en effet que cette vitesse disparaissait par les frottements et les chocs. Toutefois, il ne faut pas s'exagérer outre mesure la perte occasionnée par une vitesse même notable, car la hauteur de chute correspondant à une vitesse est $\frac{v^2}{2g}$, c'est-à-dire environ $\frac{1}{20}$ du carré de cette vitesse. Lorsque la chute est considérable, la perte, due à une assez forte vitesse, est, relativement peu de chose.

Le débit par mètre courant de largeur ne doit guère dépasser 100 litres, sans quoi on serait exposé à avoir des augets trop profonds, ou à adopter pour la roue une vitesse trop rapide.

La plus petite distance que l'on observe entre les aubes de deux augets consécutifs est égale en général à la hauteur de la lame liquide augmentée d'un centimètre. La distance des augets sur la circonférence de la roue est d'environ $0^m,30$, non compris l'épaisseur des aubes qui est de $0^m,03$ lorsqu'elles sont en bois et de $0^m,002$ à $0^m,004$ lorsqu'elles sont en tôle. Cet écartement des augets sur la circonférence est souvent pris égal à la hauteur de la couronne pleine qui les limite latéralement. Le nombre des augets doit être divisible par le nombre des secteurs dont la roue est composée; c'est un principe qui s'applique surtout aux roues en bois.

La forme ancienne des augets est donnée par ABD (fig. 206); on divise la circonférence extérieure de la roue en un certain nombre de parties égales, représentant l'espacement des aubes; les points successifs de division, tels que C et D sont joints au centre. On prend la profondeur CA ; égal à l'écartement, et l'on divise cette profondeur en deux parties égales au point B ; on décrit les circonférences qni passent en A et en B, et l'on adopte pour le profil de l'aube les deux droites AB et BD.

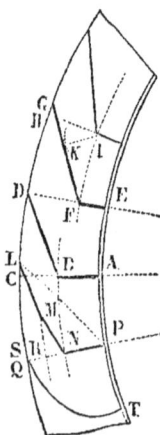

Fig. 206.

D'après d'Aubuisson, il faut prendre $EF = \frac{1}{3}ED$, et mener la ligne FG faisant avec FE un angle de 110° à 118°; la droite GF coupe la circonférence extérieure sous un angle de 31°. La plus petite distance IK entre deux aubes consécutives est égale au moins à l'épaisseur de la lame liquide augmentée de 0,01. D'après les données précédentes, cette plus petite distance peut être prise égale à $0^m,10$ ou $0^m,11$.

Il est à remarquer qu'avec le système d'Aubuisson les aubes présentent, l'urc par rapport à l'autre, un léger recouvrement GH; c'est une bonne disposition, qui augmente la profondeur de l'auget parallèlement à la circonférence, et qui retarde le déversement ; on peut l'appliquer au profil ABD. Toutefois, ce serait un tort que d'aller trop loin dans cette voie, parce que l'on arriverait à gêner l'introduction de l'eau.

Certains constructeurs ont eu recours à la forme brisée LMNP, qui augmente la capacité de l'auget, mais qui complique beaucoup la construction.

Mieux vaut alors recourir à un profil en tôle, tel que ST qui fait avec la circonférence un angle de 30° environ, et coupe normalement en T la circonférence intérieure ; on a ainsi une capacité beaucoup plus grande, l'espace inutile est réduit puisque l'épaisseur est beaucoup moindre, et les chocs ont un effet moins nuisible.

La direction donnée à la lame d'eau, ou à son filet moyen, doit être telle, que sa vitesse relative passe juste entre deux aubes consécutives ; on connaît donc la direction de la vitesse relative, on connaît en outre la vitesse d'entraînement, c'est-à-dire la vitesse à la circonférence de la roue, et on a la valeur, mais non la direction de la vitesse absolue V. On pourra donc construire le parallélogramme des vitesses, et obtenir la direction de la vitesse V. On inclinera suivant cette direction la lame de tôle qui prolonge le fond du canal d'amenée.

La vitesse d'une roue à augets doit être très-faible ainsi que nous l'avons dit ; cependant, nous avons montré, à propos d'une roue, qu'il convenait dans la pratique de ne point réduire indéfiniment cette vitesse. Aussi, la meilleure vitesse pour une roue à augets doit-elle être comprise entre 1 mètre et 1^m,50.

La roue à augets, avons-nous dit, s'applique parfaitement à des chutes d'un faible débit et d'une grande hauteur. Cependant, il est rare que la hauteur de chute puisse dépasser beaucoup 6 ou 8 mètres, surtout lorsque le débit est un peu considérable, car la roue a pour diamètre la hauteur de chute. Nous avons vu cependant fonctionner des roues à augets d'un diamètre bien supérieur ; mais elles étaient alimentées par des sources très-faibles.

Lorsque la chute est inférieure à 3 mètres, il vaut mieux recourir à des roues de côté.

Le rendement d'une roue à augets, bien construite et tournant lentement, peut atteindre 75 à 80 0/0. Mais, avec une vitesse rapide, on ne tarde pas à descendre à 50 et 40 0/0.

La figure 7, pl. III, empruntée au portefeuille des machines de M. Oppermann, représente une roue à augets en dessus, construite par M. Touaillon, à Paris. Sur un arbre en bois sont montés des croisillons en fonte, sur lesquels s'assemblent des bras en bois. Ces bras portent des couronnes latérales dans lesquelles sont encastrées des aubes en tôle recourbée ; chaque aube se replie en dessous et vient se river sur la précédente, de manière à former l'auget. Les couronnes latérales sont réunies par des boulons en fer. Le fond des augets est percé de petits trous pour laisser passage à l'air. La profondeur des augets est de 0^m,30 et leur distance sur la circonférence extérieure est de 0^m,32.

Pour terminer ce qui est relatif à la roue à augets, nous citerons encore la roue de côté inventée par M. Millot (fig. 207) :

Sur un arbre en fer sont montés des tourteaux en fonte E, qui encastrent des bras en bois B ; ces bras en bois portent deux couronnes latérales en bois, entre lesquelles la coupe est censée faite, et dans ces couronnes sont encastrés des augets en tôle deux fois recourbée ; ceux de ces augets C qui se trouvent à l'extrémité des bras sont mixtes, la partie CC′ est en fonte et se boulonne sur les bras parallèles et sur l'entre-toise en fonte qui les réunit, la partie CC″ est en tôle ; les autres augets, tels que D, sont entièrement en tôle. Les deux couronnes latérales en bois sont reliées par des boulons de fer dont on voit la section. Les arêtes des augets sur la circonférence extérieure sont très-rapprochées, elles le

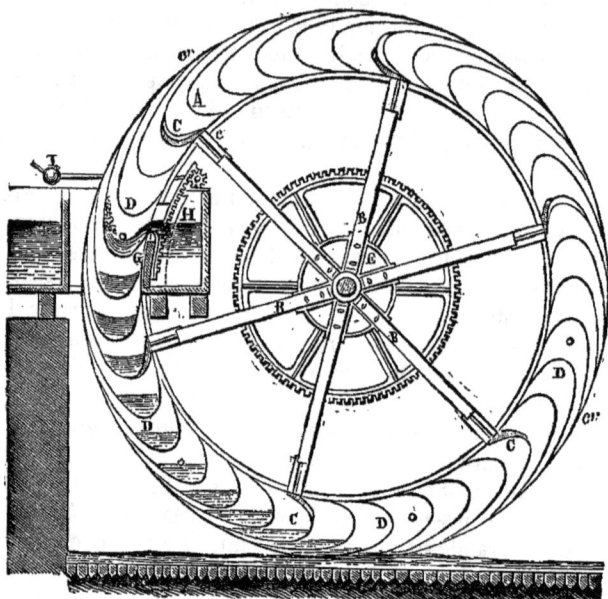

Fig. 207.

sont toujours beaucoup moins sur la circonférence intérieure et c'est par celle-ci que se fait l'introduction de l'eau ; la lame d'eau s'épanche au-dessus du seuil d'une vanne cylindrique en fonte G que l'on manœuvre par la crémaillère H. Le canal d'amenée de l'eau contourne la roue et l'embrasse complétement ; l'eau arrive des deux côtés à la fois, sans vitesse sensible, s'étale dans es augets.

Voici les avantages de ce récepteur :

L'eau motrice est prise à la partie supérieure du bief d'amont : les premiers éléments de l'aube sont dirigés dans le prolongement de la lame liquide qu'ils coupent sans nuire à l'introduction. La profondeur des augets dans le sens du rayon peut être assez considérable sans qu'il y ait perte de chute, et on obtient ainsi une forte capacité ; les augets sont distants seulement d'une épaisseur égale à celle de la lame, et la dénivellation est ainsi réduite, en même temps que les chocs et les bouillonnements. La forme des augets permet d'utiliser, comme dans la roue Poncelet, la vitesse d'arrivée. Le déversement se fait avec faible vitesse et ne commence que dans les parties basses de la roue, il se fait du reste comme dans la roue Poncelet. Cette roue fonctionne bien, même lorsqu'elle est noyée, elle ressemble sur ce point à la roue Sagebien ; à l'émergence, ses aubes courbes n'éprouvent qu'une faible résistance de la part du liquide. L'échappement de l'air a lieu sans difficulté, puisque les augets sont ouverts des deux côtés.

Il nous semble toutefois que cette roue ne peut convenir qu'à un débit moyen et à peu près constant ; elle doit perdre de ses qualités, lorsque le débit augmente dans une certaine proportion ; elle est en outre un peu compliquée de construction, quoique simple d'installation.

D'après quelques expériences, le rendement du récepteur Millot, lorsque la vitesse est lente, peut atteindre 85 0/0 ; ce rendement doit notablement diminuer lorsque la vitesse augmente.

6. Roue à hélice. — On a, dans ces derniers temps, pris un brevet pour une roue à hélice que représente la (figure 208) et qui se comprend d'elle-même. La surface hélicoïdale fait deux ou plusieurs tours ; l'eau lui communique sa pression, et la composante normale au courant produit la rotation de l'appareil.

C'est un effet inverse à celui qui se passe dans la vis d'Archimède ; la vis d'Archimède, plus ou moins modifiée, constitue du reste un moyen de transport que l'industrie semble avoir prodigué dans ces derniers temps.

Quoi qu'il en soit, le principe de la roue à hélice est bon théoriquement ; l'expérience n'en a pas été faite sur une assez grande échelle pour que l'on puisse conclure ; il semble que ce récepteur peut convenir à de très-faibles chutes, même de $0^m,20$, pourvu que le débit soit assez considérable. De pareilles chutes se rencontrent encore assez souvent, et ce serait évidemment une chose profitable que de les utiliser.

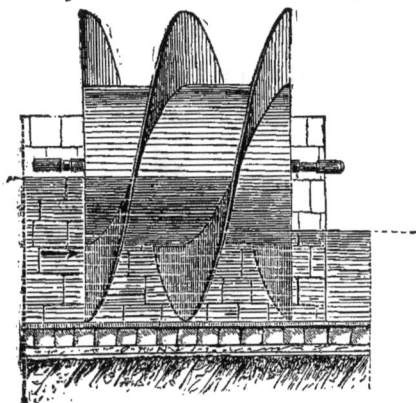

Fig. 208.

2° MOTEURS DONT LE MOUVEMENT PERSISTE INDÉFINIMENT DANS LE MÊME SENS ET DONT L'AXE EST VERTICAL

1. Roue à coquilles ou à cuillers. — Vers 1830, la plupart des moulins construits sur les cours d'eau qui se jettent dans l'Isère et le Rhône, consistaien encore en une roue horizontale, d'environ 2 mètres de diamètre, armée de pa-

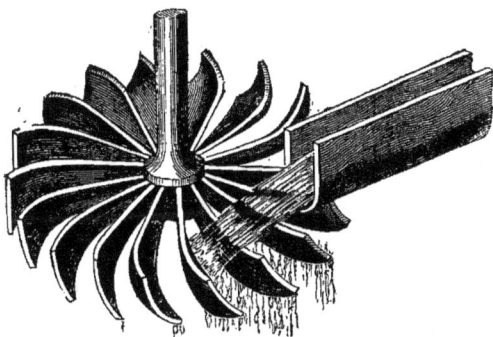

Fig. 209.

lettes courbes dites coquilles ou cuillers (fig. 209). Ces palettes sont simplement assemblées à l'arbre par un tenon et une cheville ; on les fortifie en dessous par des planches minces qui les lient entre elles.

C'est le choc seul qui communique le mouvement à ces roues, et il en résulte évidemment une perte considérable de force vive. C'est donc un engin des plus défectueux, dont le rendement ordinaire est d'environ 10 0/0, et qui peut atteindre 25 0/0, lorsque les palettes sont construites avec un soin tout particulier, ce que ne font pas les charpentiers de village. Les chocs sont en outre accompagnés d'un éparpillement considérable du liquide.

Malgré son imperfection, ce récepteur est encore en usage chez les Arabes et même en France, dans les Pyrénées et les Alpes.

2. **Roue à cuve ou à rouet.** — On voit sur la Garonne, dit Bélidor, des moulins d'une construction assez singulière. La roue motrice est une espèce de cuve renversée qui tourne dans une cuve en maçonnerie de même forme. Les

Fig. 210.

aubes de cette roue sont appliquées obliquement sur la surface du tambour où elles forment des portions de spirale. L'eau motrice arrive par un canal latéral, frappe les aubes à une certaine distance de l'axe, est infléchie en suivant la courbe de ces aubes, et se rend à la partie centrale de la cuve où elle s'échappe par un orifice annulaire.

Il y a encore des chocs considérables, car l'eau rencontre les aubes sous des angles voisins de 90°; dans la faible course qu'elle parcourt, elle perd très-peu de sa vitesse et conserve une grande force vive.

En somme, on n'en obtient qu'un très-mauvais rendement, qu'il ne faut pas évaluer à plus de 15 0/0 dans des conditions ordinaires.

3. **Roue à réaction.** — La roue à réaction la plus simple n'est autre chose que le tourniquet hydraulique représenté par la figure 211, et bien connu dans les cours de physique. Dans un entonnoir V on verse de l'eau, qui, par un tube vertical, descend dans un tube horizontal ouvert à ses deux extrémités; ces extrémités sont recourbées à angle droit sur le tube et en sens contraire l'une de l'autre. Le tube horizontal peut tourner autour du tube vertical auquel il est réuni par un manchon à frottement doux.

L'eau s'écoule par les ajutages, mais la pression sur la paroi opposée à l'orifice n'étant plus équilibrée agit sur le tube et tend à lui imprimer une rotation autour de son axe; comme les ajutages sont en sens contraire, les deux effets concourent et la rotation s'accélère jusqu'au moment où elle devient uniforme. C'est qu'alors la force due à la pression du liquide est équilibrée par les frottements de toute nature.

On conçoit que l'on puisse construire le tourniquet hydraulique sur de grandes dimensions, et monter sur le manchon vertical une roue d'engrenage qui actionnera une transmission quelconque ; on aura obtenu alors la roue à réaction.

Nous trouvons la description d'une roue à réaction de ce genre dans un rapport fait par Carnot à l'Académie des sciences, en 1813. En voici quelques extraits :

« Le mécanisme du moulin de M. Mannoury est fondé sur le principe de la réaction de l'eau contre le vase ou le réservoir dont elle s'échappe.

Concevons par exemple une cuve remplie d'eau, et que, sur la paroi, près du fond de cette cuve on fasse une petite ouverture : l'eau jaillira par cette petite ouverture avec une vitesse due à sa hauteur dans la cuve ; mais en même temps elle repoussera la cuve elle-même en sens contraire, tellement que si cette cuve était portée sur des roulettes parfaitement mobiles et sans frottement, elle roulerait avec une quantité de mouvement égale à celle que l'eau prendrait dans le sens opposé au sortir de cette ouverture.

Si l'on conçoit deux cuves semblables portées aux extrémités d'un levier horizontal soutenu à son milieu sur un pivot, et que ces cuves

Fig. 211.

aient des ouvertures égales en sens opposé, les jets sortant de ces ouvertures concourront à faire tourner le levier dans un même sens, contraire à celui des jets.

La même chose arriverait si à un axe vertical porté en bas sur un pivot et retenu en haut par un tourillon, l'on adaptait fixement et horizontalement une barre creuse dont les deux bras seraient égaux. En supposant cette barre fermée par les deux bouts, mais ayant près de ces bouts de petites ouvertures latérales égales entre elles et percées en sens opposé, il est clair que si l'on remplit cette espèce de volant avec de l'eau, il tournera en sens contraire des jets qui se formeront aux deux ouvertures, et que son mouvement se maintiendra, si à mesure que se dépensera l'eau qu'il contient, elle est remplacée par de nouvelle eau affluente vers l'axe. Ce dernier mécanisme est celui de M. Mannoury.

L'auteur fait entrer l'eau dans son volant par la partie inférieure, le long de l'axe ; la colonne qui amène cette eau renferme le pivot sur lequel il tourne. Cette eau arrive du réservoir par un canal courbe, au moyen de quoi le volant et le moulin qu'il fait aller se trouvent placés à côté du réservoir et non au-dessus ni au-dessous, ce qui nuirait beaucoup dans la pratique à la simplicité de la machine, comme nous le ferons remarquer plus bas.

L'idée d'employer en mécanique la réaction de l'eau comme moteur n'est point nouvelle. Daniel Bernouilli calcule l'effet de cette réaction dans son Hydrodynamique. MM. Euler père et fils s'en sont occupés à l'occasion d'une machine de ce genre, imaginée en 1750 par M. Segner, de l'Académie de Berlin ; Bossut a donné le calcul de cette machine dans son Hydrodynamique.

Il existe de ces machines ; nous en connaissons une très-puissante à la manufacture de coton de la Ferté-Alais sur l'Essonne, qui a été construite par M. White à peu près sur les principes de M. Segner; elle produit très-bien son effet, et suffit seule à tous les besoins de la manufacture.

Cependant il ne paraît pas que la pratique ait jusqu'à présent tiré un parti aussi avantageux qu'elle aurait pu le faire de la machine à réaction. En effet, de la manière dont elle a été proposée, elle a dû paraître moins simple que celles dont on fait usage ordinairement. C'est un tambour de forme conoïdale, garni d'un grand nombre de petits tuyaux inclinés par où l'eau coule; ce qui la rend lourde et volumineuse. L'eau, en y arrivant par le dessus, en augmente considérablement la pesanteur, et empêche qu'on ne puisse la mettre en œuvre sans engrenage, ce qui absorbe une grande partie de la force mouvante.

M. Mannoury, en amenant l'eau par le dessous au moyen d'un canal, comme nous l'avons dit, réduit sa machine à un simple volant, à l'axe duquel est immédiatement la meule courante de son moulin, tandis que, dans la plupart de nos moulins actuels, la roue qui reçoit l'action de l'eau n'agit sur la meule que par l'intermédiaire d'une ou de plusieurs roues dentées.

Cette disposition des moulins ordinaires se trouve nécessitée par le peu de vitesse de l'eau qui agit immédiatement sur les aubes ou sur les godets. Comme il faut, pour une bonne mouture, que la meule (du diamètre 2 mètres) fasse à peu près 60 tours par minute, elle irait trop lentement si elle était fixée sur l'axe même de la roue qui reçoit l'impulsion de l'eau. C'est pourquoi l'arbre de celle-ci porte communément un rouet qui engrène avec une lanterne dont l'axe porte la meule. Le nombre de dents du rouet et celui des fuseaux de la lanterne sont combinés de manière à ce que celle-ci, et par conséquent la meule fixée à son axe, fasse, comme cela doit être, soixante tours par minute ou un tour par seconde.

Il existe cependant quelques moulins dont la roue exposée au choc de l'eau est horizontale et fixée sur le même axe que la meule : tels sont les moulins du Basacle à Toulouse, et ceux que l'on fait dans certains pays de montagnes, tels que la Provence et le Dauphiné, où l'on a des chutes d'eau propres à remplir cet objet. Mais le local se prête rarement à cet arrangement, et presque tous les moulins de France, particulièrement ceux des départements du Nord, ainsi que les moulins à vent, sont construits comme nous venons de le dire.

Ceux de M. Mannoury, qui n'exigent pas plus de chute que nos moulins ordinaires et même moins, ont donc un grand avantage, en ce que le volant qui reçoit l'action de l'eau porte immédiatement sur son axe la meule courante, ce qui simplifie beaucoup le mécanisme et diminue considérablement les résistances.

Quoique l'eau entre avec peu de vitesse dans le volant, elle le fait cependant tourner très-vite, parce que les ouvertures de sortie étant beaucoup plus petites que l'ouverture d'entrée, la vitesse à l'entrée doit être réciproquement beaucoup plus petite que celle de sortie; mais cette vitesse de sortie n'est point une vitesse absolue, car autrement il en résulterait une augmentation spontanée de forces vives, ce qui ne s'accorderait pas avec les principes de la mécanique, il faut, au contraire, pour le maximum d'effet, qu'au sortir du volant, l'eau ait perdu tout sa vitesse dans l'espace; car toute celle qui lui resterait serait en pure perte. La vitesse absolue de l'eau au sortir du volant doit donc être zéro, c'est-à-dire que ce fluide doit tomber verticalement; mais comme sa vitesse relative, à l'égard du volant, est au contraire très-grande, il s'ensuit que la vitesse réelle du volant dans le sens rétrograde doit être pareillement très-grande; ou plutôt on doit la déterminer suivant le besoin qu'on en a, en établissant le rapport convenable entre l'ouverture d'amenée et la somme des ouvertures de sortie.

Il faut remarquer que cette machine, quand elle a reçu ses justes proportions, prend d'elle-même le mouvement qui convient à son maximum d'effet, parce qu'une fois que la force mouvante lui a été convenablement appliquée, la somme des forces vives qu'elle tend à déployer ne peut pas plus s'anéantir que se multiplier; conformément au principe de la conservation de ces forces vives dans tous les systèmes de mouvements qui changent par degrés insensibles.

En faisant le calcul analytique de la machine de M. Mannoury, nous sommes parvenus à des résultats remarquables par leur simplicité et la facilité de leur application; c'est que les ouvertures pour l'entrée et la sortie des eaux étant proportionnées comme elles doivent l'être pour obtenir le plus grand effet, alors :

1º La réaction, c'est-à-dire la force de pressio   qui s'exerce sur le volant à chacune des ouvertures de sortie, est égale au poids d'une colonne d'eau qui aurait pour base cette ouverture et pour hauteur celle du réservoir.

2º La vitesse de rotation du volant au même point, laquelle a lieu dans le sens même de cette réaction, est à la vitesse due à la hauteur du niveau de l'eau dans le réservoir, comme l'ouverture de l'entrée de l'eau dans le volant est à la somme des ouvertures de sortie.

D'où il suit, en multipliant cette force et cette vitesse, que l'effet produit par

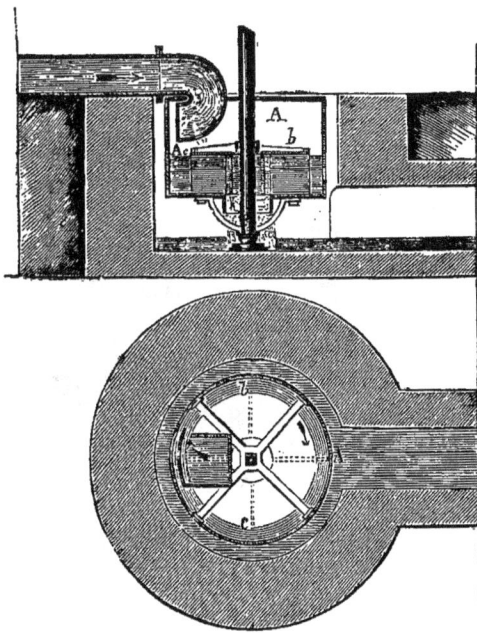

Fig. 212.

la machine dans un temps donné, est égal au poids de toute l'eau que peut fournir le réservoir pendant ce même temps, par la hauteur du niveau de l'eau dans ce réservoir; or ce produit est, comme on le sait, le plus grand de tous ceux qu'on peut attendre des meilleures machines hydrauliques. »

4. Turbines. — Danaïde. — Le premier récepteur hydraulique, qui se rap-

proche le plus des turbines actuelles, c'est la danaïde, construite par Hachette
en 1813. Elle se compose (*fig.* 212) d'une cuve AA en fer-blanc, percée au fond d'un
orifice central; cet orifice est traversé par un arbre vertical, tournant à la base sur
un pivot *p*, et à la partie supérieure dans un collier. La cuve est coupée en deux
par un disque en fonte (*bc*) fixé à l'arbre de rotation, et dont la circonférence est
séparée de celle de la cuve par un certain intervalle. A ce disque sont fixées par
en dessous huit aubes planes verticales qui peuvent tourner avec lui autour de
l'arbre, et que l'on voit en plan sur la figure. L'eau arrive dans la cuve, passe
entre les parois de celle-ci et le disque, s'engage entre les aubes, qu'elle fait mouvoir, puis s'échappe par l'orifice central.

L'imperfection de cet engin saute aux yeux; les palettes planes ne doivent
recueillir qu'une très-faible partie de la pression de l'eau, et encore faut-il que
celle-ci soit amenée du bief d'amont par un tube recourbé, d'où elle s'échappe
latéralement, sans quoi l'appareil resterait immobile.

Le grand perfectionnement de ce système a été l'adoption des palettes
courbes qui forcent l'eau à s'infléchir peu à peu en agissant sur les surfaces qu'on
lui oppose.

C'est à M. Burdin, ingénieur des mines, que l'on doit cette idée ; il l'appliqua
vers 1824, et en 1827 un prix de 6,000 francs lui fut accordé par la Société d'en-

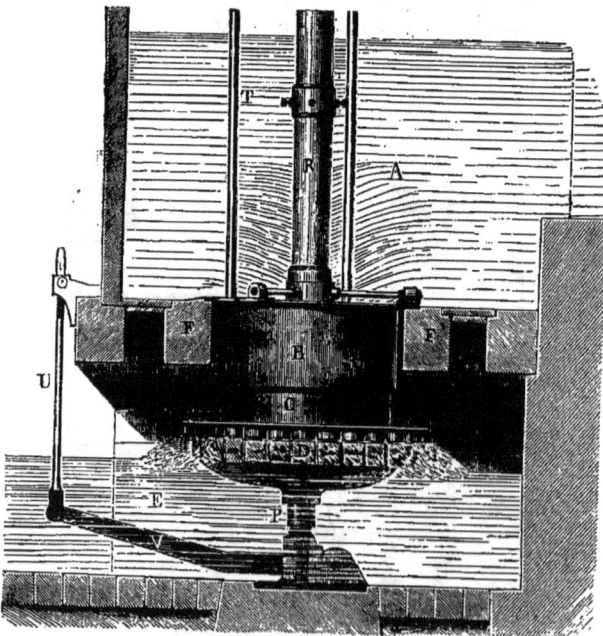

Fig. 213.

couragement de Paris. M. Burdin désigna la roue de son invention sous le nom
de turbine hydraulique, nom qui lui est resté.

Dans les années suivantes, la turbine fut perfectionnée par M. Fourneyron ;
puis, le principe étant tombé pour ainsi dire dans le domaine public, des modifications plus ou moins importantes furent apportées au système Fourneyron et
il existe aujourd'hui plusieurs espèces de turbines connues sous le nom de leurs
inventeurs.

Nous décrirons successivement les plus importantes.

Turbine Fourneyron. — La turbine Fourneyron est représentée en élévation par la figure 213, en coupe par la figure 214, et en plan par la figure 215.

L'eau du bief d'amont arrive donc dans un puits vertical A, où elle prend un niveau à peu près horizontal ; elle s'engage dans une cuve cylindrique B, évasée à

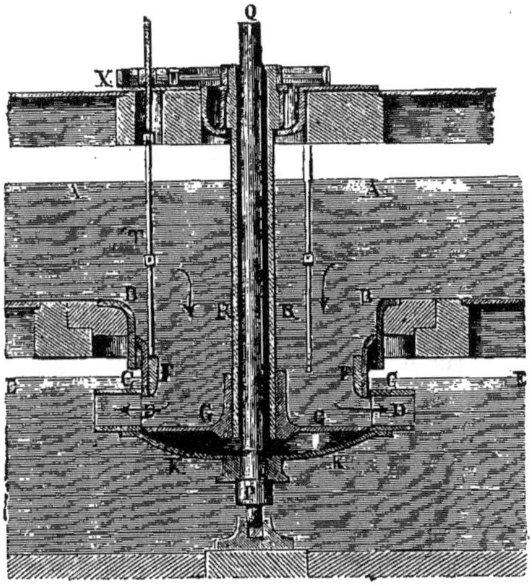

Fig. 214.

la partie supérieure afin de s'opposer aux changements brusques de direction des filets liquides. Cette cuve fixe se trouve supportée par le plancher F (*fig.* 213) qui s'oppose latéralement au passage de l'eau. La cuve fixe se prolonge par une cuve C de moindre diamètre, suspendue à des tiges de fer T, dont le point d'appui est sur un plancher supérieur que n'indiquent pas les figures. A sa base, la cuve mobile C porte à l'intérieur un anneau en bois F (*fig.* 214) dont les contours sont arrondis. Au sortir de cette cuve, l'eau pénètre dans la turbine proprement dite, qui comprend deux roues horizontales à aubes courbes, l'une fixe, et l'autre mobile.

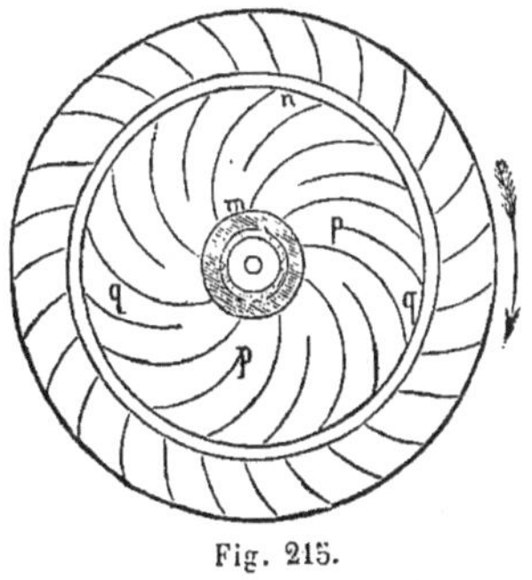

La roue fixe, montée sur le disque G, se compose d'aubes en tôle, qui sont des cylindres verticaux, tels que *mn* et *pq*, implantés dans le disque : de ces aubes, les unes arrivent jusqu'à la partie centrale, les autres sont un peu plus courtes ; sans

Fig. 215.

cela, elles seraient trop rapprochées à la partie centrale, et l'eau qui s'y engagerait serait soumise à une contraction suivie d'un épanouissement brusque d'où résulterait une perte de force vive.

L'eau suit donc les aubes fixes et rencontre en en sortant les aubes de la roue mobile D ; ces aubes, comprises entre deux anneaux horizontaux pleins, ont leur courbure en sens inverse de la courbure des aubes fixes ; elles se trouvent donc soumises à la pression de l'eau qui s'échappe de celles-ci, et cette pression communiquée à la roue annulaire D un mouvement de rotation dans le sens de la flèche. Cette roue annulaire, ou turbine mobile, est supportée par des consoles K, clavetées sur l'arbre vertical PQ, et elle entraîne cet arbre en fer dans son mouvement de rotation.

L'arbre PQ n'est pas en contact avec l'eau, il est entouré d'un arbre creux R, supporté par le plancher supérieur, et cet arbre creux en fonte soutient le disque G et la turbine fixe.

Au-dessus du plancher supérieur, l'arbre PQ porte une roue dentée qui communique le mouvement aux outils, au moyen d'une transmission convenable.

Les tiges T sont au nombre de trois, elles soutiennent la cuve mobile C et sont filetées à la partie supérieure ; leur filet est engagé dans un écrou fixe que supporte le plancher supérieur. Au delà du filet, elles se prolongent et se terminent par des roues dentées horizontales, qui toutes trois engrènent intérieurement avec une grande roue dentée fixe. En faisant tourner celle-ci, on communique aux tiges T un mouvement de rotation, elles montent ou elles descendent dans leur écrou, et par suite élèvent ou abaissent la cuve mobile C. Elles servent donc à modifier la hauteur de la lame liquide qui des aubes fixes pénètre dans les aubes mobiles, et permettent de limiter la dépense au débit du cours d'eau.

On voit que la construction est compliquée, et qu'en particulier l'agencement du tuyau porte-fond R est assez difficile. Toutefois, grâce à ce tuyau porte-fond on évite le frottement de l'arbre vertical PQ contre le liquide, et les fuites qui se produiraient certainement à l'endroit où cet arbre traverserait le disque fixe G.

L'arbre moteur PQ est très-lourd, et son pivot exerce sur la crapaudine un frottement énergique, qui amène une usure progressive ; le levier UV, que l'on voit sur le côté de l'élévation, permet de soulever peu à peu la crapaudine, et de maintenir les distances verticales constantes malgré l'usure.

Si l'on a bien suivi la description précédente, on comprendra le mode d'action de l'eau ; elle s'étale dans le puits dont la section est considérable relativement à celle de la cuve ; elle pénètre entre les aubes fixes, et s'en échappe tangentiellement avec une vitesse qui dépend de la différence de niveau entre le bief d'amont et le bief d'aval ; elle entre alors dans la turbine, et agit sur les aubes de celle-ci par sa vitesse relative, elle s'infléchit peu à peu en exerçant sur ces aubes courbes une pression considérable, et enfin elle s'en échappe pour pénétrer dans le bief d'aval. Jamais, elle ne revient sur elle-même ; elle va toujours dans le même sens, en suivant un chemin plus ou moins tortueux ; l'habileté du constructeur consiste à éviter les changements brusques de section et de direction. C'est pourquoi, la cuve B ne doit pas avoir un diamètre trop faible par rapport à celui du puits ; c'est pourquoi aussi on arrondit les bords de la vanne annulaire F. Il va sans dire que cette vanne en bois présente des rainures verticales à l'aplomb des extrémités des aubes fixes, afin de pouvoir descendre à volonté, même jusqu'au disque G, de manière à régler le débit de l'eau.

Deux objections principales sont à faire contre cet engin : 1° il est impossible de visiter le mécanisme, 2° la manœuvre de la cuve mobile et de la vanne F exige des appareils lourds et coûteux et ne se fait pas toujours facilement.

M. Crozet, successeur de M. Fourneyron, a remédié en partie à ces deux inconvénients : il a rejeté sur le côté le puits d'amenée, et l'a transformé en une large conduite en fonte, deux fois coudée qui vient déboucher au-dessus de la turbine ; la vanne F est supportée directement par des chaînes qui passent sur une poulie de renvoi et se terminent par un contre-poids destiné à équilibrer presque complétement la vanne. Celle-ci peut donc s'élever ou s'abaisser avec la plus grande facilité. Les anneaux horizontaux, qui limitent en haut et en bas la turbine mobile, ont été prolongés un peu au delà des aubes ; dans le mouvement de rotation, ces prolongements entraînent avec eux l'eau ambiante, et, en vertu de la force centrifuge, la rejettent à l'extérieur ; ces appendices ont donc pour effet de faciliter le dégagement de la turbine et de diminuer par là la perte de force vive ; cependant, il ne faudrait pas exagérer cet avantage, car la vitesse angulaire de la turbine est considérable, et le frottement de ces disques sur le liquide ne laisse point que de consommer du travail.

La théorie complète des turbines est encore à faire ; du reste il faut toujours, dans ces questions, admettre des hypothèses que la pratique ne vérifie pas absolument, on ne saurait donc arriver à des résultats théoriques bien précis. Nous donnerons sommairement la théorie de la turbine que l'on trouve dans les cours d'hydraulique, et que l'on doit à M. Belanger.

Théorie de la turbine Fourneyron. — On admet d'abord que l'eau en descendant du bief d'amont dans la cuve, et en passant de la cuve dans les aubes de la turbine fixe n'éprouve point de perte de charge. Ce n'est pas absolument vrai ; cependant, on peut rendre cette perte de charge très-minime en ayant soin d'arrondir les arêtes et de ne point trop réduire la section de la cuve par rapport à celle du puits. Dans les aubes fixes, le changement de direction des filets liquides se fait insensiblement et sans choc, il n'y a donc pas de perte de charge. Le profil de ces aubes fixes, comme celui des aubes mobiles, est du reste quelconque, pourvu qu'il ne varie que par gradations insensibles, et qu'il vienne frapper sous un angle convenable les circonférences intérieure et extérieure de la turbine ; ces aubes sont des cylindres verticaux dont la section droite est un arc de cercle. La turbine mobile ne peut mieux se comparer qu'à une roue Poncelet dont l'axe serait horizontal.

L'eau suit l'aube fixe (*mn*) et s'en échappe tangentiellement avec la vitess absolue V ; la vitesse angulaire de rotation de la turbine étant ω, la vitesse d'entraînement d'un point situé sur la circonférence intérieure, en *n*, est $v = \omega r$, et celle d'un point situé sur la circonférence extérieure, en *p*, est $v' = \omega R$; la vitesse relative de l'eau, qui entre sur l'aube *np*, est la résultante de sa vitesse absolue V et de la vitesse d'entraînement (v) prise en sens contraire, c'est donc le côté

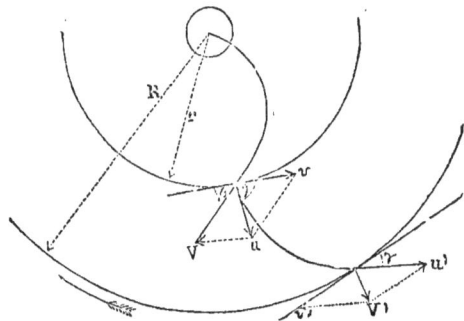

Fig. 216.

(*nu*) du parallélogramme V*v nu*. Pour qu'aucun choc ne se produise, la vitesse relative (*u*) doit être tangente au premier élément de l'aube *np ;* de même la vitesse relative *u′* à la sortie est tangente au dernier élément de cette aube.

La vitesse absolue V′ de l'eau à la sortie est la résultante de la vitesse d'ene traînement *v′* et de la vitesse *u′* ; cette vitesse doit être aussi faible que possible, car elle correspond à une force vive perdue ; cependant elle ne saurait être nulle, car il est nécessaire que la vitesse V′ ne soit pas tangente à la circonférence R ; cette condition est analogue à celle que nous avons trouvée pour la roue Poncelet : pour une longueur (*d*) d'arc de la circonférence R, le débit de l'eau est par seconde *d. u′. *sin γ, et, théoriquement ce débit serait nul si γ était nul.

Dans la pratique, il est évident que l'eau sortirait néanmoins, mais elle ne sui-vrait pas la direction u' et s'infléchirait à la sortie, ce qui produirait des tour-billonnements ; tout ce qu'on peut faire , c'est de donner à γ une valeur assez petite, et de prendre $u' = v'$, la valeur de la vitesse absolue V' est alors un mi-nimum.

Ceci posé, appelons :

II, la différence de niveau entre le bief d'amont et le bief d'aval,
h, la hauteur de l'eau d'amont au-dessus du centre de l'orifice d'entrée dans la turbine,
h', la hauteur de l'eau d'aval au-dessus du centre de l'orifice de sortie,
p, la pression du liquide sur lui-même au centre de l'orifice d'entrée,
p_a la pression atmosphérique,
π, le poids du mètre cube d'eau,
P, le débit du cours d'eau, exprimé en kilogrammes ou en litres.

La pression sur le centre de l'orifice d'entrée se compose du poids de la colonne d'eau (h) qui presse cet orifice à l'amont, plus la pression atmosphé-rique p_a qui s'exerce au-dessus de l'eau, moins la pression (p) que la tranche contiguë d'aval exerce sur celle d'amont ; la charge exprimée par mètres est donc

$$h + \frac{p_a - p}{\pi},$$

et la vitesse V qui en résulte est donnée par la formule

$$(1) \qquad V^2 = 2g\left(h + \frac{p_a - p}{\pi}\right).$$

Quelle est la variation de force vive du poids P d'eau qui traverse la turbine, en admettant que tous les filets se conduisent comme le filet central dont nous venons de calculer la vitesse V à l'entrée?

Cette variation de force vive est $\frac{P}{g}(u'^2 - u^2)$; elle s'applique au mouvement relatif, elle est égale à la somme des travaux des forces réelles (pressions de tous genres) et des forces fictives (forces centrifuges) ; les forces réelles sont : 1° la pression p d'amont, qui pour un débit P par seconde, donne un travail égal à $\frac{P}{\pi}p$; 2° la pression d'aval qui est égale à $p_a + \pi h'$, et qui, pour le même débit P, donne comme travail $P\left(\frac{p_a}{\pi} + h'\right)$; 3° la pesanteur qui ne développe pas de tra-vail puisque les filets s'écoulent horizontalement (dans les turbines que nous étudierons plus loin, notamment dans la turbine Fontaine, il faudrait tenir compte du travail de la pesanteur car le chemin suivi par les filets liquides dans les aubes n'est pas horizontal); les forces fictives sont les forces centrifuges, dont le travail est

$$\frac{1}{2}\frac{P}{g}\omega^2(R^2 - r^2) = \frac{1}{2}\frac{P}{g}(v'^2 - v^2).$$

L'équation du travail nous fournira la seconde équation :

$$\frac{P}{2g}(u'^2 - u^2 = \frac{P}{\pi}p - P\left(\frac{p_a}{\pi} + h'\right) + \frac{1}{2}\frac{P}{g}(v'^2 - v^2),$$

qui peut s'écrire $\qquad (2)\qquad u'^2 - u^2 + v^2 - v'^2 = 2g\left(\frac{p - p_a}{\pi} - h'\right).$

Les parallélogrammes des vitesses donnent en outre les relations :

$$(3) \qquad u^2 = V^2 + v^2 - 2Vv\cos\beta.$$

$$V'^2 = v'^2 + u'^2 - 2v'u'\cos\gamma, \quad \text{et comme} \quad v' = u', \quad \text{on a}$$

$$(4) \qquad V'^2 = 2v'^2(1 - \cos\gamma) = 4v'^2\sin^2\frac{\gamma}{2}.$$

$$(5) \qquad v' = u'.$$

$$(6) \qquad \frac{v}{r} = \frac{v'}{R} \quad \text{ou} \quad vR = v'r.$$

Si nous appelons l la hauteur verticale de la turbine, le débit à l'entrée est $P = 2\pi lr . V\sin\beta$, et à la sortie $P = 2\pi l . R . u' . \sin\gamma$, ce qui donne une septième équation :

$$(7) \qquad Vr\sin\beta = u'.R.\sin\gamma.$$

Dans ces sept équations, on se donne d'ordinaire les rayons r et R de la roue, les angles β et γ, et la hauteur de chute H, qui est égale à $h - h'$, et l'on se propose de trouver la vitesse v' ou ωR à la circonférence extérieure, ainsi que la vitesse absolue V' de l'eau qui s'échappe.

Ajoutons les équations (1), (2), (3) dans lesquelles on a fait $u' = v'$, nous trouverons

$$(8) \qquad Vv\cos\beta = g(h - h') = gH.$$

De (6), on tire

$$v = v'\frac{r}{R} \quad \text{et de (7)} \quad V = u'\frac{R}{r}.\frac{\sin\gamma}{\sin\beta};$$

$$\text{Donc} \quad V.v.\cos\beta = u'.\frac{R}{r}.\frac{\sin\gamma}{\sin\beta}.v'\frac{r}{R}.\cos\beta = u'v'.\frac{\sin\gamma}{\tan\beta} = v'^2\frac{\sin\gamma}{\tan\beta} = gH.$$

$$(9) \qquad v'^2 = gH\frac{\tan\beta}{\sin\gamma}.$$

Portant cette valeur dans l'équation (4), il vient :

$$V'^2 = 4v'^2\sin^2\frac{\gamma}{2} = 4gH.\frac{\tan\beta}{\sin\gamma}\sin^2\frac{\gamma}{2} = 2.gH.\tan\beta.\tan\frac{\gamma}{2}.$$

Si l'on se donne β et γ, on en déduira V'^2, et par suite le rendement puisqu'on admet que, dans tout son parcours, l'eau n'éprouve ni choc ni tourbillonnement, et que par suite elle ne perd aucune partie de sa force vive.

Soit par exemple $\beta = 36°$ et $\gamma = 25°$, on trouve $\dfrac{V'^2}{2g} = 0,17H$;   le rendement serait donc 83 0/0. En réalité, il est inférieur, car les pertes de charge que nous avons négligées ne sont pas sans influence.

Des équations précédentes, on déduit v, V; on connaît l'angle β compris entre ces deux vitesses; on peut donc construire la direction de (u) et par suite celle du premier élément de l'aube mobile.

Données pratiques sur la turbine Fourneyron. — Nous avons montré l'inconvénient qu'il y aurait à faire trop petit l'angle de sortie γ; d'autre part, on ne peut l'augmenter sans une perte de force vive; sa valeur ordinaire est de 20° à 30°, soit 25° en moyenne.

L'angle β est dans les mêmes conditions, on le fait cependant un peu plus grand; il est ordinairement de 35°.

L'angle θ que fait là le premier élément de l'aube mobile avec la circonférence intérieure doit être voisin de 90°, mais un peu au-dessous.

Le rapport $\dfrac{R}{r}$ varie de 1,25 à 1,50.

La section de la cuve doit être au moins quatre fois plus grande que la surface totale des orifices par lesquels l'eau passe de la roue fixe dans la roue mobile, cela se conçoit, car la vitesse de l'eau doit passer d'une direction verticale à une direction horizontale; il faut réduire le plus possible sa valeur verticale et par suite adopter une large section de cuve.

Les formules nous ont indiqué pour la turbine Fourneyron un rendement de 83 0/0. En réalité l'expérience a montré que le rendement pouvait varier entre 70 et 80 0/0, mais qu'il était presque toujours plus voisin du premier nombre que du dernier. La vitesse absolue d'écoulement V est donnée en pratique par la formule $V = 0,75\sqrt{2gH}$, et la vitesse d'entraînement v' à la circonférence extérieure par la formule $v' = 0,80\sqrt{2gH}$.

Le rendement précédent ne s'applique qu'à une turbine dont la vanne d'admission est complétement levée; à mesure qu'on abaisse cette vanne, l'orifice se rétrécit, et le liquide en pénétrant dans la roue mobile est soumis à un épanouissement brusque d'où résulte une perte considérable de force vive. Cet effet est nettement indiqué par le tableau suivant, qui résume les expériences du général Morin :

LEVÉE DE LA VANNE	HAUTEUR DE CHUTE	DÉPENSE PAR SECONDE	NOMBRE DE TOURS A LA MINUTE	RENDEMENT, OU RAPPORT DU TRAVAIL T_m AU TRAVAIL RÉEL DE LA CHUTE PH
0^m,27	3^m,39	2.44	61.50	0.793
0^m,20	3^m,34	1.87	58.00	0.700
0^m,15	3^m,04	1.57	58.25	0.696
0^m,09	3^m,21	1.07	61.60	0.592
0^m,05	3^m,58	0.62	60.00	0.238

On voit que c'est un grave inconvénient de la turbine que cette irrégularité d'action ; elle est d'autant plus fâcheuse qu'elle coïncide avec la réduction du débit.

Pour obvier à ce défaut, M. Fourneyron a eu l'idée de partager sa turbine en trois assises égales au moyen d'anneaux horizontaux très-minces; lorsque la vanne est abaissée d'$\dfrac{1}{3}$ ou des $\dfrac{2}{3}$, il n'y a donc pas d'épanouissement de la lame liquide; mais cette disposition ne laisse point que de compliquer l'appareil, et elle tombe dans un autre inconvénient, celui de développer outre mesure les frottements contre les parois.

Remarquez en outre que les parties fermées à l'introduction de l'eau n'en sont pas moins remplies de liquide plus ou moins stagnant, que ce liquide est entraîné dans la rotation, et que cela constitue un poids mort considérable.

Turbine Fontaine. — La turbine Fontaine, représentée en coupe par la figure 217, diffère de la turbine Fourneyron, surtout en ceci : la roue fixe, au lieu d'être à l'intérieur de la roue mobile, lui est superposée et lui est égale en diamètre; les centres des orifices d'entrée et de sortie sont donc sur la même verticale.

L'eau du bief supérieur A descend entre les aubes courbes de la roue fixe C; de celles-ci, elle passe dans la turbine mobile DD, où elle rencontre des aubes dirigées en sens contraire des précédentes; elle exerce sur elles son action et les quitte pour tomber dans le canal de fuite B.

La couronne fixe C, montée sur des bras en fonte (c), repose sur le plancher C', et est traversée en son centre à frottement doux par le tuyau porte-fond E, qui est en fonte et sur lequel sont montés les bras (e) de la couronne mobile D.

Le tuyau porte-fond se prolonge par

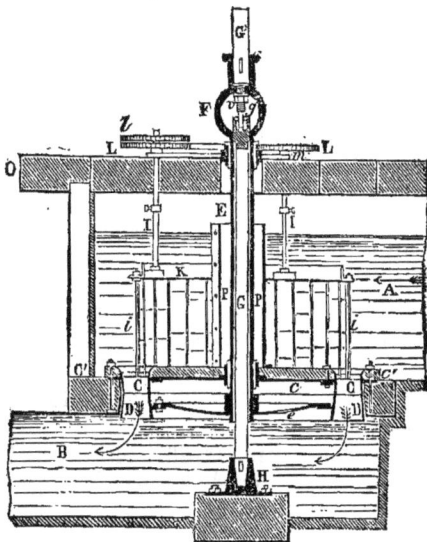

Fig. 217.

un renflement sphérique F et vient entourer l'arbre en fer G', sur lequel il est claveté. Ainsi l'arbre moteur est constitué par le tuyau porte-fond et par l'arbre en fer qui le prolonge. L'arbre G n'a pour objet que de supporter la crapaudine sur laquelle repose le pivot de l'arbre moteur G'; la vis (v) permet de communiquer à cet arbre un léger déplacement vertical, afin de compenser l'usure du pivot sur sa crapaudine. A la base, l'arbre de support G est encastré dans un sabot en fonte H, invariablement fixé sur une maçonnerie solide de pierre de taille.

La couronne fixe et la couronne mobile sont venues de fonte avec leurs aubes et leurs bras.

Si l'on mène un plan tangent au cylindre vertical qui passe par le milieu des orifices annulaires C et D, et que l'on développe sur ce plan tangent l'intersection du cylindre vertical avec les aubes successives, on obtient une série de profils que représente la figure 218. On voit en (d) l'une des aubes fixes, présentant à sa partie supérieure un renflement en fonte avec une face plane verticale; au-dessous, on aperçoit les aubes de la turbine; l'une de ces aubes (abc) se compose de deux arcs de cercle ab et bc; l'arc (ab) a son centre en O sur le plan supérieur de la turbine, et il en résulte que l'aube a son premier élément (a) dirigé suivant la verticale; l'arc (bc) qui se raccorde en (b) tangentiellement au précédent, a

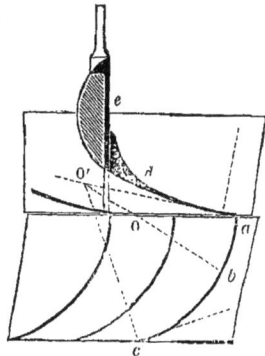

Fig. 218.

son centre en O', point tel que l'angle en (c) de l'aube avec l'horizon soit d'environ 20°.

En réalité, l'angle en (a) ne devrait pas être absolument vertical, il faudrait le diriger suivant la vitesse relative de l'eau qui entre dans la turbine, et cette vitesse relative est la résultante de la vitesse absolue V de l'eau qui quitte les aubes fixes et de la vitesse d'entraînement ($v = \omega.r$) de la turbine, prise en sens contraire. Ce perfectionnement a été introduit par MM. Fontaine et Brault dans leurs nouvelles turbines.

L'aube fixe (ad) fait avec l'horizontale en (a) un angle d'environ 10°.

Pour réduire à volonté le débit de la turbine et le proportionner à celui du cours d'eau, il faut pouvoir rétrécir l'orifice d'admission, ainsi que nous l'avons fait dans la turbine Fourneyron. On y arrive au moyen de vannes en bois, de forme arrondie, (e), qui s'élèvent ou s'abaissent au moyen des tiges (i).

A chaque intervalle entre deux aubes correspond une de ces vannes ; les tiges i s'assemblent sur une couronne K, et la couronne est supportée par trois grosses tiges en fer I qui traversent le plancher supérieur O, passent dans un écrou fixe et se terminent par trois roues dentées égales. Une manivelle et un engrenage permettent d'agir simultanément sur les trois roues qui sont entourées par une chaîne à la Vaucanson et de les faire monter ou descendre de la même quantité.

Voici les dimensions d'une turbine Fontaine établie à Charleval-sur-Andelle et destinée à utiliser une chute de 137,8 chevaux-vapeur de 75 kilogrammètres à la seconde.

Diamètre moyen, 1ᵐ,800; largeur de l'orifice, 0ᵐ,400 ;

Levée ou hauteur de l'orifice, 0ᵐ,043 ; nombre des orifices, 48 ;

Charge au-dessus de la turbine ou niveau de l'eau en amont, 2ᵐ,25 ;

Épaisseur de la turbine, 0ᵐ,26.

Le rendement a été de 72 0/0 lorsque la turbine dépensait le volume entier de la rivière, toutes les vannettes ouvertes.

Évidemment, lorsque les vannettes sont en partie fermées, le rendement diminue pour les causes que nous avons signalées au sujet de la turbine Fourneyron. Toutefois, il semble qu'avec la turbine Fontaine, la diminution de rendement est beaucoup moins considérable, surtout lorsque les vannettes sont indépendantes les unes des autres. Ainsi les expériences de Charleval ont montré que : en variant le nombre des vannettes ouvertes avec lequel la turbine fonctionnait, la force produite ne variait que de $\frac{8}{100}$ de la force d'un cheval par vannette ouverte, ce qui résulte du tableau suivant

NOMBRE DE VANNETTES OUVERTES	HAUTEUR DE LA CHUTE	VITESSE DE LA TURBINE (en tours)	TRAVAIL AFFÉRENT A CHAQUE VANNETTE
16	2ᵐ,60	28.83	2.75
22	»	29.17	2.70
38	»	29.00	2.75
34	»	29.50	2.78

En résumé, la turbine Fontaine est susceptible de fournir un rendement de 70 0/0 lorsqu'elle fonctionne dans les conditions pour lesquelles elle a été calculée.

Elle a un avantage sur la turbine Fourneyron, c'est que le pivot de l'arbre moteur est sur le plancher supérieur et qu'il est facile de le visiter et de le graisser; dans la turbine Fourneyron, au contraire, le frottement de l'arbre moteur a lieu sur une crapaudine noyée, que l'on ne peut graisser; cependant, on a inventé des appareils spéciaux pour le faire.

Les deux turbines précédentes sont les plus usitées, nous décrirons donc sommairement celles qui suivent.

Turbine Kœchlin. — La turbine Kœchlin est, comme construction proprement dite, analogue à la turbine Fontaine. Elle rentre, comme celle-ci, dans le type imaginé par Euler. Mais la turbine Kœchlin a l'immense avantage de ne pas pénétrer au-dessous du niveau d'eau à l'aval; au contraire, elle est maintenue dans un puits maçonné à une certaine distance au-dessus de ce niveau d'aval. La communication du puits et du bief d'aval se fait à la base par un orifice rectangulaire que peut fermer et ouvrir plus ou moins une vanne manœuvrée par une longue tige.

Grâce à sa situation, la turbine Kœchlin peut être mise à sec aussi souvent qu'on le désire, elle est donc facile à visiter et à réparer; il suffit pour cela, de faire passer l'eau du bief d'amont par le vannage de décharge de l'usine et d'abaisser complètement la vanne qui se trouve à la base du puits.

De ce que la turbine est située au-dessus du niveau d'aval, il n'en faut pas conclure que l'on perde une partie de la chute, car il en résulte une diminution de pression sur l'eau, à la sortie de la turbine, et cette diminution correspond à la différence de niveau entre la turbine et le bief d'aval.

Théoriquement, l'effet dynamique n'est pas plus modifié dans ce cas que lorsque la turbine Fourneyron est plus ou moins noyée, c'est toujours la chute réelle H qui influe sur le travail.

Pour modérer le débit, M. Kœchlin recouvre une partie des orifices au moyen de clapets, qui s'appliquent exactement sur l'entrée des canaux de la roue fixe, de manière à intercepter complètement le passage de l'eau. Cette disposition semble donner de meilleurs résultats que la vanne annulaire Fourneyron ou les vannettes Fontaine.

On peut aussi réduire le débit en abaissant la vanne qui sépare le puits de la turbine du bief d'aval, mais l'expérience a montré qu'il résultait de cette manière de faire une perte bien plus grande de force vive.

Les clapets de la turbine Kœchlin sont indépendants les uns des autres; c'est probablement ce qui explique son bon rendement malgré les variations de débit; on évite des contractions considérables. C'est pour ce motif que, dans la turbine Fontaine, on est arrivé à rendre indépendantes les tiges des vannettes; mieux vaut fermer complètement un certain nombre d'orifices, que de les rétrécir tous.

Turbine hydropneumatique de Girard et Callon. — Nous avons vu que l'inconvénient sérieux des turbines était de perdre une grande partie de leur puissance lorsque le débit vient à varier, et que l'on est forcé de réduire le nombre ou la superficie des orifices ouverts. Dans ce cas, le rendement de la turbine Fourneyron, par exemple, décroît rapidement et s'abaisse de 70 à 25 0/0, c'est-à-dire que la turbine devient un très-médiocre récepteur. Cette diminution dans le rendement se présente malheureusement lorsque le débit diminue, c'est-à-dire précisément à l'époque où il serait nécessaire d'utiliser le mieux possible la puissance du cours d'eau.

MM. Girard et Callon ont remédié à cet inconvénient par l'hydropneumatisation.

Imaginez la turbine Fourneyron complètement entourée par une cuve en tôle, ouverte par le bas, et dont le bord inférieur est au niveau du plateau inférieur de la turbine; dans cette cloche, on comprime de l'air qui refoule l'eau jusqu'à la base de la turbine.

L'écoulement du liquide à travers la turbine se fait donc dans l'air ; si la vanne annulaire est plus ou moins descendue, la hauteur de la lame liquide, qu'elle laisse passer sous elle, est plus ou moins haute, mais elle ne s'épanouit pas à son entrée dans les aubes mobiles, puisqu'elle s'écoule dans l'air ; la turbine n'entraîne plus avec elle le poids mort dû à l'eau tourbillonnante qui entoure la lame liquide. Le plateau annulaire, qui limite en haut les aubes mobiles, devient inutile ; on peut l'établir à jour, du reste on facilite ainsi la sortie de l'air confiné entre les aubes.

Cette compression de l'air dans la cuve est facile à obtenir en montant sur l'arbre même de la turbine une petite pompe foulante qui agit sans relâche pour compenser à chaque instant l'air perdu par les jointures, par le dessous de la cuve, et par la dissolution dans l'eau. C'est une très-petite dépense de force, car la cuve est rarement noyée de plus de 2 mètres, ce qui donne pour l'air intérieur une pression supplémentaire de $\frac{1}{5}$ d'atmosphère.

ette disposition a donné d'excellents résultats au point de vue de l'uniformité du rendement des turbines.

L'hydropneumatisation a été appliquée par M. Girard à plusieurs autres engins. Sur ce principe, il a établi des barrages d'une manœuvre facile, qui s'élèvent ou qui s'abaissent suivant qu'on insuffle de l'air à l'intérieur d'une caisse ou qu'on en laisse échapper.

Roue-turbine de M. Girard. — M. Girard, l'ingénieux inventeur dont nous avons déjà parlé plusieurs fois, en cherchant un appareil propre à utiliser l'immense force vive que possèdent les fleuves en mouvement, arriva à construire une roue à axe horizontal, que nous allons étudier ici en même temps que les roues à axe vertical, car elle est analogue aux turbines, et se comprendra mieux après les théories que nous venons d'exposer.

Les figures 219 et 220, représentent la grande roue-turbine établie par M. Girard, sur la Marne, à Noisiel, dans l'usine de M. Ménier.

La figure 219, est l'élévation d'amont, la figure 220, le plan d'ensemble.

Le cours de la rivière ou de la dérivation est interrompu par un barrage AA, normal au courant, et, dans ce barrage vertical, est ménagé un orifice circulaire, destiné à recevoir la roue, dont l'axe horizontal est dirigé suivant le fil du courant, c'est-à-dire normalement au barrage. L'appareil comprend trois parties : 1° la partie fixe d'amont, 2° la roue-turbine, 3° la partie fixe d'aval.

1° la partie fixe d'amont est limitée extérieurement à un entonnoir dont (mn) est le profil (voir le plan) ; cet entonnoir est donc la surface de révolution engendrée par le profil (mn) tournant autour de l'axe horizontal du système. La partie centrale de cet entonnoir est occupée par une autre surface de révolution dont pq est le profil et qui forme un entonnoir complet dirigé en sens inverse du précédent.

L'eau qui arrive de l'amont pénètre donc dans l'espace E, qui va en se rétré-

cissant d'une manière continue; les filets s'infléchissent, comme on le voit, accé-
lèrent leur vitesse, et, arrivée sur le plan (nq), la masse débouche dans le bief
d'aval sous la forme d'une colonne liquide creuse; quelquefois la section de la

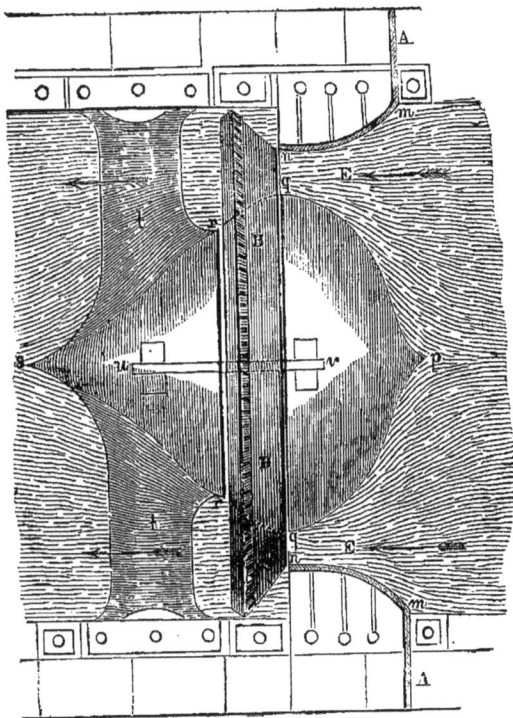

Fig. 219.

colonne n'est pas complète : cela arrive lorsque la roue n'est pas noyée tout
entière. En tous cas, il est facile d'observer ce cylindre liquide lorsque la roue-
turbine est enlevée;

2° La roue-turbine B est une couronne analogue à la couronne mobile des turbines; elle porte, à l'intérieur, des aubes courbes enchâssées dans ses parois
latérales; le premier élément de ces aubes fait, avec le plan vertical (nq), un
angle tel, que la vitesse relative de l'eau, à son entrée dans la roue, soit tangente
à ce premier élément; le dernier élément des aubes fait avec le plan vertical,
qui limite la roue à l'arrière, un angle assez faible, afin que la vitesse absolue de
l'eau à la sortie soit faible aussi et qu'elle conserve très-peu de force vive.

On voit que, dans la partie fixe d'amont, on a supprimé les aubes directrices
qui existent dans les autres turbines; mais ces aubes avaient pour effet de
limiter le volume d'eau qui arrivait sur les aubes mobiles. Ici les aubes mobiles
reçoivent un cylindre d'eau, animé d'une grande vitesse; si on leur donnait la
forme ordinaire, telle que la section droite de l'intervalle compris entre deux
aubes consécutives va en se rétrécissant de l'amont à l'aval, la vitesse du liquide
se ralentirait énormément à son passage dans la roue; il se produirait des gon-
flements, des chocs et un engorgement considérable, et on serait forcé d'en

revenir aux directrices fixes qui resserrent la lame liquide et la réduisent à des dimensions moindres que la plus petite section comprise entre les aubes mobiles.

Il fallait donc, modifier la forme de la roue-turbine, de manière à augmenter peu à peu la section normale de ses augets ; M. Girard eut l'idée, pour y arriver,

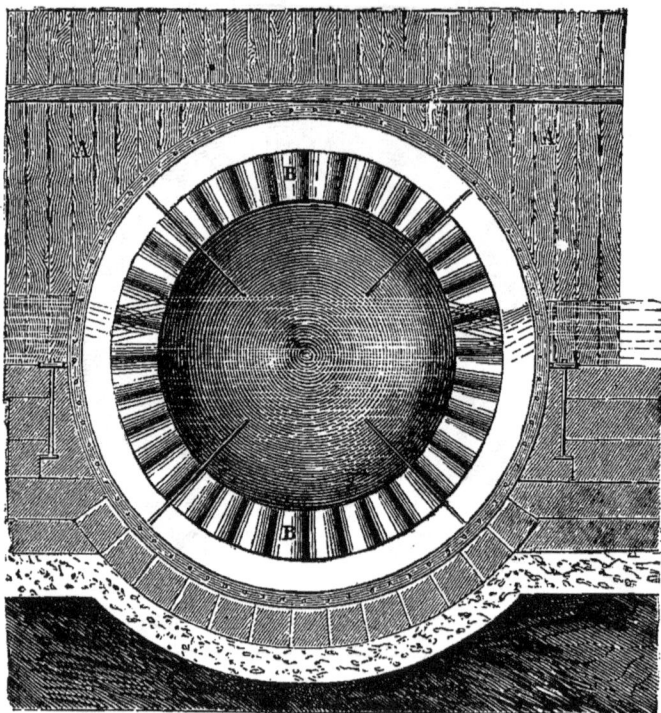

Fig. 220.

d'accroître progressivement de l'amont à l'aval l'épaisseur de la roue-turbine dans le sens du rayon. Cette roue-turbine va donc en s'évasant de l'amont à l'aval, comme on le voit en B sur la coupe horizontale.

Après avoir franchi le détroit (*nq*) avec sa vitesse maxima, le liquide pénètre dans la roue-turbine sans choc en agissant peu à peu sur les aubes et en s'épanouissant ; il perd donc peu à peu sa vitesse, et par suite sa force vive qu'il cède à la roue, et cette perte de vitesse se fait sans choc ni tourbillonnement puisque les canaux vont sans cesse s'élargissant. Enfin, l'eau pénètre dans le bief d'aval avec une vitesse absolue très-faible. Il y a donc utilisation aussi parfaite que possible de la force vive disponible.

La roue-turbine B porte à sa circonférence d'aval une roue dentée verticale, qui engrène avec une roue dentée horizontale, laquelle termine l'arbre moteur qui est vertical.

3° La partie fixe d'aval se compose d'un cône métallique de profil *rs*, plus allongé que celui d'amont, et dont la base est juste en face de la circonférence intérieure de la roue-turbine. Ce cône a pour objet de diriger les filets liquides à leur sortie de la roue, et il est relié aux bajoyers du barrage par deux bras creux (*t t*) à section transversale aplatie, et à arêtes latérales ; ces bras n'offrent à l'écoulement de l'eau qu'un obstacle insignifiant.

L'arbre horizontal de la roue-turbine traverse dans des manchons les parois verticales qui limitent le cône d'amont (*pq*) et le cône d'aval (*rs*) ; les tourillons (*u* et *v*) de cet arbre sont à l'intérieur de ces cônes creux et étanches, mais munis d'orifices mobiles par où l'on peut visiter et graisser le mécanisme intérieur.

On peut profiter de la poussée du liquide qui s'exerce sur ces cônes creux, pour produire un effort de soulèvement sur l'arbre moteur et pour alléger dans une certaine proportion la charge des coussinets ; c'est encore une application de l'hydropneumatisation.

La roue-turbine de Noisiel fonctionne parfaitement depuis son installation ; elle se conduit mieux lorsqu'elle est entièrement noyée parce qu'alors toutes les aubes travaillent ; mais elle donne encore un bon rendement lorsqu'elle n'est que partiellement noyée. Dans ce cas, en effet, si le débit diminue, la hauteur de chute augmente et une compensation peut s'établir.

La roue de Noisiel, et ses accessoires, pèse environ 25,000 kilogrammes et a coûté 25,000 francs, non compris les frais de construction du barrage.

C'est un bon récepteur, quoiqu'un peu compliqué, et il a l'immense avantage de permettre d'utiliser ces masses énormes de force vive, que possèdent les fleuves à cours rapide comme le Rhône et qui sont aujourd'hui complétement perdues.

M. Girard a construit à Gênes de petites turbines de la force de un, deux ou trois chevaux, conçues dans un système analogue au système Fourneyron et dont l'axe peut être horizontal ou vertical. L'eau motrice arrive par les conduites de la ville, qui partent d'un réservoir élevé ; cette eau se trouve donc à une pression de plusieurs atmosphères ; elle arrive par un tube central dans la couronne fixe de la turbine et s'en échappe pour couler sur les aubes de la couronne mobile ; celle-ci communique son mouvement à l'arbre moteur de l'outil. Un robinet vanne permet de fermer ou d'ouvrir à volonté la conduite d'eau ; l'outil s'arrête donc ou se met en marche en un instant, et l'ouvrier peut, pour un prix bien inférieur à celui d'une machine à vapeur d'égale force, avoir chez lui un moteur commode, économique, non encombrant, non dangereux, toujours prêt au travail et d'une puissance bien supérieure à celle de plusieurs hommes. Il est évident que l'eau qui s'échappe de la turbine s'écoule dans une conduite qui la mène à la rue ou à l'égout.

Nous reviendrons plus loin sur cette question si intéressante de la distribution de force à domicile.

Turbine Bonnet (*fig.* 5, pl. 4). — La turbine Bonnet est établie comme il suit : on maintient par un barrage l'eau du bief d'amont en BC ; au pied de ce barrage est un orifice que l'on ferme ou que l'on ouvre au moyen d'une vanne. L'eau d'amont doit donc s'écouler par cet orifice ; elle pénètre dans une cuve cylindrique en maçonnerie PQ recouverte d'une plaque circulaire en fonte, laquelle se prolonge en son milieu par un bout de tube vertical GF. Dans ce tube vertical s'engage exactement une roue à aubes courbes E, quelque chose comme une roue Poncelet horizontale, dont la base supérieure est un disque plein ; l'eau entre donc dans cette roue par en dessous et s'échappe latéralement comme dans la turbine Fourneyron.

Lorsque le débit diminue, on enfonce davantage la roue dans le tube vertical de manière à réduire la hauteur du débouché. On voit que cet engin réunit les avantages de la turbine Kœchlin et de la turbine hydropneumatique.

Mais l'ajustage doit en être particulièrement soigné, si l'on veut qu'il ne se produise pas de fuites entre le cercle inférieur de la turbine et les parois du tube vertical en fonte. Les expériences indiquent pour le rendement de cet engin un peu plus de 70 p. 100. Cependant il est sage de ne pas compter sur un chiffre supérieur.

L'inconvénient des turbines ordinaires est que, pour une chute considérable, elles prennent des dimensions exiguës et transmettent à leur arbre une vitesse très-rapide de rotation ; M. Thomas, ingénieur hessois, a remédié à cet inconvénient, en adoptant une turbine en dessous de grand diamètre, dans laquelle l'eau n'arrive que sur une partie de la circonférence.

Résumé. — Nous avons décrit les principales turbines actuellement en usage, nous avons montré les inconvénients et les avantages de chaque système.

Les turbines en général se prêtent bien à toutes les hauteurs de chute depuis les plus faibles jusqu'aux plus grandes ; c'est ainsi que, dans la Forêt Noire, M. Fourneyron a installé une turbine sous une chute de 108 mètres.

La vitesse des turbines peut varier d'un quart en plus ou en moins sans que leur rendement change beaucoup, ce qui est précieux dans de certaines circonstances.

Malheureusement elles sont coûteuses et d'une construction compliquée : elles se prêtent mal aux variations notables de débit, et leur rendement s'abaisse alors d'une manière considérable.

Aussi, ne se sont-elles point propagées autant qu'on pourrait le croire, et la mécanique n'a pas dit son dernier mot sur cet engin.

2° CLASSE DE MOTEURS HYDRAULIQUES

Moteurs à mouvement alternatif

Dans cette classe de moteurs hydrauliques, l'eau agit en général sur un piston mobile dans un cylindre. Suivant que la pression s'exerce sur l'une ou sur l'autre face du piston, la tige de celui-ci se meut dans un sens ou dans l'autre. Il en résulte un mouvement de va-et-vient que l'on transforme à volonté.

Les principaux moteurs de cette classe sont les machines à colonne d'eau à simple et à double effet, qui sont connues depuis fort longtemps, et les machines à pression d'eau, telles que les grues hydrauliques, dont l'emploi s'est beaucoup propagé depuis l'invention des accumulateurs.

1° Machines à colonne d'eau. — La plupart des machines à colonne d'eau sont des appareils d'épuisement, qui élèvent l'eau par elles-mêmes ou qui actionnent des pompes ; cependant, comme ce sont de véritables moteurs et non de simples pompes, nous avons cru en joindre l'étude à celle des moteurs hydrauliques.

Machine de Schemnitz. — La machine de Schemnitz, établie en Hongrie en 1755, pour l'épuisement des eaux dans les mines de galène est une application en grand de la fontaine imaginée par Héron d'Alexandrie.

Elle se compose de deux cuves fermées B et C ; celle-ci possède à peu près la moitié de la capacité de la première ; ces deux cuves communiquent par un tube recourbé (*mn*), qui débouche à la partie supérieure de chacune d'elle et qui peut être ouvert ou fermé par le robinet (*m*).

On dispose de l'eau d'une source qu'on accumule dans un réservoir supérieur A, du fond duquel part un tube *p*, qui pénètre jusqu'au fond de la cuve B.

Un peu au-dessus de la cuve C est le réservoir ou le puits E, dont il s'agit d'élever les eaux jusque dans le réservoir ou canal de fuite D.

Le tube Q fait communiquer le fond de E avec la partie supérieure de la

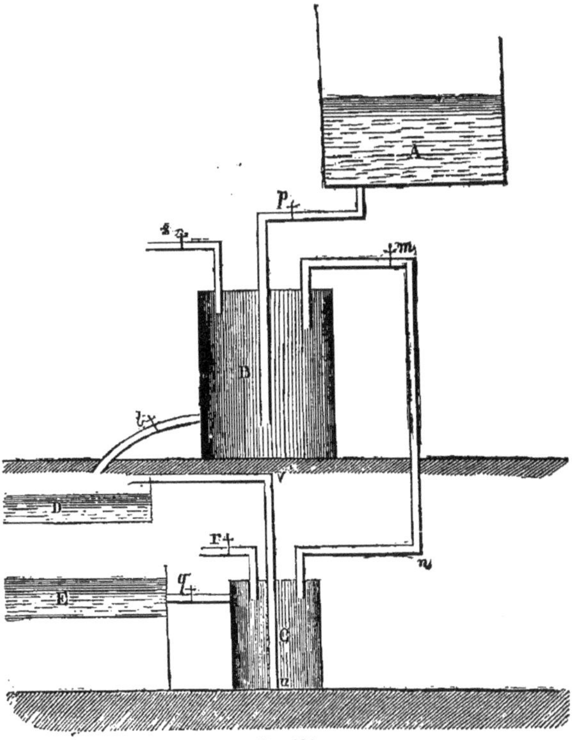

Fig. 221.

cuve C, et cette partie supérieure peut être mise en communication avec l'atmosphère par le tube (*r*). Du fond de la cuve C part un tube (*uv*), qui débouche au-dessus du réservoir D.

Enfin la cuve B porte à la partie supérieure un tube *s* débouchant dans l'atmosphère, et à la partie inférieure un tube *t* débouchant dans le réservoir intermédiaire D.

Voici la manœuvre de l'appareil :

1° Les robinets (*m*) et (*p*) sont fermés, tous les autres ouverts; ce qu'il y a d'eau dans la cuve B s'écoule par *t*, et cette cuve est remplie de l'air qui entre en *s*; l'eau qui arrive par le conduit *q* remplit la cuve C, dont l'air s'échappe par (*r*). Ainsi B est plein d'air et C plein d'eau;

2° On ferme les robinets *s*, *t*, *r*, *q*, et on ouvre (*p*) et (*m*). L'eau du réservoir A remplit peu à peu la cuve B, y comprime l'air confiné ; celui-ci s'échappe par le tube (*mn*) et vient transmettre sa pression à la surface de l'eau contenue dans la cuve C ; cette eau comprimée monte peu à peu dans le tube (*uv*) et finit par s'épancher dans le réservoir D.

Ainsi, la cuve B se remplit d'eau pendant que l'autre se vide.

On revient ensuite à la première phase de la manœuvre.

Ainsi la pression due à l'eau se transforme en pression d'air, laquelle se transmet à distance et vient presser l'eau de la cuve C comme le ferait un piston.

Supposez la cuve C d'une capacité égale à la moitié de celle de B, l'air sera finalement comprimé à deux atmosphères, et l'eau pourra s'élever dans le tube uv à 10 mètres de hauteur.

En variant la proportion des volumes, on arrivera à élever de l'eau à une hauteur quelconque, mais la quantité élevée sera en raison inverse de la hauteur.

Cet appareil, simple en théorie, est encore d'une exécution assez compliquée ; à Schemnitz, les robinets étaient ouverts et fermés à la main, et l'on avait pris soin de réunir par des chaînes les robinets m et p, s et t, r et q, qui ont des mouvements simultanés.

Il ne serait point difficile d'imaginer un système automatique grâce auquel les robinets s'ouvriraient ou se fermeraient à chaque phase du mouvement.

Production artificielle de la glace. — Un fait assez curieux, qui dès l'origine étonna beaucoup, se produit dans la machine de Schemnitz. Lorsqu'on ouvre le robinet (r) pour laisser échapper l'air comprimé dans la cuve C, cet air chargé d'humidité abandonne de petits glaçons qui se déposent à l'extrémité de l'ajutage ou sur une toile que l'on présente au courant gazeux.

Gay-Lussac donna l'explication de ce phénomène, qui pour nous est très-simple aujourd'hui.

Toutes les fois qu'un corps est comprimé, il s'échauffe, et nous avons vu en physique que, si l'on comprime brusquement de l'air, la chaleur développée est assez vive pour enflammer un morceau d'amadou.

Inversement, toutes les fois qu'un corps se dilate, il absorbe de la chaleur et refroidit les corps environnants.

L'air, fortement comprimé dans la cuve C de Schemnitz, absorbe donc une grande quantité de chaleur qu'il prend aux tubes et aux substances en contact ; l'eau qu'il contient se congèle et se dépose sur ces substances et spécialement sur celles qui sont mauvaises conductrices de la chaleur.

C'est sur ce principe qu'on a construit, dans ces derniers temps, de grandes machines qui sont arrivées à fournir la glace dans des conditions assez économiques pour pouvoir lutter contre les glacières naturelles.

C'est un Américain, nommé Gorrie, qui s'en est servi le premier. Au moyen de pompes puissantes, on comprime l'air dans de vastes cylindres, entourés d'eau froide ; cet air s'échauffe et cède sa chaleur à l'eau. Il passe alors dans d'autres cylindres, où il se dilate considérablement ; ces cylindres se refroidissent beaucoup et enlèvent des quantités énormes de chaleur à l'eau dans laquelle ils baignent. Cette eau ne tarde donc pas à se prendre en glace.

La machine Windhausen, qui donne une production considérable de glace, est fondée sur ce principe.

Machine à colonne d'eau à simple effet. — La machine à colonne d'eau à simple effet a été inventée par Bélidor en 1736 ; au commencement du siècle dernier, elle fut mise sous une forme véritablement pratique par Reichenbach, ingénieur de Munich, et c'est Juncker, ingénieur des mines, qui eut en France l'honneur de la perfectionner.

On trouvera dans les *Annales des ponts et chaussées* de 1836 le savant mémoire dans lequel M. Juncker fit une étude complète de la machine à colonne d'eau, qu'il venait d'établir dans la mine de Huelgoat, concession de Poullaouen (Finistère).

La mine de Huelgoat est envahie par des sources d'une abondance excessive, et il était nécessaire de déployer une force considérable pour s'en débarrasser.

La situation topographique du pays se prête fort heureusement à l'établissement de machines hydrauliques puissantes. La mine est entourée de vallons que suivent de nombreux cours d'eau : on a détourné ces cours d'eau et on les a amenés le long des coteaux qui dominent Huelgoat ; on a donc pu créer de la sorte des chutes énormes.

On disposait ainsi d'un débit de 12 à 28 mètres cubes par minute, avec une chute de 66 mètres de hauteur, ce qui représentait par seconde plus de 500 chevaux de 75 kilogrammètres.

Cette puissance agissait autrefois sur des roues hydrauliques étagées qui mettaient les pompes en mouvement.

M. Juncker se décida pour la machine à colonne d'eau à simple effet : les machines à simple effet ont toujours l'avantage d'un mécanisme peu compliqué et d'une manœuvre facile, surtout lorsqu'on peut s'arranger de manière à ce que la puissance s'exerce de bas en haut sur la tige des pompes qui descend à de grandes profondeurs. Les efforts se produisent toujours dans le même sens, il n'y a point de renversement brusque dans les tensions et compressions auxquelles les diverses pièces sont soumises; par suite, absence de chocs et conservation indéfinie du matériel. Les machines à double effet, qui agissent par compression sur de longues tiges en bois ou en métal, font toujours flamber un peu ces tiges, et il en résulte de la perte de force vive, de l'usure et des détériorations rapides.

La machine à colonne d'eau possède sur les roues hydrauliques l'avantage d'actionner directement la tige des pompes; il n'y a point de balancier qui produit toujours des déviations fâcheuses.

Sans entrer dans les considérations techniques, si parfaitement exposées par M. Juncker, nous lui laisserons la parole pour la description du moteur :

Le grand cylindre (fig. 1 et 2, pl. 3), dans lequel se meut le piston principal, porte à son extrémité une tubulure T, qui sert alternativement à l'introduction et à l'émission de l'eau motrice. Ce piston P est poussé de bas en haut avec toute sa charge dans le premier cas, et il redescend sous un excédant de poids dans le second : ainsi pour assurer la continuité de son mouvement alternatif de va-et-vient, il faut régulariser l'intermittence de ces deux fonctions.

Dans la plupart des anciennes machines, dans celles de Hoëll particulièrement, on obtenait cet effet par l'emploi d'un robinet à trois orifices, placé dans le tuyau de communication entre le cylindre et la colonne de chute; mais ce moyen, qui présente de graves inconvénients pour les grandes machines surtout, doit être abandonné et remplacé dorénavant par le régulateur à piston que je vais décrire ci-après, et qui est pour ainsi dire l'âme de la machine.

Régulateur à piston. — La tubulure T (fig. 1 et 2 pl. III) est adaptée contre une pareille que présente une pièce HH' composée de plusieurs cylindres ayant un même axe, et interposée verticalement entre le cylindre principal Y et la colonne de chute. Dans cette pièce aboutissent, à distances égales de la tubulure T, mais du côté opposé, deux tuyaux horizontaux O S ; le premier, qui termine inférieurement la colonne de chute, est, à proprement parler, le tuyau d'admission ; le second, qui communique avec la galerie d'écoulement, est le tuyau d'émission.

Un piston fonctionne dans l'intérieur de cette pièce, et peut venir se placer alternativement dans les deux espaces cylindriques bc et $b'c'$ égaux en hauteur et en diamètre, et symétriquement placés par rapport à la tubulure T'.

Dans la dernière de ces positions, la communication entre le tuyau d'émission et le cylindre principal Y est fermée, tandis que le piston P, mis en rapport avec la colonne de chute, exécute en conséquence son mouvement ascensionnel. Dans la première position, au contraire, l'admission de l'eau motrice est interdite et l'émission favorisée ; le cylindre se vide et le piston P redescend.

Le piston R pourra donc être regardé comme le régulateur de la machine, dès le moment où il aura reçu lui-même les lois d'un mouvement facile et régulier pour aller occuper successivement et en temps opportun les espaces bc et $b'c'$.

Il semblerait que ce piston, qui est constamment pressé de haut en bas par la colonne de chute, exige l'emploi d'une force considérable soit pour être déplacé de bas en haut, soit pour conserver au moment de sa descente une vitesse modérée : mais cette double difficulté a disparu devant l'artifice simple et ingénieux que je vais indiquer.

Un nouveau piston J, assemblé sur la tige prolongée du premier, se meut dans un cylindre particulier placé en contre-haut du tuyau d'admission. Il est presque inutile de dire que tous les cylindres H', bc, $b'c'$ sont rigoureusement alésés sur le même axe. La surface inférieure de ce piston J étant sans cesse en présence de la colonne motrice, il s'y développe une force permanente qui agit de bas en haut, c'est-à-dire en sens contraire de celle qui sollicite le piston régulateur ; ainsi, en négligeant pour un moment les frottements et le poids de ce système de pistons, il y aurait équilibre entre eux si leurs diamètres étaient égaux, dès lors la moindre dépense de force serait suffisante pour déterminer et modérer à volonté le mouvement du piston régulateur.

Mais les choses n'ont pas été disposées tout à fait ainsi; le diamètre du cylindre H' est un peu plus grand qu'en bc, $b'c'$, de telle sorte que les pressions exercées sur les deux pistons opposés n'étant plus égales, il y a résultante dans le sens du plus grand, et, partant, mouvement ascensionnel ; lors donc que le système est abandonné à lui-même, le piston R va se placer dans l'espace bc et y reste jusqu'à ce qu'il soit sollicité par une combinaison de forces nouvelles.

Il s'agit, pour obtenir le mouvement inverse, de détruire la résultante ascensionnelle et de la remplacer par une autre dirigée en sens contraire. Or ce but est rempli tout simplement en appliquant (dans le moment opportun) une force plus grande que cette résultante sur la surface supérieure du piston d'aide J.

Cette force est momentanément empruntée à la colonne de chute; à cet effet, une prise d'eau est faite en a au moyen d'un petit tuyau qui aboutit en o à la partie supérieure du cylindre H'. Celui-ci est fermé par une boîte en cuir, dans laquelle passe, à frottement doux, un manchon ou grosse tige K fixée sur le piston J et qui a pour objet de diminuer la surface supérieure de ce dernier, pour ne laisser exposée à la pression hydraulique qu'on se propose d'exercer dans l'intérieur de l'annulaire w que la partie de cette surface déterminée par les conditions de descente du système.

Cette descente s'effectue dès que l'on donne accès à l'eau motrice dans l'annulaire w, au moyen du tuyau $aa_1a_2a_3$. Elle ne cesse que lorsque le piston R est venu occuper l'espace $b'c'$, ce qui constitue la seconde partie de la régulation.

Pour ramener ensuite les choses dans leur premier état, c'est-à-dire pour faire remonter le piston R dans la position bc, il faut, non-seulement interdire la communication entre la colonne de chute et l'espace annulaire, mais encore présenter une libre issue à l'eau dont cet espace est rempli. C'est par le tube $ee_1e_2e_3$ que cette eau peut s'échapper et gagner le tuyau d'émission.

Dès lors le système des pistons R et J remontera spontanément comme il a été dit, et le cylindre principal se videra.

Petit appareil hydraulique pour régler le jeu du régulateur principal. — Tout se réduit donc, pour obtenir les deux fonctions du régulateur, à faire parvenir un filet d'eau motrice dans l'annulaire w, ou à vider ce dernier alternativement et en temps utile. Un robinet à trois orifices, placé en avant de la petite tubulure o, aurait pu satisfaire à ces conditions; mais ici encore la préférence a été donnée à un petit régulateur à pistons disposés d'après les mêmes principes que le régulateur RJK.

Ainsi un cylindre vertical, ei, muni de deux tubulures latérales a, o, renferme deux pistons, pp' assemblés sur la même tige, et placés de telle manière qu'ils sont toujours pressés en sens contraire par l'eau motrice, qui est en permanence au point a; le piston p est de plus assujetti à prendre position alternativement au-dessus et au-dessous de la tubulure o. Dans le premier cas, l'espace annulaire w peut se vider; dans le second, au contraire, la communication est établie entre ce même espace et la colonne de chute.

Le piston p' est surmonté d'une grosse tige ou noyau qui remplit le même office que son analogue dans le grand régulateur, et qui, comme lui, passe à travers une garniture de cuir fixée au haut du cylindre ei. Un petit tube u sert à transmettre la pression de la colonne motrice sur la partie libre de la surface supérieure du piston p'. Cette force additionnelle (qui équivaut à peine à 30 kilogrammes) a pour objet de contre-balancer une pression pareille exercée de bas en haut sous le piston inférieur p dans le tuyau d'émission, et qui résulte de la position du cylindre principal Y à $14^m,20$ sous la galerie d'écoulement.

La question vitale de la machine trouve donc une solution aussi simple que complète dans le mouvement bien ordonné des petits pistons pp', que la main d'un enfant peut déplacer. Quand on les fait monter, le régulateur principal monte aussitôt après; il y a émission dans le grand cylindre, et le piston P s'abaisse. Quand, au contraire, on les oblige à descendre et à occuper la position indiquée (fig. 1, pl. III), le grand régulateur descend à son tour et le piston moteur monte, il y a admission.

Le jeu de la machine est ainsi parfaitement assuré, en admettant toutefois qu'il y ait un moyen facile et sûr pour faire fonctionner le petit appareil en temps opportun.

Mécanisme qui règle les fonctions du petit appareil. — On conçoit tout d'abord que c'est le grand piston P qui doit donner le signal du mouvement et fournir la très-petite force nécessaire pour le produire. Un mécanisme très-simple remplit ce double objet.

Le système des petits pistons est suspendu à une tige articulée en t, qui, passant à travers la pièce $v''v''$, aboutit à un premier levier $v't$, ayant son point d'appui en v'; un second levier ss', qui tourne autour de l'extrémité s d'un montant (consolidé par les pièces z et $v''v''$) est relié au premier $v't$ par un petit tirant t', et terminé à son autre extrémité par un secteur s maintenu dans son mouvement par un guide fourchu qui se projette verticalement en vv'. Deux crochets ou mentonnets, 1 et 2, en saillie sur l'arc de cercle, sont fixés en sens inverse, sur les deux faces planes opposées de ce secteur. En projection horizontale, ils apparaîtraient écartés l'un de l'autre de toute l'épaisseur du secteur. Ces leviers sont combinés de manière à procurer au piston p la levée nécessaire ; le levier inférieur serait devenu superflu si l'on avait pu ménager un espace suffisant entre le cylindre Y et la pièce HH', pour établir le rapport voulu par la course de p entre les deux bras du seul levier ss'.

D'un autre côté, le piston principal P a reçu en f un sabot en fer dans lequel vient s'assembler à vis une tige de fer verticale dd'. Cette tige est guidée dans le haut par deux colliers gg, qui font partie d'une pièce unique gg fixée par deux pattes sur la bande arquée en fer h, qui porte aussi la pièce fourchue déjà citée vv'.

La tige dd', qui est ronde, est munie longitudinalement et du côté du régulateur d'une tringle rectangulaire bien dressée, dont l'épaisseur est égale à celle du secteur s auquel elle est et reste tangente pendant toute la course du piston R (il est bien entendu que les colliers gg qui guident la tige, sont échancrés pour donner un libre passage à la tringle en question).

Deux cames, 3 et 4, sont fixées, en position inverse et au moyen de vis, sur les deux faces opposées de la tringle, qui, à cet effet, porte une série de trous à l'aide desquels on peut faire varier la distance d'une came à l'autre. Celles-ci correspondent d'ailleurs respectivement aux mentonnets 1 et 2 du secteur.

Voici maintenant le jeu de ce mécanisme ; lorsque le piston P, obéissant à la pression de l'eau motrice, s'élève dans son cylindre avec la tige dd', la came 3, rencontrant le mentonnet correspondant du secteur, l'entraîne avec elle, et, par suite, fait monter les petits pistons pp'. Mais bientôt, par suite du mouvement angulaire du levier ss', il y a échappement, et le piston P achève sa course pendant que la régulation ascendante s'opère pour fermer le tuyau d'admission et favoriser l'émission.

Un instant après, le piston P redescend, mais cette fois la came 3 ne rencontre plus le mentonnet qui lui correspond, et qui, après son échappement, était demeuré immobile. C'est au contraire la came 4 qui accroche le mentonnet 2, lequel s'est avancé vers la tringle en même temps que l'autre s'en était éloigné. Le secteur redescend, et avec lui les petits pistons qui viennent reprendre la position indiquée à la (fig. 1). A ce moment, il y a nouvel échappement, et le piston p continue à descendre jusqu'à la limite supérieure de sa course pendant que s'effectue la régulation qui a pour objet de le mettre de nouveau en rapport avec la colonne de chute, et lui faire commencer une nouvelle pulsation.

Principe de cette régulation. — Le système de régulation que je viens de décrire, et qui assure la continuité du mouvement de la machine, repose sur l'idée aussi neuve qu'heureuse d'emprunter directement à la colonne motrice elle-même la petite provision de force dont tout régulateur doit être doté pour fonctionner en dehors de l'impulsion immédiate du piston principal. Ce magasin de forces, sans lequel le piston s'arrêterait indubitablement au moment d'atteindre les limites de sa course, et de franchir ses points de rebroussement, a été placé pour d'autres appareils à colonnes d'eau ou à vapeur tantôt dans des masses plus ou moins pesantes que la machine élève pour les laisser retomber, tantôt dans l'action de ressorts, de volants, etc. Notre moyen, qui réunit à une grande simplicité le mérite de se rattacher au principe hydraulique fondamental de la machine elle-même, possède aussi l'avantage de présenter toute facilité pour modérer ou accélérer autant que l'on veut le mouvement du piston régulateur.

Moyen de faire varier la course du piston moteur. — Ces changements de vitesse, qui sont infiniment précieux pour faire varier à volonté et avec une rare précision la course du piston moteur, s'obtiennent avec le secours de deux robinets modérateurs a_2, e; le premier sert à étrangler plus ou moins la veine fluide qui pénètre dans l'annulaire w; l'autre produit le même effet sur cette veine au moment de son émission. Ces robinets sont, à cet effet, munis l'un et l'autre des clefs ou manches (non représentés sur le dessin) que le machiniste peut tourner à la main lorsqu'il le juge nécessaire, et qui sont pour lui un véritable gouvernail.

Moyen d'arrêter la machine. — Ils fournissent aussi un moyen facile d'arrêter la machine : quand, en effet, le piston R est arrivé au milieu de sa course ascensionnelle, et se trouve placé par le travers de la tubulure TT′, il suffit de fermer le robinet e pour faire cesser instantanément tout mouvement dans la machine; on la remettra en train avec la même facilité en rouvrant le robinet e. On obtient un résultat semblable dans la marche opposée du piston R, mais alors il faut fermer le robinet a_2.

Dispositions capitales du régulateur bavarois. — Mais là ne se bornent pas les avantages de notre régulateur à pistons. Il est une autre disposition d'une haute importance qui le distingue par-dessus tout, comme un moyen efficace de prévenir les chocs qui se manifestent toutes les fois qu'il s'agit d'arrêter de hautes colonnes d'eau en mouvement dans le sens de la gravité, ou lorsqu'on veut soulever brusquement de pareilles colonnes quand elles sont en état de repos.

Cette disposition capitale consiste simplement à donner au piston régulateur une forme et un mouvement tels qu'il ne ferme pas tout à coup, mais seulement par degrés insensibles les orifices d'admission et d'émission.

Le piston R (fig. 5) est un cylindre creux en bronze assez bien tourné et rodé, pour remplir exactement les espaces bc, et $b'c'$ parfaitement cylindriques aussi. Au milieu, sur une hauteur $x'x_1$, un peu plus grande que celle bb' de la tubulure T′ la surface extérieure est pleine et unie, mais à chacun des bouts, sur le reste de sa hauteur, il présente huit entailles ou cannelures cunéiformes $x'x''$... x_1x_2 qui ont leurs têtes $x''x_2$ rangées sur le pourtour des deux bases du piston.

Lorsque la régulation s'effectue, en montant par exemple, on voit que le piston R, qui occupait $b'c'$, après avoir cheminé à travers la tubulure T′, va présenter sa surface supérieure à l'entrée du cylindre bc; à ce moment, le mouvement de la colonne de chute serait arrêté si le piston était uni; mais les cannelures offrant encore une issue à l'eau, celle-ci continue à pénétrer dans la tubulure en quantité toujours décroissante, jusqu'à ce que les sommets x' des cannelures soient eux-mêmes engagés dans le cylindre bc. C'est alors seulement que le piston P arrive à la limite supérieure de sa course, et que la colonne de chute reprend l'état de repos. Mais comme, presque au même instant, les sommets x; des cannelures inférieures atteignent le bord b' de la tubulure, l'émission commence, et, partant aussi, la descente du piston P, dont le mouvement s'accélère à mesure que les cannelures xx se dégagent, et surtout quand la base inférieure du piston R s'élève au-dessus du point b', et atteint le point b, terme de sa course.

Immédiatement après, commence la régulation en descendant : ainsi, l'émission de l'eau du grand cylindre se ralentit dès que le piston R qui rétrograde atteint le point b', et elle cesse bientôt tout à fait quand la partie $x_1\ x_2$ de ce piston s'est entièrement logée dans l'espace $b'\ c'$. Mais alors aussi, apparaissent dans la tubulure les sommets x' des entailles supérieures, et avec elles les premiers filets d'eau motrice ; il y a admission : c'est ce qu'exprime la (fig. 1) de la planche III, où le piston P, mis en contact avec la colonne de chute, a commencé son ascension. La vitesse, très-petite d'abord, augmente graduellement en raison des sections de débit toujours croissantes que les cannelures présentent successivement à l'eau motrice, et se trouve à son maximum quand ces dernières sont entièrement dégagées ; le piston R regagne bientôt le bord inférieur de la tubulure, point de départ.

Importance des avantages attachés à une régulation graduée. — On voit par ces détails, sur lesquels je me suis appesanti à dessein un peu longuement, que le piston régulateur, disposé comme il l'est, opère dans chacune de ses fonctions, tant en montant qu'en descendant, de deux manières également favorables à l'effet et à la conservation de la machine :

1° Il anéantit peu à peu, mais vers la fin de la course seulement, toute la vitesse dont le piston moteur est animé ;

2° Il dispose ce dernier à reprendre sa marche rétrograde par degrés insensibles, et sans vitesse initiale.

De là il résulte que la puissance, n'agissant jamais d'une manière brusque sur le piston, et par conséquent sur la résistance, il n'y a jamais de chocs lorsqu'il s'agit de faire sortir de l'état de repos les masses à mouvoir, tant solides que liquides ; il en est de même quand ces masses en mouvement, et en particulier la colonne de chute, reprennent leur immobilité.

Ces effets sont analogues à ceux que l'on produit avec des corps élastiques, avec des réservoirs d'air, par exemple, qui, en pareille occurrence, sont employés quelquefois et conseillés dans l'intérêt du principe de la conservation des forces vives. Je dois dire toutefois que ce moyen, bon et vrai en théorie, offre dans la pratique, et surtout pour les puissantes machines, de grands inconvénients ; aussi a-t-il été bientôt abandonné en Bavière, où l'on y avait songé, parce qu'il ne présentait pas à beaucoup près, la sûreté et la constante efficacité de celui que je viens de décrire.

Les bons effets de ce dernier sont au surplus clairement démontrés par l'exemple de la machine d'Huelgoat, dans laquelle il est impossible d'apercevoir, sur aucun point, la moindre manifestation matérielle de force vive, de chocs, de contre-coups et de vibrations. Les mouvements s'y effectuent partout avec un moelleux et un silence que je n'ai encore observés dans aucune autre machine.

Ces excellents résultats sont dus à l'application d'une idée tellement simple, qu'elle semble avoir été sentie par tout le monde, sans que pourtant elle ait été émise et exécutée par personne. Du reste, il n'y a pas lieu de s'étonner d'un tel retard, qui est sans doute un effet de l'inertie propre à l'esprit humain comme aux choses ; car combien n'y a-t-il pas de procédés ingénieux, d'inventions de la plus haute importance, qui reposent ainsi sur des *riens*, sur des traits de lumière, ou sur les combinaisons les plus simples de l'intelligence ! Honneur donc à M. de Reichenbach !

Autre avantage des régulateurs à piston. — Le régulateur à pistons, qui sera sans doute partout substitué au robinet employé dans les anciennes machines, présente encore un avantage que je ne dois pas laisser inaperçu : il permet d'employer un orifice d'admission aussi grand que l'on veut, égal du moins en section à la colonne de chute, et, par conséquent, de diminuer autant qu'on veut la vitesse de l'eau motrice.

Machine à colonne d'eau à double effet. — Ainsi que l'explique fort bien

M. Juncker, la machine à double effet ne saurait être d'un emploi avantageux pour faire mouvoir les tiges des pompes de mine ; aussi ne l'a-t-on guère employée ; cependant, il en a été construit quelques-unes, et la figure 222 représente une machine à colonne d'eau à double effet, qui fonctionne parfaitement, grâce au piston régulateur inventé par M. de Reichenbach et perfectionné par M. Juncker.

Le piston P, qui porte la tige motrice, parcourt son cylindre, dans lequel débouchent deux tuyàux, l'un en bas T, l'autre en haut T'. — Ces deux tuyaux

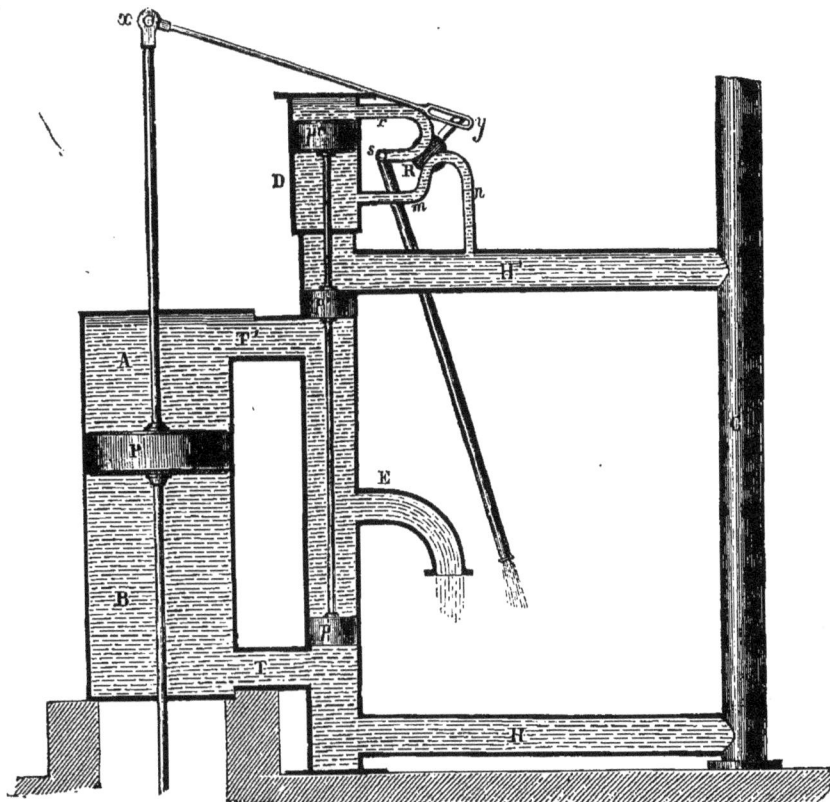

Fig. 222.

horizontaux sont réunis par un tuyau vertical V, qui se prolonge en dessus et en dessous d'eux, et dans lequel on voit déboucher les conduits horizontaux H et H', qui tous deux se terminent à la conduite C, qui amène l'eau d'un réservoir supérieur.

Le tube vertical V se prolonge par un autre tube plus large D, dont il est séparé par une cloison étanche. Dans l'ensemble des tubes V et D se meut le système régulateur, qui comprend trois pistons p, p', p'', montés sur le même axe ; les deux pistons p et p' sont d'égale section, mais la section de p'' est supérieure.

Ce piston p'' se meut donc dans un cylindre fermé et indépendant, et l'on peut, au moyen des tubes mn, rs, et du robinet R, mettre le haut et le bas de ce piston en communication soit avec l'eau comprimée du tube H', soit avec l'atmosphère.

Le fonctionnement de l'appareil comprend les deux phases suivantes :

1° Le robinet R est dans la position qu'indique la figure; sous le piston (p) agit l'eau comprimée, et sur ce piston agit l'eau qui s'écoule dans l'atmosphère; les efforts sont inverses sur le piston p'. Le système pp' est donc en équilibre si l'on ne tient compte ni de son poids, ni de la petite différence des colonnes d'eau. — Le piston p'' est soumis par en bas à la pression de l'eau comprimée, et par en haut à la pression atmosphérique; il tend donc à s'élever, et le système régulateur reste suspendu, malgré la pesanteur. Le tube T est donc ouvert à l'eau comprimée qui vient en B soulever le piston P; la partie supérieure A est en contact avec le conduit d'émission E, et, par suite, le piston s'élève;

2° Mais, en s'élevant, la tige entraîne avec elle la bielle xy, qui agit en y sur la manivelle qui fait tourner le robinet R. Ce robinet change donc de position à un moment donné; la partie supérieure du cylindre D vient à communiquer avec l'eau comprimée et la partie inférieure avec l'atmosphère. — Le système régulateur est soumis à une pression de haut en bas et les trois pistons descendent. L'eau comprimée agit alors en A, tandis que la partie B communique avec le conduit d'émission E; la pression transmise au piston est donc de haut en bas, et il se met à descendre.

L'oscillation complète une fois achevée, elle recommence telle que nous venons de la décrire.

4° MOTEURS A PRESSION D'EAU ET ACCUMULATEURS.

On a pu voir fonctionner, à l'Exposition universelle de 1867, plusieurs moteurs à pression d'eau, dont on trouve une description sommaire dans le rapport de M. l'ingénieur des mines Worms de Romilly.

Moteur Perret. — Le moteur Perret a été peut-être le plus remarqué, car la tige de son piston communiquait son mouvement de va-et-vient au perforateur de M. de la Roche-Tolay, ingénieur des ponts et chaussées, lequel perforateur creusait, en quelques instants, de profonds trous de mine dans les pierres les plus dures.

Le principe du moteur Perret est très-simple :

Imaginez un cylindre fixe qui présente à l'intérieur une saillie annulaire, dans laquelle glisse à frottement doux un autre cylindre, ouvert aux deux bouts et complétement enfermé dans le cylindre fixe. Ce cylindre mobile est donc un peu moins long que le cylindre fixe, et, dans ses oscillations, il vient s'appuyer alternativement sur l'un et sur l'autre fond du cylindre fixe. — C'est dans l'intérieur du cylindre mobile ou cylindre régulateur que se meut le piston, dont la tige, prolongée par une bielle et une manivelle, imprime à un arbre en fer un mouvement de rotation. Sur cet arbre en fer est calé un excentrique, dont la tige, traversant le fond du cylindre fixe dans un stuffing-box, communique au cylindre régulateur le mouvement oscillatoire qui lui convient.

L'eau comprimée arrive dans l'espace annulaire compris entre le cylindre fixe et le cylindre régulateur, et pénètre à l'intérieur de celui-ci par l'espace laissé libre entre l'un des fonds du cylindre fixe et la section du cylindre régulateur. Cet espace libre n'existe jamais qu'à un des bouts, de sorte que l'eau comprimée n'agit que sur une des faces du piston, et le sens de l'action change lorsque l'excentrique fait osciller le cylindre régulateur.

Dans cet engin, le rendement ne peut être considérable que si la vitesse de l'eau est faible, car il y a tant d'étranglements et de changements de direction qu'une grande vitesse entraîne forcément une grande consommation de force vive. — Il faut donc s'attacher à obtenir une forte pression de l'eau avec une faible vitesse du piston.

Moteur Coque. — Le moteur Coque, qui ressemble absolument à une machine à vapeur, est destiné à l'emploi de la pression que possède l'eau des conduites d'une ville ; il ne fournit qu'un faible travail suffisant pour faire mouvoir les métiers simples en usage dans la petite industrie.

Il se compose donc d'un cylindre et d'un piston horizontal, dont la tige, prolongée par une bielle et une manivelle, actionne un arbre horizontal, sur lequel est monté un excentrique à cames; la tige de cet excentrique fait mouvoir le tiroir qui règle l'admission de l'eau sur les faces du piston. A chaque bout du cylindre, et au point le plus bas, est ouverte une soupape, qui s'ouvre de dehors en dedans; ces soupapes sont manœuvrées très-simplement au moyen de leviers articulés que l'arbre de la machine fait lui-même mouvoir.

Lorsque le piston est à un bout de sa course, la partie antérieure est pleine d'eau ; la soupape s'ouvre alors et l'eau s'écoule ; mais, en revenant sur lui-même, le piston tend à faire le vide derrière lui; la seconde soupape s'ouvre donc sous l'influence de la pression atmosphérique. C'est seulement quand le piston est arrivé au dixième de sa course que le tiroir laisse entrer l'eau; la soupape se ferme alors sous la pression de l'eau, et celle-ci agit sur le piston.

Grâce à cette disposition ingénieuse, les coups de bélier, c'est-à-dire les chocs brusques de l'eau comprimée, ne sont plus à craindre, et l'appareil est rendu pratique; la quantité d'air introduite fait ressort et amortit le choc de l'eau.

Grues hydrostatiques. — Le propagateur des grues hydrostatiques est sir Armstrong, qui les a établies, à l'origine, à Newcastle-sur-Tyne et à Liverpool, et qui, par l'invention de son accumulateur, en a permis l'emploi général.

Les grues à vapeur ont un inconvénient sérieux : il faut en calculer la puissance pour le plus grand fardeau qu'elles sont exposées à soulever; elles doivent, pour être économiques, travailler d'une manière continue ; de plus, elles prennent une grande place que l'on préférerait souvent utiliser d'une autre manière.

Avec les grues hydrauliques, on ne rencontre pas ces inconvénients : le moteur principal peut en être éloigné, et par des conduites on amène l'eau comprimée aux diverses grues qu'elle est chargée de faire mouvoir ; on ne dépense que lorsque l'on travaille, et la machine se met en marche ou s'arrête instantanément. L'appareil est d'une manœuvre facile et nullement encombrant.

Nous trouvons, dans la *Chronique des Annales des ponts et chaussées de* 1854, les dessins de treuils ou grues hydrauliques, que nous allons reproduire ici avec une description sommaire :

1° Les figures 225 et 224 représentent un treuil hydraulique pour magasin ; un tonneau P est enlevé par une chaîne qui vient passer sur deux poulies fixes situées au sommet du magasin ; la chaîne descend ensuite vers une poulie mobile que l'on voit entre le 3e et le 4e plancher, remonte sur la poulie fixe du 4e plancher et redescend pour s'attacher à la chape de la poulie mobile, à sa partie supérieure. De la partie inférieure de cette chape part une autre chaîne qui vient contourner la poulie qui termine la tige du piston, remonte sur la poulie fixe du 2e étage et en redescend pour se terminer à la chape de la poulie du piston. On voit que tout cela, en somme, constitue une moufle, dont il est facile de faire le calcul par les procédés que nous avons indiqués; mais la moufle est en sens inverse de ce que l'on voit d'ordinaire, car elle est disposée de telle sorte que le fardeau P à soulever marche beaucoup plus vite que la puissance, c'est-à-dire le piston. Ceci était nécessaire si l'on voulait rendre l'appareil pratique et pou-

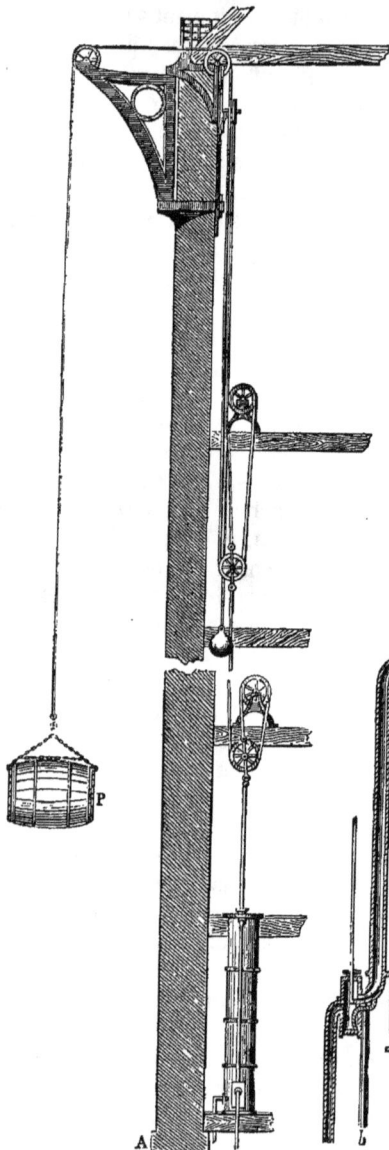

voir, avec une faible amplitude d'oscillations du piston, soulever des fardeaux à des hauteurs considérables.

Il y a trois cylindres moteurs accolés ; lorsque le poids P ne dépasse pas une certaine limite, on ne se sert que du cylindre du milieu, et les tiges des deux autres pistons glissent à frottement doux dans la monture de la poulie inférieure.

Les cylindres sont ouverts à la partie inférieure.

C'est un tiroir qui règle la marche du piston, comme on le voit, sur la coupe à plus grande échelle; le tuyau de l'eau comprimée est en (a) et le tuyau d'émission en (b). Le piston étant au haut de sa course, le tiroir a la position qu'indique la figure : la partie supérieure du cylindre communique avec (a), la pression s'exerce de haut en bas, le piston descend et soulève le fardeau.

Si l'on veut laisser remonter le piston, on agit sur le levier du tiroir pour renverser les communications; le corps du cylindre communique avec le tuyau d'émission, et le piston remontera s'il peut vaincre le poids de la colonne d'eau qui le surmonte; pour cela, la tige est reliée à une chaîne qui va passer sur une poulie fixe, située à la partie haute de l'édifice, et se termine par un contrepoids suffisant pour soulever le piston.

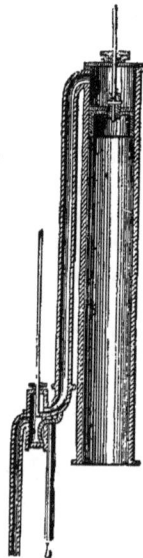

Fig. 223.　　　　Fig. 224.

Le piston s'élève donc; on peut l'arrêter instantanément en agissant sur le levier du tiroir et en empêchant l'émission de l'eau confinée dans le corps de pompe.

Lorsqu'on veut faire descendre le fardeau P, on manœuvre le levier du tiroir de manière à ouvrir très-peu l'orifice d'émission ; l'eau s'échappe lentement; le piston remonte de même, et le fardeau descend lentement.

Cet appareil obéit au moindre mouvement avec une précision extraordinaire.

2º Les figures 225 à 227 représentent une grue hydraulique. Deux mouvements sont à produire : l'ascension du fardeau et le mouvement de rotation de
la grue sur son pivot.

La chaine qui soutient le fardeau vient passer sur la poulie fixe **du sommet** de
la grue, descend guidée par des rouleaux, traverse l'arbre en fonte de l'appareil,

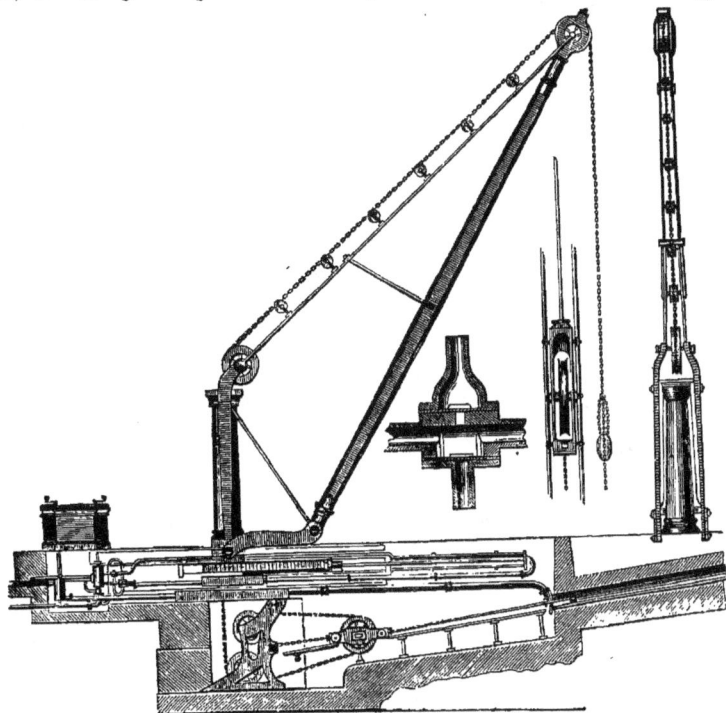

Fig. 225

descend sur la poulie inférieure située à l'aplomb de cet arbre, vient passer sur
la poulie mobile qui termine la tige du piston, revient sur une seconde poulie
fixe, située au-dessus de la première, et de là retourne à la poulie mobile, à la
chape de laquelle elle se termine. La grosse poulie mobile qui termine la tige
du piston est supportée par quatre galets latéraux qui roulent sur deux rails ; le
piston se meut dans un cylindre à simple effet, comme celui du treuil précédent, et la manœuvre du tiroir en est identique.

Pour produire la rotation de la grue sur son pivot, une machine à double
effet est nécessaire pour que la rotation puisse se faire dans un sens ou dans
l'autre. On a donc un cylindre à double effet, pour lequel la tige du piston porte
une crémaillère agissant sur une roue dentée horizontale, montée sur l'axe du pivot

Un tiroir spécial permet d'agir sur ce piston.

La distribution se fait au moyen de deux tiroirs (*a*) et (*b*) analogues à ceux
des machines à vapeur.

L'eau comprimée arrive par le tuyau C ; elle pénètre par le tiroir (*b*) dans le
tuyau H, qui la mène sous le piston d'ascension des fardeaux ; l'eau qui s'échappe
de ce cylindre à simple effet revient par le tube H et le tiroir (*b*) pour gagner le
tuyau d'émission D.

L'eau comprimée arrive de même, par un branchement du tuyau C, sur le

tiroir (a); les deux tubes de droite F et G communiquent, l'un avec un bout,
l'autre avec l'autre bout du cylindre à double
effet; l'eau comprimée arrive d'un côté et, de
l'autre, elle s'échappe et passe dans le tube
d'émission E.

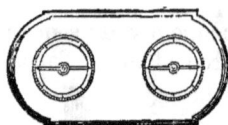
Fig. 226.

Chaque tiroir est mû par une manivelle, qui
parcourt un cadran; sur le cadran des fardeaux
sont écrits les mots : Monter, Arrêter, Descendre; sur le cadran de la rotation : Droite, Arrêt,
Gauche. La manœuvre est donc aussi facile que
possible.

Du coude de la conduite C et de la partie
droite de la conduite E, on voit partir deux petits tuyaux qui ne sont point désignés par des
lettres; ils ont pour but de prévenir les coups
de bélier dans le mouvement de rotation. Si
l'on arrête brusquement l'eau, la machine continue à tourner un peu en vertu de la vitesse
acquise, mais le piston et sa crémaillère restent immobiles, et il en résulte un choc violent
susceptible de briser l'appareil.

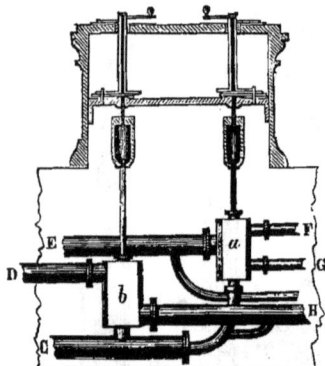
Fig. 227.

Les tuyaux F et G portent chacun une sou-
pape spéciale fortement chargée; suivant que le coup de bélier produit une aspiration ou une compression, l'une ou l'autre de ces soupapes vient à s'ouvrir,
et laisse entrer ou sortir un peu d'eau. Le choc est ainsi évité.

On a pu voir fonctionner, à la gare Montparnasse (rive gauche), des treuils
hydrauliques destinés à descendre les bagages; ces treuils assez encombrants
doivent avoir été supprimés.

Dans la section de l'exécution des travaux, nous avons décrit les ascenseurs
Édoux, qui remplissent un but spécial, et ne sont pas des moteurs proprement
dits. Nous renverrons le lecteur à cette description.

Accumulateurs. — Les appareils hydrauliques que nous venons d'étudier
sont donc des engins très-commodes, d'une manœuvre simple et facile, ni dispendieux ni encombrants; ce sont eux qui semblent réunir les meilleures conditions pour la distribution de force à domicile.

Dans toutes les villes importantes, il existe aujourd'hui des distributions d'eau,
et la pression hydrostatique à l'intérieur des conduites est souvent de plusieurs
atmosphères. Un branchement, placé sur une conduite principale, amène l'eau
comprimée soit dans une petite turbine, soit dans un moteur à pression d'eau,
que l'on installe dans un atelier, et qui marche ou s'arrête à la volonté de l'homme.

Dans les magasins, toutes les manœuvres de force sont évitées; des treuils et
des grues hydrauliques fonctionnent de toutes parts; un enfant qui appuie sur
un levier suffit à commander et à diriger le travail.

Ce sont là d'immenses avantages qu'on ne saurait obtenir avec les machines à
vapeur; aussi ne faut-il pas s'étonner de l'importance qu'ont prise, depuis quelques années, ces appareils hydrostatiques.

Lorsque l'on possède un réservoir naturel situé à une grande hauteur, l'installation du système est sans difficulté.

Dans certains cas, on a installé une puissante machine à vapeur, qui élève
l'eau dans un réservoir élevé, d'où cette eau s'échappe par des conduites pour

aller trouver tous les engins qu'elle doit faire mouvoir. — Il semble au premier abord que ce n'est pas là une opération bien logique, et qu'il vaudrait mieux employer directement le travail de la vapeur, sans le faire passer par un intermédiaire qui en retient toujours une partie assez notable. Mais il faut réfléchir qu'une seule machine à vapeur suffit à une multitude d'appareils; que cette machine est installée où l'on veut, à proximité de l'eau et du charbon, loin des ateliers, pour lesquels la chaleur et la fumée peuvent être dangereuses ou nuisibles. Il faut remarquer encore que l'on peut faire travailler la machine à vapeur à pleine force pendant quelques heures, de manière à emmagasiner dans le réservoir la quantité d'eau nécessaire, par exemple, à la consommation d'une journée. A l'instant voulu, on a la force disponible, et, dès que le travail cesse, on ne consomme plus rien, avantage immense que ne donne point la machine à vapeur.

A Great-Grimsby, par exemple, on a installé, à une extrémité des docks, un réservoir en tôle placé sur une haute tour en maçonnerie; l'eau est élevée dans ce réservoir par une machine à vapeur puissante, et du réservoir elle est conduite aux grues et aux treuils. — Mais il arrive, en bien des cas, qu'on n'a pas à sa disposition un réservoir naturel suffisamment élevé, ou qu'on ne veut pas construire une haute tour destinée à porter un réservoir artificiel, ce qui est une dépense considérable. On a recours alors à l'accumulateur de sir Armstrong.

Cet habile mécanicien a remarqué qu'il suffisait d'obtenir une pression considérable de l'eau dans les conduites, et que cette pression pouvait être exercée autrement que par une colonne d'eau. Voici donc ce qu'il imagina :

Dans une cuve cylindrique en métal, pénètre à travers la base supérieure, au moyen d'un stuffing-box, un cylindre de grand diamètre, qui forme comme un énorme piston plongeur; ce piston est lourdement chargé par des masses de fonte ou par de la maçonnerie. Une machine à vapeur injecte de l'eau à la partie basse de la cuve; cette eau se comprime et soulève peu à peu le grand piston plongeur. Lorsque l'accumulateur est rempli d'eau, on supprime la communication avec la pompe foulante, et on ouvre la conduite d'émission; la compression de l'eau se propage dans la conduite principale et dans ses ramifications, et la force est transmise à tous les appareils qui sont reliés à l'accumulateur.

Nous emprunterons les lignes suivantes sur l'accumulateur au rapport rédigé par M. Worms de Romilly, ingénieur des mines, sur les moteurs hydrauliques à l'Exposition universelle de 1867 :

« Pour vaincre une résistance sensiblement constante, on peut employer avec avantage des appareils à vapeur; mais il n'en est plus de même lorsqu'on a à produire des efforts considérables à des intervalles de temps éloignés; le moteur doit alors être assez puissant pour surmonter ces efforts, et, quelles que soient les précautions prises, on ne peut annuler sa dépense dans les instants où il ne fonctionne pas. Dans des cas semblables, il y aurait évidemment grand avantage à employer un moteur capable de développer, par un fonctionnement continu et dans une période de temps suffisamment longue, un travail équivalent à la somme des travaux qui doivent être effectués dans le même temps par intermittence; à emmagasiner ce travail sous forme, par exemple, d'eau comprimée à haute pression dans un réservoir ou accumulateur, puis à dépenser ce travail au fur et à mesure des besoins. La force minimum que peut avoir le moteur est alors fixée par cette condition que le maximum de travail à effectuer dans une période quelconque ne soit jamais supérieur à la quantité de travail qui peut être emmagasinée, augmentée de celle que le moteur peut produire pendant cette période. Par là sont déterminées à la fois la puissance du moteur et les dimensions de l'accumulateur; c'est ce principe qui a servi de point de départ à M. Armstrong pour établir ses appareils de manutention. Son système, déjà adopté en Angleterre dans un grand nombre d'établissements, n'a encore été appliqué en France qu'à la gare de Bercy, du chemin de fer de Paris à Lyon, à Marseille, dans les docks et à Rouen. Aussi croyons-nous devoir entrer dans quelques détails sur ces appareils, qui représentent le progrès le plus remarquable qui ait été fait depuis longtemps dans une des branches importantes de l'industrie.

Deux machines à vapeur horizontales, conjuguées, agissent directement sur deux pompes foulantes à simple effet et à piston plongeur. L'eau est refoulée dans un cylindre en fonte vertical fermé par un piston plongeur creux à l'intérieur. Sur la tête du piston vient s'attacher une armature puissante qui soutient un caisson en tôle, formant une sorte de gaine autour du cylindre. Cette caisse, chargée de ferraille, exerce sur le piston, et, par conséquent, sur l'eau du cylindre une pression de 40 à 50 atmosphères. Il est de la plus grande importance que le piston ne soit pas soulevé au-dessus d'un certain point, car s'il venait à se déverser, il pourrait, à cause de son énorme masse, causer les accidents les plus graves. Une chaîne reliée au piston est attachée à une valve spéciale établie sur le conduit de vapeur. A partir d'une certaine position du piston, la chaîne fait tourner la valve et intercepte graduellement le passage de la vapeur. Dans le cas où ce mécanisme ne fonctionnerait pas, une soupape en communication avec l'accumulateur est soulevée par le piston, lorsqu'il approche du point le plus élevé de sa course, et donne issue à l'eau injectée par les pompes.

La machine à vapeur fonctionne donc d'une manière automatique et n'exige presque aucune surveillance de la part du mécanicien. Elle peut, d'ailleurs, être indifféremment placée près ou loin des ateliers où on utilise la force motrice; des tuyaux souterrains amènent l'eau comprimée près des grues, cabestans, monte-charges, qu'elle fait mouvoir. Tous ces mécanismes sont placés sous le sol, et les leviers ou pédales qui servent à régler la marche des appareils font seuls saillie sur le plancher.

Pour des mouvements d'une amplitude limitée comme ceux des grues et des monte-charges, M. Amstrong se sert d'un piston mobile dans un cylindre de longueur suffisante. La tige du piston, sur lequel agit l'eau comprimée, est reliée directement à la chaîne qui supporte le fardeau. Il est facile, par l'emploi d'un système de moufles de donner à cette chaîne la levée nécessaire. Nous nous contenterons, au sujet de ces appareils, de faire remarquer que ces manœuvres s'accomplissent sans le moindre choc et avec une rapidité que l'on peut faire varier à tout instant dans de larges limites.

Le même système n'est plus applicable pour obtenir un mouvement de rotation continu comme celui du cabestan. M. Amstrong emploie alors une machine à colonne d'eau, composée de deux cylindres oscillants reliés à un même arbre et dont le mouvement de rotation est transmis au cabestan par une série d'engrenages.

Cet appareil doit marcher très-rapidement, et, par conséquent, présenter une grande simplicité dans les organes de distribution. Cette simplicité semblait exclure les machines à colonne d'eau, dans lesquelles, à cause de l'incompressibilité du liquide, on est obligé de faire fonctionner le mécanisme de distribution au moyen d'un moteur spécial; M. Amstrong, par une disposition des plus ingénieuses, est parvenu à rendre impossible la compression de l'eau dans les cylindres. Aussi a-t-il pu adopter un des systèmes de distribution par tiroir employés pour les machines à vapeur. L'artifice imaginé par M. Amstrong consiste à placer sur le conduit qui mène l'eau du tiroir au cylindre une soupape en communication avec le tuyau d'amenée de l'eau comprimée; dès que la pression dans le cylindre dépasse celle qui existe dans l'accumulateur, la soupape s'ouvre et l'eau pénètre dans le tuyau d'amenée Des soupapes semblables ont été appliquées aux autres appareils hydrauliques de M. Amstrong; elles ont alors pour but d'empêcher la production des coups de bélier.

M. Gouin a exposé les dessins d'un appareil basé sur le même principe et appliqué par lui à l'enlèvement des déblais dans le percement des tunnels. On sait que, dans ces travaux, on perce ordinairement un certain nombre de puits peu distants pour attaquer le tunnel par plusieurs points à la fois ; le cube de déblai fourni par chaque puits est assez faible, et la nécessité d'avoir à chacun d'eux une machine à vapeur, un mécanicien, un chauffeur, pour un travail discontinu, augmente beaucoup les dépenses. M. Gouin n'établit qu'une seule machine à vapeur, qui fonctionne d'une manière continue, pour alimenter un réservoir d'eau comprimée à 40 atmosphères faisant fonction d'accumulateur. Sur chaque puits est placée une grue hydraulique à cylindre horizontal et à piston fixe. Le cylindre est mobile, et, au moyen d'une double crémaillère solidaire avec lui, il met en mouvement le treuil qui élève les bennes. Une série d'engrenages interposés rend le déplacement de la benne égal à vingt-six fois celui du cylindre. L'appareil est disposé de manière à ce que les efforts soient en quelque sorte intérieurs au système, de sorte qu'il ne nécessite l'exécution d'aucune fondation ; en outre, il est formé par l'assemblage de parties de poids assez faibles pour que leur transport ne présente pas de difficultés, même dans un pays où les voies de ommunication sont mauvaises. Parmi les détails du mécanisme, nous citerons le tiroir de distribution et la soupape de sûreté de l'accumulateur, qui sont très-heureusement combinés. Nous avons vu qu'il est indispensable que l'eau ne puisse pas dépasser dans l'accumulateur un certain niveau ; il faut donc qu'une soupape donne issue à l'eau injectée, dès que le niveau maximum est atteint.

M. Gouin a trouvé que, si la sortie de l'eau se fait brusquement, la pression descend trop rapidement, et la chute du piston donne lieu à des coups de bélier très-violents. Cet inconvénient grave est évité par l'emploi d'une soupape tout à fait semblable à une pompe à piston plongeur. Le piston, qui est creux, porte sur toute sa hauteur une rainure de 1 millimètre 1/2 de largeur ; lorsqu'il est soulevé, toute la partie de cette rainure, qui est en dehors du cylindre, donne issue à l'eau, dont le débit se trouve ainsi réglé de manière à maintenir la pression constante.

L'appareil de MM. Gouin et Cᵉ est employé pour le percement de deux tunnels dans les Apennins. On a constaté que l'effet utile était à peu près de 50 pour 100 du travail des pompes.

Utilisation de la marée comme force motrice. — Nous avons dit quelle énorme quantité de travail les fleuves à cours rapide, tels que le Rhône, entraînaient en pure perte. A cette époque, où tout le monde s'inquiète de la valeur croissante des charbons et de la pénurie relative qui peut s'en faire sentir dans l'avenir, c'est un devoir de rechercher et d'utiliser toutes les sources de travail.

La roue turbine de M. Girard est jusqu'à présent l'appareil qui convient le mieux à utiliser la force vive des grands cours d'eau.

Il existe une source énorme de travail analogue à la précédente, et encore inexploitée pour ainsi dire ; nous voulons parler de la force vive des marées.

Deux fois par jour, l'Océan s'élève de plusieurs mètres pour revenir ensuite à son niveau le plus bas, et une masse énorme d'eau retombe en pure perte.

Diverses machines ont été proposées pour utiliser la chute des eaux salées ; malheureusement, la force disponible va sans cesse en décroissant, et peu de récepteurs se prêtent à cette action irrégulière.

Ce qui a le mieux réussi jusqu'à présent, c'est de créer de vastes réservoirs dans lesquels on admet la marée montante ; les eaux de ces réservoirs s'écoulent ensuite peu à peu à travers le pertuis dans lequel est installé le récepteur hydraulique.

Ce système convient bien sur les côtes de Bretagne, où la tenue du plein est de faible durée et les dénivellations considérables.

DES MACHINES DESTINÉES A METTRE LES FLUIDES EN MOUVEMENT
VENTILATEURS — POMPES — MACHINES ÉLÉVATOIRES

Les machines destinées à mettre en mouvement les gaz ou les liquides forment trois séries distinctes :

1° Machines pneumatiques, machines soufflantes et ventilateurs ;
2° Pompes des divers systèmes ;
3° Machines élévatoires autres que les pompes.

1° MACHINES PNEUMATIQUES, MACHINES SOUFFLANTES ET VENTILATEURS

Machine pneumatique. — Nous avons décrit en physique les diverses machines pneumatiques destinées à raréfier l'air dans les capacités fermées, et nous ne reviendrons pas sur ce sujet.

Il a été fait de la machine pneumatique deux applications principales dans les travaux publics :

1° Lorsqu'on fait le vide en avant d'un piston mobile dans un tube fermé, la pression atmosphérique, qui s'exerce sur l'autre face du piston, exerce sur lui une pression proportionnelle à sa surface, et susceptible de communiquer à un véhicule un mouvement de translation. Tel est le principe du chemin de fer atmosphérique de Saint-Germain, qui ne fonctionne plus aujourd'hui.

2° Lorsqu'on enfonce dans le sol un tube ouvert par le bas et fermé par le haut, et qu'on fait le vide à l'intérieur de ce tube, sa base supérieure est soumise à la pression atmosphérique, qui exerce un effort d'environ 1 kilogramme par centimètre carré. Le tube s'enfonce sous cette compression, et l on a eu quelquefois recours à ce système pour établir les fondations de grands travaux d'art.

L'air raréfié produit en somme les mêmes résultats que l'air comprimé, et il est plus facile d'obtenir celui-ci. C'est pourquoi, dans presque toutes les opérations, on a substitué la compression à la raréfaction.

Machine de compression. — La pompe de compression la plus simple, dont on ne se sert guère que dans les cabinets de physique, est représentée par la figure 228. Un piston, manœuvré à la main, se meut dans un cylindre qui porte à sa base deux soupapes, l'une Z s'ouvrant de dehors en dedans et communiquant avec le tuyau d'aspiration T ; l'autre Z' s'ouvrant de dedans en dehors et communiquant par le tuyau T' avec la capacité dans laquelle on veut comprimer l'air.

Si le piston s'élève, le vide se fait sous lui, la soupape Z se lève, et l'air entre;
s'il s'abaisse, la soupape Z se ferme,
Z' s'ouvre, l'air se comprime et se
rend dans le récipient.

Lorsqu'on veut opérer sur des
masses un peu considérables et
obtenir une forte compression, on
a recours à plusieurs pompes accouplées P, P', P'', dont les pistons,
prolongés par des bielles B, B', B'',
sont réunis à un même axe de ro.
tation A. Bien entendu que les manivelles des bielles sont calées à 90°
l'une de l'autre. L'arbre A, muni
d'un volant régulateur V, se termine
par deux manivelles M et M' sur lesquelles agissent des hommes. L'air
comprimé par les pompes se rend
d'abord dans un récipient S, qui régularise l'admission (fig. 229).

Avec cet appareil, on peut arriver
à comprimer l'air à 25 ou 30 atmosphères; mais il faut avoir soin d'o-
pérer sur de petites masses et de
refroidir sans cesse les cylindres,
car il se produit un échauffement
considérable, les pistons ne tardent
pas à gripper et le fonctionnement
devient difficile.

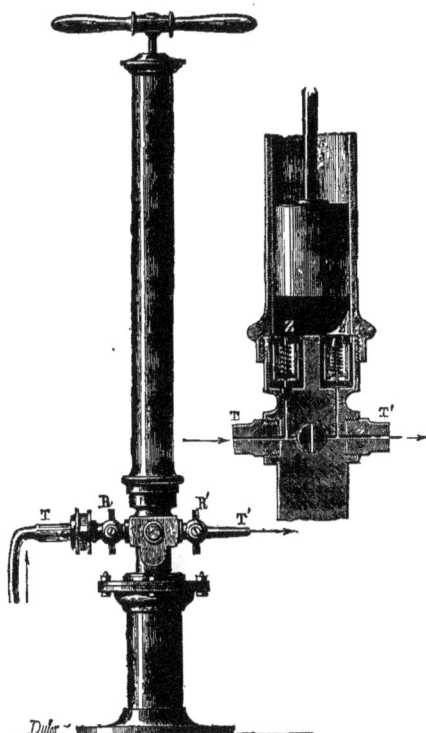

Fig. 228.

Machine soufflante. — Les machines soufflantes sont fort anciennes; elles
sont indispensables dans les grandes opérations métallurgiques, où il est nécessaire de produire d'énormes quantités de chaleur, avec des combustibles quelquefois très-réfractaires, comme l'anthracite.

Tout le monde connaît le soufflet ordinaire et le soufflet de forge; on a eu recours assez souvent à des pompes de compression à simple effet, analogues à
celles que nous venons de décrire au paragraphe précédent; mais on les construisait de la manière la plus grossière, par exemple en bois, et leur rendement
était des plus faibles.

Aujourd'hui, on a recours a des machines à double effet d'une construction soignée, dont voici le principe (fig. 230) :

Un piston P se meut dans un cylindre dont chaque base porte deux clapets ou
soupapes; les soupapes (a) et (a') s'ouvrent de dedans en dehors et débouchent
dans le tuyau A, par où s'écoule l'air comprimé, les soupapes (b) et (b') s'ouvrent
du dehors au dedans et livrent passage à l'air de l'atmosphère.

Si le piston monte, le vide tend à se faire au-dessous de lui, la soupape (a')
est fermée, grâce à la pression de l'air comprimé, au contraire (b) s'ouvre sous
l'influence de la pression atmosphérique; au-dessus du piston, l'air se comprime,
la soupape (b) est appuyée contre son siège, la soupape (a) s'ouvre lorsque la

pression de l'air dans le cylindre devient égale à celle de l'air dans le tube A. L'air du cylindre commence alors à s'introduire dans le tube.

Lors de la descente du piston, l'effet inverse se produit.

Autrefois, on s'arrangeait de telle sorte que le piston P frottait sur tout son parcours contre l'intérieur du cylindre parfaitement alésé ; mais il se produisait bientôt un échauffement notable, les surfaces ne tardaient pas à gripper et les

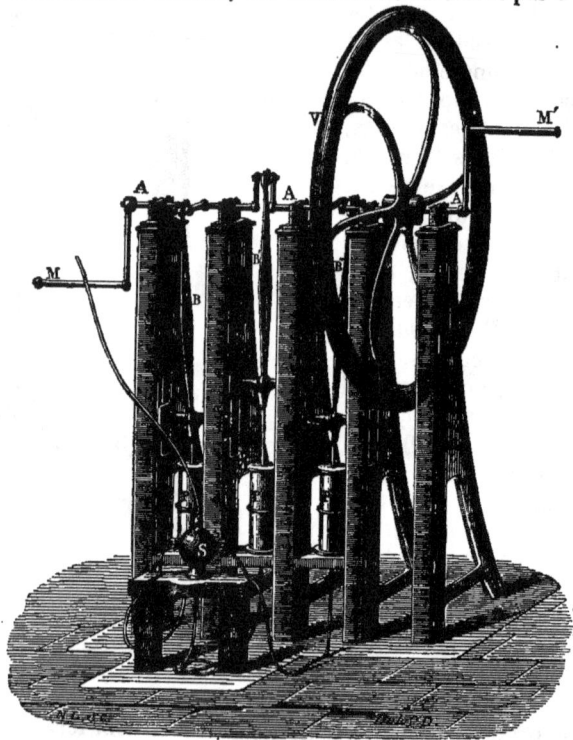

Fig. 220.

huiles à se décomposer ; on était donc forcé d'adopter pour le piston une vitesse assez faible, et par suite de volumineux corps de pompe.

Mais on s'est aperçu dans ces derniers temps que l'on pouvait fort bien laisser au piston un certain jeu dans le cylindre, pourvu qu'on lui imprimât une grande vitesse, et que l'on ménageât au pourtour de ce piston des rainures annulaires, comme celle qu'on voit représentée latéralement sur le piston P. Sans doute, l'air tend à passer d'une face du piston sur l'autre, mais l'orifice est assez étranglé, et il se produit dans les rainures des remous considérables qui interrompent le courant ; la quantité d'air qui s'échappe est donc minime.

Il est résulté de cette simple remarque un immense avantage : il n'y a plus ni usure ni grippement, et l'on est arrivé à réduire dans une très-grande proportion les dimensions de la machine.

Nous avons calculé en mécanique rationnelle le travail nécessaire pour comprimer un gaz de la pression p à la pression P ; connaissant cette pression finale, et le volume d'air nécessaire par seconde, ainsi que la capacité du corps de pompe, on en déduira le nombre de coups de piston qu'il faudra donner par seconde, et par suite le travail moteur qu'il sera nécessaire de développer.

L'air qui s'échappe de la machine soufflante se rend dans un réservoir régulateur, il passe de là par le tuyau porte-vent dans la buse, qui pénètre dans un tube réfractaire appelé tuyère, par où l'air s'écoule dans le fourneau. Souvent on interpose sur le tuyau porte-vent des appareils destinés à l'échauffer ainsi que l'air qu'il contient ; c'est autant de chaleur de gagnée, sur celle que le foyer doit fournir à l'air, et c'est là une excellente opération ; mais il faut avoir soin alors d'augmenter le diamètre du porte-vent, car, en s'échauffant, l'air accroît son volume.

On se sert quelquefois, comme machine soufflante, d'une vis d'Archimède établie en creux dans un cylindre incliné, qui tourne dans un réservoir d'eau, au-

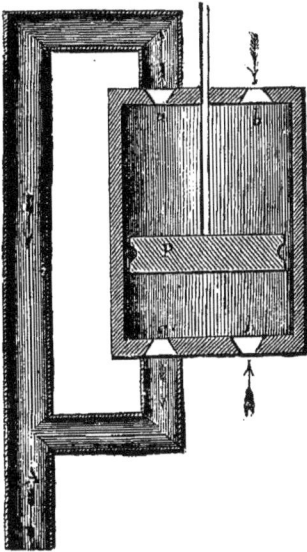

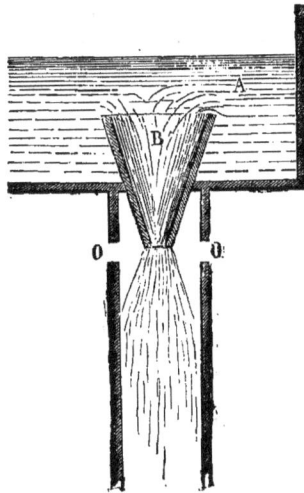

Fig. 230.   Fig. 231.

dessus duquel il émerge à la partie supérieure ; à chaque tour de spire, un certain volume d'air se trouve emprisonné, et comme il tend toujours à occuper la partie supérieure de la spire, il descend avec elle, se comprime sous l'influence de la pression hydrostatique de l'eau et, finalement, vient s'engager dans un tube qui l'emmène au réservoir régulateur.

Une machine soufflante, très-usitée jadis dans les forges des Pyrénées, c'est la trompe (fig. 331).

Dans un réservoir A, on reçoit l'eau d'une source qui s'écoule ensuite par l'entonnoir B dans un long tube vertical C ; ce tube porte à la partie supérieure des orifices (o) par où entre l'air extérieur. La veine liquide contractée s'épanouit à la sortie de l'entonnoir, elle divise l'air et l'entraîne avec elle par le tube vertical dans un réservoir inférieur, au haut duquel cet air s'accumule avant de passer dans la tuyère d'une forge. L'appareil, tout en bois, est d'une installation facile et économique ; mais il a un rendement déplorable, 10 0/0 tout au plus, et ne saurait convenir dans une industrie perfectionnée.

Appareils de compression employés au mont Cenis. — Les appareils de compression employés au percement du mont Cenis sont de deux sortes : 1° les com·resseurs à choc, qu'on a fini par abandonner, et 2° les compresseurs à pompe, établis d'abord à Modane, puis à Modane et à Bardonnèche.

1° *Compresseurs à choc.* — En voici le principe :

On a détourné les eaux d'un torrent pour les amener dans un réservoir R, d'où elles s'écoulent par un tube vertical A pour se rendre dans un tuyau horizontal B, qui se trouve à 25 mètres au-dessous du niveau du réservoir R (fig. 232).

Le tube horizontal B se recourbe verticalement, pour s'embrancher en D avec un nouveau tube horizontal qui débouche dans un réservoir sphérique E, à la base duquel arrive une colonne d'eau de 50 mètres de hauteur, fournie par un réservoir M qu'alimente une petite dérivation.

L'air confiné dans la sphère E est donc soumis à une pression d'eau de 50 mètres, soit de 5 atmosphères. La pression qui s'exerce à la base du tube A n'est que de 25 mètres ou de 2,5 atmosphères.

Il y a en A dans le tube vertical une première soupape qui s'ouvre de bas en haut, en B un clapet qui s'ouvre dans l'atmosphère, en C un autre clapet qui

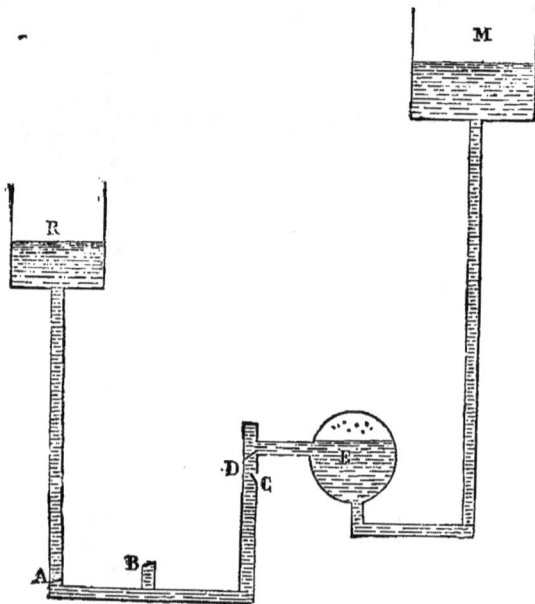

Fig. 232.

s'ouvre du dehors au dedans du tube vertical, et en D une soupape dans le tube vertical, laquelle s'ouvre aussi de bas en haut.

Supposons la soupape A fermée, le tube C étant plein d'eau, et le réservoir E d'air à 5 atmosphères, la soupape D appuyée par cette pression ne peut s'ouvrir; si l'on ouvre B, l'eau contenue dans le tube horizontal et dans le tube vertical C s'écoule dans l'atmosphère, et l'air extérieur entre par le clapet C; il remplit le tube vertical CD.

Supposez maintenant qu'on ferme B et qu'on ouvre A, la colonne liquide AR va se précipiter avec force et produire un coup de bélier énergique qui va comprimer l'air confiné dans le tube vertical C; le clapet C fortement appuyé ne peut pas s'ouvrir, mais la soupape D est soulevée dès que la pression de l'air dépasse 5 atmosphères, et cet air pénètre dans le réservoir E. On revient alors à la première phase du mouvement.

Il y a là quelque chose qui peut surprendre au premier abord, et on se de·
mande comment la pression due à la colonne d'eau A de 25 mètres peut vaincre
la pression qui s'exerce en E et qui résulte d'une colonne d'eau de 50 mètres. En
hydrostatique, ce serait évidemment une absurdité ; ici, il ne s'agit point de
considérer des pressions, mais des forces vives.

La colonne liquide RAB prend une vitesse assez considérable, d'où résulte une
grande quantité de force vive que la compression de l'air compris dans le petit
tube vertical doit anéantir. Cette compression doit donc exiger un travail égal à
la demi-force vive de la masse liquide, et l'air confiné se comprimera tant que
sa compression n'aura pas produit ce travail. Sa pression finale ne dépend donc
aucunement de la hauteur RA, et, en fait, les dimensions des tubes sont telles
qu'elle dépasse de beaucoup 5 atmosphères.

Donc, rien d'étonnant à ce que la soupape D soit soulevée et à ce que l'air pénètre dans le réservoir E, d'où il gagne la canalisation.

On comprendra mieux la figure théorique précédente en considérant la coupe
du compresseur à choc donnée par M. Conte, ingénieur en chef des ponts et
chaussées, dans son Mémoire sur le percement du mont Cenis (voir la figure 1 de
la planche IV). On voit en A et B les grandes soupapes dont les siéges doivent
être garnis en caoutchouc afin d'amortir les chocs, la soupape qui amène l'air
dans le tube vertical est en O, et l'air comprimé soulève la soupape C pour se rendre
dans le réservoir R'.

La manœuvre des soupapes A et B est faite par la machine elle-même à intervalles réguliers : une faible partie de l'air comprimé du réservoir R' se rend dans
une petite machine NN, à piston vertical, qui se meut absolument comme une
machine à vapeur, et qui, par une courroie, actionne des excentriques S
qui font mouvoir au moyen de balanciers les tiges des soupapes A et B.

Les compresseurs donnent 3 à 4 coups par minute, ce qui correspond à un
volume journalier de 5,283 mètres cubes d'air comprimé sous un volume de 880
mètres cubes.

Avec une vitesse plus forte on disloquerait l'appareil qui, même sous une faible
vitesse, est soumis à bien des causes de détérioration.

2° *Compresseur à pompe.* — Le compresseur à pompe est beaucoup plus simple
et plus régulier :

Deux tubes verticaux d'égal diamètre, remplis d'eau sur la moitié de leur
hauteur, sont réunis par un tube horizon-
tal dans lequel se meut un piston P; à la
partie supérieure de chaque tube vertical
s'ouvrent deux soupapes *a* et *b*, *a'* et *b'*;
les soupapes *a* et *a'* communiquent avec
l'atmosphère : elles s'ouvrent de haut en
bas ; les soupapes (*b*) et (*b'*) communiquent avec un tube R qui va au réservoir
d'air comprimé : elles s'ouvrent de bas en
haut.

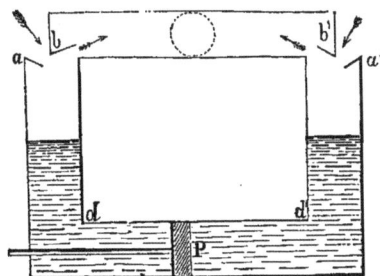

Fig. 233.

Supposons que le piston aille vers (*d*),
l'eau de la branche de droite baisse
jusqu'en *d'*, l'air entre par *a'*, et la soupape *b'* appuyée par l'air comprimé ne peut
s'ouvrir. Quand le piston revient de *d* vers *d'*, la soupape (*a*) s'ouvre et l'air pénètre à gauche, tandis qu'à droite il se comprime, ferme la soupape *a* et finit par
forcer la soupape *b'* pour s'en aller dans le réservoir. Et ainsi de suite indéfiniment.

L'appareil est représenté en coupe et en élévation par la figure 2 de la planche, IV, extraite aussi du Mémoire de M. Conte; et on voit là tous les détails. La tige du piston est actionnée par une bielle et une manivelle montée sur l'arbre d'une grande roue hydraulique ; chaque roue fait marcher deux compresseurs, et l'on utilise la chute totale au moyen de plusieurs roues hydrauliques égales, étagées sur le flanc d'un coteau rapide. Un compresseur à pompe fournit par jour à peu près autant d'air comprimé qu'un appareil à choc.

Ventilateurs. — Nous allons décrire rapidement les principaux systèmes de ventilateurs.

C'est surtout dans les forges et dans les mines que l'on s'en sert.

L'aérage des mines se fait d'une manière naturelle, lorsqu'il y a deux puits

Fig. 234.

Fig. 235.

A et B débouchant à des altitudes différentes C et D; menons le plan horizontal CE. En hiver (figure 234), l'air des puits est plus chaud que l'air extérieur, donc la colonne AC est moins lourde que la colonne BE, la pression et le courant s'établissent donc dans le sens BA.

En été, l'effet inverse se produit : l'air des puits est plus froid que l'air extérieur, la colonne AC plus lourde que la colonne BE, et le courant se produit en sens contraire (fig. 235).

Mais on ne peut guère compter sur cette ventilation naturelle, qui du reste est inactive à certaines époques.

Aussi, dans beaucoup de mines, établit-on dans les galeries des foyers toujours allumés au-dessus d'un puits spécial, et l'on détermine ainsi un appel d'air plus ou moins considérable, suivant que la combustion est plus ou moins active.

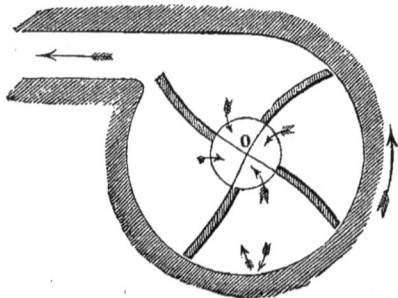

Fig. 236.

Cette méthode de ventilation peut être adoptée en petit; ainsi, une veilleuse placée dans une cheminée peut suffire en certains cas pour aérer convenablement une chambre.

Mais, dans les forges et les mines, on a presque toujours recours aux ventilateurs à aubes, que représente la figure 236.

Sur un arbre sont montés plusieurs bras rayonnant qui portent des palettes droites ou courbes ; cette roue tourne dans un coursier cylindrique, limité latéralement par des disques ouverts en O à leur partie centrale. Un tuyau d'émission se raccorde tangentiellement avec le coursier.

Les palettes entraînent l'air dans leur mouvement de rotation rapide, et grâce à la force centrifuge, l'air tend toujours à se porter vers la circonférence : il s'échappe donc par le tube d'émission lorsqu'il se trouve en regard de ce tube. En même temps, il se produit une aspiration par l'ouverture centrale O; la forme courbe des palettes paraît préférable en ce sens que l'air s'échappe plus facilement lorsqu'il est en face du tube d'émission, qui le conduit soit directement à la forge, soit dans un réservoir régulateur, analogue à un gazomètre.

En réalité, cet appareil est très-défectueux, et ne donne qu'un faible rendement, eu égard à la force qu'il dépense. En effet, l'expérience montre que l'aspiration se fait seulement vers la partie de l'orifice o qui se trouve en face du tube d'émission. Sur le reste de cet orifice, il se produit un courant qui sort du ventilateur, et cela se conçoit, car l'air comprimé et rejeté sur les parois du coursier ne trouve pas d'issue, il se détend et revient sur lui-même pour s'échapper à la partie centrale. On va donc en grande partie contre le but qu'on se propose.

Voilà ce qu'il faut faire : il faut supprimer le coursier et faire tourner le ventilateur dans une grande caisse fermée ; l'air se comprime dans cette caisse sous l'impulsion de la force centrifuge et s'en va par le tuyau d'émission. L'orifice central O doit être large et évasé pour faciliter l'introduction de l'air aspiré ; il est inutile de faire les palettes courbes; quelquefois, on leur donne une forme trapèze, c'est-à-dire que leur largeur va en diminuant à mesure qu'on s'éloigne sur le rayon : cela a pour but d'obtenir une résistance uniforme de l'air, car sa pression varie proportionnellement au carré de la vitesse des surfaces qui le choquent ; il faut multiplier autant que possible le nombre des ailes.

Les anciens ventilateurs produisent un bruit sourd et monotone qui s'entend à de grandes distances ; c'est une note grave due aux bras de l'appareil qui frappent l'air, et aussi au frottement de l'air contre la tranche de l'orifice O. On atténue ce bruit en évasant l'orifice O et en montant les ailes non sur des bras, mais sur des disques continus.

Parmi les ventilateurs bien compris et construits suivant les principes que nous venons d'exposer, nous citerons celui de M. Mazeline du Havre.

La figure 237 représente le ventilateur Lemielle, en usage dans plusieurs mines de Belgique et de France :

Le tambour est excentré par rapport à son coursier, et les ailes sont formées par des volets à charnière, qui puisent l'air à gauche comme on le ferait avec un vase pour le conduire dans le canal de droite. Cet appareil ingénieux a donné de bons résultats ; son fonctionnement se comprend à la seule inspection de la figure.

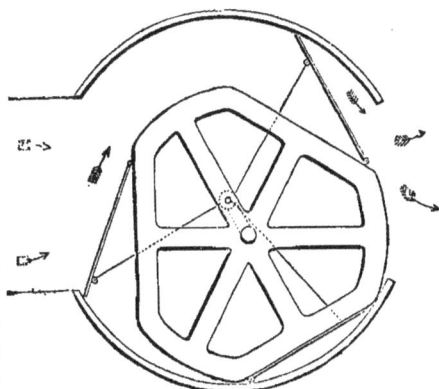

Fig. 237.

Nous donnerons encore, pour terminer, le ventilateur Fabry, représenté par la figure 3 de la planche IV. Il se compose de deux arbres D tournant en sens inverse et d'une égale vitesse. Chaque arbre porte trois bras tels que (ab) et chaque bras porte normalement d'autres bras, tels que (cd), armés de petits cylindres qui restent en contact. Cet ensemble forme des vases H, qui emprisonnent 'air d'un côté pour le reporter de l'autre, comme on le voit bien sur la figure : c'est une machine à épuiser l'air plutôt qu'un ventilateur, et l'épuisement change de sens avec la rotation

2° POMPES DE DIVERS SYSTÈMES

On distingue deux grandes classes de pompes : les anciennes pompes à mouvement alternatif, et les pompes centrifuges ou rotatives à mouvement continu.

POMPES A MOUVEMENT ALTERNATIF

1. Pompe aspirante. La pompe aspirante est la première connue ; son principe est une conséquence immédiate de la pression atmosphérique, qui fut mise en lumière par Torricelli et Pascal.

Dans un corps de pompe P se meut un piston, traversé par deux soupapes Z, qui s'ouvrent de bas en haut. Le corps de pompe se prolonge par un tube vertical C qui plonge dans un réservoir d'eau XY ; le tube est séparé du corps de pompe par une soupape Z′, s'ouvrant de bas en haut.

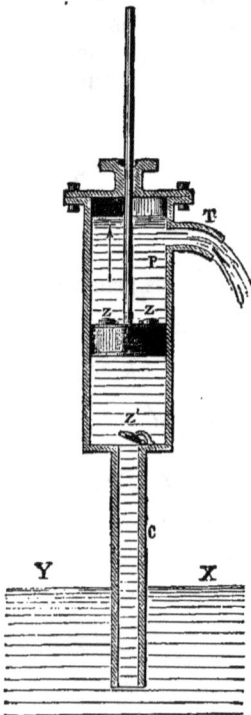

Supposons le piston au bas de sa course : il s'élève, le vide tend à se faire au-dessous de lui, mais la colonne liquide inférieure exerce sa pression sur la soupape Z′, la soulève, et remplit la cavité cylindrique du corps de pompe.

Quand le piston redescend, il comprime le liquide, appuie sur son siège la soupape Z′, la soupape Z ne tarde pas à se soulever, et le liquide passe au-dessus du piston.

Dans la période ascendante, ce liquide sera soulevé et s'écoulera par le conduit latéral T.

Les savants du moyen âge expliquaient l'ascension de l'eau dans le tube C et dans le cylindre par cet axiome : « La nature a horreur du vide. » On remarque bientôt que la nature n'avait horreur du vide que jusqu'à 32 pieds ou $10^m,33$; car aussitôt que le tube C atteignait une dimension verticale de $10^m,33$, l'eau n'arrivait plus dans le corps de pompe, quelque parfaite que fût la construction de l'appareil.

La découverte de la pression atmosphérique explique le phénomène : cette pression fait équilibre à une colonne de mercure de $0^m,76$, ou à une colonne d'eau de $10^m,33$; donc, pour qu'il y ait égalité de pression en tous les points du plan XY, il faut que la colonne d'eau, qui s'élève dans le tube C et dans le corps de pompe, soit de $10^m,33$.

Fig. 238.

Cette hauteur est la limite théorique du fonctionnement de la pompe aspirante ; en pratique, il faut tenir compte des pertes de charge dues aux chocs, aux étranglements et épanouissements brusques de la colonne liquide, et il est prudent de limiter à 7 ou 8 mètres la colonne d'aspiration.

Remarquez en outre que l'air en dissolution dans l'eau se dégage en partie sous l'influence d'une pression moindre, et vient former sous le piston une couche gazeuse qui se comprime, et absorbe du travail.

Quand le piston est au bas de sa course, il y a toujours au-dessous de lui de petites cavités, qui retiennent un volume v d'air à la pression atmosphérique H; si le piston se relève, cet air se détend jusqu'à occuper le volume entier V du corps de pompe, et sa pression est alors $H\frac{v}{V}$. Appelons h la hauteur du tube d'aspiration C, lorsque cette valeur h satisfera à l'équation :

$$h + H\frac{v}{V} = H,$$

il n'entrera plus d'eau dans le corps de pompe, puisque l'atmosphère sera équilibrée par la pression de l'air confiné, plus la colonne h du tube C. Cette raison seule suffirait pour que la hauteur d'aspiration h fût toujours inférieure à H ou 10m,33.

L'effort à faire pour soulever le piston se calcule comme il suit :

Soit h la hauteur du tube d'aspiration, h' celle du corps de pompe; la face supérieure du piston est soumise à la pression $H + h'$, la face inférieure à la pression $H - h$, la résultante des pressions est égale à leur différence, c'est-à-dire à la hauteur $(h + h')$ à laquelle l'eau est élevée, de la surface du réservoir au tuyau d'émission T.

Si S est la section du piston, l'effort est donc $S(h + h')$, expression dans laquelle le mètre est l'unité; l'effort est donc exprimé en mètres cubes, c'est-à-dire en tonnes, et pour l'avoir en kilogrammes, il faudra multiplier l'expression précédente par 1,000. L'effort vertical F à exercer est donc

$$F = 1000 . S . (h + h').$$

Quel est le rendement de cet engin? Si l'on appelle h_1, l'amplitude de la course du piston, le travail à chaque coup est égal à F, h_1, et il s'élève un cube d'eau égal 1,000 S, h_1; cette eau est élevée à la hauteur $(h + h')$, ce qui donne un travail égale à 1,000 Sh_1, $h + h'$); ce travail utile est, comme on le voit, égal au travail moteur.

Dans la pratique, il est loin d'en être ainsi, à cause des fuites et des pertes de forces vives que nous avons énumérées plus haut; dans les bonnes pompes aspirantes, très-bien construites, le rendement peut atteindre 60 à 65 pour 100; mais les pompes communes ne donnent souvent que 10 pour 100.

2. Pompe foulante. — Ainsi, la pompe aspirante, quoique d'une installation facile, ne peut rendre de grands services à l'industrie, car elle n'élève l'eau qu'à 7 ou 8 mètres, tandis qu'on a souvent à porter d'énormes masses liquides à de grandes hauteurs.

Aussi, est-on forcé de recourir presque toujours à la pompe foulante, dont la hauteur d'élévation est, théoriquement, illimitée.

Le corps de pompe descend dans le réservoir, et se termine par la soupape Z', qui s'ouvre de bas en haut; de la base du corps de pompe se détache latéralement un tube vertical T, fermé par la soupape Z, qui s'ouvre de gauche à droite.

Si le piston s'élève, l'eau du réservoir pénètre dans le corps de pompe; s'il s'abaisse, l'eau se comprime, la soupape Z' est fortement appuyée sur son siége, la soupape Z finit par s'ouvrir, lorsque la compression de l'eau est assez forte pour vaincre le poids de la colonne d'eau T, dont h est la hauteur.

La pression à exercer sur le piston est Sh, et si h_1 est l'amplitude de sa course, il faudra développer un travail exprimé en kilogrammation par $1,000\ S,h,h_1$. Le

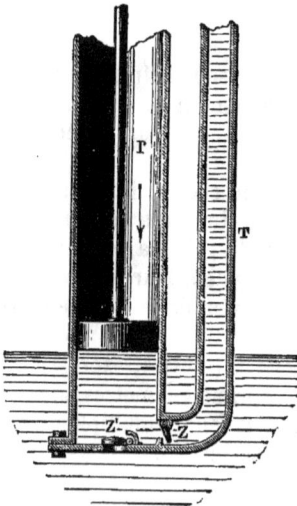

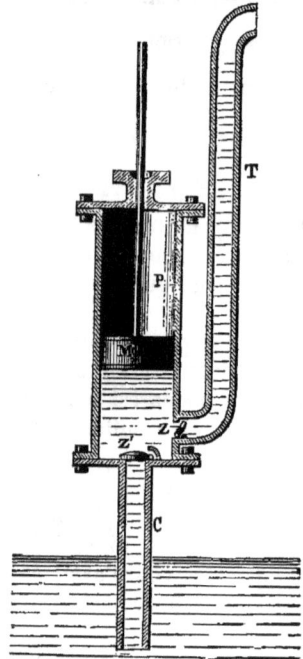

Fig. 239.   Fig. 240.

rendement est toujours inférieur à l'unité, car il se produit des chocs et des coups de bélier, et l'eau qui passe du corps de pompe dans le tuyau d'aspiration est soumise à une contraction qui entraîne une perte notable de force vive.

3. Pompe aspirante et foulante. — Mais, le plus souvent, il y a avantage à combiner ensemble l'aspiration et le refoulement. La coupe théorique de la pompe aspirante et foulante est représentée par la figure 240.

Quand le piston P s'élève, il aspire l'eau du réservoir par le tuyau vertical C; quand il s'abaisse, il comprime l'eau du corps de pompe et la refoule dans le tuyau d'émission T, dont la hauteur n'est limitée que par la résistance des tuyaux, et par la force dont on dispose.

D'ordinaire, la pompe n'est pas à simple effet, comme celle que nous venons de décrire, mais à double effet, c'est-à-dire que l'aspiration et le refoulement se produisent pour chaque oscillation simple du piston. Il y a donc double système de soupape, ainsi que nous le verrons plus loin. Les calculs suivants s'appliquent à une pompe à double effet.

La pression à exercer sur le piston est, en appelant h la hauteur d'aspiration et h' la hauteur du refoulement, $1,000\ S\ (h + h')$. Cette expression ne tient pas compte des frottements du piston contre le cylindre ou contre les boîtes à étoupes qui le guident, ni du poids de ce piston et de son attirail qui agit tantôt dans un sens tantôt dans l'autre, ni des pertes de charge, qui résultent du frottement du liquide sur lui-même et sur les parois irrégulières qui le limitent, ni de l'accélération variable qui peut être imprimée au piston et à la masse liquide, car tout cela ne se meut pas d'un mouvement uniforme.

Si P est le poids du piston, P′ celui de la masse d'eau, que celle-ci prenne une accélération y' et le piston une accélération y, ces accélérations exigent une force supplémentaire égale à $\dfrac{P}{g} y + \dfrac{P'}{g} y'$. On diminue dans de grandes proportions ces forces nuisibles, en soutenant le piston par un contre-poids lorsqu'il est très-lourd, et en disposant à la base du tuyau d'ascension un réservoir à air, qui se comprime plus ou moins et emmagasine la force vive des chocs, pour la restituer ensuite d'une manière progressive et rendre à peu près uniforme le mouvement de la colonne d'eau.

On arrive à régulariser davantage le mouvement, en se servant de deux pompes accouplées qui refoulent les eaux dans un même tuyau d'ascension. Les tiges des pistons de ces pompes sont réunies par des bielles à des manivelles M et M′, calées à 90° l'une de l'autre sur un arbre moteur horizontal A. Les bielles ayant une grande longueur par rapport à leur manivelle, on peut admettre qu'elles restent sensiblement verticales pendant le mouvement; la vitesse des boutons M et M′ est donc toujours verticale, et, comme l'arbre A possède une vitesse angulaire uniforme ω, la vitesse des points M et M′ est la même que celle de leurs projections sur le diamètre vertical AX de la manivelle. Soit r le rayon de cette manivelle, la vitesse de circulation de M est ωr, et la vitesse de la bielle MB est $v = \omega r \sin x$; celle de la bielle M′B′ est $v = \omega r \sin\left(\dfrac{\pi}{2}+x\right)$ ou $\omega r \cos x$.

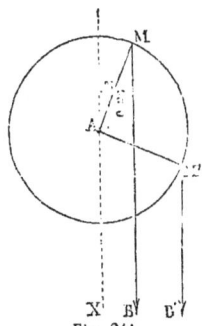

Fig. 241.

Dans un temps t, l'ensemble des deux pompes qui ont même section S pour leur piston fournira un volume d'eau égal à

$$\text{S}.(v+v')t \quad \text{ou} \quad \text{S}.\omega.r.t.(\sin x + \cos x).$$

On aura toutes les combinaisons possibles de vitesse en faisant varier x de 0 à $\dfrac{\pi}{2}$; le maximum et le minimum du débit, correspondront au maximum et au minimum de l'expression $\sin x + \cos x$.

Cette expression a deux minima, égaux à 1, pour $x = o$ et $x = \dfrac{\pi}{2}$,

— un maximum, égal à 1,41 pour $x = \dfrac{\pi}{}$,

et sa valeur moyenne est $\dfrac{\displaystyle\int_0^{\frac{\pi}{2}} (\sin x + \cos x)\, dx}{\displaystyle\int_0^{\frac{\pi}{2}} d} = \dfrac{4}{\pi} = 1,27.$

L'écart entre la valeur moyenne et les valeurs extrêmes est donc bien moindre qu'avec une seule pompe, dans laquelle le débit élémentaire varie de 0 à 1.

Si l'on répète le même calcul pour trois pompes calées sur le même arbre à 120° l'une de l'autre, on trouvera que la solution est encore plus avantageuse, et que l'écart entre la valeur moyenne du débit et ses valeurs extrêmes est encore beaucoup diminué.

Passons maintenant de ces notions théoriques à l'examen de diverses pompes usuelles :

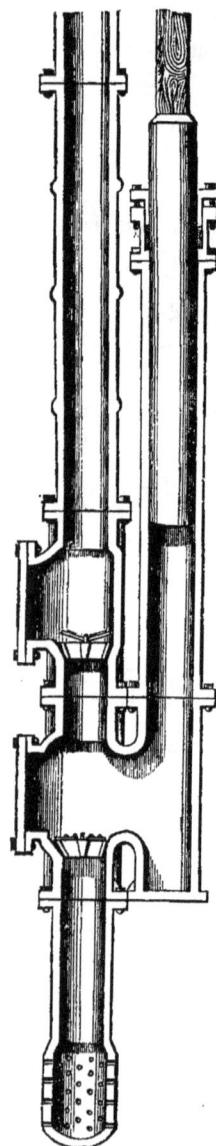

Pompes de mines. — Les grandes pompes ont pris naissance dans les mines d'Angleterre ; à l'origine, on se servit de norias qui donnaient lieu à des accidents fréquents, puis on eut recours à des pompes aspirantes ; mais chacune n'élevant l'eau qu'à 7 ou 8 mètres, il fallait en étager une série dans chaque puits avec autant de réservoirs ; les tiges de toutes ces pompes superposées étaient réunies à une maîtresse tige qui les faisait toutes mouvoir à la fois.

L'invention de la pompe foulante permit de faire disparaître cet attirail encombrant. La figure 242 représente une pompe de mine : l'eau du puisard est absorbée par la crépine qui y plonge, et qui est percée de trous pour arrêter les matières solides ; sur la droite de la figure on voit le piston que soutient une tige en bois : c'est un piston plongeur ou long cylindre métallique, qui se meut dans un corps de pompe parfaitement alésé à la partie supérieure. Le tuyau d'ascension, avec sa soupape de base, est sur la gauche de la figure. Le mécanisme de l'appareil est identique à celui de la figure théorique, que nous avons expliqué plus haut.

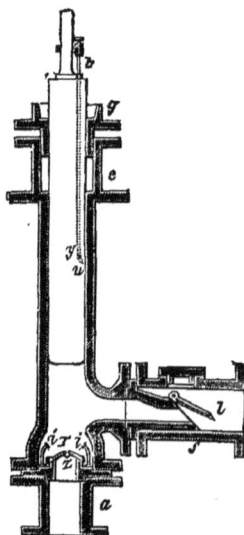

La tige du piston atteint généralement un poids très-considérable, qui, dans certaines mines, va jusqu'à plus de 50 tonnes ; la machine à vapeur est à simple effet, elle a pour mission de soulever le piston. Dans cette première phase du mouvement, l'eau est aspirée. Le piston arrivé en haut de sa course retombe par son propre poids, et ce poids suffit à comprimer et à soulever la colonne d'eau tout entière.

Il va sans dire que la longue tige verticale du piston est convenablement guidée dans son parcours,

Fig. 242.   Fig. 243.

afin de n'être point exposée à flamber, et que, si son poids est trop considérable pour l'effet à produire, on équilibre l'excédant au moyen de contre-poids, afin de limiter le travail de la vapeur à ce qui est nécessaire.

La figure 243 représente une autre pompe à piston plongeur ; on voit que les soupapes sont inclinées et buttent contre des rebords solides, afin de pouvoir résister à de fortes pressions. Le piston plein est bien alésé, mais il est inutile que le corps de pompe le soit, excepté à la partie supérieure dans la boîte à étoupes ou stuffing-box (*e*) et dans la boîte à graisse (*g*). Ces deux parties doivent être parfaitement alésées, afin qu'on obtienne une fermeture hermétique.

Il arrive souvent que de l'air se dégage de l'eau aspirée et finit par s'accumuler à la partie supérieure; on se réserve le moyen de l'expulser, en ménageant dans le piston plongeur un petit conduit *uy*, fermé à l'extérieur par une vis de pression *t*.

Lorsqu'une pompe est parfaitement construite, le volume élevé peut être de 90 pour 100 du volume décrit par le piston; mais il est prudent de ne pas compter sur plus de 75 pour 100.

La pompe à double effet n'est guère en usage dans les grands épuisements;

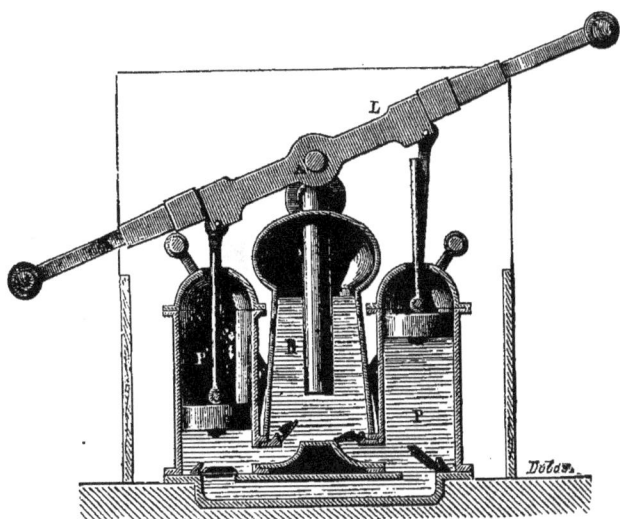

Fig. 244.

il faut remarquer, du reste, qu'on peut obtenir le double effet en calant à 180° l'une de l'autre, sur un même arbre horizontal, les bielles et manivelles qui actionnent deux pompes égales l'un des pistons monte pendant que l'autre descend, et la compensation s'établit.

Pompe ordinaire à incendie. — Ce principe a été appliqué dans la pompe à incendie, que tout le monde a vue fonctionner, et que représente la figure 244.

Deux pistons P et P' sont montés sur un même balancier; le système est placé dans une bâche métallique où l'on verse de l'eau; cette eau arrive par les soupapes qu'on voit au fond des corps de pompe : elle est aspirée quand le piston s'élève; quand il descend, elle est refoulée et pénètre par les soupapes latérales dans le réservoir R, à la partie supérieure duquel se maintient de l'air comprimé. À ce réservoir R se visse le tuyau d'émission, dans lequel l'eau est refoulée sous une pression constante égale à celle de l'air comprimé.

On voit que cet appareil est simple et parfaitement conçu.

Pompe Letestu. — La pompe Letestu est encore la plus usitée dans les travaux publics, bien que les pompes rotatives lui fassent une concurrence sérieuse. Nous l'avons décrite en détail, et nous en avons donné plusieurs spécimens en traitant de l'exécution des travaux ; ces pompes sont à un, à deux ou à quatre cylindres, et elles sont mises en mouvement par des hommes ou par une locomobile. Pour les diverses dispositions à adopter, nous renverrrons encore à la section de l'exécution des travaux.

En somme, la pompe Letestu ne diffère de la pompe ordinaire que par son piston de forme particulière.

La figure 245 représente ce piston en élévation et coupe ;

C'est un cône vertical, dont la pointe est en bas et dont la base a le diamètre du corps de pompe. Dans ce cône, qui est en cuivre et percé de trous nombreux, s'applique un autre cône en cuir qui déborde le premier et qui ne lui est fixé

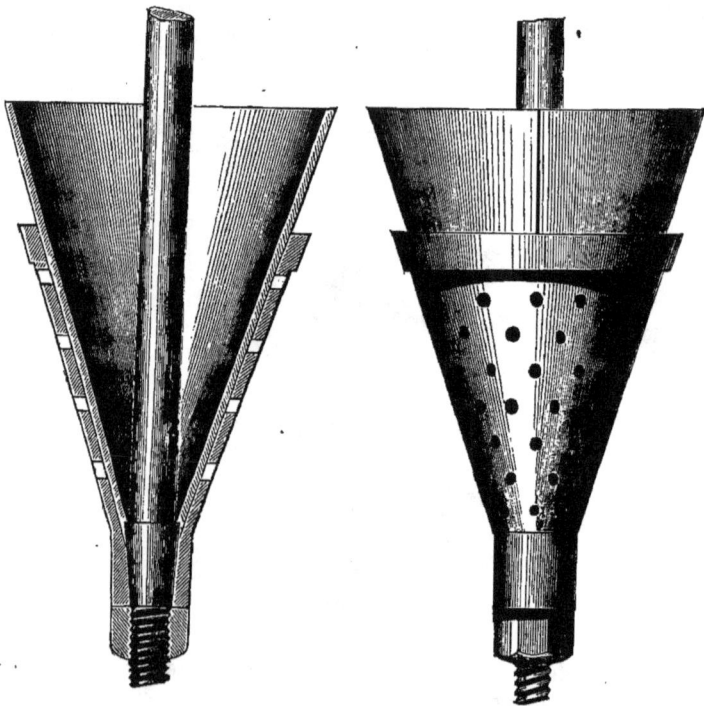

Fig. 245.

que par le sommet. Quand ce piston monte, l'eau supérieure presse le cuir contre le cône métallique et l'eau d'en dessus est soulevée ; quand le piston descend, le cuir se détache du métal et flotte dans le liquide, il n'y a point de résistance et le piston va jusqu'au fond du cylindre pour remonter ensuite une nouvelle quantité d'eau.

On conçoit sans peine l'immense avantage de ce genre de piston lorsqu'il s'agit d'épuiser des eaux bourbeuses ou chargées de gravier ; tout est facilement entraîné sans qu'il en résulte le moindre choc. Des soupapes et des clapets ordinaires seraient bientôt engorgés ou brisés, là où la pompe Letestu fonctionne sans encombre.

On a substitué au cuir le caoutchouc, qui est encore plus flexible, et donne une fermeture plus hermétique.

On a même remplacé le cône de cuivre par une surface plane percée de trous, et recouverte d'une rondelle en caoutchouc ; de la sorte, l'eau pénètre dans le corps de pompe moins obliquement, et cela est préférable, puisqu'il n'y a plus de changement de direction dans les filets liquides.

On arrive à peu près au même effet en évasant convenablement le cône métallique.

Pompe à double effet, dite pompe castraise. — Le principe de la pompe à double effet est le même que le principe de la machine soufflante à double effet.

Fig. 246.

Comme exemple de cette sorte de pompe, nous citerons la pompe castraise, construite par M. Delpech, de Castres.

Les figures 246 et 247 en représentent deux coupes. Elle se compose d'un piston P qui se meut dans un cylindre alésé ouvert aux deux bouts ; ce cylindre est fixé par un joint annulaire à un autre cylindre en fonte qui l'entoure.

L'ensemble des deux cylindres forme le corps de pompe ; la partie inférieure communique par le conduit h avec la capacité M, dans laquelle débouchent les tuyaux d'aspiration T et de refoulement T' ; il y a deux soupapes à boulet, s'ouvrant de bas en haut A et B. A côté de la capacité M s'en trouve une autre égale M', séparée de la première par une cloison verticale, munie aussi de ses deux soupapes et communiquant avec la partie supérieure du corps de pompe par l'ouverture h' placée à droite et au-dessus de l'orifice h.

Voici la manœuvre : lorsque le piston s'élève, le vide tend à se faire sous lui et par conséquent dans la cavité M, le boulet A se lève et l'eau est aspirée, tandis

26

que la charge du tuyau d'ascension presse fortement la soupape B contre son siège. Le liquide qui est au-dessus du piston et, par conséquent, dans la cavité M' est comprimé; la pression applique sur son siège la soupape A', mais elle soulève la soupape B', et l'eau s'en va dans le tube d'ascension.

On voit que l'on a pris soin de faire faire à l'eau le moins de détour possible et que l'on évite ainsi les pertes de charge. Les orifices sont du reste larges et arrondis.

Le mouvement de la colonne d'eau ascendante est continuel, et elle finit par prendre un mouvement uniforme; il ne se produit ni chocs ni coups de bélier qui absorbent une fraction notable de force vive.

Les soupapes A, B, A', B', sont des boulets en caoutchouc vulcanisé; elles sont donc très-légères et se soulèvent à la moindre aspiration; elles ont en outre l'immense avantage de leur élasticité; sous l'influence de la pression, elles s'appliquent exactement sur leur siège et forment un obturateur parfait. Elles ne s'écartent guère de leur position, car elles sont à une faible distance des parois verticales qui les guident; cependant on a cru bon de limiter par des fils de cuivre l'amplitude de leur déplacement vertical.

Le piston P, dont la tige passe dans un stuffing-box bien graissé et bien étanche, est formé d'un épais disque en cuivre, sur les bases duquel sont fixés des godets; le bord de ces godets frotte sur les parois du cylindre alésé, et la fermeture est hermétique, car un des godets est toujours fortement appuyé par la pression de l'eau soulevée.

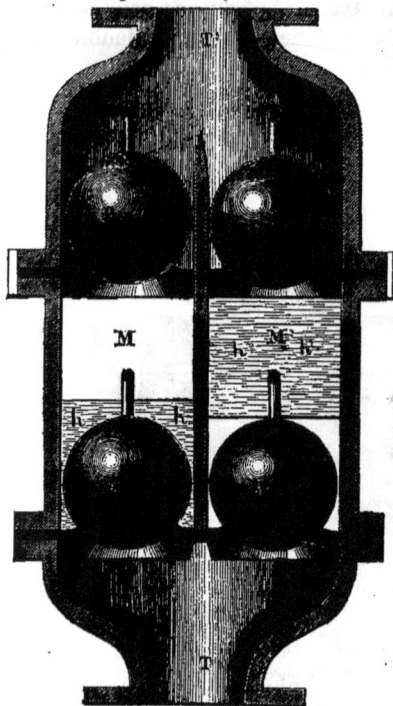

Fig. 247.

Cette pompe a les avantages de la pompe Letestu; elle fonctionne très-régulièrement, livre passage aux sables et graviers, et présente, en outre, un rendement considérable compris entre 55 et 70 0/0. Elle convient bien pour de grands épuisements.

Pompes actionnées par la vapeur. — Le mouvement du piston d'une pompe est identique à celui de la machine à vapeur. La transmission la plus simple consiste donc à monter sur la même tige le piston de la machine motrice et celui de la pompe; les deux cylindres sont en regard l'un de l'autre. On obtient ainsi une transmission élémentaire, très-solide, qui n'absorbe, pour ainsi dire, pas de travail; et en même temps, l'appareil complet n'occupe qu'un faible volume.

C'est dans cette forme que sont établies les pompes d'alimentation que l'on rencontre encore sur quelques vieilles locomotives; mais le système a été appliqué à de puissantes machines élévatoires destinées à faire le service de grandes distributions d'eau.

Ainsi M. Cail alimente par une pompe de cette espèce une machine à vapeur de

550 chevaux et M. Hubert a construit deux de ces pompes pour les eaux de Blois et de Tours.

Nous n'avons point à décrire ici ces grands appareils, dont tous les principes nous sont connus, et nous engageons le lecteur à les visiter lorsque l'occasion s'en présentera, afin de bien saisir les détails de l'agencement.

Pompes à vapeur pour incendie. — Nous avons représenté plus haut la pompe à incendie ordinaire qui se manœuvre à bras d'homme ; c'est le modèle connu sous le nom de pompe de la ville de Paris. Il est excellent et a été inventé par l'habile constructeur, M. Flaud, qui a fourni un nombre immense de ces pompes à la France et à l'étranger.

Mais ces pompes à bras ne donnent qu'un faible débit, surtout si l'on veut obtenir un jet qui s'élève à de grandes hauteurs ; beaucoup d'incendies, particulièrement dans les grandes villes, ont montré l'insuffisance de cet engin. L'étranger a depuis longtemps adopté les pompes à vapeur qui fonctionnent notamment à Londres.et en Amérique ; nos grandes villes commencent à en faire auta t.

On a pu voir fonctionner à l'Exposition de 1867 divers modèles de pompes à vapeur, et quelques-unes ont donné des résultats remarquables : ainsi, une pompe anglaise, a lancé par-dessus le grand phare en fer, à plus de 50 mètres de hauteur, un jet de 45 millimètres de diamètre, et cela pendant plusieurs heures consécutives.

Les pompes en elles-mêmes n'offrent rien de particulier qu'une grande solidité. La seule difficulté était d'obtenir un appareil assez facilement transportable et une chaudière qui fût en pression au bout de quelques minutes.

On y est arrivé en ayant recours aux chaudières tubulaires du système Field, que nous examinerons ultérieurement, et grâce auxquelles on peut être en pression en 10 ou 15 minutes.

De la confection des pistons et soupapes. — Les deux organes délicats des pompes sont les pistons et les soupapes.

1° *Pistons.* — A l'origine, on se contentait de faire les pistons avec des cylindres en bois bien réguliers, glissant à frottement doux à l'intérieur du corps de pompe. Mais le bois ne tarde pas à s'user, et une communication continuelle s'établit entre le dessus et le dessous du piston. On en vint alors à garnir la surface avec des étoupes graissées, qui forment un contour légèrement malléable et compressible, de sorte que l'obturation se fait bien.

Fig. 248.

Maintenant, dans les pompes ordinaires, le piston est un cylindre de bois maintenu entre deux disques de fer, qui sont d'un plus grand diamètre que le cylindre de bois, bien qu'ils ne touchent pas encore la paroi du corps de pompe. L'anneau resté libre entre les disques est rempli avec de l'étoupe graissée, que l'on enroule peu à peu de manière à former un bourrelet saillant ; on fait entrer le piston à force dans le corps de pompe, le bourrelet se comprime et donne une fermeture hermétique, tout en glissant assez facilement, car le frottement est facilité par les matières grasses, et de plus l'étoupe possède une certaine malléabilité qui lui permet d'épouser les petites irrégularités du corps de pompe.

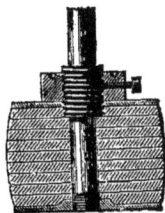

Fig. 249.

Le piston perfectionné (figure 249) est composé de disques de cuir bien graissés et fortement comprimés, au moyen d'un serrage à vis, entre deux disques de fer ; la surface se bombe légèrement et le contact s'établit non par le métal, mais par le cuir. A la longue, il se manifeste un certain jeu et on est forcé de serrer de nouveau les vis, afin de rendre au piston son diamètre et sa résistance.

Les pistons à bords flexibles sont aussi d'un usage assez commun ; nous les avons décrits plus haut en parlant de la pompe Letestu et de la pompe castraise. Nous en donnerons encore un exemple bien connu, c'est le piston des lampes à modérateur (figure 250).

Dans les lampes à réservoir inférieur, il faut élever l'huile jusqu'à la mèche au moyen d'une pompe foulante. Dans la lampe Carcel, la force nécessaire est obtenue par un ressort avec mouvement d'horlogerie. La lampe à modérateur est bien plus simple et bien plus économique : le piston A est en cuir, porté par une tige à crémaillère B sur laquelle on agit par une clef à pignon. Le piston est appuyé sur le liquide par un ressort en spirale, l'huile comprimée s'élève jusqu'à la mèche par le tuyau à coulisses C; l'huile doit toujours arriver en excès, et cet excès est ramené au-dessus du piston par le tube de gauche E.

Enfin, dans les grandes pompes, où le piston parcourt un cylindre parfaitement alésé, on a quelquefois recours aux pistons entièrement métalliques. Un piston métallique se compose de deux assises de secteurs circulaires en fer, à joints découpés, serrés entre deux disques métalliques de moindre diamètre ; à leur partie centrale, les secteurs

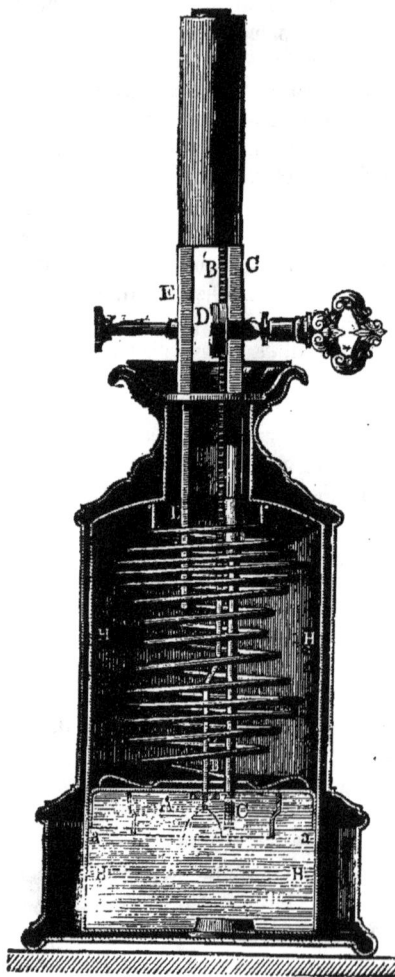

Fig. 250.

sont soumis à l'action de ressorts qui tendent toujours à les repousser à l'extérieur du piston, de sorte que l'usure est compensée et que l'adhérence est continuelle.

Il existe divers systèmes analogues de pistons, mais ils s'appliquent surtout aux machines à vapeur et nous les décrirons en leur place.

Fig. 251.

Fig. 252.

Les pistons plongeurs, que nous avons vus dans les pompes de mines, sont des cylindres pleins parfaitement dressés, se mouvant dans une boîte à graisse et dans une boîte à étoupes.

2° *Soupapes.* — La plus ancienne soupape est le clapet, petite porte à charnière, un peu plus grande que l'orifice qu'elle est chargée de recouvrir et contre
les bords duquel elle vient s'appliquer. Les figures 251 et 252 représentent un
clapet simple et un clapet double. Souvent, la face supérieure du clapet est recouverte d'un cuir plus grand qu'elle, destiné à s'appliquer sur les joints et à
empêcher les filtrations.

Le cuir est maintenant presque toujours remplacé par le caoutchouc ou la
gutta-percha, qui possèdent autant de résistance avec plus de flexibilité.

La soupape conique (figure 253) est aussi assez usitée dans les pompes, notamment dans les machines pneumatiques ; c'est un tronc de cône plein qui
bouche un tronc de cône creux égal ; dans l'axe du
cône plein est une tige, guidée par un siége (*aa*) et
munie d'un ressort à boudin qui bute contre le petit
disque (*b*). Le ressort tend toujours à fermer la soupape, et celle-ci ne peut s'ouvrir que lorsque la pression de l'eau est assez forte pour vaincre le ressort.
La soupape conique a l'avantage de réduire l'espace
nuisible sous le piston, tandis que le clapet empêche

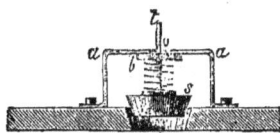

Fig. 253.

toujours le contact de la face inférieure du piston avec le fond du corps de
pompe. Mais elle a l'inconvénient d'étrangler la veine liquide, de ne donner
qu'un faible débit et d'occasionner une perte de charge.

On lui a préféré souvent la soupape à boulet que l'on voit représentée sur la
pompe castraise. Autrefois, le boulet était en métal ; aujourd'hui on le fait en
caoutchouc.

Mais la véritable soupape des grandes pompes d'épuisement, c'est la soupape
à double siége, qui, pour un faible déplacement, fournit un débouché considérable. Elle se compose d'une partie fixe A, placée dans
l'axe du tuyau T, formée de six plans verticaux (*p*)
rayonnant à partir de l'axe et réunis à la partie supérieure seulement par un disque circulaire. Cette partie
fixe est entourée par une sorte de cloche renversée B
supportée par une tige mobile, et présentant plusieurs
orifices sur sa face supérieure, par laquelle elle s'appuie sur le disque de la pièce fixe A. Le bord inférieur
de cette cloche peut s'appuyer sur une partie annulaire (*mm*) exactement tournée, qui termine le tube T ;
dans ce cas, la communication est interrompue entre
les tuyaux T et T'. Mais aussitôt qu'on soulève un
peu la cloche B, le liquide ou la vapeur s'échappent
par le bas et par la partie supérieure de cette cloche ;
il y a une grande surface d'écoulement.

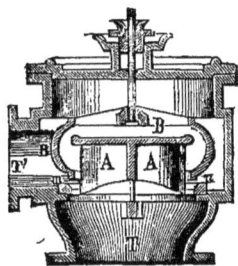

La soupape à double siége est en usage surtout dans
les grandes machines à vapeur, dites de Cornouailles.
C'est là qu'elle a pris naissance.

Nous avons déjà signalé l'emploi du caoutchouc pour
les soupapes.

. Fig. 254.

M. Perraux, constructeur à Paris, en a fait un judicieux usage. Il forme ses
soupapes de deux valves en caoutchouc, formant comme une anche de hautbois
et susceptibles de se rapprocher ou de s'écarter suivant que la pression la plus
forte s'exerce à l'extérieur ou à l'intérieur de l'anche.

POMPES A MOUVEMENT CONTINU OU POMPES ROTATIVES

Pompe de Dietz. — La première pompe rotative connue est celle de Dietz, qui ne mettait en jeu aucun principe nouveau, ainsi qu'on va le voir :

La figure 255 en représente une coupe : elle se compose d'un cylindre (*aa*) communiquant d'un côté avec le tuyau d'aspiration T, de l'autre avec le tuyau d'ascension T'. Dans l'axe de ce cylindre fixe, est un arbre tournant (*c*) qui entraîne avec lui un autre cylindre (*bb*), traversé à frottement doux par des palettes *p p' p''*... normales à sa surface. Sur les fonds du cylindre (*aa*) est fixé un excentrique *dd*, intérieur au cylindre *b*, et une lame métallique (*mn*) extérieure au cylindre (*b*) ; cette lame laisse donc libres les orifices d'aspiration et d'ascension.

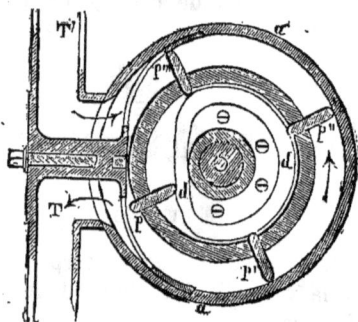

Fig. 255.

Considérons la palette *p*; elle est poussée par l'excentrique *d*, de manière à rester toujours au contact avec la lame (*n*); elle forme donc un vase qui va sans cesse s'agrandissant, et qui se remplit d'eau puisque le vide ne peut se produire.

Les palettes *p'* et *p''* sont immobiles pour le moment et maintiennent l'eau ; mais la palette *p'''* rentre dans le cylindre (*b*), le vase qu'elle fermait se rétrécit, et l'eau s'en échappe pour monter dans le tube T'.

Cet appareil ingénieux est très-compliqué, d'un ajustage difficile ; il demande beaucoup de soins et d'entretien, et, en somme, n'est guère pratique.

Pompes à force centrifuge. — Il a complétement disparu et cédé la place aux pompes à force centrifuge, inventées par Appold. Ces pompes ne sont autres que des turbines élévatoires; elles sont identiques aux ventilateurs à aubes courbes dont nous nous sommes occupés déjà.

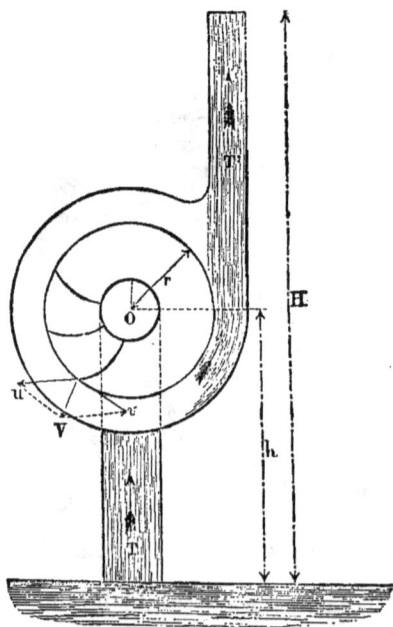

Fig. 256.

Une petite roue à aubes courbes tourne sur son axe avec une grande vitesse ; au centre de cette roue débouche un tuyau d'aspiration ; elle est entourée d'une capacité fermée, de laquelle se détache latéralement un tube d'ascension. Le liquide compris entre les aubes prend une vitesse de rotation croissante à partir de l'axe; sous l'influence de la force centrifuge, il comprime les molécules situées à l'extérieur de la roue. Le liquide étant poussé vers la circonférence, le vide tend à s'établir au centre, et par suite il se produit un appel ; l'eau du réservoir inférieur s'élève donc dans le tuyau d'ascension, et si les proportions sont convenablement choisies, il s'établit un courant ascendant continu.

Voici une théorie approximative de la pompe centrifuge :

Le point O représente l'axe de la turbine dont r est le rayon, et qui tourne avec une vitesse angulaire ω ; son axe est situé à une hauteur h au-dessus du réservoir inférieur, et la hauteur totale d'élévation est H.

On ne tient pas compte de la quantité dont l'eau s'élève ou s'abaisse en passant du centre de la turbine à sa circonférence, car les dimensions de la turbine sont très-faibles relativement aux hauteurs d'élévation, et du reste on peut placer la turbine aussi bien horizontalement que verticalement ou dans une direction quelconque; on ne tient pas compte non plus de la vitesse de l'eau dans les tuyaux T et T', car ces tuyaux sont à grande section, et la vitesse de l'eau y est très-faible relativement à celle qu'elle prend entre les aubes de la turbine. Ainsi, l'eau part de l'axe de la turbine sans vitesse et arrive à la circonférence avec une vitesse absolue V, qui est la résultante de la vitesse relative (u) tangente à l'aube et de la vitesse d'entraînement $V = \omega.\,r$.

La pression p de l'eau, qui arrive sur l'axe, est égale à la pression atmosphérique P, moins la pression due à la colonne d'eau h; la pression p' de l'eau à la circonférence de la turbine est égale à la pression atmosphérique plus la pression due à une colonne liquide de hauteur $(H-h)$. Si l'on appelle π le poids d'un mètre cube d'eau (1,000 kilogrammes), on aura :

$$p = P - \pi h \qquad p' = P + \pi (H - h), \quad \text{d'où :} \quad (1) \quad \frac{p'-p}{\pi} = H.$$

Le principe du travail va nous donner une seconde équation.

La demi-variation de force vive est égale à la somme des travaux de toutes les forces qui ont agi dans le même temps. Mais, lorsque la force vive est prise dans le mouvement relatif, il faut ajouter au travail des forces extérieures et intérieures celui des forces fictives qui représentent le mouvement d'entraînement (voy. en hydraulique le théorème de Bernouilli).

La vitesse relative initiale étant nulle à l'entrée dans la turbine, et égale à (u) à la sortie, la demi-variation de force vive dans le mouvement relatif sera, en désignant par Q le débit à la seconde : $\frac{Q}{2g} u^2$.

Les forces qui ont agi sur le poids Q d'eau pendant qu'il a traversé la turbine sont les pressions p et p', qui donnent lieu à des travaux en sens contraire

$$\frac{Q}{\pi} p \quad \text{et} \quad \frac{Q}{\pi} p';$$

et il faut ajouter à cela la demi-force vive due à la vitesse d'entraînement, soit

$$\frac{Q}{2g} v^2 \quad \text{ou} \quad \frac{Q}{2g} \omega^2 r^2.$$

Nous avons donc l'équation :

$$\frac{Q}{2g} u^2 = \frac{Q}{\pi} p - \frac{Q}{\pi} p' + \frac{Q}{2g} v^2, \quad \text{ou} \quad \frac{u^2}{2g} = \frac{p-p'}{\pi} + \frac{v^2}{2g},$$

ou bien encore ;

$$(2) \qquad u^2 = -2gH + v^2$$

La vitesse angulaire ω étant connue, ainsi que r et H, l'équation (2) nous donnera la vitesse relative u, et, si l'on désigne par l la largeur de la turbine, par γ l'angle du dernier élément de l'aube avec la circonférence, le débit par seconde sera :

$$(3) \qquad Q = 2\pi.r.l.u \sin \gamma,$$

en négligeant l'épaisseur des aubes.

Nous avons donc déjà tout ce qu'il faut pour calculer le débit.

La vitesse absolue V de l'eau à la sortie est la résultante de la vitesse relative et de la vitesse d'entraînement ; on l'obtient donc par l'équation :

$$V^2 = u^2 + v^2 - 2uv \cos \gamma ;$$

remplaçant u^2 par sa valeur, il vient :

$$(4) \qquad V^2 = -2gH + 2v^2 - 2v \cos \gamma \sqrt{-2gH + v^2}.$$

Cette vitesse V est absorbée par les agitations et les tourbillonnements qui se produisent ; abstraction faite des autres causes qui absorbent du travail, on perdra donc une quantité de travail représenté par $\pi Q \dfrac{V^2}{2g}$, et le travail moteur nécessaire à l'élévation du volume Q d'eau à une hauteur H sera égal à

$$\pi Q H + \pi Q \frac{V^2}{2g},$$

tandis que le travail utile n'est que $\pi Q H$.

Le rendement de l'appareil est par suite :

$$(5) \qquad R = \frac{H}{H + \dfrac{V^2}{2g}} = \frac{1}{1 + \dfrac{V^2}{2gH}}.$$

On connaît, d'après l'équation (4), l'expression de V en fonction de H et de v ou $\omega.r$, on transportera cette expression dans l'équation (5), et on cherchera le maximum du rendement R.

On trouve que ce maximum est $\dfrac{1}{1 + \sin \gamma}$, et on en déduit la valeur de v correspondante, et par conséquent la vitesse angulaire (ω) la plus convenable.

Le rendement est donc d'autant plus grand que γ est moindre ; mais, là, comme dans la turbine, on ne peut faire $\gamma = o$, puisque alors le débit s'annule.

Il y a donc un moyen terme à adopter ; pour $\gamma = 15°$, la formule donne un rendement de 0,79 et pour $\gamma = 30°$, le rendement est de 0,50. Il semble donc convenable d'adopter pour γ la valeur 20°.

On voit que le calcul précédent ne donne pas des indications bien précises ; du reste, il est peu utile dans la plupart des cas, car les pompes rotatives sont destinées à fonctionner avec des débits et des hauteurs h et H essentiellement variables.

Ce qu'il faut retenir surtout de cette théorie, c'est que les aubes courbes doivent toujours être préférées aux aubes planes, et que l'angle du dernier élément de l'aube avec la circonférence extérieure de la turbine doit être assez faible.

L'expérience faite sur les pompes Appold l'a du reste bien montré ; le rendement, qui était d'environ 70 0/0 avec les aubes courbes, s'abaissait à 25 0/0 avec les aubes planes dirigées suivant le rayon.

Il importe aussi, comme dans les ventilateurs, d'envelopper la turbine dans une capacité assez large pour éviter les tourbillonnements, les réflexions et les chocs du liquide qui s'échappe de la circonférence.

L'admission de l'eau se fait par le centre au moyen d'un large tube d'aspiration ; la vitesse à l'entrée doit donc être aussi réduite que possible ; peut-être même y aurait-il avantage à disposer des surfaces directrices.

La vitesse de progression du liquide entre les aubes va en augmentant à mesure qu'on s'éloigne du centre ; pour obtenir un débit constant, et pour éviter les remous et les pertes de charge, il serait donc bon de réduire progressivement la section comprise entre deux aubes consécutives.

On l'a fait dans les ventilateurs en donnant aux palettes une forme trapézoïdale dont la plus grande base est près du centre, et il est convenable d'adopter cette disposition pour les turbines élévatoires.

Ces préliminaires établis, nous allons passer en revue les diverses pompes centrifuges connues.

M. l'ingénieur des mines Lebleu s'exprime ainsi, dans un des rapports sur l'Exposition universelle de 1867 :

« La construction des pompes révèle, par les nombreux types exposés, l'intérêt qui s'attache à ces appareils.

« De notables perfectionnements ont été apportés, tant dans la disposition des organes que dans leur formes extérieures, suivant les usages divers auxquels ils sont destinés.

« Toutefois, le fait le plus important à constater, c'est la rapide extension qu'a prise la pompe dite centrifuge, et les efforts des constructeurs dirigés dans le but d'arriver à l'application avantageuse de ce système et d'en atténuer les inconvénients. La simplicité du mécanisme, l'absence de pièces pouvant se détériorer par le travail, enfin la facilité de la commande, avaient attiré l'attention des ingénieurs sur cette pompe, qui, représentée par deux ou trois spécimens seulement à la dernière exposition universelle, a, depuis quelques années, acquis une grande importance résultant de services incontestables.

« Nous commencerons donc l'examen des pompes par les appareils dont le perfectionnement est basé sur la force centrifuge. »

MM. Gwynne et Cie, de Londres, sont les créateurs du modèle de pompe qui a prévalu. Perfectionné depuis avec succès, ce modèle présente une grande stabilité et fournit un rendement considérable.

« On sait que le point de départ de la pompe centrifuge se trouve dans le ventilateur, aspirant l'air par le centre et le rejetant par la circonférence ; cette pompe n'est ainsi, à proprement parler, qu'un ventilateur à eau. Le grand écueil de cet appareil consiste dans l'introduction de l'air soit par les presse-étoupes de l'axe, soit par les joints de l'enveloppe, soit enfin par le tuyau d'aspiration lui-même, qui amène avec l'eau une plus ou moins grande quantité d'air. Cet air s'accu-

mule au centre de l'appareil, y acquiert une tension capable de faire équilibre à
la pression atmosphérique, et la pompe cesse alors de fonctionner. Pour remédier à ce grave inconvénient, qui a été primitivement le principal obstacle à la
propagation de la pompe centrifuge, les constructeurs ont imaginé différents
systèmes qui les ont conduits aux types divers aujourd'hui adoptés.

« MM. Neut et Dumont, constructeurs à Paris, emploient à cet effet un tuyau
communiquant à sa partie supérieure avec la colonne ascensionnelle et débouchant dans une enceinte ménagée autour du presse-étoupes. Toute la charge de
l'eau élevée vient ainsi presser, de l'intérieur à l'extérieur, la douille en bronze
formant le fond du presse-étoupes et s'opposer à la rentrée de l'air. Leurs pompes
de toutes grandeurs débitant, suivant les dimensions, de 6 mètres à 500 mètres
cubes par heure, présentent, d'ailleurs, d'autres avantages. Ces constructeurs
sont parvenus à atténuer sensiblement les chocs et les remous de l'eau, à l'intérieur de la pompe, par une disposition fort bien étudiée de la roue à aubes ou
turbine, portant les palettes qui chassent l'eau dans le tuyau de refoulement.
Ces palettes sont courbées de manière à se dégager facilement de la colonne ascensionnelle; elles sont venues de fonte avec deux plateaux annulaires, qui les
réunissent et qui forment, avec le moyeu de la roue, les aubes directrices conduisant, sans choc sur les palettes, l'eau aspirée au centre de chaque côté du
moyeu. Une nervure arrondie, ménagée sur le milieu de la largeur de la palette,
amortit d'ailleurs le choc des masses liquides affluant dans deux directions opposées. Enfin, l'eau projetée à la circonférence de la roue trouve un canal de section circulaire et croissante qui facilite son entrée dans le tuyau de refoulement.»

En traitant de l'exécution des travaux, nous avons déjà décrit d'une manière
sommaire la pompe centrifuge, et nous avons donné le dessin de la pompe de
MM. Malo et Belleville.

En Angleterre, l'invention d'Appold est exploitée par Gwynne et Ce; en France,

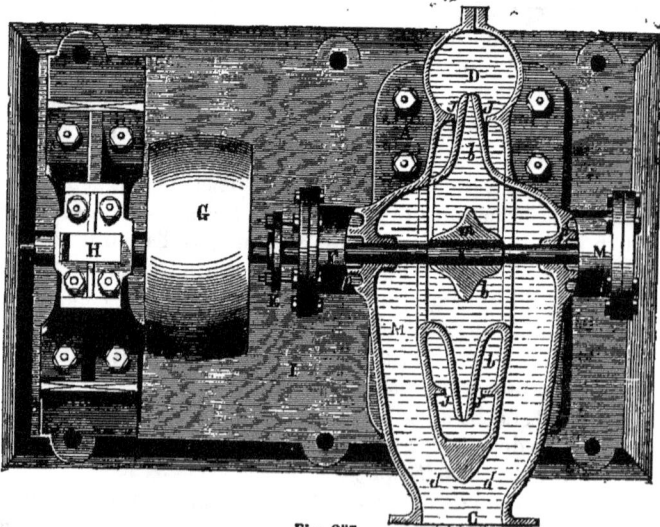

Fig. 257.

on connaît surtout les pompes de MM. Malo et Belleville, Neut et Dumont, et
celle de M. Coignard.

La pompe Neut et Dumont, la plus usitée dans les travaux publics, est représentée en coupe horizontale par la figure 257. L'eau aspirée arrive par le conduit C et se rend à droite et à gauche par les tubes (d) à la partie annulaire centrale. L'axe moteur horizontal traverse les boîtes à étoupe et porte la poulie G actionnée par la courroie d'une locomobile.

Les aubes b, b ont une largeur décroissante et débouchent dans une partie annulaire j, j, sur le côté de laquelle est le tuyau d'ascension D.

La figure 258 représente la même pompe en élévation avec sa crépine, ses tuyaux et la courroie motrice qui va s'enrouler sur la poulie d'une locomobile.

Suivant les expériences de M. Le Verrier, ingénieur des mines à Lille, le rendement des pompes Neut et Dumont est de 57 0/0.

« Après de nombreux essais sur le système Gwynne, dit M. Lebleu, M. Coignard, de Paris, est arrivé à des dispositions nouvelles qui, bien que fondées toujours sur la force centrifuge, s'éloignent sensiblement du type primitif. Dans le système ordinaire, les palettes, droites ou courbes, placées au milieu de l'enveloppe, reçoivent l'eau des deux côtés, ce qui produit un remous plus ou moins fort au point de rencontre des masses liquides dirigées l'une vers l'autre. Au lieu de roues à palettes, M. Coignard emploie deux plateaux distincts calés aux extrémités de l'arbre et tournant à une très-faible distance de l'enveloppe. Ces deux plateaux ou tambours forment ainsi les parois latérales du corps de pompe; ils comprennent entre eux un espace rempli par l'eau aspirée, qui s'y divise

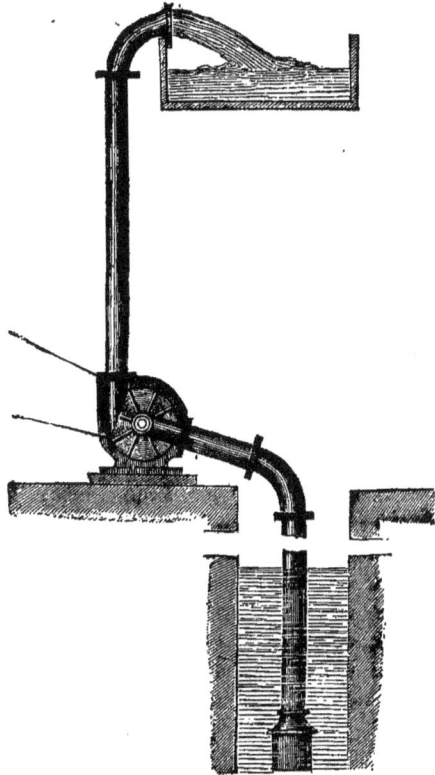

Fig. 258.

en deux colonnes divergentes et se dirige vers des nervures en forme de spirale partant du moyeu et aboutissant à la circonférence de chacun. Ils sont d'ailleurs exactement entourés; de sorte que l'eau ne trouve aucune issue avant d'avoir atteint les ouvertures par où elle doit s'échaper. En quittant ces tambours, l'eau pénètre dans une enceinte fermée de toutes parts, sauf au point où elle débouche dans le tuyau d'ascension par des courbes arrondies. Ce système, que l'auteur appelle pompe hélicoïde centrifuge, est parfaitement conçu. Il soustrait à la pression de l'eau le tourillon de l'arbre dont les paliers, munis d'un appareil de graissage continu, ne peuvent d'ailleurs laisser pénétrer de l'air dans l'intérieur de la pompe. L'eau, attirée au centre de l'enveloppe par le vide relatif qui s'y produit, arrive sans obstacle dans les ouvertures que forment les naissances des deux spirales de chaque tambour, et elle ne participe au mouvement de rotation qu'après avoir été saisie par les nervures.

L'inconvénient de l'entrée de l'air au centre de la pompe est évité dans le système Coignard, d'abord par la disposition des deux tambours qui, en réalité, forment deux pompes conjuguées entre lesquelles l'aspiration s'effectue, les parois antérieures restant pleines du côté du presse-étoupes, ensuite par une communication ménagée entre la colonne ascensionnelle et le milieu de la masse aspirée à l'intérieur. M. Coignard peut, d'ailleurs à volonté, faire agir les deux tambours simultanément comme il vient d'être dit, ou successivement de la manière suivante : l'eau n'est admise que dans l'un des tambours d'où elle est refoulée dans le second avec la vitesse qui lui reste acquise et qui se trouve augmentée par l'action du deuxième tambour, de sorte que l'on diminue ainsi le débit en augmentant à volonté la vitesse ou la charge. On peut d'ailleurs ainsi diminuer sensiblement la vitesse de rotation sans craindre de voir la pompe se désamorcer.

Une pompe de M. Coignard, du modèle dit à vitesse ordinaire, a fonctionné pendant toute la durée de l'Exposition dans la galerie des machines avec la plus grande régularité; une autre élève une partie de l'eau nécessaire aux besoins de l'Exposition ; une troisième sert à des expériences journalières à Billancourt, MM. Williamson frères, de Kendal (Grand Bretagne), M. Bernays, de Londres, MM. Malo et Cᵉ de Dunkerque, ont également exposé des pompes à force centrifuge présentant des perfectionnements notables, surtout en ce qui concerne l'évacuation de l'air introduit au centre. MM. Andrews frères, de New-York, ont de plus cherché à faciliter la sortie de l'eau, en donnant au canal de fuite la forme d'une spirale à sections croissantes se raccordant au déversoir supérieur.

En résumé, la pompe centrifuge est arrivée au point de constituer un puissant instrument qui a déjà rendu de grands services à des travaux importants entrepris récemment. Elle a été appliquée avec avantage dans le percement de l'isthme de Suez, à la création de marais salins, à l'alimentation de canaux, etc. On n'a pas oublié que le vaisseau *la Floride*, échoué dans le port du Havre, a été remis à flot par une pompe centrifuge de M. Coignard, qui a pu seule effectuer cet important sauvetage, les anciens modes d'épuisement s'étant trouvés insuffisants. La vulgarisation de cette machine, entrée depuis quelques années seulement dans le domaine de la pratique, constitue l'un des progrès les plus saillants que nous ayons à mentionner.

3ᵉ MACHINES ÉLÉVATOIRES AUTRES QUE LES POMPES

D'une manière générale, tous les moteurs hydrauliques peuvent devenir des appareils élévatoires, pourvu qu'on change le sens de leur mouvement et qu'on exerce sur leur axe ou sur leur piston un travail suffisant.

Ainsi, la machine à colonne d'eau devient la pompe ordinaire, et la turbine engendre la pompe centrifuge; la roue motrice de côté devient la roue élévatoire du même genre; la roue en dessus devient la roue à augets ou noria circulaire, etc.....

Nous allons passer rapidement en revue les machines élévatoires autres que les pompes, en renvoyant pour l'installation pratique à la section de l'exécution des travaux où nous avons traité la question des épuisements.

Siphon. — Le siphon est un appareil d'épuisement que l'on rencontre encore quelquefois dans les travaux publics, et notamment dans les distributions d'eau. Nous l'avons vu employé à enlever les eaux du fond d'un tunnel qui débouchait à flanc de coteau et pénétrait dans le sol sous une direction inclinée.

Deux réservoirs A et B sont réunis par un tube deux fois recourbé; c'est ce tube qui constitue le siphon; on commence par l'amorcer, c'est-à-dire par le remplir de liquide. La discontinuité dans la colonne ne saurait se produire, car le vide se formerait immédiatement et le liquide viendrait combler ce vide en vertu de la pression atmosphérique, pourvu toutefois que la hauteur de la petite branche fût inférieure à la colonne d'un baromètre fait avec le même liquide, soit 10m,33 s'il s'agit de l'eau, et à 0m,76 s'il s'agit du mercure.

La colonne restera donc continue, mais nous dirons en outre qu'elle prendra un mouvement uniforme de A vers B. En effet, considérons, par exemple, un point de la branche horizontale, et appelons h la hauteur de la branche A, H celle de B, et h' la hauteur de la pression atmosphérique; ce point ou plutôt cette section du tube reçoit à droite une pression $h'-h$, et à gauche une pression $h'-H$.

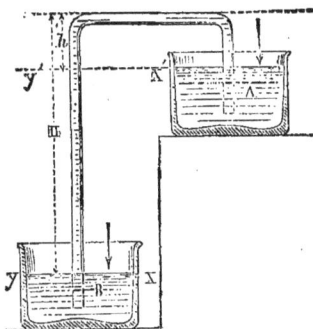

Fig. 259.

La différence $H-h$ agit de droite à gauche, c'est-à-dire de A vers B.

On trouvera la même différence en tout point de la colonne.

Donc celle-ci se met en mouvement, et, si elle est de section constante, elle prend une vitesse uniforme, sans quoi le vide se produirait en certains endroits, ce qui est impossible.

On peut admettre que la vitesse d'écoulement est celle due à la hauteur de chute, soit $v = \sqrt{2g(H-h)}$, en ayant soin de la diminuer de l'effet du frottement, qui est proportionnel à la longueur du siphon.

Nous avons vu fonctionner un long siphon qui servait à enlever les eaux du fond d'une galerie de 300 mètres de profondeur environ, légèrement inclinée sur l'horizontale; la branche d'appel A avait donc 300 mètres de longueur, et commençait par une crépine plongée dans un puisard. A la sortie, le siphon, composé de tuyaux Chameroy, suivait le coteau incliné à 30° et se rendait au fond d'une auge en bois, dans laquelle l'eau s'accumulait pour se déverser à la surface. L'extrémité du siphon ne peut déboucher à l'air, lorsque sa section devient notable, parce que la colonne liquide se divise, l'air monte à l'intérieur et l'appareil ne tarde à se désamorcer.

Quoi qu'on fasse, avec une branche d'appel aussi longue, il se dégage toujours un peu d'air de l'eau qui n'est plus soumise à la pression atmosphérique, cet air s'accumule au sommet du siphon, et le désamorcement se produit tôt ou tard. On est forcé d'installer à ce sommet une petite pompe à main, que l'on manœuvre de temps en temps, et qui aspire l'air confiné. Peut-être éviterait-on cet inconvénient avec une branche descendante plus longue.

On dispose à chaque bout du siphon des robinets qui permettent de modérer la vitesse d'écoulement de manière à rendre constant le niveau du puisard; dans une grande exploitation, il serait possible de rendre automatique la manœuvre de ces robinets.

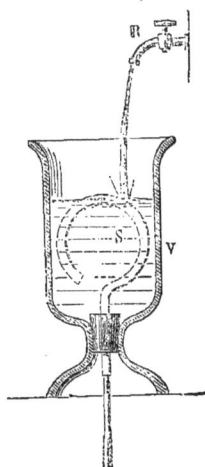

Fig. 260.

Le siphon est susceptible de donner un écoulement intermittent, en le disposant comme le montre la fig. 260. Ce petit appareil est connu sous le nom de vase de Tantale.

Un courant d'eau continu arrive dans le vase V, qui s'emplit peu à peu; lorsque l'eau est arrivée au sommet du siphon recourbé, celui-ci s'amorce et l'écoulement commence; comme le tube débite plus que le robinet, le niveau s'abaisse le siphon se trouve désamorcé lorsque ce niveau est descendu au-dessous de son orifice. On peut trouver dans les ouvrages des canaux des applications de ce système.

Écope hollandaise. — Tout le monde connaît l'écope ordinaire, employée surtout à enlever l'eau des bateaux. Les Hollandais ont donné à cet engin de grandes

Fig. 261.

proportions; ils en ont fait une auge oscillante qui plonge dans le canal pour s'emplir et se relève pour déverser à l'autre bout l'eau dont elle s'est chargée.

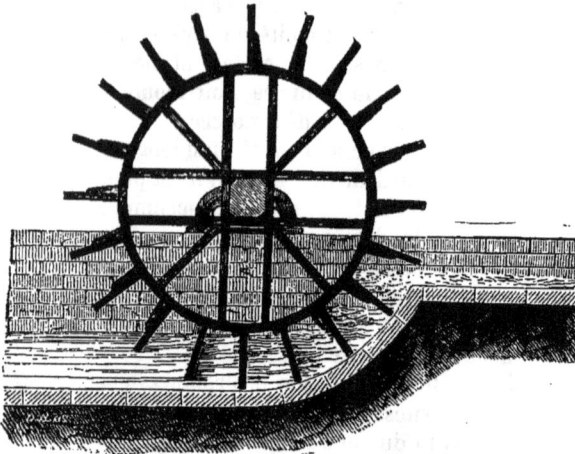

Fig. 262.

Le mouvement oscillatoire lui est communiqué par un balancier que des hommes manœuvrent avec quelques tiraudes.

Roue hollandaise. — La roue hollandaise est une roue de côté tournant de l'aval vers l'amont; l'eau d'aval est emprisonnée entre les aubes consécutives et le coursier cylindrique, et s'élève, peu à peu, jusqu'à ce qu'elle se déverse dans le canal d'amont.

Il est évident qu'il faut éviter les pertes et les chocs; à cet effet, le jeu sera réduit au minimum entre le tambour de la roue et le coursier, et entre les faces latérales et les bajoyers.

Toutefois, il faut, pour admettre un faible jeu, que la roue soit très-solide et qu'elle fonctionne d'une manière continue; toute roue à axe horizontal, qui reste un certain temps en repos, s'affaisse plus ou moins sur elle-même, son centre de gravité descend au-dessous de l'axe, et on s'en aperçoit bien quand on la met de nouveau en mouvement, parce que sa vitesse n'est plus uniforme, ce qu'on reconnaît au bruit.

Il faut, avons-nous dit, éviter les chocs dans la roue hollandaise; il est nécessaire pour cela de donner à cette roue une faible vitesse, de telle sorte que les palettes entrent doucement dans l'eau, et que celle-ci s'échappe sans vitesse sensible.

Le calcul d'une roue hollandaise est facile; étant donnée la dimension de ses augets, on calcule ce que chacun d'eux enlève d'eau; ce poids d'eau soulevé pèse en partie sur le coursier, en partie sur la palette inférieure; dans chaque position, on obtiendra par le parallélogramme des forces la pression normale exercée sur chaque palette. Ainsi, on a l'effort constant exercé à la circonférence de la roue; multipliant cet effort par la vitesse d'un point de cette circonférence, on aura le travail utile par seconde. Le travail absorbé par le choc se déduit de la surface des palettes et de leur vitesse, comme nous l'avons vu pour roues pendantes sur bateaux. Ajoutez à cela la demi-force vive conservée par l'eau qui s'écoule, et vous aurez la somme du travail dépensé.

Roue à seaux. — Nous citerons encore, comme appareil élévatoire susceptible d'être employé dans les irrigations, la roue à seaux que représente la figure

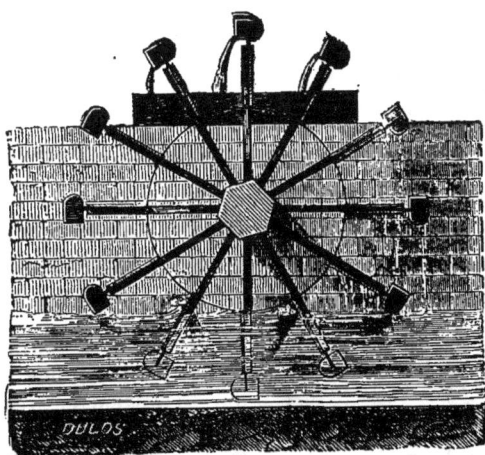

Fig. 263.

265. Le fonctionnement en est bien facile à saisir, et le calcul peut se faire sans peine. Il est à remarquer qu'il existe une perte de travail assez sensible,

due à la surélévation que l'on est forcé de donner à l'eau pour que les seaux se déversent.

Chapelet. — Le chapelet, incliné ou vertical, se compose d'une chaîne (figures

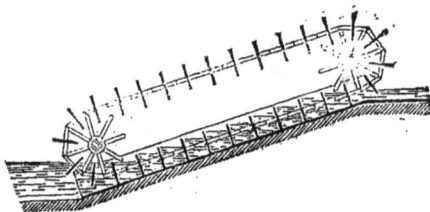

Fig. 264.

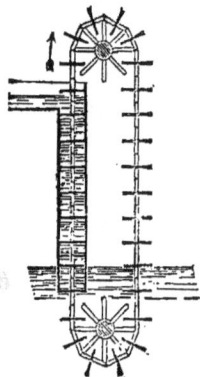

Fig. 265.

264, 265) dont chaque maillon porte en son milieu une planchette rectangulaire

Fig. 266.

dont le plan est normal à celui de la chaîne. La chaîne est sans fin, et elle s'enroule à ses extrémités sur deux roues qu'on appelle hérissons; c'est sur la roue supérieure que le moteur agit, et la roue inférieure est entraînée par la chaîne. Celle-ci, en montant, s'engage dans un tuyau, dont la section est la même que celle des planchettes, de sorte que l'eau emprisonnée entre les planchettes consécutives s'élève avec elles.

Cet appareil, qui a joui d'une certaine célébrité, est d'un rendement faible, car les pertes d'eau sont considérables, surtout, lorsque le chapelet est construit tout entier en bois, comme on le faisait autrefois. Avec un engin très-soigné, on peut arriver à produire un travail d'élévation égal à 0,60 du travail moteur.

Chaîne-pompe Bastier. — Le chapelet français a été dans ces derniers temps perfectionné en Angleterre. La chaîne très-solide porte une série de disques, qui s'engagent en remontant dans un tube en fonte ou en fer émaillé. Les disques sont formés d'une rondelle de caoutchouc, comprise entre deux rondelles en fer de moindre diamètre, que l'on serre plus ou moins. La poulie motrice du haut reçoit son mouvement d'une machine à vapeur.

On voit que rien n'est changé en principe ; mais, grâce à une construction et à un ajustage soignés, grâce surtout à l'emploi des disques en caoutchouc qui donnent une fermeture presque hermétique, on est arrivé à un rendement considérable que l'on garantit de 80 0/0.

Plusieurs de ces chaînes-pompes ont été établies en Angleterre pour des distributions d'eau et pour des épuisements de mines.

Noria. — La noria, figure 266, semble avoir pris naissance au moyen âge dans les pays soumis à la domination arabe. C'est une chaîne à seaux dont le fonctionnement se comprend à la seule inspection de la figure.

C'est un engin très-simple et très-facile à monter ; dans les pays chauds, on remplace la chaîne par une corde tressée et les seaux en bois ou en métal par des poteries.

Le rendement de cet appareil, lorsqu'il est bien construit, peut être de 50 à 60 0/0 ; bien des pompes ordinaires n'en donnent pas autant, et la noria a pour elle la facilité de la construction, de l'entretien et des réparations.

La noria est en usage dans plusieurs industries comme appareil élévatoire ; ainsi, dans les moulins, la farine est montée d'un étage à l'autre par des norias, formées d'une courroie en cuir sur laquelle sont fixés de petits augets en cuir.

Dans la noria, comme dans le chapelet, c'est sur le tambour supérieur qu'agit a fo rce motrice.

Tympan. — Il y a deux sortes de tympans : 1° le tympan à tubes, figure 267, et 2° le tympan à cloisons, figure 268.

1° Le tympan à tubes se compose d'une série de tubes en spirale, rayonnant autour d'un arbre horizontal. L'eau pénètre dans un tube pendant qu'il plonge dans le bief d'aval, et une fois entrée, comme elle tend toujours à occuper le

Fig. 267.

point le plus bas de ce tube, c'est-à-dire le point où le plan tangent est horizontal, elle s'avance de la circonférence vers le centre, où elle trouve un orifice annulaire libre par lequel elle s'épanche.

2° Mais le tympan le plus usité est celui de la seconde espèce, ou tympan à cloisons. Entre deux larges disques montés sur un arbre horizontal sont disposées des cloisons en spirale, dont les extrémités viennent successivement plonger dans l'eau. Comme le liquide tend toujours à occuper la partie la plus basse de la cloison, c'est-à-dire celle dont le plan tangent est horizontal, il chemine de la circonférence du tympan à son orifice central.

Il est évident que l'on construit l'appareil tout entier en tôle de fer et cornières.

Le tympan remonte à une haute antiquité. Celui de Vitruve, encore employé aujourd'hui, était un tambour en bois partagé par des cloisons planes en quatre

Fig. 268.

ou huit secteurs; à la périphérie de chaque secteur se trouvait un orifice qui livrait passage à l'eau, et celle-ci, par la rotation, arrivait à la partie centrale, où elle s'écoulait. L'effort était irrégulier, puisque le bras de levier du poids d'eau emprisonné allait sans cesse en diminuant.

Cette machine est devenue pratique le jour où les cloisons intérieures ont été courbées, suivant les développantes d'un cercle concentrique à l'axe de rotation; car l'eau se dispose à l'endroit où la tangente à la cloison est horizontale; la normale au liquide est donc une verticale qui coïncide à la fois avec la direction du poids et avec le rayon vecteur de la développante, lequel est tangent à une circonférence fixe. On voit que le bras de levier du poids d'eau contenu dans la cloison est constant, et il en est de même de l'effort moteur.

M. Cavé a construit un tympan en tôle de la force de 20 chevaux, qui élève l'eau à 2m,00 de hauteur.

En somme, la forme de la cloison est à peu près indifférente, parce qu'il y a toujours plusieurs cloisons en charge, et l'effort est ainsi régularisé.

On courbe donc les cloisons en développante ou en spirale, et on a soin que l'angle du dernier élément avec la circonférence du tambour soit aussi faible que possible, car c'est sous cet angle que la cloison coupe l'eau. Le dernier élément de l'aube près de l'orifice central doit être disposé de telle sorte, que l'écoulement commence et se termine le plus tôt possible, afin d'éviter toute élévation inutile.

L'orifice d'écoulement avait 0m,50 de diamètre dans le tympan Cavé; cette dimension a donné de bons résultats.

On peut admettre que le tympan fait huit tours par minute, et comme il y a quatre cloisons, cela fait par minute trente-deux prises d'eau; chaque cloison prend, en pénétrant dans l'eau, un volume qu'il est facile d'évaluer, en considérant l'extrémité de la cloison au moment où elle émerge, et menant par cette extrémité une horizontale qui représente le niveau du liquide. On déduira de là le débit du tympan par mètre courant, et, par suite, la largeur qu'on devra lui donner pour débiter un volume connu.

Le travail moteur à employer s'en déduira sans peine.

Le tympan perfectionné est susceptible d'un bon rendement, 75 0/0, et se prête bien à épuiser de grandes masses d'eau. Malheureusement, la hauteur d'élévation est limitée, puisqu'elle est de 0^m,25 inférieure au rayon de l'appareil. En outre, la machine est assez lourde et d'un transport peu commode.

Aux fondations du barrage éclusé de Meulan-sur-Seine, on s'est servi d'un tympan en tôle et fer cornière, qui revenait à 1 fr. le kilogramme; il avait un diamètre de 10^m,50 et élevait l'eau à une hauteur variant de 4^m,50 à 4^m,60; il fournissait environ 10 mètres cubes par minutes ou 14,400 mètres cubes par vingt-quatre heures.

En cent jours de travail, les dépenses du tympan ont été de 27943^{fr},27, soit 0^{fr},0194 par mètre cube d'eau élevée à la hauteur indiquée ci-dessus.

Le mouvement de la machine à vapeur était transmis au tympan au moyen d'une courroie, passant sur la poulie de la machine et sur une seconde poulie montée sur l'arbre même du tympan.

Suivant M. Cavé, le rendement a été de 80 0/0.

Vis d'Archimède. — Imaginez un tube étroit enroulé en hélice sur un cylindre incliné, et dans ce tube engagez une bille ; sollicitée par son poids, elle descendra dans la spire jusqu'à l'endroit (a) où la tangente est horizontale. Si le cylindre est animé d'une rotation autour de son axe, au bout d'un certain temps sa génératrice (aa') sera venue en aa'', et le point a' en a'' en parcourant un cercle normal à l'axe. Là projection de l'hélice que représente la figure se sera transportée parallèlement à elle-même en a''; donc la tangente en ce point sera ho-

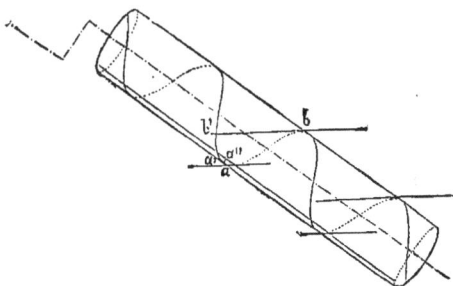

Fig. 269.

rizontale, et, par suite, la bille s'y sera rendue. Elle aura donc progressé de a en a'' sur la génératrice, et, par suite, elle se sera élevée d'une quantité qui dépend de l'inclinaison de l'hélice sur l'horizon.

Au lieu d'une bille, vous pouvez supposer de l'eau qui pénètre par l'orifice inférieur du tube, et qui ainsi s'élèvera peu à peu le long des spires. Le volume que prend chaque spire dépend de la longueur de l'arc hydrophore (bab'); l'arc hydrophore est la longueur de l'hélice, qui se trouve dans chaque spire au-dessous de la tangente horizontale bb'. Pour une hélice donnée, l'arc hydrophore diminue avec l'inclinaison de l'axe du cylindre, et quand cette inclinaison est égale à l'angle de l'hélice avec la génératrice du cylindre, sur lequel elle s'enroule, l'arc hydrophore est nul.

Il est évident que l'extrémité inférieure de l'hélice ne doit pas plonger continûment dans l'eau, mais qu'à chaque tour elle doit émerger pendant un certain temps.

Deux masses liquides situées dans les parties basses de deux spires consécutives sont séparées par une masse d'air, qui va en se dilatant à mesure qu'on

s'élève ; pour remédier à cet inconvénient fâcheux, on a soin de percer, de place
en place, dans le tube de petits trous destinés à laisser rentrer l'air et à maintenir partout la pression atmosphérique.

Le volume soulevé dépend donc du nombre de spires, de la longueur de l'arc
hydrophore et de la longueur de l'arc parcouru dans l'eau à chaque rotation par
l'orifice inférieur de la vis.

Le tube hélicoïde dont nous venons de parler est plutôt théorique que pratique ; c'est surtout un appareil de démonstration, dont on se sert dans les cours
de physique.

Ainsi, à chaque tour du cylindre, la masse liquide avance d'un pas parallèlement à l'axe, et s'élève d'une quantité qui dépend de l'inclinaison de l'axe. Pour
que le liquide s'élève, il est nécessaire que l'inclinaison de l'axe sur l'horizon
soit inférieure à l'angle de la tangente à l'hélice avec la génératrice ou avec l'axe
du cylindre.

Soit P la quantité d'eau qui entre à chaque tour, h le pas de la vis, α l'inclinaison de l'axe sur l'horizon ; à chaque tour le poids P monte de $h \sin\alpha$, et s'il
y a (n) spires, le travail élévatoire produit pour un tour de la vis est de
$n, P, h, \sin\alpha$. L'effort moteur F est d'ordinaire appliqué à une manivelle de rayon
R, il en résulte donc un travail égal à

$$2\pi R.F$$

et l'équation d'équilibre dynamique devient

$$n.P.h.\sin\alpha = 2\pi.R.F.$$

La vis d'Archimède usuelle est représentée en coupe et en élévation par les figures 270 et 271. Elle se compose d'une surface de vis à filet carré comprise

Fig. 270.

entre un noyau central et un tambour ; l'air circule tout le long de l'axe, ou quelquefois on ménage dans les douves du tambour de petits orifices. La force motrice

produite par des hommes agissant sur une manivelle est transmise à la vis par un engrenage. L'axe repose à sa base sur un tourillon.

L'inconvénient de ce système est la lourdeur de l'appareil ; on l'a heureuse-

Fig. 271.

ment modifié dans la vis hollandaise ; le tambour ou canon est fixe et peut n'envelopper que la moitié inférieure de la vis. Celle-ci tourne donc seule, et elle est solidement montée sur son arbre ou noyau.

Voici ce que nous disions dans la section de l'exécution des travaux, au sujet de la vis hollandaise :

L'appareil se compose d'une vis d'Archimède, comprenant un noyau solide qui porte deux ou trois cours de surfaces hélicoïdales engendrées par une droite qui se meut normalement au cylindre du noyau en s'appuyant constamment sur une hélice de ce cylindre ; la vis est entourée d'un berceau cylindrique fixe. Lorsqu'on donne à l'appareil un mouvement de rotation, l'eau comprise entre deux pas de vis tend toujours à descendre à la partie la plus basse, et par suite de cette tendance elle s'élève en réalité, pourvu que l'axe de la vis ne soit pas trop incliné sur l'horizon ; l'eau sert d'écrou mobile à la vis fixe.

La vis hollandaise est commode pour élever de grandes masses d'eau à de faibles hauteurs ; elle est facilement réparable, ne coûte pas cher et fonctionne régulièrement ; mais elle donne des résultats économiques très-médiocres, pour les raisons suivantes

Le diamètre du noyau est souvent trop faible pour la longueur de la vis, il éprouve une flexion notable, et pour donner un jeu à cette flexion il faut laisser entre les surfaces hélicoïdales et le berceau un espace vide de 2 à 3 centimètres, par lequel s'écoule beaucoup d'eau (c'est l'inconvénient déjà signalé pour le chapelet).

La vitesse de la vis est généralement trop considérable ; il en résulte des frottements et une perte de force vive notable, surtout lorsque l'appareil est tout en bois.

Pour avoir le rendement maximum, il faut donner au diamètre du noyau les 43 à 60 centièmes du diamètre total de la vis ; généralement, au contraire, le rapport est bien moindre. En prenant un noyau épais, les surfaces hélicoïdales se trouvent moins larges, et, bien qu'elles ne soient pas géométriquement développables, on arrive à les exécuter en tôle.

En adoptant un noyau épais en bois, l'appareil formant en somme un corps en partie flottant, on peut réduire dans une grande proportion l'effort transmis par la pesanteur sur les tourillons.

La vis doit être immergée d'une profondeur constante, calculée suivant sa force ; quand l'immersion est trop considérable, les hélices extrêmes se chargent d'un volume d'eau que les parties plus rapprochées du noyau ne peuvent retenir et qui s'écoule alors le long du cylindre intérieur du berceau ; si l'immersion est trop faible, on n'utilise plus complétement l'appareil, qui ne se charge pas suffisamment. Il faut donc placer la vis dans un puisard à niveau constant.

Les anciennes vis en bois donnent un rendement qui ne dépasse pas 50 °/₀ ; M. Riche a obtenu un rendement de 74 °/₀ en adoptant les dimensions ci-après : ses vis ont 8ᵐ,20 de longueur, un diamètre total de 1ᵐ,80, un noyau de 1ᵐ,05 de diamètre, un pas de 1ᵐ,86 ; elles sont inclinées à 27° sur l'horizon. Elles ont coûté, y compris le palier, le pivot et la crapaudine, 2,050 fr. chacune, c'est-à-dire moitié moins que les anciennes vis en bois.

Aujourd'hui, c'est à une locomobile qu'on demande la force nécessaire à la manœuvre d'une vis d'Archimède.

Bélier hydraulique. — En parlant du bélier hydraulique, dans le *Journal des mines* de 1802, le savant Montgolfier s'exprime ainsi :

« Telle est la machine que j'ai imaginée et exécutée en 1796, depuis plus de six ans, dans ma manufacture de papier à Voiron, pour élever l'eau d'une rivière à la hauteur de la pile de mes cylindres à la hollandaise, en profitant d'une chute de 10 pieds ; opération qui m'a dispensé de roues, de pompes et autres attirails de machines hydrauliques qu'on emploie ordinairement.

« Cette invention n'est pas d'origine anglaise, elle appartient tout entière à la France : je déclare que j'en suis le seul inventeur et que l'idée ne m'en a été fournie par personne ; il est vrai qu'un de mes amis a fait passer, avec mon agrément, à MM. Watt et Bolton, copie de plusieurs dessins que j'avais faits de cette machine avec un mémoire détaillé sur ses applications. Ce sont ces dessins qui ont été fidèlement copiés dans la patente prise à Londres par M. Bolton, le 13 décembre 1797 ; ce qui est une vérité dont il est bien éloigné de disconvenir, ainsi que le respectable M. Watt. »

C'est donc bien à notre savant Montgolfier qu'est dû le bélier hydraulique.

Il est fondé sur le principe général suivant :

Un corps, en état de repos ou de mouvement, ne peut changer instantanément cet état ; le changement est toujours progressif et se fait dans un temps que l'on peut mesurer.

Voici des exemples à l'appui :

A la pointe d'un obus on attache une corde d'une certaine longueur, on met l'obus dans sa pièce et on enflamme la poudre ; le projectile s'élance avec une vitesse considérable : la corde ne peut prendre instantanément cette vitesse et se brise. Cette circonstance s'est opposée longtemps à l'emploi des amarres de sauvetage que l'on lance de la côte aux vaisseaux naufragés.

Une balle de plomb, lancée à la main dans un carreau le brise : lancée par une arme à feu, elle agit comme emporte-pièce et indique son passage par un trou circulaire.

En passant très-rapidement sur une planche ou sur de la glace de faible épaisseur, on ne rompt ni l'une ni l'autre, et cependant elles se briseraient sous une charge immobile beaucoup plus faible.

Lorsque de l'eau est maintenue dans un tube ou tuyau quelconque, dont on vient à ouvrir l'orifice inférieur, cette eau s'écoule avec une vitesse d'abord variable, qui ne tarde pas à s'accroître et à se propager dans toute la colonne, jusqu'à ce qu'elle ait atteint son maximum et soit devenue uniforme.

De même, si on vient à fermer brusquement l'orifice, la colonne entière ne s'arrête pas instantanément, les couches successives ont une tendance à se presser successivement, mais la compression qui en résulte n'est guère accusée par les variations de volume à cause de la minime compressibilité de l'eau. Quoi qu'il en soit, cette compression n'en existe pas moins ; la demi-force vive de la colonne liquide doit être équilibrée par le travail moléculaire de la compression ; le rapprochement des molécules étant très-faible, la force de compression est nécessairement considérable pour produire un travail donné, et, comme cette force est transmise aux parois qui contiennent le liquide, il peut arriver que ces parois s'effondrent et se brisent.

C'est ce qui arrive souvent dans les tuyaux où circule de l'eau à forte pression ; lorsqu'on ferme brusquement le robinet d'écoulement, la force vive de la

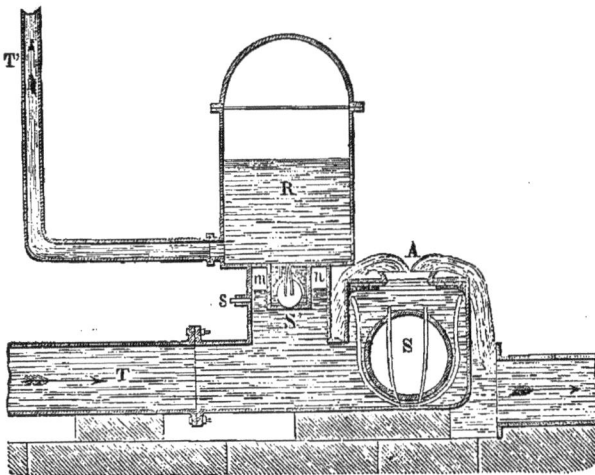

Fig. 272.

masse liquide suffit quelquefois à crever le tuyau près du robinet. On évite cet inconvénient en fermant doucement le robinet, de manière à produire petit à petit le ralentissement du liquide. Mais il est plus sûr encore d'adopter des robinets à vis auxquels il faut faire faire plusieurs tours pour qu'ils soient complètement fermés ; on n'a de la sorte rien à craindre de l'imprudence et de l'inattention.

Il faut bien se souvenir qu'il ne s'agit point, dans le phénomène qui nous occupe, de pression hydrostatique, mais de force vive ; un tube peut largement résister à la charge d'une haute colonne d'eau, et se crever avec violence lorsque l'on veut tout d'un coup arrêter le mouvement de cette colonne.

Nous espérons que ces explications préliminaires suffiront à faire comprendre le mécanisme du bélier hydraulique, que représente la figure 272.

L'eau d'une source élevée arrive dans le tuyau T, qui se termine par un orifice A que peut fermer une soupape à boulet S. Sur le tube T s'embranche un conduit cylindrique, au centre duquel débouche un tuyau plus petit B fermé par une soupape à boulet S' qui s'ouvre de bas en haut, tandis que la soupape S s'ouvre de haut en bas. Le tuyau B est au fond d'un réservoir à air R, sur le côté duquel prend naissance le tuyau d'ascension T'. Les soupapes S et S' sont en métal creux, et leur poids est à peu près le double de celui de l'eau qu'elles déplacent. Elles tendent donc à retomber sur leur siége, à moins qu'une pression plus forte ne les soulève.

Le fonctionnement de l'appareil comprend trois phases distinctes, dont il est facile de reconnaître expérimentalement les durées respectives.

Première phase. — L'eau qui descend du tube T commence à s'écouler par l'orifice A au-dessus du boulet S ; la vitesse de la colonne, d'abord nulle, va en s'accélérant jusqu'à atteindre son maximum ; l'eau finit par soulever le boulet S et l'applique sur l'orifice A.

Deuxième phase. — Alors l'écoulement est brusquement suspendu ; la colonne d'eau, pour perdre sa force vive, exerce sur elle-même et sur les parois qui la contiennent une énergique compression qui produit plusieurs effets : une trépidation et une déformation des tuyaux, une compression de l'air en mn, une poussée sur la soupape S' qui se soulève, et laisse l'eau pénétrer dans le réservoir à air R ; l'air de ce réservoir se comprime pour livrer passage à l'eau.

Troisième phase. — L'air comprimé en (mn) se détend et rend à la masse d'eau un effort en sens contraire de celui qu'il a reçu ; la colonne liquide tend donc à rebrousser chemin et à remonter vers la source, il en résulte une diminution de pression dans le tube T ; le boulet S, soumis à son poids et à la pression atmosphérique, retombe sur son siége et la première phase recommence.

Dans la troisième phase aussi, l'air comprimé au sommet du réservoir R se détend et rend à l'eau le travail qu'il en a reçu ; la soupape S' est appuyée sur son siége, et l'eau ne peut s'échapper que par le tuyau d'ascension T'. Elle s'élève donc dans ce tuyau.

Il est besoin de renouveler l'air de l'espace mn et celui du réservoir R, car cet air se trouve entraîné ou dissous par l'eau comprimée ; on obtient ce renouvellement au moyen de la soupape s qui débouche dans l'atmosphère et s'ouvre de dehors au dedans. Pendant la troisième phase du mouvement, l'air en mn se détend, sa pression s'abaisse et tombe au-dessous de la pression atmosphérique. le clapet s s'ouvre donc pendant un instant, et une certaine quantité d'air pénètre en mn, d'où elle se trouve refoulée par la soupape S' dans le réservoir R.

On a même imaginé d'employer la détente de l'air en (mn) à faire un bélier aspirateur ; on fait déboucher dans l'espace mn un tube qui se rend dans un réservoir inférieur, et lors de la détente, l'eau s'élève dans ce tube.

Mais cet appareil a été peu employé, car il est d'un faible rendement et d'une faible utilité, comme on le conçoit, puisqu'on peut toujours lui substituer le bélier de refoulement.

Le grand avantage de celui-ci est son fonctionnement automatique, qui persiste indéfiniment sans frais et sans surveillance. Lorsqu'on dispose d'une chute de grand débit et de faible hauteur, le bélier est précieux, puisqu'il permet d'élever une partie de ce débit à une hauteur très-considérable ; c'est un effet qui paraît paradoxal au premier abord, et que nièrent même quelques académiciens lors de l'invention de Montgolfier. Mais, nous le répétons, on le conçoit sans

peine, lorsqu'on veut considérer la théorie du travail et de la force vive et non point celle des pressions hydrostatiques.

Malheureusement, les pièces qui composent le bélier sont soumises à des chocs considérables, qui ne tardent pas à les détériorer ; aussi a-t-on renoncé au bélier de grandes dimensions, et on l'a réservé pour élever de petites quantités d'eau.

Lorsqu'il est construit avec soin, il donne alors un excellent rendement, qui peut atteindre 75 0/0.

Voici comment on peut faire la théorie mathématique du bélier : soit M la masse d'eau qui compose la colonne émanant de la source ; à la fin de la première phase, cette masse a pris une vitesse uniforme V et une demi-force vive $\frac{MV^2}{2}$.

A la fin de la seconde phase, cette demi-force vive a disparu et on en trouve l'équivalent dans plusieurs travaux produits :

1° L'air du réservoir R (nous négligeons la petite quantité d'air mn), a passé de la pression p à la pression p' et du volume (a) au volume (a') ; le travail correspondant est donné par la formule :

$$p.a. \text{ log. hyp. } \frac{a'}{a};$$

2° Le volume d'eau qui a pénétré dans le réservoir est donc $(a-a')$, et le travail de la pesanteur sur la masse liquide, pendant une période de l'action, est le même que si ce volume d'eau était descendu de la source au réservoir R ; appelons H la hauteur de la source au-dessus de ce réservoir, il en résultera un travail $(a-a')$H.

3° La pression atmosphérique, qui s'exerce à la surface du réservoir de la source, a produit un travail égal au produit de cette pression P par la surface S du réservoir, et par la quantité (h) dont cette surface s'est abaissée pour donner le volume $(a-a')$; le produit Sh est donc égal au volume $(a-a')$, et le travail de la pression atmosphérique est P $(a-a')$;

4° Les frottements tangentiels du liquide sur lui-même et sur les parois consomment un travail proportionnel à la longueur de la conduite, au carré de la vitesse moyenne, au volume $(a-a')$ du liquide qui a passé et en raison inverse du diamètre de cette conduite ; nous apprendrons en hydraulique à déterminer cette consommation de travail. Qu'il nous suffise de la désigner par la lettre X.

5° Les déformations et trépidations des diverses pièces absorbent aussi un travail notable, mais qu'on ne saurait apprécier exactement et que nous représenterons par λ.

En somme nous aurons l'équation :

$$(1) \qquad \frac{MV^2}{2} = p.a \text{ log. hyp. } \frac{a}{a'} + (H+P)(a-a') + X + \lambda.$$

et la loi de Mariotte nous fournit la seconde équation

$$(2) \qquad p.a = p'a'.$$

On connaît la pression p, elle dépend de la hauteur de la colonne d'eau qui se trouve dans le tube d'ascension, on se donne (a) et les deux équations précédentes permettent de déterminer p' et a'. On connaîtra par suite $(a-a')$, quantité qui représente le volume de l'eau élevée à chaque coup du bélier. De même, en déterminant *p'*, on verra si la valeur trouvée n'est pas trop considérable ; dans ce cas, on modifierait la capacité du réservoir d'air.

Le calcul théorique n'est pas d'une grande utilité, et l'on a plutôt recours aux données de l'expérience.

Les deux dernières phases du mouvement sont très-rapides ; c'est de la première surtout qu'il faut tenir compte comme durée ; cette durée dépend surtout de la distance qui sépare la soupape S reposant sur son siége de l'orifice A.

On réglera cette distance au moyen de plusieurs expériences et en recherchant quelle est la position qui donne le maximum de débit pour le tuyau ascenseur.

La figure 273 représente le bélier hydraulique sous la forme où on le rencontre le plus souvent :

L'eau arrive par le tuyau T, on voit en S la soupape à calotte sphérique supportée par une tige verticale qui glisse dans un manchon, et dont on règle la course au moyen d'un écrou à ailettes ; l'espace (*mn*) de la figure précédente est remplacé par un petit réservoir A, et l'on voit en S et S' les deux clapets qui communiquent avec le grand réservoir à air R. Le tube S″ de petit diamètre est le reniflard qui sert à la rentrée de l'air ; le tube T est le corps du bélier, et l'ensemble RS en est la tête.

Fig. 273.

Montgolfier avait commencé en 1807 une série d'expériences sur les meilleures dimensions à donner aux diverses parties du bélier ; malheureusement ces expériences ont été interrompues par sa mort.

Voici les dimensions de quelques béliers :

1° Le corps du bélier, établi à Clermont (Oise) a 0,027 de diamètre et 33 mètres de longueur, il est adossé à une colline sur une pente de 7 mètres pour 33 mètres. Le tuyau d'ascension a 0^m,014 de diamètre, 420 mètres de longueur, et fournit en 24 heures 1,400 litres d'eau élevés à 60 mètres. La source fournit en 24 heures 17,878 litres d'eau tombant de 7 mètres. Le rendement est donc de 67 0/0.

2° Le corps du bélier, établi à Mello (Oise) par M. Montgolfier fils, à 33 mètres de long, 0^m,11 de diamètre ; c'est un tuyau en fonte de 0^m,014 d'épaisseur.

Le bélier frappe 60 coups à la minute. La source est de 140 litres par minute, tombant de 11^m,37, et on élève par minute 17 litres 1/2 d'eau a 59^m,44. Le volume du réservoir d'air est d'environ 20 fois le volume de l'eau élevée à chaque coup.

Le rendement est de 65 0/0.

L'emploi des béliers puissants ne s'est pas propagé, avons-nous dit, à cause des détériorations rapides que les chocs impriment aux diverses pièces de cet engin. Ainsi le clapet d'arrêt bat environ 50,000 fois par jour contre le corps du bélier, coulé d'ordinaire en fonte de fer ; les garnitures en caoutchouc et en cuir ne suffisent pas à conjurer les dislocations.

En 1852, M. Foex, ingénieur civil à Marseille, inventa un clapet spécial qui se meut dans un cylindre et ne rencontre dans son choc qu'un matelas d'eau ; il put de la sorte développer avec un bélier une puissance de 5 à 6 chevaux.

Les derniers perfectionnements apportés au bélier hydraulique l'ont été dans ces derniers temps par M. Bollée, qui a fait fonctionner plusieurs de ses appareils a l'Exposition de 1867.

1° Dans l'ancien bélier, l'alimentation de l'air se faisait fort mal par le reniflard, et ne se faisait point du tout, lorsque celui-ci était noyé. M. Bollée place sur le corps du bélier, un peu en amont de la soupape S, un tube vertical, où l'eau s'élève à une certaine hauteur, et qui porte au-dessous du niveau hydrostatique de l'eau un clapet d'aspiration. Lors de la détente qui suit le coup de bélier, l'eau de ce tube revient sur elle-même, l'air qui la surmonte se dilate, le clapet d'aspiration est découvert, et l'air extérieur est aspiré ; puis l'eau et l'air sont de nouveau comprimés, et l'air est envoyé dans un tube qui débouche par un clapet dans le réservoir à air.

2° La soupape ou clapet S de l'ancien bélier vient à chaque instant frapper avec force contre son siége. M. Bollée se sert comme soupape d'une sorte de piston plongeur, ou cylindre fermé par le bas et percé sur son pourtour de fenêtres rectangulaires ; à la partie supérieure, ce cylindre ouvert s'engage dans une rainure du corps du bélier, et comme cette rainure est remplie d'eau, il y a compression progressive, l'eau s'en va peu à peu et le choc est en partie évité. L'écoulement de l'eau par les fenêtres du pourtour ne s'arrête que lorsque le cylindre est entré jusqu'au fond de la rainure. Le bruit de ce clapet est bien moins fort que celui de l'ancien, ce qui est un signe certain de sa supériorité.

3° La soupape S doit être très-résistante, mais alors elle devient très-lourde, difficile à mouvoir et produisant des chocs considérables. M. Bollée l'équilibre en partie ou en fixant la tige à un balancier à contre-poids.

En se fermant, la soupape agit sur une lame flexible S qu'elle comprime, et qu ensuite réagit sur elle pour la décoller de son siège ; ce mouvement de décollei ment se trouve ainsi bien facilité.

La soupape de refoulement, employée par M. Bollée, est articulée à charnière.

Grâce à toutes ces précautions, les grands béliers hydrauliques sont arrivés à donner un excellent rendement, de 60,0/0 en moyenne ; c'est ce que donnerait une bonne pompe rendant 75 0/0 actionnée par une roue hydraulique rendant 80 0/0.

Nous avons traité plus haut, mais d'une manière incidente, la question du bélier d'épuisement ou bélier d'aspiration ; nous avons montré que, dans la troisième phase du mouvement, l'air comprimé dans l'espace mn, figure 272, se détendait, et que si cet air était mis par un tube en communication avec un réservoir inférieur, l'eau s'élèverait dans le tube à une hauteur qui dépend de la section du tube et de la force vive produite par la détente de l'air.

M. Ch. Leblanc, ingénieur des ponts et chaussées, a construit sur ce principe un bélier d'épuisement, dont il s'est servi pour des fondations d'écluses et de ponts ; il a décrit son appareil dans un savant mémoire inséré aux Annales des ponts et chaussées de 1858, et les constructeurs de béliers hydrauliques feront bien de lire attentivement ce mémoire, où ils trouveront de précieux renseignements.

Un barrage maintient l'eau d'amont à une certaine hauteur au-dessus du bief d'aval ; un tube, fermé en haut par une soupape, livre passage à l'eau, qui prend une vitesse progressive dans le tube, jusqu'au moment où cette vitesse est assez forte pour fermer la soupape; l'écoulement s'arrête brusquement, mais l'eau continue sa marche en vertu de sa force vive, il y a dilatation de l'air contenu dans le réservoir, la soupape d'aspiration s'ouvre, et l'eau s'élève dans le tube d'aspiration qui pénètre au fond du puisard de la fouille. Cet appareil a donné de bons résultats; malheureusement, il ne semble pas s'être propagé.

Machines élévatoires diverses. — Nous allons, pour terminer, décrire rapidement diverses machines élévatoires, peu connues ou peu usitées :

Machine élévatoire Jappelli. — La machine élévatoire Jappelli a pour but de remédier à l'inconvénient de la plupart des pompes qui élèvent toujours l'eau à une hauteur supérieure au niveau du bassin de réception. Elle se compose d'un flotteur cylindrique (a), oscillant dans un puits cylindrique en maçonnerie, avec un jeu assez faible entre leurs parois respectives : le fond supérieur communique avec l'atmosphère, le fond inférieur est plein, sauf à la partie centrale où l'on trouve un orifice annulaire, traversé par un tuyau fixe (e); le flotteur glisse le long de ce tuyau par l'intermédiaire d'une boîte à graisse. Le tuyau (e) communique librement avec le réservoir de réception (d), de sorte que le niveau de l'eau dans le flotteur est toujours celui de ce réservoir supérieur. On voit en (e) le réservoir inférieur dont il faut aspirer l'eau. Les deux soupapes (f et g) s'ouvrent de gauche à droite. Le flotteur, partant du fond du puits, s'élève, la soupape f s'ouvre afin de livrer passage à l'eau qui comblera le vide laissé par le flotteur; de l'intérieur de celui-ci, un volume égal d'eau s'échappe par le tuyau (e), afin que le niveau reste constant. Quand le flotteur redescend, il comprime l'eau du dessous, qui ne peut, à cause du frottement, s'élever beaucoup le long des parois du puits, la soupape (f) est fermée, mais la soupape (g) s'ouvre et l'eau est envoyée dans le réservoir de réception. L'intérieur du flotteur se remplit du reste pendant la descente au moyen du tuyau (e). Le flotteur est la seule pièce sur laquelle le moteur agisse pour lui donner un mouvement d'oscillation.

En négligeant le poids de ce flotteur et les frottements, la force motrice n'agit que dans le mouvement d'ascension pour aspirer l'eau du réservoir (e); pendant la descente, le flotteur est pressé au-dessus et au-dessous de son fond par l'eau du réservoir (d); les deux efforts sont donc égaux.

Cette machine a servi en Italie à l'épuisement de marécages.

Roue pompe van Royen. — Le capitaine van Royen a construit tout en fer une roue élévatoire, analogue à la roue hollandaise, et qui est à cette roue ce que la roue Poncelet est à la roue à palettes planes. Les aubes courbes puisent l'eau dans le bief d'aval comme le feraient des écopes, et leur courbure est tellement disposée que l'eau s'échappe horizontalement lorsqu'elle arrive au niveau du réservoir supérieur ou du canal émissaire; il n'y a point de surélévation inutile. Cette roue a, paraît-il, donné d'excellents résultats pour l'épuisement des polders, et elle se prête bien aux grands épuisements avec un débit et une vitesse variables.

Bascule hydraulique. — Aux extrémités d'un balancier sont fixés deux vases métalliques A et B, d'égale capacité; le vase A a un bras de levier un peu grand que celui de B; l'eau tombe en A et se rend en B par un tuyau parallèle au balancier, de sorte que les deux vases s'emplissent en même temps. Le vase A finit par l'emporter, la bascule s'établit, le vase B est soulevé et va se déverser à un niveau plus élevé, tandis que A se vide. Lorsque tous deux sont vides, le balancier revient à sa position horizontale et le mouvement recommence.

Machine élévatoire de M. de Caligny. — M. de Caligny, à qui l'on doit plusieurs appareils hydrauliques intéressants, a inventé une machine élévatoire à colonne d'eau oscillante, susceptible de rendre des services pour l'irrigation et pour l'élévation des eaux troubles.

Cette machine, représentée par la figure 274, présente quelque analogie avec le bélier hydraulique.

L'eau d'une source supérieure N s'écoule par le tuyau ABCD dans un bief inférieur N'; le tuyau ABCD se termine par un entonnoir fixe ECDF. Le tuyau IKCD est mobile verticalement à travers le fond d une auge supérieure ; ce tuyau, d'un diamètre plus grand que celui de ABCD, se termine par une surface annulaire RS

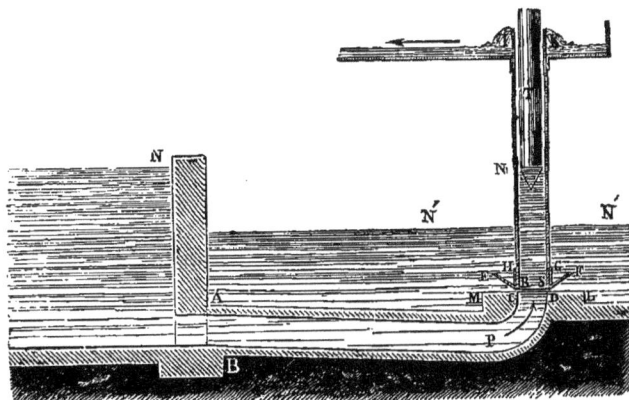

Fig. 274.

de même diamètre que ABCD, et porte à sa base un flotteur HG. Lorsque l'eau est à un niveau suffisant dans ce tube vertical, elle presse sur l'anneau RS de sa base, et le maintient au fond de l'entonnoir; lorsque, au contraire, l'eau y est à une faible hauteur, le flotteur est assez puissant pour soulever le tube. Supposons le soulevé, l'eau de N s'échappe entre l'entonnoir fixe et le flotteur avec une vitesse croissante; il se produit un remous sur le flotteur, une sorte de succion qui fait retomber le tube vertical sur l'orifice CD. En vertu de sa force vive, l'eau s'élève dans ce tube vertical, et une certaine quantité remplit l'intervalle compris entre ces parois et un cylindre fixe T, pour se déverser ensuite en IK. Quand la force vive a disparu, l'eau baisse de nouveau dans le tube vertical, que le flotteur soulève, et une seconde période commence, identique à la première.

Injecteur Giffard. — L'injecteur Giffard est une machine élévatoire dont l'emploi est général pour l'alimentation des machines à vapeur. Nous l'étudierons au chapitre suivant.

CHAPITRE V

MACHINES A VAPEUR ET MACHINES A GAZ

HISTOIRE DES MACHINES A VAPEUR

Quelques-unes des propriétés mécaniques des gaz et de la vapeur sont connues depuis une haute antiquité.

Héron d'Alexandrie décrit deux appareils curieux :

Un vase à moitié plein d'eau est fermé de toutes parts; un tube traverse le couvercle et débouche dans le liquide; par un autre tube on envoie, au moyen d'une pompe, de l'air comprimé qui presse sur le liquide et fait jaillir l'eau par le premier tube.

Une sphère creuse, à moitié pleine d'eau, est montée sur un diamètre horizontal autour duquel elle peut tourner; à chaque extrémité d'un diamètre perpendiculaire à cet axe de rotation est, sur la sphère, un orifice muni d'un ajutage recourbé à angle droit, et les deux ajutages recourbés sont dirigés en sens contraire. On chauffe la sphère avec une lampe, et l'eau confinée dégage de la vapeur; celle-ci remplit la sphère et s'échappe par les orifices recourbés. — Il en résulte une réaction comme dans le tourniquet hydraulique, et la sphère se met à tourner en sens inverse des jets de vapeur.

Vitruve parle aussi de cet appareil, dont la forme a été plus ou moins variée, et qu'on appelle Éolipyle (porte d'Éole ou porte du vent); les anciens trouvaient là une explication à la production du vent.

Rivault de Florence, en 1608, énonce ce fait qu'un éolipyle, dont on fermerait les orifices, ne tarderait pas à crever avec fracas sous la pression de la vapeur, et que les éclats seraient fort dangereux pour les personnes voisines.

Wilkins, beau-frère de Cromwell, propose, vers 1650, de faire agir le courant de vapeur qui s'échappe par un petit orifice d'un vase rempli d'eau que l'on échauffe, de faire agir ce courant sur des voiles attachées à une roue qui communiquerait son mouvement à un tournebroche.

En 1629, l'Italien Branca décrit une machine ingénieuse basée absolument sur le même principe que la précédente, à savoir l'action d'un courant de vapeur sur des palettes et aubes en bois ou en métal. Il paraît qu'au commencement du siècle actuel, on a construit sur ce système des machines à vapeur qui ont fonctionné aux États-Unis.

A peu près à la même époque, Salomon de Caus dédiait au roi Louis XIII son ouvrage intitulé : *Les Raisons des forces mouvantes, avec diverses machines, tant utiles que plaisantes, auxquelles sont adjoints plusieurs dessins de grottes et fontaines.* 1615. En voici quelques extraits fort courts :

« Le feu est un élément lumineux, chaud, très-sec et très-léger, lequel par sa chaleur fait grande violence. Il y a deux espèces de feu, l'un élémentaire, lequel je crois être la chaleur du soleil, l'autre matériel, lequel est dit ainsi, à cause qu'il est nourri et maintenu de matières corporelles.....

« Soit une balle de cuivre d'un pied ou deux en diamètre, et épaisse d'un pouce, laquelle sera remplie d'eau par un petit trou, lequel sera bouché après bien fort avec un clou, en sorte que l'eau ni l'air n'en puissent sortir, il est certain que si l'on met ladite balle sur un grand feu, en sorte qu'elle devienne fort chaude, qu'il se fera une compression si violente que la balle crèvera en pièces, avec bruit semblable à un pétard.

« Le nouveau moyen de faire monter l'eau est par l'aide du feu, dont il se peut faire diverses machines ; j'en donnerai ici la démonstration d'une :

« Soit une balle de cuivre, bien soudée tout à l'entour, à laquelle il y aura un soupirail par où on mettra l'eau, et aussi un tuyau qui sera soudé en haut de la balle et dont le bout approchera près du fond sans y toucher. — Après, faut emplir ladite balle d'eau par le soupirail, puis la bien reboucher et la mettre sur le feu ; alors la chaleur donnant contre ladite balle fera monter toute l'eau par le tuyau. »

C'est en somme l'expérience d'Héron d'Alexandrie, dans laquelle la pression de la vapeur est substituée à celle de l'air comprimé ; il semble, du reste, que Salomon de Caus et les alchimistes ne distinguaient pas bien la vapeur de l'air et qu'ils pensaient que celui-ci pouvait engendrer celle-là.

Le marquis de Worcester, en 1633, semble avoir eu la même idée que Salomon de Caus ; mais l'ouvrage dans lequel il décrit « la plus étonnante machine hydraulique, l'admirable méthode d'élever l'eau par le moyen du feu, » est tellement obscur, qu'il est presque impossible de saisir au juste le sens de ses conceptions.

En 1681, Samuel Morland, maître des machines de Charles II d'Angleterre, est envoyé près de Louis XIV pour s'occuper de l'élévation des eaux. Il décrit avec force éloges et dans le style le plus pompeux une machine destinée à porter l'eau à telle hauteur que l'on voudra, au moyen d'un piston se mouvant dans un tuyau ; il distingue l'air de la vapeur d'eau, et dit que celle-ci pèse 2000 fois moins que l'eau ; c'est une mesure peu exacte de la densité de la vapeur d'eau, mais enfin c'en est la première détermination.

Vers la même époque, Huygens fit des expériences sur une machine destinée à élever l'eau, et dont la force mouvante était obtenue par la détonation de la poudre à canon. C'est dans ces expériences que pour la première fois on voit apparaître l'idée d'un piston pressé inégalement sur ses deux faces, d'un côté par l'air atmosphérique, de l'autre par un mélange gazeux. Denis Papin perfectionna la machine à poudre à canon d'Huygens, pour satisfaire le vœu du prince de Hesse, que la poudre à canon, qui n'avait servi jusqu'alors qu'à la destruction, tournât au profit du genre humain.

Vers 1670, Otto de Guericke, bourgmestre de Magdebourg, inventait la machine pneumatique, et Boyle arrivait à distinguer la nature de la vapeur d'eau par les expériences suivantes : un courant de vapeur d'eau, qui tombe sur un charbon ardent, augmente considérablement la violence du feu, et il se produit dans l'air un frémissement bruyant ; un corps poli et froid, présenté à un courant de vapeur, se recouvre rapidement de gouttelettes liquides.

Il était réservé à Denis Papin, né à Blois, de poser les fondements sérieux de la machine à vapeur. Ce savant, illustre et modeste, travailla longtemps en Angleterre avec Boyle, et rédigea un traité de la machine à faire le vide.

C'est là qu'en 1681 il inventa sa marmite ou *new digester*, qu'il décrit dans un ouvrage dont voici le titre :

Manière d'amollir les os et de faire cuire toutes sortes de viandes en fort peu de temps et à peu de frais, avec une description de la machine dont il se faut servir pour cet effet, ses propriétés et ses usages confirmés par plusieurs expériences, nouvellement inventée par M. Papin, docteur en médecine.

Nous avons vu en physique que cette marmite de Papin était un vase résistant, hermétiquement fermé par un couvercle à vis, rempli d'eau et placé sur un feu ardent ; la vapeur se forme et s'amasse au-dessus de l'eau, qu'elle comprime; le point d'ébullition va sans cesse en s'élevant, et l'eau devient apte à dissoudre les matières gélatineuses des os et de la viande. Le couvercle est muni d'une soupape de sûreté, dont on doit l'invention à Papin ; la soupape se lève lorsque la pression intérieure vient à dépasser une limite, fixée à l'avance d'après la résistance des parois du vase.

Dans la dernière partie de sa vie, jusqu'à sa mort, arrivée en 1708, Papin s'occupa des propriétés de la vapeur d'eau, il posa même les principes de la machine atmosphérique à peu près dans les termes suivants :

Dans un cylindre est un piston P ; on chauffe le fond de ce cylindre pour convertir en vapeur une petite quantité d'eau qu'il contient :

« Cette vapeur fait remonter le piston, qui est dans le cylindre, à une hauteur considérable, et ce piston, lorsque la vapeur se condense, redescend par la pression de l'air. La continuation de ce mouvement alternatif peut servir à épuiser l'eau d'une mine. »

C'était là une heureuse idée, dit l'historien anglais Robert Stuart, et si Papin eût été jusqu'à en faire l'expérience, il eût infailliblement trouvé la machine atmosphérique. Un autre profita de sa conception et la mit en œuvre, ce qui est sans doute un grand mérite ; mais nous ne devons pas oublier qu'en réalité notre compatriote Papin avait énoncé non-seulement le principe, mais le mode même de construction de la machine à vapeur, et c'est à lui que doit appartenir la gloire de cette belle invention.

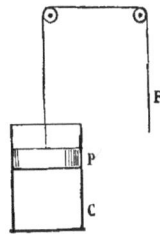

Fig. 275.

On ne saurait le nier lorsqu'on trouve dans les *Transactions philosophiques* de 1697 une analyse du mémoire de Papin, laquelle analyse s'exprime ainsi :

« Après avoir fait allusion aux inconvénients que présente la poudre à canon, employée comme moyen de faire le vide, et c'est un des moyens que Papin proposa d'abord, il recommande de convertir alternativement une mince couche d'eau en vapeur, en appliquant du feu au fond du cylindre qui la contient. Cette vapeur, dit-il, fait monter le piston à une hauteur considérable, et, comme la vapeur se condense en même temps que l'eau retirée du feu se refroidit, le piston qui redescend, poussé par l'air, sert à élever l'eau hors de la mine. »

C'est pour faire mouvoir les machines d'épuisement des mines qu'on construisit les premières machines à vapeur :

Vers la fin du dix-septième siècle, les mines anglaises avaient pris un grand développement, et les puits descendaient à de grandes profondeurs, mais souvent ils ne tardaient pas à être noyés, et il fallait extraire l'eau avec de grandes dépenses de temps et travail. On eut d'abord recours à des cordes à seaux, puis à des norias plus parfaites, et enfin à des pompes, actionnées par des manéges.

Après s'être servi de moulins à vent, qui ont le désavantage d'un fonctionnement très-irrégulier, on en vint à construire des machines basées sur les propriétés de la vapeur d'eau.

En 1696, apparaît la machine de Savery. On produit le vide dans un récepteur en condensant par refroidissement de la vapeur qu'on y a accumulée; l'eau s'élève par un tube dans ce récepteur en vertu de la pression atmosphérique, et est ensuite élevée à une hauteur plus grande au moyen de la pression de la vapeur agissant directement sur la surface de l'eau.

La machine de Savery n'a donc ni piston ni cylindre; ce n'est plus le moteur universel de Papin, mais une simple machine élévatoire. Elle eut cependant le mérite de fonctionner pratiquement et d'innover les dispositions suivantes :

Fig. 276.

1° la chaudière, qui produit la vapeur, est séparée du vase ou récepteur dans lequel elle se condense; 2° le récepteur est entouré extérieurement d'une couche d'eau froide, sans cesse renouvelée, qui produit la condensation. L'opération est donc continue. L'inconvénient est que le récepteur doit satisfaire à deux fonctions distinctes : 1° il doit être assez mince pour que l'eau qui l'entoure refroidisse rapidement la vapeur, et d'autre part il doit être assez épais pour résister à la pression de la vapeur qui vient agir sur la surface de l'eau.

On cite une machine de Savery qui élevait 52 gallons d'eau à la hauteur de 55 pieds, soit environ 234 litres à une hauteur de 16 mètres.

Mais en 1705, la machine de Savery fut supplantée par la machine atmosphérique de Newcomen, qui est basée exactement sur le principe établi par Denis Papin, mais qui présente l'immense avantage d'une chaudière séparée.

Le piston P se meut dans un cylindre C qui, par sa base, communique avec la chaudière G. La tige T du piston est reliée par une chaîne à l'extrémité d'un balancier qui, par son autre extrémité, est relié à la tige M des pompes. Lorsque le piston est au haut de sa course, le cylindre est plein de vapeur; on fait arriver tout autour de lui un courant d'eau froide, la vapeur se condense, un vide partiel se produit sous le piston, celui-ci descend et fait remonter la tige des pompes. Quand le piston est au bas de sa course, on admet la vapeur au-dessous de lui, les pressions s'équilibrent sur ses deux faces, et le poids de la tige M le relève; en même temps ce poids considérable exerce sur l'eau des pompes une pression qui la force à s'échapper par le tuyau d'ascension.

L'invention importante du balancier est due à Newcomen.

Un jour qu'il y avait trop de jeu entre le piston et les parois du cylindre, on imagina de rendre la fermeture hermétique en faisant arriver sur le piston une couche d'eau froide; celle-ci pénétra en gouttelettes dans le cylindre et la condensation de la vapeur fut beaucoup plus rapide, de sorte que le fonctionnement de la machine se trouva singulièrement amélioré. On mit à profit cet enseignement expérimental en introduisant par le tuyau E et le robinet R' l'eau d'un réservoir supérieur (r), qu'alimentait directement une petite pompe mise en mouvement par le balancier.

Un enfant était chargé de la manœuvre des robinets R et R' d'admission et d'évacuation.

Cet enfant, Humphry Potter, ennuyé d'une manœuvre aussi monotone, eut l'ingénieuse idée de rattacher par un système de ficelles le balancier et les robinets, de manière que le balancier se chargeât lui-même de la commande. On perfectionna cette disposition, et on lui substitua un système de leviers et de bielles.

On arriva alors à d'excellents résultats par l'emploi de cette machine simple, dans laquelle la force motrice est la pression atmosphérique, la vapeur étant seulement chargée de faire le vide sous le piston.

Smeaton perfectionna la machine de Newcomen, et s'attacha notamment à obtenir une meilleure combustion et et une meilleure utilisation de la chaleur produite.

La machine de Newcomen resta sans rivale jusqu'en 1765, date des perfectionnements de James Watt, né à Greenock (Écosse), en 1736, et mort le 25 août 1819.

Le point de départ des inventions de Watt se trouve dans une étude plus approfondie des propriétés de la vapeur d'eau.

Amontons et Newton avaient ébauché la théorie du thermomètre, et Fahrenheit avait construit en 1724 le thermomètre à mercure, à échelle comparable, encore en usage aujourd'hui.

Le physicien Cavendish, vers le milieu du dix-huitième siècle, montra les différences qui existent entre l'air et les autres gaz ou vapeurs; jusqu'alors, on avait considéré les vapeurs et les quelques gaz connus comme des modifications de l'air atmosphérique. Priestley et Black continuèrent ces importantes recherches.

C'est à Black que l'on doit les premières études sur la chaleur et le calorique.

Watt, nourri des travaux de ces illustres savants, commença par déterminer la pesanteur spécifique de la vapeur d'eau, et, la chaleur latente de vaporisation étant connue, il put en déduire la quantité d'eau nécessaire à la condensation d'un volume donné de vapeur, de manière à obtenir un mélange de température donnée.

Il reconnut ensuite que la tension de la vapeur contenue dans un vase était celle qui correspond à la partie la plus froide des parois de ce vase ; ainsi, en mettant par un tube le cylindre en communication avec un vase rempli d'eau froide, la vapeur du cylindre se condensait immédiatement sans qu'il fût besoin d'injecter directement de l'eau sous le piston. On évitait par là le refroidissement du cylindre à chaque coup de piston, et on pouvait abaisser la température de condensation, ce qui correspondait à un vide plus parfait et à une force motrice considérable ; de là, à travail égal, une énorme économie de combustible.

Enfin, Watt s'aperçut que le liquide superposé au piston avait pour effet de refroidir pendant la descente les parois du cylindre ; l'air extérieur concourait au même but. Il eut l'idée de recouvrir le cylindre d'un couvercle hermétique, que la tige du piston traversait dans une boîte à étoupes, et il faisait arriver la vapeur aussi bien au-dessus qu'au-dessous du piston.

A ce moment, la véritable machine à vapeur était inventée, et l'on était bien loin de la machine atmosphérique.

Une fois dans cette voie, Watt augmenta la résistance de sa chaudière, obtint de la vapeur à une pression supérieure à la pression atmosphérique, et fit agir cette vapeur sur la face du piston de manière à le faire descendre. Il arrivait donc à réduire à volonté les dimensions du cylindre, et il inventait en même temps la machine à haute pression sans condenseur.

La figure 277 est une représentation théorique de la machine de Watt, à basse pression. Le piston P se meut dans un cylindre fermé dont le fond communique :

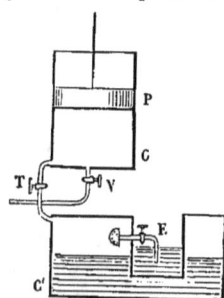

1° par le conduit V avec la chaudière, 2° par le conduit T avec le condenseur C' où l'eau arrive en pluie fine par le moyen d'une pomme d'arrosoir et du tube E.

L'eau du condenseur doit être aspirée à mesure qu'elle s'échauffe, et la pompe, chargée de ce service, aspire en même temps l'air qui se dégage de cette eau chaude et qui, se comprimant dans le condenseur, ne tarderait pas à contrarier le mouvement du piston. Il va sans dire que cette pompe est mise en mouvement par le balancier lui-même et que l'eau échauffée sert à l'alimentation de la chaudière.

Fig. 277.

C'est encore à Watt que l'on doit l'invention de la chemise en bois qui entoure le cylindre et s'oppose aux déperditions de chaleur.

Tous ces perfectionnements sont exposés dans sa première patente de 1769, que nous reproduisons ici :

« Ma méthode pour diminuer la dépense de la vapeur, et par conséquent celle du combustible employé pour alimenter les foyers des machines, est basée sur les principes suivants : Premièrement, il faut que la capacité dans laquelle doit agir la vapeur pour mettre en mouvement la machine, capacité qu'on appelle cylindre dans les machines à feu ordinaires, et à laquelle je donne le nom de vase à vapeur ; il faut, dis-je, que cette capacité, pendant tout le temps que la machine est en jeu, soit entretenue au même degré de chaleur que la vapeur qui y est introduite. Or il est facile d'obtenir ce résultat soit en couvrant le cylindre d'une enveloppe de bois ou de toute autre matière qui laisse difficilement échapper la chaleur, soit en l'entourant de vapeur ou autres corps échauffés, ou enfin en n'y laissant pénétrer ni eau, ni aucune autre substance plus froide que la vapeur, dont le simple contact pourrait avoir des inconvénients.

Secondement, il faut que la machine fonctionne en totalité ou en partie par l'effet de la condensation de la vapeur, et cette condensation doit toujours s'opérer hors du cylindre et dans un vaisseau séparé, bien que communiquant momentanément avec lui. Ces vaisseaux, que j'appelle condenseurs, doivent pendant tout le temps que marche la machine, être entretenus au degré de température de l'air extérieur, par l'application d'eau ou autres corps refroidissants. Troisièmement, tout air ou tout fluide élastique, qui, s'étant dégagé pendant la condensation produite par le froid du condenseur, pourrait entraver le jeu de la machine, doit en être extrait au moyen d'une pompe, dite pompe à air, manœuvrée par la machine même, au autrement. Quatrièmement, je me propose dans plusieurs circonstances, pour agir sur les pistons, ou toute autre pièce qui pourrait les remplacer, de substituer l'emploi de la force expansive de la vapeur à celui de la pression atmosphérique, maintenant en usage dans les machines à feu ordinaires. Dans le cas où il serait difficile de se procurer de l'eau froide en quantité suffisante pour la condensation, la machine pourrait encore marcher par la force de la vapeur, avec cette seule modification qu'on laisserait la vapeur s'échapper dans l'air dès qu'elle aurait achevé ses fonctions. Cinquièmement, lorsque j'ai besoin d'un mouvement circulaire, je donne aux vases à vapeur la forme d'anneaux creux, avec des passages convenablement ménagés pour l'entrée et la sortie de la vapeur ; chaque cercle ou anneau est monté sur un axe ou arbre horizontal, comme la roue d'un moulin à eau. Ces anneaux, dans leur cavité, sont garnis d'un certain nombre de soupapes qui ne laissent circuler l'air ou la vapeur que dans un sens ; dans l'intérieur de leur circonférence sont des poids disposés de manière à fermer exactement le passage, sans cependant qu'ils cessent de pouvoir se mouvoir avec facilité. La vapeur, dans ces machines, dès qu'elle est introduite entre les poids et les soupapes, agissant également sur les deux pièces, fait lever le poids d'un côté de la roue, et, par sa réaction successive sur les soupapes, donne à la roue un mouvement de rotation ; les soupapes ne s'ouvrent que dans le sens de la pression du poids. La roue, tout en tournant, reçoit de la chaudière la vapeur nécessaire, qui, après avoir fait ses fonctions, ou se condense dans un condenseur, ou bien s'échappe dans l'air. Sixièmement, je me propose, dans certaines occasions, d'employer un degré de froid qui, sans être tel qu'il ramène la vapeur à l'état liquide, la contractera assez pour que le jeu de la machine ne soit produit que par la dilatation et la contraction alternative de la vapeur.

Septièmement, et enfin, au lieu d'eau pour empêcher le piston et autres parties de la machine de livrer passage à l'air ou à la vapeur, j'emploie de l'huile, de la cire, du suif, des matières résineuses, du mercure et autres métaux à l'état liquide. »

En 1773, Watt s'associa à M. Bolton, manufacturier de Birmingham, et ils fondèrent l'usine de Soho. Ils livraient leurs machines à une seule condition, c'est que chaque année on leur payerait le tiers de l'économie réalisée sur le combustible ; ils arrivèrent ainsi à une fortune colossale.

En 1782, Watt prit un brevet pour la détente de la vapeur ; la détente consiste à supprimer la communication de la chaudière et du cylindre avant que le piston soit au bas de sa course ; la vapeur confinée va donc en augmentant de volume, elle se détend, mais sa pression variable est encore assez forte pour produire le mouvement. On arrive donc au même effet avec une moindre consommation de vapeur et, par suite, de combustible.

Ses investigations portèrent aussi sur les meilleures dispositions à donner au foyer, et il prit à ce sujet un nouveau brevet en 1785.

En 1810, Woolf utilisa d'une manière complète le principe de la détente ; sa machine comprend deux cylindres : un petit, dans lequel agit la vapeur à haute pression, et un autre, quatre fois plus grand, dans lequel la vapeur se détend tout en usant sa force d'expansion sur le nouveau piston.

Les machines de Woolf étaient encore à condenseur; mais le condenseur a l'inconvénient de consommer beaucoup d'eau, et on n'en trouve pas partout en abondance.

C'est pour remédier à cette circonstance fâcheuse que Trevithick, en 1815, établit ses puissantes machines à haute pression. La vapeur est admise dans le cylindre à une pression de cinq ou six atmosphères, elle s'y détend et s'échappe dans l'air avec une pression un peu supérieure à la pression atmosphérique.

Les dernières machines de Watt, celles de Woolf et de Trevithick sont à double effet, c'est-à-dire que la force motrice agit d'une manière continue sur le piston, dans quelque sens qu'il se meuve.

Depuis que Watt est mort, on a perfectionné sans cesse sa machine, et l'on est arrivé à en obtenir un rendement considérable ; mais, en somme, on n'a rien changé aux dispositions principales; dans l'étude de détails qui va suivre nous passerons en revue les diverses modifications.

La machine à vapeur fut introduite en France, vers 1778, par Perrier, qui construisit la pompe à feu du Gros-Caillou et un moulin à vapeur à Harfleur (1789). L'établissement du Creusot commença aussi vers cette époque à fabriquer des machines.

Lebon, l'ingénieur des ponts et chaussées, à qui on doit le gaz d'éclairage, et qui fut si tristement récompensé de ses utiles inventions, a rédigé, suivant M. Gaudry, un mémoire dans lequel il décrit : 1° une chaudière à foyer intérieur et à évaporation rapide, 2° un appareil à sécher et à surchauffer la vapeur, 3° la suppression du balancier de la machine et l'application directe de l'engin à mouvoir à l'extrémité de la tige du piston, 4° une pompe à triple cylindre et jeu continu, 5° un condenseur tubulaire à surface.

Enfin, parmi les hommes à qui l'industrie des machines à vapeur doit le plus depuis le commencement du siècle, citons les savants Poncelet, Morin, Tredgold, de Pambour, Péclet, Dulong et Petit, Regnault, etc., et les constructeurs Cavé, Bourdon, Farcot, le Gavrian, Kœchlin, Cail, l'usine du Creusot, etc.

Dans ce qui précède nous n'avons parlé que de la machine ordinaire, laissant de côté la locomotive et la machine marine, dont nous nous réservons de présenter ultérieurement l'historique.

Depuis longtemps déjà on a cherché à substituer à la force d'expansion de la vapeur d'eau celle de l'air et de certains gaz ; nous traiterons cette question dans un paragraphe spécial.

Pour clore cet historique et pour montrer toute l'importance qui s'attache à la question des machines à vapeur, nous reproduirons les deux tableaux suivants qui donnent la statistique des appareils à vapeur existant en France en 1855, en 1868, et dans les années intermédiaires ; ces tableaux sont extraits des *Annales du commerce extérieur*.

RELEVÉ DES APPAREILS A VAPEUR EMPLOYÉS PAR L'INDUSTRIE

(D'APRÈS LE COMPTE RENDU DE L'ADMINISTRATION DES MINES.)

ANNÉES.	RELEVÉ DES APPAREILS A VAPEUR DE TOUTE SORTE.		MACHINES						
			EMPLOYÉES SPÉCIALEMENT PAR L'INDUSTRIE PRIVÉE.		EMPLOYÉES PAR LES CHEMINS DE FER AUTRES QUE LES LOCOMOTIVES.		EMPLOYÉES SUR LES BATEAUX ET BÂTIMENTS A VAPEUR, AUTRES QUE LES BÂTIMENTS DE GUERRE.		
	NOMBRE DE MACHINES.	FORCE EN CHEVAUX-VAPEUR.	NOMBRE.	FORCE EN CHEVAUX-VAPEUR.	NOMBRE	FORCE EN CHEVAUX-VAPEUR.	DE BATEAUX	DE MACHINES	FORCE EN CHEVAUX-VAP
1855	11.020	341.068	8.879	112.278	197	1.873	570	648	40.032
1856	13.306	405.686	9.972	127.544	235	2.396	483	752	45.640
1857	14.989	449.421	11.192	140.035	272	2.391	483	883	45.364
1858	16.490	487.354	12.419	151.431	356	2.799	410	722	38.319
1859	17.873	515.092	13.691	169.167	402	3.172	582	683	35.263
1860	18.726	523.709	14.513	177.653	423	2.902	377	681	36.090
1861	20.230	554.757	15.805	190.677	453	3.057	390	681	36.817
1862	21.707	600.586	16.934	205.490	491	3.060	417	730	41.342
1863	23.419	642.242	18.301	222.459	553	3.360	449	776	42.562
1864	25.027	674.720	19.724	242.210	581	3.464	471	816	42.797
1865	26.400	707.000	20.964	253.958	637	3.979	487	709	50.50
1866	28.043	751.321	22.302	273.053	680	4.450	486	804	55.53
1867	29.483	792.723	23.450	289.677	735	4.539	518	857	58.41
1868	31.094	827.216	24.844	306.156	770	4.826	529	875	59.38

RELEVÉ DES INDUSTRIES PRINCIPALES DESSERVIES PAR DES APPAREILS A VAPEUR.

EN 1852 ET 1868.

(D'APRÈS LE COMPTE RENDU DE L'ADMINISTRATION DES MINES.)

INDUSTRIES.	1852.			1868.		
	NOMBRE DES ÉTABLIS-SEMENTS.	MACHINES A VAPEUR.		NOMBRE DES ÉTABLISSE-MENTS.	MACHINES A VAPEUR.	
		NOMBRE.	CHEVAUX.		NOMBRE.	CHEVAUX.
Mines de charbon de terre.....	289	455	12.306	375	1.035	59.125 1/2
Mines de minerais..	10	15	357	102	150	2.172 1/2
Usines à fer, hauts fourneaux et forges.	161	368	12.354	510	1.485	46.855
Carrières et ardoisières.	18	32	455	117	187	1.960
Battage du blé.	81	91	554	2.255	2.404	10.495
Scieries..	139	142	1.180	955	1.010	8.820
Huileries.	119	128	1.558	558	364	4.557 1/2
Brasseries..............	54	49	252	421	426	2.266
Distilleries.	39	23	105	656	429	3.785 1/2
Sucreries et raffineries de sucre..	406	515	5.195	495	1.594	17.407
Minoteries.	152	151	1.955	1.100	1.142	12.112
Féculeries.	34	52	203	119	126	984
Chocolateries...........	54	53	204	185	195	1.186
Tanneries..	57	52	266	550	542	2.456 1/4
Fabriques de produits chimiques..	86	62	515	284	519	2.225
Taillanderies et serrureries. ...	48	58	455	225	240	1.562
Verreries et cristalleries.	52	75	620	111	155	2.555
Faïenceries.	25	27	206	90	106	
Briquetteries et tuileries..	15	15	95	259	258	1.111
Menuiserie, carrosserie et charron-nerie..	34	40	273	526	355	2.076 1/2 2.429
Chantiers de navires..	41	40	611	56	65	582
Fonderies et ateliers de machines.	431	559	3.791	1.675	2.081	14.671 1/4
Filatures.	1458	1179	16.495	2.271	2.441	49.708 5/4
Tissage.	101	97	1.758	521	602	11.909 1/2
Blanchisseries..	242	95	707	550	482	2.959
Teintureries..	270	192	1.525	641	585	4.739 1/2
Apprêt d'étoffes..	154	80	552	245	185	1.542 1/2
Impression sur étoffes.......	148	122	1.285	145	226	2.010
Manufactures de draps.	99	95	1.194	198	227	3.891
Papeteries.	179	50	552	504	267	4.154

DES CHAUDIÈRES OU GÉNÉRATEURS DE VAPEUR

Avant d'aborder l'étude de la machine à vapeur, il faut décrire les appareil destinés à la vaporisation de l'eau, c'est-à-dire les chaudières à vapeur.

La question des chaudières à vapeur est des plus complexes et des plus importantes ; aussi, pour l'exposer d'une manière claire et logique, diviserons-nous le sujet en sept sections principales, que nous examinerons successivement et que nous désignerons comme il suit :

1° Rappel des propriétés de la vapeur d'eau.

2° Combustibles.

3° Foyer et cheminée.

4° Chaudières proprement dites.

5° Accessoires des chaudières.

6° Réglementation.

7° Explosions. — Conduite des chaudières.

1° RAPPEL DES PROPRIÉTÉS DE LA VAPEUR D'EAU

Nous avons exposé en physique les propriétés de la vapeur d'eau, et nous pourrions nous contenter de renvoyer le lecteur à cette section, mais il nous semble préférable de les rappeler ici d'une manière succincte, afin qu'on les ait bien présentes à l'esprit.

Pression atmosphérique. — L'air est pesant, et par suite exerce une pression sur tous les corps qui s'y trouvent plongés. Cette pression va en diminuant à mesure que l'on s'élève dans l'atmosphère, et cela se conçoit puisque la hauteur de fluide superposé va sans cesse en diminuant. Au niveau de la mer, la pression atmosphérique est représentée par une colonne de mercure de 0^m,76 de hauteur, ce qui représente un poids de 1^k,033 par centimètre carré.

On peut donc, sans erreur sensible dans la pratique, poser la règle simple suivante, qui est d'un usage général dans le calcul des chaudières :

1° La pression atmosphérique produit un effort de 1 kilogr. par centimètre carré de surface ;

2° Une pression de n atmosphères représente un effort de n kilogrammes par centimètre carré de surface.

Loi de Mariotte. — 1° A une même température, les volumes occupés par un gaz sont en raison inverse des pressions qu'il supporte.

Ainsi quand la pression P est devenue quatre fois plus grande, le volume V est devenu quatre fois plus petit, ce qu'exprime la relation :

$$\frac{V}{V'} = \frac{P'}{P} \quad \text{ou} \quad VP = V'P' = \ldots = C^{te}.$$

Le produit du volume par la pression est constant.

2° A une même température, les densités d'un gaz donné sont proportionnelles aux pressions que ce gaz supporte.

En effet, le poids du gaz, c'est-à-dire le produit de son volume par sa densité, est constant, donc les densités sont en raison inverse des volumes, et comme ceux-ci sont en raison inverse des pressions, les densités sont proportionnelles aux pressions.

Sur la loi de Mariotte sont fondés les manomètres à mercure, qui servent à mesurer la pression des gaz.

Dilatation par la chaleur. — Toute variation de chaleur dans un corps donné se traduit par une variation de volume. A une température déterminée un corps possède un volume bien déterminé. Tel est le principe des thermomètres, qui servent à mesurer la température des milieux.

On appelle coefficient de dilatation linéaire d'un solide la longueur K dont s'allonge, pour une élévation de température de 1 degré centigrade, une barre de ce solide de 1 mètre de longueur.

Si l'on appelle L la longueur d'une barre à la température t et L' sa longueur à la température t', on aura donc la formule :

$$L' = L[1 + K(t' - t)]$$

Le coefficient de dilatation des surfaces est le double du coefficient de dilatation linéaire, et le coefficient de dilatation cubique est le triple.

Dans les liquides et les gaz, on ne considère que la dilatation cubique. Soit α le coefficient de dilatation de l'air, V' un volume d'air à la température t' et sous la pression H', V le volume de la même masse à la température t et sous la pression H, en combinant la loi de Mariotte et la loi de dilatation, on aura la formule

$$V' = V \cdot \frac{H}{H'} \cdot \frac{1 + \alpha t'}{1 + \alpha t}.$$

Dilatation des gaz. — 1° Tous les gaz ont le même coefficient de dilatation que 'air ; 2° le coefficient ne change pas avec la pression ; 3° le coefficient α est égal à 0,00366.

Donc, le volume d'une masse gazeuse, dont la température augmente de 1 degré centigrade, augmente de $\frac{366}{100000}$ de sa valeur, soit $\frac{1}{273}$.

Malheureusement, ces lois si simples, posées par Gay-Lussac, ne sont qu'approchées, et M. Regnault a montré que le coefficient de dilatation variait avec les gaz, et que pour un même gaz il variait avec la pression. Les différences sont assez faibles pour qu'on puisse dans la pratique se servir encore des lois de Gay-Lussac.

Unité de chaleur. — L'unité de chaleur est la calorie, ou quantité de chaleur nécessaire pour élever de 1 degré la température d'un kilogramme d'eau ; cette quantité est indépendante de la température.

Chaleur spécifique. — La quantité de chaleur nécessaire pour élever de un degré la température d'un corps quelconque n'est pas indépendante de la nature du corps ; ainsi, une calorie élève de 1 degré la température d'un kilogramme d'eau et de 33 degrés la température d'un kilogramme de mercure.

D'après cela, nous appellerons chaleur spécifique ou capacité calorifique d'un corps la quantité de chaleur nécessaire pour élever de 1 degré un kilogramme de ce corps.

L'unité de chaleur spécifique est la chaleur spécifique de l'eau, c'est-à-dire la calorie.

TABLEAU DES PRINCIPALES CHALEURS SPÉCIFIQUES.

Eau.	1,000 00	Cuivre.	0,095 15
Charbon de bois calciné.	0,241 11	Laiton.	0,095 91
Verre des thermomètres.	0,197 68	Argent.	0,057 01
Fonte blanche.	0,129 83	Mercure.	0,053 32
Fer.	0,113 79	Or.	0,032 44
Acier doux.	0,116 50	Platine.	0,032 43
Zinc.	0,095 55		

De ce tableau on déduit immédiatement que, au point de vue de la chaleur employée, le vase d'argent est supérieur au vase de cuivre, et celui-ci au vase de fer.

La connaissance des chaleurs spécifiques permet de résoudre une série de problèmes simples, connus sous le nom de problèmes des mélanges.

Un poids P d'eau qui passe de t' à t, absorbe un nombre de calories égal à P. $(t'-t)$.

Un poids P d'une substance qui passe de t' à t, et dont c est la chaleur spécifique absorbe un nombre de calories égal à P c $(t' - t)$.

Dans un poids P d'eau à la température θ, on jette un poids p d'un corps à la température t et de chaleur spécifique c, et un poids p' d'un corps à la température t' et de chaleur spécifique c', on demande la température finale x du mélange.

L'eau aura gagné P $(x-\theta)$ calories, les corps auront perdu

$$p.c\,(t - x) + p'\,c'\,(t' - x) \text{ calories};$$

la perte est égale au gain, et l'on en déduit l'équation :

$$P\,(x - \theta) = pc\,(t - x) + p'c'\,(t' - x).$$

On peut varier ce problème et lui donner plusieurs autres formes ; il sera toujours facile à résoudre au moyen d'une équation du 1er degré.

1° Pour un corps donné, la chaleur spécifique est plus grande à l'état liquide qu'à l'état solide.

2° La chaleur spécifique n'est pas absolument constante, ainsi que nous l'avons supposé, elle croît avec la température.

3° Les gaz ont, eux aussi, des chaleurs spécifiques spéciales, mais il faut bien s'entendre sur la manière dont on compte ces chaleurs spécifiques, à cause de la dilatation ; on peut opérer sur des volumes égaux, ou sur des poids égaux. Voici quelques-uns des résultats trouvés :

CHALEURS SPÉCIFIQUES DES GAZ RAPPORTÉES A CELLE DE L'EAU PRISE POUR UNITÉ

La chaleur spécifique de l'air est..	0,238
—	la vapeur d'eau.	0,475
—	azote.	0.244
—	oxygène.	0,236
—	hydrogène.	3,29
—	acide carbonique.. . . .	0,216
—	oxyde de carbone.. . . .	0,248

Sous un poids constant, l'hydrogène est donc douze fois plus difficile à échauffer que l'air, et la vapeur d'eau deux fois.

Fusion. — Tous les corps sont fusibles, et la température de fusion est fixe pour chacun d'eux. La température de fusion est la même que celle de solidification.

Vaporisation. — La vaporisation est le passage de l'état liquide à l'état gazeux :

1° Lorsqu'un liquide est dans le vide, il se vaporise immédiatement, et la quantité de vapeur fournie est constante avec la température.

C'est avec le baromètre qu'on fait l'expérience et, en effet, la chambre barométrique offre le vide parfait. — Avec une pipette recourbée on fait passer quelques gouttes d'eau dans le tube : cette eau fournit de la vapeur, et la colonne de mercure se déprime, parce que la tension de la vapeur équilibre en partie la pression atmosphérique (fig. 278).

Deux cas peuvent se présenter : ou il y a un excès de liquide et la vapeur reste

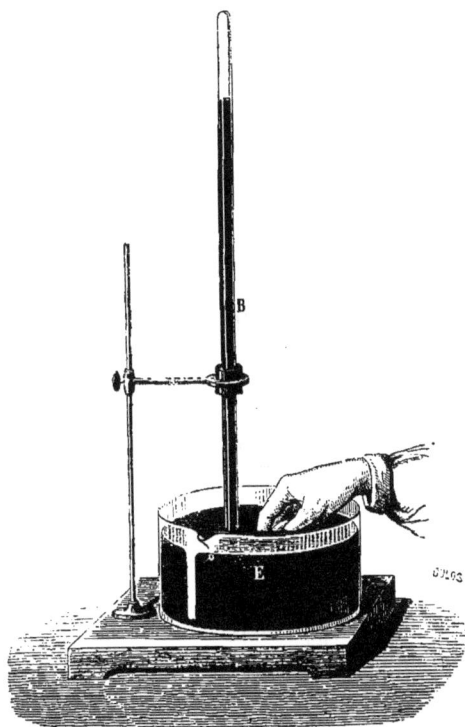

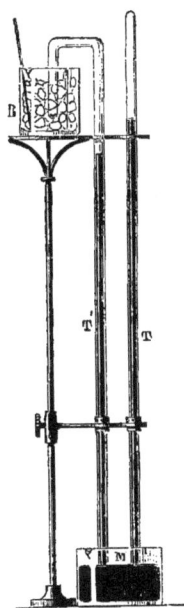

Fig. 278.   Fig. 279.

toujours en contact avec ce liquide qui lui a donné naissance, ou il y a trop peu de liquide et alors il disparaît tout entier.

2° Lorsqu'il y a un excès de liquide, au contact duquel la vapeur reste toujours, la vapeur acquiert rapidement une tension maxima, qui ne change pas tant que la température reste constante.

Cette tension maxima se mesure par la dépression de la colonne barométrique, lorsque la température est inférieure à 100°, et par des manomètres spéciaux à air libre, lorsque la température dépasse 100°.

3° Lorsqu'il n'y a pas un excès de liquide et que la vapeur est seule, elle se conduit comme un gaz et obéit à la loi de Mariotte. — Dans ce cas, à une température donnée, la tension de la vapeur est toujours inférieure à sa tension maxima que nous avons définie plus haut.

4° Lorsqu'un liquide émet des vapeurs dans une capacité dont les différentes

parties ne sont pas à la même température, la tension maxima de la vapeur est
celle qui correspond à la partie la plus froide.

C'est par ce principe que Gay-Lussac a pu facilement déterminer les tensions
de la vapeur d'eau au-dessous de 0°. A côté d'un tube barométrique T est un autre baromètre T' dans lequel on fait passer de l'eau; il présente une branche
recourbée qui va plonger dans un mélange réfrigérant B de température connue ;
la tension maxima de la vapeur, ainsi déterminée, correspond à la température
du mélange (fig. 279).

C'est le principe du condenseur de Watt, et il ne faut pas l'oublier.

5° La tension maxima ou force élastique de la vapeur d'eau croît rapidement
avec la température, ainsi qu'on peut s'en rendre compte par le tableau suivant.

TABLEAU DES FORCES ÉLASTIQUES DE LA VAPEUR D'EAU AU-DESSUS DE 100°

FORCES élastiques EN ATMOSPHÈRES	PRESSION CORRESP. en kilogrammes PAR CENT. CARRÉ.	TEMPÉRATURES CORRESPONDANTES.	FORCES élastiques EN ATMOSPHÈRES	PRESSION CORRESP. en kilogrammes PAR CENT. CARRÉ	TEMPÉRATURES CORRESPONDANTES
1	1,033	100°	19	19,627	212°
2	2,066	121°	20	20,660	214°
3	3,099	135°	21	21,693	217°
4	4,132	145°	22	22,726	219°
5	5,165	155°	23	23,759	221°
6	6,198	160°	24	24,792	224°
7	7,231	166°	25	25,825	226°
8	8,264	172°	30	30,990	236°
9	9,297	177°	35	36,155	244°
10	10,330	181°	40	41,320	252°
11	11,363	186°	45	46,485	259°
12	12,396	190°	50	51,650	265°
13	13,429	195°	100	103,30	311°
14	14,462	197°	200	206,60	363°
15	15,495	200°	300	309,90	397°
16	16,528	203°	400	413,20	423°
17	17,561	206°	500	516,50	444°
18	18,594	209°	1000	1033,00	516°

TABLEAU DES FORCES ÉLASTIQUES DE LA VAPEUR D'EAU AU-DESSOUS DE 100°

TEMPÉRATURE en degrés CENTIGRADES.	TENSION MAXIMA en millim. de haut. DE MERCURE.	TENSION MAXIMA en kilogrammes PAR CENT. CARRÉ.	TEMPÉRATURE en degrés CENTIGRADES.	TENSION MAXIMA en millim. de haut. DE MERCURE.	TENSION MAXIMA en kilogrammes PAR CENT. CARRÉ.
— 32°	0,520	0,00043	30°	31,548	0,04284
— 25°	0,605	0,00082	40°	54,906	0,07480
— 15°	1,400	0,00190	50°	91,982	0,12512
— 5°	3,113	0,00423	60°	148,191	0,20264
0°	4,600	0,00625	70°	233,023	0,31688
+ 10°	9,165	0,01246	80°	354,643	0,48144
+ 15°	12,699	0,01727	90°	525.450	0,71440
+ 20°	17,391	0,02366	100°	760,000	1,03300

On a remplacé ces tableaux par des courbes en coordonnées rectangulaires : sur un des axes on porte les températures et sur l'autre les tensions. De la sorte, on reconnaît à simple lecture soit la tension correspondante à une température donnée, soit la température qu'il faut atteindre pour obtenir une tension déterminée.

Mélanges des gaz et des vapeurs. — Lorsqu'un liquide a sa surface libre dans l'atmosphère et non dans le vide, la production de vapeur est beaucoup moins rapide, mais la force élastique finale reste la même, et la tension de la vapeur est celle que l'on trouverait dans le vide à la même température. — Il va sans dire que l'atmosphère est saturée et se refuse à prendre de nouvelles quantités de vapeur.

Si donc on a plusieurs gaz ou vapeurs dans la même capacité, chacun d'eux se conduit comme s'il était seul.

Densité de l'air et de la vapeur d'eau. — Le poids d'un litre d'air à 0° et sous la pression d'une atmosphère est de — 1^g,293.

Par suite, le poids du mètre cube d'air est de — 1^k,293.

La densité de l'air varie évidemment avec la température et avec la pression, puisque les volumes changent avec ces deux quantités ; mais la loi de Gay-Lussac sur la dilatation des gaz, et celle de Mariotte nous permettent de calculer le volume à une pression et à une température quelconques d'une masse d'air, dont on connaît le volume à 0° et sous la pression 0^m,76.

La densité des vapeurs est beaucoup plus difficile à déterminer : lorsque la vapeur est séparée de son liquide générateur et enfermée dans un vase, elle se conduit comme un gaz ordinaire, et sa masse n'augmente pas.

Mais si cette vapeur est dans une capacité fermée et en présence d'eau liquide, sa masse va sans cesse en croissant, puisque de nouvelles quantités de liquide s'évaporent sans cesse la densité est donc nécessairement variable.

Gay-Lussac a trouvé qu'à 100° la vapeur d'eau occupait 1696 fois le volume qui lui a donné naissance.

Sa densité par rapport à l'air est de 0,622 ; cette densité est le rapport du poids d'un certain volume de vapeur d'eau au poids d'un égal volume d'air, pris dans les mêmes conditions de température et de pression.

Nous donnons dans le tableau suivant les densités et les volumes de la vapeur d'eau *saturée* à diverses températures ; cette vapeur étant saturée possède la tension *maxima*, dont le tableau précédent donne la valeur aux diverses températures.

DENSITÉS ET VOLUMES DE LA VAPEUR D'EAU SATURÉE, LA DENSITÉ DE L'EAU A 0° ÉTANT PRISE POUR UNITÉ.

FORCE ÉLASTIQUE en millimètres de mercure ou en atmosphères.	TEMPÉRATURE.	POIDS du mètre cube de vapeur.	VOLUME du kilogramme de vapeur.	FORCE ÉLASTIQUE en millimètres de mercure ou en atmosphères.	TEMPÉRATURE.	POIDS du mètre cube de vapeur.	VOLUME du kilogramme de vapeur.
			m. c.				
4,600	0°	0,0054	182,32	6atm.	160°	3,0461	0,528
9,165	10°	0,0097	102,67	7	166°	3,5044	0,285
17,391	20°	0,0171	58,224	8	172°	3,9554	0,252
54,906	40°	0,0491	20,343	9	177°	4,4005	0,227
91,982	50°	0,0797	12,546	10	181°	4,8404	0,207
354,643	80°	0,2889	3,462	20	214°	8,986	0,111
760,00=1atm.	100°	0,5895	1,699	30	236°	12,903	0,077
2atm.	121°	1,1151	0,896	40	252°	16,644	0,060
3atm.	135°	1,6179	0,618	50	265°	20,506	0,049
4atm.	145°	2,1050	0,475	100	311°	37,417	0,027
5atm.	155°	2,5803	0,387	500	444°	152,02	0,007

Évaporation de l'eau. — Lorsque de l'eau est abandonnée à l'air, elle perd peu à peu de son poids ; des vapeurs se dégagent de sa surface, et le dégagement se produit tant que l'atmosphère ambiante n'est pas saturée, c'est-à-dire tant que la tension de la vapeur y contenue n'a pas atteint le maximum correspondant à la température du moment.

A mesure que la température s'élève, l'activité de l'évaporation augmente, et il arrive un moment où la vapeur ne se dégage plus seulement de la surface, mais de la masse entière, sous forme de bulles, qui partent des parois et viennent crever à la surface. On en est à l'ébullition.

Ébullition. — Toute substance entre en ébullition à une température déterminée, lorsque la pression est constante.

En réalité, il n'y a point de différence entre l'ébullition et l'évaporation ; le liquide se met à bouillir lorsqu'il est arrivé à une température telle, que la tension maxima de sa vapeur soit égale à la pression de l'atmosphère superposée. L'équilibre des pressions permet alors à la vapeur de se dégager avec la plus grande facilité.

Pendant tout le temps de l'ébullition, la température de la masse liquide demeure invariable, quelle que soit l'activité du foyer ; toute la chaleur consommée sert à produire de la vapeur, et est absorbée par le travail moléculaire, grâce auquel l'état physique de la substance se trouve modifié.

L'eau bout à la température de 100° lorsque la pression atmosphérique est représentée par une colonne de 0m,76 de mercure.

Mais si cette pression augmente ou diminue, le point d'ébullition s'élève ou s'abaisse. Ainsi, le point d'ébullition descend à mesure que l'on s'élève dans l'atmosphère.

Franklin a démontré ce principe d'une manière bien simple :

Un vase M, plein d'eau chaude qui ne bout plus, est renversé dans une cuvette ; à la partie supérieure se dégage de la vapeur qui est à la tension maxima correspondant à la température de l'eau. On applique sur le fond du ballon un linge imbibé d'eau froide, la température des parois s'abaisse et, d'après le principe du condenseur, la tension de la vapeur diminue et se met en rapport avec la température minima ; il y a condensation partielle, diminution de pression, et l'eau se remet à bouillir.

La marmite de Papin est un exemple en sens inverse : dans un vase fermé, la vapeur s'accumule et augmente sans cesse de pression, elle comprime le liquide et l'empêche de bouillir, jusqu'au moment où le vase éclate, à moins qu'on n'établisse un échappement de vapeur. L'eau se met alors à bouillir et garde une température constante ; on trouvera cette température

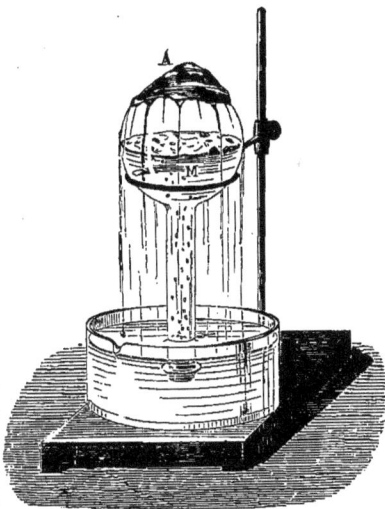

Fig. 260.

dans les tableaux précédents, lorsque l'on connaîtra la pression sous laquelle la vapeur s'échappe.

Chaleur latente de fusion. — Lorsqu'un liquide passe de l'état solide à l'état liquide, il absorbe une certaine quantité de chaleur proportionnelle à son poids, et cependant il ne change point de température.

Ainsi, pour transformer un kilogramme d'eau solide à 0° en un kilogramme d'eau liquide à 0°, il faut lui faire absorber 79 calories. En effet, mélangez un kilogramme d'eau à 79° avec un kilogramme de glace à 0°, vous ferez fondre celle-ci et vous obtiendrez deux kilogrammes d'eau à 0°. Les 79 calories ont donc disparu uniquement dans l'acte de la fusion ; elles représentent le travail mécanique nécessaire à la dissociation des molécules du solide.

On appelle chaleur latente de fusion la quantité de chaleur nécessaire pour faire fondre un kilogramme d'une substance donnée.

La chaleur latente de fusion de la glace est exactement 79cal,25.

Chaleur latente de vaporisation. — De même, lorsqu'une substance passe de l'état liquide à l'état gazeux, elle n'augmente point en température, bien que le foyer continue à lui envoyer une quantité de chaleur souvent considérable. On ne saurait admettre que cette chaleur disparaisse en pure perte ; elle sert à produire le travail mécanique de la transformation moléculaire.

La chaleur latente de vaporisation de l'eau est le nombre de calories nécessaire pour faire passer un kilogramme d'eau de l'état liquide à l'état gazeux, sans changer la température de la masse.

Si un solide en fondant et un liquide en se vaporisant absorbent un certain nombre de calories, réciproquement le liquide obtenu en se solidifiant et le gaz

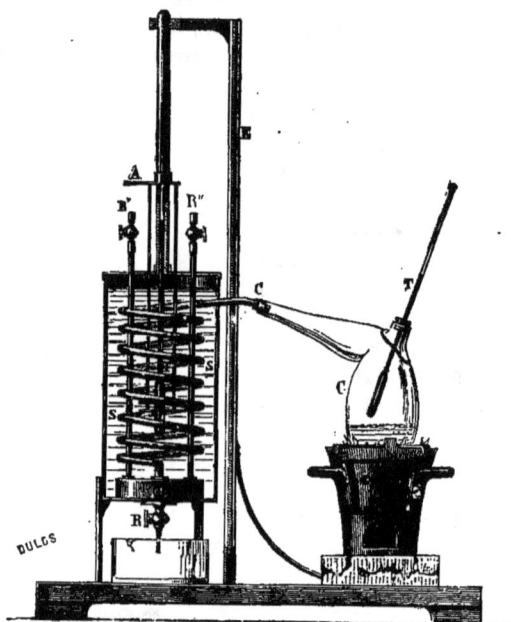

Fig. 281.

obtenu en se liquéfiant rendent exactement le nombre de calories qu'ils avaient absorbé.

Cela permet de déterminer facilement la chaleur latente de la vaporisation de l'eau.

On fait bouillir de l'eau dans une cornue C et on dirige la vapeur à 100° dans un serpentin qu'entoure un cylindre d'eau froide ; au moyen d'un thermomètre, on prend les températures initiale et finale t et t' de cette masse d'eau m ; au bout d'un certain temps, l'eau condensée s'est accumulée en I et elle a pris la température t'. On supprime la communication avec la cornue et on cherche le poids p de l'eau condensée.

Appelons λ la chaleur latente de vaporisation de l'eau, la chaleur perdue sera

$$p\lambda + p\,(100° - t')\ \text{calories.}$$

et la chaleur gagnée par l'eau du cylindre sera $m\,(t'-t)$.

On a donc, pour déterminer λ, l'équation

$$p\lambda + p\,(100° - t') = m\,(t' - t).$$

Dans une opération exacte, il faudrait tenir compte de la chaleur absorbée par le métal du serpentin et du récipient.

Des expériences de M. Regnault il résulte que :
la chaleur latente de vaporisation de l'eau à 100° est. . . . . . . $536^{cal},67$.

Donc, la quantité de chaleur nécessaire, pour porter un kilogramme d'eau de 0° à 100°, et le vaporiser est $636^{cal},67$.

La chaleur latente de vaporisation diminue avec la température, c'est-à-dire avec la tension maxima de la vapeur saturée, et M. Regnault a montré que la quantité de chaleur à développer pour transformer de l'eau liquide à 0° en vapeur à T° est donnée par la formule

$$\lambda = 606,5 + 0,305\,T,$$

dans laquelle λ exprime des calories. Cette formule peut se mettre sous la forme plus simple

$$\lambda = 607 + \frac{1}{3}\,T,$$

qui donne des résultats très-approchés.

Application. — On a 150 litres d'eau à la température de 20°, et on fait arriver dans cette eau un kilogramme de vapeur à 121°, c'est-à-dire sous la pression de deux atmosphères, quelle sera la température finale x du mélange ?

L'eau du condenseur aura gagné $150\,(x - 20)$ calories ;

si la vapeur avait été ramenée à 0°, elle aurait perdu $\left(607 + \frac{1}{3}\,121\right)$ calories,

mais comme elle n'est venue qu'à $x°$, elle n'a perdu que $\left(607 + \frac{1}{3}\,121\right) - x$.

Égalant la perte et la dépense, nous trouvons

$$150\,(x - 20) = 607 + \frac{1}{3}\,121 - x,$$

d'où
$$x = \frac{3647}{151} = 24°,1.$$

On résoudra de même tous les problèmes analogues.

Écoulement des gaz et de la vapeur. — Lorsqu'une capacité renfermant de la vapeur à une certaine pression est mise en communication soit avec l'atmosphère, soit avec une autre capacité où la tension est moindre, il se produit un écoulement dont la vitesse est plus ou moins grande, suivant que la différence des pressions est plus ou moins considérable.

Il est de la plus haute importance de connaître cette vitesse, afin de donner aux tuyaux de conduite des dimensions suffisantes pour débiter toute la vapeur dont on peut avoir besoin. En général, dans la pratique, on se tient bien au-dessus des dimensions théoriques, mais il n'en faut pas moins les connaître, afin de rester au-dessus de ce minimum.

Nous traiterons cette question plus loin.

2° DES COMBUSTIBLES

Le combustible le plus commun est le bois; on ne s'en sert guère pour le chauffage des machines à vapeur, parce que sous un grand volume il donne en somme peu de chaleur.

Cependant, lorsqu'on le possède à profusion, comme dans certaines parties de l'Amérique, on s'en sert pour alimenter les foyers. Il peut être avantageux d'agir ainsi, même en Europe, par exemple lorsqu'on exploite de grandes forêts; il sera quelquefois très-économique de chauffer, par exemple, des locomobiles avec les copeaux et les dosses provenant de l'équarrissage.

Mais le combustible dont on se sert dans l'immense majorité des cas, c'est le bois condensé par le temps et dépouillé de ses principes non combustibles, c'est la houille sous ses diverses formes.

Les houilles se trouvent dans le terrain houiller, auquel elles ont donné leur nom, et qui est de formation antérieure à la craie.

Les couches différentes sont très-variables d'épaisseur et de composition, elles sont entremêlées de sables, d'argiles et quelquefois de pyrites de fer.

Nous avons déjà étudié les combustibles minéraux au point de vue géologique et minéralogique, et nous nous contenterons d'en rappeler ici les principales propriétés.

Anthracite. — L'anthracite (du grec *anthrax*, charbon) est une houille fort ancienne; la houille est le résultat de la carbonisation de végétaux qui recouvraient le sol à certaines époques. Dans l'anthracite, la décomposition de l'organisme végétal est pour ainsi dire complète; les principes volatils que le bois renferme ont presque complétement disparu, et la teneur en charbon dépasse 90 pour 100.

On ne trouve plus trace dans l'anthracite de la conformation végétale; c'est un corps homogène, possédant un éclat vitreux très-vif, et sa cassure est nette sans être lamelleuse comme celle de la houille.

C'est du moins ce qu'on remarque dans les anthracites anciennes.

On en rencontre de mélangées à la houille, et, dans la masse, on passe par gradations insensibles de la houille à l'anthracite; l'aspect dépend peut-être de la différence des végétaux qui se sont carbonisés en tel ou tel endroit.

Mais il est aussi probable qu'en plus d'un cas l'anthracite est une houille métamorphique; des roches volcaniques en fusion, des filons quelconques ont pénétré dans le terrain houiller et s'y sont solidifiés en abandonnant beaucoup de chaleur et en faisant subir à la houille un commencement de distillation qui a eu pour effet d'augmenter la proportion de carbone. Ce phénomène a été remarqué en plus d'un endroit, par exemple à La Mure, en France.

Au-dessus de l'anthracite, nous devons placer un minéral, le graphite, qui renferme 95 à 96 0/0 de carbone. On l'a pris longtemps pour du carbone natif, mais on y rencontre des empreintes végétales, et il faut le regarder comme une transformation métamorphique très-énergique de la houille, car il est constamment cristallin. Il est gris métallique, doux et onctueux, s'égrène facilement et donne la mine de plomb, avec laquelle on fabrique les crayons Conté.

Certains graphites renferment un peu de fer, mais le fait est accidentel. Le graphite se trouve en beaucoup d'endroits, mais en petites quantités, dans les terrains de transition, et souvent il enduit d'une couche tachante les gneiss et les micaschistes. Il existe sous forme de veines que l'on trouve en France aux environs de Napoléonville et près de Briançon, au col du Chardonnet.

Caractères physiques de la houille. — La couleur de la houille est en général d'un beau noir, dit noir de velours. Densité variable de 1,16e à 1,6, suivant la compacité et l'ancienneté — poussière noire. Les houilles sont peu dures, fragiles, et présentent une cassure lamelleuse.

On les divise en houilles sèches, houilles grasses et houilles maigres. Dans une masse de houille, on voit que les diverses couches sont, séparées par des feuillets de constitution spéciale, suivant lesquels les morceaux se détachent toujours. Ces feuillets sont formés de fibres, dans lesquels le microscope permet de reconnaître des éléments de végétaux fossiles, ils ont quelquefois une certaine épaisseur et sont formés d'anthracite presque pure. Lorsque le nombre en est considérable dans une houille, ils forment sur les côtés de chaque morceau une série de stries; la houille est alors très-friable, et il arrive des cas où on ne peut l'exploiter qu'en petits morceaux. Ces houilles sont alors analogues à l'anthracite, elles s'allument et brûlent difficilement, sans donner de flamme; elles ne se ramollissent pas et ne se soudent pas dans le foyer. Ce sont des houilles sèches; on reconnaît à l'analyse que ces houilles sont plus riches que les autres en carbone et moins riches en azote, hydrogène et oxygène. Les houilles sèches ne renferment donc que fort peu de bitume, et c'est le bitume qui donne aux houilles grasses leurs propriétés.

La houille sèche se rapprochant de l'anthracite, est de couleur plus claire que la houille grasse, elle est gris d'acier. Souvent elle renferme des pyrites de fer, et donne en brûlant une odeur infecte; on ne peut alors l'employer au travail des hauts fourneaux, elle donne beaucoup de cendres, et on la réserve pour la fabrication de la chaux. A moins que la houille sèche ne renferme beaucoup de ces feuillets fibreux dont nous avons parlé plus haut, et qui lui donne une cassure feuilletée, elle présente plutôt une cassure conchoïde qu'elle doit à sa compacité. La meilleure houille sèche vient de Mons et d'Anzin.

La houille grasse a une texture feuilletée; elle est formée d'une quantité de petites assises, les unes brillantes et compactes, les autres ternes et tachantes. Ces parties ternes se comportent comme la houille sèche et brûlent sans flamme; les parties brillantes, au contraire, sont imprégnées de bitumes ou de substances volatiles, et brûlent avec flamme, elles s'allument facilement.

Suivant la proportion des couches compactes et des couches pulvérulentes, la houille est plus ou moins grasse. Ce qui caractérise la houille grasse, c'est de brûler assez facilement et de brûler avec flamme. La houille grasse, dont les morceaux se soudent le mieux pendant la combustion, s'appelle en France houille maréchale, parce qu'elle convient très-bien aux travaux de forge. On la trouve à

Newcastle, à Saint-Étienne, à Alais. Ce qui distingue la houille grasse, c'est la couleur noir de velours.

Il ne faut pas croire que tel bassin donne exclusivement de la houille grasse et tel autre de la houille sèche, la qualité dépend surtout de la couche exploitée; et la houille devient de plus en plus sèche, c'est-à-dire anthraciteuse, à mesure que l'on descend plus profondément dans le bassin. Quelquefois, on rencontre des variations dans une même couche, mais c'est qu'alors cette couche a été soumise à des influences métamorphiques.

La troisième classe de houille est ce qu'on appelle la houille maigre, qui est moins noire que la houille grasse, et qui, par ce fait, ressemblerait à la houille sèche; mais elle se distingue par la longue flamme qu'elle produit à la combustion. La houille maigre est très-riche en gaz, elle ne renferme pas ces produits bitumineux qui donnent à la houille grasse ses propriétés collantes; elle convient parfaitement à la fabrication du gaz d'éclairage, mais elle donne un coke qu'on ne peut guère utiliser à cause de son peu de cohérence. La houille maigre, à cause de sa longue flamme, rend de grands services dans plus d'une opération métallurgique et dans le chauffage des appareils à vapeur. On la trouve en Angleterre, dans le Lancashire, et à Blanzy, en France.

Formation des houilles. — Les fossiles du terrain houiller nous ont montré que la houille était due à la décomposition d'une grande masse de végétaux. Nous avons vu les différents types de ces végétaux, dont on retrouve les empreintes non-seulement dans la houille, mais encore dans les argiles et dans les roches du terrain carbonifère.

On s'est quelquefois imaginé que les dépôts de charbon de terre étaient dus à la carbonisation de végétaux transportés par des courants violents et déposés au milieu d'eaux tranquilles. C'est ainsi que, de nos jours, nous voyons les grands fleuves de l'Amérique, le Mississipi, les Amazones, charrier d'immenses radeaux de troncs d'arbres arrachés aux rives : cette masse flottante se dépose dans l'océan, à une certaine distance de l'embouchure, et doit se carboniser au fond des eaux.

Mais cette cause n'a pas assez de puissance pour expliquer à elle seule la formation des bassins houillers, et du reste elle est en contradiction avec l'aspect de ces bassins. On y remarque que les troncs d'arbre y sont presque toujours debout, et ne présentent point cette confusion, cet enchevêtrement, ce bouleversement qui règne dans les masses flottantes dont nous parlions plus haut.

D'après cela, nous devons dire que la houille est due à une végétation puissante ensevelie sur place.

A l'époque où cette végétation existait, la croûte solide de la terre était très-mince et la chaleur intérieure devait maintenir à la surface une température uniforme et assez élevée. Il existait dans l'atmosphère des masses énormes de vapeur d'eau et d'acide carbonique; or les plantes se nourrissent avec l'humidité et l'acide carbonique; leur développement devait donc être rapide et considérable.

Parmi les plantes de cette époque, on trouve des plantes d'organisation imparfaite, à croissance rapide, telles que les cryptogames, les mousses, les prêles et les fougères, avec quelques palmiers.

Les couches végétales s'accumulaient au pied de ces forêts immenses, puis arrivait un mouvement de l'écorce terrestre, peu résistante alors, et la forêt s'engloutissait ou devenait marécage ; une couche d'argile se reformait peu à peu, la végétation reprenait son cours pour former une nouvelle couche de débris organiques.

Peu à peu, la température élevée, la pression des couches supérieures carbonisait tous ces débris et les comprimait en masses d'autant plus compactes que la couche était plus profonde.

Tel est le mécanisme de la formation de la houille.

Composition chimique de la houille. — Les principes immédiats de la houille sont les mêmes que ceux des végétaux qui lui ont donné naissance.

Si l'on traite les charbons gras par l'alcool, l'éther et le chloroforme, on leur enlève des huiles odorantes. Les mêmes dissolvants n'enlèvent rien aux charbons maigres.

On trouve dans ce fait l'explication de la manière dont ces deux classes de houille se conduisent au feu.

L'analyse des houilles ne peut donner des résultats constants dans un bassin, ni même dans une couche particulière, et cela se conçoit quand on réfléchit à la variété d'éléments végétaux qui ont produit la houille et à la proportion variable de matières minérales étrangères qui s'y sont mêlées. On ne peut donner que des moyennes; c'est ce qu'ont fait en France MM. Regnault et de Marsilly, ingénieurs des mines, et voici la moyenne générale qui résulte de leurs travaux

	CARBONE.	HYDROGÈNᵉ	AZOTE.	OXYGÈNE.	SOUFRE.	CENDRES.
1° Cendres comprises.	79,3	4,8	0,8	7,8	1,7	5,55
2° Déduction faite des cendres.	84,0	5,1	0,8	10,1		»
Ou en nombres ronds.. . .	84,0	5,0	1,0	10,0		»

La quantité de cendres fournie est excessivement variable; on trouve dans les cendres de l'oxyde de fer, de l'alumine, de la chaux, de la silice, de l'acide sulfurique, du soufre et de ses composés. A ces corps se joignent quelquefois le chlore, l'acide phosphorique, la magnésie, la potasse et la soude. On y trouve exceptionnellement quelques métaux : titane, plomb, zinc, cadmium, nickel, arsenic et antimoine.

Ces renseignements sur les cendres de houille nous sont fournis par la chimie technologique de MM. Debize et Mérijot, ingénieurs des manufactures de l'État, auxquels nous empruntons le paragraphe suivant relatif aux houilles pyriteuses.

Houilles pyriteuses. — « La présence de la silice et de l'alumine dans les cendres de houilles, ainsi que ce fait que les alcalis s'y retrouvent combinés à la silice, démontrent que les masses de houille ont été soumises aux infiltrations des schistes qu'on rencontre si fréquemment dans les gisements de houille. A ces éléments, s'est ajouté, également par voie d'infiltration, le sulfure de fer. Dans l'acte de la combustion de la houille, ce sulfure se transforme en oxyde de fer que l'on retrouve dans les cendres. Il suit de là que la couleur rouge des cendre dénote une teneur en soufre élevée, tandis que la couleur grise ou blanche est une preuve du contraire. C'est à la présence du sulfure de fer que beaucoup de houilles doivent de se déliter lorsqu'on les expose à l'air. Il se forme du sulfate de fer, qu'on retrouve souvent en abondance, dans les eaux des mines, du sulfate basique en flocons jaunes et un alun ferrugineux qui s'effleurit. Beaucoup de houilles, en se délitant ainsi, se réduisent complétement en poussière; pour d'autres, surtout quand elles sont en tas, la température va en s'élevant quelquefois jusqu'à produire la combustion de la masse.

Une proportion trop grande de pyrites dans la houille est une source d'inconvénients graves pour les barreaux des grilles et les autres parties des foyers. Les pyrites dégagent en effet au feu des vapeurs de soufre qui, au contact des barreaux chauffés au rouge, donnent naissance à du monosulfure de fer très fusible. Quelquefois, cette attaque est assez considérable pour que le sulfure forme des sortes de stalactites à la partie inférieure des grilles. Dans certaines circonstances, l'oxyde de fer provenant des pyrites de houille donne lieu à une forte proportion de laitier, en se combinant avec la chaux des cendres et la petite quantité d'alcalis qu'elles renferment. Beaucoup de cendres deviennent alors complétement liquides, d'autres se ramollissent jusqu'à devenir collantes et à s'agglomérer.

Cette manière dont les cendres se comportent a dans la pratique une grande importance; les cendres collantes ont en effet l'inconvénient d'encrasser les grilles, de réduire le tirage et de nuire à la marche du feu. En général une houille est donc, toutes choses égales d'ailleurs, d'autant meilleure que ses cendres sont moins collantes. Ce n'est que dans des cas exceptionnels, comme pour les houilles du sud du pays de Galles, que cette propriété peut être utile, en permettant d'utiliser certaines houilles maigres et de peu de valeur. Ces houilles ne se brûlent pas, en effet, sur des grilles, à travers lesquelles elles tamiseraient, mais sur une couche de 30 à 40 centimètres de cendres agglomérées dont les vides et les boursouflures laissent encore à l'air une circulation suffisante. »

Modifications que subit la houille exposée à l'air. — La houille exposée à l'air abandonne les substances volatiles dont elle est imprégnée et non-seulement les substances gazeuses, mais encore les huiles qui rendent la houille collante. Ces modifications, fort importantes au point de vue pratique, ont été étudiées par M. l'ingénieur de Marsilly et exposées par lui dans un mémoire présenté à l'Académie des sciences, mémoire dont nous extrayons les lignes suivantes :

« 1° La houille, quand elle est récemment extraite, subit un commencement de décomposition à une température inférieure à 100°; elle dégage du gaz et de l'eau mêlée d'huiles carburées, le dégagement ne devient abondant qu'au delà de 100° et continue jusqu'à une température de 330°, et probablement même au delà, jusqu'au point où la décomposition de la houille devient complète.

2° Les houilles qui proviennent de mines à grisou dégagent de l'hydrogène carboné; celles qui proviennent de mines où il n'y a point de grisou n'en dégagent point; les gaz qu'elles donnent consistent principalement en azote.

Cette dernière conséquence est curieuse, elle donne à l'ingénieur des mines un moyen de reconnaître *à priori* si la veine dont il va commencer l'exploitation produira du grisou.

Il était naturel de penser, d'après les faits que je viens d'exposer, que certaines houilles, sinon toutes les houilles, perdaient quelques-uns de leurs principes par leur exposition à l'air; c'est ce que l'expérience est venue confirmer.

On sait que dans les mines à grisou le gaz se dégage de la houille; c'est dans les déblais souvent que la production de gaz est le plus abondante.

J'ai mis en évidence le dégagement spontané du gaz hydrogène carboné de la manière suivante :

Deux gros morceaux de houille de Bellevue, extraits depuis six jours environ et arrivés directement de la fosse, ont été pulvérisés rapidement ; la poussière a été placée dans un grand vase que l'on a recouvert d'une cloche de forme conique ; au bout de douze heures, en enlevant la cloche, approchant une allumette enflammée et renversant, il se produisait une flamme longue et éclairante.

J'ai répété l'expérience avec le même succès sur des charbons de Ferrand et l'Agrappe (bassin de Mons).

Quand ces charbons avaient été plusieurs jours exposés à l'air, il ne se dégageait plus de gaz inflammable.

Quand cette exposition dure plusieurs mois, on ne retire plus de gaz hydrogène carboné même en chauffant la houille jusqu'à 300°.

Ainsi 500 grammes de houille du nord du bois de Boussu ont été réduits en poussière et laissés cinq mois exposés à l'air ; au bout de ce temps, chauffés au bain d'huile jusqu'à 300°, il s'est dégagé du gaz, mais ce gaz n'était pas inflammable.

Des expériences semblables ont été faites sur les charbons gras de Bellevue et d'Élonges, elles ont donné le même résultat ; le charbon frais donnait du gaz inflammable, le charbon vieux n'en donnait point.

Il n'y a pas seulement que le gaz hydrogène carboné qui se dégage par l'exposition à l'air ; la houille perd encore en partie le principe gras qui détermine la formation du coke lors de la calcination.

Tous les fabricants de coke attachent une grande importance à n'employer que les charbons frais ; ils assurent que le vieux charbon ne colle pas bien.

J'ai voulu vérifier cette assertion moi-même, et, pour cela, j'ai fait fabriquer en Belgique deux tonnes de coke avec des charbons gras de Jolimet et Roinge qui, depuis six mois, étaient restés sur le rivage ; on avait eu soin de l'enfourner dans un four bien chaud placé au centre d'un groupe de fours en bonne allure ; la cuisson a duré quarante-huit heures, comme à l'ordinaire ; elle a été conduite dans les mêmes conditions que celles des fours voisins où l'on avait enfourné des charbons frais.

Cependant le coke que l'on a obtenu était mal formé, en partie pulvérulent et trop mauvais pour être livré au commerce.

Ce résultat ne pouvait provenir que d'une chose, du départ, par l'exposition à l'air, du principe gras qui fait coller le coke.

Ce principe se dégage aussi à une température peu élevée ; j'ai fait chauffer à une température inférieure à 300° des houilles grasses réduites en poudre, puis je les ai calcinées dans un creuset ; elles donnaient un résidu pulvérulent. Les mêmes houilles, calcinées sans avoir été préalablement desséchées, donnaient un coke bien formé.

Ainsi le principe gras de la houille, celui qui détermine l'agglutination de toutes les parcelles qui la composent lors de la calcination, disparaît sous l'influence d'une température de 200° à 300° ; après qu'il a disparu, la houille cesse de se coller et de se boursoufler sous l'action de la chaleur.

La pression atmosphérique influe-t-elle sur le dégagement du grisou ? est-il plus rapide lorsque le baromètre baisse, moins abondant et rapide lorsqu'il monte ? La plupart des ingénieurs qui dirigent les mines où il y a du grisou, croient à l'influence de la pression atmosphérique sur le dégagement du gaz. Il est certain que lorsque le temps est lourd et orageux, le gaz paraît en plus grande abondance dans la veine que quand le temps est beau ; mais cela peut tenir à ce que les moyens de ventilation, ventilateur ou foyer d'aérage, sont affectés par les variations atmosphériques et n'agissent plus avec la même puissance. Je n'ai point cherché à résoudre cette question, mais j'ai voulu m'assurer si le gaz hydrogène carboné se dégage, quelle que soit la pression de l'atmosphère ambiante.

Voici l'expérience que j'ai faite :

J'ai mis dans un vase de forme cylindrique en cuivre 20 kilogrammes de charbon menu de l'Agrappe, provenant de gros morceaux fraîchement sortis de la fosse et pulvérisés rapidement ; puis j'ai hermétiquement fermé le vase, et, à l'aide d'une pompe de pression, refoulé de l'air à l'intérieur jusqu'à ce que la pression atteignît cinq atmosphères ; un robinet était placé à la partie supérieure du vase ; on avait la précaution de l'ouvrir un instant et de laisser échapper quelques litres d'air afin de faire partir le gaz hydrogène carboné qui aurait pu se dégager lors de l'introduction du charbon menu.

Ce même robinet servait à recueillir du gaz ; vingt-quatre heures après l'introduction du charbon menu, le gaz recueilli brûlait au contact d'un corps allumé : c'était de l'hydrogène carboné. L'expérience fut répétée sur plusieurs litres recueillis successivement et donna toujours le même résultat.

Ainsi une pression de cinq atmosphères n'empêche pas le dégagement du grisou ; peut-être l'augmentation de pression a-t-elle pour effet de rendre le dégagement moins rapide, mais on ne saurait l'affirmer ; ce qui est positif, c'est qu'elle ne l'empêche pas.

Les charbons provenant de mines où il n'y a point de grisou subissent-ils quelque perte par leur exposition à l'air ? Il est possible qu'ils laissent dégager spontanément des gaz, tels que l'azote et l'acide carbonique ; s'il en était ainsi, plus de soin devrait être apporté à l'aérage de beaucoup de mines dans lesquelles il est négligé au grand détriment de la santé des classes ouvrières ; il serait même du devoir de l'administration d'intervenir et de prescrire l'emploi des mesures efficaces.

Des faits que nous venons d'exposer on peut déduire les conclusions suivantes :

1° La houille éprouve, par une dessiccation à la température de 100 degrés et au-dessus, une perte supérieure à celle qu'elle subit dans le vide sec ; avec l'élévation de température la perte augmente.

2° Sous l'influence d'une température comprise entre 50 et 330 degrés, la houille subit une véritable décomposition, elle dégage des gaz, de l'eau et des huiles carburées dont la proportion s'élève de 1 à 2 pour 100 ; la perte augmente avec l'élévation de température ; ce qu'il y a de remarquable, c'est qu'à une température de 200 à 300 degrés la houille perd complétement le principe gras qui détermine la formation du coke lors de la calcination.

3° Les gaz dégagés par les houilles provenant de mines à grisou consistent principalement en hydrogène carboné ; ceux dégagés par les houilles provenant de mines où il n'y a pas de grisou, consistent principalement en azote et ne sont pas inflammables.

De là un moyen de reconnaître à priori si une veine de houille est susceptible de donner du grisou.

4° Les houilles provenant de mines à grisou s'altèrent par l'exposition à l'air ; elles perdent de l'hydrogène carboné et une partie, sinon la totalité, du principe gras qui détermine la formation du coke lors de la calcination ; elles se délitent souvent et tombent en poussière.

5° Le gaz hydrogène carboné se dégage lors même que la pression de l'atmosphère ambiante est quintuple de la pression atmosphérique.

De la classification des houilles. — Nous avons vu en tête de cette étude, que la classification des houilles repose sur un caractère particulier : la manière dont la houille se comporte pendant la combustion, et nous avons reconnu trois espèces de houilles qui sont : 1° la houille sèche, ne donnant pas de flamme et ne se collant pas; 2° la houille grasse, appelée aussi houille maréchale, qui est collante et donne de la flamme ; 3° la houille maigre, à longue flamme, non collante et donnant un coke pulvérulent.

Au premier abord, cette classification est artificielle puisqu'elle ne repose que sur un caractère, et qu'une classification naturelle doit embrasser et comparer tous les caractères à la fois. Or il se trouve que la classification artificielle répond parfaitement à l'ensemble des caractères des différentes houilles, et en somme c'est une classification naturelle.

Voici la composition donnée par M. de Marsilly pour les trois classes de houilles :

1° HOUILLES SÈCHES.

Proportion d'hydrogène.	3,72 à 4,17
Proportion de carbone total. . . .	90,56 à 93,44
Proportion d'oxygène et d'azote. .	2,70 à 5,68
Proportion de carbone fixe. . . .	89,28 à 93,25

(N'existant pas à l'état de combinaison.)

2° HOUILLES GRASSES.

Proportion d'hydrogène.	4,68 à 5,11
Proportion de carbone total. . . .	87,50 à 90,49
Proportion d'oxygène et d'azote. .	4,73 à 7,55
Proportion de carbone fixe.	74,56 à 83,86

3° HOUILLES A LONGUE FLAMME.

Proportion d'hydrogène.	5,21 à 5,80
Proportion de carbone total. . . .	83,33 à 85,27
Proportion d'oxygène et d'azote. .	9,87 à 11,01
Proportion de carbone fixe.	61,04 à 66,37

On voit d'après cela que la composition chimique est bien en rapport avec la manière dont les houilles se comportent pendant la combustion.

Les houilles sèches contiennent une faible proportion de gaz hydrogène, oxygène et azote, et cette proportion va en augmentant considérablement d'une classe à l'autre; l'accroissement de l'oxygène et de l'azote est surtout sensible. Les houilles sèches renferment plus de carbone que les autres.

Dans certains cas cependant les houilles grasses se rapprochent des houilles sèches par la teneur en carbone ; mais la distinction se rétablit si l'on remarque que la différence entre le carbone total et le carbone fixe va sans cesse en augmentant; cette différence représente le carbone combiné, c'est-à-dire les carbures gazeux ou liquides, mais toujours volatils, que renferme la houille.

La proportion de carbone combiné est surtout considérable dans les houilles à longue flamme, ce qui ne nous étonnera pas, si nous nous rappelons que ces houilles servent à préparer le gaz d'éclairage et qu'elles dégagent en même temps que ce gaz des goudrons, de l'acide acétique, des composés ammoniacaux.

La classification que nous venons de trouver bonne au point de vue chimique ne l'est pas moins au point de vue du gisement ; les houilles grasses se trouvent toujours entre les houilles sèches et les houilles à longue flamme, celles-ci sont donc les moins anciennes, et les premières sont les plus anciennes. Cette différence d'âge fait comprendre la différence de composition chimique ; en effet, la carbonisation augmente avec le temps, à mesure que les produits volatils disparaissent.

Densité. — La densité des houilles est très-variable, on le comprend ; elle oscille entre 1,1 et 1,5, et la houille la plus communément répandue a pour densité un nombre voisin de 1,3 ; pour les houilles anthraciteuses, la densité dépasse 1,5, et pour l'anthracite elle arrive à 2,2.

Comme la houille est toujours employée en morceaux, le poids du mètre cube ne se déduit pas de la densité, et ce poids varie entre 750 et 1,000 kilogrammes. Les houilles en petits morceaux sont toujours plus lourdes que les autres, et il y a avantage à les acheter à la mesure ; au contraire, il vaut mieux acheter au poids les houilles en gros morceaux.

Cette considération du poids ne doit pas être négligée, par exemple lorsqu'il s'agit de donner à un grand navire sa provision de charbon.

Lignites. — Les lignites sont des combustibles fossiles postérieurs à la formation de la craie et antérieurs à l'époque actuelle. On voit d'après cette définition que les lignites peuvent avoir des âges très-différentes, et, par suite, des caractères très-différents aussi.

Les uns sont homogènes, d'un noir foncé, semblables à la houille ; d'autres ont conservé la forme et l'aspect des tissus végétaux dont ils sont formés, et parmi ces derniers, les uns sont noirs et constituent le jayet, les autres sont brun marron et constituent les bois bitumineux.

Les principaux gisements de lignites existent dans le Tyrol, dans la Carinthie, en Autriche, dans la Bohême et la Saxe, et dans la Hesse rhénane. On en rencontre en France entre Aix et Toulon, et aux environs de Soissons.

Les couches de lignite sont en général peu larges et très-profondes. Elles sont formées par des arbres entremêlés.

Le cube extrait annuellement en Europe peut être évalué à cinq millions de tonnes environ.

Formation des lignites. — La formation des lignites est analogue à celle de la houille ; elle est due à une carbonisation lente d'arbres et de végétaux. Mais ici l'explication, que nous n'avons pas reconnue admissible pour la houille, pourrait bien être vraie ; les lignites peuvent avoir été formés en plus d'un point par l'engloutissement au fond des eaux de ces radeaux énormes d'arbres entrelacés que les grands fleuves, comme ceux de l'Amérique, emportent jusqu'à la mer.

Ces arbres humectés s'alourdissent et finissent par descendre au fond de la mer, où ils se décomposent lentement, sans perdre leur forme primitive.

Dans les lignites, ce ne sont plus, comme dans la houille, des végétaux d'ordre inférieur que l'on rencontre : ce sont de véritables arbres analogues à nos espèces (peupliers, saules, sapins) ; ils s'en distinguent toutefois par la grandeur de leurs dimensions. Leurs diamètres sont considérables, on en connaît qui atteignent 4 mètres ; les cercles, qui marquent l'âge et qui correspondent chacun à une saison de végétation active, se comptent par milliers. Les arbres de nos jours prennent chaque année un nouveau cercle ; il est probable qu'autrefois le cycle des saisons était moins long que notre année actuelle, et que la croissance des végétaux était plus active.

Composition chimique. — Elle est variable suivant l'âge des lignites, et aussi suivant l'essence des arbres, suivant la nature des matières minérales qui se sont déposées dans la masse poreuse.

Voici quelques analyses de lignites :

	CARBONE.	HYDROGÈNE.	OXYGÈNE ET AZOTE.	CENDRES.
Lignite anthraciteux de Hesse.	75,49	4,12	13,11	7,27
Lignite ordinaire de Hesse.	63,78	5,12	27,67	3,42
Lignite des Bouches-du-Rhône.	63,01	4,58	18,98	13,43
Lignite des Basses-Alpes.	69,05	5,20	22,74	3,01
VOICI LA MOYENNE DE NOMBREUSES ANALYSES :				
Lignites, cendres déduites.	66,53	5,58	27,80	»
Lignites avec leurs cendres.	60,50	5,08	25,36	9,05
Ou en nombres ronds.	60,00	5,00	26,00	9,00

Ici encore, nous vérifions les principes reconnus vrais dans la classification des houilles et posés par M. Regnault :

1° La richesse en carbone augmente à mesure que les combustibles appartiennent à des terrains plus anciens ;

2° La richesse en oxygène suit une marche inverse, et augmente à mesure que l'on considère des terrains plus jeunes.

Cela veut dire que la composition des combustibles minéraux se rapproche d'autant plus de celle du bois qu'ils appartiennent à des terrains moins anciens, et cela nous explique pourquoi les lignites sont moins riches en carbone et plus riches en oxygène que les houilles.

Les lignites, au moment de leur extraction, renferment de 30 à 40 pour 100 d'eau ; desséchés à l'air, ils finissent par n'en plus retenir que 8 pour 100.

Les lignites s'enflamment bien plus facilement que la houille, et cela se comprend, puisqu'ils se rapprochent plus qu'elle du bois ; ils donnent de la flamme avant d'atteindre le rouge, et dégagent en brûlant une odeur acide et bitumineuse, due à l'acide pyroligneux. Ils ne fondent pas et ne s'agglutinent point ; à la distillation, ils donnent du gaz, de l'eau, des huiles, de l'acide pyroligneux.

Certains lignites se rapprochent de la houille ; on les en distingue par ce fait que la houille, qui ne donne plus de flamme, se recouvre d'une pellicule blanche et s'éteint, tandis que le lignite se recouvre bien de la même pellicule, mais continue à brûler comme la braise.

Le lignite est donc employé comme combustible ; les échantillons qu'on appelle bois bitumineux servent en ébénisterie, et le jayet ou jais, qui est susceptible de recevoir un beau poli, est employé comme ornement et comme parure.

Tourbe. — Depuis l'antiquité, la tourbe a été employée comme combustible dans quelques pays pauvres, et cela devait être puisqu'on la trouve à la surface du sol.

Toutes les fois qu'un pays est marécageux, quelquefois même lorsqu'il est sableux et qu'une nappe d'eau se trouve à peu de profondeur au-dessous du sol, si en outre le climat est tempéré, il se développe dans ce pays une végétation puissante. Elle se compose non point d'arbres de haute taille, mais des végétaux les plus simples comme organisation, par exemple des mousses et des roseaux. Personne n'ignore combien l'humidité est favorable au développement de la vie végétale; aussi les plantes des marais prennent-elles une croissance rapide, puis elles meurent et leurs débris forment une couche charbonneuse, que viennent successivement augmenter de nouvelles dépouilles.

La carbonisation est lente et s'accentue à mesure que dans une tourbière on attaque des couches plus profondes.

La couche superficielle est très-légère, c'est une espèce de feutrage jaune brun avec des débris très-nets (1 mètre cube de cette couche peut ne peser que 350 kilogrammes). Plus profondément, on rencontre des couches plus terreuses, plus noires et plus lourdes, parsemées encore de débris végétaux, mais ces débris sont uniquement formés des parties résistantes, telles que les racines d'arbres; ils semblent encore frais et parfaitement conservés, mais ils s'altèrent rapidement à l'air et deviennent cassants. Enfin, en descendant plus profondément encore, on arrive à des couches formées d'une masse noire, homogène, susceptible de recevoir un beau poli, et assez lourde pour peser quelquefois 1,200 kilogrammes le mètre cube.

La tourbe se forme encore de nos jours, puisque les mêmes causes de formation existent toujours, et l'on estime que suivant les cas, la hauteur de la couche qui prend naissance en un siècle est comprise entre 1 et 25 mètres.

Composition de la tourbe. — M. de Marsilly a fait une étude complète de la tourbe au point de vue chimique.

La tourbe subit à 100° une véritable décomposition; ce n'est point seulement de l'eau qu'elle dégage, mais encore des produits carbonés qui se trouvent perdus pour la combustion; de sorte que, pour analyser des tourbes, il ne faut pas les dessécher à la chaleur, mais simplement dans le vide sec.

La quantité d'eau perdue dans le vide sec peut varier de 2 à 8 pour 100, suivant que l'on expérimente une tourbe noire, compacte, ancienne, ou une tourbe grise, mousseuse, de formation récente.

Dans une étuve à 100°, la perte, au contraire, varie de 12 à 20 pour 100. Voici quelques analyses de tourbes :

	HYDROGÈNE.	CARBONE.	OXYGÈNE ET AZOTE.	CENDRES.
Tourbe noire de Bresle (Oise), 1re qualité..	7,16	47,78	36,06	9,00
Tourbe mousseuse de Bresle, 2e qualité. .	5,65	46,80	41,15	6,40
Tourbe noire mousseuse de Thésy, 2e qual.	5,79	43,65	36,66	14,00
Tourbe blanche moderne de Remiencourt.	2,22	12,99	19,71	65,08

Là encore nous vérifions la remarque déjà faite plusieurs fois que la proportion de carbone est d'autant moindre que le terrain est plus jeune, et que la proportion d'oxygène suit une marche inverse.

Le pouvoir calorifique de la tourbe est donc bien moins élevé que celui de la houille. Si l'on tient compte des cendres et de l'eau, on trouve que la tourbe donne moitié moins de calories que les houilles grasses.

La proportion d'azote varie de 2 à 2, 5 pour 100, elle est double de celle que renferme la houille.

En desséchant la tourbe à 100°, on perd une partie des principes combustibles, mais on obtient un combustible dont le pouvoir calorifique est plus élevé. L'accroissement de ce pouvoir calorifique doit au plus balancer la perte subie.

Pour terminer, nous dirons qu'en principe, il n'y a avantage à brûler de la tourbe pour chauffage des chaudières à vapeur qu'autant que la tonne de tourbe coûte moitié moins que la tonne de houille ordinaire.

Combustibles préparés industriellement. — Agglomération des houilles. — Dans toutes les mines, l'exploitation des diverses assises donne naissance à une quantité considérable de menus, que l'on ne peut utiliser directement dans les foyers, car la combustion ne se propage pas dans leur masse. On a tiré un excellent parti de ces débris en les agglomérant, c'est-à-dire en les réunissant en briquettes au moyen d'un ciment.

Cette méthode, qu'on regardait comme un expédient, est devenue ensuite un procédé fort utile pour fabriquer des combustibles ayant telle ou telle propriété; on y arrive en mélangeant convenablement des menus de diverses provenances, et ces menus peuvent être débarrassés à l'avance par des lavages méthodiques des matières étrangères qu'ils renferment.

Lorsque parmi les menus, il en est qui appartiennent à des charbons collants, on peut, en se servant de moules portés à une température élevée, agglomérer directement tous les débris, et on évite ainsi l'inconvénient d'un ciment coûteux et quelquefois nuisible. Ce procédé direct n'a pas réussi jusqu'ici dans la pratique.

Le ciment le plus anciennement répandu est la terre glaise : on délaye les menus avec un 1/10 de leur poids de terre glaise, et on en fait des briquettes. Mais il est clair que c'est là un mauvais combustible donnant jusqu'à 20 pour 100 de cendres, et qui ne saurait guère convenir qu'aux usages domestiques.

En 1833, on eut l'idée d'employer comme ciment le goudron de houille, et l'on obtint de la sorte d'excellents combustibles; mais les briquettes ainsi formées ne sont pas solides et répandent une odeur désagréable. L'odeur et la désagrégation tiennent à la même cause, le dégagement des substances volatiles du goudron; on évite ces inconvénients en employant le brai gras, c'est-à-dire le goudron débarrassé de 25 pour 100 de matières volatiles. Enfin, plus récemment, on a recouru au brai sec, c'est-à-dire au goudron débarrassé par une température de 300° de toutes les substances volatiles qu'il renferme.

En France, la fabrication annuelle des agglomérés est de plus de 650,000 tonnes; malheureusement, la fabrication du goudron est limitée par la fabrication du gaz, et l'agglomération ne pourra se développer beaucoup que si l'on trouve un nouveau ciment ou une nouvelle méthode de compression.

Les bons agglomérés doivent être sonores et homogènes, peu hygrométriques, ils doivent brûler avec une flamme vive et claire sans se désagréger, en ne produisant qu'une fumée grise peu intense. Ils ne doivent pas donner plus de 10 pour 100 de cendres. Le prix de revient d'une tonne d'agglomérés est en Belgique de 26 francs, et à Bordeaux de 29 francs.

Coke. — Comme le bois, en se débarrassant de ses produits volatils, donne un combustible formé de carbone plus ou moins pur, de même la houille distillée abandonne ses huiles, ses carbures et ses gaz pour donner un charbon plus pur, appelé coke, et que l'on commença à préparer vers le milieu du dix-huitième siècle, lorsqu'il fallut substituer le charbon de terre au charbon de bois dans l'intérieur des hauts fourneaux.

Le coke possède une puissance calorifique supérieure à celle de la houille, et de plus il est débarrassé en grande partie des impuretés, des cendres et surtout du soufre, qui rendent la houille impropre au travail du fer.

Nous avons vu que les houilles non collantes ne s'agglutinent pas, et quelques-unes, au contraire, se délitent par la combustion; les morceaux de houille collante sont seuls aptes à donner du coke convenable, parce qu'ils se soudent sous l'influence d'une température élevée et donnent des morceaux d'un gros volume.

RENDEMENT EN COKE DE DIVERSES HOUILLES.

Lancashire.	52 à 62	p. 100
Newcastle.	51 à 63	—
Houille grasse de Mons.	68 à 71	—
Houille d'Alais.	78	—
Houille de Blanzy.	56	—
Houilles grasses de Charleroi.	79 à 83	—
Houilles maigres de Charleroi.	87 à 92	—
Houilles grasses de Valenciennes.	66 à 75	—
Houille de Decazeville.	60	—
Houille de Commentry.	62	—

Si l'on préparait le coke avec la houille telle qu'on l'extrait, toutes les matières minérales de celles-ci se retrouveraient dans celui-là, et, comme la proportion de cendres pour le coke ne doit pas dépasser 8 pour 100, il en résulterait que le coke ne serait pas commode à employer. On a remédié à cet inconvénient en lavant la houille au milieu d'un courant d'eau dans un grand réservoir; les substances minérales qu'elle renferme ont, en général, une densité bien supérieure à la sienne, et elles se trouvent mécaniquement entraînées au fond des réservoirs. Les charbons les plus purs se maintiennent à la surface, et donnent le meilleur coke. Le lavage de la houille est presque toujours précédé d'un broyage mécanique.

Par ces procédés, on enlève à la houille jusqu'à 6 pour 100 des matières minérales qui se seraient retrouvées dans les cendres du coke.

La houille, ainsi préparée, est distillée dans des fours de forme très-variable.

Le coke obtenu n'est point du carbone pur; il en renferme une proportion un peu supérieure à 90 pour 100, avec 3 pour cent de gaz (*hydrogène, oxygène, azote*), et 7 pour 100 de cendres.

Voici, d'après les *Annales du commerce extérieur*, le relevé de la production du combustible en France.

PRODUCTION ET CONSOMMATION DES COMBUSTIBLES MINÉRAUX ET DE LA TOURBE

(D'APRÈS LE COMPTE RENDU DE L'ADMINISTRATION DES MINES.)

ANNÉES.	HOUILLE EXTRAITE DES MINES INDIGÈNES.		PRIX MOYEN DE VENTE PAR QUINTAL MÉTRIQUE.		CONSOMMATION.	TOURBE EXTRAITE.		PRIX MOYENS.	MINES DE HOUI⸱	
	QUANTITÉS.	VALEURS.	SUR LE CARREAU DES MINES.	SUR LES LIEUX DE CONSOMMATION		QUANTITÉS.	VALEURS.		NOMBRE DE MINES EXPLOITÉES.	NO⸱ D'OUV⸱
	quint. métr.	fr.	fr.	fr.	quint. métr.	quint. métr.	fr.	fr.		
1855	74.551.000	90 688.000	1.19	2.40	122.937.000	4.919.000	4.746.000	0.965	203	54
1856	79.257.000	107.974.000	1.29	2.54	128.962.000	4.512.000	4.444.000	0.985	303	58
1857	79.018.000	99.588.000	1.25	2.54	131.495.000	4.304.000	4.097.000	0.952	306	59
1858	75.526.000	91.569.000	1.22	2.43	128.930.000	3.971.000	3.847.000	0.966	292	56
1859	74.826.000	94.979.000	»	»	132.022.000	3.595.000	3.591.000	0.944	»	
1860	85.037.000	96.702.000	1.17	2.29	142.703.000	3.519.000	3.526.000	1.002	319	59
1861	94.233.000	108.890.000	1.15	2.28	154.028.000	3.721.000	3.786.000	1.017	325	65
1862	102.903.000	118.451.000	1.14	2.21	162.746.000	4.369.000	4.554.000	1.042	323	69
1863	107.097.000	121.154.000	1.13	2.19	165.131.000	4.213.000	3.859.000	0.916	322	73
1864	112.426.000	126.749.000	1.11	2.18	174.915.000	3.759.000	3.627.000	0.965	327	77
1865	116.004.049	133.002.476	1.15	2.29	185.223.700	3.642.585	3.368.374	0.920	330	79
1866	122.600.855	144.547.605	1.18	2.35	200.566.200	3.460.768	3.513.945	1.015	325	77
1867	127.386.863	155.812.909	1.20	»	205.454.700	3.330.970	3.338.155	1.002	329	82
1868	132.558.761	154.312.316	1.16	»	209.116.100	3.613.346	4.464.356	0.958	325	84

Choix du combustible. — La houille est un combustible économique; mais, en bien des cas, elle offre des inconvénients sérieux. D'abord, elle donne une fumée considérable, puis, lorsqu'elle est pyriteuse, elle ronge les grilles et les chaudières. D'autres fois, elle donne une grande masse de cendres qui nuisent au tirage, encrassent les appareils, et nuisent beaucoup au rendement calorifique.

Dans bien des pays, le transport entre pour beaucoup dans le prix de la houille et on a dépensé souvent beaucoup d'argent pour transporter des matières nuisibles.

En Angleterre, on trouve des houilles très-pures, mais il n'en est pas de même en Belgique et en France.

C'est donc une bonne précaution que de broyer les houilles et de les soumettre à un lavage méthodique dans de vastes bassins; on se débarrasse des matières terreuses qui tombent au fond, ainsi que des schistes et des pyrites qui se précipitent à cause de leur densité bien supérieure à celle de la houille.

Avec ces houilles lavées, on compose des agglomérés qui donnent un combustible parfait, et, si on les distille, on se procure un coke très-pur, précieux pour le chauffage des machines à vapeur et en particulier des locomotives.

Le lavage est une opération devenue presque indispensable pour les combustibles employés au chauffage des locomotives.

L'emmagasinage des houilles n'est pas sans importance : les expériences de M. de Marsilly, que nous avons rapportées en sont une preuve frappante, la houille perd à l'air beaucoup de ses principes combustibles. On fera donc bien de la conserver dans des caves ou soutes convenablement fermées.

Un peu d'humidité ne semble pas nuire à la combustion de la houille; une proportion notable est toujours nuisible, car elle absorbe pour se vaporiser une certaine quantité de chaleur, et, dans certains cas, elle peut déterminer une inflammation spontanée, due à l'oxydation des pyrites qui de sulfures deviennent sulfates.

Le coke perd aussi de ses qualités avec le temps, s'il est exposé à l'air; il s'allume et brûle difficilement.

Combustibles liquides. — Il y a quinze ans environ que les premières sources de pétrole ont été découvertes en Amérique; la production et la consommation de ce carbure liquide se sont depuis extraordinairement développées.

Le pétrole, à volume égal, donne beaucoup plus de chaleur que la houille, et c'est là une considération capitale surtout pour la navigation à vapeur. On cherche, en effet, à conserver le plus de place possible pour le fret utile, et on embarque la houille qui, à poids égal, occupe le moindre volume.

L'emploi du pétrole présenterait donc de grands avantages pour le chauffage des appareils à vapeur ; on a longtemps cherché un système de foyer convenable, celui qu'a imaginé M. Henri Sainte-Claire Deville est une solution satisfaisante du problème.

A l'origine, les Américains distillaient le pétrole et en insufflaient la vapeur dans le foyer de leurs machines, en la mélangeant de vapeur d'eau destinée à faciliter la combustion et à empêcher la production de fumées abondantes. Évidemment c'était là un système peu économique et sujet à bien des inconvénients.

Ensuite, on fit arriver le pétrole en lame mince sur la sole d'un foyer, entouré d'un cordon de houille: celle-ci enflammait le liquide ; mais la combustion était toujours très-irrégulière et des plus imparfaites.

On est enfin arrivé à de bons résultats, en composant le foyer d'une simple sole en briques réfractaires, fermée, non par des portes, mais par des grilles à fente verticale ; en face chaque fente, à l'intérieur du foyer, se trouve un robinet par lequel on fait arriver un filet plus ou moins fort d'huile minérale ; celle-ci se vaporise immédiatement et rencontre l'air qui afflue par les fentes de la grille, et qui produit une combustion complète.

Ce système, essayé à bord du *Puebla* et de plusieurs locomotives du chemin de fer de l'Est a donné de bons résultats.

Outre l'avantage de fournir à poids égal plus de calories, le pétrole a cet autre avantage d'être très-riche en hydrogène ; on trouve donc beaucoup d'eau dans les produits de la combustion, et, si on leur fait traverser un appareil réfrigérant, on recueillera beaucoup d'eau distillé, qu'on utilisera à l'alimentation des chaudières.

Le pétrole brûle à peu près sans résidus ; si donc on fait arriver en proportions convenables l'air et l'huile minérale, une fois l'appareil réglé, il n'y aura plus à s'en occuper, il fonctionnera automatiquement, sans exiger aucune surveillance.

Combustibles gazeux. — Il peut être en certains cas avantageux de distiller des combustibles solides, afin de recueillir des gaz que l'on brûle directement dans un foyer spécial.

Cela semble paradoxal au premier abord, car le gaz donnera toujours moins de chaleur que n'en aurait donné le combustible dont on l'a extrait. Mais ce combustible peut être impur et difficile à brûler, de sorte qu'il donnera de détestables résultats, dans les opérations métallurgiques, par exemple, tandis que les gaz sont toujours un excellent combustible, quelles que soient les matières qui leur ont donné naissance. Ils donnent en outre une flamme large et de température élevée.

C'est pour ces raisons qu'on a inventé plusieurs fours de distillation, qui ont donné d'excellents résultats.

Toutes les fois que dans une opération industrielle on recueille des produits gazeux combustibles, on doit se garder de les perdre, et il faut les amener aux foyers des machines, afin d'utiliser cette source importante de chaleur.

C'est ainsi que, dans les hauts fourneaux, on recueille les gaz qui s'échappent du gueulard.

Quantités de chaleur fournies par un kilogramme de divers combustibles. — Rien n'est plus variable que la quantité de chaleur fournie par un poids constant de matière combustible, et cela se conçoit puisque la combustion est une oxydation, une combinaison chimique, dont les circonstances et les proportions dépendent essentiellement de la constitution des substances.

La détermination des pouvoirs calorifiques est fort importante, industriellement parlant : elle a été faite par plusieurs physiciens, d'abord par Dulong, puis par MM. Favre et Silbermann. C'est au moyen de calorimètres, en notant la quantité de glace fondue, ou la quantité de chaleur gagnée par une masse liquide, qu'on est arrivé à mesurer la chaleur produite.

Voici quelques-uns des résultats de l'expérience :

La combustion d'un kilogramme d'hydrogène produit.. . . . . 34462 calories,
   c'est-à-dire est susceptible d'élever de 1° la température de.. . . . 34462 litres d'eau,
La combustion d'un kilogramme d'oxyde de carbone produit.. . . . . . 2402 calories.
   —   —   alcool absolu.. 7184

La combustion d'un kilogramme	charbon pur	7760 à 8080
—	—	essence de térébenthine	10852
—	—	éther sulfurique	9027
—	—	huile d'olives	9862
—	—	soufre	2221
—	—	charbon de bois (en moyenne)	7000
—	—	bois très-sec	3700
—	—	bois à l'état ordinaire	2800
—	—	anthracite	7500
—	—	bonne houille ordinaire	7000
—	—	coke	6600
—	—	tourbe ordinaire	5600
—	—	pétrole de Paris, de proven. américaine.	9771
—	—	pétrole du Bas-Rhin, de Gallicie, etc.	10000

Ces nombres pourraient servir à déterminer la quantité d'eau qu'un kilogramme de chaque combustible est susceptible de vaporiser.

EXEMPLE.

Quel poids d'eau à 15° pourra être vaporisé à 100° par un kilogramme de houille ordinaire?
Le poids x d'eau, pour aller de 15° à 100° absorbera . . . . $85 \times x$ calories.
et pour se vaporiser . . . . $536 \times x$ —

La quantité totale de chaleur absorbée sera donc . . . $x \times 621$ —

Et cette quantité absorbée est égale à la quantité produite, soit 7,000 calories, donc

$$x \times 621 = 7000 \qquad x = 12 \text{ kilogrammes.}$$

En réalité, la quantité d'eau vaporisée est beaucoup moindre, car il y a de nombreuses pertes de chaleur ; en effet, il faut que le combustible s'échauffe, qu'il échauffe le foyer et le vase et, en outre, beaucoup de calorique s'échappe par rayonnement.

La quantité vaporisée sera donc variable avec le soin apporté à la combustion et avec la perfection du foyer.

L'expérience a fourni les résultats suivants :

1 kilogramme de	houille de première qualité vaporise	10 kilogrammes d'eau.
—	houille ordinaire	8	—
—	houille médiocre	5	—
—	houille mauvaise	3,5	—
—	de coke vaporise de	5 à 8	—
—	de tourbe	2 à 3	—
—	de bois bien sec (20 p. 100 d'eau)	4	—
—	de charbon de bois bien sec	10	—
—	de briquettes agglomérées, bonne qual.	8	—
—	de pétrole	11	—

Ces chiffres montrent que les pertes de chaleur sont très-considérables, et atteignent souvent 40 p. 100 de la puissance calorifique théorique.

3° FOYER ET CHEMINÉE

De la combustion. — La combustion est une combinaison chimique, accompagnée de chaleur et de lumière.

En industrie, la seule combustion à laquelle on ait recours pour obtenir de la chaleur, c'est l'oxydation des matières dites combustibles, que nous avons énumérées au paragraphe précédent.

Un combustible usuel doit présenter les qualités suivantes :

1° S'enflammer assez facilement à l'approche d'un corps en ignition, sans toutefois être tellement inflammable qu'il faille prendre de grandes précautions pour le conserver et le manipuler ;

2° Dégager assez de chaleur pour entretenir la combustion une fois qu'elle est commencée ;

3° Se rencontrer partout et à un prix modéré.

Tels sont les caractères généraux des combustibles ordinaires.

La base utile de ces combustibles, c'est l'hydrogène et le carbone, que l'oxydation transforme en eau, acide carbonique et oxyde de carbone.

Les produits de la combustion sont donc exclusivement gazeux et l'on trouve dans le mélange :

1° De la vapeur d'eau, 2° de l'acide carbonique, 3° de l'oxyde de carbone, ce qui indique que la combustion est incomplète, 4° des carbures qui ont échappé à la combustion, 5° de l'oxygène, dont il doit toujours y avoir un excès si l'on veut obtenir une bonne combustion, 6° une grande quantité d'azote, qui se trouvait dans l'air et qu'on a échauffé en pure perte.

Fumée. — Tout ce mélange gazeux serait incolore, s'il n'entraînait avec lui des particules solides qui le salissent et lui donnent une teinte foncée. Ces particules solides se composent d'ordinaire de charbon très-divisé, qui colore la fumée et se dépose aux environs du foyer.

La quantité de charbon ainsi entraînée n'est jamais considérable, et l'on peut la négliger au point de vue économique ; mais la fumée a de tels désagréments pour les propriétés voisines qu'on a dû en interdire la production, et la loi exige que tous les industriels brûlent leur fumée. Nous verrons plus loin s'ils y sont arrivés.

Les combustibles usuels, à l'exception du pétrole, ne disparaissent pas complétement après la combustion ; ils laissent dans le foyer un résidu solide qui, sous la forme pulvérulente constitue les cendres, et qui, s'il contient encore du combustible, s'appelle escarbilles. Les cendres sont des matières argileuses, schisteuses, souvent ferrugineuses et calcaires ; elles peuvent donc être fusibles, et donnent des verres qui s'attachent aux barreaux des grilles et qui forment quelquefois de longues stalactites ; ces matières vitrées sont le mâchefer.

Mécanisme de la combustion. — Voici sommairement ce qui se passe dans la combustion de la houille :

Une fois allumée, elle se trouve soumise à une distillation active et laisse échapper un gaz formé d'environ neuf parties en poids d'hydrogène protocarboné pour un d'hydrogène bicarboné ; ce qui reste solide, c'est du coke ou charbon mélangé de matières terreuses.

Le gaz dégagé s'enflamme et se décompose ; l'hydrogène en brûlant donne de la vapeur d'eau avec une flamme très-chaude, mais qui serait très-pâle sans les particules solides qu'elle contient à l'état de noir de fumée. Le carbone est brûlé aussi et se change en acide carbonique ; quelquefois l'oxydation du carbone ne va pas aussi loin, et il se forme de l'oxyde de carbone, ce qu'on reconnaît à la belle couleur bleue de la flamme. C'est une mauvaise circonstance, puisque l'on perd une partie du calorique que produirait l'oxydation totale.

Le coke dégage, lui, un courant gazeux incolore, formé d'acide carbonique ; du coke pur incandescent disparaît donc peu à peu sans flamme apparente, pourvu toutefois que le feu soit bien conduit ; car, si la combustion était incomplète et qu'il n'arrivât pas assez d'oxygène, il se produirait de l'oxyde de carbone bien reconnaissable par sa belle flamme bleue. La combustion pourrait alors sembler plus active, mais serait en réalité fort défectueuse.

Température de la flamme. — On doit éviter que la flamme ne se refroidisse avant que la combinaison chimique soit complètement effectuée, car une grande partie de l'hydrogène et des carbures peut alors s'en aller avec la fumée. Tous les corps, pour brûler, exigent une température déterminée, qui est peu élevée pour le bois, assez élevée pour la houille, très-élevée pour le coke et l'anthracite ; si cette température n'est pas atteinte dans quelque partie de la flamme, l'oxydation ne se produit pas. On évitera toutes les causes de refroidissement par les précautions suivantes : la flamme ne doit être nulle part très-rapprochée de la surface à échauffer, elle doit circuler dans de larges conduits avec le moins possible de coudes et de renflements, car il se produit alors des remous et un mélange de la flamme avec l'air brûlé, et celui-ci refroidit celle-là.

La présence des surfaces à échauffer est donc nuisible à la production de la chaleur, et les bons constructeurs devraient tendre à séparer l'endroit où se produit la chaleur de celui où elle est consommée.

La cause principale de refroidissement est l'arrivée de l'air extérieur, qui ne doit se mêler à la flamme qu'en certains endroits, ainsi que nous le montrerons plus loin.

On en est arrivé, notamment en métallurgie, où l'on tient surtout à l'intensité de la chaleur, on en est arrivé à chauffer l'air au préalable ; on le porte à une température de 200 à 300 degrés, et c'est alors qu'on l'amène sur le combustible. On a obtenu de la sorte d'excellents résultats, qui ont dépassé de beaucoup les espérances et qui semblent tenir à ceci : l'air chaud prend une vitesse bien moindre que l'air froid, il passe moins rapidement sur le combustible et, par suite, on a besoin d'un moindre excès d'oxygène. Cette économie s'ajoute à celle que l'on fait sur l'échauffement du gaz.

Four Siemens. — Tel est le principe des fours Siemens. Imaginez deux grandes chambres remplies de briques, entre lesquelles on ménage de nombreux carneaux pour l'écoulement des produits gazeux ; dans l'une de ces chambres passent les produits de la combustion qui vont du foyer à la cheminée ; dans l'autre passe l'air qui alimente le foyer. Les gaz brûlés entraînent une énorme quantité de chaleur, ils en cèdent la plus grande partie aux briques qui s'échauffent. De temps en temps, on renverse le courant, c'est-à-dire qu'on fait passer l'air frais dans la chambre que traversait l'air brûlé, et réciproquement ; l'air frais s'échauffe donc très-notablement avant d'arriver au foyer, et, grâce à la construction des deux chambres, on réalise de grandes économies de combustible.

A dire vrai, le four Siemens n'a pas encore été construit dans cette forme ; on ne s'en est servi que pour les foyers alimentés par des combustibles gazeux. Ainsi que nous l'avons dit plus haut, les combustibles gazeux sont très-purs et conviennent bien aux opérations métallurgiques et à la fabrication des verres et cristaux. Lorsqu'on s'en sert, voici comment on dispose le four Siemens :

Il comprend quatre chambres : deux sont traversées par les produits de la combustion, qui les échauffent ; les deux autres, échauffées dans une première période, livrent passage l'une à l'air, l'autre au combustible gazeux ; l'air et le combustible échauffés se trouvent réunis dans le foyer.

Un système simple de vannage permet de renverser le courant à des intervalles déterminés.

Enfin, la pression de l'air envoyée dans le foyer influe beaucoup sur la température ; en effet, la température d'un gaz est inversement proportionnelle au volume occupé par ce gaz, elle est donc proportionnelle à la pression. Cette circonstance a été mise à profit par M. Bessemer, qui a pu produire de la sorte les hautes températures nécessaires au succès de certaines opérations métallurgiques.

Quantité d'air exigée par la combustion. — C'est l'oxygène qui produit la combustion, il faut donc que l'air arrive en assez grande quantité pour fournir l'oxygène nécessaire. Or l'air contient en poids

$$\text{et} \quad \begin{array}{l} \text{77 parties d'azote} \\ \text{23 d'oxygène,} \end{array}$$

et en volume 1 d'oxygène pour 4 d'azote.

Si p et v sont les poids et volume d'oxygène voulus, il faudra introduire un poids d'air égal à $\dfrac{100}{23} p = 4,35 \times p$, et un volume égal à 5 v.

Si l'on n'envoie pas assez d'air, l'hydrogène seul du gaz combustible sera brûlé, et le carbone, qui a moins d'affinité pour l'oxygène, restera à l'état de noir de fumée, ou ne produira que de l'oxyde de carbone.

Si l'on envoie trop d'air, la combustion sera complète, mais on perdra une grande quantité de chaleur pour échauffer en pure perte le gaz excédant.

Un kilogramme de carbone exige pour brûler 1mc,97 d'oxygène à 15°, et par suite 9mc,40 d'air.

Un kilogramme d'hydrogène exige pour brûler 5mc,70 d'oxygène à 15°, et par suite 28mc d'air.

Ces nombres permettent de déduire la quantité d'air nécessaire à la combustion d'une substance de composition connue. Ainsi :

1 kilogramme de bois avec 20 p.0/0 d'eau demande	5$^{m.c}$ 20	d'air à 15°
— bois sec.	6 51	—
— tourbe sèche.	7 36	—
— lignite sec.	7 37	—
— houille.	9 05	—
— anthracite	9 57	—
— coke.	9 03	—
— charbon de bois.	9 06	—

Ces quantités sont théoriques et expriment la quantité d'air nécessaire à la combustion; mais cette combustion ne s'effectuerait pas et ne tarderait pas à s'arrêter si l'on adoptait strictement ces proportions. Un corps, en effet, cesse de brûler bien avant que l'oxygène de l'atmosphère soit épuisé; aussi faut-il, dans la pratique, doubler tous ces nombres.

Ainsi l'on compte d'ordinaire 17^{mc} d'air au moins par kilogramme de houille ordinaire.

Quelle sera la température produite par la combustion d'un kilogramme d'hydrogène, par exemple?

Un kilogramme d'hydrogène produit environ 34000 calories, et exige 28^{mc} d'air, soit environ 33 kilogrammes d'air, qui renferment 7^{kil},59 d'oxygène et 25^{kil},41 d'azote. Il en résultera 8^{kil},59 de vapeur d'eau, et 25^{kil},41 d'azote.

Or la chaleur spécifique de la vapeur d'eau est 0,475, et celle de l'azote 0,244.

Appelons x la température du mélange gazeux après la combustion, la vapeur d'eau aura absorbé

$$x \times 0,475 \times 8,59$$

et l'azote

$$x \times 0,244 \times 25,41$$

La quantité de chaleur absorbée est égale à la quantité produite, soit à 34000 calories, d'où l'équation

$$x = \frac{34000}{0,475 \times 8,59 + 0,244 \times 25,41} = \frac{34000}{10,28} = 3307°.$$

La température du mélange sera donc de 3307°, si l'on n'admet que la quantité d'air strictement nécessaire.

Mais d'ordinaire, on la double; le mélange comprend par suite en plus 33 kilogrammes d'air, dont la chaleur spécifique est 0,238; la température finale s'obtiendra alors par la formule

$$x = \frac{34000}{10,28 + 34 \times 0,238} = \frac{34000}{18,37} = 1850°.$$

On voit là l'immense inconvénient de l'air qu'on est forcé d'introduire en excès; il faut donc limiter cet excès le plus possible, et tous les procédés dont c'est là le but donneront d'excellents résultats.

Ce calcul nous montre encore qu'il faut s'efforcer de produire l'oxygène à bon marché, afin d'arriver à l'alimentation du foyer par l'oxygène seul.

En effet, pour brûler 1 kilogramme d'hydrogène, il nous eût fallu 5^{mc},70 d'oxy-gène, pesant environ 7^{kil},59, et nous eussions obtenu 8^{kil},59 de vapeur d'eau, dont la chaleur spécifique est 0,475. La température finale eût donc été

$$x = \frac{34000}{0,475 \times 7,59} = 12070^{\bullet}$$

c'est-à-dire plus de six fois plus grande que celle qu'on obtient dans l'air.

On pourra répéter les mêmes calculs pour la combustion d'un kilogramme de carbone. Puis, connaissant en poids la composition d'un combustible donné, on saura quelle quantité d'eau et d'acide carbonique il est susceptible de donner; d'autre part, on connaît le nombre de calories fournies par la combustion; on pourra donc obtenir, comme plus haut la température finale.

Rappelons que la chaleur spécifique de l'acide carbonique est 0,216, celle de l'azote 0,244, et celle de l'oxyde de carbone 0,248.

Introduction de l'air dans le foyer. —Presque partout l'air n'est introduit dans le foyer qu'à travers la grille sur laquelle est placé le combustible.

Supposons sur cette grille une épaisseur un peu considérable de combustible, que se passera-t-il? On observera un phénomène analogue à celui que nous avons décrit dans les hauts fourneaux; l'air rencontrant la couche inférieure de houille incandescente oxyde le carbone et donne de l'acide carbonique, la vapeur d'eau que cet air renferme est elle-même décomposée en présence du charbon et donne un peu d'acide carbonique avec de l'hydrogène. Le courant gazeux en-traîne donc de l'acide carbonique, de l'hydrogène et de l'air; il s'augmente, à mesure qu'on s'élève, des produits de la distillation. Il y a déjà une partie de la chaleur produite qui est employée à cette distillation; l'acide carbonique, en présence d'un courant moins riche en oxygène, et du charbon rouge, est par-tiellement réduit et donne de l'oxyde de carbone. L'oxygène du courant gazeux est assez fort pour brûler l'hydrogène distillé et pour décomposer en partie les carbures, mais le carbone de ceux-ci reste à l'état de noir de fumée. Quand l'air a traversé la couche de combustible, il se trouve assez pauvre en oxygène, et dans les produits de la combustion, il s'en va beaucoup d'oxyde de carbone et de carbures non brûlés.

C'est donc une opération assez médiocre que de faire passer le courant d'air uniquement à travers le combustible, et pourtant elle est presque généralement employée. Quel immense avantage n'aurait-on pas à ménager une double ali-mentation! Un courant d'air traverserait la grille et brûlerait la partie solide; dans le foyer, à la naissance de la flamme, on ferait arriver de l'air par de nom-breux tubes à papillons qui brasseraient la masse et porteraient l'oxygène jus-qu'à la dernière molécule de substance combustible. Mais il faudrait éviter un accès trop considérable de l'air dans la flamme pour ne pas la refroidir outre mesure, et le mieux serait encore de chauffer, au préalable, au moyen des pro-duits de la combustion, l'air qu'on enverrait dans le foyer.

Quoi qu'il en soit, comme nous l'avons dit, c'est presque toujours à travers la grille du foyer que l'air pénètre dans le combustible d'abord, et ensuite dans la flamme.

Il faut donc fixer par l'expérience la hauteur de la couche de combustible qui donne le meilleur résultat. On pourra s'en rendre compte à l'aspect de la fumée, qui ne devra pas être chargée, et, en recueillant les produits de la combustion, on reconnaîtra s'ils renferment encore des produits combustibles, et notamment de l'oxyde de carbone; celui-ci se trouvera quelquefois en quantité assez considérable pour que le courant gazeux, qui s'échappe de la cheminée, brûle à l'air avec une belle flamme bleue caractéristique. L'aspect de la fumée ne suffit pas, car une fumée très-noire contient en somme peu de carbone, et une fumée pâle peut renfermer beaucoup d'oxyde de carbone, ainsi que des carbures.

L'épaisseur du combustible sur la grille dépend beaucoup de la facilité avec laquelle ce combustible s'allume; le bois et la tourbe sèche s'enflamment sous une épaisseur très-faible, la bonne épaisseur pour la houille ordinaire est d'environ $0^m,10$ à $0^m,15$; pour le coke, l'inflammation est moins facile, et, pour l'anthracite, on doit réunir ensemble des masses considérables, traversées par un fort courant d'air.

Durée de la combustion. — La combustion ne saurait être instantanée; il faut donc que la vitesse de l'air soit renfermée dans de justes limites, qui dépendent de la nature du combustible.

Si cette vitesse est trop considérable, le courant gazeux, qui s'échappe du foyer, entraîne avec lui la plus grande partie de l'air qu'on a échauffée en pure perte; il peut même arriver que la vitesse de l'air soit assez considérable pour que la combustion n'ait pas le temps de se produire et que le feu s'éteigne.

D'un autre côté, si la vitesse est trop faible, il n'arrive pas assez d'air, la combustion n'est plus capable de s'entretenir, et le feu tombe. C'est ainsi que l'anthracite exige un courant d'air énergique.

Il y a donc pour chaque combustible une vitesse déterminée de l'air, que l'expérience indique.

La condition de vitesse est suffisante pour la combustion de la partie solide, en ce qui touche le courant distillé de gaz combustibles, il faut qu'il soit en contact intime avec l'air pendant un certain temps, afin qu'un mélange parfait s'effectue et qu'aucune molécule n'échappe à l'action de l'oxygène.

Il est donc bon, surtout pour les substances qui distillent beaucoup de gaz combustibles, de ménager au-dessus de la grille une grande chambre où ces gaz se mélangent à l'air, et de plus d'offrir à la flamme un parcours très-long, afin que le contact ait bien le temps de se produire.

En résumé, la flamme doit s'éteindre entièrement avant d'atteindre la cheminée et même un peu avant de sortir des carneaux ou conduits qui se trouvent entre la cheminée et le foyer.

Du foyer et de la grille. — Le foyer comprend la grille, le cendrier et la chambre de mélange au-dessus de la grille.

Cendrier. — Le cendrier reçoit les détritus de la combustion, cendres et escarbilles; il doit être assez profond afin que ces détritus puissent s'y accumuler, et sa section d'ouverture doit pouvoir donner passage à tout l'air nécessaire à la combustion; la vitesse du courant d'air est constante, parce qu'il s'établit bien vite un régime, mais l'air qui traverse la grille est bien plus chaud et par suite moins pesant à volume égal. L'ouverture du cendrier devra donc être inférieure à celle du vide de la grille.

Souvent, on prend pour section de cette ouverture les $\frac{2}{3}$ du vide de la grille.

Chambre du foyer. — Nous avons dit que la chambre du foyer devait être assez vaste pour que le mélange de l'air et de la flamme s'y produisît intimement. Cette chambre a pour section rectangulaire horizontale le contour même de la grille; sa hauteur seule est donc variable.

La chambre du foyer est garnie d'une porte fermant hermétiquement, et que l'on ouvre le moins souvent possible pour faire les chargements de combustible.

La hauteur de la chambre du foyer doit être assez grande pour ne pas gêner la production de la flamme, et pour ne pas exposer les tôles de la chaudière à être brûlées ; cette hauteur devra donc être beaucoup plus forte avec un combustible qui brûle en grandes masses, ou qui donne une flamme longue de température élevée, qu'avec un combustible maigre à courte flamme et à faible chaleur, qui brûle sous une faible épaisseur.

La hauteur d'un foyer à bois au-dessus de la grille sera donc de $0^m,60$ environ.

Dans d'excellentes chaudières, alimentées avec une bonne houille à longue flamme, on a adopté $0^m,50$ de hauteur au-dessus de la grille.

Il serait prudent de ne pas adopter, dans ce cas, une hauteur constante et de prendre pour cette hauteur les $\frac{7}{10}$ de la longueur de la grille. Cette hauteur devrait même aller en augmentant de la porte du foyer jusqu'aux carneaux, puisque la masse et la température de la masse gazeuse vont en augmentant.

Avec les charbons maigres à petits morceaux, on peut borner la hauteur du foyer à $0^m,40$.

Mais avec le coke et l'anthracite, qui ne brûlent bien qu'en couches de $0^m,50$ à $0^m,70$, on doit ménager au-dessus du combustible une hauteur au moins égale à celle du combustible, ce qui donne pour la hauteur de la chambre $1^m,00$ à $1^m,40$.

Grille. — La grille, qui sépare le cendrier de la chambre du foyer, porte le combustible ; elle est formée de barreaux écartés qui laissent un passage à l'air.

L'écartement doit être tel, que le combustible ne tombe pas à travers les barreaux, et que cependant il arrive assez d'air pour la combustion.

Certains combustibles, abandonnant des : cories et du mâchefer qui encombreraient la grille, exigent des barreaux écartés.

Pour une cheminée, produisant un tirage déterminé, on peut varier la vitesse du courant d'air qui traverse le combustible en écartant ou en rapprochant les barreaux de la grille ; avec des barreaux écartés, la vitesse est faible, on a une combustion lente ; avec de barreaux rapprochés, la combustion est active.

Dans une combustion lente on brûle. .	15 à 20 kilog. de houille par heure et par mèt. carré.
— active.	200 à 400 — —
— modérée.. . . .	60 à 100 — —

La combustion lente a un grand avantage, c'est qu'à égalité de combustible, le foyer est beaucoup plus grand, le combustible est donc en couche mince, les produits de la distillation sont entraînés moins rapidement, le feu est plus facile à conduire, toutes choses favorables à une bonne utilisation de la chaleur ; la surface de chauffe directe, c'est-à-dire la surface de la chaudière directement opposée au foyer, est beaucoup plus considérable, et l'étendue de cette surface de chauffe directe est d'une grande influence sur la vaporisation, ainsi qu'on l'a maintes fois reconnu par l'expérience. La combustion lente paraît être la cause des avantages économiques qu'on a reconnus aux machines de Cornouailles.

Mais la combustion lente a le grave inconvénient de demander beaucoup de place ; elle fournit économiquement la vapeur, mais elle en donne moins par unité de temps que la combustion active. Lors donc qu'on veut obtenir beaucoup de vapeur en peu de temps, sans trop regarder à la dépense, il est préférable de recourir à la combustion active; on place le combustible en couche épaisse, et la chaleur produite se trouve plus près de la surface de chauffe ; la transmission de calorique se fait donc rapidement, mais il s'en perd une certaine proportion par la cheminée. Dans les locomotives et les bateaux, on aura donc recours à la combustion active; cependant, dans les machines marines, c'est plutôt une combustion modérée que l'on obtient ; celle-ci convient bien aussi aux combustibles difficiles à allumer, comme l'anthracite, la houille maigre et le coke.

Voici les proportions de vide que l'on laisse d'ordinaire dans les diverses grilles :

Pour le bois, lorsqu'on emploie une grille, le vide est $\frac{1}{4}$ ou $\frac{1}{7}$ de la surface de grille,

Pour la tourbe, l'anthracite et le coke, le vide est.. . . $\frac{1}{2}$ —

Pour les houilles grasses. . . . . $\frac{1}{3}$ —

Houilles maigres. . . . . $\frac{1}{4}$ —

C'est du reste par expérience directe que l'on déterminera dans chaque cas et avec chaque nature de combustible la proportion pour laquelle 1 kilogramme de combustible vaporise le plus grand poids d'eau.

La proportion du tiers au quart, adoptée pour les houilles d'une manière générale et notamment dans la marine, semble un peu forte; peut-être ferait-on bien de l'abaisser au $\frac{1}{5}$ et même au $\frac{1}{6}$.

On comprend sans peine ce que ces déterminations ont de peu absolu dans la pratique, car le combustible bouche toujours plus ou moins les vides des barreaux, et la proportion du vide au plein est essentiellement variable.

Voici la quantité de houille brûlée par décimètre carré de grille et par heure :

D'après Péclet, on brûle par décimètre carré de grille.. 1^k,00   de houille à l'heure.
Les constructeurs ne comptent que. . . . . 0^k,50 à 0^k,75   —
Et certains même n'admettent que. . . . . 0^k,25 à 0^k,40   —

La grille est formée de barreaux qui sont en fonte pour brûler la houille, et en fer pour brûler le bois, le coke et l'anthracite. D'une épaisseur variant de 0^m,015

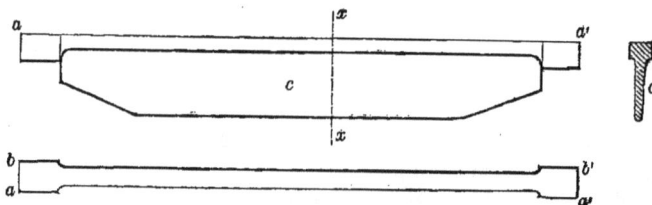

Fig. 282.

à 0^m,035, ils se composent d'une section rectangulaire renforcée en dessous par une nervure à section quasi triangulaire; cette forme facilite l'écoulement des cendres et l'accès de l'air, et permet aussi d'introduire plus facilement le ringard pour piquer le feu, figure 282.

Les barreaux sont dirigés dans le sens de la flamme, précisément pour faciliter l'opération du piquage.

En général, il est préférable de placer dans le sens de la flamme la plus grande dimension du foyer, sans toutefois que cette dimension dépasse $2^m,00$; car au delà le feu serait difficile à conduire et à piquer.

Toutefois, dans les chaudières courtes, comme les chaudières tubulaires, où la flamme se divise et suit une quantité de longs tubes, on raccourcit le foyer et l'on place transversalement la plus grande dimension.

Les anciennes grilles étaient horizontales; on a soin, aujourd'hui, de les placer inclinées, et cela pour plusieurs raisons : l'air s'introduit mieux, le piquage est plus facile, le combustible frais placé près de la porte du foyer descend peu à peu en distillant le long du plan incliné.

Les barreaux des grilles reposent à leurs extrémités, soit sur un cadre en fer, soit sur des briques réfractaires; il faut avoir soin de leur ménager un jeu suffisant, afin de laisser toute liberté à la dilatation ; vu l'énorme température produite, ces dilatations sont considérables. En effet, le fer s'allonge de $0^m,00122$ par 100° d'élévation de température.

Les barreaux conservent même une dilatation permanente, due à la modification moléculaire que leur fait subir une chaleur continue.

Le jeu laissé aux barreaux doit être environ $\frac{1}{25}$ de leur longueur.

Enfin, on a soin que les extrémités de ces barreaux soient taillées en forme de coin, afin de chasser, lorsqu'ils se dilatent, la cendre qui s'est introduite dans l'espace réservé au jeu.

De l'écoulement des gaz. — L'étude de l'écoulement des gaz est encore peu avancée ; les expériences les plus sérieuses ont été faites en 1867 par les ingénieurs de la compagnie du gaz de Paris. Mais on ne saurait les appliquer à la vapeur d'eau. Il faut donc se contenter des anciennes données; du reste, ce que l'on cherche surtout, c'est un minimum pour la section des conduits. Tant de causes modifient le phénomène dans la pratique, qu'on ne saurait viser à une exactitude inutile.

L'écoulement des gaz est assimilable à celui des liquides, et nous avons vu qu'un corps qui tombe d'une hauteur h prend une vitesse donnée par la formule $v = \sqrt{2gh}$; cette formule s'applique exactement aux liquides, ainsi que nous le verrons en hydraulique, et h est la distance verticale qui sépare le centre de l'orifice d'écoulement du niveau d'eau dans le réservoir.

Cette hauteur h est donc bien facile à déterminer; mais, lorsqu'on veut appliquer la formule à l'écoulement des gaz, il faut l'interpréter et exposer ce que l'on entend par la hauteur h.

Si (p) est la pression du gaz par unité de surface dans le réservoir près de l'orifice, et (d) la densité du gaz, la pression p est le poids d'une colonne gazeuse de densité d et de hauteur h, on a donc

$$p = d.h.$$

Si p' est la pression du gaz dans lequel l'écoulement se produit, on aura de même $p' = d.h'$, et cette pression p' sera exprimée par le poids d'une colonne gazeuse qui aurait même densité que le gaz du réservoir.

La hauteur qui produit l'écoulement n'est autre que la différence des hauteurs correspondant aux pressions p et p', donc

$$v = \sqrt{2g . \frac{p - p'}{d}}$$

1° Supposons de l'air rentrant dans une capacité où on a fait le vide, la pression p est égale à 10330 kilogrammes, la pression p' est nulle, la densité (d) est le poids du mètre cube d'air soit $1^k,29$, donc la vitesse d'écoulement sera

$$v = \sqrt{2 \times 9,8 \frac{10330}{1,29}} = \sqrt{156800} = 396^m.$$

Ainsi, l'air atmosphérique, qui pénètre dans une capacité où on a fait le vide prend une vitesse théorique de 396 mètres à la seconde, pourvu que l'orifice d'écoulement soit en mince paroi.

2° Soit de la vapeur à cinq atmosphères s'échappant dans l'air, quelle sera sa vitesse ?

La densité de la vapeur à cinq atmosphères est $2^k,58$ par mètre cube ; la pression $p = 51650$ kilogr., et la pression $p' = 10330$. Donc

$$v = \sqrt{2 \times 9,8 \frac{51650 - 10330}{2,58}} = 561^m.$$

On construira, par le moyen de cette formule, des tables qui donneront les vitesses avec lesquelles la vapeur à une pression donnée s'écoule soit dans l'atmosphère, soit dans un récipient dont la pression est connue.

La vitesse réelle du gaz qui s'écoule en mince paroi ne diffère guère de celle que nous venons de calculer ; mais, si on appliquait cette vitesse à la section totale de l'orifice, on trouverait un débit beaucoup trop élevé.

En effet, la veine gazeuse est soumise, vu la convergence des filets, à une contraction sensible, et il faut soumettre la section à un coefficient de réduction, qui est de 0,60 si l'orifice est en mince paroi, et de 0,80 si le gaz s'échappe par un ajutage cylindrique.

Le plus souvent, le gaz ne s'échappe pas seulement par un orifice en mince paroi ou par un petit ajutage, il parcourt des conduits de longueur, de direction et de diamètre variables. C'est ce qui arrive toujours pour la vapeur qui se rend de la chaudière à la machine qu'elle est chargée de faire mouvoir.

Les frottements du gaz sur lui-même et sur les parois des tubes, les chocs et étranglements dus aux changements de direction et de diamètre sont des causes puissantes de résistance.

D'Aubuisson a reconnu que la résistance est proportionnelle :

1° A la longueur de la conduite ;

2° Au carré de la vitesse du courant ;

3° A l'inverse du diamètre de la conduite.

D'après ces lois, d'Aubuisson a donné les formules suivantes :

$$(1) \quad v = \sqrt{\frac{2gh . D^5}{k . 2g.L.D'^4 + D^5}} \qquad (2) \quad v = \sqrt{\frac{2g.h.}{k . 2g.L + D}}$$

dans lesquelles D est le diamètre du conduit, D' le diamètre de l'orifice final,

L la longueur du conduit, h la hauteur de la colonne gazeuse qui représente la différence de pression entre le générateur et la capacité où le gaz s'écoule.

La formule (1) suppose que les diamètres D et D' sont différents ; dans la formule (2) on a admis que ces diamètres étaient égaux.

En réalité, les constructeurs de machines n'ont guère recours à ces formules ; pour trouver le diamètre minimum de leurs tuyaux, ils se contentent de calculer la vitesse d'écoulement en mince paroi, et ils réduisent cette vitesse de moitié. Connaissant le débit, si on le divise par la vitesse réduite, on aura la section du conduit.

Le constructeur intelligent s'appliquera surtout à réduire au strict minimum la longueur des conduits de vapeur, à évaser les embouchures et à éviter les coudes et étranglements, à adopter les grandes sections, et à empêcher toute condensation dans les tuyaux, car la présence de gouttelettes liquides augmente le frottement dans de grandes proportions.

Des cheminées. — Originairement, les cheminées ne servaient qu'à débarrasser les habitations de la fumée et des produits de la combustion. On ne tarda pas à reconnaître qu'elles avaient un autre effet capital, celui d'activer le tirage dans une proportion qui dépend de leur hauteur et de la température du courant gazeux qui les parcourt.

Le mécanisme de la cheminée est le suivant :

Soit une cheminée de hauteur h, remplie d'un courant gazeux à la température t, appelons t' la température extérieure. Avant le chauffage, la cheminée renfermait une colonne h d'air à la température extérieure, et il y avait équilibre entre le poids de cette colonne et la pression de l'air extérieur qui s'exerce à la base de la cheminée. Mais, lorsque la colonne d'air a été portée à une température élevée, elle est beaucoup plus légère, la pression atmosphérique l'emporte, et l'air extérieur se précipite à travers la grille dans la cheminée, qu'il remonte avec une vitesse que nous allons calculer.

Supposons la cheminée remplie d'air à $t'°$, lorsque cet air sera porté ensuite à la température $t°$, il prendra un volume v qui sera égal au volume v' multiplié par $(1 + \alpha\, t - t')$; expression dans laquelle α est le coefficient de dilatation des gaz, coefficient constant suivant Gay-Lussac, et égal à $\dfrac{1}{273}$.

Les sections de la cheminée étant constantes, les volumes sont proportionnels aux hauteurs de gaz, Ainsi, lorsque l'air chaud de la cheminée sera à la température t, la colonne d'air extérieur, qui tout à l'heure lui faisait équilibre, aurait pris une hauteur

$$h' = h(1 + \alpha(t - t'),$$

en supposant qu'elle se soit dilaté comme l'air chaud et qu'elle ait pris la densité de celui-ci.

La différence théorique des colonnes gazeuses qui se pressent à la base de la cheminée est donc $h.\,\alpha.\,(t - t')$, et, d'après les formules relatives à l'écoulement que nous avons démontrées au paragraphe précédent, la vitesse avec laquelle l'air extérieur pénétrera dans la cheminée sera

$$v = \sqrt{2g.\,h\,\alpha\,(t - t')} = \sqrt{\frac{2gh\,(t - t')}{273}}.$$

Cette formule nous apprend que le tirage varie comme les racines carrées de la hauteur de la cheminée et de la différence de température.

Ainsi, toutes choses égales d'ailleurs, pour doubler le tirage, il faudra quadrupler la hauteur ou la température, ce qui, dans bien des cas, sera absolument impossible.

Le plus souvent, on néglige dans la formule ci-dessus la température t', qui a peu d'importance relativement à t, et l'on se contente de prendre

$$v = \sqrt{\frac{2ght}{275}}$$

t étant la température de l'air brûlé qui parcourt la cheminée.

Exemple : Le courant gazeux s'échappe à une température de 150 degrés dans une cheminée de 50 mètres, quelle sera sa vitesse?

Cette vitesse sera de 10ᵐ,4.

Mais la vitesse ainsi déterminée est purement théorique, et bien des causes interviennent pour la réduire, telles que les coudes et étranglements, le choc du courant gazeux contre l'air dans lequel il s'échappe, la pression plus ou moins oblique du vent, et surtout le frottement du gaz sur lui-même et sur les parois de la cheminée.

Pour ces causes, il faut réduire des trois quarts de sa valeur la vitesse théorique trouvée plus haut, et l'on s'écartera peu des nombres réels de la pratique.

Voici quelques renseignements pratiques donnés par MM. les ingénieurs Debize et Mérijot dans leur remarquable *Chimie technologique :*

« *Règles pratiques.* — D'après les principes exposés plus haut et en vertu de la formule $v = \sqrt{\frac{2ght}{275}}$, le tirage ou la vitesse augmente avec la hauteur de la cheminée et la température des produits de la combustion, mais, au point de vue pratique, on ne tarde pas à atteindre les limites où un accroissement de ces variations cesse d'être avantageux ; il importe, en effet, de ne pas oublier qu'une plus grande hauteur de la cheminée, si elle augmente la vitesse, augmente aussi le frottement ; or ce frottement croît proportionnellement à la hauteur, tandis que la vitesse est simplement proportionnelle à la racine carrée de cette hauteur, c'est-à-dire croît beaucoup plus lentement ; il existe donc nécessairement une certaine hauteur limite, au delà de laquelle une surélévation nouvelle n'augmenterait plus le tirage. Pour les cheminées en maçonnerie, avec des diamètres de 0,15 à 1 mètre, cette hauteur maximum paraît être environ 19 ou 20 mètres.

Le frottement, qui résulte de l'excédant de hauteur de la cheminée, se trouve en partie compensé par la section plus grande qu'on lui donne alors. Dans ce cas, l'air, en arrivant dans un plus grand espace, prend une vitesse moindre, à laquelle correspond un frottement plus faible, tandis que le tirage reste le même, c'est-à-dire qu'il passe sur la grille la même quantité d'air dans un temps donné.

Ainsi, si l'on donne à la cheminée une section quadruple de celle du cendrier, on trouve, à très-peu de chose près, le chiffre théorique, pour la vitesse réelle de l'air, au moment où il entre dans la cheminée.

Il serait non-seulement inutile, mais encore nuisible, de dépasser ce rapport de 1 à 4 des sections, sanctionné par la pratique. Une section plus grande de la cheminée entraîne un accroissement de surface correspondant pour les maçonneries, et le refroidissement, qui en est la conséquence, compense, et au delà, la diminution du frottement.

Dans la plupart des cas, l'air arrive librement sous la grille et traverse le combustible ; l'admission se fait alors par les intervalles libres de la grille, qui varient constamment avec l'état de la couche de combustible.

Ainsi que nous l'avons vu, le tirage augmente avec la température de la cheminée, comme la racine carrée de cette température, mais l'effet utile, c'est-à-dire la quantité d'air appelée, n'augmente de ce chef que d'une manière insignifiante. Ainsi, si l'on prend une cheminée dont la hauteur soit vingt fois le diamètre, le rapport des quantités d'air appelées, pour des températures de 200 et 400 degrés sera 1,96 : 2,00. On voit que, dans ce cas, une augmentation de 200 degrés ne détermine qu'un accroissement presque sensible du débit. La raison en est facile à comprendre : pour que la même quantité d'air en poids pût s'introduire dans le foyer, aux deux températures considérées, il faudrait que les vitesses à la sortie pussent compenser l'effet des dilatations, c'est-à-dire que leur différence fût proportionnelle à l'accroissement de la température, tandis qu'elles ne varient que proportionnellement aux racines carrées de ces températures. Le calcul indique qu'une température supérieure à 150 degrés dans la cheminée n'offre aucun avantage et entraîne inutilement une perte de chaleur.

Lorsque la cheminée est immédiatement à la suite du foyer, le chemin *l* que doit parcourir l'air, est réduit à son minimum, ainsi que les frottements. Lorsque l'air parcourt des carneaux horizontaux, le frottement et la perte de tirage augmentent naturellement. Les rétrécissements surtout doivent être soigneusement évités. On doit y veiller tout particulièrement dans les grandes installations, où il est de règle de ne faire qu'une cheminée unique pour les divers foyers qui sont mis en communication avec elle par des carneaux horizontaux. Ces carneaux entraînent toujours une réduction du tirage et, pour diminuer, autant que possible, leurs inconvénients, il importe de maintenir leur section toujours libre. On doit également chercher à réduire le refroidissement des gaz par la surface des parois, en établissant, par exemple, ces carneaux sous le sol. Lorsque plusieurs carneaux débouchent à la fois au pied d'une cheminée, il est essentiel que les courants gazeux ne viennent pas se rencontrer directement, ce qui anéantirait une partie notable de leur force vive, et il convient de ménager des cloisons, qui les obligent à devenir parallèles avant leur mélange.

C'est un fait bien connu que les influences extérieures, notamment le vent et le soleil, exercent sur le tirage des cheminées une action très-nuisible. Le vent, qui se meut toujours à peu près horizontalement, rencontre le courant gazeux, qui sort de la cheminée, sous un angle droit et le force à prendre une direction plus ou moins oblique, suivant le rapport des vitesses. Cet effet latéral du vent produit le même résultat que si l'on bouchait une partie de l'orifice de la cheminée. Ainsi, suivant que la vitesse des produits de la combustion sera le double, la moitié, le dixième de celle du vent, la partie libre de l'orifice de la cheminée se trouvera réduite à 90, 42 et 6 pour 100 de la section normale. Il convient donc d'annuler, autant que possible, cette action du vent par des dispositifs spéciaux, ou tout au moins de contre-balancer son influence par une plus grande hauteur de la cheminée. L'action du soleil est parfois aussi forte que celle du vent, lorsque les rayons plongent à peu près verticalement dans l'orifice de la cheminée ; le phénomène qui se produit alors n'a pas encore reçu d'explication satisfaisante.

Dans les locomotives, les conditions mêmes du service ne permettent d'employer que des cheminées étroites et de très-faible hauteur, qui ne suffiraient pas, à elles seules, pour assurer le tirage et vaincre les frottements considérables des foyers tubulaires. On active ce tirage en disposant, suivant l'axe de la cheminée, un tuyau dans lequel on envoie la vapeur d'échappement des cylindres. L'expérience indique que l'effet utile des cheminées augmente dans ces conditions avec leur hauteur, mais jusqu'à une certaine limite seulement. Des expériences en petit ont, en effet, donné les chiffres suivants :

Excès de pression de l'air extérieur (millim. de mercure).	$3^{mm},6$	$8^{mm},4$	$11^{mm},6$	$11^{mm},8$
Pour les hauteurs de cheminées de............	20^{cm}	29^{c}	50^{c}	93^{c}

Le tirage augmente avec la tension de la vapeur d'échappement ; on trouve en effet

Pour les tensions de la vapeur de...............	$860^{mm},0$	$970^{mm},0$	$1130^{mm},0$
Des excès de pression de l'air extérieur de.........	$4^{mm},1$	$7^{mm},7$	$11^{mm},8$

Enfin, le tirage augmente très-rapidement à mesure que le diamètre de la cheminée diminue ; on a observé, en effet, avec la vapeur d'échappement à $10^{mm},80$ de tension et un tuyau de soufflage de $1^{mm},4$ de diamètre,

Des excès de pression de l'air extérieur de.....	$11^{mm},8$	$49^{mm},3$	$104^{mm},5$	$141^{mm},3$
Pour des diamètres de la cheminée de........	12^{c}	6^{c}	4^{c}	2^{c}

Chaleur perdue par les cheminées. — La portion de la chaleur développée, qui disparaît avec les gaz de la combustion par la cheminée, si notable qu'elle soit, ne saurait être regardée comme une perte absolue, car elle représente la force motrice employée pour alimenter d'air le foyer ; mais ce mode d'alimentation est très-coûteux. Un kilogramme de houille exigerait, d'après la théorie, 11 kilogrammes d'air environ, d'après Marozeau, le double, soit 20 kilogrammes, ce qui donne, en y comprenant la houille, 21 kilogrammes pour les pro_ duits de la combustion. Si ces produits s'échappent de la cheminée à une température de 150 degrés, ils emportent $\dfrac{150 \times 21}{4} = 787$ calories, c'est-à-dire environ 11 pour 100 de la puissance calorifique de la houille. Encore cette évaluation suppose-t-elle un feu mené avec le plus grand soin, et ne se rapporte-t-elle qu'à la partie de la chaleur réellement entraînée par les gaz. En réalité, la perte est de beaucoup plus de 11 pour 100 ; d'une part, la conduite du feu laisse généralement à désirer ; d'autre part, le rayonnement et les pertes de toute nature atteignent un chiffre assez élevé, 1 kilogramme de charbon de bois évapore $6^{k},780$ d'eau prise à 0°, soit 4,312 calories. Comme la puissance calorifique théorique du charbon de bois est de 7,800, on voit que l'utilisation n'est que de $\dfrac{4312}{7800}$, soit 55 p. 100. Pour la houille qui, en moyenne, évapore sept fois et demie son poids d'eau, on utilise environ 64 p. 100. On perd donc, dans le premier cas, 45, dans le second, 36 p. 100, même en admettant que le feu soit parfaitement conduit. La majeure partie de cette perte correspond aux déperditions produites par la cheminée et, dans la pratique, l'on peut admettre que la chaleur utilisée pour le tirage et celle qui est emportée inutilement par les gaz de la combustion correspondent au moins au quart de la chaleur totale dégagée.

Circulations d'air artificielles. — Ces derniers résultats conduisent naturellement à se demanaer si, dans beaucoup de cas, il n'y aurait pas intérêt à remplacer la cheminée par un autre appel d'air, par des ventilateurs, par exemple. Péclet a comparé les résultats de quelques installations de ce genre avec les dépenses qu'eût entraînées l'emploi d'une cheminée. Dans une brasserie de Louvain, on brûlait par heure 1000 kilogrammes de houille, dont on effectuait la combustion à l'aide d'un ventilateur d'une force de six chevaux. Or une machine de six chevaux consomme par heure 18 kilogrammes de houille ; une cheminée, à raison de 25 p. 100, en consommerait, dans le cas dont il s'agit, 250 kilogrammes. Les bains de la Samaritaine, à Paris, brûlaient 85 kilogrammes de bois par heure, à l'aide d'un ventilateur mis en mouvement par la force d'un homme. Comme un cheval-vapeur correspond à 6 kilogrammes de bois, un homme représente six septièmes ou $0^k,85$, pendant qu'une cheminée eût exigé une dépense de $\dfrac{85}{4}$, soit 21 kilogrammes.

Dans les usines importantes, la perte de combustible que représente la cheminée peut atteindre des chiffres considérables. Ainsi, dans une fabrique de produits chimiques, tous les fours et les foyers envoyaient leurs gaz dans une cheminée de 45 mètres environ, dont l'orifice supérieur avait $1^m,17$ de diamètre, soit $1^m,33$ de surface. Des expériences directes ont montré que la température des gaz était au moins de 120 degrés. D'après ces éléments, et en tenant compte du frottement, on trouve que la vitesse de l'air était de $11^m,5$ par seconde. Comme la cheminée fonctionnait jour et nuit, la chaleur qu'elle exigeait correspondait à la quantité nécessaire pour porter à 120 degrés, par seconde, une colonne d'air de $1^m,33 \times 11^m,15$, soit 1 million de mètres cubes par jour. Cette quantité de chaleur représente par an une dépense de 1,500 tonnes de houille, c'est-à-dire plus du tiers de la quantité réellement brûlée dans l'usine, tandis qu'une machine à vapeur de douze chevaux fournirait le même effet utile avec une dépense de houille dix fois moindre. Il est donc incontestable que, dans l'industrie, on attache trop peu d'importance à la perte énorme qu'entraînent les cheminées, et qu'on réaliserait d'importantes économies, en alimentant le foyer d'air au moyen de ventilateurs, dût-on les faire mouvoir à l'aide de machines spéciales.

Il est évident, d'ailleurs, que cette économie n'est réalisable qu'autant qu'on peut utiliser complétement la chaleur qu'emportent les gaz de la combustion, avant de les laisser échapper à l'air libre. »

C'est ce que nous avons vu dans les fours Siemens et dans les réchauffeurs de toute nature.

Construction des cheminées ordinaires. — Les cheminées ordinaires, à tirage naturel, se font en tôle quelquefois, et plus souvent en briques.

La cheminée de tôle est cylindrique ; elle a deux grands inconvénients : 1° le peu d'épaisseur de ses parois et leur nature même sont des causes de refroidissement pour le courant de tirage, et il en résulte une augmentation sensible de fumée ; 2° elles ne durent pas longtemps, car elles sont altérées par les alternatives de chaleur et de froid, et souvent la tôle est rongée par les vapeurs acides ou sulfureuses qu'entraînent avec eux les produits de la combustion.

Les cheminées en tôle ont l'avantage d'être très-légères et relativement peu coûteuses, elles conviennent donc parfaitement aux machines de faible force et à celles qui sont installées sur un terrain compressible, qui ne se prête point à de lourdes fondations.

Il faut établir ces cheminées avec de bonne tôle, parfaitement rivée, de manière à ce qu'aucune fuite ne soit à craindre : une fuite très-légère suffit quelquefois à réduire notablement le tirage ; l'épaisseur de la tôle va en diminuant de bas en haut, ce qui est rationnel, puisque les charges décroissent aussi. La cheminée est couronnée par un cercle en fer, quelquefois même en cuivre, il est bon de rejeter les ornements découpés qui s'oxydent rapidement et peuvent tomber sans qu'on s'y attende.

Quand les cheminées en tôle sont bien construites et bien d'aplomb, il est inutile de les relier à des points fixes, au moyen de fils de fer et de tirants. Lorsque l'on croit devoir recourir à ces précautions, il faut toujours songer aux effets de la dilatation et leur permettre de se produire sans danger.

Mais la véritable cheminée usuelle est la cheminée en briques : La figure 283 représente en coupe et en élévation une cheminée en briques qui sert à produire le tirage pour deux foyers ; les carneaux de ces foyers débouchent à la base, en face l'un de l'autre, et pour que les courants gazeux ne se heurtent pas, on les sépare

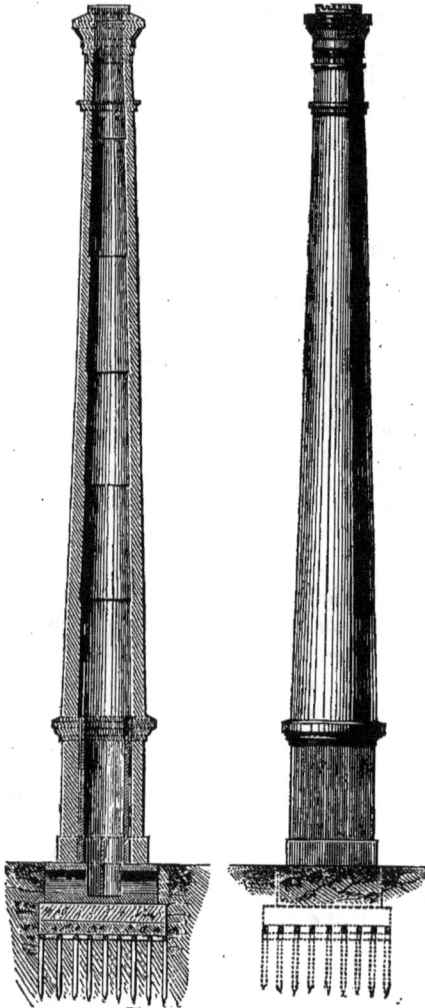

Fig. 283.

Fig. 284.

par une cloison verticale qui les divise et les rend parallèles à l'axe de la cheminée. La section de celle-ci est la somme des sections des deux cheminées qui conviendraient aux deux foyers séparés.

Les cheminées de briques sont quelquefois rectangulaires ou polygonales, mais le plus souvent circulaires. Elles ont une forme pyramidale, et, en effet, il serait absurde de donner à leurs parois la même épaisseur au sommet qu'à la

base. La cheminée que nous représentons est cylindrique, elle se compose d'un piédestal carré, terminé par une corniche, et supportant le fût conique que termine un couronnement orné.

Les dimensions de ces diverses parties doivent être combinées de manière à obtenir un bon effet architectural. C'est surtout sur le couronnement qu'il faut porter son attention : on ne doit pas craindre de l'accuser fortement, et même trop énergiquement sur le dessin, car il est destiné à être vu à une grande hauteur, et ses proportions se trouveront notablement réduites à l'œil.

Il en est de ce couronnement comme de celui des phares.

Le parement extérieur du fût présente un fruit qui est d'ordinaire de $0^m,05$ à $0^m,06$, et, à l'intérieur on ménage, tous les 5 ou 6 mètres, un redan qui diminue l'épaisseur des parois.

La construction des cheminées en briques est une opération assez délicate et qui demande des ouvriers exercés.

On ne saurait d'abord apporter trop de soin à la fondation pour éviter tout tassement ultérieur.

Pour élever le fût, le système représenté par la figure 284 peut être d'un emploi à peu près général : à chaque tiers de mètre, à mesure qu'on s'élève, on scelle dans la maçonnerie des barreaux en fer qui servent aux ouvriers à monter et qui serviront plus tard à visiter, à nettoyer et à réparer la cheminée lorsqu'il y aura lieu. A des hauteurs constantes, les maçons ménagent des boulins pour loger les abouts des planchers a, b, c. Dans l'axe de ces planchers s'élève une pièce verticale terminée par une sapine simple ou double, par laquelle on monte dans des seaux et de petites caisses les briques et le mortier. La pièce verticale est bien reliée aux trois planchers; lorsque la maçonnerie est suffisamment élevée au-dessus du plancher supérieur, on défait le plancher inférieur (a), que l'on porte sur la maçonnerie, et qui devient alors le plancher supérieur, on relève la pièce verticale, de manière que sa base s'engage dans le plancher (b), et c'est par des exhaussements successifs ainsi combinés que l'on atteint le sommet.

Quelquefois aussi on a recours à un échafaudage extérieur, qu'il est facile de composer.

Lorsque la cheminée est d'un large diamètre, le levage des matériaux peut se faire à l'intérieur, dans la partie centrale, au moyen d'un treuil mû à bras d'homme ou par une petite locomobile. Mais il est très-rare que ce moyens mécaniques soient nécessaires, car il est préférable de n'avoir en haus qu'un seul maçon : on obtient de la sorte une maçonnerie très-régulière, et éleı vée lentement, ce qui est une présomption de solidité.

Si l'on élève la maçonnerie trop vite, les mortiers sèchent beaucoup plus rapidement sur la face exposée au vent, la contraction est plus sensible de ce côté-ci que de l'autre, et la cheminée se déverse de quantités souvent notables, et qui peuvent atteindre $0^m,50$. Quand on veut aller vite, il faut employer des mortiers de ciment à prise rapide.

Si, malgré toutes les précautions, la cheminée vient à pencher, on fait un trait de scie sur la moitié de la circonférence d'un joint, à la partie convexe, on répète cette opération sur autant de joints que cela est nécessaire ; la hauteur de la moitié du fût, qu'on a ainsi traitée, se trouve donc réduite, le tassement se produit peu à peu, et la cheminée se redresse.

Le prix de revient du mètre cube de maçonnerie d'une cheminée de briques est variable avec les pays ; il faut compter comme main-d'œuvre 10 heures par mètre cube, pour les grosses cheminées et 14 heures pour les petites.

L'épaisseur de la paroi au sommet est variable, suivant les constructeurs entre 0,12 et 0,25. Le cube de la maçonnerie varie aussi dans des proportions considérables ; on peut cependant se borner à 30 mètres cubes pour la cheminée d'une machine de 25 à 30 chevaux, et compter environ 1 mètre par force de cheval, jusqu'à 200 chevaux ; à partir de 200 chevaux, la proportion est d'à peu près 1^{mc},5 par cheval-vapeur.

Voici, d'après M. l'ingénieur Mathieu, si expert en ces matières, les dimensions à adopter pour les diverses cheminées

HAUTEUR de la CHEMINÉE.	HAUTEUR SUR LESQUELLES RÈGNENT, A PARTIR DU HAUT, LES ÉPAISSEURS SUIVANTES DE MAÇONNERIE DE BRIQUES :								
	0^m,11	0^m,22	0^m,33	0^m,44	0^m,55	0^m,66	0^m,77	0^m,88	0^m,99
10	2,0	3,5	4,5	»	»	»	»	»	»
12	2,0	4,0	6,0	»	»	»	»	»	»
15	2,5	3,5	4,5	4,5	»	»	»	»	»
18	3,0	4,0	5,0	6,0	»	»	»	»	»
20	3,0	3,5	4,0	4,5	5,0	»	»	»	»
25	3,3	4,15	5,0	5,85	6,70	»	»	»	»
28	3,6	4,6	5,60	6,6	7,6	»	»	»	»
30	3,0	3,8	4,6	5,4	6,2	7,0	»	»	»
35	3,0	3,5	4,5	5,0	5,5	6,0	7,5	»	»
58	3,0	3,5	4,0	4,5	5,0	5,5	6,0	6,5	»
40	3,0	3,55	4,1	4,65	5,2	5,8	6,5	7,2	»
45	3,0	3,5	4,0	4,5	5,0	5,5	6,0	6,5	7,0
50	3,2	3,7	4,2	4,8	5,4	6,0	6,7	7,5	8,5

Généralement, les cheminées élevées sont surmontées d'un paratonnerre.

Cheminées à tirage forcé. — Dans beaucoup d'appareils, notamment dans les locomotives et les machines à bateaux, on ne dispose que d'une faible hauteur, et le tirage serait fort imparfait, si l'on n'avait recours à un jet de vapeur qui se précipite dans la cheminée avec une vitesse considérable et produit un appel d'air énergique.

Cette invention, qui date de 1827, a fait faire un grand pas à la machine locomotive, dont les chaudières tubulaires opposent une grande résistance au passage de l'air. On arrive, par l'injection de la vapeur, à brûler sur une grille cinq fois plus de combustible qu'on n'en brûlerait avec le tirage naturel. Mais, il ne faut pas oublier que le système n'est pas économique, et qu'il donne beaucoup plus de fumée.

La section d'une cheminée, avec tirage à vapeur, peut être le quart de la section d'une cheminée à tirage naturel.

C'est une question importante de savoir si l'on doit faire la prise de vapeur directement dans la chaudière, ou dans le cylindre.

Lorsque la prise de vapeur est sur le cylindre, comme il faut que la vapeur ait au moins une tension double de la pression atmosphérique, on est forcé de supprimer une notable partie de la détente, on maintient en avant du piston une pression élevée qui contrarie son mouvement, et, ce qui est plus grave, le tirage ne se produit que lorsque la machine est en marche. Après un temps d'arrêt un peu prolongé, on s'expose donc à voir tomber le feu.

Ces inconvénients n'existent pas avec la prise directe sur la chaudière, et, en somme, elle est plus économique, mais elle donne un sifflement perpétuel très-désagréable, tandis que l'échappement périodique du cylindre est beaucoup plus facile à supporter.

On en est arrivé, sur beaucoup de machines à adopter à la fois les deux systèmes : l'un sert pendant la marche, l'autre pendant l'arrêt.

La cheminée des locomotives doit être fermée par un grillage à mailles assez serrées pour arrêter les flammèches.

On dispose aussi au sommet de cette cheminée une gouttière, représentée par la figure 285, qui reçoit l'eau et l'amène par un tube jusqu'auprès du sol. Ce dispositif convient bien aux cheminées en tôle que l'on construit pour des usines.

C'est aussi pour empêcher l'eau de dégrader les cheminées en briques que l'on a souvent recouvert celles-ci d'un chapiteau en fonte ; mais le chapiteau en

 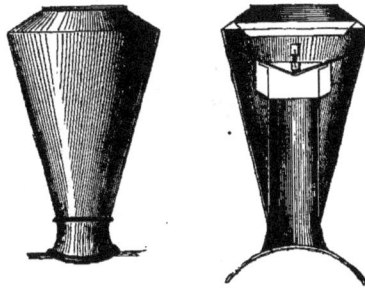

Fig. 285. Fig. 286.

fonte est très-lourd, et augmente l'amplitude des oscillations du fût sous l'influence du vent, et il vaut mieux lui substituer une feuille de tôle que l'on applique sur la maçonnerie.

Dans les pays où règnent des vents violents, on surmonte quelquefois les cheminées d'une mitre mobile qui se tourne au vent, et qui empêche celui-ci de contrarier beaucoup l'échappement du courant. Dans certains cas, cependant, les remous qui se produisent dans l'orifice sont aussi très-nuisibles.

Lorsque le combustible dont on se sert donne beaucoup d'étincelles, comme fait le bois, on a recours aux cheminées à pavillon. Le tube intérieur, figure 286, se termine par plusieurs palettes hélicoïdales, qui rejettent le courant gazeux latéralement : les étincelles tombent dans le cône ou pavillon qui entoure la cheminée, et le gaz s'échappe par le sommet après avoir contourné le chapeau de la cheminée proprement dite. De temps en temps on enlève les détritus accumulés au bas du pavillon.

Cs système est d'un emploi général en Amérique pour les locomotives et les bateaux à vapeur.

Les cheminées des bateaux pour navigation fluviale sont généralement trop élevées au passage des ponts, et il faut les rabattre. On a même été forcé d'en faire autant sur quelques lignes de chemins de fer ; sur d'autres, notamment sur la ligne du Nord, on s'est servi de cheminées recourbées horizontalement à angle droit.

La cheminée rabattante a toujours un grand désavantage, celui de réduire momentanément le tirage, en permettant à l'air extérieur de pénétrer dans la cheminée. Elle doit se rabattre en sens inverse du mouvement, et pendant le moins de temps possible.

Deux systèmes sont en usage : dans l'un, la partie supérieure de la cheminée est emboîtée dans la partie inférieure comme un tuyau de lunette, et elle est soutenue par des contre-poids, ce qui la rend plus facile à manœuvrer. Dans l'autre, la cheminée tourne autour d'une charnière horizontale, et se trouve encore équilibrée par un contre-poids par rapport à cette charnière.

Cette cheminée rabattante est représentée par la fig. 287. La partie supérieure mobile C est limitée à une cornière elliptique xy et à une cornière circulaire yt.

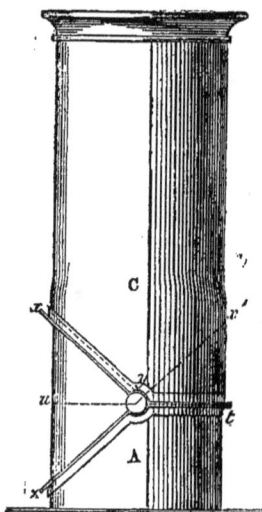
Fig. 287.

Lorsque cette partie mobile est verticale, elle s'appuie sur la partie fixe par sa cornière circulaire, appliquée sur une cornière égale ; lorsqu'au contraire la partie mobile est horizontale, elle s'appuie par sa cornière elliptique sur une cornière égale yz que porte la partie fixe A de la cheminée.

Dans tous les cas, c'est le joint qui constitue la partie délicate, et il faut le surveiller attentivement, de manière à le conserver étanche.

Registre. — Un accessoire indispensable d'une cheminée à vapeur, c'est une trappe ou registre destiné à diminuer la section d'écoulement, ou à la fermer complétement lorsqu'on veut éteindre les feux. Dans les cheminées ordinaires, c'est une vanne circulaire mobile autour d'un axe horizontal, terminé en dehors par un bouton, que l'on manœuvre comme une clef de poêle. Dans certaines cheminées on dispose des registres horizontaux glissant dans une rainure ; mais, en général, on préfère la trappe verticale à contre-poids, manœuvrée par une chaîne et placée sur les carneaux horizontaux près du point où ils débouchent dans la cheminée.

Dans les cheminées où la température est très-élevée, comme celles des locomotives (500°), on ne saurait placer des plaques métalliques, car elles seraient rapidement oxydées ; on recouvre la cheminée d'une plaque mobile, qui sert à régler et à détruire le tirage, et qui, baignée d'un côté par l'air, ne s'échauffe pas outre mesure. Cette plaque, que l'on peut voir aussi dans certaines cheminées d'usine se manœuvre, à partir du foyer, au moyen de leviers ou de chaînes à contre-poids, transmettant le mouvement.

DE LA FUMIVORITE

Conditions générales. — « Le développement de l'industrie, dit M. l'ingénieur Grateau dans son rapport sur les foyers fumivores, à l'exposition de 1867, a rendu de plus en plus graves les inconvénients des torrents de fumée noire rejetés dans l'atmosphère, par les divers foyers des manufactures. On s'est d'abord contenté d'exiger pour leur émission des cheminées de grande hauteur, le dommage était ainsi diminué pour les voisins, mais il existait en entier au point de vue de la perte du combustible entraîné sous forme de charbon très-divisé et dont on exagérait l'importance. On a demandé alors à la physique industrielle un remède à cet état de choses doublement préjudiciable, et les inventeurs n'ont point tardé à multiplier le nombre des solutions du problème, sans qu'aucune, jusqu'à présent, paraisse avoir rempli toutes les conditions exigées par la pratique. Mais la fumivorité des foyers présente aujourd'hui plus qu'un intérêt technique et économique; elle est devenue une question administrative au moins dans la plupart des grandes villes. Dans le département de la Seine, en particulier, elle est réglementée par une ordonnance de police du 11 novembre 1854. Les divers procédés employés pour prévenir ou brûler la fumée sont donc importants à plusieurs égards, et il convient, pour mieux apprécier leur rôle, d'établir nettement la nature du phénomène auquel ils doivent s'opposer.

Les causes de la fumée sont très-bien résumées dans l'*Instruction* rédigée par le Conseil d'hygiène publique et de salubrité de la Seine, à laquelle sont en partie empruntées les considérations suivantes.

La fumée est occasionnée par les produits volatils qui se dégagent de la plupart des combustibles (bois, tourbes, houilles), lorsqu'ils sont brusquement soumis à une température élevée. Ces produits sont principalement des hydrogènes carbonés, qui sont très-combustibles, mais qui exigent, pour s'enflammer, deux conditions : 1° leur mélange avec l'air en proportion convenable; 2° une haute température de ce mélange. Si ces deux conditions ne sont pas réalisées dans 1 foyer lui-même ou dans les carneaux parcourus par les produits gazeux de la combustion, les carbures d'hydrogène se décomposent, et il se forme un abondant dépôt de suie ou de charbon très-divisé, susceptible d'être entraîné par le courant de gaz qui sort de la cheminée. Par exemple, si l'on suppose que sur une grille couverte de coke incandescent, on vienne étendre une couche de houille de 20 à 25 centimètres d'épaisseur, les parties de houille fraîche qui se trouvent en contact avec le coke subissent une distillation rapide, la température du foyer baisse subitement, en même temps que le passage de l'air à travers la grille et le combustible se trouve obstrué. Par conséquent les deux conditions nécessaires pour l'inflammation des carbures d'hydrogène n'étant pas réalisées, la fumée se dégage de la cheminée en nuages opaques. Dans ces circonstances, l'introduction de l'air par la porte du foyer ou par tout autre orifice débouchant directement au-dessus du combustible est sans effet, parce que la température est insuffisante pour l'inflammation des gaz. La fumée décroît d'intensité à mesure que la houille se convertit en coke, que l'air trouve un accès plus libre entre les fragments de combustible, et que la température s'élève de nouveau par le fait de la combustion. Mais si, avant que la distillation soit complète, on vient piquer le feu, des morceaux de houille non encore carbonisée, sont amenés au contact du coke incandescent, la distillation s'accélère, et il y a recrudescence de fumée.

Les foyers dont les grilles ont une surface assez grande pour que la charge de combustible ne les recouvre que partiellement et sur une faible épaisseur, donnent peu de fumée, surtout si le chauffeur prend la précaution de charger la houille par petites quantités à la fois et sur le devant de la grille, afin que les produits gazeux de la distillation n'arrivent aux carneaux qu'après avoir passé sur la masse du coke embrasé.

La production de la fumée est d'autant plus abondante, toutes choses égales d'ailleurs, que les combustibles employés contiennent plus d'éléments volatils, par exemple, pour les houilles, d'autant qu'elles sont plus grasses et plus collantes.

Certaines variétés de houilles sèches du département du Nord et du bassin de Charleroi, donnent très-peu de fumée dans un foyer bien construit; le coke n'en donne pas du tout.

Les combustibles gazeux formés dans les *générateurs à gaz* des divers systèmes (Ebelmen, Thomas et Laurens, Beaufumé, Siemens, etc.), se composant principalement d'oxyde du carbone mélangé d'azote, ne peuvent, dans leur combustion, donner lieu à de la fumée, puisque le produit final est de l'acide carbonique, et qu'ainsi il n'y a pas dépôt de carbone libre. C'est donc à tort qu'on a donné quelquefois le nom de foyers fumivores à ceux qui sont alimentés par des combustibles gazeux.

La fumivorité ne peut, en effet, consister qu'à empêcher la production *possible* de la fumée.

Rôles des appareils fumivores. — Ces appareils doivent rationnellement prévenir la production de la fumée et non brûler celle-ci, comme on le dit souvent. En effet, au sortir du foyer, les gaz renferment le carbone à l'état de combinaisons hydrogénées incolores; ils s'enflamment au contact de l'air et se décomposent par suite de la combinaison de leur hydrogène avec l'oxygène de l'air, et c'est alors seulement que le carbone, devenu libre, se dépose sous forme de nuages noirs et fuligineux. A cet instant, on n'a plus aucune prise sur lui, et il est irrévocablement perdu comme combustible, tout en produisant les incommodités qui ont conduit l'administration à intervenir dans la question. Le problème est donc, non pas de brûler la fumée des charbons, mais de brûler les charbons sans fumée.

Moyens de prévenir la fumée. — On a vu que la fumivorité des foyers dépend surtout d'une alimentation convenable; on doit donc chercher à régulariser le plus possible la distribution du charbon sur les grilles. Les moyens mécaniques paraissent, au premier abord, très-propres à ce genre de travail, et beaucoup de systèmes ont été basés, en effet, sur leur emploi ; mais la pratique ne leur a pas été favorable, à cause de la complication ou de la difficulté d'entretien de leurs organes. Relativement au mode d'introduction de l'air, on doit préférer des orifices nombreux à une seule ouverture, parce que la réaction mutuelle des filets d'air et de gaz est plus facile, et, d'ailleurs, l'introduction d'une colonne d'air frais de trop gros volume produit un effet réfrigérant sur la flamme, ce qui est tout à fait contraire au but que l'on se propose. M. Wye Williams, de Liverpool, est d'avis, contrairement à l'opinion de la plupart des ingénieurs, que le lieu d'admission de l'air est tout à fait indifférent pourvu que le mélange de cet air et du gaz combustible soit effectué d'une manière continue. Il a conclu de la composition chimique des hydrogènes carbonés fournis par la distillation de la houille fraîchement chargée qu'il faut pour brûler chaque volume de ces gaz, un volume d'air dix fois plus considérable. De plus, cet air doit être frais et non pas avoir traversé déjà la couche de coke, où il s'est dépouillé d'oxygène et chargé d'acide carbonique et d'oxyde de carbone. En résumé, on atteint le mieux les conditions d'une bonne combustion en cherchant à appliquer en grand dans les foyers la donnée sur laquelle est basée la lampe à bec d'Argand. Ces principes avaient du reste été posés, dès 1833, par M. Lefroy, ingénieur en chef des mines, et ils ont été confirmés dans un rapport de M. Combes, inspecteur général des mines, présenté en 1846, à la commission centrale des machines à vapeur.

Les expériences de M. de Commines de Marsilly ont montré que le tirage exerce sur la fumivorité une influence non moins notable que la disposition du foyer et de la grille. Un courant d'air actif permet, en effet, d'opérer la combustion complète de la houille avec un très-faible excès d'air, résultat important au point de vue économique, puisque le trop grand afflux d'air ne détermine la combustion de la fumée qu'en augmentant la consommation du combustible. Cette observation conduit à remarquer que la fumivorité et l'économie de combustible ne sont pas corrélatives, comme on le pense généralement. Les foyers à grand excès d'air sont fumivores, mais ne sont pas économiques. Les deux conditions s'excluent souvent mutuellement, et les expériences de la Société industrielle de Mulhouse ont même montré que la marche la plus économique correspond, dans les foyers ordinaires, à la production d'une fumée noire. En fait, la condition du maximum d'économie du combustible n'est pas de brûler la fumée, c'est de brûler complétement les gaz, avec la quantité d'air strictement nécessaire. L'excès contraire, c'est-à-dire le défaut d'air atmosphérique, devient aussi une cause de perte, en ne permettant pas de brûler complétement les gaz combustibles.

Si l'on peut, par des dispositions rationnelles du foyer combattre les inconvénients de la fumée, il ne faut pas oublier toutefois qu'une amélioration très-notable peut être obtenue simplement par la bonne conduite du feu. Un chauffeur soigneux et intelligent peut, avec un foyer ordinaire, obtenir des résultats que ne donneront pas les appareils fumivores les plus perfectionnés, s'ils sont employés avec négligence. Les bonnes proportions du foyer sont surtout dans ce cas d'une grande importance. M. Combes a trouvé que, pour rendre un foyer ordinaire aussi fumivore que possible, la grille doit présenter une surface d'au moins 1.5 décimètre carré par kilogramme de houille à brûler, et par heure ; la somme des vides entre les barreaux doit être le quart de l'aire totale de la grille, la section de la cheminée égale au tiers de cette aire, et la section des carneaux égale à celle de la cheminée. De plus, il convient d'établir ces dimensions pour une consommation normale largement calculée, afin d'éviter les inconvénients que produirait une surcharge momentanée de la grille.

Nous distinguerons quatre systèmes de foyers fumivores, que nous allons passer en revue sommairement :

1° Lavage des produits de la combustion ;
2° Foyers à jets d'air dans la flamme, amenés par le tirage naturel ;
3° Foyers à jets d'air forcé ou de vapeur ;
4° Foyers avec grilles spéciales fixes ou mobiles.

1° Lavage des produits de la combustion. — Ce système consiste à laver le courant gazeux en projetant sur lui une pluie abondante. Les carneaux sont plusieurs fois recourbés, et aux parties basses, on trouve des pommes d'arrosoir qui lancent un jet d'eau continu envoyé par des pompes foulantes. L'eau s'écoule dans des réservoirs.

On comprend sans peine combien ce système primitif est nuisible au tirage; il brise et refroidit le courant, et ne laisse point que d'exiger un travail assez considérable. On en a fait quelques essais en Angleterre, qui n'ont pas été continués.

On ne résout pas le problème, puisqu'on n'empêche pas la fumée de se produire; on se contente de l'absorber lorsqu'elle a pris naissance.

2° Foyer à jets d'air dans la flamme amenés par le tirage naturel. — Ce système, inventé en 1820, a été l'objet des travaux de M. Combes. Le dispositif le plus usité est celui de Williams.

Foyer de Williams. — L'admission de l'air se fait sous l'autel, ou partie du foyer à laquelle touche le fond de la grille, et qui sépare le foyer proprement dit

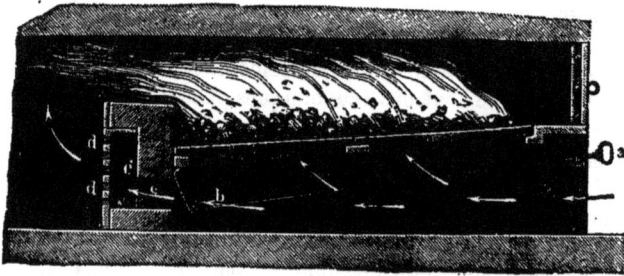

Fig. 288.

des carneaux. L'air entre par le conduit (c) dans la chambre (e), que limite une plaque de fonte (d) percée de trous nombreux. Cette plaque de fonte est au-dessous de la flamme, et ne se trouve pas soumise à une bien haute température, ce qui lui permet de résister.

Elle livre donc passage à une quantité de filets d'air, qui se mélangent intimement à la flamme, et brûlent complétement les carbures.

On a modifié ce système, en appelant directement l'air extérieur et le faisant déboucher derrière l'autel au moyen d'ajutages, percés comme les pommes d'arrosoirs, qui projettent l'air dans tous les sens et le mélangent à la flamme plus intimement encore qu'on ne le faisait tout à l'heure.

On a cherché aussi, au moyen d'un écran (appareil Gardner), à rabattre la flamme vers l'air qui s'échappe de la plaque (d), il y a choc et mélange.

Bien des foyers ont été construits dans ce genre; autant que possible, on injecte de l'air préalablement échauffé par les produits de la combustion. Pour cela, on peut faire passer ceux-ci dans des chambres analogues à celles du four Siemens, ou dans des conduits en poterie placés dans les carneaux.

Ce serait un grand perfectionnement à apporter à nos foyers domestiques que de les alimenter ainsi par un courant d'air chaud. On arriverait à augmenter le rendement de ces appareils de chauffage, si défectueux au point de vue économique.

Foyer de Gall. — Le foyer de Gall se compose de quatre grilles placées à angle droit dans un même plan horizontal, et débouchant dans une chambre verticale unique, qui se trouve au-dessous de la surface de chauffe directe de la chaudière. De la partie supérieure de la chambre verticale partent les carneaux horizontaux qui s'étendent sous la chaudière.

L'admission de l'air se fait de trois manières, d'abord par les grilles comme à l'ordinaire, puis par un tuyau central qui débouche au milieu de la chambre verticale, et qui est percé de nombreux trous ; enfin, les parois mêmes de cette chambre verticale sont à double fond et livrent passage à l'air extérieur par des orifices ménagés à cet effet.

Il est à craindre que l'air extérieur, affluant en grande quantité, ne refroidisse trop la flamme, et que la combustion ne devienne impossible ; le système doit donner de bons résultats avec de l'air préalablement échauffé.

Appareil Dureau et Blard. — La fumivorité y est obtenue par un courant d'air horizontal, dirigé en sens inverse de la flamme ; les courants se rencontrent et se mélangent. L'air extérieur traverse le cendrier, passe sous l'autel et s'échappe par des orifices dirigés de l'autel vers la porte du foyer.

Il est clair qu'il faut limiter la quantité d'air qui s'introduit ainsi, afin de ne pas trop contrarier le tirage.

Appareil Palazot. — L'appareil Palazot a été expérimenté à la Monnaie de Paris et à Bordeaux, et il a donné de bons résultats, tout en étant d'une construction simple et d'une manœuvre facile. Il atténue beaucoup la production de la fumée, mais ne réalise aucune économie.

L'air supplémentaire est introduit sur le combustible soit par une grille transversale placée à l'avant de la grille du foyer, soit, ce qui est la disposition ordinaire, par une longue fente étroite ménagée dans l'autel, un peu en arrière de la grille.

L'air arrive normalement à la flamme et s'y mélange bien.

Ce qui rend la combustion excellente, c'est qu'au-dessus de l'autel, la chaudière est supportée par une petite voûte en briques réfractaires, qui force la flamme à se rétrécir, en même temps que la température se trouve élevée par la chaleur réfléchie sur cette voûte.

L'introduction de l'air près de la porte du foyer est beaucoup plus rationnelle, et c'est elle qui est indiquée dans le nouveau brevet Palazot.

3° Foyer à jets d'air forcé ou de vapeur. — Les foyers à jets d'air forcé sont encore peu répandus. MM. Molinos, et Pronier, en avaient présenté un à l'Exposition de 1867, qui a donné lieu à des expériences satisfaisantes.

Quant à l'injection de la vapeur d'eau, elle a été fort préconisée dans ces derniers temps ; inventée par M. Fyfe, d'Édimbourg, pour brûler les houilles sèches et les anthracites, elle a été appliquée par M. Ivison à la combustion des houilles grasses.

La vapeur d'eau, envoyée sur la houille incandescente, se décompose en oxygène et hydrogène, il se produit de l'acide carbonique et de l'oxyde de carbone, et l'on obtient une longue flamme brillante, peu ou point chargée de fumée. Mais la décomposition de l'eau a donné lieu à une grande absorption de chaleur, la température s'abaisse, et les expériences faites à Mulhouse avaient condamné le système au point de vue économique.

L'introduction de la vapeur d'eau a été reprise ensuite par M. Thierry fils, constructeur, qui l'a appliquée à tous les systèmes de chaudières.

Il emprunte à la chaudière même de la vapeur sèche prise dans le dôme A, et l'amène par un tube recourbé jusqu'au-dessus du combustible, sur lequel cette vapeur est lancée avec force au moyen d'une sorte d'arrosoir. Un robinet B permet de régler à volonté et même de supprimer l'introduction de la vapeur.

« La dépense de vapeur, dit M. Grateau, est faible, car on n'en emploie qu'une quantité relativement petite; en effet, elle se dépouille, dans le tube réchauffeur, de toute l'eau qu'elle renfermait, et dont la vaporisation double son vo-

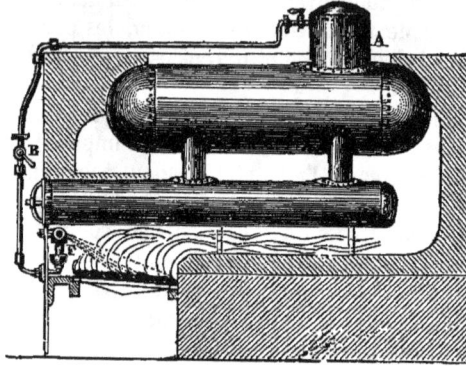

Fig. 289.

lume. En outre, la vapeur parfaitement sèche ne refroidit pas le combustible comme la vapeur saturée et humide; elle agit comme un soufflet en aspirant l'air du dehors par le fait de sa détente, et elle se comporte comme un gaz combustible en se décomposant sur le devant du foyer. L'expérience a été favorable au foyer Thierry, non-seulement au point de vue de la fumivorité, mais encore à celui de l'économie, ce qui n'a pas été réalisé en général avec les appareils qui empêchaient la fumée de se produire : suivant l'inventeur, l'économie moyenne serait de 8 à 12 0/0.

4° **Foyers avec grilles spéciales fixes ou mobiles.**

Grille à gradins ordinaire. — La grille à gradins ordinaire convient bien à

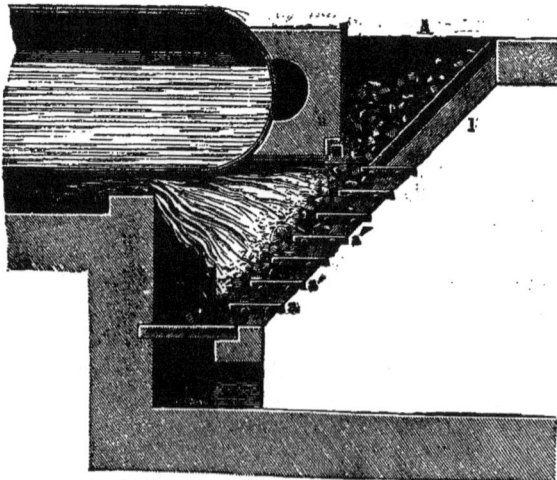

Fig. 290.

brûler les déchets de houille et de tourbe, la sciure de bois et la tannée, mais elle ne convient pas pour les houilles grasses.

Les grilles se composent de larges barreaux horizontaux posés à plat entre deux montants inclinés ; leurs arêtes horizontales extrèmes se trouvent, du côté du foyer, dans un même plan, dont l'inclinaison est celle du talus naturel que prend le combustible dont on se sert (environ 45°).

Ce combustible est introduit par un entonnoir A et descend uniformément en s'échauffant peu à peu ; l'alimentation et l'épaisseur du combustible sur la grille ne sont pas à la volonté du chauffeur, et par suite le tirage est parfaitement régulier, la grille ne s'obstrue pas ; on n'a jamais à ouvrir la porte d'un foyer qui laisse toujours entrer une masse d'air froid. Tout le monde a pu constater dans les foyers ordinaires, que c'est au moment où le chauffeur ouvre la porte pour charger du combustible frais, que la fumée devient noire et épaisse.

Grilles de Langen, à Cologne. — Elle se compose de trois grilles étagées, suivant un plan incliné, et dont on voit les barreaux en BB. Ces barreaux sont recourbés, et ceux d'un étage ne descendent pas jusqu'à l'étage inférieur ; il y a toujours une ouverture libre, par où l'on charge le charbon que l'on pousse vers les plaques A. (Pl. V, fig. 1.)

A la base est une quatrième grille CC, analogue aux grilles ordinaires et horizontale.

On commence le chargement par la grille du bas ; puis on alimente par les trois étages à la fois ; le combustible frais entre sous le combustible échauffé, et les produits de sa distillation ont le temps de se mélanger à l'air avant d'être portés à une haute température ; c'est précisément l'inverse de ce qui se produit dans les foyers ordinaires. De temps en temps, on pousse le combustible, qui se trouve à la naissance des barreaux, pour le remplacer par d'autre. Il est à remarquer que les barreaux ne sont pas en contact avec le combustible le plus incandescent, et se trouvent par suite soumis à des causes bien moins puissantes de détérioration.

Le levier R sert à ouvrir la partie verticale du bas B, ce qui permet de nettoyer la grille horizontale.

Ce système, très-usité dans la Prusse rhénane et dans l'est de la France, a donné d'excellents résultats, bien qu'il soit un peu compliqué.

Grille à gradins de MM. de Marsilly et Chobrzinski. — C'est à M. de Marsilly que l'on doit la propagation de la grille à gradins en France. Sa grille a été perfectionnée ensuite par M. Chobrzinski.

Elle se compose, comme la précédente, de deux parties : l'une inclinée formée de barreaux horizontaux larges, posés à plat, et se recouvrant l'un l'autre, l'autre est une grille ordinaire horizontale, placée en bas de la précédente.

C'est le système que nous avons décrit plus haut.

Il a été modifié dans les locomotives : on n'a laissé subsister à la partie supérieure que deux barreaux plats horizontaux, puis on a achevé le plan incliné avec des barreaux posés suivant la ligne de plus grande pente ; cette disposition simplifie beaucoup le nettoyage de la grille, elle donne lieu à une descente plus régulière du combustible, et a donné de bons résultats avec les charbons gras et flambants.

Dans ces grilles à gradins, on a quelquefois placé au-dessous de la grille horizontale inférieure une autre grille horizontale à barreaux serrés, destinée à brûler les escarbilles.

La grille à gradins a donné d'assez bons résultats au chemin de fer du Nord, tant qu'on n'a pas employé des houilles très-bitumineuses.

Grille fumivore Tenbrinck. — La grille Tenbrinck est inclinée, et le combustible descend à sa surface par la pesanteur seule; l'alimentation se fait à la partie supérieure de la grille par une trémie inclinée toujours pleine de combustible, et celui-ci coule sur la grille en couche plus ou moins épaisse suivant que l'on ouvre plus ou moins l'orifice de la trémie.

Le système Tenbrinck a été appliqué aux locomotives avec les perfectionnements suivants : la grille a été faite en deux parties, la partie supérieure est fixe, l'autre est mobile, et peut être renversée autour d'un axe horizontal, ce qui permet de la nettoyer, d'enlever le mâchefer ou même de laisser tomber le feu. On a ménagé au-dessus de la trémie un clapet mobile, que l'on peut ouvrir plus ou moins, et qui donne accès à l'air; celui-ci arrive donc sur le combustible en quantité suffisante. Au-dessus de la grille et presque parallèlement, dans la chambre du foyer, on a disposé un bouilleur plat, contre lequel la flamme vient frapper; elle se trouve réfléchie, se mélange mieux à l'air, et l'on obtient une combustion parfaite, en même temps que le bouilleur donne une surface de chauffe directe très-favorable à la vaporisation.

De la sorte, on a obtenu la fumivorité, et il paraît qu'en outre on a réalisé une économie de 17 p. 100 sur le combustible.

Quelques ingénieurs émettent des doutes sur la durée du bouilleur plat, qui se trouve directement soumis à l'action très-énergique de la flamme : les détériorations n'ont pas été bien rapides.

Grâce à la grille à gradins et à l'appareil Tenbrinck, on est arrivé à brûler dans les locomotives les houilles les plus grasses, tandis qu'avec les anciens foyers, il fallait nécessairement s'en tenir au coke.

Grille mobile Tailfer. — La grille mobile Tailfer est une grille sans fin, formée de barreaux articulés à leurs extrémités, et cette sorte de chaîne à barreaux s'enroule sur deux lanternes. Celle qui se trouve à l'avant du foyer porte sur son arbre une poulie motrice qui lui communique son mouvement; la lanterne d'arrière est entraînée par la grille, qui s'avance avec une vitesse de $0^m,02$ à $0^m,03$ par minute; on voit que le déplacement est très-lent et qu'en somme il faut peu de travail pour le produire. (Pl. VI, fig. 1.)

Le combustible tombe à l'avant de la grille par une trémie, que l'on entretient toujours chargée, et dont on règle l'orifice au moyen d'un registre, manœuvré par une chaîne et un levier.

Un système d'engrenage permet de faire varier la vitesse de la grille de telle sorte que cette vitesse convienne au combustible donné, qui doit brûler complétement dans le temps qu'il met à parcourir la partie supérieure de la grille.

L'appareil entier repose sur un chariot, mobile sur deux rails placés au fond du cendrier, et on peut le retirer pour le visiter et le nettoyer.

Avec ce système, la conduite du feu est régulière et pour ainsi dire automatique, elle n'est pas laissée à la merci de l'attention et de l'intelligence du chauffeur.

« En fait de grilles mobiles, correspondant à nos grilles Tailfer, on peut citer en Angleterre, dit M. de Freycinet, celles de M. Hazeldine, dont font usage plusieurs industriels, entre autres M. Price, à Battersea. Chez ce dernier, les grilles se meuvent avec une vitesse de 2 mètres à l'heure, en emportant, sur une épaisseur constante de 12 centimètres, la houille très-menue amoncelée contre la plaque d'entrée. M. Price, qui a essayé d'un grand nombre d'appareils, nous déclarait ce dernier irréprochable à tous les points de vue. »

Mais il a l'inconvénient d'être coûteux et de demander un certain entretien. La grille est assez difficile à régler lorsque l'on change de combustible, et il faut alors un chauffeur intelligent.

La grille mobile convient parfaitement à la combustion des combustibles très-menus, comme la gailleterie, parce qu'avec les gros combustibles l'appel d'air est souvent trop énergique.

Grilles à alimentation continue. — Le genre de trémie adopté dans la grille Tailfer avait été appliqué déjà, plus ou moins modifié, à beaucoup de foyers. On a obtenu de la sorte une meilleure alimentation de combustible, et on a évité ces courants d'air froid qui se produisent toutes les fois qu'on ouvre la porte du foyer et qui donnent naissance à des bouffées de fumée noire.

Grille à flamme renversée. — Le foyer ordinaire est irrationnel, puisque l'on place le combustible frais sur le combustible incandescent, ce qui refroidit les produits de la distillation et est contraire à une bonne combustion. Il faudrait que l'air rencontrât d'abord le combustible frais, qui s'échaufferait peu à peu et serait soumis à une distillation, dont les produits pénétreraient ensuite dans la zone de température élevée, où la combustion complète ne se trouverait plus contrariée.

Aussi depuis longtemps a-t-on eu recours aux grilles à flamme renversée, dans lesquelles le courant d'air qui traverse la grille est dirigé de haut en bas et non de bas en haut. Ce système a été appliqué d'abord à la combustion du bois, puis à celle de la houille.

En général, on emploie deux grilles, l'une supérieure, dans laquelle l'alimentation de houille se fait d'une manière continue ; la houille s'y enflamme et s'y distille, et lorsqu'elle est réduite à l'état de coke, elle tombe sur une grille ordinaire horizontale, munie d'un cendrier, et sur laquelle la combustion s'achève.

La figure 4 de la planche VI représente la grille à flamme renversée construite par MM. Mignet, Fond et Cᵉ. La chaudière est à foyer intérieur, c'est-à-dire qu'elle se compose d'un cylindre traversé à la partie inférieure par un autre cylindre dans lequel on installe le foyer ; celui-ci est donc entouré de toutes parts par la chaudière. Comme les barreaux se trouvent soumis à une température très-élevée, ils ne tarderaient point à se briser et à disparaître, si on ne leur donnait une constitution spéciale ; ce sont des barreaux creux, légèrement inclinés, dans lesquels circule un courant d'eau.

On voit la coupe d'un de ces barreaux, indiqué par le chiffre (5) ; à l'avant il débouche dans le tuyau d'alimentation de la chaudière, et à l'arrière dans un tuyau vertical (7) qui pénètre dans la chaudière et s'y élève au-dessus du niveau de l'eau. L'eau monte donc dans le barreau, elle s'y échauffe et même s'y vaporise, avant de pénétrer dans la chaudière à l'alimentation de laquelle elle concourt.

Le système est en somme assez compliqué et doit exiger un entretien coûteux à cause des fuites qui ne peuvent manquer de se produire aux assemblages des divers tubes, soit entre eux, soit avec la chaudière.

On a cherché à obtenir le même résultat de faire arriver le combustible frais au-dessous du combustible incandescent en ayant recours à divers systèmes qui ne se sont point propagés.

Ainsi le foyer Boquillon est une grille formant un cylindre complet dont les barreaux sont des génératrices ; chaque quart de ce cylindre peut s'ouvrir en tournant autour d'une charnière horizontale, et le cylindre lui-même est mobile autour de son axe horizontal. Lorsqu'on veut charger du combustible, on ouvre le secteur du haut, on jette le charbon, puis on fait faire au cylindre un quart de révolution; le charbon incandescent qui se trouvait en bas est soulevé et retombe sur le charbon frais qui a pris sa place.

Dans un autre foyer, on pousse le combustible frais sous le combustible incandescent au moyen d'une vis d'Archimède, mue par la machine et placée verticalement au-dessous du foyer; elle a sa base dans un réservoir à charbon et elle élève celui-ci d'une manière régulière.

Grille Duméry. — La grille Duméry, représentée par la figure 29, est formée

Fig. 291.

de barreaux horizontaux, qui ne sont pas disposés suivant un plan horizontal, mais suivant un dos d'âne, de sorte que le combustible est forcé de remonter depuis les côtés jusqu'au centre.

L'introduction du combustible ne se fait pas dans le sens de la longueur de la chaudière, mais transversalement, par des conduits verticaux (*b*). Un clapet à charnière (*c*) règne au bas des conduits, et en appuyant avec un levier sur ce clapet, on pousse la houille et on la contraint de s'élever sur la grille. A la base se trouve la houille fraîche, qui s'échauffe peu à peu et distille; les produits de la distillation rencontrent, en montant, le coke incandescent ainsi que le courant d'air qui traverse la grille, et la combustion se fait dans d'excellentes conditions.

Mais on voit que la manœuvre est assez difficile, et, si le foyer prend une certaine importance, on est forcé de recourir à un mécanisme spécial pour produire le refoulement du clapet.

Nous nous en tiendrons là de la description des foyers fumivores, bien qu'on puisse encore en citer de nombreux exemples, se rapprochant plus ou moins de ceux que nous avons étudiés.

Conclusion. — Nous ne pouvons mieux faire que d'adopter comme conclusion celle de M. de Freycinet dans son *Traité d'assainissement industriel :*

« On revient de l'engouement qu'inspiraient à une certaine époque les appareils soi-disant fumivores, et, après bien des essais, on a fini par reconnaître qu'aucun type de foyer ne mérite exclusivement cette qualification, mais que tous peuvent le devenir moyennant l'observation des principes suivants :

1° Avoir une épaisseur modérée de charbon sur la grille, 10 à 12 centimètres, par exemple, 15 au plus;

2° Éviter la formation brusque d'une trop grande quantité de gaz froid;

3° Introduire de l'air supplémentaire dans la zone de combustion;

Sans parler, bien entendu, d'une foule d'autres conditions inhérentes à l'installation d'un bon appareil à vapeur et dont la nécessité avait été depuis longtemps reconnue, comme d'avoir un cendrier et une chambre de combustion suffisamment hauts, d'éviter les foyers longs et étroits, d'avoir une bonne cheminée, etc.

Le premier principe a pour objet de faciliter l'accès de l'air par les barreaux et de modérer la quantité de gaz à brûler dans un espace donné. Il implique que les foyers ne soient pas disproportionnés avec le travail qu'on exige de la chaudière, ou que la grille ait une superficie suffisante.

Le second principe peut être satisfait de bien des manières, et en première ligne, par les soins qu'apporte le chauffeur. Si le feu est chargé irrégulièrement, si on le laisse tomber pour le renouveler à fond, avec les meilleures dispositions on produira beaucoup de fumée. »

M. de Freycinet estime donc que les appareils fumivores sont à peu près inutiles et qu'il suffit de se procurer un chauffeur intelligent et soigneux. Sans doute, c'est là une condition capitale et nécessaire au bon fonctionnement même des foyers fumivores qui semblent automatiques, mais la conclusion nous paraît un peu absolue, et il nous semble que, parmi les dispositions signalées, il en est quelques-unes d'assez simples, susceptibles de conduire à de bons résultats.

Du reste, la question de la fumivorité est surtout une affaire de salubrité publique, car, au point de vue de l'économie, les expériences connues lui sont en général opposées.

Ainsi, la Société industrielle de Mulhouse, après de nombreuses recherches, a formulé le principe que le meilleur rendement en eau vaporisée s'obtenait lorsqu'il se produisait une fumée noire et abondante. Quelques industriels anglais sont du même avis.

Ce qui semble indiquer que les foyers fumivores ne procurent qu'une économie illusoire, c'est le peu de succès qu'ils ont eu malgré les prospectus attrayants d'une foule d'inventeurs.

4° CHAUDIÈRES

Nous distinguerons deux grandes classes de chaudières ·
1° Chaudières à foyer extérieur ;
2° Chaudières à foyer intérieur.

1° Chaudières à foyer extérieur. — Ce sont les plus anciennes : à l'origine, on construisit nécessairement les chaudières suivant le modèle en usage dans les opérations culinaires, et l'on fit quelque chose d'analogue à la marmite de Papin. Une chaudière était un cylindre métallique recouvert d'un dôme, et placé sur un foyer dont la flamme verticale entourait la chaudière de toutes parts.

Chaudière à tombeau de Watt. — Évidemment, avec un pareil système on perdait beaucoup de chaleur et on produisait peu de vapeur ; il faut remarquer du reste que dans la machine atmosphérique, on ne consommait la vapeur que sous une pression égale à la pression atmosphérique ; il suffisait donc de porter l'eau à 100 degrés et l'on n'avait pas à s'inquiéter de la résistance des parois.

Watt reconnut bien vite la nécessité d'un meilleur générateur pour alimenter ses machines, qui consommaient la vapeur à une pression supérieure à la pres-

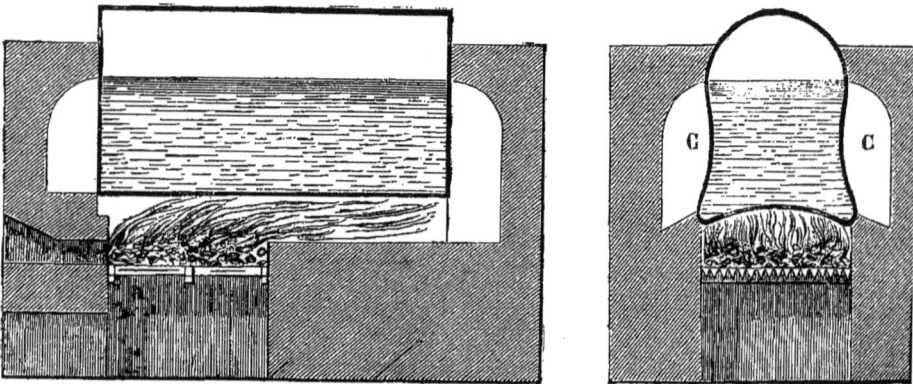

Fig. 292.

sion atmosphérique, quoique bien faible encore, et il inventa la chaudière que nous avons appelé chaudière à tombeau, et que les Anglais appelaient chaudière en tête de chariot (waggon-head boilers).

La figure 292 représente cet appareil en coupes longitudinale et transversale. La chaudière est un cylindre dont on voit la section droite sur la coupe transversale; elle est convexe à la partie supérieure, et concave sur les côtés comme sur le fond, de sorte qu'elle présente à la base deux angles que l'on arrondit ou que l'on supprime par des pans coupés.

Le foyer est à l'avant, et chauffe directement une partie du fond, puis la flamme lèche ce fond concave et s'en va jusqu'au bout de la chaudière pour revenir par les carneaux latéraux C. Ces carneaux rencontrent à l'avant de la chaudière des carneaux transversaux qui conduisent à la cheminée les produits de la combustion.

On voit que cet appareil était bien combiné : la flamme suivait la chaudière pendant un assez long parcours et elle avait le temps de se refroidir avant d'arriver à la cheminée, l'utilisation du combustible était donc excellente ; la forme concave du fond et des parois latérales était rationnelle puisqu'elle concourait à augmenter le développement de la surface de chauffe, et qu'en outre elle donnait plus de résistance contre la pression intérieure. Les dépôts, que l'eau d'alimentation abandonne toujours, tombaient naturellement dans les angles de la base, et par suite ne restaient pas dans les parties où le feu agit avec le plus d'énergie, ce qui est un grave inconvénient dans les chaudières ordinaires, ainsi que nous le verrons plus loin.

Malheureusement, la chaudière de Watt, par son profil irrégulier, se déforme assez facilement, elle ne peut donc résister à des pressions un peu fortes, à moins qu'on ne la consolide à l'intérieur avec des armatures coûteuses et difficiles à installer, et l'on a été forcé d'y renoncer dès qu'on a construit des machines à haute pression.

Massif d'un fourneau. — Les chaudières sont toujours enchâssées dans un massif de maçonnerie, sur lequel il convient de donner quelques détails :

Tout ce qui n'est doint touché par la flamme ou par les produits de la combustion peut être construit en bonne maçonnerie ordinaire ; c'est presque toujours la brique que l'on emploie.

Le revêtement intérieur, que lèchent la flamme et les gaz chauds, doit se faire en briques et mortier réfractaires sur une épaisseur de $0^m,11$ au moins.

Nous avons vu en physique que le produit réfractaire par excellence était le silicate d'alumine à peu près pur, non mélangé de fondants, tels que les sels de potasse, de soude, de magnésie et de fer ; la terre argileuse, qui donne des produits réfractaires, est donc excessivement rare, et on doit la choisir avec soin. La brique réfractaire, après sa cuisson, est blanche et sans aucune trace de vitrification, quelle que soit la température à laquelle on l'a portée.

Quand le massif d'un fourneau vient d'être construit, il faut bien se garder d'y faire du feu immédiatement ; les mortiers sécheraient trop vite, il se produirait des boursouflements et des dilatations considérables qui disloqueraient le tout.

On doit d'abord le laisser sécher à l'air pendant plusieurs jours, afin que la maçonnerie perde naturellement son humidité et fasse prise. Ensuite, on allume sur la grille un léger feu de bois, que l'on alimente tant que le fourneau dégage un peu de vapeur, et tant que la chaleur ne s'est pas transmise jusqu'à sa surface extérieure.

Avec ces précautions, applicables à tous les fourneaux, on évite les fentes et les dislocations qui ne manqueraient pas de se produire.

Description d'une grande chaudière à tombeau de l'usine Watt et Boulton.

Les figures 1 et 2 de la planche VII, représentent en coupes transversale et longitudinale, une grande chaudière à tombeau, de l'usine Watt et Boulton.

AA est la grille du foyer et c en est la porte ; B est l'autel ; la flamme et les produits de la combustion parcourent d'abord le carneau D, en chauffant directement le fond concave de la chaudière ; arrivé à l'arrière de la chaudière, le courant gazeux revient à l'avant par le carneau E, ménagé dans la chaudière et entouré d'eau de toutes parts. Il gagne ainsi la chambre d'avant a, où il se sépare en deux courants parallèles, qui reviennent à l'arrière de la chaudière par les carneaux b, b en chauffant les parois latérales de cette chaudière. Ces deux courants débouchent dans la chambre d'arrière C, s'y réunissent et gagnent la cheminée par le carneau F. On voit que les produits de la combustion parcourent la chaudière une fois de plus que dans le système décrit plus haut.

P est un vaste cendrier placé sous la grille.

L'alimentation du combustible se fait d'une manière continue par une disposition assez ingénieuse : l'eau perdue du condenseur est amenée par le conduit k sur une petite roue à augets w, qui se met à tourner et qui, par un engrenage conique n, l, communique son mouvement de rotation à la tige verticale m et au tambour e ; ce tambour actionne à son tour, au moyen d'une courroie un tambour f monté sur une tige verticale o, et, par une autre courroie, le tambour f communique son mouvement au tambour semblable f' et à la tige o'. Les tiges o et o' se terminent par des disques p et p', qui se trouvent animés d'un mouvement rapide de rotation. Le charbon est versé dans la trémie j, c'est un charbon menu ; il rencontre au bas de la trémie deux rouleaux q, animés d'un mouvement lent de rotation que leur transmet un engrenage x. Le charbon menu est donc entraîné et, au besoin, broyé par ces rouleaux, et il tombe sur les disques tournants p, p' ; les morceaux se trouvent alors soumis à la force centrifuge et sont lancés sur la grille.

Ce système, qui paraît compliqué, a donné de bons résultats; il faut remarquer que la force nécessaire pour le faire mouvoir n'est pas coûteuse puisqu'il faut toujours évacuer l'eau de condensation.

On voit en d le registre de tirage qui se trouve à l'entrée du dernier carneau F, et qui se manœuvre au moyen d'une petite chaîne passant sur des poulies de renvoi pour arriver à la portée du chauffeur.

Dans la chaudière les lettres W désignent l'espace occupé par l'eau et les lettres S celui qu'occupe la vapeur.

Celle-ci est conduite à la machine par le tuyau G, placé au sommet de la chaudière et muni d'une soupape d'arrêt g.

La coupe transversale monte sur le tuyau de vapeur G, un tuyau vertical qui porte la soupape de sûreté V ; le chauffeur peut manœuvrer cette soupape au moyen d'un maneton qui est à sa portée, et la vapeur s'échappe alors au-dessus du comble par le tuyau v.

On voit en H la tête du tuyau vertical d'alimentation ; à l'intérieur est la soupape qui règle l'alimentation, suivant qu'elle est plus ou moins levée sur son siège. L'alimentation se fait automatiquement par le système suivant : I est une pierre flottante, ou flotteur, suspendue à une tringle verticale qui agit sur l'extrémité d'un levier, à l'autre bout duquel est un contre-poids W' destiné à équilibrer en partie le flotteur. La tige de la soupape d'alimentation est fixée au bras du levier qui porte le contre-poids; elle suit donc les mouvements de ce levier. Lorsque l'eau baisse dans la chaudière, le flotteur I ne déplace plus assez d'eau pour l'équilibre, il s'abaisse donc en relevant le contre-poids et la soupape d'alimentation qui laisse entrer plus d'eau. Si, au contraire, il y a trop d'eau dans la chaudière, le flotteur se relève aussi afin de déplacer toujours le même volume, le contre-poids s'abaisse et avec lui la soupape d'alimentation qui laisse entrer moins d'eau.

On se sert des soupapes à double siége, que nous avons décrites en détail lorsque nous avons parlé des pompes.

Pour rendre la chaudière suffisamment résistante, on l'a consolidée par des tirants J, J'.

L'eau d'alimentation est envoyée par un réservoir ou par une pompe foulante dans un conduit horizontal *f*, qui débouche dans la tête d'alimentation H, et le tube vertical d'alimentation amène l'eau dans la chaudière sur la paroi supérieure du carneau E ; elle contourne donc ce carneau pour tomber au fond d'où elle remonte à l'état de vapeur. Sur le conduit qui amène l'eau est branché un tube *h*, muni d'un robinet d'arrêt, et qui sert au lavage de la chaudière.

Ce système est donc arrivé à une grande perfection, ainsi qu'on en juge par la description précédente. Cependant, nous ferons la critique suivante : la partie supérieure de la chaudière est exposée à l'air ; elle devrait être plus enchâssée dans le massif ou recouverte de cendres peu conductrices de la chaleur.

De même, il serait convenable de soustraire au contact de l'air la prise de vapeur G et la soupape de sûreté ; on y arriverait sans peine au moyen d'enveloppes peu conductrices. Watt avait soin de prendre ces précautions pour les cylindres de ses machines, elles ne sont pas négligeables pour les chaudières.

Rendement des chaudières à tombeau. — Les chaudières que nous venons de décrire donnent de la vapeur aux machines élévatoires des eaux de Londres ; elles ont été soumises à de nombreuses et minutieuses expériences par l'ingénieur Thomas Wicksteed, dont le mémoire a été traduit par M. Lefort, ingénieur en chef des ponts et chaussées.

L'auteur fait remarquer d'abord que, dans des expériences comparatives sur les chaudières, il ne faut pas se borner à de courts essais, fussent-ils répétés plusieurs fois, mais il faut poursuivre l'expérience pendant plusieurs jours, et mieux pendant plusieurs semaines, d'une manière continue.

Pour déterminer, d'une manière pratique, la supériorité d'une chaudière sur une autre, on doit constater la quantité d'eau vaporisée par kilogramme de charbon brûlé, la qualité du charbon restant constante.

Inversement, si on continue les expériences sur une même chaudière avec des charbons différents, et que l'on note les quantités d'eau vaporisée, on pourra apprécier la valeur respective des divers charbons.

Voici les résultats expérimentaux fournis par les chaudières précédentes :

En brûlant $53^k,17$ de bonne houille par mètre carré de grille et par heure, on trouvait que 1 kilogramme de houille vaporisait $8^k,30$ d'eau prise à la température de 26 degrés.

La surface exposée à l'action du feu et de l'air chaud était de $54^{mc},62$, et la surface de chauffe directe, c'est-à-dire directement opposée au foyer, $3^{mc},75$.

La chaudière pesait 7,336 kilogrammes.

Lorsque la chaudière et les tuyaux d'alimentation et de distribution étaient

exposés à l'air libre, on ne vaporisait que 7^k,490 d'eau par kilogramme de houille
et 8^k, 301, lorsque ces appareils étaient bien recouverts avec du feutre.

L'emploi de ces enveloppes procure donc un bénéfice de 11 p. 100, et ce résultat fait comprendre toute l'importance de l'observation que nous faisions à la
fin du paragraphe précédent.

La chaudière ne fonctionnait que douze heures par jour ; si elle avait fonctionné sans interruption, d'une manière continue, on eût gagné 1,78 p. 100,
sur la quantité d'eau vaporisée. Cela se comprend, puisque pendant la nuit il se
produit un refroidissement sensible, qui exige chaque matin une consommation
supplémentaire de charbon pour la mise en train.

La différence de qualité du charbon a des résultats très-appréciables : ainsi le
meilleur charbon du pays de Galles vaporisait 11 p. 100 de plus que le meilleur
charbon menu de Newcastle.

La conclusion de M. Wicksteed, dont le mémoire date de 1850, est que les
proportions des chaudières de Boulton et Watt sont les meilleures pour la production de la vapeur à basse pression.

Dans son traité des moteurs à vapeur, M. Armengaud cite la chaudière à tombeau de Saint-Ouen qui donnait les résultats suivants :

La pression de la vapeur était en moyenne d'une atmosphère et quart ; on vaporisait 38^k,4 d'eau par heure et par mètre carré de surface de chauffe ; on doit
compter sur 1^m,20 de surface de chauffe totale par cheval-vapeur, ou encore
sur 0^m,41 de surface du fond de la chaudière par cheval-vapeur.

On doit compter que l'on brûle, par heure et par décimètre carré de grille,
0^k,6 à 1 kilogramme de charbon.

La force d'un cheval-vapeur correspond à 6 ou 7 décimètres carrés de
grille.

Chaudière cylindrique à bouilleur. — La chaudière cylindrique, avec ou

Fig. 293.

sans bouilleur, ou chaudière française, est chez nous d'un emploi général : elle est
encombrante, mais elle donne économiquement la vapeur et elle résiste mieux
que la chaudière de Watt à des pressions considérables, car on n'y admet que
des formes cylindriques ou sphériques, qui ne se déforment point, à moins
qu'elles ne se déchirent.

Les figures 293 et 294 représentent une chaudière cylindrique à deux bouilleurs

Le grand cylindre V constitue le corps de la chaudière, on voit les bouilleurs en B, et àchaque extrémité le corps et les bouilleurs sont réunis par de larges tuyaux C, C' que l'on appelle culottes ou évents.

La grille est en G avec le cendrier au-dessous, et la flamme lèche d'abord les bouilleurs qui se trouvent portés à une haute température. Les bouilleurs sont recouverts par une cloison horizontale qui les encastre à peu près sur le quart de leur section : cela a pour but de protéger leur partie haute contre l'ardeur du feu, parce que cette partie haute est souvent occupée par de la vapeur, et un coup de feu serait à craindre si le métal se trouvait soumis à une forte température ; dans la partie basse, au contraire, l'eau est en contact avec le métal et se vaporise sans cesse, elle absorbe de grandes quantités de chaleur et la paroi ne peut s'échauffer outre mesure. Quelques constructeurs, cependant, ne sont pas favorables à cet encastrement des bouilleurs dans une cloison horizontale, et ils prétendent que, dans ce système, les briques de la cloison s'échauffent beaucoup et arrivent quelquefois à se vitrifier ; la génératrice du bouilleur, qui se trouve en contact avec elles, serait rapidement corrodée et ne tarderait pas à s'affaiblir.

Fig. 294.

Quoi qu'il en soit, on adopte généralement la cloison horizontale recouvrant les bouilleurs à leur partie supérieure sur le quart de leur section. Au-dessus de chaque bouilleur est une cloison verticale, qui sépare l'intervalle entre les bouilleurs et le corps de la chaudière en trois carneaux : un carneau central et deux carneaux latéraux.

Le courant gazeux, résultant de la combustion, va donc du foyer à l'arrière de la chaudière, entre dans le carneau central, comme le montre la flèche, revient à l'avant et se bifurque pour suivre les carneaux K et K' ; les deux courants latéraux se réunissent à l'arrière de la chaudière avant de s'échapper dans la cheminée.

La flamme et le courant chaud qui la suit ont donc parcouru trois fois la longueur de la chaudière.

Les carneaux latéraux, à profil extérieur concave, ne montent pas plus haut que l'axe du corps de la chaudière, et le niveau de l'eau dans celui-ci doit être toujours de $0^m,10$ au moins plus élevé que le point supérieur des carneaux. Il faut que le métal échauffé soit toujours baigné par l'eau à l'intérieur ; car s'il était baigné par la vapeur, comme celle-ci n'absorbe pas plus de chaleur qu'un gaz, le métal pourrait, à certains moments, se trouver porté à une haute température, il se ramollirait et serait brûlé ou déchiré.

Il est donc facile d'apprécier la surface de chauffe : elle se compose des trois-quarts de la surface latérale des bouilleurs et de la moitié de la surface latérale du corps cylindrique ; on néglige la surface du bout des bouilleurs, celle des culottes et les parties sphériques de la chaudière ; cela équivaut aux portions interceptées par les parois des carneaux verticaux.

Le tube T, muni d'un robinet, sert à la prise de vapeur ; d'ordinaire, la prise de vapeur n'est pas directement ménagée sur la chaudière, on surmonte celle-ci d'un dôme, au sommet duquel on prend la vapeur ; de la sorte, celle-ci est plus éloignée du liquide qui lui a donné naissance, et l'on obtient de la vapeur plus sèche, qui entraîne moins d'eau dans les cylindres de la machine.

Alimentation. — L'alimentation se fait par le tube T', mais il n'est plus possible de la produire automatiquement avec le flotteur de Watt : en effet, la pression de la vapeur dans la chaudière de Watt n'était que de 1 1/4 atmosphère, tandis que dans la chaudière française, elle est souvent de six atmosphères. Il faudrait donc pour l'alimentation automatique un réservoir situé à plus de 60 mètres de hauteur. On a recours à une petite pompe foulante manœuvrée par la machine elle-même, ou à un injecteur Giffard, et l'eau arrive par le conduit T'.

D'ordinaire, ce conduit se bifurque, descend à droite et à gauche dans les culottes d'arrière, et l'eau arrive au fond des bouilleurs. Certains constructeurs trouvent mauvais d'amener l'eau froide précisément à la partie la plus chaude, et se contentent de faire déboucher le tube d'amenée au fond du corps de la chaudière.

Remarquez que le tube T' est commode pour le nettoyage et la vidange de la chaudière, on ferme le robinet qui le met en communication avec la pompe foulante, et on en ouvre une autre que suit un conduit allant au dehors de l'usine. On a laissé tomber le feu, et la pression de la vapeur est très-faible, cependant elle est encore assez forte pour peser sur l'eau de la chaudière et la forcer à remonter par le tube d'alimentation pour aller se répandre au dehors. Il se produit ainsi une chasse plus ou moins énergique, et souvent l'eau entraîne avec elle une grande partie des boues amoncelées au fond de la chaudière.

Autoclave. — Le nettoyage définitif de la chaudière est effectué par un homme qui y pénètre par l'orifice H que ferme un autoclave, c'est ce qu'on appelle le trou d'homme.

La fermeture, appelée autoclave, se compose d'un disque A de profil elliptique, qui s'appuie à l'intérieur de la chaudière contre un orifice de section analo-

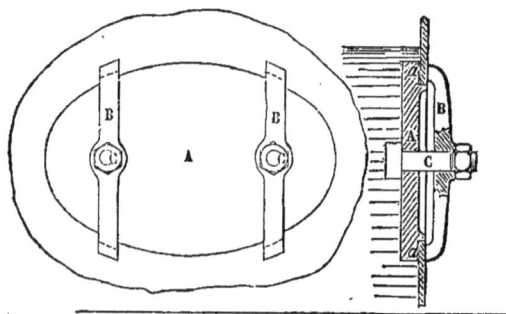

Fig. 2J5.

gue, mais un peu plus petit. On fait entrer le disque en le présentant de champ et par son petit axe, puis on le retourne à l'intérieur de la chaudière pour l'appliquer sur les bords de l'orifice, par l'intermédiaire d'une rainure (a) dans laquelle on place une tresse de chanvre enduite de mastic. Le disque qui, d'ordinaire, est en fonte, est maintenu par des boulons C en fer, et par des armatures B également en fer ; celles-ci s'appuient sur le bord extérieur de l'orifice, et le serrage convenable s'obtient au moyen de l'écrou qui termine en dehors le boulon C.

Une fois la fermeture effectuée, il est à remarquer que la pression intérieure ne fait que presser le couvercle contre son orifice. Il n'y a pas à craindre de voir un boulon céder et le couvercle sauter en l'air comme cela arriverait avec des portes ordinaires.

Comme l'orifice affaiblit toujours la chaudière, il est convenable de renforcer les bords de cet orifice, soit par une bande elliptique posée à plat à l'intérieur, et mieux encore par une cornière extérieure. Jamais on ne doit entrer dans une chaudière sans avoir reconnu, au moyen d'une chandelle, qu'elle est pleine d'air respirable.

Lorsque l'orifice à fermer est plus petit qu'un trou d'homme, ce qui est le cas de l'extrémité antérieure des bouilleurs, on simplifie un peu l'autoclave, en ne le maintenant que par un boulon central dont l'écrou presse un étrier à trois branches,

A l'autre extrémité du bouilleur, un pareil système est inadmissible, et la fermeture doit être en tôle forgée et rivée.

Soupape de sûreté. —Sur la figure type de la chaudière française on voit en avant la soupape de sûreté O avec son contre-poids P; cette soupape doit se lever et livrer passage à la vapeur, dès que celle-ci dépasse le maximum de pression prévu par le constructeur.

Niveau de l'eau. — Il est urgent aussi que le chauffeur soit à chaque instant renseigné sur le niveau de l'eau dans sa chaudière, car, nous avons vu combien il était indispensable que ce niveau ne baissât jamais au-dessous du sommet des carneaux latéraux. Plusieurs appareils, que nous décrirons plus loin, sont en usage pour indiquer l'abaissement de l'eau; sur la figure 293, il y en a deux d'indiqués : l'un se compose d'un levier portant à un bout une boule métallique creuse qui flotte dans le liquide, et à l'autre bout, une boule pleine faisant équilibre à la première. La boule creuse suit le mouvement de l'eau, et descend avec elle ; en descendant, elle entraîne la tige d'une soupape, s'ouvrant de bas en haut, cette soupape livre passage à la vapeur, qui rencontre en s'échappant le sifflet A; le bruit strident de celui-ci avertit le chauffeur, qui rétablit une bonne alimentation ; l'autre appareil indicateur est un disque flottant F, qui suit le mouvement de l'eau et agit sur un levier O′, à contre-poids P′.

La chaudière porte avec elle d'autres accessoires, le manomètre, par exemple, nous en parlerons dans la suite.

Après cette description, on comprend bien quelle est la transformation de l'eau dans la chaudière; elle arrive par le tuyau d'alimentation à la base du corps cylindrique, elle descend dans les bouilleurs par les évents du fond, se vaporise dans les bouilleurs, et les bulles s'élèvent dans les évents antérieurs pour se rendre dans la chambre de vapeur et dans le dôme, d'où le tuyau de prise conduit la vapeur aux cylindres.

Volume de la chaudière. — Le volume de la chaudière française est moindre que le volume de la chaudière de Watt; il ne faut pas oublier que théoriquement le volume d'eau en réserve dans la chaudière ne signifie rien ; la seule quantité dont dépend la force, c'est la quantité d'eau vaporisée par unité de temps et par mètre carré de surface de chauffe. On peut donc dire qu'il suffit que la chaudière renferme exactement cette quantité d'eau à vaporiser, et qu'il e   inutile de la délayer dans un excès de liquide; ce principe a été appliqué dans des chaudières de construction récente. Du reste, dans les chaudières tubulaires, le volume d'eau est bien moindre que dans les chaudières à bouilleurs.

Mais, dans celles-ci, la surface de chauffe ne peut être augmentée qu'en augmentant le volume de la chaudière, et par suite celui de l'eau qu'elle renferme ; on arrive donc à des dimensions considérables lorsqu'on veut produire de la vapeur en grande quantité.

Cette masse d'eau, du reste, n'est pas absolument inutile, elle sert de régulateur et comme de volant à la chaudière; elle rend moins sensible l'influence des irrégularités du foyer et de l'alimentation.

Déperdition de la chaudière. — La partie supérieure du corps de la chaudière est laissée à découvert; pour éviter une déperdition considérable de la chaleur, on a soin de la recouvrir de cendres tamisées, qui sont peu conductrices du calorique.

En cas d'explosion, ce sont en général les éclats de la partie supérieure, qui sont les plus dangereux; il est donc bon qu'ils ne soient point recouverts d'une couche de maçonnerie, car ils l'entraîneraient avec eux.

Dilatation. — Il ne faut pas oublier les effets de la dilatation, lorsqu'on est chargé de construire une chaudière. Les bouilleurs et cylindres, mis en place à la température ordinaire, s'allongeront d'une manière très-sensible et disloqueront les maçonneries, si l'on n'a eu soin de laisser un jeu à la dilatation.

Mastic. — On emploie souvent des mastics pour luter les joints des pièces assemblées.

Le plus commun est le mastic de fer, composé de 50 à 100 parties de limaille de fer, mêlées à une partie de sel ammoniac en poudre. On l'humecte et on le chasse dans les joints avec un ciseau et un marteau. Quelquefois on y ajoute du soufre; c'est une mauvaise pratique, car le soufre ronge le fer.

Voici quelques compositions de mastics, inaltérables à l'eau, et en usage dans la marine, d'après M. Ledieu :

1er MASTIC.

Huile de baleine. . . . ⎫
Sang de bœuf. . . . . ⎬ poids égaux.
Chaux vive en poudre. ⎭

2e MASTIC.

Blanc de Meudon. . . . . . . ⎫
Crasses d'huiles de toute origine. ⎬ poids égaux.
Bourre en petite quantité. . . . ⎭

3e MASTIC (anglais).

Sable ou faïence pilée. . . .	280^k,00
Fonte de fer pulvérisée. . . .	280^k,00
Litharge.	20^k,00
Verre pilé.	1^k,00
Minium.	0^k,95
Oxyde de plomb.	1^k,90
Huile de lin ou de noix. . . .	22^{lit}.

On emploie quelquefois, au lieu de mastic de fer, un mastic au minium, formé de 2 parties de céruse, 2 de minium et 1 de terre de pipe; on peut supprimer la terre de pipe. On broie la céruse dans l'huile, puis on lui ajoute le minium en poudre; on bat et on malaxe la pâte jusqu'à ce qu'elle ne s'attache plus aux doigts et puisse se façonner en longs rouleaux sans se casser.

Le mastic au minium convient à tous les joints; mais il coûte cher et est dangereux. Aussi lui préfère-t-on le mastic de fer, qui du reste, surtout s'il est posé à chaud, devient très-dur et résiste à la lime. Ce mastic est dangereux aussi, lorsqu'il contient du soufre, et qu'on l'emploie dans un espace mal ventilé comme l'intérieur d'une chaudière; il se forme de l'acide sulfhydrique, qui peut asphyxier l'ouvrier.

Citons encore le mastic de zinc, et le mastic Serbat, formé de 72 parties de sulfure de plomb, 54 parties de peroxyde de manganèse, et 13 d'huile de lin. Il devient assez dur, mais il sèche lentement, ce qui est une cause d'infériorité par rapport au mastic au minium.

Pour rendre les joints étanches, lorsqu'ils ne sont pas soumis à une haute température, on emploie généralement aujourd'hui des rondelles en caoutchouc

sous l'influence de la pression, le caoutchouc se comprime et se moule exactement sur toutes les cavités et aspérités des joints.

Variétés de la chaudière à bouilleur. — Souvent le carneau central qui se
trouve sous le corps cylindrique et que nous avons désigné par la lettre M
n'existe pas. On se contente des deux carneaux latéraux.

Le courant gazeux, après avoir passé sous les bouilleurs, se bifurque à l'arrière
et revient par les deux carneaux latéraux qui se réunissent à l'avant dans un
conduit commun allant à la cheminée. C'est ce qui existe dans la chaudière représentée par les figures 2 et 3 de la planche V ; sur ces figures on voit en C les
bouilleurs réunis par les culottes B au corps A. Le dôme de prise de vapeur est
en D. Le flotteur qui indique le niveau de l'eau est le disque (*a*) qui, en s'abaissant, soulève le contre-poids P, et fait fonctionner un sifflet à vapeur. La flamme
partant du foyer passe sous les bouilleurs, puis sur les côtés du corps cylindrique ; elle ne parcourt donc que deux fois la longueur de la chaudière.

D'autres fois, le courant ne se bifurque pas dans les carneaux latéraux : il
passe sous les bouilleurs, et revient de l'arrière de la chaudière à l'avant, par
exemple par le carneau de droite ; il retourne de l'avant à l'arrière par le carneau de gauche, au bout duquel il rencontre la cheminée.

Chaudière à flamme renversée ou à réchauffeur. — L'inconvénient de la
chaudière à bouilleurs est que la surface de chauffe directe est très-faible, à

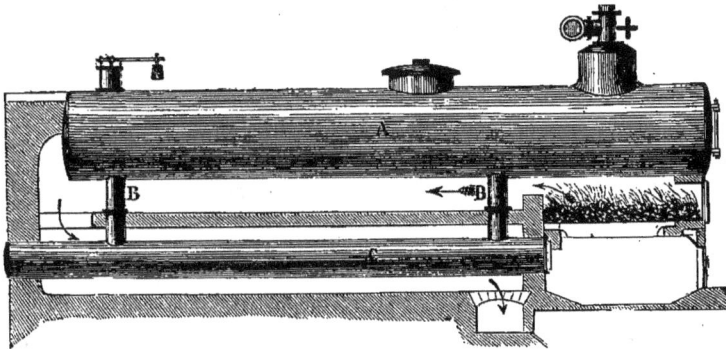

Fig. 296.

moins qu'on n'arrive à donner aux bouilleurs des dimensions comparables à
celles du corps cylindrique. De bons constructeurs se sont donc proposé de
chauffer directement ce corps cylindrique.

La grille est placée au-dessous du corps cylindrique, qui est supporté par sa
génératrice inférieure sur une cloison verticale. Le foyer est latéral, de sorte
que la flamme chauffe d'abord un côté de la chaudière, puis se retourne pour
chauffer l'autre ; elle se rend ensuite au-dessous du foyer dans un carneau qui
entoure les réchauffeurs, et de là à la cheminée.

La disposition de la figure 296 est encore plus simple : la chaudière est formée d'un corps cylindrique A très-long, supporté aussi par une cloison médiane ;
mais la flamme qui part du foyer lèche en même temps les deux côtés ; arrivée
au fond, elle descend comme le montre la flèche pour suivre le carneau des réchauffeurs C, et prendre ensuite le carneau de la cheminée.

L'eau d'alimentation arrive évidemment dans les bouilleurs, d'où elle s'élève
par les culottes B dans le corps cylindrique.

Cette disposition, appliquée à de longues chaudières, a donné d'excellents résultats, et cela se conçoit, puisque l'eau arrive chaude dans la chaudière, et que celle-ci présente à la flamme une surface de chauffe directe très-considérable.

Chaudière Farcot. — Le système des réchauffeurs a été poussé par Farcot à ses dernières limites. Il se sert d'une longue chaudière cylindrique A, d'environ $1^m,00$ de diamètre et de 8 à 10 mètres de longueur, placée directement au-dessus

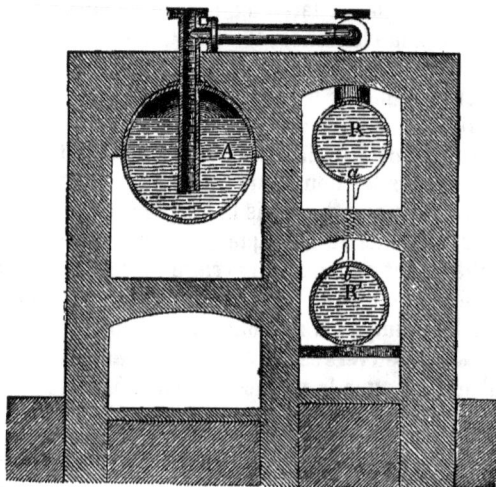

Fig. 297.

du foyer; elle communique avec deux ou trois et quelquefois quatre réchauffeurs étagés dans des carneaux latéraux. Le courant de la combustion lèche d'abord la chaudière, puis entoure le réchauffeur supérieur, descend sur le suivant, revient sur le troisième, et enfin s'engage dans le carneau de la cheminée.

L'eau froide d'alimentation arrive dans le réchauffeur du bas, s'y échauffe et, diminuant de densité, s'élève successivement dans les réchauffeurs supérieurs; du plus élevé, elle passe dans la chaudière au moyen d'un tube deux fois recourbé à angle droit, sorte de siphon qui débouche au fond du corps cylindrique de la chaudière. Les réchauffeurs présentent de légères pentes inverses destinées à faciliter le mouvement d'ascension de l'eau, et à empêcher les accumulations de vapeur qui pourraient s'y produire.

Dans ces chaudières, la combustion est lente, et par suite la surface de grille considérable. Ainsi:

La grille a 2 décimètres carrés par kilogramme de houille brûlé à l'heure,

La surface de chauffe totale est de $1^m,80$ à 2 mètres carrés par cheval-vapeur,

On obtient plus de 7 kilogrammes de vapeur par kilogramme de houille.

Chaudière à bouilleurs multiples. — Pour augmenter la surface de chauffe, on a quelquefois multiplié les bouilleurs, et on les alimentait par un réservoir que chauffaient les produits de la combustion après avoir passé sur les bouilleurs.

La chaudière proprement dite se trouvait pour ainsi dire réduite à ses bouilleurs; mais l'agencement et l'assemblage de tous ces bouilleurs présentaient pour le constructeur de sérieuses difficultés, et il valait mieux recourir à une chaudière tubulaire; aussi ce système, connu sous le nom de Woolf, ne tarda-t-il pas à être abandonné.

Chaudière à bouilleurs transversaux. — Le constructeur Dunn, de Manchester, a fait une meilleure application des bouilleurs multiples en les plaçant transversalement.

Sa chaudière se compose d'un long corps cylindrique, relié par des évents à des bouilleurs transversaux qui n'ont que la largeur de la grille, et contre lesquels le courant de la combustion vient choquer. La flamme entoure ces bouilleurs, qui se trouvent dans de bonnes conditions pour s'échauffer, et qui, vu leur faible longueur, sont très-résistants et d'une exécution commode, en même temps que le nettoyage en est facile.

Chaudière à bouilleurs verticaux. — Les Allemands ont construit souvent des chaudières cylindriques munies de bouilleurs verticaux que léchait la flamme. En France, MM. Maulde et Wilbart ont appliqué ce principe. Leur chaudière est représentée en coupe par la figure 298 ; c'est un cylindre vertical, à foyer intérieur. La flamme entoure le bouilleur vertical B, en même temps qu'elle lèche les parois intérieures du corps cylinque A. Les produits de la combustion s'échappent par le tube H ; on voit en F le trou d'homme situé en face de l'évent qui réunit le bouilleur et le corps cylindrique. G est la colonne extérieure en fonte qui protége la chaudière et forme le bâti de la machine. Le cylindre moteur est placé sur le flanc de cette colonne. L'eau arrive à la base dans un réservoir annulaire C, où elle s'échauffe avant d'être refoulée dans la chaudière.

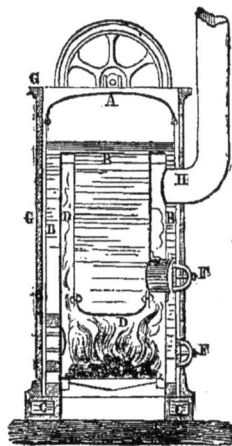

Fig. 298.

C'est en somme une machine simple et solide, d'entretien facile, occupant peu de place et facilement transportable ; mais la chaleur ne doit pas y être convenablement utilisée. Quoi qu'il en soit, elle peut rendre des services dans de petites exploitations.

Données pratiques nécessaires à l'établissement d'une chaudière à bouilleur ordinaire. — D'ordinaire, l'usinier qui fait construire une machine à vapeur ne désigne qu'une chose : le travail mécanique à effectuer, par exemple le nombre de meules ou de métiers à faire mouvoir.

L'ingénieur sait, par les données expérimentales, le travail en chevaux-vapeur à la seconde, nécessaire au fonctionnement de chaque métier ; il conclut donc le travail total T que doit donner la machine.

Connaissant ce travail théorique en chevaux-vapeur par seconde, la plupart des constructeurs se contentent d'adopter $1^{mq},20$ à $1^{mq},50$ de surface de chauffe par cheval, et ils en déduisent la surface de chauffe totale.

La surface de chauffe totale étant connue, on adoptera une chaudière à un corps cylindrique seul ou bien accompagné d'un ou de deux bouilleurs, suivant la puissance de la machine, et, comme les diamètres du corps cylindrique et des bouilleurs sont renfermés dans des limites expérimentales peu étendues, on se donne ces diamètres : nous avons dit plus haut que la surface de chauffe comprenait les trois quarts de la section des bouilleurs, plus la moitié de la section du corps cylindrique. Divisant cette somme par la surface de chauffe totale, on aura la longueur de la chaudière.

On voit combien cette manière d'opérer est simple : malheureusement, elle n'est pas exacte et peut souvent conduire à de mauvais résultats.

Il faut, en effet, considérer de quelle manière la vapeur sera employée par la machine, et ne pas admettre $1^{mq},20$ de surface de chauffe par cheval; car, si la vapeur est bien employée, la proportion pourra être beaucoup moindre, et au contraire beaucoup plus forte si l'on utilise tout le travail que la vapeur est susceptible de produire.

Le point de départ qu'il faut prendre pour le calcul du rendement en travail par mètre carré de surface de chauffe, c'est la quantité d'eau vaporisée par mètre carré de surface de chauffe, et par heure.

Jusque dans ces dernières années, on admettait que la chaudière française pouvait vaporiser 20 kilogrammes de vapeur par mètre carré de surface de chauffe totale; certains auteurs vont même jusqu'à 25 kilogrammes; sans doute, on peut arriver à ces résultats, mais il faut forcer la combustion, et l'on abrége de beaucoup la durée des appareils.

Aujourd'hui, les constructeurs prudents ne demandent plus qu'une production de 12 kilogrammes par mètre carré de surface de chauffe; c'est le chiffre qu'adopte M. Armengaud, dont la compétence est bien connue.

C'est ce nombre de 12 kilogrammes par mètre carré et par heure que nous adopterons dans nos calculs.

Supposons une chaudière produisant de la vapeur à 6 atmosphères, ce qui est un nombre courant dans la pratique,

Le poids du mètre cube de vapeur à 6 atmosphères est de. . . $3^k,04$
12 kilogrammes d'eau représenteront donc à peu près. . . . . $4^{m \cdot c}$ de vapeur à 6 at.
La pression que la vapeur à une atmosphère exerce est par mètre carré de. 10333^k
Et le travail produit sur la surface d'un piston par le passage d'un mètre cube de vapeur à 1 atmosphère sera de. . . . .   10333 kilogrammètres.

Quatre cas peuvent se présenter :

1° la vapeur agit sans détente ni condenseur,
2°   —   sans détente et avec condenseur,
3°   —   avec détente et sans condenseur,
4°   —   avec détente et avec condenseur.

1° Si la vapeur agit sans détente ni condenseur, c'est la pression atmosphérique qui s'exerce sur la seconde face du piston; la pression effective de la vapeur n'est donc que de 5 atmosphères, et chaque mètre cube de vapeur sera susceptible de donner un travail de

$$10333 \times 5 = 51665 \text{ kilogrammètres.}$$

Admettons, ce que l'on fait d'ordinaire, que le rendement, n'est que de $\frac{6}{10}$, c'est-à-dire que le travail transmis par la vapeur au piston n'est que les $\frac{6}{10}$ du travail théoriquement disponible dans la chaudière.

Alors, chaque mètre cube de vapeur donnera un travail de

$$0,6 \times 51665 = 30999 \text{ kilogrammètres.}$$

Et comme nous avons 4 mètres cubes de vapeur par mètre carré de surface de chauffe, ce sera un travail de

$$4 \times 30999 = 123996 \text{ kilogrammètres par heure,}$$

ou de $\qquad \dfrac{123996}{3600} = 34,4$ kilogrammètres

ou encore $\qquad \dfrac{34,4}{75} = 0,46$ cheval-vapeur.

Nous arrivons donc à une surface de chauffe de

$$\frac{1}{0,46} = 2^{\text{m.q}} \cdot 17 \text{ par cheval-vapeur;}$$

nous sommes donc bien loin des $1^{\text{mq}},20$, qu'on adopte dans la pratique.

Il est vrai qu'il serait absurde, disposant d'une telle chaudière, de se servir d'une machine sans détente ni condensation.

Passons au second cas :

2° La machine fonctionne sans détente, mais avec un condenseur.

Le condenseur a pour effet de réduire la pression derrière le piston, ce n'est plus la pression atmosphérique qui s'y exerce, mais la tension maxima de la vapeur d'eau à la température du condenseur. Si l'eau du condenseur est à 30°, par exemple, la pression de la vapeur en contact avec lui sera d'environ $\dfrac{43}{1000}$ d'atmosphère.

La pression effective de la vapeur sur le piston sera donc 5,957 atmosphères, au lieu de 5. Et le travail produit par mètre carré de surface de chauffe et par seconde deviendra

$$0,46 \times \frac{5,957}{5} = 0,46 \times 1,19 = 0,55 \text{ cheval-vapeur.}$$

Un cheval-vapeur correspondra donc à $\dfrac{1}{0,55} = 1^{\text{mq}},81$ de surface de chauffe.

Ce nombre est encore beaucoup plus fort que les $1^{\text{mq}},20$ des constructeurs.

3° La machine fonctionne avec détente et sans condenseur.

Supposons la détente au $\dfrac{1}{5}$, c'est-à-dire que la vapeur de la chaudière n'est admise dans le cylindre que pendant le premier cinquième de sa course ; ensuite elle se détend, elle augmente de volume tout en conservant une pression supérieure à la pression atmosphérique, et, par suite, elle communique au piston une impulsion continue, mais décroissante.

Nous donnerons plus loin la formule du travail produit par la détente; il nous suffira de présenter ici les résultats du calcul.

Un mètre cube de vapeur à une atmosphère qui se détend de manière à occuper cinq fois son volume primitif, produit un travail de

$$26960 \text{ kilogrammètres.}$$

Un mètre cube de vapeur à 6 atmosphères donnera donc un travail de

$$6 \times 26960 = 161760 \text{ kilogrammètres.}$$

De ce travail produit par le passage dans le cylindre d'un mètre cube de vapeur sorti de la chaudière, il faut retrancher le travail exercé par l'atmosphère sur l'autre face du piston, soit 10333 kilogrammètres; reste donc, par mètre cube de vapeur.. . . . . 151327 kilogrammètres
et pour 4 mètres cube de vapeur.. 605308   —
soit, en admettant le rendement de $\frac{6}{10}$.. 363185   —

Ce qui donne par seconde :

$$\frac{363185}{3600} = 100,8 \text{ kilogrammètres}$$

ou   1,33 cheval-vapeur.

Ainsi, le travail d'un cheval-vapeur par seconde correspondra à $0^{mq},75$ de surface de chauffe, au lieu de $1^m,20$, nombre admis par les constructeurs.

4° La machine fonctionne avec détente et condensation.

L'eau du condenseur étant supposée à 30°, la tension de la vapeur derrière le piston est de $\frac{43}{1000}$ d'atmosphère, soit $\frac{1}{20}$ environ.

Il est possible, dans ces conditions, d'adopter la détente au $\frac{1}{10}$, c'est-à-dire de n'admettre la vapeur dans le cylindre que pendant le premier dixième de la course du piston.

Le travail produit par la détente au $\frac{1}{10}$ d'un mètre cube de vapeur à la pression atmosphérique est de

34127 kilogrammètres.

et pour la vapeur à 6 atmosphères

204762 kilogrammètres.

Il faut en déduire le travail résistant produit derrière le piston par la vapeur, en communication avec le condenseur, à $\frac{1}{20}$ d'atmosphère, ce travail est de

$$\frac{1}{20} \cdot 10333 = 516 \text{ kilogrammètres.}$$

Reste pour le travail effectif d'un mètre cube de vapeur

204142 kilogrammètres,

et pour 4 mètres cubes par heure

816568 kilogrammètres,

ou, en adoptant le rendement de $\frac{6}{10}$

480040 kilogrammètres.

Le travail produit par seconde et par mètre carré de surface de chauffe sera donc

$$\frac{489940}{3600} = 136 \text{ kilogrammètres ou } 1,81 \text{ cheval-vapeur}$$

De sorte que la force d'un cheval-vapeur correspond à

$$\frac{1}{1,81} = 0^m \cdot q \cdot 55 \text{ de surface de chauffe.}$$

Ces calculs que nous venons de faire pour de la vapeur à 6 atmosphères, on pourra les répéter pour tout autre tension, et, connaissant le genre de machine que doit alimenter la chaudière ainsi que la tension que l'on se propose d'adopter dans la chaudière, on en déduira le rendement par mètre carré de surface de chauffe.

Le travail à produire est donné; divisant ce travail par le rendement, on obtiendra la surface de chauffe totale.

Voici les diamètres usuels du corps cylindrique et des bouilleurs pour des surfaces de chauffe données :

SURFACE DE CHAUFFE TOTALE variant de	DIAMÈTRE du corps cylindrique de la chaudière.	DIAMÈTRE du ou des bouilleurs.	OBSERVATIONS
1 à 5 mètres carrés.	0^m,60 à 0^m,75	» »	Pas de bouilleurs.
5 à 10 —	0^m,75 à 1^m,00	» »	—
10 à 15 —	0^m,85 à 1^m,00	0^m,45 à 0^m,55	Un seul bouilleur.
15 à 20 —	1^m,00	0^m,50	—
15 à 25 —	0^m,90	0^m,50	Deux bouilleurs.
25 à 35 —	1^m,00 à 1^m,10	0^m,60	—
35 à 45 —	1^m,20	0^m,60	
45 à 55 —	1^m,20 à 1^m,30	0^m,65 à 0^m,70	

On choisira donc les diamètres convenables, on en déduira la surface de chauffe par mètre courant de chaudière, et, puisqu'on connaît la surface de chauffe totale, on obtiendra la longueur de la chaudière.

En ce qui touche les dimensions des grilles, carneaux et cheminées, nous les avons indiquées précédemment.

Construction d'une chaudière. — Les observations qui vont suivre s'appliquent à toutes les chaudières, cependant nous avons cru devoir les placer ici parce qu'elles ont trait surtout à la chaudière cylindrique avec ou sans bouilleur et que celle-ci est à beaucoup près la plus usitée dans les machines fixes.

A l'origine, on construisit les chaudières en fonte coulée ; ce métal pouvait à la rigueur suffire vu les faibles pressions; mais, aussitôt qu'on a exigé des pressions de plusieurs atmosphères, il n'y fallait plus songer, d'abord à cause du poids considérable des appareils, et surtout à cause de la constitution physique de la fonte, qui ne lui permet pas de résister aux efforts d'extension. La fonte est donc proscrite dans les chaudières à vapeur, car elle serait cause de bien des accidents.

Aujourd'hui, on ne se sert plus que de la tôle de fer et quelquefois du cuivre.

Le cuivre a de sérieux avantages : son coefficient de conductibilité est bien supérieur à celui du fer, et la chaleur est beaucoup mieux transmise du foyer à l'eau de la chaudière ; le cuivre a trois fois plus de durée que la tôle de fer, pourvu toutefois qu'on ne le soumette pas à l'action de combustibles pyriteux, qui dégagent du soufre et qui ne tardent pas à corroder le métal.

Mais il faut donner aux parois de cuivre des épaisseurs plus considérables qu'aux parois de tôle de fer, et celle-ci est incomparablement moins chère et plus résistante à poids égal.

Il est vrai que la tôle de fer n'est pas de longue durée, mais ses autres avantages compensent largement cet inconvénient, et, en particulier, le bas prix d'installation la rend d'un emploi général.

On construit donc les chaudières avec des feuilles de tôle que l'on cintre circulairement et que l'on assemble entre elles par des rivets.

Autant que possible il faut cintrer les tôles dans le sens perpendiculaire au laminage.

Nous avons décrit le travail du chaudronnier dans le Traité de l'exécution des travaux, et nous engageons le lecteur à se reporter à ce traité pour tout ce qui concerne la qualité des tôles et leur mise en œuvre.

Nous avons vu que les tôles s'assemblaient au moyen de rivets, sortes de clous

Fig. 299.

à deux têtes posés à chaud ; les rivets se contractent par le refroidissement et produisent une adhérence parfaite des feuilles métalliques.

Les feuilles de tôle s'assemblent à clin, en se recouvrant mutuellement, ou à franc-bord ; on les réunit alors par une plaque couvre-joint.

La distance des centres de deux rivets voisins varie de deux à trois fois le diamètre de ces rivets, et un rivet doit être placé au moins à 25 millimètres du bord d'une tôle. Le diamètre des rivets usuels est de 18 à 20 millimètres.

En principe, on doit se servir de feuilles de tôle les plus larges et les plus longues possible, afin d'éviter les assemblages et les joints, car c'est toujours là que les fuites se produisent.

En particulier, la feuille de tôle des bouilleurs ou du corps cylindrique qui se trouve juste au-dessus de la grille doit être d'un seul morceau, et en tôle de première qualité. Les rivets des lignes exposées à un feu ardent ne doivent pas avoir des têtes bien saillantes, parce qu'elles seraient rapidement oxydées et le rivet perdrait de sa force.

On ne doit jamais faire une ligne de rivets continue suivant une génératrice ; il faut que les lignes se découpent d'une feuille à l'autre, comme on fait pour des pierres de taille superposées dont les joints ne sont jamais placés sur une même verticale. Les lignes de rivets sont d'ordinaire disposées suivant des génératrices et des sections droites ; on a obtenu de bons résultats au moyen de lignes de rivure diagonales ; mais la construction se complique.

Les culottes ou évents, qui joignent les bouilleurs à la chaudière, sont d'assez large diamètre, 0m,30 environ : l'assemblage ne doit pas se faire sur une ligne de rivets, et un constructeur soigneux n'emploiera point de cornière pour cet assemblage. Les bords de l'évent seront retroussés à la forge, de manière à s'appliquer sur le pourtour de l'orifice ménagé dans les feuilles de la chaudière et des bouilleurs.

De même, le dôme de prise de vapeur doit être refoulé au marteau et réuni au corps cylindrique par une collerette forgée.

Les bouts des bouilleurs, ceux du moins qui se trouvent à l'arrière, sont aussi des calottes sphériques obtenues par forgeage. On conçoit que ces parties courbes ne peuvent être obtenues qu'avec d'excellentes tôles, car une tôle médiocre se briserait et ne se façonnerait pas.

La bonne tôle doit être malléable, se plier et se déplier sous tous les angles, et se refouler en dôme sans se briser.

Pour les parties non exposées directement au feu et cintrées sur un grand diamètre, on peut n'employer que de bonnes tôles ordinaires.

On a construit quelquefois en fonte l'extrémité postérieure des chaudières ou des bouilleurs ; une circulaire du 22 mars 1853 prescrivit de renoncer à ce système :

« Cette pratique est très-dangereuse, en raison de la nature de la fonte qui rend les calottes ainsi formées sujettes à se fissurer, soit par les chocs, soit par les variations rapides de température auxquelles l'appareil est exposé. Ces calottes, en outre, n'ayant en général qu'une faible courbure, souvent même étant presque plates, sont peu propres à résister longtemps à de fortes pressions.

On ne pourrait d'ailleurs parer aux inconvénients des bouilleurs ainsi construits, en exigeant qu'ils fussent soumis à une pression d'épreuve quintuple de la pression effective, comme le prescrit l'ordonnance du 22 mai 1843 pour les générateurs construits entièrement en fonte ; par le fait même de l'épreuve, la tôle, qui se trouve dans ce cas associée à la fonte, serait énervée, perdrait de sa ténacité sous une aussi grande pression, ou bien il faudrait lui donner une épaisseur telle, que ce mode de fabrication deviendrait impossible.

D'après ces considérations, j'ai reconnu qu'il était nécessaire de prohiber, à l'avenir, l'usage de calottes en fonte pour former l'extrémité des bouilleurs qui est en contact avec la flamme ou les gaz provenant de la combustion.

A l'égard de l'emploi de la fonte pour la fermeture autoclave de l'extrémité extérieure et apparente des bouilleurs, ou pour les tubulures qui réunissent les bouilleurs au corps des chaudières, la commission des machines à vapeur a pensé qu'on pourrait continuer à le tolérer, cet emploi n'offrant pas là les mêmes inconvénients ; mais cette tolérance est la seule qui puisse se concilier avec les intérêts de la sûreté publique. »

Calcul de l'épaisseur à donner à la paroi d'une chaudière de section circulaire. — Considérons d'abord un demi-cylindre dont *abc* est la section méridienne et supposons tous les éléments de ce demi-cylindre soumis à une pression uniforme *p*. La résultante de toutes les pressions élémentaires est évidemment dirigée suivant le rayon qui passe au sommet *c* du demi-cylindre ; cherchons la valeur de cette résultante, sur un mètre de longueur du cylindre.

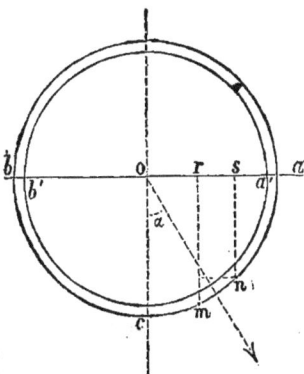

Fig. 500.

Sur l'élément mn, la pression par mètre courant est $p.mn$, et donne sur l'axe (oc) une composante égale à $p.mn.\cos\alpha$.

Mais $mn.\cos\alpha$ est la projection rs de l'élément sur le plan diamétral.

Donc la résultante totale des pressions sur un mètre courant du demi-cylindre est égale au produit de la pression p par la surface du plan diamétral ab, soit pd, et sur la longueur totale de la chaudière, c'est $p.l.d.$

C'est un théorème, que nous avons déjà cité en physique au sujet des hémisphères de Magdebourg.

Il ne nous reste plus qu'à appliquer ce théorème :

appelons d et d' les diamètres extérieur et intérieur de la chaudière,

              p et p' les pressions à l'extérieur et à l'intérieur,

                l la longueur de la chaudière.

Le demi-cylindre supérieur tend à se séparer du demi-cylindre inférieur en se détachant par les sections droites projetées en (aa') et (bb'), sections dont l'aire totale est $2le$, en appelant e l'épaisseur de la chaudière, et la force de séparation est la différence entre les pressions interne et externe :

La pression externe a pour valeur. . . . . pld

La pression interne a pour valeur. . . . . . $p'ld'$

La force de séparation est donc. . . . . . . $l(p'd' - pd)$

et si R est la résistance de la tôle par mètre carré, la force de résistance sera $2R.le$.

La rupture sera donc sur le point de se produire lorsqu'on aura la relation

$$l(p'd' - pd) = 2R.le, \quad \text{ou} \quad (p'd' - pd) = 2R.e,$$

équation qui permettra de déterminer l'épaisseur limite (e).

D'ordinaire la pression extérieure p n'est autre que la pression atmosphérique, et l'on désigne par P la pression effective à l'intérieur de la chaudière, pression égale à $p'-p$. Les diamètres d et d' ont une différence de quelques millimètres et l'on commettra une faible erreur relative en supposant dans la formule $d = d'$; cette formule deviendra donc

$$Pd = 2Re, \quad \text{d'où} \quad e = \frac{P.d}{2.R}.$$

Nous savons que la bonne tôle de fer peut résister à une charge de 56 kilogrammes par millimètre carré, mais que, par prudence, on n'admet dans les calculs qu'une charge six fois moindre, soit 6 kilogrammes par millimètre carré.

Il faudra donc, puisque la résistance est rapportée au mètre carré, faire $R = 6,000,000$.

Pour établir les anciennes épaisseurs réglementaires, on alla même plus loin, on se contenta de prendre

$$R = 2,850,000.$$

Si de plus on exprime la pression par le nombre (n) d'atmosphères de pression effective, comme on sait que la pression atmosphérique est de 10330 kilogrammes par mètre carré, on aura

$$P = n.10330$$

et
$$e = \frac{Pd}{2R} = \frac{10330}{2 \times 2,850,000}\, nd = 0,0018\, nd..$$

Pour tenir compte de l'usure et des défauts dans le laminage, l'ordonnance royale de 1843 ajoutait même 0m,003 au nombre donné par la formule précédente, et l'épaisseur définitive s'obtenait par la formule

$$e = 0,0018\ nd + 0,003.$$

Le tableau suivant résume les résultats de cette formule :

DIAMÈTRE des CHAUDIÈRES.	ÉPAISSEUR A DONNER AUX PAROIS POUR DES PRESSIONS EFFECTIVES C'EST-A-DIRE POUR DES NUMÉROS DE TIMBRE DE :						
	2 atm.	3 atm.	4 atm.	5 atm.	6 atm.	7 atm.	8 atm.
mètre, 0,50	millim. 3,9	millim. 4,80	millim. 5,70	millim. 6,60	millim. 7,50	millim. 8,40	millim. 9,30
0,55	3,99	4,98	5,97	6,96	7,95	8,94	9,93
0,60	4,08	5,16	6,24	7,32	8,40	9,48	10,56
0,65	4,17	5,34	6,51	7,68	8,85	10,02	11,19
0,70	4,26	5,52	6,78	8,04	9,30	10,56	11,82
0,75	4,35	5,70	7,05	8,40	9,75	11,10	12,45
0,80	4,44	5,88	7,52	8,76	10,20	11,64	13,08
0,85	4,53	6,06	7,59	9,12	10,65	12,18	13,71
0,90	4,62	6,24	7,86	9,48	11,10	12,72	14,34
0,95	4,71	6,42	8,13	9,84	11,55	13,26	14,97
1,00	4,80	6,60	8,40	10,20	12,00	13,80	15,60

Aujourd'hui, la loi n'exige plus rien sous le rapport de l'épaisseur : le constructeur peut donc agir comme il l'entend.

S'il emploie d'excellente tôle, il pourra réduire les nombres précédents; mais, si l'on n'emploie que de la tôle ordinaire, on fera bien de les conserver.

La formule s'applique aux cylindres pressés du dedans au dehors ; le métal se trouve alors dans de bonnes conditions puisqu'il travaille à l'extension, et la déformation de la section n'est pas à craindre.

Mais, si la pression agit du dehors au dedans, la tôle travaille à la compression, et, dès que le cylindre a commencé à se déformer, il tend à se déformer et à s'aplatir davantage ; les épaisseurs précédentes ne donneraient plus de sécurité et les règlements prescrivaient de les augmenter de moitié, encore fallait-il prendre la précaution de consolider les tubes à l'intérieur par des armatures en fer.

M. Bresse, dans son cours de résistance des matériaux, a bien montré l'influence d'une excentricité même très-faible sur des tuyaux pressés de dehors en dedans ; ces tuyaux perdent rapidement de leur résistance à mesure qu'ils s'éloignent de la forme circulaire, et il est nécessaire d'en augmenter beaucoup l'épaisseur. Il faut dans tous les cas que cette épaisseur vérifie l'inégalité

$$e > 0,0064.d.\sqrt[5]{n},$$

dans laquelle d est le diamètre moyen, ou la demi-somme du grand et du petit axe de l'ellipse.

II. — CHAUDIÈRES A FOYERS INTÉRIEURS

Chaudières à galeries. — Les figures 302 et 30 donnent une idée des chaudières à galeries. C'étaient des parallélipipèdes en tôle percés de carneaux ou galeries plusieurs fois recourbés, que parcouraient la flamme et les produits de la

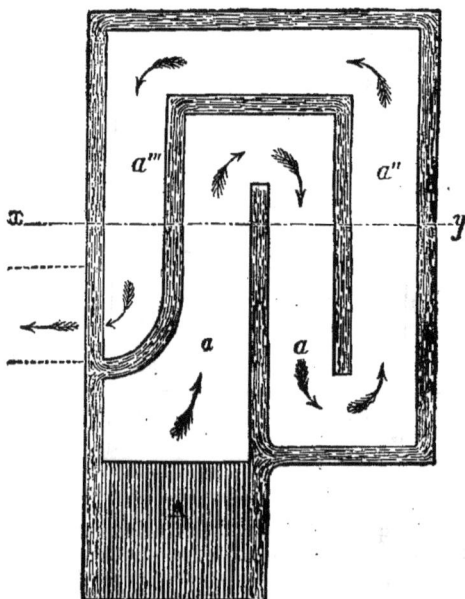

Fig. 301.

combustion. Le courant gazeux, partant de la grille A, suivait le circuit des carneaux a, a', a", a''', comme les flèches l'indiquent, et gagnait enfin le conduit de la cheminée.

Il est certain qu'on arrivait de la sorte à utiliser convenablement la chaleur produite ; mais il est certain aussi qu'on ne pouvait espérer atteindre une pression élevée, vu la forme et les dimensions de la chaudière, lesquelles sont très-défavorables à la résistance.

Aussi est-ce surtout dans les machines marines que les chaudières à galeries ont trouvé leur emploi, jusqu'à l'époque où on les remplaça par des chaudières tubulaires, vers 1840.

Des chaudières à galeries il faut rapprocher les chaudières verticales qui fonctionnaient encore il y a quelques années dans de grands établissements métallurgiques. Ces chaudières sont formées d'un grand cylindre vertical traversé dans son milieu par un large carneau ; elles sont généralement destinées à utiliser la

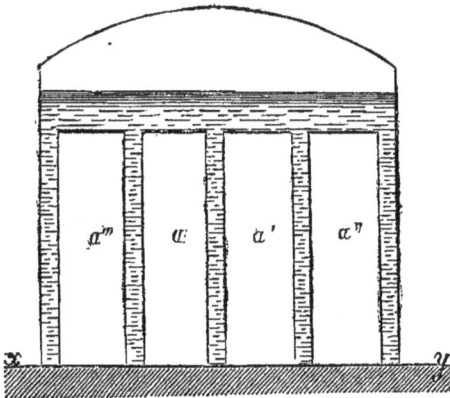

Fig. 502.

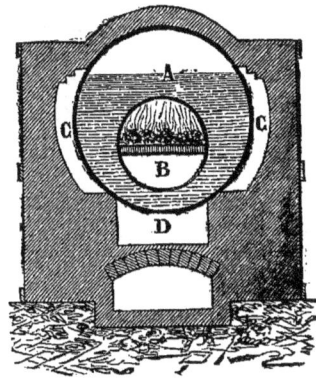

Fig. 505.

chaleur perdue par les gaz qui s'échappent des fours et fourneaux où règne une haute température. Le courant gazeux arrive à la base du cylindre vertical et remonte en l'enveloppant de toutes parts, puis il descend dans le carneau central pour gagner le conduit souterrain qui le mène à la cheminée.

C'est, comme on le voit, un système simple, d'entretien et de conduite faciles ; les Américains l'ont imité dans leur chaudière en forme de ruche.

Chaudière de Cornwall. — La chaudière de Cornwall, très-usitée en Angleterre et en Amérique, est représentée en coupe transversale par la figure 505. Elle est formée d'un vaste corps cylindrique A, percé, au-dessous de son axe, d'un ou de deux tubes B, dans lesquels on établit la grille du foyer. La flamme lèche donc les parois du tube B que l'eau entoure de toutes parts ; arrivée à l'arrière de la chaudière, elle revient à l'avant par les carneaux latéraux C et quelquefois même on lui fait parcourir une troisième fois la chaudière en suivant le conduit inférieur D qui débouche dans la cheminée.

M. Wicksteed, dont nous avons déjà cité le mémoire, traduit par M. l'ingénieur Lefort, a fait établir, pour les machines élévatoires des eaux de Londres, des chaudières de Cornwall et des chaudières de Watt, sur lesquelles il s'est livré à des expériences comparatives.

Les figures 3, 4, 5 de la planche VII représentent en élévation, coupes longitudinale et transversale, quatre chaudières accouplées.

Sur l'élévation, on voit en *c, c, c*. . . . . les portes des foyers,
  — — P.P . . . . . les cendriers,
  — — *g.g* . . . . . tubes indicateurs du niveau de l'eau

Les branchements *q, q...* qui partent du fond des chaudières et se réunissent dans la conduite horizontale *p, p...* servent à la vidange et à la décharge des chaudières.

Sur la coupe transversale, les deux chaudières de gauche montrent la grille D et au fond du foyer l'autel *c*; la flamme partant de la grille lèche les parois du tube E et du bouilleur B que contient ce tube à sa partie supérieure ; le courant revient par les carneaux latéraux *d*, retourne par le carneau inférieur *e*, et gagne le conduit commun F qui se retourne latéralement et qui contient le réchauffeur A ou réservoir d'alimentation ; de F, le courant passe au-dessus en F′ et s'en va de là dans la cheminée.

Dans la chaudière, l'eau est marquée par la lettre *W* et la vapeur par la lettre *s*.

H est le conduit qui mène la vapeur à la chaudière, et *g, g...* sont les soupapes de prise.

On voit que la partie supérieure de la chaudière est recouverte d'une épaisse couche (*r, r*) de cendres tamisées, destinées à empêcher la déperdition de la chaleur ; et les prises de vapeur sont complétement enterrées dans cette couche.

Sur la coupe longitudinale C est la porte du foyer, D la grille, *c* l'autel, B le bouilleur ; celui-ci communique avec le corps cylindrique de la chaudière, par en bas et à l'avant, au moyen du conduit *h*, par en haut et à l'arrière, au moyen du conduit *f* ; le bouilleur B est légèrement incliné de l'avant à l'arrière, de sorte que la vapeur qui peut s'y former, s'en va par le conduit *f* dans la chambre de vapeur principale *s*.

Le courant gazeux, partant de la grille, s'engage dans le tube E en entourant le bouilleur, il prend le carneau *d*, revient à l'avant, puis à l'arrière par le carneau *e* qui débouche dans le conduit principal F. A l'embouchure de ce dernier, on trouve le registre de tirage *t* qui se manœuvre par une chaîne placée à portée du chauffeur.

L'alimentation se fait par le conduit *b*, qui se recourbe en *x* pour aboutir au fond du cylindre principal *W*.

Les tubes *z* et *y*, fermés par un robinet, amènent l'eau au fond du bouilleur et servent pour le nettoyage de la chaudière.

Le tuyau *k*, avec sa soupape *i*, ramène à la chaudière l'eau qui s'est condensée dans le cylindre.

H est le tube de prise de vapeur, et J la soupape de sûreté.

On aperçoit en *q* et *p* les tubes qui servent à la vidange de l'appareil.

Enfin, dans la paroi antérieure en maçonnerie, on voit un tube *a* qui va de la pompe foulante alimentaire au réchauffeur A.

Le système est un peu compliqué, mais il est parfaitement disposé pour utiliser la chaleur produite.

Mes expériences montrent, dit M. Wicksteed, que, lorsqu'on consommait seulement 12^k,08 de charbon par mètre carré de grille et par heure, on vaporisait dans le même temps 0^{mc},115 d'eau ; c'est-à-dire que 1 kilogramme de charbon réduisait en vapeur 8^k,258 d'eau, dont la température initiale était de 26 degrés. Lorsqu'on brûlait par mètre carré de grille 24^k,47 de charbon, ou plus du double de la quantité précédente, on vaporisait par heure 1^{mc},353 d'eau, c'est-à-dire que 1 kilogramme de charbon réduisait en vapeur 8^k,605 d'eau. La combustion la plus rapide présente donc un avantage de 4 p. 100.

Dans les deux cas, on utilisait la puissance entière de la chaudière.

La surface totale, exposée à l'action du feu et de l'air chaud, étant de 290$^{m·c}$,54, pour vaporiser dans le 1er cas. . . . 0$^{m·c}$,665 ou environ 665 kilogrammes d'eau.
Et dans le 2e cas. . . . 1$^{m·c}$,355 — 1355 —

la quantité d'eau vaporisée par heure et par mètre carré de surface de chauffe était

dans le 1er cas. . . . . . . 2^k,24
dans le 2e cas. . ; . . . . . 4^k,57

En somme, on tirait un bien minime résultat d'une aussi grande surface de chauffe, puisque l'on vaporise couramment dans la chaudière française au moins 12 kilogrammes d'eau par heure et par mètre carré de surface de chauffe.

Mais, il faut remarquer que dans la chaudière de Cornouailles, les retours de la flamme sont nombreux, et que la surface de chauffe des derniers carneaux est peu active : la surface inférieure du tube E est elle-même sans efficacité, car elle est presque toujours recouverte de cendres et de poussières.

Cependant, grâce à la combustion lente et à la bonne utilisation de la chaleur, la chaudière de Cornouailles vaporise 8 kilogrammes d'eau par kilogramme de combustible, tandis que nous ne vaporisons guère que 7 kilogrammes. On comprend donc la faveur dont elle jouit en Angleterre et en Amérique.

Elle a deux graves inconvénients : 1° elle est assez compliquée, très-lourde et par suite très-coûteuse, 2° le tube E, pressé du dehors en dedans, se trouve, comme nous l'avons dit plus haut, dans de très-mauvaises conditions pour la résis-

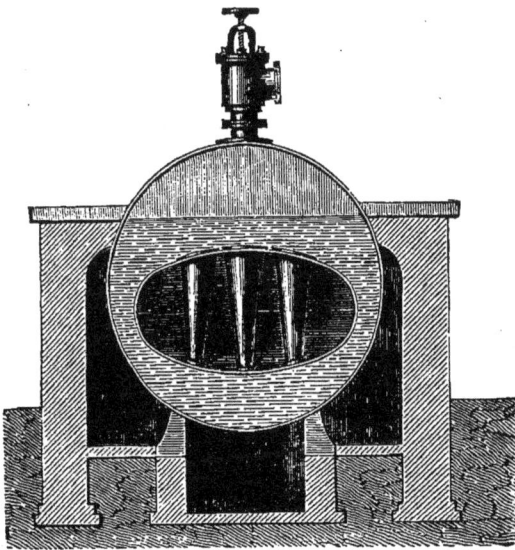

Fig. 504.

Fig. 505.

tance, il demande à être consolidé ; malgré tout, il s'est plus d'une fois aplati et de dangereuses explosions en ont résulté.

Chaudière Galloway. — On emploie beaucoup en Angleterre une chaudière de Cornouailles modifiée, construite par MM. Galloway, et représentée par les figures 304 et 305. Le tube intérieur est à section elliptique, et ses parois supérieure et inférieure sont réunies par des tubes en forme de tronc de cône, que l'eau parcourt librement.

La flamme se trouve écrasée et transmet sa chaleur aux parois de la chaudière, beaucoup mieux qu'elle ne le fait dans un tube circulaire, où la partie centrale est trop éloignée de la circonférence. La flamme, en outre, est brisée par ces bouilleurs verticaux et se trouve refroidie à leur profit. Enfin, le tube à section elliptique est énergiquement contreventé par les bouilleurs, et l'écrasement n'est pas à craindre.

Aussi l'appareil fonctionne-t-il d'une manière simple et économique. Il va sans dire que les bouilleurs transversaux doivent être construits en excellente tôle, et assemblés au corps principal au moyen de collerettes forgées et non au moyen de cornières.

C'est là la partie délicate de la construction; elle est cependant d'une exécution relativement facile, lorsque la chaudière atteint de grandes dimensions.

Grâce à ce perfectionnement, on a conservé à la chaudière de Cornouailles tous ses avantages, et l'on a beaucoup réduit le danger des explosions.

Chaudière verticale à bouilleurs croisés. — De la chaudière Galloway on peut rapprocher la chaudière verticale cylindrique à foyer intérieur et à bouilleurs croisés construite par MM. Hermann-Lachappelle et représentée en coupe verticale par la figure 306.

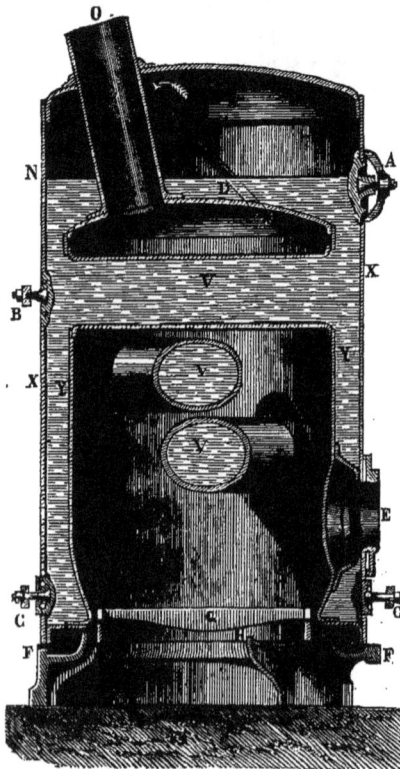

Fig. 306.

On voit en A le grand autoclave du haut de la chaudière, en B un autoclave d'un bouilleur, et en C l'autoclave du bas de la chaudière. D est le tuyau de prise de vapeur, qui débouche, comme le montre la flèche, au sommet du réservoir de vapeur, là où cette vapeur est le plus sèche. La porte du foyer est en E, la grille circulaire en G, et F est un bâti isolateur en fonte. L'eau entoure le foyer et occupe l'espace annulaire Y Y, ainsi que les trois bouilleurs V, qui sont étagés et dont les axes se croisent à 60 degrés.

La flamme du foyer se trouve brisée par les bouilleurs qu'elle entoure de toutes parts et qu'elle contourne avant d'arriver à la cheminée O.

Cet appareil est simple, d'un rendement convenable, très-facile à nettoyer et à entretenir.

Chaudières tubulaires. — Les chaudières précédentes, et notamment la chaudière cylindrique à bouilleur, sont encore d'un emploi général; c'est à elles qu'il faut recourir lorsqu'on veut une production de vapeur très-économique.

Mais, quand l'espace manque, ou lorsqu'on veut obtenir rapidement de grandes quantités de vapeur à haute pression, il faut se servir de chaudières tubulaires, que l'on installe avec des fourneaux en maçonnerie, ou qui contiennent elles-mêmes leur propre foyer, comme cela arrive pour les machines locomobiles.

L'invention de la chaudière tubulaire est généralement attribuée à l'ingénieur français Seguin. Il semble cependant qu'elle a été connue avant lui, notamment en Amérique; toutefois, Seguin n'avait pas connaissance des essais précédents, et c'est bien à lui qu'il faut rapporter l'honneur de l'invention et de son application aux locomotives.

La principale difficulté qu'on rencontrait dans les locomotives, c'était de produire assez de vapeur dans un temps donné, sans adopter un appareil lourd et encombrant; or, comme nous l'avons déjà fait remarquer, la quantité de vapeur produite ne dépend pas de la masse d'eau que contient la chaudière; cette masse d'eau est un simple régulateur dont on peut se passer. La quantité de vapeur dépend surtout de la surface de chauffe; c'est elle qu'il faut multiplier.

On y arrivera d'une manière bien simple en remplaçant le carneau unique de la flamme par une série de carneaux plus petits, occupant la même section, mais dont le contour total est beaucoup plus grand. C'est ainsi qu'en partageant un carré en quatre parties égales, on double la longueur des contours; si l'on partage chaque nouveau carré en quatre autres parties égales, on double encore la surface de chacun, on quadruple donc le contour primitif. Les contours successifs augmentent comme la racine carrée du nombre des divisions.

Soit un cercle d'un mètre de rayon, sa surface est $3^{mc},14$; la surface d'un cercle d'un décimètre de rayon sera cent fois moindre, si l'on remplace le carré d'un mètre par cent carneaux d'un décimètre, la somme des contours variera de π à $10\,\pi$; elle sera décuplée. Il en sera donc de même de la surface de chauffe, et la production de vapeur augmentera dans de grandes proportions.

Mais il faut que la combustion redouble d'activité pour agir sur des surfaces de chauffe décuplées, et le tirage naturel, surtout avec les petites cheminées, est illusoire pour un pareil effet. On a été forcé de recourir à un tirage artificiel.

Seguin avait imaginé d'abord d'alimenter le foyer au moyen d'un ventilateur, que portait la locomotive elle-même; cela était encombrant, et l'on ne tarda pas à reconnaître qu'il était préférable d'injecter dans la cheminée de la vapeur sortant du cylindre ou prise à la chaudière; cette vapeur, soumise à une pression notable, s'échappe avec grande vitesse et produit un énergique appel d'air; ajoutez à cela qu'elle se condense partiellement et amène bientôt un vide relatif qui augmente encore la vitesse de l'appel.

Le tirage artificiel par jet de vapeur est donc une excellente chose dans les locomotives; mais, il a le grand désavantage de coûter fort cher. Nous avons dit plus haut qu'il était plus économique de supprimer la haute cheminée des machines fixes, de refroidir à la dernière limite les produits de la combustion, et d'envoyer l'air au foyer par un ventilateur que la machine elle-même met en mouvement.

Les mêmes conclusions s'appliquent au tirage par jet de vapeur; on dépense incomparablement plus de vapeur pour arriver à un tirage suffisant qu'on n'en dépenserait pour faire mouvoir un ventilateur puissant.

Aussi, lorsqu'on se sert de chaudières tubulaires dans les machines fixes, faut-il abandonner le jet de vapeur et recourir à un ventilateur pour envoyer au foyer la quantité d'air nécessaire à la combustion.

Les figures 4 et 5 de la planche V représentent en coupes transversale et longitudinale l'appareil tubulaire des locomotives.

La chaudière comprend trois parties principales :

1° La boîte à feu A, à la base de laquelle est le foyer recouvert d'une couche épaisse de combustible. La boîte à feu est un coffre en cuivre à section rectangulaire ; comme elle est soumise à de très-hautes températures, on la construit d'ordinaire en cuivre. Ce premier coffre est enfermé dans un autre coffre en tôle, qui est distant du premier d'environ $0^m,10$; et qui lui est réuni par des boulons entretoises, comme on le voit sur la figure.

La double paroi se trouve ainsi consolidée. Entre le cuivre et la tôle se répand 'eau de la chaudière, et elle surmonte le dôme ou ciel du foyer sur une épaisseur de $0^m,10$ au moins.

Les parois intérieures de la boîte à feu, soumises à l'action directe de la flamme, sont donc en contact continuel avec l'eau, ce qui est indispensable, car elles seraient rapidement brûlées ; elles constituent la surface de chauffe directe.

Vient ensuite le corps tubulaire B, qui se compose d'une série de tubes, disposés en quinconce, et assemblés à chaque extrémité dans une plaque qu'on appelle plaque tubulaire. Ces tubes, que l'on fait presque toujours en laiton, parce que celui-ci est plus résistant que le cuivre, et parce que le fer est rapidement rongé, sont espacés d'au moins $0^m,012$ dans les loco motives, et $0,020$ dans les chaudières marines. Dans celles-ci, les trous sont placés rectangulairement et non en quinconce, afin de faciliter l'ascension des bulles de vapeur qui circulent entre les tubes ; mais la disposition en quinconce permet d'adopter un bien plus grand nombre de tubes pour une section donnée, c'est pourquoi dans les locomotives on la préfère à l'autre.

Les produits de la combustion, après avoir traversé les tubes, pénètrent dans la boîte à fumée C et dans la cheminée D, à la base de laquelle débouche le jet de vapeur venant des cylindres.

La prise de vapeur se fait par le tube PQ, dont l'extrémité P se recourbe d'ordinaire pour venir à la partie supérieure d'un dôme situé directement au-dessus du foyer. Un levier permet d'ouvrir ou de fermer à volonté la valve de prise de vapeur.

La chaudière est munie de tubes indicateurs du niveau de l'eau, de manomètres, de soupapes de sûreté et de sifflets.

Une alimentation parfaite est indispensable pour les chaudières tubulaires, car elles contiennent relativement un faible volume d'eau, qui doit être constamment entretenu afin que le niveau ne s'abaisse point, soit au-dessous des tubes, soit au-dessous du ciel du foyer.

La figure 307 représente en coupe longitudinale une chaudière marine ; A est la chambre du foyer, C' l'autel en briques réfractaires, B le cendrier, c,c la grille, C la porte du foyer, F,F' l'espace occupé par l'eau qui entoure le foyer et les tubes de toutes parts, on voit en d,d les tubes disposés rectangulairement et non en quinconce ; le courant gazeux les traverse et gagne d'abord la boîte à fumée E, puis la cheminée E'. La vapeur s'amasse en H à la partie supérieure de la chaudière, et elle passe par le tube Z dans un surchauffeur H', situé à la partie supérieure de la boîte à fumée. Du surchauffeur, la vapeur gagne le cylindre.

e est la porte de la chambre à fumée ; cette porte est à doubles parois et à deux

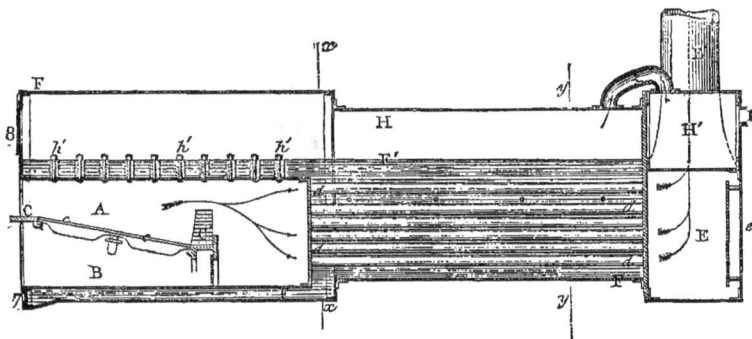

Fig. 307.

battants dans les locomotives ; elle se ferme au loquet, et sert, pendant le repos, à nettoyer et à visiter les tubes.

Voici quelques types de chaudières tubulaires employées dans des machines fixes ou dans les machines à bateaux.

On a quelquefois associé (fig. 308) les bouilleurs et les tubes, lorsqu'on ne dispose pas d'une longueur suffisante pour une grande chaudière française. Par exemple le corps cylindrique est traversé, dans la partie inférieure par de nombreux tubes ; la flamme, après avoir léché les bouilleurs et être arrivée à l'arrière, revient à l'avant par les tubes et retourne à la cheminée par des carneaux latéraux. Sans doute ce système est bien compris et peut donner d'excellents résultats ; mais il est toujours plus coûteux et surtout plus difficile à entretenir que la chaudière ordinaire, et c'est celle-ci qu'il faudra préférer dans les usines, où l'on n'a pas le moyen de faire immédiatement des réparations et des remplacements de tubes.

Fig. 308.

Dans le générateur des machines, qui servaient au chemin de fer atmosphérique de Saint-Germain, on a associé le système de Cornouailles au système tubulaire (fig. 309).

La chaudière est formée de deux cylindres égaux M et N ; l'un est percé du tube A, dans lequel sont installés le foyer et la grille, l'autre est traversé par des tubes en laiton, disposés en quinconce, et de petit diamètre. Les produits de la combustion, après avoir parcouru le tube A, entourent extérieurement le premier cylindre M en circulant dans le carneau C, passent de là dans le carneau C′ pour chauffer la périphérie du cylindre N, puis s'engagent dans les tubes pour gagner la cheminée. On voit que la chaleur produite est utilisée autant que possible.

Les deux parties de la chaudière communiquent pour l'eau par le conduit *p*, et pour la vapeur par le conduit *q*, ouvert à la partie supérieure de deux grands dômes surmontant les corps cylindriques. La prise de vapeur se fait au sommet du second dôme par le tuyau recourbé *t*. Les dômes sont entourés d'une seconde enveloppe métallique ; entre les deux enveloppes circule un courant d'air chaud, et, comme les gaz sont mauvais conducteurs de la chaleur, la vapeur ne se refroidit guère, et l'on évite des pertes de force considérables. Il va sans dire que ces chaudières, que la flamme parcourt quatre fois, sont de faible longueur ; en effet, cette longueur est d'environ 3 mètres.

Les figures 6 à 10 de la planche V représentent des chaudières tubulaires pour

Fig. 309.

bateaux. La première à gauche est une chaudière horizontale surmontée d'un corps cylindrique ; la seconde est une chaudière verticale.

La disposition en est bonne et peut être reproduite ; mais ces chaudières étaient munies de tubes en cuivre, qui se sont écrasés sous la pression, ainsi que nous le dirons plus loin.

Les chaudières à flamme en retour sont d'un usage général dans la marine ; le foyer est de grande dimension, et le courant gazeux qui chauffe d'abord le fond de la chaudière, revient sur lui-même pour traverser les tubes et s'échapper dans la cheminée. Toutes les parois sont planes et par suite demandent à être consolidées (fig. 11, pl. V).

MM. Molinos et Pronnier ont installé une chaudière tubulaire d'une grande puissance, qui a donné de bons résultats. On voit en G la grille et en F la chambre du foyer, séparée en deux parties par un autel ou cloison A en briques réfractaires. Le foyer supporte un corps cylindrique B, qui reçoit directement le coup de feu, et qui, à l'arrière, communique par les évents C et D avec le corps tubulaire E. La flamme, après avoir frappé le ciel du foyer, passe de l'autre côté de la cloison verticale et s'engage dans les tubes comme l'indiquent les flèches. Après avoir parcouru les tubes, le courant gazeux trouve la boîte à fumée H et le carneau K, qui va à la cheminée. L'air est envoyé au foyer par un ventilateur puissant, qui donne à cet air une grande vitesse ; le courant se bifurque, une partie

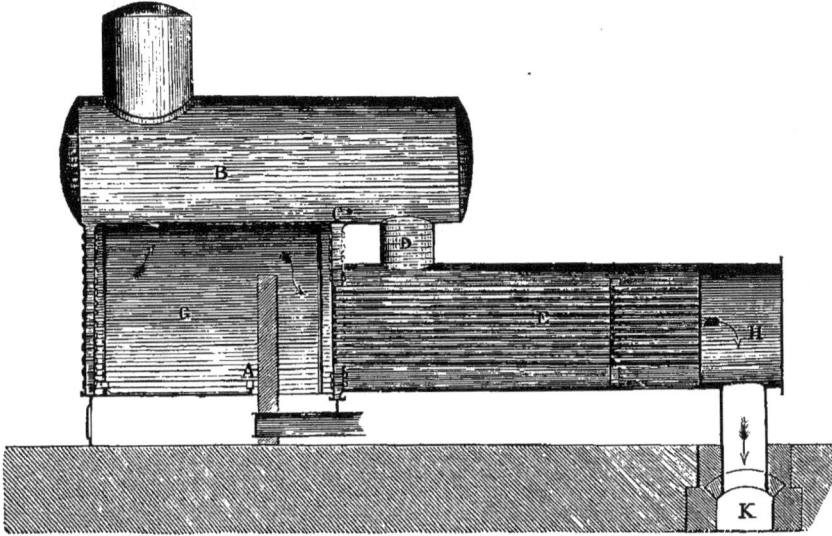

Fig. 310.

traverse la grille, et le reste arrive au-dessus de la grille par de nombreux orifices latéraux, de sorte que la combustion est parfaitement assurée, et l'on peut sans crainte brûler le combustible en couches de $0^m,30$ ou de $0^m,40$.

Mais, comme nous le disions plus haut, ces appareils perfectionnés, qui présentent de sérieux avantages, sont coûteux et assez compliqués ; ils exigent beaucoup de soin et d'entretien, en même temps que les réparations en sont difficiles. Aussi pensons-nous que l'emploi ne saurait en être généralisé, et qu'ils conviendront surtout aux grandes usines métallurgiques.

On appelle chaudières à flamme directe celles où la flamme rencontre les tubes en sortant du foyer ; les autres sont à flamme renversée ou à flamme en retour.

Construction des chaudières tubulaires. — La construction des chaudières tubulaires a donné lieu déjà à bien des expériences, et s'est perfectionnée de jour en jour ; sans entrer dans de grands détails, nous nous attacherons à préciser les systèmes en usage pour la construction et l'installation : 1° de la boîte à feu ; 2° de la partie tubulaire ; 3° de la partie supérieure ou corps cylindrique de la chaudière.

1° **Boîte à feu.** — La boîte à feu, avons-nous dit, est de section rectangulaire, parce que la forme cylindrique ne donnerait point une assez grande surface de chauffe, et elle est formée de deux coffres : l'un intérieur est en cuivre, et l'autre, le coffre extérieur, est en tôle de fer.

Le coffre extérieur s'arrondit à la partie supérieure et s'élève au-dessus du plafond du coffre intérieur, lequel plafond constitue le ciel du foyer ; dans des locomotives anciennes, le coffre extérieur se terminait en dôme sphérique ou en pyramide à quatre faces ; on a renoncé à ces formes compliquées, et la surface cylindrique est généralement adoptée aujourd'hui pour la paroi supérieure de la chaudière.

Ainsi la chaudière est limitée tout autour du foyer par des faces planes, c'est-à-dire qu'elle est dans de très-mauvaises conditions pour la résistance, et qu'il faut chercher des moyens puissants de consolidation.

Ciel du foyer. — En ce qui touche d'abord le ciel du foyer, il faut remarquer qu'il est soumis à une pression énorme s'exerçant de haut en bas ; si la pression de la vapeur est de 8 ou 9 atmosphères et la section horizontale du ciel du foyer environ 1 mètre carré, ce ciel tend à s'écraser sous une charge de 80,000 à 90,000 kilogrammes. Il faut donc que la base inférieure du foyer soit solidement assise sur le bâti de la machine auquel elle transmet cette énorme pression, et qu'en outre, le ciel du foyer soit soutenu par en haut pour ne pas s'effondrer.

On ne saurait apporter trop de soins à la consolidation du ciel, car c'est de là que peuvent venir les plus graves accidents. On procède à cette consolidation par deux moyens qu'on emploie simultanément : d'abord la partie médiane est réunie par des tirants à la partie supérieure du corps cylindrique ; en cette partie, le plan tangent est horizontal, c'est-à-dire parallèle au ciel du foyer, et l'installation des tirants est facile ; elle ne le serait point sur les parties latérales, parce que le tirant rencontrerait trop obliquement les parois de la chambre à feu et du corps cylindrique.

Outre les tirants, on dispose sur le ciel de la chambre à feu (fig. 4 et 5, pl. V) des armatures, sur la face inférieure desquelles la paroi métallique est rivée, et ces armatures reportent la pression sur les parois verticales de la chaudière, qui sont, elles, fortement entretoisées, comme nous le verrons tout à l'heure.

Dans les anciennes machines, les armatures étaient placées dans le sens longitudinal de la chaudière, cela était sans inconvénient, parce que la section de la chambre à feu était carrée et relativement de faible étendue ; aujourd'hui que l'on a allongé le foyer et augmenté ses dimensions, afin de pouvoir y brûler de la houille au lieu du coke, il faut placer les armatures dans le sens transversal, car c'est dans ce sens qu'on trouve la moindre dimension et, en outre, on risquerait sans cela d'exercer une pression trop forte sur la plaque tubulaire, dont les trous deviendraient elliptiques et n'adhéreraient plus aux tubes.

Il est bon de ne pas arrêter les armatures à la paroi de la chambre à feu, mais de les prolonger jusqu'à la paroi extérieure de la chaudière, sur laquelle on les assemble au moyen de cornières. On intéresse ainsi la double paroi à la rigidité et à la résistance de la chambre à feu. Cela a constitué un important perfectionnement, car, dans les rares explosions de locomotives, il s'est présenté plusieurs cas où la rupture s'est produite sur le bord du ciel de la chambre à feu.

Entretoises des parois latérales du foyer. — Quant à la double paroi latérale du foyer, les deux faces à entretoiser sont sensiblement parallèles ; elles sont de plus assez rapprochées (0^m,08 à 0^m,10) ; l'opération est donc facile.

Si l'espacement a une valeur notable, comme cela peut arriver dans les chau-

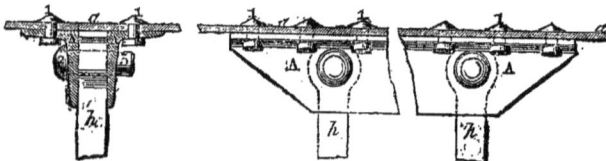 

Fig. 311.   Fig. 312.

dières marines et dans les chaudières tubulaires fixes, on peut encore se servir de tirants qui s'assemblent à chaque extrémité, comme on le voit sur la figure 311 :

sur la paroi a de la chaudière on rive deux cornières égales A entre lesquelles on saisit l'œil qui termine le tirant h. L'œil et les deux cornières sont traversés par un seul boulon.

Mais les parois sont généralement assez rapprochées pour que l'on puisse se contenter comme entretoise d'un simple rivet ou d'un boulon. Quelquefois, le rivet est disposé comme le montre la figure (312), ce qui lui donne une grande rigidité et s'oppose à l'écartement des parois : le rivet (d), dont les têtes s'appuient, non sur les parois mêmes (a), mais sur des semelles (b), est entouré d'un manchon ou fourreau en fonte, d'une longueur égale à l'écartement. Ce système, très-résistant, a le tort d'occuper un grand volume; aussi ne convient-il pas aux machines locomotives.

Pour ces machines, on a recours à un rivet ou à un boulon tout simplement. Le plus souvent, on met des rivets, mais lorsqu'il y a lieu de les remplacer, on est forcé de les couper ou de faire sauter la tête, ce qui est une assez longue opération; l'emploi du boulon semble donc plus judicieux, mais il donne lieu plus facilement à des fuites.

Lorsque le foyer est de constitution mixte, que la boîte intérieure est en cuivre et la boîte extérieure en fer, on s'est demandé ce qu'il valait mieux adopter, de l'entretoise en cuivre ou de l'entretoise en fer. On craignait, au contact des métaux hétérogènes, une action galvanique qui rongerait l'un ou l'autre; il ne semble pas que cette action ait grande influence; le cuivre coûte plus cher, mais il conserve presque sa valeur et se travaille bien ; le fer a l'immense avantage du bon marché et il est beaucoup plus résistant. En somme, on emploie généralement des rivets en fer.

Lorsqu'on se sert de boulons taraudés, on arrive à d'excellents résultats, pourvu que le montage soit fait avec un soin extrême ; le filet du boulon doit être un peu plus fort que celui de la paroi taraudée, de manière que la fermeture soit hermétique; il faut avoir soin de mettre les boulons en place avec douceur et sans secousse, afin de ne point briser les filets et de ne pas écrouir le métal : c'est une opération des plus délicates, qui demande une surveillance attentive.

Le calcul de la résistance des tôles et de l'épaisseur qu'il convient de leur donner, lorsqu'elles sont réunies par des entretoises, a été fait par M. Callon, ingénieur en chef des mines, qui a considéré la portion de paroi, comprise entre deux files d'entretoises, comme une poutre très-large encastrée à ses deux extrémités. Voici la formule qu'il a donné :

$$e = 0,03\, l\, \sqrt{n-1}$$

dans laquelle e est l'épaisseur cherchée de la paroi plane, exprimée en mètres,
l est l'espacement des tirants
n est la pression effective de la vapeur, c'est-à-dire le numéro du timbre de la chaudière.

Les tirants ou armatures doivent être calculés de telle sorte qu'ils puissent soutenir à eux seuls les parois de la chaudière, tout en ne travaillant qu'à 3 kilogrammes par millimètre carré. Cette condition conduit à prendre des tirants dont le diamètre est égal à 2,2 fois l'épaisseur des tôles à réunir.

M. l'ingénieur des ponts et chaussées Lavoinne a repris les calculs de M. Callon et est arrivé à la conclusion suivante, qui ne sera pas inutile aux constructeurs :

Il existe divers systèmes de consolidation pour les faces planes des chaudières à vapeur.

Quand il s'agit de soutenir des faces planes parallèles situées à une assez grande distance l'une de l'autre, on les relie au moyen de tirants s'adaptant aux faces planes par l'intermédiaire de patins ou de semelles qui renforcent les faces planes sur une certaine étendue. Ces patins sont généralement formés de deux cornières assemblées sur les parois au moyen de rivets, et percées, en même temps que l'extrémité du tirant, d'un œil où passe un boulon.

D'autres fois, pour consolider les parois des foyers dans les lames d'eau, on réunit ces parois, placées à une faible distance l'une de l'autre, par des entre-toises consistant dans un boulon ou un rivet traversant les deux parois, il arrive souvent qu'on fait passer ce boulon dans un fourreau interposé entre elles contre lequel on les serre au moyen du rivetage ou de l'écrou: les parois sont habi-tuellement renforcées alors par des semelles d'une certaine étendue faisant office de rondelles; souvent aussi le fourreau est supprimé, et on se contente d'un simple boulon fileté traversant les deux parois préalablement taraudées.

Le premier de ces modes de consolidation, qui ne tend pas à affaiblir les pa-rois dans la partie centrale des surfaces d'appui, et qui donne à ces surfaces une assez grande étendue, est très-satisfaisant au point de vue théorique. En donnant aux patins un empatement convenable, on peut réduire notablement les efforts maxima se produisant en leurs centres, et faire qu'ils ne dépassent pas ceux qui tendent à se développer à égale distance des points d'appui.

Dans le second cas, la paroi, au point où elle est percée, tend, par l'effet de la courbure, convexe vers le dedans, que lui fait prendre la pression, à presser le périmètre du boulon à l'extérieur et à s'en écarter à l'intérieur. S'il existe un fourreau, le serrage de la paroi entre le bord du fourreau et la tête du boulon ou du rivet remédie à cet écartement en substituant à l'extension de la matière de la paroi dans la portion supprimée, celle des deux corps entre lesquels elle est serrée, par l'effet du frottement énergique qui se développe sur les surfaces de contact. D'autre part, la semelle qui renforce la paroi autour du rivet et la tête du rivet elle-même contribuent à agrandir la surface d'appui. On peut donc en-core parvenir par ce moyen, en faisant la semelle assez large, à réduire les efforts maxima dans une forte proportion sans être conduit à trop rapprocher les en-tretoises.

Si, au contraire, on se contente d'entretoises simplement filetées, on voit qu'on peut bien encore satisfaire à la condition d'éviter l'écartement intérieur de la paroi, qui tend à se détacher de l'entretoise, par l'effet d'un serrage énergique, mais qu'on cesse d'obvier à l'exagération des efforts de tension et de compres-sion par suite de la réduction de la surface d'appui à de très-faibles dimensions. La prudence commande alors de rapprocher davantage les axes de l'entretoise pour une épaisseur de paroi et une pression données. Si l'on suppose le diamètre des entretoises environ dix fois moindre que leur espacement, comme cela a lieu habituellement, l'épaisseur calculée au moyen de la formule de M. Callon devra être augmentée de 80 p. 100 environ pour rester dans de bonnes conditions de résistance.

L'insuffisance de l'épaisseur des parois planes consolidées par des entretoises est souvent accusée par les cassures qui, dans les foyers, se dessinent autour des entretoises, et peuvent être considérées comme dues à la prédominance des efforts qui s'exercent en ces points. A l'intérieur des foyers, les effets de la dila-tation viennent, il est vrai, compliquer ceux de la pression; mais ces effets ne peuvent entraîner des déformations spéciales bien sensibles que sur le pourtour es parois; dans les parties centrales, les seules auxquelles puissent s'appliquer avec une exactitude suffisante les formules, les points d'attache des entretoises ou des tirants, se déplaçant sous l'action de la dilatation comme les autres parties des intervalles situés entre les points d'appui, ne peuvent éprouver, par ce fait, des efforts plus considérables que les autres points; si donc la fatigue y est plus grande, c'est la prédominance des efforts dus à la pression qui en est cause.

Les calculs que nous avons exposés et les considérations pratiques dont nous les avons fait suivre nous autorisent à formuler la conclusion suivante :

Les formules habituellement employées pour le calcul des épaisseurs des parois planes en fonction de la pression effective et de l'espacement des tirants ne doivent être appliquées qu'avec réserve, et à la condition de vérifier que les surfaces d'appui sont suffisantes pour que les efforts de contraction et de tension n'y dépassent pas l'effort limite. Une diminution de la surface d'appui doit entraîner une diminution correspondante de l'espacement des tirants pour une épaisseur de paroi donnée, et il conviendrait, pour tenir un compte suffisant des efforts maxima susceptibles de se développer dans le cas de parois consolidées par de simples entretoises, de réduire de près de moitié les espacements donnés par les formules usuelles.

De tout cela résulte qu'on ne saurait apporter trop de soin aux entretoises des chaudières : elles doivent être formées d'un métal d'excellente qualité, parfaitement ajustées, et ne pas être trop espacées. Cependant, il ne faudrait point les rapprocher outre mesure, parce qu'elles causent une grande gêne pour le nettoyage.

Ce serait un grand perfectionnement si l'on obtenait une forme de chaudière qui résistât sans le secours des entretoises; car c'est dans ces entretoises que se trouve la cause de la plupart des explosions.

Celles surtout de la partie supérieure du foyer viennent souvent à se rompre sous l'influence de la dilatation et de la contraction variables auxquelles sont soumises les deux tôles qu'elles réunissent. Presque toujours, la rupture reste inaperçue, à moins qu'on ne vienne à nettoyer la chaudière au même moment, et, dès que la pression s'élève, les parois affaiblies se déchirent.

Entretoises forées. — On s'est proposé de déceler instantanément toute rupture d'entretoise en se servant de rivets percés suivant leur axe d'un petit trou longitudinal. Si ce trou passait de part en part, il donnerait lieu à un filet d'air jaillissant dans le foyer d'une manière continue; quelquefois, ce trou est interrompu au milieu du rivet, et, comme les ruptures se produisent toujours près des tôles, elles sont accusées par un jet de vapeur ou d'eau chaude qui s'échappe dans l'air ou dans le foyer, suivant que le rivet se brise près de l'enveloppe extérieure ou près de l'enveloppe intérieure.

Les ruptures se produisant presque toujours près de la paroi extérieure, il suffirait, à la rigueur, de forer la moitié de l'entretoise qui ne touche pas au foyer.

Cependant, comme on a vu des rivets se rompre même au milieu, il vaut mieux forer l'entretoise sur presque toute sa longueur, sauf sur la tôle extérieure; alors, en quelque endroit qu'elle se brise, elle livre passage à un jet de vapeur qui pénètre dans le foyer.

C'est évidemment cette disposition qu'il convient d'adopter.

Dimensions du foyer. — Jusqu'à ces derniers temps, on admettait que c'était surtout la partie tubulaire qui influait sur la vaporisation; on négligeait un peu la surface de chauffe directe, c'est-à-dire les parois mêmes du foyer.

. La section horizontale de ce foyer était donc de forme carrée et relativement restreinte; comme on brûlait uniquement du coke, on n'avait pas besoin d'une grande surface de grille, on amoncelait le combustible en couche épaisse, et l'on se servait d'un foyer profond, qu'il fallait faire descendre au-dessous de l'essieu d'arrière de la locomotive, afin de ne pas trop élever la chaudière et avec elle le centre de gravité de la machine. On plaçait donc le foyer, soit en porte à faux à l'arrière du dernier essieu, soit en avant du dernier essieu.

Lorsqu'on voulut brûler de la houille dans les locomotives, on dut, pour éviter une grande production de fumée, placer le combustible en couches minces, ce qui exigeait, pour la même quantité de chaleur, une surface de grille bien plus considérable, et beaucoup moins de profondeur. Il fut possible de placer le foyer au-dessus de l'essieu d'arrière, et de l'équilibrer parfaitement sur cet essieu; on n'était plus limité pour la largeur, et on pouvait même donner au foyer une largeur plus grande que celle de la voie.

Une chose gênait encore, c'était la grande longueur des tubes; si on augmentait la longueur du foyer en conservant celle des tubes, on arrivait à donner aux machines un poids et des dimensions inadmissibles.

Une étude attentive montra bientôt que l'efficacité des tubes ne croissait pas indéfiniment avec la longueur, et qu'au contraire la puissance de vaporisation était très-faible au bout d'un tube de 4 à 5 mètres de longueur et de 0,04 de diamètre.

Partant de là, on en est venu à réduire la longueur des tubes à 5 mètres et même à 2m,50, et l'on a pu librement augmenter la longueur du foyer, et par suite la longueur de grille. On brûle alors n'importe quels combustibles sans danger de produire beaucoup de fumée, et l'on a une surface de chauffe directe considérable.

2° **Partie tubulaire.** — La partie tubulaire se compose d'une enveloppe cylindrique en tôle, limitée à deux plaques verticales, qui sont les plaques tubulaires, regardant, l'une le foyer, l'autre la boîte à fumée. Elles sont réunies par les tubes creux que traverse la flamme et que l'eau entoure de toutes parts.

On comprend immédiatement que la partie délicate de la construction, c'est l'assemblage des tubes avec les plaques de tôle; cet assemblage doit être étanche.

Assemblage des tubes. — Dans les chaudières à basse pression, on se contente souvent de refouler un mandrin bien calibré dans l'orifice du tube, de manière à l'appuyer contre le trou de la plaque, puis on procède à un matage qui applique exactement la collerette sur la plaque. Ce système ne suffit généralement pas, et l'on risque de déformer les trous voisins, si on n'a pas soin d'y faire pénétrer des mandrins calibrés; cette précaution est toujours bonne à prendre.

· Lorsque la pression est notable, on consolide l'assemblage précédent au moyen d'une virole en acier *a*, légèrement conique, que l'on fait entrer à force avec un maillet, et qui doit se terminer par un petit bourrelet destiné à serrer le tube contre la plaque (fig. 313).

L'emploi de cette virole est général et donne de bons résultats; elle n'a qu'un inconvénient, celui de réduire un peu le débouché des tubes, on leur donne 0m,002 d'épaisseur lorsqu'elles sont en acier, et 0m,003 à 0m,004 lorsqu'elles sont en fer.

Quelques constructeurs placent dans le joint des tubes et de la plaque un peu de soudure; généralement, c'est une pratique qui ne réussit guère, et il vaut mieux s'en passer au moyen d'un ajustage soigné, ou tout au moins il faut placer la soudure de telle sorte qu'elle soit toujours en contact avec l'eau de la chaudière; la température de celle-ci n'est pas assez élevée pour faire fondre la soudure, mais la flamme est capable de la fondre en quelques instants.

Il existe diverses sortes de soudures, dont on se sert dans les machines, et notamment pour la soudure des tubes :

Le fer et l'acier se soudent, soit à eux-mêmes, soit entre eux; il suffit de les porter au rouge, de rapprocher les bords des plaques, et de les marteler à petits coups et rapidement.

Le plomb se soude à lui-même, au moyen du fer à souder, ou fer rougi que l'on promène le long de la ligne de soudure.

Fig. 313.

Pour les autres métaux, il faut recourir à des mélanges fusibles ou soudures spéciales; on décape les pièces, on les recuit, on les saupoudre de sel ammoniac, sur lequel on place la soudure en grenailles; on porte la pièce sur un foyer ordinaire, et l'on élève la température assez haut pour que la soudure fonde; elle pénètre alors dans le joint et le ferme hermétiquement. S'il s'agit de petites pièces et de soudures facilement fusibles, on se sert du fer à souder.

Voici la composition des diverses soudures en usage :

1° Pour souder le fer et la tôle, on les porte au rouge et on les réunit en les martelant après avoir interposé la soudure au borax, formée de 10 parties de borax et de 1 de sel ammoniac ;

2° Pour souder le cuivre rouge avec lui-même on se sert de soudure forte, qui se compose de. . . . . {
40 parties d'étain.
95 --- zinc.
895 — cuivre rouge.

Ou de soudure tendre. . . . . {
40 parties d'étain.
185 — zinc.
775 — laiton.

3° Pour souder le cuivre et le fer, on se sert de soudure forte de plomb, qui comprend 2 parties de plomb pour 1 d'étain.

Rappelons enfin que la soudure des ferblantiers comprend 7 de plomb pour 1 d'étain, et la soudure des plombiers 2 d'étain et 1 de plomb.

Lorsqu'on se sert d'une soudure dans les chaudières, c'est évidemment à la soudure forte qu'il faut recourir; on dit alors que les pièces sont brasées à la soudure forte; braser est un synonyme de souder, qui s'applique surtout aux pièces de cuivre.

Tubes mobiles. — Avec le système précédent, lorsqu'il y a lieu d'enlever un tube pour le remplacer ou le réparer, on arrache la virole, on dégage la collerette et les bords du tube, au moyen d'un burin et d'un marteau, et on refoule le tube entier à grands coups de maillet. Les bouts de ce tube sont donc complètement déformés et souvent déchirés; il faut les scier si on veut encore se servir du tube, on les scie donc et on allonge le tube par un bout soudé.

Cet état de choses a préoccupé plusieurs constructeurs, et ils ont cherché à obtenir des tubes facilement amovibles, tout en gardant leur assemblage étanche.

La figure 5, planche VI, représente le joint à bagues de M. Barré; le tube A a même diamètre extérieur que les trous de la plaque de la boîte à feu, mais ce diamètre

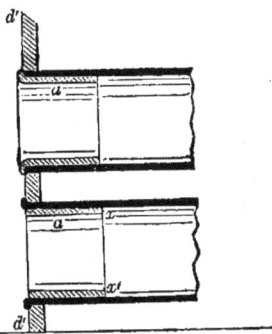

est un peu inférieur à celui des trous de la plaque de la boîte à fumée. Vers la boîte à fumée, on ajoute donc un anneau en cuivre, présentant à son pourtour extérieur une rainure garnie d'étoupe, et à son pourtour intérieur une saillie égale à l'épaisseur du tube. Le tube s'engage donc dans cet anneau, et l'anneau pénètre dans l'orifice de la plaque. A chaque extrémité du tube, on fait entrer une virole en fonte dont on voit le profil sur la figure.

Pour démonter un tube, on engage par la boîte à fumée un repoussoir à ressort, qui reprend sa forme cylindrique une fois entré dans le tube, et qui vient s'appuyer contre le rebord de la virole; d'un coup de marteau, on la dégage; on enlève le repoussoir et on l'engage par la boîte à feu pour faire sauter la virole de la boîte à fumée. On applique contre le bord du tube qui touche le foyer un autre repoussoir plein, sur lequel on frappe quelques coups; cela suffit pour dégager le tube, que l'on détache ensuite facilement par la boîte à fumée, puisque l'orifice de celle-ci a un diamètre supérieur à celui du tube.

Un autre système, moins compliqué que le précédent, a été proposé par M. Berendorf, mécanicien à Paris, qui en a fait l'application à un grand nombre de tubes en cuivre ou en fer. Le tube cylindrique A est terminé par deux parties parfaitement tournées, mais dont le diamètre extérieur est supérieur à celui du tube. Les bagues B et B' s'engagent exactement dans les orifices des plaques tubulaires, qui sont alésés avec le plus grand soin, et le diamètre de B', par exemple, est un peu moindre que celui de B.

Pour manœuvrer les tubes, on se sert d'une tige L, filetée à ses deux extrémités, et traversant les plaques taraudées M et M' que maintiennent les écrous m

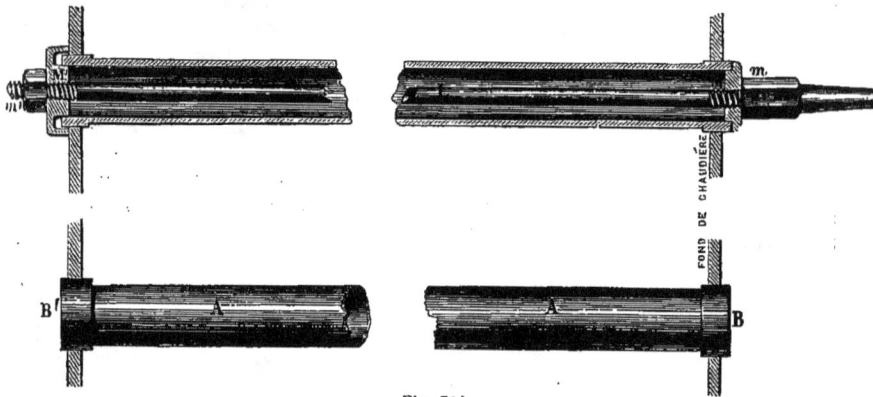

Fig. 514.

et m'; la plaque M s'appuie sur la section du tube, mais la plaque M' s'appuie sur la plaque tubulaire.

Veut-on mettre un tube en place, on met la pièce M' sur la plus petite bague B', on tourne l'écrou m', et le tube s'engage par la pression; il est bon de faciliter le mouvement par quelques coups de marteau frappés en m.

Veut-on enlever un tube, on met au contraire la pièce M' sur la plus grande tubulure, on tourne l'écrou m', et, par la pression continue de la vis, le tube se dégage; une fois dégagé, il sort facilement tout entier, puisque ses diamètres successifs sont inférieurs à ceux de l'orifice.

Composition des tubes. — A l'origine, on n'employait guère que des tubes en cuivre; ils ont l'avantage de conduire la chaleur beaucoup mieux que le fer, de s'oxyder bien moins facilement · et de moins attirer les dépôts de substances solides que l'eau renferme.

On fabrique les tubes en cuivre au moyen de feuilles de tôle, que l'on découpe, que l'on cintre, et dont on rapproche autant que possible les bords taillés en chanfrein, en les faisant passer dans une filière, et garnissant ensuite le joint avec de la soudure forte.

Mais on reconnut bientôt que les tubes en cuivre étaient fort dangereux et s'aplatissaient facilement s'ils étaient soumis à une forte pression extérieure.

Ce fait est expliqué tout au long dans un rapport de M. Combes à la commission centrale des machines à vapeur :

« Il résulte, dit M. Combes, des renseignements fournis par M. l'ingénieur en chef des mines Manès, que les tubes en cuivre rouge, brasés à la soudure forte, résistent très-mal à une pression exercée sur leur convexité, tendant à les écraser, et s'aplatissent souvent sans se déchirer, sous une pression bien inférieure à celle qui déterminerait la rupture de ces tubes si elle s'exerçait sur leur concavité et du dedans vers le dehors. Ainsi, dans la chaudière verticale de l'hospice de Bordeaux, à trois reprises, un des tubes en cuivre rouge de $0^m,06$ de diamètre intérieur et $0^m,0015$ d'épaisseur, s'est aplati sous des pressions d'épreuve de 9 à 12 atmosphères. Or en admettant que la ténacité absolue du cuivre rouge en feuilles soit seulement de 20 kilogrammes par millimètre carré, on trouve que le tube pressé de dedans en dehors ne se serait déchiré que sous une pression de 96 atmosphères.

Plusieurs tubes des chaudières des bateaux à vapeur de la Garonne, de 3 mètres de longueur, 15 centimètres de diamètre et $0^m,003$ d'épaisseur, se sont aplatis sous des pressions d'épreuve de 10 atmosphères. Pressés de dedans en dehors, ils n'auraient dû se déchirer que sous une pression de 77 atmosphères.

Les accidents arrivés à ces chaudières mettent en évidence les inconvénients que présentent à l'usage les tubes calorifères en cuivre. Ces accidents montrent, en effet, que si le niveau de l'eau vient à s'abaisser accidentellement au-dessous d'une partie des tubes dans lesquels circulent les gaz chauds résultant de la combustion, ces tubes sont sujets à des ruptures ou déchirures occasionnées, soit par l'altération prompte du cuivre rouge exposé à des gaz chauds, soit par la dilatation qu'il éprouve et qui dépasse beaucoup celle du fer.

Les tubes en fer étiré ou en tôle de fer résistent beaucoup mieux que les tubes en cuivre à l'aplatissement sous une pression tendant à les écraser, ainsi que le montrent quelques expériences, et qu'on devait l'attendre du degré plus grand de roideur et de dureté du fer. »

Les mêmes effets ont été constatés en Angleterre ; la facilité du cuivre à se brûler fait qu'il s'altère avec une vitesse effrayante, dès que le niveau de l'eau s'abaisse au-dessous des tubes. Les tubes en cuivre doivent donc être absolument proscrits dans les chaudières verticales.

Il est à remarquer en outre que les tubes en cuivre, en présence du fer et de l'eau de mer, donnent lieu à de fortes actions galvaniques, qui se portent surtout sur le fer.

L'usage des tubes en cuivre doit donc être limité aux chaudières horizontales à basse pression.

Généralement, c'est en laiton qu'on les fabrique. On les coule et on les amincit ensuite au laminoir, de sorte qu'ils n'ont pas de soudure ; quelquefois cependant on les découpe dans des feuilles de laiton, on les cintre ensuite, on rapproche les bords taillés en chanfrein, on les soude, et on les étire au laminoir.

Le laiton **est bien moins** dilatable et beaucoup **plus** résistant que le cuivre.

Mais il a encore le défaut d'être très-cher, et, dans bien des cas, on l'a remplacé par le fer forgé ou par la tôle; ils sont plus résistants que les autres, et conviennent pour les chaudières à haute pression. D'ordinaire on les découpe dans de la tôle de première qualité, que l'on cintre ensuite et dont on soude les bords après les avoir bien rapprochés. Malheureusement, ils s'oxydent plus vite que les autres, et, sous l'influence d'un coup de feu, perdent leur soudure : cependant la rupture suivant la ligne de soudure est encore moins fréquente qu'avec le cuivre.

Lorsqu'on emploie des tubes d'un assez grand diamètre, le fer est certainement préférable au cuivre et au laiton.

Les tuyaux en fer paraissent favoriser plus que les autres les dépôts et incrustations, ils s'assemblent moins facilement dans les plaques et donnent des joints moins étanches. En effet, l'ajustage doit en être fait avec le plus grand soin, car ils sont moins malléables que le cuivre et épousent moins facilement les petites aspérités des orifices. Ils dispensent de l'emploi de la virole intérieure, et, en somme, fatiguent moins les chaudières, puisque toutes les parties de celles-ci sont composées d'un métal homogène, et qu'il n'y a plus d'inégalité dans les dilatations.

On a obtenu dans ces derniers temps des tubes de cuivre sans soudure au moyen de la galvanoplastie : sur un cylindre plein en plomb, que l'on place dans un bain de sel de cuivre, on fait déposer une couche plus ou moins épaisse de ce métal; lorsque la couche est complète, on chauffe le tout pour faire fondre le plomb et il reste un tube de cuivre sans soudure. Mais le métal ainsi produit manque un peu de cohésion et possède une faible résistance.

Signalons, avant de quitter ce sujet, l'excellente disposition adoptée par plusieurs constructeurs habiles, en tête desquels il faut placer Farcot et ses fils, disposition qui consiste à rendre amovible toute la partie tubulaire, ce qui facilite beaucoup le nettoyage. Les plaques tubulaires sont boulonnées au corps de la chaudière, et on les démonte assez rapidement sans les endommager.

Proportion à garder entre la surface des tubes et celle de la chambre du foyer. — Nous avons déjà signalé plus haut la tendance générale à allonger les tubes outre mesure; il ne faut pas oublier que la surface des tubes est en somme une surface de chauffe indirecte, et qu'à 4 ou 5 mètres de distance du foyer un tube est sans efficacité sur la vaporisation.

C'est sur les parois de la chambre à feu que la chaleur a le plus d'action; voilà la véritable surface de chauffe, celle qu'on sacrifiait autrefois à la partie tubulaire. Dans bien des chaudières, le rapport de cette surface de chauffe directe à la surface des tubes s'abaissait à $\frac{1}{18}$.

Il est bien préférable d'augmenter les dimensions du foyer, en largeur et en longueur, de manière à faire remonter ce rapport à $\frac{1}{10}$ et même plus. De la sorte, on arrive à une puissance de vaporisation plus considérable, tout en réduisant la surface de chauffe totale. Le constructeur le plus hardi dans ce sens a été M. Gouin, dont on a pu admirer à l'Exposition de 1867 la grande locomotive à quatre cylindres, destinée au chemin de fer du Nord et munie de tubes de 2^m,50 de longueur seulement.

Il y a d'autres avantages encore à réduire la longueur des tubes : c'est que le frottement du courant gazeux est bien moindre et le tirage rendu plus facile.

Une locomotive n'a un tirage convenable que pendant la marche, parce que l'échappement de la vapeur dans la cheminée se produit d'autant plus fréquemment que la vitesse est plus grande. Pour allumer le feu et pour maintenir le tirage pendant le repos, il faut avoir recours au souffleur qui laisse échapper un jet de vapeur de la chaudière afin d'activer le tirage; ou bien les mécaniciens promènent leur machine sur les voies de garage, afin d'entretenir l'échappement.

Les tubes sont assez souvent bouchés par des escarbilles, et cela arrivera plus facilement s'ils ont une grande longueur.

Nous ne saurions donc approuver les spirales qu'on a placées dans les tubes de locomotives en Angleterre, et qui sont destinées à briser le courant gazeux de telle sorte que toutes ses parties viennent en contact avec les parois des tubes; ces spirales ne peuvent être qu'une cause d'engorgement perpétuel, et, au point de vue de l'utilisation de la chaleur, elles sont absolument inutiles.

3° **Corps cylindrique de la chaudière.** — La chambre du foyer est recouverte d'une partie cylindrique, et les tubes traversent, eux aussi, un long cylindre qui est le corps cylindrique de la chaudière et qui porte à sa partie supérieure la plupart des organes accessoires de la machine.

Le corps cylindrique est en tôle; les feuilles sont assemblées entre elles au moyen de rivets.

La rivure à un seul rang de rivets diminue de moitié la résistance de la tôle dans la section qui longe une génératrice.

La rivure à deux rangs de rivets est bien préférable; elle ne diminue la résistance que de 29 pour 100.

Mais, ce qu'il y a de mieux encore, c'est d'adopter à la fois la double rivure et un couvre-joint; la section intérieure du cylindre est alors parfaitement circulaire; il n'y a plus de saillie qui favorise la déformation, et il ne se forme plus de ces brisures que l'on trouve souvent dans les chaudières sur le bord des tôles de recouvrement.

On cherche à produire au laminoir des cylindres continus, et il n'est pas douteux qu'on n'y arrive aussi bien que pour les bandages de roues; ce sera alors un grand perfectionnement apporté à la fabrication des chaudières et des tubes.

Il est important de laisser au-dessus de l'eau dans le corps cylindrique un espace suffisant pour la vapeur, que l'on vient prendre dans un dôme; on obtient ainsi de la vapeur sèche. Quelquefois on fait passer la vapeur par un réchauffeur placé dans la boîte à fumée, avant de la conduire aux cylindres.

Emploi de la tôle d'acier dans les chaudières. — La constante préoccupation des constructeurs a été de diminuer le poids des machines, sans pour cela en diminuer la puissance; aussi ont-ils cherché les matériaux les plus résistants à égalité de poids, parce qu'ils arrivaient ainsi à la résistance voulue avec un poids moindre.

Les formes les plus favorables à la résistance doivent aussi être adoptées autant que possible; c'est pourquoi l'on doit rechercher partout la forme cylindrique ou sphérique, qui n'exige point d'entretoises; c'est pour la même raison qu'on a réduit le diamètre des tubes et qu'on a préféré en augmenter le nombre.

Le perfectionnement le plus considérable de ces derniers temps est la substitution de la tôle d'acier fondu à la tôle de fer. L'acier fondu est aujourd'hui d'une fabrication courante, grâce au procédé Bessemer, et il possède une ténacité qui atteint facilement 60 kilogrammes par millimètre carré, et qui peut même aller jusqu'à 80 kilogrammes.

En 1858, une commission dont M. Couche était le rapporteur fut chargée d'expérimenter une chaudière en tôle d'acier fondu sortant des ateliers de MM. Petin, Gaudet et Cᵉ.

« Après un service de trois années, un examen minutieux constata que la chaudière était en parfait état, que la région du coup de feu, notamment, n'avait éprouvé aucune altération. Les surfaces étaient restées nettes, unies, les arêtes aux joints bien vives, les têtes de rivets intactes. »

La tôle d'acier est moins altérable que la tôle de fer, car elle est homogène et ne s'exfolie pas ; elle se brûle moins rapidement, parce qu'elle est plus mince et que sa paroi externe est assez peu éloignée de l'eau de la chaudière pour ne pas s'échauffer outre mesure.

Les tôles de la chaudière d'essai, coupées en morceaux et essayées à la traction avaient plutôt gagné que perdu en ténacité, mais elles avaient perdu de la ductilité.

La ductilité est une qualité aussi indispensable que la résistance dans les tôles à chaudières ; il faut que le métal se travaille bien et qu'il supporte la rivure et le cintrage sans s'écrouir. Les tôles douces sont indispensables surtout dans les parties courbes et dans celles qui portent beaucoup de rivets ; les tôles aigres sont dangereuses et peuvent amener des explosions bien qu'elles aient résisté à des tractions suffisamment élevées.

La tôle d'acier fondu possède au plus haut point les qualités nécessaires au métal de chaudière : la résistance et la ductilité.

Elle convient particulièrement à la confection des surfaces courbes ; pour la double paroi de la chambre à feu, elle est moins bonne ; vu sa faible épaisseur, on est forcé de multiplier le nombre des tirants, ce qui multiplie les chances de fuite et les difficultés du nettoyage.

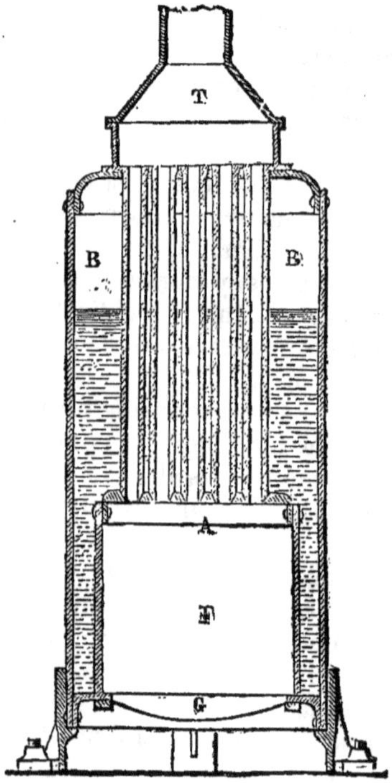

Fig. 315.

Les compagnies autrichiennes aussi bien que nos compagnies françaises se sont empressées d'adopter la tôle d'acier fondu dans leurs nouvelles locomotives. Elle a parfaitement réussi, sauf pour la boîte du foyer, qu'il faut continuer à composer en cuivre et fer. Pour le corps cylindrique, la tôle d'acier ne peut donner que d'excellents résultats.

Chaudière tubulaire verticale. — La chaudière tubulaire verticale, qu'on appelle en Angleterre chaudière de Hall, et en France chaudière de Beslay, est encore d'un usage assez répandu. Elle est d'une installation facile, occupe peu de place et possède presque les avantages de la locomobile.

La figure 315 représente une petite chaudière tubulaire verticale ; on voit en G la grille du foyer, en F la chambre à feu, en B la chambre de vapeur et en T le tuyau de dégagement.

Les tubes de cette chaudière, construite par M. Langlois, sont mobiles ; ils se vissent à la partie supérieure du ciel du foyer A, et se terminent en haut par une partie conique qui s'engage dans les orifices de la plaque tubulaire supérieure.

On voit que cette chaudière est simple et peu encombrante, qu'elle offre une disposition naturelle ; le foyer, le corps cylindrique et le tuyau sont superposés, de sorte que la flamme et le courant de la combustion ne sont pas gênés dans leur mouvement ; le tirage se fait donc sans peine, et il suffit d'élever le tuyau à quelques mètres au-dessus du sol pour rendre ce tirage suffisamment actif.

Mais la disposition offre des inconvénients : la partie supérieure des tubes est entourée par la vapeur, ce qui, à la vérité, donne la vapeur sèche, mais expose les tubes à être brûlés très-rapidement ; on ne peut donc adopter ni tubes en cuivre, ni tubes en laiton, et il faut recourir à de solides tubes en fer.

Les dépôts et incrustations s'attachent à la plaque A du foyer, c'est un grand inconvénient pour la transmission de la chaleur, et cela peut amener de graves accidents, ainsi que nous le verrons plus loin ; il faut donc procéder à des nettoyages fréquents.

Pour remédier à cela, on a proposé de placer la chaudière non point verticalement, mais légèrement inclinée ; cette disposition donnerait sans doute de bons résultats, tout en ne présentant aucune difficulté d'exécution.

Un autre inconvénient est la manière dont arrive l'eau d'alimentation ; soit qu'on l'amène en haut, soit qu'on l'amène en bas, elle produit un mauvais effet puisqu'elle refroidit soit la vapeur elle-même, soit la surface de chauffe directe. On a eu l'idée de faire arriver l'eau par un réservoir annulaire qui entoure le foyer, et qui sert de réchauffeur ; on pourrait encore placer un réservoir annulaire autour de la cheminée en tôle sur une certaine hauteur, afin d'utiliser un peu mieux la chaleur produite.

Puissance de vaporisation des chaudières tubulaires. — Dans les chaudières de locomotives, la vapeur entraînait autrefois une grande quantité d'eau ; le dôme était situé au-dessus du foyer, c'est-à-dire à l'endroit où l'ébullition est le plus tumultueuse, et la chambre de vapeur avait des dimensions trop faibles. Aussi la vapeur emportait-elle jusqu'à 40 pour 100 de son poids d'eau. Depuis, on a reporté le dôme à l'arrière, on a agrandi la chambre de vapeur, on a fait passer la vapeur dans des sécheurs ou surchauffeurs, et l'on a pu réduire considérablement la quantité d'eau entraînée.

Quoi qu'il en soit, la puissance de vaporisation par mètre carré de surface de chauffe est encore très-variable, ce qui ne doit pas étonner si l'on se rappelle qu'il n'y a rien de fixe dans le rapport entre la surface de chauffe directe et la surface de chauffe tubulaire.

Nous avons résumé dans le tableau suivant quelques résultats d'expériences sur les chaudières de locomotives

SURFACE de Chauffe totale.	QUANTITÉ d'eau vaporisée par mètre carré de surface de chauffe et par heure.	COMBUSTIBLE consommé par kilomètre.		EAU VAPORISÉE par kilogrammes de		COMBUSTIBLE cons. par cheval et par heure.		OBSERVATIONS.
		Coke.	Houille.	Coke.	Houille.	Coke.	Houille.	
54^{mq}	$40^{k},7$	»	»	»	»	»	»	Gouin et Lechatellier.
73^{mq}	26^{k}	»	»	»	»	»	»	Lechatellier.
100^{mq} Crampton.	20^{k}	»	»	»	»	»	»	Chemin du Nord.
79^{mq}	$27^{k},65$ (coke) et $46^{k},20$ (h^{lle})	$5^{k},9$	$4^{k},7$	$8^{k},24$	$10^{k},30$	»	»	M. Chaudré. Chemin de l'Est.
$85^{mq},5$	$46^{k},20$ (coke) $57^{k},75$ (h^{lle})	»	»	$7^{k},62$	$9^{k},52$	$2^{k},5$	$1^{k},64$	M. Poirée. Chemin de Lyon.
196^{mq} Mach. Engerth.	18^{k}	»	»	»	»	»	»	»
150^{mq}	24 à 36^{k}	»	»	»	»	»	»	Grosses machines à marchandises.

Là encore, comme dans les chaudières ordinaires, on voit que la tendance est à réduire la quantité de vapeur produite par mètre carré de surface de chauffe; à l'origine, on fatiguait beaucoup trop les chaudières, maintenant on les ménage, et l'on se contente de leur demander, en moyenne, 25 à 35 kilogrammes de vapeur par heure et par mètre carré de surface de chauffe.

C'est encore deux ou trois fois plus qu'on n'en produit avec les chaudières ordinaires, puisqu'un mètre carré de celles-ci ne donne que 12 kilogr. à l'heure.

Les chaudières tubulaires fixes nous donnent des résultats analogues; toutefois, en général, on exige moins d'elles, car on n'est pas aussi limité par l'espace, et on les emploie sous une forme mixte, ainsi que l'avons vu, en les combinant avec la chaudière de Cornouailles ou la chaudière cylindrique.

Ainsi, les chaudières des machines du chemin de fer atmosphérique de Saint-Germain produisaient :

15 kilogr. de vapeur par mètre carré de surface de chauffe et par heure, et leur surface de chauffe totale était de 316 mètres carrés.

La chaudière tubulaire à vent forcé de MM. Molinos et Pronier offre les résultats uivants :

Dimension de la grille : 2,5 décimètres carrés par cheval ;
Houille brûlée : $1^{k},11$ par décimètre carré, soit $2^{k},77$ de houille par cheval et par heure ;
Poids de vapeur produite par kilogramme de houille : 9 kil. à $9^{k},70$.

Poids de la vapeur produite par mètre carré de surface de chauffe et par heure.	31 kilog. dans une machine de		$24^{m.c}$	de surface de chauffe.
	23 kilog.	—	$50^{m.c}$	—
	17 kilog.	—	$117^{m.c}$	—

Dans plusieurs circonstances on a voulu se rendre compte de la différence qui peut exister au point de vue économique entre la chaudière tubulaire et la chaudière ordinaire. Pour cela, on faisait mouvoir les mêmes machines dans des conditions analogues, en leur donnant la vapeur d'abord par une chaudière tubulaire, puis par une chaudière ordinaire, et l'on notait la quantité de combustible brûlé dans le même temps.

Voici les résultats d'expériences auxquelles on a procédé dans l'usine Cail :

QUANTITÉ DE HOUILLE brûlée par :	1ʳᵉ EXPÉRIENCE.	2ᵉ EXPÉRIENCE.	3ᵉ EXPÉRIENCE.
La chaudière tubulaire..	1,400ᵏ	1,300ᵏ	1,150ᵏ
La chaudière cylindrique à bouilleurs.	2,300ᵏ	2,000ᵏ	1,600ᵏ

Il en résulte, en faveur de la chaudière tubulaire, une économie en combustible d'au moins 35 pour 100.

Bien que les expériences précédentes ne soient pas absolument concluantes, car il faudrait savoir si les deux chaudières étaient réellement construites pour le travail qu'on leur demandait et si elles avaient bien une allure régulière, il n'en est pas moins constant que le générateur tubulaire est économique, et que les grandes industries doivent lui accorder la préférence. Mais il est plus coûteux, d'une installation, d'un entretien et d'une conduite plus difficiles ; il demande beaucoup de soins, et toutes ces raisons réunies font qu'en beaucoup de cas on doit lui préférer le générateur cylindrique.

Il est à remarquer que l'on n'est point limité par l'espace pour les machines fixes et les machines de bateaux autant qu'on l'est pour les machines locomotives ; on peut donc adopter pour les premières un système de construction plus commode, en général on augmente le diamètre des tubes, et on les fabrique en fer. On conserve souvent le tirage naturel, et alors, pour ne pas trop l'entraver, on ne donne aux tubes que peu de longueur ; on peut forcer beaucoup moins la vaporisation et se contenter de 15 à 20 kilogrammes de vapeur par mètre carré de surface de chauffe et par heure.

Chaudières tubulaires dans lesquelles l'eau circule à l'intérieur des tubes. — La chaudière tubulaire paraît avoir été inventée réellement à la fin du dix-huitième siècle, par un Américain nommé Barlow, qui prit un brevet à ce sujet. Il avait eu l'idée des deux dispositions inverses qui consistent à faire passer à l'intérieur des tubes soit la flamme, soit l'eau.

Séguin, vers 1828, retrouva la chaudière tubulaire et l'appliqua aux locomotives dans la forme que nous lui connaissons aujourd'hui, c'est-à-dire que les tubes sont entourés par l'eau de la chaudière et traversés par les produits de la combustion. Ce système semble préférable, car toutes les parties de l'eau communiquent librement ensemble, et la vapeur formée s'échappe avec la plus grande facilité ; en même temps le nettoyage est relativement facile.

Cependant, quelques constructeurs ont essayé du système inverse ; ils ont fait passer l'eau dans les tubes et la flamme à l'extérieur.

Ainsi M. Durand a construit une chaudière dans laquelle il place les tubes transversalement, il en multiplie le nombre et le porte jusqu'à 600 en ne leur donnant que 7 millimètres de diamètre. La flamme est brisée par ces tubes et est forcée de les contourner, de les envelopper de toutes parts ; on obtient donc une surface de chauffe considérable et une bonne utilisation de la chaleur.

Ce système peu pratique ne s'est pas développé; la vapeur et l'eau circulent mal dans ces petits tubes horizontaux, que les incrustations calcaires ne tardent pas à obstruer; l'appareil est en outre d'une construction et d'un nettoyage singulièrement compliqués. On éviterait sans doute une grande partie de ces inconvénients en augmentant un peu le diamètre des tubes et en les disposant verticalement entre deux bacs horizontaux; de la sorte, il s'établirait un courant continu de vapeur de bas en haut, et les matières incrustantes tomberaient au fond de la chaudière dans la partie qui n'est point soumise directement à la chaleur du foyer.

Un pareil système devrait mener à de bons résultats, car il se rapproche des chaudières Galloway, très-estimées en Angleterre; il serait cependant d'une construction plus difficile, à cause des faces planes à entretoiser.

Chaudières à circulation. — On appelle chaudières à circulation, celles où circule un courant continu d'eau et de vapeur. L'eau arrive en très-petite quantité, s'échauffe, se volatilise à mesure qu'elle s'avance, et s'échappe enfin à l'état de vapeur sèche. Il n'y a à chaque instant qu'une très-petite quantité d'eau dans la chaudière. Nous avons déjà fait remarquer du reste que la puissance d'un générateur ne dépendait en aucune façon du volume d'eau qu'il contient, mais dépendait uniquement de la quantité d'eau vaporisée en un temps donné.

Dans la chaudière à bouilleurs, on a une grande masse d'eau qui sert en quelque sorte de régulateur, dans la chaudière tubulaire on en a beaucoup moins; enfin les chaudières à circulation n'en contiennent que très-peu. Aussi présentent-elles deux grands avantages : 1° le peu d'importance des explosions, 2° leur faible volume et leur faible poids. Nous dirons plus loin quels sont leurs inconvénients.

Chaudière Belleville. — La chaudière Belleville est la plus connue des chaudières à circulation. Elle a été appliquée aux machines fixes, aux locomobiles et aux machines marines.

Elle se compose en principe de tubes disposés en quinconce qui reçoivent directement l'action de la flamme et qui constituent réellement le générateur. Ces tubes communiquent à leur base avec un conduit ou collecteur qui leur amène l'eau d'alimentation, et à la partie supérieure ils communiquent avec une autre série de tubes contournés, que parcourt la vapeur et qui servent à la sécher; ces tubes sont échauffés par les produits de la combustion avant leur entrée dans la cheminée. La vapeur presque sèche se rend dans un cylindre appelé épurateur, où elle dépose l'eau qu'elle tient encore en suspension, avant de se rendre au cylindre de la machine.

Dans les premiers appareils construits par M. Belleville, on remarquait sur le tuyau d'alimentation une soupape particulière, dite soupape d'alimentation et de pression. Suivant que cette soupape était plus ou moins chargée, on obtenait dans la chaudière une pression plus ou moins forte : supposons la soupape chargée de manière à ne se lever que sous une pression de quatre atmosphères, la pompe foulante envoyait de l'eau dans les tubes tant que la vapeur formée n'avait pas atteint quatre atmosphères; cette pression atteinte, la soupape se fermait, et l'eau de la pompe s'écoulait par un trop-plein; mais, par suite de la consommation de vapeur, la pression ne tardait pas à baisser dans la chaudière, la soupape s'ouvrait de nouveau pour donner accès à une nouvelle quantité d'eau.

On obtenait ainsi une suite de pulsations périodiques, et une véritable vaporisation instantanée; mais, il a fallu renoncer à ce système, surtout parce que les tubes, souvent vides d'eau, et exposés à une chaleur très-vive, ne tardaient point à se brûler et à se disloquer.

M. Belleville renonça donc à la vaporisation instantanée proprement dite et en arriva à conserver ses tubes toujours pleins d'eau jusqu'à une certaine hauteur au-dessus du foyer ; grâce à cette modification, qui rapproche le générateur Belleville des générateurs ordinaires, le système est devenu réellement pratique.

Les figures 2 et 3, planche VI, représentent une chaudière Belleville pour machine fixe de 50 chevaux. On voit en T le cendrier, en S la grille, en B la section du collecteur inférieur qui amène l'eau d'alimentation aux tubes A ; ces tubes A sont disposés en quinconce, ils sont en fer et formés de tronçons contournés en U et réunis à leurs extrémités par des boîtes de raccord G en fonte malléable.

A leur partie supérieure, ces tubes contournés débouchent dans le tuyau horizontal C, collecteur supérieur ; dans ce collecteur est enfermé un tube plus petit D percé de nombreux trous sur tout son pourtour. La vapeur formée traverse ces trous en se dépouillant en partie de son eau, et l'appel de vapeur est à peu près le même dans tous les tuyaux A, ce qui n'arriverait pas si le tube D n'avait qu'un orifice.

Le tube horizontal D, communique en son milieu par un tube vertical avec le jeu de tuyaux contournés E, que la vapeur parcourt et où elle se sèche en grande partie ; de ces tuyaux elle passe dans l'épurateur F, où elle se débarrasse de l'humidité qu'elle contient encore, avant de se rendre à la machine. Le cylindre épurateur F est muni d'une soupape de sûreté et d'un tube de fond qui sert à la vidange.

On sait que la combustion la plus active a lieu au fond de la grille, et le courant de gaz échauffé prendrait le chemin le plus court pour s'en aller à la cheminée, c'est-à-dire lécherait le mur du fond, si on n'avait soin de briser ce courant, d'abord au moyen du plancher horizontal Q qui le ramène en avant, puis au moyen de la lame vertical Q qui le force à envelopper de toutes parts les tubes dessécheurs E.

Le collecteur supérieur communique par le tube K avec le cylindre J, qu'on appelle cylindre niveau d'eau, et ce cylindre est relié au collecteur inférieur par le tube L, de sorte que l'eau abandonnée par la vapeur dans le collecteur supérieur, retourne au collecteur d'alimentation. On voit en N le clapet de retenue et en M le robinet à cadran qui règle l'admission de l'eau suivant la pression que l'on veut obtenir.

En U est le registre de la cheminée ; la chaudière est montée dans un massif de briques réfractaires, sauf à l'avant où l'on trouve des portes à double paroi en face du foyer et en face de la partie tubulaire.

Les figures 6 et 7, planche VII, donnent deux coupes, l'une longitudinale et l'autre transversale d'une chaudière marine système Belleville. Le foyer se voit en A, et C en est la grille ; l'eau d'alimentation, amenée par le tube N, arrive dans les tuyaux N_i situés au-dessous du foyer, et s'élève dans les tuyaux verticaux F′, F′, usqu'au niveau z, z ; ce sont ces tubes verticaux qui constituent le générateur de vapeur, ils se prolongent par des tubes contournés H disposés en quinconce, dans lesquels la vapeur se dessèche ; ils se réunissent tous dans un tuyau horizontal I ; la vapeur le traverse et passe dans le tube K qui la mène dans un cylindre vertical K′, c'est l'épurateur ; de l'épurateur, la vapeur va au cylindre par l'orifice k.

La cheminée est en E′E″ à l'avant de la chaudière ; pour briser le courant de la combustion et l'empêcher de se rendre en ligne droite de la grille à la cheminée, on dispose de l'avant à l'arrière une plaque horizontale D′ qui force le courant à s'infléchir comme les flèches l'indiquent.

L'épurateur K′ est muni d'un tube indicateur de niveau Q′ ; l'eau entraînée par la vapeur se dépose dans cet épurateur et retourne au tuyau d'alimentation N par le tube Y. Ce tube est muni d'une soupape Y′ s'ouvrant de bas en haut, et destinée à laisser écouler l'eau de l'épurateur et à empêcher le passage de l'eau d'alimentation dans l'épurateur.

Q est le tube indicateur du niveau de l'eau dans la chaudière ; le niveau moyen est indiqué par le trait horizontal zz.

La chaudière est enveloppée d'un massif en briques réfractaires, de sorte qu'elle peut rester très-longtemps sous pression sans consommer de vapeur, les portes du cendrier étant soigneusement fermées, bien entendu.

En somme le générateur Belleville présente les avantages suivants :

1° Diminution de poids et surtout de volume ;

2° Diminution très-considérable du volume d'eau contenu dans la chaudière;

3° Explosions sans gravité ; des tubes ont crevé plusieurs fois sans amener d'accident sérieux;

4° Mise en feu très-rapide, en un quart d'heure au plus ;

5° Économie de combustible.

Mais, il a les inconvénients suivants :

1° Il exige de l'eau très-pure, sans quoi les dépôts ne tardent pas à obstruer les tubes; en mer, il faut donc se servir d'eau distillée, ce qui est une grande sujétion.

2° Il doit être construit avec des matériaux d'excellente qualité, et présente une certaine complication ; toutefois, l'entretien peut n'être pas trop difficile, si l'on a des pièces de rechange ;

3° Il exige une surveillance incessante du niveau d'eau; car, suivant que le niveau monte ou s'abaisse, on obtient de la vapeur humide ou de la vapeur sèche; la vapeur un peu humide est toujours préférable, car la vapeur sèche brûle les étoupes. La pression peut aussi varier dans de grandes limites, suivant la manière dont on règle l'alimentation. Il faut donc confier l'appareil à un homme soigneux et intelligent.

Chaudière Boutigny. — M. Boutigny, bien connu par ses expériences sur l'état sphéroïdal, a inventé une chaudière à vaporisation instantanée, où l'eau ne séjourne pas. — Elle est représentée par la figure 316. Un corps cylindrique en fonte, terminé en bas par une demi-sphère et en haut par une calotte aplatie, est placé verticalement dans un foyer dont la flamme le contourne plusieurs fois. À l'intérieur de ce cylindre sont étagés des disques horizontaux en cuivre, m, m..., les uns concaves, les autres convexes, tous percés de trous. L'eau d'alimentation, préalablement échauffée par les produits de la combustion, arrive par le tube B et tombe en pluie sur le disque supérieur; comme tous les disques sont portés à une haute température, une partie de l'eau se vaporise sur le premier disque; ce qui reste liquide tombe sur le second disque, et ainsi de suite. Au bas du corps cylindrique, débouche un tube C par lequel la vapeur est conduite au cylindre ; tout à fait au fond plonge un

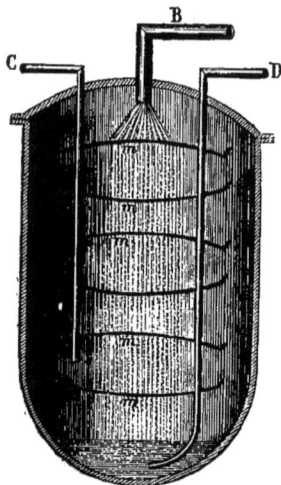

Fig. 316.

autre tube D qui sert à la vidange.

Régulièrement, on devrait régler l'alimentation de telle sorte, que l'eau, qui arrive en haut à l'état liquide, soit entièrement vaporisée lorsqu'elle est parvenue jusqu'en bas ; mais on comprend sans peine que cela n'est pas possible, et qu'il y a toujours un léger excès d'eau.

L'appareil Boutigny occupe peu de place et donne de la vapeur à haute pression sans qu'il y ait à craindre d'explosions dangereuses ; mais il a donné de mauvais résultats au point de vue économique, et il ne s'est pas propagé.

Chaudière à bain d'étain. — M. Testud de Beauregard a imaginé un système ingénieux de chaudière à vaporisation instantanée.

Sa chaudière se compose d'un corps cylindrique A, fermé par deux calottes, et placé verticalement au-dessus d'un foyer. La flamme chauffe directement le fond qui soutient une masse d'étain C, laquelle se liquéfie et est portée à une haute température.

Dans le cylindre A est un autre cylindre B en forme de cuve renversée sur le bain d'étain. L'eau d'alimentation est amenée en B par les tubes *p* et *q*, et elle

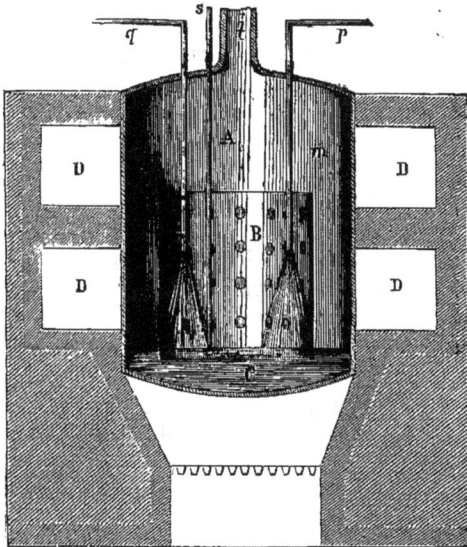

Fig. 317.

tombe en pluie fine sur le métal liquide ; elle se vaporise à son contact et sort du cylindre B par les trous dont il est percé sur tout son pourtour. Elle se trouve donc dans la chambre *m*, *m*, échauffée sur tout son pourtour par les carneaux D, elle s'y dessèche et s'en va à la machine par la tubulure supérieure *t*. Le tube vertical *s*, qui descend jusqu'à la surface du bain d'étain, sert à la vidange ; il n'est pas possible de régler l'alimentation de telle sorte que l'eau introduite soit complétement vaporisée, et il s'en dépose toujours un peu à l'état liquide.

Remarquez que le bain métallique joue ici le rôle de régulateur ou volant de chaleur que nous avons indiqué déjà au sujet de la masse d'eau contenue dans les générateurs ordinaires.

L'eau d'alimentation est préalablement chauffée dans un réservoir au moyen des produits de la combustion, et elle arrive dans la chaudière à une température supérieure à 100°.

Nous signalerons encore les avantages de ce système : réduction de poids et de volume, innocuité des explosions, mise en pression rapide. Il paraît que dans les chaudières à vaporisation instantanée, il ne se produit pas d'incrustations, car les substances solides se déposent à l'état de poussière extrêmement fine.

La chaudière Testud de Beauregard doit amener une grande économie de combustible, comme toutes celles où la vapeur est desséchée et portée à une haute température ; la vapeur se dilate alors comme un gaz, elle est plus légère et plus facile à condenser.

Mais l'emploi de la vapeur sèche n'est pas toujours possible, à cause des garnitures en étoupes qui peuvent se trouver brûlées.

Chaudière Larmanjat. — La chaudière Larmanjat est verticale et cylindrique ; à foyer intérieur ; la vapeur est prise à la partie supérieure de la chambre à eau et amenée à la machine par un tube qui vient se contourner en serpentin dans le foyer ; cette vapeur est donc desséchée, dilatée et surchauffée. Pour éviter qu'elle ne soit trop sèche, on injecte un peu d'eau chaude au milieu d'elle.

Avantages économiques de la vapeur surchauffée. — La vapeur surchauffée a des inconvénients au point de vue de la conservation des garnitures, mais elle a de grands avantages au point de vue de l'économie de combustible ; c'est ce que nous allons montrer par le calcul suivant :

Pour produire un certain travail, il faut un volume V de vapeur à la tension de cinq atmosphères ; le travail mécanique de la vapeur ne dépend absolument que de son volume et de sa pression, nous devons donc chercher à obtenir ce volume et cette pression en dépensant le moins possible de combustible, c'est-à-dire en communiquant à la vapeur le moindre nombre possible de calories.

Or nous pouvons produire le volume V de vapeur à la tension de cinq atmosphères de deux manières différentes :

1° En prenant de la vapeur saturée, c'est-à-dire en présence de l'eau qui lui a donné naissance.

La vapeur saturée sous une pression de cinq atmosphères est, d'après les tableaux que nous avons donnés, à la température de 153° et elle pèse $2^{kg},58$ par mètre cube.

Un kilogramme de vapeur saturée à 153° a absorbé, à partir de 0°, un nombre de calories exprimé par la formule

$$\lambda = 607 + \frac{1}{5} T = 607 + \frac{1}{5} \cdot 153 = 658,$$

et le volume V aura absorbé

$$V \times 2,58 \times 658 = V \times 1697 \text{ calories.} \tag{1}$$

2° Supposons de la vapeur à cinq atmosphères, séparée de l'eau qui l'a produite, c'est-à-dire non saturée, et portée à 300°.

Cette vapeur occupe un volume V ; ramenée à la température de saturation, c'est-à-dire à 153°, son volume serait donné par la formule

$$V' = V \frac{1 + \alpha.153}{1 + \alpha.300},$$

dans laquelle α est le coefficient de dilatation des gaz, égal à 0,00366 ; faisant le calcul, on trouve : $V' = 0,74. V$.

Ce volume V', à 153°, aurait absorbé $V \times 1697 \times 0,74$ calories, et aurait un poids égal à 0,74. V. 2,58.

Mais, il a fallu en outre le porter de 153° à 300°, c'est-à-dire élever sa température de 147°; la chaleur spécifique de la vapeur d'eau étant de 0,475, le poids précédent de vapeur aura reçu du foyer un nombre de calories égal à

$$0,74 \times V \times 2,58 \times 147 \times 0,475 = V \times 154.$$

En tout de 0° à 300°, le nombre de calories absorbé par le volume V de vapeur dont la tension est de cinq atmosphères, sera :

$$V \times 1697 \times 0,74 + V \times 154 = V (1256 + 154) = V. 1410 \qquad (2)$$

On a donc dépensé par la seconde méthode 1410 calories par mètre cube, et par la première 1697 calories ; c'est une différence de 287 calories à l'avantage de la seconde méthode, soit une économie de chaleur d'environ 17 %.

Admettant la proportionnalité de la quantité de chaleur produite à la quantité de combustible consommé, on pourra réaliser une économie de 17 % sur le combustible en substituant la vapeur surchauffée à 300° à la vapeur saturée à 153°.

Si les pressions et les températures changeaient, on trouverait des résultats différents ; mais l'avantage serait toujours du côté de la vapeur surchauffée, à condition que les pièces de la machine et leurs garnitures se prêtassent à l'emploi de la vapeur sèche.

La limite du surchauffement ne peut guère dépasser 300°, si l'on ne veut détériorer rapidement les parois métalliques.

Il n'est pas sans intérêt non plus de constater que la quantité d'eau employée est réduite dans le rapport des poids d'un même volume de vapeur, c'est-à-dire dans le rapport de $(1 + \alpha.300)$ à $(1 + \alpha.153)$, ou de 2,09 à 1,56. C'est une économie de 25 pour 100 que l'on réalise sur l'eau d'alimentation.

La chose est fort importante à considérer, par exemple pour les locomotives et surtout pour les chaudières marines, dans lesquelles on a recours à l'eau distillée.

Chaudières en fonte. — Les chaudières en fonte sont proscrites chez nous ; on s'en sert pourtant aux États-Unis. On compose une chaudière en assemblant une série de vases présentant un faible volume mais une grande surface de chauffe ; la vapeur, qui se dégage de cet ensemble de petits générateurs va se sécher dans un jeu de tubes que chauffent les produits de la combustion.

Bien que les explosions soient moins à craindre avec des vases de faible volume et de grande épaisseur relative, la fonte est trop peu homogène et peut renfermer trop de défauts cachés pour qu'on lève la prohibition qui pèse sur elle.

Chaudières à cloisons. — Un constructeur autrichien a eu l'idée de substituer au jeu de tubes un système de cloisons minces.

Ces cloisons en tôle ont une grande hauteur et un faible espacement; elles présentent à la flamme une série de conduits qui affectent la forme d'une longue fente étroite; entre deux fentes successives pénètre l'eau de la chaudière.

Il est nécessaire d'entretoiser toutes ces cloisons planes, qui se déformeraient bientôt sous la pression ; mais, vu leur rapprochement, l'entretoisement est très-facile. Il suffit d'interposer entre deux cloisons, dans le conduit de fumée, une série de petites cales en fer, qui s'opposent à tout rapprochement.

Il est vrai que ces cales gênent un peu le tirage, mais on n'est pas forcé de les disposer en quinconce.

Au point de vue théorique, cette disposition est bonne, et il est évident que la chaleur doit être bien utilisée par ce grand développement de parois ; reste à apprécier la question de solidité et de durée.

Chaudière Field. — La chaudière Field est représentée en coupe verticale par la figure 318, et l'on voit à grande échelle sur la figure 319 le dessin d'un de ses tubes.

Elle comprend un corps cylindrique A, à la base duquel se trouve le foyer (g), entouré de toutes parts. Ce foyer est très-élevé et le ciel est en (mn).

Ce ciel annulaire est percé d'orifices légèrement coniques dans lesquels on introduit des tubes métalliques, t, fermés par le bas, ouverts par le haut ; les

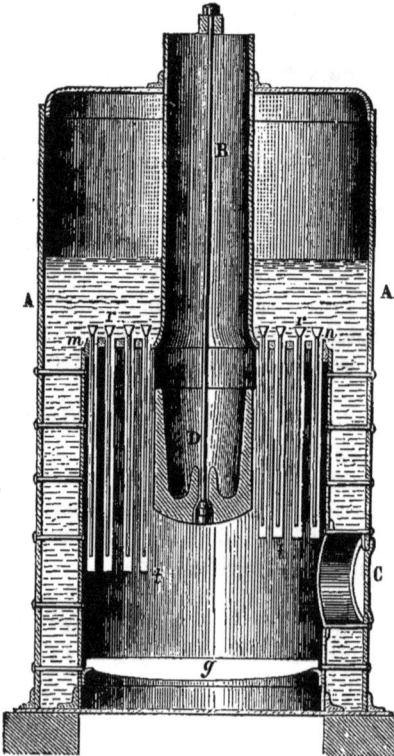

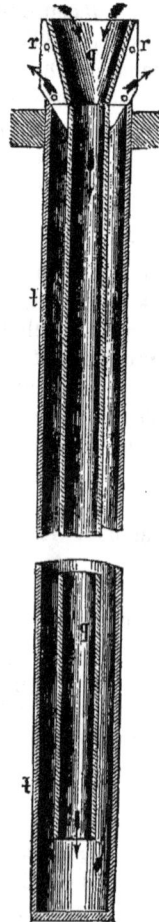

Fig. 318.　　　　　　　　　　　Fig. 319.

bords de leur orifice, évasés au moyen d'un mandrin, sont ensuite solidement appuyés sur le ciel du foyer, de manière à obtenir des joints étanches.

Dans les tubes t, on en introduit d'autres très-minces et de diamètre moitié moindre, ceux-ci sont ouverts aux deux bouts et reposent simplement sur les premiers par l'intermédiaire de quatre ailettes r.

On voit en C la porte du foyer et en D un obturateur central en fonte qui brise le courant gazeux de la combustion, et le force à envelopper les tubes de toutes parts, avant de se rendre à la cheminée B.

Le fonctionnement d'un pareil système est facile à comprendre :

Dès que la chaleur lèche les tubes t, elle échauffe l'eau qui touche leurs parois ; celle-ci se dilate et prend une densité moindre que celle de l'eau contenue dans le tube central q ; il y a donc différence de pression, puisque deux colonnes liquides de même hauteur ont des densités différentes, et il se produit un mouvement dans le sens de la plus forte pression ; c'est donc un mouvement ascensionnel le long des parois du grand tube, et un mouvement de descente dans le petit.

L'eau se renouvelle sans cesse le long de la surface de chauffe, plus la température s'élève, plus le mouvement s'accentue ; en effet, des bulles de vapeur se forment sur les parois du tube t, et forment avec l'eau un mélange de densité d'autant plus faible que la vapeur y est en plus forte proportion. La différence de pression entre le liquide du petit tube et le mélange semi-liquide du grand tube augmente sans cesse, et avec elle la vitesse de transport.

Supposons, ce qui est parfaitement admissible, qu'à un moment la densité le long des parois du tube t soit le tiers de la densité du liquide dans le tube q, la pression d'un côté étant représentée par la hauteur h des tubes le sera de l'autre côté par une hauteur triple $3h$, et la vitesse d'écoulement donnée par la formule

$$v = \sqrt{2g\overline{h}}, \qquad \text{sera} \qquad v = \sqrt{4.g.h.}$$

Prenons h égal à un mètre, ce qui est une dimension usuelle, la vitesse du courant sera égale à $2\sqrt{g}$, soit environ à $6^m,00$; en ne tenant pas compte, bien entendu, des frottements de toute nature qui réduisent notablement cette vitesse.

Si la section du tube intérieur est de $0^m,025$, et qu'on admette que la vitesse v est réduite à 3 mètres par les frottements, le débit sera environ de 8 litres par minute pour chaque tube, et s'il y a cent tubes le débit sera de 8 à 9 mètres cubes par minute. Or une chaudière de 80 chevaux contient 2,500 litres d'eau ; toute cette eau passera donc dans les tubes en quelques secondes.

On a constaté que le courant était assez puissant pour entraîner de la grenaille de plomb placée au fond du grand tube et pour la remonter jusqu'au niveau supérieur.

On comprend d'après ce fait que les dépôts solides ne se formeront pas au fond des tubes, et que les poussières n'y séjourneront guère.

Outre cet avantage, le système en présente plusieurs autres :

L'absorption de chaleur est très-rapide puisque le liquide en contact avec la surface de chauffe est incessamment renouvelé, et l'on peut pousser le feu presque autant que l'on veut, sans craindre de perdre beaucoup de chaleur par la cheminée, ce qui arriverait certainement avec le système ordinaire.

Les produits de la combustion contrariés dans leur mouvement, se débarrassent bien de leur calorique avant de gagner la cheminée ;

Les grands tubes se trouvent dans de bonnes conditions de résistance, puisqu'ils sont pressés du dedans au dehors et qu'ils ont un faible diamètre, $0^m,05$ à $0^m,06$; quant aux tubes intérieurs, la pression les enveloppe de toutes parts et par suite ils ne sont soumis à aucun effort.

L'appareil occupe très-peu d'espace ; il est moins compliqué qu'une chaudière tubulaire, et il a l'immense avantage d'être sous pression en quelques minutes ;

ainsi, on a vu, à l'Exposition de 1867, une pression de huit atmosphères être obtenue après onze minutes d'allumage dans la pompe à incendie de MM. Merryweather et fils.

Voici les dimensions d'une chaudière Field pour machine de 80 chevaux :

Diamètre extérieur..	1ᵐ,981	Épaisseur de ces grands tubes....	0ᵐ,003
Hauteur totale.	2ᵐ,642	Diamètre des petits tubes.....	0ᵐ,025
Surface de chauffe des tubes. ...	46ᵐ·ᶜ, 9	Nombre de tubes.........	289
Diamètre interne des grands tubes..	0ᵐ,051		

Le prix d'une chaudière Field de 50 chevaux est d'environ 7,000 francs. Cette chaudière, comme les précédentes, est, bien entendu, munie de tous les appareils de sûreté que portent les chaudières ordinaires.

Vaporisation de l'eau dans les foyers mêmes. — Depuis longtemps on s'est demandé s'il était bien nécessaire d'avoir une chaudière qui séparât absolument le combustible et la flamme du liquide à vaporiser. Ne pourrait-on pas placer le charbon dans un foyer clos, alimenter la combustion par un ventilateur ou par une soufflerie, et envoyer au-dessus du combustible de l'eau pulvérisée? Cette eau mêlée à la flamme se vaporiserait instantanément, et l'on obtiendrait un courant gazeux formé de vapeur d'eau mélangée aux produits de la combustion. Ce courant gazeux, à une pression plus ou moins considérable suivant la température (on sait que dans un mélange de gaz chacun se conduit comme s'il était seul, et par suite la vapeur prend la tension qui convient à son degré de saturation et à sa température), ce courant gazeux, disons-nous, ne s'en va pas à la cheminée, mais tout simplement au cylindre de la machine, sur lequel il agit comme ferait de la vapeur pure.

La solution pratique d'un pareil système a été cherchée par plusieurs constructeurs; mais, jusqu'à ces derniers temps, on n'avait obtenu que des appareils d'une marche fort irrégulière, dans lesquels la pression variait énormément, et où le charbon se trouvait souvent noyé.

M. l'ingénieur de la marine, Sanial du Fay, a imaginé une disposition assez simple qui résout le problème :

Son foyer est cylindrique et l'on place au fond, sur la grille, une assez forte couche de combustible, alimentée par un coffre ou trémie latérale ; l'air nécessaire à la combustion est envoyé par une soufflerie et débouche en partie au-dessous de la grille pour traverser le combustible, en partie au-dessus pour se mélanger à la flamme. En faisant varier la force de la soufflerie on activera ou on ralentira la combustion et par suite la quantité de chaleur produite.

L'eau est envoyée par une pompe foulante et est lancée dans le foyer par un pulvérisateur ; suivant que l'on augmentera ou que l'on diminuera la pression de la pompe, on enverra plus ou moins d'eau, et l'on obtiendra, la quantité de chaleur restant la même, de la vapeur plus ou moins surchauffée.

Les molécules liquides sont instantanément vaporisées, pourvu qu'elles arrivent en proportion convenable avec la quantité de chaleur dont on dispose.

On voit qu'en somme la quantité de vapeur produite, sa pression et sa température dépendent du réglage de la pompe foulante et de la soufflerie; avec des robinets ou régulateurs gradués expérimentalement, on arrivera vite à réaliser à volonté toutes les combinaisons.

On se sert de deux foyers accolés qui fonctionnent simultanément; lorsqu'il s'agit de renouveler la provision de charbon d'un de ces foyers, on interrompt l'arrivée de l'air et de l'eau, on isole le foyer de son voisin ; la puissance de la soufflerie est tout entière reportée sur celui-ci, qui suffit à fournir de la vapeur à la machine. La provision de charbon est du reste rapidement renouvelée, et les deux foyers reprennent leur marche simultanée.

L'objection la plus sérieuse est l'entraînement des escarbilles et de la fumée ; par ce système, la production de fumée est d'abord notablement réduite ; cependant la quantité de particules solides entraînées est encore assez grande pour faire gripper les surfaces frottantes et mettre rapidement les cylindres hors d'état.

Il est donc indispensable d'épurer la fumée : le courant gazeux qui s'échappe du foyer passe dans un tube qui débouche au bas d'un réservoir dont le fond est recouvert d'une mince couche d'eau ; la vitesse de ce courant se ralentit peu à peu et devient très-faible lorsqu'il se répand dans le réservoir ; les particules solides tombent en majeure partie dans l'eau ; celles qui pourraient encore être entraînées tendent à remonter le long des parois, aussi a-t-on accolé à ces parois de petites auges renversées qui arrêtent toute molécule solide.

La vapeur mélangée de gaz arrive donc au cylindre avec une faible vitesse et à peu près épurée.

Le peu de fumée qui reste forme avec l'huile de graissage un cambouis onctueux, peu gênant, que l'on expulse de temps en temps par les robinets de purge.

Un grand avantage de ce système est que l'eau de mer ne donne pas avec lui de dépôts sensibles ; si ce fait est vérifié, ce serait une cause de perfectionnement sérieux pour les machines marines.

Quoi qu'il en soit, on comprend toute l'importance qui s'attache à ce procédé de vaporisation dans le foyer ; il y a utilisation aussi parfaite que possible de la chaleur produite ; on produit à volonté telle surchauffe que l'on veut, et nous avons montré par le calcul que la surchauffe économisait le combustible ; il est vrai que, la vapeur étant mélangée à une grande quantité de gaz, on ne peut recourir à la condensation, mais ce défaut n'est pas très-grave pour des machines à haute pression.

Conclusion. — Il existe bien d'autres systèmes de générateurs, plus ou moins en usage, et que nous n'avons pas décrits parce qu'ils se rapprochent des types que nous avons présentés.

En résumé, les anciennes chaudières, renfermant un grand volume d'eau qui sert de volant de chaleur, faciles à construire, à entretenir et à conduire, sont encore les plus employées, et l'on doit toujours en conseiller l'usage aux personnes qui ne veulent courir aucun risque de chômage, et qui n'ont pas à leur disposition des ouvriers très-capables.

Les chaudières tubulaires, plus économiques que les précédentes, mais plus coûteuses et exigeant plus de soins, conviennent bien lorsqu'on veut obtenir beaucoup de vapeur avec un faible volume. L'usage en est général dans les locomotives, les locomobiles et les machines marines. Dans l'industrie, on les rencontre presque toujours sous une forme mixte.

Quant aux systèmes perfectionnés, c'est au temps qu'il appartient de prononcer sur eux. Quelques-uns cependant ont donné d'excellents résultats, et il est à désirer qu'on arrive à les construire dans de bonnes conditions d'économie, de solidité et de durée pour que l'usage s'en généralise.

Il faut bien se pénétrer de cette idée que l'économie de combustible se chiffre rapidement par centaine de millions, que le prix du charbon va sans cesse en augmentant, et qu'avec un bon chauffeur et un bon appareil presque toutes les industries peuvent aujourd'hui réaliser une économie de 25 pour 100, et beaucoup plus dans certains cas. C'est donc une question capitale, à laquelle les principaux intéressés, c'est-à-dire les usiniers eux-mêmes, n'apportent malheureusement qu'une médiocre attention.

Il appartient aux ingénieurs de signaler le mal de toutes parts et d'indiquer le remède.

5° ACCESSOIRES DES CHAUDIÈRES

Les accessoires des chaudières sont assez nombreux, et il est important de les connaitre en détail, car c'est d'eux que dépendent la sécurité des ouvriers et le bon fonctionnement de l'appareil.

Nous les diviserons en cinq sections principales :

1. Enveloppes peu conductrices, destinées à empêcher la déperdition et le rayonnement de la chaleur;
2. Indicateurs de pression et manomètres;
3. Soupapes de sûreté ;
4. Indicateurs du niveau de l'eau, sifflets;
5. Appareils d'alimentation. — Incrustations.

1. Enveloppes peu conductrices de la chaleur. — L'expérience de tous les jours nous apprend que les métaux conduisent très-facilement la chaleur, tandis que d'autres substances, le bois, les cendres, la paille, l'air immobile ne laissent passer la chaleur qu'en très-faible proportion. On trouvera les rapports mathématiques des conductibilités différentes dans notre cours de physique ; il suffira de les avoir rappelés ici, sans en donner le détail.

Les chaudières à vapeur et en général les tuyaux, cylindres de capacités quelconques renfermant de la vapeur, sont métalliques, par suite éminemment conductibles ; de plus, l'air qui les entoure est mobile et se renouvelle sans cesse soit par l'effet des courants naturels; soit par l'effet de la dilatation que produit l'échauffement. Cet air, constamment renouvelé, emporte des quantités considérables de chaleur, et nous en avons vu un exemple frappant dans les chaudières à tombeau de Watt et Bolton : on perdait 11 pour 100 de vapeur lorsqu'on laissait tous les tuyaux et conduits exposés à l'air libre au lieu de les entourer de feutre.

L'air et les gaz en général (sauf l'hydrogène qui possède toutes les propriétés métalliques) sont peu conducteurs de la chaleur, pourvu qu'ils soient disposés de manière à rester immobiles. Dans l'atmosphère, l'air en contact avec des parois chaudes, se renouvelle sans cesse et emporte beaucoup de chaleur, ainsi que nous l'expliquions plus haut; mais imaginez un vase à double paroi avec lame d'air interposée, cet air ne peut être remplacé et forme un matelas fixe peu conducteur de la chaleur.

En général, l'air qui ne peut se mouvoir, comme celui qui est emprisonné dans des flocons de laine ou de coton, ne laisse guère passer le calorique.

On a mis cette propriété à profit dans les machines locomotives : le corps cylindrique, terminé par une paroi métallique, est protégé par une double paroi, formée de feuilles de bois d'acajou, et placée à 2 ou 3 centimètres de la tôle, de sorte qu'un matelas d'air est interposé entre les deux parois, et en outre l'enveloppe extérieure est elle-même peu conductrice.

Une enveloppe de vapeur est excellente aussi, et nous verrons qu'elle est maintenant d'un emploi général pour les cylindres des machines.

Dans les chaudières fixes, on a recours a des procédés plus simples : pour limiter la gravité des explosions, on a interdit d'encastrer dans la maçonnerie de briques, qui constitue le massif du fourneau, la partie haute des générateurs : il se ferait par cette partie haute une grande déperdition de calorique, si l'on n'avait soin de la recouvrir d'une couche épaisse d'argile, de brique pilée et, plus souvent, de cendre.

Les conduits de vapeur doivent être entourés de bandes de feutre, de lisières de drap, ou, tout simplement, de grosses tresses de paille que l'on remplace de temps en temps. — Le feutre est sujet à s'altérer et à se désagréger à la longue; il perd alors une grande partie de ses propriétés isolantes.

Ce revêtement doit être appliqué aussi aux conduits d'eau exposés à l'air, et susceptibles de geler pendant l'hiver; on peut voir, sur les chemins de fer, les conduits des colonnes d'eau protégés en hiver par des tresses de paille.

On a substitué quelquefois aux revêtements en cendre ou argile des mastics ou enduits : le plus connu est l'enduit Pimont, que son inventeur désigne sous le nom de calorifuge plastique, et qui a reçu, depuis 1855, de nombreuses applications. — C'est un mélange de farine de colza et d'argile pétries avec des poils d'animaux : il a donné d'excellents résultats, et les chaudières qui en sont recouvertes peuvent passer la nuit sans perdre presque de leur pression.

On a pu remarquer que, sur le chemin de fer du Nord, l'enveloppe des locomotives n'était pas en bois, mais en laiton poli. — L'emploi de ces tôles de métal poli est basé sur la connaissance des pouvoirs émissifs; on sait que les pouvoirs émissifs sont en raison inverse du degré de poli des surfaces; ainsi, le pouvoir émissif du noir de fumée étant représenté par 1, celui du laiton l'est par 0,05. Mais il est évident que la tôle polie ne doit être employée que comme double paroi, sans quoi l'effet de sa forte conductibilité ferait disparaître l'influence de son faible pouvoir émissif.

2. Indicateurs de pression. — Manomètres. — Il est inutile de nous étendre sur l'utilité des appareils destinés à indiquer quelle est à chaque instant la pression de la vapeur dans les générateurs. — C'est grâce à eux que le mécanicien règle son feu, de manière à rester dans les limites de pression qui conviennent au fonctionnement des machines, et qui sont sans danger pour la résistance des appareils.

Nous allons reprendre rapidement cette question des indicateurs de pression ou manomètres, que nous avons déjà traitée en physique.

Nous distinguerons trois genres de manomètres :

      1° Manomètres à air libre.
      2° Manomètres à air comprimé.
      3° Manomètres métalliques.

1° Manomètres à air libre. — Le manomètre à air libre est représenté par la figure 320 : il se compose de deux tubes verticaux, l'un T', communiquant par le tube I avec le générateur de vapeur, l'autre T, débouchant dans l'atmosphère.

Ces tubes renferment du mercure et, lorsque la pression du générateur est égale à celle de l'atmosphère, les deux surfaces de mercure sont de niveau ; lorsque la pression augmente dans le générateur, le mercure s'élève en T, et s'abaisse en T'; la différence de niveau h entre les deux ménisques représente l'accroissement de pression. Quand cette différence est de 0ᵐ,76, c'est que la pression de la vapeur est de deux atmosphères; quand elle est de 2, 3, 4... fois

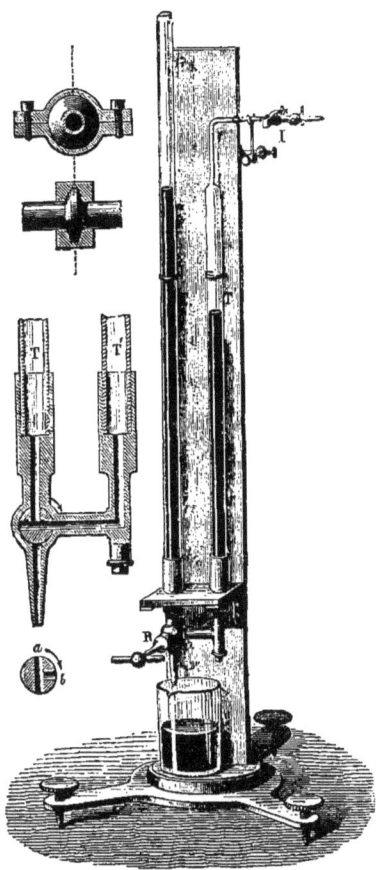

Fig. 520.

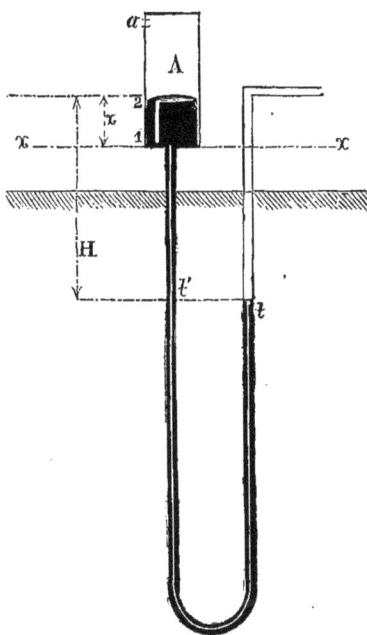

Fig. 321.

0ᵐ,76, la pression de la vapeur est de 3, 4, 5... atmosphères, et la pression effective sur les parois de la chaudière est la différence entre la pression réelle de la vapeur et la pression atmosphérique ; cette pression effective est donc de 2, 3, 4... atmosphères, soit environ 2, 3, 4... kilogrammes par centimètre carré.

Tel est le manomètre à air libre qui fut prescrit à l'origine pour les générateurs à vapeur.

Aujourd'hui, on le fabrique en cristal et on ne s'en sert guère que dans les expériences de physique, ou comme manomètre étalon, destiné à graduer les manomètres métalliques et les manomètres à air comprimé.

Dans quelques chaudières anciennes, on trouvera encore des manomètres à air libre; mais ils sont formés d'un tube de fer contourné en V, et dans la branche qui débouche à l'air libre est un flotteur en fer, qui se prolonge par une tige métallique. Les oscillations du mercure se transmettent au flotteur et à sa tige, dont l'extrémité parcourt une graduation verticale; le déplacement de cette extrémité indique les variations de pression.

En somme, la pression n'est jamais constante et le flotteur est animé d'oscillations continuelles d'une amplitude plus ou moins grande; il peut même arriver que la pression varie brusquement dans des proportions notables, le mercure s'élève rapidement dans le tube et continue son mouvement en vertu de la force vive acquise, jusqu'au-dessus du tube; il serait projeté de toutes parts et serait perdu si l'on n'avait soin de placer un peu au-dessus du tube une petite calotte métallique qui rejette le métal liquide dans un réservoir latéral.

Mais on comprend que le manomètre à air libre ne tarde pas à prendre des dimensions gênantes, lorsque la pression de la vapeur atteint 5 ou 6 atmosphères. On l'a alors disposé d'une manière plus simple et plus commode pour la lecture, en même temps qu'on a soustrait l'appareil aux chocs incessants.

Le long tube en V est placé dans un puisard au-dessous du sol : la branche t, qui communique avec la chaudière, a un diamètre d; la branche t' a le même diamètre (d) sur presque toute sa hauteur, sauf à la partie supérieure sur laquelle on veut faire la lecture. Cette partie supérieure a un diamètre plus grand D, et elle est en communication avec l'atmosphère par un petit orifice, qui suffit à laisser passer l'air, mais qui ne laisserait point échapper le mercure s'il était brusquement soulevé. (fig 321).

On fait en sorte que le mercure soit au niveau xx dans les deux branches, lorsqu'elles sont également soumises à la pression atmosphérique; supposons que la pression de la chaudière augmente d'une atmosphère, la différence H entre le niveau de la branche t et celui du réservoir A sera égale à $0^m,76$, et le mercure se sera élevé en A d'une hauteur x au-dessus du niveau primitif xx.

Cherchons cette hauteur : le volume liquide de la branche t' a augmenté de la quantité dont le volume de la branche t a diminué, et l'on a la relation

$$\pi . \frac{D^2}{4} . x = \pi \frac{d^2}{4} (0,76 - x), \quad \text{d'où} \quad x = 0,76 \frac{d^2}{D^2 + d^2}$$

Soit $\quad D = 3d$, $\quad$ il viendra : $\quad x = \frac{1}{10} 0^m,76 = 0^m,076$.

Le niveau ne variera donc que de 76 millimètres le long du réservoir A pour chaque variation d'une atmosphère dans la pression de la chaudière, et l'amplitude des oscillations du sommet de la colonne indicatrice se trouvera renfermée dans des limites assez faibles : le chauffeur pourra sans cesse suivre de l'œil les variations du niveau.

Un autre système a été proposé pour réduire la hauteur du manomètre à air libre : on le compose d'un tube plusieurs fois recourbé, comme le montre la figure 322; on verse du mercure par un orifice (a) situé au sommet de chaque branche, jusqu'à ce que ce mercure s'élève partout à un niveau déterminé xx, puis on remplit la partie supérieure avec de l'eau et on ferme les orifices (a) avec des bouchons à vis. L'extrémité V communique avec le générateur, et l'extrémité A débouche dans l'air atmosphérique; la pression de la vapeur déprime le niveau du mercure, et, en vertu de l'incompressibilité du mercure et de l'eau, la même dénivellation h se produit dans toutes les branches.

D'après les lois élémentaires de la transmission des pressions, la pression atmosphérique H s'exerce en A...

En m, on a la pression atmosphérique, plus la pression due à la colonne de mercure h, soit une pression totale $H + h$...

En n, on a la pression en m, plus la pression due à une colonne de mercure h, soit une pression totale $H + 2h$.

En p, on a de même une pression totale égale à $H + 3h$...

La pression effective sur les parois de la chaudière est égale à $3\,h$, c'est-à-dire

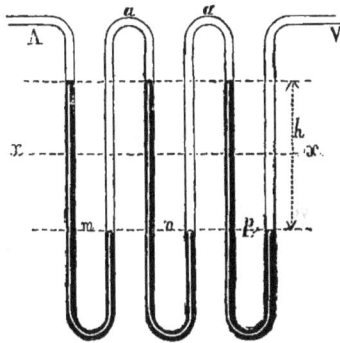

Fig. 322.

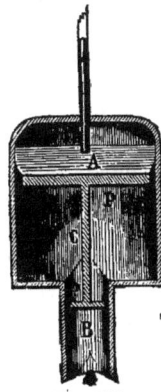

Fig. 323.

que les dénivellations ont une amplitude trois fois moindre dans le manomètre actuel que dans le manomètre ordinaire. — Il est donc bien plus facile de les observer.

D'une manière générale, si l'appareil se compose de n tubes en V, l'amplitude des oscillations sera réduite de $\dfrac{1}{n}$, et une variation d'une atmosphère dans la pression sera représentée par une variation de $\dfrac{0^m,76}{n}$ dans la colonne manométrique.

A une certaine époque, on s'est servi aussi du manomètre à air libre inventé par Journeux jeune et Galy-Cazalat. Nous nous contenterons d'en donner le principe, car cet appareil n'est plus usité (fig. 323):

Il se compose d'un double piston P et P′; l'un des disques P est, par exemple, 10 fois plus grand que l'autre en surface et il est surmonté d'une membrane en caoutchouc, de sorte qu'il forme le fond mobile de la cuvette à mercure A, au milieu de laquelle débouche un tube de petit diamètre; l'autre disque P′ s'appuie aussi sur une membrane en caoutchouc, qui le sépare du conduit de vapeur B, lequel communique avec la chaudière. Supposez qu'une pression effective de 4 atmosphères s'exerce en B; elle presse la base du piston P′ et fait remonter le système; le piston P à son tour comprime l'air de la cuvette supérieure, et force le mercure à s'élever dans le tube central. Quelle sera la hauteur d'élévation? Il doit y avoir équilibre entre la pression totale supportée par le disque P' et la pression totale supportée par le disque P, or la surface de lui-ci est dix fois plus grande que la surface de celui-là, donc la pression en A est dix fois moindre que la pression en B; cette pression en A peut donc s'évaluer à $\frac{4}{10}$ d'atmosphère. Le mercure s'élèvera dans le tube de la hauteur nécessaire pour donner une pression de $\frac{4}{10}$ d'atmosphère, soit de $0^m,304$. C'est la pression effective qui produit une dénivellation, car les espaces A et C étant soumis à la pression atmosphérique, le système se trouve en équilibre (sauf l'action de la pesanteur) lorsque la pression atmosphérique seule s'exerce dans la chaudière. On n'accuse donc que la pression effective de la chaudière, c'est-à-dire la différence entre la pression de la vapeur qu'elle contient et la pression atmosphérique qui l'entoure.

Les oscillations verticales du double piston ont peu d'amplitude, et la flexibilité du caoutchouc suffit à les permettre; en effet, vu le faible diamètre relatif du tube indicateur, le mercure peut s'y élever assez haut, bien qu'il ne baisse que fort peu dans la cuvette.

En résumé, le manomètre à air libre ordinaire est encombrant et d'une lecture difficile, il ne sert plus que comme manomètre étalon destiné à graduer les autres; le manomètre à air libre du système Richard, plusieurs fois contourné en U, est ingénieux et commode, mais il contient beaucoup de mercure, et par suite coûte cher d'achat et d'entretien, et de plus il occupe un assez grand espace; après s'en être servi sur quelques locomotives on l'a abandonné; quant au manomètre Journeux, il coûte très-peu, environ 20 francs, car il contient peu de mercure, les membranes en caoutchouc sont maintenant faciles à remplacer, et l'on trouve sans peine des verres très-résistants pour constituer les tubes; c'est un bon appareil dont on peut fort bien propager l'emploi.

2° **Manomètres à air comprimé.** — Le manomètre à air comprimé est représenté par la figure 324. Il se compose d'une cuvette M de large diamètre dans laquelle plonge un tube de faible diamètre rempli d'air. L'ensemble est entouré d'une cloche cylindrique étanche C, vissée sur un ajutage qui, par le robinet R, communique avec la chaudière, de sorte que la pression de la vapeur s'exerce sur le mercure de la cuvette. Lorsque cette pression est d'une atmosphère, le mercure ne s'élève pas dans le tube indicateur; mais si elle augmente, le mercure s'élève en comprimant l'air confiné qui obéit à la loi de Mariotte.

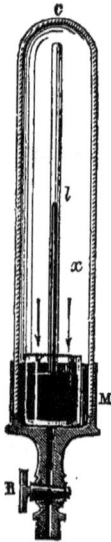

La graduation d'un pareil instrument doit se faire par comparaison avec un manomètre à air libre; c'est la seule méthode que les constructeurs emploient. Cependant, si le tube indicateur était parfaitement cylindrique, on pourrait en faire la graduation par le calcul.

Nous admettrons que le niveau du mercure dans la cuvette est constant, ce qui ne causera qu'une faible erreur si le rapport entre le diamètre de cette cuvette et celui du tube indicateur est très-grand : ceci posé, soit H la pression atmosphérique, l la hauteur du tube indicateur au-dessus du mercure de la cuvette, x la hauteur de la colonne de mercure soulevée pour une pression nH; les volumes de l'air confiné seront proportionnels à l et $(l-x)$ et leurs pressions à H et $(n$H$-x)$; la loi de Mariotte nous fournira donc le rapport :

Fig. 324.

$$\frac{n\mathrm{H}-x}{\mathrm{H}} = \frac{l}{(l-x)}, \quad \text{ou} \quad x^2 - (l+n\mathrm{H})\,x + l\mathrm{H}\,(n-1) = 0.$$

De cette équation du second degré, on tire deux valeurs de x,

$$x = \frac{l + nH \pm \sqrt{(l - nH)^2 + 4\,lH}}{2}.$$

Il faut prendre le radical avec le signe moins, car l'autre racine est plus grande que l et par suite étrangère à la question.

L'appareil précédent a un inconvénient, c'est que, si la pression tombe dans la chaudière, la vapeur se condense et la pression dans la cloche C peut descendre au-dessous de la pression atmosphérique; alors l'air s'échappera du tube indicateur et l'appareil sera faussé.

C'est pourquoi on lui a donné la forme indiquée par la figure 325. Si la pression vient à baisser beaucoup en B, le mercure s'élève dans la boule B et quitte la boule A; l'air confiné se répand dans cette dernière et voit sa pression diminuer dans une proportion considérable.

L'inconvénient du manomètre à air comprimé est son peu de sensibilité pour les hautes pressions; les dénivellations sont de plus en plus faibles; on en augmente l'amplitude en donnant au tube indicateur une forme conique; les volumes ne varient plus proportionnellement aux hauteurs, et il faudrait chercher une nouvelle formule pour la graduation théorique; mais il est beaucoup plus simple et plus exact de graduer l'appareil par comparaison avec un manomètre à air libre.

Le manomètre à air comprimé n'a qu'un avantage, son petit volume et son prix assez faible (25 à 30 francs); mais il a de grands inconvénients: sa fragilité,

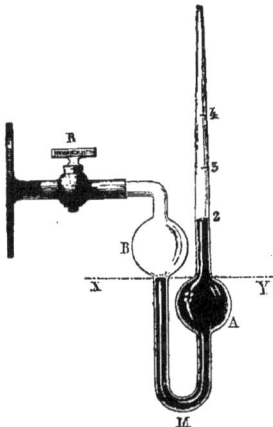

Fig. 325.

Fig. 326.

la facilité du mercure à s'oxyder et à encrasser les tubes, la difficulté d'empêcher l'eau et la vapeur de pénétrer dans le tube indicateur, et surtout son peu de sensibilité.

Aussi, le manomètre à air comprimé ne fut pas longtemps employé; on lui substitua d'abord les manomètres perfectionnés à air libre, puis les manomètres métalliques que nous allons décrire.

3° **Manomètres métalliques.** — Le plus ancien manomètre métallique se compose d'un piston parfaitement tourné mobile dans un cylindre alézé. La vapeur de la chaudière agit sur la base du piston, et tend à le soulever; mais la tige de ce piston agit sur un ressort à boudin qu'elle comprime, et la compression du ressort dépend de la pression qu'il supporte. On pourra donc graduer un appareil de cette sorte par comparaison avec un manomètre à *air libre*. Bien que ce manomètre ait été en usage sur les locomotives, il ne s'est guère propagé; il est, en effet, très-difficile d'arriver à un ajustage parfait du piston et du cylindre; ou il y a du jeu et la vapeur s'échappe, ou il y a du frottement et les indications sont inexactes. De plus, le ressort s'oxyde et s'encrasse; il finit par ne plus fonctionner convenablement.

Manomètre Bourdon. — Parmi les appareils qui mesurent les pressions au moyen de l'élasticité des solides, le plus généralement répandu est le manomètre Bourdon. Le modèle ordinaire est représenté par la figure 326; il se compose d'un tube en laiton de $\frac{1}{3}$ de millimètre d'épaisseur, enroulé en spirale; ce tube est aplati comme le montre la section transversale à grande échelle; cette section ovale a pour petit axe environ 4 millimètres et pour grand axe 11 millimètres, lorsqu'il est également pressé en dehors et en dedans.

L'intérieur du tube creux communique avec la chaudière par le tube R, et il est fermé à l'autre extrémité; cette extrémité est libre et reliée par une petite bielle à une aiguille A qui parcourt un arc divisé.

Sous l'influence d'une pression croissante à l'intérieur, le tube creux se déroule et entraîne l'aiguille dans un certain sens; au contraire, sous l'influence d'une pression décroissante, le tube s'enroule et l'aiguille se meut en sens contraire. A une pression intérieure déterminée, correspond un profil déterminé du tube, et par suite une position déterminée de l'aiguille; il sera donc facile de graduer cet appareil par comparaison, et l'on obtiendra un manomètre très-sensible sous un volume insignifiant.

Le principe de l'appareil est le suivant : lorsqu'un tube elliptique ou ovale est pressé à l'intérieur d'une manière uniforme, il tend à se rapprocher de la forme circulaire, et son aplatissement diminue d'autant plus que la pression intérieure est plus considérable. Ou peut admettre que la longueur de l'arc extérieur et celle de l'arc intérieur restent constantes et égales à l et l'; si r et r' sont leurs rayons pour un angle au centre déterminé, on a le rapport $\frac{r}{r'} = \frac{l}{l'} =$ constante. De ce rapport, on déduit le suivant : $\frac{r + r'}{r - r'} =$ constante. Mais $r + r'$ est le double du rayon moyen du tube; $r - r'$ est le petit axe de la section ovale. Comme ce petit axe va sans cesse en augmentant avec la pression, il en est de même du rayon moyen; cela nous explique le fait du déroulement et de l'enroulement du tube suivant que la pression augmente ou diminue.

On pouvait craindre l'oxydation rapide du laiton sous l'influence de l'air et de la vapeur d'eau; on remédie à cet inconvénient en plaçant le manomètre en contre-bas du tube horizontal qui le fait communiquer avec la chaudière; ce tube se recourbe donc verticalement, et la branche verticale est remplie par de l'eau qui s'y condense. C'est par l'intermédiaire de cette eau que la pression est transmise aux parois du tube.

Le modèle que nous venons de décrire convient bien aux machines à moyenne et à haute pression; on l'adopte aussi pour le manomètre étalon dont les agents de l'administration se servent pour vérifier les appareils lors de leurs visites dans les usines. Mais, il ne conviendrait pas aux machines à basse pression parce que l'amplitude des oscillations de l'aiguille serait trop limitée. Aussi a-t-on recours à un autre type qui est en usage, notamment sur les navires de l'État.

La vapeur arrive par le tuyau *t*, muni du robinet R, dans le tube T enroulé circulairement, et libre à son extrémité (*d*); cette extrémité est reliée par la bielle (*b*) au secteur S qui oscille autour de son centre. Le secteur S est denté et engrène avec un pignon *p* sur l'axe duquel est montée l'aiguille A qui parcourt un cercle gradué ; les divisions de ce cercle indiquent les pressions en millimètres de mercure et en atmosphères.

On voit que les déplacements de l'extrémité libre du tube sont transmis à l'aiguille, mais considérablement amplifiés, et l'appareil est beaucoup plus sensible

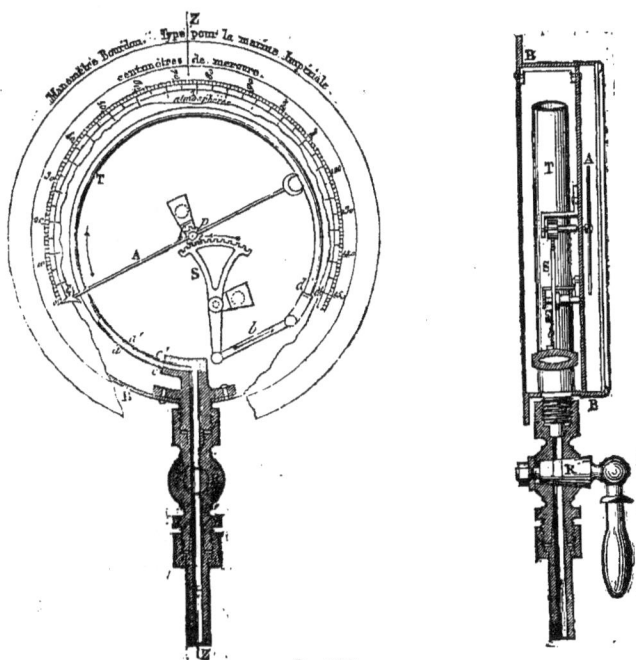

Fig. 327.

que le précédent. La boîte B qui contient le mécanisme est séparée en deux parties par une cloison, et la face antérieure, à travers laquelle on observe l'aiguille est en verre résistant.

Le manomètre Bourdon est un bon appareil, très-simple et peu coûteux (35 francs le modèle ordinaire); il est très-sensible et d'un entretien facile. On évite l'oxydation du tube par la vapeur comme nous l'avons dit ; mais ce dont il faut se garder aussi, c'est de laisser le manomètre exposé à la gelée pendant l'hiver, ce qui peut arriver pour les locomotives en chômage ; l'eau intérieure se congèle et crève le tube. On peut éviter cet accident par quelques précautions, sur lesquelles il est inutile d'insister.

M. Bourdon, dit le rapport sur l'exposition de 1867, construit des manomètres pour les grandes pressions, avec des types formés de plusieurs parties concentriques s'emboîtant exactement les unes dans les autres et agissant comme des ressorts à lames superposées. On peut de cette manière exercer un effort consi-

dérable sans altérer la sensibilité de l'instrument. Ces appareils indiquent jusqu'à 300 atmosphères ; on les gradue par comparaison avec une presse hydraulique dans laquelle on mesure les pressions par une soupape convenablement
chargée. Cette soupape est un cylindre plein, mobile dans une garniture en cuir
embouti ; en lui imprimant un mouvement de rotation autour de son axe, la
résistance au mouvement vertical, due au frottement, devient très-petite et ne
cause pas d'erreur sensible.

Manomètre Desbordes. — Le manomètre Desbordes est basé sur la flexion
variable d'une lame de ressort. La vapeur arrive par le tuyau (*a*) et transmet
sa pression au disque inférieur du double piston B ; la transmission se fait par
l'intermédiaire d'une rondelle flexible de caoutchouc, et l'on évite ainsi les fuites
de vapeur. La tige B agit sur le centre d'une lame de ressort *c*, maintenue par des
taquets : sur la face supérieure et au centre de cette lame s'appuie un levier à
deux branches rectangulaires, la plus petite en forme de came, et l'autre plus
longue terminée par un secteur denté, qui engrène avec le pignon P, dont l'axe

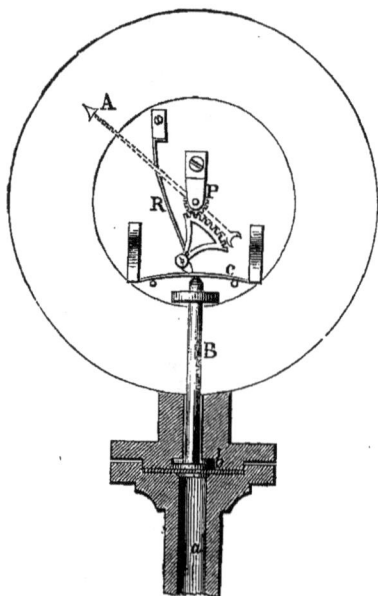

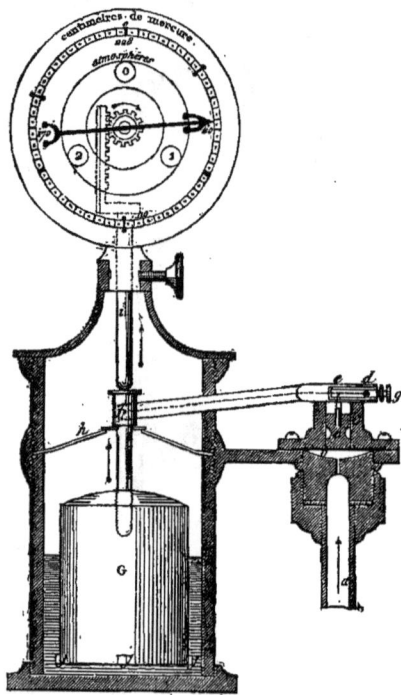

Fig. 328.   Fig. 329.

porte une longue aiguille A parcourant un cadran divisé. La flexion du ressort
est transmise à l'aiguille et amplifiée par l'engrenage (fig. 328).

Cet appareil ingénieux est d'une construction délicate et se dérange assez facilement ; le caoutchouc s'altère, l'élasticité du ressort varie sous l'influence de la
rouille et des influences atmosphériques. Pour maintenir la came en contact
avec le ressort lorsque la flexion diminue, on a soin de faire agir sur cette came
un léger ressort qui tend toujours à l'appuyer sur la lame *c* ; cependant il
arrive quelquefois que ce ressort ne fonctionne plus.

Ces inconvénients, très-accusés dans les premiers types, se sont atténués dans les nouveaux : M. Desbordes s'est servi de ressorts plus puissants et mieux assujettis, il a augmenté le rapport d'amplification du secteur, de manière à rendre l'appareil plus sensible. Aujourd'hui, son manomètre fonctionne bien, et fait quelque concurrence au manomètre Bourdon, notamment sur certaines lignes de chemins de fer. Son prix est d'environ 35 francs.

Manomètre Rival. — Le manomètre Rival (fig. 329), dont l'usage se développe depuis quelque temps, est de faible dimension, aussi simple que les précédents ; il n'est point basé sur l'élasticité des ressorts ou des membranes et se trouve par suite à l'abri des causes de dérangement que nous avons signalées plus haut.

La vapeur de la chaudière arrive par le tube *a* et vient presser contre une lame de caoutchouc *b*, au-dessus de laquelle est le piston *c* qui oscille dans le cylindre *C*. La tige du piston agit en un point *e* du levier *d e f* dont le point fixe est en *d*. L'extrémité *f* du levier est reliée à un manchon qui soutient un cylindre en fer G, flottant sur un bain de mercure.

Lorsque la pression de la vapeur augmente, la membrane de caoutchouc cède, le piston *c* s'élève et avec lui le levier *def* et le flotteur G. Ce flotteur ne déplace plus autant de mercure, il n'est donc plus soutenu entièrement par ce liquide, et une partie de son poids agit à l'extrémité *d* du levier ; cette partie est plus ou moins considérable, suivant que l'ascension du flotteur est plus ou moins grande, et elle fait équilibre à la pression exercée par la vapeur sur le piston et transmise au point *e* du levier. Appelons *p* cette pression et *p′* la traction verticale exercée en *f* par le flotteur, on a $\frac{p}{p'} = \frac{df}{de}$ d'après l'équation de l'équilibre du levier.

En disposant convenablement les bras de levier, on pourra renfermer dans des limites convenables les oscillations verticales du flotteur ; ces oscillations sont transmises à la tige *i* et à une crémaillère, engrenant avec un pignon sur l'axe duquel est montée l'aiguille dont la pointe parcourt un cercle gradué en millimètres de mercure et en atmosphères.

L'extrémité fixe (*d*) du levier peut être déplacée au moyen d'une vis (*g*), ce qui permet de régler l'appareil et de placer l'aiguille à zéro, lorsque la pression atmosphérique s'exerce à l'intérieur de la chaudière ; on peut encore procéder à ce réglage en lestant plus ou moins le flotteur, par exemple avec de la grenaille de plomb.

La graduation peut se faire assez simplement par le calcul, mais il est bien préférable, au point de vue de l'exactitude et de la rapidité, de graduer l'appareil par comparaison avec un manomètre à air libre.

Les oreilles *j* que l'on voit à la base du flotteur, sont destinées à s'opposer à ses déplacements horizontaux, et le couvercle *h* protège le mercure. Le manomètre Rival coûte de 30 à 45 francs.

Manomètres à membranes. — On a cherché à substituer aux membranes en caoutchouc des membranes métalliques flexibles et résistantes.

Quelquefois la membrane métallique n'est pas assez forte pour soutenir sans se rompre la pression de la vapeur, et alors il faut la renforcer à la partie supérieure par une lame de ressort ; les flexions d'un pareil système sont alors transmises à une aiguille par un mécanisme analogue à ceux que nous avons décrits : il est clair que la lame métallique est préférable au caoutchouc sous le rapport de la résistance et de la durée.

D'autres fois, on adopte une membrane métallique suffisamment forte pour résister à la pression de la vapeur, et les mouvements de cette membrane indiquent les tensions.

On a même adopté certaines dispositions ingénieuses pour augmenter la flexibilité sans diminuer la résistance :

Ainsi MM. Dubois et Casse, prennent comme manomètre, un tube métallique plissé transversalement ; ce tube communique à un bout avec la chaudière et est fermé à l'autre bout ; la vapeur agit sur le fond et le presse, le tube s'allonge par un mouvement de soufflet et ses variations de longueur sont transformées par un levier et transmises à une aiguille.

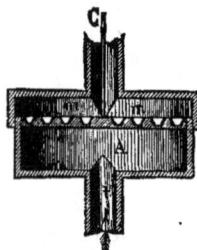

Un système analogue a été appliqué à une membrane circulaire : cette membrane circulaire est montée au sommet d'une boîte cylindrique A dans laquelle arrive par le tuyau t la vapeur de la chaudière. La membrane se gonfle sous la pression et pousse la tige C qui agit sur un levier à secteur ; celui-ci engrène avec un pignon à aiguilles, comme nous l'avons déjà vu plusieurs fois.

Comme remarque générale sur les appareils à lames ou membranes élastiques, nous dirons que l'on doit choisir des métaux d'excellente qualité, et les faire travailler bien au-dessous de leur limite d'élasticité, afin de ne point altérer leurs propriétés moléculaires et de ne point leur imposer une déformation persistante.

Fig. 530.

Thermo-manomètres. — On a suppléé quelquefois à l'absence de manomètres au moyen de thermomètres qui traversent les parois de la chaudière, et dont le réservoir est entouré par la vapeur, tandis que leur tige est apparente au dehors.

Nous avons vu que la vapeur saturée avait une température déterminée pour chaque tension qu'elle prend ; il suffit donc d'apprécier la température pour connaître la tension, que l'on trouvera immédiatement sur le tableau des forces élastiques de la vapeur d'eau.

On peut même disposer le thermomètre d'une manière particulière, et inscrire, non pas le degré de température, mais la tension de vapeur correspondante, et l'on obtient alors le véritable thermo-manomètre.

On n'expose pas le thermomètre à la pression de la vapeur, mais on le place dans un tube métallique qui pénètre de 0m,20 dans la chaudière et l'on entoure le réservoir du thermomètre de limaille de cuivre, afin d'activer la transmission de la chaleur de la vapeur au mercure.

Malgré tout cela, le thermo-manomètre est un appareil fort peu sensible, et il est rare que l'on s'en serve. Il a surtout le défaut de ne pas accuser immédiatement les variations brusques de tension qui sont les plus dangereuses.

Dispositions réglementaires. — Il est utile d'examiner les diverses dispositions réglementaires adoptées successivement par l'administration en ce qui touche les manomètres. On trouvera d'excellents renseignements dans les instructions adressées à ce sujet aux agents chargés de la surveillance des appareils à vapeur.

Les articles 25, 26 et 27 de l'ordonnance royale de 1843 disent :

Art. 25. Toute chaudière à vapeur sera munie d'un manomètre à mercure, gradué en atmosphères et fractions décimales d'atmosphère, de manière à faire connaître immédiatement la tension de la vapeur dans la chaudière.

Le tuyau qui amènera la vapeur au manomètre sera adapté directement sur la chaudière, et non sur le tuyau de prise de vapeur ou sur tout autre tuyau dans lequel la vapeur serait en mouvement.

Le manomètre sera placé en vue du chauffeur.

Art. 26. On fera usage du manomètre à air libre, c'est-à-dire ouvert à sa partie supérieure, toutes les fois que la pression effective de la vapeur ne dépassera pas quatre atmosphères.

Art. 27. On tracera sur l'échelle de chaque manomètre, d'une manière apparente, une ligne qui répondra au numéro de cette échelle que le mercure ne devra pas dépasser.

L'instruction ministérielle du 22 juillet 1843 s'exprime ainsi au sujet des manomètres :

« Le manomètre indique, à chaque instant, la tension exacte de la vapeur dans la chaudière, et les variations de cette tension quand elle n'est pas constante. Cet instrument est le véritable guide du chauffeur dans la conduite du feu.

« Les manomètres seront désormais ouverts à l'air libre, sauf pour les chaudières qui seraient timbrées à plus de 5 atmosphères. Les tubes qui contiennent la colonne de mercure sont en verre ou en fer ; dans ce dernier cas, la hauteur de la colonne de mercure dans l'instrument et la pression correspondante de la vapeur sont accusées par un index, lié par un cordon à un flotteur qui suit la colonne de mercure. Le tuyau qui conduit la vapeur au manomètre doit être adapté au corps même de la chaudière. Ce tuyau est habituellement muni d'un robinet, qui permet d'ouvrir ou d'intercepter la communication entre le manomètre et la chaudière, mais qui doit être constamment ouvert quand la chaudière est en activité. On le ferme quelquefois quand la chaudière n'est pas en feu, quoique cela soit inutile, lorsque les manomètres sont bien disposés.

« Le chauffeur doit se garder d'ouvrir brusquement ce robinet, soit pendant que la chaudière est en pleine activité, soit lorsqu'elle est arrêtée depuis quelque temps. Dans le premier cas, l'ascension du mercure produite par la pression subite de la vapeur pourrait projeter tout ou partie du mercure de l'instrument hors du tube ; dans le second cas, si un vide existait dans la chaudière, la pression subite de l'air pourrait déterminer le passage du mercure dans le tuyau de communication et même dans la chaudière. »

Dans une instruction subséquente on trouve les lignes suivantes :

« L'expérience a fait voir que les manomètres à air comprimé sont tellement sujets à se détériorer, que la plupart des appareils de ce genre adaptés aux chaudières de machines à vapeur ne donnent plus, au bout de fort peu de temps, des indications exactes. C'est pourquoi l'ordonnance a prescrit l'usage des manomètres à air libre pour toutes les chaudières timbrées à 5 atmosphères et au-dessous. La prescription n'a pas été généralisée, parce qu'on a craint qu'en raison de leur longueur les manomètres à air libre, susceptibles d'accuser des pressions supérieurs à 5 atmosphères, ne pussent pas toujours être placés dans le local des chaudières. Lorsqu'il n'y aura aucune difficulté de ce côté, l'ingénieur devra toujours conseiller l'usage du manomètre à air libre, quelle que soit la tension de la vapeur, et le préfet pourra même le prescrire, sur le rapport de l'ingénieur, en vertu de la faculté que lui laisse l'article 67 de l'ordonnance, quand il le jugera utile à la sûreté publique.

L'ordonnance permet de remplacer, pour les chaudières de machines locomobiles et locomotives, le manomètre à air libre par un manomètre fermé ou un thermo-manomètre.—La cause principale qui met hors de service, en très-peu de temps, les manomètres fermés, consiste en ce que l'oxygène de l'air confiné dans la partie supérieure du tube est absorbé par le mercure ; il en résulte d'abord que la graduation de l'instrument est faussée, et ensuite que les pellicules de mercure oxydé s'attachent à la paroi du tube en verre, qu'elles salissent au point qu'on n'aperçoit plus l'extrémité de la colonne mercurielle.

Il est facile de construire des manomètres fermés qui soient exempts de ces inconvénients. Il suffit pour cela d'introduire dans la chambre manométrique de l'air que l'on aura privé de son oxygène, en le faisant passer dans un tube en verre à travers de la tournure de cuivre chauffée au rouge. Tous les fabricants d'instruments de physique sont à même d'exécuter cette opération.

Il est inutile d'ajouter qu'on doit employer du mercure pur et éviter l'emploi des mastics gras.

Le thermo-manomètre est un thermomètre à mercure, construit de manière à accuser des températures qui vont jusqu'à 200 degrés centigrades environ, et dont la tige est divisée en atmosphères et fractions décimales d'atmosphère, d'après les relations connues entre les tensions de la vapeur d'eau à son maximum de densité et les températures correspondantes. La boule du thermo-manomètre ne doit pas être plongée dans la vapeur de la chaudières, attendu que la pression fausserait les indications thermométriques. Elle est enfermée dans un tube de métal, fermé par le bas et rentrant dans la chaudière, aux parois de laquelle il est fixé par une bride, au moyen de vis et d'écrous ; on remplit l'espace restant entre la boule et les parois du tube métallique avec de la limaille de cuivre ou tout autre corps bon conducteur du calorique.

Les ingénieurs pourront vérifier la graduation des manomètres à air comprimé et des thermo-manomètres par comparaison, soit avec des thermomètres étalons dont la graduation aura été vérifiée, soit avec des manomètres à air libre, adaptés à des chaudières ordinaires, soit enfin avec une soupape très-bien ajustée et chargée par l'intermédiaire d'un levier s'appuyant sur un couteau.

On pourrait encore, pour les thermo-manomètres, vérifier deux divisions de l'échelle correspondantes à des températures fixes, telles que celles des points d'ébullition, à l'air libre, de l'eau pure et de l'essence de térébenthine pure et rectifiée ; cette essence bout à 157 degrés du thermomètre centigrade. Pour ces vérifications, on fera bouillir le liquide dans un matras ou autre vase à long col, qui ne sera rempli qu'en partie : on tiendra le thermo-manomètre plongé dans la vapeur qui occupera la partie supérieure et le col du vase, la boule étant en dehors du liquide en ébullition et à une petite distance de sa surface.

Dans une circulaire du 15 juin 1849, nous relevons encore quelques observations relatives aux manomètres :

« Ce nouveau manomètre (le manomètre Bourdon) est d'un usage commode ; il n'est pas fragile. Les indications qu'il donne sont beaucoup plus distinctes que celles qu'il faut prendre sur le niveau d'un liquide, dans un tube souvent sali à l'intérieur ; il peut, dans quelques circonstances, être substitué avec avantage au manomètre à mercure.

Mais, pour qu'il soit exact, il faut que le métal conserve toute son élasticité ; il faut que, sous la même pression intérieure, le tuyau reprenne constamment la même forme.

On peut craindre avec juste raison qu'avec le temps l'élasticité du métal ne s'altère ; que la forme donnée au tube ne se modifie sous l'action prolongée d'une forte pression intérieure, et que, par suite, les indications de l'instrument ne deviennent inexactes.

En thèse générale, on peut dire que tous les manomètres sont bons quand ils sortent de l'atelier, s'ils ont été gradués avec soin ; mais le manomètre à air libre, exécuté avec les précautions convenables, est le seul dont l'exactitude puisse être à tout instant vérifiée et garantie.

C'est pour cette raison que l'article 26 de l'ordonnance du 22 mai 1843 en a prescrit l'emploi à l'exclusion de tout autre, pour toutes les chaudières fixes dans lesquelles la tension de la vapeur ne dépasse pas 5 atmosphères; mais il est embarrassant ; il ne peut être placé partout. Les autres manomètres sont généralement plus commodes ; mais ils deviennent souvent défectueux après un certain temps de service. Ils peuvent néanmoins être employés avec avantage, pourvu que l'on en contrôle avec soin l'exactitude.

On peut toujours vérifier les indications d'un manomètre en les comparant à celles d'un autre manomètre reconnu exact; mais il faut pour cela démonter l'instrument, le transporter hors de l'usine. L'opération exige du temps, des frais, elle ne peut pas être fréquemment renouvelée.

Il serait bien plus simple d'adapter à toutes les chaudières un petit ajutage, qui permît de faire la vérification sur place au moyen d'un manomètre portatif.

Cette disposition a paru susceptible d'être adoptée et généralisée. En conséquence, pour toute chaudière qui sera munie de cet appendice, il sera, à l'avenir, permis d'employer un manomètre de forme quelconque, à la condition que ce manomètre sera réparé ou changé aussitôt qu'il aura été reconnu défectueux.

Pour que le contrôle puisse être exercé facilement, il est nécessaire qu'un mode uniforme d'ajutage soit partout adopté. On s'est arrêté au mode suivant, qui a paru le plus simple.

Il consiste à adapter à la chaudière un tube de $0^m,01$ de diamètre, muni d'un robinet; une des extrémités devra être fixée sur la chaudière ou sur le tuyau de vapeur du manomètre fixe; l'autre sera terminée par une bride verticale de $0^m,015$ de largeur et de $0^m,005$ d'épaisseur, et sera située de telle manière que l'on puisse y appliquer un manomètre vérificateur dans un lieu où une personne trouvera place pour l'observer.

Cet ajutage est indispensable pour que l'on puisse contrôler sur place l'exactitude des manomètres employés; il devra être exigé, à l'avenir, pour toute chaudière qui sera pourvue d'un autre manomètre que celui qui est décrit dans l'instruction du 23 juillet 1843.

Dans une circulaire du 17 décembre 1849, le ministre des travaux publics annonce que l'obligation d'installer un manomètre à air libre sur les chaudières où la pression est inférieure à 5 atmosphères, est supprimée :

« Sur le rapport de la commission centrale des machines à vapeur, il m'a paru qu'il y avait lieu d'autoriser désormais, sur toutes les chaudières, toute espèce de manomètres, bien fabriqués et bien gradués, à la condition que, lorsqu'il s'agira d'un manomètre autre que celui à air libre, la chaudière sera pourvue d'un ajutage qui permette de vérifier l'exactitude de l'instrument employé. »

Le 26 août 1852, le ministre des travaux publics adresse aux ingénieurs le manomètre étalon du système Bourdon, destiné au contrôle des manomètres de toute nature employés sur les chaudières :

« Comme le manomètre étalon est gradué jusqu'à 18 atmosphères, dit la circulaire, on pourra s'en servir pour les épreuves des chaudières et, sous ce rapport, il sera très-utile. Souvent, en effet, les soupapes d'essai adaptées aux chaudières ou à la presse hydraulique, se trouvant imparfaitement rodées, laissent échapper l'eau bien avant que la pression ait atteint le degré maximum à obtenir, en sorte qu'il existe une assez grande incertitude sur la valeur du résultat final. »

Revenant sur la position de l'ajutage destiné à recevoir le manomètre étalon, la circulaire s'exprime ainsi :

« L'expérience a montré que, si l'ajutage de la chaudière est indifféremment placé en un point quelconque de la chaudière, il en résulte plusieurs inconvénients :

1° Quelques-uns de ces points s'échauffent assez pour qu'il devienne très-difficile d'y fixer le manomètre vérificateur ; 2° celui-ci se trouve à une température plus élevée que le manomètre qu'il s'agit de vérifier ; 3° enfin, ce qui est plus grave, un seul observateur ne peut suivre à la fois la marche des deux manomètres.

Tous ces inconvénients sont évités en plaçant l'ajutage sur le tuyau de prise du manomètre à demeure, ou mieux sur le boisseau d'un robinet à deux eaux adapté à ce manomètre même. Par ce moyen, l'observateur suit commodément la marche des deux instruments, qui sont dans les mêmes circonstances.

Si, par suite d'une chute ou d'un choc quelconque, l'aiguille de l'instrument venait à se tordre, on la redresserait facilement avec de petites pinces en la ramenant à son point de départ, sans avoir d'ailleurs à craindre que les indications de ce manomètre deviennent moins justes ; l'altération de l'élasticité du métal pourrait seule en fausser les résultats.

Par la même raison, si l'aiguille, sans être tordue ni faussée, se trouvait cependant, par l'effet d'une circonstance quelconque, dérangée de la position normale qu'elle doit avoir à la pression atmosphérique, comme le petit levier qui lui transmet son mouvement n'est fixé sur son axe qu'à l'aide d'une vis de pression placée derrière ladite aiguille, on desserrerait la vis pour amener cette aiguille au point de départ, et on la resserrerait ensuite au degré convenable pour maintenir les pièces à leur place.

Nous dirons, pour terminer, que la loi de 1865 laisse toute liberté sur le choix du manomètre, et s'exprime ainsi dans son article 6 :

« Toute chaudière est munie d'un manomètre en bon état, placé en vue du chauffeur, disposé et gradué de manière à indiquer la pression effective de la vapeur dans la chaudière. Une ligne très-apparente marque sur l'échelle le point que l'index ne doit pas dépasser.

« Un seul manomètre peut servir pour plusieurs chaudières ayant un réservoir de vapeur commun. »

3. Soupapes de sûreté. — Tout le monde connaît la disposition et le mode de fonctionnement des soupapes de sûreté. La description en est donc bien facile (fig. 331) :

Sur la chaudière dont on voit la coupe en Q est boulonnée une tubulure en fonte C, terminée par une bride supérieure, sur laquelle s'applique, par une bride égale, un prolongement en bronze B de la tubulure. — C'est sur ce prolongement que repose la soupape en bronze A, formée d'un disque supérieur et de trois ailettes qui descendent dans la tubulure et servent à guider la soupape dans ses oscillations. Dans l'axe du chapeau de la soupape est un goujon en acier T, susceptible de prendre un léger mouvement de va-et-vient dans son alvéole ; grâce à ce jeu, le mouvement rectiligne vertical de la soupape peut se transformer en mouvement circulaire du levier LL'.

Ce levier LL' en fer a son point fixe en F ; l'oscillation se fait autour d'un goujon horizontal, placé entre les joues d'un petit pilier vertical en fer. A l'extrémité opposée, le levier est chargé d'un contre-poids convenable P, que le rebord S empêche de s'échapper.

Le levier est de section rectangulaire, et son plus grand côté est vertical ; pour le maintenir dans un plan fixe et l'empêcher de se soulever plus qu'il n'est nécessaire, on le guide au moyen d'une fente K, qui termine un pilier vertical boulonné sur les brides de la tubulure.

Avec un pareil système, la vapeur transmet sa pression sur le disque de la

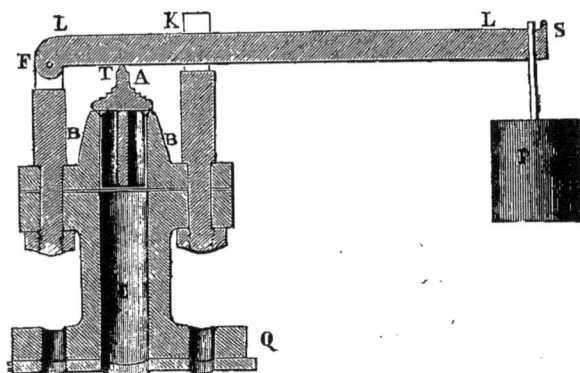

Fig. 531.

soupape et tend à la soulever verticalement ; le levier avec sa charge s'oppose au soulèvement jusqu'à ce que la pression soit assez forte pour équilibrer le poids du levier, celui de la soupape et du contre-poids. Alors la soupape s'élève et livre à la vapeur un orifice annulaire, par où elle s'échappe dans l'atmosphère.

Lorsque l'excès de vapeur s'est échappé et que la tension est revenue à sa valeur normale, indiquée par le timbre de la chaudière, la soupape retombe et l'écoulement est arrêté.

Reste à étudier quelles sont les dimensions à adopter pour la section de la tubulure, et comment on déterminera le contre-poids du levier. L'ordonnance du 22 mai 1843 s'exprime ainsi :

Art. 22. « Il sera adapté à la partie supérieure de chaque chaudière deux soupapes de sûreté, une vers chaque extrémité de la chaudière.

« Le diamètre des orifices de ces soupapes sera réglé d'après la surface de chauffe de la chaudière et la tension de la vapeur dans son intérieur, conformément à la table annexée à la présente ordonnance.

Art. 23. « Chaque soupape sera chargée d'un poids unique agissant soit directement, soit par l'intermédiaire d'un levier.

Chaque poids recevra l'empreinte d'un poinçon. Dans le cas où il serait fait usage de leviers, ils devront être également poinçonnés. La quotité des poids et la longueur des leviers seront fixées par l'arrêté d'autorisation.

Art. 24. La charge maximum de chaque soupape de sûreté sera déterminée en multipliant $1^{kg},053$ par le nombre d'atmosphères mesurant la pression effective et par le nombre de centimètres carrés mesurant l'orifice de la soupape.

La largeur de la surface annulaire de recouvrement ne devra pas dépasser la trentième partie du diamètre de la surface circulaire exposée directement à la pression de la vapeur, et cette largeur, dans aucun cas, ne devra excéder deux millimètres.

Dans l'instruction ministérielle jointe à l'ordonnnance on trouve les lignes suivantes :

Les diamètres des orifices des soupapes de sûreté sont réglés en raison de la surface de chauffe de chaque chaudière et du numéro du timbre par la table nº 2 annexée à l'ordonnance, et par la règle énoncée à la suite de cette table.

Cette règle est exprimée par l'équation suivante, dans laquelle d désigne le diamètre d'une soupape en centimètres ; s la surface de chauffe de la chaudière y compris les parties des parois comprises dans les carneaux ou conduits de la flamme et de la fumée, exprimée en mètres carrés ; n le numéro du timbre exprimant en atmosphères la tension de la vapeur :

$$d = 2,6 \sqrt{\frac{s}{n - 0,412}}.$$

C'est par cette formule qu'on a calculé la table nº 2 que nous reproduisons ci-après :

DIAMÈTRES A DONNER AUX ORIFICES DES SOUPAPES DE SURETÉ.

SURFACES DE CHAUFFE DES CHAUDIÈRES.	NUMÉROS DES TIMBRES INDIQUANT LES TENSIONS DE LA VAPEUR.									
	1 1/2 atmosphères	2 atmosphères	2 1/2 atmosphères	3 atmosphères	3 1/2 atmosphères	4 atmosphères	4 1/2 atmosphères	5 atmosphères	5 1/2 atmosphères	6 atmosphères
m. c.	cent.	cent.	cent.	cent.	cent.	cent.	cent.	cent.	cent.	cen .
1	2.493	2.063	1.799	1.616	1.479	1.372	1.286	1.214	1.152	1.100
2	3.525	2.918	2.544	2.286	2.092	1.941	1.818	1.716	1.630	1.555
3	4.317	3.573	3.116	2.799	2.563	2.377	2.227	2.102	1.996	1.905
4	4.985	4.126	3.598	3.232	2.959	2.745	2.572	2.427	2.305	2.200
5	5.574	4.613	4.023	3.614	3.308	3.069	2.875	2.714	2.578	2.459
6	6.106	5.054	4.407	3.958	3.624	3.362	3.149	2.973	2.823	2.694
7	6.595	5.458	4.760	4.276	3.914	3.631	3.402	3.211	3.045	2.910
8	7.050	5.835	5.089	4.571	4.135	3.882	3.637	3.433	3.260	3.111
9	7.478	6.189	5.398	4.848	4.458	4.117	3.857	3.641	3.458	3.299
10	7.882	6.524	5.690	5.110	4.679	4.340	4.066	3.858	3.645	3.478
11	8.267	6.843	5.967	5.360	4.907	4.552	4.265	4.025	3.825	3.648
12	8.635	7.147	6.233	5.598	5.123	4.754	4.454	4.204	3.995	3.810
13	8.987	7.439	6.487	5.827	5.334	4.949	4.636	4.376	4.156	3.965
14	9.325	7.720	6.732	6.047	5.536	5.138	4.814	4.541	4.312	4.124
15	9.654	7.990	6.968	6.259	5.730	5.316	4.980	4.701	4.464	4.259
16	9.970	8.253	7.197	6.464	5.918	5.495	5.145	4.854	4.610	4.399
17	10.277	8.506	7.418	6.665	6.100	5.659	5.302	5.004	4.752	4.554
18	10.575	8.753	7.633	6.841	6.277	5.825	5.455	5.149	4.890	4.666
19	10.865	8.995	7.842	7.044	6.449	5.982	5.603	5.290	5.024	4.794
20	11.147	9.227	8.046	7.227	6.616	6.138	5.750	5.428	5.154	4.918
21	11.423	9.454	8.245	7.389	6.780	6.289	5.892	5.561	5.282	5.040
22	11.691	9.677	8.459	7.580	6.939	6.437	6.031	5.692	5.406	5.158
23	11.954	9.894	8.629	7.750	7.095	6.582	6.167	5.820	5.527	5.274
24	12.211	10.107	8.814	7.917	7.248	6.723	6.299	5.946	5.646	5.388
25	12.463	10.316	8.996	8.080	7.397	6.862	6.429	6.069	5.763	5.499
26	12.710	10.520	9.174	8.240	7.544	6.998	6.556	6.188	5.877	5.608
27	12.952	10.720	9.349	8.397	7.776	7.152	6.681	6.306	5.989	5.715
28	13.190	10.917	9.520	8.551	7.828	7.262	6.804	6.422	6.099	5.819
29	13.423	11.110	9.689	8.703	7.967	7.391	6.924	6.535	6.207	5.922
30	13.653	11.300	9.855	8.851	8.103	7.517	7.045	6.648	6.315	6.024

L'expérience a fait voir qu'une seule soupape, dont l'orifice avait un diamètre déterminé par la formule empirique précédente, suffisait pour débiter toute la vapeur qui pourrait se former dans la chaudière, à la tension de n atmosphères, sous le feu le plus actif.

A défaut de l'expérience, le calcul peut nous convaincre :

Soit une chaudière de 30 mètres carrés de surface de chauffe, timbrée à 5 atmosphères ; la table précédente donne pour le diamètre de l'orifice de la soupape 0m,066.

Admettons qu'en poussant très-activement le feu, on arrive à produire 30 kilogrammes de vapeur par mètre carré de surface de chauffe et par heure, la chaudière entière produira à l'heure 30 × 30 ou 900 kilogrammes de vapeur, soit 0kg,25 à la seconde.

Le mètre cube de vapeur saturée à 5 atmosphères pèse 2kg,58 ; le volume de vapeur produit par seconde est donc

$$\frac{0,25}{2,58} = 0^{m.c},097.$$

L'orifice de la soupape a pour rayon 3,3 centimètres, sa surface est donc de

$$\pi (3,3)^2 = 34^{c.q},19$$

La vitesse de la vapeur saturée à 5 atmosphères qui s'échappe dans l'air est, ainsi que nous l'avons déjà trouvé, de 561 mètres à la seconde ;

L'orifice débitera donc 0,003419 × 561 = 1mc,91 de vapeur à la seconde.

La soupape doit être suffisamment levée pour que la surface annulaire latérale, par laquelle se fait l'écoulement, soit au moins égale à l'orifice de la tubulure ; appelons x la hauteur dont la soupape doit être levée pour cela, on aura, en désignant par r le rayon de la tubulaire : $2\pi.r.x = \pi.r^2$, ce qui donne $x = \frac{r}{2}$ ou $\frac{d}{4}$

La soupape devra être levée d'au moins le quart de son diamètre pour débiter autant que la tubulure. Dans ces conditions, il s'écoulera, théoriquement, 1mc,91 de vapeur à la seconde, tandis qu'il est nécessaire d'en écouler seulement 0mc,097, c'est-à-dire environ 20 fois moins.

Il suffira donc, théoriquement, de lever très-peu la soupape pour laisser écouler la vapeur.

Il est évident que les calculs précédents ne sont pas d'une grande exactitude, car nous n'avons pas tenu compte des obstacles apportés à l'écoulement par les ailettes, ainsi que par les contractions et dilatations du courant gazeux ; mais la différence entre les résultats du calcul et les exigences de la pratique est si considérable qu'on peut être assuré que l'écoulement de la vapeur produite se fera sans encombre par la soupape de sûreté.

Ainsi, quand une chaudière sera munie de deux soupapes ayant les dimensions prescrites et fonctionnant bien, on n'aura point à craindre que la tension de la vapeur dépasse la limite assignée, sauf peut-être le cas où l'eau, par suite d'un défaut d'alimentation, viendrait à atteindre des parois rouges.

Une soupape de sûreté bien construite et ajustée fonctionne avec un grand degré de précision, et elle est très-peu susceptible de se déranger. Au contraire, une soupape mal construite se dérange souvent, laisse fuir la vapeur avant de s'ouvrir, et se soulève sous des pressions qui varient entre des limites assez éloignées ; elle manque complètement de précision. Un des vices de construction

les plus graves des soupapes de sûreté consiste en ce que la surface annulaire
de contact entre le disque mobile de la soupape et le dessus du collet ou de la
tubulure fermée par ce disque a une étendue beaucoup trop grande, comparativement à la surfac e circulaire exposée à l'action directe de la vapeur.

On comprend qu'alors les deux surfaces qui devraient se toucher ne s'appliquent pas exactement l'u ne sur l'autre, ce qui apporte de l'incertitude dans la
mesure de la surface réellement pressée par la vapeur. Les phénomènes d'adhérence entre les deux surfaces polies et rodées donnent lieu à une autre cause
d'incertitude ; enfin des cor ps étrangers peuvent se loger entre les surfaces de
contact, et le poli qu'elles ont reçu d'abord s'altère d'autant plus facilement
qu'elles sont plus grandes, C'est pour éviter ces inconvénients que l'article 24 de
l'ordonnance assigne des limites à la largeur de la surface annulaire de recouvrement.

Les plus grandes largeurs que l'on pourra donner à ces surfaces sont les suivantes :

DIAMÈTRES DES ORIFICES OU DES SURFACES EXPOSÉES DIRECTEMENT A L'ACTION DE LA VAPEUR.	LARGEURS CORRESPONDANTES QUE LES SURFACES DE RECOUVREMENT NE DEVRONT PAS DÉPASSER.
Millimètres.	Millimètres.
20	0,67
25	0,83
30	1,00
35	1,17
40	1,32
45	1,50
50	1,67
55	1,83
60 et au-dessus.	2,00

La réduction de largeur des surfaces annulaires de recouvrement exigera que
les disques mobiles et les leviers des soupapes soient guidés et ajustés avec
précision.

Chaque soupape doit être chargée d'un poids unique, agissant soit directement, soit par l'intermédiaire 'd'un levier ; la quotité du poids et la longueur
du levier doivent être réglées de manière à ce que, le poids étant placé à l'extrémité du levier, la soupape soit chargée de $1^k,033$ par centimètre carré de surface
de l'orifice et par atmosphère de pression effective. On déterminera la quotité
du poids, en procédant comme dans l'exemple suivant :

Supposant qu'une soupape dont l'orifice a 5 centimètres de diamètre doive
être chargée pour une tension de la vapeur de 4 atmosphères, ou une pression
effective de 3 atmosphères, on calculera d'abord la pression totale qui doit avoir
lieu sur la soupape, ainsi qu'il suit:

On prendra le carré du diamètre de l'orifice de la soupape,

$$5 \times 5 = 25$$

La surface de l'orifice est donc de 25 centimètres circulaires.

La pression d'une atmosphère qui est de $1^k,033$ sur un centimètre carré est de $1^k,033 \times 0,7854 = 0^k,811$ sur un centimètre circulaire.

La pression de 3 atmosphères sur la surface de la soupape est donc mesurée par le produit de 25 par 0,811 et par 3.

$$25 \times 0,811 \times 3 = 60^k,75$$

La charge directe doit être de $60^k,75$.

On pèsera la soupape : soit son poids égal à 1 kilogramme.

On déterminera ensuite la pression que le levier exerce sur la soupape ; pour cela, on soulèvera ce levier avec le crochet d'une romaine ou d'un peson à ressort, en le saisissant par le point qui s'appuie sur la tige de la soupape ; si l'on trouve que la pression exercée par le levier, et qui sera accusée par le peson ou romaine, soit de 3 kilogrammes, on aura $3 + 1 = 4$ pour la partie de la charge due à la soupape et au levier. On retranchera cette somme de la charge totale calculée précédemment.

$$60^k,75 - 4 = 56^k,75$$

L'on aura $56^k,75$ pour la partie de la charge directe que le poids doit exercer.

On mesurera avec soin les distances respectives de l'axe du levier, 1° au point par lequel le levier s'appuie sur la tige de la soupape ; 2° à l'extrémité du levier où le poids sera placé. On prendra le rapport de la seconde distance à la première ; on divisera la charge directe que le poids doit exercer par ce rapport : le quotient exprimera la quotité du poids qui devra être suspendu à l'extrémité du levier. Ainsi, si, dans l'exemple choisi, le rapport des bras du levier est celui de 10 à 1, on aura, pour la quotité du poids :

$$\frac{56^k,75}{10} = 5^k,675.$$

Le nombre exprimant en kilogrammes la quotité du poids ainsi déterminé sera, après vérification, gravé sur le poids, et le timbre appliqué à côté de ce

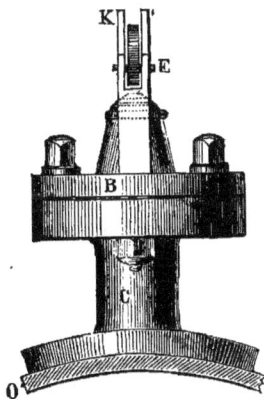

Fig. 332.

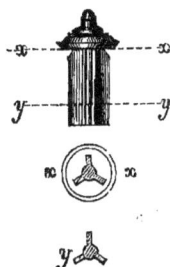

Fig. 333.

nombre. De même, la longueur totale du levier, en décimètres et fractions de décimètre, sera gravée sur ce levier, et le timbre appliqué à côté de ce nombre. Les agents chargés de la surveillance des machines à vapeur n'auront ensuite qu'à vérifier une longueur et la quotité d'un poids, qui seront connues par des inscriptions, pour s'assurer que les soupapes sont convenablement chargées.

Un chauffeur qui se permettrait de surcharger une soupape par une augmentation, soit du poids, soit de la longueur du bras de levier, ou de la caler pour en arrêter le jeu, mettrait la chaudière en danger d'explosion.

Lorsque les soupapes ne sont pas bien ajustées, il arrive souvent que, après s'être soulevées, elles ne se referment pas complétement, et laissent perdre de la vapeur sous une pression inférieure à celle qui correspond à leur charge. Il suffit, le plus ordinairement, d'appuyer avec la main sur la soupape pour la fermer et faire cesser toute fuite de vapeur. Si la soupape continuait à perdre, ce serait une preuve qu'elle ne porte pas bien sur son siége, et que, en conséquence, elle a besoin d'être nettoyée et rodée à nouveau. Dans aucun cas, le chauffeur ne doit augmenter la charge des soupapes.

Quelquefois, on a guidé les soupapes au moyen d'une lanterne venue à la fonte sous le disque, mais les ailettes sont préférables à la lanterne, parce que celle-ci obstrue en partie le passage de la vapeur et qu'elle paraît plus sujette à s'engager dans la tubulure. Aussi, les constructeurs ne se servent-ils plus maintenant que des disques guidés par les ailettes, tels qu'ils sont représentés par la figure 333. L'intérieur de la tubulure est alésé, et le bord des ailettes est tourné de manière à ce qu'il n'y ait qu'un jeu très-petit entre les surfaces qui doivent glisser l'une dans l'autre ; la face inférieure du disque, qui est directement au-dessus de l'orifice de la tubulure, forme une surface légèrement concave, relevée au-dessus du plan de la surface de recouvrement. L'extrémité supérieure de la tubulure B est évasée, et la largeur des ailettes est, au contraire, diminuée dans la partie correspondant à l'évasement de la tubulure. La face inférieure du disque est fouillée sur le tour. Par suite de cette construction, le disque ne peut faire le bouchon dans la tubulure, et ouvre, dès qu'il se soulève, une issue aussi libre que possible à la vapeur.

Lorsque la soupape est légère et l'ajustement bien fait, il est permis de négliger le frottement du boulon ou goupille F (fig. 331) qui sert d'axe de rotation au levier; mais, lorsque l'appareil est très-lourd, et qu'on veut obtenir beaucoup de précision, on fait appuyer le levier sur le tranchant d'un couteau en acier, comme on le fait pour le fléau d'une balance, et la soupape devient alors d'une sensibilité parfaite.

Soupapes à ressort. — La soupape à contre-poids est de beaucoup la meilleure, et il faut s'en servir toutes les fois qu'on le peut; mais, dans les machines locomotives, les trépidations continuelles la placeraient dans un équilibre peu stable et ne tarderaient pas à la déranger. Aussi, l'art. 54 de l'ordonnance de 1843, disait-il :

« Les soupapes de sûreté des machines locomotives pourront être chargées au moyen de ressorts, disposés de manière à faire connaître, en kilogrammes et en fractions décimales de kilogrammes, la pression qu'ils exerceront sur les soupapes. »

La soupape est appuyée par un levier, comme dans les machines fixes, et l'extrémité du levier, au lieu d'être chargée d'un poids, est attachée à l'extrémité libre d'un ressort dont l'autre extrémité est fixée sur la chaudière.

On comprend que ce système est plus compliqué, plus délicat et plus sujet à perturbation que celui du contre-poids.

Il avait un autre désavantage, son peu de sensibilité.

En effet, avec les ressorts à boudin généralement employés, chaque atmosphère de pression ne correspond guère qu'à 0ᵐ,01 de course du ressort, et souvent même à 0ᵐ,005 ou 0ᵐ,006 seulement.

D'une course aussi faible du ressort pour chaque atmosphère de pression, et du rapport des bras de levier, ordinairement 1 à 10, il résulte cette conséquence fâcheuse, que, pour une augmentation de longueur du ressort répondant à un excès de pression de 1 atmosphère, la levée de la soupape n'est que d'un dixième de la course du ressort, et par conséquent, suivant les cas, de 0ᵐ,001 ou même de 5 à 6 dixièmes de millimètre.

On perd donc ainsi en grande partie l'avantage qu'on devrait attendre du jeu de ces appareils de sûreté. Aussi a-t-on vu les soupapes être levées sur des locomotives et le manomètre accuser cependant des pressions qui répondent à 7 ou 8 atmosphères, alors que le timbre répondant à la charge normale des soupapes n'est que de 6.

MM. Lemonnier et Vallée en France, entre autres, ont imaginé plusieurs systèmes, dans lesquels le levier de la soupape fait la bascule dès que la vapeur a atteint la pression limite; l'orifice est alors ouvert en grand, et le mécanicien remet les choses en place lorsque le manomètre a suffisamment baissé.

Quand nous décrirons les locomotives, nous donnerons des dessins de ces soupapes à ressort.

Soupape de sûreté pour la marine. — Les soupapes de sûreté de la marine présentent une disposition particulière. Leur orifice est enveloppé dans une boîte en fonte d'où part un tuyau qui emmène la vapeur hors de la chambre des machines. C'est, en effet, un grand inconvénient que de laisser échapper la vapeur dans cette chambre; elle la remplit complétement, obscurcit l'atmosphère, se condense sur toutes les surfaces métalliques et rend aux chauffeurs le séjour près de la machine impossible.

C'est une bonne disposition qu'il conviendrait d'appliquer aux machines fixes.

Avec les soupapes ordinaires, le mécanicien peut toujours les soulever en entier et faire écouler la vapeur très-rapidement. Dans la marine, on n'a pas voulu qu'il pût en être ainsi, car il arrive que la tension et la température baissent brusquement dans la chaudière, les tôles soumises à une contraction énergique agissent sur leurs assemblages et des dislocations peuvent en résulter. On ne laisse donc à la disposition du mécanicien qu'une partie de la charge de la soupape, celle qui se transmet par le levier; l'autre partie de la charge est placée directement au-dessus de la soupape, et elle la ferme lorsque la tension de la vapeur dans la chaudière a convenablement baissé.

Rondelles fusibles. — Nous avons vu en chimie qu'un alliage de plusieurs métaux est toujours plus fusible que le plus fusible des métaux qu'il renferme.

Ainsi l'alliage de cinq équivalents d'étain avec un de plomb, Sn⁵Pb, fond à 190°, Sn³Pb à 186°, SnPb à 241°.

L'alliage de Darcet est formé de 8 de bismuth, 5 de plomb et 3 d'étain, il fond au-dessous de 100°. En variant les proportions des métaux, on a des alliages qui fondent au-dessus de 100°, à une température déterminée.

Supposons une chaudière dans laquelle la tension de la vapeur saturée doit être inférieure, par exemple, à 6 atmosphères, on sait par suite que la température ne dépassera pas 160°; on cherchera un alliage de plomb, d'étain et de bismuth qui fonde un peu au-dessus de 160°, et on en composera des rondelles avec lesquelles on bouchera certains orifices ménagés à la partie supérieure.— Dès que la tension et la température dépasseront la limite voulue, les rondelles entreront en fusion, l'orifice sera démasqué et la vapeur s'échappera.

« Les anciennes ordonnances avaient prescrit d'adapter de ces rondelles fusibles aux chaudières. A partir de 1843, elles ne furent plus exigées. Elles avaient soulevé beaucoup d'objections. La commission centrale des machines à vapeur s'est livrée à ce sujet à des expériences directes. Les faits qu'elle a constatés ont montré que les rondelles ne fondent ou ne se ramollissent pas généralement au degré que leur timbre accuse, ni même à des degrés plus élevés, lorsque la tension de la vapeur augmente rapidement; que, par conséquent elles n'offrent pas de garanties contre ces accroissements brusques de tension qui seraient occasionnés par une cause accidentelle, et qui paraissent être les causes ordinaires des explosions. Ainsi, elles n'ont pas l'efficacité qu'on leur avait supposée à l'origine et qui avait porté à les prescrire. »

Toutefois, ces mêmes expériences ont fait voir que, lorsqu'une rondelle a été exposée pendant quelque temps à une température de la vapeur supérieure de deux ou trois degrés seulement à celle de son point de ramollissement ou de fusion, elle cède ou livre passage à la vapeur. Un intervalle d'une heure et demie à deux heures suffit pour produire cet effet. Elles pourraient donc être un moyen d'empêcher de pousser habituellement la tension de la vapeur au delà de sa limite normale, et préviendraient ainsi les surcharges des soupapes; mais il faudrait avoir la précaution de les renouveler périodiquement, car elles s'altèrent progressivement avec le temps. Cette nécessité de les renouveler fréquemment est un inconvénient réel, qui a décidé à ne plus les exiger.

Utilité des soupapes de sûreté. — L'utilité des soupapes de sûreté a été universellement reconnue, et, dans tous les pays, les chaudières en sont munies.

Il ne faudrait cependant pas s'en exagérer l'importance et croire qu'avec elles toute chance d'explosion est évitée.

D'abord, elles demandent à être parfaitement construites et entretenues, sans quoi il arrive qu'elles se lèvent avant le moment voulu, ou qu'elles sont paresseuses parce qu'elles ont contracté une certaine adhérence avec leurs sièges.

Ensuite, elles ne fonctionnent réellement bien que sous l'influence d'une augmentation de tension progressive et continue; elles se lèvent alors et donnent issue à l'excès de vapeur accumulée. Dans ce cas, elles ont une action efficace et salutaire.

Mais, lorsqu'il se produit instantanément une grande quantité de vapeur, ce qui est une cause fréquente d'explosion, le mal est fait et la chaudière se déchire avant que les soupapes aient eu le temps de fonctionner.

Enfin, le jeu même des soupapes n'est pas sans danger; nous avons vu déjà qu'elles pouvaient amener la contraction brusque et excessive des tôles, d'où résulte la dislocation des assemblages.

D'un autre côté, lorsque la vapeur s'échappe brusquement, l'eau de la chaudière est attirée avec elle et vient choquer avec force les parois de la partie supérieure, à ce point que l'eau s'introduit quelquefois dans les conduites de vapeur et jusque dans les cylindres de la machine.

Si les parois latérales de la chaudière, au-dessus du niveau de l'eau, se trouvent portées à une haute température et que l'eau aspirée vienne les baigner en abondance, il peut se former presque instantanément une énorme quantité de vapeur qui déchire le métal.

En résumé, les soupapes de sûreté ne dispensent aucunement des soins qu'il faut apporter à la conduite du feu, à la construction, à l'entretien et au nettoyage des chaudières à vapeur.

4 Indicateurs du niveau de l'eau; sifflets. — L'ordonnance de 1843 contient les indications suivantes relativement aux indicateurs du niveau de l'eau :

Art. 29. Le niveau que l'eau doit avoir habituellement dans chaque chaudière sera indiqué, à l'extérieur, par une ligne tracée d'une manière très-apparente sur le corps de la chaudière ou sur le parement du fourneau.

Cette ligne sera d'un décimètre au moins au-dessus de la partie la plus élevée des carneaux, tubes ou conduits de la flamme et de la fumée dans le fourneau.

Art. 30. Chaque chaudière sera pourvue d'un flotteur d'alarme, c'est-à-dire qui détermine l'ouverture d'une issue par laquelle la vapeur s'échappe de la chaudière, avec un bruit suffisant pour avertir, toutes les fois que le niveau de l'eau dans la chaudière vient à s'abaisser de 5 centimètres au-dessous de la ligne d'eau dont il est fait mention à l'article précédent.

Art. 31. La chaudière sera, en outre, munie de l'un des trois appareils suivants : 1° un flotteur ordinaire d'une mobilité suffisante ; 2° un tube indicateur en verre ; 3° des robinets indicateurs convenablement placés à des niveaux différents. Ces appareils indicateurs seront, dans tous les cas, disposés de manière à être en vue du chauffeur.

Les prescriptions précédentes ont été modifiées comme il suit par la loi de 1865 :

Art. 8. Le niveau que l'eau doit avoir habituellement dans chaque chaudière doit dépasser d'un décimètre au moins la partie la plus élevée des carneaux tubes ou conduits de la flamme et de la fumée dans le fourneau.

Ce niveau est indiqué par une ligne tracée d'une manière très-apparente sur les parties extérieures de la chaudière et sur le parement du fourneau.

Art. 9. Chaque chaudière est munie de deux appareils indicateurs du niveau de l'eau, indépendants l'un de l'autre et placés en vue du chauffeur.

L'un de ces deux indicateurs est un tube de verre disposé de manière à pouvoir être facilement nettoyé et remplacé au besoin.

La différence entre les deux réglementations est peu sensible ; la nouvelle loi a seulement rendu obligatoire l'emploi du tube indicateur. Peut-être eût-elle mieux fait d'exiger simplement deux appareils indicateurs sans spécifier que l'un d'eux serait un tube.

Avant d'entreprendre la description des appareils indicateurs, nous reproduirons la partie qui les concerne dans l'instruction ministérielle du 22 juillet 1843 :

« Il est de la plus haute importance que le niveau de l'eau soit maintenu, dans la chaudière, à une hauteur à peu près constante, et toujours supérieure aux conduits ou carneaux de la flamme et de la fumée.

« Le chauffeur doit donc examiner très-fréquemment les appareils qui accusent le niveau de l'eau dans l'intérieur de la chaudière, et régler, d'après leurs indications, la quantité d'eau alimentaire.

« Les appareils indicateurs du niveau de l'eau sont le flotteur, le tube indicateur en verre, ou des robinets indicateurs convenablement placés à des niveaux différents.

« Le chauffeur vérifiera fréquemment la mobilité et le bon état du flotteur, quand la chaudière sera fournie de cet appareil.

« Il tiendra les conduits du tube indicateur en verre libres d'incrustations, et le tube lui-même bien net, quand il sera fait usage de cet appareil. Il devra prévenir le propriétaire et faire réformer le tube en verre, quand sa transparence sera altérée.

« Une ligne, tracée d'une manière très-apparente sur l'échelle du tube indi-

cateur ou sur une règle placée près du flotteur, indique le niveau au-dessous duquel l'eau ne doit pas descendre dans la chaudière.

« Le chauffeur fera jouer souvent les robinets indicateurs étagés quand il en
sera fait usage.

« L'alimentation est entretenue au moyen de pompes mues par la machine à
vapeur, ou de pompes à bras, ou de retours d'eau ou appareils alimentaires à jeu
de vapeur. Quand l'alimentation est faite par une pompe mue par la machine,
elle peut être continue ou intermittente; si elle est continue (et il serait à désirer
qu'elle le fût toujours), la pompe n'en doit pas moins fournir plus d'eau qu'il
n'en faut pour remplacer celle qui est dépensée en vapeur par coup de piston
de la machine. Un embranchement adapté au tuyau alimentaire, et muni d'un
robinet de décharge, sert à régler la quantité d'eau foulée par la pompe qui doit
entrer dans la chaudière, tandis que le surplus retourne à la bâche. Le chauffeur
règle d'ailleurs, à la main, l'ouverture du robinet de manière à ce que le niveau
de l'eau, accusé par les indicateurs, demeure invariable.

« Lorsque l'alimentation est intermittente, en raison de ce qu'elle est effectuée
soit par une pompe qui n'est pas munie du robinet de décharge, soit par une
pompe mue à bras, soit par un retour d'eau ou autre appareil alimentaire à jeu
de vapeur, le chauffeur doit avoir soin de faire jouer l'appareil alimentaire avant
que l'eau ne soit descendue jusqu'au niveau indiqué par la ligne fixe tracée extérieurement sur la monture du tube indicateur ou près du flotteur.

« Dans quelques cas, l'alimentation est régularisée par un mécanisme particulier mu par un flotteur. Cela ne saurait dispenser le chauffeur de fixer son
attention sur les indicateurs du niveau, par la raison que le mécanisme, quelque
bien construit qu'il soit, peut se déranger, et pourrait être ainsi plus nuisible
qu'utile, si le chauffeur se croyait déchargé par là de l'attention dont il ne doit
jamais se départir.

« Un dérangement qui serait survenu dans l'appareil alimentaire se manifes-
tera aux yeux d'un chauffeur attentif bien avant qu'il ait pu donner lieu à un
accident. Ce dérangement reconnu, le chauffeur doit remettre l'appareil en ordre
en arrêtant, au besoin, le jeu de la machine. En agissant autrement, il mettrait
la chaudière en danger.

« Si, malgré toutes les précautions indiquées ci-dessus, le chauffeur, trompé
par des appareils indicateurs qui seraient défectueux à son insu, venait à reconnaître que l'eau est descendue accidentellement dans la chaudière au-dessous
du niveau supérieur des carneaux, il devrait fermer le registre de la cheminée,
ouvrir les portes du foyer, afin de ralentir l'activité de la combustion et de faire
tomber la flamme; il se garderait de soulever les soupapes de sûreté, et main-
tiendrait les portes du foyer ouvertes jusqu'à ce que le jeu de l'appareil alimentaire eût fait remonter l'eau dans la chaudière à son niveau habituel.

« Le flotteur d'alarme est destiné à prévenir, par un bruit aigu, un chauffeur qui
n'aurait pas donné l'attention convenable à la conduite de la chaudière, que l'eau
est descendue jusque tout près du niveau des carneaux. Le chauffeur, averti par le
bruit du flotteur d'alarme doit, avant tout, examiner les indicateurs du niveau de
l'eau; si ces appareils indiquent que l'eau n'est pas encore descendue dans la chaudière, au-dessous du niveau des carneaux, il doit pourvoir immédiatement à
l'alimentation. Mais, si le flotteur d'alarme avait fonctionné tardivement, et que
l'eau fût descendue trop bas, le chauffeur devrait suivre les indications contenues à la fin du paragraphe précédent.

« Le flotteur d'alarme ne doit fonctionner que rarement, puisqu'il est destiné à avertir d une circonstance qui n'a pu arriver que par la négligence du chauffeur. Celui-ci doit vérifier, chaque jour, s'il est en bon état et si son jeu n'est pas entravé par des corps solides qui boucheraient l'issue de la vapeur ou par toute autre cause.

« Le propriétaire doit aussi vérifier fréquemment par lui-même si cet appareil fonctionne bien. »

Ces préliminaires établis, nous allons étudier successivement les divers appareils indicateurs du niveau de l'eau, en commençant par les plus simples.

Robinets-jauges ou robinets indicateurs. — Sur la face antérieure de la chaudière et sous les yeux du chauffeur, on adapte trois robinets placés sur une même verticale : celui du milieu R est au niveau moyen de l'eau, indiqué par la ligne apparente qui doit être tracée sur le massif de la chaudière ; celui du haut R′ est au niveau au-dessus duquel l'eau ne doit pas monter dans la chaudière, si l'on veut ne pas obtenir une vapeur trop humide et éviter les aspirations d'eau dans les conduits de vapeur ; celui du bas R″ est au niveau au-dessous duquel l'eau ne doit pas s'abaisser dans la chaudière, c'est le niveau de la partie la plus élevée des carneaux et conduits de la flamme. Quelquefois, on supprime le robinet R′, mais il est préférable de le conserver.

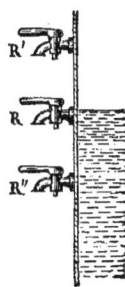

Fig. 554.

Il est clair que le robinet R′ doit toujours donner de la vapeur.
—   —   R doit donner tantôt de la vapeur, tantôt de l'eau.
—   —   R″ doit toujours donner de l'eau.

Afin que la manœuvre soit facile et que le mécanicien ne risque pas de se brûler, il est bon que le jet de chaque robinet soit dans un plan vertical, dirigé vers e sol et un peu dévié de la verticale de manière que le jet des robinets d'en haut ne rejaillisse pas sur ceux d'en bas.

Les robinets-jauges doivent être placés assez loin du tube indicateur, afin que les deux appareils ne s'influencent pas ; ils doivent être disposés de manière à pouvoir être nettoyés facilement, car ils s'engorgent à la longue, c'est aussi pour cette raison qu'il ne faut point leur donner un trop faible diamètre.

Les robinets-jauges donnent toujours un jet composé d'eau ou de vapeur, pourvu qu'ils ne soient pas obstrués ; il est arrivé cependant que rien ne s'en échappait, bien que le conduit fût libre. C'est que, par suite d'un refroidissement prolongé, la vapeur s'était liquéfiée dans la chaudière et la pression était tombée au-dessous de la pression atmosphérique ; il y avait alors appel d'air par les robinets-jauges, un chauffeur intelligent reconnaîtra bien vite l'aspiration qui se produit et s'expliquera le phénomène. Ce faits'est présenté surtout dans les chaudières marines à basse pression ; quelquefois même, on a disposé sur ces chaudières des reniflards destinés à permettre l'introduction de l'air lorsque la pression intérieure tombait au-dessous de la pression atmosphérique.

Les robinets-jauges sont donc d'excellents appareils ; mais il faut avoir soin de les laisser ouverts quelque temps lorsqu'ils appartiennent à des chaudières mobiles, car l'eau peut être animée d'oscillations à l'intérieur.

Tube indicateur du niveau. — Le tube indicateur du niveau (*fig.* 555) est un tube en verre *t*, ouvert aux deux bouts et encastré dans des douilles à presse-étoupes *a* et *b* ; ces douilles communiquent par deux tubulures horizontale-

avec la partie antérieure de la chaudière, et le milieu du tube *t* est placé au niveau moyen que l'eau doit occuper dans la chaudière. Les tubulures peuvent

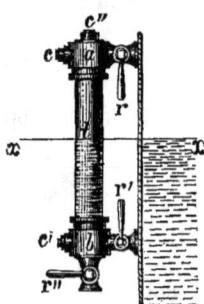

être interceptées par deux robinets *r* et *r'* ; la douille
inférieure se prolonge par une tubulure verticale munie
d'un robinet *r''* qui sert au nettoyage. Enfin des bouchons
à vis, *c*, *c'*, *c''*, sont placés dans des douilles en face des
tubulures, ils permettent de décrasser et de nettoyer ces
tubulures, lorsqu'elles sont engorgées.

Le fonctionnement de l'appareil se comprend à la simple inspection de la figure; le tube et la chaudière sont
deux vases communiquants, et le niveau du liquide est le
même dans l'un que dans l'autre; l'eau entre par la tubulure inférieure et la vapeur par la tubulure supérieure, et
l'équilibre s'établit.

Fig. 535.

Le tube doit être assez épais pour résister à la pression de la vapeur, sans que
cependant son diamètre intérieur soit moindre que $0^m,01$, sans quoi les phénomènes capillaires se produiraient et viendraient troubler les observations.

Dimensions des tubes en usage dans la marine :

Longueur.	$0^m,60$;
Diamètre extérieur. . .	$0^m,03$;
Diamètre intérieur. . .	$0^m,015$.

Dimensions des tubes pour locomotives :

Longueur.	$0^m,30$;
Diamètre extérieur. . .	$0^m,02$;
Diamètre intérieur. . .	$0^m,01$.

Un accident assez fréquent est la rupture des tubes; il n'est pas sans danger,
car des éclats de verre sont projetés de toutes parts, et la vapeur brûlante s'é-
chappe ; cela tient souvent à ce qu'on n'a pas ménagé dans la douille les deux ou
trois millimètres nécessaires au jeu de la dilatation du verre. Dès que le tube
éclate, le mécanicien ferme les robinets *r* et *r'* afin d'interrompre la communication avec la chaudière. Pour parer aux dangers de la rupture, on entoure quelquefois le tube soit d'un cylindre en toile métallique, soit d'une chemise en laiton dans laquelle on a ménagé une fente pour laisser voir le niveau de l'eau. Ces
garnitures ont l'inconvénient de rendre difficile l'observation de l'indicateur, que
le mécanicien doit pouvoir regarder, même à une certaine distance.

Les tubes indicateurs ont une tendance à s'encrasser et à s'obstruer par le tartre, il ne faut donc pas les placer sur les parties de la chaudière où il se forme le
plus de tartre, et on doit avoir soin de les nettoyer fréquemment : rien n'est
plus commode que cette opération :

On ferme le robinet d'eau *r'*, on ouvre le robinet de vapeur *r* et le robinet de
vidange *r''* ; la vapeur s'échappe dans l'atmosphère avec une grande vitesse en
balayant le tube de haut en bas.

Il ne faut pas croire que le niveau de l'eau reste fixe dans le tube ; il oscille
perpétuellement, et avec d'autant plus d'amplitude que l'ébullition dans la chaudière est plus active ; c'est la moyenne des positions qu'il faut observer. La partie supérieure de l'eau de la chaudière est toujours agitée, car c'est là que viennent crever les bulles de vapeur formées sur les parois ; aussi quelques construc-

teurs soigneux montent-ils le tube indicateur non pas sur la face même de la chaudière mais sur un large tube métallique, qui d'un bout débouche dans la chambre de vapeur et de l'autre bout au fond de la chaudière.

Les tubes finissent toujours par se salir sous l'influence des dépôts calcaires, et il est alors difficile d'apercevoir l'eau qu'ils contiennent ; la vapeur d'eau, à la longue dissout les principes alcalins du verre, elle le dévitrifie plus ou moins, et lui enlève en partie sa transparence. C'est un inconvénient sérieux dans la pratique, cette raison seule, à défaut de rupture, force à remplacer assez souvent les tubes. Dans une explosion de tube, c'est le jet d'eau chaude qui est le plus dangereux ; pour s'en préserver, on place quelquefois dans la tubulure r' un clapet de retenue, qui reste flottant tant que la pression s'exerce sur ces deux faces, mais qui ferme le passage dès qu'il n'est plus pressé que de dedans en dehors ; c'est ce qui arrive dans le cas de rupture d'un tube.

Voici les variations qu'on observe dans le niveau de l'eau ; la chaudière ayant été remplie à froid, le niveau s'élève à mesure que l'on chauffe, parce que le liquide se dilate et surtout parce qu'il se tuméfie sous l'influence des bulles de vapeur qui le sillonnent. Le niveau est plus élevé lorsque la machine marche que lorsqu'elle est arrêtée ; dans les premiers cas, il y a une dépense continue de vapeur, qui produit une sorte d'aspiration et un dégagement de bulles sur tous les points de la chaudière. Quelquefois l'ébullition est tellement active qu'on ne peut observer qu'une sorte de mousse, formée d'eau et de vapeur ; pour être sûr du niveau, il faut alors arrêter un instant l'émission afin que l'agitation s'apaise.

Lorsque le niveau de l'eau, pendant la marche, reste constant dans le tube, c'est que les tubulures de communication sont engorgées; on ouvre le robinet de vidange r'', s'il se livre passage à un jet d'eau continu, c'est que la tubulure du haut est bouchée ; s'il livre passage à un jet de vapeur, c'est que la tubulure du bas est engorgée ; s'il ne s'échappe rien, c'est que les deux tubulures sont bouchées. On procède alors au nettoyage.

Lorsque le tube indicateur est tout à fait plein d'eau, il peut se faire qu'il y ait trop d'eau dans la chaudière ; mais il peut se faire aussi que la tubulure du haut soit bouchée, ce qu'on reconnaîtra en ouvrant le robinet de purge, il s'échappera alors un jet d'eau non mélangé de vapeur.

Il arrive souvent, surtout avec une alimentation intermittente, que le niveau de l'eau baisse précisément à l'instant où l'on alimente, ce qui paraît paradoxal, mais s'explique facilement si l'on réfléchit que l'eau froide condense les bulles de vapeur et diminue la tuméfaction de la dilatation et de la masse. Il est prudent dans ce cas de ne pas alimenter jusqu'au niveau voulu, car, un instant après, la masse liquide se soulève de nouveau et le niveau est trop élevé.

Flotteurs. — Sur la figure 2, planche V, qui représente la coupe d'une chaudière cylindrique à deux bouilleurs, on voit en a un flotteur; c'est un disque en pierre, suspendu à une tige c qui traverse, dans un manchon à étoupes, la paroi de la chaudière, et qui est relié par une chaîne à un secteur circulaire ; ce secteur circulaire est à l'extrémité d'un levier qui porte à son autre extrémité un contre-poids P. La pierre est donc équilibrée par le contre-poids et par le poids de l'eau qu'elle déplace ; elle s'immerge d'une quantité constante et suit les fluctuations de l'eau. Ces fluctuations se trouvent accusées par les oscillations du levier, sur lequel on peut monter une aiguille parcourant un arc gradué; lorsque le niveau de l'eau descend à la hauteur minima, qu'il ne doit pas dépasser, la tige ouvre un robinet ou une soupape, qui livre passage à la vapeur de la chaudière, et cette vapeur vient choquer le sifflet qui est indiqué sur la figure. Un bruit strident annonce au mécanicien que l'alimentation est en souffrance, et qu'il faut s'empresser de remédier à cet inconvénient.

Ce système de tige traversant une boîte à étoupes est assez défectueux, car,

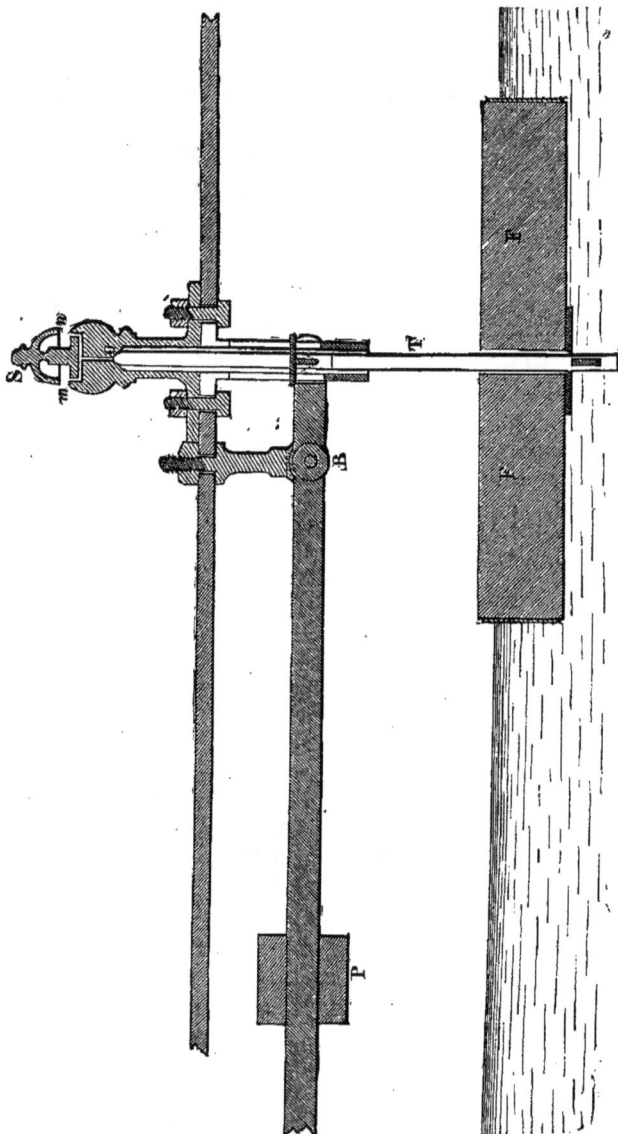

Fig. 356.

l'instrument ne peut être sensible qu'autant que la tige glisse à frottement doux dans la boîte. Mais alors, pour peu que la pression soit élevée, il se produit des fuites continuelles de vapeur. D'un autre côté, si l'on augmente le serrage, il peut arriver que l'appareil ne fonctionne plus et que le flotteur reste suspendu au-dessus de l'eau.

De plus, ce système n'indique bien que le niveau minimum de l'eau, à moins que le chauffeur n'ait continuellement l'œil sur le levier. Ce défaut est commun à peu près à tous les flotteurs en usage.

L'inconvénient du frottement de la tige dans sa boîte à étoupes avait été évité dans l'appareil proposé par la commission des machines à vapeur, et représenté par la figure 556. Un flotteur en pierre F, immergé des trois quarts de sa hauteur, est soutenu par une tige verticale T, articulée à l'extrémité du petit bras d'un levier dont B est le centre d'oscillation et P le contre-poids.

La tige verticale T, qui est cylindrique se termine par une calotte sphérique qui s'applique sur l'orifice O, ménagé au centre d'une tubulure vissée sur la chaudière. Cet orifice O aboutit à la partie supérieure à des conduits horizontaux qui débouchent tous dans une fente annulaire *mn*, placée juste en face du tranchant du timbre en laiton S. Si le flotteur vient à descendre avec l'eau au-

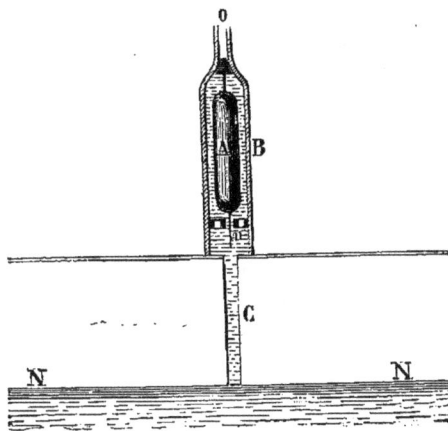

Fig. 557.

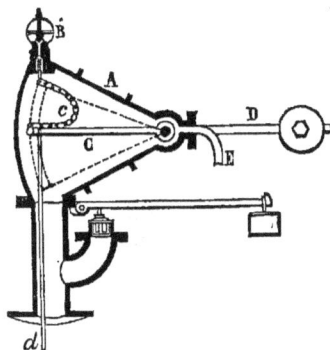

Fig. 558.

dessous d'une certaine limite, la tige T descend aussi, ouvre l'orifice O à la vapeur, qui, choquant le timbre avec violence, le fait résonner bruyamment. Cet appareil ne donne que l'indication du niveau minimum ; si le niveau de l'eau est trop élevé, on ne s'en aperçoit pas et l'on peut se trouver embarrassé si le second indicateur de niveau se trouve momentanément hors de service.

Lorsque l'orifice O est sur le point de s'ouvrir, il faut que le flotteur exerce une traction sur la tige T, afin de vaincre la résultante des pressions de la vapeur qui s'exercent sur le système entier, sauf sur la section de la tige correspondant à l'orifice ; cette résultante est donc verticale, dirigée de bas en haut, et égale à la tension de la vapeur multipliée par la surface de l'orifice. Cette résultante peut avoir une valeur notable : supposez une tension de cinq atmosphères et de une section de l'orifice d'un centimètre carré seulement, cela fait une pression de 5 kilogrammes sur l'orifice. Pour vaincre cette pression, le disque doit émerger de manière à déplacer environ 5 litres d'eau de moins ; afin d'obtenir ce volume avec une faible hauteur d'émersion, on donne au flotteur la forme d'un large disque.

Quant à la longueur de la tige et à la hauteur du contre-poids ou à sa position sur le levier, on a dans chaque cas recours à l'expérience pour déterminer tout cela avec exactitude.

Ce système a été modifié et on a substitué à la tige rigide T une chaîne à la Vaucanson agissant par traction sur une petite soupape située à la base du sifflet.

Voici encore un flotteur à sifflet, très-simple, inventé par M. Dallot.

Sur la paroi de la chaudière est adaptée une tubulure en fonte, dans laquelle on place un flotteur métallique creux, traversé suivant son axe par une tige verticale, qui porte en haut un bouchon conique fermant l'orifice 0, et qui glisse à la partie inférieure dans le siège n destiné à limiter l'amplitude des oscillations du flotteur.

Dans la chaudière, la tubulure B se prolonge par un tube C qui débouche au niveau minimum de l'eau ; tant que l'eau est au-dessus de ce niveau, la pression de la vapeur fait que les tubes C et B sont toujours pleins d'eau, le flotteur reste suspendu et l'orifice 0 fermé ; mais, quand l'eau baisse au-dessous du niveau NN, de la vapeur monte en B, le flotteur n'est plus soutenu, tombe sur son siège, laisse l'orifice 0 ouvert et le sifflet, qui surmonte cet orifice se fait entendre.

Cet appareil ingénieux ne s'est point répandu ; du reste il ne convient bien qu'à des chaudières fixes et dans lesquelles l'ébullition n'est jamais tumultueuse ; parmi les flotteurs ordinaires, nous citerons encore celui de M. Bourdon :

Sur la chaudière est fixée une tubulure cylindrique prolongée par une caisse plate A à profil triangulaire ; dans la tubulure se meut la tige verticale d du flotteur, qui agit sur un levier C mobile autour d'un axe horizontal traversant la boîte en fonte ; cet axe porte en dehors de la boîte un levier à contre-poids D, qui reste toujours dans le prolongement du levier intérieur C. On voit en B le sifflet d'alarme, fermé à la base par une soupape que la vapeur appuie de bas en haut sur son siège ; cette soupape est reliée à l'extrémité de la tige d du flotteur par une chaîne à la Vaucanson c ; cette chaîne très-flexible se tend peu à peu à mesure que le flotteur et l'eau de la chaudière descendent, et, lorsque le flotteur est arrivé à la limite inférieure de sa course, la chaîne complétement tendue exerce sur la soupape une traction qui la force à s'ouvrir ; la vapeur s'échappe et le sifflet résonne.

Le levier D est prolongé sur la paroi de la boîte en fonte A par une longue aiguille, qui se meut parallèlement à C et qui parcourt un arc gradué, sur lequel sont inscrites les diverses hauteurs d'eau. Le mécanicien sait à chaque instant à quoi s'en tenir sur le niveau de l'eau dans sa chaudière.

Un appareil qui s'est beaucoup répandu dans ces dernières années, c'est l'indicateur magnétique construit par Lethuillier-Pinel de Rouen, et représenté par les figures 1 et 2, pl. IX. Le flotteur creux F se compose de deux calottes en cuivre assemblées par une soudure, et il suit tous les mouvements de l'eau ; il se prolonge par une tige verticale tt placée dans l'axe d'une tubulure en fonte, boulonnée sur la chaudière par l'intermédiaire d'une bride. La tige t se termine par un aimant en fer à cheval placé verticalement, mais recourbé horizontalement à ses deux extrémités ou pôles : ces pôles glissent doucement sur une plaque mince en cuivre bb', de l'autre côté de laquelle est une aiguille m très-légère en acier.

La description précédente suffit pour faire comprendre le principe de l'appareil : l'aimant agit à travers la feuille de cuivre sur l'aiguille en acier, qui suit les pôles de l'aimant dans leur mouvement oscillatoire : les oscillations du niveau de l'eau sont donc accusées aux yeux par le va-et-vient de l'aiguille.

Cette aiguille en acier est un cylindre de $0^m,002$ de diamètre et de $0,025$ de longueur ; elle ne porte pas sur toute sa longueur sur la plaque de cuivre, parce qu'elle pourrait alors ne pas conserver une position horizontale ; elle se termine par deux bourrelets ou roulettes qui portent seuls sur la plaque, et qui se trouvent chacun en face d'un pôle de l'aimant. La résistance au déplacement est, grâce à cette disposition, aussi faible que possible, et l'aiguille suit bien tous les mouvements de l'aimant. Cependant, il peut arriver qu'elle se détache et tombe ; c'est un accident rare et bien facile à réparer ; il tient presque toujours à ce que la plaque métallique est un peu sale ; le constructeur de ces appareils a pris l'habitude d'argenter la surface de la plaque métallique sur laquelle roule l'index, et cette plaque bb' est protégée en avant par une glace cc' qui glisse dans des rainures.

On sait que la force d'attraction d'un aimant diminue rapidement avec la distance ; il est donc nécessaire de maintenir les pôles de l'aimant en contact avec la face interne de la plaque bb' ; c'est à quoi on arrive par une languette à ressort k qui applique l'aimant sur la plaque, sans toutefois l'empêcher de glisser.

On voit en S le sifflet d'alarme qui fonctionne lorsque le doigt d porté par la tige vient à rencontrer le levier (e) qui ouvre un petit robinet de prise de vapeur.

La tige t est assemblée au flotteur F par un manchon claveté, de sorte qu'on peut, si cela est nécessaire allonger ou raccourcir cette tige.

Souvent, on met deux sifflets d'alarme, analogues à celui que nous venons de décrire, l'un fonctionne lorsque l'eau atteint son niveau minimum et l'autre lorsqu'elle atteint son niveau maximum.

A l'origine, on a craint que, sous l'influence d'une chaleur continue, l'aimantation du fer à cheval ne vînt à disparaître : il n'en est rien. En effet, l'aimantation ne disparaît qu'à la chaleur rouge, et la température de la vapeur, dans les chaudières où la tension est très-élevée, n'arrive pas à 200° (la tension de la vapeur saturée à 200° est de 15 atmosphères). Une expérience de plusieurs années déjà a prouvé que l'indicateur magnétique ne perdait rien de ses qualités avec le temps.

En somme, l'appareil indicateur du niveau se borne à ce que nous venons de décrire ; mais, d'ordinaire, on réunit sur la même monture les divers appareils de sûreté : M. Lethuillier-Pinel a même profité du mouvement de la tige t pour lui faire régler l'alimentation d'une manière automatique. Le système complet est représenté par les figures précitées.

Latéralement à la tubulure principale, s'embranche une autre tubulure en fonte, fermée par la soupape de sûreté U ; et au-dessus de l'aimant, on voit le manomètre M.

Vers sa partie médiane, la tige t porte un bouton g qui guide une coulisse circulaire, laquelle détermine un mouvement de rotation du levier h : ce levier h agit sur le robinet R, qui est interposé sur le tuyau alimentaire entre la pompe foulante et la chaudière ; le tuyau V vient de la pompe foulante et le tuyau X plonge dans la chaudière. Lorsque le flotteur monte, l'orifice du robinet R se rétrécit ; c'est l'inverse qui se produit lorsqu'il descend. Le robinet r sert à interrompre la communication avec la chaudière pendant les moments de repos ; si on ne le fermait pas, on s'exposerait à voir l'eau de la chaudière remonter dans le conduit de la pompe.

La pompe alimentaire doit toujours donner un excès d'eau, et on place sur le conduit d'alimentation entre la pompe et le régulateur R une soupape de trop-plein, chargée de manière à se lever sous une pression supérieure d'une demi-atmosphère à celle qu'indique le numéro du timbre. Les explications précédentes empiètent un peu sur le chapitre relatif à l'alimentation des chaudières ; mais elles devaient trouver place ici.

L'indicateur magnétique avec le régulateur de l'alimentation, pour chaudière allant jusqu'à 30 chevaux, coûte 270 francs ; la soupape de retour d'eau ou de trop-plein coûte 70 francs, et le manomètre 55 francs.

Avant de quitter ce paragraphe relatif aux indicateurs du niveau de l'eau, nous dirons quelques mots des sifflets :

L'ancien sifflet se compose d'une tubulure A, percée d'une cheminée a, qui, à une certaine hauteur, rencontre une série de trous horizontaux ; la vapeur dé-

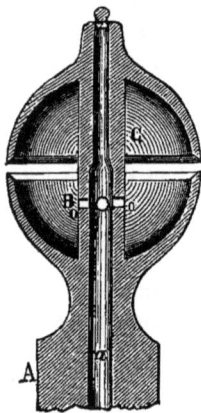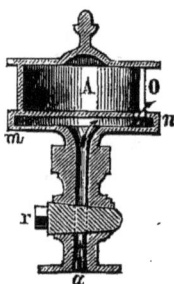

bouche par ces trous horizontaux dans la calotte sphérique B, et en s'échappant de celle-ci elle rencontre le tranchant de la calotte sphérique C renversée sur la première. Du choc résultent des vibrations de l'air intérieur et des calottes en bronze ; ces vibrations se traduisent par un bruit strident ; la cheminée centrale (a) se prolonge jusqu'au sommet de la calotte supérieure ; là, on la ferme par un bouton à vis que l'on enlève lorsqu'on veut nettoyer le conduit. Ce nettoyage doit être fréquent, car l'appareil s'engorge facilement, et l'on comprend que, si le sifflet venait à ne plus fonctionner, par exemple sur une locomotive en marche, cela pourrait amener de sérieux accidents.

Fig. 339.   Fig. 340.

La gravité du son augmente avec les dimensions du timbre C ; les timbres de petit volume donnent un son aigu, ceux de grand volume donnent un son grave. Il est clair qu'on doit choisir pour la matière de ces timbres le bronze qui résonne le mieux, tel que celui des tam-tams.

On obtient un sifflet beaucoup plus puissant en le disposant comme le montre la figure 340 ; c'est le système que nous avons vu dans l'indicateur magnétique. La vapeur arrive par le tube (a), traverse le robinet r, se répand au-dessous de la plaque métallique mn, qu'elle traverse par un orifice o ; cet orifice est en regard d'une fenêtre O ménagée dans la cloche en bronze A ; la cloche A, l'air qu'elle contient et la membrane métallique (mn) se mettent à vibrer et de tout cela résulte un bruit considérable.

Sur les bateaux on se sert de ce sifflet ; mais on pratique sur le pourtour de la cloche A plusieurs fenêtres telles que O, et l'on se contente d'ouvrir celle qui se trouve du côté où l'on veut que le son soit entendu.

5. Appareils d'alimentation. Incrustations. — L'alimentation des chaudières est un des problèmes les plus intéressants qu'offre l'étude des chaudières à vapeur.

Nous avons vu comment on l'avait résolu dans les chaudières à basse pression, du système de Watt et Boulton, que nous avons décrites avec détails. Le flotteur I (fig. 2, pl. VII), agit par une tige verticale sur la soupape d'admission logée dans la tête d'alimentation H ; l'eau vient d'un réservoir supérieur, et la pression due à la hauteur de chute est assez forte pour vaincre la tension de la vapeur dans la chaudière, de manière à empêcher l'eau de celle-ci de remonter dans le tuyau d'alimentation. On comprend sans peine que cela est possible lorsqu'on a une pression de 1 1/2 à 2 atmosphères, puisqu'il suffit alors d'avoir un réservoir situé à 5 ou 10 mètres au-dessus du plan d'eau dans la chaudière, ce qui dans beaucoup de cas est relativement facile.

Lorsque notamment on pourra disposer d'une source ou d'un réservoir à flanc de coteau, on pourra s'en servir plutôt que d'employer la force motrice pour refouler de l'eau dans la chaudière.

Mais les chaudières à basse pression ne sont plus guère répandues, et l'on est forcé dans la plupart des cas d'alimenter la chaudière au moyen de pompes.

Le principe de ces pompes est toujours le même, et l'on comprendra sans peine toutes les variétés du système.

La figure 341 représente une pompe verticale : un piston plongeur A, parfaitement tourné et généralement creux à l'intérieur est actionné par une tige que fait mouvoir le balancier de la machine. On voit en T le tuyau d'aspiration qui a son point de départ soit dans un puisard, soit dans la bâche du condenseur, d'où il amène de l'eau déjà chaude ; S est la soupape d'admission qui se lève lorsque le piston monte, c'est-à-dire lorsqu'il fait le vide au-dessous de lui. L'eau pénètre alors dans le corps de pompe B ; lorsque le piston redescend, cette eau se comprime, appuie la soupape S sur son siège et lève la soupape s' qui ouvre le tuyau de refoulement T' ; celui-ci va déboucher dans

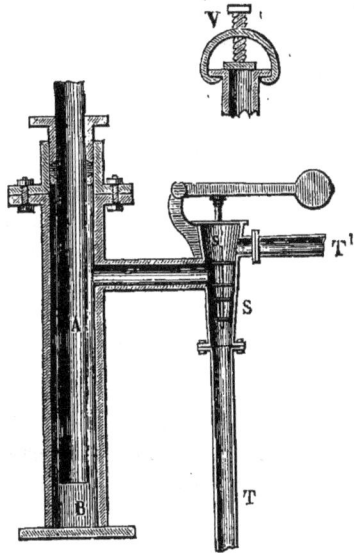

Fig. 341.

la chaudière au-dessous du niveau de l'eau, sans quoi on condenserait une partie de la vapeur formée.

L'eau doit être refoulée à une pression capable de vaincre la tension de la vapeur dans la chaudière, car si sa pression était inférieure à cette tension, l'eau chaude du générateur serait lancée avec violence dans les tuyaux de la pompe

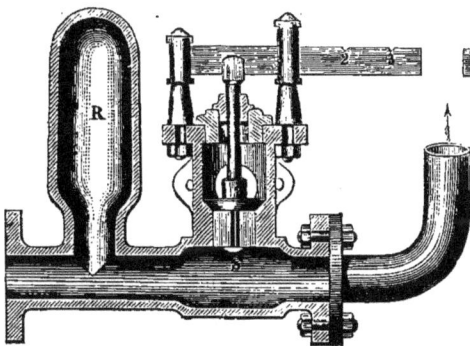

Fig. 342.

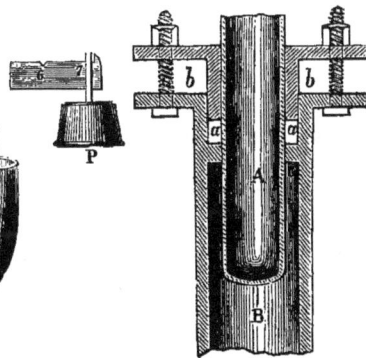

Fig. 343.

qu'elle désorganiserait. D'ordinaire, on donne à l'eau d'alimentation une pression supérieure d'une demi-atmosphère à celle qu'indique le numéro du timbre, et il est bon de placer sur le tuyau d'alimentation entre la pompe et le générateur une soupape de retour d'eau ou de trop-plein, munie d'un réservoir d'air R pour éviter les coups de bélier : c'est une véritable soupape de sûreté S, chargée par un contre-poids P de manière à ne se lever que sous une pression supérieure d'une demi-atmosphère à celle qu'indique le timbre. De cette manière, la quantité d'eau envoyée par chaque coup de piston dans le tube de refoulement est constante ; suivant que le robinet d'admission dans la chaudière est plus ou moins ouvert, il entre une plus ou moins grande proportion de cette eau dans le générateur, et le reste s'écoule par la soupape du trop-plein. On est assuré par là d'obtenir une alimentation suffisante, car le débit de la pompe est calculé pour le cas où le robinet d'admission est complétement ouvert (fig. 342).

On comprend que la partie délicate dans les pompes à haute pression que nous venons de décrire, c'est l'assemblage du piston dans la tête du corps de pompe ; il faut absolument éviter les fuites tout en permettant au piston de glisser d'une manière relativement facile dans ses garnitures. On y arrive au moyen d'un presse-étoupes (fig. 343) ; le piston A est d'un diamètre moindre que le corps de pompe, et il est seulement ajusté dans la saillie annulaire c ; au-dessus de cet anneau, on bourre en a tout autour du piston de l'étoupe graissée, et au-dessus de cette étoupe vient presser une bague bb, terminée en haut par une bride horizontale qui fait face à la bride supérieure du corps de pompe. On réunit ces deux brides par trois ou quatre boulons qui permettent de produire un serrage énergique, d'enfoncer plus ou moins la bague (b) dans la cavité a, et par suite de comprimer l'étoupe à volonté. On arrive ainsi à maintenir le joint étanche, car on augmente le serrage dès qu'une fuite apparaît ; l'étoupe suifée reste pour ainsi dire indéfiniment grasse, pourvu toutefois qu'on alimente avec de l'eau froide ou tiède.

Souvent, on se sert de l'eau du condenseur qui possède une température de 30° à 40° ; mais, en principe, il faut éviter de faire circuler de l'eau chaude dans les pompes, et, lorsqu'on veut échauffer l'eau d'alimentation avant de l'amener au générateur, il faut procéder à cette opération dans un réservoir placé entre la pompe et la chaudière.

Au-dessus des soupapes, il faut toujours ménager un regard, afin de pouvoir très-rapidement réparer une avarie ou un dérangement quelconque ; ce regard est fermé par une plaque garnie de cuir, et, pour obtenir un joint étanche, il est nécessaire d'exercer du dehors une forte pression sur cette plaque. Souvent on s'en sert pour installer la soupape de sûreté comme on le voit sur la figure 344. Quelquefois cependant, on place cette soupape ailleurs ou on la supprime complétement, et on applique l'obturateur sur son orifice au moyen d'une vis à manette V dont l'écrou porte deux ailes qui viennent prendre un point d'appui sous une bride du corps de pompe. Lorsqu'on desserre la vis, on peut enlever tout l'appareil en un instant, visiter les soupapes et refermer l'orifice très-rapidement.

Ce que nous venons de dire suffira à faire comprendre un système quelconque de pompe : celle que nous avons représentée était verticale, mais il est aussi facile de l'installer dans une direction quelconque. Ainsi la figure 344 représente une pompe inclinée. Nous verrons comment dans les diverses machines on établit la transmission de mouvement entre l'arbre ou le balancier et les pompes.

Dans bien des cas, on a encore recours à une alimentation intermittente ; quelquefois même cette alimentation se fait à bras d'homme. L'intermittence produit en débrayant la transmission pour l'embrayer ensuite lorsque la chaudière a besoin d'eau. Dans certains cas, on se contente de fermer le robinet du tuyau d'aspiration et la pompe marche à vide; mais alors il se produit presque toujours des appels d'air et des fuites.

L'alimentation continue est toujours préférable; on règle par un robinet la section de l'orifice d'admission, et le mécanicien se guide pour cette manœuvre sur les indicateurs du niveau de l'eau. Mais il est nécessaire, dans ce système, d'interposer une soupape de sûreté entre la pompe et le robinet; cette soupape débite l'excès d'eau, et, grâce à elle, les ruptures ne sont pas à craindre. Au contraire, supposez que le tuyau d'aspiration soit ouvert, et le tuyau de refoulement fermé et non muni de soupape, l'eau qui ne se comprime guère, crèvera les conduites; il se produira donc des fuites, ou bien la tige qui commande le piston ne pourra vaincre la résistance et se trouvera faussée ou brisée. C'est un accident qui s'est présenté plus d'une fois.

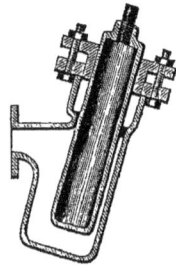

Fig. 344.

On voit encore les pompes s'arrêter pour une autre cause : l'air se dégage de l'eau aspirée, qui, par le fait de l'aspiration, se trouve à une pression moindre que la pression atmosphérique; cet air s'accumule en haut du corps de pompe et finit par occuper un volume tel qu'il se détend et se comprime à chaque oscillation double du corps de pompe, sans qu'il passe une goutte d'eau dans l'appareil. Il faut donc avoir soin de disposer sur le corps de pompe des robinets de vidange ou une petite soupape que l'on fait jouer de temps en temps.

Le robinet régulateur de l'alimentation est presque partout manœuvré directement par le chauffeur; il y a cependant quelques systèmes de régulation automotrice; c'est généralement la tige du flotteur qui, dans ce cas, fait mouvoir le régulateur, ainsi que nous l'avons vu en traitant de l'indicateur magnétique, mais le régulateur automoteur est trop peu répandu pour que nous insistions davantage sur ce point.

Nous le répétons, l'alimentation est une question capitale, qui demande toute l'attention du chauffeur. Il reconnaîtra que la pompe fonctionne bien au moyen d'un petit robinet d'essai placé sur le tuyau de refoulement près de la chaudière; ce robinet doit donner un écoulement intermittent, qui correspond aux pulsations de la pompe; pendant l'aspiration, rien ne s'échappe; pendant la compression, il donne un jet d'une grande vitesse. —La température de l'eau qui sort du robinet d'essai doit être celle de l'eau d'alimentation : si elle est trop élevée, c'est qu'il y a un retour de l'eau de la chaudière dans les tuyaux d'amenée et la pompe fonctionne mal. —C'est une bonne précaution que de placer sur le tuyau de refoulement près de la chaudière, outre le robinet régulateur, un clapet que soulève l'eau d'alimentation, mais qui s'oppose au passage de l'eau de la chaudière si elle tendait à revenir. — Le robinet d'essai, dont nous venons de parler, sert, lors de la mise en train, à l'écoulement de l'air contenu dans le corps de pompe et dans les tuyaux; l'expulsion de cet air produit l'amorcement.

Quelquefois on complète la pompe par un tube qui va de la chambre de vapeur au tuyau d'aspiration; lorsque celui-ci est obstrué ou que son clapet, trop appuyé sur le siége, ne se lève pas, on ouvre le tube ci-dessus défini, la vapeur vient exercer sa pression soit sur l'obstacle, soit sur le clapet, et, en général, la pompe recommence à fonctionner convenablement.

Le dérangement de la pompe arrête la chaudière et la machine, et cause de grandes pertes à l'industrie; la pompe doit donc être construite avec beaucoup de solidité; elle doit être facile à visiter et à réparer. Enfin, lorsqu'on veut se mettre à l'abri de toute chance d'accident et que de grands intérêts sont en jeu, il faut installer double pompe.

Il faut chercher à donner aux clapets et soupapes une grande surface et une faible levée, et de plus on les garnit de caoutchouc; on atténue ainsi le bruit et les chocs qui se produisent lorsque ces soupapes retombent sur leurs sièges.

A chaque course du piston, dont S est la section et A la longueur d'oscillation, il est théoriquement refoulé un volume AS d'eau; dans la pratique, l'effet utile n'est que 0,60AS. Ainsi, connaissant le volume d'eau qu'il faut envoyer par heure dans la chaudière, et le fonctionnement de l'arbre ou du balancier qui commande les pompes, on calculera le volume d'eau que devra envoyer chaque coup de piston; pour être certain d'alimenter en excès, on triple en général ce volume, ce qui donne un produit V, et l'on pose l'équation ; $V = 0,60 AS$, équation qui sert à déterminer la section du piston ou sa course, lorsque l'une ou l'autre de ses dimensions est fixée.

Dans la marine, on se contente de doubler le volume nécessaire pour l'alimentation de la chaudière; nous pensons que cette proportion est suffisante.

Petit cheval. — En général, c'est la machine elle-même qui fait mouvoir sa pompe alimentaire. Mais, lorsqu'il s'agit de mettre en train, ou pendant les moments d'arrêt, l'alimentation serait interrompue si l'on n'avait recours à des procédés spéciaux. On se sert alors de pompes à bras, et dans les grandes installations on a recours au petit cheval.

Le petit cheval ou cheval alimentaire est une petite machine à vapeur actionnant directement une pompe. Cette machine est de construction très-simple : elle se compose de deux cylindres, placés en regard l'un de l'autre, et dont les pistons sont réunis par la même tige. Dans l'un des cylindres agit la vapeur, dans l'autre se meut le piston d'une pompe alimentaire. Généralement, la vapeur agit sans détente ni condensation.

Les chaudières tubulaires de la marine, qui fournissent une grande quantité de vapeur et ne contiennent qu'un volume d'eau relativement faible, ne pourraient être alimentées à bras d'hommes pendant les moments d'arrêt, et, pour elles, le petit cheval est indispensable.

Il rend, du reste, de nombreux services : il sert à l'épuisement des cales et des chaudières; il envoie de l'eau sur le pont pour les lavages et les incendies, et l'emploi s'en est généralisé sur les navires à vapeur. Quelquefois même on le fait servir à l'alimentation d'une manière continue, et on le munit d'une chaudière spéciale

Bouteille d'alimentation. — Nous ne pouvons quitter ce paragraphe de l'alimentation sans parler du système dit de retour d'eau ou bouteille d'alimentation. Soit un réservoir d'eau A qui communique, par le tube R, avec la chambre de vapeur de la chaudière, et par le tube R' avec la chambre d'eau de cette même chaudière. Les robinets R et R' étant fermés, on envoie de l'eau à volonté dans le réservoir A, qui est soumis tout simplement à la pression atmosphérique; lorsqu'il est plein, on ouvre les robinets. La pression de la vapeur s'exerce de toutes parts sur le liquide du réservoir, et ce liquide peut obéir à la loi de la pesanteur; il descend donc se mêler à l'eau de la

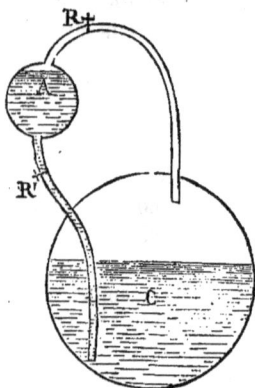
Fig. 343.

chaudière. On ferme de nouveau les robinets et l'opération recommence.

A la rigueur, on peut la rendre automatique en confiant à la tige du flotteur la manœuvre des robinets R et R'.

Ce système peut être avantageux et économique lorsqu'on possède à la hauteur de la machine un réservoir alimenté naturellement par une source ou par un ruisseau.

Injecteur Giffard. — Mais l'appareil alimentaire qui tend à devenir de plus en plus d'un usage universel, c'est l'injecteur Giffard, ou le Giffard, dont le brevet est exploité par l'habile constructeur Flaud, de Paris.

La figure 346 en fera comprendre le principe. Le corps principal de l'appareil est une tubulure XX', dans laquelle débouchent le tuyau A, amenant de la va-

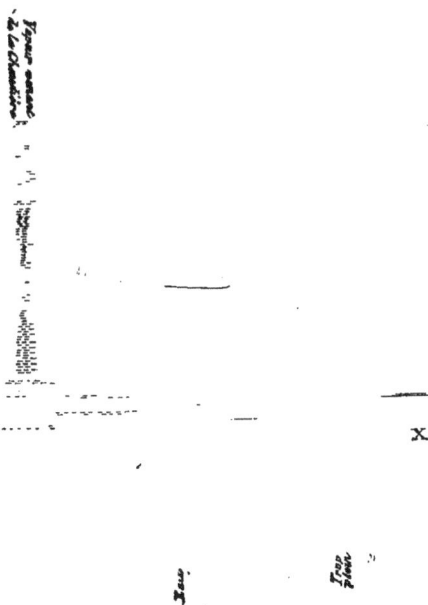

Fig. 346.

peur de la chaudière, le tuyau F qui vient de la bâche ou du réservoir d'alimentation, et le tuyau P qui sert à la vidange et à l'écoulement des eaux en excès. Tous ces tuyaux portent des robinets : on voit en B notamment la manette du robinet de prise de vapeur.

Voici comment les choses se passent : la vapeur arrive par le tube A, comme le montre la flèche ; elle pénètre par une série de petits orifices disposés en quinconce, dans le tube creux C. Ce tube se termine à droite par un ajutage conique d'où la vapeur s'échappe avec une grande vitesse. Nous avons vu, par exemple dans la trompe des forges catalanes, que tout jet gazeux ou liquide opère comme une succion du fluide qui l'environne et tend à faire le vide dans ce fluide. Le jet de vapeur qui s'échappe produit donc cet effet et aspire dans le sens de la flèche F l'eau du réservoir d'alimentation. Ce n'est pas tout ; cette vapeur se condense ; elle produit le vide et appelle avec énergie l'eau du réservoir.

Mais la force vive et la quantité de mouvement de cette vapeur ne disparais=

sent pas; elles se transforment et se répartissent sur la masse semi-liquide, semi-gazeuse, qui continue son chemin dans la direction de la buse conique d'où s'échappe la vapeur.

Le courant s'engage dans un ajutage divergent I, où la condensation s'achève, et par le petit bout de cet ajutage s'échappe un cylindre liquide que l'on aperçoit distinctement à travers les fenêtres circulaires L, que l'on peut fermer ou ouvrir à volonté au moyen de la bague *m*. — Le jet liquide continue son mouvement et traverse l'ajutage K pour se rendre dans la partie évasée X', où il perd sa vitesse; la force vive se transforme partiellement en travail, la soupape N est soulevée et l'eau se rend à la chaudière par le tuyau de droite.

Il faut régler l'appareil de telle sorte, que la vitesse du jet qui se présente à l'ajutage cylindrique K soit supérieure à la vitesse avec laquelle l'eau de la chaudière s'écoulerait si la soupape N n'existait pas. Si la vitesse du jet est moindre, il ne pénètre pas dans l'ajutage, et s'écoule par le tuyau de décharge P; cet effet se produit aussi au moment de la mise en train; mais, si l'appareil est convenablement réglé et qu'il y ait un rapport convenable entre la quantité de vapeur lancée et la quantité d'eau qu'elle appelle, entre la force vive de cette vapeur et la force vive du mélange, le jet liquide qui s'échappe de l'ajutage I entre tout entier dans l'ajutage K pour passer de là dans la chaudière. — Par les fenêtres L on aperçoit le jet continu qui passe d'un ajutage à l'autre, et c'est assurément un des spectacles les plus intéressants que l'on puisse rencontrer en industrie.

Il nous reste à dire comment se fait le réglage de la vapeur et de l'eau entraînée; la vapeur qui a traversé les orifices du tube C arrive dans la buse conique; au centre de cette buse est une tige conique pleine, à laquelle la vis D et la manivelle E peuvent imprimer un mouvement de translation; la pointe conique rétrécit donc plus ou moins l'orifice de la buse et peut même le fermer ou l'ouvrir en entier; ce premier mécanisme suffit donc à régler l'admission de la vapeur.— D'un autre côté, la manivelle G et la vis *g* à mouvement rapide communiquent un mouvement de translation à tout le tube C, que termine la buse conique, de sorte que celle-ci pénètre plus ou moins dans l'ajutage divergent I, et par suite laisse à l'eau un passage annulaire plus ou moins large.

Voici comment on procède à la mise en train : on ouvre d'abord, au moyen de la manivelle G, l'orifice de l'ajutage fixe I, puis on fait faire un tour à la manivelle E, de manière à tirer en arrière la pointe conique qui ferme la buse; on ouvre le robinet de prise de vapeur, et celle-ci s'échappe de la buse en quantité suffisante pour appeler l'eau et lui faire franchir l'ajutage fixe I, mais en quantité trop faible pour que le courant pénètre dans l'ajutage K et dans la chaudière. Le courant liquide s'en va donc par le tuyau de décharge P. L'appareil est amorcé. On fait alors faire plusieurs tours à la manivelle E; la vapeur s'échappe par toute la section de la buse et le courant pénètre dans l'ajutage K et dans la chaudière. Mais alors deux cas peuvent se présenter : ou il arrive trop de vapeur, et celle-ci s'échappe par les lumières L; ou il y a trop d'eau, et une partie du courant ne pénètre pas dans l'ajutage K, mais s'en va par le tube de décharge. Dans l'un et l'autre cas, on remédiera à la situation en manœuvrant soit la vis D, soit la vis *g*. Après quelques tâtonnements, on arrivera à obtenir un jet continu qui ne perd ni eau ni vapeur dans son passage entre les deux ajutages.

La température de l'eau d'alimentation ne doit pas être trop élevée; cependant on peut toujours se servir de l'eau de condensation, dont la température ne dépasse pas 40°.

,a bonne disposition de l'injecteur, relativement à la chaudière et à la bâche d'alimentation, est la suivante : 1° l'injecteur doit être, autant que possible, au niveau de l'eau dans la chaudière ou à un niveau supérieur; 2° la hauteur d'aspiration doit être inférieure à 1^m,50 pour les hautes pressions, et il est préférable de la réduire à quelques décimètres lorsque cela est possible.

L'injecteur Giffard ne peut être réduit à de trop faibles dimensions. Dans le cas où on l'applique à une petite chaudière, il faut le faire fonctionner d'une manière intermittente : c'est, du reste, ainsi qu'il fonctionne dans la plupart des machines, car on ne saurait jamais régler son débit exactement d'après la quantité de vapeur consommée, et il faut nécessairement produire une action intermittente. — L'appareil est, du reste, très-facile à mettre en train et à arrêter en quelques secondes.

Au point de vue économique, l'injecteur Giffard est-il préférable aux anciennes pompes? Théoriquement, la vapeur condensée rend à l'eau qu'elle entraîne la chaleur qu'elle a prise dans la chaudière; mais il faut tenir compte des pertes de chaleur par rayonnement et par contact, et en outre de la perte de force vive qui résulte des changements de direction, des chocs et des étranglements auxquels sont soumis les jets gazeux et liquides. —Donc, pratiquement, l'injecteur Giffard dépense de la force; bien conditionné et avec les perfectionnements de détail que récemment encore on a apportés à sa construction, il donne une certaine économie de travail si on le compare aux anciennes pompes foulantes.

Mais son principal avantage n'est pas là; il est dans la régularité de son fonctionnement, dans la simplicité et la sécurité de sa marche, et dans son faible volume.

L'injecteur Giffard, alimenté par une chaudière spéciale, est un appareil d'épuisement puissant : MM. Mazeline l'ont appliqué à épuiser la cale des navires et en ont obtenu de bons résultats.

Cependant, alimenté à l'eau de mer, il a moins bien réussi qu'alimenté à l'eau douce.

La théorie de cet appareil a été présentée par le savant et regretté M. Combes. Nous ne pouvons la donner ici, et nous nous contenterons de quelques remarques :

Supposons qu'un poids p de vapeur s'échappe en une seconde de la chaudière avec une vitesse V, et entraîne un poids P d'eau. Il s'échappe de l'ajutage divergent I une baguette semi-liquide, qui pénètre dans l'ajutage cylindrique K et de là dans la chaudière; appelons v la vitesse des molécules qui passent d'un ajutage à l'autre.

La masse $\dfrac{p}{g}$ de vapeur possède une quantité de mouvement $\dfrac{p}{g}$V, la masse semi-liquide

$$\frac{P+p}{g} \quad \text{en possède} \quad \frac{P+p}{g}v$$

En vertu du théorème de la conservation des quantités de mouvement, la quantité de mouvement finale est égale à la quantité de mouvement initiale, et l'on a :

$$\frac{p}{g}\text{V} = \frac{P+p}{g} \cdot v \quad \text{ou} \quad (1) \quad p\text{V} = (\text{P}+p)v$$

Dans la quantité de mouvement initiale, il faudrait compter celle que possède

le poids P d'eau qui remonte dans le tuyau d'aspiration; mais la vitesse d'aspiration est relativement assez faible pour qu'on puisse en négliger l'effet et considérer comme exacte l'équation précédente.

La densité de la baguette liquide est moindre que celle de l'eau pure; nous la
supposerons égale seulement à 0,75.

Pour que cette baguette pénètre dans l'ajutage K et dans la chaudière, il faut
que sa vitesse soit au moins égale à celle avec laquelle l'eau de la chaudière tend
à sortir par l'ajutage K sous l'influence de la pression de la vapeur.

Admettons que la pression de la vapeur dans la chaudière est de cinq atmosphères; la vitesse avec laquelle l'eau tendra à s'écouler par un long ajutage
cylindrique sera donnée par la formule (voir l'*Hydraulique*)

$$v' = 0,60 \sqrt{2gh}.$$

h est la hauteur représentative de la pression effective en colonne d'eau; puisque
la vapeur est à cinq atmosphères, la pression effective est de quatre atmosphères,
ce qui représente une colonne d'eau d'environ 40 mètres, donc,

$$v' = 0,60 \sqrt{2 \times 9,80 \times 40} = 0,60.\sqrt{760} = 0,60 \times 28 = 17$$

De l'équation (1), nous tirons $v = \dfrac{Vp}{P+p}$, et nous avons dit en outre que v
devait être au moins égal à v', ce qui donne :

$$v \geq v' \quad \text{ou} \quad V\frac{p}{P+p} \geq v', \quad \text{ou enfin} \quad P + p \leq \frac{V}{v'}. p$$

La vitesse V de la vapeur à cinq atmosphères est, d'après la formule théorique,
égale à 561 mètres, ainsi que nous l'avons calculé plusieurs fois; réduisant cette
valeur aux $\frac{60}{100}$ pour tenir compte de la contraction due à l'ajutage, nous ferons

$$V = 0,60 \times 561 = 336; \quad \text{d'où} : \quad \frac{V}{v'} = \frac{336}{17} = 19.$$

La condition définitive s'écrira donc :

$$P + p \leq 19p. \quad \text{ou} \quad P \leq 18p.$$

Ainsi, dans un temps donné, un poids de vapeur passant dans l'injecteur
pourra enlever 18 fois son poids d'eau.

Une condition est nécessaire au fonctionnement de l'appareil, c'est que la
température T de la baguette liquide soit inférieure à 100°, car si cette baguette
se mettait à bouillir, elle s'échapperait dans l'atmosphère sous forme de vapeur,
et l'alimentation se trouverait interrompue. Posons-nous donc comme condition
que la température T doit être au plus égale à 85°, et cherchons quelle doit être
alors la température maxima t de l'eau d'aspiration.

Le poids P d'eau aspirée a absorbé, pour passer de $t°$ à 85°, une quantité de
chaleur égale à

$$P(85 - t) \text{ calories.}$$

La vapeur à cinq atmosphères est à 155°; pour passer de l'état d'eau à 0° à l'état de vapeur à 155°, elle a absorbé

$$606,5 + 0,305 \times 153 = 653 \text{ calories par kilogramme.}$$

En se condensant, et revenant à la température de 85°, 1 kilogramme de cette vapeur dégagera

$$653 - 85 = 568 \text{ calories, et le poids } p \text{ dégagera } p.568 \text{ calories.}$$

Mais la chaleur perdue par la vapeur est égale à la chaleur gagnée par l'eau, la compensation s'établit; d'où l'équation

$$P(85 - t) = p.568.$$

Or nous avons trouvé que le poids P pouvait être égal à 18 fois le poids p, donc,

$$18(85 - t) = 568 \quad t = 54°.$$

Donc, si l'on veut que l'eau d'alimentation qui pénètre dans l'ajutage cylindrique K soit à une température inférieure à 85°, la température de l'eau aspirée devra être inférieure à 54°, du moment qu'il s'agit de vapeur à cinq atmosphères.

Voici les résultats des expériences exécutées sur l'injecteur automoteur de M. Giffard par M. Deloy, sous-chef de traction au chemin de fer P. L. M.

« Ainsi que l'a établi M. Combes, le principe fondamental en vertu duquel la vapeur qui s'écoule d'un générateur rentre dans ce même générateur, entraînant jusqu'à vingt fois son poids d'eau, repose sur la condensation de la vapeur avant ou immédiatement après son contact avec l'eau qu'elle refoule; les deux effets paraissent avoir lieu. Après la condensation, vient une seconde condition qui ne pourrait être remplie sans la première; il faut que l'orifice par où s'écoule la vapeur soit plus grand que celui par lequel s'introduit dans le tube injecteur le mélange d'eau et de vapeur.

« D'après les expériences, on peut admettre les conclusions suivantes :

« 1° Toute la chaleur renfermée dans la vapeur se retrouve dans le jet. Les pertes qui peuvent exister sont insignifiantes, en supposant même qu'elles soient l'équivalent du travail dynamique produit; car ce travail est faible relativement à celui développé par la machine.

« 2° On peut faire varier le débit de l'injecteur, soit en faisant varier l'espace annulaire compris entre le cône fixe et le cône mobile, l'orifice de la vapeur restant constant; soit en faisant varier simultanément les deux orifices : la différence entre ces variations est faible. On peut admettre que le débit de l'injecteur est susceptible de varier entre les rapports $\frac{4}{7}$ et $\frac{1}{2}$.

« 3° Dans le mélange d'eau et de vapeur qui constitue le jet, la température suit la loi de Regnauld.

« 4° La température du jet peut s'élever jusqu'à 98°; mais cette température ne doit être considérée que comme une limite extrême, limite que l'on ne peut atteindre dans une alimentation régulière. Je crois qu'on doit adopter le chiffre 85° pour être assuré d'un jet continu.

« 5° La température de l'eau avant l'aspiration doit croître en sens inverse de la pression de la vapeur. Pour une pression de 8 atmosphères, le chiffre 40° peut être atteint avec toute certitude de marche. Cette température est largement suffisante pour obvier aux inconvénients de la gelée dans les tuyaux de raccordement.

« 6° La vapeur qui s'écoule d'un générateur sous une certaine pression peut refouler dans un récipient où la pression est plus élevée. Le rapport entre la pression maxima qui peut exister dans le récipient et celle à laquelle la vapeur est soumise, est égal au rapport qui existe entre l'orifice qui termine le cône creux par où s'écoule la vapeur et la section minima du tube injecteur.

« 7° Un injecteur de dimensions convenables est presque l'égal de la pompe pour la facilité avec laquelle on peut régler l'alimentation; sous le rapport de la certitude dans l'alimentation et de l'entretien, il est supérieur.

« L'absence d'un clapet d'aspiration, le clapet de refoulement qui est toujours levé pendant la marche de l'appareil, l'unique garniture du cône creux, enlèvent à l'injecteur tous les inconvénients inhérents aux organes si délicats de la pompe.

« L'usure des tuyaux de refoulement, la rupture des chapelles, la détérioration des boulets ou clapets qui sont un sujet de dépense très-appréciable dans une locomotive, en même temps qu'une cause de dérangement dans la marche, disparaissent presque complétement avec l'emploi de l'injecteur. »

La figure 9 de la planche VIII représente l'installation de l'injecteur sur une locomotive neuve ou ancienne. On voit comment la vapeur est amenée du dôme par un tube vertical; l'eau vient du tender par un tube recourbé verticalement, et le mélange semi-liquide est envoyé dans les parties basses de la chaudière par le tube que l'on aperçoit sur la droite de la figure.

De l'eau d'alimentation. — Incrustations et dépôts. — L'eau pure est formée de la combinaison de deux gaz, l'hydrogène et l'oxygène, dans la proportion de 2 volumes du premier pour 1 du second, ou de 1 partie en poids du premier pour 8 du second.

Le composé chimique ainsi défini ne se rencontre pas dans la nature. La grande masse liquide qui forme les mers est un foyer d'évaporation continuelle, et les vapeurs entraînées par les vents engendrent les nuages qui se résolvent en pluie La pluie dissout les gaz de l'atmosphère, et, tombée sur le sol, soit qu'elle glisse à la surface, soit qu'elle pénètre dans les profondeurs, elle rencontre une infinité de sels et de substances plus ou moins solubles, dont elle se charge.

On conçoit donc que la composition de l'eau est des plus variables et des plus complexes.

Quand on veut se procurer de l'eau pure, on distille l'eau ordinaire dans un alambic, appareil dont les deux pièces principales sont la chaudière ou cucurbite, dans laquelle on chauffe l'eau, et le serpentin, tube contourné en spirale et enfermé dans une cuve à la partie inférieure de laquelle arrive constamment un filet d'eau froide. La vapeur d'eau se condense dans le serpentin; on ne recueille point les premières portions d'eau distillée, et on s'arrête lorsque l'eau de la chaudière est réduite aux $\frac{2}{3}$ de son volume.

L'eau distillée ne doit donner aucun résidu lorsqu'on l'évapore sur une plaque de porcelaine; elle ne renferme plus d'air. Elle est alors devenue impropre aux services domestiques, on ne saurait la digérer.

Dans l'industrie, on ne se sert guère d'eau distillée, si ce n'est pour l'alimentation des chaudières marines que nous traiterons à part. On distingue trois espèces d'eau : l'eau de pluie, l'eau de rivière, et l'eau de source ou de puits.

1° *Eau de pluie.* — L'eau de pluie renferme surtout des principes gazeux : l'acide carbonique, l'ammoniaque et les acides oxygénés de l'azote (produits probablement par les phénomènes électriques de l'atmosphère), quelquefois un peu d'acide sulfureux et d'hydrogène sulfuré (au voisinage des villes ou des grandes usines), et enfin des sels entraînés avec l'eau de mer, tels que les chlorures et sulfates de soude, de magnésie et de chaux. C'est le chlorure de sodium qui domine, et sa proportion varie en général de 2 à 4 grammes par mètre cube d'eau.

Aux principes minéraux s'ajoutent souvent des particules organiques entraînées par les vents à des distances considérables.

La somme des matières solides contenues dans un mètre cube d'eau de pluie dépasse rarement 50 grammes, et n'est guère en moyenne que de 30 grammes.

2° *Eau de rivière.* — L'eau qui tombe sur le sol agit sur les formations géologiques qu'elle rencontre : elle dissout certaines substances, elle en attaque d'autres chimiquement, grâce à l'acide carbonique et à l'ammoniaque qu'elle renferme, enfin elle exerce une action mécanique plus ou moins énergique qui se traduit par un broyage et une pulvérisation des roches de toute nature. Les débris sont entraînés par les eaux et se déposent à mesure que la vitesse du courant diminue, les plus gros tombent d'abord, et les particules vaseuses restent en suspension même au milieu d'eaux animées de très-faibles vitesses.

La composition de l'eau de rivière varie donc suivant les époques, suivant la constitution géologique, la pente et la forme du lit.

Les matières solides maintenues en suspension sont quelquefois en quantités considérables. Ainsi, le Nil contient 1500 grammes de matières en suspension par mètre cube, le Gange de 200 à 2000 grammes suivant les saisons, le Rhin de 20 à 200 grammes. Les matières en suspension, à moins qu'elles ne soient à l'état de vase absolument impalpable, ne sont pas d'un grand inconvénient pour les machines à vapeur, car il suffit de faire passer les eaux dans des bassins où elles se déposent.

La quantité de matière solide dissoute est beaucoup plus considérable dans l'eau de rivière que dans l'eau de pluie. Ainsi la Meuse abandonne à l'évaporation 125 grammes de matière solide par mètre cube, la Loire et la Garonne 135 grammes, le Rhône 182 grammes, le Rhin 150 à 300 grammes, la Marne 500 grammes, le canal de l'Ourcq 1 kilogramme, la Seine de 190 à 430 grammes.

La proportion des matières solides dissoutes va généralement en augmentant à mesure qu'on s'éloigne de la source.

C'est le carbonate de chaux qui domine parmi ces matières. Dans la Loire, il constitue 53 p. 100 du résidu, dans la Tamise 50, dans le Danube 60, dans la Seine 75 et dans le Rhin 85.

Outre les sels minéraux que l'on trouve dans les eaux de pluie, les eaux de rivières entraînent surtout du carbonate de chaux, du sulfate de chaux, des sels de magnésie et des sels alcalins, de l'alumine et de l'oxyde de fer, quelquefois de la silice en proportion notable, rarement des azotates et des phosphates.

A tout cela, il faut joindre, notamment à l'aval des grandes villes, une proportion plus ou moins forte de matières organiques, qui du reste sont sans intérêt au point de vue de l'alimentation des machines à vapeur. Nous ne parlerons pas non plus des gaz en dissolution qui peuvent varier, dans la Seine, de 30 à 55 centimètres cubes par litre d'eau.

Des eaux des rivières, il faut rapprocher les eaux des lacs, qui renferment les éléments de l'eau de pluie, plus les substances empruntées à leur propre cuvette. Dans les montagnes granitiques, l'eau des lacs sera riche en sels alcalins; dans les pays calcaires, elle renferme une grande proportion de sels de chaux; dans certaines régions volcaniques, les lacs sont chargés de bitumes et de goudrons, telles sont la mer Morte et la mer Caspienne.

3° *Eau de source et de puits.* — On peut admettre approximativement que les trois dixièmes seulement de l'eau de pluie s'écoulent à la surface du sol ; le reste pénètre dans ses profondeurs, jusqu'à ce qu'il rencontre une cuvette imperméable dont il gagne la partie la plus basse. Les sources abondantes se trouvent donc à des profondeurs variables suivant les pays, et nous avons vu des puits artésiens descendre jusqu'à 800 et 900 mètres au-dessous du sol.

Les eaux, qui pénètrent ainsi dans la terre, se trouvent filtrées et prennent une limpidité bien supérieure à celle des rivières; mais, de cette limpidité, il faut bien se garder de conclure la pureté chimique.

En effet, l'eau s'échauffe rapidement à mesure qu'elle pénètre dans le sol ; elle dissout quelquefois de grandes quantités de gaz carbonique et sulfhydrique; dans ces conditions, elle devient apte à dissoudre des proportions considérables de sels minéraux, qu'elle contient encore au moment où elle reparaît à la surface du sol. L'eau de source est donc généralement impure, et les impuretés ne s'y trouvent pas en suspension, mais seulement en dissolution.

Voici les résultats déduits de nombreuses analyses chimiques :

Le résidu solide après dessiccation est compris d'ordinaire entre 20 et 1250 grammes par mètre cube ; exceptionnellement, il dépasse ce dernier chiffre et peut atteindre plusieurs kilogrammes par mètre cube.

La majeure partie se compose de carbonates : on en trouve d'ordinaire de 6 à 600 grammes par mètre cube ; exceptionnellement, jusqu'à 1500 grammes.

Les chlorures entrent pour 2 à 500 grammes par mètre cube.
Et les sulfates.. . . pour 1 à 2500   —   —

Ces trois genres de sels existent toujours ; la silice fait quelquefois défaut, on en trouve dans certaines eaux dans la proportion de 1 à 400 grammes.

Les phosphates et azotates manquent la moitié du temps et n'entrent que dans de faibles proportions.

On trouve presque toujours un peu d'alumine et d'oxyde de fer avec des proportions variables de matières organiques.

On voit qu'en somme nous ne pouvons rien dire de précis ; dans chaque cas, on se rendra compte par une expérience directe de la composition de l'eau qu'on se proposera d'employer.

Analyse d'une eau. — Le résidu solide est la seule chose intéressante au point de vue des chaudières à vapeur ; la méthode la plus simple d'analyse consistera donc à évaporer dans une bassine un poids connu d'eau et à recueillir le résidu solide qu'on analysera comme nous avons expliqué que l'on faisait pour une pierre calcaire. Ce qu'il importe de déterminer avec précision, ce sont les proportions de carbonate et de sulfate de chaux, ainsi que la silice si elle existe en grande quantité.

On peut au préalable se rendre un compte approximatif des substances étrangères contenues dans l'eau. Ainsi :

1° L'oxalate d'ammoniaque donne un précipité blanc d'oxalate de chaux tant qu'il reste un sel de chaux dans la liqueur ;

2° Le sulfhydrate d'ammoniaque précipite tous les sels métalliques à l'état de sulfures ;

3° L'azotate de baryte indique la moindre trace d'acide sulfurique ou de sulfate soluble ; il se forme en effet un précipité blanc caractéristique de sulfate de baryte :

4° De même l'azotate d'argent indique la moindre trace de chlorure ; il se forme un précipité blanc, semblable au lait caillé, qui noircit à la longue ;

5° En présence des matières organiques, le chlorure d'or est décomposé et l'or se précipite en poudre noire impalpable ;

6° La teinture alcoolique de bois de campêche, du jaune passe au violet en présence de l'ammoniaque ou du carbonate d'ammoniaque.

Ce sont les sels calcaires qui communiquent aux eaux les plus fâcheuses propriétés, et qui constituent ce qu'on appelle les eaux crues, impropres à l'alimentation des machines à vapeur et aux usages domestiques.

Le plus nuisible est le sulfate de chaux que l'on trouve dans les eaux des puits de Paris, connues sous le nom d'eaux séléniteuses. Avec le savon ordinaire, le sulfate de chaux donne un savon calcaire insoluble, qui se précipite sur le linge en entraînant avec lui toutes les impuretés ; on n'arrive de la sorte qu'à nettoyer imparfaitement le linge, malgré une consommation de savon très-considérable.

Les légumes renferment un principe qui se combine à la chaux, pour former un composé solide, de sorte que les légumes, cuits dans une eau calcaire ou séléniteuse, durcissent de plus en plus au lieu de s'amollir.

Hydrotimétrie. — L'hydrotimétrie est la mesure de la crudité de l'eau. En voici le principe : la dissolution alcoolique de savon produit dans une eau non chargée de sels terreux (calcaires ou magnésiens) une mousse persistante à la surface ; au contraire, s'il y a dans l'eau des sels terreux, la mousse ne se produit pas et il se forme des grumeaux insolubles qui sont des savons calcaires.

On prépare une dissolution titrée de savon, c'est-à-dire que l'on dissout un poids connu de savon dans un volume connu d'alcool à un certain degré. La dissolution faite, on la met dans une burette graduée, et, grâce aux données précédentes, on sait combien une division de la burette contient de savon. On verse goutte à goutte la dissolution de savon dans l'eau qu'on veut essayer, et l'on agite après avoir versé chaque goutte ; tant qu'il ne se produit pas une mousse persistante, c'est qu'il reste encore des sels terreux dans la liqueur ; aussitôt qu'on reconnaît l'existence de la mousse persistante, l'opération est terminée ; on lit alors sur la burette combien de divisions de la dissolution on a employées, et, s'il y en a par exemple 17, on dit que l'eau marque 17° à l'hydrotimètre considéré. Si partout on emploie le même hydrotimètre, la même dissolution de savon, il est clair que tous les résultats sont comparables, et que l'on a de la sorte des renseignements précieux sur la crudité relative des eaux employées.

En somme, ce procédé ne donne que des indications approchées ; dans des dissolutions qui ne renfermeraient que des sels neutres de chaux, on pourrait de la sorte calculer exactement la proportion de ces sels ; mais les sels de magnésie décomposent aussi le savon, de même l'acide carbonique ; à ce sujet il faut remarquer que la mousse persistante ne tarde pas elle-même à disparaître parce que l'acide carbonique de l'air la décompose. Les matières organiques modifient aussi les résultats.

Toutefois, l'hydrotimètre donne des renseignements fort utiles et très-précieux dans la pratique. Le degré de crudité usité en Angleterre (degré de Hardness), correspond à peu près à $0^{gr},0142$ de carbonate de chaux par litre d'eau; le degré français correspond à $0^{gr},01$ de carbonate de chaux par litre ; ainsi, une eau qui marque 20° à l'hydrotimètre renferme théoriquement $0^{gr},20$ de calcaire par litre.

Voici quelques nombres donnés par M. l'inspecteur général Belgrand :

Sources du granite du Morvan.	2° à 11° à l'hydrotimètre,	
— des sables de la craie inférieure.	7° à 12°	—
— des sables de Fontainebleau.	6° à 22°	—
— de la craie blanche.	12° à 17°	—
— des calcaires de la Beauce.	17° à 25°	—
— du niveau d'eau des marnes vertes et des marnes du gypse (eaux séléniteuses). .	23° à 155°	—

D'après M. Belgrand, les eaux du bassin de la Seine ne sont pas incrustantes lorsque leur degré hydrotimétrique ne dépasse pas 18°.

Dépôts et incrustations. — Dans les chaudières à vapeur, chaque litre d'eau qui passe à l'état de vapeur abandonne quelques grammes ou fractionsde gramme de matières solides. Ce résidu forme ce qu'on appelle les dépôts et les incrustations.

Nous appellerons dépôts les résidus boueux ou pulvérulents, non adhérents à la chaudière, et nous réserverons le nom d'incrustations aux plaquettes adhérentes, plus ou moins dures, qui recouvrent les parois de la chaudière.

Le sulfate de chaux est plus soluble à froid qu'à chaud; il se dépose donc au fur et à mesure que la température s'élève, et, vers 200°, il n'en reste plus que des traces en dissolution dans la liqueur. L'incrustation ainsi formée sur les parois de la chaudière est en plaques adhérentes et très-dures ; ces plaques sont amorphes ou cristallisées suivant que le sulfate a perdu ou a gardé son eau de cristallisation.

Le sulfate de chaux entraîne avec lui les carbonates de chaux et de magnésie, qui s'incorporent aux plaques et les augmentent d'autant.

Les carbonates sont un peu moins dangereux que les sulfates dans l'alimentation des chaudières.

La quantité de carbonate de chaux que l'eau peut dissoudre est très-variable ; l'eau pure ne prend guère que $0^{gr},05$ de calcaire par litre, mais l'eau chargée d'acide carbonique peut en dissoudre jusqu'à 1 gramme par litre. — Il semble que le calcaire ainsi dissous soit à l'état de bicarbonate; ainsi, les calcaires que l'on trouve dans le résidu solide qui provient de l'évaporation de l'eau appartiennent à deux catégories : 1° les calcaires réellement dissous par l'eau pure et qui ne tendent pas à se déposer ; 2° les calcaires dissous uniquement à la faveur de la présence de l'acide carbonique, et qui se déposent aussitôt que l'acide carbonique disparaît.

Ainsi, lorsqu'une eau renferme plus de $0^{gr},05$ de calcaire par litre, faites-la bouillir ; elle perdra son acide carbonique et, par suite, tout l'excès de carbonate, qui se précipite en poudre blanche.

Au lieu de la faire bouillir, mettez-la en contact avec des corps solides à forme irrégulière, des branchages par exemple ; agitez-la par un moyen quelconque, vous produirez encore une perte d'acide carbonique et par suite un dépôt calcaire. — C'est ainsi que les fontaines incrustantes recouvrent d'une couche calcaire tous les objets qu'on y plonge.

Dans les chaudières à vapeur, les calcaires produisent deux effets différents : le calcaire qui se dépose par le dégagement de l'acide carbonique est à l'état pulvérulent et ne s'attache pas aux parois; il n'a guère d'inconvénients et s'enlève comme les boues. Mais l'autre partie de calcaire dissoute par l'eau pure se dépose lorsque la concentration de l'eau est suffisante, et se dépose en lames adhérentes.

L'emploi des réchauffeurs a pour effet de diminuer notablement les dépôts. En effet, la plupart des sels calcaires s'y déposent pendant que l'eau d'alimentation s'échauffe; la chaudière est bien plus longtemps à s'encrasser, et l'on n'a que les réchauffeurs à nettoyer souvent ou à réparer.

Le tartre (c'est le nom que l'on donne aux incrustations) est d'une épaisseur quelquefois considérable; on en a vu de $0^m,07$ d'épaisseur, formé en cinq semaines; on en a même recueilli des échantillons de $0^m,10$ et de $0^m,11$. — Des tubes de quelques centimètres de diamètre sont rapidement obstrués par certaines eaux.

Le tartre est d'autant plus dur et plus adhérent, que la paroi avec laquelle il est en contact est soumise à une plus forte chaleur : il se forme des dépôts pulvérulents aux parois les moins chaudes, et sur le coup de feu on trouve des lamelles cristallines très-dures, composées presque uniquement de sulfate de chaux.

Les inconvénients des dépôts et incrustations sont de plusieurs sortes :

Lorsque ces dépôts sont boueux et pulvérulents, ils s'amassent en couche épaisse au fond de la chaudière et s'opposent à la propagation de la chaleur; il y a donc une perte considérable de calorique, et, par suite, à travail égal, une consommation plus grande de combustible. Le même effet se produit aussi avec les croûtes adhérentes et compactes; l'accroissement dans la consommation de combustible atteint fort bien 25 pour 100, et dans certains cas arrive jusqu'à 40 et 50 pour 100. On voit tout l'intérêt qui, sous le rapport économique, s'attache à la question des dépôts; il est nécessaire que les industriels le comprennent, afin de ne point regarder à de légers sacrifices dont ils tireront un grand profit.

Les dépôts pulvérulents sont constamment agités par les tourbillons de l'eau et sont même entraînés par la vapeur dans les conduits et jusque dans les cylindres; ils engorgent ces conduits et, en pénétrant sous les pièces frottantes, ils ne tardent pas à les user et à les mettre hors de service.

Les incrustations n'ont pas cet inconvénient, mais elles séparent la tôle de l'eau de la chaudière, et voilà ce qui arrive : la tôle n'est plus baignée par l'eau; elle ne reste donc plus à la température de celle-ci, et prend la température du foyer; mais la température de l'eau de la chaudière est relativement faible, puisqu'elle ne dépasse pas 200° dans la pratique, tandis que celle du foyer et de la flamme est susceptible de porter le fer au rouge, de le ramollir et de le brûler. La chaudière perd donc de sa résistance, et des fuites peuvent se produire. Un danger bien plus grave est à craindre : il arrive que les plaques d'incrustation se dilatent et se brisent sous l'influence de la chaleur, l'eau se trouve en contact avec la tôle rougie; elle prend d'abord l'état sphéroïdal, puis, lorsque la tôle s'est convenablement refroidie, il se forme tout à coup une énorme quantité de vapeur, que les soupapes de sûreté sont impuissantes à débiter instantanément; de là, une explosion violente, et les débris de la chaudière sont projetés de toutes parts.

Moyens de combattre les incrustations. — 1° Le moyen le meilleur et le plus efficace, sans contredit, consiste à purifier les eaux avant de les introduire dans la chaudière.

C'est surtout le sulfate de chaux qu'il faut éliminer, car c'est lui qui donne les incrustations adhérentes et cristallines.

On y arrivera en chauffant au préalable l'eau dont on se sert : le sulfate moins soluble à chaud qu'à froid se dépose en grande partie ; il en est de même du carbonate dissous grâce à la présence de l'acide carbonique, car celui-ci se dégage. Mais ce procédé coûteux n'est pas appliqué.

La soude caustique, ou mieux le carbonate de soude, transforme le gypse en sulfate de soude, qui reste en dissolution, et carbonate de chaux qui se dépose en poussière et que l'on enlève de temps en temps. — Il faut quelques kilogrammes de soude du commerce par mètre cube d'eau ; mais, en principe, il ne faut point mettre de soude en excès, car elle attaque le fer ; il serait donc bon de faire de temps en temps une analyse quantitative et de régler la quantité de soude d'après les résultats de cette analyse. Ce procédé, assez dispendieux, peut convenir pour les blanchisseries, mais non pour les machines à vapeur ; il a, du reste, l'inconvénient de ne pas débarrasser du carbonate de chaux qui, lui-même, dans certains cas, se prend en lames adhérentes.

On est arrivé maintenant à fabriquer assez économiquement le chlorure de baryum, et on s'en est servi pour précipiter toute la chaux contenue dans l'eau : le sulfate de chaux est transformé en sulfate de baryte, et les calcaires donnent du chlorure de calcium, corps soluble. Malheureusement, il reste souvent de l'acide chlorhydrique en excès, qui attaque le métal.

Le chlorure de zinc a été proposé aussi ; il transforme les calcaires en chlorures solubles, mais les sulfates restent.

On a parlé encore du carbonate de baryte, mais son action est trop lente pour qu'il soit d'un emploi pratique.

Lorsque l'eau est seulement très-riche en carbonate de chaux, avec peu de sulfate, il est facile de la purifier au moyen de la chaux. En effet, nous avons vu que le calcaire était dissous grâce à la présence de l'acide carbonique, et qu'il se trouvait à l'état de bicarbonate ; en ajoutant de la chaux, on réduit ce sel à l'état de carbonate simple, que l'eau ne peut plus retenir et qui se précipite. — Il a été fait une application en grand de ce procédé au réservoir d'Aigrefeuille sur la ligne d'Orléans : on refoule l'eau dans un réservoir où on la mélange à de la chaux vive ; la réaction se produit. De ce premier réservoir, l'eau passe à travers un filtre dans un second réservoir, où la pompe vient l'aspirer. — On consomme environ 3 kilogrammes de chaux pour 10 mètres cubes d'eau, et le résultat est satisfaisant.

2° On a construit certains appareils qui ont pour but de recueillir les dépôts et incrustations en des endroits ou sur des surfaces déterminés, où il est facile de les enlever ensuite.

Appareil Duméry. — Le plus anciennement connu est l'appareil ou déjecteur Duméry. Il est basé sur les mouvements dont l'eau est affectée pendant l'ébullition de la chaudière ; les bulles de vapeur formées dans les bouilleurs ou près du foyer s'élèvent et entraînent avec elles les poussières solides qui sont chassées à la surface, puis redescendent et remontent encore, comme le feraient de petits ballons. Le déjecteur se compose d'un vase cylindro-conique D, placé en contre-bas du foyer et en dehors de la chaudière ; il communique par le tube B avec le niveau supérieur de l'eau et par le tube E avec les parties basses de la chaudière ; par ces tubes il s'établit un courant continu d'eau comme le montrent les flèches ; le tube B amène dans le vase D l'eau chargée de particules solides ; ce vase D est muni d'une série de cloisons courbes, disposées comme le montre la coupe horizontale suivant $x x$, de sorte que l'eau ne se rend de B en E qu'après avoir parcouru un long circuit avec une faible vitesse ; les molécules solides tombent donc au fond du déjecteur D, où l'eau est sans mouvement. En effet, le déjecteur étant en dehors de la chaudière, l'eau s'y refroidit, et celle qui est la plus froide tombe au fond ; l'eau chaude qui vient de la chaudière par le tube B reste à la partie supérieure et retourne par le tube E. Ainsi, l'eau du fond du déjecteur est stagnante, et les détritus s'y accumulent ; de temps en temps, on les expulse en ouvrant un instant le robinet (g). On arrive à recueillir dans le déjecteur à peu près 90 pour 100 des sels calcaires contenus dans l'eau ; c'est un résultat remarquable.

Appareil Wagner. — L'appareil Wagner se compose d'un cylindre en tôle

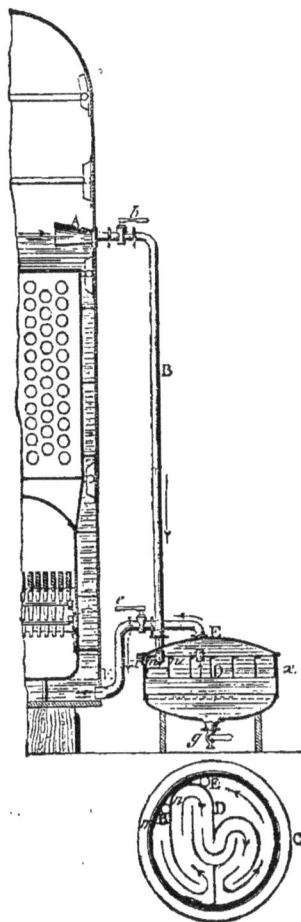

Fig. 347.

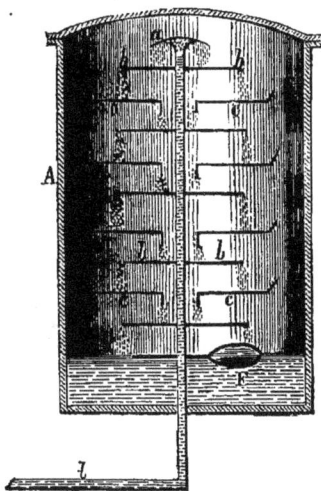

Fig. 548.

mince A, dans lequel on amène un peu de vapeur de la chaudière, ou bien dans lequel on conduit la vapeur qui s'échappe du cylindre des machines à haute pression. La pompe foulante envoie l'eau par le tube d'alimentation t, qui débouche au sommet du dôme ; cette eau est rejetée par la calotte sphérique (a) sur une série de plateaux étagés. Les plateaux tels que b sont des disques complets à bords plats, de sorte que l'eau s'écoule sur leur pourtour ; les plateaux tels que c sont annulaires et munis d'un rebord extérieur, ils sont du reste plus larges que les précédents, et ramènent vers leur centre l'eau qui tombe du pourtour de ceux-ci. On voit qu'en somme l'eau parcourt un chemin considérable, elle se trouve mélangée à la vapeur qui lui cède sa chaleur, et prend une température constante d'environ 90°. Or nous savons que l'eau à cette température abandonne une grande partie de son sulfate et presque tout son carbonate de chaux en excès. Les plateaux à rebords retiennent tous ces sels calcaires, que l'on enlève de temps en temps en nettoyant l'appareil dont le couvercle supérieur est facile à ouvrir. L'eau chaude et purifiée se réunit au fond du cylindre A où la pompe alimentaire vient la prendre. En F est un flotteur qui agit par un levier sur le robinet du tube d'admission *t*. C'est un système de régulateur automatique.

L'appareil Wagner a été appliqué surtout aux locomobiles, notamment par M. Durenne, constructeur à Paris. L'expérience a montré qu'il pouvait enlever 80 pour 100 des matières solides contenues dans l'eau.

Appareil de Meyer. — L'appareil de Meyer est analogue au précédent, mais il est en communication directe avec la chaudière. C'est aussi un cylindre à parois

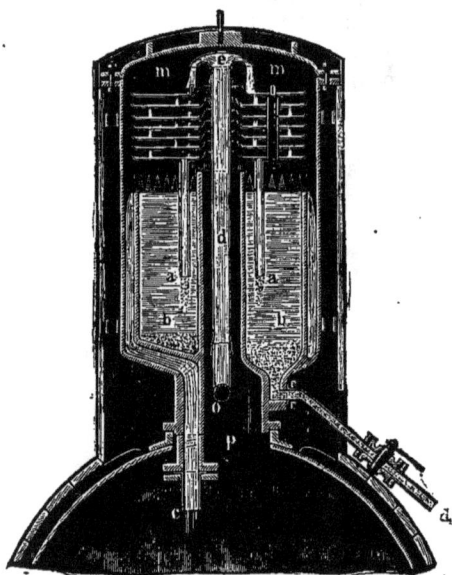

résistantes, surmonté d'un couvercle amovible, et monté sur la chaudière. Dans l'axe de ce cylindre, on voit le tuyau *o, d,* qui amène l'eau d'alimentation ; celle-ci vient choquer le champignon (*e*) qui la renvoie en cascade sur les vasques étagées *m, m*. De la dernière vasque, l'eau s'en va par les tubes *a, a,* dans le réservoir annulaire *b b,* au fond duquel tombent les matières solides. La prise d'eau se fait par le tube *c* à la partie supérieure du réservoir *b, b* où se trouve l'eau qui s'est purifiée. La vapeur de la chaudière pénètre dans l'appareil par le large conduit *p* ; l'eau s'échauffe donc, perd son acide carbonique et par suite la plus grande partie de son calcaire, ainsi qu'une partie du sulfate de chaux, qui est moins soluble à chaud qu'à froid.

Fig. 349.

Les matières solides, accumulées au fond du réservoir annulaire sont expulsées de temps en temps par le tube *d*, dont on ouvre le robinet ; la pression de la vapeur produit une chasse énergique, qui entraîne tout le dépôt.

On est arrivé à enlever à l'eau par ce procédé jusqu'à 70 p. 100 des matières solides en dissolution ; mais, généralement, la proportion est beaucoup moindre ; car, ces appareils ne sont guère efficaces que pour le carbonate de chaux, l'eau conserve la plus grande partie de son sulfate, et c'est précisément ce sel qui donne les incrustations. Lorsque la matière solide dissoute se compose surtout de sulfate, les appareils précédents n'ont donc qu'un résultat insignifiant. Ils sont au contraire fort utiles pour les eaux carbonatées et non séléniteuses, et ils empêchent la production des dépôts pulvérulents qui encrassent et détériorent les machines, en même temps qu'ils forment une mousse abondante dans la chaudière.

3° Enfin on prévient les incrustations en plaçant dans la chaudière certaines substances qui empêchent la cristallisation des matières solides et les forcent à rester à l'état pulvérulent. Le nettoyage est alors très-facile, puisqu'il s'agit seulement d'enlever des boues.

Les substances employées à cet effet sont assez nombreuses : la plus connue est peut-être la pomme de terre râpée, dont on commença à se servir en Angleterre vers 1820 ; la pomme de terre forme une sorte de masse visqueuse qui enveloppe les dépôts solides, ceux-ci se rassemblent donc en boue, et ne forment pas d'incrustations. On emploie dans une grande chaudière environ 35 litres de pommes de terre par mois.

On est arrivé à des effets analogues avec l'argile grasse, la cassonade, la mélasse, etc. On doit employer dans une grande chaudière 3 à 5 kilogrammes de mélasse par jour.

On a empêché les incrustations de devenir adhérentes en recouvrant de temps en temps les parois de la chaudière, soit avec du goudron de houille, soit avec de la graisse, soit avec un mélange de suif et de graphite ; ce procédé réussit convenablement pourvu que l'enduit soit fréquemment renouvelé.

En général, ces matières grasses et albumineuses ont l'inconvénient de donner beaucoup de mousses et d'amener des boursouflements dans la masse liquide.

On s'est servi encore de substances pulvérulentes qui s'opposaient aux incrustations, soit mécaniquement, soit en vertu de leurs acides organiques, tels que l'acide tannique, susceptibles de dissoudre les calcaires. Ces substances sont : la limaille de fer, le verre pilé, les rognures de tôle et tessons de bouteilles, la sciure de bois et surtout la sciure des bois de teinture, le cachou, etc. Il résulte d'expériences faites en Allemagne que le cachou donne de bons résultats ; ainsi $0^{kil},800$ de cachou ont suffi à empêcher les incrustations pour 10 mètres cubes d'eau, lesquels exigeaient $7^{kil},05$ de sel ammoniac ou de carbonate de soude. La sciure de bois et le cachou doivent s'employer enfermés dans des sacs de toile ; ils agissent surtout par leur tannin. On compte d'ordinaire 4 kilogrammes de sciure par mètre cube d'eau à vaporiser.

Toutes les matières pulvérulentes, agissant par voie mécanique, ont le grave inconvénient d'être quelquefois entraînées jusque dans les organes des machines.

M. Cavé s'est servi bien souvent de morceaux de bois irréguliers qu'il plaçait au fond de ses chaudières et sur lesquels les dépôts se faisaient plutôt que sur les parois lisses de la chaudière.

En résumé, les moyens de purification, dans la chaudière, s'ils empêchent les incrustations et préviennent les dangers d'explosion, augmentent la quantité de boues et par suite la perte de chaleur ; toutes les fois donc qu'on pourra le faire, on devra purifier les eaux par un procédé chimique dans le réservoir où les prend la pompe d'alimentation.

Eau de mer. — L'eau de mer contient une grande quantité de matières solides en dissolution, notamment des chlorures alcalins ; on y trouve aussi des sulfates alcalins, de chaux, de magnésie, et du calcaire.

Il y a de 25 à 30 kilogrammes de sel marin par mètre cube, 2 à 6 kilogrammes de chlorure de magnésium ; $0^{kil},6$ à 7 kilogrammes de sulfate de magnésie ; $0^{kil},15$ à 6 kilogrammes de sulfate de chaux ; $0^{kil},04$ à $1^{kil},13$ de chlorure de potassium. On voit d'après cela que la composition de l'eau de mer n'est pas constante ; elle varie au contraire dans de grandes proportions suivant les pays et les circonstances.

L'eau de mer, employée dans les chaudières à vapeur, donne des incrustations fournies par le chlorure de sodium et les sels de chaux qui se précipitent lorsque la liqueur est suffisamment concentrée et ne peut plus les maintenir en dissolution, et des boues fournies par les matières organiques, la magnésie.

Au commencement de l'ébullition, l'eau se trouble, les sels de magnésie se décomposent, de la magnésie et du sous-carbonate de magnésie se séparent en flocons qui se mêlent aux boues.

Puis, l'eau arrive à se saturer de sulfate de chaux (125°) et celui-ci se dépose en croûte cristalline, qui s'augmente sans cesse jusqu'à 140°, où il ne reste plus de sulfate de chaux dans la liqueur.

Quand on arrête l'ébullition, les matières boueuses qui étaient en suspension tombent sur la couche de tartre, s'y incorporent, et ne s'en détachent pas quand on recommence l'ébullition. Aussi les croûtes solides s'augmentent-elles rapidement.

Le sel marin ne se dépose pas, parce que sa solubilité augmente avec la température; il ne se précipiterait que si l'on concentrait l'eau d'alimentation jusqu'au dixième de son volume primitif, c'est-à-dire si l'on en évaporait les neuf dixièmes. Mais, si le sel ne se dépose pas, il épaissit l'eau qui le contient, il en augmente la densité, et on reconnaît le degré de concentration ou de valeur au moyen de salinomètres, qui sont absolument analogues aux pèse-sels que nous avons décrits en physique. On donne encore à ces appareils le nom de saturomètres.

Lorsque le saturomètre indique que l'eau est assez concentrée, et qu'elle va former des dépôts considérables, il faut l'expulser et la remplacer par de l'eau de mer ordinaire non concentrée. C'est ce que l'on appelle la méthode des extractions. Du fond de la chaudière part un tuyau extracteur, dont on ouvre le robinet après avoir au préalable élevé le niveau de l'eau dans la chaudière et fermé le conduit d'alimentation, la pression de la vapeur s'exerce sur l'eau et la force à s'échapper avec violence par le tuyau de fond; on ferme le robinet lorsque l'eau épaissie s'est entièrement écoulée.

Cette opération se fait d'ordinaire d'heure en heure dans la marine. Quelquefois l'extraction se fait d'une manière continue, et, dans les machines à basse pression, il faut avoir recours à une pompe aspirante.

Il est clair que le système des extractions fait perdre une certaine quantité de chaleur, puisqu'on expulse de l'eau qu'il a fallu échauffer; mais il faut se résigner à cette perte nécessaire.

L'alimentation au moyen de l'eau des condenseurs n'a pas jusqu'à présent réussi.

De même les diverses tentatives faites pour distiller l'eau de mer sont restées longtemps sans succès. Cette eau distillée garde toujours un goût nauséabond et saumâtre, dû à certaines huiles qui naissent de la décomposition des matières organiques. Toutefois l'appareil du docteur Normandy est, paraît-il, arrivé à aérer convenablement et à désinfecter l'eau de mer distillée.

6° RÉGLEMENTATION

Les appareils à vapeur furent longtemps rangés au nombre des établissements insalubres, et l'installation n'en était autorisée qu'après enquête. Mais, de nos jours, ces appareils se sont tellement multipliés, et leur construction est arrivée à un si haut point de perfection, que tout le monde les connaît et que les accidents qu'ils occasionnent sont heureusement fort rares.

On a donc simplifié de beaucoup la réglementation, qui se réduit aujourd'hui au décret du 25 janvier 1865 ; les dispositions en sont très-claires et se passent de commentaires, eu égard à l'étude détaillée que nous venons de faire des chaudières à vapeur. Nous nous contenterons donc de reproduire ici le décret du 25 janvier 1865, ainsi que la circulaire ministérielle qui s'y trouve jointe.

DÉCRET DU 27 JANVIER 1865.

Art. premier. — Sont soumises aux formalités et aux mesures prescrites par le présent décret, les chaudières fermées destinées à produire la vapeur, autres que celles qui sont placées à bord des bateaux.

TITRE Iᵉʳ. — *Dispositions relatives à la fabrication, à la vente et à l'usage des chaudières fermées destinées à produire la vapeur.* — Art. 2. — Aucune chaudière neuve ou ayant déjà servi ne peut être livrée par celui qui l'a construite, réparée ou vendue, qu'après avoir subi l'épreuve prescrite ci-après.

Cette épreuve est faite chez le constructeur ou chez le vendeur, sur sa demande, sous la direction des ingénieurs des mines, ou, à leur défaut, des ingénieurs des ponts et chaussées, ou des agents sous leurs ordres.

Les épreuves des chaudières venant de l'étranger sont faites, avant la mise en service, au lieu désigné par le destinataire dans sa demande.

Art. 3. — L'épreuve consiste à soumettre la chaudière à une pression effective double de celle qui ne doit pas être dépassée dans le service, toutes les fois que celle-ci est comprise entre 1/2 kilogramme et 6 kilogrammes par centimètre carré exclusivement.

La surcharge d'épreuve est constante et égale à 1/2 kilogramme par centimètre carré pour les pressions inférieures, et à 6 kilogrammes par centimètre carré pour les pressions supérieures aux limites ci-dessus.

L'épreuve est faite par pression hydraulique

La pression est maintenue pendant le temps nécessaire à l'examen de toutes les parties de la chaudière.

Art. 4. — Après qu'une chaudière ou partie de chaudière a été éprouvée avec succès, il y est apposé un timbre indiquant en kilogrammes, par centimètre carré, la pression effective que la vapeur ne doit pas dépasser. Les timbres sont placés de manière à être toujours apparents après la mise en place de la chaudière. Ils sont poinçonnés par l'agent chargé d'assister à l'épreuve.

Art. 5. — Chaque chaudière est munie de deux soupapes de sûreté, chargées de manière à laisser la vapeur s'écouler avant que sa pression effective atteigne, ou tout ou moins dès qu'elle atteint la limite maximum indiquée par le timbre dont il est fait mention à l'article précédent.

Chacune des soupapes offre une section suffisante pour maintenir à elle seule, quelle que soit l'activité du feu, la vapeur dans la chaudière à un degré de pression qui n'excède dans aucun cas la limite ci-dessus.

Le constructeur est libre de répartir, s'il le préfère, la section totale d'écoulement nécessaire des deux soupapes réglementaires entre un plus grand nombre de soupapes.

Art. 6. — Toute chaudière est munie d'un manomètre en bon état, placé en vue du chauffeur, disposé et gradué de manière à indiquer la pression effective de la vapeur dans la chaudière. Une ligne très-apparente marque sur l'échelle le point que l'index ne doit pas dépasser.

Un seul manomètre peut servir pour plusieurs chaudières ayant un réservoir de vapeur commun.

Art. 7. — Toute chaudière est munie d'un appareil d'alimentation d'une puissance suffisante et d'un effet certain.

Art. 8. — Le niveau que l'eau doit avoir habituellement dans chaque chaudière doit dépasser de 1 décimètre au moins la partie la plus élevée des carneaux, tubes ou conduits de la flamme et de la fumée dans le fourneau.

Ce niveau est indiqué par une ligne tracée d'une manière très-apparente sur les parties extérieures de la chaudière et sur le parement du fourneau.

La prescription énoncée au § 1er du présent article ne s'applique point :

1° Aux surchauffeurs de vapeur distincts de la chaudière ;

2° A des surfaces relativement peu étendues et placées de manière à ne jamais rougir, même lorsque le feu est poussé à son maximum d'activité, telles que la partie supérieure des plaques tubulaires des boîtes à fumée dans les chaudières de locomotives, ou encore telles que les tubes ou parties des cheminées qui traversent le réservoir de vapeur, en envoyant directement à la cheminée principale les produits de la combustion ;

3° Aux générateurs dits à production de vapeur instantanée, et à tous autres qui contiennent une trop petite quantité d'eau pour qu'une rupture puisse être dangereuse.

Le ministre de l'agriculture, du commerce et des travaux publics peut, en outre, sur le rapport des ingénieurs et l'avis du préfet, accorder dispense de ladite prescription dans tous les cas où, à raison, soit de la forme ou de la faible dimension des générateurs, soit de la position spéciale des pièces contenant de la vapeur, il serait reconnu que la dispense ne peut pas avoir d'inconvénient.

Art. 9. — Chaque chaudière est munie de deux appareils indicateurs du niveau de l'eau, indépendants l'un de l'autre et placés en vue du chauffeur.

L'un de ces deux indicateurs est un tube en verre disposé de manière à pouvoir être facilement nettoyé et remplacé au besoin.

TITRE II. — *Dispositions relatives à l'établissement des chaudières à vapeur placées à demeure.* — Art. 10. — Les chaudières à vapeur destinées à être employées à demeure ne peuvent être établies qu'après une déclaration au préfet du département. Cette déclaration est enregistrée à sa date, il en est donné acte.

Art. 11. — La déclaration fait connaître :

1° Le nom et le domicile du vendeur des chaudières ou leur origine ;
2° La commune et le lieu précis où elles sont établies ;
3° Leur forme, leur capacité et leur surface de chauffage ;
4° Le numéro du timbre exprimant en kilogrammes par centimètre carré la pression effective maximum sous laquelle elles doivent fonctionner ;
5° Enfin le genre d'industrie et l'usage auxquels elles sont destinées.

Art. 12. — Les chaudières sont distinguées en trois catégories.

Art. 13. — Cette classification est basée sur la capacité de la chaudière et sur la tension de la vapeur.

On exprime en mètres cubes la capacité de la chaudière avec ses tubes bouilleurs ou réchauffeurs, mais sans y comprendre les surchauffeurs de vapeur ; on multiplie ce nombre par le numéro du timbre augmenté d'une unité. Les chaudières sont de la première catégorie quand le produit est plus grand que 15 ; dans la deuxième, si ce même produit surpasse 5 et n'excède pas 15 ; dans la troisième, s'il n'excède pas 5.

Si plusieurs chaudières doivent fonctionner ensemble dans un même emplacement et si elles ont entre elles une communication quelconque, directe ou indirecte, on prend pour former le produit comme il vient d'être dit, la somme des capacités de ces chaudières.

Les chaudières comprises dans la première catégorie doivent être établies en dehors de toute maison et de tout atelier surmonté d'étages.

N'est point considéré comme un étage au-dessus de l'emplacement d'une chaudière une construction légère, dans laquelle les matières ne sont l'objet d'aucune élaboration nécessitant la présence d'employés ou ouvriers travaillant à poste fixe.

Dans ce cas, le local ainsi utilisé est séparé des ateliers contigus par un mur ne présentant que les passages nécessaires pour le service.

Art. 14. — Il est interdit de placer une chaudière de première catégorie à moins de 3 mètres de distance du mur d'une maison d'habitation appartenant à des tiers.

Si la distance de la chaudière à la maison est plus grande que 3 mètres, et moindre que 10 mètres, la chaudière doit être généralement installée de façon que son axe longitudinal prolongé ne rencontre pas le mur de ladite maison, ou que, s'il le rencontre, l'angle compris entre cet axe et le plan du mur soit inférieur au sixième d'un angle droit.

Dans le cas où la chaudière n'est pas installée dans les conditions ci-dessus, la maison doit être garantie par un mur de défense.

Ce mur, en bonne et solide maçonnerie, a 1 mètre au moins d'épaisseur en couronne. Il est distinct du parement du fourneau de la chaudière et du mur de la maison voisine, et est séparé de chacun d'eux par un intervalle libre de 0m,30 de largeur au moins.

Sa hauteur dépasse de 1 mètre la partie la plus élevée du corps de la chaudière, quand il est à une distance de celle-ci comprise entre 0m,30 et 3 mètres. Si la distance est plus grande que 3 mètres, l'excédant de hauteur est augmenté en proportion de la distance, sans toutefois excéder 2 mètres.

Enfin, la situation et la longueur du mur sont combinées de manière à couvrir la maison voisine dans toutes les parties qui se trouvent à la fois au-dessous de la crête dudit mur, d'après la hauteur fixée ci-dessus et à une distance moindre que 10 mètres d'un point quelconque de la chaudière.

L'établissement d'une chaudière de première catégorie, à la distance de 10 mètres, ou plus, des maisons d'habitation, n'est assujetti à aucune condition particulière.

Les distances de 3 mètres et de 10 mètres fixées ci-dessus sont réduites respectivement à 1m,50 et 5 mètres, lorsque la chaudière est enterrée de façon que la partie supérieure de ladite chaudière se trouve à 1 mètre au moins en contre-bas du sol, du côté de la maison voisine.

Art. 15. — Les chaudières comprises dans la deuxième catégorie peuvent être placées dans l'intérieur de tout atelier, pourvu que l'atelier ne fasse pas partie d'une maison habitée par des personnes autres que le manufacturier, sa famille et ses employés, ouvriers et serviteurs.

Art. 16. — Les chaudières de troisième catégorie peuvent être établies dans un atelier quelconque, même lorsqu'il fait partie d'une maison habitée par des tiers.

Art. 17. — Les fourneaux des chaudières comprises dans la deuxième et troisième catégorie sont entièrement séparés des maisons d'habitation appartenant à des tiers ; l'espace vide est de 1 mètre pour les chaudières de la deuxième catégorie, et de 0^m,50 pour les chaudières de la troisième.

Art. 18. — Les conditions d'emplacement établies par les articles 14 et 17 ci-dessus, cessent d'être obligatoires lorsque les tiers intéressés renoncent à s'en prévaloir.

Art. 19. — Le foyer des chaudières de toute catégorie doit brûler sa fumée.

Un délai de six mois est accordé pour l'exécution de la disposition qui précède aux propriétaires de chaudières auxquels l'obligation de brûler leur fumée n'a point été imposée par l'acte d'autorisation.

Art. 20. — Si, postérieurement à l'établissement d'une chaudière, un terrain contigu vient à être affecté à la construction d'une maison d'habitation, le propriétaire de ladite maison a le droit d'exiger l'exécution des mesures prescrites par les articles 14 et 17 ci-dessus, comme si la maison eût été construite avant l'établissement de la chaudière.

Art. 21. — Indépendamment des mesures générales de sûreté prescrites au titre Ier de la déclaration prévue par les articles 10 et 11 du titre II, les chaudières à vapeur fonctionnant dans l'intérieur des mines sont soumises aux conditions spéciales fixées par les lois et règlements concernant l'exploitation des mines.

TITRE III. — *Dispositions relatives aux chaudières des machines locomobiles et locomotives.* — Art. 22. — Sont considérées comme locomobiles les machines à vapeur qui, pouvant être transportées facilement d'un lieu dans un autre, n'exigent aucune construction pour fonctionner sur un point donné et ne sont effectivement employées que d'une manière temporaire à chaque station.

Art. 23. — Les chaudières des machines locomobiles sont soumises aux mêmes épreuves et munies des mêmes appareils de sûreté que les générateurs établis à demeure ; toutefois elles peuvent n'avoir qu'un seul tube indicateur du niveau de l'eau en verre. Elles portent en outre une plaque sur laquelle sont gravés en lettres très-apparentes le nom du propriétaire, son domicile et un numéro d'ordre si le propriétaire en possède plusieurs.

Elles sont l'objet d'une déclaration adressée au préfet du département où est le domicile du propriétaire de la machine.

Art. 24. — Aucune locomobile ne peut être employée sur une propriété particulière à moins de 5 mètres de tout bâtiment d'habitation et de tout amas découvert de matières inflammables appartenant à des tiers, sans le consentement formel de ceux-ci.

Le fonctionnement des locomobiles sur la voie publique est régi par des règlements de police locaux.

Art. 25. — Les machines à vapeur locomotives sont celles qui, sur terre, travaillent en même temps qu'elles se déplacent par leur propre force.

Art. 26. — Les dispositions de l'article 23 sont applicables aux chaudières des machines locomotives.

Art. 27. — La circulation des locomotives sur les chemins de fer a lieu dans les conditions déterminées par des règlements d'administration publique.

Un règlement spécial fixera, s'il y a lieu, les conditions relatives à la circulation des locomotives sur les routes autres que les chemins de fer.

TITRE IV. — *Dispositions générales.* — Art. 28. — Les ingénieurs des mines ou à leur défaut les ingénieurs des ponts et chaussées, ainsi que les agents sous leurs ordres commissionnés à cet effet, sont chargés, sous la direction des préfets et avec le concours des autorités locales, de la surveillance relative à l'exécution des mesures prescrites par le présent décret.

ART. 29. — Les contraventions au présent règlement sont constatées, poursuivies et réprimées conformément à la loi du 21 juillet 1856, sans préjudice de la responsabilité civile que les contrevenants peuvent encourir aux termes des articles 1832 et suivants du code Napoléon.

ART. 30. — En cas d'accident ayant occasionné la mort ou des blessures graves, le propriétaire ou le chef de l'établissement doit prévenir immédiatement l'autorité chargée de la police locale et l'ingénieur chargé de la surveillance.

L'autorité chargée de la police locale se transporte sur les lieux et dresse un procès-verbal qui est transmis au préfet et au procureur impérial.

En cas d'explosion, les constructions ne doivent point être réparées et les fragments de la chaudière rompue ne doivent point être déplacés ou dénaturés avant la clôture du procès-verbal de l'ingénieur.

ART. 31. — Les chaudières qui dépendent des services spéciaux de l'État sont surveillées par les fonctionnaires et agents de ces services. Leur établissement reste assujetti à la déclaration prévue par l'article 10 et à toutes les conditions d'emplacement et autres qui peuvent intéresser les tiers.

ART. 32. — Les conditions d'emplacement prescrites pour les chaudières à demeure, par le présent décret, ne sont point applicables aux chaudières pour l'établissement desquelles il aura été satisfait à l'ordonnance royale du 22 mai 1843.

ART. 33. — Les attributions conférées aux préfets des départements par le présent décret sont exercées par le préfet de police dans toute l'étendue de son ressort.

ART. 34. — L'ordonnance royale du 22 mai 1843, relative aux machines et chaudières à vapeur autres que celles qui sont placées sur des bateaux, est rapportée.

ART. 35. — Notre ministre secrétaire d'État au département de l'agriculture, du commerce et des travaux publics est chargé de l'exécution du présent décret, qui sera inséré au *Bulletin des lois.*

CIRCULAIRE MINISTÉRIELLE EN DATE DU 1ᵉʳ MARS 1865 SUR LES CHAUDIÈRES A VAPEUR.

Monsieur le préfet,

Depuis plusieurs années, l'administration avait reconnu la nécessité d'apporter aux règlements qui régissent les appareils à vapeur employés à terre de profondes modifications ; elle avait, dans ce but, prescrit une enquête approfondie sur tous les points du territoire auprès des préfets, des ingénieurs, des constructeurs de machines et des industriels ; et cette enquête n'était pas encore complètement terminée, lorsque l'Empereur ordonna la mise à l'étude des mesures propres à affranchir l'industrie française de toutes les dispositions réglementaires qui entravaient ses mouvements et la plaçaient dans un état d'infériorité notoire vis-à-vis de l'industrie étrangère.

Pour répondre, en ce qui concerne les machines à vapeur, aux vues de Sa Majesté, l'administration a dû imprimer une impulsion plus vive encore aux études commencées par ses soins. La commission centrale des machines à vapeur a été invitée à formuler un nouveau règlement qui remplaçât celui du 22 mai 1843, le projet de ce règlement a été soumis aux délibérations du conseil d'État. J'en ai fait moi-même, sous l'inspiration personnelle de l'Empereur, l'examen le plus attentif, et il a reçu enfin la sanction de Sa Majesté sous la date du 25 janvier dernier.

J'ai l'honneur, monsieur le préfet, de vous adresser une ampliation de ce décret ; je vous transmets en même temps une copie du rapport qui en explique et en justifie les dispositions ; et si vous voulez bien vous référer à ce rapport, vous apprécierez aisément l'ensemble et les détails du règlement nouveau.

Dans l'ensemble d'abord, vous remarquerez les traits principaux qui distinguent ce règlement de celui du 22 mai 1843, qui régit aujourd'hui la matière.

En premier lieu, de toutes les mesures préventives auxquelles était soumis l'emploi d'une machine à vapeur, une seule est conservée, c'est l'épreuve des chaudières destinées à produire la vapeur. Les récipients dans lesquels la vapeur fonctionne ou peut se répandre ne sont plus soumis à l'épreuve, et, pour les chaudières elles-mêmes, l'épreuve est réduite au double de la pression effective, et, au delà de six atmosphères, elle devient constante.

En second lieu, quant à la construction des chaudières, toute liberté est laissée au fabricant sur le choix et l'épaisseur des matériaux qu'il emploie.

Enfin, les machines à vapeur elles-mêmes, considérées comme moteurs au service de l'industrie, cessent d'être comprises au nombre des établissements insalubres et incommodes, elles ne seront plus subordonnées à des décisions administratives, et tout le monde, à la condition de se conformer aux règles fixées dans le nouveau règlement, pourra, moyennant une simple déclaration faite au préfet du département, établir et faire fonctionner chez soi une machine à vapeur.

Une très-grande liberté est donc laissée, désormais, au fabricant et à l'industriel pour l'emploi des appareils mus par la vapeur. Il suffit de l'énoncé qui précède pour faire ressortir les avantages qui en résulteront pour l'industrie ; mais je dois ajouter de suite que cette liberté ne veut pas dire que toute règle, toute mesure de précaution soient effacées ; elle veut dire que le fabricant, l'industriel, doivent s'imposer à eux-mêmes ces règles, ces mesures de précaution ; que, s'ils y manquent et en cas d'accidents surtout, la justice leur demandera un compte plus sévère des négligences et des abus dont ils se seront rendus coupables.

En ce qui concerne les dispositions de détail du règlement, j'aurai peu de chose à ajouter à ce qui est dit dans le rapport qui l'accompagne, et il me suffira, dès lors, de parcourir les divers titres dont il se compose.

Le titre Ier est relatif aux épreuves que les chaudières doivent subir et aux appareils de sûreté dont elles doivent être munies.

A l'égard des épreuves, les chaudières, comme je l'ai dit déjà, y sont seules soumises, ces épreuves devront d'ailleurs se faire dans l'avenir comme dans le passé, par les mêmes moyens et par les mêmes agents ; il est stipulé toutefois pour éviter les retards auxquels pourrait donner lieu, dans quelques circonstances, l'intervention obligatoire des ingénieurs, qu'ils pourront se faire suppléer par les agents sous leurs ordres, mais je n'ai pas besoin d'ajouter que MM. les ingénieurs ne devront user de cette faculté que le moins souvent possible. Ils comprendront que, l'épreuve étant la principale, je pourrais dire la seule garantie donnée au public de la solidité des appareils, ils ne devront se dispenser de procéder eux-mêmes à cette épreuve que dans le cas de nécessité.

En ce qui touche les appareils de sûreté dont les chaudières doivent être munies d'après le nouveau règlement, ces appareils sont exactement les mêmes que ceux du règlement de 1843 ; seulement au lieu de rendre obligatoires, pour les soupapes, certaines dimensions en rapport avec la pression de la vapeur dans l'intérieur de la chaudière, on se borne à définir, d'une manière précise, le but que ces appareils doivent réaliser, en laissant aux constructeurs le soin d'y parvenir par les divers moyens que l'art indique.

MM. les ingénieurs devront, dans leur visite, porter sur ce point leur attention spéciale et dresser procès-verbal de toutes les irrégularités qu'ils auront été à même de constater.

Il est dit à l'article 8, comme le disait le règlement de 1843, que le niveau de l'eau dans la chaudière doit dépasser d'un décimètre au moins la partie la plus élevée des carneaux, tubes ou conduits de la flamme et de la fumée dans le fourneau, et que ce niveau doit être indiqué par une ligne tracée d'une manière très-apparente sur les parties extérieures de la chaudière et sur le parement du fourneau.

L'on a reconnu, toutefois, que l'on pouvait sans inconvénient dispenser de cette mesure les surchauffeurs de vapeur distincts de la chaudière, les surfaces placées de manière à ne jamais rougir et les générateurs dits à production de vapeur instantanée ou qui contiennent une trop petite quantité d'eau pour qu'une rupture puisse y être dangereuse, et le règlement leur accorde cette dispense : mais en même temps, et pour être à même de pourvoir aux cas imprévus, il ajoute que le ministre pourra étendre la dispense dans tous les cas où à raison soit de la forme, soit de la faible dimension des générateurs, soit de la position spéciale des pièces contenant de la vapeur, il serait reconnu qu'elle ne peut avoir d'inconvénient. Vous voudrez bien, monsieur le préfet, lorsque des exceptions seront réclamées à cet égard par quelque industriel, prendre de suite l'avis des ingénieurs et me le transmettre avec vos observations, pour y être statué.

Le titre II, qui indique les dispositions auxquelles doivent satisfaire, dans leur installation, les chaudières placées à demeure, a une importance exceptionnelle que vous apprécierez aisément, monsieur le préfet ; c'est lui qui organise en réalité le nouveau régime auquel sera désormais soumis l'établissement des machines à vapeur, qui substitue la simple déclaration à l'autorisation exigée jusqu'à ce jour, et qui définit les conditions à remplir dans chaque cas, eu égard à la catégorie à laquelle les machines appartiennent.

Les diverses dispositions dont ce titre se compose sont claires et précises, et je n'ai évidemment, pour en expliquer le sens et la portée, rien à ajouter à ce que contient le rapport annexé au décret ; mais il est un point sur lequel je dois insister auprès de vous, c'est la nécessité d'en assurer l'exécution.

La déclaration que doivent faire les industriels sera désormais la base de la surveillance que doit exercer l'administration publique ; il importe donc au plus haut degré que cette déclaration soit toujours faite exactement, et que toute infraction sous ce rapport soit rigoureusement poursuivie. Je ne puis que vous prier d'appeler sur ce point l'attention la plus sérieuse de MM. les maires, en les invitant à vous faire connaître sans aucun retard toutes les machines à vapeur qui viendraient à être établies dans leur commune : aussitôt, d'ailleurs, qu'une déclaration vous parviendra, vous aurez à en adresser une copie à M. l'ingénieur des mines, qui s'assurera, dans sa plus prochaine tournée, si les conditions d'installation, de local, et toutes autres arrêtées par le décret sont exactement observées, et, en cas de contravention, en dressera procès-verbal, conformément à la loi du 21 juillet 1856.

Vous voudrez bien remarquer, d'ailleurs, que toute personne intéressée a qualité pour dénoncer, soit à l'administration, soit à la justice, les infractions qui lui porteraient préjudice, et si des réclamations de cette nature vous étaient déférées, vous voudriez bien les faire examiner d'urgence par MM. les ingénieurs.

Le titre III, qui concerne les chaudières des machines locomobiles et locomotives, ne contient en réalité aucune disposition nouvelle spéciale, et je crois dès lors inutile de m'y arrêter.

Enfin, le titre IV intitulé : Dispositions diverses, renferme celles qui ne pouvaient trouver place dans aucun des titres précédents ; il indique spécialement par qui et dans quelle forme doivent être constatées, poursuivies et réprimées les contraventions aux règlements, spécialement en cas d'accidents, et surtout d'accidents graves. A ce point de vue, monsieur le préfet, je ne puis trop vous prier de faire remarquer à MM. les ingénieurs qu'ils doivent être, eux et leurs agents, les auxiliaires les plus utiles de la justice, et qu'ils doivent dans le cours de leurs tournées habituelles, et plus souvent si les circonstances l'exigent, visiter avec le plus grand soin les conditions dans lesquelles sont installées et fonctionnent les machines à vapeur établies dans leur circonscription. Plus la liberté laissée aux industriels est grande, plus leur responsabilité doit être sérieusement engagée, et il importe essentiellement à la sécurité publique que toutes les fautes, que tous les abus soient sévèrement réprimés.

7° EXPLOSIONS

CONDUITE DES CHAUDIÈRES A VAPEUR

En toutes choses, l'étude des accidents et de leurs causes est toujours éminemment profitable ; c'est par elle que l'on met en lumière les vices des méthodes en usage et que l'on reconnaît sur quels points les perfectionnements doivent porter.

En fait d'appareils à vapeur notamment, l'étude des explosions est d'un haut intérêt au point de vue de la sécurité publique; en bien des cas, elle a servi à réformer les idées fausses et les dispositions vicieuses.

Nous allons citer par ordre de date un certain nombre d'explosions dont nous dirons les causes. On trouvera du reste des renseignements plus étendus dans les mémoires de la commission centrale des appareils à vapeur, d'où nous avons tiré la plupart de nos exemples.

Nous terminerons par un résumé analytique de tous les faits que nous aurons cités :

1. En avril 1814, la chaudière en fer forgé de Lochrin, près d'Édimbourg, se déchira suivant une ligne de rivets ; la partie supérieure fut lancée à 46 mètres de distance, et le fond devint convexe de concave qu'il était. — L'explosion tient évidemment à l'affaiblissement causé dans la tôle par la présence d'une seule ligne de rivets posés avec peu de soin.

2. En mars 1827, les quatre chaudières cylindriques en fer laminé du bateau à vapeur le Rhône firent explosion simultanément. Plusieurs personnes furent tuées avec l'ingénieur qui, contrarié de ne pas vaincre convenablement la rapidité du courant, n'avait pas craint de fixer les soupapes de sûreté des quatre chaudières.

3. La même année, une chaudière en fonte détruisit entièrement une raffinerie de sucre établie à Londres. L'épaisseur du métal était fort inégale : 63 millimètres au fond, 38 sur les côtés, 11 sur le dôme et jusqu'à 3 millimètres en certains points. La soupape avait été surchargée au moment de l'explosion.

4. A peu près à la même époque, une chaudière en fonte éclatait chez M. Feray Oberkampf à Essonnes, et, au moment de l'explosion, les soupapes de sûreté venaient de s'ouvrir et la vapeur s'échappait avec abondance.

On signale plusieurs cas analogues, dans lesquels on a presque toujours reconnu que la chaudière était enveloppée par la flamme, même dans la partie des parois que l'eau ne touchait pas ; cette partie, portée au rouge, pouvait aller jusqu'au ramollissement et, dans tous les cas, perdait beaucoup de sa résistance. Il est donc facile d'expliquer le déchirement.

5. Dans le Flintshire, une chaudière à foyer intérieur (système de Cornouailles) venait d'être arrêtée ; la porte du foyer était ouverte et le registre du tirage fermé. Une masse de flamme s'échappa brusquement par la porte du foyer et l'on reconnut que le cylindre intérieur était aplati à n'y pouvoir passer la main.

Voici comment fut expliqué le phénomène : au moment où le registre du tirage fut fermé, le combustible incandescent, soumis à une combustion peu active, dégagea beaucoup d'oxyde de carbone, qui s'enflamma et détona par son mélange avec l'air. La flamme s'échappa par la porte du foyer, seule issue qui lui fût réservée : un vide relatif se produisit dans le cylindre intérieur qui fut écrasé par la pression de la vapeur confinée dans la chaudière.

6. En juin 1859, le bateau à vapeur le Parisien n° 2 quittait le port de Melun au moment où deux bouilleurs de sa chaudière se crevèrent et laissèrent échapper l'eau et la vapeur. Le mécanicien fut brûlé et plusieurs personnes grièvement blessées.

L'accident a été le résultat de l'abaissement du niveau de l'eau dans la chaudière, et du développement rapide de vapeur que produisit la projection de l'eau sur les parois surchauffées antérieurement par l'action de la flamme, tandis qu'elles n'étaient point intérieurement baignées d'eau.

Pendant le stationnement à Melun, la chaudière ne fut point alimentée ; les passagers se portèrent presque tous du côté du bateau voisin de la terre et le firent incliner de ce côté. Par cette double circonstance, le niveau baissa du côté opposé et le métal se trouva porté à une haute température.

7. En 1827, une chaudière cylindrique terminée par deux fonds plats, installée dans un atelier de teinture à Puteaux, fit explosion, et deux personnes périrent.

La chaudière, primitivement plus longue, avait été coupée et on lui avait mis un fond neuf, lequel se déchira le long de la clouure sur presque tout son pourtour. La vapeur s'élança en avant et renversa un hangar placé à 14 mètres de là. Quant au corps de la chaudière, il fut entraîné en arrière par la réaction, il alla rompre le volant, traversa deux murs parallèles de $0^m,30$ d'épaisseur, enleva un escalier placé entre ces deux murs et tomba 4 ou 5 mètres plus loin que le dernier, à 20 mètres de son point de départ.

L'accident a pour cause la mauvaise qualité de la tôle du fond rapportée, qui se composait de trois feuilles mal soudées ensemble.

L'épreuve à la pompe de pression n'avait pas été faite à la suite de la réparation, et certainement elle eût mis en évidence le vice de construction, et prévenu le malheur.

8. En 1839, une chaudière à vapeur placée dans une fabrique de sucre à Saint-Saulve, près Valenciennes (Nord), sauta dans des conditions analogues à celles de l'explosion de Puteaux.

Un des fonds plats de la chaudière céda en se déchirant, non plus suivant la clouure, mais suivant la courbure presque à angle droit des feuilles de tôle qui rattachaient ce fond aux parois latérales de la chaudière.

Cette courbure sur les bords n'avait pu évidemment être donnée à un disque plat en tôle, sans produire des gerçures et sans altérer considérablement la ténacité du métal.

A l'occasion de cette explosion, M. l'ingénieur des mines Dusouich donna de bons conseils sur la construction des locaux destinés à recevoir les chaudières à vapeur.

Il pense qu'il est inutile de donner à ces locaux des dimensions plus grandes que celles qui sont nécessaires pour rendre le service commode ; que la toiture du bâtiment devrait être très-légère, les murs placés du côté des ateliers et des maisons voisines suffisamment épais pour résister aux effets de la détente, et même des corps solides projetés par l'explosion ; que les autres murs devraient au contraire être très-légers.

Il est certainement rationnel de diminuer les obstacles sur les côtés où il y a le moins de danger, et la grandeur du local affecté aux chaudières est en effet sans importance pour prévenir les suites des explosions. Ce qu'il y a de mieux à faire à cet égard, quand on le peut, c'est de placer les chaudières dans une excavation en contrebas du sol naturel, et de construire au-dessus un bâtiment à murs peu élevés et à toiture très-légère.

C'est une disposition analogue à celle qui est en usage pour les poudrières.

9. En février 1841, une explosion se produisit à Arras dans des conditions identiques aux précédentes : un fond plat d'une chaudière cylindrique se détacha, et le recul entraîna la masse de la chaudière qui traversa un mur et un escalier en bois.

La chaudière avait été établie sans autorisation et sans aucune épreuve ; la tôle du fond avait une texture cristalline qui indiquait un fer de mauvaise qualité, elle avait en outre beaucoup perdu de sa résistance par la courbure à angle droit, et l'épreuve réglementaire n'aurait pas manqué de révéler ce défaut.

En outre, la tôle n'avait point une épaisseur suffisante, eu égard à la pression ; les tubes qui menaient la vapeur au manomètre et à la soupape se trouvaient obstrués par un dépôt de tartre.

10. En avril 1839, la chaudière cylindrique à deux bouilleurs qui faisait mouvoir la machine d'extraction de l'ardoisière d'Avrillé, éclata pendant la nuit et tua le chauffeur.

Les eaux d'alimentation étaient très-acides, comme on put le reconnaître au moyen du papier de tournesol et d'un morceau de fer qui s'y trouvait rongé ; aussi les feuilles de tôle, d'une épaisseur de $0^m,009$ à l'origine, avaient-elles été amincies peu à peu, notamment dans la partie où débouchait le conduit d'alimentation, et leur épaisseur était tombée à $0^m,005$ et même à $0^m,001$ en un endroit.

La déchirure se produisit suivant une ligne horizontale et suivant deux sections droites du corps principal, le long des lignes de rivure qui s'étaient trouvées moins affaiblies. La partie postérieure de la chaudière, après avoir renversé la cheminée, était allée s'abattre à 190 mètres de distance au pied d'un gros chêne qui l'avait arrêtée ; la calotte antérieure n'était allée qu'à 70 mètres.

Bien que la chaudière eût été établie dans d'excellentes conditions, cela n'a pas suffi pour assurer sa durée, et l'explosion démontre tout le danger qu'il y a à se servir d'eaux acides pour l'alimentation. La tôle s'amincit peu à peu et arrive à perdre toute sa ténacité sans qu'on s'en doute.

11. En janvier 1841, la chaudière du bateau à vapeur *le Citis* éclata près de Châlons-sur-Saône ; vingt-six personnes, parmi lesquelles M. Schneider directeur du Creusot, montaient le bateau ; onze furent tuées et neuf blessées plus ou moins grièvement.

La chaudière cylindrique A, de 7 mètres de longueur et de $1^m,60$ de diamètre extérieur, était traversée par un autre cylindre B, de 1 mètre de diamètre qui contenait le foyer, et à l'intérieur de ce cylindre était un bouilleur cylindrique qui se trouvait ainsi plongé au milieu de la flamme; tout cela était limité à des fonds plats, et le cylindre B n'était consolidé par aucune armature intérieure, contrairement à ce qui doit se faire dans le système de Cornouailles.

Quoique construite avec du métal de bonne qualité, et munie de tous ses accessoires obligés, la chaudière n'avait pas été soumise à l'épreuve réglementaire, et le long cylindre B n'avait pas assez d'épaisseur pour résister sans armatures à une pression qui s'exerçait du dehors au dedans ; l'épreuve réglementaire aurait révélé ce défaut et évité un aussi terrible accident.

Ce cylindre B s'aplatit donc en se plissant, il se produisit une déchirure le long du fond plat d'avant, qui fut lancé à travers le flanc du bateau et s'en alla tomber au fond des eaux à 35 mètres de son point de départ.

12. En mars 1841, la chaudière du bateau à vapeur *la Bretagne*, représentée en coupes longitudinale et transversale par les figures 1 et 2, planche VIII, fit explosion; le réservoir supérieur se détacha du corps tubulaire et fut lancé à 150 mètres de distance, trois personnes furent tuées. Voici la cause de ce déplorable accident :

La pression de la vapeur agit sur toutes les parties du réservoir, et, si celui-ci était complétement fermé, la résultante de toutes ces pressions serait nulle, ainsi qu'on le démontre en hydrostatique ; mais le réservoir porte à sa base deux larges évents par lesquels il communique avec le corps tubulaire, et la pression de la vapeur qui s'exerce en face de ces évents sur le dôme n'est point contrebalancée; elle tend donc à soulever le réservoir, et celui-ci exerce sur les tubulures un effort facile à calculer.

Les évents avaient leurs bords mastiqués à la limaille de fer sur les parois de la chaudière et étaient en outre maintenus par des armatures que l'on aperçoit sur les figures. Ces armatures auraient dû être calculées pour résister à la force de soulèvement; mais elles étaient malheureusement insuffisantes.

Cependant, lors de l'épreuve hydraulique, l'appareil avait bien tenu, parce que les joints au mastic ferrugineux possédaient une grande adhérence; mais, au bout de quelque temps, le mastic s'était altéré et les joints livraient passage à la vapeur. A un moment donné, les armatures se trouvèrent seules à supporter l'effort, et le réservoir se détacha de la partie inférieure.

13. En juillet 1841, à la fosse d'Azincourt (Nord), une chaudière cylindrique à fond hémisphérique avec bouilleur, le tout en fonte, éclata ; l'explosion fut la suite de fissures anciennes, qui s'étaient faites dans le métal du grand cylindre, à sa partie concave cachée par la maçonnerie, au-dessous du débouché du tuyau d'alimentation.

L'arrivée de l'eau froide d'alimentation à une petite distance de la paroi en fonte, chauffée extérieurement par la flamme, a pu déterminer la formation de ces fissures.

L'explosion d'Azincourt montre bien le danger particulier que présentent les chaudières en fonte. Elles sont sujettes à se fissurer par des chocs, à cause de la nature cassante du métal, ou par des variations rapides de température, à cause de leur forte épaisseur ; ces fissures, quand elles demeurent inaperçues, peuvent déterminer une explosion.

14. En juillet 1841, une chaudière cylindrique en tôle, sans bouilleurs, éclata à l'usine de la Terrasse près de Saint-Étienne.

Il fut constaté que le travail était arrêté à ce moment et qu'on faisait une réparation à la prise de vapeur ; le chauffeur aurait dû fermer le registre de tirage et laisser ouverte la porte du foyer, afin que la pression tombât dans la chaudière.

Au contraire, il entretenait un feu assez vif, et il surchagea les soupapes ; néanmoins l'une d'elles crachait violemment. Au moment de la mise en train, le chauffeur piqua encore le feu pour le raviver et l'explosion se produisit.

Cette explosion tient donc à la surcharge des soupapes ; ajoutons que la chaudière était dépourvue de manomètre. S'il y en avait eu un, le chauffeur aurait été averti de la tension croissante et aurait pu conjurer le danger.

15. En juin 1844, la chaudière tubulaire du bateau à vapeur *le Lavaret*, naviguant sur la Saône, fit explosion à Neuville. Cette chaudière est représentée en coupe transversale avant l'explosion par la figure 3, et en coupes transversale après l'explosion et longitudinale par les figures 4 et 5, planche VIII. On voit que le foyer se trouvait dans un cylindre intérieur, prolongé par la partie tubulaire. Le ciel du foyer, de forme aplatie, à grand rayon de courbure, se trouvait dans de mauvaises conditions de résistance, et avait dû être réuni à l'enveloppe extérieure par deux tirants boulonnés en fer forgé.

C'était donc une disposition vicieuse, et les tirants étaient beaucoup trop faibles ; en outre, la soupape avait été surchargée, de telle sorte que la tension dépassait celle qui résultait de l'épreuve réglementaire.

L'explosion se produisit à la suite d'un arrêt ; pendant cet arrêt, comme l'échappement de vapeur se faisait dans la cheminée, le tirage continuait à être très-actif, et le chauffeur inexpérimenté n'avait pas ralenti la combustion tout en maintenant la surcharge des soupapes, de sorte qu'il s'était produit une grande accumulation de vapeur.

L'accident tient donc à la mauvaise disposition des armatures, à la surcharge des soupapes et à l'inexpérience du mécanicien.

16. Quelques mois après, une chaudière, identique à la précédente, placée aussi sur un bateau à vapeur naviguant sur la Saône, fit explosion et entraîna la mort de trois personnes.

D'après l'arrêté réglementaire, pris à la suite des épreuves légales, la tension de la vapeur devait être limitée à trois atmosphères ; les soupapes avaient été surchargées d'une manière préméditée au moyen de rondelles en plomb posées à demeure, et il en résultait une pression continue de 4 1/2 atmosphères ; la rupture n'a donc rien d'étonnant dans ces conditions.

17. En octobre 1844, une chaudière cylindrique en tôle à deux bouilleurs fit explosion à Séclin, dans une sucrerie. Voici le résumé du rapport de l'ingénieur des mines chargé de la surveillance :

1° L'explosion est le résultat d'une fissure ancienne qui s'est faite à la partie supérieure de la chaudière, vers son extrémité postérieure.

2° L'origine de cette fissure doit être attribuée à l'oxydation de la tôle par l'eau qui s'échappait d'un robinet adapté à la chaudière.

3° Le propriétaire a enfreint les règlements, en employant dans son établissement une chaudière non timbrée, et il est d'autant plus coupable, qu'il a persisté à s'en servir sans la soumettre à un essai préalable, malgré l'injonction qui lui en avait été faite.

4° Cet accident démontre l'utilité des essais au moyen de la pompe de pression, surtout pour les vieilles chaudières qui, après un long service, peuvent avoir éprouvé de graves avaries.

5° L'explosion de Séclin montre encore qu'on doit éviter, autant que possible, de laisser ruisseler de l'eau sur les parois extérieures de la chaudière, et surtout qu'on ne doit jamais négliger de vérifier avec soin leur état, toutes les fois qu'on a besoin d'enlever les dépôts que l'eau forme dans leur intérieur.

18. Dans le courant de la même année, une chaudière à enveloppe cylindrique avec foyer intérieur cylindrique aussi, située dans une fabrique d'acier à Perrache, sauta, et deux enfants qui se trouvaient dans le voisinage furent tués.

La masse d'eau et de vapeur qui s'échappe à l'avant de la chaudière parcourt un espace de 5 mètres, renverse un mur de 0^m,40 d'épaisseur et de 4 mètres de hauteur, entraîne les débris de ce mur qui sont transportés à 50 mètres de là en brisant une plantation de hauts peupliers. La trombe d'eau et de vapeur qui s'échappe à l'arrière abat un mur mitoyen d'une usine voisine, détruit le hangar situé dans la cour de cette usine en soulevant la toiture en zinc, et après avoir traversé la cour de 32 mètres de longueur, pénètre dans une maison d'habitation dont les vitres et les plafonds sont brisés et disloqués. Voici les conclusions tirées de l'examen des lieux :

1° L'écrasement et la rupture de la chaudière se sont produits sous l'action continue et prolongée de la tension intérieure normale de 4 atmosphères pour laquelle la chaudière avait été essayée et poinçonnée ;

2° Cet accident doit être imputé à la mauvaise qualité de la tôle dont était formé le cylindre intérieur, qui s'était détérioré depuis la dernière épreuve ; à la forme même de la chaudière qui prédisposait ce cylindre à l'écrasement; enfin, à l'absence de tirants et d'armatures reliant les deux cylindres et susceptibles de prévenir l'écrasement ; à la faible épaisseur de la tôle de ce cylindre intérieur, eu égard à la direction de la pression qui s'exerçait du dehors au dedans ;

3° Les effets de l'explosion s'expliquent complétement, tant par la considération de la grande masse d'eau projetée et du volume énorme de vapeur à haute pression qui a dû se produire, lorsque l'eau intérieure s'est trouvée en contact avec l'atmosphère, que par celle de la grande vitesse que la tension de cette vapeur a dû communiquer à la masse d'eau non vaporisée.

20. En février 1845, une chaudière du système Beslay éclata à Paris dans des circonstances particulières.

La chaudière Beslay est fort intéressante, car elle a évidemment servi de type à la chaudière Field, qu'on a fort préconisée dans ces derniers temps, qui est basée sur le même principe, mais qui paraît beaucoup plus solide que sa sœur aînée.

La chaudière Beslay se composait d'un corps cylindrique horizontal dans lequel débouchaient un ou plusieurs bouilleurs verticaux. La figure 6, planche VIII, représente la coupe de la chaudière suivant l'axe d'un de ces bouilleurs : à sa partie supérieure, le bouilleur est séparé du corps de la chaudière par un diaphragme que traversent deux tubes : l'un TT' descend vers le fond du bouilleur et débouche à la base de la chaudière ; l'autre T$_1$T$_1'$ met en communication la partie haute du bouilleur avec le réservoir de vapeur ; celui-ci est recourbé en T'$_1$, afin que la vapeur humide venant du bouilleur soit projetée vers le bas et puisse mieux s'assécher. Le bouilleur est formé d'une partie fixe A et d'une partie mobile C, qui permet de visiter et de nettoyer le bouilleur lorsqu'il en est besoin. Cette partie mobile est maintenue par une tringle BB fixée en bas à une bride transversale xx au moyen d'une clavette, et boulonnée en haut sur la partie supérieure du corps de la chaudière. Lorsqu'on veut enlever le fond C, on desserre le boulon E de manière à pouvoir enlever la clavette i, et le fond tombe alors.

On comprend sans peine le fonctionnement de cet appareil ; il y a dans le bouilleur un courant continu ; l'eau y arrive par le tube TT' et la vapeur s'en échappe par le tube T$_1$T$_1'$; ce courant est assez rapide pour qu'il ne puisse se former de dépôts, cependant sa vitesse est bien moindre que dans la chaudière Field. On pourrait craindre seulement que les tubes ne vinssent à se boucher :

le bouilleur n'étant plus alimenté rougirait, et lorsque l'eau viendrait à y rentrer, une explosion ne manquerait pas de se produire. Pour conjurer les dangers de cette explosion, M. Beslay composait le fond mobile de son bouilleur de deux parties ; la dernière D était une hémisphère en cuivre soudée à la partie C. Tant que le bouilleur était plein d'eau, la soudure tenait ; mais quand le bouilleur était vide, la soudure ne tardait pas à fondre, la partie D tombait dans le foyer, et l'eau et la vapeur pouvaient s'y échapper sans grand danger. La soudure faisait office de rondelle fusible.

Le grave inconvénient de l'appareil tenait à la présence de la tige BB ; cette tige étant posée à froid ainsi que le bouilleur, se dilatait beaucoup moins que l'enveloppe de celui-ci, et, comme la longueur est de 2 à 5 mètres, la dilatation développait une traction violente, de sorte que souvent, soit le tirant, soit la clavette i, soit la bride venait à se rompre.

Plusieurs explosions et, entre autres, celle qui nous occupe, furent la conséquence de cette rupture ; en général, ces explosions n'étaient guère dangereuses, mais elles suffirent à empêcher la propagation du système.

21. En octobre 1845, une chaudière cylindrique à deux bouilleurs fit explosion à la Briche, près Paris. Le coup de feu d'une des chaudières avait été brûlé ; un chaudronnier avait découpé la partie brûlée et l'avait remplacée par une tôle de cuivre qui ne put résister à la pression et se déchira. M. Combes, dans son rapport, donne à l'accident les causes suivantes :

1° Une réparation assez mal faite à l'un des bouilleurs de la chaudière en y rapportant une feuille de cuivre trop mince, eu égard à la position qu'elle occupait, qui présentait peut-être aussi dans la qualité quelque défaut que le chaudronnier n'avait point aperçu ;

2° L'omission de l'épreuve de la chaudière par la pompe de pression, sous une charge triple de celle correspondant au timbre de 5 atmosphères : il paraît certain que la feuille de cuivre aurait cédé à l'épreuve qui aurait dû être faite après une réparation aussi importante ;

3° La forte surcharge des soupapes de sûreté ; la pression de la vapeur dans l'intérieur de la chaudière a probablement dépassé celle qui correspond au timbre et qui est déterminée par l'arrêté d'autorisation.

22. En décembre 1845, une chaudière en fonte fit explosion à Pont-Faverger (Marne).

Cette chaudière, munie de deux bouilleurs, était complétement en fonte. Chacun de ses bouilleurs se composait de six anneaux en fonte de $0^m,15$ de diamètre intérieur et de $0^m,20$ de longueur, emboîtés les uns dans les autres avec mastic de fonte à la jonction ; les extrémités du tuyau creux ainsi formé étaient fermées par deux disques reliés entre eux par une barre de fer rond de $0^m,19$ de diamètre, qui est placée dans l'axe du bouilleur ; les disques s'appuient sur les écrous extérieurs. La barre maintient ainsi à elle seule tout cet assemblage. La chaudière avait été soumise à la pression d'essai quintuple (17 atmosphères 1/2) voulue par les règlements pour les chaudières en fonte, et l'épreuve avait bien réussi.

L'accident est dû à la rupture de la barre de fer dans l'axe du bouilleur de gauche ; cette rupture, qu'on avait expliquée d'abord par un défaut de soudure, tient évidemment à la différence de dilatation entre la barre et l'enveloppe extérieure du bouilleur. Celle-ci, exposée à la flamme, se trouve à une température bien supérieure à celle de la barre plongée dans l'eau, il en résulte une traction considérable exercée par les disques sur la barre.

Cette disposition vicieuse, que nous avons déjà rencontrée, doit donc être sévèrement proscrite.

22. En mai 1846, une grande chaudière cylindrique, en tôle, qui alimentait les machines d'extraction des mines de la Taupe (Haute-Loire), sauta, et ses nombreux débris furent lancés à de grandes distances en occasionnant de graves dégâts matériels.

La chaudière était primitivement bien construite, et l'épaisseur des tôles bien suffisante pour résister à la pression. Mais, pendant plusieurs années, on alimenta avec de l'eau de mine acide, et la tôle fut rongée peu à peu, notamment dans les parties exposées au coup de feu, où l'épaisseur se trouva réduite de 10 millimètres à 1.

La cause de la déchirure ressort de cette explication.

23. La même année se produisit l'explosion de la chaudière d'un bateau dragueur fonctionnant sur le Rhône à Lyon. La chaudière tout entière fut projetée en l'air et tomba à 25 mètres de là dans le fleuve, sans entraîner d'autre accident.

Cette chaudière représentée en coupes verticale et horizontale par les figures 7 et 8, planche VIII, était de forme peu usitée. Elle se composait d'un cylindre vertical recouvert par un hémisphère ; à l'intérieur et au bas de ce cylindre était le foyer à faces planes ; deux de ses faces opposées se trouvaient réunies par 68 tubes dans lesquels circulait l'eau et qu'entourait la flamme. C'est l'inverse du système tubulaire actuel ; la cheminée était percée dans l'axe de l'hémisphère supérieure.

L'explosion tient surtout au défaut d'entretoisement des faces planes du foyer ; ces faces planes auraient dû être réunies par des tirants à l'enveloppe extérieure ainsi qu'on le pratique dans les locomotives. En outre, les produits de la combustion, bien que brisés par le grand nombre de tubes, arrivaient encore trèschauds à la base du tuyau de la cheminée, et ce tuyau était entouré de vapeur ; il pouvait donc, en certains moments, se trouver porté au rouge sombre.

On voit qu'il serait facile de parer aux inconvénients de ce système.

24. En novembre 1853, la chaudière tubulaire du bateau l'*Éclaireur*, naviguant sur la Saône, sauta, un marinier fut tué par les débris, et le bateau coula rapidement. Le mécanicien venait de passer quelque temps sur le pont ; s'apercevant d'un ralentissement dans la marche, il descendit rapidement et remit en marche les pompes d'alimentation ; c'est à ce moment que l'explosion se produisit.

Le niveau de l'eau avait baissé au-dessous des tubes par suite du défaut d'alimentation ; ceux-ci n'avaient point tardé à rougir ; l'arrivée subite d'une grande masse d'eau sur des surfaces incandescentes occasionna la production d'une masse énorme de vapeur qui, ne trouvant pas d'issue immédiate, fit éclater la chaudière, bien qu'elle fût construite dans de bonnes conditions de solidité et eût convenablement résisté aux épreuves légales.

Ce malheur eût été évité, si le chauffeur, s'apercevant du manque d'eau, avait immédiatement fermé le registre du tirage et ouvert la porte du foyer, de manière à laisser tomber le feu. Aussitôt la chaudière convenablement refroidie, il aurait pu la remplir sans crainte.

L'abaissement même assez faible du niveau de l'eau peut être souvent plus dangereux dans une chaudière tubulaire que dans une chaudière ordinaire ; car, à cause du développement des tubes, un faible abaissement suffit à découvrir une grande surface de métal, qui, mise ensuite en contact avec l'eau, dégage une grande masse de vapeur.

25. En mars 1854, la chaudière semi-tubulaire du bateau à vapeur *le Creuzot*,

se trouvant sur le Rhône, près d'Arles, fit explosion ; elle se détacha du fond, et alla tomber sur la rive du fleuve, enlevant un homme avec elle.

Le fond de la chaudière était d'une forme tourmentée et irrégulière, de déformation facile, et les tirants qui l'assujettissaient étaient beaucoup trop faibles ; en effet, ils étaient soumis à une tension continue de 11 kilogrammes, et avaient résisté, lors de l'épreuve, à une tension de 33 kilogrammes par millimètre carré. Ces tirants avaient donc été bien près de leur rupture, et probablement énervés lors de l'épreuve ; il n'est point étonnant qu'ils se soient brisés sous une pression trois fois moindre, mais longtemps prolongée.

Il est donc fort important d'assurer l'invariabilité aussi complète que possible des chaudières qui peuvent avoir une tendance particulière à se déformer par la pression intérieure ; sans quoi, il en résulte pour certaines pièces un excès considérable de fatigue, et la condition d'invariabilité n'étant pas suffisamment remplie, la déformation se produit en effet.

26. En décembre 1855, la chaudière de la machine d'extraction d'un puits de la mine de Carmeaux (Tarn), sauta, et le chauffeur fut tué.

La chaudière, dont l'autorisation remontait à l'année 1832, et qui allait être remplacée incessamment, était composée d'un corps cylindrique et de deux bouilleurs en fonte. Ceux-ci étaient fermés à la partie postérieure, au moyen de plaques épaisses ou tampons, entrant avec un jeu de quelques millimètres dans le bouilleur, et réunis avec du mastic de fonte sans aucun boulon. L'un de ces joints venant à céder, le tampon a été violemment projeté dans un sens, tandis que le générateur, entraîné par le bouilleur, prenait en sens contraire un mouvement de recul dans lequel la tubulure du second bouilleur se déchirait et donnait une nouvelle issue à l'eau et à la vapeur.

L'accident qui nous occupe, dit M. Callon dans son rapport, montre une fois de plus que le mastic de fonte, s'il convient pour empêcher des fuites, ne peut être employé avec sûreté pour prévenir les disjonctions des pièces entre lesquelles il est interposé ; nous ajouterons que cet emploi est particulièrement vicieux dans des chaudières exposées à des dilatations et contractions fréquentes, surtout lorsque, comme dans l'espèce, les deux pièces réunies par le mastic sont d'épaisseur très-inégale.

On doit reconnaître, du reste, que le mastic de fonte est de moins en moins employé dans les chaudières à vapeur, et que, lorsqu'on y a recours, c'est en général en ayant soin de consolider l'assemblage au moyen d'armatures qui présentent par elles-mêmes, indépendamment de la résistance propre du mastic, une solidité suffisante.

27. Une chaudière cylindrique en tôle de 10^m,80 de long et de 1 mètre de diamètre, munie d'un bouilleur de 8^m,60 sur 70 centimètres de diamètre, et établie à Montchanin, se déchira le 1er février 1864. La déchirure se produisit suivant une génératrice du corps cylindrique et se trouva limitée transversalement à une ligne de rivets disposée suivant une section droite. Le corps cylindrique était chauffé directement et le bouilleur recevait l'action du retour de flamme. Il s'était formé d'épaisses incrustations au fond du corps cylindrique ; la tôle, séparée de l'eau, avait rougi à l'endroit de la déchirure, elle s'était boursouflée, et avait perdu toute sa force.

C'est ainsi qu'une chaudière, parfaitement construite, peut périr par défaut d'entretien.

28. En 1864, une chaudière établie dans la sucrerie de Coppenansfort (Nord), se creva et la trombe d'eau et de vapeur qui s'en échappa brûla grièvement un

certain nombre d'ouvriers dont la plupart moururent quelque temps après.

C'était une chaudière formée de deux bouilleurs réunis à un corps cylindrique, lequel était traversé par trois gros tubes de grand diamètre. La flamme chauffait directement les bouilleurs et le fond du corps cylindrique, revenait à l'avant par les trois tubes et retournait à l'arrière par deux carneaux latéraux au corps cylindrique.

Au moment où l'explosion se produisit, le générateur fonctionnait dans des conditions normales de pression et d'alimentation ; un des tubes se creva et la déchirure s'agrandit avec rapidité : la grande quantité d'eau chaude, exposée brusquement à l'atmosphère, dégagea une énorme masse de vapeur, qui s'échappa avec violence en entraînant avec elle l'eau non vaporisée.

Le tube était formé d'une tôle médiocre, et, de plus, il s'était aminci progressivement par une usure prolongée, et avait perdu de sa résistance, de sorte qu'il avait une tendance considérable à la déformation.

Les générateurs, dit M. l'ingénieur des mines Leverrier, au bout d'un certain temps de service, sont souvent fort affaiblis. Nous pourrions en citer cinquante, auxquels, par suite d'avaries locales, on a remis des pièces en pleine tôle ; le bouilleur de la chaudière voisine de celle qui a fait explosion à Coppenansfort était dans ce cas ; l'affaiblissement va même quelquefois si loin, que la tôle est réduite à une épaisseur d'un millimètre et peut se crever d'un coup de pointeau ; on peut voir, à Dunkerque, chez M. Malo-Belleville, une vieille chaudière dont les parois ont été complétement rongées. Dans ce cas, il se déclare simplement des fuites sans explosion, lorsqu'il s'agit de générateurs dont les parois résistent à une pression intérieure ; si des tubes pressés à l'extérieur se trouvent affectés de lésions semblables, leur écrasement est imminent.

Il convient donc d'appeler l'attention des constructeurs sur la gravité des accidents qui accompagnent souvent la rupture des tubes en tôle de grand diamètre. Cette gravité résulte de ce que la déformation des tubes, une fois commencée, va souvent jusqu'à l'écrasement complet, et peut ainsi ouvrir instantanément de larges issues à l'eau et à la vapeur.

Il ne faut pas oublier que la résistance à la déformation et à l'écrasement des tubes est considérablement augmentée par l'application, de distance en distance, de viroles ou anneaux faisant saillie dans l'intérieur de la chaudière ; ce mode de construction mérite d'être signalé à l'attention des constructeurs de chaudières et des propriétaires d'usines.

29. En juillet 1864, une longue chaudière cylindrique en tôle sauta dans l'usine de Cotatay, près Saint-Etienne, tua deux hommes et démolit le bâtiment qui la contenait.

La chaudière datait de 1844 ; elle avait été plusieurs fois réparée dans d'excellentes conditions.

Avant l'accident, le mécanicien avait perdu beaucoup de temps à réparer la pompe d'alimentation ; lorsqu'il revint sur sa chaudière, le niveau de l'eau s'y était notablement abaissé et les parois étaient fortement rougies. Il rétablit aussitôt l'alimentation, et l'explosion en fut la conséquence immédiate, ainsi que nous l'avons déjà expliqué plusieurs fois.

La chaudière se brisa en quatre morceaux qui allèrent s'abattre au loin dans diverses directions en rasant tout sur leur passage.

30. **Explosion d'une locomotive à Vesoul, en 1864.** — Voici, au sujet de cette explosion, un extrait du rapport de M. Couche, alors ingénieur en chef du contrôle des chemins de fer de l'Est :

« La machine 0,135, *la Tchernaïa*, appartient à la même série que la locomotive *la Turquie*, qui fit explosion, en 1857, dans la station de Dormans. L'une et l'autre font partie d'une livraison de 40 locomotives, fournies par MM. Kœchlin et Cᵉ de Mulhouse. Les deux explosions ont eu lieu dans des circonstances analogues et ont présenté les mêmes phénomènes : tout indique dès lors que les causes sont les mêmes.

Pour *la Turquie*, ces causes étaient, d'une part, la très-mauvaise qualité de la tôle employée à la construction de l'enveloppe extérieure de la chaudière ; de l'autre, une élévation à peu près certaine, mais cependant assez bornée, de la tension de la vapeur au-dessus de la limite réglementaire.

A Vesoul, comme à Dormans, c'est l'enveloppe extérieure qui a éclaté ; dans un cas comme dans l'autre, rien n'autorise à supposer qu'un défaut d'alimentation ait eu la moindre part dans l'accident ; dans un cas comme dans l'autre, le système intérieur, foyer et tubes, est resté parfaitement intact, ce qui exclut l'idée d'une élévation vraiment excessive de la pression.

La qualité défectueuse des matériaux est donc incontestablement la cause principale, sinon la seule, de l'explosion. Une certaine exagération de la tension a fait le reste.

Votre Excellence se rappelle que les expériences auxquelles j'ai procédé à la suite de l'explosion de *la Turquie* ont fait ressortir le côté défectueux des tôles mises en œuvre ; leur défaut consistait bien moins dans l'insuffisance de la résistance à la rupture que dans la petitesse de l'allongement correspondant, c'est-à-dire dans le défaut de ductilité, dans l'aigreur. Comme je le faisais remarquer, ce défaut a pour effet d'exagérer la faiblesse des lignes de rivure, le perçage des trous au poinçon et le mattage des joints fatiguant singulièrement une tôle dépourvue de ductilité.

Entre l'explosion de *la Turquie* et celle de *la Tchernaïa*, la différence est que, dans la première, c'est le corps cylindrique qui a cédé, tandis que dans la seconde, c'est le berceau qui surmonte la boîte à feu, berceau qui n'est du reste, dans ces machines, que le prolongement de la moitié supérieure du corps cylindrique.

A la suite de l'accident de *la Turquie* et des expériences qui avaient constaté la mauvaise qualité des tôles employées pour la partie qui avait cédé, c'est-à-dire pour le corps cylindrique, la Compagnie, sur mon invitation, procéda à un examen minutieux des 39 autres machines de la même série. Les lignes de rivure furent l'objet d'un examen minutieux, mais qui ne s'étendit pas à l'enveloppe du foyer, aucun motif de défiance n'ayant paru exister à l'égard de cette partie.

C'est elle qui a cédé dans la machine 0,135 : la feuille qui forme le berceau de la boîte à feu s'est déchirée suivant la ligne des centres des rivets qui la réunissaient aux parois latérales ; et l'examen du métal a montré que c'est de la tôle puddlée, de mauvaise qualité. Les feuilles latérales sont en tôle au bois, mais présentant à un haut degré la structure feuilletée, défaut assez ordinaire dans ces tôles dont la soudure est souvent imparfaite. Ici, au surplus, c'est la feuille supérieure, c'est-à-dire la tôle puddlée, qui s'est déchirée.

Des essais vont être faits pour constater la résistance de cette tôle. On peut, du reste, prévoir qu'ils conduiront à la même conséquence que ceux que j'ai faits sur les tôles de la machine *la Turquie*, c'est-à-dire que cette tôle pèche par le défaut de ductilité bien plus que par le défaut de résistance à la rupture, qu'elle manque surtout, en un mot, de résistance vive.

La chaudière de la locomotive 0,135 avait été éprouvée et reçue conformément aux règlements. Le constructeur ne paraît donc pas pouvoir être recherché par suite de l'accident du 27 juin.

L'explosion de *la Turquie* avait éveillé de vives inquiétudes ; l'accident analogue qui affecte, à sept ans d'intervalle, une machine de la même série, vient réveiller ces inquiétudes et rendre suspectes les 38 autres machines du même type.

La description minutieuse des détails de l'accident, les discussions auxquelles ils peuvent donner lieu, tout cela peut être différé sans inconvénient. Mais ce qui ne doit pas l'être, c'est l'ensemble des mesures propres à prévoir le retour de ces funestes explosions. Voici, monsieur le ministre, en quoi consistent les mesures que j'ai l'honneur de soumettre à votre appréciation, après m'être entendu à cet effet avec la Compagnie. ·

1° Toutes les machines de la série vont être l'objet d'un examen minutieux, surtout suivant les lignes de rivure longitudinales, tant du corps cylindrique que de son prolongement appartenant à la boîte à feu. Des têtes de rivets seront coupées sur chacune de ces lignes, pour constater l'état des intervalles pleins de bord à bord. Toute feuille sur laquelle une fissure serait découverte, serait remplacée.

2° Un mode de consolidation au moyen de cornières circulaires intérieures du réseau, sera appliqué tant au corps cylindrique qu'au berceau de la boîte à feu.

3° Les manomètres à ressort seront plombés et pourvus d'une aiguille à maxima constatant, indépendamment de la volonté du mécanicien, la pression la plus élevée atteinte depuis l'instant où la machine aura quitté le dépôt.

Votre Excellence se rappelle peut-être que j'ai déjà eu l'occasion d'appeler son attention, ainsi que celle des compagnies, sur les garanties qu'offre ce moyen d'un emploi si simple. Je vois avec plaisir que l'accident du 27 juin détermine la Compagnie de l'Est à prendre d'elle-même l'initiative de cette application, qui me paraît devoir se généraliser sur les autres lignes.

51. Explosion d'une chaudière en tôle à Metz, en février 1866. — Cette chaudière cylindrique à deux bouilleurs, en tôle, fonctionnait dans une fabrique de drap et était confiée aux soins d'un chauffeur sérieux et intelligent. Le jour de l'explosion, il fut appelé dans le voisinage pour remettre la courroie d'une machine, et, avant de quitter sa chaudière, il ouvrit la porte du foyer et ferma le robinet du tuyau d'aspiration de la pompe ; le niveau de l'eau, dans la chaudière, était supérieur au niveau normal.

Quelques minutes après, l'explosion avait lieu ; le corps cylindrique se déchirait suivant une génératrice à la hauteur de l'axe, le morceau supérieur traversait le toit et le morceau inférieur tombait dans la fosse.

La ligne de déchirure coïncidait avec une ligne de rivets, et cette ligne de rivets se trouvait au niveau supérieur des carneaux qui était le niveau normal de l'eau. C'est à cette disposition qu'il faut attribuer l'accident.

En effet, dit M. Callon, la tôle, déjà affaiblie par les trous des rivets, était fatiguée par les effets de dilatation et de contraction auxquels elle était alternativement soumise, selon que le niveau de l'eau était descendu à quelques centimètres au-dessous ou était ramené à quelques centimètres au-dessus de sa position normale.

Ces effets, répétés un grand nombre de fois par jour, ont fini par énerver le

métal et un dernier mouvement moléculaire, produit peut-être par le refroidis
sement dû à l'ouverture de la porte, a déterminé la rupture.

Il est assez vraisemblable que le métal, quoique sain, était aigre et d'assez
médiocre qualité ; cela paraît résulter du nombre et de la forme des fragments
qui ont été entièrement arrachés de la chaudière par l'explosion.

La disposition réglementaire qui fixe, en général, le niveau normal de l'eau
dans une chaudière à 0m,10 au-dessus de la partie la plus élevée des carneaux,
est donc parfaitement justifiée.

32. Explosion d'un bouilleur de chaudière à Saint-Omer. — En septem-
bre 1866, un des deux bouilleurs d'une chaudière cylindrique en tôle fit explosion
à Saint-Omer, et le chauffeur fut tué. L'accident tenait uniquement à un défaut
d'alimentation prolongé, qui était le fait même du chauffeur ; celui-ci ne tenait
aucun compte des appareils indicateurs, et il avait surchargé le sifflet d'alarme.
La tôle était donc soumise à des alternatives de haute chaleur et de refroidissement ; lors de l'explosion, notamment, le niveau de l'eau était très-abaissé et la
tôle, exposée à la flamme, s'était trouvée portée au rouge ; alors, le chauffeur
ouvrit la porte du foyer, et le courant d'air froid amena une contraction subite
de la tôle. C'est là qu'il faut voir vraisemblablement la cause déterminante de
l'explosion.

33. Bulletin des explosions arrivées de 1865 à 1868. — Pour terminer
l'énumération précédente, qui renferme de nombreux enseignements, nous
donnerons encore la récapitulation des accidents sérieux (ce sont les seuls connus) arrivés à des appareils à vapeur pendant les années 1865 à 1868 :

Nombre d'explosions.	73
Nombre de personnes tuées.	91
Nombre de personnes blessées.	116

RÉPARTITION DES ACCIDENTS PAR NATURE D'ÉTABLISSEMENTS.

1° Usines métallurgiques et forges.	12
2° Fabriques diverses.	49
3° Bateaux remorqueurs.	5
4° Machines d'extraction (Mines)	7

RÉPARTITION DES ACCIDENTS PAR NATURE D'APPAREILS.

Chaudières horizontales avec ou sans bouilleurs.	44
— cylindriques verticales à foyer intérieur, non tubulaires.	5
— cylindriques horizontales tubulaires.	8
Appareil d'alimentation dit retour d'eau.	1
Cuves et récipients.	7
Tuyaux de prise de vapeur.	8
TOTAL ÉGAL.	73

RÉPARTITION DES ACCIDENTS D'APRÈS LES CAUSES QUI LES ONT OCCASIONNÉS.

1° Défauts de construction ; mauvaise qualité du métal, disposition vi-cieuse du fourneau.	17
2° Négligence des ouvriers ou agents chargés de l'entretien ou de la conduite de la chaudière.	44
3° Causes indéterminées.(La négligence des mécaniciens qui ont alimenté sans précaution après avoir laissé le plan d'eau s'abaisser trop au des-sous du niveau des carneaux est la cause très-probable de ces acci-dents.).	12

Conduite des chaudières. — Nous n'avons que quelques mots à dire sur ce sujet : les notions relatives à la conduite des chaudières ressortent complétement des explications précédentes.

On emplit la chaudière froide en recevant l'eau soit d'un réservoir élevé, soit d'une pompe foulante dont le tuyau pénètre à l'intérieur par le trou d'homme, ou est fixé sur un robinet spécial ou sur le robinet de vidange. Les soupapes doivent être levées pour laisser échapper l'air, et on ne les baisse qu'après l'allumage, au moment où la vapeur s'en dégage.

Avant d'allumer le feu, on vérifie tous les appareils de sûreté, on s'assure qu'ils fonctionnent bien, on ferme le robinet de la prise de vapeur, afin de ne point mettre prématurément la machine en marche.

Le foyer et le cendrier étant convenablement nettoyés, on allume d'abord sur la grille un feu de copeaux et de bois, sur lequel on place quelques morceaux de combustible, on ferme la porte du foyer, en laissant ouverte celle du cendrier, on lève complétement le registre du tirage; on ajoute peu à peu quelques pelletées de combustible, sans étouffer le feu, et on arrive à la marche normale.

Quand la vapeur commence à sortir par les soupapes, on les abaisse et l'on voit peu à peu la pression s'élever.

Quelquefois, par certains temps, le tirage s'établit mal, et l'on est forcé de le déterminer en allumant un feu de copeaux à la base de la cheminée.

Une chaudière, chaude de la veille, peut être en pression en une demi-heure ; si elle est neuve, ou refroidie depuis longtemps, il faut trois ou quatre heures. Bien entendu, nous ne parlons pas des chaudières perfectionnées.

Lorsqu'il y a des tringles fixées sur une chaudière, il faut avoir soin de les desserrer avant l'allumage, afin de laisser le jeu libre à la dilatation.

En marche, l'alimentation régulière est la chose capitale; quelquefois, elle est automatique; mais, en général, elle reste à la disposition du mécanicien.

L'alimentation doit être complète, lorsqu'on arrive près des temps d'arrêt; au contraire, lorsqu'on prévoit un effort exceptionnel, il faut limiter le niveau de l'eau à la hauteur minima compatible avec la sécurité.

Toutes les fois qu'on alimente, le niveau d'eau baisse d'abord, parce que le refroidissement diminue la tuméfaction, mais il remonte au bout de quelques minutes; il faut donc arrêter l'alimentation avant que le niveau commence à monter, sans quoi la chaudière serait trop pleine.

Il faut absolument se garder d'alimenter, lorsque le niveau est accidentellement descendu au-dessous de l'arête supérieure des carneaux; il faut alors ralentir le feu, afin d'éviter une explosion.

Le chargement du combustible ne doit se faire que dans les moments où l'on n'a pas besoin d'une grande quantité de travail; car cette opération ralentit toujours la combustion et la production de vapeur. Il faut, du reste, prendre les précautions que nous avons indiquées en parlant du combustible.

Pour arrêter, on laisse tomber le feu en le jetant dans le cendrier, ou en le recouvrant de cendre, et fermant presque hermétiquement le registre du tirage. Il convient aussi d'alimenter en abondance au moment de l'arrêt, afin de trouver la chaudière pleine lors de la reprise.

En marche, on décrasse la grille au moyen de la tige appelée pique-feu; on facilite ainsi le tirage, mais il ne faut pas abuser de cette opération, si l'on ne veut perdre du combustible.

Une chaudière ordinaire, alimentée avec de bonne eau, doit être lavée à froid et ébouée tous les quinze jours en général ; les chaudières de forme compliquée exigent des vidanges et des lavages plus fréquents.

Quelquefois, on fait le lavage à chaud en ouvrant les robinets de vidange ; la pression de la vapeur chasse l'eau violemment. Mais, il faut se garder de produire un vide relatif dans la chaudière, et l'on doit arrêter à temps l'opération précédente, ou bien la continuer en ouvrant les soupapes de sûreté pour laisser rentrer l'air.

Les incrustations s'enlèvent au burin à froid ; mais, il faut agir avec précaution pour ne point endommager le métal. Quelquefois on projette à l'intérieur un puissant jet d'eau chaude qui produit une dilatation brusque et un craquelage des matières solides.

La manœuvre régulière et l'observation fréquente des appareils de sûreté sont encore les meilleurs moyens de prévenir les explosions. Ce n'est point à la légère que les règlements ont été établis ; ils sont parfaitement justifiés. Jamais, la réglementation administrative n'a eu plus de raisons d'intervenir pour entraver la liberté individuelle, car il s'agit de la sécurité des hommes, qu'on ne saurait laisser à la merci des gens entêtés, ignorants ou inintelligents.

DES MACHINES A VAPEUR EN GENÉRAL

Nous venons d'étudier en détail les générateurs de vapeur ; il nous reste à voir comment la vapeur produite est introduite dans le cylindre de la machine, comment elle y effectue son travail et comment elle s'en échappe. Nous trouvons dans tout cela une série de mécanismes qui se rencontrent dans les diverses ma. chines, et qu'il faut connaître avant tout. Dans le chapitre suivant, nous étudierons les machines au point de vue de leur agencement et de leur disposition particulière, en les classant en machines fixes, machines locomobiles et locomotives.

Description sommaire d'une machine à vapeur. — Avant de nous occuper de chacun des organes séparément, il est utile de connaître d'une manière sommaire l'ensemble d'une machine à vapeur ; cette description préliminaire permettra de comprendre plus nettement les fonctions de chacune des parties.

La figure 549 représente une grande machine à balancier de Watt.

La vapeur arrive du générateur par une tubulure V, et pénètre dans la chambre du tiroir située à gauche du cylindre. Cette chambre communique avec le cylindre C au moyen de deux conduits dont l'un débouche en haut et l'autre en bas de ce cylindre.

Sur la face verticale de la chambre, qui touche au cylindre, se meut un tiroir renversé, qui ne laisse jamais qu'un orifice ouvert à l'introduction de la vapeur ; sur la figure, c'est l'orifice inférieur, et le piston P est pressé de bas en haut. Pour que cette pression puisse exercer son effet, il faut que la vapeur, préalablement confinée au-dessus du piston, trouve une issue ; cette vapeur s'échappe par l'orifice supérieur, pénètre dans le tiroir et de là dans un tube dont on voit l'origine à l'intérieur du tiroir entre les deux orifices de prise de vapeur, et qui se termine dans le tuyau E où arrive l'eau froide de condensation.

La tension de la vapeur au-dessus du piston est donc celle de la vapeur d'eau saturée à la température de l'eau du condenseur, c'est-à-dire moins d'une atmosphère, tandis que la tension de la vapeur au-dessous est égale à celle de la chaudière.

Le piston reçoit ainsi un effort considérable de bas en haut ; il le transmet par la tige T et le parallélogramme articulé AA'A'' au balancier L'L, qui, à son extrémité opposée, agit par la bielle B sur la manivelle M de l'arbre moteur dont le volant est représenté en R.

L'axe d'oscillation O du balancier est supporté par quatre colonnes en fonte reposant sur le bâti de la machine.

Quand le piston est arrivé en haut de sa course, il faut évidemment que le jeu de la vapeur soit renversé, que la partie supérieure du cylindre communique avec la vapeur de la chaudière et la partie inférieure avec le condenseur.

C'est à quoi l'on arrive en déplaçant le tiroir de haut en bas, de manière à

Fig. 550.

découvrir l'orifice supérieur; l'orifice inférieur débouche alors dans le tiroir qui lui-même est sans cesse en communication avec le condenseur.

Ce déplacement du tiroir est obtenu automatiquement au moyen d'un excentrique circulaire monté sur l'arbre de couche; K est le collier de cet excentrique, et B′ sa tige évidée qui agit sur le levier ll', mobile autour du point O‴; à l'extrémité l' s'articule la tige G du tiroir.

Ainsi, à chaque demi-tour de l'arbre de couche, le tiroir se trouve déplacé, et l'effet de la vapeur sur le piston est interverti; c'est précisément le but qu'on se proposait d'obtenir.

L'eau du condenseur s'échaufferait rapidement, grâce à la chaleur latente abandonnée par l'eau qui passe de l'état gazeux à l'état liquide, si cette eau n'était continuellement renouvelée.

L'eau fraîche arrive par le conduit F, que ferme le robinet R', et tombe dans le tuyau E sous forme de pluie fine s'échappant d'une pomme d'arrosoir.

L'eau chaude, au contraire, est enlevée par une pompe dont on voit en T″ la tige, articulée sur le parallélogramme de Watt; on donne d'ordinaire à cet engin le nom de pompe à air, parce qu'elle enlève en même temps que l'eau chaude l'air qui s'en est dégagé. Cet air, s'accumulant peu à peu dans le condenseur, finirait par y prendre une tension élevée, et, comme il serait mis en communication avec le cylindre, il arrêterait la machine en opposant à la tension de la vapeur sur une des faces du piston une pression égale et contraire.

L'eau, extraite du condenseur, est employée à l'alimentation de la chaudière; il en résulte une économie de combustible.

L'alimentation est complétée par la pompe aspirante et foulante dont on voit la tige articulée en T‴ sur la partie gauche du balancier.

Entre les deux colonnes est placé le régulateur, dont nous avons précédemment étudié le mécanisme en détail. L'arbre de couche actionne une petite courroie qui, par un engrenage d'angle, fait tourner la tige verticale du régulateur, dont les boules sont en b et b' et le manchon en r'; quand le mouvement de rotation de l'arbre s'accélère, les boules s'élèvent et avec elles le manchon, qui agit sur un système de leviers articulés dont o' et o'' sont les points fixes; ce système fait mouvoir la valve de vapeur V, qui rétrécit le passage lorsque la rotation s'accélère, et qui l'augmente au contraire lorsque la rotation se ralentit et que les boules du régulateur s'abaissent.

Telle est dans son ensemble la disposition d'une grande machine à vapeur.

Machines à basse, à moyenne, ou à haute pression, avec ou sans détente, avec ou sans condensation. — On appelle machines à basse pression celles où la tension de la vapeur envoyée dans le cylindre est inférieure à 1 1/2 atmosphère; ce sont les plus anciennes; on croyait, en se limitant à de faibles pressions, éviter les accidents; mais l'expérience a montré que les accidents étaient beaucoup plus fréquents avec la basse qu'avec la haute pression.

On dit souvent qu'une machine est à moyenne pression lorsque la tension de la vapeur dans le cylindre est comprise entre 1 1/2 et 4 atmosphères.

Enfin, la machine est à haute pression lorsque la tension de la vapeur dans le cylindre dépasse quatre atmosphères. Cette tension est, le plus communément, de 10 ou 6 atmosphères; il est rare que l'on dépasse 10 atmosphères, c'est la pression en usage sur les bateaux à vapeur qui sillonnent les fleuves de l'Amérique.

Une machine est sans détente, lorsque la vapeur agit à pleine pression pendant toute la course du piston; quand celui-ci est arrivé au bout de sa course, la vapeur qui le presse s'échappe brusquement et se détend en pure perte dans l'atmosphère.

La machine est à détente, lorsque la vapeur n'est admise que pendant une fraction de la course du piston; cette fraction est variable et souvent très-faible. La vapeur, introduite à pleine pression, se dilate à mesure que le volume s'agrandit, et sa pression diminue conformément à la loi de Mariotte; mais, si les proportions sont convenablement gardées, la pression, quoique diminuant sans cesse, reste supérieure à la contre-pression produite soit par l'atmosphère, soit par la vapeur du condenseur, et le volume primitif de vapeur continue pendant la détente à transmettre au piston un travail considérable. Il est évident que par la détente on utilise beaucoup mieux la vapeur, ainsi que nous l'avons fait voir dans le premier chapitre de ce traité.

Il y a condensation lorsque la vapeur qui est en avant de la marche du piston communique avec un réservoir d'eau froide; nous savons que, dans ce cas, la pression de la vapeur confinée est égale à la tension maxima de la vapeur prise à la température du condenseur; et, comme l'eau de celui-ci est d'ordinaire à 40° ou 50°, la tension est bien inférieure à une atmosphère. La contre-pression exercée sur le piston est donc beaucoup plus faible lorsqu'il y a condensation que lorsque la vapeur s'échappe directement dans l'atmosphère. Conséquence : une meilleure utilisation de la chaleur produite.

APPAREILS DE DISTRIBUTION DE LA VAPEUR. — DÉTENTE.

Les appareils de distribution sont ceux qui se trouvent accolés au cylindre, à l'extrémité du tuyau d'amenée de la vapeur, et qui servent à envoyer, à distribuer alternativement la vapeur sur l'une et l'autre face du piston.

Ces appareils sont enfermés dans la boîte à vapeur; les plus usités sont connus sous le nom de tiroirs; quelquefois cependant on a recours à la distribution par clapets ou soupapes.

Le phénomène de la détente est intimement lié au fonctionnement des appareils de distribution. Nous l'étudierons donc en même temps.

De l'excentrique circulaire. — Le mouvement de va-et-vient des tiroirs leur est, en général, communiqué par un excentrique circulaire monté sur l'arbre de couche. Bien que nous ayons étudié cet engin en cinématique, il est bon d'en rappeler ici la forme et les propriétés.

Bien que très-différents au premier abord, l'excentrique circulaire et le système de bielle et manivelle sont identiques mécaniquement.

Sur un arbre de couche dont on voit en O la projection de l'axe est montée

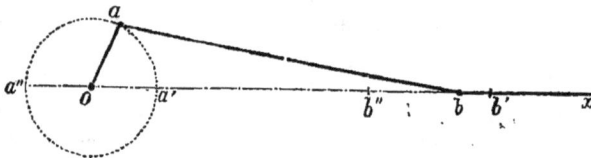

Fig. 351.

une manivelle Oa; comme l'arbre est muni d'un volant et par suite est animé d'un mouvement uniforme, il en résulte que le bouton (a) de la manivelle parcourt le cercle de rayon oa d'un mouvement uniforme. Le bouton (a) est relié par la bielle ab à une tige guidée bx, et l'on veut connaître le mouvement du point x. Nous l'avons étudié en cinématique et nous avons montré que ce mouvement différait très-peu de celui de la projection du point a sur le diamètre ob, pourvu toutefois que la bielle eût une certaine longueur égale à cinq fois au moins le rayon de la manivelle. Nous connaissons parfaitement le mouvement de la projection d'un point qui parcourt un cercle d'un mouvement uniforme, donc celui du système de bielle et manivelle nous est également bien connu.

Passons à l'excentrique circulaire : un disque aa, entouré d'un collier sur lequel est fixé un triangle évidé articulé en (b) avec une tige guidée bx, est calé sur un arbre de rotation qui l'entraîne dans son mouvement. Ce disque circulaire tourne non pas autour de son centre (c), mais autour d'un point excentrique v et la distance cv, est le rayon d'excentrique. On connaîtra évidemment le mouvement du disque dès qu'on connaîtra celui de son centre c ; ce centre décrit une circonférence dont vc est le rayon, et le mouvement est absolument

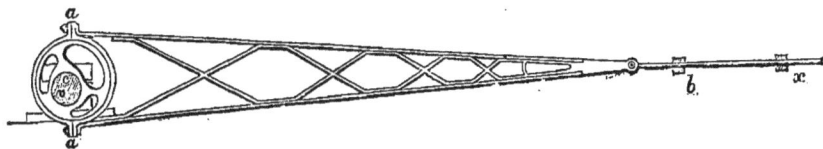

Fig. 552.

indépendant du rayon ca du disque ; il reste toujours le même quelle que soit la grandeur de ce rayon; en particulier, si ce rayon devient nul, l'appareil se réduit au point matériel c, réuni invariablement au point o, ce qui donne une manivelle ; le point b se meut donc comme une tête de bielle sur le diamètre vb, et décrit une série d'oscillations dont l'amplitude est égale au diamètre $2vc$ du cercle d'excentricité, et il en est de même de tous les points de la tige bx.

L'excentrique est donc identique mécaniquement au système de bielle et de manivelle. Quel en est l'avantage ? Il présente l'avantage de pouvoir être calé en

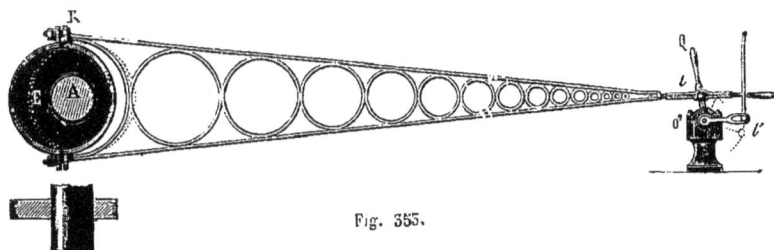

Fig. 553.

un point quelconque d'un arbre droit, tandis que, pour monter une manivelle au milieu d'un arbre, il faut couper cet arbre ou le couder, ce qui présente plus d'un inconvénient au point de vue de la construction.

La figure 553 représente avec détails un excentrique circulaire monté sur un arbre A et agissant sur un système de leviers coudés.

Tiroir de Watt ou tiroir en D. — Le tiroir de Watt est représenté par la figure 554. C'est un tube que l'on voit en perspective sur le dessin de gauche ; il a une section transversale en forme de D, d'où lui vient son nom ; à ses deux extrémités, il est plus large et possède deux parties planes mm nn, parfaitement dressées. Ces parties planes glissent à frottement doux sur une plaque bien rabotée, adhérente au cylindre où se meut le piston P. Dans cette plaque sont ménagées en haut et en bas du cylindre les lumières oo, qui servent à l'admission de la vapeur ; ces lumières sont à section rectangulaire, leur petit côté qui correspond à mn est vertical, c'est-à-dire dans le sens de l'oscillation du tiroir, leur grand côté au contraire est horizontal. Cette disposition, qui se reproduit dans tous les systèmes de distribution à tiroir, a pour but d'ouvrir un large passage à la vapeur pour un faible déplacement du tiroir.

Le tiroir en D est manœuvré par la tige centrale Q reliée à un excentrique. Ce tiroir est creux et percé aux deux bouts, il est enfermé dans la boîte à vapeur KL, entre les parois de laquelle il glisse à frottement doux en haut et en bas. La vapeur, venant de la chaudière, pénètre par l'orifice V et entoure le tiroir dans la partie médiane L de la boîte à vapeur.

La figure représente le tiroir dans sa course descendante : on voit que la vapeur pénètre sous le piston par la lumière inférieure *o*, comme le montre la flèche, tandis que la partie supérieure du cylindre est mise en communication

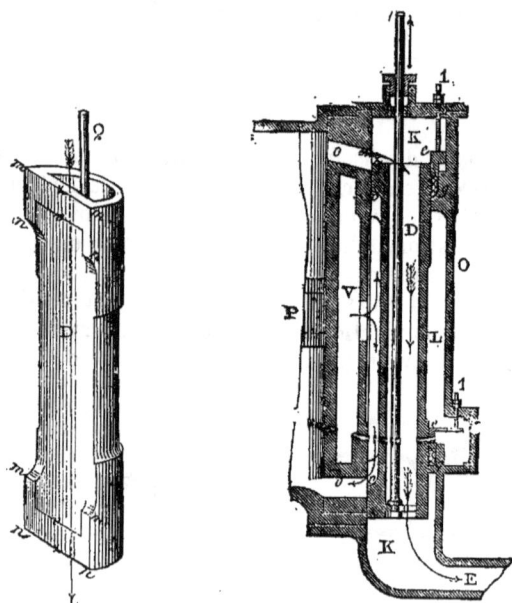

Fig. 554.

par la lumière du haut et par l'intérieur du tiroir avec le conduit E qui mène au condenseur. Sous le piston s'exerce donc la pression de la vapeur venant de la chaudière, et sur le piston règne la contre-pression, beaucoup plus faible, qui dépend de la température du condenseur.

Cet état de choses va durer tant que le tiroir descendra, et pendant la première partie de sa course ascendante, jusqu'à ce que les lumières inférieure et supérieure se trouvent démasquées vers le bas ; à ce moment, la lumière du haut recevra la vapeur qui vient de V, et celle du bas communiquera avec le tube E et le condenseur.

Le piston, pressé en sens inverse, reviendra sur lui-même, et ainsi de suite, périodiquement.

Reste à régler le calage de l'excentrique, qui guide la tige Q, de telle sorte que le tiroir se trouve à la position ci-dessus définie, précisément lorsque le piston sera sur le point de toucher le fond supérieur du cylindre. Nous verrons au paragraphe suivant comment on procède à ce réglage et comment aussi l'on obtient la détente.

Le tiroir en D, qui n'est plus guère usité que dans la marine, a l'avantage d'être entouré sur presque tout son pourtour par la vapeur ; les pressions auxquelles il se trouve soumis sont donc bien moins considérables que dans les tiroirs à coquille, et c'est une considération sérieuse dans les machines puissantes ; en effet, cette pression entraîne un frottement proportionnel que doit vaincre la tige Q, et il en résulte un certain travail résistant emprunté à l'arbre de couche au détriment du travail utile.

Mais le tiroir en D a l'inconvénient d'exiger des garnitures dans les parties où il glisse sur les parois de la boîte à vapeur, et bien souvent il se produit des fuites qui laissent la vapeur pénétrer dans les parties K communiquant avec le condenseur.

Tiroirs à coquille. — C'est le tiroir à coquille que l'on rencontre presque partout, du moins dans les machines terrestres. La figure 555 le représente sous sa forme élémentaire.

Sur le pourtour du cylindre de la machine est une plaque venue de fonte avec lui et bien rabotée sur sa face *mn*. C'est sur cette face que glisse le tiroir T ;

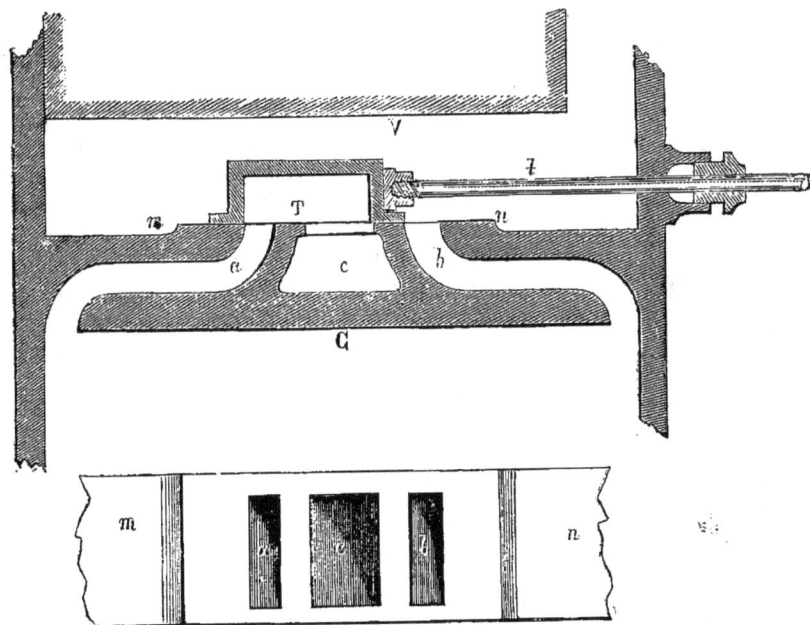

Fig. 555.

c'est un véritable tiroir métallique renversé sur la plaque *mn* ; ses rebords, auxquels on donne le nom de barrettes, sont exactement dressés, et ont même largeur que les lumières d'admission (*a*) et (*b*). Comme nous l'avons dit, ces lumières sont rectangulaires et ont leur grande dimension perpendiculaire à la tige *t* du tiroir.

Le tiroir est enfermé dans la boîte à vapeur V, et la pression de la vapeur l'applique fortement sur la surface *mn*, de sorte que l'excentrique doit exercer sur la tige *t* un effort qui dépend du coefficient de frottement et de la pression de la vapeur.

Entre les lumières d'admission *a* et *b* qui débouchent chacune à une extrémité du cylindre, est un large orifice d'échappement *c* qui s'en va soit dans l'atmosphère, soit au condenseur.

Considérons le tiroir dans sa position moyenne (fig. 556), les deux lumières étant fermées, il va se mouvoir dans le sens de la flèche et laisser entrer la vapeur en *a*. Le piston est donc à l'extrémité de gauche du cylindre. La vapeur pénètre par la lumière (a), tandis que la partie de droite du cylindre communique par la lumière b et l'intérieur du tiroir avec le condenseur. La pression de la vapeur s'exerce donc à gauche du piston et la contre-pression à droite.

Lorsque le tiroir aura complétement découvert les lumières, il sera arrivé à

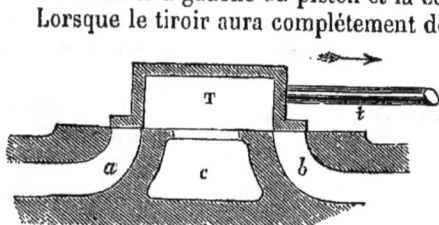

Fig. 356.

une extrémité de sa course et reviendra en sens inverse jusqu'à sa position moyenne. A ce moment, le piston doit être arrivé à l'extrémité de droite du cylindre, car la lumière b va s'ouvrir à la vapeur, tandis que la lumière (a) va se mettre en communication avec le condenseur; le sens des pressions est donc interverti, et le piston revient de droite à gauche pendant le temps que le tiroir met à se rendre à sa position extrême vers la gauche et à revenir à sa position moyenne.

On voit que la vapeur agit toujours à pleine pression; il n'y a donc pas de détente avec ce système théorique. Il y a toujours une des lumières qui communique avec la boîte à vapeur, et l'autre avec le condenseur; elles sont toutes deux fermées pendant un temps très-court, lorsque le tiroir passe par sa position moyenne. Pour qu'il y eût détente, il faudrait que l'entrée de la vapeur fût fermée pendant un certain temps, l'autre lumière ne cessant point de communiquer avec le condenseur. La figure 356 montre bien le mécanisme du tiroir et sa disposition par rapport au cylindre.

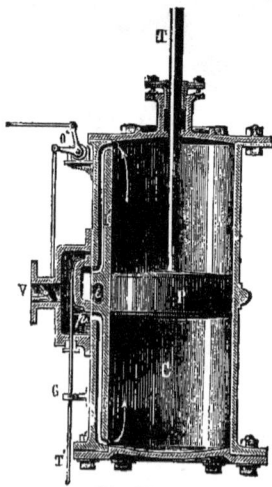

Fig. 357.

Le tiroir reçoit son mouvement d'un excentrique circulaire monté sur l'arbre de couche qu'actionne la tige du piston par l'intermédiaire d'une bielle et d'une manivelle. L'excentrique circulaire est assimilable à un système de bielle et de manivelle, le rayon de celle-ci étant égal au rayon d'excentricité. Cherchons quelle doit être sur l'arbre de couche la position relative des deux systèmes de transmission (fig. 357).

Il résulte de l'explication donnée ci-dessus, que au moment où le piston est à l'extrémité de sa course vers la gauche, la lumière de droite vient de se fermer à la vapeur et celle de gauche est au contraire sur le point de s'ouvrir à la vapeur; le tiroir est donc dans sa position moyenne, ainsi que sa tige, sa bielle et sa manivelle théoriques pq et qo : au contraire, la bielle PQ et la manivelle QO de la tige du piston sont à l'extrémité de leur course, et par suite dans le prolongement l'une de l'autre. Les manivelles OQ et Oq doivent donc être calées à 90° l'une de l'autre, et comme le tiroir doit se mouvoir dans le sens de la flèche, il faut que sa manivelle, c'est-à-dire l'excentrique qu'elle représente, soit de 90° en avant de la manivelle motrice dans le sens du mouvement.

Le diamètre de la manivelle du tiroir, c'est-à-dire le diamètre du cercle d'excentricité est le double de la largeur l d'une des lumières d'admission (a)t et (b).

Cet exposé sommaire suffit à faire comprendre le mécanisme du tiroir à coquille, appliqué à des machines sans détente.

Il y a un sérieux inconvénient dans l'emploi de l'excentrique circulaire, c'es que le mouvement du tiroir est continu, et que l'admission de la vapeur ne se fait à plein orifice que pendant un temps très-court; le reste du temps, la lumière est plus ou moins rétrécie, et il en résulte des pertes de pression. On est forcé, pour parer à cet inconvénient, de donner aux lumières une grande dimension transversale.

Il ne faudrait pas toutefois s'exagérer cet effet, car c'est précisément dans la position moyenne que le pied p de la bielle a sa vitesse maxima, et les orifices se

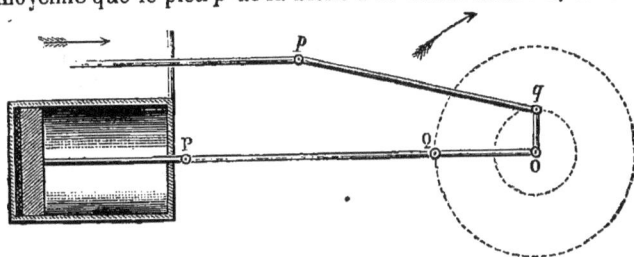

Fig. 358.

trouvent assez rapidement démasqués : au contraire, dans les positions extrêmes de l'excentrique, le pied p de la bielle et par suite le tiroir lui-même ont une vitesse très-faible et qui s'annule en changeant de sens; la lumière reste donc pendant un certain temps presque complétement ouverte.

On a quelquefois substitué à l'excentrique circulaire l'excentrique triangulaire qui donne à la tige guidée des déplacements rapides séparés par des repos. Dans la pratique, cet appareil donne lieu à des chocs nuisibles, et, en somme, l'excentrique circulaire fonctionne d'une manière satisfaisante.

Le tiroir à coquille est appuyé sur son siége par la pression de la vapeur qui remplit la boîte dans laquelle il se meut ; cette circonstance est avantageuse à un point de vue, c'est que les fuites de vapeur ne sont guère à craindre, et que, malgré l'usure, l'appareil peut donner un bon service, mais, à un autre point de vue, elle est désavantageuse, car elle constitue une résistance passive très-notable. En effet, soit un tiroir de $0^m,02$ de section, soumis à une pression effective de 5 kilogrammes par centimètre carré, c'est une pression totale de 1,000 kilogrammes ; si le coefficient de frottement est de $\frac{1}{10}$, il en résulte pour la tige du tiroir une traction de 100 kilogrammes.

Supposez que la course totale du tiroir soit de $0^m,10$, et que l'arbre de couche fasse un demi-tour à la seconde, il en résulte un travail résistant de 10 kilogrammètres à la seconde, soit un peu plus de $\frac{1}{8}$ de cheval vapeur.

Dans les grandes machines, on peut bien compter que la manœuvre du tiroir absorbe au moins 2 p. 100 du travail produit par la vapeur sur les faces du piston.

Lors de la mise en train, ce frottement considérable du tiroir est très-gênant ; il faut le manœuvrer à bras, et pour réduire l'effort, on a soin de ne pas faire fonctionner le condenseur et de n'ouvrir que très-peu la valve de prise de vapeur, afin de diminuer la pression et d'augmenter la contre-pression, c'est-à-dire de diminuer la pression effective.

Du recouvrement extérieur. Détente. — Pour produire la détente, on commence d'abord par augmenter la largeur des barrettes ou bords du tiroir : cette largeur était égale tout à l'heure à la largeur l des lumières, on l'augmente d'une certaine quantité r, et l'élargissement est pris à l'extérieur du tiroir. Étudions géométriquement ce qui se passe alors.

Le piston P étant à l'extrémité de sa course vers la gauche, la lumière (a) doit être sur le point de s'ouvrir à la vapeur ; elle s'ouvre donc, et l'orifice d'admission augmente jusqu'à ce que le tiroir soit arrivé à l'aplomb de l'arête intérieure de la lumière (a), position n° 2 ; il revient alors en arrière, et reprend la position n° 3 identique à la position n° 1. Dès lors, l'admission de la vapeur est interrompue à gauche du piston, bien que la droite soit toujours en communication avec le condenseur ; l'interruption dure tant que la barrette de gauche couvre l'orifice (a), c'est-à-dire jusqu'à la position n° 4. Dans cette position, la gauche du piston est sur le point d'être mise en communication avec le condenseur ; la détente se termine et l'émission commence, bien que le piston continue sa marche en avant ; le tiroir est dans sa position moyenne. Cet état persiste jusqu'à la position n° 5 ; alors le piston est arrivé à la limite extrême de sa course, il est sur le point de revenir, sur la droite, et la lumière (b) va s'ouvrir à la vapeur. La position n° 5 est symétrique de la position n° 1.

Ainsi, pendant la période 1-2, la vapeur est admise par la lumière a dont l'orifice va sans cesse s'élargissant, et la lumière b communique avec le condenseur ;

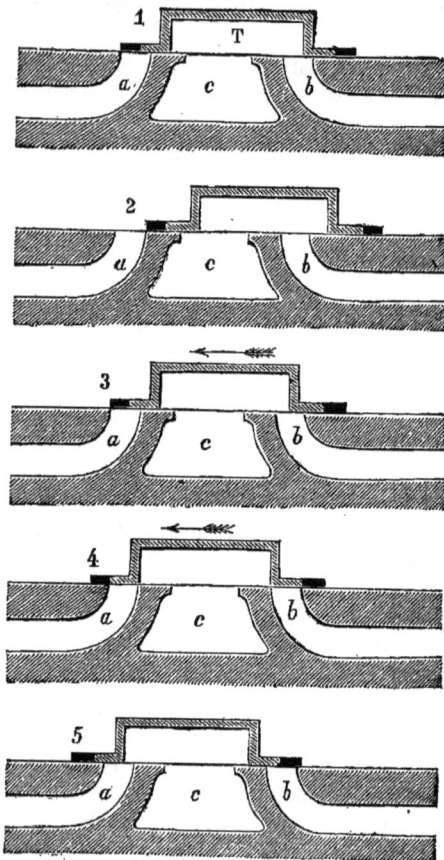

Fig. 359.

Pendant la période 2-3, mêmes circonstances, si ce n'est que l'orifice de la lumière a va sans cesse en diminuant ;

Pendant la période 3-4, la lumière a est complètement fermée, la vapeur précédemment introduite dans le cylindre s'y détend, pendant que la lumière b est toujours en communication avec le condenseur ;

Pendant la période 4-5, la lumière a s'ouvre peu à peu vers le condenseur, la pression sur le piston s'abaisse rapidement, au contraire la lumière b est complètement fermée, et la contre-pression augmente par suite de la réduction de volume que subit la vapeur confinée en avant du piston. Tout est combiné pour que le piston perde sa force vive et arrive sans choc à l'extrémité du cylindre.

Quelle est l'amplitude de la course du tiroir? Sa position moyenne est la position n° 4, et la position n° 2 est sa position extrême vers la droite : la demi-course du tiroir est donc égale à la largeur totale d'une barrette, soit à la largeur l d'une lumière, plus la largeur r du recouvrement.

L'amplitude de la course est donc $2(l + r)$ et c'est le diamètre de la manivelle ou tiroir ou plutôt du cercle d'excentricité.

Le calage de l'excentrique doit être modifié en même temps que son rayon.

En effet, lorsque le tiroir est dans la position n° 1 et que le piston va commencer sa course de la gauche vers la droite, le tiroir n'est plus dans sa position moyenne ; cette position moyenne porte le n° 4, et le n° 1 est en avance vers la

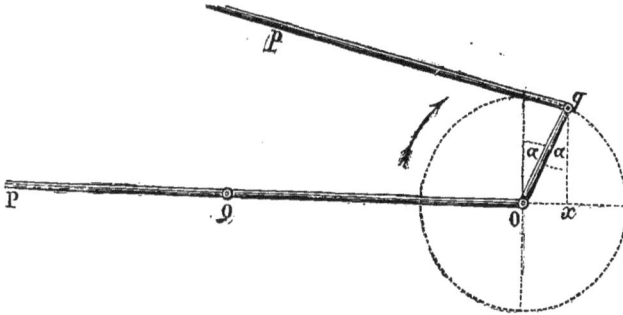

Fig. 560.

droite d'une longueur égale au recouvrement r. Donc, le système moteur de bielle et manivelle OPQ est dans le prolongement de la tige du piston, tandis que le système de bielle et manivelle du tiroir est calé, non plus à 90° du précédent, mais à plus de 90°, de telle sorte que l'avance Ox sur sa position moyenne soit égale à r. Proposons-nous de déterminer l'angle Oqx dont la manivelle est en avance sur sa position moyenne. Dans le triangle rectangle Oqx, l'hypoténuse $0q = l + r$, et le côté horizontal $Ox = r$, donc, on a pour déterminer l'angle α, la relation

$$\sin \alpha = \frac{r}{l+r},$$

et l'excentrique du tiroir doit être calé sur l'arbre de couche à $(90° + \alpha)$ de la manivelle motrice, et en avant de celle-ci.

Les figures précédentes sont absolument théoriques, et, c'est pour les rendre plus simples que nous avons placé le tiroir horizontal au-dessus du cylindre horizontal ; dans la pratique, le tiroir est placé latéralement au cylindre dans un plan vertical, et le plan de son excentrique est parallèle à celui qui comprend la bielle et la manivelle motrices. Le calage est alors des plus faciles ; la bielle et la manivelle motrices agissant soit à une extrémité soit sur un coude de l'arbre de couche, tandis que l'excentrique entoure l'arbre de couche.

Calcul de la fraction de détente. — On peut se proposer de calculer la fraction de détente en fonction du recouvrement, ou bien de l'angle α qui est directement lié au recouvrement. La fraction de détente est la fraction de la course L du piston, pendant laquelle la vapeur est admise à pleine pression ; ainsi la détente est au $\frac{1}{4}$ ou au $\frac{1}{10}$ lorsque le cylindre ne communique avec la boîte à vapeur que pendant le $\frac{1}{4}$ ou le $\frac{1}{10}$ de la course du piston.

La fraction de détente se déduit facilement de l'épure précédente :

En effet le piston a sensiblement le même mouvement rectiligne que la projection du bouton Q de la manivelle sur le diamètre OP du cercle que cette manivelle décrit ; de même, le tiroir se meut comme la projection du centre de son excentrique sur le même diamètre.

D'après cela, dans la position n° 1, les boutons des deux manivelles se trouvant en Q et q, on peut supposer le piston au point Q ; dans la position n° 2, le tiroir est à l'extrémité de sa course, par suite, le bouton q est en q_2, et le bouton de

la manivelle motrice en Q_2 à $(90° + \alpha)$ en arrière, le piston a donc parcouru un espace $Q_1 A_2$ (fig. 361).

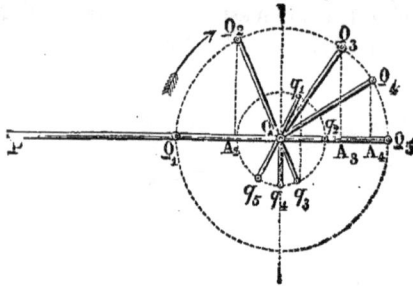

Dans la position n° 3, les boutons des manivelles se trouvent en q_3 et Q_3 et par suite le piston est venu de A_2 en A_3.

Dans la position n° 4, les boutons des manivelles se trouvent en q_4 et Q_4, et par suite le piston est venu de A_3 en A_4.

Dans la position n° 5, la course est achevée, les boutons des manivelles sont en q_5 et Q_5, et le piston est venu

Fig. 361.

de A_4 en Q_5 ; il a terminé une oscillation simple L.

L'admission de la vapeur n'a lieu qu'entre les positions n° 1 et n° 3 ; le piston parcourt donc l'espace $Q_1 A_3$ à pleine pression. Cet espace est égal à :

$$Q_1 O + O A_3 = \frac{L}{2} + O A_3 = \frac{L}{2} + O Q_3 . \cos A_3 O Q_3 = \frac{L}{2} (1 + \cos A_3 O Q_3)$$

Mais, l'angle $A_3 O Q_3 = 180° - Q_1 O Q_3$, et l'angle $Q_1 O Q_3$ représente la rotation de l'arbre de couche entre les positions n° 1 et n° 3, c'est la même chose que l'angle $q_1 O q_3$ qui est égal à $(180° - 2\alpha)$; il en résulte que l'angle $A_3 O Q_3$ est égal à 2α, et l'on a :

$$Q_1 A_3 = \frac{L}{2} (1 + \cos 2\alpha) = \frac{L}{2} . 2\cos^2\alpha = L \cos^2 \alpha.$$

La fraction de détente se trouve finalement représentée par :

$$\frac{Q_1 A_3}{Q_1 Q_5} = \frac{L \cos^2 \alpha}{L} = \cos^2 \alpha = \sqrt{1 - \left(\frac{r}{l+r}\right)^2} = \frac{1}{l+r} \sqrt{l(l+2r)}.$$

La largeur l des lumières est une donnée de construction ; si l'on connaît la largeur r du recouvrement extérieur, on en déduira $\cos^2\alpha$, qui représentera la fraction de détente.

Généralement, c'est le problème inverse qui se présente, et l'on veut obtenir la détente par exemple à $\frac{1}{n}$, on pose

$$\frac{1}{n} = \cos^2 \alpha,$$

De là, on déduit l'angle α, et par suite le rapport $\frac{l}{l+r}$; la quantité l est toujours une donnée de construction, le rapport précédent fournit donc la valeur qu'il faut adopter pour le recouvrement r.

En général, la détente n'est pas très-considérable avec le tiroir à coquille avec recouvrement ; on admet la vapeur pendant les $\frac{6}{10}$ ou $\frac{7}{10}$ de la course du piston. L'angle α est généralement compris entre 25° et 35°.

L'inconvénient de ce système de détente fixe est de ne convenir qu'à un travail à peu près fixe ; lorsqu'il s'applique à une machine de travail variable, il faut obtenir une tension variable dans la chaudière, ou rétrécir au moyen d'une valve la prise de vapeur, ce qui se traduit par une perte de pression.

Quoi qu'il en soit, le tiroir simple à recouvrement est aujourd'hui d'un usage général ; on lui ajoute un léger recouvrement intérieur, comme nous le verrons plus loin.

Épure représentative de la détente. On doit à M. Fauveau, ingénieur de la marine, une épure ingénieuse qui représente les diverses phases du phénomène de la détente. En voici le principe :

Lorsque le piston est à l'extrémité de sa course, le bouton de sa manivelle est en Q_1 et le bouton de la manivelle du tiroir est en q_1 à $(90° + \alpha)$ en avant dans le sens du mouvement. Au bout d'un certain temps, la ma-

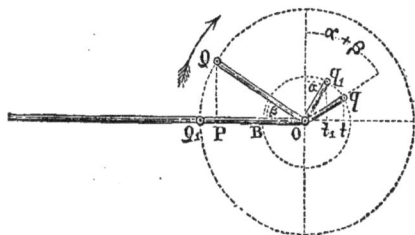

Fig. 562.

nivelle du piston a décrit un angle β et est venue en OQ, la manivelle du tiroir a toujours gardé son avance et se trouve en Oq faisant un angle $(\alpha + \beta)$ avec le diamètre vertical OA.

Dans l'intervalle des deux positions, le piston a parcouru un espace Q_1P et sa distance x à l'extrémité de sa course est précisément égale à

$$(1) \qquad x = Q_1P = OQ - OP = \frac{L}{2}(1 - \cos \beta);$$

le tiroir a parcouru l'espace t_1t et sa distance y à l'extrémité de sa course est égale à

$$(2) \qquad y = Bt = BO + Ot = (l + r)[1 + \sin(\alpha + \beta)];$$

à ces deux équations, il faut ajouter la relation :

$$(3) \qquad \sin \alpha = \frac{r}{l + r}$$

Si entre ces trois équations, nous éliminons α et β, il nous reste une relation entre x et y, laquelle est la représentation algébrique de la loi qui lie les positions du piston à celles du tiroir.

De l'équation (1) nous tirons $\cos \beta$ et par suite $\sin \beta$ qui est égal à $1 - \cos^2 \beta$; de même, l'équation (5) nous donne $\sin \alpha$ et $\cos \alpha$. Développons l'équation (2) et remplaçons les sinus et cosinus précédents par leur valeur, faisons disparaître les radicaux en élevant au carré, et nous trouvons finalement :

$$(4) \quad L^2y^2 + 4L.r.x.y + 4(l + r)^2 x^2 - 2L(l + 2r)y - 4L(l + r)(l + 2r)x + L^2(l + 2r)^2 = 0$$

En géométrie analytique, cette équation représente une ellipse; si on en cherche les tangentes horizontales et verticales, on reconnaît que l'ellipse est contenue dans le rectangle OABC, dont les côtés verticaux sont égaux à la course totale $2(l + r)$ du tiroir et les côtés horizontaux à la course totale L du piston.

La courbe est tangente à l'axe des y en un point D tel que $OD = l + 2r$, et à la parallèle AB à cet axe en un point E tel que $AE = l$.

Par le moyen de cette courbe étant donnée à un temps quelconque la distance

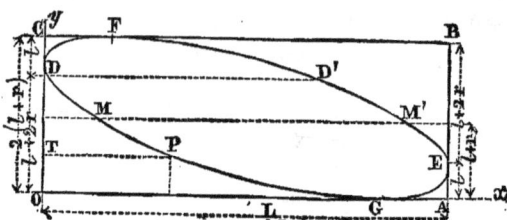

Fig. 365.

OT du tiroir à l'extrémité de sa course, on aura la position correspondante du piston en menant l'horizontale TP ; le piston sera à une distance TP de l'extrémité de sa course.

L'épure montre que :

1° L'admission de la vapeur commence au point D, le tiroir étant à une distance $l + 2r$ de sa position extrême et le piston à l'origine de sa course.

2° L'admission de la vapeur dure tant que l'on parcourt l'arc DFD', c'est-à-dire jusqu'à ce que le tiroir soit revenu à la même distance de son origine.

3° Pour l'arc D'M', le tiroir se dirige vers sa position moyenne, l'admission et l'émission sont également fermées et l'on est dans la période de détente.

4° Puis l'émission commence et dure, pendant tout le temps qu'on est sur l'arc M'EGM, c'est-à-dire jusqu'à ce que le tiroir ait achevé sa course et soit revenu à sa position moyenne. Pendant qu'on parcourt l'arc M'E, l'émission est ouverte, mais le piston continue son mouvement; au point E, il est arrivé à l'extrémité de sa course vers la droite ; il revient alors de droite à gauche, mais sa face, qui se trouvait pressée par la vapeur, est toujours en communication avec la lumière d'émission.

5° Enfin, lorsqu'on arrive au point M, le tiroir est à sa position moyenne, il recouvre la lumière pendant qu'il parcourt l'espace MD, correspondant à un déplacement r; l'émission est donc arrêtée, bien que le piston ne soit pas encore arrivé à l'extrémité de sa course vers la gauche. La vapeur confinée se comprime et empêche les chocs contre le fond du cylindre.

On voit que l'ellipse de détente nous permet d'expliquer le phénomène aussi bien que nous l'avons fait directement en suivant les mouvements combinés du tiroir et du piston.

La fraction de détente est facile à trouver sur l'équation de la courbe ; en faisant $y = l + 2r$, on obtient pour x deux valeurs : $x = 0$, qui représente le point D, et $x = L \dfrac{l^2 + 2rl}{(l+r)^2}$, qui représente l'abscisse DD' du point D' ; c'est précisément en D' que commence la détente, donc la fraction de détente est égale à :

$$\frac{DD'}{OA} = \frac{DD'}{L} = \frac{l^2 + 2rl}{(l+r)^2} = 1 - \frac{r^2}{(l+r)^2} = 1 - \sin^2 \alpha = \cos^2 \alpha,$$

résultat auquel nous sommes arrivé déjà par une autre voie.

Cette ellipse nous permet encore de reconnaître le bon fonctionnement de l'excentrique circulaire au point de vue pratique ; bien que théoriquement, excentrique triangulaire aurait des avantages en ce sens qu'il permet d'ouvrir complétement les lumières à un moment voulu, on voit que l'excentrique circulaire donne à peu près le même effet, car, la courbe étant tangente en D à l'axe des y lorsque le piston commence sa course, un déplacement considérable du tiroir correspond à un déplacement relativement faible du piston, et la lumière est bien vite démasquée en grand.

Effet du recouvrement intérieur. — Nous venons d'étudier en détails le recouvrement extérieur qui produit la détente. On donne souvent aux tiroirs à coquille un léger recouvrement intérieur, dont l'importance est bien moins considérable que celle du précédent.

Nous avons reconnu sur la figure 359 que la détente était terminée lorsque le tiroir était arrivé à la position n° 4. La lumière a est sur le point de s'ouvrir vers le condenseur tandis que la lumière b est sur le point de se fermer ; cependant le piston P n'est pas arrivé à l'extrémité de sa course, il n'y sera que lorsque le tiroir sera parvenu à la position n° 5 et que la lumière (b) sera sur le point de s'ouvrir à la vapeur.

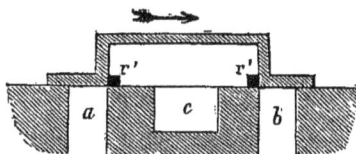

Fig. 564.

Dans la période 4-5, la vapeur va donc se comprimer dans le fond du cylindre et dans les espaces nuisibles en avant du piston, tandis qu'elle va se condenser à l'arrière ; le piston ne peut continuer son mouvement qu'en vertu de sa force vive qui disparaît peu à peu. On évite ainsi les chocs qui ne manqueraient pas de se produire si l'on voulait renverser brusquement la marche, et la vitesse du piston s'annule d'une manière progressive quoique assez rapide avant de changer de sens.

Mais, si l'on donne au tiroir un léger recouvrement intérieur r',r' la détente ne s'arrêtera pas à la position n° 4, elle continuera quelque temps encore, jusqu'à ce que le tiroir se soit avancé de r' vers la gauche. Le recouvrement de droite produit un effet corrélatif ; l'émission (b) est fermée un peu avant la position n° 4, et la compression de la vapeur commence un peu plus tôt que tout à l'heure.

L'avantage de cette disposition est de mieux utiliser la détente de la vapeur ; cette détente est poussée plus loin, et le travail supplémentaire qu'on lui demande se retrouve dans la vapeur comprimée en avant du piston. Ce travail n'est point perdu, comme on pourrait le croire au premier abord, il est rendu au piston par la vapeur comprimée lorsque le mouvement recommence de la droite vers la gauche.

Dans les machines à grande vitesse, les dispositions ordinaires que nous venons de décrire ne suffiraient pas à atténuer l'effet nuisible des chocs ; ce n'est plus à un recouvrement intérieur, mais à une découverte intérieure que l'on a recours, de sorte que la détente se termine avant la position n° 4 et le piston est plus longtemps soumis à la contre-pression du condenseur, qui, du reste, demande toujours un certain temps pour s'établir.

Il ne faut pas oublier en effet que la transmission instantanée des pressions n'existe pas ; cette transmission est très-rapide il est vrai ; dans les cas ordinaires, on peut en négliger la durée et supposer par exemple qu'une masse de vapeur, mise en communication avec un condenseur, prend instantanément la pression de ce condenseur ; mais, lorsque les mécanismes sont animés d'une grande vitesse, l'influence de la vitesse de propagation des pressions se fait sentir, et un construc-tructeur soigneux en devra tenir compte dans certains cas.

De l'avance à l'admission. — Malgré la fermeture de l'émission et la résistance de la vapeur comprimée en avant du piston lorsqu'il arrive près du fond du cy-lindre, il peut arriver que des chocs se produisent encore dans les machines puissantes. D'autre part, le mouvement de rotation de l'arbre de couche étant uniforme, le piston se meut comme la projection d'un point qui parcourt un cercle d'un mouvement uniforme, c'est-à-dire que son accélération est maxima aux extrémités de sa course. Si la vapeur à haute tension n'agit pas rapidement sur le piston de manière à lui communiquer cette accélération, il faudra qu'il la trouve ailleurs ; elle lui sera imprimée par la manivelle et la bielle, qui de la sorte seront soumises à des efforts variables et par suite, sinon à des chocs, du moins à des causes puissantes de déformation.

C'est pour remédier à ces inconvénients qu'on a adopté l'avance à l'admission ; on l'obtient par le calage, en augmentant un peu l'angle α déterminé en fonction du recouvrement. La vapeur de la chaudière est donc admise non pas quand le piston a touché le fond du cylindre, mais un peu avant ; elle anéantit la force du piston, remplit les espaces nuisibles, amortit les chocs possibles, et, dès que le mouvement se renverse, est en mesure d'imprimer au piston l'accélération qui lui est nécessaire.

C'est ce qu'on appelle l'avance à l'admission : elle est bien facile à obtenir.

Il n'y a point de règle fixe pour la valeur qu'on lui donne ; cela dépend du moteur. Cependant la valeur généralement adoptée est un millimètre et demi.

Résumé des dispositions précédentes. — L'étude précédente est assez détaillée pour permettre de fixer les dimensions d'un tiroir destiné à fonctionner sur un cylindre donné.

Le tiroir théorique, que nous avons décrit tout d'abord, dont les barrettes sont égales en largeur aux lumières du cylindre, et dont l'excentrique est calé à 90° en avant de la manivelle motrice, ce tiroir est soumis aux modifications suivantes :

1° Il s'agit, pour obtenir la détente, de recouvrir la lumière d'admission avant la fin de la course du piston, afin d'isoler la vapeur du cylindre qui se répand dans un espace augmentant sans cesse. On y arrive en donnant au tiroir un recou-vrement extérieur r. Si l'on appelle l la largeur d'une des lumières, le rayon d'excentricité est $l + r$, et la course totale du tiroir est le double. L'excentrique n'est plus calé à 90° en avant de la manivelle motrice, mais à $(90° + \alpha)$; l'angle α se détermine par la relation $\sin \alpha = \dfrac{r}{l+r}$, et la fraction de détente, c'est-à-dire la portion de la course totale du piston qui est parcourue à pleine pression, est égal à $\cos^2 \alpha$.

Cette disposition constitue le recouvrement extérieur ou recouvrement pour la détente.

2° Par le fait de ce recouvrement extérieur, nous avons vu que l'échappement se produisait en arrière du mouvement avant que le piston ne fût à l'extrémité de sa course. C'est ce qu'on appelle l'avance à l'échappement, ou l'avance à la con-densation si la machine est à condenseur. On amortit ainsi les chocs, et on n'oppose pas de contre-pression au mouvement en sens inverse qui va se pro-duire.

3° De plus, l'échappement en avant du piston est fermé avant que celui-ci n'ait touché le fond du cylindre ; la vapeur se comprime dans les espaces nui-sibles, elle amortit le choc, en même temps qu'elle permet à la vapeur de la chaudière, qui va arriver un instant après, de produire immédiatement son travail. C'est ce qu'on appelle : donner de la contre-pression.

4° Par le recouvrement intérieur, on donne du retard à l'échappement et la période de détente est un peu augmentée; mais l'émission en avant du piston est interrompue un peu plus tôt, et la contre-pression est augmentée. On utilise mieux le travail de la détente, et l'accroissement de ce travail se retrouve dans la contre-pression.

5° Enfin, on donne souvent de l'avance à l'admission, c'est-à-dire qu'on découvre la lumière d'admission un instant avant que le piston ne vienne à toucher le fond du cylindre. On évite ainsi les chocs et on assure la régularité des mouvements.

L'avance à l'admission s'obtient en donnant au tiroir une avance d'un millimètre et demi, et modifiant en conséquence le calage de l'excentrique.

Construction des tiroirs à coquille. — La construction des tiroirs à coquille n'offre rien de particulier. Il faut prendre soin seulement que leur épaisseur soit assez forte pour résister à la pression effective de la vapeur. Sur leur face externe agit la vapeur qui vient de la chaudière, tandis que sur la face interne s'exerce la pression du condenseur. Un tiroir de grandes dimensions est donc énergiquement appuyé sur sa plaque de friction, ainsi que nous l'avons déjà dit, et il ne doit ni s'effondrer ni même se déformer sous la pression effective qu'il supporte.

Les barrettes des tiroirs doivent être parfaitement rabotées et polies, ainsi que leur plaque de friction; c'est par un frottement prolongé qu'on les prépare.

Généralement, on laisse au recouvrement plus de longueur qu'il ne faut, afin de permettre à l'ajusteur de lui donner bien exactement la dimension voulue.

Les tiroirs de grande dimension exigent une force notable pour se mouvoir et absorbent une certaine quantité de travail; on a cherché à diminuer ce travail résistant au moyen de compensateurs.

On place entre le fond du tiroir et la paroi extérieure de la boîte à vapeur deux parois transversales sur la tranche desquelles glisse le tiroir; l'intervalle entre ces deux parois est mis en communication constante avec le condenseur, de sorte que pour la partie centrale du tiroir, la pression est la même sur les deux faces du fond. Elle se trouve équilibrée ou compensée. La pression sur la plaque de friction est donc bien diminuée, et l'effort à faire pour mouvoir le tiroir a diminué proportionnellement.

On comprend sans peine que le compensateur exige des soins particuliers : il faut que le dos du tiroir frotte bien exactement sur la tranche des parois qui limitent l'espace mis en rapport avec le condenseur, sans quoi il se produirait des fuites, et la vapeur de la chaudière pourrait s'en aller directement dans le condenseur sans passer par le cylindre.

D'un autre côté, il ne faut pas réduire outre mesure la pression qui applique le tiroir sur sa plaque de friction, car c'est à cette pression que l'on doit une étanchéité parfaite; si elle était trop faible, la vapeur à haute pression pourrait s'introduire sous les barrettes et soulever le tiroir. On retomberait sur l'inconvénient de laisser passer la vapeur de la chaudière directement au condenseur.

En somme, le compensateur demande une construction des plus soignées; il peut donner lieu à de sérieux inconvénients, et on ne l'emploie guère que dans les machines de très-grande dimension, telles que les machines marines.

Les principaux perfectionnements du tiroir à coquille sont dus à Clapeyron.

DÉTENTE VARIABLE.

Le tiroir précédent, tel que nous venons de le décrire, donne bien une détente que le constructeur peut faire aussi grande qu'il le veut; mais, elle est fixe et c'est un grave inconvénient.

En effet, le travail à demander à une machine est presque toujours des plus variables, sauf dans certaines usines où le même nombre de métiers est toujours en marche. Dans la plupart des industries, tous les métiers et engins ne fonctionnent pas ensemble; dans les machines de navigation, le travail est fort irrégulier, il dépend de l'état des eaux, du sens et de la puissance du courant; dans les locomotives, le travail est en relation directe avec le profil en long de la voie.

Dans tous les cas que nous venons d'énumérer, si l'on ne dispose que d'une détente fixe, il faudra pour faire varier le travail, agir soit sur la pression de la vapeur que produit la chaudière, soit sur la valve de prise de vapeur. Dans l'un et l'autre cas, c'est une mauvaise manœuvre : on utilise mal la chaleur dépensée, ou bien on perd de la pression en étranglant l'orifice qui livre passage à la vapeur. Il est bien préférable de conserver la pression normale, et d'augmenter ou de diminuer la détente suivant les besoins.

On y arrive par différents systèmes de distribution à détente variable. Nous étudierons les plus usités.

1° Appareil de changement de marche ou coulisse de Stéphenson. — Le changement dans le sens de la marche est une absolue nécessité pour les machines de navigation et les locomotives.

Dans les machines fixes et locomobiles au contraire, le sens de la rotation est constant, et il suffit d'avoir un appareil d'arrêt. On stoppe en déclanchant la tige de l'excentrique circulaire ou en décalant cet excentrique; le tiroir n'étant plus guidé, reste immobile, la distribution ne fonctionne plus, et le piston ne tarde pas à s'arrêter lui-même après un temps plus ou moins long suivant la force vive de l'arbre de couche qui l'entraîne. On arrive au même résultat en fermant complétement la valve de prise de vapeur : c'est ce qu'on fait dans les machines où les excentriques sont installés d'une manière fixe.

Le changement de marche est plus difficile. Nous avons supposé le sens de la rotation connu et nous avons dit que l'excentrique était calé à $(90° + \alpha)$ en avant

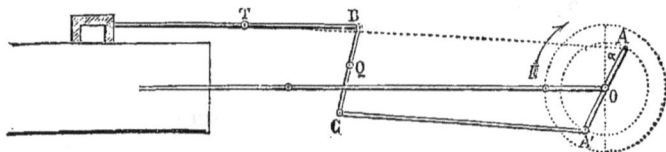

Fig. 365.

de la manivelle motrice, mais c'est à la condition que la transmission sera directe, c'est-à-dire que le rayon d'excentricité sera en OA et l'axe de la tige d'excentrique en AT; l'excentrique conduit alors lui-même la tige T du tiroir.

Il arrive souvent que la transmission n'est pas directe, et qu'on interpose entre le tiroir et l'excentrique d'abord une tige articulée TB qui reste sensiblement horizontale, et qui est reliée à un levier du premier genre BQC, dont les deux bras sont égaux et dont le centre d'oscillation est en Q. C'est l'extrémité C de ce levier qui est actionnée par la tige de l'excentrique.

Si l'on veut obtenir le même mouvement que par la transmission directe, il faut évidemment que l'excentrique soit calé sur le prolongement de OA, suivant le rayon oA', c'est-à-dire à $(90° - \alpha)$ en arrière de la manivelle motrice

La transmission directe est très-commode à installer dans les machines simples, horizontales ou verticales ; mais, dans les machines à balancier, par exemple, il faut bien recourir à un renvoi de mouvement par leviers pour communiquer le mouvement de l'arbre de couche au tiroir. Il en est de même dans les machines simples, lorsque la base du tiroir se trouve dans un plan parallèle à l'arbre de couche et non dans un plan normal.

Mais revenons au changement de marche :

On l'obtient au moyen d'un excentrique dont on peut changer le calage sur l'arbre de couche, ou au moyen de deux excentriques installés d'une manière fixe et réunis par le système connu sous le nom de coulisse de Stephenson.

1° Changement de marche par un seul excentrique. — Soit un excen-

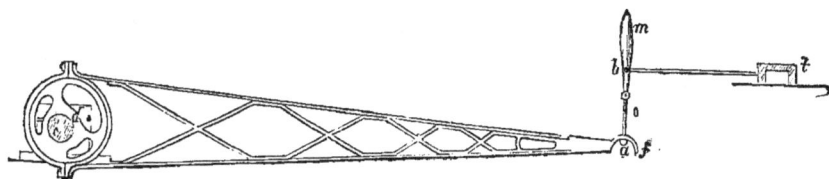

Fig. 566.

trique circulaire (d) monté sur l'arbre de couche c ; sa tige évidée, de forme triangulaire se termine par une encoche f, tournée vers le bas et posée sur le bouton a d'un levier du premier genre dont o est le centre fixe d'oscillation. De l'autre côté de ce centre, en un point (b) est articulée la tige motrice du tiroir t, et le levier se termine par une poignée ou manette (m).

On voit que la transmission est indirecte et que l'excentrique doit être placé sur l'arbre de couche à $(90° - \alpha)$ en arrière de la manivelle motric

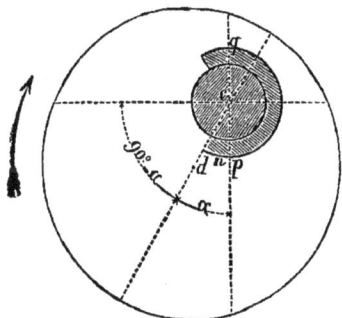

Fig. 567.

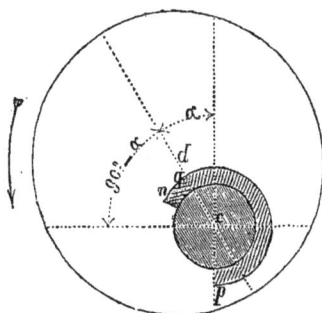

Fig. 568.

L'excentrique n'est point calé d'une manière fixe, c'est au contraire une pièce olle sur l'arbre de couche ; dans cet excentrique est implantée une pièce saillante *n*, qu'on appelle le toc, et sur l'arbre est un renflement annulaire *pq*, qu'on appelle le butoir ; le toc et le butoir sont en face l'un de l'autre et l'on voit sur la figure 367 que si l'arbre tourne de gauche à droite, il entraîne l'excentrique dans son mouvement, car le butoir pousse sans cesse le toc devant lui ; l'extrémité du toc, qui n'est pas en contact avec le butoir, se trouve sur le rayon d'excentricité *cd*, qui fait l'angle $(90° - \alpha)$ avec le diamètre horizontal de l'arbre de couche.

Si l'on veut que le sens du mouvement change et que l'arbre tourne de droite à gauche, comme le montre la figure 368, il faut que le rayon d'excentricité soit à $(90° - \alpha)$ en arrière de la manivelle motrice dans le sens du mouvement. L'angle total occupé sur la circonférence de l'arbre de couche par le butoir et le toc réunis doit donc être de $(180° + 2\alpha)$ dont α pour le toc et $180° + \alpha$ pour le butoir.

Voici maintenant comment on obtient le changement de marche :

On soulève à la main la tige de l'excentrique et on dégage le bouton (*a*) de l'encoche *f*. L'excentrique ne guide plus le tiroir ; on manœuvre celui-ci à la main avec la manette M, de manière à produire le renversement de marche : l'arbre, qui s'était arrêté un instant, se met à tourner en sens contraire de sa rotation primitive, le butoir quitte le toc pour venir un instant après le pousser dans l'autre sens. L'excentrique prend alors le mouvement qui convient au nouveau sens de marche, et il n'y a plus qu'à laisser retomber l'encoche sur le bouton du levier.

Tout cela paraît assez compliqué à la lecture ; mais, en réalité, c'est une manœuvre simple et rapide avec laquelle les mécaniciens ne tardent pas à se familiariser.

Lorsqu'il s'agit de stopper, il suffit de soulever la tige de l'excentrique ; le tiroir s'arrête et par suite le piston.

Il y a à ce système un inconvénient : l'arbre de couche possède à un moment donné une rotation uniforme, mais le toc est fixé à l'excentrique et, lorsque le rayon d'excentricité descend, le poids de l'excentrique détermine une certaine accélération dans son mouvement. Le toc participe à cette accélération, et souvent il se décolle du butoir ; celui-ci le rejoint lorsque le rayon d'excentricité remonte. En somme, il en résulte des chocs continuels et un bruit fort désagréable. On remédie à cet inconvénient en équilibrant l'excentrique au moyen d'un contrepoids placé de l'autre côté de l'arbre de couche ; le mieux est de monter sur l'arbre de couche, symétriquement au noyau de l'excentrique, une pièce identique.

2° Changement de marche et détente variable par la coulisse de Stephenson. — L'appareil précédent se rencontre encore sur les machines de bateaux ; mais on tend à le remplacer d'une manière générale par le double excentrique et la coulisse de Stephenson.

La théorie géométrique de ce dernier engin est très-difficile ; on la trouvera dans un savant mémoire de M. Philipps, ingénieur des mines ; mais elle sortirait de notre cadre élémentaire, et nous nous bornerons à quelques considérations, qui, si elles ne sont pas théoriquement exactes, donnent au moins une idée assez nette de ce qui se passe dans la pratique.

La figure 369 représente à grande échelle la coulisse de Stephenson. Le piston P et sa tige actionnent par l'intermédiaire d'une bielle et d'une manivelle l'arbre de couche A, sur lequel sont calés deux excentriques symétriques, l'un à $(90° + \alpha)$ au-dessus de l'horizontale, l'autre à $(90° + \alpha)$ au-dessous. Celui d'en haut fonctionne dans le cas où l'arbre de couche tourne de gauche à droite, et celui d'en bas dans le cas où l'arbre tourne de droite à gauche.

Les extrémités E et E' des deux tiges de ces excentriques sont reliées par une coulisse circulaire, et dans cette coulisse glisse un coulisseau o.

Sur le coulisseau s'articule un levier du premier genre ORQ dont l'axe fixe d'oscillation se voit en R. Par sa seconde extrémité Q, ce levier s'articule avec

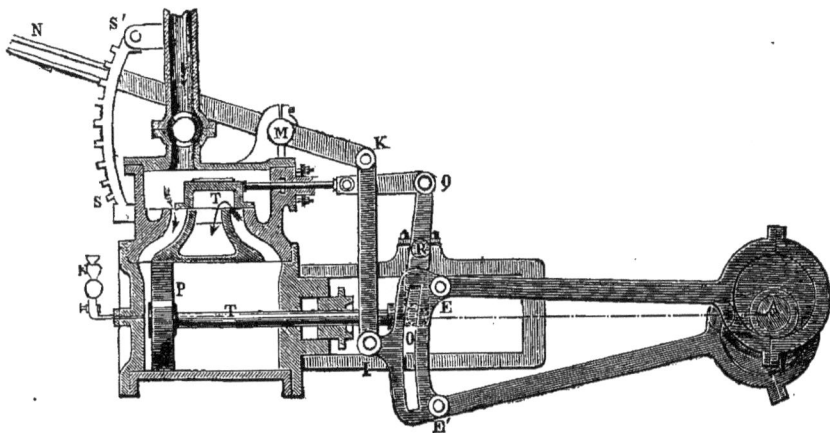

Fig. 569.

une petite bielle, articulée elle-même avec la tige du tiroir T. Grâce à ce système de leviers, le mouvement oscillatoire du coulisseau est transmis au tiroir.

La coulisse n'est pas fixe; elle est suspendue en son milieu à une bielle IK, qui agit sur la manivelle KM; M est la projection de l'axe d'un arbre fixe qu'on appelle l'arbre de relevage.

Sur l'arbre de relevage, et dans le prolongement de KM est fixé un levier MN, que le mécanicien manœuvre à la main; ce levier se meut le long d'un secteur circulaire SS' dont le centre est en M, et qui présente une série continue de crans ou d'encoches. Le levier MN porte en regard du secteur un verrou à ressort, que le mécanicien soulève à la main, lorsqu'il veut passer d'un cran à un autre, et qu'il laisse retomber, lorsqu'il veut arrêter le levier à un cran déterminé.

Le levier de relevage permet donc d'élever ou d'abaisser à volonté la coulisse et, par suite, de placer le coulisseau soit au point E en regard du premier excentrique, soit au point E' en regard du second excentrique, soit en un point quelconque intermédiaire entre E et E'.

Cherchons ce qui arrive dans les diverses positions du coulisseau.

Lorsqu'il se trouve en E, c'est que le levier de relevage est en S' au cran supérieur extrême du secteur; c'est l'excentrique supérieur qui agit à peu près seul sur le coulisseau; l'excentrique inférieur n'a guère pour effet que d'imprimer un mouvement oscillatoire à la coulisse autour du point E. La machine fonctionne donc, comme si elle ne possédait qu'un excentrique fixe, l'arbre tourne de gauche à droite, et l'on obtient la marche en avant, avec la détente déterminée par la construction de l'excentrique.

Au contraire, lorsque le coulisseau est en E', c'est que le levier de relevage est en S au cran inférieur extrême du secteur; l'excentrique inférieur agit à peu près seul sur le coulisseau; l'excentrique supérieur n'a guère pour effet que d'imprimer un mouvement oscillatoire à la coulisse autour du point E'. La machine fonctionne encore comme si elle ne possédait qu'un excentrique fixe, l'arbre tourne de droite à gauche, et l'on obtient la marche en arrière avec la détente déterminée par la construction de l'excentrique.

Lorsque le coulisseau O est au milieu de la coulisse en face le point I, le levier de relevage est au milieu du secteur SS' au cran zéro; les deux excentriques agissent également sur le coulisseau et par suite sur le tiroir, mais comme l'action de l'un est en sens inverse de celle de l'autre, les deux effets se neutralisent réciproquement, et le coulisseau ainsi que le tiroir restent immobiles. La distribution ne fonctionne plus et la machine s'arrête.

Plaçons maintenant le coulisseau dans une position intermédiaire entre le milieu de la coulisse et son extrémité E, les deux excentriques agiront sur lui en sens inverse, mais d'une manière inégale; la course du coulisseau, et par suite celle du tiroir, ne sera pas nulle, mais elle sera inférieure à la course totale de l'excentrique, et d'autant moindre que le coulisseau sera plus près du milieu de la coulisse. La course du tiroir étant diminuée, la lumière d'admission ne se trouvera découverte qu'en partie et rapidement refermée; la vapeur n'agira à pleine pression que pendant une partie d'autant plus faible de la course du piston que le coulisseau sera plus près du milieu de la coulisse; la détente variera dans le même sens.

Un effet symétrique se produira lorsque le coulisseau se trouvera entre le milieu de la coulisse et son extrémité E', et c'est alors l'action de l'excentrique inférieure qui sera prépondérante.

En résumé : 1° lorsque le coulisseau est en E, et le levier de relevage au cran supérieur extrême, la machine marche en avant, et la détente est minima; la vapeur donne la puissance maxima compatible avec le mécanisme; souvent même le calage de l'excentrique est à 90° de la manivelle motrice, de sorte qu'il n'y a plus de détente et que la vapeur agit à pleine pression sur le piston pendant toute sa course;

2° Lorsque le coulisseau est entre l'extrémité E de la coulisse et son milieu, la détente va sans cesse en augmentant à mesure qu'on se rapproche du milieu, l'amplitude de l'oscillation du tiroir diminue; le levier de relevage se trouve en face de la moitié supérieure du secteur, au-dessus du cran zéro. Cependant la machine marche toujours en avant;

3° Si le coulisseau est au milieu de la coulisse, le levier de relevage est au cran zéro; le tiroir est immobile, la distribution ne fonctionne plus; la machine est au repos;

4° Si le coulisseau est entre le milieu de la coulisse et son extrémité inférieure E', la détente, d'abord complète, va sans cesse en augmentant; il en est de même du travail de la vapeur; la machine marche en arrière avec une détente variable; le levier de relevage est sur la moitié inférieure du secteur, au-dessous du cran zéro.

5° Enfin, lorsque le coulisseau est à l'extrémité E' de la coulisse, la détente est minima, le travail de la vapeur est maximum, comme dans le premier cas, mais la machine marche en arrière.

Tel est le fonctionnement pratique de la coulisse de Stephenson; ce que nous venons de dire n'est pas irréprochable au point de vue théorique, mais en somme c'est un tableau et une explication suffisante de ce qui se passe réellement.

Nous ne décrirons point les modifications de détail qu'on fait subir à cet engin si répandu ; le lecteur le comprendra mieux en l'étudiant de près, par exemple sur une locomotive. C'est la pièce essentielle de la manœuvre d'une locomotive ; c'est par elle que le mécanicien arrête, marche en avant ou en arrière, force le travail de la vapeur lorsqu'il s'agit de vaincre une résistance accidentelle comme celle d'une rampe, diminue au contraire ce travail lorsque l'effort de traction s'abaisse, par exemple, dans une pente.

Signalons une cause sérieuse d'accident : lorsqu'on veut renverser la vapeur pendant la marche, ou lorsque le verrou n'est pas assujetti dans un cran, il arrive quelquefois que le levier de relevage prend un mouvement brusque et vient frapper le mécanicien. Un mécanicien expérimenté ne s'exposera pas à un pareil accident ; il saisira le moment où le levier est entraîné par le mécanisme lui-même dans le sens voulu et n'aura plus qu'un faible effort à faire.

On cherche du reste à diminuer le plus possible cet effort en équilibrant par des contre-poids la coulisse et ses leviers. Cependant, dans les grandes machines de bateaux, le levier simple devient insuffisant pour la manœuvre, et l'on a recours à un levier à vis, quelquefois même à une machine à vapeur.

On peut se demander comment on procède à la construction et à l'ajustage de la coulisse de Stephenson. Quelques auteurs ont voulu poser des règles déduites de la théorie, mais elles sont trop complexes et n'ont point passé dans la pratique. Les constructeurs, lorsqu'ils ont à exécuter un nouveau modèle de coulisse, l'exécutent en bois, en vrai grandeur, et c'est sur le modèle ainsi obtenu qu'ils étudient le fonctionnement du mécanisme et le modifient convenablement, de manière à satisfaire aux règles de la distribution.

En général, on s'attache surtout à obtenir une distribution parfaite pour la marche ordinaire, c'est-à-dire pour les positions les plus fréquentes du levier de relevage. La distribution est plus ou moins défectueuse pour les autres crans dont on ne se sert qu'exceptionnellement.

Nous retrouverons la coulisse de Stephenson en traitant des locomotives.

II. **Détente variable du système Meyer.** — M. Meyer a inventé vers 1843, un système ingénieux de détente variable, qui a été appliqué sur quelques locomotives, et qu'on retrouve encore sur les machines fixes de certains constructeurs.

Disons en passant que les divers systèmes perfectionnés de détente variable, que l'on a proposés pour les locomotives, ont successivement disparu devant la coulisse Stephenson. Celle-ci est simple et solide ; elle ne met en œuvre que le tiroir à coquille, tandis que les autres tiroirs sont en général compliqués et se dérangent facilement sur une machine animée d'une grande vitesse et de trépidations nombreuses.

Pour en revenir à la détente Meyer, elle est représentée par la figure 370. En P est le piston qui va commencer sa course de gauche à droite ; a et a' sont les lumières qui amènent la vapeur aux extrémités du cylindre ; (b) est la section du conduit qui s'en va à l'atmosphère ou au condenseur. Le tiroir est représenté en A ; ce n'est plus un tiroir à recouvrement, mais un tiroir prismatique percé de deux trous c et c', à section horizontale rectangulaire.

Ne considérons d'abord que ce tiroir A indépendamment des pièces qui le surmontent : il est sur la figure dans sa position moyenne, l'admission va s'ouvrir à gauche et l'émission à droite. Il va fonctionner absolument comme un tiroir simple à coquille, calé à 90° en avant de la manivelle motrice, et les parties pleines qui sont en dehors des orifices c et c' n'agissent pas plus que si elles n'existaient pas ; pendant toute la durée de la course du piston, sa face avant sera en rapport avec le condenseur et sa face arrière avec la boîte à vapeur.

Mais ce fonctionnement est modifié par la présence d'une sorte de second tiroir ou plutôt de plaquettes métalliques (*e*) et (*e'*), glissant sur le dos du tiroir A. Ces plaquettes égales forment la base de taquets prismatiques *d* et *d'*. Ces taquets sont montés sur une même tige T', ils sont taraudés et enfilés chacun sur une partie filetée ; les vis *v* et *v'* sont égales mais de sens contraire, de sorte que,

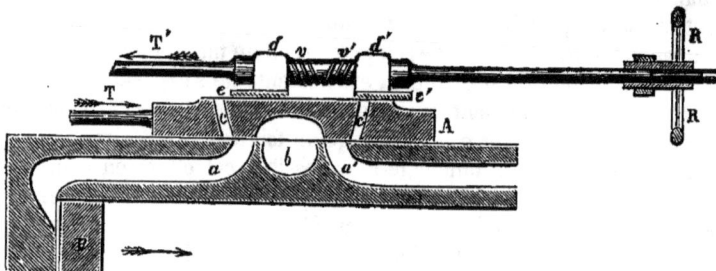

Fig. 370.

si l'on donne à la tige T' un mouvement de rotation dans un sens, les deux taquets se rapprochent jusqu'à venir en contact, et que, si on donne à la tige T' un mouvement de rotation en sens inverse, les deux taquets s'éloignent jusqu'au bout des vis.

Ceci posé, la tige T', et par suite son attirail de taquets et de plaquettes, est actionnée par un excentrique monté sur l'arbre de couche, en arrière de la manivelle motrice, tandis que l'excentrique du tiroir, indépendant du premier, est calé à 90° environ en avant de la manivelle motrice.

C'est ce qu'indiquent les flèches marquées sur la figure. Au commencement de la course du piston, la tige T' marche en sens inverse de la tige du tiroir et du piston ; donc le taquet *d* et la plaquette (*e*), qui forme sa base, vont au-devant de la lumière supérieure du conduit *c*, qui ne tarde pas à se trouver rétréci, puis complétement recouvert ; cependant le piston n'est pas arrivé à l'extrémité de sa course ; la vapeur n'arrive plus derrière lui, et la détente se produit pendant le reste de sa course.

Si les taquets *d* et *d'* étaient immuables, on obtiendrait ainsi une détente fixe ; ce système de détente fixe par une seule plaquette ou glissière a même été exécuté dans quelques anciennes machines.

Mais l'invention de M. Meyer consiste surtout à avoir rendu variable la distance des taquets *d* et *d'* ; à l'inspection de la figure, on reconnaît en effet que, si les taquets sont très-écartés, la plaquette (*e*) arrive rapidement sur l'orifice *c*, l'admission de la vapeur est rapidement interrompue et la détente considérable ; si, au contraire, les taquets sont en contact, la distance à parcourir par les deux tiges T et T' pour que la plaquette (*e*) vienne recouvrir le conduit *c* est bien plus grande, le conduit *c* reste ouvert beaucoup plus longtemps à l'admission de la vapeur, et la détente se trouve réduite, quelquefois même annulée.

Comment obtiendra-t-on le rapprochement ou l'écartement des taquets ? La tige T' qui les guide se prolonge à droite de la boîte à vapeur et vient glisser à frottement doux dans l'œil d'une roue RR, qui reste dans un plan fixe. La section de la tige T', dans la partie qui glisse dans l'œil de la roue R, est carrée ou cylindrique et garnie de nervures longitudinales, de manière que la roue ne puisse tourner indépendamment de la tige, bien que celle-ci puisse glisser indépendamment de la roue.

Veut-on rapprocher les taquets, on tourne à la main la roue R dans un sens convenable, elle entraîne la tige T′ et les vis v et $v′$, dont le mouvement de rotation se transforme en mouvement de translation pour leurs écrous, c'est-à-dire pour les taquets et les plaquettes. Au contraire, si l'on veut éloigner les taquets l'un de l'autre, on tourne la roue R en sens opposé.

De la sorte on peut faire varier la détente dans des limites très-étendues.

Le moyeu de la roue R se prolonge par une vis qui porte un écrou mobile, guidé par une partie latérale fixe qui l'empêche de tourner ; il prend donc un mouvement de progression dans un sens ou dans l'autre suivant que la roue-manivelle marche elle même dans un sens ou dans l'autre, et, comme il porte un index qui se meut le long d'une règle graduée, on reconnaît à la seule inspection de cette règle, de combien la roue R a tourné et par suite quelle est la distance qui sépare les taquets. D'ordinaire, on fait la graduation en fractions de détente de dixième en dixième.

Il nous suffira d'avoir expliqué le fonctionnement de la détente Meyer, sans en donner la théorie. C'est du reste par une épure spéciale, ou mieux par un modèle en bois de grandeur d'exécution, que le constructeur reconnaîtra quelle course il convient de donner à la tige T′, quelle largeur aux plaquettes et quel écartement maximum aux taquets.

Si le lecteur veut étudier la théorie géométrique complète de la détente Meyer, il la trouvera dans un mémoire de Combes, publié aux *Annales des ponts et chaussées* de 1844.

III. Détente variable Kœchlin. — Du système Meyer, il faut rapprocher le système Gunzenbach, appliqué par M. Kœchlin, de Mulhouse, à quelques locomotives anciennes.

Dans le système Meyer, la détente s'obtient au moyen de deux tiroirs glissant l'un sur l'autre dans une seule boîte à vapeur ; dans le système Gunzenbach, elle s'obtient au moyen de deux tiroirs glissant dans deux boîtes séparées et superposées. Nous appellerons ici tiroir de distribution celui qui touche au cylindre, et l'autre sera le tiroir de détente.

La vapeur est amenée directement dans la boîte à vapeur du tiroir de détente, et elle passe de là dans la seconde boîte à vapeur au moyen de deux orifices rectangulaires.

Si ces deux orifices étaient toujours ouverts, l'appareil fonctionnerait comme un tiroir à coquille à détente fixe, puisqu'en réalité le tiroir de distribution serait seul à agir.

Mais le tiroir de détente est percé aussi de deux orifices plus larges que ceux qui font communiquer les deux boîtes à vapeur.

Suivant que les quatre orifices ci-dessus désignés restent plus ou moins longtemps en face les uns des autres, la vapeur arrive sur le tiroir de distribution pendant une fraction plus ou moins grande de la course du piston ; mais, dès que le tiroir de détente ferme les orifices de communication des deux boîtes, la vapeur de la chaudière n'arrive plus dans la boîte de distribution.

Dans le système Meyer, l'amplitude de la course des tiroirs de détente est constante, et la variation dans l'introduction de la vapeur s'obtient en faisant varier la distance entre les glissières de détente. Au contraire, dans le système Gunzenbach, cette variation est obtenue en modifiant la longueur de la course du tiroir de détente.

On conçoit aisément que, si l'on peut régler cette course de telle sorte que les orifices de communication entre les deux boîtes restent à découvert, c'est-à-dire en regard des lumières de la détente pendant toute la course du piston

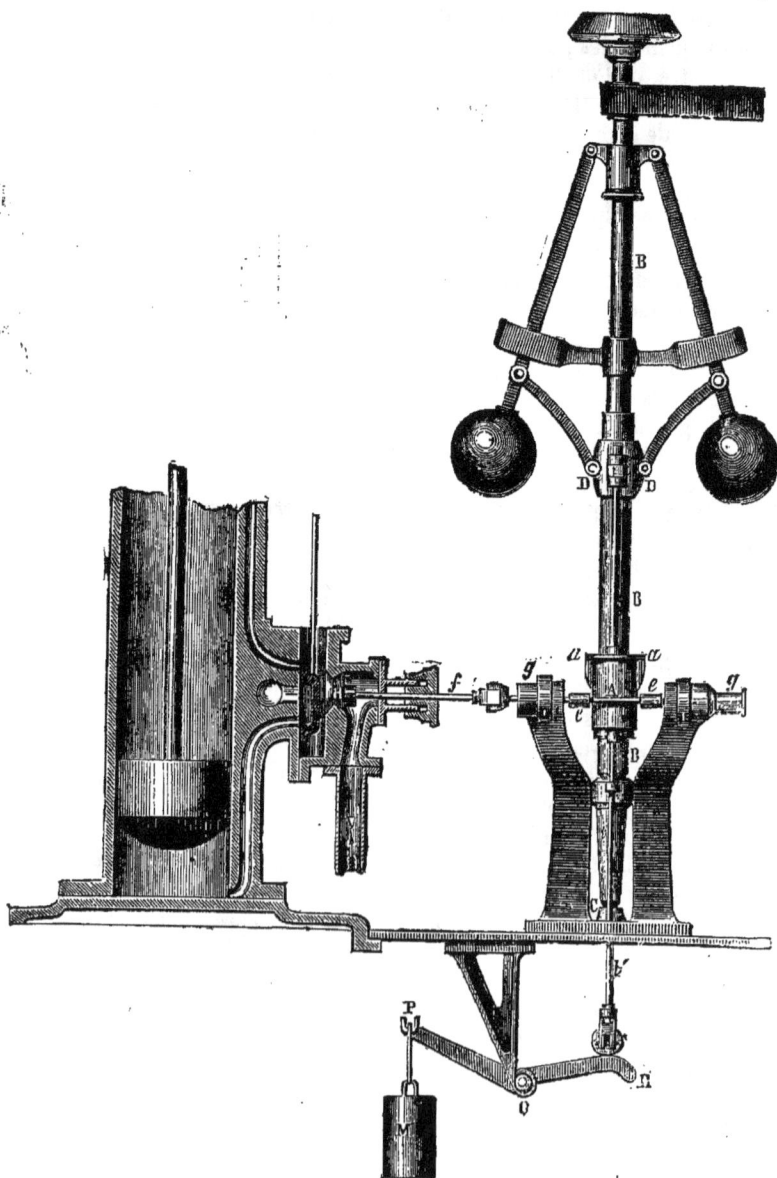

Fig. 571.

alors la vapeur agira en plein comme dans les machines ordinaires, et que, si l'on peut faire recouvrir ces orifices par les portions pleines du tiroir pendant une fraction plus ou moins grande de la course du piston, la vapeur n'agira plus que par expansion jusqu'à ce que la communication entre les deux tiroirs soit rétablie.

En somme, cet appareil ne présente pas un grand avantage sur l'appareil Meyer ; cependant, le principe est bon et l'on peut encore y recourir.

IV. **Détente variable par manchon à bosses, système Meyer.** — On doit encore au constructeur Meyer un appareil de détente variable susceptible de rendre de grands services dans les machines fixes.

Les appareils précédents se manœuvrent indépendamment de la machine, au gré du mécanicien, qui est seul juge du moment où il convient de forcer ou de diminuer la vapeur. Le nouveau système que nous allons étudier est automatique ; c'est le régulateur à boules qui l'actionne, comme nous l'allons voir.

Si le lecteur veut se reporter à l'étude du régulateur à boules, il se rappellera que ce régulateur se compose de boules suspendues à des tiges, articulées sur un manchon fixé à un arbre de rotation. L'arbre de rotation est relié à l'arbre de couche de la machine par un système de transmission formé de courroies et d'engrenages à angle droit, de sorte que les variations de sa vitesse suivent celles de l'arbre de couche. Si celui-ci s'accélère ou retarde son mouvement. l'arbre du régulateur en fait autant.

Sur la figure 371 l'arbre vertical du régulateur est en BB ; il porte à la partie supérieure une roue dentée horizontale, par l'intermédiaire de laquelle il reçoit le mouvement de l'arbre de couche, et en bas il se termine par un pivot tournant sur une crapaudine fixée au bâti. Aux tiges qui soutiennent les boules s'articulent d'autres tiges descendantes supportant le manchon DD, lequel n'est pas fixe, mais susceptible de glisser à frottement doux le long de l'arbre du régulateur.

Au manchon DD est relié par deux tiges verticales *tt*, le manchon A, pièce principale de la détente. Ce manchon A, glissant à frottement doux sur l'arbre B du régulateur, est cylindrique à la partie inférieure ; à la partie supérieure, sur une certaine fraction de sa longueur, il est muni latéralement de deux appendices saillants *a,a*, à section curviligne ; ces bosses ont une saillie croissante de bas en haut, comme on le saisit bien sur le dessin de détail (fig. 372).

Le manchon A est entouré par un cadre horizontal *e,e*, formé de deux demi-cercles raccordés par des parties droites ; ce cadre porte, à chaque extrémité de son grand axe, un œil dans lequel est clavetée la tige *ff*. Cette tige, qui soutient le cadre ovale, et qui est interrompue par lui, est elle-même soutenue par les deux manchons *g,g* qui terminent les branches du support ; elle glisse dans ces manchons à frottement doux.

La tige *ff* s'articule vers la gauche par un joint à la Cardan, avec une tige qui la prolonge sensiblement, qui pénètre à travers un stuffing-box dans la première boîte à vapeur V, et qui se termine par une soupape conique H : cette soupape est destinée à ouvrir et à fermer l'orifice d'admission de la vapeur dans la chambre du tiroir. Lorsqu'elle est fermée, la vapeur n'arrive pas sur le tiroir, ni par conséquent dans le cylindre, et le piston marche à détente ; lorsqu'au contraire la soupape est levée, la vapeur pénètre dans la chambre du tiroir et de là dans le cylindre.

La fraction de détente dépendra donc du temps pendant lequel la soupape H sera levée à chaque course du piston, ou, ce qui revient au même, à chaque demi-tour de l'arbre de couche ou de l'arbre du régulateur, ou enfin du manchon A.

Mais le manchon A n'agit sur le cadre que par ses bosses ou cames a,a; si la saillie est faible, la bosse n'agit sur la tige f que pendant un temps très-court; le cadre n'est porté vers la droite et par suite la soupape H n'est levée que pendant un temps très-court aussi, il en résulte que la détente est considérable puisque la vapeur n'est admise que pendant une faible fraction de la course. Au contraire, si le manchon A est profondément descendu dans le cadre e,e, la saillie des bosses est considérable, et la soupape H reste longtemps ouverte.

Ainsi la fraction de détente dépend uniquement de la saillie de la bosse sur le cylindre A, et comme cette saillie va en croissant depuis zéro jusqu'à une certaine valeur à mesure qu'on s'élève sur le cylindre, la détente dépendra de la position du manchon dans le cadre.

Si le manchon est très-enfoncé dans le cadre, l'action de la vapeur sera maxima; au contraire s'il est relevé, la détente ira sans cesse en augmentant jusqu'à ce qu'elle devienne totale; alors, la partie cylindrique du manchon tournera seule dans le cadre, la soupape H ne sera jamais soulevée et la machine s'arrêtera.

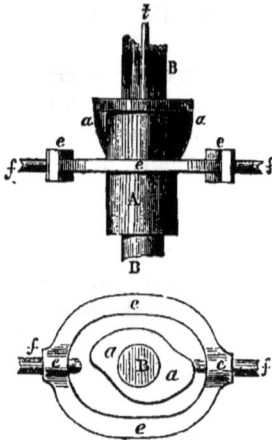

Fig. 372.

Mais nous avons vu que le manchon A participait au mouvement du manchon DD du régulateur.

Lorsque la machine s'accélère par suite d'un manque de résistance, la rotation du régulateur s'accélère aussi, les boules s'élèvent et avec elles les deux manchons, l'admission de la vapeur est réduite, la détente augmentée, le travail dépensé diminue donc, et le mécanisme tend à revenir à son allure normale.

Lorsque la machine se ralentit par suite d'une résistance exceptionnelle, la rotation du régulateur se ralentit aussi, les boules s'abaissent et avec elles les deux manchons, l'admission de la vapeur est augmentée, la détente réduite, le travail dépensé augmente donc et le mécanisme tend encore à revenir à son allure normale.

Ainsi, quelles que soient les variations de la résistance, elles se traduisent immédiatement par une variation correspondante du travail moteur. L'appareil une fois réglé, le mécanicien n'a plus à s'en occuper.

N'omettons pas de remarquer que la tige f, dans son support de droite g, est entourée d'un ressort qui tend toujours à la repousser vers la gauche, et par suite à appuyer la soupape H sur son siége; la pression de la vapeur en V concourt du reste au même effet; lorsque la bosse force la soupape à s'ouvrir, il lui faut vaincre à la fois et la tension du ressort et la pression effective de la vapeur sur la soupape.

Le régulateur ne serait pas susceptible de développer une force motrice assez considérable pour donner une amplitude notable à l'oscillation du manchon A, si celui-ci agissait de tout son poids sur les tiges t et sur le manchon D du régulateur; c'est pourquoi l'on s'est proposé d'équilibrer le poids du manchon A; il est soutenu à sa base par deux tiges latérales $t't'$, réunies à leur partie inférieure par une roulette appuyée sur le bras R d'un levier à contre-poids RPQ. Le contre-poids M est déterminé de manière à faire équilibre au poids du manchon A et de ses tiges.

Cet appareil ingénieux fonctionne assez régulièrement ; cependant, quand l'usure des bosses se produit à la longue, il en résulte des chocs continuels et un bruit désagréable. Il est compliqué, du reste, et la construction doit en être particulièrement soignée.

V. Détente par excentrique à ondes. — Nous avons décrit l'excentrique à ondes en cinématique (p. 77, fig. 9 du tableau n° 5 des machines élémentaires); il se prête fort bien, du moins en théorie, à la manœuvre d'un tiroir à détente, et on l'a quelquefois adopté dans la pratique. En voici le principe :

Sur l'arbre de couche A est calé un excentrique à ondes, dont le profil est composé de secteurs circulaires raccordés brusquement par des courbes à inflexion.

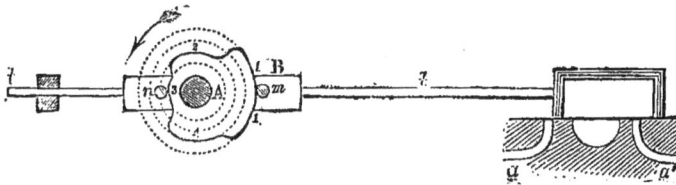

Fig. 573.

Le plus petit rayon est celui du secteur 3, il est quelconque ; pour avoir le plus grand rayon, on augmente le plus petit d'une longueur égale à la course totale du tiroir ; on a ainsi le secteur 1.

On divise l'intervalle entre les cercles 1 et 3 en trois parties égales par deux circonférences ; le secteur 2 est limité à un arc de la plus petite de ces deux circonférences et le secteur 4 à un arc de la plus grande.

L'excentrique intercepte des longueurs égales sur toutes les droites qui passent par le centre de la section A de l'arbre de couche, on peut donc l'enfermer entre deux galets (m) et (n), montés dans le cadre B qui guide la tige t,t, du tiroir.

Tant que les galets sont en contact avec les secteurs circulaires, ceux-ci étant concentriques à l'arbre de couche, le cadre et par suite le tiroir restent immobiles ; quand les galets passent d'un secteur à l'autre, le cadre et le tiroir reçoivent un déplacement brusque.

Ce mode d'action est très-favorable théoriquement au jeu du tiroir, puisqu'il permet d'ouvrir ou de fermer complétement, tout d'un coup, les lumières d'admission et d'émission.

Le tiroir étant à l'extrémité de sa course vers la droite, l'orifice d'admission de gauche (a) est ouvert en plein, et le grand secteur 1 est en contact avec le galet m. La rotation de l'excentrique continuant, c'est le secteur 4 qui vient en contact avec m, c'est-à-dire que le tiroir revient brusquement en arrière d'une quantité égale à la largeur de la lumière, l'admission est fermée, la détente se produit, mais l'émission doit toujours être ouverte par a' et la barrette de droite du tiroir vient affleurer la lumière a'.

Quand le galet m passe du secteur 4 au secteur 3, le tiroir revient brusquement vers la gauche de deux largeurs de lumière, la lumière a' est ouverte en plein à l'admission, et la lumière (a) à l'émission. Le piston commence sa course en sens inverse.

Lorsque le galet (m) passe du secteur 3 au secteur 2, le tiroir revient sur lui-même d'une largeur de lumière et recouvre a' tandis que (a) reste ouverte, la détente commence.

Enfin, quand le galet passe de 2 à 1, il revient à sa position primitive, le piston et le tiroir ont effectué une double oscillation.

Le tiroir employé ne diffère point du tiroir simple à coquille sans recouvrement, si ce n'est que l'amplitude de sa course est de trois fois la largeur des lumières au lieu de deux fois.

Avec un excentrique ainsi composé, la détente est fixe, et sa durée dépend du rapport dans lequel les secteurs 1 et 3, 2 et 4 se partagent la circonférence entière, les secteurs opposés correspondant à des angles au centre égaux.

Si l'on veut que la détente soit variable, on accole au premier excentrique un autre excentrique, mais mobile autour de leur axe commun ; en le déplaçant, on augmente deux des secteurs en diminuant les deux autres, et la détente varie dans tel rapport que l'on veut. On peut même s'arranger de manière à réunir le second excentrique au régulateur à boules : la détente devient alors automatiquement variable, et c'est la machine qui se charge de la régler.

VI. **Détente variable Farcot.** — Dans la notice sur sa détente variable, publiée par Farcot en 1845, ce constructeur fait remarquer lui-même qu'il y a quelque analogie entre son système et celui d'Edwards. Edwards était le constructeur de la pompe à feu de Chaillot, et l'inventeur d'un tiroir à glissière, pour lequel il avait demandé un brevet d'invention en 1853, bien que dès 1831 Tamisier ait commencé à établir des machines avec le même tiroir qui fait l'objet du brevet d'Edwards.

Le tiroir à glissière, construit par Edwards, est bien le précurseur du tiroir Farcot, dont il a évidemment donné l'idée. Nous commencerons donc par le décrire.

Il est représenté en coupe par la figure 374, extraite des annales des mines

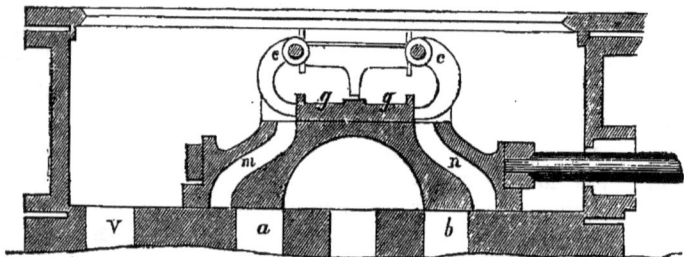

Fig. 374.

de 1845. Les lumières d'admission de la vapeur sur le piston sont en (a) et (b), et sur la même plaque où elles sont percées se trouve l'orifice V par lequel la vapeur de la chaudière arrive dans la boîte du tiroir. Le tiroir T est plus grand que le tiroir à coquille ordinaire, et il est percé de deux conduits (m) et (n) pour la vapeur. Ce tiroir est représenté par la figure dans sa position moyenne, au moment où il va découvrir la lumière (a) et s'il était seul, il fonctionnerait absolument comme un tiroir simple sans recouvrement, si ce n'est que la vapeur, au lieu d'entrer directement dans les lumières du cylindre, traverserait d'abord les conduits m et n.

La largeur de ces conduits (m) et (n) n'aurait même aucune influence sur la distribution, ils étrangleraient seulement plus ou moins le passage. Ainsi avec le tiroir T, la machine fonctionnerait sans détente.

C'est la glissière g,g, qui intervient pour produire la détente : cette glissière est une plaque bien dressée que la pression de la vapeur applique sur le fond du tiroir, elle est susceptible de glisser à frottement doux sur ce fond du tiroir, mais il faut pour cela un certain effort, sans quoi le tiroir l'entraîne avec lui dans son mouvement de va-et-vient.

La glissière est comprise entre deux crochets recourbés c et c' dont les axes traversent les parois latérales de la boîte à vapeur : sur ces axes sont montés deux roues égales qui engrènent ensemble ; en faisant mouvoir l'une d'elles on écarte ou on rapproche les crochets c et c', et par suite on permet à la glissière gg de suivre plus ou moins longtemps le tiroir dans sa course.

Le tiroir T, étant allé vers la gauche, a entraîné la glissière qui est venue buter contre le crochet c' et s'est arrêtée ; mais, quand le tiroir revient à droite, il entraîne de nouveau la glissière jusqu'à ce qu'elle vienne buter contre le crochet c et s'arrêter ; alors, le tiroir continue son mouvement dans le sens de droite et, par suite, la glissière recouvre peu à peu l'orifice (m) ; lorsque l'obstruction est complète, la vapeur n'arrive plus dans le cylindre et celle qui y est confinée s'y détend.

Suivant que l'arrêt de la glissière se produit plus ou moins vite, après le commencement de la course du tiroir, la lumière (m) est bouchée plus ou moins tôt et la détente est plus ou moins considérable.

Tout dépend donc de l'écartement des crochets c et c' ; une aiguille mobile sur un cadran gradué indique l'écartement de ces crochets et par suite la fraction de détente.

Tel est le système précurseur de la détente Farcot ; mais celle-ci a de grands avantages sur la précédente.

Nous ne décrirons point le système Farcot perfectionné ; les perfectionnements ne portent du reste que sur des détails, et nous nous contenterons d'exposer le principe posé par l'inventeur.

« L'organe principal de ma distribution, dit M. Farcot dans sa notice, est un tiroir A (planche XI, fig. 1 et 2) sur lequel se placent deux glissières d,d, percées de plusieurs ouvertures pouvant correspondre avec d'autres ouvertures placées sur le dos du tiroir, et communiquant dans des cabinets b,b. Les ouvertures des glissières étant mises en regard avec les ouvertures du dos du tiroir, la vapeur entre dans les cabinets b,b, et peut arriver aux cheminées o,o. qui la conduisent au piston quand elles sont découvertes par le mouvement alternatif du tiroir A ; les glissières d,d, appliquées par la pression sur le dos du tiroir, sont entraînées avec lui tant qu'elles ne sont pas arrêtées soit par des goujons f,f, qui viennent toucher le fond de la boîte à vapeur B, soit par les talons ii, lorsqu'ils rencontrent la touche ou came fixe c.

« La longueur des goujons est calculée pour replacer les ouvertures des glissières en face de celles du tiroir, chaque fois que ce dernier, dans son mouvement alternatif, arrive à la fin de sa course. La touche c (fig. 2) est une double came qui, suivant sa position angulaire, touche plus tôt ou plus tard les talons ii, et conséquemment intercepte, plus tôt ou plus tard, la communication des cabinets b,b, avec la boîte à vapeur ; c'est donc en variant la position de la double came que l'on varie la durée de la détente.

« Pour que les longueurs d'introduction soient égales de chaque côté du piston, indépendamment de l'obliquité des bielles qui transmettent son mouvement, les courbures des deux côtés de la double came ne sont pas semblables, elles ont un tracé spécial pour chaque côté du piston.

« Lorsque le piston est prêt à commencer sa course, le tiroir est, ainsi que nous l'avons vu, à la moitié ou aux cinq dixièmes de sa course, et ne peut plus continuer à porter l'un des talons ii de l'une des glissières d,d, vers la double came c que pendant les cinq derniers dixièmes, lesquels correspondent aux cinq premiers dixièmes de la course du piston.

Si donc les ouvertures des cabinets b,b, ne sont pas fermées aux cinq dixièmes de la course du piston, la vapeur entrera pendant tout le temps et la machine marchera sans détente ; ce n'est donc que de zéro à cinq dixièmes qu'au moyen du tiroir représenté (fig. 1 et 2), on peut varier la détente ; cette latitude est bien suffisante pour le plus grand nombre des machines, lorsque l'on veut qu'elles fonctionnent avec économie de combustible. »

Tel est le système : on voit que la fraction de détente, dépend uniquement du moment auquel le talon i vient s'arrêter sur la came, c'est-à-dire de la position angulaire de la came ; lorsque celle-ci est complétement en travers du tiroir, la glissière n'est arrêtée dans son mouvement, que vers la fin de la course du tiroir, c'est-à-dire que la vapeur est admise pendant une demi-oscillation simple du tiroir, et interrompue pendant la demi-oscillation suivante symétrique de la première ; le piston reçoit donc la vapeur à pleine pression pendant la première moitié de sa course, et la détente agit pendant la seconde moitié. La fraction de détente est de 1/2 ; c'est le maximum que l'on puisse obtenir avec le système. Au contraire, lorsque la came est placée dans le sens de la longueur du tiroir, comme on le voit figure 3, le talon i vient, dès le début du mouvement, buter contre elle, la glissière est arrêtée et l'introduction de la vapeur fermée presque aussitôt. La fraction de détente est aussi faible qu'on le veut, elle serait même nulle théoriquement si la largeur des lumières de la glissière pouvait l'être aussi ; mais, on ne saurait étrangler indéfiniment ces lumières, parce qu'on perdrait de la pression par les frottements et les contractions.

Le mouvement angulaire de la came s'obtient par une tige qui traverse dans une boîte à étoupes le fond de la boîte à vapeur, et qui se termine par une manivelle parcourant un cercle gradué ; sur ce cercle sont marquées les fractions de détente correspondant aux positions de la double came. Les fractions de détente varient généralement de dixième en dixième ; mais, en somme, elles peuvent prendre toutes les valeurs comprises entre zéro et $\frac{5}{10}$.

L'inconvénient du système est donc qu'on ne peut admettre la vapeur à pleine pression au plus pendant la moitié de la course du piston. Comme le dit M. Farcot, cela est presque toujours suffisant, notamment dans les machines fixes ; toutefois, il peut se présenter certains cas où l'on ait besoin de recourir à une fraction de détente supérieure à $\frac{1}{2}$.

M. Farcot a modifié son appareil de manière à répondre à cette nécessité.

« Pour varier la détente pendant toute la durée de la course du piston, il faut aussi, dit-il, que ce soit pendant toute la durée de la course du piston que les talons ii marchent vers la double came, c, et conséquemment le tiroir qui les porte.

« Ce résultat est obtenu par la disposition (fig. 3). Le tiroir A′ commence sa course en même temps que le piston au moyen d'un excentrique placé à 90° de l'excentrique qui commande le premier tiroir A. »

Grâce à l'adjonction du second tiroir, le but est rempli ; mais cette disposition devient assez compliquée et absorbe une force notable. Toutes les fois qu'on le pourra, on devra préférer la première. On lui fera seulement subir une modification très-simple, qui consiste à permettre d'introduire la vapeur à pleine pression pendant la course entière du piston, lorsque cela devient accidentellement nécessaire ; il suffit de profiler la came de telle sorte, que les talons ii ne viennent pas la toucher lorsqu'on la place tout à fait en travers du tiroir ; alors, les butoirs ff mettent une fois pour toutes les lumières de la glissière en face de celles que porte le dos du tiroir, la coïncidence une fois établie persiste indéfiniment et le tiroir fonctionne comme un tiroir ordinaire.

Nous n'entrerons pas dans les détails de construction de cet appareil : la seule chose qui puisse arrêter le lecteur, c'est le tracé du profil de la came. Ce tracé peut être fait de diverses manières : la plus simple consiste à chercher le plus grand rayon de la came, il correspond à la fraction de détente nulle, et le plus petit rayon, il correspond à la fraction de détente $\frac{1}{2}$; ces deux rayons font entre eux un angle droit ; on réunira leurs extrémités par une courbe régulière que l'on adoptera pour le profil de la came. C'est sur une épure du tiroir faite à grande échelle que l'on exécutera ces constructions, et de la connaissance du profil on déduira les positions angulaires de la manivelle qui correspondent à telle ou telle fraction de détente. Les constructeurs s'arrangent en général pour obtenir comme profil des développantes de cercle, et ils ont soin de diminuer le plus petit rayon d'une longueur au moins égale à la largeur des lumières de la glissière, de telle sorte que celle-ci ne soit pas arrêtée lorsque la came est tout à fait placée en travers du tiroir.

VII. Détente par le système de Woolf. — Un système de détente dont l'emploi se propage de plus en plus à cause de l'économie de combustible qu'il procure, c'est le système de Woolf, ou système de la machine à deux cylindres.

La machine à deux cylindres, inventée par Hornblower, et construite pour la première fois par Woolf au commencement du siècle, a été appliquée en grand par Edwards aux machines de Chaillot. Elle possède aujourd'hui la faveur de plusieurs grands constructeurs. Nous en donnerons plus loin les détails ; mais, comme elle représente en dernière analyse tout simplement un système particulier de détente, nous devons en exposer ici le principe.

Imaginez deux cylindres c et C, de même hauteur mais de diamètre notablement différent : dans chacun d'eux se meut un piston p ou P ; les tiges des deux pistons actionnent le même arbre au moyen de deux manivelles parallèles, de sorte que les deux pistons se trouvent toujours en même temps au même endroit de leur course, c'est-à-dire à la même hauteur ; leurs tiges sont même très-souvent réunies par un joug.

Sur la figure théorique ci-jointe, les parties supérieure et inférieure du petit cylindre communiquent avec les parties inférieure et supérieure du grand cylindre, au moyen de deux tubes croisés que l'on peut ouvrir ou fermer au moyen des robinets H^v et B^v. Le petit cylindre communique avec le générateur de vapeur au moyen des robinets h^v et b^v, et le grand cylindre communique avec le condenseur au moyen des robinets H^c et B^c.

Supposons les robinets h^v, H^v, B^c fermés, et les robinets b^v, B^v, H^c ouverts ; la vapeur du générateur vient sous le piston (p) et agit sur lui à pleine pression, de manière à le faire remonter. Mais au-dessus de ce petit piston se trouve la vapeur admise au coup précédent, celle-ci passe comme l'indique la flèche du petit cylindre dans le grand, elle occupe un volume qui va sans cesse croissant, elle se détend progressivement et sa pression varie en raison inverse de son volume. D'après cela, la pression est moindre au-dessus du piston p qu'au-dessous, et ce piston s'élève.

Il est facile de voir qu'il en est de même en général pour le grand piston. En effet, la partie supérieure du grand cylindre est en communication avec le condenseur, donc le dessus du grand piston supporte une pression égale à la tension maxima que la vapeur d'eau est susceptible de prendre à la température du condenseur; le dessous de ce grand piston supporte une pression qui dépend de

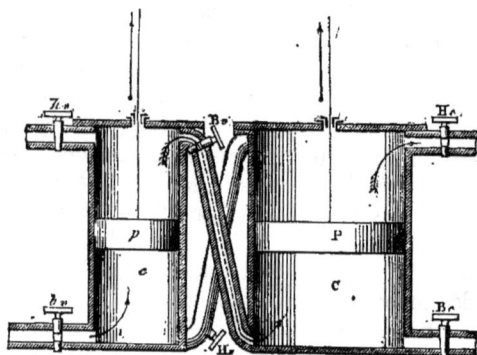

Fig. 375.

la pression de la vapeur dans le générateur, et de la détente que cette vapeur subit, c'est-à-dire du rapport qui existe entre le volume du grand et le volume du petit cylindre. Ce rapport est tel que, pendant la détente, la pression décroissante de la vapeur qui passe dans le grand cylindre ne tombe pas au-dessous de celle qui règne dans le condenseur.

Ainsi, le grand piston est soumis aussi à un effort ascensionnel et s'élève en même temps que le petit.

Lorsqu'ils sont tous deux arrivés au sommet de leur course, on ferme les robinets ouverts et on ouvre les robinets fermés, le mouvement est renversé, les mêmes actions se produisent en sens inverse, et les deux pistons descendent simultanément.

Cherchons par un calcul simple à nous rendre compte de ce qui se passe:

Appelons V le volume du grand cylindre, v celui du petit, T la tension de la vapeur venant de la chaudière, et t la tension correspondant au condenseur. Quel est le travail théorique produit par l'ascension des deux pistons.

Sous le petit piston s'exerce sans cesse la tension T, qui pour la course entière produit un travail égal au produit de T par la surface du piston et par la longueur de la course; ce produit n'est autre que le produit Tv de la tension par le volume du petit cylindre : il représente un travail positif.

Au commencement de la course montante, la vapeur au-dessus du petit piston comme au-dessous du grand est à la tension T et occupe le volume v; à la fin de la course montante, cette même vapeur occupe le volume V du grand cylindre, et, d'après la loi de Mariotte, sa tension est $\frac{Tv}{V}$. La tension moyenne de la vapeur au-dessus du petit piston et au-dessous du grand est donc

$$\frac{1}{2}\left(T + T\frac{v}{V}\right) = T\frac{v+V}{2V}.$$

Le travail produit par cette vapeur sur la face supérieure du petit piston pendant la course ascensionnelle, est donc égal à T. $\frac{v+V}{2V}v$ et il est négatif; de même, le travail produit par cette vapeur sur la face inférieure du grand piston est égal à

$$T\frac{v+V}{2V}V$$

et il est positif.

La vapeur en rapport avec le condenseur produit sur la face supérieure du grand piston un travail négatif tV.

Le travail théorique total est donc égal à :

$$Tv - T\frac{v+V}{2V}v + T\frac{v+V}{2V}V - tV,$$

ce qui peut s'écrire :

$$Tv + T\frac{v+V}{2V}(V-v) - tV.$$

Supposons maintenant que le grand cylindre soit seul, et qu'on introduise au-dessous de son piston au bas de sa course un volume v de vapeur à la tension T, puis qu'on laisse cette vapeur se détendre jusqu'à ce qu'elle ait poussé le piston jusqu'en haut, c'est-à-dire jusqu'à ce qu'elle ait occupé le volume V, quel sera le travail théorique produit?

Ce travail comprendra : 1° le travail dû au volume v de vapeur admis à pleine pression T; cette admission à pleine pression aura lieu évidemment pendant une fraction de la course égale à $\frac{v}{V}$, et donnera lieu à un travail égal au produit de la tension T par le volume qu'aura engendré le piston, ce volume est égal à la fraction $\frac{v}{V}$ du volume V, c'est-à-dire à v, le travail cherché est donc Tv; 2° le travail dû au volume v de vapeur à la tension T, se détendant jusqu'à occuper le volume V, c'est-à-dire jusqu'à prendre une tension $T\frac{v}{V}$; la tension moyenne de cette vapeur est donc

$$\frac{1}{2}\left(T + T\frac{v}{V}\right) \quad \text{ou} \quad T\frac{v+V}{2V}$$

et son travail est égal à

$$T\frac{v+V}{2V}(V-v);$$

ce travail est positif comme le précédent; 3° le travail dû à la tension t de la vapeur du condenseur sur la face supérieure du piston P, lequel travail est négatif et égal à tV.

Le travail total est donc égal à :

$$Tv + T\frac{v+V}{2V}(V-v) - tV$$

c'est-à-dire qu'il a la même valeur que celui qu'on obtient avec les deux cylindres.

Ainsi, l'on arrive par le calcul à ce résultat théorique très-remarquable :

« Pour une consommation donnée de vapeur, le travail obtenu avec les deux cylindres, est le même que si l'on introduisait cette vapeur à la pression de la chaudière dans le grand cylindre seul et qu'on la laissât s'y détendre. »

Que faut-il conclure de là ?

C'est que l'emploi du double cylindre est théoriquement inutile, qu'on obtient le même travail avec le grand cylindre seul et la détente ordinaire et que, par suite, il faut supprimer le petit cylindre qui est une cause sérieuse de dépense et de complication.

Mais, si l'on cherche à se rendre compte des choses par l'expérience, on ne tarde pas à reconnaître la fausseté du résultat théorique précédent; l'emploi des deux cylindres donne des résultats économiques bien supérieurs à ceux qu'on obtient avec un seul cylindre et cela pour les raisons suivantes :

On sait que la détente d'un corps à l'état gazeux absorbe toujours une grande quantité de chaleur, et par suite refroidit notablement le réservoir où elle se produit. Lorsqu'on se sert d'un seul cylindre, cet effet se produit d'autant plus énergiquement qu'on use plus largement de la détente, les parois du cylindre sont donc sans cesse refroidies, et, lorsque la vapeur sèche vient à les toucher, elle se condense partiellement, et se charge de beaucoup d'eau qui occasionne des frottements et des chocs ; les communications alternatives de chaque extrémité du cylindre avec le condenseur amènent encore un refroidissement et par suite une production d'eau considérable, d'où résultent des pertes proportionnelles de chaleur et de travail.

Ces inconvénients sont bien atténués dans le système de Woolf : la vapeur agit à pleine pression dans le petit cylindre d'un côté du piston, et de l'autre, elle se détend en communiquant avec la partie du grand cylindre qui n'est pas en rapport avec le condenseur; le petit cylindre n'est donc pas soumis à des causes de refroidissement bien sensibles. Quant au grand cylindre, il est dans le cas d'un cylindre ordinaire.

En somme, les pertes de chaleur sont bien réduites, et l'expérience a montré que le système de Woolf amenait une grande économie de combustible; il se propage sans cesse dans les grandes usines telles que les filatures. Il est à remarquer encore que l'effort exercé par les deux tiges des pistons sur le joug ou sur le balancier qui les réunit est variable dans des limites bien moins étendues que si l'on avait un seul cylindre à longue détente; il en résulte une marche bien plus régulière et moins de perte de force vive dans la transmission.

Appareils de distribution et de détente autres que les tiroirs. — Les tiroirs sont en somme assez simples et d'une installation facile, aussi sont-ils d'un emploi général. Leur grave inconvénient est de consommer pour leur manœuvre une quantité notable de travail, lorsqu'ils atteignent de grandes dimensions ; on a bien cherché à les équilibrer, mais les procédés, imaginés à cet effet, sont pour ainsi dire restés sans valeur pratique. Un autre inconvénient des tiroirs est de donner en général passage à la vapeur par des orifices étroits, d'où résultent des contractions de courant et des pertes de charge.

Ces défauts sont surtout sensibles dans les puissantes machines à basse pression, plus ou moins analogues au type de Cornouailles; il est nécessaire alors d'introduire ou d'évacuer rapidement de grandes quantités de vapeur, et on n'y arrive guère qu'au moyen des vastes soupapes que nous avons déjà décrites en parlant des pompes.

La distribution par soupapes est donc quelque chose d'usuel ; la machine se charge elle-même, par des renvois de mouvement, de la manœuvre des soupapes en temps opportun ; mais ce genre de distribution est relativement peu répandu. Son étude est intimement liée à celle de la machine de Cornouailles ; nous ne les séparerons pas et nous les retrouverons plus loin toutes les deux à la fois.

Avant de quitter ce qui est relatif à la détente, nous décrirons sommairement quelques appareils de détente en usage pour les machines de bateaux.

Voici d'abord la détente à papillon : le tuyau d'amenée V de la vapeur, un peu avant de déboucher dans la boîte du tiroir AA, est traversé par un axe de rotation (*a*) sur lequel est monté la valve ou le papillon P. Le tuyau V est de section rectangulaire, et porte en face des arêtes du papillon parallèles à son axe (*a*), des rebords *mm* et *nn*. Le papillon oscille autour de son axe de manière à s'appliquer tantôt sur les rebords *mm*, tantôt sur les rebords *nn* ; quand cela arrive,

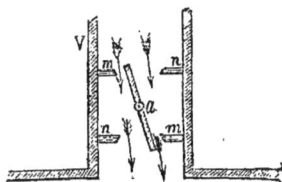

Fig. 576.

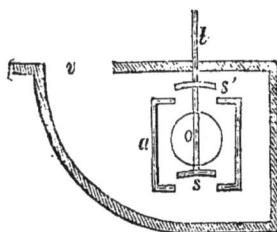

Fig. 577.

l'admission de la vapeur dans la boîte du tiroir est évidemment interrompue, et la détente se produit nécessairement. Au contraire, lorsque le papillon ne touche pas aux rebords, la vapeur passe sur chacune de ses faces, comme l'indiquent les flèches.

Pour une course du piston, la détente sera plus ou moins longue suivant que le papillon restera plus ou moins longtemps appliqué sur les rebords du conduit V.

L'oscillation du papillon s'obtient au moyen d'une manivelle montée sur son axe (*a*) et dont le bouton est actionné par la tête de la tige d'un excentrique circulaire monté sur l'arbre de couche. Le mécanisme se comprend de lui-même.

Il est évident qu'on n'obtient jamais avec le papillon une fermeture bien étanche, et l'importance des fuites deviendrait considérable avec de la vapeur à haute pression.

La détente par soupape est quelque chose d'analogue figure 577 ; la vapeur arrive par *v* dans une boîte métallique entourant une autre boîte (*a*), percée sur ses bases de deux orifices circulaires, que les soupapes bombées *s* et *s'* sont chargées de fermer et d'ouvrir. Ces soupapes égales sont réunies par une même tige *t*, qui est actionnée par un excentrique à ondes monté sur l'arbre de couche. On voit que l'ensemble des deux soupapes est équilibré par rapport à la pression de la vapeur, puisque l'une tend à être appliquée sur son siège et l'autre à en être soulevée ; la manœuvre en est donc facile, puisqu'elle n'exige qu'une faible force motrice.

Lorsque la double soupape est soulevée, la vapeur pénètre dans la boîte (*a*) et de là dans le conduit (*o*) dont on voit la section en pointillé ; ce conduit mène la vapeur dans la boîte du tiroir. Au contraire, lorsque la double soupape est retombée sur son siège, l'admission de la vapeur sur le tiroir est interrompue, et la détente fonctionne.

Il suffira donc de combiner les ondes de l'excentrique de manière à soulever la soupape pendant une fraction déterminée de la rotation de l'arbre de couche.

M. Ledieu, dans son savant traité des machines marines, cite encore plusieurs systèmes de détente en usage dans ces machines. Nous citerons, pour finir, celui que représente la figure 378.

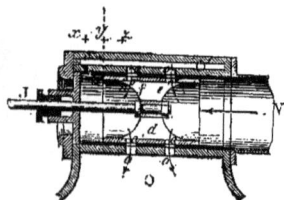

Fig. 378.

La boîte à vapeur O', de forme rectangulaire, est montée sur la boîte O du tiroir, et traversée par le cylindre V qui amène la vapeur; dans ce cylindre se meut à frottement doux un autre cylindre d, ouvert aux deux bouts et recevant un mouvement oscillatoire de la tige J qu'actionne un excentrique calé sur l'arbre de couche; le cylindre d est percé d'orifices annulaires o, et ces orifices sont reproduits sur le cylindre enveloppe; lorsque les orifices des deux cylindres se trouvent en présence, la vapeur pénètre par les trous o dans la boîte du tiroir. Sinon, l'admission est interrompue et la vapeur agit par détente. Le réglage de l'excentrique dépend évidemment de la fraction de détente qu'on se propose d'obtenir.

Avantages et inconvénients de la détente. — Les avantages et les inconvénients de la détente ressortent de l'étude précédente, il suffira de les résumer ici :

Avantages de la détente. — 1° Le premier et le plus important est celui-ci : « à égale consommation de vapeur, c'est-à-dire à égale consommation de combustible, on recueille plus de travail avec la détente que sans détente. »

Ainsi, à chaque coup de piston, on introduit un volume v de vapeur dans un cylindre de volume V; qu'arrive-t-il? La vapeur agit à pleine pression pendant la fraction $\frac{v}{V}$ de la course, et elle agit par détente pendant la fraction complémentaire $\frac{V-v}{V}$ de la course. Le travail de la vapeur à pleine pression est égal à sa tension T multipliée par le volume $\frac{v}{V}$. V ou v parcouru par le piston; ce travail est donc Tv.

Dans le cas où le volume du cylindre est précisément égal à celui de la vapeur introduite, le travail se réduit au terme Tv, et le terme complémentaire, représentant le travail de la détente s'annule.

Au contraire, plus le volume du cylindre est grand relativement au volume de la vapeur, plus le terme complémentaire va croissant, le premier terme du travail restant constant; nous avons calculé la valeur de ce terme complémentaire, sur laquelle du reste nous aurons lieu de revenir encore.

Théoriquement, on recueillera donc d'autant plus de travail que la détente sera plus prolongée; il y a cependant une limite aux longues détentes, la pression de la vapeur détendue ne doit pas tomber au-dessous de celle qui correspond à la température du condenseur; cette dernière s'exerce sur l'autre face du piston, et, évidemment, doit toujours être inférieure à la pression de la vapeur motrice.

2° Nous avons vu que, lorsque le piston arrive à la fin de sa course et va commencer son mouvement de retour, il y a nécessité d'obtenir ce qu'on appelle l'avance à l'admission et l'avance à l'émission; la première a pour but d'introduire un peu de vapeur à haute pression en avant du piston au moment où il va toucher le fond du cylindre et produire un choc, le matelas de vapeur amortit ce choc; la seconde, l'avance à l'émission, concourt au même but que la précédente, et facilite en outre le commencement du mouvement rétrograde puisqu'elle fait passer la vapeur de la pression de la chaudière à celle du condenseur. Mais, ces passages d'une pression à l'autre ne sont pas instantanés, comme on le suppose quelquefois en physique, et il faut, par exemple, que l'avance à l'émission soit assez forte pour que la vapeur à pleine pression ait le temps de s'équilibrer, avec celle du condenseur; le temps nécessaire pour cela est d'autant plus considérable que les différences des tensions sont plus grandes; on le réduira donc par la détente, et on pourra même arriver à l'annuler, si l'on pousse la détente jusqu'à ce que la pression de la vapeur motrice descende à la pression de la vapeur en rapport avec le condenseur. Quoi qu'il en soit, on sent bien que l'emploi de la détente permet de réduire ces causes de pertes de chaleur et de vapeur.

5° Remarquez en outre l'avantage qui résulte de l'emploi de la détente au point de vue de la conservation des organes. La vapeur à pleine pression pousse de toute sa force le piston contre le fond du cylindre, et il faut chercher les moyens d'amortir les chocs; ils sont toujours appréciables et se transmettent aux tiges, aux bielles et aux balanciers dont ils désorganisent les assemblages. Avec la détente au contraire, l'effort va sans cesse en diminuant à mesure qu'on approche de la fin de la course et l'intensité des chocs est bien atténuée, en même temps que l'attirail se prépare mieux au mouvement de retour.

Inconvénients de la détente. — L'inconvénient majeur de la détente, c'est le refroidissement qu'elle entraîne dans les cylindres, refroidissement suivi de condensation partielle, de perte de chaleur et de force vive. Tout corps gazeux qui augmente de volume absorbe une grande quantité de chaleur, qu'il prend à lui-même et aux parois des vases qui le contiennent : c'est sur ce phénomène qu'on a basé la production artificielle de la glace au moyen de l'air comprimé puis détendu; la détente de la vapeur d'eau en particulier amène un refroidissement considérable. C'est pourquoi les détentes prolongées ne donnent pas toujours de bons résultats, quand on ne prend pas des précautions particulières contre le refroidissement.

Ainsi, à l'origine, on crut protéger suffisamment les cylindres en les entourant d'une chemise peu conductrice, telle qu'une enveloppe de bois séparée de l'enveloppe métallique par de la cendre; cela ne suffit pas; il s'agit non-seulement de parer aux pertes de chaleur que subit le cylindre, soit par rayonnement, soit par son contact avec l'air, mais encore de parer à celles que la détente entraîne. Il faut donc réchauffer le cylindre; c'est à quoi on est arrivé par la double enveloppe de vapeur; on entoure le cylindre d'un second récipient, et, dans la surface annulaire comprise entre les deux cylindres, on fait circuler un courant continu de vapeur empruntée à la chaudière; cette vapeur cède sa chaleur aux parois du cylindre, et par suite à la vapeur motrice dont elle empêche le refroidissement par la détente. Il suffit de donner assez de chaleur, c'est-à-dire de faire circuler assez de vapeur dans la double enveloppe pour empêcher toute condensation partielle de la vapeur motrice; il faut donc maintenir celle-ci à la température de la chaudière. Mais, on n'arrive à un pareil résultat que par la condensation même de la vapeur qui circule dans la double enveloppe; on doit même s'arranger au point de vue économique, de telle sorte que la vapeur admise dans cette double enveloppe ne s'en échappe pour retourner à la chaudière qu'à l'état complétement liquide.

Par ce procédé, la détente fonctionne bien, mais c'est grâce à une dépense supplémentaire de vapeur et de combustible, et il ne faudrait pas aller trop-loin dans cette voie, car il arriverait un moment où la dépense supplémentaire serait hors de proportion avec le supplément de travail recueilli.

On évite le refroidissement considérable par le système de Woolf; cependant nous avons vu que la détente se produisait encore dans le grand cylindre, il y a donc encore refroidissement, et la chemise de vapeur n'est pas inutile.

La chemise de vapeur compense encore les pertes de calorique que la vapeur motrice a subies dans son passage de la chaudière au cylindre, et elle ramène la température de cette vapeur à celle qu'elle possédait à sa sortie de la chaudière.

Un système nouveau et qui semble appelé à beaucoup d'avenir, a été pratiqué depuis quelques années, c'est le surchauffage de la vapeur entre la chaudière et le cylindre. Prenez la vapeur sortant de la chaudière et supposez-la sèche, elle restera sèche tant qu'elle conservera la même température, mais elle se condensera en plus ou moins grande quantité lorsqu'elle sera soumise à quelque refroidissement ; c'est ce qui arrive dans les tuyaux entre la chaudière et le cylindre à cause de la perte de chaleur par rayonnement, et c'est ce qui arrive encore par la détente dans le cylindre. Mais, surchauffez cette vapeur saturée sortant de a chaudière, c'est-à-dire faites lui traverser une enceinte où elle prendra une température supérieure à celle de la chaudière, elle se conduira comme un véritable gaz et se dilatera tout en conservant sa pression : ce sera donc un gaz dilaté et non plus une vapeur saturée que vous introduirez dans le cylindre et que vous y ferez détendre. Ce gaz, en se détendant, absorbera bien encore de la chaleur, mais il ne se produira pas de condensation partielle, tant que la détente ne sera pas poussée assez loin pour ramener le gaz à l'état de vapeur saturée ; on évitera donc cette production fâcheuse de liquide que nous avons signalée plus haut, et l'on trouvera à cette pratique du surchauffage un certain avantage économique.

C'est ce que démontre l'expérience, et ce que réalisent quelques générateurs nouveaux, notamment les chaudières dites à circulation que nous avons décrites au chapitre précédent.

Nous aurons lieu de revenir plus loin sur cette question importante de la vapeur surchauffée.

Il existe encore deux inconvénients secondaires de la détente ; d'abord, à production égale de travail, le volume du cylindre est bien plus considérable avec détente que sans détente ; cette augmentation des dimensions du cylindre entraine l'augmentation des dimensions du piston et de son attirail de transmission, d'où une machine plus lourde, plus coûteuse et plus exposée aux frottements ; et puis, l'effort exercé sur le piston et transmis par celui-ci à l'arbre de couche est essentiellement variable avec la détente ; la rotation uniforme de l'arbre de couche ne peut donc s'obtenir qu'avec un volant ou des machines conjuguées, et, dans tous les cas, les variations de l'effort moteur sont toujours défavorables pour le mécanisme.

En résumé, les inconvénients de la détente sont peu considérables et peuvent être fort atténués ; ses avantages restent, et on doit l'employer toutes les fois qu'on le peut, en se maintenant toutefois dans des limites raisonnables, car, dans cette voie comme partout ailleurs, le mieux est fort souvent l'ennemi du bien.

Appareils de condensation, principe de la condensation. — La condensation de la vapeur d'eau était la base de l'ancienne machine atmosphérique, inventée par Papin, et construite par Newcommen : un piston se meut dans un long cylindre ouvert en haut et communiquant en bas par un robinet avec un générateur de vapeur ; le piston étant au sommet de sa course, et le cylindre au-dessous de lui plein de vapeur, cette vapeur ne tarde pas à se refroidir au contact des parois et mieux encore au contact d'un jet d'eau qu'on laisse pénétrer à la base du cylindre, elle se condense partiellement, et sa tension baisse avec la température, cette tension tombe au-dessous de la pression atmosphérique qui pèse sur le piston ; celui-ci est sollicité à descendre, et c'est là ce qui constitue la machine dite atmosphérique.

Watt fut frappé de l'énorme inconvénient qu'il y a à refroidir ainsi à chaque coup de piston la masse du cylindre, qu'il faut réchauffer ensuite par une notable dépense de vapeur, et il chercha s'il n'était pas possible de produire la condensation dans un vase séparé.

C'est en partant de là qu'il arrive à démontrer le principe suivant :

« Lorsqu'un liquide émet des vapeurs dans une enceinte de forme quelconque dont toutes les parties ne sont pas à la même température, le liquide distille peu à peu de la partie chaude où il se trouve dans la partie froide où il finit par arriver en totalité, et la force élastique finale de la vapeur est égale à la tension maxima que la vapeur est susceptible de prendre à la température de la région la plus froide de l'enceinte. »

Voici maintenant comment Watt appliqua ce principe fécond à la machine atmosphérique, puis à la véritable machine à vapeur :

La vapeur arrive sous le piston P par le conduit V, elle soulève ce piston, et lorsqu'il est arrivé au sommet du cylindre C, on ferme le robinet du tuyau de vapeur et on ouvre le robinet T du tuyau qui mène au condenseur. Le condenseur est une vaste capacité métallique fermée et étanche dans laquelle arrive par une pomme d'arrosoir une pluie fine d'eau froide empruntée à un réservoir E. Les molécules de vapeur se mélangent intimement aux molécules d'eau, elles se refroidissent et se condensent, de sorte qu'il se dépose dans le condenseur C' de l'eau à une température assez faible, 30° ou 40° par exemple. Du principe ci-dessus exposé, il résulte que la vapeur renfermée dans le vase complexe que forment le cylindre C, le tuyau T et le condenseur C', prend la tension maxima correspondant à la température la plus froide de l'enceinte, c'est-à-dire la tension maxima de la vapeur d'eau à 30° ou 40°, tension

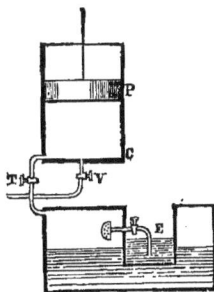

Fig. 379.

représentée par une colonne de $0^m,04$ ou $0^m,052$ de mercure, soit par $\frac{1}{20}$ ou $\frac{1}{15}$ d'atmosphère.

La condensation revient donc à faire sous le piston un vide partiel, et la pression atmosphérique qui s'exerce sur le piston l'emporte et détermine le mouvement de descente.

Le condenseur s'applique aussi bien à la machine à vapeur réelle, connue sous le nom de machine à double effet, qu'à la machine atmosphérique qui n'est u'à simple effet.

Il n'est pas besoin de faire remarquer tout l'avantage économique du condenseur ; il diminue la contre-pression de la vapeur d'une quantité, qui pourrait atteindre une atmosphère si l'on arrivait à effectuer le vide parfait dans le con-

43

denseur, mais qui en réalité n'est jamais que de $\frac{8}{10}$ à $\frac{9}{10}$ d'atmosphère au plus avec les appareils perfectionnés ; or, diminuer la contre-pression revient en somme à augmenter la pression de la vapeur motrice de la même quantité ; c'est donc un bénéfice bien net qui s'achète à peu de frais.

C'est grâce au condenseur que l'on put recourir au commencement du siècle à ces machines dites à basse pression, dans lesquelles la vapeur motrice a une tension variant de 1 atmosphère à 1 atmosphère 1/4, et qui sont munies d'un condenseur ; on réservait alors le nom de machines à haute pression à celles dont la pression de la vapeur motrice dépassait 3 atmosphères et dont l'échappement se faisait directement dans l'atmosphère.

Aujourd'hui, on a bien reconnu les inconvénients des machines à basse pression, qui sont très-lourdes et très-volumineuses, et qui ne donnent pas lieu à moins d'accidents que les autres, et on les a généralement abandonnées. On ne construit plus guère que des générateurs timbrés à 5 ou 6 atmosphères, à moins qu'il ne s'agisse de machines marines ; on use plus ou moins largement de la détente, et on a recours à la condensation lorsque les circonstances le permettent.

Au point de vue de la condensation, les machines ne sont donc plus suffisamment distinguées par les dénominations ; à basse ou à haute pression, et il faut dire : machines avec ou sans condensation.

De la pompe à air. — Nous avons supposé dans l'explication précédente qu'à l'origine du mouvement le condenseur était vide d'air ; nous verrons plus loin comment on arrive en effet à le purger d'air. Admettons pour le moment l'absence d'air à l'origine. Cette absence ne durera guère ; en effet, l'eau injectée est de l'eau naturelle qui renferme, suivant les circonstances, de $\frac{1}{15}$ à $\frac{1}{25}$, soit en moyenne $\frac{1}{20}$ de son volume d'air en dissolution, cet air étant supposé à la pression de l'atmosphère qui pèse sur le liquide ; le coefficient de dissolution $\frac{1}{20}$, ne varie pas quelles que soient la pression de l'atmosphère superposée et la température, il y a toujours le même rapport entre le volume d'air dissous et le volume de l'eau ; mais il ne faut pas oublier que le volume gazeux est mesuré à la pression de l'atmosphère superposée. Donc, si la pression de cette atmosphère augmente, pour avoir le même volume d'air, il faudra en dissoudre de nouveau ; si la pression diminue au contraire, il se dégagera de l'eau une partie de l'air qu'elle contient. Ce fait est mis en évidence dans l'eau de seltz ordinaire que tout le monde connaît ; l'eau de seltz est une dissolution d'acide carbonique dans l'eau ; le coefficient de dissolution est 1, c'est-à-dire que 1 litre d'eau absorbe 1 litre d'acide carbonique à la pression de l'atmosphère superposée. Si on met l'eau en présence de l'acide soumis à une pression de 10 atmosphères, elle en prendra 1 litre qui en représentera 10 à la pression de 1 atmosphère ; quand on exposera l'eau à l'air, les $\frac{9}{10}$ de l'acide qu'elle renferme se dégagent donc tumultueusement, et elle en conservera le dernier dixième dont le volume est précisément de 1 litre sous la pression atmosphérique.

Il en est de même pour l'eau et l'air ; arrivant dans le condenseur, l'eau passe brusquement de la pression atmosphérique à une pression voisine du vide, elle abandonne presque tout l'air qu'elle contient ; cet air se répand dans le condenseur et s'y accumule. Il s'en introduit encore une quantité plus ou moins considérable par tous les joints du condenseur qui ne sont jamais absolument étanches.

Cet air est nuisible, car il agit par sa pression propre et contribue à augmenter la contre-pression ; il faut donc l'enlever sans cesse au moyen d'une pompe.

D'autre part, l'eau d'injection s'échauffe rapidement en absorbant toutes les

calories que lui cède la vapeur qui se condense ; elle arriverait bientôt à près de
100°, et alors la condensation ne serait pas plus efficace que l'échappement à
l'air libre ; il est donc indispensable de renouveler cette eau continuellement à
mesure qu'elle s'échauffe, afin de la maintenir vers 40°.

L'enlèvement de l'eau chaude se fera au moyen de la pompe qui sert déjà à
enlever l'air, et qui porte la nom de pompe à air, pour la distinguer facilement
de la pompe d'alimentation dont la tige est voisine.

Quant au renouvellement de l'eau froide, il se fait naturellement par le jeu de
la pression atmosphérique ; la crépine ou pomme d'arrosoir est plongée dans le
condenseur dont la pression est par exemple de $\frac{2}{10}$ d'atmosphère. Théoriquement son tuyau pourrait donc aller chercher de l'eau dans un réservoir situé
en contre-bas à une profondeur telle que la colonne d'eau soulevée correspondît
à $\frac{8}{10}$ d'atmosphère. La pression atmosphérique est représentée à peu près par
une colonne d'eau de 10 mètres ; le réservoir E du tuyau de la crépine pourrait
donc être à 8 mètres en contre-bas de cette crépine. Mais cela est impossible
pour deux raisons : 1° le désamorcement se produirait souvent dès que la pression du condenseur viendrait accidentellement à dépasser $\frac{2}{10}$ d'atmosphère ;
2° l'eau ne jaillirait pas de la crépine avec la force qui lui est nécessaire pour se
mélanger intimement avec les molécules de vapeur et tourbillonner avec elles.
Aussi, faut-il limiter la hauteur d'aspiration du tuyau de la crépine à 4 mètres
au plus ; cette aspiration se fait naturellement, sans qu'il en coûte rien et sans
que cela nuise au bon fonctionnement de l'appareil.

Condenseur ordinaire avec pompe à air à simple effet. — Si le lecteur
veut se reporter à la figure 349, qui représente la grande machine à balancier
de Watt, il apercevra, sur la droite de la figure, au-dessous du bâti en fonte
qui supporte la machine, l'appareil de condensation.

La vapeur qui s'échappe du cylindre par l'ouverture ménagée entre les deux
lumières du tiroir, contourne en partie le cylindre et vient par la partie annulaire e se rendre dans le tuyau E où se trouve la crépine qui lance des jets d'eau
froide ; cette vapeur se condense, et le liquide obtenu tombe dans la cavité
cylindrique en fonte constituant le corps du condenseur. Dans cette cavité cylindrique est un autre cylindre C' qui constitue le corps de la pompe à air : le
cylindre C' est ouvert par le bas et ne touche pas le fond du condenseur, il est
soutenu par le haut sur une saillie annulaire du condenseur et est fermé par
deux ou plusieurs clapets mobiles ; enfin, ce cylindre C' est parcouru par le
piston à soupapes de la pompe à air dont la tige T″ est directement actionnée
par le balancier. Lorsque le piston de la pompe descend, il comprime l'air et
l'eau qui se trouve au-dessous de lui, et les force à passer au-dessus ; lorsqu'il
remonte, il soulève l'eau superposée et la fait passer à travers les orifices des
clapets supérieurs ; l'eau s'accumule donc dans le réservoir cylindrique au-
dessus de ces clapets, et elle finit par s'écouler dans un tuyau de trop plein dont
on voit l'orifice teinté en noir à la partie supérieure du corps du condenseur.
Généralement, une partie de cette eau est reprise par la pompe d'alimentation
T‴ qui la refoule dans la chaudière.

La quantité d'eau injectée ne doit être ni trop faible ni trop forte ; c'est au
mécanicien de la régler, elle dépend du reste de la température de l'eau employée. Le réglage se fait au moyen d'un robinet à manette R', placé sur le
tuyau d'aspiration F. La section d'écoulement du robinet est d'ordinaire calculée
de telle sorte qu'il suffise de l'ouvrir aux $\frac{2}{3}$ lorsque la marche est normale : la
manette est du reste à la portée du mécanicien qui la manœuvre à volonté.

Les condenseurs sont en outre pourvus : 1° d'un trou d'homme, fermé par un autoclave elliptique, boulonné sur le condenseur, de telle sorte que la pression atmosphérique, supérieure à la pression qui règne à l'intérieur, tende sans cesse à l'appliquer sur son siège ; 2° d'un reniflard ou soupape de sûreté, s'ouvrant en dehors du condenseur, et chargée de manière à s'ouvrir lorsque la pression de l'air et de la vapeur dans le condenseur dépasse la limite voulue ; on substitue quelquefois au reniflard un simple robinet de purge. C'est le reniflard ou le robinet de purge qui servent lors de la mise en marche à amorcer le condenseur : le robinet d'injection R' étant complétement fermé, on fait arriver dans le condenseur de la vapeur qui déplace l'air peu à peu, et, lorsque cette vapeur blanche s'échappe par le reniflard, c'est que l'air a disparu ; on ferme alors le reniflard, on ouvre le robinet d'injection, l'eau froide arrive, condense la vapeur accumulée et met le condenseur en marche, puisque le vide partiel s'établit.

Pour que la pompe à air fonctionne bien, et soulève l'eau du condenseur lorsque son piston s'élève, il faut évidemment qu'elle puisse faire le vide à un degré plus parfait que celui qui existe dans le corps du condenseur ; ce résultat est facile à obtenir si l'on a soin d'obtenir des joints bien étanches sur le corps de pompe. C'est à quoi est destinée la couche d'eau qu'on laisse au-dessus de lui entre les clapets et l'orifice du tuyau de déversement.

D'une manière générale, tous les joints et tous les clapets ou robinets d'un condenseur doivent être noyés, ou placés dans des cuvettes que l'on remplit d'eau, de manière à éviter l'introduction de l'air. De même, il faut éviter les assemblages fréquents, et le corps du condenseur doit être boulonné sur la plaque de fondation au moyen d'oreilles venues de fonte et faisant saillie sur la base.

Très-souvent, le condenseur est plongé tout entier dans une caisse prismatique, sorte d'auge en tôle rivée ou en bois, où arrive un courant d'eau froide : lorsqu'on peut avoir un courant naturel, c'est une circonstance précieuse, mais elle est rare et généralement il faut alimenter la caisse ci-dessus, qu'on appelle bâche, au moyen d'une pompe spéciale, dite pompe à eau froide, qui va chercher l'eau à un niveau inférieur. C'est dans la bâche que débouche le tuyau d'injection, qui mène l'eau de la bâche à la crépine.

L'appareil précédent ne diffère guère de celui de Watt, qu'en ce fait que la pompe à air est placée au milieu du corps du condenseur, au lieu d'en être séparée. C'est Maudslay qui paraît avoir le premier placé la pompe dans le condenseur ; cette disposition est favorable au montage et au bon fonctionnement de l'appareil, cependant elle n'est pas nécessaire lorsque la construction est bien soignée.

Ainsi que nous le disions plus haut, ce qu'il faut éviter surtout, ce sont les rentrées d'air par les joints ; le mécanicien expérimenté reconnaît bien vite l'emplacement des fuites en remarquant le sifflement qu'y produit le passage de l'air ; à défaut de sifflement, en promenant une chandelle allumée le long des joints, on trouve bien vite les fuites parce que la flamme est attirée lorsqu'elle se trouve en face d'elles ; lorsqu'une fuite est reconnue, il faut la mastiquer et l'aveugler avec soin.

Pour être véritablement utile, le condenseur exige beaucoup de soins ; il faut régler avec précaution l'injection de l'eau, le mécanicien se guide surtout pour cela sur la température des parois du condenseur, sur lesquelles il doit souvent porter la main.

Un meilleur guide est encore l'indicateur du vide, ou manomètre pour pressions inférieures à une atmosphère, dont l'emploi se généralise et dont nous dirons plus loin quelques mots.

La figure 380 représente une pompe à air à simple effet, dont le dessin est emprunté au Traité des machines marines de M. Lediau. On voit en P le corps de pompe et en p le piston dont la tige t est actionnée directement par la machine, C est le condenseur avec la crépine d'injection dont on voit en Z le tuyau et le robinet régulateur. Les conduits d'évacuation partant de chaque extrémité du cylindre aboutissent en E,E, en haut et en bas du condenseur. A la base du corps de pompe est le reniflard r dont on connaît les fonctions. La bâche est au-dessus du corps de pompe en B, avec son tuyau de déversement dont D est l'orifice ; cette bâche est recouverte, mais elle porte un petit tuyau, dont on voit l'orifice en 5, lequel débouche librement dans l'atmosphère et livre passage à l'air de la bâche, lorsque cet air se trouve accidentellement comprimé.

Dans le condenseur ordinaire, il arrive souvent que la pompe à air communique librement avec le corps du condenseur ; c'est une mauvaise disposition parce que le liquide du condenseur est soumis à des pressions continuellement variables, ce qui détermine des fluctuations du liquide, qui se transmettent à l'eau située sous le piston. C'est pourquoi, sur la figure, on voit le corps de pompe séparé du condenseur par le clapet 1, appelé clapet de pied.

Les clapets du piston sont marqués par les chiffres 3, 3, et le clapet de tête, qui est au fond de la bâche est marqué 2 ; ces clapets sont limités dans leur mouvement lorsqu'ils se soulèvent, par des butoirs marqués 2', 3', qui les arrêtent et leur permettent de retomber ensuite facilement sur leur siége.

Les anciens clapets se faisaient toujours en fonte ; ce sont de véritables petites portes à charnières. Ils ont l'inconvénient de ne point donner une fermeture suf-

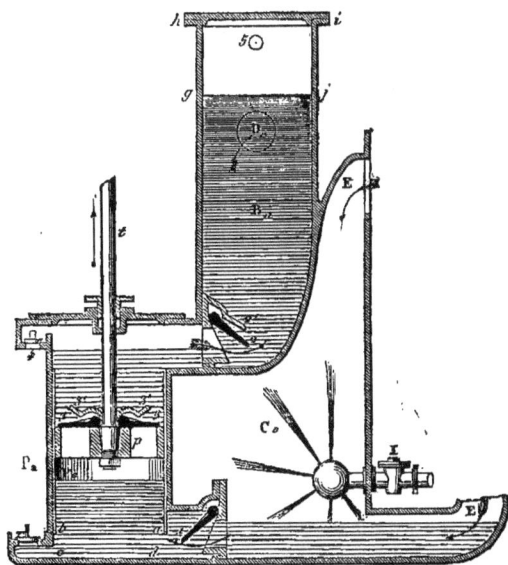

Fig. 380.

fisamment hermétique, de n'être pas assez sensibles et de faire du bruit ; avec eux, on ne pouvait donner à la tige de la pompe une vitesse considérable, dépassant 1 mètre à $1^m,50$ par seconde, ce qui dans les machines rapides était une grave sujétion, car il fallait actionner la tige de la pompe à air par un engrenage réduisant les vitesses.

On a pu presque doubler la vitesse depuis qu'on a eu recours aux clapets en caoutchouc, avec lesquels on supprime les chocs tout en obtenant une fermeture parfaite. C'est surtout à M. Perreaux que l'on doit la propagation des clapets en caoutchouc vulcanisé. Chaque clapet se compose d'une lame rectangulaire de 1 à 3 centimètres d'épaisseur suivant sa longueur, elle s'applique sur une grille fixe à larges mailles qui livrent à l'eau un passage commode; cette lame est arrêtée dans son relèvement par un butoir aussi en forme de grille; il faut éviter de faire ce butoir plein, car la lame de caoutchouc pourrait se coller contre lui et s'en détacher difficilement. La lame de caoutchouc est pincée sur un de ses grands côtés dans une mâchoire en fonte; l'élasticité de la substance permet de se passer de charnière.

Pour en revenir à la pompe à air que représente notre figure, il reste à en expliquer le fonctionnement, qui se comprend sans peine : lorsque le piston remonte, le clapet de pied se soulève et l'eau chaude du condenseur suit le mouvement ascensionnel du piston. En même temps l'eau qui se trouvait déjà au-dessus est comprimée et soulève le clapet de tête pour passer dans la bâche; quand le piston redescend, le clapet de tête et le clapet de pied retombent sur leurs siéges, mais les clapets du piston se soulèvent, l'eau et l'air qui s'en dégage passent au-dessus du piston, pour être éliminés à l'autre oscillation.

On remarque en haut du corps de pompe une petite soupape marquée 4, qui est destinée à laisser rentrer un peu d'air au-dessus du piston quand il commence sa course descendante, afin que le clapet de tête ne se ferme point brusquement et ne vienne pas à se détériorer rapidement. Cette soupape est inutile avec les clapets perfectionnés en caoutchouc et on la supprime.

En réalité il n'y a d'indispensable que les clapets du piston, et l'appareil peut fonctionner sans les clapets de pied et de tête, mais il est préférable de les avoir.

Condenseur avec pompe à air et à double effet. — La pompe à air à simple effet a un inconvénient, c'est qu'il n'y a extraction d'eau chaude qu'une fois pour chaque oscillation double du piston, tandis qu'il se produit dans le cylindre moteur un échappement de vapeur à chaque oscillation simple; il y aurait avantage évidemment à faire coïncider une extraction avec chaque échappement. C'est à quoi l'on arrive au moyen de la pompe à double effet que représente la figure 381. Outre l'avantage d'un meilleur fonctionnement, on a celui d'une certaine économie dans le prix de revient, puisqu'on peut réduire de moitié le volume du cylindre de la pompe à air.

La figure 381 est une coupe verticale faite suivant l'axe du corps de pompe d'un condenseur de machine horizontale. C'est ce corps de pompe que parcourt le piston P, dont la tige actionnée par l'arbre de couche de la machine, traverse la paroi du condenseur dans un stuffing-box bien étanche. Le corps de pompe C communique librement à chaque extrémité, par les orifices g et h avec le corps du condenseur qui lui est superposé et qui est venu de fonte avec lui. Transversalement, on voit une cavité prismatique A, sorte de cuve renversée constituant le condenseur proprement dit. Sur une des bases de cette cavité A débouche le tuyau d'échappement dont on aperçoit la section en I et qui vient du cylindre; sur l'autre base et en face, on trouve le tuyau d'injection E dont la crépine allongée traverse tout le condenseur et vient se terminer en regard du tuyau d'échappement; la vapeur rencontre donc immédiatement la pluie d'eau froide, et se condense; la masse liquide tombe au fond de la cavité A, laquelle

peut communiquer avec le corps de pompe par deux larges clapets rectangulaires *m* et *n*, s'ouvrant de l'intérieur de A vers l'extérieur. Sur les flancs de la
cavité A on voit deux clapets *p* et *q*, s'ouvrant de haut en bas et destinés à mettre
en communication la bâche de déversement B avec l'une et avec l'autre extrémité du corps de pompe ; en D est l'orifice du tuyau qui emmène l'eau chaude.

Voici la manœuvre : supposez que le piston marche de droite à gauche comme
l'indique la flèche placée le long de la tige, le vide tend à se faire derrière lui,
et comme le clapet (*m*) est le seul qui puisse s'ouvrir, il ne tarde pas à s'ouvrir
en effet et à livrer passage à l'eau du condenseur, qui suit le sens de la flèche.

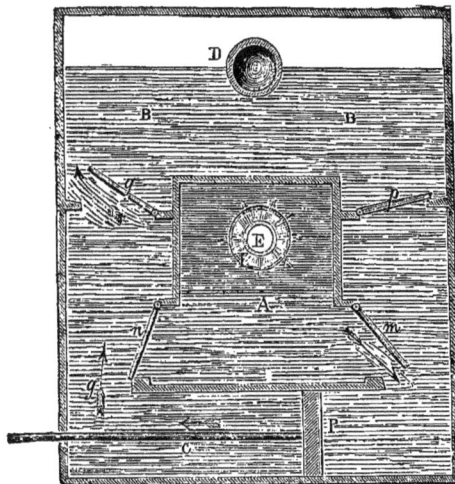

Fig. 381.

Au contraire l'eau qui se trouve en avant du piston est comprimée, applique le
clapet *n* sur son siége et finit par soulever le clapet *q* pour s'écouler en montant
dans la bâche de déversement.

Au retour du piston, le mouvement inverse se produit ; les clapets *m* et *q*
sont fermés, et les clapets *n* et *p* ouverts.

La quantité d'eau injectée est réglée par un robinet placé sur le tuyau d'aspiration ; ce robinet est, comme nous l'avons déjà vu, manœuvré au moyen d'une
longue tige à manette, laquelle est toujours à la portée du mécanicien. On voit
que dans ce système à double effet, le piston est plein ; c'est un avantage, car
les clapets de piston sont les plus difficiles à bien exécuter.

Dans les condenseurs perfectionnés, on a soin de ménager sur le tuyau
d'échappement de la vapeur, une soupape, susceptible de s'ouvrir à la main, et
de livrer passage à la vapeur, lorsque la machine est forcée accidentellement de
fonctionner sans condensation.

Proportions principales d'un condenseur. — Le condenseur a pour but
de faire passer à l'état liquide toute la vapeur qui s'échappe du cylindre moteur.
Il faut donc chercher tout d'abord le poids de vapeur que le cylindre expulse
par exemple en une seconde :

Appelons S la section du cylindre moteur, V la vitesse moyenne de son piston
à la seconde, le volume décrit par le piston est donc par seconde égal à SV, et
c'est précisément le volume de la vapeur expulsée.

Si la détente est poussée jusqu'à $\frac{1}{10}$ d'atmosphère par exemple, on sait que le mètre cube de vapeur ainsi détendue pèse 0ᵏ,25 environ; le poids de vapeur à condenser est donc : $p =$ S. V. 0,25 en kilogrammes.

On veut maintenant que la pression au condenseur soit $\frac{1}{10}$ d'atmosphère par exemple; c'est la tension maxima de la vapeur d'eau à 47°; ainsi l'eau chaude résultant du mélange de l'eau d'injection et la vapeur condensée sera à la température de 47°.

Reste à déduire des données précédentes le poids et la température de l'eau injectée, soit P son poids et t sa température :

Cette eau s'est échauffée de t à 47°, elle a donc gagné un nombre de calories égal à

$$P(47-t);$$

et ce nombre de calories gagné par l'eau d'injection est égal au nombre de calories perdu par la vapeur condensée, dont nous connaissons le poids p.

Nous admettons que ce poids p de vapeur ne s'est pas refroidi par la détente, parce qu'on a réchauffé le cylindre par une enveloppe de vapeur, et nous prendrons pour sa température celle même de la chaudière; si, par exemple, la chaudière fournit de la vapeur à 4 atmosphères de pression, nous savons que la température de cette vapeur est de 145° environ.

Ainsi le poids p de vapeur s'est refroidi de 145° à 47° en se condensant, c'est-à-dire en abandonnant sa chaleur latente de vaporisation, qui est de 536 calories, (voir pour toutes ces données les notions préliminaires); le poids p a donc perdu un nombre de calories égal à :

$$p\,[536 + 145 - 47] = p.\,634 \text{ calories,}$$

Compensant la chaleur gagnée par la chaleur perdue, il vient l'équation :

$$P\,(47-t) = p.\,634 = \text{S.V.}\,0,25.\,634$$

Cette équation renferme deux inconnues P et t; il y a donc indétermination du problème et cela se conçoit, puisqu'il faudra d'autant moins d'eau d'injection que sa température sera plus basse. Cette température est en général une donnée de la question : elle dépend de l'eau dont on dispose. Admettons que cette eau soit à 12°, nous aurons pour déterminer P l'équation :

$$P.\,35 = \text{S.V.}\,0,25.\,634. \qquad P = \frac{634}{35}.\,\text{S.V.}\,0,25 = 18.\,p$$

Le poids d'eau froide à injecter est, dans les conditions que nous nous sommes données, égal à 18 fois le poids de vapeur à condenser. Et encore c'est un minimum, car on ne trouve pas communément et en tout temps de l'eau d'injection à 12°.

Le lecteur pourra recommencer le calcul précédent dans les différents cas qu'il rencontrera.

Appliquons la formule précédente à une machine à vapeur d'environ 35 chevaux, ayant une section de cylindre S = 0ᵐᑫ,38, et une vitesse moyenne du piston égale à 1 mètre; il s'en échappe par seconde un poids de vapeur $p =$ S. V. 0,25 = 0ᵏᵍ,095, et le poids d'eau à injecter sera de 1ᵏᵍ,71 à la seconde, soit 6,156 litres à l'heure, quantité considérable et souvent difficile à approvisionner.

D'une manière générale, la quantité d'eau à injecter Q peut se déduire de la formule :

$$Q = \frac{P(536 + t' - T)}{T - t},$$

qui est l'expression algébrique des équations précédentes et dans laquelle :

Q est le poids d'eau à injecter par seconde en kilogrammes.

P est le poids de vapeur à condenser par seconde en kilogrammes.

t, la température de l'eau d'injection évaluée en degrés centigrades ; elle varie de 10 à 16 degrés dans nos climats et peut dépasser 25° dans les pays chauds, où la condensation finit par devenir inutile.

t', température de la vapeur à condenser ; on la suppose égale à la température de la vapeur qui sort du générateur.

T, température de l'eau chaude du condenseur, expulsée par la pompe à l'air ; cette température varie de 30° à 50° ; presque toujours on la fait de 40°.

Quel doit être maintenant le volume du cylindre de la pompe à air ? Au premier abord, il semble utile de le faire seulement égal à la somme des volumes de l'eau injectée et de l'eau condensée, somme que nous connaissons par les calculs précédents. Mais la pompe à air a pour fonction d'enlever non-seulement l'eau chaude, mais encore l'air qui s'est dégagé sous l'influence de la diminution de pression, ainsi que la vapeur qui ne s'est pas condensée ; et il faut de ce fait compter sur un volume à extraire, égal à celui de l'eau. On sait du reste que l'action des pompes est souvent irrégulière et qu'elles sont soumises à bien des pertes et des fuites ; il est donc prudent de ne compter que sur 50 p. 100 d'effet utile, ce qui revient à prendre pour le volume une valeur quatre fois plus grande que le volume d'eau à extraire. Enfin, on double encore cette dimension, car il faut pouvoir parer à la condensation d'une quantité exceptionnelle de vapeur et à une élévation de température de l'eau d'injection. On arrive en somme à prendre pour volume du corps de pompe huit fois le volume de l'eau à enlever dans les conditions normales.

Le rapport précédent s'applique à la pompe à simple effet ; si la pompe est à double effet, on peut le réduire de moitié.

Le volume de la cavité où la condensation se produit doit être aussi grand que possible, sans toutefois entraîner à des dépenses trop considérables ; cette cavité doit être au moins égale en volume au cylindre de la pompe à simple effet, et à la moitié du volume du cylindre de la pompe à double effet.

Il ne faut pas se dissimuler que la manœuvre de la pompe à air absorbe une grande quantité de travail, comprise entre $\frac{1}{20}$ et $\frac{1}{30}$ du travail brut développé par la vapeur motrice sur le piston.

En général, la manœuvre de la pompe à air et des pompes d'alimentation arrive à absorber le $\frac{1}{10}$ de la puissance de la machine,

Le condenseur est donc un appareil souvent coûteux, surtout lorsqu'on ne dispose pas d'une grande quantité d'eau ; dans ce cas, il est bon de pousser la détente dans le cylindre aussi loin que possible, de manière à n'avoir à condenser, à puissance égale, qu'un poids réduit de vapeur.

Mais alors, quand la détente est poussée très-loin, l'avantage de la condensation finit par disparaître, et l'échappement à l'air libre peut bien être adopté, notamment dans les machines à haute pression, établies dans les grandes villes où l'eau coûte cher.

Quelquefois même, la condensation serait nuisible, par exemple dans les machines locomotives et locomobiles, car on serait forcé de transporter une masse d'eau considérable, et cela à grands frais.

Indicateur du vide. — Le mécanicien expérimenté reconnaît le bon fonctionnement du condenseur rien qu'en le touchant à la main pour voir si la température des parois est convenable ; lorsque cette température s'élève accidentellement, il refroidit l'appareil en l'aspergeant d'eau fraîche au moyen d'une éponge.

Mais le guide le plus sûr est encore l'indicateur du vide, dont l'emploi se généralise.

Il est inutile de le représenter ici, car c'est un manomètre pour les pressions inférieures à une atmosphère. Le plus sensible est le manomètre à siphon, dont on se sert comme éprouvette indiquant le degré du vide dans la machine pneumatique ; c'est un siphon en verre, dont une branche est fermée et l'autre communique avec la capacité du condenseur : dans ce siphon est du mercure, et le vide parfait existe dans la branche fermée, de sorte que, si la pression atmosphérique s'exerce sur la branche ouverte, le mercure monte de $0^m,76$ dans la branche fermée : au contraire, si le vide existe dans la branche ouverte, le mercure se met au même niveau dans les deux branches. Dans tous les cas, la dénivellation entre les deux branches mesure la pression qui s'exerce dans la branche ouverte, et si l'on a fait la graduation en dixièmes d'atmosphère, on reconnaît immédiatement la valeur de cette pression.

Les manomètres métalliques et autres se transforment de même en indicateurs du vide.

Condenseurs à surface. — Le condenseur à surfaces, auquel on donne souvent le nom de condensateur, proposé par l'ingénieur français Lebon et appliqué pour la première fois par Hall, convient surtout aux machines de navigation sur lesquelles on le rencontre souvent.

La vapeur qui s'échappe du cylindre moteur arrive dans un jeu de tubes d'un grand développement de surface, lequel est plongé dans une bâche où l'on entretient un courant d'eau froide ; la vapeur se condense au contact des parois minces refroidies, et l'eau de condensation est recueillie dans un récipient spécial d'où on l'extrait par une pompe spéciale. Cette eau de condensation, non mélangée à l'eau d'injection, est donc tout simplement de l'eau distillée, c'est-à-dire débarrassée de l'énorme quantité de sels que l'eau de mer tient en dissolution. Dans cet état, elle est merveilleusement propre à l'alimentation des chaudières, puisqu'elle n'y produira ni dépôts ni incrustations. Elle convient même à certains usages culinaires et autres, qui sur les navires exigent l'emploi de l'eau douce ; le condenseur à surfaces dispense alors des appareils distillatoires spéciaux auxquels on est forcé de recourir sur bien des navires.

Le principe étant bien compris, nous n'insisterons pas sur les détails de construction.

La figure 4 de la planche XI représente un condenseur à surfaces d'un système analogue à celui de Hall. La vapeur d'échappement arrive, comme le montre la flèche, par un large tuyau situé au sommet gauche de l'appareil, dans une chambre d'où elle passe dans un faisceau de tubes minces, légèrement inclinés de gauche à droite afin de faciliter l'écoulement de l'eau de condensation. Celle-ci se réunit dans la chambre latérale de droite d'où une pompe spéciale vient l'extraire pour l'envoyer à la chaudière. Le courant d'eau froide qui tombe sur les tubes, s'échappe d'un conduit supérieur muni d'un robinet régulateur ; et l'eau échauffée par les calories que la vapeur abandonne est extraite par la pompe à double effet que l'on voit au bas de la figure, et dont on comprend facilement le fonctionnement des clapets.

Ce système est particulièrement commode pour les navires, puisqu'on dispose d'une masse d'eau indéfinie.

Dans l'appareil décrit plus haut, il faut remarquer que le vide partiel existe de chaque côté des tubes de condensation ; à l'intérieur est la vapeur qui se condense, à l'extérieur l'eau continuellement aspirée par la pompe à double effet.

Les tubes sont donc soumis à une pression effective presque nulle, ou du moins très-faible, et on peut leur donner une épaisseur minime, ce qui est éminemment favorable au refroidissement de la vapeur, car on sait que la chaleur transmise à travers une plaque varie en progression géométrique lorsque l'épaisseur varie en progression arithmétique.

Néanmoins, la partie tubulaire exige de fréquents nettoyages, car les tubes se recouvrent à l'intérieur de cambouis et de matières grasses entraînées, et à l'extérieur d'incrustations ; cependant, cet inconvénient, très-sensible dans les condenseurs de Hall, où les tubes étaient simplement plongés dans une bâche ouverte, le sont bien moins dans le condenseur Pirrson, dont nous venons de parler, car le courant d'eau froide y est très-abondant et ne s'échauffe pas assez pour déposer les matières salines. Seulement les tubes s'y usent très-rapidement et demandent à être fréquemment renouvelés.

D'après M. Ledieu, une surface refroidissante de $0^{mq},70$ par cheval nominal de 200 kilogrammes sur les pistons est une proportion suffisante, soit $0^{mq},27$ par cheval de 75 kilogrammes produit par la vapeur motrice sur le piston. C'est la proportion adoptée sur plusieurs navires de l'État ; cependant, elle a été bien souvent dépassée.

En tout cas, il est certain que la surface refroidissante était bien plus considérable dans les condenseurs de Hall, qui exigeaient $1^{mq},65$ par cheval vapeur.

On doit multiplier le plus possible le nombre des tubes, en les raccourcissant pour donner à la vapeur et à l'eau condensée un écoulement facile ; la longueur des tubes a été réduite depuis Hall, et on ne la fait plus que de 1 mètre à $1^{m},50$. Quant à leur diamètre, on le réduit aussi le plus possible, afin de mettre un plus grand nombre de tubes dans le même espace et d'augmenter ainsi la surface refroidissante.

M. Pirrson adopte des tubes cylindriques de $0^{m},025$ de diamètre ; d'autres constructeurs ont eu recours à des tubes ovales ou aplatis ; en tout cas, l'épaisseur de ces tubes ne dépasse guère 1 millimètre, et ils sont en cuivre rouge ou en laiton afin de mieux transmettre la chaleur. Le jeu de tubes est placé horizontalement ou verticalement selon les besoins.

L'étanchéité parfaite de l'enveloppe du condenseur est plus nécessaire encore dans le condenseur à surfaces que dans le condenseur ordinaire, car il faut maintenir le vide relatif à l'intérieur et à l'extérieur des tubes.

Il faut évidemment plus d'eau froide avec le condenseur à surfaces qu'avec l'autre, puisqu'elle n'agit pas par mélange intime avec la vapeur : il faut au moins augmenter de moitié la proportion trouvée pour le condenseur ordinaire.

Condenseurs à air libre. — Enfin, nous citerons encore les condenseurs à air libre, dont il existe quelques spécimens. Dans un courant d'air, on place une série de récipients très-aplatis, communiquant alternativement par le bas et par le haut, et séparés entre eux par des lames d'air. La vapeur, s'échappant du cylindre moteur, parcourt cette série de récipients, dont le nombre est variable suivant le poids de vapeur à condenser : elle s'y condense au contact des parois continuellement refroidies par l'air extérieur, et l'on peut recueillir toute l'eau de condensation, eau distillée qui reste à la température de 70°.

Cet appareil, combiné par M. Flaud, peut évidemment rendre de grands services, mais plutôt comme appareil distillatoire que comme condenseur ; et sur les navires par exemple, on a trop facilement l'eau froide pour y renoncer sans de grands avantages ; le condenseur à surfaces a l'inconvénient d'être fort encombrant et la place est précieuse à bord des navires.

Condenseur éjecteur Morton. — Pour terminer, nous décrirons le condenseur éjecteur, inventé en 1868 par M. Alexandre Morton, et encore peu connu.
C'est un engin analogue à l'injecteur Giffard, et dont le jeu est le même ; il est
représenté en coupe longitudinale par la figure 5 de la planche XI.

Le principe de l'invention, dit le mémoire du professeur Rankine, peut être
expliqué comme il suit :

Dans tout condenseur à injection l'eau froide jaillit dans le vide avec une
vitesse de 15 mètres environ par seconde. La vapeur jaillit du cylindre dans le
condenseur avec une vitesse plusieurs fois aussi grande que celle de l'eau froide.
Dans le condenseur ordinaire, ces vitesses de l'eau et de la vapeur sont complètement détruites et la force vive des fluides est employée à les agiter dans le condenseur et finalement convertie en chaleur ; de là résulte la nécessité d'appliquer une pompe à air pour extraire du condenseur l'eau, l'air et la vapeur non
condensée. Le travail mécanique dépensé pour mettre en action une pompe à
air bien proportionnée et bien construite, est connu par l'expérience, et on sait
qu'il équivaut à une pression résistante de $0^{kg},035$ à $0^{kg},053$ par centimètre
carré de la surface du piston moteur. Ce travail mécanique est perdu par suite
de la destruction de la force vive de l'eau et de la vapeur qui se précipitent dans
le condenseur.

Dans le condenseur éjecteur au contraire, le mouvement des jets de vapeur et
d'eau n'est point interrompu et l'on trouve que leur force vive suffit pour faire
sortir l'eau, l'air et la vapeur non condensée (s'il en reste) du condenseur et les
amener dans le réservoir d'eau chaude, et que la dépense de travail qu'exigerait
la mise en mouvement d'une pompe à air se trouve ainsi économisée.

Voici la description sommaire de l'appareil condenseur dont nous donnons le
dessin : l'eau froide passe du réservoir dans un tuyau conoïde convergent, terminé par un orifice dont la section est à peu près égale en surface à celle que
devrait avoir l'orifice d'admission d'eau froide dans un condenseur ordinaire
pour la même machine, c'est-à-dire environ $\frac{1}{250}$ de la surface totale des pistons ;
le tuyau convergent de l'eau froide est enveloppé par un second et troisième
tuyau également convergents, ayant leur axe commun avec le premier, et de
forme à peu près semblable ; ces second et troisième tuyaux amènent respectivement la vapeur sortant des deux cylindres de la machine (il s'agissait de deux
machines verticales accouplées). Le tuyau convergent intermédiaire est terminé
par un orifice un peu plus grand que celui du tuyau intérieur qui amène l'eau
froide, et le dernier tuyau enveloppant tous les autres est terminé par un ajutage
qui affecte la forme d'une veine liquide contractée, et encore un peu plus grand
que celui du tuyau intermédiaire. Ce tuyau extérieur se prolonge au delà de la
section rétrécie en un tuyau conoïde divergent en forme de trompette, qui se
raccorde par sa base la plus large à un conduit cylindrique de même diamètre
que cette base et aboutit au réservoir d'eau chaude.

Le degré et l'efficacité de la condensation de la vapeur ont été constatés par
des manomètres de vide et par des diagrammes tracés par l'indicateur de Watt.
Ces deux modes de constatation s'accordent à montrer que la condensation est
un peu plus avancée dans le cylindre de gauche dont la vapeur s'écoule par le
tuyau intermédiaire que dans le cylindre de droite d'où la vapeur sort par le
tuyau extérieur.

La pression résistante exercée sur la face postérieure du piston, par la vapeur
qui s'échappe, a varié de $0^{kg},21$ à $0^{kg},32$ par centimètre carré, tandis que la pression atmosphérique est de $1^{kg},037$. Ces résultats sont au moins aussi bons que

ceux qu'on obtient moyennement des condenseurs ordinaires, ce qui montre que la condensation de la vapeur et l'expulsion de l'eau, de l'air et de la vapeur non condensée sont aussi complètes et efficaces.

L'économie de travail résultant de la suppression de la pompe à air dans les expériences que nous rapportons équivaut exactement à 4 p. 100 du travail des machines accusé par l'indicateur, c'est-à-dire du travail brut produit par la vapeur sur le piston.

Le calcul de la force vive du jet d'eau froide montre qu'elle représente 3/4 de cheval-vapeur dans le cas qui nous occupe. Cette force vive reste sans effet utile dans le condenseur ordinaire, et c'est là principalement ce qui rend nécessaire l'addition de la pompe à air.

Conclusion : 1° l'action du condenseur éjecteur est au moins aussi efficace que celle d'un condenseur ordinaire avec pompe à air ; 2° l'emploi du condenseur éjecteur économise la dépense de travail qu'exige le jeu de la pompe à air.

Cette conclusion de l'inventeur anglais nous paraît plausible ; toutefois, le condenseur éjecteur n'a guère été essayé en France jusqu'à présent, et il serait peut-être prudent d'attendre des expériences prolongées, avant de formuler un jugement définitif.

Des cylindres et pistons de machines à vapeur. — Au point de vue de l'action de la vapeur, les organes de distribution et de condensation sont de beaucoup les plus importants ; nous les avons étudiés ; avant de passer à l'étude des divers genres de machines, il convient de dire quelques mots sur les organes que l'on trouve partout, tels que les pistons, les cylindres et les tuyaux.

Pistons. — Bien qu'on ait fait quelquefois des pistons quadrangulaires, la seule forme usitée maintenant est le piston circulaire.

Le piston doit résister aux pressions énormes qu'il est chargé de transmettre ; sa forme est celle d'un cylindre aplati dont la hauteur doit être assez grande par rapport à la largeur pour que le piston se meuve bien carrément à l'intérieur du cylindre de la machine ; on comprend sans peine qu'un piston très-mince aurait une certaine tendance au déversement et ne serait point guidé dans sa course.

Dans la généralité des machines, la hauteur du piston est le $\frac{4}{6}$ de son diamètre. C'est cette proportion qu'il convient d'adopter : elle amène nécessairement à donner au piston un surcroît de résistance. Cependant, il faut éviter de le faire trop lourd, car c'est une pièce mobile à vitesse alternativement dirigée dans un sens et dans l'autre, et sa force vive doit être réduite au minimum ; c'est pourquoi les pistons d'un diamètre notable ont un corps principal en fonte ou carcasse évidée intérieurement.

Le piston doit en outre être construit de telle sorte qu'il empêche toute communication de la vapeur d'une de ses faces sur l'autre ; par suite il faut qu'il glisse toujours à frottement à l'intérieur du cylindre de vapeur et le contact entre eux doit être parfait.

Cette condition est surtout nécessaire pour les pistons animés d'une faible vitesse ; mais, lorsque les pistons se meuvent à grande vitesse, ils peuvent conserver un certain jeu toujours très-faible entre eux et le cylindre, sans que ce jeu livre passage à une grande quantité de vapeur, surtout si l'on ménage au pourtour du piston quelques rainures annulaires : la vapeur tend bien à s'échapper mais l'orifice est très-étranglé et il se produit dans les rainures des remous considérables qui ralentissent le courant ; la perte est donc minime, et amène une économie considérable, car elle supprime le frottement du piston à l'intérieur du cylindre à vapeur, frottement qui absorbe beaucoup de travail.

Nous avons signalé cette particularité des pistons à grande vitesse, en parlant des machines soufflantes, à la page 570 du cours des machines ; nous engageons le lecteur à se reporter à cette page et à la figure qui s'y trouve jointe.

Nous ne croyons pas qu'aucun constructeur ait jusqu'à présent construit un piston à grande vitesse, présentant le jeu que nous venons d'indiquer ; l'essai mérite d'être fait, peut-être donnera-t-il d'aussi bons résultats que dans la pompe à air.

Quoi qu'il en soit, les pistons sont actuellement munis de garnitures étanches, frottant sans solution de continuité contre les parois du cylindre de vapeur : ces garnitures sont de deux sortes ; on les fait soit en étoupe graissée, c'est l'ancien système, qui ne sert plus que pour les pompes de condenseur, soit en secteurs métalliques, c'est le nouveau système dont l'emploi est général aujourd'hui pour les pistons moteurs.

Piston à garniture d'étoupe. — La figure 582 représente le piston à garniture d'étoupes en usage dans les anciennes grandes machines à basse pression. La carcasse de ce piston AA est une pièce en fonte évidée à l'intérieur et creusée sur son pourtour ; sur la carcasse se boulonne la couronne en fonte ou en fer forgé BB, que l'on rapproche plus ou moins de la carcasse au moyen des boulons c,c. Entre la carcasse et la couronne se trouve donc un évidement annulaire, que l'on remplit

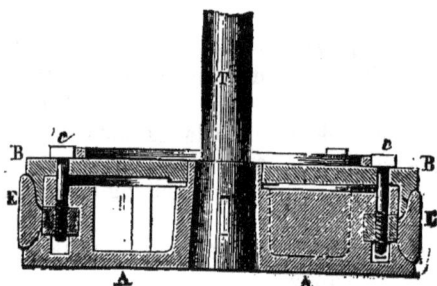
Fig. 582.

avec de l'étoupe EE ; cet évidement est taillé en biseau comme le montre la figure, de sorte qu'en serrant les boulons on repousse la garniture d'étoupe et on la force à s'appliquer exactement contre les parois du cylindre de vapeur.

La garniture d'étoupe se compose de tresses peu serrées, de forme aplatie, battues au maillet de chaque côté et trempées dans du suif liquide ; on les place les unes après les autres à mesure que la compression se produit, et on remédie au tassement progressif en agissant sur les boulons de serrage.

Généralement, on se sert d'étoupes de chanvre ; quelques constructeurs préfèrent pour les pompes à air les tresses en coton avec lesquelles le frottement est plus doux.

La tige du piston est très-solidement assemblée dans la carcasse ; on donne à cet assemblage la forme en queue d'hironde, qui supprime toute chance de jeu, et on le consolide au moyen de clavettes transversales noyées dans la carcasse du piston.

La garniture en étoupe a bien des inconvénients : il faut la refaire souvent, et dans les intervalles du remplacement serrer les vis de serrage ; on n'en obtient du reste pas toute l'élasticité qu'on pourrait espérer ; elle se durcit malgré la graisse ; celle-ci s'acidifie et attaque les parois du cylindre moteur. Enfin, le frottement de l'étoupe absorbe environ 12 p. 100 du travail produit sur le piston, tandis qu'avec les garnitures métalliques l'absorption est réduite à 7 ou 8 p. 100.

Mais, dans l'eau à 40° ou 50°, les garnitures d'étoupe grasse se plaisent parfaitement et demeurent onctueuses ; elles conviennent donc bien aux pompes du condenseur.

Piston à garniture métallique. — La figure 383 représente un piston à garniture métallique ; les détails de construction peuvent varier d'un type à l'autre, mais le principe reste le même. Le corps du piston comprend, comme plus haut, deux parties : la carcasse en fonte évidée AA, et la couronne en fonte ou en fer forgé BB, réunie à la carcasse par des vis C à tête fraisée. Entre la carcasse et la couronne existe un vide annulaire que l'on remplit par deux assises d'anneaux ou secteurs en fer forgé, en acier ou en fonte ; ces anneaux sont formés de plusieurs morceaux, mais on a soin que les joints se découpent, ainsi qu'on le voit sur le plan. L'anneau extérieur est indiqué par les lettres *mm* et l'anneau intérieur par les lettres *nn*.

L'anneau extérieur possède une légère saillie sur le pourtour de la carcasse et de la couronne, c'est lui qui frotte contre le cylindre de vapeur et qui constitue le joint étanche.

Mais pour que l'étanchéité soit durable, il faut que la garniture soit sans cesse repoussée vers l'extérieur et appliquée avec une certaine intensité sur les parois du cylindre.

Ce résultat est obtenu au moyen des ressorts *rr*, qu'appliquent contre l'anneau *nn* les vis *v*, *v* ; ces vis sont nettement indiquées sur le plan lequel est une vue de la face inférieure du piston.

Lorsque l'usure vient détruire l'adhérence entre les secteurs et le cylindre, on enlève la couronne, on resserre les vis *v*, et le bandage est ramené au même degré.

Il y a à ce système un avantage sérieux, c'est que les ressorts peuvent fléchir lorsque la pression devient trop considérable, et l'on est moins exposé aux ruptures de cylindre qui arrivent lorsqu'une certaine quantité d'eau de condensation ou d'eau entraînée par la vapeur s'accumule sur une des faces du piston.

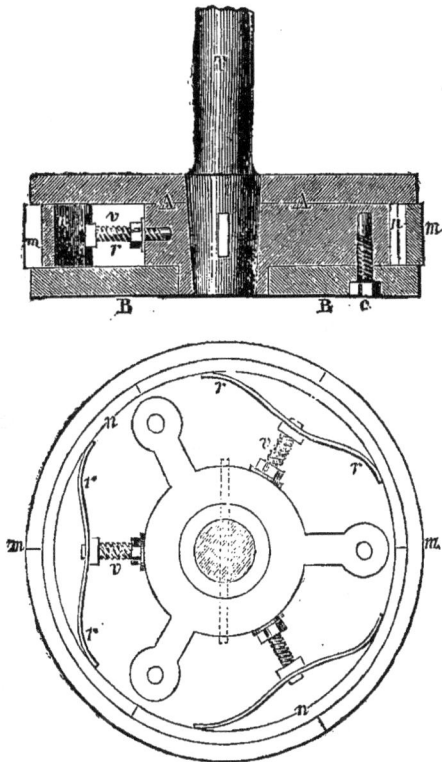

Fig. 383.

On a souvent substitué aux ressorts métalliques un anneau intérieur en caoutchouc qui par son élasticité donne l'effort de repoussement nécessaire à l'adhérence.

Dans tous les cas, on reconnaît que le bandage des ressorts est suffisant lorsque pendant la marche on n'entend pas de claquements à l'intérieur du cylindre.

Il est évident qu'on doit éviter un bandage exagéré, puisqu'alors on augmente inutilement le frottement et l'usure.

Il faut supprimer sur les faces du piston toutes les saillies qui ne correspondraient pas à des creux égaux dans le couvercle et le fond du cylindre, car ces saillies empêchent le piston en fin de course d'adhérer aux parois du cylindre, et il en résulte un espace nuisible où la vapeur s'accumule.

On ne saurait apporter trop de soin à l'exécution de la tige ou des tiges du piston ; dans les pistons à grand diamètre, comme ceux des machines marines, le piston transmet souvent son mouvement au moyen de deux tiges réunies par un joug. L'assemblage de la tige et du piston doit être d'une solidité à toute épreuve, et la tige elle-même se fait en bon fer forgé ou en acier. Les ruptures de tiges amènent toujours de graves accidents : il faut s'en mettre absolument à l'abri.

Dans les locomotives et machines à haute pression, on donne d'ordinaire aux tiges de piston un diamètre égal au $\frac{1}{6}$ du diamètre du piston correspondant ; dans les machines à basse et moyenne pression, la proportion usuelle est de $\frac{1}{10}$; nous reviendrons du reste sur ce point en traitant de la résistance des matériaux.

Cylindres. — Si l'on considère les divers dessins de machines à vapeur que nous avons donnés ou que nous donnerons plus loin, on reconnaît que la forme extérieure du cylindre moteur est toujours très-compliquée. Il porte une face plane ou glace sur laquelle se meut le tiroir et de laquelle partent les orifices de distribution et d'échappement ; cette face plane porte des oreilles sur laquelle on boulonne la boîte à vapeur. Le cylindre doit être muni d'appendices qui servent à le boulonner solidement sur le bâti : d'autre part, il ne peut être d'un seul morceau, il faut évidemment qu'il soit muni d'un couvercle étanche et amovible qui permet d'introduire et de visiter le piston.

Pour toutes ces raisons, sa forme est des plus irrégulières, et on ne saurait l'exécuter en fer forgé, bien que cela serait préférable à cause de la résistance à donner aux parois. On le fait donc en fonte, en ayant soin de choisir de la fonte de première qualité, non blanche, ni aigre, ni cassante, pleine, à grain fin et très-dure ; tout cylindre présentant des inégalités d'épaisseur ou des soufflures doit être rejeté. Il faut obtenir une homogénéité absolue. On doit éviter encore de terminer les orifices par des arêtes vives, qui ne tardent pas à s'écraser et à produire des grippements ; les arêtes mousses et arrondies n'offrent pas cet inconvénient.

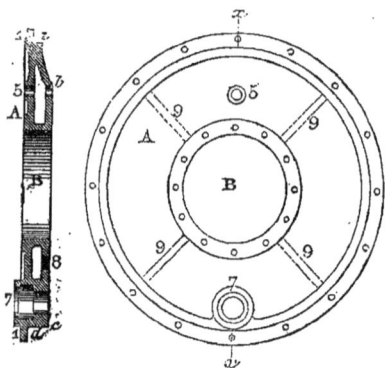

Fig. 384.

La hauteur des cylindres mis en place est évidemment égale à la course du piston plus son épaisseur ; leur volume dépend du travail à produire.

Les orifices d'admission doivent déboucher le plus près possible du fond et du couvercle, afin d'éviter l'accroissement des espaces morts.

Nous distinguons dans le cylindre le fond et le couvercle, qui en sont les bases. Le couvercle a un diamètre égal à celui du cylindre, de manière à permettre l'introduction du piston lors du montage ; il se compose d'une plaque en fonte A, pénétrant dans le cylindre par une sorte de bouchon (*abcd*). et boulonnée par le collet 1.1 sur le collet supérieur du cylindre. Les boulons doivent être nombreux et bien serrés et le joint parfaitement étanche.

Le trou circulaire B est ménagé, le couvercle porte le manchon du stuffing-box qui livre passage à la tige du piston ; ce même trou B existe aussi dans le fond qui souvent est venu de fonte avec le cylindre, et il est destiné alors à laisser passer l'arbre de la machine à aléser. On le ferme avec un couvercle boulonné, formant trou d'homme, qui permet de visiter facilement le piston. Quelquefois, la tige du piston se prolonge sur chacune de ses faces et traverse non-seulement le couvercle, mais aussi le fond ; cette disposition qu'on rencontre surtout dans les machines horizontales a pour but de mieux guider et soutenir le piston ; elle s'applique aussi à certaines machines conjuguées.

Il va sans dire que dans les fonds de cylindre sont ménagées des cavités pour loger les têtes de boulons et saillies de toutes espèces que les pistons peuvent présenter.

Parmi les autres accessoires du cylindre, on compte : 1° les stuffing-box, dont l'agencement doit être particulièrement soigné ; 2° les graisseurs, qui sont installés sur les couvercles ; 3° les robinets purgeurs, qui se manœuvrent à la main soit directement, soit par un levier, et qui livrent passage à l'eau et à l'air qui viennent à s'accumuler dans le cylindre ; leur présence est accusée dans le cylindre par des claquements et des clapotements faciles à reconnaître ; le jet des purgeurs doit être dirigé de manière à n'atteindre ni les personnes voisines ni les pièces mêmes de la machine ; 4° les soupapes de sûreté, placées aussi sur les fonds du cylindre, s'ouvrant de dedans au dehors, lorsque la pression interne vient à dépasser une limite compatible avec la résistance du cylindre ; ces soupapes de petite dimension doivent donc être chargées convenablement, c'est presque toujours par des ressorts à boudin que la charge est obtenue, et, comme le fonctionnement de ces soupapes est excessivement rare, il est bon de les éprouver de temps en temps à la main. Les soupapes de sûreté donnent aussi passage à l'eau qui s'accumule dans le cylindre ; cette eau, pressée par le piston, ne se comprime pas et pourrait faire éclater le cylindre si on ne lui présentait un écoulement facile.

Enfin, un élément des plus importants à considérer, c'est la chemise ou enveloppe dont on recouvre le cylindre.

Les métaux conduisent parfaitement la chaleur ; les pertes de calorique à travers les cylindres seraient donc considérables, si l'on n'avait soin d'en envelopper les parois et les fonds avec des substances peu conductrices, feutre, sciure de bois, charbon pilé, etc., que l'on maintient presque toujours au moyen d'une enveloppe extérieure en bois d'acajou.

Mais, nous avons montré plus haut que dans les machines à détente, si l'on voulait empêcher la condensation d'une certaine partie de vapeur, il ne suffisait pas de s'opposer aux pertes de calorique, il fallait en outre réchauffer la vapeur et lui rendre les calories que la détente lui enlève. Ce résultat qui semble avantageux au point de vue économique, s'obtient par une enveloppe de vapeur.

Le cylindre moteur est complétement enfermé dans un autre cylindre en tôle ou en fonte, qui lui sert de chemise ; entre les deux cylindres circule un courant continu de vapeur prise à la chaudière ; cette vapeur se condense en cédant ses calories à la vapeur motrice, et l'eau de condensation s'échappe à la base du cylindre par un robinet spécial. L'ouverture de ce robinet doit être évidemment réglée de telle sorte qu'il ne s'échappe que de l'eau chaude, non mélangée de vapeur ; car la vapeur emporterait en pure perte de grandes quantités de chaleur.

Le courant de vapeur entre les deux enveloppes doit être emprunté directement au générateur; il ne faut le produire ni avec la vapeur qui de la chaudière se rend à la boîte de distribution, ni avec celle qui s'échappe vers le condenseur, car ce courant doit être contourné et présente des étranglements qui font perdre une grande partie de la vitesse et de la force vive. En ce qui touche la vapeur motrice, elle perd déjà bien assez de sa pression dans les conduits qui la mènent de la chaudière au cylindre.

La chemise du cylindre doit elle-même être protégée par les substances peu conductrices dont nous parlions plus haut, substances enfermées dans une enveloppe en bois ou en cuivre mince bien poli; les surfaces polies rayonnent en effet beaucoup moins de chaleur que les surfaces rugueuses ou mates.

Les constructeurs soigneux étendent la chemise de vapeur aux couvercles mêmes du cylindre.

L'épaisseur d'un cylindre de machine à vapeur ne se calcule point par des formules théoriques; en effet, si l'on se plaçait simplement au point de vue de la résistance aux pressions, on trouverait des épaisseurs bien inférieures à celles que l'on adopte dans la pratique; on trouvera ces épaisseurs théoriques dans les tableaux relatifs aux épaisseurs des parois des chaudières cylindriques. Mais il importe que les cylindres soient extrêment rigides et ne se déforment jamais, ni pendant l'alésage ni pendant la marche; il faut en outre qu'un cylindre puisse être alésé deux ou trois fois, afin de pouvoir servir encore lorsque ses parois se sont usées ou corrodées en certains points plus qu'en d'autres.

C'est donc l'expérience qui doit nous guider dans la recherche des dimensions de ces cylindres; elle donne les règles empiriques suivantes:

Si l'on appelle D le diamètre intérieur du cylindre, exprimé en millimètres, son épaisseur (e) est donnée en millimètres par la formule . . . . . . $e = 15 + \dfrac{D}{60}$,

L'épaisseur du couvercle est égale à . . . . e,
Le diamètre des boulons de ce couvercle est égal à . . . . e

Le nombre des boulons est égal à . . . . $3 + \dfrac{D}{70}$,

La largeur du collet du cylindre et des couvercles est égale à . . . $2e$,

L'épaisseur de ce collet . . . . $\dfrac{4}{5} e$.

Telles sont les formules qu'il convient d'adopter, car elles ont été établies d'après les exemples empruntés aux meilleurs constructeurs.

Classification des machines à vapeur. — Nous avons déjà fait cette classification au point de vue du mode d'action de la vapeur.

Ainsi, nous avons vu qu'on distinguait les machines à basse, à moyenne et à haute pression:

Basse pression, lorsque la tension de la vapeur motrice ne dépasse pas 1 1/2 atmosphères.
Moyenne pression   —   —   varie de 1 1/2 à 4 atmosphères.
Haute pression   —   —   varie de 4 à 10 atmosphères et au delà.

Les machines à basse et à moyenne pression sont surtout employées maintenant dans la marine; les nouvelles machines terrestres sont toutes à haute pression, et la tension de la vapeur est d'ordinaire de 5 à 6 atmosphères. Le préjugé ancien, qui faisait rejeter la haute pression comme dangereuse, n'existe plus: en effet les accidents ont toujours été plus fréquents avec la basse qu'avec la haute pression, et, cela se conçoit, car les générateurs à basse pression sont proportionnellement soumis à une épreuve beaucoup moins forte, et leur construction est moins soignée.

Toujours au point de vue de l'action de la vapeur, on distingue encore les machines avec ou sans détente, avec ou sans condensation ; nous nous sommes suffisamment étendu sur les avantages et les inconvénients de ces divers systèmes pour n'avoir pas à y revenir.

Pour faciliter l'étude des diverses machines, voici la classification que nous allons adopter :

1re Classe. — Machines terrestres.
2e Classe. — Machines de navigation.

La 1re classe se divisera à son tour en trois genres :

A machines fixes ; B machines locomotives ; C machines locomobiles.

Dans chacun de ces genres ainsi que dans la 2e classe, qui forme un genre unique, nous pourrons distinguer diverses espèces d'appareils suivant le mode de transmission du mouvement du piston à l'arbre de couche.

1RE CLASSE. — MACHINES TERRESTRES

A. — MACHINES FIXES.

La dénomination de machines fixes se comprend d'elle-même ; elle s'applique évidemment aux machines installées à demeure dans une usine, et non susceptibles d'être transportées sans subir un démontage plus ou moins complet.

On distingue, suivant le mode de transmission du mouvement du piston à l'arbre moteur, diverses espèces de machines fixes qui sont :

1. Les machines à balancier, à simple ou à double effet, à un ou à deux cylindres ;
2. Les machines horizontales ;
3. Les machines verticales ;
4. Les machines inclinées ;
5. Les machines oscillantes ;
6. Les machines rotatives.

I. — MACHINES A BALANCIER

La machine à balancier, quoique la plus compliquée de forme et de dimension, est la plus ancienne ; c'est le type imaginé par Watt, qu'on a bien peu modifié jusqu'à nous.

La machine à balancier ne se rencontre plus qu'accidentellement, car elle coûte fort cher et occupe beaucoup d'espace ; mais elle possède de grandes qualités, et semble jouir d'une nouvelle faveur depuis qu'on lui a appliqué les deux cylindres du système de Woolf.

Elle est précieuse aussi comme machine à simple effet pour actionner les pompes des puits de mines, que la machine soulève et qui retombent de leur propre poids ; elle est alors connue sous le nom de machine de Cornouailles, parce que c'est dans les houillères de Cornouailles qu'elle a pris naissance et qu'elle s'est substituée avec grand avantage à l'ancienne machine atmosphérique.

Nous décrirons donc successivement : la machine à balancier à simple effet, dite de Cornouailles ; la machine à balancier à double effet, ou machine de Watt, à condensation, avec ou sans détente ; la machine à deux cylindres ou machine de Woolf.

Machines à balancier à simple effet, ou machine de Cornouailles — Cette énorme machine n'est plus guère employée qu'en Angleterre ; nous n'en citerons qu'un exemple en France : c'est la machine établie à Chaillot par l'usine du Creuzot pour le service des eaux de la ville de Paris.

La machine de Cornwall est économique, en ce sens qu'elle permet de longues détentes, et que, grâce à ses mouvements lents et réguliers, elle fonctionne sans grands chocs ni grands frottements.

La description que nous donnons ci-après est celle que le savant et regretté M. Combes a rapportée d'Angleterre.

Commençons par exposer le principe de la machine à simple effet :

Dans un cylindre, où se meut le piston P, débouchent deux tuyaux : celui de la partie supérieure amène la vapeur motrice, celui de la partie inférieure conduit au condenseur la vapeur ayant produit son effet. La distribution se fait au moyen de trois soupapes à sièges, connues sous le nom de soupapes de Cornouailles ou de Hornblower, du nom de leur inventeur : on voit en V la soupape d'admission, en C la soupape d'exhaustion et en E la soupape d'équilibre.

Cette dernière est au sommet d'un large conduit vertical qui réunit le tuyau d'amenée au tuyau d'évacuation et permet de faire communiquer la partie haute du cylindre avec la partie basse.

Dans une oscillation complète du piston il faut distinguer trois phases :

1° Les soupapes V et C sont ouvertes, E est fermée, la vapeur du générateur agit à pleine pression sur le piston dont la face inférieure est mise en rapport avec le condenseur.

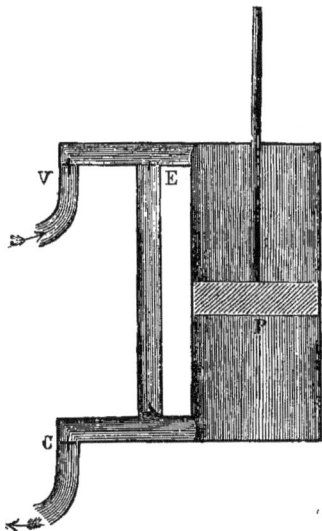

Fig. 383.

Le piston parcourt ainsi à pleine pression une certaine fraction de sa course descendante.

2° A un moment déterminé, la soupape V se ferme, et la soupape C reste seule ouverte, de sorte que la vapeur motrice emprisonnée au-dessus du piston s'y détend, pendant que la partie inférieure du cylindre communique toujours avec le condenseur ; c'est la période de détente, qui commence à une fraction déterminée de la course descendante et se continue jusqu'à ce que le piston ait touché le fond du cylindre. Cependant, afin d'éviter le choc du piston sur le fond du cylindre, on arrête l'évacuation un peu avant la fin de la course afin que la vapeur comprimée sous le piston forme un matelas protecteur.

3° La troisième phase est ce qu'on appelle la phase d'équilibre ; le piston va remonter naturellement, sollicité par le poids des tiges des pompes. Pour cela, on ferme les soupapes V et C et l'on ouvre la soupape d'équilibre E ; la vapeur détendue se répand au-dessus et au-dessous du piston, les pressions sont égales sur chaque face, et la course ascendante s'effectue. Le même effet se produirait si l'on mettait le haut et le bas du cylindre en communication directe avec l'atmosphère, mais on déterminerait de la sorte un refroidissement considérable de la vapeur et des enveloppes, ce qui serait un grave inconvénient.

Passons maintenant à la description détaillée de l'appareil, empruntée à M. Combes.

Les figures 1 de la pl. XII et 6 de la pl. XI, sont une élévation et un plan de la machine. Elles font voir la disposition du cylindre, du balancier de la maîtresse tige des pompes, des soupapes, des pompes à air et de la pompe alimentaire.

La figure 2, pl. XII, est une section de cylindre et du piston de la machine, par un plan vertical passant par l'axe du cylindre.

La figure 7 est un plan horizontal du cylindre et des soupapes qui règlent l'admission de la vapeur ; on a supprimé dans ce plan toutes les autres pièces de la machine, notamment celles qui déterminent le jeu des soupapes.

Les figures 3, 4 et 5 sont des coupes, par des plans verticaux, des soupapes de la machine. Elles indiquent la forme et les dimensions de ces pièces.

Afin de ne pas surcharger les figures, nous n'avons point mis de lettres sur les parties de l'appareil qui n'offrent aucune particularité remarquable.

Ainsi on distinguera les pièces du parallélogramme, à l'angle duquel est attachée la tige du piston. La poutrelle P, qui règle l'intervalle de l'introduction de la vapeur et le jeu des soupapes, est également attachée à un point qui décrit une ligne verticale. Ces dispositions ne diffèrent en rien de celles généralement connues et adoptées. Le point central de l'axe du balancier et les points d'attache de la poutrelle P et de la tige du piston sont, dans toutes les positions du système, sur une même ligne droite.

Les mêmes lettres désignent d'ailleurs les mêmes objets sur les fig. 1, pl. XII, et fig. 6, pl. XI.

On distinguera : a. Boîte contenant une soupape dont l'ouverture reste constante pendant le jeu de la machine. Elle porte le nom de *governor valve*, soupape régulatrice ; elle est analogue aux soupapes à gorge qui, dans les machines à rotation, sont ordinairement liées à un pendule conique. La coupe de la soupape, contenue dans cette boîte, se voit, fig. 4 en a. Elle est manœuvrée à la main par le machiniste, qui la soulève plus ou moins, suivant qu'il veut augmenter ou diminuer la vapeur motrice dépensée à chaque coup de piston.

b. Boîte de la soupape d'admission dite *top steam valve*, intermédiaire entre la soupape régulatrice et le haut du cylindre. Cette boîte est en communication avec a, ainsi que l'indique la coupe verticale, fig. 4, qui montre la forme de la soupape.

c. Boîte de la soupape, dite *equilibrium valve*, soupape d'équilibre. Elle est placée à la partie supérieure d'un tuyau T, qui communique avec le bas, et est elle-même en communication avec le haut du cylindre. Lorsque la soupape qu'elle renferme est ouverte, le haut et le bas du cylindre sont mis en communication par le tuyau T. La figure 3 est une coupe verticale de la boîte, de la soupape d'équilibre et du tuyau T.

E. Boîte de la soupape, dite *exhaustion valve*, soupape d'exhaustion ; l'intérieur de cette boîte communique avec le bas du cylindre, et lorsque la soupape est ouverte, le bas du cylindre est mis en communication avec le condenseur H, par l'intermédiaire du tuyau T$_1$. La fig. 5 est une section verticale de la boîte et de la soupape qui y est contenue.

R,R. Pompes à air. La machine en a deux, ainsi qu'on le voit sur le plan, fig. 6, pl. XI.

S. Portion de la maîtresse tige des pompes (fig. 1).

s. Tiges des pompes à air.

X. Pompe aspirante et foulante alimentaire.

s'. Tige de cette pompe.

Y. Tuyau aspirateur de la pompe X.

Z,Z. Bouts auxquels on adopte les tuyaux par lesquels l'eau foulée par le piston est conduite aux chaudières

M. Mur antérieur du bâtiment de la machine, sur lequel le balancier est posé, et fixé au moyen de longs boulons en fer qui traversent tout le massif.

C. Appareil dit cataracte, au moyen duquel on règle, suivant les besoins, le nombre de coups de piston dans un temps donné.

A. Appendice fixé à l'extrémité du balancier, du côté de la tige du piston. Une traverse en bois ou en fer, fixée horizontalement à cet appendice, vient appuyer, quand le piston est tout près du point le plus bas de la course, sur deux pièces de bois B, posées sur les poutres, entre lesquelles passe le balancier.

Ces pièces B font ressort et préviennent un choc du piston contre le fond du cylindre. Le machiniste est averti par ce choc qu'il doit diminuer la quantité de vapeur admise à chaque coup de piston. Quelquefois la traverse horizontale fixée à l'appendice A, vient ébranler une sonnette avant de toucher les pièces B. Quand cette sonnette n'est pas touchée, le machiniste est prévenu que le piston n'a pas parcouru à la descente toute l'amplitude de sa course.

Détails des soupapes. — Avant d'entreprendre la description détaillée du jeu de la machine et des mécanismes qui ouvrent et ferment les soupapes, il est nécessaire d'indiquer la construction de celles-ci. Il faut pour cela se rapporter aux fig. 3, 4 et 5, pl. XII.

La soupape régulatrice (*governor valve*), fig. 4, est une soupape à coquille ordinaire. Le tuyau à vapeur, venant des chaudières, s'embranche sur l'orifice 1, et pénètre dans la boîte *a* par une ouverture que l'on rend plus ou moins grande, en soulevant plus ou moins la soupape 2. De là, la vapeur se répand dans la boîte *b* de la soupape d'admission 3 ; quand celle-ci est ouverte, elle la traverse et arrive dans le haut du cylindre par l'orifice 4. Un coup d'œil jeté sur les fig. 3, 4 et 5, fait voir que les trois soupapes d'*admission*, d'*équilibre* et d'*exhaustion* sont de même forme et ne diffèrent que par leurs dimensions. Il suffira donc d'en décrire une seule, la soupape d'exhaustion, fig. 5, par exemple, qui a de plus grandes dimensions que les autres. Des tailles de gravure indiquent, sur la fig. 5, les parties de la boîte qui sont coupées. La soupape est entièrement en bronze, sauf la tige *t* qui est en fer forgé. Elle se compose de deux parties, l'une fixe *d*, l'autre *ii*, mobile et liée à la tige *t*. La partie *d* repose par son contour sur un siége poli, exactement rodé, où elle est fixée au moyen d'une traverse inférieure *k*, et de boulons *h,h*, terminés par un pas de vis qui s'engage dans un écrou en fer, noyé dans la partie inférieure de la traverse *k*. Elle a la forme d'un cylindre creux, terminé supérieurement par une surface plane, ouvert inférieurement et dont le contour cylindrique, est à *claire-voie*, c'est-à-dire qu'il est formé de petites portions de surfaces cylindriques, séparées par des intervalles vides, d'une étendue plus considérable. Les parties pleines ou *côtes* se lient supérieurement et inférieurement à deux anneaux complets qui forment le rebord du fond supérieur du cylindre, et le contour par lequel il repose sur son siége. Afin de renforcer les parties pleines de la surface cylindrique, elles sont liées à des cloisons qui viennent converger suivant l'axe du cylindre. Les boulons *h,h*, sont cachés dans un vide cylindrique pratiqué dans deux de ces cloisons, renflées à cet effet. Il résulte de cette construction, que si la partie mobile était enlevée, la vapeur qui remplit la boîte E passerait librement par les ouvertures de la partie fixe.

La partie mobile *ii* est aussi un solide creux de forme annulaire : elle est ouverte en haut et en bas. Elle tient à la tige *t* par deux traverses en croix, telles que *bb*, qui, ayant beaucoup de hauteur et peu de largeur, laissent un grand passage à la vapeur. Lorsqu'elle n'est pas soulevée, elle repose sur la pièce fixe par deux portions de surfaces coniques *ss*, *s's'* qui viennent couvrir des surfaces égales, exactement polies, sur les contours supérieur et inférieur de la partie fixe. Entre ces portions de surfaces coniques, dont l'étendue en largeur est très-petite, la partie mobile *ii* est renflée, ainsi qu'on le voit clairement par la fig. 5, de sorte que son contour intérieur ne touche le contour extérieur de la pièce fixe que par les deux portions de surfaces coniques *ss*, *s's'*. Cela posé quand la pièce mobile tombe sur la pièce fixe, et que les surfaces *ss*, *s's'* sont en contact, il est évident que la vapeur qui est en E ne peut traverser la soupape ; par conséquent il n'y a point de communication entre le bas du cylindre et le condenseur. Mais si l'on soulève la pièce mobile de manière que les surfaces coniques *ss*, *s's'* se séparent, la vapeur pénètre aussitôt par le haut de la pièce mobile, dans les renflements de cette pièce, d'où elle s'écoule à travers la surface à *claire-voie* de la partie fixe, tandis qu'elle pénètre directement dans l'intérieur de cette même partie fixe, par les espaces vides que le bas de la pièce mobile *ii* a laissés à découvert en se soulevant.

La tige *t* traverse d'ailleurs le fond supérieur de la boîte E à travers une boîte à étoupes.

L'invention de ces soupapes est due à Hornblower, ingénieur très-habile du comté de Cornwall. Elles sont exclusivement employées dans les machines nouvelles d'épuisement, et l'expérience a démontré qu'elles étaient beaucoup plus avantageuses que celles employées antérieurement.

La figure 2 fait voir que le cylindre est placé dans une chemise ou cylindre-enveloppe ; l'intervalle vide est en communication avec la chaudière et entretenu plein de vapeur à la température de la formation. Les fonds supérieur et inférieur du cylindre sont aussi recouverts par des doubles fonds. La même figure présente une section du piston. Celui-ci est garni avec des tresses de chanvre, comprimées supérieurement à l'aide d'équerres, serrées par des écrous, qui tournent sur des boulons recourbés et arrêtés dans l'épaisseur de la fonte.

Jeu de la machine. — Revenons à l'élévation et au plan pour expliquer le jeu de la machine ; nous ferons d'abord abstraction de la soupape régulatrice *a*, dont l'ouverture est constante.

La vapeur motrice n'agit sur le piston que pour le faire descendre. Alors il soulève, par l'intermédiaire du balancier, la maîtresse tige des pompes. Pendant ce mouvement, la soupape d'exhaustion E est ouverte, de sorte que le dessous du piston est en communication avec le condenseur. Lorsque le piston doit commencer à descendre, la soupape *b* d'admission de la vapeur s'ouvre par l'action de la cataracte *c*. Le piston descend ; lorsqu'il a parcouru une fraction qui varie de $\frac{1}{8}$ à $\frac{1}{4}$ de sa course, la poutrelle P ferme la soupape d'admission, et le reste de la course s'achève sous la pression décroissante de la vapeur qui se dilate ; quand le piston est au bas de sa course, la poutrelle ferme la soupape d'exhaustion E et ouvre la soupape d'équilibre *c*. Le poids de la maîtresse tige fait remonter le piston qui est également pressé sur ses deux faces par la vapeur, en même temps qu'elle foule l'eau dans les tuyaux ascensionnels placés dans le puits. A la fin de l'ascension, la poutrelle P ferme la soupape d'équilibre, et le piston reste au repos jusqu'à ce que la cataracte vienne ouvrir successivement la soupape d'exhaustion et la soupape d'admission. Ainsi, deux coups de piston successifs sont toujours séparés par un intervalle de repos, dont la durée peut être réglée à volonté au moyen de la cataracte, ainsi que nous allons le faire voir.

Cataracte. — Dans la fig. 1, le piston est au point le plus élevé de sa course, et toutes les soupapes sont fermées, excepté la soupape régulatrice *a*. La cataracte C, fig. 1, pl. XII, et 6, pl. H, se compose d'un petit corps de pompe pp placé dans une bâche remplie d'eau. Dans ce corps joue un piston plein dont la tige est liée à articulation avec une tringle ou levier l, fixé sur un axe horizontal NN. Au même axe sont fixés, d'une part, une masse en fer M placée à l'extrémité d'une barre assez longue, et que l'on peut, d'ailleurs, éloigner ou rapprocher de l'axe ; d'autre part, un long levier L qui vient raser la partie antérieure de la poutrelle P, et qui est pressé du haut en bas, par la pièce Q fixée à cette poutrelle, lorsque celle-ci descend ; enfin, un levier l', également fixé à l'axe NN est lié à une longue tige verticale en fer forgé qui se projette verticalement derrière la poutrelle et horizontalement sous les pièces y et y', de sorte qu'elle ne peut pas être vue dans le dessin. Cette tige, guidée dans des coulisses fixées aux pièces de la machine, soulève en remontant : 1° la pièce y (fig. 1) qui tourne autour d'un petit axe horizontal α ; 2° la pièce y' qui tourne autour d'un petit axe horizontal α'. Lorsque la pièce Q, dans la descente de la poutrelle, vient presser le levier L, la tige soutenue par le levier l' s'abaisse, le piston de la cataracte s'élève ainsi que la masse M. Le piston aspire l'eau de la bâche qui traverse une valve logée dans le tuyau horizontal adapté à la partie inférieure du corps de pompe, laquelle valve s'ouvre de dehors en dedans. Quand la poutrelle se relève, la masse M exerce par l'intermédiaire du piston de la cataracte, une pression sur l'eau qui s'est introduite. Celle-ci ne pouvant plus traverser la soupape d'introduction, sort par une ouverture latérale munie d'un robinet que l'on ouvre plus ou moins, suivant qu'on veut que le piston descende avec plus ou moins de rapidité. A mesure que le piston descend, le levier l' soulève la tige verticale qui, dans son mouvement ascensionnel, vient soulever d'abord la pièce y et quelques secondes après la pièce y'. C'est au moment où cette dernière est soulevée que la vapeur de la chaudière est introduite sur le piston qui commence alors à descendre. Quelques secondes auparavant, la cataracte, en soulevant la pièce y, avait ouvert la soupape d'exhaustion, et, par conséquent, occasionné la condensation de la vapeur qui remplissait le cylindre et qui avait servi au précédent coup de piston.

On voit d'après cela que, si l'on veut que les coups de piston de la machine se succèdent sans intervalle de repos, il faudra régler l'ouverture du robinet de la cataracte, de façon que la tige verticale qu'elle fait mouvoir soulève la pièce y immédiatement après que le piston est remonté au haut de sa course. Si au contraire, on n'a besoin que d'un petit nombre de coups de piston dans un temps donné, on fermera davantage le robinet de la cataracte, et les intervalles de temps qui séparent deux coups de piston consécutifs seront ainsi réglés à volonté.

Jeu des soupapes. — Le jeu des soupapes est maintenant facile à expliquer. La tige verticale de la cataracte, en s'élevant soulève d'abord la pièce y, fig. 1 ; elle décroche ainsi un contre-poids suspendu à la tige τ. L'axe horizontal sur lequel est fixé le manche m (élévation et plan) tourne, et la soupape d'exhaustion est soupar l'intermédiaire des tringles assemblées à articulation $\lambda_1, \lambda_2, \lambda_3$ de l'axe ν et du levier φ fixé sur cet axe. La vapeur qui remplit le cylindre est alors condensée, mais le piston ne descend point encore. La tige de la cataracte, continuant à s'élever pendant quelques secondes, vient soulever la pièce y' et décroche ainsi le contre-poids suspendu à la tige τ'. L'axe horizontal $\mu\mu$ (plan), sur lequel sont fixées deux pièces de fer recourbées $\sigma\sigma$, fig. 1, qui embrassent entre elles deux la poutrelle P, tourne et soulève la soupape d'admission par l'intermédiaire des tringles assemblées à articulation $\lambda'_1, \lambda'_2, \lambda'_3$, de l'axe horizontal μ' (plan) et du levier φ'. Alors le piston descend pressé par la vapeur de la chaudière. Remarquons que les pièces σσ, fig. 1, entraînées par l'axe μμ, qui a fait un quart de révolution, sont alors dans une position rectangulaire à celle qu'indique la figure ; elles embrassent la poutrelle P qui descend en même temps que le piston.

Lorsque celui-ci a parcouru de $\frac{1}{8}$ à $\frac{1}{4}$ de sa course, les tasseaux t, fig. 1, fixés des deux côtés de la poutrelle, viennent appuyer sur les pièces σσ, et ferment la soupape d'admission en relevant le contre-poids suspendu à la tige τ. On peut remarquer que les pièces σσ s'appliquent pendant que la poutrelle descend contre les faces postérieures des longs tasseaux t, de sorte que ceux-ci maintiennent la soupape fermée jusqu'à ce que la pièce Q ait assez abaissé le levier L pour faire descendre la tige verticale de la cataracte, et permette ainsi à la pièce y', qui reposait sur le bout de cette tige, de reprendre la position horizontale qu'elle a dans la fig. 1, et d'accrocher le contre-poids au moyen de l'arrêt ou came γ'.

Le piston continue alors à descendre pressé par la vapeur qui se détend. Quand il est près d'arriver au bas de sa course, le tasseau t', fixé à la poutrelle vient presser le manche m, qui est alors relevé, le ramène à la position de la fig. 1, ferme la soupape d'exhaustion, et accroche le contre-poids τ à la pièce y par le moyen de l'arrêt ou came γ. En même temps, une came adaptée au même axe que le manche m décroche par un mécanisme qui n'est point représenté dans le dessin, mais qui est analogue à ceux du même genre adaptés aux machines ordinaires, le contre-poids suspendu à l'extrémité de la tige τ''. L'action de ce contre-poids fait tourner l'axe $\mu''\mu'$ auquel est fixé le manche n. Cet axe, en tournant, soulève, par l'intermédiaire des tringles assemblées à articulation $\lambda''_1, \lambda''_2, \lambda''_3$, de l'axe horizontal $v'v'$ et du levier φ'', la soupape d'équilibre, alors le piston remonte entraîné par le poids de la maîtresse tige. Quand il est près d'arriver au point le plus haut de sa course, le tasseau t'' relève le manche n, le ramène à la position indiquée dans la figure 1 et ferme aussi la soupape d'équilibre. Le piston demeure au repos dans la position où nos dessins le représentent, toutes les soupapes étant fermées, jusqu'à ce que la tige verticale, soulevée par la cataracte, ouvre de nouveau les soupapes d'exhaustion et ensuite d'admission.

Moyens de régler la dépense de vapeur. — Le machiniste qui, par la cataracte, peut faire varier l'intervalle qui sépare deux coups de piston consécutifs, peut encore, en faisant couler le long de la tige les tasseaux t, augmenter ou diminuer la partie de la course du piston pendant laquelle la vapeur est admise en plein.

La position de ces tasseaux doit être fixée de manière que la pièce transversale, placée au-dessus du balancier, vienne à chaque coup de piston toucher sans choc les pièces élastiques B, ce qui arrive un peu avant que le piston touche le fond du cylindre. Le machiniste peut encore, sans changer la fraction de la course après laquelle la soupape d'admission est fermée, augmenter ou diminuer la dépense de vapeur en ouvrant plus ou moins la soupape régulatrice ce qui s'exécute facilement au moyen de la tige verticale d qu'il fait monter ou descendre à l'aide de vis et d'écrous e, j. Le bout de cette tige soulève le levier k, et par suite la tige f de la soupape a par l'intermédiaire de l'axe horizontal ii et du levier o fixé à cet axe. C'est toujours à l'aide de la soupape régulatrice que le machiniste règle à chaque instant le mouvement de la machine. Il doit être surtout très-attentif à ne pas admettre trop de vapeur ; car il est arrivé plusieurs fois que le piston conservant encore une vitesse considérable à la fin de sa course descendante, a brisé par un choc violent le fond du cylindre.

Pression de la vapeur. — La pression de la vapeur dans les chaudières n'est point indiquée par un manomètre; mais on suppose qu'elle est à peu'près de 25^{lbs} par pouce carré au-dessus de la pression atmosphérique; cela correspond à 2 atmosphères $\frac{2}{3}$ (une atmosphère est représentée par une pression de 15^{lbs} sur une surface d'un pouce carré anglais). Pour éviter les déperditions de chaleur, la machine est tout entière enveloppée dans un étui ou cylindre-enveloppe en bois, qui laisse entre lui et la chemise en fonte un espace annulaire de 12 pouces d'épaisseur, lequel est entièrement rempli de sciure de bois. Le couvercle du cylindre est également recouvert d'une couche de même matière, et les tuyaux en fonte qui conduisent la vapeur sont aussi renfermés dans des caisses carrées qui en sont remplies. Il résulte de là qu'il y a très-peu de chaleur perdue, et la température n'est pas beaucoup plus élevée dans la chambre de la machine qu'elle ne le serait dans un appartement habité.

D'après les expériences anglaises, on est arrivé, en poussant très-loin la détente, à ne consommer dans les machines de Cornwall qu'un kilogramme de houille par cheval-vapeur et par heure. C'est un résultat merveilleux qui ne s'est pas retrouvé en France; cela tient sans doute à la qualité inférieure de la houille employée et à la vitesse plus grande exigée de la machine.

Quoi qu'il en soit, malgré ses avantages, la machine que nous venons de décrire ne se propagera pas; elle est trop coûteuse et trop encombrante, et l'on arrive aujourd'hui à d'aussi bons résultats économiques avec des appareils beaucoup plus simples.

Machine à balancier à double effet, ou machine de Watt. — Nous en dirons autant de la machine à balancier à double effet, inventée par Watt. Elle réalisa un immense perfectionnement par rapport à l'ancienne machine atmosphérique; elle est agencée avec beaucoup de science et d'art et constitue pour son inventeur un titre immortel de gloire. Mais, nous le répétons, sous la forme de machine à un seul cylindre, elle tend à disparaître, et cela se comprend, car elle est lourde, volumineuse et chère, et peut se remplacer presque toujours par des engins plus simples. Son grand avantage est une régularité remarquable dans le fonctionnement, mais cet avantage s'atténue à mesure que l'art de la construction se perfectionne. Au point de vue architectural, la grande machine à balancier est d'un excellent effet, elle représente bien l'organe vital d'une grande usine; mais c'est là une considération qui ne touche guère les industriels.

La machine à balancier à un seul cylindre a, du reste, l'inconvénient de se prêter assez mal aux longues détentes, telles que les détentes au $\frac{1}{20}$, qui sont en usage aujourd'hui dans les machines à haute pression : elle convenait beaucoup mieux aux basses pressions que Watt employait, car avec elles les variations des efforts exercés sur le piston avaient une amplitude beaucoup moindre. Dans le cas des hautes pressions et des grandes détentes, les efforts transmis au piston éprouvent de grandes variations, d'où résulte une série continue de petits chocs, et par suite une perte notable de force vive.

Nous ne nous étendrons donc pas longtemps sur la machine de Watt, que nous avons déjà décrite au commencement de ce chapitre, lorsque nous avons voulu montrer l'agencement général d'un grand moteur à vapeur.

Le cylindre C (figure 386 *bis*) est entouré d'une chemise de vapeur; il est parcouru par le piston P dont la tige s'articule à l'extrémité du parallélogramme articulé, sur le fonctionnement duquel nous reviendrons plus loin. Par l'intermédiaire de ce parallélogramme, l'effort du piston est transmis au balancier L'L, qui, par la bielle B et la manivelle M, actionne l'arbre de couche ; sur l'arbre de couche 'est calé le volant R, ou magasin de force vive destiné à régulariser autant qu'on le veut la vitesse angulaire de l'arbre moteur.

En son centre, le balancier porte normalement deux tourillons dont les paliers reposent sur un bâti en fonte que supportent quatre colonnes également en fonte.

' La vapeur de la chaudière arrive par un tuyau qui s'ajuste en V et passe dans la chambre de distribution, où l'on aperçoit un tiroir à coquille qui fait communi-

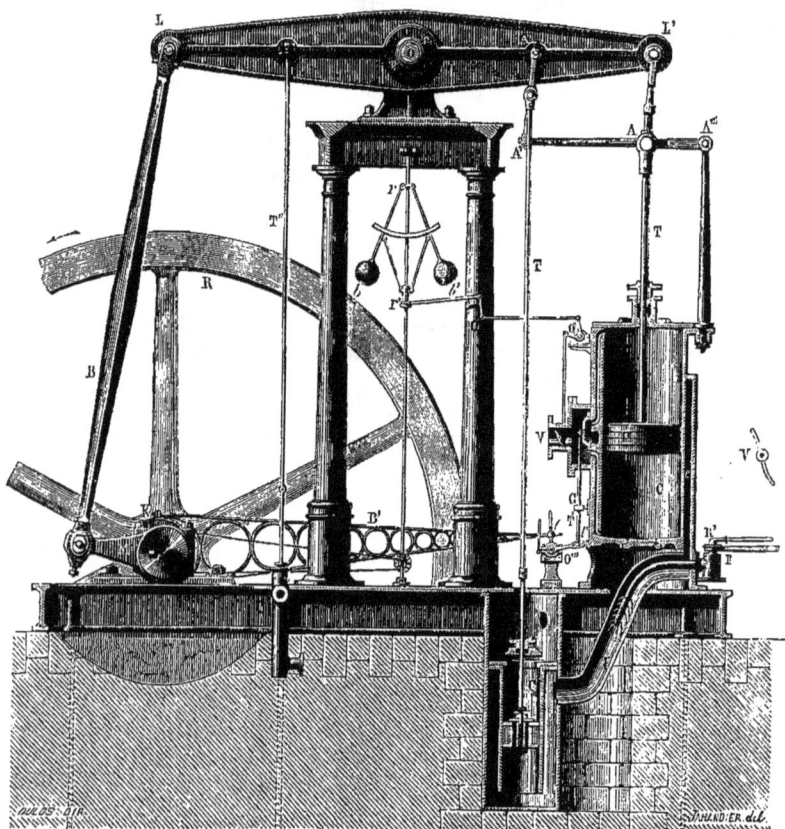

Fig. 586.

quer le haut et le bas du cylindre avec la boîte à vapeur et avec le condenseur alternativement. Nous n'avons pas à insister sur ce mécanisme, que nous avons longuement décrit.

Le mouvement oscillatoire du tiroir lui est imprimé automatiquement par la machine elle-même au moyen de l'excentrique KB′ monté sur l'arbre de couche, et au moyen du système de leviers $lo'''l'T'$.

Sur l'arbre de couche est aussi montée une poulie qui, par une courroie et un système de roues d'angle, actionne la tige verticale rr' du régulateur à boules; le régulateur agit par une série de leviers sur la valve d'admission V qui est plus ou moins ouverte suivant que la machine se ralentit ou s'emporte, c'est-à-dire suivant que les boules s'abaissent ou s'élèvent.

L'eau de condensation arrive par le tuyau F et le robinet R′; elle s'échappe par une pomme d'arrosoir dans le tuyau E, où la vapeur se condense ; on voit en C' le cylindre de la pompe à air dont la tige T″ est articulée au milieu du côté gauche du parallélogramme.

C'est aussi le balancier qui fait mouvoir directement la tige T‴ de la pompe alimentaire.

La machine repose sur un bâti général en fonte ; il va sans dire que les fondations doivent être d'une solidité à toute épreuve pour supporter sans la moindre flexion et sans dislocation ces énormes masses en mouvement.

Parallélogramme de Watt. — Le parallélogramme de Watt est la pièce capitale de la transmission de mouvement par balancier.

Dans les machines à balancier, la tige du piston possède un mouvement oscillatoire rectiligne, qu'il faut transformer en un mouvement oscillatoire circulaire du balancier. Si l'on articulait directement l'extrémité de la tige du piston avec le balancier, il faudrait, pour que la transmission fût possible, donner à la tige un jeu considérable dans la boîte à étoupes qu'elle traverse en sortant du cylindre : et encore, les pièces seraient soumises à des efforts obliques et à des torsions qui ne tarderaient pas à déformer et à détruire le mécanisme. C'est dans le but de rémédier à cet état de choses que Watt inventa d'abord le contre-balancier, puis le parallélogramme qui porte son nom.

1° *Contre-balancier*. — Supposons un balancier *oa* et un contre-balancier *o'a'*, oscillant autour des centres *o* et *o'*, et réunis à leur extrémité par une tringle rigide *aa'*. Lorsque le balancier vient en (*ob*) ou (*oc*) aux extrémités de sa course,

le contre-balancier est amené en *o'b'* ou en *o'c'*, aussi aux extrémités de sa course, et la tringle se trouve en *bb'* ou en *cc'*. Si l'on construit le lieu des divers points de la tringle, on reconnaît qu'il existe sur cette tringle un point *m*, qui reste sensiblement sur une ligne droite verticale, pourvu toutefois que l'amplitude de l'oscillation du balancier ne soit pas trop considérable et que l'angle *aob* ne dépasse pas 20°. Si l'amplitude augmente, on reconnaît qu'en réalité le point *m*

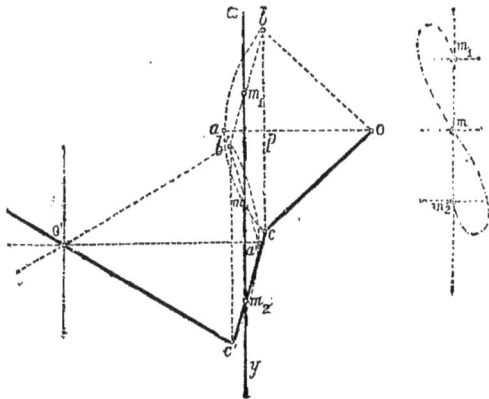

Fig. 387.

décrit une courbe allongée en forme de huit, courbe que l'on peut calculer : elle est du quatrième degré et du genre lemniscate ; elle présente une inflexion à tangente verticale vers le point *m*, ce qui explique pourquoi la portion $m_1 m m_2$ de cette courbe s'écarte très-peu de la verticale.

Supposons que l'on connaisse le balancier *oa*, et le rapport $\dfrac{am}{ma'}$ dans lequel la tringle doit être partagée par le point (*m*) ; on veut déterminer le centre *o'* du contre-balancier. On connaît la course du piston (*bc*), et par suite l'oscillation totale du balancier et ses positions extrêmes *ob*, *oc* ; par le milieu de la flèche *ap* on mène la verticale *xy* ; c'est sur cette verticale que doit rester très-sensiblement le point *m*. Sachant la longueur de la tringle et le rapport dans lequel le point (*m*) la partage, on construit sa position moyenne *ama'*, ainsi que

des positions extrêmes bm_1b' et cm_2c'; de cette construction résulte la connaissance des trois points $a'b'c'$, appartenant à la circonférence du contre-balancier.
Cette circonférence est donc déterminée ainsi que son centre o' et son rayon
$o'a'$.

On reconnaît par une épure soigneusement faite, ou par le calcul, que la trajectoire du point m s'écarte d'autant moins d'une ligne droite que la longueur
du balancier et celle de la tringle sont plus longues et l'oscillation moindre.

En particulier, la déviation du point m par rapport à la verticale est insensible
lorsque le rayon du balancier est égal à trois fois au moins la course du piston,
et que la tringle de jonction a une longueur au moins égale à la moitié de cette
course.

La figure 388 représente la disposition adoptée par Watt; le contre-balancier
est sensiblement égal en longueur au balancier lui-même et la tige du piston est

Fig. 388.

articulée vers le milieu de la tringle. Le centre fixe d'oscillation (o') est relié au
plafond du bâtiment ou monté sur une colonne spéciale.

Comme on le voit, ce système est très-encombrant; aussi Watt ne tarda pas à
le remplacer par son parallélogramme articulé, qui pré-
sente en outre l'avantage de pouvoir conduire plusieurs
tiges à la fois.

2° *Parallélogramme articulé.* — Le principe est le
même que celui du contre-balancier.

Soit un balancier ob, qui porte un parallélogramme articulé, c'est-à-dire un parallélogramme $abde$ dont les côtés
rigides sont réunis aux sommets par des boulons autour
desquels ils peuvent tourner; ce parallélogramme se déforme donc incessamment, bien que ses côtés soient de
longueur constante. Son sommet (e) est articulé avec un
contre-balancier eo' dont o' est le centre fixe d'oscillation.
Le côté (de) est donc dans le cas de notre tringle de tout à
l'heure et il y a un point (m) de cette tringle qui parcourt
sensiblement une verticale. En général, le point (d) est au
milieu du balancier (ob), le contre-balancier eo' est égal à
la demi-longueur du balancier, et l'on place le point (m) au milieu de la
tringle (de).

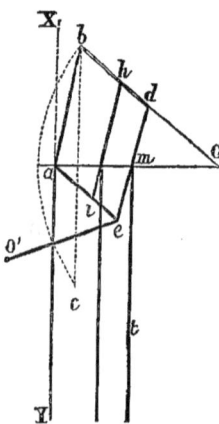

Fig. 389.

Si l'on mène la ligne (om), elle passe, à cause de la similitude des triangles
par le quatrième sommet (a) du parallélogramme, et, pendant l'oscillation du

balancier, tous les points de la droite (om) décrivent des courbes semblables à celle que décrit le point (m); en effet, tous les rayons vecteurs de ces courbes restent proportionnels à (om).

En particulier, le point (a) décrit sensiblement une droite verticale; c'est en ce point (a) que l'on articule la tige du piston, et en (m) on place la tige des pompes.

Il est à remarquer qu'on peut conduire en outre un nombre quelconque de tiges; soit en effet la tige hi articulée, à un bout sur le balancier, et à l'autre bout sur le côté ae du parallélogramme; la droite om coupe cette tige en un point n, qui, pour les raisons déduites ci-dessus, décrit sensiblement une verticale. En ce point n on pourra donc articuler une tige quelconque qui se trouvera guidée verticalement.

Il est inutile que nous donnions ici un dessin spécial du parallélogramme de Watt, qui se trouve représenté sur les machines à balancier que nous avons décrites.

Machine à balancier à deux cylindres ou machine de Woolf. — Dans le chapitre relatif à la détente, nous avons exposé le principe de la machine à deux cylindres, et le lecteur fera bien de se reporter à ce chapitre.

Nous avons vu que la vapeur du générateur était admise directement dans le petit cylindre, où elle agissait en général à pleine pression pendant toute la durée de la course du piston; du petit cylindre la vapeur passe dans le grand, et c'est là que se produit la détente, puisqu'un volume donné de vapeur, extrait de la chaudière, s'en trouve séparé et se répand dans un volume plus grand. La partie du grand cylindre qui ne communique pas avec le petit cylindre, est mise en rapport avec le condenseur où se rend la vapeur provenant de l'oscillation précédente.

Par la disposition des deux cylindres, on a donc en réalité une machine à détente et à condensation.

Le calcul théorique nous a appris que, pour une consommation donnée de vapeur, le travail obtenu avec les deux cylindres est le même que si l'on introduisait cette vapeur à la pression de la chaudière dans le grand cylindre et qu'on la laissât s'y détendre. Théoriquement, l'avantage des deux cylindres serait donc nul, mais, pratiquement, il est considérable parce que le refroidissement et la condensation partielle de la vapeur à haute pression sont beaucoup moindres avec deux cylindres qu'avec un seul; les pertes de chaleur se trouvent notablement réduites, et l'on arrive à une meilleure utilisation du combustible.

Pour calculer les dimensions des cylindres d'une machine de Woolf, produisant le même travail théorique qu'une machine à un seul cylindre, on ne rencontrera pas de difficulté : il suffit de se reporter au calcul que nous rappelions tout à l'heure :

1° Le volume du grand cylindre d'une machine de Woolf est le même que celui du cylindre d'une machine simple produisant le même travail avec la même consommation de vapeur;

2° Le volume du petit cylindre est égal à celui de la vapeur qu'on introduirait à pleine pression pour un coup de piston de la machine simple;

3° Dans la machine de Woolf, la fraction de détente est égale au rapport du volume du petit cylindre au volume du grand cylindre.

Les considérations précédentes s'appliquent à toutes les machines à deux cylindres, aussi bien aux machines horizontales qu'aux machines à balancier.

Nous n'entrerons point dans les détails de construction des grandes machines de Woolf, ce qui nous entraînerait bien loin de notre programme ; nous nous contenterons de décrire une machine à deux cylindres, construite par MM. Thomas et T. Powel de Rouen, constructeurs qui furent honorés d'une première médaille d'or à l'Exposition universelle de 1867.

La fig. 3, pl. IX, représente l'élévation de la machine ; on voit en A et A' les enveloppes extérieures du grand et du petit cylindre. Le grand et le petit cylindre sont aussi rapprochés que possible, afin que la vapeur n'ait que peu de chemin à faire pour passer de l'un à l'autre ; malgré toutes les précautions prises, le passage ne s'effectue point sans perte de chaleur et de force vive, et les conduits, auxquels on est amené à donner d'assez larges sections, constituent un espace nuisible où la vapeur se détend en pure perte : disons tout de suite que c'est là le plus grave inconvénient des machines à deux cylindres, et que l'attention des constructeurs doit surtout se porter sur ce point.

Les deux cylindres que parcourent les pistons sont donc presque tangents l'un à l'autre ; et, comme la vapeur doit circuler entre eux et leurs enveloppes, il en résulte que l'ensemble des enveloppes, qui est fondu d'une seule pièce, se compose de deux cylindres verticaux A et A', qui théoriquement se pénètrent, mais qui, dans la pratique, restent incomplets ; au lieu de les raccorder par une arête vive suivant leurs génératrices communes, on a soin de faire le raccordement par un congé.

La vapeur de la chaudière arrive par le tuyau L et pénètre dans l'espace annulaire compris entre les enveloppes et les cylindres qu'elle entoure de toutes parts ; elle quitte cette capacité annulaire par un orifice dont on peut régler l'ouverture au moyen de la roue à main M. La vapeur monte alors dans la colonne creuse C' pour gagner la boîte de distribution B' que cette colonne supporte ; dans la boîte de distribution B' se meut le tiroir à coquille du petit cylindre, et la cavité de ce tiroir à coquille est mise en rapport par le tuyau R avec la boîte de distribution B du grand cylindre. Dans une machine simple au contraire, nous avons vu que la cavité du tiroir à coquille communique soit directement avec l'atmosphère, soit avec le condenseur. La disposition actuelle a pour but de faire passer la vapeur motrice du petit cylindre dans le grand où elle va se détendre.

La boîte de distribution B du grand cylindre est portée aussi par une colonne creuse C, laquelle communique sans cesse avec la cavité du tiroir à coquille du grand cylindre ; cette colonne creuse se prolonge au-dessous de la plaque de fondation mm par un tuyau deux fois recourbé, à coudes arrondis, lequel débouche dans le condenseur H. La distribution de vapeur du grand cylindre est donc identique à celle d'un cylindre de machine simple.

Le grand et le petit tiroir marchent parallèlement l'un à l'autre, et fonctionnent exactement l'un comme l'autre ; ils sont toujours en même temps au même point de leur course. Cette concomitance de mouvements s'obtient en commandant les deux tiroirs par le même mécanisme ; la tige du grand tiroir est fixée à l'extrémité (a) et la tige du petit tiroir à l'extrémité (d) d'un joug horizontal ($abcd$) ; ce joug reçoit un mouvement de va-et-vient des deux tiges verticales bb, cc, réunies à leur extrémité inférieure par un autre joug plus petit ; ce dernier est fixé à un cadre vertical auquel une came P à profil curviligne imprime un mouvement de va-et-vient (nous avons étudié précédemment ces cames ou excentriques à profil curviligne). La came dont il s'agit en ce moment est montée sur l'axe horizontal de rotation l, qui reçoit le mouvement de l'arbre de couche O par l'intermédiaire d'un excentrique circulaire et d'un système de roues d'angle. La rotation de la came et par suite les oscillations du joug et des tiroirs sont donc bien en rapport avec la rotation de l'arbre de couche. Un levier à contre-poids sert à maintenir toujours le cadre vertical en contact avec la came curviligne P, et à équilibrer en partie le poids des jougs et des tiges.

Il convient de remarquer la position relative des points *abcd* sur le joug supérieur ; l'effort à exercer pour mouvoir le grand tiroir est inférieur à celui qui est nécessaire pour mouvoir le petit ; d'autre part, l'effort moteur exercé sur le joug peut se considérer comme appliqué au milieu de l'intervalle *bc* ; il faut que les bras de levier interceptés sur le joug entre ce point milieu et les extrémités *a* et *d* soient en raison inverse des efforts que ces extrémités transmettent aux tiges respectives des deux tiroirs.

La manœuvre des deux tiroirs exige dans une puissante machine une force assez considérable et l'on doit veiller à donner une résistance suffisante aux jougs et aux tiges.

La marche des pistons se comprend sans peine maintenant : supposons que les pistons descendent, les deux tiroirs sont dans la même position, c'est-à-dire que la lumière supérieure des cylindres est ouverte dans la boîte de distribution, tandis que la lumière inférieure est ouverte dans la cavité du tiroir. La vapeur qui vient du générateur remplit la boîte B' et presse sur la face supérieure du petit piston, tandis que la vapeur accumulée sous ce petit piston se rend par la cavité du tiroir et le tuyau R dans la chambre de distribution B ; de cette chambre elle passe sur le grand piston qu'elle presse en se détendant, pendant que la vapeur confinée sous ce grand piston s'échappe par la cavité du tiroir, la colonne creuse C et le tuyau G pour gagner le condenseur. Les efforts sur les deux pistons sont donc bien concordants.

Lorsqu'ils sont arrivés au bas de leur course, les deux tiroirs sont à leur position médiane et marchent vers le haut ; les lumières inférieures des cylindres vont déboucher dans les boîtes B et B', et les lumières supérieures dans les cavités des tiroirs ; les efforts sont renversés, ainsi qu'il est facile de le constater si l'on veut suivre la marche de la vapeur depuis la chaudière jusqu'au condenseur.

Les tiges T et T' des deux pistons ont donc un mouvement parallèle et simultané ; la tige T est articulée à l'extrémité x d'un parallélogramme articulé dont le grand côté est égal à la moitié de la longueur du balancier ; le sommet q décrit un arc de cercle, car il est soutenu par la tige qq', laquelle oscille autour d'un centre fixe q', relié par une console au plancher supérieur de la machine. Au milieu z du côté droit du parallélogramme s'attache la tige de la pompe à air.

Le parallélogramme porte une tige articulée, intermédiaire et parallèle à ses deux petits côtés ; la ligne Pzx rencontre cette tige intermédiaire au point y qui, lui aussi, parcourt sensiblement une verticale, et c'est en y qu'on attache la tige du petit piston.

De la sorte, l'effort est régulièrement transmis au balancier, sans qu'on soit forcé de lui donner des dimensions inusitées.

Le balancier est en fonte, à bras égaux, reposant par ses tourillons P sur des paliers que supportent deux colonnes D, fortement assujetties d'abord sur la plaque de fondation mm puis sur un pilier vigoureux en bonne maçonnerie ; dans cette maçonnerie pénètrent les boulons qui assurent la stabilité des colonnes.

L'extrémité E' du balancier actionne par l'intermédiaire de la bielle en fonte E'F la manivelle en fer forgé FO, calée sur l'arbre de couche qui porte le volant V. On remarquera que l'arbre de couche est placé en contre-bas des cylindres cette disposition a pour but de conserver à la bielle le développement nécessaire sans être forcé de donner trop de hauteur aux tiges des pistons et aux colonnes D un excès de hauteur pourrait compromettre la stabilité du mécanisme.

La vapeur qui s'échappe du grand cylindre se rend, avons-nous dit, par le tuyau G dans le condenseur H ; ce condenseur est du système Maudslay, c'est-à-dire que la pompe à air est placée au centre du corps du condenseur ; on voit sur le côté gauche le tube d'injection avec son robinet, qui se manœuvre par une tige verticale traversant la plaque (mm) et montant dans une console creuse, au sommet de laquelle elle se termine par une manette horizontale K parcourant un cadran gradué. Le mécanicien en agissant sur cette manette règle convenablement l'injection.

Une courroie montée sur l'arbre de couche et un système de roues d'angle transmettent le mouvement de rotation de l'arbre au régulateur dont on voit les boules en rr. Le manchon du régulateur transmet ses oscillations par l'intermédiaire du levier ss' à la tige verticale su, qui agit sur une valve placée sur le passage de la vapeur entre l'enveloppe des cylindres et la boîte de distribution B'.

On aperçoit sur la figure le plancher qui entoure l'appareil, et les escaliers qui servent à visiter toutes les parties du mécanisme.

Un tel engin est vraiment monumental ; il fonctionne du reste avec une régularité et une économie remarquables. Sa régularité surtout le rend précieux dans l'industrie des fils et des tissus : l'installation en est très-coûteuse, il est vrai, mais en somme cette dépense est peu de chose dans une grande usine si on la compare au prix des métiers et des bâtiments. Aussi la machine à balancier à deux cylindres est-elle très répandue et jouit-elle d'une réputation méritée dans les pays de filature, tels que le Nord et la Normandie.

II. — MACHINES HORIZONTALES.

On a longtemps redouté la machine horizontale, parce qu'on supposait qu'à la longue le piston ovaliserait le cylindre et que l'appareil finirait par fonctionner d'une manière défectueuse. Ces craintes étaient exagérées ; l'ovalisation ne se produit pas au moins dans les machines ordinaires ; dans les machines de grande dimension, il est facile de soutenir le piston en en prolongeant la tige des deux côtés, de manière à lui faire traverser dans des Stuffing-box le couvercle et le fond du cylindre.

Cet inconvénient écarté, restent les grands avantages de la machine horizontale : elle est facile à visiter à chaque instant et tous ses organes se trouvent à la portée de la main ; le montage est simple et la transmission presque directe, puisqu'il suffit d'interposer une bielle et une manivelle entre la tige du piston et l'arbre de couche.

La machine est installée sur un bâti général ou plaque de fondation en fonte, sur laquelle se répartissent les poids. La charge ne se trouve plus concentrée sur une faible zone, elle est donc beaucoup moindre par unité de surface et l'on n'a plus besoin de recourir à de grandes précautions pour les maçonneries de fondation. Les vibrations transmises par les masses en mouvement sont aussi bien atténuées, puisqu'elles agissent sur de larges massifs, et les dislocations sont beaucoup moins à craindre.

C'est pour ces raisons que la machine horizontale s'est répandue très-rapidement dans ces derniers temps ; elle est du reste commode et d'un prix modéré,

On lui applique tous les principes déjà connus : elle marche avec ou sans détente, avec ou sans condensation, avec un seul ou avec deux cylindres. La vapeur qu'on y consomme est presque toujours à haute pression, sauf dans les machines marines où l'emploi de l'eau de mer s'oppose aux pressions élevées.

La figure 390 représente une machine horizontale à haute pression, sans condensation ; c'est la forme la plus simple.

Dans le cylindre horizontale C se meut le piston P, dont la tige T est guidée à son extrémité entre deux glissières horizontales G et G'. La tige du piston est

Fig. 390.

articulée avec la bielle B qui actionne la manivelle M et par suite l'arbre moteur sur lequel est calé le volant R. Sur l'arbre de couche est monté l'excentrique circulaire E dont la tige B' transmet ses oscillations au levier N'ON, qui lui-même agit sur la tige T' du tiroir Q ; le tiroir à coquille est appliqué sur la glace de la chambre de distribution V ; cette chambre de distribution entoure le tiroir de toutes parts et reçoit la vapeur motrice par un tuyau dont on voit l'amorce.

Le cylindre est venu de fonte avec ses conduits de vapeur et la glace que parcourt le tiroir ; la chambre de distribution est une boîte en fonte ajustée sur la glace. Le bâti en fonte est d'une seule pièce ; il porte les deux glissières en fonte G et G' dont les faces internes sont soigneusement rabotées et graissées. La tige du piston est en fer forgé ; la bielle et la manivelle sont en fonte ou en fer forgé ; on commence maintenant à les faire en acier.

La cavité du tiroir à coquille communique sans cesse avec le tuyau d'échappement qui débouche généralement au-dessus du toit du bâtiment qui abrite la machine.

Dans la position que représente la figure, la lumière de droite est ouverte à l'admission et la lumière de gauche à l'échappement ; le piston progresse vers la gauche en vertu de la pression effective de la vapeur motrice.

Il n'y a point d'appareils de détente variable ; mais on peut disposer le tiroir à coquille de manière à obtenir une détente fixe.

Dans les petites machines horizontales, il n'y a pas de condenseur ; mais le tuyau d'échappement se recourbe d'abord horizontalement pour traverser une bâche où se rend l'eau d'alimentation, au sortir de cette bâche, il reprend une direction verticale et débouche au-dessus du toit du bâtiment. On évite de la

sorte l'emploi d'un appareil de condensation, toujours coûteux et d'un fonctionnement peu régulier, et néanmoins on recueille une partie de la chaleur que la
vapeur emporte.

L'eau d'alimentation, qui arrive dans la bâche, s'y échauffe notablement et
c'est autant de gagné ; si même cette eau est calcaire, elle se dépouille dans la
bâche d'une grande partie de son tartre, et l'engorgement des chaudières est notablement diminué.

Ce système simple est encore assez fréquemment employé, notamment par
MM. Albaret et Cᵉ, constructeurs de machines pour les industries agricoles.

Nous n'entrerons point dans de plus longs détails sur les machines horizontales, dont le fonctionnement se comprend à la seule inspection.

On leur adjoint presque toujours un appareil de détente variable, système
Farcot ou autre, qui se règle par une roue à main, placée en avant du cylindre
à la portée du mécanicien.

Généralement aussi, le cylindre est à double enveloppe de vapeur, et la seconde
enveloppe est recouverte de matières isolantes contenues dans une chemise formée de douves en bois d'acajou cerclées en cuivre. Cette chemise contribue à
l'ornementation de l'appareil.

La pompe à air du condenseur et quelquefois même la pompe alimentaire sont
actionnées directement par l'arbre de couche ; ces pompes sont placées dans une
direction horizontale comme cela a lieu pour la pompe alimentaire des locomotives, ou dans une direction verticale s'il s'agit de la pompe à air d'une machine
fixe, car alors le condenseur est placé sous le bâti de l'appareil dans une cavité
ménagée tout exprès au milieu de la maçonnerie.

Aux machines horizontales nous rattacherons la machine à cylindre courbe
de M. le prince de Polignac, machine représentée par les figures 3, 4 et 5 de la
planche XIII qui sont empruntées au portefeuille des machines de M. Oppermann.

« Cet appareil, dit M. Oppermann, n'est pas moins remarquable par la simplicité de sa construction que par les bons résultats qu'il a donnés dans les applications qu'on en a faites. Il consiste en un cylindre courbe A dans lequel se meut
un piston courbe et à deux tiges dont les extrémités sont assemblées sur un secteur B. Le centre d'oscillation C se trouve sur un arbre disposé à la partie supérieure et soutenu par deux joues E et F, qui reposent sur la même plaque de
fondation que le cylindre et l'arbre moteur. Une poulie H, calée sur l'arbre coudé
qui reçoit directement le mouvement du piston au moyen de la bielle I, le
transmet par courroie aux divers arbres que la machine doit commander.

Comme détail de construction nous ferons remarquer le mode d'alésage du
cylindre qui a lieu très-facilement et avec une grande précision en fixant la
pièce sur une table tournante, au devant d'un alésoir ordinaire, et sans aucuns
frais spéciaux de main-d'œuvre.

Les principaux avantages de ce nouveau moteur sont :

1° De supprimer complétement le frottement du piston contre le cylindre et
dans les boîtes à étoupes à travers lesquelles passent les tiges du piston. On sait
en effet que le frottement est représenté par une fonction de la forme $F = pf$, p
étant la pression entre les deux surfaces. Or, ici, la pression p est supprimée par
la fixation du système au pivot C et toute la résistance se réduit à celle, très
faible, qui se produit autour de l'axe C.

2° Dans le grand nombre de tours qu'il peut exécuter par minute et qui permet
son application aux hélices, aux scieries, aux machines à raboter, aux machines

à mortaiser et en général à toutes les machines outils qui demandent une grande vitesse.

3° Dans le poids et le volume réduits de l'appareil qui réduisent également le prix de revient et économisent la place, quelquefois si précieuse dans les ateliers.

La machine que nous avons représentée est de six chevaux, elle pèse 1,000 kilogr. et peut exécuter 500 tours par minute.

Nous l'avons vue fonctionner avec une vitesse qui atteignait par moments jusqu'à 750 tours par minute. Les rais du volant deviennent alors invisibles, et la rapidité du mouvement ne peut se comparer qu'à celles des machines électro-motrices. Cette machine est du reste très-économique, car elle n'a coûté que 2,000 francs en fabrication courante, soit 333 francs par cheval seulement. »

III. — MACHINES VERTICALES.

La machine verticale sous la forme fixe n'est guère usitée aujourd'hui que pour de petites forces. Elle n'a qu'un avantage sur la machine horizontale : c'est d'occuper peu de place et dans les villes c'est une considération importante.

Elle est commode aussi lorsqu'il s'agit de placer l'arbre de couche à une certaine hauteur au-dessus de la machine ; on met alors le cylindre moteur en bas, et le mouvement est transmis à l'arbre par un système de bielle et manivelle.

Sa construction est du reste analogue à celle de la machine horizontale ; en général on ne lui adjoint pas d'appareil de condensation, mais il serait facile de le faire et de prendre la commande de la pompe à air sur l'arbre de couche. La distribution est presque toujours munie d'un système de détente variable.

Dans ces derniers temps, la machine verticale s'est développée sous la forme portative, que nous étudierons à l'article locomobile ; mais, nous le répétons, la machine verticale fixe tend à disparaître sauf dans quelques cas spéciaux.

Nous en donnerons les trois types principaux qui ont été plus ou moins variés :

1° *Machine à cylindre supérieur.* — MM. Duvoir, Albaret et Ce ont construit quelques machines analogues au type représenté par la fig. 1 de la pl. X.

Le cylindre est renversé et placé à la partie supérieure d'un bâti triangulaire en fonte. Sa tige, guidée par deux glissières verticales, transmet son mouvement à une longue bielle articulée à la manivelle de l'arbre de couche. Celui-ci se charge du mouvement du tiroir par le mécanisme ordinaire de l'excentrique circulaire.

Cet appareil présente assez de stabilité, à cause de la masse de l'arbre et du volant placés vers le bas ; il a l'avantage d'occuper peu de place et de pouvoir être accolé à un mur.

Mais il offre, comme presque toutes les machines verticales, de graves inconvénients : les parties hautes du mécanisme sont d'un accès difficile ; il faut, pour les visiter, gravir une échelle ou un escalier spécial, ce que le mécanicien n'est pas toujours disposé à faire ; le presse-étoupes, qui enserre la tige du piston à sa sortie du cylindre, est renversé, et le graissage est fort défectueux.

On munit l'appareil d'un système de détente variable.

2° *Machine à cylindre inférieur.* — La figure 391 représente au contraire une machine à cylindre inférieur, à laquelle on a recours lorsqu'on veut élever l'arbre de couche au-dessus du sol.

Le cylindre moteur est plus ou moins complétement enfoncé dans la fondation, afin qu'on ne soit point forcé de donner à la machine une hauteur exagérée qui compromettrait la stabilité ; il est supporté par un système de quatre montants ou colonnes, ou quelquefois placé sur une sorte de tabouret en fonte. L'extrémité supérieure de la tige du piston est fixée à un joug horizontal guidé par deux glissières verticales ; un système de bielle et de manivelle transmet le mouvement à l'arbre de couche reposant par deux paliers sur un bâti prismatique ; l'arbre moteur se prolonge de chaque côté de ce bâti, et il porte, d'un côté, un volant, de l'autre, une poulie à courroie ou une roue dentée.

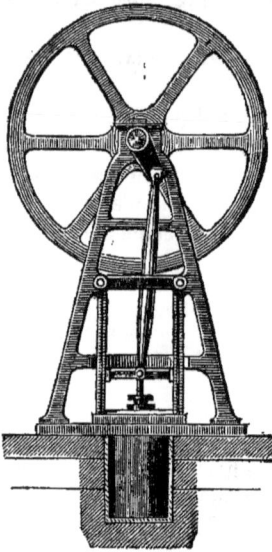

3° *Machine de Maudslay, à bielle renversée* : Nous citerons enfin la machine dite de Maudslay, du nom du constructeur anglais qui l'avait propagée ; cette machine a été modifiée et perfectionnée dans ces derniers temps par Farcot et ses fils, mais elle n'en reste pas moins d'une complication notable (fig. 2, pl. X).

Sur la plateforme d'un tabouret en fonte A reposent quatre colonnes B entre lesquelles est compris le cylindre moteur. La tige T du piston, sortant du cylindre à travers un presse-étoupe se termine par un galet G, qui roule entre deux glissières verticales et qui sert à guider la tige.

Fig. 391.

Sur l'axe du galet est un joug horizontal, terminé à chaque bout par une bielle LL' ; ces deux bielles, entre lesquelles est placé le cylindre transmettent le mouvement à l'arbre moteur O au moyen de deux coudes ménagés sur cet arbre et destinés à remplacer les manivelles qu'il n'est pas possible d'installer. Toutes les fois qu'une bielle n'agit pas à l'extrémité d'un arbre, on remplace la manivelle par un coude ménagé sur cet arbre ; nous verrons de fréquentes applications de ce dispositif dans les locomotives et locomobiles.

On conçoit bien comment par ce moyen le mouvement alternatif du piston se transforme en un mouvement continu de l'arbre.

Le guide du mouvement rectiligne de la tige du piston est le galet G qui roule dans deux rainures ; nous avons déjà parlé en cinématique de ce genre de guide et nous avons montré qu'il ne réalisait pas longtemps le frottement de roulement ; en effet, à chaque changement de direction, il se produit un léger frottement de glissement qui ne tarde pas à déterminer la formation de parties méplates, s'opposant au roulement. Le glissement devient alors chronique et l'on perd tout l'avantage qu'on avait espéré réaliser en substituant le galet aux glissières.

Avant de quitter les machines verticales, disons encore qu'elles sont dans de mauvaises conditions au point de vue de la pesanteur ; à la montée, le piston et son attirail constituent une résistance, tandis qu'à la descente ils s'ajoutent à l'effort moteur, c'est une cause d'irrégularité. Elle existe bien dans les machines à balancier, mais là, il est facile de la corriger en équilibrant par la bielle et la manivelle le piston et son attirail. L'inconvénieut signalé n'est pas en somme bien considérable pour les machines verticales, car elles sont presque toujours de petites dimensions.

IV. — MACHINES INCLINÉES.

Les machines inclinées sont peu usitées comme machines terrestres. On les trouve plutôt dans les machines marines.

Sur certaines locomotives, les cylindres moteurs sont inclinés sur l'horizontale; mais l'inclinaison est presque toujours assez faible.

On a pu remarquer à l'exposition de 1867 deux grandes machines jumelles, dont les manivelles montées sur le même arbre étaient calées à 90° l'une de l'autre ; ces machines inclinées à 50° sur l'horizontale et placées symétriquement par rapport au plan vertical de l'arbre de couche étaient très-soignées et fonctionnaient parfaitement.

Comme organes, la machine inclinée ne diffère en rien de la machine horizontale ; elle offre seulement l'avantage d'occuper moins de place, sans cependant exercer sur sa base d'aussi fortes pressions que celles qui sont transmises par une machine verticale.

V. — MACHINES OSCILLANTES.

La machine oscillante, imaginée au commencement du siècle, a été propagée en France par M. Cavé. Elle avait à peu près disparu, lorsqu'elle a eu dans ces derniers temps un regain de popularité ; elle est surtout employée comme machine marine, ainsi que nous le verrons plus loin.

La machine du type Cavé est représentée par la figure 392. Un cadre horizontal en fonte A est posé sur deux murs solides ; il est surmonté de quatre colonnes B supportant un entablement DD. Dans le vide compris entre les quatre colonnes se trouve le cylindre moteur C, porté en son milieu par deux tourillons de grande dimension, qui reposent sur le cadre A. La tige T du piston sort du cylindre à travers un presse-étoupes d'assez grande longueur et son extrémité supérieure est guidée entre deux glissières G boulonnées sur le couvercle du cylindre. Dans l'œil qui termine la tige du piston est saisi directement le bouton de la manivelle M qui actionne l'arbre de couche O.

L'arbre de couche a son premier palier sur l'entablement postérieur D et son second palier par exemple sur le mur de l'usine.

Entre les deux paliers on cale sur l'arbre la poulie motrice, le volant et l'excentrique circulaire qui fait mouvoir la pompe alimentaire.

Comme on le voit, la transmission est directe, la bielle intermédiaire est supprimée et dans certains cas, c'est un grand avantage; les dimensions de la machine dans le sens de la tige du piston se trouvent notablement réduites.

Lorsque la course du piston est d'une amplitude ordinaire, il arrive que la tige T, lorsqu'elle est presque entièrement sortie du cylindre, ne se trouve pas suffisamment guidée par le piston et par le stuffing-box, si long qu'il soit, et elle est exposée à fléchir. C'est pour parer à cet inconvénient qu'on a jugé nécessaire l'adjonction des glissières G ; mais on les supprime toutes les fois que cela est possible, c'est-à-dire lorsque la longueur du cylindre est réduite comme dans les machines marines, et dans certaines machines oscillantes horizontales.

La difficulté que présente la machine oscillante est évidemment la distribution de la vapeur. Les tourillons du cylindre sont creux, et l'un sert à l'admission, l'autre à l'échappement ; les tuyaux de vapeur sont engagés à frottement doux dans le creux des tourillons, de sorte qu'ils peuvent rester fixes malgré les oscillations du cylindre.

A l'origine, on ne pouvait adopter le tiroir ordinaire pour la distribution ; M. Cavé l'essaya cependant au moyen d'un excentrique circulaire dont la barre était formée de deux parties assemblées à rotule ; la partie inférieure glissait parallèlement au piston et recevait le mouvement de va-et-vient de la partie supérieure. Ensuite il employa des disques ou papillons formés de secteurs pleins et de secteurs évidés ; ces papillons oscillants ouvraient et fermaient alternativement les lumières d'admission et d'émission. Depuis, on a appliqué le tiroir à coquille à la machine oscillante ; la tige du tiroir est fixée à l'extrémité d'un petit balancier dont l'axe d'oscillation est au milieu du fond du cylindre ; l'autre extrémité de ce balancier est articulée à la barre d'un excentrique circulaire monté sur l'arbre de couche ; on voit que par ce mécanisme les oscillations de l'excentrique sont transmises au tiroir ; il va sans dire que l'assemblage de la barre d'excentrique et du balancier est une sorte de rotule.

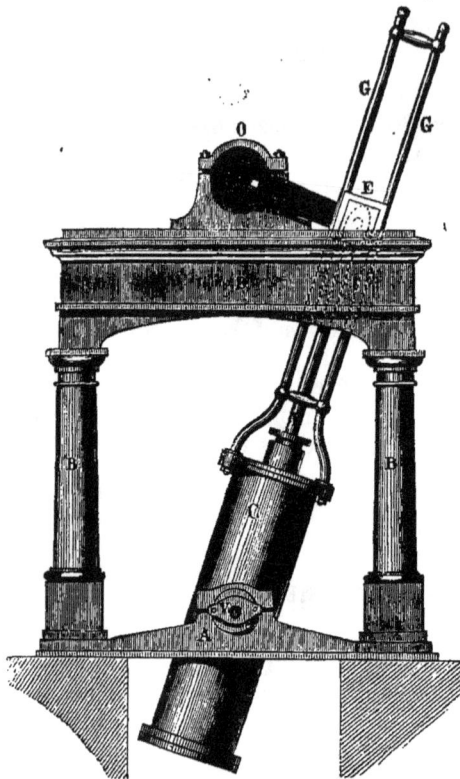

Fig. 592.

On a construit des machines oscillantes horizontales, notamment sur quelques paquebots ; on a même essayé de propager une machine dite à rotule dont le cylindre repose par son fond sur un assemblage à rotule. Ce système n'a pas réussi, et la meilleure disposition semble être toujours de suspendre le cylindre par deux tourillons placés vers son milieu.

Les figures 1 et 2 de la planche XIII représentent une machine à vapeur oscillante, à deux cylindres, de la puissance de huit chevaux, construite par M. Guyet, ingénieur à Paris ; les deux cylindres A et B sont en fonte, et leurs pistons réunis par une même tige ; la vapeur agit à pleine pression dans le petit cylindre et se détend dans le grand. La distribution se fait par le tourillon creux D qui sert d'axe à l'appareil, et c'est par le jeu de l'oscillation que les lumières d'admission et d'émission sont alternativement ouvertes.

Bien que le système présente des avantages notables surtout au point de vue du prix de revient, il n'en est pas moins assez délicat, et le mode de distribution entraîne des fuites de vapeur et des pertes de calorique. En outre, ces appareils ont toujours l'inconvénient grave d'être difficilement réparables, ce qui est fort gênant dans les petites localités.

C'est pour ces raisons que la machine oscillante, accueillie d'abord avec faveur à cause de ses faibles dimensions, est aujourd'hui presque sans emploi, du moins comme machine fixe. Nous la retrouverons dans les machines marines.

VI. — MACHINES ROTATIVES.

La machine rotative a de tout temps surexcité l'imagination des inventeurs; beaucoup pensaient, bien à tort, augmenter l'effet utile grâce à la rotation continue et éviter les pertes de travail qu'entraînait, suivant eux, le mouvement oscillatoire des pistons et des bielles. Il ne faut pas se faire d'illusions sur ce point; il n'y a pas plus de travail perdu dans la machine ordinaire que dans la machine rotative; seulement avec celle-ci on supprime les bielles et manivelles et les frottements que leur fonctionnement occasionne.

L'avantage de la machine rotative réside dans sa disposition simple qui fait que l'on transforme un mouvement circulaire continu en circulaire continu, dans la grande vitesse dont on peut l'animer, dans la facilité avec laquelle on équilibre les masses en mouvement, dans le faible poids de l'appareil, dans l'économie qui résulte de ce fait, dans la facilité des transmissions et dans le peu de place qu'occupe une machine puissante.

Malheureusement ces avantages étaient bien compensés jusqu'ici par la complication du mécanisme, qui faisait perdre beaucoup de force vive; aussi, parmi les nombreuses machines rotatives inventées, on n'en cite guère que deux ou trois qui aient obtenu quelque succès.

Il faut espérer que cet engin se perfectionnera peu à peu, de manière à devenir d'un usage courant.

On a eu l'idée, il y a bien longtemps pour la première fois, de construire des machines à vapeur analogues aux moteurs hydrauliques, dont les récepteurs sont en général animés d'une rotation continue. Mais, on n'a pas réfléchi à la différence du mode d'action du liquide et du mode d'action de la vapeur. L'eau n'agit guère que par son poids et c'est en descendant qu'elle produit du travail; au contraire, dans la vapeur, le poids est peu de chose, c'est la force expansive de la masse gazeuse qui produit le travail en déplaçant une paroi mobile de l'enceinte qui la renferme.

De même, si l'eau, animée d'une certaine vitesse, peut en choquant des palettes leur transmettre un travail notable accompagné d'une grande perte de force vive, la masse de la vapeur est trop faible pour qu'elle engendre par ce moyen un grand travail, fût-elle animée d'une grande vitesse. Ces actions par le choc doivent du reste être proscrites en mécanique. Cependant, elles se produisent dans les machines à vapeur à grande vitesse, comme les locomotives, et le bon rendement de ces appareils peut tenir, dans une certaine mesure, à ce que la force expansive de la vapeur trouve un auxiliaire dans la vitesse avec laquelle la vapeur vient choquer le piston.

Quoi qu'il en soit, les machines rotatives basées sur le principe de la réaction et analogues au tourniquet hydraulique, ou bien celles qui consistent en un jet de vapeur venant frapper les palettes d'une roue sont aujourd'hui hors d'emploi.

1° *Machine de Watt.* — Le génie de Watt avait abordé la question de la machine rotative, et l'avait théoriquement résolue comme il suit :

La figure 393 représente la section horizontale d'un cylindre creux traversé par un axe plein O ; le cylindre est fixe, et l'axe, qui le traverse par deux presse-étoupes, est plein ; cet axe entraîne dans son mouvement un diaphragme courbe A, et le cylindre est partagé en deux vases séparés m et n, au moyen de ce diaphragme A et d'un autre diaphragme ou clapet B qui, lui, est mobile autour d'un axe b engagé dans la paroi du cylindre fixe. La vapeur du générateur arrive par le conduit V, et le conduit C communique avec le condenseur. Ainsi la pression de la chaudière s'exerce du côté m du diaphragme A et la pression du condenseur du côté n ; sollicité par la différence des pressions, ce diaphragme se met donc à tourner dans le sens de la flèche, il dépasse le conduit C en vertu de la vitesse acquise, repousse le volet B, le fait tourner autour de b et l'applique dans la cavité pq, où il ferme la lumière d'admission. Quand le diaphragme a dépassé le conduit V, le volet B est ramené par un ressort à sa position première et la vapeur recommence à agir dans le même sens. On voit qu'il y a à franchir un espace mort, dont il est assez facile de réduire la valeur angulaire en augmentant le diamètre de l'arbre O par rapport à celui du cylindre.

Fig. 393.

En somme, cet appareil simple pourrait fonctionner aussi bien que beaucoup d'autres plus compliqués ; mais quoi qu'on fasse, la difficulté non encore résolue dans les dispositions de ce genre, c'est de rendre étanche la séparation entre le diaphragme A et la paroi intérieure du cylindre ; cette étanchéité n'existe pas, il y a toujours de nombreuses fuites de vapeur et une sorte de communication continue entre la chaudière et le condenseur.

Grâce à une grande vitesse de rotation, on peut atténuer ce défaut, mais on ne le supprime pas.

On connaît en France une machine rotative, œuvre d'un mécanicien distingué, M. Pecqueur ; la machine Pecqueur, qu'on fabriquait encore dans ces derniers temps, et qui a donné souvent d'assez bons résultats, est basée sur un principe analogue à celui de Watt. On a toujours un diaphragme tournant dans un espace annulaire, et le volet, qui sépare la vapeur motrice de la vapeur de condensation, est remplacé par deux plans dirigés suivant un même diamètre et animés d'un mouvement oscillatoire dans une rainure pratiquée suivant une génératrice du cylindre. Ce mouvement oscillatoire leur est communiqué par la machine elle-même.

Sans qu'il soit besoin d'entrer dans de plus amples détails, on voit que les dispositions précédentes ne se présentent pas sous une forme absolument pratique ; elles sont du même genre que la première pompe rotative de Dietz, laquelle disparut le jour où Appold inventa la pompe à force centrifuge.

2° *Machine à disque.* — La machine à disque (disc engine) est une machine semi-rotative inventée par MM. Bishop et Rennie.

Le mouvement oscillatoire d'un disque, renfermé dans une cavité de forme spéciale, se transforme en un mouvement conique continu pour une tige implantée normalement à ce disque, et l'extrémité de cette tige imprime un mouvement circulaire continu à un plateau-manivelle, formant la base du cône décrit par la tige.

Vers 1842, cette machine prit un certain développement en Angleterre, et

M. l'ingénieur des mines de Hennezel en donna la description et le calcul dans une note insérée aux *Annales des Mines*. — Voici des extraits de cette note.

« Les figures 1 et 2 (planche XIV) présentent la coupe et l'élévation d'une machine à disque de la force de vingt chevaux. L'espace dans lequel agit la vapeur est le volume engendré par une portion de secteur *abcd* (fig. 3) tournant autour de l'axe *zz'* ; il est donc limité par deux surfaces coniques AB, par une surface annulaire *sdgh*, et par une sphère *abef*. Cette sphère, qui est mobile, porte un disque *dg* auquel la vapeur imprime un mouvement tel, que la tige *ot*, perpendiculaire au disque, décrit une surface conique, et communique par l'intermédiaire de la manivelle *st*, un mouvement de rotation à l'axe principal *sz*. La distance des deux cônes A,B est déterminée par l'épaisseur du disque, de manière que celui-ci soit toujours tangent aux deux cônes, suivant les deux arêtes parallèles et opposées, intersections de leur surface et du plan *toz*. Dans le mouvement qui se produit, chaque rayon d'une face du disque vient, à chaque révolution, s'appliquer sur la même arête du cône de même côté. Une cloison fixe *mn*, placée entre les deux cônes et la surface annulaire, traverse le disque, lequel présente, à cet effet, une fente laissant assez de jeu de part et d'autre de la cloison, pour qu'il y ait communication entre les espaces situés des deux côtés du disque.

Dans la fig. 4, qui est une projection sur un plan perpendiculaire à l'axe *zz'*, KB est la cloison fixe, et KCGD le disque. Les orifices BC, BD, ménagés dans l'enveloppe annulaire, servent respectivement à l'introduction et à l'émission de la vapeur.

Considérons la position où le disque est tangent au cône inférieur suivant AF, et au cône supérieur suivant AI. La vapeur entrant par BC remplit sous le disque l'espace CEF limité par le contact avec le cône inférieur ; et sur le disque l'espace CFHI limité par le contact avec le cône supérieur. La communication avec le tube d'émission a lieu, au-dessus du disque, pour l'espace DI, et au-dessous du disque, pour l'espace DIF. Par conséquent, la vapeur de la chaudière presse également les deux faces du secteur CAF ; la condensation ou l'émission s'opère de part et d'autre du secteur DAI ; le demi-cercle FHI est soumis, sur le disque, à la pression de la vapeur de la chaudière, sous le disque, à la pression de la vapeur qui s'échappe, et la différence de ces deux pressions tend à faire basculer le disque vers le cône inférieur, du côté H.

Un effet analogue se produit dans toutes les positions du disque, qui devient ainsi successivement tangent à toutes les arêtes des cônes et fait parcourir une surface conique à la normale, dont l'extrémité donne le mouvement à la manivelle.

Afin d'empêcher le passage de la vapeur au delà des arêtes de contact et de satisfaire en même temps à une condition importante sur laquelle je reviendrai plus bas, la surface du disque est armée dans le sens des rayons de cannelures saillantes qui engrènent avec des saillies de même forme, placées à la surface des deux cônes. De cette manière, le contact a toujours lieu suivant deux ou trois dents à la fois, et, lorsqu'il se produit dans le plan BAG, il y a en même temps une saillie qui engrène en AC ou en AD, et qui empêche la vapeur de parcourir librement l'espace CGD.

Sur la circonférence du disque, une garniture métallique à ressorts établit le contact avec la surface annulaire, par une disposition analogue à celle des garnitures des pistons ordinaires.

Les vides *abcd* (fig. 1) sont des boîtes à étoupes qu'on lubrifie constamment et dans lesquelles agissent des vis de pression, de manière à éviter les fuites de vapeur à la surface du joint sphérique.

Frottements. — Les frottements à considérer dans cette machine, en faisant abstraction de ceux qui se rapportent aux organes de transmission du mouvement sont :

1° Le frottement qui a lieu dans le joint sphérique ;

2° Celui qu'exerce la garniture du disque sur la surface annulaire ;

3° Les frottements qui se développent au contact des dents.

Comparaison avec les machines ordinaires. — Les deux premiers sont assez faibles et comparables à ceux qui se produisent, pour les machines à mouvements alternatifs, dans la boîte à étoupes et à la circonférence du piston. Le troisième, qui est analogue à l'arc-boutement des roues dentées, n'a pas d'équivalent dans les machines ordinaires. Mais si, d'une part, les pertes de force qui résultent de cette cause et de l'obliquité de l'action de la vapeur par rapport à la direction du mouvement, tendent à faire regarder la machine à disque comme inférieure, pour l'économie de la force, aux machines à piston; celles-ci ont, de leur côté, le désavantage d'occasionner d'autres pertes par les changements de direction du mouvement de la tige, par l'espace nuisible que le piston laisse à la fin de chaque course et par une plus grande complication nécessaire pour la transmission de la force motrice. Il serait donc très-difficile de déterminer *a priori* quelle est celle de ces machines qui utilise le mieux la force expansive de la vapeur; il faut recourir à des expériences comparatives, et je rapporterai plus loin quelques-uns des résultats qui ont été obtenus.

« Si l'on compare, sous d'autres rapports, la machine à disque aux machines ordinaires, l'on reconnaît que, dans des circonstances données, la première pourra mériter la préférence par les qualités suivantes qui lui sont propres.

« 1° Elle est d'un poids faible, ce qui permet de la déplacer et de la transporter facilement et à peu de frais, et la rend d'un usage commode pour les travaux temporaires d'extraction et d'épuisement. Le poids d'une machine de 20 chevaux est d'environ 2 1/2 tonnes anglaises (2,540 kil.).

« 2° Elle occupe très-peu de place, d'où résulte une économie notable sur les frais de fondations, de bâtiments, etc., et, en même temps, une convenance particulière pour les ateliers des villes. Dans la fabrique même de ces machines, à Birmingham, une machine à disque de la force de 12 chevaux est établie sur la charpente ordinaire d'un premier étage. Elle y occupe un espace d'environ six pieds de longueur sur trois pieds de largeur, et fonctionne avec une grande régularité, sans produire de secousses ni d'ébranlement. Le poids de cette machine est d'environ 30 quintaux (1,524 kil.).

« 3° La grande vitesse que la machine peut imprimer directement à l'arbre de couche sera, dans beaucoup de cas, très-favorable pour le travail auquel on l'appliquera et évitera alors l'emploi de roues d'engrenage.

« 4° Enfin, et ce point mérite particulièrement d'être signalé, le prix des machines à disque est très-inférieur à celui des machines ordinaires de même force.

« Aux avantages déjà signalés, en faveur des machines à disques, les constructeurs assurent que l'on doit ajouter encore les suivants : moins de chances de dérangement et une dépense, en frais d'entretien et de réparations, moindre que pour les machines ordinaires. Peut-être une expérience plus longue est-elle encore nécessaire pour que l'on puisse juger exactement de la destruction produite par le frottement, et pour que l'on sache sur combien d'années l'on aura à répartir la dépense occasionnée par le remplacement des pièces principales, lesquelles seront d'un prix d'autant plus élevé, qu'à raison de leur forme particulière il serait difficile de se les procurer ailleurs qu'à la fabrique même des machines à disque. »

3° **Machine rotative Behrens**. — A l'exposition universelle de 1867, on remarquait avec étonnement une machine à vapeur de faible volume, sans organes bien apparents, qui faisait mouvoir une forte pompe rotative du même système.

Fig. 394.

Cette machine, qui s'arrêtait et se mettait en marche avec la plus grande facilité et dont l'axe pouvait prendre une vitesse considérable de rotation, excita la curiosité de beaucoup d'ingénieurs.

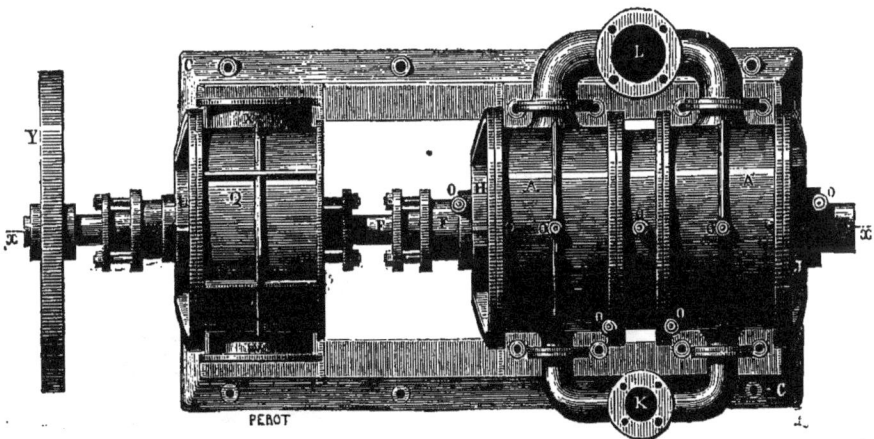

Fig. 395.

C'était la rotative américaine Behrens, dont M. Petau, constructeur à Paris, possède le brevet pour la France. M. Ledieu l'a décrite et en a donné la théorie complète dans un savant mémoire où il traite en même temps la question de la stabilité des machines, question que simplifie beaucoup l'emploi des machines, rotatives. C'est du mémoire de M. Ledieu que sont extraites les vignettes suivantes, représentant la rotative Behrens employée à l'épuisement de la cale du vaisseau *le Solferino*.

La figure 394 est une vue perspective de l'appareil, la figure 395 un plan, la figure 396 une coupe longitudinale suivant le plan vertical médian, la figure 397

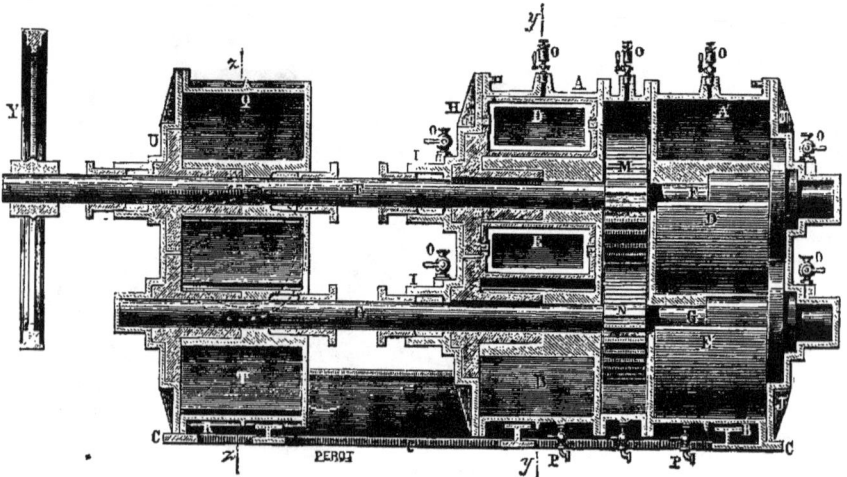

Fig. 396.

une coupe transversale suivant l'axe du premier cylindre, et la figure 398 une transversale suivant l'axe de la pompe Q, montée sur le même bâti et de forme identique à la machine.

Commençons par la description de la perspective et du plan; le moteur est

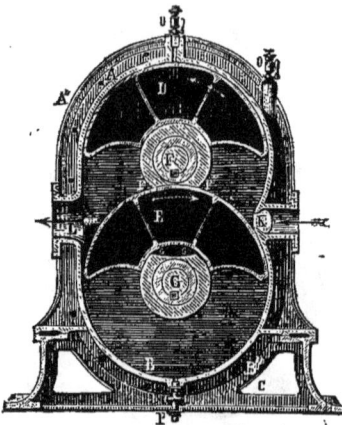

Fig. 397.

Fig. 598.

formé de deux cylindres identiques AB, A'B' séparés par un intervalle dont nous parlerons tout à l'heure. Ces deux cylindres ont une section transversale formée de deux cercles qui se pénètrent (fig. 397); ils ont du reste la même fonction et constituent deux moteurs accolés; dans beaucoup d'appareils, il n'existe même qu'un seul de ces cylindres AB, mais la présence des deux facilite le fonctionnement. La vapeur motrice arrive en K et l'émission se fait en L; H est le couvercle du premier cylindre, J le couvercle du second; F et G sont les arbres en acier sur lesquels les cames motrices et aussi les cames de la pompe aspirante et foulante sont clavetées. O, O... robinets graisseurs; P, purgeurs. On voit en Q le corps de pompe, l'aspiration se fait par le tuyau V, et le refoulement par le tuyau X; U est le couvercle de la pompe, que traverse de part en part les arbres moteurs dont un se termine par un volant Y.

Les cylindres AB, A'B', contenus dans la même enveloppe, sont séparés à l'in-

Fig. 399.

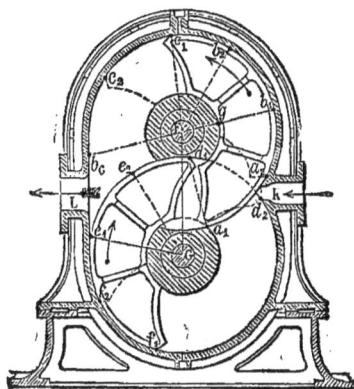

Fig. 400.

térieur par un intervalle creux, dans lequel on voit deux roues dentées égales M et N, montées l'une sur l'arbre F, l'autre sur l'arbre G, et engrenant ensemble; par ce moyen, le mouvement de l'un des arbres se transmet nécessairement à l'autre, ils tournent toujours simultanément en sens contraire, et leurs déplacements angulaires dans des temps égaux sont égaux. Ceci posé, ne nous occupons que d'un cylindre, par exemple, A, B; les arbres F et G portent chacun une came en fonte, D et E; ces cames sont des cylindres fermés dont la section transversale est celle que l'on voit sur la figure 397. Il va sans dire qu'elles ne sont pas pleines à l'intérieur; au contraire, on a soin de les évider le plus possible en les renforçant par des cloisons; il est nécessaire que la surface extérieure des cames soit tournée avec le plus grand soin afin de glisser à frottement doux dans le cylindre AB, qui est, lui, parfaitement alésé.

La figure 399 représente en perspective l'une des cames dont on saisit beaucoup mieux la forme; elle est venue de fonte avec un disque d' et un autre disque plus petit situé derrière, ainsi qu'avec un manchon (m'); l'arbre F traverse le manchon et les disques, et est claveté sur le manchon. Une des difficultés de la construction, c'était d'éviter les pertes de vapeur par les points où l'arbre traverserait le couvercle du cylindre; on y est arrivé par l'emploi des disques d' qui se logent dans la douille en fonte HF qu'on aperçoit dans le plan sur le fond du cylindre AB; on forme ainsi un tourillon à plusieurs diamètres que la vapeur ne peut contourner, et on le graisse au moyen du robinet O, d'où l'huile se répand par des canaux et rainures sur toute la surface frottante. Les surfaces de portage sont donc très-considérables et l'échauffement produit par le frottement se trouve suffisamment atténué.

Cette description des cames bien comprise, arrivons à leur fonctionnement : la figure 397 les représente au moment où l'axe commun des deux cames D et E du cylindre AB est vertical; elles se meuvent en sens contraire l'une de l'autre, en parcourant des angles égaux; il est donc facile de contruire leurs positions respectives.

Prenons une phase du mouvement dès son origine :

1° La came supérieure (fig. 400) est en a_1, b_1, c_1, et tourne de droite à gauche; la came inférieure est en d_1, e_1, f_1, et tourne de gauche à droite. Au moment où le point a_1 se dégage, la vapeur qui vient en K agit sur la tranche a_1 de la came supérieure, tandis que la tranche c_1 est mise en rapport par le conduit L avec l'atmosphère ou avec le condenseur; ainsi, la came supérieure est pressée à droite par la vapeur de la chaudière, à gauche par celle du condenseur; elle tourne de droite à gauche en vertu de la différence des pressions. Quant à la came inférieure, la vapeur motrice agit sur ces deux tranches en d_1 comme en f_1, et le moment de rotation des deux efforts est nul; cette came devrait donc rester immobile; mais, par suite de l'engrenage MN, l'arbre G est conduit par l'arbre F, et la came inférieure tourne en sens contraire de la came supérieure.

2° Cet état se continue pendant quelque témps; lorsqu'on arrive, par exemple, à la position représentée par la figure 397, la vapeur motrice qui vient par K, agit toujours sur la droite de la came D, tandis que par sa gauche cette came est en communication avec le conduit L, c'est-à-dire avec le condenseur. L'effort de rotation est toujours dans le même sens. La came inférieure E s'est avancée en sens inverse, elle a fermé la communication du conduit K avec le cylindre B; il existe donc au-dessous de cette came de la vapeur emprisonnée à la pression de la chaudière, et la came n'est toujours soumise à aucun effort de rotation.

3° A l'instant représenté par la figure 397, la came E va laisser la capacité B ouverte vers la gauche; la vapeur de cette capacité B va tomber instantanément à la pression du condenseur; mais la came E ne sera toujours soumise à aucun effort, tandis que la came D continue à être sollicitée par la vapeur dans le même sens.

4° Cet état persistera jusqu'à la position représentée par la figure 401; à ce moment l'espace $c_5 f_5$ est fermé à l'admission comme à l'émission, il renferme de la vapeur à la pression du condenseur; le volume de cet espace reste constant, puisque les déplacements angulaires des deux cames sont égaux, donc la vapeur conserve toujours la pression du condenseur; par suite, l'effort moteur s'exerce toujours sur la came supérieure, tandis que la came inférieure est en équilibre sous l'action des forces qui la sollicitent.

5° Mais les choses vont changer dès que l'arête de la came inférieure va arriver en f_6 et se trouver démasquée; la face f de la came inférieure va recevoir l'action de la vapeur venant du générateur, tandis que la face d reçoit celle de la vapeur du condenseur; à son tour, la came supérieure est pressée sur ses deux faces par la vapeur venant de K. C'est donc la came inférieure qui devient motrice, et la came supérieure est conduite par l'engrenage.

6° Cette interversion des rôles se continue; ainsi, dans la figure 402 la vapeur arrive par K, presse la face (f) de la came inférieure, tandis que la face (d) communique par L avec le condenseur; au-dessus de l'arbre F est de la vapeur emprisonnée à la pression de la chaudière, laquelle va tomber subitement un instant après à la pression du condenseur. C'est toujours la came inférieure qui est motrice. La position est symétrique de celle que représente la figure 397.

7° L'état des choses se maintient jusqu'à ce que nous arrivions à la position de la figure 398; la vapeur à la pression du condenseur est emprisonnée entre les deux cames. C'est toujours la came inférieure qui est motrice, mais son rôle va cesser, lorsque nous serons revenus au point de départ qu'indique la figure 400. Une nouvelle phase, identique à celle que nous venons de parcourir, va recommencer, et ainsi de suite indéfiniment.

Le fonctionnement de l'appareil est donc bien compris; au point de vue mécanique, il présente un inconvénient; le rôle des roues M et N est sans cesse in-

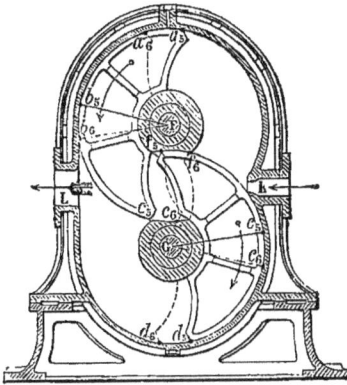

Fig. 401.

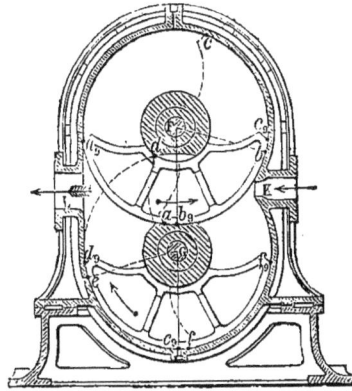

Fig. 402.

terverti, chacune d'elles devient alternativement roue motrice et roue conduite, et cette disposition entraînerait des chocs et des vibrations, si l'engrenage n'était pas construit avec la plus grande précision et sans aucun jeu.

On saisit l'avantage que présente l'emploi des deux machines accouplées AB et A′B′; on peut intercaler l'engrenage MN entre les deux machines dans une capacité étanche, et l'on n'a pas à s'inquiéter des presse-étoupes pour le fond des cylindres.

Il est inutile d'expliquer le mode de mise en marche et d'arrêt de cette machine; tout cela se fait instantanément au moyen d'une valve avec roue à main placée sur le conduit d'admission de la vapeur. On conçoit aussi sans peine comment on peut faire agir la vapeur avec détente, et même dans le système de Woolf.

Remarquons encore que les cames tournantes ont besoin d'être équilibrées; rien n'est plus facile lorsqu'une pompe est montée directement sur le même axe; il suffit de caler convenablement les cames de la pompe par rapport à celles de la machine motrice.

Nous ne pouvons entrer dans de plus longs détails sur cet appareil fort intéressant; le lecteur curieux pourra se reporter au mémoire de M. Ledieu. M. Ledieu, si expert en ces matières, trouve que la rotative Behrens est une machine d'avenir, qui attend encore quelques perfectionnements, et qui, dans tous les cas, peut dès maintenant être substituée avec avantage aux petits chevaux en usage sur les navires.

B. — MACHINES LOCOMOTIVES.

Tout le monde sait aujourd'hui l'importance de la locomotive, dont l'usage a modifié la face du monde et les conditions de la vie humaine.

Nous avons déjà décrit la plupart des organes de la locomotive, en traitant soit de la génération de la vapeur, soit des accessoires des chaudières, soit de la détente.

Nous nous contenterons de donner ici une description sommaire de cet engin, dont la constitution est trop intimement liée avec celle de la voie qu'il parcourt,

Fig. 403.

pour qu'on puisse séparer sans inconvénient l'étude de la locomotive de celle des chemins de fer.

C'est donc dans le Cours de Chemins de fer que nous nous réservons d'étudier à fond la locomotive.

Nous en dirons ici quelques mots, afin de ne point la passer sous silence dans un cours de machines à vapeur.

La figure 403 représente une locomotive ordinaire.

La locomotive est une machine à vapeur à haute pression, à détente et sans condensation.

On voit en G la caisse du foyer; les produits de la combustion traversent le corps tubulaire que nous connaissons, et se rendent à l'avant de la machine, dans la boîte à fumée, d'où ils s'échappent par la cheminée A.

La vapeur produite s'accumule au foyer de la chaudière; on la trouve à l'état de vapeur sèche dans le dôme D où vient la prendre un tuyau recourbé K qui la conduit au cylindre C. Le piston de ce cylindre fonctionne comme celui d'une machine horizontale : sa tige E actionne la bielle B et la manivelle M montée sur l'axe de la roue R.

Cette roue R supporte une charge verticale qui va jusqu'à 6 tonnes 1/2, elle exerce sur le rail un frottement considérable, qui s'oppose au roulement ; il faut que la force motrice soit assez puissante pour vaincre ce frottement de roulement ainsi que celui qui se produit à toutes les roues du train ; si le train est trop chargé, la force motrice arrive à vaincre même le frottement de glissement de la roue sur le rail, la roue motrice tourne sur place, et la machine patine ; l'ensemble des frottements de roulement du train est alors supérieur au frottement de glissement de la roue motrice. Tant que celui-ci reste supérieur, le glissement ne se produit pas, c'est le roulement seul qui a lieu parce qu'il exige moins de force et le train progresse sur les rails.

On sait que l'échappement de la vapeur se fait à la base de la cheminée A et détermine le tirage nécessaire à la combustion ; c'est une des conditions vitales de la locomotive.

Le conduit K de prise de vapeur débouche, avons-nous dit, dans le dôme S et son orifice O peut être ouvert ou fermé au moyen d'un registre oscillant que le mécanicien manœuvre du dehors au moyen du levier à manette m.

On voit sur le flanc de la machine la tringle qui sert au mécanicien pour manœuvrer la coulisse de Stephenson. La coulisse de Stephenson est un appareil de détente variable, qui sert aussi pour la marche en avant et en arrière.

Il va sans dire que les mêmes organes sont répétés de l'autre côté de la machine.

On voit en S le sifflet d'alarme et le ressort à boudin R, qui sert à le manœuvrer, il est placé sous la main du mécanicien.

Le combustible et l'eau, que doit consommer la chaudière, sont approvisionnés dans le tender, attelé immédiatement après la machine.

L'eau est extraite du tender par une pompe aspirante et foulante qu'actionne un excentrique circulaire calé sur l'essieu moteur, ou bien encore par un injecteur Giffard dont nous avons décrit plus haut l'installation.

Ces quelques mots suffisent à faire comprendre le fonctionnement de la locomotive, en général ; nous en étudierons les variétés dans le Cours de Chemins de fer.

Locomotives routières. — On s'occupe beaucoup depuis quelques années de l'emploi des locomotives sur les routes ordinaires. On conçoit bien toutes les difficultés de la question : il faut avoir des roues assez larges pour que le poids énorme de la machine ne coupe pas les chaussées, et que le frottement ne les désagrège pas ; il faut que l'appareil puisse s'arrêter facilement, tourner à volonté dans des courbes de petit rayon, sans cependant que la construction et le fonctionnement soient défectueux au point de vue mécanique ; il faut en outre une force motrice considérable, qui puisse vaincre les résistances accidentelles dues au profil en long.

Jusqu'à présent, toutes ces difficultés n'ont pas été absolument vaincues ; cependant on a vu fonctionner à diverses expositions quelques machines anglaises et une machine française construite par M. Albaret.

Nous reproduirons ici quelques notes rapportées d'Angleterre par M. l'ingénieur Rascol, ainsi que le dessin de la locomotive routière Thompson, communiqué par M. l'ingénieur Piéron.

« Les différents essais, dit M. Rascol, faits jusqu'ici pour employer la locomotive sur les routes ordinaires ont présenté deux inconvénients fort graves que les meilleures machines connues n'ont pas évités : ce sont, d'une part, la détérioration très-rapide qui se produit non-seulement à la surface, mais dans l'intérieur même des chaussées, après un parcours fréquemment répété de ces machines ;

nécessairement fort pesantes, et en second lieu la tacue dislocation de la machine elle-même sous l'influence des secousses incessantes produites pendant une marche plus ou moins rapide sur le sol souvent très-irrégulier des routes. »

Dans le système de locomotive routière que M. W. Thompson, ingénieur civil à Édimbourg, construit depuis environ trois ans, ces deux inconvénients semblent avoir disparu, grâce au procédé suivant : les jantes en fer des roues sont très-larges et recouvertes de forts bandages en caoutchouc vulcanisé d'une épaisseur de 10 à 12 centimètres. De cette façon, les ressorts de suspension qui relient d'ordinaire le châssis des roues au reste de la machine sont inutiles et se trouvent supprimés, chaque point de la surface des jantes formant lui-même un ressort parfaitement flexible et parfaitement élastique.

Avec ce système, rien n'est à craindre pour la destruction des routes, car la machine que le constructeur a pu rendre relativement légère, grâce à la grande adhérence de ses bandages, fait porter son poids sur trois roues semblables à celles dont nous venons de parler. Sous cette pression, chaque roue, à son contact avec le sol, s'aplatit sur une longueur d'environ 0^m,05 et comme le bandage présente à peu près cette même largeur, il en résulte que chacune des roues

Fig. 404.

transmet son poids au sol par une surface d'environ 9 décimètres carrés. Au reste, un des résultats qui ont le plus frappé tous ceux qui ont vu cette machine, c'est la facilité avec laquelle elle se meut dans des terrains impraticables pour toute autre locomotive routière : ainsi, par exemple, les sables du bord de la mer ou encore une terre labourée pendant un jour de pluie. Dans ce dernier cas, nous avons vu la trace des roues indiquée par deux larges rubans unis, mais sans la moindre apparence de dépression ou d'ornière. D'autre part, sur des routes dures, des pavés, des empierrements neufs, les obstacles de la chaussée viennent simplement augmenter la compression du caoutchouc aux environs du point de contact, tandis que l'appareil, dont le centre de gravité n'a pas été soulevé sensiblement, continue sa marche régulière sans secousse et sans bruit.

Cette dernière remarque fait prévoir les bonnes conditions de conservation dans lesquelles se trouvent les différentes pièces du mécanisme ; et l'on comprendra facilement que nous ayons pu y voyager sans être aucunement incommodé, avec des vitesses atteignant 6 milles à l'heure, bien que la machine ne possède aucun ressort de suspension.

En ce qui concerne l'adhérence, l'inventeur avait cru d'abord pouvoir laisser à nu la surface du caoutchouc, et l'expérience lui donna raison dans bien des cas : ainsi nous avons vu une des premières machines construites, pesant 8 tonnes, remonter seule des rampes de $0^m,10$, et des rampes de $0^m,06$ en traînant derrière elle une charge de quatre wagons pleins de houille pesant en tout 32 tonnes. Toutefois dans le Derbyshire, où une de ces machines fonctionne depuis plus de trois ans, les routes, entretenues avec un calcaire argileux qui donne par la pluie une boue grasse et une chaussée très-glissante, ont révélé le manque d'adhérence du caoutchouc, toutes fois que la roideur des pentes venait s'ajouter à des conditions de traction déjà si défavorables. Pour y remédier, M. Thomson recouvrit son bandage d'une sorte de chapelet formé par des palettes d'acier appliquées à plat sur la surface du caoutchouc, de manière à former une série de stries peu saillantes dirigées suivant les génératrices du cylindre. Chaque palette se retourne perpendiculairement à ses deux extrémités de façon à présenter deux oreilles qui en place sont appliquées contre les faces verticales du caoutchouc, et qui servent à la relier aux deux plaques voisines au moyen de petits étriers rappelant la chaîne de Galle. Chacun de ces assemblages, fait à l'aide de petits boulons, peut se démonter facilement, de manière à permettre la pose ou l'enlèvement d'une ou de plusieurs des palettes en cas de réparation ou de rechange.

Quelques mots suffiront maintenant pour achever la description de la machine. Elle est fixée invariablement sur un châssis à trois roues dont deux sont motrices, celle d'avant servant à diriger. Cette roue-guide est gouvernée par le mécanicien, qui règle en même temps la marche à l'aide du levier de la coulisse Stephenson, placé à sa portée. Une chaudière verticale alimente une machine à deux cylindres horizontaux qui actionnent un arbre à deux pignons.

Ces deux derniers engrènent soit directement, soit par l'intermédiaire d'un second arbre à engrenages, avec une roue dentée fixée à chacune des roues motrices de la machine. On peut par ce procédé obtenir un changement de vitesse, lorsque les déclivités de la route font varier l'effort de traction. En outre, comme les roues ne sont pas calées sur l'essieu, et que par suite l'embrayage est distinct pour chacune d'elles, on peut, au moment de mettre en marche, désembrayer une des roues, ce qui l'oblige à l'immobilité et permet par suite de tourner dans un cercle de rayon fort petit. Un chauffeur debout sur une plate-forme à l'arrière est chargé de l'alimentation.

Examinons maintenant les critiques que peut soulever ce système.

La première et la plus grave porte sur la durée problématique de ces bandages en caoutchouc, et pour celle-là malheureusement le temps seul pourra en faire pleine justice. Nous pouvons dire toutefois que M. Thomson les a appliquées pendant plusieurs années à ses voitures particulières ; qu'à la gare d'York certaines voitures de messagerie en sont munies et n'ont pas eu à les renouveler au moins durant ces cinq dernières années; enfin que les premières machines construites fonctionnent continuellement depuis trois ans, soumises à des essais de toute nature et aux épreuves les plus rudes. De ces faits semblerait même résulter cette conclusion assez paradoxale en apparence, que le caoutchouc ne s'use pas à proprement parler d'une façon sensible ; c'est-à-dire que la bande ne diminue pas d'épaisseur; mais après quelque temps de service la surface est parsemée de petites déchirures locales qui sont causées par des obstacles aigus quelconques, et qu'on ressoude facilement à la chaleur.

Une autre objection porte sur la complication du mode de locomotion et sur le travail dépensé par la machine pour comprimer inutilement les bandages. A cela nous répondrons que le caoutchouc rend par son élasticité une partie notable de la force ainsi perdue, qu'en revanche on économise toute celle qui avec les machines ordinaires est employée à briser les pierres du sol et à désorganiser la chaussée, et que du reste c'est à l'expérience à décider si la perte de force, inévitable dans tout phénomène physique de ce genre, n'est pas largement compensée par les avantages procurés à la traction proprement dite.

Cette objection se confond d'ailleurs avec la dernière considération dont il nous reste à parler, à savoir le rendement de la machine et sa dépense en combustible pour un travail donné. Il eût été vivement à désirer que cette locomotive pût être soumise à une série d'expériences analogues à celles que fit faire M. Tresca, sous-directeur du Conservatoire des arts et métiers sur la machine de Lotz et sur celle d'Aveling et Porter. Malheureusement, rien dans ce sens n'a été fait jusqu'ici, et nous devons nous borner à consigner ici quelques résultats donnés par l'emploi industriel de cette machine, résultats qui permettent d'ailleurs d'espérer que la locomotive Thomson peut avantageusement lutter avec ses devancières.

Cette machine est actuellement employée à Java et à Ceylan pour mettre en relation des sucreries avec le port le plus voisin ; nous ne possédons aucun renseignement positif relatif au rendement, mais nous savons que les propriétaires ont eu l'occasion de s'en déclarer satisfaits. La machine qui fonctionne dans le Derbyshire, et dont nous avons eu l'occasion de parler plus haut, n'a pas non plus un service assez régulier pour que nous ayons pu en tirer des résultats d'une valeur scientifique bien concluante. Nous avons été plus heureux sous ce rapport auprès de M. White, d'Aberdeen, qui emploie la locomotive Thomson pour faire un service régulier entre la ville d'Aberdeen et un moulin qu'il possède sur le Dou, à quelque distance de la ville. C'est à son obligeance que nous devons les renseignements suivants :

La machine fait par jour trois voyages (aller et retour), amenant le grain au moulin, rapportant la farine à la ville, et ayant fait à la fin de la journée environ 18 milles (soit en nombre rond 30 kilomètres) sur une route assez inégale, dont un bon tiers présente des pentes atteignant parfois 12 p. 100. Sur ce parcours se trouve la traversée de la ville d'Aberdeen, où le passage s'est effectué jusqu'à ce jour sans causer d'embarras pour la circulation ordinaire. Dans chaque voyage la machine remorque deux wagons pesant ensemble, chargement compris, 10 tonnes, soit un poids utile de 6,500 kilogrammes. La dépense par jour a pu être évaluée ainsi qu'il suit :

Combustible 356 kilog. à 25 francs la tonne. . .	8.90
Graissage et menu entretien..	0.45
Mécanicien et chauffeur.	8.00
Total. . . .	17.35

Ce qui donne environ 0 fr. 09 par tonne kilométrique. M. White estime que, pour effectuer un pareil travail sans le secours de la machine, il faudrait employer dix bons chevaux. On voit par conséquent que tout en ajoutant à ces 17 fr. 35 dont il est parlé plus haut, la somme consacrée à l'amortissement jour par jour du capital de 15,000 francs (prix d'acquisition de la machine), on se trouve encore dans des conditions d'exploitation très-favorables.

En résumé, la locomotive routière de M. Thomson, dont l'emploi présente, au point de vue de la conservation des routes, un avantage marqué sur les machines précédemment connues, nous paraît en outre susceptible d'applications utiles dans les cas ordinaires où l'on peut employer ce genre de moteur, c'est-à-dire principalement pour desservir des établissements industriels qui ne se trouvent pas en relation directe, soit avec un chemin de fer, soit avec une voie navigable. Il serait donc fort à souhaiter que des expériences précises vinssent compléter les renseignements que nous venons de donner sur ce nouveau moteur.

C. — MACHINES LOCOMOBILES.

La locomobile est une machine à vapeur à moyenne, et plus souvent à haute pression, à détente et sans condensation.

Son caractère spécial, indiqué par son nom, est d'être facilement transportable sans qu'il soit nécessaire de la démonter. Elle fonctionne immédiatement, en quelque endroit qu'on l'installe.

Le nom de locomobile s'applique particulièrement aux machines dans lesquelles le cylindre moteur est juxtaposé ou superposé à la chaudière, et qui sont portées sur un train à deux ou à quatre roues ; toute fondation est supprimée.

Nous comprendrons dans la même classe les machines portatives ou demi-fixes, machines de faible volume dont tous les organes sont supportés par un seul bâti, de sorte qu'on peut facilement les transporter d'une seule pièce. Ces machines constituent un véritable meuble que l'on enlève sans peine et que l'on emporte à peu de frais lorsque l'on change de domicile ; — par leurs dimensions réduites et leur prix peu élevé, elles conviennent à toutes les industries moyennes.

La locomobile est d'origine ancienne, mais elle ne s'est répandue que depuis 1850.

Tout le monde la connaît aujourd'hui et l'emploi en est général. — C'est elle qui, dans les campagnes, va de village en village pour battre les récoltes aussitôt la moisson faite, c'est elle que l'on rencontre dans tous les chantiers de construction, où elle s'est substituée à l'homme pour toutes les manœuvres de force, telles que les épuisements, le montage des matériaux, la fabrication des mortiers, les dragages, le battage des pieux, etc. — On la trouve dans les forêts où elle fait mouvoir les scieries mécaniques, qui débitent sur place les arbres abattus. — Quels services ne rend-elle pas? — Une usine vient à chômer par suite d'une avarie survenue à son moteur hydraulique, en quelques heures une locomobile est là pour reprendre le travail et donner aux ouvriers un moyen d'existence ; un charron, un mécanicien de village a besoin de produire accidentellement une grande besogne ; il y arrive sans peine en louant pour quelques jours une locomobile.

C'est donc un engin précieux, dont l'usage se généralise de plus en plus, et qu'on ne tardera point à rencontrer partout, dans la moindre campagne.

Locomobile proprement dite. — La locomobile proprement dite revêt deux formes; la seule rationnelle, c'est ce qu'on appelle la machine rurale de 2 à 10 chevaux; au delà de dix chevaux, on a la machine industrielle, qui est plutôt une machine demi-fixe qu'une locomobile. Sans nier les avantages qu'elle présente, notamment comme machine de secours, nous pensons que l'avenir appartient surtout à la petite locomobile de 6 ou 8 chevaux, qui se prête à peu près à toutes les opérations de l'agriculture, des chantiers de construction et de l'industrie courante.

La locomobile courante doit être légère, afin de passer par tous les chemins et de pouvoir être traînée par un cheval ou deux; généralement elle est montée sur quatre roues, cette disposition est moins dangereuse et donne lieu à moins d'avaries que celle qui consiste à monter la machine sur deux roues. — Si l'on veut que la locomobile puisse être traînée par un cheval, dans un chemin ordinaire, il faut que son poids varie de 1,500 à 2,000 kilogrammes.

La locomobile doit être d'un entretien facile et d'un mécanisme simple ; c'est une condition capitale. Il est permis, dans une machine fixe de premier ordre, de recourir exceptionnellement à des mécanismes délicats, et d'exécuter des tours de force de construction, parce qu'on est forcé de confier la conduite de cette machine à un homme expérimenté, et que du reste les organes de l'appareil fonctionnent toujours dans des conditions normales, à l'abri des intempéries, et généralement à proximité d'un constructeur capable de réparer les avaries les plus sérieuses. — Mais la locomobile est appelée à fonctionner dans les campagnes, loin des grands centres, et à être dirigée pour ainsi dire par le premier venu, qui possédera souvent plus de bonne volonté que de savoir et d'intelligence.

Donc, il faut que l'entretien soit des plus faciles, comme alimentation d'eau notamment et comme graissage ; il faut que toutes les pièces soient d'exécution assez simple pour qu'un forgeron de village puisse les réparer et même les remplacer au besoin ; un ajustage facile et nettement indiqué par des repères est donc indispensable.

Ces conditions capitales doivent être obtenues en même temps que l'on visera à l'économie dans la consommation du combustible, si c'est possible ; mais, il ne faut pas oublier que l'économie dans le combustible est presque toujours un point secondaire pour la locomobile, qui doit brûler toute espèce de combustible et de débris. — Supposez pour une locomobile de six chevaux qui travaille 10 heures dans une journée, un excès de consommation d'un kilogramme par cheval et par heure, c'est 60 kilogrammes de combustible qu'il faut payer en supplément, soit une dépense de 2 ou 3 francs ; elle est insignifiante pour quelques jours de travail, et l'on sera trop heureux de s'assurer contre tout chômage éventuel, grâce à cette faible somme.

Le constructeur doit s'appliquer à n'employer dans la locomobile que les transmissions les plus simples, afin que l'on puisse en un instant atteler au moyen d'une courroie un outil quelconque à la machine.

Presque toujours la locomobile est employée pour un travail essentiellement variable; il est donc nécessaire qu'elle soit munie d'un régulateur à main pour l'admission de la vapeur et d'un appareil à détente variable. L'usage de ces organes doit être nettement indiqué. — Le régulateur automatique est précieux aussi pour régulariser l'allure de la machine.

On doit munir la locomobile de tous les appareils de sûreté que nous avons décrits; ces appareils sont du reste prescrits par les règlements, et ils sont d'autant plus indispensables que l'appareil doit être conduit par des gens peu expérimentés. — C'est au propriétaire qu'il appartient de veiller continuellement au bon fonctionnement des soupapes de sûreté et des indicateurs du niveau de l'eau. — La chaudière étant généralement tubulaire, le constructeur, pour éviter que les tubes ne soient brûlés, doit placer notablement au-dessus d'eux et au-dessus du ciel du foyer, le niveau normal de l'eau dans la chaudière ; celle-ci doit en outre être construite avec soin et formée de tôle de bonne qualité, afin de diminuer les chances d'accidents.

Il est bien évident qu'il faut employer pour les locomobiles les chaudières les plus légères à égalité de surface de chauffe, c'est-à-dire les chaudières tubulaires à flamme directe ou à retour de flamme : ces chaudières ont bien moins de longueur que celles des locomotives. On y emploie des tubes en laiton ou en fer de dimension moyenne, et, lorsqu'on juge que le tirage ne sera pas suffisant, on amène l'échappement de vapeur dans la cheminée. En général, on se sert d'une cheminée rabattante de 3 ou 4 mètres de hauteur, qui, avec du combustible ordinaire, suffirait presque au tirage ; mais, comme l'échappement de vapeur dans la cheminée ne coûte rien, et est plutôt commode que gênant, il vaut mieux l'adopter.

On emploie pour l'alimentation les eaux dont on dispose dans le voisinage ; ces eaux sont bien souvent boueuses ou calcaires et forment dans la chaudière des dépôts considérables. — On a adopté à quelques locomobiles des appareils destinés à recueillir les incrustations, mais c'est une complication de plus, qui ne paraît pas devoir être généralisée. — Il convient seulement de disposer la chaudière et surtout le corps tubulaire de telle sorte que le nettoyage soit toujours rapide et commode ; il ne faut donc pas trop rapprocher les tubes soit des parois, soit des tubes voisins, et il vaut mieux les placer par files verticales qu'en quinconce ; en effet il n'y a point nécessité à développer outre mesure la surface de chauffe.

Les constructeurs doivent encore avoir soin de ménager au foyer une grande surface de grille, plutôt en largeur qu'en profondeur, afin de pouvoir brûler toute espèce de combustible ; la surface de chauffe doit elle-même être plus considérable par cheval que dans une machine fixe (au moins 1 m. 20 par cheval), précisément pour parer à une infériorité accidentelle du combustible.

N'oublions pas la nécessité des enveloppes peu conductrices entourant de toutes parts la chaudière et le cylindre ; la machine fonctionne souvent en plein air et il faut s'opposer aux pertes de calorique. — Il est du reste indispensable d'abriter la machine par un hangar provisoire en planches ou tout au moins par une bâche imperméable, car la pluie peut interrompre le fonctionnement de l'appareil ; en tout cas, elle entraîne une perte considérable de combustible, produit un refroidissement continuel et met rapidement hors d'usage les courroies de la transmission.

L'alimentation des locomobiles se fait au moyen d'une pompe aspirante et foulante que fait jouer la barre d'un excentrique circulaire monté sur l'arbre du volant ; la crépine, ou pomme d'arrosoir, qui termine le tuyau d'aspiration, plonge dans un baquet ; c'est généralement un enfant qui, au moyen d'un seau, entretient le niveau de l'eau dans le baquet. Lorsque l'eau est trouble, il convient de la verser non pas directement dans le baquet, mais dans un panier garni d'un linge fin et placé au-dessus de ce baquet.

Le train qui sert à transporter les locomotives, doit être construit en bois et du genre que produisent tous les charrons de campagne, de telle sorte qu'il soit possible de le réparer en un clin d'œil ; les roues en fer et fonte sont inutiles et même nuisibles, car elles peuvent condamner au chômage.

Certaines locomobiles sont agencées de manière à fonctionner à volonté comme locomotives et à se transporter elles-mêmes avec tout leur attirail d'un endroit à l'autre ; sans doute, ce serait une bonne disposition, si elle pouvait être réalisée très-simplement et à peu de frais ; mais nous ne pensons pas que ce résultat doive être atteint de longtemps.

La figure 6 de la planche XIV représente une locomobile déjà ancienne ; la chaudière est tubulaire et portée sur deux essieux ; l'avant-train est mobile autour d'une cheville ouvrière ; le foyer est à l'arrière des grandes roues et il se développe au-dessous de leur essieu. — Il est toujours convenable de placer le foyer à l'arrière, afin que le mécanicien puisse commencer à préparer le feu, même avant que le cheval soit dételé. — Sous les yeux du mécanicien se trouvent le manomètre, le tube indicateur du niveau de l'eau, la ou plutôt les soupapes de sûreté chargées par un ressort et non par un poids qui oscillerait et se dérangerait souvent, la manivelle qui agit sur la détente variable. — La chaudière tubulaire se termine à l'avant par une boîte à fumée avec une large porte, surmontée d'une cheminée en tôle, laquelle est recouverte d'un pavillon destiné à arrêter les flammèches et à les rejeter vers le bas de la cheminée ; c'est une bonne précaution que d'entourer le chapiteau de la cheminée d'un grillage métallique, ou de lui donner la forme indiquée pour le chapiteau de la locomotive américaine, qui brûle souvent du bois.

Dans l'appareil qui nous occupe, le cylindre est placé dans la boîte à fumée et on voit son contour indiqué par des lignes pointillées : cette disposition qui avait pour but d'empêcher le refroidissement du cylindre en le plaçant au milieu du courant chaud produit par la combustion, n'a pas prévalu ; elle n'est pas commode pour le nettoyage et la manœuvre.

La tige du piston, guidée entre deux glissières horizontales, agit sur une bielle qui actionne l'arbre moteur au moyen d'un coude que cet arbre présente et qui remplace la manivelle ; l'arbre moteur est muni d'un volant et d'une poulie qui reçoit la courroie motrice ; c'est en agissant à bras sur le volant que l'on met la machine en marche et que l'on donne naissance au mouvement du tiroir ; ce mouvement s'entretient tout seul au moyen d'un excentrique circulaire calé sur l'arbre moteur : un autre excentrique circulaire fait mouvoir la petite pompe inclinée dont on voit la crépine plonger dans un baquet. Le régulateur à boules, auquel est transmis le mouvement de l'arbre agit par un système de leviers sur une valve qui étrangle plus ou moins l'admission de la vapeur.

La fig. 3, pl. X représente une véritable locomobile rurale, qui a reçu de nombreuses récompenses à bien des concours ; elle réalise sensiblement toutes les conditions que nous avons indiquées en tête de ce chapitre.

La machine est montée sur deux trains : l'avant-train, à petites roues, est à cheville ouvrière, et l'essieu de l'arrière-train traverse la boîte du foyer qu'on n'a pas voulu mettre en porte à faux, et à laquelle cependant on a conservé une grande dimension verticale. Les roues sont en bois, massives et rustiques.

La chambre du foyer, dont le ciel est couvert sur une épaisseur notable par l'eau de la chaudière, est surmontée d'un dôme au sommet duquel se fait par le tuyau t la prise de vapeur sèche. Sous les yeux du mécanicien se trouvent les soupapes de sûreté S, dont les contre-poids sont maintenus en place par un cran, le manomètre M, l'indicateur du niveau I, la porte du foyer B. Les cendres et escarbilles ne tombent pas directement sur le sol, car elles pourraient amener des incendies puisque la machine est appelée à fonctionner souvent dans les exploitations agricoles ; elles sont recueillies dans une boîte M placée sous la grille et fermée par une porte antérieure à charnières horizontales ; quelquefois même on dispose cette boîte de manière à pouvoir y placer une certaine quantité d'eau qui éteint immédiatement les petits morceaux de charbon.

La vapeur motrice se rend donc par le tube *t* dans le cylindre C, et on en règle l'admission au moyen de la manette K agissant sur le robinet placé à l'origine du tuyau *t*. On voit en D la tige du piston qui, par la bielle E, agit sur un coude de l'arbre horizontal ; celui-ci, d'un côté, porte le volant V et de l'autre la poulie F sur laquelle roule une courroie qui transmet le mouvement à l'outil.

En P est la pompe alimentaire que fait mouvoir la barre d'un excentrique monté sur l'arbre moteur ; cette pompe puise l'eau dans la bâche A, où l'on entretient à peu près un niveau constant.

Au moyen de poulies à gorge et d'une corde, on transmet le mouvement de l'arbre à la poulie G ; celle-ci, par un système de roue d'angles, fait tourner l'arbre vertical du régulateur à boules dont le manchon agit sur le levier H ; le levier H ouvre plus ou moins une valve placée sur le conduit qui amène la vapeur au cylindre.

L'appareil est à détente fixe, on ne voit pas le tiroir qui se trouve derrière le cylindre et qui est mû par un excentrique calé sur l'arbre de couche.

Le mécanisme tout entier, non compris la chaudière, est monté sur une plaque de fonte que l'on voit sur la chaudière. Cette plaque est reliée d'un bout à la chaudière par des boulons ajustés à force dans la boîte à fumée, et de l'autre par un boulon à rainure fixé sur la partie cylindrique de la chaudière. Cette disposition laisse la dilatation de la chaudière parfaitement libre, et le mécanisme ne peut ainsi être forcé.

Aux locomobiles puissantes on donne presque toujours un système simple de détente variable. La détente variable avec coulisse de Stephenson convient bien dans certaines opérations de l'industrie et des travaux publics, parce qu'elle permet de renverser la marche à volonté.

Machines portatives ou demi-fixes. — Les machines portatives ou demi-fixes dont l'emploi se généralise sans cesse sont des machines dont tout le mécanisme repose sur un seul bâti, que l'on boulonne ou que l'on pose simplement sur un massif de fondation. L'engin peut donc se transporter facilement sans qu'il soit besoin de le démonter et de procéder à un nouvel ajustage ; c'est, comme nous l'avons dit plus haut, un véritable meuble que l'industriel change de place à volonté.

Un autre caractère de ces machines c'est d'être à haute pression et à marche rapide, de manière à fournir beaucoup de travail sous un faible volume. Généralement, elles comportent une chaudière perfectionnée, tubulaire ou à circulation, et la machine proprement dite est montée sur la chaudière même.

C'est la disposition de chaudière tubulaire verticale qui semble le plus en faveur pour le moment ; on lui accole ou on lui superpose le cylindre moteur. Si la machine rotative se perfectionnait et se simplifiait, il est probable quelle aurait beaucoup de succès sous la forme de machine portative.

Parmi les machines verticales portatives, la plus répandue est peut-être celle de MM. Hermann-Lachapelle et Ch. Glover, que représente la figure 4, pl. X.

Nous avons choisi le modèle à changement de marche, parce que c'est le plus compliqué, et c'est celui qui serait le plus utile dans les travaux publics. Le modèle ordinaire ne diffère du modèle à changement de marche que par l'absence de la coulisse de Stephenson, que l'on remplace par un système de détente variable.

Le générateur et la machine sont portés par un socle bâti isolateur en fonte, qui se compose :

1° Du socle circulaire A, échancré à l'avant et formant cendrier à l'intérieur ; c'est par l'échancrure qu'on retire les cendres et scories : ce socle supporte la grille du foyer et la chaudière cylindrique à bouilleurs croisés, que nous avons décrite précédemment.

2° De la colonne verticale de droite C qui supporte le cylindre moteur et son attirail ;

3° De la colonne verticale de gauche que le dessin cache à peu près complètement ; cependant on en aperçoit la base et le sommet ; à cette colonne est fixée la pompe alimentaire et son attirail ;

4° De l'entablement E qui réunit les sommets des deux colonnes et qui porte le régulateur ainsi que les paliers de l'arbre horizontal.

Ainsi les deux colonnes verticales sont entretoisées en haut par l'entablement, en bas par le socle. Le générateur repose directement sur le socle et se trouve encadré par les colonnes et l'entablement; rien ne gêne donc les effets de la dilatation, et le mécanisme moteur est absolument isolé du générateur. Les quatre parties du socle bâti isolateur s'emboîtent les unes dans les autres et sont réunies par quatre boulons.

Au sommet de chaque colonne est un palier avec coussinet en bronze; sur les deux paliers repose l'arbre horizontal F portant à droite la manivelle et à gauche le volant avec la poulie motrice ; l'arbre avec sa manivelle est en fer forgé d'une seule pièce.

La colonne de droite porte latéralement le cylindre D ; la tige du piston est guidée par deux glissières verticales, et l'articulation se fait en g avec la bielle à fourchette h, dont la tête est ajustée dans le bouton de la manivelle m.

Le cylindre D est en fonte à double enveloppe de vapeur ; l'échappement se fait dans la double enveloppe et de là la vapeur passe dans un tuyau qui traverse la bâche d'alimentation avant d'aller déboucher dans la cheminée. On a de la sorte l'avantage de la double enveloppe de vapeur sans qu'il en coûte rien, puisque c'est la vapeur d'échappement qui la donne ; la machine fonctionne sans condenseur, mais il est à remarquer que le tuyau d'échappement passe dans la bâche d'alimentation et cède à l'eau y continue une grande partie de sa chaleur. Cependant, comme cette disposition entraîne une certaine complication, on ne l'adopte pas toujours.

Latéralement au cylindre, est la boîte de distribution H qui renferme le tiroir, et où la vapeur arrive de la chaudière par le conduit KK ; ce conduit se termine à la partie supérieure par une partie plus large, qui renferme le papillon sur lequel agissent les leviers du régulateur.

La détente variable et le renversement de marche s'obtiennent au moyen de la coulisse de Stephenson dont on voit en M le levier à main qui parcourt le secteur à encoches ; la coulisse est en I suspendue aux barres des deux excentriques L : la tige du tiroir s'articule avec la tige de l'excentrique par un assemblage à rotule.

Il va sans dire que le cylindre est muni des robinets purgeurs qui lui sont nécessaires.

La colonne de gauche porte la pompe alimentaire P, mue par une barre d'excentrique ; on voit aussi les conduits d'aspiration et d'alimentation qui sont munis de robinets régulateurs.

En avant de l'entablement E et réuni par deux boulons à cet entablement se trouve un cadre elliptique en fonte qui entoure le régulateur à boules ; la rotation de l'arbre F se transmet à l'arbre vertical du régulateur par un engrenage hélicoïde et l'on n'a plus besoin de recourir à des poulies et courroies intermédiaires ; par le levier Q, le manchon agit sur le papillon ou valve enfermé dans le conduit K et rétrécit ou augmente la section d'écoulement de la vapeur suivant que la machine s'emporte ou se ralentit.

Inutile de décrire la chaudière dont la figure montre tous les accessoires : porte du foyer, trou d'homme, manomètre, soupapes de sûreté, indicateurs du niveau de l'eau, et même le timbre placé au-dessus de la porte du foyer.

La figure 5, pl. X, représente un autre type de machine verticale construit par MM. Albaret et Cᵉ ; il est de la force de deux chevaux et demi et fonctionne à détente sans condensation.

Sur un socle en fonte d'une grande stabilité est placée une chaudière tubulaire verticale dont on voit la porte du foyer en A, le trou d'homme en B, une des soupapes de sûreté en C, le manomètre en D, le tube indicateur en E : la boîte à fumée, située à la partie supérieure est fermée par un couvercle à charnière, ce qui permet de visiter facilement le corps tubulaire ; la cheminée est rejetée un peu sur le côté.

La vapeur sèche est prise au sommet de la chaudière par le tube F muni d'un robinet régulateur G et amenée dans la boîte de distribution d'où elle passe dans le cylindre H, qui porte en haut et en bas des robinets purgeurs. La tige du piston s'articule avec la bielle K ; l'articulation est à charnières et la tige du piston est guidée à son sommet par une glissière simple. La bielle agit sur un coude de l'arbre moteur qui porte, à un bout le volant L, et à l'autre la poulie motrice M; il porte en outre deux excentriques circulaires ; la barre N de l'un fait mouvoir le tiroir, et la barre P de l'autre fait mouvoir la pompe alimentaire dont le tuyau d'aspiration avec son robinet régulateur est indiqué par la lettre Q — ce tuyau plonge dans un seau ou dans un baquet. L'échappement de la vapeur se fait par le tuyau R qui se rend dans la cheminée.

Le mécanisme proprement dit est monté sur une plaque verticale de fonte, et la plaque de fonte est fixée à la chaudière par de forts boulons à la partie supérieure près des paliers, à la partie inférieure les boulons sont placés dans des trous ovales et permettent à la dilatation de se produire sans arrachement.

La chaudière et le cylindre sont enveloppés dans des douves en bois cerclées en fer ou en cuivre.

Cet appareil est donc réduit à sa plus simple expression ; il convient bien dans les petites industries.

Les machines verticales portatives jouissent, avons-nous dit, d'une assez grande faveur, elles marchent régulièrement, sont faciles à entretenir et à conduire, peu encombrantes, et peu coûteuses, n'occasionnent aucuns frais de fondation pour ainsi dire, et se transportent fort aisément d'une usine à l'autre. Enfin, elles arrivent à produire une puissance notable sous un faible volume, à condition toutefois que l'on donne au piston une grande vitesse ; il ne faudrait pas aller trop loin dans cette augmentation de la vitesse, car les trépidations ne tarderaient point à disloquer les appareils.

REMARQUES GÉNÉRALES SUR LES MACHINES TERRESTRES.

Nous venons de décrire en détail les machines terrestres de tous genres ; pour donner une idée des tendances actuelles des constructeurs et des industriels, nous ne pouvons mieux faire que de citer ici quelques passages des rapports de MM. Luuyt, ingénieur des mines, Jacqmin et Cheysson, ingénieurs des ponts et chaussées, membres du jury de l'Exposition universelle de 1867 :

« La machine à vapeur, le plus puissant auxiliaire de l'industrie moderne, présente un sujet d'étude aussi intéressant par son importance que par sa variété ; elle se transforme, pour répondre à de nouveaux besoins, pendant que les premiers types employés se perfectionnent en recherchant l'économie du combustible ; enfin les ateliers, plus nombreux et mieux organisés, livrent des machines mieux construites à des prix plus modérés de jour en jour. Après avoir appliqué les machines au puissant outillage des grands ateliers, on leur demande de fournir de faibles forces motrices ; c'est dans cette direction que l'on remarque les plus grandes différences avec les expositions précédentes. De tous côtés, on construit de petites machines d'une installation facile, d'un prix modéré ; l'industrie trouve ainsi, dans l'emploi de la vapeur, un concours dont l'efficacité augmente continuellement. Le trait saillant de la construction actuelle est la généralisation des bons principes et le perfectionnement du travail chez le plus grand nombre des constructeurs, plutôt que l'amélioration des meilleurs types précédemment connus. Cependant, ce serait douter de la faculté de perfectionnement dont l'homme est doué que de ne pas attendre des améliorations nouvelles ; on entrevoit même dans quelle direction elles pourront être réalisées, en étudiant les lois de la transformation de la chaleur en travail mécanique, dont la connaissance a récemment ouvert un champ fécond aux recherches des savants et des constructeurs.

La disposition la plus générale des grandes machines est toujours le cylindre horizontal ; on rencontre de bons types de machines verticales à balancier, mais ils sont toujours d'un établissement plus difficile et plus dispendieux, et on y a rarement recours pour éviter l'usure inégale des cylindres horizontaux, inconvénient dont l'importance avait été autrefois exagérée. On voit aussi des machines inclinées de chaque côté d'un même arbre horizontal, qu'elles conduisent au moyen de deux manivelles à angle droit.

La tendance la plus remarquable est celle de l'emploi des machines à double cylindre du système de Woolf ; on les rencontrait en grand nombre à l'Exposition de 1862 ; aujourd'hui, elles sont encore plus répandues. On ne saurait qu'applaudir à ce caractère ; ce type est celui qui permet l'emploi le plus large de la détente, tout en resserrant la variation de l'effort sur le piston dans des limites beaucoup moins éloignées que dans les machines à un cylindre, au grand avantage de la régularité de la marche, de la légèreté des organes et de la conservation de la machine. C'est une des nombreuses voies que la théorie a ouvertes à la pratique ; elle est suivie avec un grand succès, car elle a donné naissance aux machines qui dépensent le moins de combustible.

La distribution de la vapeur est obtenue par le moyen de tiroirs, les soupapes ne sont qu'une rare exception ; dans les machines de grande dimension, au lieu d'un tiroir unique, on en trouve un à chaque extrémité du cylindre, ce qui rend la construction moins lourde, et diminue l'espace nuisible. Dès que le tiroir a des dimensions un peu considérables, la pression qu'il supporte est très-grande, et la manœuvre devient plus difficile; on a cherché à équilibrer cette pression, et on y est arrivé par plusieurs procédés.

Depuis longtemps on a compris que les pertes de chaleur du cylindre étaient nuisibles, puisqu'elles avaient pour effet de diminuer la pression intérieure, et on a d'abord entouré cet organe de substances peu conductrices. On l'a enveloppé d'une chemise de vapeur renfermée dans un second cylindre extérieur; plusieurs constructeurs ont étendu cette enveloppe au fond et au couvercle du cylindre. Ce n'est que plus tard que la théorie et l'expérience ont démontré que, non-seulement il était utile que le cylindre ne se refroidît pas, mais qu'il était essentiel de le réchauffer, attendu que, sans perte de chaleur extérieure, le seul refroidissement dû à la détente produisait nécessairement la condensation d'une partie de la vapeur. Cette disposition est d'autant plus utile que la détente est plus largement employée, aussi la voit-on appliquée à toutes les machines qui visent à l'économie du combustible.

On a cherché, dans les machines horizontales, à simplifier le bâti et à éviter les difficultés de la pose des pièces, dans les positions relatives qu'elles doivent rigoureusement occuper; c'est ainsi que des glissières cylindriques alésées avec le cylindre ont été substituées aux glissières planes.

L'emploi de l'acier pour les tiges de pistons, les bielles, les glissières, etc., s'étend et arrivera sans doute à être général.

On rencontre quelques exemples de machines rotatives, mais toujours à l'état d'essais; aucune de ces machines n'a encore été admise dans la pratique, malgré les efforts tentés pour combattre les inconvénients qu'elles présentent.

Les machines non fixes sont en très-grand nombre. Elles comprennent trois classes bien distinctes: 1° les machines demi-fixes ou portatives, qui peuvent être transportées avec leurs chaudières et installées partout, sans nécessiter aucune construction spéciale à leur nouvel emplacement; elles jouent le rôle de machines fixes.

2° Les machines locomobiles qui peuvent être employées à la traction d'autres véhicules sur les routes ordinaires; la section de l'agriculture en présente qui réunissent les deux derniers types, c'est-à-dire qui peuvent être employées comme machines de traction; elles peuvent, à ce titre, se mouvoir elles-mêmes, et, une fois en place, elles agissent comme locomobiles.

La première catégorie a pris un développement des plus importants, attendu que ces machines présentent des formes simples, compactes, qu'elles sont d'un entretien facile, et ne nécessitent aucuns frais d'installation; si bien qu'on les prend comme machines fixes ou à demeure pour les forces qui ne dépassent pas 10 à 12 chevaux, les préférant à celles qui demandent des constructions dispendieuses et encombrantes.

Détente. — La détente, par laquelle on fait un usage si économique de la vapeur, est d'un emploi universel. Le système le plus répandu est celui de M. Meyer; il est variable à la main, quelquefois par le régulateur. M. Meyer a perfectionné sa distribution, en augmentant la course des palettes de détente relativement à celle du tiroir principal, et, en donnant à celui-ci une plus grande avance linéaire et angulaire, il obtient une plus grande section ouverte des lumières dans les détentes fortes les plus usitées. De là résulte la possibilité de réduire la section de ces lumières et la course du tiroir, sans diminuer la section du passage de la vapeur à un point donné de la course du piston; d'autre part, la course des palettes de détente étant augmentée ainsi que l'angle de calage de l'excentrique, on obtient une fermeture plus rapide des lumières d'admission. En résumé, ces modifications ont pour but de diminuer le temps pendant lequel la vapeur rencontre des passages insuffisants.

La détente avec tiroirs à cames, comme celle de M. Farcot, se trouve dans plusieurs systèmes. La détente à coulisse de Stephenson est souvent employée sur les machines fixes à cylindres conjugués. M. Damey emploie une coulisse glissant à volonté sur le collier de l'excentrique; elle lui permet de produire une détente variable, et de renverser la marche avec ce seul excentrique. »

Machines Farcot.—MM. Farcot père et fils exposent deux machines accouplées de 80 chevaux chacune. Les cylindres sont horizontaux et parallèles; ces machines, fonctionnant avec une admission d'un quinzième, sont contruites d'une manière remarquable; tous les éléments qui concourent à l'emploi économique de la vapeur sont réunis, et l'ensemble des organes présente un caractère de solidité et d'harmonie des plus satisfaisants. Toutes les machines sortant de ces ateliers sont à détente variable par le régulateur à bras et à bielles croisées; les cylindres sont entourés d'une enveloppe de vapeur, ainsi que les fonds et couvercles, garnis de matières non conductrices et recouverts d'une boiserie. Les glaces des tiroirs sont en fonte de qualité spéciale et rapportée. Les pompes à air sont à double effet.

Parmi les machines de MM. Farcot, on peu citer celles établies sur le quai d'Austerlitz, pour le service hydraulique de la ville de Paris. Ces deux machines, de la force de 100 chevaux, sont du système Woolf, à balancier, mettant chacune en mouvement deux pompes. Elles aspirent l'eau de la Seine et l'envoient aux réservoirs de Ménilmontant à un niveau de 50 ou 60 mètres supérieur, en parcourant une conduite de 5 ou 6 kilomètres. Le travail effectué, mesuré par l'eau élevée, a été obtenu au moyen d'une consommation de moins de 1 kilogramme par cheval et par heure; avec des houilles de qualité inférieure, la consommation reste encore au-dessous de $1^k,200$; si l'on tient compte de la perte de travail de l'appareil élévatoire, il reste pour la machine seule un rendement qui, nous le croyons, n'a pas encore été égalé.

Machine Corliss. — Cette machine, qui appartient aux États-Unis, présente plusieurs point originaux; elle est horizontale et ne touche le massif de fondation que par les points d'appui du cylindre et du palier de l'arbre moteur; une pièce de fonte massive, supportée par le cylindre et par le palier, porte les glissières. Mais la particularité remarquable de cette machine réside dans la distribution qui se fait au moyen de quatre tiroirs; deux à la partie supérieure pour l'admission, réduisant l'espace nuisible à son minimum, deux en bas pour l'échappement. Ces tiroirs sont cylindriques et se meuvent autour de leur axe, ouvrant les lumières d'un mouvement alternatif. Les tiroirs d'admission sont entraînés par une tige liée à l'excentrique, dont la course est constante; mais un ressort les ramène vivement à leur point de départ, dès qu'ils ont rencontré un déclic, dont la position est rendue variable par le régulateur; au retour de la tige de l'excentrique, le tiroir est accroché et entraîné de nouveau. Ce système permet de régler d'avance la détente que l'on veut avoir dans la marche normale, et cette détente augmente ou diminue par le régulateur. Cette machine, construite avec beaucoup de soin présente un spécimen remarquable de l'industrie des États-Unis.

Machine de Hicks (États Unis). — Cette machine à quatre cylindres horizontaux à simple effet, égaux, accouplés et placés en face l'un de l'autre, de chaque côté de l'arbre moteur, sur lesquels ils agissent deux à deux, soit au moyen d'une glissière verticale entraînant le bouton de manivelle, soit au moyen de bielles pour les machines plus fortes. Les deux manivelles sont à angle droit, de sorte que, lorsqu'une paire de pistons est à une extrémité de sa course, l'autre est à moitié. Chacun des cylindres est à simple effet, et n'a de fond que du côté opposé à l'arbre moteur; deux pistons travaillent ainsi alternativement. Chaque piston sert de tiroir au piston voisin et réciproquement; à cet effet, la vapeur entre dans le premier piston par des lumières qui traversent le cylindre, elle y est reçue dans une chambre, d'où elle passe dans le piston contigu au moyen d'une autre lumière alternativement ouverte et fermée par le premier piston comme par un tiroir; la chambre du second piston est ouverte du côté du cylindre; l'espace est occupé par la vapeur qui met le piston en mouvement. Une autre série de passages sert à l'échappement. Les deux chambres pratiquées dans chaque piston pour l'admission de la vapeur et pour son passage étant indépendantes, le même jeu se reproduit du second piston sur le premier; de l'autre côté de l'arbre moteur, les deux autres pistons agissent de même, et ces quatre cylindres donnent le même résultat que deux cylindres à double effet agissant sur des manivelles à angle droit. Les pistons sont de forme cylindrique allongée portant, suivant une génératrice, une fente qui reçoit un coin de serrage; c'est une partie très-délicate de la machine, et il serait intéressant de savoir si on arrive toujours à s'opposer aux pertes de vapeur que doit provoquer un usage prolongé; la détente ne varie pas à volonté, elle est établie une fois pour toutes à la moitié de l'admission.

Les quatre cylindres et le bâti sont coulés d'une seule pièce et alésés deux à deux sur le même axe. L'action étant analogue à celle des machines à fourreau, la partie intermédiaire entre les cylindres se ferme par une plaque qui prévient le refroidissement. Lorsque la machine fonctionne, on ne voit en mouvement que les extrémités de l'arbre sortant de la boîte centrale et portant, l'une la poulie de transmission au régulateur, l'autre le volant servant aussi de poulie de transmission de la force motrice. On peut changer le sens de la marche au moyen d'un simple tiroir qui renverse le sens des passages de vapeur. Ces machines sont à échappement libre, sans condensation. Celles qui sont exposées n'ont pas de pompe alimentaire.

Nous n'avons pas eu de données positives sur la consommation en combustible par unité dynamique, ce qui est de la dernière importance pour juger un système offrant des différences aussi tranchées avec les dispositions usitées.

Sous la réserve de ces observations, on constate que cette machine présente une disposition entièrement originale et d'une remarquable simplicité; pas de tiroir, d'excentrique ni de presse-étoupes; les pièces mobiles sont réduites à leur plus simple expression. Le volume et le poids de la machine sont très-réduits.

Machines motrices. — Le jury de la classe 52 n'a pas eu à constater soit dans les machines motrices, soit dans les appareils générateurs, de progrès saillants. Il n'avait pas, du reste, à en attendre, les exposants qui s'étaient présentés dans la classe 52 étant presque tous des constructeurs éprouvés qui n'auraient pas voulu compromettre le service dont ils se chargeaient par des innovations et des tâtonnements.

Mais si ces machines motrices ne se distinguaient pas par des dispositions nouvelles, plusieurs se recommandaient par des qualités précieuses dont on ne saurait trop apprécier la valeur; nous voulons parler :

De la simplicité de la conception, de la perfection dans l'exécution, de la régularité dans la marche,

Il se fait à cet égard, chez la plupart des constructeurs français, une transformation qui mérite d'être signalée ; on semble reconnaître que le rendement des machines dépend beaucoup plus de la simplicité dans la conception et de la perfection dans l'exécution que de la réalisation d'un certain nombre de dispositions ingénieuses sans doute, mais souvent compliquées, toujours dispendieuses, et absorbant dans leur mécanisme une part d'effet utile appréciable. On rencontre en même temps chez les constructeurs français moins de tendance qu'on n'en avait autrefois à imiter ce qui se faisait dans d'autres pays, et notamment en Angleterre, sans se rendre compte des motifs qui avaient pu guider les constructeurs anglais ; la mode exerce, en effet, son empire sur les machines à vapeur comme sur tant d'autres choses, et l'on changeait souvent sans motifs sérieux une disposition avantageuse et qui avait fait ses preuves.

Les constructeurs français abordent aujourd'hui l'étude de la machine à vapeur d'une manière plus rationnelle et pour ainsi dire plus philosophique ; sans rien négliger des enseignements de l'expérience, ils s'appliquent à faire passer dans le domaine des faits, avec tous les moyens d'exécution dont ils sont en possession aujourd'hui, les grands principes posés par Watt et en dehors desquels il n'a été fait, aucun progrès sérieux. On se préoccupe, en même temps, dans une juste mesure, d'une harmonie dans les formes, à laquelle correspond toujours un progrès dans la qualité ; car on peut affirmer à l'avance qu'une machine de forme disgracieuse présente toujours quelque défaut : tantôt le poids est mal réparti sur les plaques de fondation, tantôt une pièce soumise à un effort déterminé transmet cet effort à une pièce de dimensions plus petites et par conséquent insuffisantes, si la première a été bien calculée. En un mot, partout où l'œil est choqué, l'esprit le plus souvent a quelque chose à reprendre.

Les points sur lesquels les constructeurs français paraissent aujourd'hui complétement d'accord et que nous retrouvons dans presque toutes les machines exposées, sont les suivants :

Enveloppe de vapeur, détente variable, pistons à garnitures métalliques, rapide condensation.

Nous n'insisterons pas sur les avantages théoriques que présente chacune de ces dispositions : nous pouvons dire que ces questions sont complétement résolues en France et que, en ce qui concerne la détente, notamment, on voit fonctionner avec la plus parfaite régularité des machines puissantes, dans lesquelles la vapeur n'est introduite à pleine pression que pendant un vingtième de la course du piston. Aussi nos constructeurs sont-ils arrivés à des chiffres de consommation de combustible beaucoup plus faibles que ceux observés en Angleterre, où l'économie de charbon est moins impérieusement commandée qu'en France.

2ᴱ CLASSE. — MACHINES DE NAVIGATION

Historique. — Les transports par eau ont commencé avec les premiers âges du monde. On eut recours d'abord à des radeaux, puis à des bateaux à fond plat, auxquels on ne tarda point à donner de grandes dimensions, ainsi que le prouve la tradition de l'arche de Noé.

Le déplacement ne s'obtint pendant longtemps que par le vent, le halage et la rame ; quand on se sert des deux premiers moyens, la puissance est en dehors du bâtiment; avec la rame, au contraire, la puissance est obtenue par les efforts moléculaires de l'équipage exerçant une poussée sur les eaux.

Pour faire mouvoir à la rame de vastes bâtiments, il fallut nécessairement recourir à une armée de rameurs; c'est ainsi que les auteurs anciens nous citent comme une merveille la galère de Ptolémée Philopator (200 ans avant Jésus-Christ), longue de 150 mètres, large de 20 mètres et haute de 22 mètres qui parcourait le Nil avec ses 4,000 rameurs et ses 4,000 soldats.

Depuis longtemps, on rechercha les moyens de substituer l'action des animaux à celle des rameurs. Il paraît même qu'à la bataille d'Actium (31 ans av. J.-C), les Romains se servirent de barques appelées liburnes, mues par des roues à palettes auxquelles des bœufs attelés à des manéges transmettaient leur effort.

L'idée de la roue à palettes, quoique fort ancienne, fut longtemps à se propager; on en trouve des descriptions faites en 1472 par Robert Valturius de Rimini, en 1699 par du Quet, dont le projet fut l'objet d'un rapport de l'Académie des sciences, en 1698 par Savery, en 1752 par le comte de Saxe qui mettait en œuvre deux roues à aubes mues par un manége à chevaux placé entre elles deux au milieu du bateau.

En 1737, l'Anglais Jonathan Hull, et en 1755, Gautier, chanoine de Nancy, proposèrent l'emploi de la machine à feu pour donner à un vaisseau une grande vitesse.

Périer, membre de l'Académie des sciences, mort en 1818, paraît être le premier qui ait construit un bateau à vapeur, dont l'expérience fut faite en 1775.

En 1781, le marquis de Jouffroy construisit sur la Saône un bateau à vapeur muni de deux machines agissant sur des sortes de pattes d'oie placées à l'arrière; cette disposition compliquée ne réussit pas.

Passant sous silence plusieurs essais plus ou moins heureux de la fin du dix-huitième et du commencement du dix-neuvième siècle, nous arrivons à ceux de Robert Fulton, qui donna au bateau à vapeur sa véritable forme pratique. Au commencement de 1803, Fulton construisit sur la Seine un bateau qui s'avançait avec une vitesse de 1^m,6 par seconde, et qui, malgré l'avis favorable de la commission des expériences, ne fut pas accueilli par Bonaparte, premier consul ; Fulton, découragé mais soutenu par son compatriote Livingston, passa en Amérique avec une machine à vapeur construite par Watt et Bolton; cette machine fit mouvoir le premier bateau à vapeur d'Amérique qui, en 1807, parcourait l'Hudson entre New-York et Albany, avec une vitesse moyenne de deux lieues à l'heure.

La nouvelle invention, accueillie d'abord par l'incrédulité puis par la faveur du public, ne tarda pas à faire en Amérique les progrès les plus rapides.

En Europe, elle se propagea plus lentement : l'Angleterre commença à construire des bateaux à vapeur vers 1812 et la France vers 1818.

C'est vers 1822 que les bateaux à vapeur commencent à parcourir la mer ; les Anglais font par ce moyen des traversées rapides entre Dublin et Holyhead ; en 1825, un navire mixte, à vapeur et à voiles, fait le voyage de Falmouth à Calcutta. Ce n'est qu'en 1835 que le premier transatlantique à vapeur voyage entre Liverpool et New-York ; en 1840, le service régulier est établi.

En France, le marquis de Jouffroy avait fondé en 1817 une compagnie de transports à vapeur sur la Seine; cette compagnie se ruina. On en vit une autre éclore en 1821, dirigée par les Anglais Napier et Mamby : M. Cavé fournit pour les bateaux à coque en fer des machines oscillantes. C'est vers 1830, que la navigation à vapeur commença à se développer sur la Seine, la Saône et le Rhône ; en 1835, elle prit définitivement son essor et des remorqueurs à vapeur se construisirent dans tous les grands ports.

En 1840, l'Angleterre applique la vapeur à sa marine militaire et transforme ses voiliers en bateaux à vapeur, en même temps qu'elle commence à construire de nouveaux types mieux appropriés au nouveau service qu'on leur demande.

La France suit l'Angleterre dans cette voie.

A cette époque, il faut placer le fait considérable de l'invention de l'hélice qui permet de simplifier les appareils moteurs, et de donner aux navires une puissance et une facilité d'évolution étonnantes.

Depuis 1840, la navigation à vapeur s'est développée de jour en jour; grâce à nos magnifiques steamers, les deux mondes sont réunis et les distances n'existent plus. Les voyages au long cours s'effectuent avec un danger beaucoup moindre ; des quantités considérables de marchandises sont transportées et arrivent à destination pour ainsi dire à heure fixe.

Le navire à voile perd chaque jour de son importance pour le commerce lointain, et ne peut soutenir la lutte avec le navire à vapeur.

Nos fleuves sont sillonnés de bateaux à vapeur qui transportent les marchandises et les voyageurs ; bien qu'il y ait encore beaucoup à faire sur ce point, on reconnaîtra toute l'importance de la navigation fluviale à vapeur, si l'on veut jeter les yeux sur le tableau suivant :

EFFECTIF ET MOUVEMENT DE TRANSPORTS DE LA NAVIGATION A VAPEUR FLUVIALE

(D'APRÈS LE COMPTE RENDU DE L'ADMINISTRATION DES MINES.)

| ANNÉES. | BATEAUX A VAPEUR. | | NOMBRE | POIDS |
	NOMBRE.	TONNEAUX.	DES PASSAGERS.	DES MARCHANDISES.
				Tonnes.
1855	218	45.876	2.477.000	1.755.000
1856	247	49.625	1.801.000	1.714.000
1857	262	51.094	1.735.000	1.675.000
1858	201	31.079	2.064.000	2.295.000
1859	194	33.690	1.851.000	2.616.000
1860	169	30.185	1.748.000	2.630.000
1861	183	32.250	1.850.000	2.933.000
1862	190	35.214	1.707.000	3.035.000
1863	218	38.242	2.858.000	3.096.000
1864	232	38.149	2.944.000	3.053.000
1865	259	36.536	4.041.846	3.172.919
1866	231	32.421	3.555.213	3.474.563
1867	260	35.896	7.735.569	4.455.235
1868	251	30.997	7.861.138	4.633.052

L'étude complète des machines de navigation exigerait de trop longs développements que notre cadre ne comporte pas; c'est du reste, pour ainsi dire, une science spéciale qui a ses ingénieurs et ses constructeurs spéciaux. Si le lecteur veut la posséder à fond, nous l'engageons à prendre pour guide l'excellent traité des appareils à vapeur de navigation rédigé par M. Ledieu, professeur d'hydrographie.

Nous ne nous occuperons ici ni de la forme, ni de la constitution des bâtiments, ni du mode de propulsion (roue à aubes ou hélice); nous nous réserverons de traiter ces questions dans le cours de Travaux maritimes où elles seront beaucoup mieux à leur place, et nous nous contenterons de donner pour le moment quelques notions relatives aux machines motrices proprement dites.

D'abord, nous avons déjà vu ce qui est relatif à la génération de la vapeur; nous savons que l'emploi de l'eau de mer entraîne de grandes sujétions et présente bien des inconvénients. L'emploi des machines à haute pression n'est guère possible avec l'eau de mer, et l'on est forcé de recourir aux machines à basse et-moyenne pression à longue détente et à condensation; nous ne reviendrons pas sur les chaudières marines et nous nous occuperons uniquement des machines motrices.

Remarques sur la puissance des machines marines. — La résistance opposée par la mer à la marche d'un navire est quelque chose d'essentiellement variable suivant les courants, suivant l'état de la mer, la direction des vents et la vitesse du navire. Pour un vaisseau de quelque importance, nous verrons plus tard que cette résistance représente bien vite un travail de plusieurs centaines de chevaux-vapeurs à la seconde.

Il est donc nécessaire de bien préciser la manière dont on mesurera la puissance d'une machine marine, c'est-à-dire la quantité de travail moteur qu'elle est susceptible de fournir à la seconde. Passons rapidement en revue les diverses formules en usage :

1° *Travail sur l'arbre.* — Ce qu'il y a de plus simple, nous l'avons déjà dit, c'est de mesurer le travail disponible sur l'arbre de la machine. On y arrive d'une manière exacte au moyen du frein de Prony et des systèmes analogues ; malheureusement, ils ne sont pas encore assez perfectionnés pour être d'un usage courant, et l'on est forcé la plupart du temps de recourir encore à des formules empiriques :

Ainsi, on calcule la puissance en chevaux-vapeur de 75 kilogrammètres sur l'arbre de couche par la formule :

$$F = \frac{p \times \frac{\pi D^2}{4} \times \frac{2N.C}{60} \times A}{75}$$

dans laquelle p représente la pression effective de la vapeur par centimètre carré du piston, c'est un nombre de kilogrammes égal à la différence entre la pression de la vapeur du générateur et celle du condenseur ou de l'atmosphère ;

D est le diamètre du piston en centimètres, et $\frac{\pi D^2}{4}$ sa surface en centimètres carrés :

N est le nombre de tours de l'arbre à l'arbre à la minute, C la longueur de la course du piston ; à un tour de l'arbre correspond une oscillation double du piston, c'est-à-dire un chemin parcouru égal à 2C ; en une minute, le piston parcourra 2NC et en une seconde $\frac{2NC}{60}$;

A est un coefficient variable, qui exprime le rapport entre le travail disponible sur l'arbre de couche et le travail brut produit par la vapeur sur le piston.

Ce travail brut produit par la vapeur sur le piston est évidemment exprimé en kilogrammètres par les trois premiers termes du numérateur de la fraction F.

Il va sans dire que si la machine est à plusieurs cylindres, il faut, pour avoir le travail total, ajouter les unes aux autres les valeurs de F calculées pour chacun des cylindres.

Il nous reste à déterminer le coefficient de rendement A ; on n'a pas d'expériences précises pour le mesurer exactement, et de plus il est variable quand on passe d'un type de machine à l'autre. Il dépend du reste de la manière dont on mesure la pression p qui pousse le piston.

Le plus souvent on obtient la pression p par le calcul de la manière suivante : on admet que la pleine pression, avant la détente de la vapeur dans le cylindre, est égale à celle qu'indique le manomètre de la chaudière ; comme on connaît en outre la fraction de détente, il est facile de calculer la pression moyenne qui agit en arrière du piston. — Quant à la contre-pression, on la prend égale à celle qui correspond à la température de l'eau du condenseur. De ces deux nombres on déduit la pression effective p.

Lorsque le nombre p de kilogrammes est ainsi obtenu, il faut prendre pour valeur du coefficient A, qui exprime le rendement, le nombre 0,50.

Mais il saute aux yeux que cette manière d'évaluer p, quoique très-commode, est absolument inexacte ; car, d'une part, la vapeur perd beaucoup de sa pression en passant du générateur dans le cylindre, et, d'autre part, la contre-pression au condenseur est toujours supérieure à la tension maxima de la vapeur à la température de l'eau du condenseur.

Ces deux causes concourent à amoindrir la valeur de p ; la seule manière de la trouver exactement, c'est de mesurer la pression moyenne de chaque côté du piston au moyen de l'indicateur de Watt. On déduit alors d'une manière certaine la valeur de p.

Comme cette valeur est inférieure à celle que nous trouvions dans le cas précédent, il est nécessaire que la nouvelle valeur du coefficient A soit plus grande, afin que par les deux méthodes on arrive à des résultats sensiblement comparables. L'expérience a indiqué que, lorsqu'on déterminait p par l'indicateur de Watt, il fallait prendre pour A le nombre 0,8.

Dans ce cas, le rendement est les huit dixièmes du travail produit par la vapeur sur le piston ; il y a deux dixièmes d'absorbés par la manœuvre des tiroirs, pompes alimentaires, régulateurs.

Il est évident que les coefficients précédents sont des moyennes, donnant dans la pratique, des résultats suffisants ; pour rester dans la vérité, il faudrait avoir un coefficient spécial non-seulement pour chaque machine, mais encore pour chaque allure d'une même machine.

2° *Travail brut sur les pistons.* — En présence de l'incertitude qui règne sur la valeur du coefficient A, les ingénieurs français et anglais ont pris l'habitude de ne prendre pour terme de comparaison que le travail brut produit par la vapeur sur le piston.

Le travail brut en chevaux-vapeur de 75 kilogrammètres s'obtient évidemment par la formule donnée plus haut, dans laquelle on supprime le coefficient A ; on détermine alors la pression p exclusivement au moyen de l'indicateur de Watt.

On a de la sorte quelque chose de bien précis, qu'on appelle la puissance indiquée de la machine, ou *horse indicated power.*

3° *Force nominale des machines par la formule de Watt ou du gouvernement.* — La formule de Watt est absolument empirique. Voici, d'après M. Ledieu, comment il l'a établie :

Dans les machines qu'il construisait, la pression absolue au manomètre de la chaudière était 1,2 atmosphère, et la pression initiale dans le cylindre un peu moindre qu'une atmosphère ; la détente fixe commençait au 0,87 de la course, et l'effort moyen sur le piston par l'indicateur était de 8,5 livres anglaises par pouce carré.

Pour tenir compte des résistances secondaires, Watt admit que l'effort moyen précédent était réduit à 7 livres par pouce carré, il multiplia cet effort par la section du piston et sa vitesse, et il obtint une expression de travail que l'on désigne sous le nom de puissance nominale.

La formule de la puissance nominale, traduite en mesures françaises, devient :

$$F = \frac{2.D^2.C.N}{0,59},$$

dans laquelle D est le diamètre, C, la course du piston, N, le nombre de tours à la minute : le coefficient 2 du numérateur tient à ce qu'il y a presque toujours deux cylindres conjugués ; ce coefficient est égal au nombre des cylindres.

« Relativement à la puissance développée dans les cylindres, dit M. de Fréminville dans son rapport sur la marine commerciale à l'Exposition de 1867, on a pris l'habitude d'exprimer le résultat obtenu en la comparant à la puissance nominale, et une machine est réputée d'autant meilleure qu'elle réalise un plus grand nombre de fois cette puissance nominale. Ces comparaisons sont usitées en France et en Angleterre, et comme on est tout naturellement conduit à rapprocher les résultats obtenus dans les deux pays, il importe d'être bien fixé sur les points de départ, qui, n'étant pas les mêmes, pourraient donner lieu à des confusions fâcheuses.

La puissance nominale, d'après la règle anglaise, a pour expression le produit de la pression par unité de surface exercée sur le piston, multipliée par la surface de ce piston, multipliée encore par la vitesse de cet organe et divisée par 33,000. Dans cette expression, on prend invariablement, pour pression dans les cylindres, la pression de régime des machines de Watt, c'est-à-dire 7 livres par pouce carré; quant à la vitesse du piston, elle est prise arbitrairement, d'après des conditions débattues entre le fournisseur et la partie prenante, mais toujours de beaucoup inférieure à celle qui résulterait de l'allure ordinaire de la machine. L'expression française de la puissance nominale est donnée par une formule algébrique qui n'est que la traduction de l'expression anglaise, en admettant implicitement que la pression utile dans les cylindres soit égale à 7 livres, mais en laissant à la vitesse du piston sa valeur réelle; dès lors on voit comment des machines identiques paraîtront donner, dans les deux pays, des résultats très-différents; ainsi, par exemple, les machines de M. Penn, qui figurent à l'exposition, sont d'après la règle anglaise, de 350 chevaux; or le diamètre effectif étant de 1 m. 60, leur course de 0, 915, et le nombre de tours normaux de 90 par minute, leur puissance nominale, d'après la formule française

$$2 \times \frac{D^2 C N}{0.59}, \text{ serait}: 2 \times \frac{(1.60)^2 \times 0.915 \times 90}{0.59} = 712 \text{ chevaux.}$$

et en admettant que la puissance indiquée soit, comme on l'affirme, de 2,100 chevaux de 75 kilogrammètres, on voit qu'elle réaliserait *six fois* la puissance nominale évaluée par la méthode anglaise, tandis qu'elle ne donnerait que *trois fois* cette puissance calculée par la méthode française. Ce mode de comparaison est donc essentiellement vicieux lorsqu'il est transporté d'un pays à l'autre, et, pour le rendre admissible, il faudrait avant tout qu'il y eût entente sur une définition commune de la puissance nominale.

De la considération de la puissance nominale, on a déduit celle du cheval nominal sur l'arbre ou sur le piston.

Connaissant la puissance nominale de la machine, et la puissance sur l'arbre, le tout en chevaux de 75 kilogrammètres, on sait combien la première est contenue de fois dans la seconde; c'est le produit de ce nombre de fois par 75 qui donne en kilogrammètres la valeur du cheval nominal sur l'arbre.

On obtiendra de même la valeur du cheval nominal sur le piston.

La valeur du cheval nominal est donc essentiellement variable; c'est ainsi que cette valeur du cheval nominal sur les pistons, égale du temps de Watt à 75 kilogrammètres, s'est élevée successivement à 180, 200, 225, 250, 280 et même 300 kilogrammètres dans les machines récentes. Ce dernier nombre paraît même devoir être bientôt surpassé.

Nous n'insisterons point davantage sur cette intéressante question de la puissance des machines marines; les explications précédentes étaient indispensables afin que le lecteur pût comprendre tous les ouvrages relatifs aux machines marines.

Nous allons maintenant passer rapidement en revue les diverses espèces de ces machines.

CLASSIFICATION DES MACHINES MARINES.

L'emploi de l'eau de mer à l'alimentation des générateurs empêche, avons-nous dit, de recourir aux hautes pressions dans les machines marines; pour obtenir une puissance considérable, il faut donc donner aux cylindres, aux pistons et à la transmission, des dimensions énormes ; ces dimensions, à leur tour, s'opposent à l'usage des vitesses rapides, à ce point qu'on est forcé, dans certains cas, de recourir à des engrenages pour donner aux arbres d'hélice une allure convenable. Et l'on arrive ainsi à placer sur les grands bâtiments des machines qui sont de véritables monuments, qui occupent malheureusement un grand espace et qui réduisent dans de grandes proportions la capacité utile pour le transport des marchandises.

Jusqu'en 1843, on n'employa que les machines à basse pression, dans lesquelles la tension au générateur ne dépasse pas 1 atmosphère $\frac{1}{2}$; à l'origine elle n'était presque que d'une atmosphère dans le cylindre ; ces machines fonctionnent évidemment avec condensation et la détente peut leur être appliquée. — Elles ont les avantages suivants : plus de facilité d'exécution, moins de gravité dans les accidents ; moins de fuites de vapeur, puisque la différence entre les pressions interne et externe, est insignifiante, pas de dépôts salins dans les chaudières, conduite et surveillance faciles. — Mais elles ont l'immense inconvénient de leur grand volume, de leur massivité, de leur prix élevé, de la faible vitesse qu'elles sont susceptibles de prendre. Enfin, elles exigent de vastes condenseurs, coûteux et encombrants, qui fournissent il est vrai de l'eau chaude pour l'alimentation ; mais, c'est là un avantage secondaire du condenseur, on l'emploie surtout parce qu'il réduit la contre-pression à des proportions minimes.

On ne tarda pas à employer les machines à moyenne pression, dans lesquelles la tension de la vapeur dans la chaudière ne dépasse pas 3 almosphères ; elles fonctionnent à détente et avec condensation. — L'emploi du condenseur y est encore fort avantageux, puisqu'il augmente la pression effective de près d'une atmosphère, c'est-à-dire que cette pression se trouve doublée ou augmentée de moitié suivant que la vapeur motrice est à deux ou à trois atmosphères. — Dans les machines à moyenne pression on n'évite pas absolument les dépôts salins, mais on arrive à s'en débarrasser assez facilement et à peu de frais. — Jusqu'à ces derniers temps, ces machines ont été les plus avantageuses ; avec elles, on réalisait autant que possible l'économie de matière et d'emplacement.

Mais, depuis quelques années, on se préoccupe avec raison de la possibilité d'appliquer les hautes pressions aux machines marines. — Elles sont à haute pression lorsque la tension de la vapeur dans le générateur dépasse 3 almosphères ; l'emploi en est devenu possible depuis l'introduction des condenseurs à surface, qui dépouillent de ses sels l'eau d'alimentation. — Mais, si l'on est forcé d'avoir un condenseur avec une machine à haute pression et surtout un condenseur à surfaces, on perd une partie des avantages de la haute pression :

celle-ci, en effet, dispense en général de l'emploi du condenseur, parce qu'avec l'échappement à l'air libre, on ne perd qu'une petite fraction de la puissance, et que d'un autre côté on se débarrasse de la manœuvre des pompes à air. — Les machines sans condensation sont peu encombrantes : leur poids et leur prix se trouvent en outre notablement réduits; le fonctionnement est plus simple, et il est possible d'imprimer à l'arbre de couche une grande vitesse, même avec une transmission directe. Seulement si on alimente à l'eau de mer et sans condenseur à surface, il se forme dans le générateur des dépôts énormes qui exigent de fréquents nettoyages. — La haute pression sans condensation n'est donc applicable qu'aux navires qui doivent exécuter près des côtes de petites excursions à grande vitesse; tels sont certains remorqueurs et les canonnières.

Malgré ses grands avantages, l'emploi de la haute pression n'est encore qu'exceptionnel pour les voyages au long cours, car il entraîne avec lui une dépense plus considérable de combustible et d'entretien, il force à de fréquents nettoyages, et la présence forcée du condenseur à surface empêche de réaliser de grandes économies sur l'espace occupé par la machine.

Il va sans dire que, pour la navigation fluviale qui permet l'alimentation à l'eau douce, la haute pression doit être d'un usage général; les grands steamers qui sillonnent les fleuves de l'Amérique marchent sous des pressions qui atteignent dix atmosphères.

Les machines marines étant ainsi distinguées au point de vue de la pression, on les classe encore en machines à roues et machines à hélices; mais la distinction n'est pas absolue, car certains types peuvent conduire aussi bien des roues que des hélices; la différence est surtout dans la vitesse à donner à l'arbre de couche. Avec des roues, la vitesse est modérée et l'arbre est placé transversalement au bateau; au contraire, avec l'hélice, la vitesse est en général beaucoup plus grande, l'arbre est placé suivant la longueur de la quille, et la machine est alors à engrenage ou à connexion directe.

Pour passer en revue les diverses machines marines, nous suivrons la classification ordinaire qui prend pour base le mode de transmission.

Classification des machines marines d'après le mode de transmission. Suivant le mode de transmission on distingue les machines marines en cinq classes, qui se subdivisent en variétés, qui se subdivisent en types. Nous ne nous occuperons que des cinq classes, qui sont :

1° Machines à balancier.
2° Machines oscillantes.
3° Machines à bielle directe.
4° Machines à bielle en retour ou renversée.
5° Machines à fourreau.

Accouplement de cylindres. On n'emploie pour ainsi dire jamais un seul cylindre et un seul piston pour faire mouvoir l'arbre d'un navire. On ne trouve des exemples d'un seul cylindre que dans quelques canonnières, quelques navires d'eau douce et quelques steamers américains. Mais dans presque toutes les machines, on trouve au moins deux cylindres, quelquefois trois et même quatre.

La nécessité de deux cylindres se comprend facilement, si l'on remarque qu'avec un seul cylindre la manivelle aurait de la peine à passer les points morts, et la mise en marche deviendrait fort difficile; en outre, les efforts transmis à l'arbre varieraient dans de grandes limites, ce qui est toujours une cause de chocs et de pertes de force vive, ou bien il faudrait recourir à des volants énormes qui

seraient d'une installation fort difficile et produiraient une grande surcharge.
Avec deux bielles motrices, calées à 90°, on régularise le mouvement en réduisant les écarts de l'effort moteur, comme nous l'avons montré par le calcul à la page 579 du cours de machines ; on se passe de volant, on équilibre facilement l'appareil puisqu'on peut placer chaque cylindre symétriquement par rapport à un plan principal du bateau, on réduit les dimensions des cylindres qui seraient trop volumineux et trop difficiles à installer solidement, on se met à l'abri des chômages forcés qui pourraient suivre une avarie survenue à un seul cylindre ; en cas d'accident à un des cylindres, son conjugué suffit à manœuvrer le bâtiment ; on peut même, si l'on veut, ne faire fonctionner qu'un des pistons si l'on trouve qu'il suffit à la marche.

D'un autre côté cependant, il ne faudrait pas multiplier outre mesure le nombre des cylindres, car on entrerait dans une grande complication. Dans les machines ordinaires, on ne trouve donc que deux cylindres ; dans ces derniers temps, pour employer la détente de Woolf, on a eu recours à trois et à quatre cylindres ; avec trois cylindres les manivelles sont calées à 120° l'une de l'autre sur l'arbre de couche, avec quatre cylindres elles sont calées à 90°.

Suivant qu'il s'agit d'une machine à roues ou d'une machine à hélice, l'arbre est, avons-nous dit, normal ou parallèle à la quille ; l'axe d'un cylindre moteur est toujours normal à l'arbre qu'il actionne ; donc, les axes des deux cylindres conjugués sont dans un plan normal à l'arbre de couche, c'est-à-dire qu'ils se trouvent dans un plan passant par la quille ou dans un plan perpendiculaire, suivant qu'il s'agit de navires à roues ou de navires à hélice.

1° *Machines à balancier.* Nous connaissons la machine terrestre à balancier supérieur ; d'un côté du balancier est le cylindre avec sa tige verticale réunie à l'extrémité du balancier par un parallélogramme de Watt ; à l'autre extrémité du balancier s'articule une bielle qui actionne la manivelle de l'arbre de couche.

Cette combinaison a été adoptée sur quelques navires, notamment pour la navigation fluviale ou lacustre, lorsqu'on n'a à craindre ni les vagues ni le vent ; elle est assez difficile à réaliser avec les machines à roues, parce que l'arbre de couche est nécessairement au-dessus de la ligne de flottaison, et si l'on veut donner à sa manivelle et à sa bielle des dimensions et des angles d'accouplement convenables, il faut élever le balancier à une grande hauteur au-dessus du pont. C'est ainsi que sur certains bacs à vapeur de la marine, on aperçoit un énorme balancier à six mètres au-dessus du pont ; cette disposition, dit M. l'ingénieur en chef Malézieux dans son dernier rapport de mission, contribue à donner aux steamboats américains un aspect tout à fait insolite. La machine à balancier s'équilibre parfaitement et fonctionne avec une régularité parfaite ; mais elle est lourde et encombrante.

Lorsque le balancier est au-dessus du cylindre, le centre de gravité de la machine est beaucoup trop élevé, la stabilité est compromise, le bâtiment ne peut naviguer qu'en eau calme ; cette disposition ne conviendrait du reste jamais à un bâtiment de guerre, les organes essentiels de la machine doivent s'y trouver en dessous de la flottaison à l'abri des boulets.

On a remédié aux inconvénients de la machine à balancier en en conservant les avantages au moyen de l'adoption d'un balancier inférieur.

La figure 405 représente alors la machine à balancier : le cylindre est en C et on l'a supposé déchiré sur une certaine hauteur pour laisser voir le piston P ; ses oscillations sont transmises au balancier K par le parallélogramme pour bateaux *kg* dont le centre fixe d'oscillation est en G ; si l'on fait l'étude de ce genre de parallélogramme, on reconnaîtra qu'il jouit des propriétés que nous avons reconnues dans le parallélogramme articulé de Watt. Les tourillons A′ du balancier K sont souvent engagés dans les parois verticales du condenseur C. La tige T

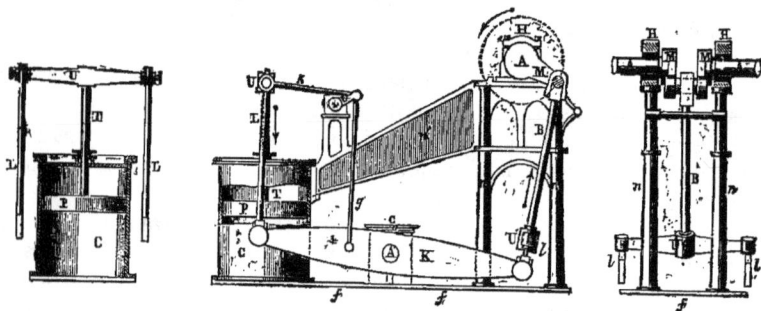

Fig. 405.

du piston s'assemble au milieu d'un joug horizontal U ou grand *té*, qui porte les deux bielles pendantes L, lesquelles agissent chacune à l'extrémité d'un balancier spécial; la machine est donc encadrée entre ses deux balanciers.

A la seconde extrémité des balanciers se trouvent les bielles courtes *l*, assemblées aussi à un joug horizontal U′, représentant le T renversé; ce joug est assemblé en son milieu avec la bielle motrice ou grande bielle B, qui agit sur la manivelle M calée sur l'arbre de couche A. Cet arbre de couche est porté sur deux paliers H que soutient un bâti de quatre colonnes en fonte *n*; la rigidité de l'ensemble est complétée par le trapèze en fonte *n′* et par la plaque de fondation *f*.

Théoriquement, la machine à balancier peut s'appliquer aussi bien aux roues qu'à l'hélice; mais il est difficile de lui faire actionner directement une hélice, car une machine à balancier fonctionne mal à grande vitesse.

Dans la machine que nous venons de décrire, le balancier constitue un levier du premier genre; on lui a quelquefois donné la forme d'un levier du second genre, c'est-à-dire qu'on a placé à un des bouts les tourillons fixes A′ et la grande bielle s'est articulée entre les deux tourillons A′ et le grand *té*; cette forme irrationnelle a du reste disparu.

2° *Machines oscillantes*. Nous connaissons la machine oscillante terrestre; la machine oscillante marine n'en diffère pas comme principe. Le cylindre est monté vers son milieu sur deux tourillons de gros diamètre; ces tourillons sont creux, l'un sert à l'introduction et l'autre à l'émission de la vapeur. La tige du piston actionne directement la manivelle motrice, sans qu'il soit besoin de recourir à l'intermédiaire d'une bielle.

C'est un avantage sérieux qui permet de condenser la machine et de lui faire occuper relativement peu de place.

Les oscillations du cylindre sont toujours d'égale amplitude de chaque côté de l'arbre de couche; si l'on considère la position moyenne de l'axe du cylindre, elle rencontre l'arbre de couche, et c'est suivant la direction de cet axe dans sa position moyenne que l'on distingue les machines oscillantes.

1° La plus employée est la machine oscillante verticale droite; la figure 7 de la planche XIV représente deux de ces machines verticales actionnant un arbre à roue; l'un des cylindres est vu en coupe et l'autre en élévation; entre les deux est placé le condenseur. La vapeur est admise par les tourillons extérieurs, au moyen de tuyaux fixes non reliés aux tourillons creux ; ceux-ci oscillent librement en glissant sur les tuyaux. La distribution se fait au moyen de tiroirs fixes mus par des excentriques circulaires.

On construit encore les machines oscillantes suivantes, dont le nom suffit à indiquer la disposition :

2° Machine oscillante verticale renversée ou à pilon, qui convient pour les machines à hélices de petite dimension.

3° Machine oscillante inclinée droite ; on voit deux de ces machines accouplées sur le même arbre et représentées par la figure 8 de la planche XIV ; le condenseur est placé entre elles ; l'hélice est actionnée par un engrenage ;

4° Machine oscillante inclinée, renversée, position symétrique de la précédente ;

5° Machine oscillante horizontontale ; elle convient aux arbres à hélice, et les cylindres sont placés juste au niveau de l'arbre, symétriquement de chaque côté.

Le plus grand avantage des machines oscillantes est leur forme ramassée ; elles coûtent moins cher et sont d'une installation facile. Les déformations de la coque sur laquelle repose le bâti sont moins à craindre que dans les autres systèmes, précisément à cause de l'assemblage du système et du peu de place qu'il occupe.

Mais ce n'est point impunément que l'on imprime à des masses énormes des oscillations rapides ; il se produit toujours des vibrations funestes, et, pour les atténuer, il faut réduire l'amplitude des oscillations, ce qui conduit à laisser à la tige du piston une assez grande longueur, et ce qui diminue un peu le principal avantage de la machine. Il arrive souvent que les tourillons s'usent sous l'influence du frottement continu et que les presses-étoupes de la tige du piston s'ovalisent.

Cependant, avec une vitesse modérée, les inconvénients ne sont pas trop grands, et la machine oscillante fournit un bon service.

Au point de vue de la direction de l'axe, on remarquera que :

1° Les machines verticales occupent peu de place et peuvent se loger soit au-dessous d'un arbre à roues, soit au-dessus d'un arbre à hélice. Mais le poids de l'appareil est transmis à une faible portion de la coque, ce qui favorise les déformations ; cependant, on peut trouver moyen de le répartir sur une grande surface. En outre les machines verticales élèvent le centre de gravité du mécanisme ; elles nuisent à la stabilité et ne sauraient convenir aux bâtiments de guerre, car la machine doit s'y trouver tout entière au-dessous de la flottaison afin d'échapper aux boulets. Dans les machines verticales, le poids du piston s'ajoute à la force motrice ou s'en retranche suivant qu'il descend ou qu'il monte ; il en résulte des irrégularités dans la rotation et par suite des pertes de force vive.

La forme dite à pilon ou à cylindre renversé n'est pas favorable au graissage ; mais elle est commode pour faire mouvoir les arbres à hélice, et le cylindre, placé au-dessus des générateurs, est moins engorgé d'eau ; mais il est évident que cette disposition est encore plus contraire à la stabilité que la position verticale droite.

2° Les machines horizontales assurent la stabilité, et conviennent aux navires de guerre ; elles commandent facilement les arbres d'hélice. Mais elles occupent une grande étendue en plan et par suite sont plus affectées que les autres par les déformations de la coque. Lorsqu'elles atteignent de grandes dimensions, il arrive que le piston et sa tige ovalisent à la longue le cylindre et les presse-étoupes ; cet effet, redouté à tort dans les machines terrestres, est sensible pour les machines marines.

5° Les machines inclinées participent aux avantages des deux précédentes ; comme toutes les solutions moyennes, ce sont elles qui presque toujours conviennent le mieux ; elles n'occupent qu'une place réduite, se placent où l'on veut, et actionnent directement un arbre à roues ou un arbre à hélice situé à une hauteur quelconque, ce qu'on ne peut pas faire avec les machines horizontales.

Les remarques précédentes au sujet de la direction de l'axe du cylindre sont générales et s'appliquent à toutes les classes de machines.

3° *Machines à bielle directe.* Les machines à bielle directe sont du genre de celles que l'on rencontre partout dans l'industrie ; on trouve à la suite de la tige du piston une bielle, puis une manivelle calée sur l'arbre de couche.

La figure 406 représente une machine horizontale à bielle directe. L'appareil est supporté par la plaque de fondation *f* et le bâti *nn* : on voit en C le cylindre, en P le piston, dont la tige T est assemblée avec le joug U ; ce joug s'appelle le grand *té* et porte par les glissoirs ou coulisseaux *g* sur les glissières ou guides G. La bielle à fourchette B, articulée sur le grand *té* de part et d'autre de la tige du piston, actionne la manivelle double M ; cette manivelle est forgée avec l'arbre A dont on voit les paliers en H sur les deux faces des bâtis.

Suivant la direction de l'axe du cylindre, on distingue les machines à bielle directe en : 1° horizontales ; 2° verticales droites ; 3° verticales renversées ou à pilon ; 4° inclinées droites ; 5° inclinées renversées.

La figure 11 de la planche XIV représente une machine à deux cylindres accouplés à bielle directe inclinée renversée.

Les machines à bielle directe sont excellentes comme transmissions de mouvement et se prêtent bien à des vitesses rapides ; mais elles sont assez délicates,

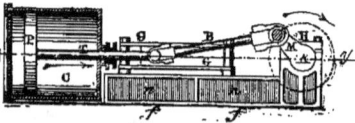

Fig. 406.

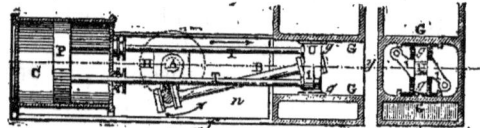

Fig. 407.

car il faut que les glissières soient absolument immobiles : on est forcé de rectifier de temps en temps leur position, lorsque la coque se déforme même d'une petite quantité.

4° *Machines à bielle en retour.* — Les machines à bielle en retour sont d'une forme que nous n'avons pas encore rencontrée. La figure 407 représente une coupe verticale et au-dessous une coupe horizontale d'une machine horizontale à bielle en retour.

Dans le cylindre C se meut le piston P qui porte deux tiges T situées, l'une en haut et sur la gauche de l'axe du cylindre en regardant l'arbre de couche, l'autre en bas et sur la droite de l'axe du cylindre. A leur extrémité, les tiges s'assemblent sur les oreilles 1, 1, de la grande traverse U ; cette grande traverse porte deux coulisseaux *g*, guidés entre les glissières G ; en son milieu, la traverse porte le tourillou de la bielle B qui est comprise entre les plans verticaux des deux tiges du piston ; la bielle agit sur la manivelle M, calée sur l'arbre A qui est situé au milieu de la hauteur qui sépare les plans horizontaux des deux tiges du piston. L'arbre repose par les paliers H, sur les faces latérales *n* du bâti et de la fondation *f*. La coupe transversale supérieure montre la grande traverse vue de face et la coupe inférieure est une vue du couvercle du cylindre, vue sur laquelle on se rend bien compte de la position des tiges du piston et de la manivelle.

On distingue les machines à bielle en retour en : 1° horizontales, 2° verticales droites ou en clocher, et 3° verticales renversées ou à pilon.

La figure 9 de la planche XIV représente une machine à bielle en retour verticale renversée.

Ces machines sont assez compliquées d'exécution, mais elles ont outre l'avantage d'une bonne transmission et d'une grande vitesse que présentent les machines à bielle directe, l'avantage de pouvoir se concentrer dans un petit espace, bien que l'on conserve aux bielles toute la longueur désirable. Aussi, le type de machine horizontale à bielle en retour jouit-il d'une grande faveur ; il convient tout spécialement aux navires de guerre à hélice.

5° *Machines à fourreau*. — Pour clore la série, nous parlerons enfin des machines à fourreau ou machines de Penn, très-usitées en Angleterre et accueillies en France avec moins de faveur.

Le cylindre C est de grand diamètre relativement à sa longueur; celui que nous représentons a 1 mètre de longueur pour $2^m.50$ de diamètre ; la tige du piston PP est remplacée par un cylindre creux ou fourreau F, d'un mètre de diamètre. Ce fourreau est ouvert aux deux bouts et traverse dans des presse-étou-

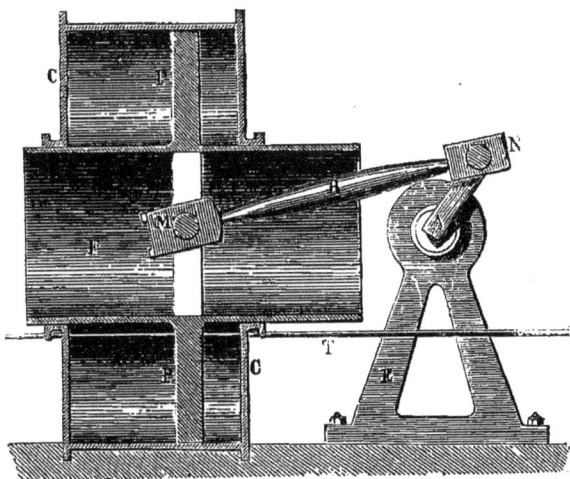

Fig. 408.

pes le fond et le couvercle du cylindre ; c'est en somme une tige de piston d'un grand diamètre. La portion du piston sur laquelle s'exerce la pression de la vapeur est une surface annulaire dont la hauteur est la différence entre le rayon du cylindre et le rayon du fourreau. Au milieu du fourreau est le tourillon M sur lequel s'assemble la bielle B qui actionne la manivelle N de l'arbre A. Il va sans dire que le rayon de la bielle doit être assez petit pour que, dans ses oscillations, la bielle B ne touche point les parois du fourreau. La longueur de la bielle est de trois fois à trois fois et demie celle de la manivelle. Le tiroir est placé sur le flanc du cylindre et ne présente rien de particulier ; on voit en T la tige de la pompe à air qui est fixée au piston et qui traverse dans des stuffing-box le fond et le couvercle du cylindre ; elle est ainsi parfaitement guidée.

Le fourreau est prolongé des deux côtés du piston ; il traverse également le fond et le couvercle du cylindre ; cette disposition est nécessaire pour que le fourreau et le piston soient parfaitement guidés. C'est une pratique vicieuse que celle adoptée par certains constructeurs qui se contentent d'un demi-fourreau. Il est à remarquer encore que la bielle transmet au fourreau des réactions obliques, et que par suite les presse-étoupe du fourreau doivent être particulièrement soignés, si l'on veut éviter les fuites de vapeur ; l'emploi du caoutchouc a facilité la confection de ces joints.

On distingue diverses variétés de machines à fourreau, savoir : 1° les machines horizontales ; 2° verticales droites ; 3° verticales renversées ou à pilon (très-rares) ; 4° inclinées droites ; 5° inclinées renversées.

La figure 10 de la planche XIV représente une machine horizontale à fourreau ; le piston et la bielle sont indiqués par des lignes ponctuées ; à droite de l'arbre est le condenseur avec sa bâche, posé de manière à équilibrer le cylindre ; on voit entre le cylindre et le condenseur le vaste tuyau d'échappement.

Les machines à fourreau, construites avec perfection par Penn, sont en grande faveur auprès de l'amirauté anglaise. Comme transmission, elles sont aussi simples que les machines oscillantes, puisque l'une des trois pièces, tige du piston, bielle, manivelle, est encore supprimée ; elles n'occupent qu'une faible longueur et n'ont rien à craindre des déformations de la coque, puisque le piston n'est rattaché à la transmission que par un pied de bielle sans aucunes glissières. Le nombre des pièces est peu considérable, et, par leur simplicité, elles sont à l'abri des avaries fréquentes.

Mais elles ont l'inconvénient de demander des cylindres d'énormes dimensions, difficiles à aléser, d'exiger des joints au fourreau parfaitement étanches, ce qu'on ne peut pas toujours réaliser ; et surtout, elles présentent au refroidissement des surfaces considérables, qui entraînent des condensations de vapeur et des pertes de calorique. Ainsi, la surface extérieure du fourreau, qui à chaque oscillation rentre dans le cylindre pour en ressortir ensuite et se présenter à l'air libre, soutire évidemment à la vapeur du cylindre une grande quantité de calorique. On est arrivé à combattre un peu ces pertes de chaleur au moyen d'enveloppes et de bouchons, et, en somme, la machine à fourreau bien construite est un bon appareil.

CONSIDÉRATIONS GÉNÉRALES SUR LES MACHINES MARINES.

La consommation de combustible dans les machines marines est toujours supérieure à celle des bonnes machines terrestres ; cela tient surtout à la mauvaise qualité de l'eau employée et aux dépôts salins qu'il faut expulser en perdant du calorique. Mais il arrive souvent aussi que le foyer est directement alimenté par l'air de la chambre des chaudières ; cet air est à une température élevée, il est corrompu et peu riche en oxygène ; il faut donc toujours venir faire l'appel d'air sur le pont du navire, ou renouveler sans cesse au moyen de ventilateurs l'air de la chambre des chaudières. Pour parer aux effets du roulis et du tangage, la grille doit être divisée en cases destinées à maintenir le combustible, et le niveau de l'eau dans la chaudière doit être supérieur de 0^m,30 au moins à la ligne la plus élevée de la surface de chauffe, afin que celle-ci ne soit jamais à nu. De même, les chambres de vapeur doivent être de grande capacité afin qu'on obtienne de la vapeur sèche, et il faut mettre la prise de vapeur à l'abri des projections d'eau.

Nous n'insisterons pas davantage sur les chaudières que nous avons décrites, et nous ferons sur les machines les remarques suivantes :

1° Toutes les pièces des machines marines doivent avoir un grand excès de force, eu égard aux efforts qu'elles sont chargées de transmettre; car il arrive souvent que, dans un gros temps, elles reçoivent de la part des vagues, par l'intermédiaire des propulseurs, des chocs violents et subissent un arrêt instantané pour repartir un instant après avec une vitesse considérable. C'est ce qui arrive par exemple lorsque l'hélice sort en partie de l'eau, puis s'y plonge profondément par l'effet du tangage. Il va sans dire que les organes des machines destinées à la navigation fluviale n'ont pas besoin de cet excès de force.

2° Les avaries ont de si funestes conséquences qu'on doit les prévenir par tous les moyens possibles ; la fondation de la machine doit être inébranlable, ainsi que les portions de la coque qui la touchent ; la machine doit être l'objet d'une surveillance incessante, et il faut l'isoler avec soin des autres parties du bâtiment afin de n'avoir point d'incendie à craindre.

3° Nous avons montré plus haut la nécessité de se servir toujours de plusieurs machines accouplées, qui puissent fonctionner toutes ensemble ou séparément.

4° La machine ne doit point nuire à la stabilité du navire ; c'est donc avec précaution qu'il faut recourir à des machines situées au-dessus de la ligne de flottaison.

5° L'économie dans l'espace et surtout dans la consommation de combustible sont les desiderata qu'il ne faut point perdre de vue. Si l'on considère la masse énorme de combustible qu'un paquebot voyageant du Havre en Amérique emporte avec lui, on conçoit sans peine qu'on réalisera un immense avantage le jour où l'on réalisera par exemple 5 pour 100 d'économie sur le combustible, car on rendra au tonnage utile une partie du volume occupé par les soutes à charbon. L'emploi des charbons de première qualité et surtout des agglomérés a déjà réalisé un notable perfectionnement dans ce sens; mais il reste encore beaucoup à faire pour ménager le combustible, ou, ce qui revient au même, pour éviter les pertes de calorique.

6° Il va sans dire que les machines de navigation doivent être munies d'appareils de détente variable pour proportionner la force motrice à la résistance, et d'appareils de changement de marche pour stopper et même reculer en quelques instants, lorsqu'il s'agit d'éviter un écueil ou un autre navire. Il est clair que ces appareils exigent des précautions spéciales, car ils seraient fort dangereux pour le mécanicien en raison de l'énormité des masses en mouvement.

7° On doit chercher à simplifier les machines et à en réduire le poids et le volume, à puissance égale, afin de réserver le plus d'emplacement possible aux marchandises.

8° Les machines doivent fonctionner avec douceur et régularité, sans trépidation, sans chocs ni ferraillements; d'abord, tout cela absorbe de la force vive, et puis, le bruit continuel serait fort désagréable pour les passagers.

9° Il faudrait que les machines marines pussent brûler absolument leur fumée: ce résultat est bien loin d'être atteint, et plus d'une fois les vents plongeants ramènent sur le pont des torrents de poussière noire. On évite en partie cet inconvénient avec des cheminées suffisamment hautes.

10° On ne doit pas mettre en contact avec l'eau de mer des métaux oxydables comme le fer : les pièces de fer doivent être peintes de plusieurs couches de minium avant le montage. Il faut éviter aussi le contact des métaux donnant naissance, en présence de l'eau de mer, à des courants galvaniques.

11° Il va sans dire que la machine même, ou plutôt des machines supplémentaires de petites dimensions, doivent être chargées de toutes les manœuvres de force qu'on exécutait autrefois à bras d'hommes, telles que manœuvres des treuils. et cabestans, des pompes de toutes natures, etc.

Nous terminerons ces considérations générales par quelques lignes du rapport déjà cité de M. de Fréminville sur la marine commerciale, à l'Exposition de 1867 :

« Les conditions requises par les machines de la marine commerciale sont les suivantes : développement de la force motrice sous le moindre poids et le moindre volume possible, réduction de la dépense de combustible, solidité à toute épreuve des mécanismes mettant à l'abri des avaries et des chômages; pour arriver au résultat voulu, c'est-à-dire pour développer des puissances considérables à l'aide de mécanismes réduits, il a fallu employer des pressions de plus en plus élevées et des vitesses de pistons de plus en plus grandes. Pour les pressions, on est bientôt arrivé à la limite supérieure de 1,75 atmosphères que l'on ne saurait dépasser dans les chaudières alimentées à l'eau de mer, à cause de l'impossibilité de prévenir la formation des dépôts calcaires lorsque la température dépasse celle qui correspond à cette pression. Si l'on a quelquefois marché à deux atmosphères effectives, c'est que les chaudières ont alors été alimentées avec de l'eau douce recueillie au moyen du condenseur à surfaces; mais, même dans ce cas, les chaudières ordinaires supportent mal des tensions aussi élevées, et c'est plutôt dans l'accroissement de la vitesse du piston que l'on a cherché jusqu'à présent l'augmentation de la puissance développée. C'est ainsi que l'on est arrivé progressivement aux vitesses de 2 mètres, $2^m,40$ et que l'on a même atteint la limite extrême de $2^m,80$ par seconde. Ce résultat ne peut être obtenu que grâce à une très-grande perfection dans les mécanismes; cependant les organes mobiles ne supportent pas impunément de semblables allures; les articulations sont exposées à se gripper, et le plus souvent on est obligé de les arroser à grande eau pendant toute la marche.

Pour réduire la consommation de combustible, il faut recourir aux grandes détentes, mais ce procédé serait totalement stérile, si l'on ne prévenait pas en même temps la condensation partielle de la vapeur à l'intérieur des cylindres, au moyen d'enveloppes complètes de vapeur et d'une surchauffe modérée. L'alimentation à l'eau douce dans les machines pourvues de condenseurs à surface concourt aussi à l'économie de combustible, par la suppression des extractions.

Dès 1862, les mécaniciens anglais et français se sont occupés de la construction des machines marines basées sur ce principe; depuis lors, un bon nombre d'entre elles ont été mises en service, et l'on a pu se rendre un compte plus exact de ce qui n'était encore qu'à l'état de projets ou de tentatives plus ou moins avancées. Pour obtenir les grandes détentes, on a eu recours aux cylindres combinés dans le système de Woolf; les machines des paquebots à roues de l'océan Pacifique, construits par MM. Randolphe Helder, ainsi que celles des paquebots à hélice du *Royal mail West India Company*, par M. Humphrys, sont les deux entreprises les plus considérables en ce genre; elles ont fonctionné avec des fortunes diverses qui laissent encore les esprits partagés. Les machines de M. Randolphe, quoique trop compliquées, ont donné de bons résultats et continuent à fonctionner avec succès ; celles de M. Humphrys, dans le système à pilon, très-simples comme mécanisme, ont donné lieu à des mécomptes continuels et paraissent destinées à disparaître du rang auquel elles ont été placées.

Les condenseurs à surface ont occasionné des corrosions de chaudières, tout à fait imprévues, que, jusqu'à présent, on n'est parvenu à combattre qu'en alimentant pendant quelque temps avec de l'eau de mer, de manière à recouvrir les parois métalliques d'une légère incrustation. Ce préservatif fait perdre une partie des avantages de l'alimentation à l'eau douce, et, de plus, les condenseurs tubulaires s'encrassent et nécessitent des nettoyages assez pénibles ; néanmoins, on persiste à les employer.

La surchauffe modérée, les enveloppes de vapeur, la condensation par surface, paraissent donc acquises, comme base du régime actuel des machines marines ; les cylindres combinés dans le système de Woolf conduisant à des mécanismes trop compliqués, tout en ne donnant que des économies de combustible douteuses, paraissent avoir perdu la faveur qui leur avait été accordée, dès l'origine, dans l'opinion publique. La véritable manière de faire usage de ce système, est celle adoptée par la marine impériale dans les machines à trois cylindres, mais, jusqu'à présent, ces machines n'ont pas été employées par la marine commerciale.

LÉGISLATION DE LA NAVIGATION FLUVIALE ET MARITIME.

Il n'est point hors de propos de donner ici quelques renseignements sur les lois et règlements auxquels est soumise la navigation fluviale et maritime.

Cette législation a pour bases les ordonnances du 23 mai 1843 et 15 juin 1844, l'instruction du 25 juillet 1843, les circulaires du 26 juillet 1843 et 28 janvier 1845, qui s'appliquent aux bateaux à vapeur naviguant sur les fleuves et rivières ; l'ordonnance du 17 janvier 1846, l'instruction du 5 juin 1846, la circulaire du 6 juin 1846, la loi du 21 juillet 1856, qui s'appliquent aux bateaux naviguant sur mer.

1° **Navigation fluviale.** — D'après l'ordonnance du 23 mai 1843 et la loi du 21 juillet 1856, un bateau à vapeur ne peut circuler sans un permis de navigation délivré par l'autorité administrative ; les chaudières doivent être munies d'un timbre portant qu'elles ont satisfait aux épreuves, et des appareils de sûreté dont nous parlerons ci-après.

Des amendes sont encourues par tout propriétaire de bateau qui a confié la conduite du bateau ou de l'appareil moteur à un capitaine ou à un mécanicien non pourvu du certificat de capacité exigé par les règlements d'administration publique.

Est puni d'une amende de 50 à 500 francs le capitaine d'un bateau à vapeur si, par suite de sa négligence :

1° La pression de la vapeur dans les chaudières a été portée au-dessus des limites imposées par le permis de navigation ;

2° Les appareils prescrits, soit pour limiter ou indiquer cette pression, soit pour indiquer le niveau de l'eau dans l'intérieur des chaudières, soit pour alimenter d'eau les chaudières, ont été faussés ou paralysés.

Il y a amende et prison pour tout mécanicien ou chauffeur qui a surchargé les soupapes, faussé ou paralysé les appareils de sûreté, ainsi que pour le capitaine, s'il a donné l'ordre de le faire.

Est puni de l'amende et de la prison le mécanicien qui a laissé descendre l'eau de la chaudière au niveau des conduits de la flamme et de la fumée.

Quand un pétitionnaire demande à établir un bateau à vapeur, il adresse sa demande au préfet du département où se trouve le point de départ, et dans cette demande il indique le nom, les dimensions, le tirant d'eau, la charge maximum du bateau, la force du moteur en chevaux, la forme et la pression de la chaudière, l'itinéraire du bateau et le nombre des passagers qu'il pourra admettre.

Il est institué, partout où cela est nécessaire, des commissions de surveillance dont font partie les ingénieurs des ponts et chaussées et des mines.

La commission de surveillance visite le bateau et en fait l'essai ; elle indique au préfet sous quelles conditions le permis de navigation peut être accordé.

Le préfet délivre le permis de navigation, qui n'est valable que pour un an et qui énonce : le nom du bateau et de son propriétaire, la hauteur de la ligne de flottaison au-dessous de repères fixes, le service auquel le bateau est destiné et son itinéraire, le nombre maximum des passagers, la tension maxima de la vapeur, les numéros des timbres de la chaudière, des tubes et des bouilleurs, le diamètre des soupapes de sûreté et leur charge.

La pression d'épreuve pour les chaudières, bouilleurs et réservoirs de vapeur est triple de la plus grande tension effective que la vapeur peut exercer à leur intérieur pendant le fonctionnement normal; l'épreuve doit être renouvelée toutes les fois qu'il y a des modifications apportées aux appareils ou que la commission de surveillance le réclame.

Les prescriptions pour les soupapes de sûreté, les manomètres, les indicateurs du niveau de l'eau sont les mêmes que pour les machines terrestres.

L'emplacement des appareils moteurs devra être assez grand pour qu'on puisse facilement faire le service des chaudières, et visiter toutes les parties des appareils.

Cet emplacement sera séparé des salles des passagers par des cloisons en planches, très-solidement construites et entièrement revêtues d'une doublure en feuilles de tôle, à recouvrement, d'un millimètre d'épaisseur au moins.

L'ordonnance du 23 mai 1843 renferme, en outre, des prescriptions détaillées sur l'installation des bateaux à vapeur, sur les agrès, les apparaux et les équipages, sur le stationnement, le départ et le mouillage des bateaux, sur leur marche et leur manœuvre, sur l'éclairage, sur la conduite du feu et des appareils moteurs.

A ce sujet, l'ordonnance s'exprime ainsi :

Art. 64. — Le mécanicien, sous l'autorité du capitaine, préside à la mise en feu avant le départ; il entretient toutes les parties de l'appareil moteur; il s'assure qu'elles fonctionnent bien et que les chauffeurs sont en état de bien faire leur service. Pendant le voyage, il dirige les chauffeurs et s'occupe constamment de la conduite de la machine.

Art. 65. — Il est tenu à bord de chaque bateau un registre dont toutes les pages doivent être cotées et parafées par le maire de la commune où est situé le siège de l'entreprise, et sur lequel le mécanicien inscrit d'heure en heure : 1º la hauteur du manomètre; 2º la hauteur de l'eau dans la chaudière relativement à la ligne d'eau; 3º le lieu où se trouve le bateau.

Un autre registre est à la disposition du public pour recevoir ses observations.

Les commissions de surveillance, instituées par les préfets, visitent les bateaux au moins tous les trois mois et chaque fois que le préfet le juge convenable; les membres de ces commissions peuvent, en outre, faire individuellement des visites plus fréquentes.

L'instruction ministérielle du 25 juillet 1845 indique les mesures de précaution habituelles à observer dans l'emploi des appareils à vapeur placés à bord des bateaux qui naviguent sur les fleuves et rivières; c'est un commentaire de ce que nous avons déjà dit, sur lequel nous n'avons pas à nous étendre.

Il en est de même de la circulaire du 26 juillet 1843.

2° **Navigation maritime.** — La navigation maritime à vapeur est réglée par l'ordonnance royale du 17 janvier 1846.

Mêmes prescriptions que ci-dessus pour la demande et le permis de navigation, qui est accordé après les épreuves et les essais de la commission de surveillance.

Mêmes prescriptions aussi pour l'épreuve des réservoirs de vapeur, qui doivent être soumis au triple de la pression effective qu'ils auront à supporter.

Les soupapes de sûreté, les manomètres, les indicateurs du niveau de l'eau doivent être établis à peu près dans les mêmes conditions que pour les machines terrestres.

L'emplacement des machines devra être séparé du reste du bâtiment, comme nous l'avons dit pour la navigation fluviale. Les prescriptions relatives au personnel et à l'équipage sont encore celles que nous avons déjà relatées.

Les autres ordonnances et circulaires sont relatives plutôt à la police de la circulation qu'à la conduite des appareils eux-mêmes; nous les retrouverons plus tard.

Avant de quitter ce sujet, nous croyons utile de reproduire ici l'instruction ministérielle du 5 juin 1846 sur les mesures habituelles de précaution à observer dans l'emploi des appareils à vapeur à bord des bateaux qui naviguent sur mer :

De la mise en feu et du départ. — Avant le départ, le capitaine, accompagné du chef mécanicien, a dû s'assurer que les chaudières, la machine à vapeur, l'appareil propulseur et tous les mécanismes intermédiaires sont parfaitement en ordre, et que le bâtiment est convenablement approvisionné de combustible.

Le capitaine ayant donné, par l'intermédiaire du chef mécanicien, l'ordre de chauffer, et les chaudières étant remplies d'eau jusqu'au niveau normal, accusé par les indicateurs du niveau, le chauffeur allume les fourneaux en plaçant sur la grille une légère couche de charbon, sur laquelle il met du bois qu'il recouvre d'une autre couche mince de charbon. Il allume ainsi à petit feu, et modère d'abord le tirage, au moyen du registre de la cheminée, afin que les parois des foyers n'éprouvent pas des variations brusques de température, qui pourraient occasionner des fissures dans les tôles ou des fuites à l'endroit des rivets. Quand la première charge de combustible est bien embrasée, il charge de nouveau et pousse le feu avec une activité croissante. Quand la vapeur commence à monter en pression, ce qui est indiqué par le manomètre, le chauffeur soulève une des soupapes de sûreté ou bien ouvre un robinet particulier, pour donner issue à l'air contenu dans la chaudière; il ferme cet orifice lorsque la vapeur, sortant abondamment, indique que les chaudières sont purgées d'air. Il conduit son feu de manière à ce que la pression de la vapeur soit près de la limite supérieure à l'instant où commenceront les manœuvres du départ. Le mécanicien préside lui-même à ces manœuvres. Aussitôt qu'il a reçu l'ordre de s'y préparer, il envoie la vapeur à la machine, de manière à l'échauffer et à la purger d'air et d'eau. Il balance la machine, en lui faisant faire lentement quelques tours en avant et en arrière, et s'assure ainsi qu'il pourra la lancer à l'instant même du commandement.

Pendant toute la durée des manœuvres nécessaires au départ, le mécanicien gouverne lui-même la machine à la main; ce n'est qu'au commandement de *machine en route*, qu'il embrasse définitivement le levier de l'excentrique avec la poignée de la manivelle qui transmet le mouvement au tiroir de distribution. Il règle ensuite l'ouverture de la soupape à gorge ou registre d'admission de la vapeur, ainsi que celle de la soupape d'injection. Il veille à ce que les feux soient poussés avec l'activité convenable pour obtenir la production de vapeur qu'exige la marche de la machine.

De la conduite des appareils et des devoirs du mécanicien pendant la marche.— Les chaudières des bateaux à vapeur qui sont alimentées avec l'eau de mer exigent des précautions particulières, indépendamment de celles qui sont communes à toutes les chaudières à vapeur.

Dans l'intérêt de l'économie de combustible, les feux doivent être conduits, autant que possible, de manière à ce que le manomètre accuse une pression voisine de celle qui correspond à la charge des soupapes de sûreté, et que la vapeur ne soulève jamais ces soupapes : cela exige que l'activité du feu soit réglée en raison de la vitesse des pistons des machines.

On doit veiller constamment à ce que les soupapes n'adhèrent pas à eurs siéges; que les tuyaux du manomètre, des robinets et des tubes en verre indicateurs du niveau de l'eau ne soient pas obstrués par des dépôts de sel; que les pompes alimentaires soient constamment en ordre, et que la chaudière soit alimentée d'eau, de manière à ce que les parois correspondantes aux surfaces de chauffe demeurent toujours baignées d'eau. On doit s'assurer si la condensation se fait bien : il est bon qu'à cet effet un baromètre, accusant le degré du vide, soit adapté au condenseur; à défaut de cet appareil, on jugera de la chaleur du condenseur en appliquant la main sur les parois extérieures.

La température de ces parois ne doit pas dépasser celle du lait tiède. Ce sont là des soins qu'exigent les machines et chaudières en général, mais surtout celles qui sont alimentées avec l'eau de mer. Une précaution particulière à celles-ci, et qui est indispensable pour prévenir les dépôts de sel marin dans leur intérieur ou dans les tuyaux qui y sont embranchés, consiste dans les extractions d'eau salée. L'eau salée pourrait être extraite, d'une manière continue, de certaines chaudières où des dispositions seraient prises pour obtenir une circulation intérieure qui aurait pour effet d'amener l'eau, à mesure que sa densité augmenterait en même temps que son degré de salure, vers un ou plusieurs points, où elle serait évacuée par des conduits se réunissant à un seul, qui serait pourvu d'un robinet pour régler la quantité d'eau évacuée. Mais une extraction régulière et continue d'eau salée doit être combinée avec des dispositions propres à déterminer une circulation intérieure, et qui ne se trouvent pas en général dans les chaudières. Les extractions d'eau sont, en conséquence, intermittentes. Elles sont aujourd'hui opérées le plus souvent par des pompes particulières, mues par la machine même, et qui extraient, à chaque coup de piston, un volume d'eau qui est dans un rapport déterminé, 1 à 3, ou même 1 à 2, avec le volume introduit par la pompe alimentaire. Lorsque ces pompes n'existent pas, les extractions doivent être opérées à des intervalles réguliers par les chauffeurs; ils ouvrent à cet effet le robinet de vidange, et le maintiennent ouvert jusqu'à ce que le niveau de l'eau, accusé par les indicateurs, ait baissé d'une certaine quantité. Le robinet étant fermé, le niveau de l'eau est ramené à sa hauteur normale par l'alimentation. Il est convenable que les extractions soient peu abondantes et fréquemment renouvelées, de demi-heure en demi-heure au moins.

Les extractions d'eau préviennent les dépôts de sel marin. Pour éviter que les sels calcaires, qui se séparent de l'eau par l'évaporation, forment des inscrustations adhérentes aux parois, on injecte dans la chaudière, au moyen de la pompe alimentaire mue à bras ou d'une des pompes de la cale, des matières qui ont la propriété de maintenir ces dépôts à l'état de boue sans consistance. Plusieurs substances ont été essayées sur les bâtiments de la marine royale : l'argile, bien épurée de matières étrangères, paraît être celle qui a jusqu'ici donné les meilleurs résultats. Les matières tinctoriales mêlées à l'eau ont bien réussi dans des chaudières de machines fonctionnant à terre, et pourraient être essayées à la mer. Quelle que soit, au reste, la substance employée, le mécanicien devra veiller à ce que l'on remplace dans la chaudière les parties de cette substance qui sont entraînées par les extractions d'eau.

On aura soin de nettoyer les cendriers et d'en retirer les cendres et les escarbilles, assez souvent pour que l'accès de l'air demeure libre, et que le tirage des foyers n'éprouve pas de ralentissement.

Le mécanicien, quand il ne conduit pas lui-même la machine, doit s'assurer, par des visites fréquentes, que toutes les précautions nécessaires sont observées. Il veille aussi à ce que les pièces de la machine soient convenablement lubrifiées, que les clavettes soient serrées, etc.; souvent le serrage des clavettes suffit pour empêcher des chocs qui nuisent autant à l'effet utile qu'à la conservation même de la machine.

Les soupapes ne doivent, dans aucun cas, être surchargées.

Si l'on venait à s'apercevoir que le niveau moyen de l'eau dans la chaudière s'est abaissé, accidentellement, au-dessous de la partie supérieure des conduits de la flamme et de la fumée, le mécanicien ouvrirait immédiatement les portes du foyer pour ralentir la combustion et faire tomber la flamme; il se garderait de soulever les soupapes de sûreté, préviendrait le capitaine et laisserait les portes du foyer ouvertes, sans charger de combustible sur la grille, jusqu'à ce que l'alimentation eût ramené le niveau de l'eau, dans l'intérieur de la chaudière, à sa hauteur habituelle.

Le mécanicien inscrira sur un registre, qu'il remettra chaque jour au capitaine, toutes les circonstances relatives à la marche de l'appareil moteur, et notamment les dérangements qui auraient pu avoir lieu dans les diverses pièces des mécanismes ou dans les chaudières, ainsi que les réparations qui auraient été faites à bord ou qui devraient être faites à terre dans le premier lieu de relâche.

Le capitaine transcrira les indications données par le mécanicien sur le journal du bord, après les avoir vérifiées au besoin.

De l'arrivée et des relâches. — Lorsqu'on est près d'arriver au mouillage, le mécanicien, sur l'ordre du capitaine, doit prendre lui-même la direction de la machine. Il laisse ralentir les feux de manière à ne conserver que la vapeur nécessaire pour l'arrivée.

La machine étant définitivement arrêtée, et l'ordre d'éteindre les feux donné par le capitaine, le mécanicien, avant de nettoyer les grilles, fait boucher soigneusement les trous de graissage des tiges des pistons et des tiroirs, ainsi que toutes les autres parties dans lesquelles les cendres qui sont soulevées lors de l'extinction des feux pourraient venir se loger. Puis il fait éteindre les feux, et opère, au moyen de la pression de la vapeur, une forte extraction de l'eau de la chaudière. Toutefois cette extraction ne doit pas être assez abondante pour mettre à nu les parois du foyer, parce qu'il pourrait en résulter, par suite de la variation brusque de la température, des dilatations inégales et capables soit de fissurer les tôles, soit d'occasionner la rupture de quelques armatures ou la disjonction des parties dont la chaudière se compose. Aussitôt que l'eau restant dans l'intérieur est suffisamment refroidie (et l'on peut hâter le refroidissement par une injection d'eau froide, après une extraction modérée ainsi qu'il est dit ci-dessus), on ouvre le trou d'homme, on vide complétement la chaudière, et on procède au nettoyage des grilles, des conduits de fumée, ainsi que de l'intérieur de la chaudière. On nettoie aussi et l'on fourbit les pièces de la machine, pendant qu'elles sont encore chaudes ; on visite toutes les pièces mobiles, on resserre ou refait les garnitures ; enfin on remet en ordre, on remplace, on répare au besoin outes les parties de la machine dérangées ou detériorées.

Le mécanicien préside à tout le travail, et le capitaine s'assure qu'il est fait avec soin.

Les mêmes précautions seront observées aux lieux de relâche, que le bâtiment ne doit pas quitter sans qu'il ait été reconnu par le capitaine que les chaudières et toutes les parties de l'appareil moteur sont en ordre.

Si les machines doivent être arrêtées pendant la traversée pour nettoyer les chaudières, ou pour toute autre cause, on procédera à l'extinction des feux en prenant les précautions indiquées ci-dessus pour l'arrivée au mouillage.

MACHINES A GAZ ET A VAPEURS AUTRES QUE LA VAPEUR D'EAU.

La théorie mécanique de la chaleur nous apprend qu'en analyse définitive, c'est toujours la chaleur qui produit le travail ; les diverses machines se distinguent par le véhicule qui sert à la transmission de la chaleur et à sa transformation en mouvement. Jusqu'à présent, le seul véhicule réellement pratique a été la vapeur d'eau ; mais on a tenté, depuis un certain nombre d'années, de substituer à la vapeur d'eau soit d'autres vapeurs, soit des gaz tels que l'air atmosphérique. Un a choisi, en général, des vapeurs dont le liquide bout à une basse température, telles que l'éther et le chloroforme, ces vapeurs agissent évidemment comme la vapeur d'eau par leur force expansive et par condensation. Les gaz fixes employés sont l'air atmosphérique et récemment l'ammoniac ; on sait qu'un gaz, enfermé dans une capacité, puis échauffé, tend à se dilater, et, s'il ne se dilate point librement, sa pression augmente ; cette pression est susceptible de chasser une paroi mobile, et le travail résulte de la pression combinée avec le déplacement de la paroi : lorsque le gaz s'est dilaté et détendu de manière à occuper le volume qui lui convient à la température donnée sous la pression extérieure, la paroi mobile s'arrête. A ce moment, on peut recourir à deux systèmes différents pour ramener en arrière la paroi mobile ou piston ; on peut refroidir l'air échauffé qui va se contracter et reprendre son volume primitif, et le piston le suivra, poussé par la pression atmosphérique ; ou bien on peut laisser échapper l'air chaud dans l'atmosphère, ramener par un mécanisme le piston à sa place initiale, et recommencer à chauffer une nouvelle masse d'air : ces deux principes ont été appliqués.

La plupart des inventeurs ont cru arriver par leurs moteurs à gaz à réaliser de grandes économies de combustible. C'est un point de départ absolument faux : une quantité donnée de combustible correspond à une quantité de travail bien déterminée, et si l'on possédait toutes machines parfaites, on retrouverait toujours cette quantité de travail effectif. Mais il n'en est rien, et il y a toujours une énorme quantité de chaleur qui disparaît par rayonnement ou qu'on laisse s'échapper dans l'atmosphère ; les machines sont donc d'autant meilleures qu'elles recueillent une plus grande quantité de la chaleur produite, tout est là. Les machines à gaz ne sauraient donc jusqu'à présent être plus économiques que la vapeur, car nous verrons qu'elles laissent échapper des quantités énormes de calorique.

Les notions précédentes s'éclairciront, lorsque nous traiterons de la théorie mécanique de la chaleur ; pour le moment, nous allons passer aux machines à gaz. Nous étudierons en détail les deux principales, savoir : la machine à air chaud ou machine calorique du capitaine Ericcson et le moteur Lenoir.

Machine Ericcson. — Vers 1850, le capitaine Ericcson construisait un modèle de machine à air chaud, qui excita immédiatement l'attention générale, et qu'on trouvera décrit pour la première fois en France dans un mémoire de M. Gauldrée-Boileau, ingénieur des mines. Ce modèle fut expérimenté au Havre par le savant M. Combes qui, dans un rapport inséré aux *Annales des mines* de 1853, décrit l'appareil et en fait le calcul.

Malgré la faveur avec laquelle la nouvelle machine avait été accueillie, on ne tarda pas à reconnaitre qu'elle était bien loin d'être économique, et elle fut abandonnée pour reparaitre sous une forme nouvelle vers 1860. Cette machine perfectionnée est, parait-il, assez répandue à New-York ; elle ne s'est point propagée en France.

Machine calorique à régénérateur. — Le premier type de la machine Ericcson est représenté par la figure 1 de la planche XV.

La machine se compose de deux doubles cylindres verticaux, parcourus par des pistons dont les tiges sont réunies par un balancier, de sorte que l'un monte pendant que l'autre descend. La figure est une coupe verticale faite sur l'axe d'un des doubles cylindres.

Les deux cylindres, dont l'axe vertical est commun sont en fonte ; l'épaisseur de la fonte est assez forte, bien qu'elle n'ait à résister qu'à une pression de de 1,75 atmosphère à l'intérieur, c'est-à-dire $\frac{3}{4}$ d'atmosphère de pression effective ; mais la partie inférieure du cylindre D est soumise à l'action directe de la flamme du foyer K, et cette fonte est presque toujours au rouge, car elle n'est pas recouverte d'eau, mais d'air.

Le double cylindre vertical comprend donc : 1° le cylindre inférieur D ou cylindre de travail qui a le plus grand diamètre, 2° le cylindre supérieur B ou cylindre d'approvisionnement qui a un diamètre moindre. Chacun des cylindres est parcouru par un piston ; on voit en E la face supérieure du piston moteur, au-dessous ce piston se prolonge par une cavité assez haute *ee* que l'on remplit de poussières de charbon de bois et d'argile, afin de s'opposer au refroidissement de l'air chaud qui agit en D au-dessous du piston ; en C est le piston d'approvisionnement, qui est invariablement réuni au premier par les tiges en fer *e'e'*. L'ensemble des deux pistons est supporté par la tige verticale *c* articulée à l'extrémité du balancier dont nous avons parlé plus haut. Il va sans dire que la partie inférieure du piston de travail et la face supérieure du piston d'approvisionnement sont profilées de manière à s'appliquer exactement sur le fond du cylindre correspondant.

Sur la couronne annulaire horizontale, qui réunit les deux cylindres, sont des orifices (*d*), par où l'air extérieur pénètre toujours librement entre les deux pistons ; ainsi la face supérieure du piston moteur et la face inférieure du piston alimentaire sont toujours soumises à la pression atmosphérique.

Sur le couvercle du cylindre d'approvisionnement sont deux soupapes C_2 et C_1; celle de droite C_2 s'ouvre de haut en bas et permet à l'air extérieur de pénétrer dans le cylindre B, lorsque le piston C descend et tend à faire le vide au-dessus de lui ; la soupape de gauche C_1 s'ouvre de bas en haut et ouvre la communication du cylindre B avec un réservoir A d'air comprimé ; lorsque le piston C remonte, il comprime l'air atmosphérique qui vient d'entrer, la pression applique la soupape C_2 sur son siége et finit par ouvrir la soupape C_1 de sorte que l'air approvisionné en B pendant le mouvement de descente est chassé dans le réservoir A pendant la période ascensionnelle.

De la base du réservoir A part un conduit qui mène l'air comprimé dans la boîte de distribution. La boîte de distribution est cylindrique, son axe est parcouru par une tige qui porte une soupape H, tandis qu'un manchon qui l'entoure porte la soupape G ; dans la position que représente la figure, la soupape G est au-dessus de son siége et la soupape H est au contraire appliquée sur son siége, l'air comprimé passe donc du réservoir A dans la boîte de distribution, dans le régénérateur F et de là dans le cylindre D, sous le piston de travail E ; la soupape H est appliquée sur son siége et empêche toute communication avec le conduit I qui débouche librement dans l'atmosphère. Si la tige est soulevée et le manchon abaissé, l'effet inverse se produit, la soupape H laisse libre l'orifice I et la soupape G ferme la communication du réservoir A avec le cylindre D ; l'air, confiné dans le cylindre, traverse le régénérateur F pour gagner l'atmosphère par le conduit I.

Avant d'expliquer le fonctionnement de la machine, il convient de dire ce qu'est le régénérateur.

Il est formé par la réunion de 200 disques en treillis de fil de fer placés à une très-faible distance les uns des autres. Chacun de ces disques ayant 676 pouces carrés et le pouce carré ayant 100 mailles, il en résulte qu'il y a 67,600 mailles par disque, et 13,520,000 mailles pour les 200 disques ; et, si l'on considère que le nombre des espaces vides entre les disques est égale à celui des mailles sur les surfaces, on en conclura que le régénérateur renferme 13,520,000 cellules à travers lesquelles l'air doit passer en se rendant dans les cylindres ou en en sortant.

Sur la figure, on voit en *l*, *m*, *n*, *n'*, des thermomètres plongeant dans des tubes au milieu des courants d'air qui vont sous le piston de travail ou qui en reviennent.

Voici comment la machine fonctionne :

On allume du feu sur le foyer K et on l'entretient pendant environ deux heures. Ce temps écoulé, on comprime au moyen d'une pompe à bras l'air du réservoir A jusqu'à ce que la pression de cet air soit de 6 livres par pouce carré ; l'opération ne dure pas plus de deux minutes. On ouvre alors la soupape G, l'air comprimé du réservoir A s'en échappe, il pénètre dans le régénérateur chauffé par le foyer, s'y échauffe et détermine le mouvement ascensionnel de E et C, liés l'un à l'autre comme il a été dit par les tiges *e'e'*. Cependant les soupapes c_2 sont fermées par la pression qu'exerce sur elles l'air contenu dans le cylindre B ; la pression de cet air ouvre au contraire les soupapes c_1 et le réservoir A reçoit ainsi un nouvel approvisionnement d'air. Quand les pistons approchent de l'ex-

trémité de leur course, la soupape G se ferme, et, quand cette course est terminée, la soupape H s'ouvre. L'air dilaté, qui remplit le cylindre inférieur, se trouve
par le conduit I, en communication avec l'air atmosphérique ; un équilibre de
pression ne tarde point à s'établir et les pistons se mettent alors à descendre par
la seule action de leur poids ; ils pèsent ensemble environ 5,000 livres. L'air
chassé du cylindre D traverse le régénérateur et y laisse la chaleur qu'il y avait
empruntée à son premier passage. Pendant ce temps, la soupape c_2 est ouverte,
la soupape c_1 fermée et le cylindre d'approvisionnement se remplit d'air à la
pression de l'atmosphère.

Une phase identique à la précédente recommence et le mouvement se poursuit
indéfiniment.

L'air échauffé dans le cylindre de travail D exerce sur le piston de travail pendant sa détente une action plus forte que celle qu'exerce en sens inverse sur le
piston d'approvisionnement l'air du réservoir A ; il y a évidemment à calculer un
certain rapport entre les volumes des deux cylindres.

La pression de l'air chaud ne peut pas être bien considérable, car on attein-
drait rapidement des températures inadmissibles. En général, on peut considérer que, par la dilatation que produit la chaleur, le volume d'air tend à être
doublé : proposons-nous de calculer la température nécessaire à cet effet. Nous
prenons un volume V d'air à 0° et nous demandons la température t à laquelle
il faut l'élever pour doubler ce volume ; la physique nous apprend que les volumes V et V' à 0° et à $t°$ sont liés par la relation du premier degré

$$V' = V(1 + \alpha t),$$

dans laquelle α, coefficient de dilatation des gaz, est égal à la fraction $\dfrac{1}{273}$.
Si dans cette formule, nous faisons V' = 2V, il nous vient pour déterminer t

$$2 = 1 + \frac{1}{273} t \qquad t = 273°$$

Ainsi, pour doubler de volume par la dilatation, il faut que de l'air à 0° soit
échauffé jusqu'à 273° centigrades. Et, comme l'air dont on se sert dans la machine Ericcson est à la température de l'atmosphère, il faut l'échauffer davantage encore.

Il est donc difficile de dépasser dans la machine calorique une pression effective d'une atmosphère ; souvent même elle n'est que de $\frac{3}{4}$ d'atmosphère.

Pour obtenir un travail de quelque importance, on est conduit à des dimensions
énormes des cylindres et pistons, et l'appareil ne devient pas plus économique,
bien qu'il présente, par rapport à la machine à vapeur, l'avantage d'être dépourvu
de chaudière.

La présence des deux cylindres est du reste nécessaire, mais elle complique
l'appareil. L'effet est le même que dans une balance où le plateau chargé du poids
le plus lourd entraîne l'autre. Quand un système de piston s'élève, l'autre s'a-
baisse, et de cette manière on équilibre les uns par les autres les tiges et les pistons ; de plus, quand un cylindre d'approvisionnement se vide, l'autre se remplit
et conséquemment le réservoir d'air est toujours plein de gaz à la même
pression.

Le régénérateur, cette ruche aux millions d'alvéoles, comme l'appelait M. Gauldrée-Boileau, dont les fils, si on venait à les développer, mesureraient 41 milles

et 1/2 de longueur, remplit parfaitement le rôle qui lui est dévolu, ainsi que le prouvent les thermomètres *l,m,n.* Le courant d'air qui le traverse s'y échauffe presque complétement avant de se rendre sous le piston moteur; la chaleur du foyer suffit alors pour compléter l'échauffement et pour compenser les pertes de calorique produites par la détente. Lorsque l'air chaud traverse le régénérateur au retour pour gagner le conduit I et l'atmosphère, il se dépouille presque complétement de la chaleur qu'il renfermait et ne garde guère qu'un excès de 20° à 30° centigrades sur la température ambiante.

C'est une propriété intéressante des toiles métalliques qu'il est bon de constater et qui peut être utilisée en bien des circonstances, par exemple pour alimenter d'air chaud la tuyère des hauts fourneaux. Mais cette disposition a l'inconvénient ici de rendre difficile l'évacuation de l'air confiné sous le cylindre moteur, et il faut dépenser un travail notable pour forcer cet air à traverser le régénérateur.

C'a été une des principales difficultés de la première machine Ericcson ; cette machine lourde et encombrante, non économique, n'a du reste pas tardé à disparaître après un moment d'engouement.

Passons au type actuel en usage à New-York.

Nouvelle machine Ericcson. — Elle a été étudiée en France avec le plus grand soin au Conservatoire des arts et métiers, en 1861, sous la direction de M. Tresca, avec la coopération de MM. les ingénieurs Thirion et de Mastaing. Elle est représentée en coupes longitudinale et transversale par les figures 2 et 3 de la planche XV.

Elle consiste essentiellement en un cylindre horizontal en fonte de grand diamètre, dans lequel plonge à gauche une cuve G à l'intérieur de laquelle est placée la grille *g* du foyer ; sur la moitié de sa longueur, à droite, le cylindre est alésé, et deux pistons s'y meuvent simultanément, l'un en A qui est le piston moteur et l'autre F' qui est le piston alimentaire.

Nous allons décrire séparément chacune des parties avant d'arriver au fonctionnement de l'ensemble.

La chambre du foyer est formée par la cuve G, dont les parois ne touchent pas celles du cylindre qui l'enveloppe; il y a donc un volume annulaire, rempli d'air, qui entoure la cuve G. Le combustible est posé sur la grille *g* ; sur le pourtour de cette grille sont placées de grosses briques en fonte G', qui empêchent le combustible incandescent de se trouver en contact immédiat avec les parois de la cuve qui pourraient ne pas résister à une chaleur intense; ces briques en fonte ne s'opposent pas du reste à la propagation du calorique, car elles sont bientôt portées au rouge. Les produits de la combustion s'échappent au sommet et en avant de la cuve G par le conduit *h*, qui, arrivé au-dessus du cylindre, se contourne pour entourer ce cylindre comme d'un carneau circulaire dont on voit la section inférieure en *f'* sous le foyer; après avoir entouré le cylindre, le courant gazeux s'échappe par la cheminée H, qui est rejetée sur le côté et qui est munie d'un papillon destiné à régulariser le tirage. L'air confiné dans la capacité annulaire qui entoure le foyer est donc échauffé par les parois interne et externe.

L'avant du foyer, le conduit *h* et le carneau circulaire *f*, sont protégés contre la déperdition de la chaleur par des chemises en briques réfractaires ou en poussières peu conductrices. — Dans la chemise de l'avant du foyer, est ménagée la porte I, qui sert à l'introduction du combustible.

Ce combustible est quelconque, et c'est un des avantages du système.

L'air chaud que contient la capacité annulaire entourant la cuve G, peut s'échapper par la soupape D, dont la tige est manœuvrée par le levier D″, le ressort à boudin (d) agit sans cesse sur ce levier de manière à maintenir la soupape bien appliquée sur son siége ; mais le levier se termine par une roulette qui se trouve au-dessus de l'arbre moteur (o), et, en face de la roulette, l'arbre porte un doigt ou came, qui, à chaque rotation, vient pendant un temps convenablement calculé, soulever la roulette, par suite abaisser la soupape D et livrer passage à l'air chaud qui s'échappe dans l'atmosphère.

Mais revenons aux deux pistons, qui parcourent le même cylindre, qui ont le même axe géométrique, mais qui ne sont pas actionnés par la même tige.

Le piston moteur A est en fonte, il est percé de deux ou quatre soupapes (a) à contre-poids qui s'ouvrent de la droite vers la gauche, et qui s'ouvriront évidemment sous l'influence de la pression atmosphérique pour laisser entrer l'air extérieur, lorsque l'air confiné entre les deux pistons tendra à se raréfier par suite de l'augmentation du volume qui le renferme. — Ce piston A n'est pas fixé à la tige cylindrique que l'on voit suivant son axe, cette tige le traverse à frottement doux ; il est guidé par deux tiges plates horizontales situées de part et d'autre de son axe et que l'on voit dépasser en r ; ces tiges portent latéralement chacune un coulisseau que conduit une glissière fixée au bâti, et les tiges servent elles-mêmes de glissière à la tête de la tige cylindrique du second piston. — Il va sans dire que le cylindre est complétement ouvert à son extrémité de droite.

Essayons maintenant de faire comprendre comment le piston A transmet son effort moteur à l'arbre de couche (o); chacune des tiges plates qui le guident porte une échancrure à l'intérieur de laquelle est un doigt à charnière, dont on aperçoit le contour en partie plein et en partie pointillé ; ce doigt est maintenu dans l'encoche d'un levier monté sur l'arbre B, et il transmet le mouvement de poussée du piston A à ce levier et par suite à l'arbre B ; le levier est indiqué en trait plein sur la figure.—L'arbre B va donc tourner d'un certain angle de gauche à droite ; sa rotation est transmise par un long levier qq (marqué sur la figure en trait interrompu) et par une bielle à une manivelle o montée sur l'arbre de couche. En réalité le piston A n'est moteur que lorsqu'il marche de gauche à droite, il en est de même de l'arbre B et par suite de la manivelle o : mais, un volant est monté sur l'arbre de couche, et il entretient le mouvement de rotation dès qu'il est commencé ; il en résulte que l'arbre B et le piston A sont animés d'un mouvement oscillatoire continu, dont l'amplitude est réglée par les dimensions respectives des leviers et manivelles.

Le second piston F est le piston alimentaire ; il comprend sur sa face de droite deux disques en fonte, entre lesquels sont réservés des passages, pour que l'air compris entre les deux pistons puisse se rendre dans la capacité annulaire qui entoure la cuve du foyer g. La communication s'établit au moyen de soupapes planes f, en tôle d'acier, analogues aux soupapes de soufflets, et maintenues par des ressorts. — Derrière les deux disques en fonte formant réellement le piston alimentaire, on trouve une cavité en tôle remplie de substances peu conductrices, poussières de charbon et argile, et le pourtour de cette cavité se prolonge à gauche par une cuve en tôle mince F″ F″ qui se meut à peu près au milieu de l'espace annulaire entourant le foyer ; cette tôle mince est toujours portée à une haute température, elle multiplie les surfaces de contact et rend plus rapide l'échauffement de l'air admis autour du foyer.

Le piston F n'est jamais soumis à aucun effort ; il ne peut donc se déplacer de lui-même, et il faut que ce soit l'arbre de couche qui, par un renvoi de mouvement, produise ses oscillations. A cet effet, au bouton de la manivelle (o) est fixée une bielle (s), marquée sur le dessin en trait discontinu, laquelle agit sur un levier t marqué aussi d'un trait discontinu ; ce levier t va donc, sous l'influence de la manivelle et de la bielle, prendre un mouvement oscillatoire ainsi que l'arbre O qui le porte. Les oscillations de cet arbre auxiliaire O sont transmises au levier u, marqué en trait plein, lequel se termine par une fourche embrassant la tête de la tige du piston alimentaire. — C'est par ce moyen assez compliqué que le piston alimentaire va prendre un mouvement oscillatoire.

Ainsi nous avons deux pistons qui parcourent un cylindre avec des vitesses toujours différentes, puisque ces vitesses dépendent de la disposition des bielles, manivelles et leviers qui actionnent les pistons. Dans le cours d'une oscillation double, les deux pistons vont donc se rapprocher ou s'éloigner, suivant une certaine loi déterminée par le constructeur ; il en résultera des compressions et des dilatations de la masse d'air comprise entre eux, et cela entraînera le jeu des soupapes.

Il est possible maintenant d'expliquer avec une clarté suffisante le fonctionnement de la machine :

Dans leur mouvement relatif, les deux pistons sont à des distances continuellement variables : le maximum de leur distance est de 343 millimètres, et le minimum de 4 millimètres.

Considérons l'origine d'une oscillation, le piston moteur A se trouvant à l'extrémité du cylindre vers la droite ; par suite de la disposition du mécanisme, le piston alimentaire est alors à 65 millimètres en arrière du piston A. — Pour commencer le mouvement il faut faire tourner à la main le volant, et par suite l'arbre de couche ; le mouvement une fois commencé s'entretiendra de lui-même, pourvu évidemment que le foyer soit à une température suffisante. — Le piston alimentaire part vers la gauche avec une vitesse bien supérieure à celle du piston moteur A, et leur distance de 65 millimètres est rapidement portée au maximum, soit à 343 millimètres ; le volume de l'air compris entre les deux pistons a donc augmenté dans le rapport de 343 à 65, et cet air s'est dilaté suivant la loi de Mariotte. — Sa pression s'est abaissée, et la pression de l'atmosphère a forcé à s'ouvrir les soupapes (a) par où l'air extérieur est entré ; les soupapes f du piston alimentaire n'ont pas bougé, car elles s'ouvrent de droite à gauche, et en ce moment elles sont appliquées sur leur siége, car la soupape D est ouverte et la pression atmosphérique s'exerce à gauche du piston alimentaire.

Cette première période, dite d'alimentation, correspond à la période d'aspiration d'une pompe à air.

La vitesse du piston alimentaire ne tarde pas à se ralentir, tandis que celle du piston moteur augmente ; tout en marchant vers la gauche, ils se rapprochent, ils compriment l'air confiné entre eux ; la pression de cet air ferme les soupapes (a) et ouvre les soupapes f ; la soupape D a été fermée par le levier D″, de sorte que les soupapes f sont dorénavant également pressées sur leurs deux faces et elles se tiennent ouvertes par l'effet des ressorts. — L'air comprimé entre les deux pistons passe autour de la cloche du foyer et s'y échauffe en un instant ; en s'échauffant, il se dilate et commence à exercer une action motrice sur le piston A, au moment où celui-ci, arrivé au bout de sa course vers la gauche, commence à revenir vers la droite. Dans ce mouvement en arrière, les deux pistons continuent à se rapprocher, les soupapes f du piston alimentaire restent toujours ouvertes, et l'air comprimé entre les deux pistons passe à gauche du piston alimentaire, sans cesser de pousser en avant le piston A.

Un peu avant que le piston A arrive à l'extrémité du cylindre, le piston alimentaire l'a presque rejoint ; leur distance est réduite au minimum de quatre millimètres, et presque tout l'air compris entre eux s'est en allé vers la gauche.

Dans l'intervalle que le piston A met à achever sa course, le piston alimentaire s'en écarte, et, au moment où une seconde oscillation complète va commencer, il est revenu à 65 millimètres en arrière de A.

On repasse alors successivement par toutes les phases que nous venons de décrire.

Tout dépend donc du mouvement relatif des pistons ; il est assez facile de l'étudier géométriquement, connaissant les bielles et les manivelles; mais cette étude nous entraînerait trop loin.

Voilà donc cette fameuse machine que l'on croyait appelée à modifier complétement l'industrie dans le monde ! Sans doute, les dispositions adoptées sont ingénieuses ; mais, quelle complication, que de résistances passives, que de chaleur perdue, sans compter celle qui s'échappe directement dans l'atmosphère par la soupape D !

Telle qu'elle est, la machine calorique ne peut, à travail égal, conduire à une économie de combustible, si on la substitue à la machine à vapeur.

Les expériences du Conservatoire l'ont bien prouvé :

La machine, parfaitement montée et parfaitement conduite, a consommé 4 kil., 15 de coke et 5 kil., 88 de houille de Mons par cheval effectif et par heure. — C'est bien supérieur à ce que l'on consomme avec une bonne machine à vapeur. — La régularité du chauffage est indispensable aussi pour une bonne marche de la machine, ce qui est une grande sujétion.

La pression maxima, donnée par l'indicateur, a été de 1,75 d'atmosphère ; il en résulte une bien faible pression motrice et, par suite, d'énormes dimensions pour le cylindre, car la vitesse de rotation ne peut être considérable. La machine du Conservatoire faisait 45 tours à la minute.

Malgré tout cela, il paraît que bon nombre de machines Ericcson de petite puissance ont été installées à New-York : elles ont en effet l'avantage de se passer de chaudière. — Mais elles doivent être d'un entretien coûteux, et nous doutons que l'usage s'en soit répandu.

Elles ne peuvent donner quelque économie que dans le cas où l'on aurait besoin de chauffer de grands ateliers ; alors, l'air qui s'échappe par la soupape D et qui est à une haute température, pourrait être avantageusement distribué dans les pièces où l'on demanderait de la chaleur. — C'est sans doute à ce point de vue que les Américains, gens pratiques, se sont placés.

Moteur Lenoir. — Le moteur Lenoir a fait son apparition il y a quelques années ; accueilli avec une grande faveur, il ne semble point s'être propagé beaucoup plus que le précédent. Il est cependant bien plus simple et bien plus commode ; mais il n'est pas économique et bien des industries, qui l'employaient à l'origine, semblent y avoir renoncé.

Le moteur à gaz hydrogène carboné, dont l'idée première appartient à l'ingénieur des ponts-et-chaussées Lebon, l'inventeur du gaz d'éclairage, a lassé bien des inventeurs depuis le commencement de ce siècle. — C'est par Lenoir qu'il a été mis sous sa forme vraiment pratique, vers 1860 ; il a été perfectionné ensuite par M. Marinoni.

Sa disposition est absolument celle d'une machine à vapeur horizontale : un piston se meut dans un cylindre et sa tige actionne un arbre de couche par l'intermédiaire d'une bielle et d'un coude ou d'une manivelle. — La machine est à double effet; pendant que le piston parcourt la première moitié du cylindre, le tiroir laisse entrer derrière lui un mélange d'air et de gaz d'éclairage ; vers le milieu de la course un courant électrique détermine une étincelle au milieu du mélange gazeux, il y a détonation et combinaison presque instantanée; la chaleur développée par la réaction dilate les gaz produits, et ceux-ci, par leur force expansive, chassent le piston devant eux en produisant du travail. — Le piston achève ainsi sa course, puis il est chassé dans l'autre sens par le même mécanisme ; la partie du cylindre qui est en avant du piston communique avec l'atmosphère, où l'échappement se fait directement.

Ainsi, pas de chaudière, pas de condenseur, mais seulement un cylindre et deux tuyaux, dont l'un amène le gaz d'éclairage, et l'autre emmène les produits de l'explosion, vapeur d'eau, oxyde de carbone, acide carbonique, azote restant de l'air introduit, oxygène non brûlé.

Les figures 1, 2, 3, 4, 5, 6 de la planche XVI représentent le moteur Lenoir.

Sur un bâti en fonte est solidement boulonné le cylindre B', dont la paroi inférieure a été déchirée pour laisser voir le piston B. — On voit en c la tige du piston qui est guidée par une colonne en fonte située entre l'arbre et le cylindre. Une bielle à fourche a', agit sur un coude de l'arbre de couche A, supporté par deux paliers placés sur le bâti, et muni de deux poulies-volants, ou d'un volant et d'une poulie motrice.

Le cylindre porte latéralement des bossages venus de fonte avec lui, sur lesquels on boulonne de chaque côté les cylindres E et E', qui servent de boîtes de distribution et d'échappement. — Le gaz d'éclairage arrive à gauche par le conduit (e) et se répand dans les deux cylindres, d'où il passe alternativement sur l'une et l'autre face du piston. Ce qui reste après l'explosion est expulsé alternativement par l'un et par l'autre des cylindres de droite et de là gagne l'atmosphère par le tuyau e'.

Reste à expliquer comment se fait la distribution : elle nécessite l'intervention de deux tiroirs mus par des excentriques calés sur l'arbre de couche ; on voit un de ces excentriques en (d) avec le commencement de sa tringle. — Ces tiroirs sont des lames en bronze D et D' à faces planes verticales; le tiroir de distribution est représenté par les figures (4) et (5); leur face interne glisse sur la glace en fonte ménagée latéralement au cylindre moteur, et leur face externe glisse sur la face plane qui limite les groupes E E' des cylindres de distribution. Il va sans dire que chaque tiroir est échancré rectangulairement en son milieu, afin d'embrasser les bossages en fonte sur lesquels sont boulonnés les groupes de cylindres.

Pour comprendre le jeu du tiroir de distribution qui est le plus complexe, il faut considérer les figures 4 et 5 : il s'agit de faire entrer à la fois de l'air et du gaz ; le gaz pénètre à travers une série de petits tubes disposés sur une ligne verticale et destinés à faire communiquer l'un des cylindres de gauche avec la lumière d'admission ménagée dans le cylindre moteur; ces petits tubes sont représentés sur la moitié inférieure de la figure 5 ; ils sont espacés d'une quantité à peu près égale à leur diamètre. — A chaque bout le tiroir n'est pas plein; il est évidé en son milieu comme le montre la figure 5, et c'est par cet évidement qu'entre l'air atmosphérique; il pénètre, dans les intervalles, entre les tubes et passe dans la lumière d'admission, lorsque la ligne de petits tubes arrive en face de cette lumière. Nous avons donc une sorte de flûte de pan, dont les tubes accolés donnent de deux en deux passage à de l'air et à du gaz d'éclairage. On n'a pas voulu que le mélange de ces deux substances s'effectuât avant qu'elles fussent arrivées dans le cylindre moteur ; c'est pourquoi la lumière d'admission est divisée par une sorte de peigne en une série de conduits juxtaposés qui prolongent les conduits du tiroir. Ainsi le mélange se fait dans le cylindre moteur en proportion convenable ; lorsque le piston est arrivé à peu près au milieu de sa course, une série d'étincelles électriques est produite derrière lui, le mélange s'enflamme, les gaz se dilatent et le piston est chassé jusqu'au fond du cylindre. — Au retour l'effet inverse se produit ; mais la lumière d'admission se ferme, la lumière d'émission s'ouvre par le jeu du tiroir D', et ce qui reste de la combustion s'échappe par l'un des cylindres de droite et par le tube e'.

Le jeu des cylindres E et E' se fait en croix ; les deux tiroirs marchent donc dans des sens différents.

Expliquons maintenant comment se produit l'étincelle électrique qui enflamme le mélange :

On se sert de la bobine de Ruhmkorff que nous avons décrite à la page 102 de notre Cours de physique. La bobine se compose de deux fils conducteurs enroulés sur un cylindre de carton et dont les diverses spires sont isolées les unes des autres ; l'un des fils est court et gros, l'autre est très-long et mince, il recouvre le premier. Les extrémités du gros fil sont en communication avec une pile faible, par exemple un élément de Bunsen ; dans l'âme de la bobine est un cylindre de fer doux qui s'aimante sous l'influence du courant, et c'est par l'action de cet aimant sur un petit marteau de fer que le courant qui règne dans le gros fil est continuellement interrompu et rétabli. A chaque interruption et à chaque rétablissement, un courant induit se forme dans le petit fil, et comme l'action de chacune des spires contribue à augmenter ce courant induit, il en résulte un courant total d'une grande puissance ; si on le dirige à partir de la bobine dans un circuit conducteur, une série continue d'étincelles jaillira entre les deux extrémités du fil si elles sont suffisamment rapprochées.

La pile et la bobine sont logées dans le bâti de la machine ou placées dans une pièce voisine ; toujours est-il que les deux fils de la bobine aboutissent à un support en fonte en forme d'Y (figure 5) placé sous la tige du piston. Le fil négatif aboutit dans le support même à l'angle des branches de l'Y, et comme le support à une communication métallique avec le cylindre, et il s'en suit que le pôle négatif du courant est en tous les points du mécanisme et particulièrement du cylindre ; quant au fil positif de la bobine, il aboutit à une traverse métallique i reliée au support par une lame isolante en caoutchouc ; sur la même lame de caoutchouc, on voit deux autres petites lames métalliques J, en face desquelles se meut un curseur métallique l porté par la tige du piston, mais réuni à cette tige par des corps isolants. Suivant la position du curseur l, le pôle positif du courant passe de la plaque i sur la plaque supérieure de droite ou sur la plaque supérieure de gauche, c'est-à-dire dans le fil J de droite ou dans le fil J' de gauche. Le fil J aboutit à l'extrémité K du cylindre moteur et le fil J' à l'extrémité K'. Ces fils pénètrent dans l'intérieur du cylindre par un petit cylindre isolant en porcelaine (figure 6) ; le pôle positif est donc à l'extrémité du grand fil, quant au pôle négatif qui est répandu sur tout le cylindre, on l'amène en face du pôle positif au moyen d'un petit fil recourbé à son extrémité comme le montre la figure, lequel vient toucher le fond métallique du cylindre.

Lorsque le curseur l est en contact avec l'une des plaques J, il y a donc une série continue d'étincelles qui jaillit à une extrémité du cylindre et qui produit l'inflammation du mélange gazeux.

Ces explosions et combustions perpétuelles ne tardent pas à échauffer outre mesure les enveloppes métalliques, et le mécanisme entier serait bien vite hors d'usage si on ne le refroidissait continuellement par un courant d'eau qui entoure d'abord les cylindres d'émission, puis de là passe autour du cylindre et même dans le fond et le couvercle, pour se rendre dans un réservoir supérieur par le tuyau G. L'eau chaude se refroidit dans ce réservoir, et en revient pour servir de nouveau. La circulation se fait naturellement par suite des différences de densité, comme elle se produit dans les systèmes de chauffage à eau chaude.

Voici les points saillants qui résultent des expériences faites au Conservatoire des arts et métiers, sous la direction de M. Tresca.

Une petite machine d'une puissance de 0,57 de cheval-vapeur, faisant 129 tours à la minute, a consommé un peu plus de 3,000 litres de gaz par force de cheval et par heure ; la chaleur emportée par l'eau de circulation a été plus de la moitié de la chaleur totale produite par la combustion, et les gaz brûlés en emportent aussi beaucoup de leur côté ; pour une combustion parfaite, il faut introduire un volume de gaz d'éclairage représenté par 9 pour 100 du volume total du mélange. Les pressions mesurées à l'indicateur étaient brusques et très-variables ; cependant le maximum n'a pas atteint six atmosphères. La vitesse de la machine est très-variable. Lors de la mise en train, il faut faire faire à la main plusieurs tours au volant. Le graissage doit être abondant et renouvelé tous les quarts d'heure, et l'on dépense au moins 500 grammes d'huile par jour.

D'autres expériences exécutées sur une machine plus forte n'ont donné qu'une consommation de 2,750 litres de gaz par cheval et par heure. Le gaz d'éclairage renferme en général de l'hydrogène protocarboné, de l'hydrogène bicarboné, de l'oxyde de carbone, de l'hydrogène et de l'azote, avec des impuretés s'il est mal épuré ; par la combustion on recueille un mélange d'oxygène, d'acide carbonique, d'oxyde de carbone, d'azote, et de vapeur d'eau qui se condense plus ou moins vite. Il faut 120 litres au moins d'eau de circulation par cheval et par heure, c'est-à-dire quatre fois plus que ce qui est nécessaire pour l'alimentation d'une machine à vapeur à haute pression ; mais il est vrai que la même eau peut être refroidie et servir presque indéfiniment ; on peut même, dans certaines industries, la faire servir au chauffage de plusieurs ateliers.

D'après les calculs relatifs à la théorie mécanique de la chaleur, le calorique absorbé dans la machine à gaz se répartirait de la manière suivante :

Chaleur retrouvée dans l'eau de circulation et les gaz. 0.69
Chaleur correspondant au travail produit. 0.04
Chaleur perdue par rayonnement et autres causes.. . . . . . . 0.37
1.00

Les quatre centièmes seulement de la chaleur produite seraient utilisées ; c'est-à peu près le résultat que nous retrouverons plus loin pour la machine à vapeur.

La machine à gaz est d'un entretien difficile, car il s'y forme de grandes quantités de cambouis et des nettoyages fréquents sont nécessaires. La conduite de la machine ne doit être confiée qu'à un chauffeur attentif ; l'entretien de la pile et des communications électriques exige aussi un soin particulier.

Chaque machine doit être alimentée par un réservoir à gaz d'une capacité d'environ 300 litres par cheval, sans quoi les becs de gaz du voisinage s'éteignent ou tout au moins éprouvent des oscillations perpétuelles.

On peut compter que la force motrice d'un moteur Lenoir revient à environ un franc par cheval et par heure ; c'est plus cher que la vapeur, mais la machine est simple, occupe peu de place, se met en marche et s'arrête à volonté. Elle peut donc rendre de grands services à la petite industrie ; mais c'est à ce seul point de vue qu'il faut la considérer pour le moment.

Elle exige l'emploi d'un gaz bien épuré ; car si le gaz est sulfuré, il se forme dans le cylindre des quantités notables d'acide sulfurique, qu'il faut expulser par des purgeurs et qui corrodent les parois métalliques.

Machines explosives. — Le moteur Lenoir est un exemple d'une machine explosive. Il y a bien longtemps qu'on a eu l'idée de recourir à des machines explosives, dans lesquelles on dilate l'air soit par la poudre à canon, soit par des poudres plus puissantes encore. Il se fait chaque jour de nouveaux essais dans cette voie et peut-être arrivera-t-on à quelque chose de pratique.

Les appareils à poudre à canon ont occupé l'imagination de beaucoup d'inventeurs, et en 1806 MM. Niepce présentèrent à l'Académie des sciences un pyréolophore, dont le moteur est l'air dilaté par l'inflammation de la poudre. Carnot fit un rapport sur cette machine.

L'idée première en appartient à l'abbé de Hautefeuille, qui fit imprimer à Paris en 1678 un mémoire ayant pour titre : *Pendule perpétuelle, avec la manière d'élever l'eau par la poudre à canon, et autres inventions nouvelles.* On y lit le passage suivant :

« En repassant dans mon imagination toutes les forces qui pouvaient être dans la nature, il s'en présenta une qui est infiniment plus grande que celle du vent, du courant des rivières et des torrents, et la plus violente qui ait jamais été.

Cette force est la poudre à canon, que l'on n'a point encore employée à l'élévation des eaux, et dont il y a deux manières. »

Sans entrer dans la description des appareils que chacun peut facilement se présenter à l'esprit, nous ferons remarquer cette idée fausse, que l'on rencontre encore fréquemment aujourd'hui et qui ne sépare point l'idée de travail de l'idée de violence.

C'est précisément cette violence qui paraît s'opposer à l'utilisation pratique des matières explosives dans les machines ; cependant, l'essai qui en a été fait dans le moteur Lenoir a donné des résultats passables, et l'avenir nous apprendra peut-être que, grâce à des précautions spéciales, les poudres les plus brisantes peuvent engendrer de bons appareils moteurs.

Pour le moment, nous compléterons les considérations précédentes par la description d'une nouvelle sonnette à poudre à canon, dont on s'est servi en Amérique :

Sonnette à poudre à canon. — Les journaux anglais et américains, dit la Chronique des annales des ponts et chaussées de mai 1871, ont appelé à diverses reprises, il y a quelques mois, l'attention de leurs lecteurs sur une sonnette à battre les pieux, imaginée par M. Schaw, de Philadelphie, dans laquelle l'explosion d'une matière détonante produit l'enfoncement du pilotis.

La charpente de la sonnette de M. Schaw ne diffère pas de celle des sonnettes ordinaires. Le mouton est dirigé par des guides verticaux et peut être arrêté par un encliquetage particulier en un point quelconque de sa course. Le mouton est traversé suivant son axe vertical par une forte tige cylindrique, dont les extrémités dépassent ses faces inférieure et supérieure de $0^m,60$ environ, et forment ce que l'auteur appelle le plongeur inférieur et le plongeur supérieur.

La tête du pieu à enfoncer est garnie d'un chapeau en métal, au centre duquel est percé un trou vertical de $0^m,119$ de diamètre et de $0^m,457$ de profondeur, dans lequel vient s'engager le plongeur inférieur lorsqu'on laisse tomber le mouton. Ce trou est destiné à recevoir une cartouche de poudre blanche (mélange de sucre, de chlorate de potassse et de ferrocyanure jaune de potassium.)

L'introduction du plongeur dans la cavité dont on vient de parler détermine, au moment de la chute du mouton, l'inflammation de la poudre, soit par l'échauffement de l'air comprimé, soit par l'action même du choc. Le mouton est lancé à une certaine hauteur, et maintenu, au besoin, par l'encliquetage à peu près au sommet de sa course. On place une nouvelle cartouche sur la tête du pieu, on laisse retomber le mouton et ainsi de suite jusqu'à la fin de l'opération.

Le plongeur supérieur s'engage dans une cavité ménagée dans une pièce de fonte fixée entre les montants de la sonnette à une hauteur convenable. L'air contenu dans cette cavité forme un ressort qui amortit le choc et restitue d'ailleurs une certaine vitesse au mouton, quand il doit, en travail courant, revenir frapper immédiatement sur le pieu, sans rester suspendu par l'encliquetage.

Le mouton et les plongeurs, dans la sonnette qui a servi aux expériences, pesaient ensemble 306 kilogrammes. Ce mouton tombant d'une hauteur de $2^m,44$ sur un pieu de $0^m,304$ de diamètre, déjà en partie enfoncé dans un terrain résistant, le fit descendre de $0^m,033$, sans l'emploi de la poudre. En plaçant une cartouche sur la tête du pieu, l'enfoncement, par une chute à peu près égale du mouton, fut de $0^m,111$.

L'appareil fonctionne d'ailleurs avec une grande rapidité, le pieu dont on vient de parler fut enfoncé de $3^m,20$ par 55 explosions en une minute un quart, puis de $2^m,79$ par 29 explosions en quarante secondes. La tête du pieu après le battage était parfaitement intacte.

Les rapports auxquels sont empruntés les renseignements qui précèdent ne mentionnent ni le poids de poudre employée, ni le nombre d'hommes nécessaires à la manœuvre. Il est donc impossible d'établir le prix de revient du travail avec l'appareil dont il s'agit.

La sonnette à poudre de M. Schaw ne saurait assurément soutenir la concurrence des sonnettes à vapeur, qui emploient des combustibles économiques, et exécutent à la fois le battage, la mise en fiche et le déplacement de l'appareil, mais il est possible que l'emploi de la poudre pour un petit ouvrage, ne comprenant pas l'installation d'une sonnette à vapeur et exigeant une grande rapidité d'exécution, puisse offrir des avantages réels. A ce point de vue, il a paru intéressant de faire connaître la sonnette de M. Schaw.)

Machines à éther et chloroforme. — Il a été fait grand bruit, vers 1852, d'une machine à éther et chloroforme, inventée par M. du Tremblay. Cette machine, appliquée à la navigation, a été étudiée et essayée avec le plus grand soin par les commissions de surveillance de Marseille et d'Alger. Bien que l'usage en ait disparu, elle n'en est pas moins fort intéressante, et nous avons cru bon de reproduire ici un extrait du rapport de MM. Montet, Ville et Meissonnier, ingénieurs des ponts et chaussées et des mines.

« Le navire *le Du Tremblay* est en fer; il est du genre appelé mixte, c'est-à-dire qu'il est disposé pour porter des voyageurs et des marchandises, et pour marcher à la voile et à la vapeur.

Il peut recevoir 100 voyageurs et porter 250 tonnes de marchandises. Une élégante voilure de goëlette et une hélice mue par des machines de 70 chevaux de force se complètent et s'entr'aident mutuellement, avec la faculté d'agir ensemble ou séparément.

Le *Du Tremblay* est destiné à des voyages réguliers entre Marseille et l'Algérie.

Ce qui distingue le navire *le Du Tremblay* et motive ce rapport sur son premier voyage par les soussignés, membres des commissions de surveillance de Marseille et d'Alger, c'est que ses machines sont disposées pour marcher par les *vapeurs combinées* de l'eau et de l'éther.

L'emploi des deux vapeurs combinées, pour donner simultanément le mouvement à la même machine, est un système nouveau dû à M. du Tremblay, dont le navire de MM. Arnaud et Touache, le premier auquel il a été appliqué, a pris le nom.

Frappé de la perte du calorique que la vapeur d'eau entraîne avec elle dans les machines ordinaires, après avoir dépensé sa force expansive, M. du Tremblay résolut de le retenir et de l'utiliser. A cet effet, il eut la pensée de l'employer à la formation d'une seconde vapeur, dont la force viendrait s'ajouter à celle de la vapeur d'eau.

L'éther sulfurique qui, pour se volatiliser, n'exige qu'une faible température, parut à M. du Tremblay propre à réaliser sa pensée; il en fit l'essai, le résultat répondit à toutes ses espérances : dès que la vapeur d'eau fut en contact avec l'éther, elle retomba instantanément à l'état liquide, et l'éther se vaporisa. D'un côté, il s'était créé une nouvelle force expansive; de l'autre, il s'était fait un vide qui est aussi une force.

M. du Tremblay reçoit la vapeur d'eau détendue, c'est-à-dire ayant dépensé sa force, à sa sortie du cylindre, dans un appareil clos que traversent de bas en haut un nombre considérable de petits tubes rapprochés les uns des autres, mais isolés. Le pied de ces petits tubes plonge dans un réservoir d'éther placé sous l'appareil dans lequel arrive la vapeur d'eau; l'éther s'élève dans les tubes et les remplit en partie.

Dès que la vapeur d'eau a pénétré dans l'appareil que traversent les tubes, de manière à les environner de toutes parts, le phénomène dont nous avons parlé se produit; la vapeur d'eau se condense et l'éther se vaporise.

La vapeur d'eau en se condensant produit un vide qui diminue d'autant la résistance qu'elle eût elle-même opposée à la marche du piston. La vapeur d'éther qui s'est rassemblée dans un compartiment séparé, dans lequel débouchent les tubes au-dessus de l'appareil vaporisateur, renferme la force nouvelle et additionnelle qui était le but, avons-nous dit, que se proposait M. du Tremblay.

L'eau condensée est refoulée dans la chaudière d'où elle était sortie à l'état de vapeur; elle revient l'alimenter, en lui rapportant tout le calorique que l'éther ne lui a pas enlevé pour se vaporiser.

La vapeur d'éther, rassemblée au-dessus du vaporisateur, est amenée dans un cylindre spécial, en tout semblable au cylindre de la vapeur d'eau, dans lequel sa force est utilisée.

Le piston de ce second cylindre, que fait marcher la vapeur d'éther, peut agir d'une manière indépendante et constituer une seconde machine, ou il peut être attelé sur le même arbre que celui du cylindre de la vapeur d'eau; dans ce dernier cas, les deux vapeurs concourent au même travail; c'est ce qui se passe sur le navire *le Du Tremblay*, et ce qui devra se passer toujours dans les applications du nouveau système à la navigation.

La vapeur d'éther que, par plusieurs considérations que l'on comprend, il est très-important de ne pas perdre et de ne pas laisser s'échapper, est traitée comme l'a été la vapeur d'eau. Elle est introduite dans les tubes d'un appareil semblable au vaporisateur, où vient la condenser un jet continu d'eau froide, qui remplit l'appareil et environne les tubes comme le fait la vapeur d'eau dans le vaporisateur.

L'éther revenu à l'état liquide est refoulé dans le vaporisateur, comme l'eau condensée a été refoulée dans la chaudière, pour y recommencer la rotation que nous venons de décrire.

Tel est le système des vapeurs combinées dû à M. du Tremblay. Quelque succincte que soit la description que l'on vient d'en donner, elle suffit pour faire comprendre le principe sur lequel ce système repose et pour faire au moins pressentir, si ce n'est pour constater, qu'il doit résulter de son application une notable diminution de combustible.

Mais, à côté des avantages qu'offre le nouveau système, se trouvent des inconvénients, nous devons même dire des dangers, dont l'appréciation rentrait dans les attributions de la commission d'une manière plus spéciale encore que la constatation du progrès.

Les causes de nouveaux dangers, particulières au système du navire *le Du Tremblay*, tiennent à l'emploi de l'éther. L'éther, comme on le sait, qu'il soit à l'état liquide ou à l'état de vapeur, s'enflamme subitement au premier contact du feu.

Ces causes de dangers ajoutées à celles qui sont déjà inhérentes à la navigation à vapeur, ont dû appeler l'attention la plus sérieuse de la commission.

Dès la première visite qu'elle fit du navire *le Du Tremblay*, la commission constata les précautions qui ont été prises pour prévenir les accidents qui pouvaient résulter de l'emploi de l'éther, ou pour leur enlever tout caractère dangereux.

Ainsi, le vaporisateur, le condenseur et le cylindre dans lesquels est reçue la vapeur d'éther, ont tous, par une heureuse disposition des appareils, une enveloppe extérieure qui, dans le cas où une fuite se manifesterait, empêcherait la vapeur d'éther de se répandre au dehors. Ils sont munis de manomètres et de soupapes de sûreté sur chacun de leurs compartiments à vapeur.

Aucune communication n'existe entre la chambre des chaudières et celle des machines, et l'on ne pénètre dans celle-ci qu'avec des lampes de mineurs qui s'éteignent dans la vapeur d'éther et ne l'enflamment pas.

D'ailleurs, si la vapeur d'éther présente le grand inconvénient de s'enflammer au contact du feu, elle présente d'un autre côté l'avantage de prévenir elle-même du danger avant qu'il n'arrive, en annonçant sa présence par son odeur, en quelque petite quantité qu'elle soit mêlée à l'air.

Après avoir reproduit divers passages de rapports très-favorables à l'emploi de machines fixes du système de M. du Tremblay et avoir rendu compte de deux essais du bâtiment dont il s'agit, M. le rapporteur continue en ces termes :

Le navire *le Du Tremblay*, partit du port de Marseille le 7 juin 1853, à une heure après midi, pour entrer dans le port d'Alger, le 9, à six heures du soir, après cinquante-trois heures de navigation.

Nous nous hâtons de constater que, pendant ces cinquante-trois heures de navigation, la machine ne s'est jamais arrêtée, et qu'elle n'a jamais hésité, bien que le navire ait subi des temps très-divers, qui ont passé par tous les degrés, depuis le gros temps se rapprochant de la tempête jusqu'au calme plat.

Pendant le calme, la machine faisait seule avancer le navire sans le secours des voiles ; sa marche était parfaitement régulière et uniforme. Les pistons des cylindres faisaient trente-deux courses entières aller et retour par minute ; l'hélice faisait soixante-quatre tours et le navire filait 6 nœuds 1/2 à l'heure. Cette marche est loin d'être accélérée, mais on ne doit pas oublier que les forces réunies des deux machines atteignent à peine 70 chevaux. D'ailleurs, il ne s'agit pas de constater la vitesse du navire, mais la régularité de la marche de la machine, les avantages économiques du nouveau système et les moyens de prévenir les inconvénients qu'il peut présenter.

Pendant le gros temps, le vent venait par rafales; la mer frappait violemment le navire dont la marche variait nécessairement beaucoup et à tous les instants; la machine suivait toutes ces variations, mais ne s'arrêtait jamais. Si la résistance était quelquefois trop forte pour qu'elle pût la vaincre, elle semblait un instant se ralentir, mais elle reprenait immédiatement d'elle-même sa marche régulière, dès que l'obstacle n'excédait plus ses forces.

Dans le courant de la traversée, les appareils n'eurent qu'une seule fois besoin d'être alimentés d'éther; cette opération se fit sans difficultés, sans qu'il pût en résulter aucun accident et sans arrêter le mouvement de la machine ; on vissa, sur un robinet spécial du condenseur, l'extrémité d'un siphon dont l'autre branche plongeait dans le vase renfermant l'éther, qui avait pu rester sur le pont du navire. Le condenseur aspira lui-même par le vide qui se forme à l'intérieur la quantité d'éther qu'on voulut lui laisser prendre.

Des tubes en verre extérieurs donnent l'élévation de l'éther dans le condenseur et le vaporisateur et indiquent le moment où une nouvelle alimentation devient nécessaire.

Le manomètre qui indiquait la tension de la vapeur d'eau s'est tenu pendant le voyage, moyennement, à 1 atmosphère $\frac{3}{4}$, et celui qui indiquait la tension de la vapeur d'éther à 1 atmosphère $\frac{7}{8}$.

Le vide indiqué dans le condenseur de la vapeur d'eau a été de 0m,55, et celui indiqué dans le condenseur de la vapeur d'éther de 0m,10 seulement.

Si à ces données nous ajoutons que les pistons, comme nous l'avons déjà dit, battaient trente-deux coups à la minute et que leur course est de 0m,75; que le diamètre du cylindre à vapeur d'eau est de 0m,65, et celui du cylindre à vapeur d'éther de 0m,80; enfin que les machines n'ont marché qu'à demi-détente, on aura les éléments nécessaires au calcul de leur force.

Les machines ont été livrées pour une force de 70 chevaux, en marchant à la vapeur d'eau sur les deux cylindres et à la pression de 2 atmosphères.

M. Rossin, sous-directeur des constructions navales à Toulon, a trouvé que travaillant à deux vapeurs et à demi-détente, leur force était :

Sur le piston à vapeur d'eau de. . . . . 35.00 chevaux.
Sur le piston à vapeur d'éther de. . . . . 36.24 —
Ensemble. . . . 71.24 —

M. Meissonnier, en prenant les données ci-dessus, recueillies pendant notre voyage, mais en supposant que les pistons ne battaient que trente coups par minute, a trouvé pour leur force :

Sur le piston à vapeur d'eau. . . . . 34 chevaux.
Sur le piston à vapeur d'éther. . . . . 33 —
Ensemble. . . . . 67 —

La réduite de ces trois résultats, qui diffèrent peu entre eux et qui ont été sans doute exacts chacun à des moments donnés, est de 69 chevaux 41.

On remarquera qu'il a existé une grande différence entre les vides produits par la condensation de la vapeur d'eau et par celle de la vapeur d'éther. Cette différence tient à deux causes : l'une est due à la tension que conserve encore la vapeur d'éther à la température de l'eau de mer employée à la condenser; l'autre à l'insuffisance du condenseur, dont les surfaces ne présentent pas un développement assez grand. Défaut facile à comprendre et bien excusable quand on sait que la machine du *Du Tremblay* est la première du système à vapeurs combinées qui ait été installée sur un navire. Sa construction et son installation ont été une suite d'études et de tâtonnements qui ont nui à l'ensemble des appareils et à leur accord réciproque; c'est l'insuffisance du condenseur pour liquéfier toute la vapeur d'éther qui se serait produite qui, dans le cours de notre voyage, n'a permis ni de porter à 2 atmosphères la pression des vapeurs d'eau et d'éther, ni de marcher à toute vapeur.

Ce défaut d'accord ne se produira pas sans doute dans une nouvelle machine.

Disons, pour compléter le compte rendu de notre première traversée, qu'en aucun moment l'éther n'annonça sa présence d'une manière sensible et incommode, et surtout d'une manière qui pût éveiller quelques craintes; qu'il ne se manifesta, par conséquent, aucune fuite dans les joints, ce qui lève tous les doutes que l'on pouvait concevoir sur le succès du nouveau système appliqué à la navigation maritime. La consommation de l'éther fut d'environ un demi-litre par heure : son prix étant moyennement de 2 francs le litre, la dépense par heure a été de 1 franc; elle eût été certainement moins forte si les surfaces du condenseur avaient eu un plus grand développement, mieux en rapport avec la quantité de vapeur à condenser.

Nous ne repartîmes d'Alger que le 15, à une heure après-midi.

Notre seconde traversée se fit comme la première, sans aucun incident qui pût faire naître quelque crainte et faire douter du succès: seulement la marche du navire ayant été presque constamment contrariée par une forte mer et par un vent debout, la durée de la traversée fut de soixante-neuf heures, au lieu de cinquante-trois qu'avait duré la première.

Quelque ingénieuse que soit la pensée de M. du Tremblay, au point de vue mécanique et au point de vue de l'art, les avantages économiques sont le beau côté, le côté utile de son invention; ils étaient d'ailleurs son but. Dans le cours de nos deux traversées, nous avons fait quatre expériences sur la quantité de charbon dépensé. Elles ont duré ensemble trente-six heures cinquante minutes, et elles ont eu lieu à peu près dans toutes les conditions de mer et de vitesse. D'ailleurs, quel que fût l'état du temps et des vents, que les machines fussent seules à faire marcher le navire, ou qu'elles fussent aidées par les voiles, la force qu'elles dépensaient était toujours à très-peu près constante et d'environ 70 chevaux, comme l'indiquait la position très-peu variable des aiguilles des manomètres qui mesuraient les pressions et les vides.

La quantité de charbon dépensé, pendant les $36^h,50$ qu'ont duré nos expériences, a été de $2,860^k,90$, régulièrement et soigneusement pesé, soit par heure, en moyenne $77^k,67$ et par force de cheval $1^k,11$, en admettant que la force de la machine fût de 70 chevaux, et $1^k,16$ en ne la comptant que de 67.

Avant de marcher par les vapeurs combinées de l'eau et de l'éther, les machines du *Du Tremblay* ont marché sous les mêmes pressions, donnant par conséquent la même force, avec la vapeur d'eau seule, agissant sur les deux cylindres. Elles ont consommé, d'après le journal du bord et les livres des armateurs, pour 2,818 heures de chauffe, 851,950 kilogrammes de charbon, soit par heure 502 kilogrammes, et par force de cheval 4ᵏ,51 à 4ᵏ,51.

D'après ce calcul, on serait arrivé, par l'introduction de la vapeur d'éther, à une économie de charbon sur la quantité dépensée, quand les deux cylindres marchaient par la seule vapeur d'eau, de 5ᵏ,20 à 5ᵏ,35 par heure et par force de cheval, ou de 74,26 p. 100, résultat si beau que nous osons à peine y croire, bien que l'exactitude des chiffres sur lesquels nos calculs sont basés, nous soit de nouveau affirmée, et qu'il diffère peu de celui que nous donnent nos propres expériences.

Nous avons trouvé pour la dépense en charbon 1ᵏ,11 ou 1ᵏ,16 par heure et par force de cheval : les meilleurs constructeurs ne descendent pas au-dessous de 4 kilogrammes pour les conditions stipulées dans leurs marchés comme minimum de dépense des machines qu'ils livrent pour la navigation ; d'où l'économie par l'introduction de la vapeur d'éther serait de 2ᵏ,89 à 2ᵏ,84 par heure et par force de cheval ou de 71 à 72,25 p. 100, résultat peu inférieur au précédent et qui laisse un brillant succès à l'inventeur.

D'ailleurs, quoi qu'il en soit de l'exactitude plus ou moins rigoureuse de ces calculs et des résultats que nous avons déduits et que l'expérience rectifiera, s'il y a lieu, toujours est-il qu'il est demeuré constant et incontestable pour nous qu'au point de vue de la dépense en charbon, le système de M. du Tremblay présente une très-grande économie, et que la dépense en éther, loin de contre-balancer les avantages de cette économie, en change à peine le résultat.

Le rapport de M. Montet se termine par l'indication de mesures de précaution prescrites par la commission et par quelques considérations générales inutiles à reproduire ici.

Un rapport postérieur de M. l'ingénieur anglais Georges Reanie, confirme d'une manière à peu près complète les appréciations des ingénieurs français dont nous venons de reproduire en partie le travail.

Enfin M. Montet nous écrit qu'une expérience de trente-six traversées (dix-huit voyages) exécutées en neuf mois par le *Du Tremblay*, entre Marseille et les côtes d'Afrique, a corroboré de la manière la plus complète les assertions de son rapport.

Dans cet intervalle de neuf mois, aucune avarie, aucun dérangement dans la machine du *Du Tremblay* ou dans ses autres appareils n'ont arrêté ou ralenti ses voyages. Il a constamment marché par les deux vapeurs combinées en réalisant sur les traversées qu'il avait primitivement faites à la vapeur d'eau seulement, une économie de 60 à 70 p. 100 sur la quantité de charbon brûlé, et de 50 à 60 p. 100 sur la dépense en argent.

Enhardis par le succès du *Du Tremblay*, les armateurs ont fait construire deux nouveaux navires dans le même système, mais d'un beaucoup plus fort tonnage. »

Considérations générales sur les machines à gaz, à air chaud et à vapeurs autres que la vapeur d'eau. — Pour résumer utilement les descriptions précédentes et pour montrer complètement l'état de la question, nous terminerons par un extrait du rapport de M. Lebleu, ingénieur des mines, sur les machines à gaz, à air chaud et à vapeurs autres que la vapeur d'eau, admises à l'Exposition universelle de 1867.

Machines à gaz. — Trois machines à gaz figurent à l'Exposition et sont remarquables à des titres divers :

Le moteur Lenoir, qu'une immense publicité a fait connaître il y a quelques années, et qui, d'ailleurs, était exposé en 1862. On sait que le principe de cette machine consiste dans la combustion d'un mélange de gaz hydrogène carboné et d'air qui est introduit dans un cylindre par l'aspiration même du piston pendant la première moitié de sa course, tandis que, pendant la seconde moitié, ce mélange est enflammé au moyen d'une étincelle électrique; il se dilate alors et produit la force motrice. La consommation est de 2,500 à 3,000 litres de gaz par force de cheval et par heure. Nous n'avons nullement l'intention de revenir sur les avantages et les inconvénients de cette machine qui a été étudiée depuis plusieurs années et qui est jugée aujourd'hui comme pouvant rendre des services malgré la consommation considérable de gaz et d'eau de refroidissement, et malgré les soins incessants dont elle doit être l'objet.

M. Hugon étudiait depuis longtemps les machines à gaz et avait déjà proposé plusieurs systèmes, quand parut le moteur Lenoir. Il continua à faire de nombreuses expériences dans ses ateliers, et la machine qu'il a présentée est le fruit de longues études. Le principe de ce moteur consiste dans la combustion d'un mélange de gaz et d'air atmosphérique dans lequel se trouve injectée une petite quantité d'eau qui est instantanément transformée en vapeur; l'inflammation du mélange combustible se fait au moyen d'un bec de gaz constamment allumé au point où l'introduction a lieu sous le cylindre.

Un avantage incontestable de ces dispositions est de régulariser la marche de la machine dans laquelle le mélange d'air et de vapeur d'eau agit à une température beaucoup plus basse que le mélange gazeux seul; aussi la quantité d'eau de refroidissement est-elle peu considérable et la production des cambouis dans le cylindre presque nulle. D'un autre côté, l'inflammation par un bec de gaz est beaucoup plus sûre que par l'électricité. La machine de M. Hugon semble consommer à peu de chose près la même quantité de gaz que le moteur Lenoir. Elle fonctionne d'ailleurs régulièrement, ainsi qu'on a pu s'en convaincre à la Manutention où elle a marché pendant toute la durée de l'Exposition.

A côté des deux machines françaises que nous venons de mentionner, on a remarqué avec un vif intérêt, dans la grande galerie des arts usuels, une machine prussienne présentée par MM. Otto et Langen, de Cologne, et établie d'après un principe tout différent. Celle-ci est à simple effet; un cylindre vertical entièrement ouvert à sa partie supérieure est muni d'un piston au-dessous duquel arrive un mélange d'une grande quantité d'air avec une faible proportion de gaz.

L'inflammation a lieu au moyen d'un bec de gaz; l'air échauffé par la combustion de l'hydrogène carboné se dilate et soulève le piston qui, dans sa course ascendante, est en quelque sorte isolé du moteur et n'a aucune action sur lui. L'air dilaté ne tarde pas à se refroidir et à se contracter; le piston redescend alors sous la double action de cette contraction et de son propre poids, et c'est dans cette course descendante qu'il communique le mouvement au moteur. La description complète de la machine, qui comporte un grand nombre d'organes très-délicats et très-ingénieux nécessiterait un dessin; mais les quelques lignes précédentes suffisent pour en faire comprendre le mécanisme. De nombreuses expériences ont été faites sur le moteur de MM. Otto et Langen. Les courbes relevées au moyen de l'indicateur, sont généralement régulières et dessinent la marche de l'appareil telle que nous venons de l'expliquer. La consommation d'eau de refroidissement est insignifiante, et la consommation du gaz par force de cheval et par heure, est d'environ 1,200 litres. Ces résultats sont très-remarquables, surtout pour une machine de la force d'un demi-cheval, comme le modèle figurant à l'Exposition, lequel a été grossièrement construit et sera sans aucun doute perfectionné. Nous pouvons donc constater un progrès très-réel dû à MM. Otto et Langen, qui ont ainsi ouvert une nouvelle voie pour la construction des machines motrices à gaz. »

Machines à air chaud. — « Les machines à air chaud ne sont guère représentées que par deux systèmes qui déjà figuraient à l'Exposition de 1862. M. Robinson de New-York, a présenté une machine d'Ericcson trop connue pour qu'il soit nécessaire de la décrire. M. Laubereau de Paris, a exposé une machine de son invention, à laquelle il a apporté quelques modifications depuis cinq ans. C'est toujours une masse d'air constante qui se dilate et se contracte par son contact avec des surfaces de chauffe et de refroidissement relativement assez considérables. L'augmentation et la diminution de volume correspondent à la course d'un piston dans un cylindre. Cet appareil ingénieux n'est pas encore répandu dans l'industrie. Nous ne croyons donc pas devoir insister plus longuement sur les machines à air chaud proprement dites. »

Machine à ammoniaque. — « M. Frot, ingénieur de la marine, ayant pensé qu'une machine employant une vapeur produite à une température plus basse que la vapeur d'eau, donnerait des résultats plus économiques, a cherché quel liquide il pourrait employer pour arriver à ce résultat. La dissolution du gaz ammoniac dans l'eau lui a paru remplir cette condition et toutes les autres que comporte le problème. Sa machine comprend, comme la machine à vapeur ordinaire, une chaudière dans laquelle se trouve l'ammoniaque liquide, un cylindre dans lequel la vapeur ammoniacale agit sur le piston, un condenseur pour ramener cette vapeur à l'état liquide, dissoudre de nouveau le gaz et permettre son retour dans la chaudière. On comprend que ce condenseur et les différentes pièces accessoires forment la partie essentielle de la machine et constituent sa différence avec la machine à vapeur. Aussi devrons-nous entrer à ce sujet dans quelques détails.

Le fonctionnement du nouveau moteur repose sur un écoulement hors de la chaudière de deux courants, l'un gazeux passant par le cylindre, le second liquide venant rejoindre le courant gazeux à sa sortie du cylindre moteur pour l'absorber et lui permettre de rentrer dans la chaudière sous forme liquide. C'est un double circuit fermé dont la chaudière où se produit la chaleur, et l'appareil où se reproduit la dissolution, appelé dissoluteur, forment les deux maillons communs.

La machine de M. Frot est une simple locomobile à vapeur de 15 chevaux à laquelle on a ajouté un dissoluteur, dans lequel la vapeur ammoniacale, déjà en partie liquéfiée, se rend en sortant du condenseur. Ce dissoluteur est une boîte métallique traversée par des tubes dans lesquels passe de l'eau de refroidissement qui provient d'un réservoir extérieur quelconque et qui ensuite se rend au condenseur dont elle enveloppe les tubes. L'eau provenant de la chaudière et destinée à redissoudre l'ammoniaque, est d'abord refroidie dans un serpentin où elle est entourée de l'eau d'alimentation et se rend ensuite au dissoluteur où elle absorbe le gaz ammoniac libre, puis elle est reprise par une pompe et refoulée dans la chaudière. La machine fonctionne en vertu de la différence de saturation qui existe entre la dissolution ammoniacale de la chaudière au pèse-alcali (19°) et celle du dissoluteur (26°).

Les expériences faites à l'Exposition ont démontré que cet appareil fonctionne bien ; mais de nombreuses objections ont été faites contre son application pratique. Les fuites semblent devoir être une cause de gêne continuelle. Cependant M. Frot répond que le fer se conserve beaucoup mieux dans l'ammoniaque que dans l'eau, et que, dans les presse-étoupes, l'huile est saponifiée par l'alcali, et

rend toute fuite impossible. L'expérience seule peut prononcer sur la valeur de
ces objections ainsi que d'une foule d'autres et de la réponse qui y a été faite.
L'expérience prouvera aussi quel est le chiffre réel de la consommation en combustible, que M. Frot annonce être très-inférieure à celle d'une machine à vapeur.
Une commission nommée par S. Exc. le ministre de la marine a examiné depuis
plusieurs mois la machine de M. Frot et donnera sans aucun doute des chiffres
positifs sur la quantité de combustible qu'elle consomme; nous ne pouvons donc
rien affirmer en attendant le rapport de cette commission. La machine à ammoniaque est encore une nouveauté, et ne peut nullement être considérée comme un
appareil industriel. Nous la citons néanmoins avec le plus grand intérêt parce
qu'elle résume des idées nouvelles, dont l'application pratique deviendra peut-
être possible et constituera alors une sérieuse découverte pour l'industrie.

MOTEURS ÉLECTRIQUES.

Ce sera compléter d'une manière intéressante ce que nous avons dit sur les
diverses espèces de moteurs que d'exposer le principe des moteurs électriques,
qui sont encore dans l'enfance, et pour lesquels on prévoit un
grand développement dans l'avenir.

La figure 409 représente un des moteurs électriques des
plus simples, celui de Page. — Un cadre CC′ guidé par des
glissières, entoure deux électro-aimants B et B′ ; un électro-
aimant se compose d'une bobine de fils métalliques, dont
les diverses spires sont isolées les unes des autres ; l'âme de
la bobine est occupée par un cylindre de fer doux qui se
transforme en aimant énergique toutes les fois qu'un courant
traverse le fil. — Le cadre porte sur ces deux petits côtés deux
cylindres de fer doux F et F′, qui peuvent pénétrer à l'intérieur des bobines et qui sont attirés par ces bobines lorsqu'un courant électrique y passe. — Au moyen d'un commutateur on s'arrange de telle manière que le courant d'une
pile passe alternativement dans la bobine B et dans la bobine
B′. — Lorsqu'il passe dans B, le fer doux F est attiré et
pénètre dans la bobine inférieure, le cadre le suit, et le fer
doux F′ n'oppose du reste aucune résistance autre que son
poids, car la bobine B′ ne fonctionne pas. Mais, un instant
après, c'est la bobine B′ qui devient active, tandis que l'autre
devient neutre, le fer doux F′ est attiré à son tour, tandis que
F n'est sollicité par rien.

Il en résulte un mouvement oscillatoire continu du cadre
et ce mouvement oscillatoire se transforme par la bielle T et
la manivelle M, en une rotation continue de l'arbre de couche A, qui porte avec lui son volant V. — C'est l'arbre de
couche qui commande lui-même le commutateur, de même
que l'arbre d'une machine à vapeur commande le tiroir de
distribution.

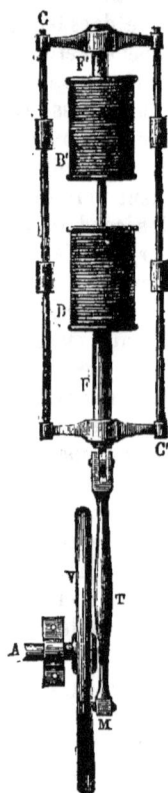

Fig. 409.

La forme des machines électro-motrices a été beaucoup variée ; mais, on n'est
point arrivé à construire de machines puissantes, et, dans tous les cas, les résul-

tats économiques ont été détestables. Le cheval-vapeur est toujours revenu incomparablement plus cher qu'avec les machines à vapeur ; et cela se conçoit, car le travail dû à l'électricité vient de l'oxydation, c'est-à-dire de la combustion du zinc, tandis que le travail de la vapeur vient de la combustion du charbon ; or, pour produire le zinc, il faut consommer beaucoup de charbon.

Ce n'est donc point dans le perfectionnement des mécanismes et de la forme qu'il faut chercher le progrès des moteurs électriques ; la forme est aussi parfaite que possible. Quoi qu'on fasse, la machine électro-motrice ne pourra lutter avec la machine à vapeur, tant qu'on n'aura pas trouvé une source d'électricité simple, peu coûteuse, et en même temps fort énergique ; ce qu'on est bien loin d'obtenir avec les piles actuelles.

Si les moteurs électriques sont encore peu utiles, il n'en est pas de même du système inverse qui consiste à produire l'électricité avec des machines à vapeur. Ainsi, ce sont des locomobiles qui mettent en mouvement les machines magnéto-électriques des phares de la Hève ; ces machines produisent de l'électricité dont on se sert pour porter au rouge des baguettes formées avec le charbon des cornues à gaz, et l'on obtient de la sorte une lumière intense, bien supérieure à celle que donnent les systèmes de lampes perfectionnées.

On jugera bien de l'état de la question par l'extrait suivant du rapport de M. Lebleu sur les moteurs électriques à l'exposition de 1867 :

« L'application, comme force motrice de l'attraction magnétique développée sur un fer doux par le passage d'un courant électrique, a été l'objet de bien des recherches. On a même été jusqu'à prévoir le moment où l'électricité pourrait remplacer la vapeur sur les chemins de fer et dans la navigation. Malheureusement, la dépense considérable des piles électriques et la difficulté de tirer parti d'une force qui n'agit, pour ainsi dire, qu'au contact ou à une très-faible distance, a détruit depuis longtemps ces illusions. Le moteur électrique n'a été appliqué avec succès qu'à des appareils de précision n'exigeant qu'un minime travail. Il n'est pas encore sorti du cabinet de physique pour prendre une place quelconque dans l'industrie.

Néanmoins, un spécimen nouveau, exposé par M. Cazal, de Paris, et disposé pour actionner directement une machine à coudre, présente dans sa disposition un certain intérêt. Cet appareil, remarquable par sa simplicité, se compose d'un électro-aimant circulaire, calé sur l'arbre à mouvoir et formé de deux disques ou plateaux entre lesquels s'enroule le fil conducteur du courant. La circonférence de ces disques est taillée comme une roue d'engrenage à larges dents ; elle offre une série de parties pleines et de parties évidées en demi-cercle, correspondant à des dentelures semblables d'une couronne métallique fixe, à l'intérieur de laquelle peut tourner l'électro-aimant en s'en approchant le plus possible, mais sans la toucher. Cette couronne joue le rôle d'armature ; quand les pleins de l'électro-aimant se trouvent en regard des creux de celle-ci, le courant passe et l'attraction magnétique déplace les disques, qui entraînent l'arbre dans leur mouvement angulaire. Par le moyen d'un commutateur calé sur une embase isolante de l'arbre, et formée d'une roue dentée, dont les saillies sont en nombre égal à celui des disques, le courant circule quand les dents de l'électro-aimant arrivent en face de celles de l'armature. L'électro-aimant, devenu inerte, continue son mouvement comme un volant, et le courant se ferme de nouveau dès que ses dents correspondent aux creux de l'armature. Pour un tour complet, il s'est donc produit autant d'attractions qu'il y a de dents à l'armature. L'action magnétique s'exerce, d'ailleurs, sur la moitié de la circonférence des disques mobiles, et son intensité n'est pas diminuée par l'éloignement de l'armature, celle-ci restant à la même distance de ces disques.

Un avantage assez important de ce moteur, c'est qu'il peut tourner indistinctement à droite, à gauche, et suivant l'impulsion première qu'il reçoit, M. Cazal a eu l'idée d'en tirer parti pour la marche d'une navette de métier à tisser de grande largeur. On sait que la course de cet organe est forcément limitée dans les métiers ordinaires, et que, par suite, la largeur des tissus ne peut dépasser une certaine limite ; M. Cazal monte une navette sur un chariot roulant sur des rails, et la fait cheminer par son moteur électrique appliqué à l'un des essieux de ce chariot qui, une fois arrivé au bout de sa course, heurte une pièce qui change le sens de la rotation des roues, et le fait ainsi revenir à son point de départ. Il y a peut-être là le principe d'une application industrielle intéressante.

La compagnie électro-magnétique de Birmingham a présenté un moteur établi sur le même principe que tous ceux qui ont été construits depuis l'origine des recherches ci-dessus mentionnées, c'est-à-dire d'après l'attraction d'un électro-aimant sur une armature fixée à l'extrémité d'une manivelle. Une disposition ingénieuse permet d'obtenir quatre attractions successives pour un tour de manivelle ; ce qui donne à cette machine une supériorité incontestable sur celles qui l'ont précédée. La même compagnie a exposé des machines destinées à transformer le travail mécanique en lumière, et qui ne peuvent par conséquent rentrer dans la catégorie des moteurs électriques. Ces machines basées sur la découverte de Ruhmkorff présentent des dispositions analogues à celles de M. Berlioz, dont il a été question dans le rapport sur la classe 12. Une machine à aimanter de M. Arthington, de Huddersfield, donne lieu à la même observation.

MM. Prévost et Cuizinier, de Montluçon, ont exposé un moteur électrique qui, par le moyen d'une courroie spéciale, devrait faire développer à l'arbre de couche un travail de 300 kilogrammètres avec deux éléments Bunsen seulement. Jusqu'à présent, ces inventeurs n'ont pu fournir la preuve de leurs assertions, leur appareil étant resté au repos.

En résumé, l'emploi de l'électricité comme force motrice n'a pas fait de progrès depuis la dernière exposition universelle ; c'est une des questions réservées à l'avenir. »

CALCUL DE LA PUISSANCE D'UNE MACHINE A VAPEUR ET CALCUL DES DIMENSIONS D'UNE MACHINE A VAPEUR DE PUISSANCE DONNÉE.

C'est sans contredit une question des plus importantes que de pouvoir déterminer par le calcul, soit la puissance d'une machine à vapeur que l'on voit fonctionner, soit les dimensions et la vitesse d'une machine à vapeur que l'on se propose d'établir avec une puissance donnée.

Ces deux questions sont loin d'être résolues théoriquement, car elles sont intimement liées à la théorie mécanique de la chaleur ; — pratiquement, elles sont résolues d'une manière simple et suffisante.

Il est à remarquer du reste que la puissance d'une machine peut varier dans des proportions fort considérables, suivant la pression de la vapeur, le degré de détente et de condensation et suivant la vitesse du piston, vitesse intimement liée au nombre de tours que l'arbre exécute par minute.

Dans toutes ces allures différentes, il y en a une qui convient mieux que toutes les autres et qui donne le rendement le plus élevé en travail moteur ; c'est l'allure normale qui, malheureusement, n'est pas toujours déterminée avec exactitude.

Pour apprécier le travail produit par la vapeur sur un piston mobile dans un cylindre, le point de départ est de déterminer à chaque instant la pression réelle du fluide. — C'est cette détermination qui va nous occuper tout d'abord ; elle se fait par l'indicateur de Watt.

Indicateur de Watt. — Pour bien faire comprendre l'indicateur de Watt, il est nécessaire de rappeler en quelques mots comment on obtient la représentation graphique d'un travail mécanique.

Qui dit travail mécanique, dit à la fois effort et déplacement ; le travail est le produit de l'effort par le déplacement.

Deux cas peuvent se présenter : l'effort est constant, pendant toute la durée du déplacement, où il est variable.

1º Si l'effort est constant, on obtiendra le travail en multipliant le nombre de kilogrammes qui mesure l'effort par le nombre de mètres qui mesure le déplacement ; le produit représentera des kilogrammètres, qu'il sera facile de transformer en chevaux-vapeur, si on divise ce produit par 75.

Graphiquement, si l'on prend deux axes de coordonnées rectangulaires, que, sur l'axe des x on compte les déplacements mesurés à une certaine échelle, et sur l'axe des y les efforts mesurés aussi à une échelle déterminée, deux coordonnées correspondantes formeront un rectangle dont l'aire mesurera le travail puisque cette aire est le produit des deux coordonnées.

Ainsi le travail dû à un effort constant est graphiquement représenté par un rectangle. — Pour une machine à vapeur qui fonctionnerait sans détente ni condensation, le travail transmis au piston à chaque course est mesuré par le rectangle ayant pour côtés la longueur de la course du piston et la pression constante effective exercée par la vapeur.

2º Si l'effort est variable, décomposons par la pensée le déplacement total en une série d'intervalles assez petites pour que l'on puisse considérer l'effort comme constant pendant chacun de ces intervalles. Le travail total sera la somme des travaux élémentaires ; et, si l'on adopte le même système de coordonnées rectangulaires que plus haut pour représenter les efforts et les déplacements, le travail total sera représenté par une série de petits rectangles accolés, ayant tous une de leurs bases sur l'axe des x, et l'autre base limitée à la courbe représentative des efforts. — Le travail total est donc mesuré par l'aire comprise entre cette courbe, l'axe des x et les ordonnées extrêmes.

En particulier, considérons le travail de la vapeur agissant par détente sur un piston, supposons que la détente soit réglée au ¼ et que la pleine pression de la vapeur soit réglée à six atmosphères. Portons sur l'axe des x la longueur oa de la course et divisons-la en quatre parties égales ; portons sur l'axe des y la longueur qui représente six atmosphères et divisons-la en six parties égales. Pendant le premier quart de la course, la pression est constante et le travail est mesuré par l'aire du rectangle ($obcd$) ; pour trouver le travail pendant le reste de la course il faut construire la courbe représentative des pressions ; il est facile de le faire en recourant à la loi de Mariotte qui nous apprend que les pressions d'une même masse de gaz à température constante varient en raison inverse des volumes occupés par cette masse. Cherchons donc la pression y qui correspond à la posi-

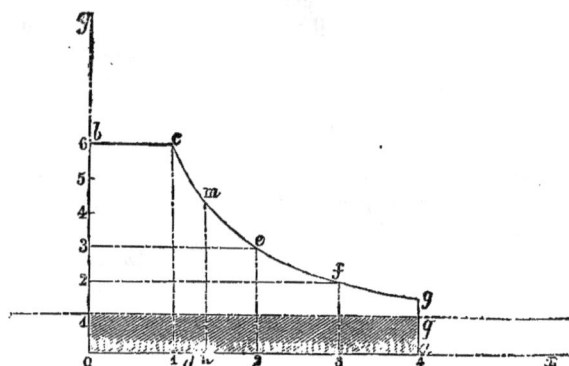

Fig. 410.

tion n du piston, et désignons par x la longueur on ; les volumes occupés par la vapeur sont proportionnels à la longueur parcourue par le piston depuis le fond du cylindre, d'où la relation :

$$\frac{y}{6} = \frac{\frac{1}{4}\,oa}{x}, \quad \text{ou} \quad yx = \frac{6}{4}\,oa$$

Cette relation représente une hyperbole rapportée à ses asymptotes, et, comme ces asymptotes sont rectangulaires, c'est une hyperbole équilatère. D'une manière générale, en désignant par p la pleine pression, par n la fraction de détente, par l la longueur de la course, la courbe des pressions a pour équation.

$$xy = p.n.l.$$

Dans le cas qui nous occupe, la pression est de 3 atmosphères à la moitié de la course du piston, de 2 atmosphères au troisième quart, et de 1 1/2 atmosphère à la fin.

Le travail total est mesuré par l'aire mixtiligne $obcga$.

C'est le travail produit en arrière du piston ; pour avoir le travail réel, il faut en retrancher le travail de la contre-pression, qui est égal à la pression atmosphérique si la machine fonctionne sans condensation. Ce travail résistant est représenté par le rectangle $o1qa$, qu'il faut retrancher de l'aire précédente, de sorte que le travail réel se trouve finalement mesuré par l'aire mixtiligne $1bcgq$.

Ces préliminaires exposés, abordons la description de l'indicateur de Watt, qui n'est autre qu'un manomètre spécial décrivant automatiquement le contour de l'aire que nous venons d'étudier ci-dessus.

Cet indicateur, perfectionné par Macnaught, est représenté par les figures 7 à 11 de la planche XVI ; on en construit en France de nouveaux modèles, mais le principe est toujours le même et le mécanisme principal est absolument analogue.

Considérons le système représenté par les figures 7 et 8 ; sur un des robinets graisseurs du cylindre, on fixe l'appareil, dans lequel le robinet R permet d'introduire à chaque instant la vapeur. La vapeur entre donc dans le petit corps de pompe qui surmonte le robinet et vient exercer sa pression sur la face inférieure du petit piston K, dont la tige verticale t s'élève dans l'axe du cylindre DD′ ; cette tige est entourée par un ressort conique qui prend son point d'appui d'une part sur une petite couronne métallique que porte la tige et d'autre part sur le couvercle du cylindre ; la pression effective exercée sur le piston k est donc mesurée par la déformation que subit le ressort. Un index m, fixé à la base du ressort, indique les déplacements sur une échelle graduée placée sur la paroi extérieure du cylindre DD′ ; à chaque position du ressort sur cette échelle correspond une pression déterminée sur le piston, et, si la graduation est faite à l'avance au moyen de poids, on aura la valeur des pressions en kilogrammes par centimètre carré ou en atmosphères, car pratiquement la différence entre une pression d'un kilogramme par centimètre carré et une pression d'une atmosphère est négligeable. Généralement le zéro de l'échelle correspond au cas où la vapeur n'agit point sur l'appareil ; c'est la pression atmosphérique qui s'exerce sur chaque face du piston, et il en résulte pour le ressort une pression effective nulle.

Lorsque la vapeur agit, si sa pression est supérieure à une atmosphère, le piston s'élève et l'index monte au-dessus du zéro ; si au contraire la pression de la vapeur est inférieure à une atmosphère, le piston est aspiré vers le bas et l'index descend au-dessous du zéro ; c'est ce qui arrive lorsque la vapeur du cylindre subit une détente prolongée ou lorsqu'elle est en communication avec un condenseur.

Ainsi constitué l'appareil est donc un manomètre, et, en l'observant d'une manière continue, on connaîtra les tensions successives de la vapeur.

Mais le véritable perfectionnement a été de faire inscrire par l'appareil lui-même ces tensions successives. A cet effet, le curseur m se prolonge par une branche métallique que termine un crayon pointu (a), qu'une lame de ressort appuie constamment sur le cylindre inférieur CC′. Ce cylindre qui entoure le corps de pompe à frottement doux peut tourner autour de lui et il est indépendant du cylindre supérieur DD′. Sa surface est recouverte d'une feuille de fort papier blanc que l'on étale avec soin et que l'on maintient par les deux lames de ressort s. Si ce cylindre CC′ était immobile, il est évident que le crayon tracerait sur le papier une génératrice verticale du cylindre ; mais, si l'on imprime au cylindre un mouvement de rotation toujours proportionnel au mouvement de translation du piston, le crayon tracera sur le papier une courbe dont les ordonnées verticales mesureront les efforts exercés sur le piston K et dont les abscisses horizontales mesureront les déplacements du piston. On obtiendra donc la courbe théorique étudiée plus haut, dont l'aire mesure le travail moteur exercé par la vapeur sur le piston.

Reste à expliquer comment le mouvement du piston se transforme en une rotation du cylindre CC′. Ce cylindre porte à sa base une gorge dans laquelle s'enroule une ficelle, qui passe sur la poulie P et s'attache soit au parallélogramme du balancier (figure 9), soit à la tige du piston ou à la manivelle s'il s'agit d'une machine horizontale ; en tout cas cette ficelle est animée de déplacements proportionnels à ceux du piston et les transmet au cylindre CC′. Cela va bien pour une oscillation simple du piston lorsque la ficelle est tirée, mais, quand le piston revient sur lui-même, la ficelle n'est plus motrice et il faut la maintenir tendue par un procédé spécial ; cette fonction est dévolue à un ressort en spirale X qui a son point d'appui sur le petit corps de pompe ; ce ressort tend sans cesse à se dérouler et à faire tourner le cylindre de C′ vers C ; lorsque la ficelle est motrice elle n'a point de peine à vaincre le ressort et à faire tourner le cylindre de C vers C' ; au retour, c'est le ressort qui agit et qui maintient la ficelle tendue, si bien que, dans tous les cas, la vitesse de la feuille de papier reste proportionnelle à la vitesse du piston.

En France, la forme la plus fréquente que l'on donne à l'indicateur de Watt est représentée par les figures 10 et 11. Le cylindre qui renferme le petit corps de pompe et le piston indiqués en pointillé est d'un diamètre beaucoup plus faible ; on se sert d'un ressort à boudin plus long et plus sensible que le précédent ; la branche du crayon est horizontale, et le cylindre enregistreur est rejeté sur la droite. Sous cette forme, l'indicateur est très-commode et n'occupe que peu de place. Souvent, on l'installe sur un des robinets graisseurs, mais il vaudrait beaucoup mieux réserver de petits ajutages spéciaux à chaque bout des cylindres. Ce serait un perfectionnement appelé à rendre de grands services, car, malheureusement les constructeurs et les industriels n'ont que bien rarement recours à l'indicateur de Watt.

Il va sans dire que la ficelle motrice doit être conduite par une partie du mécanisme telle que l'amplitude de l'excursion soit inférieure à la section droite du cylindre sur lequel la feuille de papier est enroulée.

L'expérience ne peut se faire que pour un coup double de piston, car à la fin de ce coup double, le crayon a décrit une courbe fermée, il revient à son point de départ, et si l'on continuait l'expérience, il décrirait une série de courbes fermées se confondant plus ou moins avec la première, ce qui ne ferait qu'obscurcir le diagramme primitif. On appelle diagramme la courbe représentative des pressions que trace le crayon.

Détermination de la puissance d'une machine par l'indicateur de Watt.
Pour faire l'expérience, on visse l'indicateur sur le cylindre moteur ; on règle la longueur de la ficelle de manière à ce qu'elle soit convenablement guidée ; on enroule la feuille de papier autour du cylindre enregistreur, et, au moment où le piston part du fond du cylindre moteur, on ouvre le robinet R, l'appareil fonctionne ; on ferme le robinet lorsque le piston a accompli sa double oscillation et est revenu toucher le fond du cylindre moteur. La courbe est complète ; on enlève la feuille, on la déplie, on lui donne un numéro d'ordre, et de cinq minutes en cinq minutes on prend un nouveau diagramme.

L'observation dure ainsi quelques heures, et de l'ensemble des diagrammes on déduit par le calcul des surfaces le travail moyen de la vapeur pour un coup de piston pour un centimètre carré de la surface de ce piston.

On aura le travail total pendant la durée de l'observation, si on connaît le nombre de tours que l'arbre de couche a exécutés, car, à un tour de l'arbre de couche, correspond un coup double du piston ; et, en multipliant le double du nombre de tours de l'arbre par l'aire moyenne d'un diagramme, le produit représentera le travail par centimètre carré du piston.

Quelquefois, on se sert, pour déterminer le nombre de tours, d'une montre à secondes ; tous les quarts d'heure par exemple, on compte le nombre de tours que l'arbre exécute pendant une demi-minute, et l'on applique la moyenne de ces comptages à la durée complète de l'expérience. Mais, il est bien préférable de recourir à un compteur à aiguilles que l'on place sur l'arbre de couche et qui enregistre directement le nombre de tours ; on conçoit sans peine comment on construit un compteur, c'est une série de roues d'engrenages analogues à celles d'une montre ; chacune porte une aiguille sur son axe, l'une marque les unités, l'autre les dizaines, une troisième les centaines, etc... On place son compteur dès le commencement de l'expérience, on l'embraye à la fin, et l'on n'a plus qu'à inscrire le résultat qu'il indique.

Une précaution capitale, que l'on néglige quelquefois, c'est de prendre les diagrammes alternativement sur chaque face du piston, c'est-à-dire à chaque extrémité du cylindre ; car il arrive souvent que, par suite de la disposition du tiroir et des orifices de distribution, l'action de la vapeur présente des différences notables d'une face à l'autre. A cet effet, il faut donc installer un indicateur à chaque extrémité du cylindre, ou, ce qui est mieux, se servir d'un indicateur à double robinet que l'on peut mettre à volonté en communication avec l'un ou l'autre bout du cylindre. On fait l'aire moyenne des diagrammes avant et celle des diagrammes arrière, on ajoute ces deux aires moyennes, et, multipliant leur somme par le nombre de tours de l'arbre, on a le travail par unité de surface du piston.

On peut être embarrassé au premier abord pour déduire de l'aire du diagramme le travail en kilogrammètres. Voici comme il faut opérer :

On connaît par la graduation de l'appareil l'échelle des pressions, et l'on sait par exemple qu'un millimètre de déplacement du ressort, ou, ce qui revient au même, un millimètre d'une ordonnée du diagramme, représente une pression effective exprimée en kilogrammes par la fraction (m).

D'un autre côté, on connaît la longueur de la course du piston, elle est égale sensiblement à la longueur du cylindre moins l'épaisseur du piston ou bien encore elle est égale au diamètre de la manivelle. Cette course est représentée proportionnellement par la plus grande dimension horizontale du diagramme; on mesure avec un double décimètre cette plus grande dimension, et on sait alors le rapport qui existe entre elle et la course du piston ; par une proportion simple, on calcule la fraction de mètre n que représente un millimètre de la dimension horizontale du diagramme.

D'après cela, un millimètre carré de l'aire du diagramme correspondra à un nombre m n de kilogrammètres, et, si s est la surface totale de l'aire en millimètres carrés, le travail produit sur les deux faces du piston pour un coup double sera exprimé en chevaux par l'expression $\dfrac{2.s\,m.n}{75}$, multipliée par la surface du piston S exprimée en centimètres carrés.

La difficulté est évidemment d'apprécier exactement la superficie s ; on y arrive mécaniquement au moyen des roulettes et planimètres que nous avons décrits dans notre Cours de Géodésie, ou bien on a recours à la formule de Simpson. Bien souvent, il sera facile de décomposer un diagramme en quatre ou cinq surfaces faciles à calculer, et l'opération pourra marcher assez vite. C'est encore une bonne méthode que de recourir à du papier quadrillé ; on évalue assez rapidement le nombre de petits carrés enfermés dans l'aire ; enfin lorsqu'on se sert de papier fort, et homogène, on peut peser l'ensemble des feuilles de papier sur lesquelles sont tracés les diagrammes, découper ces diagrammes, les peser ensuite, et, en admettant la proportionnalité des poids aux surfaces, déduire la surface totale de l'ensemble des diagrammes de la surface totale des feuilles entières.

On obtiendra de la sorte et d'un seul coup le travail moyen.

Des diagrammes fournis par les diverses machines. — Les diagrammes ne sont pas seulement utiles pour déterminer le travail transmis au piston, ils fournissent encore des indications précieuses sur le fonctionnement des machines et tout spécialement des mécanismes de distribution qui sont les plus difficiles à régler.

Avant d'aborder la question à ce point de vue, examinons sommairement les diagrammes fournis par les diverses espèces de machines.

Sur tous les diagrammes il convient de marquer ce qu'on appelle la ligne atmosphérique, elle correspond à la position du crayon pour laquelle le piston de l'indicateur est soumis sur chaque face à la pression atmosphérique ; le diagramme rencontrera donc cette ligne au moment où la tension de la vapeur dans le cylindre sera d'une atmosphère. On tracera la ligne atmosphérique un peu avant de commencer l'expérience en faisant tourner à la main le cylindre enregistreur ; le crayon décrit alors une section droite qui, développée devient une horizontale du diagramme.

1° *Machine sans détente ni condensation.* — On ne rencontre guère ces machines dans la pratique ; ce sont elles qui donnent le diagramme le plus simple (fig. 412).

Théoriquement le crayon devrait se soulever verticalement dès l'instant où le

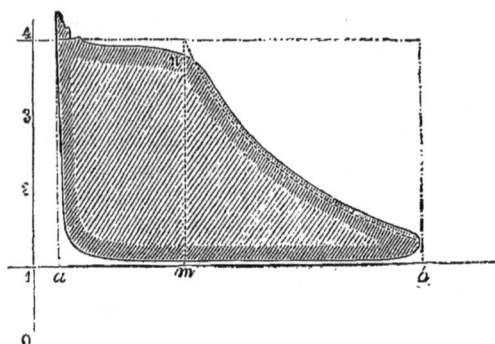

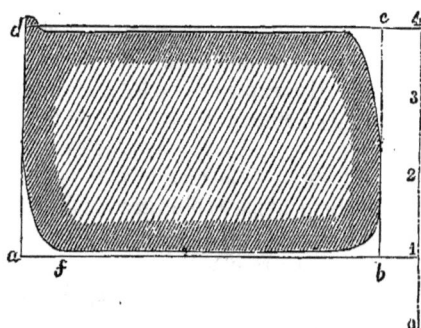

Fig. 411.   Fig. 412.

piston se met en marche, et s'élever au-dessus de la ligne atmosphérique *ab* de la hauteur *ad* qui représente la pleine pression de la vapeur ; pendant toute la course, la pression étant constante, le crayon devrait rester à la même hauteur au-dessus de la ligne atmosphérique, ce qui, sur le diagramme engendrerait l'horizontale *dc* ; le piston arrivant à l'extrémité opposée du cylindre, l'échappement commence, la pression tombe à la pression atmosphérique ; le crayon décrirait alors instantanément la verticale *cb* ; pendant la période de retour, la communication avec l'atmosphère est constante, donc le crayon devrait décrire la ligne atmosphérique *ba*.

Le diagramme théorique est donc le rectangle *adcb* ; le diagramme réel en diffère un peu ; c'est celui qu'indiquent les hachures. A l'origine, le piston de l'indicateur chassé avec force dépasse la ligne *dc* en vertu de sa vitesse acquise, puis il retombe brusquement et se maintient pendant la première partie de la course un peu au-dessous de cette horizontale *dc*, car il y a toujours une petite résistance supplémentaire due à l'indicateur lui-même et à l'étranglement du conduit qui lui amène la vapeur. Pour empêcher que le piston ne vienne choquer violemment le fond du cylindre, on sait qu'on pratique l'avance à l'émission, c'est-à-dire que l'échappement commence un peu avant la fin de la course ; c'est pourquoi la courbe des pressions s'arrondit et s'infléchit brusquement. Au retour, elle se continue par une ligne horizontale située un peu au-dessus de la ligne atmosphérique ; en effet l'échappement de la vapeur ne peut se faire qu'autant que cette vapeur conserve un léger excès de pression sur l'atmosphère. Quand la période de retour est sur le point de finir, l'avance à l'admission se produit, toujours pour amortir le choc du piston, la courbe remonte en s'arrondissant et va rejoindre le sommet *d* de la verticale au moment où le piston va repartir en avant.

L'aire du diagramme obtenu représente le travail produit par la vapeur sur une des faces du piston pendant un double coup de piston, c'est-à-dire pendant un tour de l'arbre ; pour avoir le travail moteur total pendant ce tour, il faudrait ajouter au résultat précédent le travail produit sur l'autre face du piston. Souvent on se contente de doubler l'aire précédente, mais nous avons montré qu'il y avait inconvénient à agir ainsi et qu'il valait mieux prendre un diagramme sur chaque face du cylindre. On fera la somme des aires de ces deux diagrammes et on la multipliera par la longueur de la course, ce qui donnera le travail correspondant à un tour de l'arbre.

2° *Machines avec détente sans condensation.* — Nous en avons étudié le diagramme théorique, il est représenté par la figure 410. Le diagramme réel en diffère assez notablement comme le montre la figure 411 ; cependant, lorsqu'une machine fonctionne parfaitement, le diagramme vérifie nettement la loi de Mariotte. On remarquera encore les oscillations du début qui tiennent à l'élasticité de l'indicateur. Même remarque que plus haut pour les angles arrondis et pour la situation de la ligne inférieure un peu au-dessus de la ligne atmosphérique.

La courbe précédente se rapporte au cas où la fraction de détente est telle que la tension de la vapeur motrice ne descende pas au-dessous d'une atmosphère. C'est ce qui se fait toujours pour les machines sans condensation, car, sans cela, la contre-pression deviendrait supérieure à la pression directe vers la fin de la course, et, au lieu de produire du travail moteur, on produirait au contraire un certain travail résistant.

Du reste, la courbe changerait totalement d'aspect, ainsi que le montre la fi-

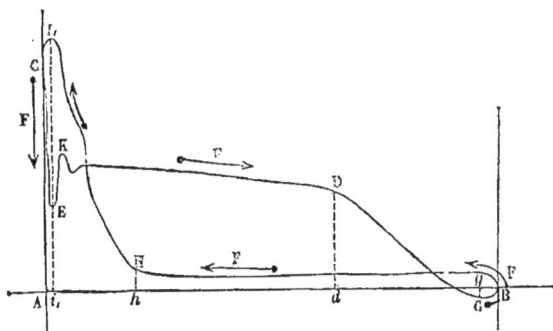

Fig. 413.

gure 413. Après quelques oscillations dues au départ, le crayon de l'indicateur part de K et va jusqu'en D sous l'influence de la vapeur agissant à pleine pression ; alors la détente commence, et la courbe passe même au-dessous de la ligne atmosphérique AB ; puis en G, l'avance à l'émission se produit, l'air extérieur entre derrière le piston, et la tension remonte à la pression atmosphérique ; à ce moment, le piston est au bout de sa course et le crayon en B. Pendant le retour du piston, la communication avec l'extérieur est constante et la courbe décrit une horizontale située un peu au-dessus de la ligne atmosphérique. Lorsque le crayon est en H, l'émission se ferme, l'air se comprime pour amortir le choc du piston et le crayon remonte de H en L ; lorsqu'il est en L, l'avance à l'admission com-

mence, et la pression tend à se mettre en équilibre avec celle de la vapeur dans
la chaudière ; le crayon retombe donc et, après quelques oscillations, revient à
son point de départ en K.

3° *Machines avec détente et condensation.* — La courbe des pressions ne diffère
alors de celle de la figure 411 qu'en ce sens que la portion inférieure horizontale est au-dessous de la ligne atmosphérique.

La ligne atmosphérique étant représentée par AB, le côté supérieur du rectangle indique la tension de la vapeur dans le générateur, et le côté inférieur indique

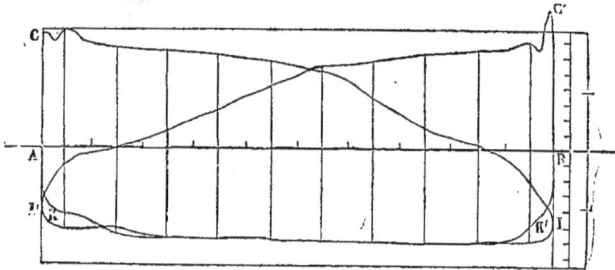

Fig. 414.

le vide absolu, qui jamais ne s'obtient dans le condenseur. Il est clair que la
courbe de l'indicateur sera enfermée dans le rectangle, si ce n'est peut-être à l'o-
rigine à cause des oscillations du ressort de l'indicateur.

La figure contient les deux diagrammes pris successivement sur chaque face
du piston, considérons celui de gauche ; le crayon s'élève à l'origine jusqu'en C,
reste sensiblement horizontal pendant la durée de la pleine pression, puis descend quand la détente se produit, tombe au-dessous de la ligne atmosphérique ;
l'avance à la condensation se produit, mais la vapeur n'est pas encore en équilibre avec le condenseur, lorsque le crayon est en I au bout de sa course ; l'équilibre ne s'établit guère qu'en K' ; au retour, le crayon décrit une ligne sensible-

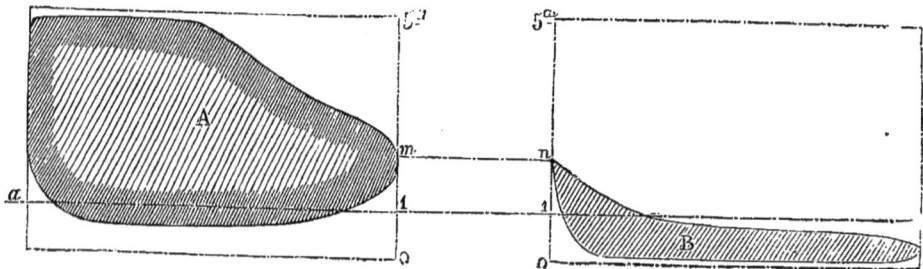

Fig. 415.

ment horizontale, dont la hauteur au-dessus de l'horizontale du vide mesure la
tension au condenseur : lorsque le crayon arrive en K, l'avance à l'admission se
produit et le crayon remonte rapidement à son point de départ.

Les courbes précédentes se rapportent à une machine bien réglée et cependant
on voit qu'il y a quelque différence entre les actions transmises sur les deux faces du piston, ce qui vérifie une fois de plus la nécessité de recourir aux deux
diagrammes.

4° *Machine de Woolf.* — Pour avoir l'effort exercé sur l'ensemble des deux pistons d'une machine de Woolf, il faut évidemment prendre simultanément deux diagrammes, un pour chaque piston, et, si la communication entre les deux cylindres se fait par conduits croisés, comme c'est l'habitude, il faut prendre un des diagrammes en haut du grand cylindre et l'autre en bas du petit. Cela n'est pas toujours possible, et l'on est quelquefois forcé, faute d'un dispositif spécial adapté à la machine, de prendre les deux diagrammes au sommet des cylindres; de la sorte, ils ne sont point concordants comme ils devraient l'être, et l'on risque de commettre une erreur notable.

La courbe du petit cylindre est représentée en A, et celle du grand cylindre en B ; la ligne atmosphérique est (*ab*). Ces courbes se rapportent à une machine de MM. Thomas et Powel du genre de celle que nous avons décrite.

Considérons d'abord la courbe A ; la vapeur du générateur, dont la tension est représentée par l'horizontale supérieure, arrive sur le piston, le crayon s'élève brusquement et décrit une ligne sensiblement horizontale pendant toute la durée de la pleine pression ; la pleine pression est souvent maintenue pendant toute la course du petit piston ; quelquefois cependant, et c'est le cas de la figure 415, la détente se produit vers le milieu de la course, la courbe des pressions s'abaisse donc rapidement, et le crayon est en *m*, lorsque le piston est au fond du cylindre. Au retour, la vapeur se détend en passant du petit dans le grand cylindre, il en résulte une courbe descendante qui passe souvent un peu au-dessous de la ligne atmosphérique, et qui remonte brusquement au point de départ lorsque commence l'avance à l'admission.

En ce qui touche la courbe B, à l'origine, la pression sur le grand piston est égale à celle de la vapeur qui occupe tout le petit cylindre, et le crayon doit se trouver en (*n*) sur la même horizontale que (*m*). La détente est continue et la courbe des pressions est décroissante pendant la marche en avant du piston ; l'avance à l'émission se produit, la courbe tombe encore, et, au retour, devient une ligne sensiblement horizontale qui se redresse brusquement lorsque commence l'avance à l'admission.

En plaçant les points *m* et *n* sur une même horizontale, nous exprimons plutôt un résultat théorique que pratique, car, dans son passage d'un cylindre à l'autre, la vapeur perd nécessairement de sa tension et du reste elle est forcée d'occuper un certain espace nuisible. Donc, en réalité, le point (*n*) est au-dessous de (*m*), et la dénivellation entre ces deux points permet d'apprécier si le système de communication entre les deux cylindres est bon ou mauvais.

Remarques générales sur les diagrammes. — C'est un résultat important de la considération des diagrammes ; ils ne servent pas uniquement à calculer la puissance des machines, mais ils donnent en outre de précieux renseignements sur le fonctionnement et le réglage des appareils.

Ils viennent de nous servir à reconnaître si la distribution d'une machine de Woolf est dans de bonnes conditions.

Ils indiqueront encore si le passage de la vapeur du générateur dans les cylindres se fait convenablement ; si les pertes de calorique sont trop considérables, ou si les tuyaux présentent des coudes et des étranglements, la différence entre la pression marquée par le manomètre et celle qu'indique le diagramme pendant la pleine pression, cette différence sera considérable, et le tuyautage devra être modifié ; c'est par là aussi que l'on reconnaît l'influence des enduits destinés à empêcher les pertes de chaleur. Quoi que l'on fasse, la différence entre la tension indiquée par le manomètre et celle de la vapeur dans le cylindre est bien rarement inférieure à $\frac{1}{5}$ d'atmosphère même dans les bonnes machines.

Il en est sensiblement de même de la différence qu'indique le diagramme entre la tension de la vapeur d'échappement et celle que l'on note sur l'indicateur du vide dans le condenseur.

Ces deux différences sont fort nuisibles, il faut les réduire autant que possible; on devra chercher à perfectionner le tuyautage lorsqu'elles dépasseront notablement la limite que nous venons d'énoncer plus haut, à savoir $\frac{1}{5}$ d'atmosphère.

Les diagrammes serviront encore à reconnaître si le système de détente auquel on a recours fonctionne régulièrement, si l'avance à l'émission ainsi que l'avance à l'admission sont trop considérables, et alors on modifiera la disposition du tiroir. S'il y a des fuites au piston ou dans le tiroir, les courbes changeront encore d'aspect et s'abaisseront beaucoup plus vite qu'elles ne devraient le faire; l'expérimentateur se trouvera donc averti de ce défaut.

En général, il ne faut pas s'inquiéter des oscillations du crayon; elles tiennent à l'inertie de l'indicateur lui-même, et on peut, lorsqu'elles se produisent sur une grande étendue, les remplacer par leur courbe moyenne.

Les calculs que l'on peut faire sur les diagrammes ne se bornent pas à ceux de la pression moyenne de la vapeur motrice; ils permettent encore de calculer le degré moyen de vide produit dans le cylindre par le jeu du condenseur; il suffit pour cela de mener l'horizontale du vide sous le diagramme et de prendre la moyenne des ordonnées de la partie inférieure du diagramme par rapport à cette horizontale.

Dépense de vapeur. — Une autre détermination fort importante peut se faire avec le diagramme; c'est celle de la dépense réelle de vapeur, c'est-à-dire du poids de vapeur qui passe par le cylindre. Prenons comme exemple le diagramme d'une machine avec détente, représentée par la figure 411. D'après la fraction de détente qui est donnée, on sait que cette détente commence en m, et qu'à partir de ce moment jusqu'à la fin de la course double du piston, il ne vient plus de vapeur du générateur.

Le volume de vapeur consommé est donc égal au produit de la section du cylindre par la longueur (am); pour en obtenir le poids, il faudrait avoir sa densité. Or, la densité est intimement liée avec la pression; cette pression est représentée par l'ordonnée (mn) du diagramme; connaissant la pression, on se reporte à la table que nous avons donnée page 430 et qui indique la densité de la vapeur pour chaque pression donnée.

Donc, on connaîtra la densité et par suite le poids de vapeur consommé pour chaque tour de l'arbre sur chaque face du piston.

Il va sans dire que ce résultat doit être obtenu avec un certain nombre de diagrammes, qui fourniront une moyenne.

Il est aussi bien entendu que ce procédé pour calculer la dépense de vapeur ne saurait s'appliquer à de la vapeur surchauffée, et qu'il suppose toujours de la vapeur saturée.

Calcul de la puissance d'une machine. — Le calcul de la puissance d'une machine peut se faire de diverses manières plus ou moins exactes, ainsi que nous l'avons montré en parlant des machines marines. Nous allons les passer en revue; elles sont du reste d'une grande simplicité.

1° *Par l'indicateur de Watt.* — Revenons d'abord au procédé qui consiste à recourir à l'indicateur de Watt, et appliquons les calculs dont nous avons exposé la théorie.

Il s'agit d'une machine dont le piston a $0^m,60$ de diamètre, et $1^m,00$, de course, l'arbre de cette machine fait 100 tours à la minute.

On a relevé une série de diagrammes à chaque extrémité du cylindre, et on a trouvé que

L'aire moyenne des diagrammes à une extrémité est de. . . . . 7600 millim. carrés.

—   —   à l'autre extrémité. 7400   —

Ce qui donne pour l'aire totale. 15000   —

Cette somme représente le travail moteur par centimètre carré du piston pour un tour de l'arbre; il faut évaluer ce travail en kilogrammètres.

On sait, par la graduation de l'indicateur, qu'une pression d'une atmosphère, ou, ce qui revient au même, d'un kilogramme par centimètre carré, est représentée par une flexion de ressort de 20 millimètres; d'un autre côté, la plus grande dimension horizontale du diagramme est par exemple de 200 millimètres, et elle représente la course du piston, c'est-à-dire un mètre.

Donc un travail d'un kilogrammètre par centimètre carré du piston et par tour de l'arbre sera représenté par 20×200 ou 4,000 millimètres carrés de l'aire du diagramme.

La surface totale de cette aire étant de 15,000 millimètres carrés, elle correspond à un travail de $\frac{15000}{4000}$ ou de $\frac{15}{4}$ de kilogrammètre par centimètre carré du piston et par tour de l'arbre.

Le travail exercé sur le piston, dont la superficie est de 2,827 centimètres carrés, sera donc de $\frac{15}{4} \times 2,827$ kilogrammètres par tour de l'arbre.

Le travail par minute sera 100 fois plus grand, puisque l'arbre fait 100 tours; et le travail total par seconde, exprimé en chevaux de 75 kilogrammètres, s'obtiendra par la formule

$$T = \frac{15}{4} . 2827.100. \frac{1}{60.75} = 237 \text{ chevaux.}$$

On voit que ce calcul est encore assez long et demande à être fait avec soin. Lorsqu'on ne possède que les diagrammes pris à un seul bout du cylindre, on double leur aire moyenne.

En résumé, le procédé de l'indicateur n'exige que des appareils d'une installation et d'une manœuvre faciles, et l'usage devrait bien s'en propager davantage.

2° *Par le frein de Prony.* — Cependant on a peut-être plus souvent recours à la détermination du travail par le frein de Prony.

Nous avons étudié cet appareil en détail à la page 241 du présent traité, et nous ne reviendrons point sur ce sujet.

Rappelons seulement que le frein de Prony donne le travail disponible sur l'arbre de couche, c'est-à-dire le seul utilisé dans l'industrie. Il fournit donc l'indication la plus précieuse, et l'on peut dire la seule intéressante pour le manufacturier qui achète une machine.

On saisit sans peine la nécessité qui s'impose à l'ingénieur et au constructeur de faire à la fois l'essai des machines à l'indicateur de Watt et au frein de Prony.

Le travail obtenu par l'indicateur est toujours bien supérieur à celui qu'indique le frein; en effet, les chocs et les frottements ainsi que les mécanismes de

distribution, de régularisation et de condensation absorbent une notable quantité de travail entre le piston et l'arbre de couche.

Le rendement de l'appareil sera le rapport constaté entre le travail sur l'arbre
de couche et le travail sur le piston; les variations de ce rapport permettront de
reconnaître quels sont les meilleurs types de machines, ceux qui perdent le moins
de travail. Malheureusement, les expériences ne sont pas assez nombreuses pour
que l'on puisse spécifier dans chaque cas des résultats bien certains. Nous verrons plus loin les valeurs du coefficient de rendement.

3° *Par le calcul direct.* — On a souvent recours, pour déterminer la puissance
d'une machine à un calcul simple qui donne le travail en fonction de la pression
de la vapeur, de la vitesse du piston et de sa section.

Il faut d'abord s'entendre sur chacun de ses éléments :

La *pression de la vapeur* est la pression moyenne exercée sur le piston pendant la durée de sa course; elle dépend de la tension de la vapeur au générateur
et de la fraction de détente. On en trouvera la valeur pour les différents cas
dans les tables que nous avons données au commencement de cet ouvrage; mais
il est facile de l'obtenir directement. On construit, par exemple, le diagramme
théorique de la figure 410, en adoptant les données relatives à la machine considérée; on en cherche l'aire totale qui, divisée par la base, fournit l'ordonnée,
c'est-à-dire la pression moyenne; ou bien, on mène une série d'ordonnées équidistantes, on les cumule en les relevant au moyen d'un compas, et on déduit
de la somme leur moyenne arithmétique. Enfin, on arrive vite à un résultat suffisamment approché au moyen du petit calcul suivant :

Soit une pression initiale de 6 atmosphères avec une détente au dixième :

Après le premier dixième de la course, la tension est de. . . . . . 6 atmosphères.

— second — — . . . . . . $\frac{6}{2}$ —

— troisième — — . . . . . . $\frac{6}{5}$ —

— dixième — — . . . . . $\frac{6}{10}$ —

la pression moyenne est donc égale à

$$\frac{6}{10}\left(1+\frac{1}{2}+\frac{1}{5}+\frac{1}{4}+\frac{1}{5}\ldots\ldots+\frac{1}{10}\text{ atmosphères.}\right)$$

soit à $0,6 \times 2,928$ ou $1,76$ atmosphères, ou encore $1^k,76$ par centimètre carré
du piston. De cette pression moyenne, il faudra retrancher encore la contre-
pression dont la valeur dépend du vide au condenseur; on peut l'admettre égale
à $\frac{1}{5}$ d'atmosphère, soit $0^k,20$ par centimètre carré.

On peut renverser le calcul précédent, et dire : la pression au générateur étant
de 6 atmosphères, quelle devra être la fraction x de détente pour que la pression
finale sur le piston soit d'une $\frac{1}{2}$ atmosphère. On a :

$$x=\frac{\text{volume à pleine pression}}{\text{volume total}}=\frac{\text{pression finale}}{\text{pleine pression}}=\frac{0.5}{6}=\frac{5}{60}=\frac{1}{12};$$

Ainsi la détente devra commencer quand le piston aura parcouru le premier
douzième de sa course.

Autre forme du problème : la tension finale est de $\frac{1}{2}$ atmosphère, et la fraction

Je détente $\frac{1}{10}$, quelle doit être la pleine pression P, c'est-à-dire la pression au générateur? On a :

$$\frac{\text{pleine pression P}}{\text{pression finale 0,5}} = \frac{\text{volume total}}{\text{volume à pleine pression}} = \frac{10}{1}, \quad \text{donc} \quad P = 5 \text{ atmosphères}$$

Les exercices simples qui précèdent rendent nettement compte de la manière dont on calculera la pression moyenne et la fraction de détente.

Dans les machines à condensation, la pression finale ne doit pas descendre au-dessous de 0,4 d'atmosphère; dans les machines à échappement à l'air libre, la pression finale ne doit guère descendre au-dessous de 1,3 d'atmosphère.

La *vitesse du piston* est évidemment quelque chose de théorique, car, en réalité, cette vitesse est variable, et s'annule pour changer de sens à la fin de chaque oscillation. Si l'on prend le chemin total parcouru par le piston en un certain temps, et qu'on divise le chemin par le temps, on a ce qu'on appelle la vitesse du piston.

Ainsi l'arbre d'une machine fait N tours à la minute, le diamètre de la manivelle, c'est-à-dire la course du piston, est égal à C, on demande la vitesse V du piston.

Si la manivelle fait N tours à la minute, le piston parcourt l'espace 2.N.C par minute et $\frac{2.N.C}{60}$ par seconde. C'est là ce qui représente sa vitesse; il en résulte que le nombre de tours de l'arbre, la course du piston et sa vitesse sont liés par la formule :

$$V = \frac{2N.C}{60}$$

Deux de ces quantités étant données, la troisième s'en déduit.

La vitesse du piston est presque toujours une donnée de la question; en effet, il existe pour chaque système de machines une vitesse normale qui convient mieux que les autres au bon fonctionnement du mécanisme et que l'expérience a déterminée.

Dans les machines ordinaires, la vitesse varie de 1 mètre à 1^m,50; autrefois, on adoptait presque toujours 1 mètre; la tendance actuelle est d'augmenter la vitesse, car, à travail égal, on obtient alors des machines moins volumineuses. Dans les locomotives la vitesse varie de 2 mètres à 3^m,50; dans beaucoup de machines industrielles, celles surtout qui commandent directement un outil à marche rapide, on est arrivé à adopter des vitesses de 2 mètres. Il est clair que l'augmentation de la vitesse est une excellente chose, mais qu'elle se paye souvent par une usure exagérée des mécanismes.

Quant à la longueur de course du piston, elle est limitée à 0^m,70 pour les machines au-dessous de 10 chevaux, 1 mètre pour les machines de 10 à 40 chevaux, 1 mètre à 1^m,40 pour les machines de 50 à 150 chevaux; au delà, on arrive à de longues courses de 2 mètres. Il n'y a, du reste, rien d'absolu dans tous ces nombres.

La *section du piston* est un des facteurs du travail; elle s'exprime en centimètres carrés, car on prend le kilogramme pour mesurer les pressions. Le travail est proportionnel à la section du piston, c'est-à-dire au carré du diamètre. La puissance d'une machine croît donc très-vite avec le diamètre de son cylindre.

Il est à remarquer que la tige du piston occupe une certaine partie de sa section, et cette partie peut devenir importante dans les machines marines; si l'on voulait faire un calcul exact, il faudrait déduire de la section du piston celle des tiges. On ne le fait guère que dans les machines à fourreau; pour les autres, cette correction est inutile, car on ne se livre toujours qu'à des calculs approchés.

Ainsi, nous avons obtenu tous les éléments du travail, savoir :

   1° La pression moyenne P en kilogrammes par centimètre carré, déduction faite de la contre-pression.
   2° La vitesse V du piston.
   3° La section S en centimètres carrés.
   Le travail brut T exercé par la vapeur sur le piston est donc :

$$(1) \qquad T = P.V.S \text{ kilogrammètres,} \quad \text{ou,} \quad T = \frac{P.V.S}{75} \text{ chevaux-vapeur}$$

C'est la puissance nominale de la machine.

Quant à la puissance réelle, c'est-à-dire au travail disponible sur l'arbre de couche, il dépend du rendement du mécanisme interposé entre le cylindre et l'arbre; ce rendement ou rapport du travail sur l'arbre à la puissance nominale est une fraction inférieure à l'unité; il est excessivement variable, et s'appelle souvent le coefficient de construction.

Dans bien des machines défectueuses ou mal montées, on a vu le coefficient s'abaisser à 0,2; certaines machines, d'un fonctionnement parfait, du type de Cornouailles, ont donné un coefficient allant jusqu'à 0,7 et 0,8. Mais ce n'est pas un cas usuel; une bonne machine donne d'ordinaire 0,5 à 0,6, et, vu les progrès de la construction dans ces dernières années, on peut adopter en général le coefficient 0,6. Ainsi, le travail sur l'arbre est égal à 60 pour 100 du travail brut sur le piston; les 40 pour 100 qui restent sont absorbés par les chocs et frottements ou par le fonctionnement des mécanismes accessoires, tels que les tiroirs et les pompes.

La formule (1) devra donc se modifier comme il suit pour représenter le travail t disponible sur l'arbre de couche :

$$(2) \qquad\qquad t = 0,6.P.V.S$$

Pour des machines de faible puissance, il serait prudent de limiter le coefficient à 0,5 et même à 0,4 si la construction est un peu compliquée.

Les formules (1) et (2) s'appliquent évidemment aux machines à double effet, qui, on peut le dire, sont aujourd'hui seules usitées; dans les machines à simple effet, la vapeur du générateur ne travaille que de deux en deux coups de piston, il faut donc réduire de moitié la vitesse utile ou multiplier par $\frac{1}{2}$ le second membre des formules (1) et (2); si par hasard on avait à considérer une machine de ce genre, il ne faut pas oublier que leur rendement est considérable, et peut être estimé à 0,7.

En ce qui concerne le calcul d'une machine à deux cylindres, nous avons montré que, théoriquement, le travail fourni par les deux cylindres est le même que si le grand cylindre fonctionnait seul, qu'on y introduisit la même quantité de vapeur et qu'on la laissât s'y détendre (voir la page 645). Cette remarque simplifie beaucoup le calcul théorique : on calculera la pression moyenne P dans le grand cylindre supposé seul, et ce calcul sera facile puisqu'on connaît la pression au générateur et la fraction de détente qui dépend du rapport des volumes des deux cylindres; on obtiendra comme plus haut la vitesse V et la section S du grand piston, et l'on aura le travail par la formule PVS. On pourra admettre comme coefficient de construction 0,6.

Si l'on voulait, il serait facile de calculer la pression moyenne, effective sur chaque piston, et appliquer à chacun des cylindres séparément le calcul du travail. Si P est la pression moyenne effective dans un cylindre et P' dans l'autre, si S et S' sont leurs sections, on obtiendra les formules

(3) $T = (PS + P'S') V$ pour la puissance nominale.

(4) $t = 0,6 (PS + P'S') V$ pour la puissance sur l'arbre

Calcul des dimensions à donner à une machine de puissance voulue. — C'est le problème inverse du précédent. Il se trouve donc implicitement résolu.

On se propose de construire une machine qui fasse mouvoir un certain nombre de métiers et d'outils. On sait que chaque métier ou chaque outil absorbe un travail déterminé; par l'addition des travaux élémentaires, on arrive donc à la connaissance du travail t qui doit être disponible sur l'arbre de couche.

Reste à trouver la puissance nominale de la machine à construire; elle dépend du rendement de l'appareil ou coefficient de construction, qui varie suivant le type adopté.

Nous avons vu que, pour une bonne machine usuelle, on pouvait le supposer égal à 0,6. Il en résulte que la puissance nominale est égale au quotient du travail sur l'arbre t par le coefficient de construction; cette puissance nominale s'obtiendra par l'équation :

$$T = \frac{t}{0,6}$$

Elle est généralement exprimée en chevaux-vapeur; on l'aura en kilogrammètres si l'on multiplie T par 75.

D'après l'équation (1) :

$$75.T = P.S.V$$

Cette équation doit nous suffire pour déterminer les trois inconnues P, S, V. Or, la vitesse V est fixée *a priori* par le constructeur, ainsi que la longueur de course du piston et le nombre de tours à la minute; quant à la pression moyenne P, elle dépend de la tension au générateur et de la fraction de détente, la tension au générateur est connue d'avance et la tendance générale est d'adopter une tension de 6 atmosphères : la fraction normale de détente est elle-même au choix du constructeur. Ainsi la pression moyenne P est connue.

L'équation ne renferme plus qu'une inconnue S, qui, par le fait, se trouve déterminée.

De tout cela résulte la connaissance des dimensions du cylindre.

Les dimensions du condenseur, de la pompe à air, du tiroir, du générateur et de ses accessoires se calculent soit en fonction de la puissance nominale, soit en fonction de la consommation de vapeur; en décrivant chacun de ces appareils, nous avons dit comment on en fixait les dimensions, nous ne reviendrons pas sur ce sujet.

Nous avons donc donné les moyens de calculer toutes les dimensions d'une machine à vapeur quelconque, et notre tâche est terminée.

Les considérations précédentes ont trait à la machine à double effet; nous avons montré que le calcul d'une machine à simple effet ou d'une machine de Woolf n'offrait pas plus de difficultés.

DIMENSIONS PRATIQUES D'UN CERTAIN NOMBRE DE MACHINES A VAPEUR.

I. — MACHINE DU SYSTÈME DE CORNOUAILLES, ÉTABLIE A CHAILLOT POUR LES EAUX DE PARIS.

Diamètre du piston.	1^m,800	Pression au condenseur.	0^{atm},15
Course.	2^m,445	Puissance effective.	160 chev.
Volume engendré à chaque coup.	0$^{m\cdot c}$,221	Puissance nominale.	525 —
Nombre de coups doubles de piston à la minute.	7	Rendement ou coefficient de construction.	0,5
Pression de la vapeur au générateur.	3^{atm},5	Consommation, 2,6 kil. de houille par cheval et par heure.	

Les données précédentes nous permettent de calculer la puissance nominale :

Le rayon du piston étant de 90 centimètres, sa surface est de 25,432 centimètres carrés ; la machine fonctionnant sans détente avec une pression constante de 3^k,5, et une contre-pression constante de 0 kilog. 15, il en résulte une pression effective constante de 3 kilog. 35 par centimètre carré, soit :

Pour la surface entière du piston une pression de. . . . . . . 85.197 kilogrammes,
qui pour une course de 2^m,445, donne un travail de. . . . . 208 507 kilogrammètres.
et, pour sept courses égales, ou pour une minute. . . . . 1.458.142 —

d'où résulte un travail par seconde de. . $\dfrac{1.458.142}{60 \times 75}$ ou. . . 525 chevaux-vapeur.

D'autre part, le volume d'eau à élever dans le réservoir représente un travail de 160 chevaux; le rendement est donc de 50 p. 100.

Voici les dimensions du condenseur pour la machine dont il s'agit :

Diamètre du piston de la pompe à air.	0^m,750	Volume du condenseur, y compris celui des conduits.	1$^{m\cdot c}$,529
Course.	1^m,200	Rapport avec le volume du cylindre	$\dfrac{1}{4.7}$
Volume engendré.	0$^{m\cdot c}$,550		
Rapport avec le volume du cylindre	$\dfrac{1}{12}$		

II. — MACHINE A BALANCIER A DOUBLE EFFET (SYSTÈME DE WATT), ÉTABLIE A SAINT-OUEN.

Diamètre du piston à vapeur.	0^m,850	Pression de la vapeur au générateur.	1^{atm},20
Course.	1^m,846	Pression de la vapeur au condenseur.	0^{atm},15
Nombre de coups doubles par minute.	18		

La machine fonctionne sans détente, la pression effective moyenne P par centimètre carré est donc constante et égale à

(1,20 — 0,15) ou 1,05 kilogrammes.
La surface du piston S en centimètres carrés est de. . . . 5,755.

La vitesse du piston est égale à deux fois le produit du nombre de tours à la minute par la longueur de la course, divisé par soixante ; cette vitesse V est donc fournie par l'équation

$$V = \frac{2 \times 18 \times 1{,}846}{60} = 1^m{,}11$$

Le travail sur le piston est

$$T = P.S.V = 1{,}05 \times 5755 \times 1{,}11 = 6707 \text{ kilogrammètres,}$$
ou
$$T = 89 \text{ chevaux-vapeur.}$$

Adoptant le coefficient de rendement 0,6, nous trouverons pour le travail disponible sur l'arbre de couche :

$$t = 0{,}6 \times 89 = 53 \text{ chevaux-vapeur.}$$

L'expérience a montré que les résultats pratiques diffèrent peu de ce qui précède ; cependant le rendement est un peu plus faible que nous ne l'avons supposé et n'atteint guère que 0,58.

III. — MACHINE A BALANCIER A DÉTENTE VARIABLE ET A CONDENSATION PAR FARCOT.

Diamètre du piston. . . . . $0^m,400$	Fraction normale de détente. . . . $\frac{1}{5}$
Course. . . . . $0^m, 90$	
Vitesse normale de l'arbre. . . . . 55 tours.	Pression au générateur. . . . . . $4^{atm},5$
	Pression au condenseur. . . . . . $0^{atm},10$

Pour calculer la puissance sur le piston, il faut d'abord trouver la pression moyenne ; après le premier cinquième de la course, la pression motrice est 4,5 ; après le second cinquième, 2,25 ; après le troisième $\frac{1}{3}$. 4,5 ; après le quatrième $\frac{1}{4}$. 4,5 ; après le cinquième $\frac{1}{5}$. 4,5. — La pression moyenne est donc

$$\frac{4{,}5}{5}\left(1 + \frac{1}{2} + \frac{1}{3} + \frac{1}{4} + \frac{1}{5}\right) = \frac{4{,}5}{5} \times 2{,}28 = 2{,}05.$$

La contre-pression constante étant de 0 kilog. 1 par centimètre carré, il en résulte que la pression effective moyenne P $= 1^k,95$.

La section S du piston est de. . . . . 1257 centimètres carrés.

$$\text{Sa vitesse V} = \frac{2 \times 55 \times 0{,}9}{60} = 1^m,05$$

Le travail brut de la vapeur est donc

$$T = P.S.V = 2{,}05 \times 1257 \times 1{,}05 = 2705 \text{ kilogrammètres ou 36 chevaux-vapeur.}$$

Ce qui donne pour la puissance disponible sur l'arbre de couche

18 chevaux-vapeur avec le coefficient.	0,5
21 — —	0,6

Le volume engendré par chaque coup de piston de la pompe à air est $\frac{1}{6}$ du volume du cylindre moteur, et le volume total du condenseur est $\frac{1}{2}$ du même volume.

IV. — Machine de woolf, employée a l'élévation des eaux pour la ville de Paris au quai d'Austerlitz.

Diamètre du petit piston..	0m,700	Nombre de coups simples de piston	
Course.	1m, 99	par minute.	15
Diamètre du grand piston.	1m, 09	Pression de la vap. dans la chaudière	4atm, 5
Course.	2m, 50	Pression au condenseur.	0atm,15

La puissance nominale de ces machines est de 100 chevaux, et leur puissance réelle de 85,5 chevaux. — Elles ne consomment que 1 kilog 12 de charbon par cheval et par heure ; elles sont donc bien préférables aux précédentes.

V. — Autre machine de woolf construite par mm. thomas et powel.

Diamètre du grand piston.. . . .	0m,890	Surface.	1633c·q
Surface..	6221e·q	Course.	1m,45
Course..	1m,98	Nombre de tours à la minute. .	25
Diamètre du petit piston.	0m,456		

D'après les diagrammes obtenus par l'indicateur, la pression effective moyenne sur le petit piston a été de 3 kilogr. 525 et sur le grand piston de 0,660.

La vitesse V du grand piston est égale à. . . . $\dfrac{2 \times 1,98 \times 25}{60} = 1,65$

La vitesse V' du petit piston   —   . . . $\dfrac{2 \times 1,45 \times 25}{60} = 1,20$

Le travail sur les pistons est donc :

$$(3,525 \times 1633 \times 1,20) + (0,66 \times 6221 \times 1,65) \text{ kilogrammètres.}$$

soit 183 chevaux-vapeur à la seconde.

Au même moment, l'essai au frein de Prony indiquait un travail disponible sur l'arbre de 143 chevaux.

Donc 43 chevaux-vapeur ont été absorbés entre le cylindre et l'arbre, et le coefficient de construction est d'environ $\frac{140}{180}$ ou $\frac{7}{9}$ ou 77 p. 100.

C'est un résultat remarquable ; cependant, il serait prudent dans les calculs de n'adopter que 70 p. 100.

La consommation en bon charbon ordinaire, ne donnant que $\frac{1}{10}$ de déchet, a été de 1 k, 1 par cheval et par heure.

La consommation de vapeur a été de 8 k, 12 par cheval et par heure ; donc chaque kilogramme de combustible a vaporisé 7 k, 839 d'eau.

La machine était alimentée par une chaudière cylindrique de forme or. dinaire.

Il est à remarquer que la machine dont il s'agit n'avait été vendue à l'origine que pour une puissance nominale de 60 chevaux ; en la modifiant et en ajoutant des générateurs supplémentaires, elle a donné un travail sur le piston égal à trois fois sa force nominale.

C'est une pratique assez répandue chez les constructeurs de fournir des machines beaucoup plus puissantes qu'il n'est nécessaire ; on a l'avantage en opérant ainsi d'éviter les mécomptes et de ménager l'avenir, mais l'installation première est beaucoup plus coûteuse. — Dans certains cas, ce sera là un inconvénient sérieux, et il est préférable, suivant nous, de construire toujours chaque machine en vue du travail qu'elle est appelée à produire immédiatement et non en vue d'un avenir plus ou moins douteux.

VI. — MACHINES HORIZONTALES DE LA MANUFACTURE DES TABACS A PARIS.

Diamètre du cylindre	0m,75	Fraction de détente	$\frac{1}{15}$
Course du piston	1m,00	Pression au condenseur	0,15
Nombre de tours à la minute	36	Pression au générateur	4atm.

Le travail théorique, calculé comme nous l'avons fait plusieurs fois déjà, est de 66 chevaux environ.

L'essai au frein n'a donné que 50 chevaux sur l'arbre de couche.

Le coefficient de rendement est donc d'environ 0,77.

La consommation de vapeur a été de 12 kilogr. par cheval et par heure.

VII. — MACHINES HORIZONTALES DES MANUFACTURES DE DIEPPE ET DE REUILLY.

	MACHINES COUPLÉES DE DIEPPE.	MACHINES DE REUILLY.
Diamètre du cylindre	0,33	0,415
Course du piston	0,65	0,80
Fraction de détente	$\frac{1}{15}$	$\frac{1}{15}$
Pression au générateur	4atm.	4 atmosphère
Pression au condenseur	0,15	0,15
Nombre de tours à la minute	50	45
Puissance disponible sur l'arbre	12chev.	15,28 chevaux.
Coefficient de rendement	0,78	0,74

VIII. — AUTRES MACHINES HORIZONTALES A DÉTENTE, AVEC OU SANS CONDENSATION.

DIMENSIONS.	MACHINE HORIZONTALE A DÉTENTE SANS CONDENSATION	MACHINE HORIZONTALE A DÉTENTE VARIABLE ET A CONDENSATION	MACHINE HORIZONTALE A DÉTENTE VARIABLE ET A CONDENSATION	MACHINE HORIZONTALE A DÉTENTE VARIABLE ET A CONDENSATION
Puissance nominale en chevaux.	8	25	20	60
Diamètre du piston	0m,520	0m,420	0,415	0,65
Course	0m,600	1m,16	0,800	1,30
Nombre de tours par minute	52	50	48	36
Fraction normale de détente.	$\frac{1}{6}$	$\frac{1}{5}$	$\frac{1}{15}$	$\frac{1}{15}$
Pression au générateur	5atm.	5atm,5	5	5
Coefficient de construction.	0,6	0,6	0,74	0,78
Pression au condenseur.	»	0atm,05	0,10	0,10

Le calcul de ces machines étant fait pour une détente normale, on peut chercher par le calcul entre quelles limites leur travail peut varier, lorsqu'on modifie la détente ; nous engageons le lecteur à résoudre ces questions comme exercices.

IX. — MACHINES VERTICALES.

Le calcul des machines verticales ne diffère pas de tout ce que nous avons vu jusqu'ici. La principale modification est dans la vitesse du piston.

Voici à ce sujet le nombre de tours qu'effectuent les machines portatives verticales de M. Albaret, destinées aux industries agricoles :

Machine d'une puissance de 1 1/2 cheval-vapeur. . . . . 460 tours par minute
      —   —   3 1/2 chevaux-vapeur. 135   —
      —   —   4   —   130   —
      —   —   6   —   115   —

es machines verticales portatives de MM. Hermann-Lachapelle et Cⁱᵉ, ont les dimensions suivantes :

PUISSANCE DE LA MACHINE.	DIAMÈTRE DU PISTON.	COURSE DU PISTON.	NOMBRE DE TOURS A LA MINUTE.	PUISSANCE DE LA MACHINE.	DIAMÈTRE DU PISTON.	COURSE DU PISTON.	NOMBRE DE TOURS A LA MINUTE.
1	0.095	0.180	125	8	0.190	0.350	75
2	0.115	0.200	115	10	0.240	0.400	75
3	0.130	0.240	105	12	0.275	0.400	70
4	0.150	0.260	95	15	0.300	0.450	70
6	0.170	0.300	85	»	»	»	»

Les générateurs sont timbrés à 6ᵏ,500 ; mais, pendant la marche normale, on n'entretient guère la tension qu'à six atmosphères dans le générateur. C'est en partant de là que l'on peut faire le calcul des puissances nominales.

X. — LOCOMOBILES.

Le tableau suivant résume les dimensions de quelques locomobiles :

DÉSIGNATION DE LA MACHINE.	DIAMÈTRE DU PISTON.	COURSE DU PISTON.	NOMBRE DE TOURS A LA MINUTE.	PRESSION DE LA VAPEUR MOTRICE.	FRACTION normale de détente.	FORCE SUR L'ARBRE.	COEFFICIENT DE RENDEMENT.
Locomobile Rouffet.	0.215	0.380	90	6	1/3	8 ᶜʰᵉᵛ.	0.44
Locomobile Flaud.	0.140	0.150	230	6	$\frac{3}{4}$	5 ᶜʰᵉᵛ.	0.40
Locomobiles Albaret.	»	»	100 à 120	»	»	»	»
Locomobiles Hermann-Lachapelle et Cᵉ	0.115 à 0.300	0.220 à 0.400	190 à 100	6	»	3 à 20	»

XI. — MACHINES MARINES.

Voici, pour terminer cette énumération, quelques dimensions de machines marines :

DÉSIGNATION DE LA MACHINE.	NOMBRE DES CYLINDRES.	DIAMÈTRE DES CYLINDRES.	COURSE DES PISTONS.	NOMBRE DE TOURS DE L'ARBRE.	FORCE NOMINALE d'après le permis de navigation. (Chevaux.)	Valeur du cheval nominal sur les pistons à toute puissance.	PRESSION MAXIMA absolue aux chaudières. (Atmosph.)
Machine à balancier supérieur. (Service de Baltimore à Savannah.)	2	1.4	3.3	19	270	»	2.6
Machine à balancier supérieur. (Service de New-York à Albany.)	2	1.5	3.0	26	600	»	3.5
Machine à balancier ordinaire. (Ægyptus des Messageries Nationales.)	2	1.4	1.5	21.5	220	»	1.5
Machine oscillante, verticale, droite. (Frégate Furious.)	2	1.8	2.1	16	400	»	1.9
Machine oscillante, verticale, droite. (Navire à roues.)	2	1.2	1.5	40	150	399	2.3
Machine oscillante, horizontale. (Paquebot à roues.)	4	1.6	0.9	58	330	»	2.00
Machine horizontale, à bielle directe. (Navire à hélice.)	2	1.6	0.92	62	400	225	2.00
Machine incl. renv. à bielle directe. (Navire à hélice.)	2	0.7	0.7	53	230	»	3.5
Machine à pilon. (Paquebot à hélice.)	2	1.4	0.7	60	180	»	3.00
Machine horizont., à bielle en retour. (Hermus.)	2	1.18	0.72	72	240	»	2.00
Machine horizont., à bielle en retour. (Aviso à hélice.)	2	1.5	0.7	77	350	255	2.4
Machine horizontale à fourreau. (Paquebot américain.)	2	1.5	1.0	59	400	248	2.3
Machine horizontale à fourreau. (Navire anglais.)	2	1.6 (fictif.)	1.00	69	500	270	2.3
Machine de Woolf. (Vaisseau anglais.)	2 doubles.	2.9 et 1.3	1.5	24	330	190	2.6

DU PRIX DES MACHINES A VAPEUR.

Il entre dans les machines à vapeur trois espèces de métaux : le fer, la fonte et le cuivre. — La valeur de ces métaux bruts est assez considérable, et la main-d'œuvre double à peu près cette valeur.

Voici du reste le tableau dressé à ce sujet lors de l'enquête sur les traités de commerce.

DÉSIGNATION DES OBJETS.	RAPPORT ENTRE LES POIDS DES TROIS MÉTAUX DOMINANTS.			RELATION ENTRE LES VALEURS DES	
	FONTE.	FER.	CUIVRE.	MATIÈRES. BRUTES.	MAIN D'ŒUVRE ET FRAIS GÉNÉRAUX.
A. Machines à vapeur pour fabriques, s'arrêtant inclusivement aux volants, avec 8ᵐ de tuyaux de chaque espèce, sans chaudière :					
1° A balancier sans condensation. . .	87.4	11.3	1.3	60	40
2° A balancier avec condensation. . . .	86.7	11.8	1.5	61	39
3° Sans balancier, cylindre vertical ou horizontal.	86.0	12.7	1.3	58	42
B. Machines marines :					
1° Pour navires de commerce. . .	59.1	57.5	34.0	57	43
2° Pour bâtiments de guerre. . . .	26.0	57.0	17.0	69	31
C. Machines pour navigation fluviale.					
1° A haute pression.	18.4	74.3	11.3	57	43
2° A condensation.	20.9	70.2	8.9	55	45
D. Chaudières pour machines de fabriques, à bouilleurs ou réchauffeurs, avec armatures et ferrements de forge.	32.4	67.3	0.3	71	29
E. Machines locomotives.	14.9	66.6	18.5	58	42
F. Tenders.	15.4	83.3	1.3	53	47

Prix des machines fixes. — Le prix des machines à vapeur fixes varie de 75 à 110 francs les cent kilogrammes.

Le prix par cheval-vapeur est très-variable, car la détermination de la puissance de la machine est laissée à l'arbitraire du fabricant, et l'on devrait, dans tout marché que l'on passe avec un constructeur, s'engager à payer une certaine somme pour chaque cheval-vapeur disponible sur l'arbre de couche.

En dehors de ce procédé il ne peut y avoir que confusion ; car, nous le répétons, suivant les constructeurs, la puissance nominale de la machine est celle qu'elle est susceptible de donner réellement sur l'arbre ou celle que la vapeur produit sur le piston. — La tendance des constructeurs est d'adopter de préférence ce mode d'appréciation qui, aux yeux de l'industriel, semble diminuer le prix de revient du cheval-vapeur.

Voici un extrait du catalogue des prix de la maison Albaret-Duvoir et Cⁱᵉ ; ces prix s'appliquent bien probablement à la puissance brute sur le piston, et non à la puissance disponible sur l'arbre de couche :

```
Machine de  2  chevaux. 150 tours, détente fixe.. . . . . . .    1,300 francs.
       —    3    —     130       —      .. . . . . .    1,650   —
       —    4 1/2 —    100       —      .. . . . . . .  2,100   —
       —    6 1/2 —     90       —      .. . . . . . .  2,860   —
       —    6 1/2 —     90 tours, détente variable. . .  3,300   —
       —    8    —      85       —      .. . . .  .     3,800   —
Machine de 10 chevaux,  70       —      .. . . . . .    4,600 francs.
       —   12    —      55       —      . . . . .      5,500   —
       —   15    —      50       —      . . . . . 6.000   —
       —   20    —      45       —      . . . , , .    8,500   —
       —   25    —      45       —      . . . . 10,000   —
```

Ces prix ne s'appliquent qu'aux machines seules non compris les chaudières ; le cylindre à double enveloppe de vapeur, qu'on peut adapter aux machines à partir de 16 chevaux, coûte 500 francs de plus.

Voici maintenant les prix des générateurs cylindriques en tôle :

```
Pour machine de  4 chevaux, sans bouilleur. . . . .  1,200 francs.
       —         6 à 7   —    1    —    . . . . .  1,540   —
       —         8 à 9   —    1    —    .. . . .   1,870   —
       —        10 à 11  —    2    —    . . . . .  2,200   —
       —        12       —    2    —    . . . . .  2,450   —
       —        15       —    2    —    . . . . .  2,725   —
       —        20       —    2    —    . . . . .  3,350   —
       —        25       —    2    —    . . . . .  3,850   —
```

Ces générateurs sont livrés complets, c'est-à-dire munis de tous leurs appareils de sûreté, robinets de niveau d'eau manomètre. — Les ferrements du fourneau sont également compris, mais non la maçonnerie.

Pour donner un terme de comparaison avec les chiffres précédents, voici les prix de grandes machines avec leur puissance réelle sur l'arbre de couche :

1. Les deux machines horizontales couplées de la manufacture des tabacs à Paris, fournissant une puissance totale de 100 chevaux, ont coûté, y compris fourniture et pose de toutes les pièces, le volant, trois pompes à eau avec leur réservoir et leurs transmissions. . .   86.000 fr.

Établissements, escaliers, dalles en fonte, balustrades.. . . . .   24.000

Total. 11.000

Soit 1,100 fr. par cheval-vapeur réalisé.
Mais ces machines sont aménagées avec luxe.

2. Les deux machines verticales couplées de la manufacture de Strasbourg, fournissant chacune une puissance de 22,25 chevaux, soit 44,50 chevaux en tout, ont coûté. 36.000

Les dalles, les balustrades et l'escalier... . . . .   6.000

En tout. 42.000

Soit 945 francs par cheval vapeur, effectif, tout compris.

3. Les deux machines verticales couplées de la manufacture de Châteauroux, fournissant chacune une puissance de 31 chevaux sur l'arbre, soit 62 chevaux en tout, ont coûté.. . . . .   60.000

Plus, frais d'aménagement.. . . . .   6.000

Total.. . . . . . .   66.000

Soit 1,065 par   eval-vapeur effectif, tout compris.

4. Les deux machines horizontales couplées de la manufacture de Dieppe, fournissant chacune une puissance effective de 12 chevaux, soit 24 chevaux en tout, ont coûté. 24.000

Plus, frais d'aménagement. 3.000

Total.. . . . . . 27.000

Soit 1,120 francs par cheval tout compris.

5. Une machine horizontale de la manufacture de Reuilly, produisant un travail effectif de 15,28 chevaux-vapeur, a coûté. 15.000

Plus, frais d'aménagement. 4.000

Total.. . . . . . 19.000

Soit 1,260 francs par cheval effectif, tout compris.

6. Une machine à vapeur de 16 chevaux, à haute pression sans condensation, pour les ateliers des chemins de fer de l'Est, avec ses deux chaudières, a coûté.. 20.400

Fourneau et tuyaux. 4.500

En nombre rond. 25.000

L'appareil complet revient donc à 1,500 francs tout compris par cheval effectif.

7. Une petite machine à vapeur de 4 chevaux, pour la Compagnie de l'Est, machine servant à monter l'eau est revenue, avec chaudière et fourneau à. 4.500

En résumé, il semble que pour les machines industrielles, d'une puissance de 15 à 50 chevaux, construites avec soin, il faut compter 1,000 francs par cheval-vapeur disponible sur l'arbre de couche pour la machine seule avec son volant et ses pompes ; et 1,500 francs pour l'appareil complet, y compris chaudière, fourneau, etc.

Prix des machines à vapeur verticales portatives. — Ces prix s'appliquent à l'appareil entier, chaudière et machine ; l'assise de fondation est seule en dehors.

SÉRIE DES MACHINES PORTATIVES HERMANN-LACHAPELLE ET Cᵉ.

PUISSANCE DE LA MACHINE.	PRIX.	POIDS.	PUISSANCE DE LA MACHINE.	PRIX.	POIDS.
1	1.800ᶠʳ·	775ᵏⁱˡ·	8	5.800ᶠʳ·	4.500ᵏⁱˡ·
2	2.400	1.050	10	7.000	6.000
3	2.950	1.600	12	8.200	7.500
4	3.500	1.960	15	10.000	8.500
6	4.600	3.480			

SÉRIE DES MACHINES VERTICALES PORTATIVES DE ALBARET-DUVOIR ET Cⁱᵉ (CHAUDIÈRE COMPRISE).

Puissance 1 1/2 cheval, 150 tours. . . . . 2,300 francs
— 2 1/2 — 150 — . . . . 2,900 —
— 3 1/2 — 150 — . . . . 3,400 —
— 4 1/2 — 130 — . . . . 3,850 —
— 7   — 110 — . . . . 5,300 —

Prix des machines locomobiles. — Autrefois, on comptait 1,000 francs par cheval-vapeur pour le prix d'une locomobile. Ce prix est à peu près exact pour les petites puissances ; mais, dès que la puissance atteint cinq ou six chevaux, il n'est plus vrai.

Une locomobile de 2 1/2 chevaux, vaut. 2,900
— 3   — 3,200
— 4   — 4,200
— 4 1/2 — 4,400
— 6 à 7 — . . . . 5,500 à 5,800
— 8   — . . . . 6,000 à 7,000
— 9   — 7,000
— 10   — . . . . 7,600 à 8,400
— 12   — . . . . 8,400 à 9,500
— 15   — 11,000
— 20   — 12,500

Prix des machines marines. — Enfin, pour terminer, voici d'après M. Ledieu, un tableau du prix des machines marines. Ce tableau s'applique aux appareils complets, chaudières comprises ; les chaudières entrent pour un peu moins de moitié.

SYSTÈMES DES APPAREILS.	POIDS DE L'APPAREIL COMPLET (Mécanisme et chaudières vides).		PRIX DE L'APPAREIL COMPLET (Livré dans les ateliers).	
	par cheval nominal de la formule du gouvernement.	par cheval de 75 kilogrammes sur les pistons à toute puissance.	par cheval nominal de la formule du gouvernement,	par cheval de 75 kilogrammes sur les pistons à toute puissance.
Anciennes machines à balanciers avec chaudières à galeries.	. 1.000ᵏⁱˡ·	820 à 660ᵏⁱˡ·	1.350ᶠʳ·	1.100 à 900ᶠʳ·
Machines oscillantes et autres pour bâtiments à roues ou pour bâtiments à hélice avec engrenages (chaudières tubulaires).	800 à 600	375 à 225	1.200	490
Machines pour bâtiments à hélice sans engrenage (chaudières tubulaires). .	700 à 500	300 à 160	1.300 à 1.200	490 à 575
Machines à haute pression pour canonnières et batteries flottantes (chaudières tubulaires).	900	225	1.700	430

De la dépense d'une machine donnée. — On comprend toute l'importance que l'industriel doit attacher à la connaissance exacte de la dépense annuelle qui résultera pour lui de l'emploi d'une machine de forme et de puissance déterminées.

Cette dépense annuelle comprend les éléments suivants :

1° L'intérêt et l'amortissement du capital d'acquisition et d'installation ; c'est quelque chose de bien variable, car la durée d'une machine dépend beaucoup de sa construction, de la manière dont elle travaille, de sa vitesse, des soins qu'on lui donne, de la nature des eaux et du combustible, etc... Il faut en outre toujours compter sur quelques réparations annuelles.

Aussi pensons-nous qu'il faut appliquer aux machines fixes un amortissement de 10 0/0
—   —   aux locomobiles   —   15 0/0
—   aux machines marines   —   20 0/0

2° Le salaire des chauffeurs et mécaniciens.

Dans la petite industrie, un homme suffit à tous les besoins ; mais, dès que la chaudière et la machine sont dans des locaux séparés, ou quand la puissance dépasse 15 ou 20 chevaux, il devient nécessaire de recourir à un mécanicien et à un chauffeur. Lorsque le travail est continu, il faut une équipe de jour et une de nuit. Prenons une machine de 20 chevaux fonctionnant 10 heures par jour ; il faudra un mécanicien à 4 fr., un chauffeur à 3 fr. ; soit 7 fr. de dépense par jour, ou $0^{fr},035$ par cheval et par heure.

3° Le combustible. C'est par une expérience directe que l'on reconnaîtra la dépense de combustible par cheval et par heure ; elle varie beaucoup avec les appareils, et principalement avec les chauffeurs, circonstance dont bon nombre d'industriels ne tiennent guère compte. Cette dépense est variable aussi suivant le cours du combustible. Soit une machine de 20 chevaux consommant 3 kilogrammes de houille par cheval et par heure ; la houille coûtant 40 fr., la tonne, où $0^{fr},04$ le kilogramme, il en résulte une dépense de $0^{fr},12$ par cheval et par heure.

La dépense de combustible, qui est proportionnellement peu de chose dans les petites machines, est presque la seule importante à considérer dans les grandes machines, et une faible économie réalisée sur ce point peut se traduire à la fin de l'année par plusieurs milliers de francs.

4° Le graissage. C'est encore un point bien variable, qui dépend beaucoup du mécanicien. Dans les machines de quelque puissance, on peut évaluer la dépense de graissage entre 3 et 5 p. 100 de la dépense de combustible. Nous avons attiré l'attention sur les soins qu'il faut apporter dans le choix des huiles et graisses ; sur ce sujet, le lecteur pourra se reporter à la page 86 de notre cours de mécanique.

Pour conclure, nous dirons que la dépense occasionnée par une machine à vapeur dépend surtout de celui qui la dirige. Si les feux sont bien conduits, la chaudière fréquemment nettoyée, toutes les articulations bien graissées et bien entretenues, si toutes les pièces sont constamment propres et brillantes, si la machine fonctionne toujours avec son allure normale, on pourra dépenser, amortissement compris, moitié moins que si les appareils sont mal conduits et mal entretenus.

Avoir des mécaniciens et des chauffeurs capables, tout est là : malheureusement, c'est presque toujours le moindre souci des industriels. Nous l'avons constaté bien souvent dans le pays manufacturier que nous habitons et où nous sommes chargé de la surveillance des appareils à vapeur.

Pour combattre le mal, qui tend sans cesse à s'aggraver par le prix croissant du combustible, il nous semble qu'il serait bon d'établir des écoles de mécaniciens et de chauffeurs, dans lesquelles les ouvriers intelligents viendraient chercher des diplômes de capacité. Les manufactures de l'État se prêteraient bien à de pareils essais, et d'une faible dépense pourrait sortir pour le pays un immense avantage.

NOTIONS SOMMAIRES

SUR LA THÉORIE DYNAMIQUE DE LA CHALEUR ET SUR SON APPLICATION
AUX MACHINES THERMIQUES

La théorie dynamique de la chaleur, c'est-à-dire l'étude des rapports qui existent entre la chaleur et le travail mécanique, n'est pas fort ancienne.

Montgolfier, l'inventeur du bélier hydraulique, semble en avoir eu le premier une idée confuse. Cette idée fut éclaircie par Sadi Carnot qui recourut au raisonnement philosophique, et par Clapeyron qui traduisit en analyse mathématique les déductions de Carnot.

Mais, c'est le docteur Mayer qui énonça le premier l'équivalent de la chaleur et du travail mécanique.

Le principe fut démontré plus tard par les expériences et les calculs de Joule, Thomson, Helmholtz, Clausius, Rankine, Zeuner, Hirn, Reech, Laboulaye, Combes, etc.

est à Combes que l'on doit en France l'étude des applications de la théorie dynamique de la chaleur aux machines thermiques.

Cette étude est longue et demande le secours de l'analyse; elle ne saurait trouver place ici, car il faudrait un volume entier pour la développer avec fruit. Nous nous contenterons d'en indiquer les traits et les résultats principaux, qu'il est indispensable de connaître si l'on ne veut marcher à l'aventure dans la construction des machines thermiques, et nous engagerons le lecteur à se reporter aux ouvrages de Combes et de Hirn, ainsi qu'au traité complet que prépare en ce moment M. Pochet, ingénieur des ponts et chaussées.

Nature de la chaleur. — La première question qui se pose, c'est de définir la chaleur.

Descartes la considérait comme un état vibratoire des petites parties des corps terrestres. Mais cette conception philosophique ne prévalut point contre les idées de Lavoisier et surtout de Laplace. C'est à Laplace que l'on doit la théorie du calorique.

Le calorique est un fluide impondérable, qui se combine en plus ou moins grande proportion avec les corps et qui passe de l'un à l'autre; suivant qu'un corps perd ou gagne du calorique, il se refroidit ou il s'échauffe. Il n'est pas besoin de faire remarquer que cette définition de la chaleur est absolument empirique; elle peut être commode pour exposer certains faits, mais elle n'explique rien; comme la théorie des deux fluides électriques, elle ne satisfait aucunement l'esprit. Nous avons déjà montré plusieurs fois quelle mauvaise influence pouvaient exercer sur le progrès des sciences ces définitions qui expliquent les faits par les faits eux-mêmes. On sait que lorsque les corps changent d'état, se vaporisent par exemple, cette transformation exige une certaine quantité de chaleur, que les corps absorbent sans que leur température augmente ; dans la théorie du calorique, c'était de la chaleur latente ou dissimulée, on se contentait de cette explication, sans se demander à quoi avait servi cette chaleur, absorbée en quantité souvent énorme. Enfin, des faits élémentaires viennent contredire victorieusement la théorie du calorique ; lorsqu'on frotte l'une contre l'autre deux substances polies qui ne s'usent point, elles s'échauffent rapidement et indéfiniment ; deux morceaux de glace, censés renfermer une faible quantité de calorique, fondent rapidement lorsqu'on les frotte l'un contre l'autre ; dans ces expériences, les corps dont il s'agit produiraient donc des quantités indéfinies de calorique, chose absurde et contraire à la théorie même dont il s'agit.

La science moderne en est revenue à la conception de Descartes : la chaleur est du mouvement, et il en est de même de la lumière et de l'électricité. Pour le son, la chose est démontrée depuis longtemps. Suivant que le mouvement se manifeste à l'un ou à l'autre de nos organes, il agit sur certains nerfs, qui, chacun à sa manière, transmettent au cerveau l'impression qu'ils ont reçue.

Pour en revenir à la chaleur, c'est un mouvement vibratoire des atomes qui composent les corps (le mouvement est vibratoire, parce que la position du centre de gravité ne change pas sous l'influence de la chaleur).

Ainsi, tout corps, suivant son essence et sa température, est composé d'atomes sans cesse animés d'un mouvement vibratoire, dont la vitesse augmente ou diminue suivant que la température du corps augmente ou diminue, toutes choses égales d'ailleurs. Ces vibrations se transmettent soit au contact, soit à distance ; ainsi, les vibrations calorifiques du soleil se transmettent jusqu'à nous. On admet, et c'est là le point délicat de la théorie dont il faut bien se contenter dans l'état actuel de la science, on admet que le véhicule de ces vibrations est une substance éminemment fluide, répandue dans l'espace, et on l'appelle l'éther ; c'est l'éther qui, sous forme d'ondes, transmet jusqu'à nous les vibrations solaires, et, suivant leur vitesse, ces vibrations s'annoncent soit par des sensations de chaleur, soit par des sensations de lumière, soit même par des sensations électriques et chimiques ; l'étude du spectre solaire nous a montré très-nettement cette distinction qu'il faut établir entre les diverses vibrations ; à côté du spectre lumineux formé des couleurs de l'arc-en-ciel, on trouve au delà du violet un spectre obscur, dit spectre chimique, formé de vibrations qui décomposent certains corps tels que les sels d'argent, et au delà du rouge on trouve un autre spectre obscur, le spectre calorifique, dont les vibrations s'annoncent par leur action sur la pile thermo-électrique.

Quand on conçoit la nature de la chaleur comme nous venons de l'exposer, n'est-on pas amené naturellement à la confondre avec de la force vive, avec du travail mécanique, c'est-à-dire avec une combinaison de masse et de vitesse,

Lorsqu'un corps s'échauffe, c'est sous l'influence d'un mouvement qui lui est transmis ; la force vive de ce mouvement est absorbée par les atomes du corps, mais elle n'est point perdue ; on la retrouve tout entière dans l'accroissement qui est imprimé à la vitesse du mouvement vibratoire de ces atomes.

Ainsi, l'on est forcé de concevoir qu'il existe dans le monde une certaine quantité de mouvement, de force vive, de travail, quantité constante et inépuisable qui se transforme de mille manières et qui, sous ses diverses manifestations, produit tous les phénomènes mécaniques, physiques et chimiques. C'est une extension du grand principe de la chimie expérimentale : rien ne se perd, rien ne se crée dans la nature.

Quelques bons esprits verront dans cette belle conception de la permanence du travail un acheminement aux doctrines matérialistes; ils craindront que l'on n'en arrive à considérer comme une transformation de travail, les phénomènes de la vie et ceux-mêmes de la pensée. Il nous semble à nous que ces grandes théories scientifiques élèvent l'homme et l'éloignent de la matière, car elles mettent en pleine lumière la toute-puissance de la cause première, de la divinité.

Principe de la théorie dynamique de la chaleur. — 1° Toutes les fois qu'il se produit un travail mécanique externe par une action s'exerçant du dedans en dehors d'un corps, il y a perte d'une certaine quantité de chaleur.

2° Toutes les fois qu'un travail mécanique est transmis à un corps par une action s'exerçant du dehors au dedans de ce corps, il se produit une certaine quantité de chaleur.

3° La chaleur disparue ou produite est toujours proportionnelle au travail recueilli ou dépensé.

Il y a un rapport constant et unique entre les quantités de calorique qui disparaissent ou apparaissent et le travail mécanique externe qui est produit ou dépensé.

Équivalent mécanique de la chaleur. Équivalent calorifique du travail mécanique. — Ce rapport constant et unique entre les quantités de calorique qui disparaissent ou apparaissent et le travail mécanique externe qui est produit ou dépensé, c'est ce qu'on appelle l'équivalent mécanique de la chaleur ; son inverse est l'équivalent calorifique du travail mécanique.

« D'après l'ensemble des expériences qui ont été faites jusqu'à ce jour, dit M. Combes, on est autorisé à prendre pour équivalent mécanique d'une calorie (quantité de chaleur nécessaire pour élever de 1 degré la température d'un kilogramme d'eau) un travail de 424 kilogrammes élevés à un mètre de hauteur. L'équivalent calorifique d'un kilogramme élevé à 1 mètre de hauteur serait par suite de $\frac{1}{424}$ de calorie. C'est ce que nous exprimerons brièvement en disant que l'équivalent mécanique de la chaleur est 424, et que l'équivalent calorifique du travail est $\frac{1}{424}$. »

Ainsi, théoriquement, lorsqu'on dispose de 100 calories par seconde, c'est comme si l'on disposait de 42,400 kilogrammètres, ou d'une puissance de 565 chevaux-vapeur ; inversement, une source de travail de 565 chevaux peut produire 100 calories à la seconde.

On peut vérifier le principe de l'équivalence de la chaleur et du travail par des expériences plus ou moins simples, que nous ne décrirons pas; on trouvera à la page 142 de notre cours de physique l'expérience de Joule : des palettes fixées à un arbre vertical tournent dans un vase rempli d'eau ou de mercure, l'arbre vertical reçoit un mouvement de rotation au moyen de ficelles tirées par des poids tombant librement, le travail mécanique dépensé se mesure par le produit de la hauteur de chute et de la valeur des poids en kilogrammes ; à la fin de l'expérience, le liquide est en repos comme à la fin, la variation de la force vive du système est donc nulle ; le travail mécanique a servi à échauffer les palettes et le liquide qui les environne ; d'après la connaissance des capacités calorifiques du métal des palettes et du liquide, on sait le nombre de calories que représente l'échauffement indiqué par des thc. momètres sensibles ; le rapport de ce nombre de calories au travail dépensé donne l'équivalent mécanique de la chaleur. Le récit de cette expérience de Joule montre comment on peut procéder à une quantité d'expériences analogues.

Les expériences sur les gaz ont été nombreuses : lorsqu'un gaz se dilate en exerçant sur la paroi mobile de son enveloppe une pression constamment en équilibre avec sa force élastique, il en résulte un travail mécanique extérieur dû au déplacement de la paroi, et en même temps un refroidissement de la masse gazeuse ; le rapport entre le refroidissement et le travail mécanique est constant et égal à 424. Inversement, lorsque, par le fait d'un travail extérieur exercé sur la paroi mobile de l'enveloppe, le gaz est comprimé, il y a production de chaleur, et le rapport entre le travail dépensé et le nombre de calories produites est $\frac{1}{424}$; ce phénomène se produit notamment dans le briquet à air, où la chaleur développée par la compression brusque de l'air est assez élevée pour enflammer un morceau d'amadou.

Mais, si un gaz se dilate ou se contracte sans aucun développement de travail moteur ou sans application de travail mécanique externe, la quantité de chaleur restera invariable, ce qu'on peut reconnaître par l'expérience.

Dans les machines à feu, dit Combes, le travail mécanique résulte de l'action d'un corps, qui est alternativement dilaté et condensé entre deux sources de chaleur à des températures différentes et généralement à peu près fixes, le foyer et le condenseur, et il y a transmission de chaleur de la source supérieure à la source inférieure par un corps intermédiaire. En renversant le mode d'action de ces machines, on conçoit la possibilité de leur appliquer un mouvement inverse par un travail mécanique externe et de réaliser ainsi le passage de la chaleur de la source inférieure à la source supérieure. Seulement, d'après la nouvelle théorie, la chaleur versée dans la source inférieure est toujours moindre que la chaleur empruntée à la source supérieure dans le mouvement direct, et la chaleur versée dans la source supérieure est plus grande que la chaleur empruntée à la source inférieure dans le mouvement inverse. Le travail mécanique obtenu dans le premier cas et dépensé dans le second est toujours l'équivalent de la différence entre les quantités de chaleur puisée et versée, c'est-à-dire de la chaleur qui a disparu ou qui s'est ajoutée pendant l'opération. Entre deux sources de chaleur à des températures données le rapport du travail mécanique à la quantité de chaleur transmise d'une source à l'autre demeure comme le rapport du travail à la chaleur perdue ou gagnée, constant et indépendant de la nature du corps intermédiaire employé, pourvu que celui-ci revienne, après l'opération terminée, identiquement à son état primitif.

Dans les expériences où l'on veut chercher le rapport entre le travail et la chaleur, il faut faire attention s'il ne se produit pas outre le travail extérieur que l'on mesure facilement un travail moléculaire intérieur dont la mesure directe est impossible. Le rapport constant entre la chaleur et le travail ne se retrouverait plus si l'on n'avait soin d'ajouter au travail extérieur le travail intérieur. Lorsqu'un corps se dilate ou se contracte, il y a toujours un travail intérieur ; pour certains gaz permanents, vérifiant la loi de Mariotte, l'attraction moléculaire est nulle et le travail total se réduit au travail extérieur ; mais il n'en est plus ainsi pour certains gaz liquéfiables, tels que l'acide carbonique, et le travail moléculaire intérieur a quelque influence ; à plus forte raison ce travail influe-t-il dans les changements de volume des solides. C'est pourquoi certaines déterminations de l'équivalent mécanique de la chaleur ont été faussées : lorsque l'on supposera un travail intérieur, on fera mieux d'adopter comme vrai l'équivalent mécanique de la chaleur, de le multiplier par le nombre de calories obtenu, ce qui donnera le travail total ; on apprécie facilement le travail extérieur, donc on obtiendra par différence le travail moléculaire interne qui s'est produit, et cette détermination pourra rendre quelques services.

Le travail moléculaire interne est souvent considérable, notamment dans les changements d'état. Un solide qui se liquéfie, un liquide qui se vaporise absorbent de grandes quantités de chaleur ; ce sont les chaleurs latentes de liquéfaction, de vaporisation ; elles représentent le travail énorme qu'il a fallu dépenser pour dissocier les molécules, pour vaincre leur attraction réciproque et les maintenir à de nouvelles distances les unes des autres.

La dilatation elle-même a son calorique latent, qui dépend du travail mécanique nécessaire pour écarter les molécules.

Dans les retours inverses des corps d'un état à l'autre, ces corps restituent aux substances voisines la force vive qu'elles avaient absorbée, et celle-ci se manifeste par un échauffement des substances.

Nous avons vu en physique que la chaleur spécifique d'un corps était le nombre de calories nécessaire pour élever de 0° à 1° la température d'un kilogramme de ce corps ; la chaleur spécifique est variable d'un corps à l'autre ; elle représente la quantité de travail nécessaire pour accélérer le mouvement vibratoire des atomes de chaque corps de telle sorte que la température s'élève d'un degré : donc cette quantité de travail sera d'autant plus grande que le poids de l'atome sera plus faible ; l'une de ces quantités devra varier en raison inverse de l'autre, c'est-à-dire que leur produit doit être constant. En effet, la loi de Dulong et Petit nous apprend que le produit de la chaleur spécifique des corps par leur poids atomique ou équivalent chimique est un nombre constant ; la théorie mécanique de la chaleur est donc bien d'accord avec cette belle loi expérimentale.

Application aux machines à vapeur. — D'après le général Morin, voici l'effet utile produit dans la machine à vapeur par kilogramme de houille brûlée :

Machine à haute pression, sans détente ni condensation. . . . . 21,480 kilogrammètres.
—   à basse pression, sans détente avec condensation. . . . 45,000   —
—   à haute pression, avec détente et sans condensation. . . 57,000   —
—   à haute pression avec détente et condensation. 90,000   —

Or nous savons que la combustion d'un kilogramme de houille développe 7,500 calories ; une calorie équivaut à 425 kilogrammètres ; donc, le travail théorique, que peut fournir un kilogramme de houille est de 3,187,500 kilogrammètres. On voit en comparant les nombres précédents quelle faible proportion de la chaleur on utilise dans les machines à vapeur.

En réalité, les nombres du général Morin sont trop faibles : dans une bonne machine à vapeur, on consomme 2 kilogrammes de houille par cheval et par heure ; 1 kilogramme de houille correspond donc à un effet utile de $\frac{1}{2} \times 75 \times 60 \times 60 = 135.000$ kilogrammètres, tandis que, théoriquement, il peut donner 3,187,500 kilogrammètres. La proportion de chaleur utilisée pour le travail n'est donc que de 0,043, c'est-à-dire environ 4 %.

Le reste est perdu ou absorbé par les résistances passives :

En particulier, la moitié des calories produites servent à échauffer l'air et les produits de la combustion, elles sont entraînées par la colonne chaude qui sort de la cheminée et qui détermine le tirage, ou bien se perdent par rayonnement.

Voilà donc déjà $\frac{50}{100}$ de perte ;

$\frac{45}{100}$ sont entraînés par la vapeur à sa sortie du cylindre, ou dépensés en contre-pression s'opposant à la marche du piston :

$\frac{1}{100}$ est absorbé par les résistances secondaires dues au fonctionnement de la
machine, résistances qui se produisent entre le cylindre et l'arbre.

Mais, ne nous occupons pas de la perte de chaleur par le foyer ; c'est en général un mal nécessaire si l'on veut obtenir un tirage suffisant. On peut toutefois
en amoindrir les effets par une série de procédés qu'on ne saurait trop recom-
mander et dans lesquels reposent pour le moment les perfectionnements les plus
sérieux à apporter aux machines à vapeur ; nous avons décrit la plupart de ces
procédés qui sont : emploi de combustibles liquides ou gazeux demandant un
tirage moins énergique, usage des fours Siemens, usage pour l'eau d'alimentation
de réservoirs annulaires entourant sur une hauteur notable une cheminée en
tôle.

Considérons seulement la chaleur emportée de la chaudière par la vapeur qui
s'en dégage ; considérons d'autre part la chaleur apportée au condenseur par la
même vapeur qui vient d'agir sur le piston. Il y a une différence entre la chaleur prise à la chaudière et celle rendue au condenseur, et un certain nombre de
calories ont disparu par le jeu de la machine ; c'est ce nombre de calories qui
s'est transformé dans le cylindre en travail mécanique. On a désigné sous le nom
de coefficient économique de la machine le rapport entre ce nombre de calories
et celui que la vapeur a prises à la chaudière.

M. Hirn, s'appuyant sur les expériences de M. Regnault, a trouvé le nombre $\frac{1}{8}$
pour la valeur du coefficient économique d'une machine marchant avec une longue détente, la pression au générateur étant de cinq atmosphères et la température
au condenseur de 40°.

Pour les machines ordinaires sans détente ou à faible détente on a souvent
trouvé un coefficient plus faible encore, $\frac{1}{11}$ environ ; la détente prolongée est très-
favorable à une bonne utilisation de la chaleur.

Pour arriver à un bon rendement, il faudrait que la vapeur se condensât tout
entière dans le cylindre à la suite d'une détente prolongée qui diminuerait son
mouvement vibratoire ; en effet, dans ce cas, la chaleur latente de vaporisation,
pourrait se trouver tranformée en travail ; autrement, elle s'en va au condenseur.
Les constructeurs qui recourent aux longues détentes, telles que les détentes de
$\frac{1}{20}$ semblent donc dans le vrai ; mais de pareilles détentes exigent l'emploi des
hautes pressions ou de la vapeur surchauffée.

Le calcul a démontré que dans les machines thermiques à gaz le rapport de la
chaleur employée en travail à la totalité de la chaleur dépensée est égal à

$$\frac{\alpha\,(t_1 - t_0)}{1 + \alpha\,t_1}$$

formule dans laquelle α est le coefficient de dilatation des gaz, déterminé par
Gay-Lussac et fixé à $\frac{1}{273}$, t_1 et t_0 sont les températures initiale et finale de la masse
gazeuse. Cette formule peut se mettra sous la forme

$$\frac{t_1 - t_0}{\frac{1}{\alpha} + t_1} \quad \text{ou} \quad \frac{t_1 - t_0}{273 + t_1}, \quad \text{ou encore} \quad \frac{T_1 - T_0}{T_1} \qquad (1)$$

si l'on pose $T = 273 + t$ c'est-à-dire si l'on compte les températures à partir de 273° au-dessous de zéro. Cette température de — 273° est ce qu'on appelle le zéro absolu : c'est celle où s'éteignent les vibrations des atomes gazeux, en admettant toutefois que la loi de Gay-Lussac sur la dilatation des gaz soit vraie jusqu'à cette limite.

Quoi qu'il en soit, la formule (1) nous apprend que, pour augmenter l'effet utile des machines à gaz, il faut augmenter l'écart entre les températures initiale et finale.

Nous reviendrons sur cette loi au sujet des gaz proprement dits ; appliquons-la d'abord à la vapeur d'eau. La vapeur d'eau saturée, séparée du liquide qui l'a produite et chauffée, se conduit comme un gaz ; elle se dilate indéfiniment si l'on veut maintenir sa pression constante, et dans cet état, elle se prête ensuite parfaitement à une détente prolongée.

La surchauffe de la vapeur, combinée avec une détente prolongée, donne donc de bons résultats. La surchauffe est surtout avantageuse lorsqu'on la produit par le courant de la combustion ; ce qui semble indiquer que, par elle-même, elle n'a point l'efficacité qu'on lui accorde.

Il est à remarquer encore que la théorie dynamique de la chaleur proscrit les doubles enveloppes de vapeur que l'on met aux cylindres, et qui cependant semblent avoir donné de bons résultats dans la pratique. Comme nous venons de le dire, pour produire du travail, il faut que la vapeur se refroidisse et se condense et le *desideratum* serait de la condenser tout entière par le jeu de la détente dans le cylindre même avant qu'elle ne communique avec le condenseur ; si, à mesure qu'elle se refroidit, vous lui rendez la chaleur qu'elle perd, elle se trouve munie de la même quantité de chaleur à la fin de son action comme au commencement, et elle l'emporte au condenseur ; le supplément de chaleur qu'on lui a communiqué n'a donc servi qu'à échauffer l'eau du condenseur.

Voilà le résultat théorique ; il est en contradiction avec la pratique, et il y a là une anomalie à expliquer, laquelle semble tenir plutôt au jeu des appareils qu'à la vapeur elle-même.

Dans tous les cas, il va sans dire que les enveloppes peu conductrices des cylindres sont toujours excellentes et que l'emploi doit en être conservé.

Tel est à peu près le résumé de la théorie mécanique de la chaleur en ce qui touche la machine à vapeur : nous allons le compléter par les lignes suivantes empruntées à Combes, dans lesquelles on retrouvera plusieurs des idées précédentes :

« On donne une idée fausse et exagérée de l'état d'imperfection où se trouvent encore nos meilleures machines à vapeur à haute pression et à détente en disant qu'elles ne sont susceptibles d'utiliser que 10 ou 20 pour 100 environ du travail mécanique équivalent à la chaleur transmise aux générateurs de vapeur, suivant qu'elles sont ou non pourvues d'un condenseur, même quand la détente est poussée dans les cylindres aussi loin que possible. Sans être absolument entachée d'inexactitude, cette assertion induit en erreur les personnes qui possèdent des notions incomplètes sur la théorie mécanique de la chaleur, si l'on n'a pas soin d'ajouter qu'il est impossible, par des moyens quelconques, en employant des corps quelconques comme intermédiaires entre deux sources de chaleur indéfinies, dont l'une serait à la température de l'eau contenue dans le générateur et l'autre à la température maintenue dans le condenseur de la machine, de convertir d'une façon régulière et continue, en travail mécanique, une fraction de la chaleur sortie du générateur notablement plus grande que celle qui est ainsi utilisée par nos machines à vapeur perfectionnées : que la plus grande partie de cette chaleur passe nécessairement au condenseur ; que la portion de chaleur tirée du générateur convertie ou plutôt *convertissable* en travail est, suivant l'expression si juste et trop oubliée de Sadi Carnot, proportionnelle à la *chute de chaleur*, c'est-à-dire à l'écart des températures maintenues dans l'intérieur de la chaudière et du condenseur et exprimée par la fraction $\dfrac{T-t}{273+T}$ qui a pour numérateur cet écart même, qu'on peut appeler la hauteur de chute et pour dénominateur l'élévation de la température de la source supérieure de chaleur, c'est-à-dire la chaudière au-dessus du zéro absolu, lequel, entre les limites des températures abordables dans la pratique, peut être considéré comme étant à 273° au-dessous du zéro de notre thermomètre centigrade.

Il est vrai que si l'on considère ensemble la machine à vapeur et toutes ses dépendances, depuis le foyer de la chaudière jusqu'à l'eau froide qui l'alimente et a servi auparavant à produire un vide partiel derrière le piston, ou a été du moins réchauffée par la vapeur sortant du cylindre, la chute de chaleur n'embrasse pas seulement un intervalle de 150 à 100 ou 50°, mais bien de 700 ou 800° à 10 ou 20°. Le travail mécanique recueilli n'est en ce sens, qu'une très-petite fraction du maximum théorique. Mais la perte principale a lieu dès le foyer même, où plus de moitié de la chaleur totale développée par la combustion est dispersée par la cheminée dans l'atmosphère, et où cette partie même de la chaleur qui est utilisée plus tard, passe dans un corps beaucoup plus froid que le combustible en ignition, par une chute brusque, et par conséquent, improductive de travail ; les pertes qui ont lieu ultérieurement dans le trajet de la chaudière au condenseur, sont, en réalité, minimes par rapport à la première.

Les progrès ultérieurs de nos bonnes machines à vapeur, et des machines à feu en général, ne peuvent donc résulter que de dispositions qui permettraient soit de transmettre au générateur une partie plus grande de la chaleur développée par la combustion, dans le foyer, soit d'augmenter la chute de chaleur, c'est-à-dire l'écart des températures maintenues dans le générateur et dans le condenseur.

Les foyers *Siemens* qui, par un ingénieux échange, font passer, dans les gaz et l'air neuf qui viennent incessamment alimenter le foyer, une grande partie de la chaleur contenue dans les gaz brûlés, avant l'écoulement de ceux-ci par la cheminée dans l'atmosphère ; les foyers à courant d'air forcé par des machines soufflantes ou aspirantes, combinés avec des chaudières à surface de chauffe très-développée ; les foyers fermés de M. Belou, qui introduit les gaz brûlés eux-mêmes, mêlés avec de l'air neuf ou de la vapeur, dans les cylindres moteurs, sont des tentatives rationnelles et plus ou moins heureuses qui rentrent dans la première catégorie des perfectionnements réalisables.

L'emploi de la vapeur d'eau à des températures et sous des pressions de plus en plus fortes, surtout dans les locomotives et autres machines sans condenseur où la pression dans les chaudières est aujourd'hui portée à 9 ou 10 atmosphères ; la substitution de l'air chaud ou de la vapeur surchauffée jusqu'à 200 et 240° centigrades à la vapeur d'eau à l'état de saturation, qu'il serait difficile d'employer à ces hautes températures, en raison de la pression excessive qu'elle exercerait sur les parois des chaudières et des cylindres, rentrent dans les dispositions de la seconde catégorie et ne constitueront des perfectionnements véritables au point de vue de l'économie de la chaleur qu'autant que la température de l'air chaud ou de la vapeur surchauffée agissant sur les pistons sera abaissée dans l'intérieur des cylindres, par suite de l'expansion de leur volume et sans qu'ils soient mis en rapport avec des corps de températures différentes de la leur de quantités finies, aussi bas que l'est celle de la vapeur d'eau à saturation dans nos machines actuelles à très-grande détente, avant son écoulement au condenseur.

Que ceux qui cherchent à perfectionner les machines à feu aient ces principes présents à l'esprit ; qu'ils se rappellent aussi que la nature du corps employé comme intermédiaire entre deux sources de chaleur, quand les organes de la machine sur lesquels il agit sont convenablement appropriés à ses variations de volume et de pression avec la température, n'a pas plus d'influence sur la quantité de chaleur convertissable en travail mécanique que n'en ont, dans les machines mises en jeu par l'action de la gravité, la nature des corps qui tombent ou la figure de la trajectoire qu'ils décrivent dans leur chute : ils s'éviteront ainsi des tentatives dont l'insuccès peut être prévu à l'avance, du temps et de l'argent inutilement dépensés, et se tiendront dans la voie qui seule peut conduire au but vers lequel tendent leurs louables efforts.

Lors même qu'il serait possible de prévenir par une addition de chaleur la précipitation de vapeur qui a lieu pendant la détente, dans les cylindres des machines ordinaires, il serait très-désavantageux de le faire, au point de vue de l'économie de la chaleur. S'il est utile de maintenir les cylindres à la température de la chaudière, en les entourant d'enveloppes et mettant l'espace intermédiaire en communication avec l'intérieur de celle-ci, cela ne tient pas à ce que l'eau liquide entraînée, ou celle qui se précipite pendant la détente est vaporisée par la chaleur venant de l'enveloppe. Le fait s'explique par l'influence des parois du cylindre qui, naturellement refroidies pendant la détente et la condensation, déterminent, à chaque introduction nouvelle, la liquéfaction immédiate d'une partie de la vapeur plus chaude qui vient de se mettre en contact avec elles.

L'entraînement d'eau, même en très-forte proportion, par la vapeur n'exerce aucune influence sensible ni sur l'effet utile, ni sur l'allure des machines ordinaires, où la vapeur ne s'étend que dans un espace égal à quatre ou cinq fois son volume primitif. La seule différence notable consiste en ce que, pour un même travail obtenu et une dépense égale de combustible, la chaudière qui fournit de la vapeur chargée d'eau produit en apparence, non en réalité, une vaporisation plus forte. Mais l'entraînement d'eau est nuisible dans les machines à très-grande détente, ou l'expansion de la vapeur serait de quinze à vingt fois son volume. La présence de l'eau en forte proportion dans la vapeur peut alors accroître la dépense de combustible d'environ 14 p. 100, et exige en outre que la vitesse du piston soit augmentée à peu près dans le même rapport. »

Machines à vapeur combinées. — Nous avons décrit la machine à vapeur d'eau et éther de M. du Tremblay, et nous avons donné les résultats des expériences.— Elle comprend en somme deux machines successives dont voici les organes : une chaudière ordinaire, un cylindre à vapeur d'eau, un condenseur à surface où cette vapeur se liquéfie et qui plonge dans une bâche fermée ou chaudière pleine d'éther, un cylindre où agit la vapeur d'éther, et un condenseur à surface où elle se liquéfie. — Le condenseur intermédiaire est en même temps une chaudière à éther.

L'éther bout à 38°, c'est-à-dire à une température inférieure à celle que l'on rencontre d'ordinaire dans les condenseurs ; sa vapeur prendra donc une tension supérieure à l'atmosphère et pourra, par la détente, transmettre un travail considérable à un piston.

On a de la sorte diminué la consommation de charbon, mais, quoi qu'on fasse, il y a toujours par les joints des pertes d'éther coûteuses et fort gênantes ; il est à remarquer du reste que, dans les pays chauds, il devient impossible de condenser l'éther.

En somme, bien que le principe soit bon, l'application n'était pas économique, et elle n'a pas survécu.

Les machines dans lesquelles on a eu recours à d'autres vapeurs, chloroforme, ammoniaque, etc., ne sont pas non plus entrées dans la pratique.

Machines avec formation de vapeur dans le foyer même. — Considérant que la moitié de la chaleur du foyer disparaissait par la cheminée, et que l'autre moitié seule était transmise à l'eau de la chaudière, on a eu l'idée que nous avons déjà examinée à propos des générateurs, de recourir à des foyers clos, et de projeter sur le charbon un courant d'air forcé et de l'eau en quantité convenable ; cette eau se vaporise, et de la combustion résulte un produit gazeux mixte, formé de gaz dilatés et de vapeur d'eau surchauffée. — Ce mélange peut être conduit directement dans un cylindre et chasser le piston par sa force expansive considérable.

Il semble bien probable que l'on arriverait de la sorte à une meilleure utilisation du calorique, mais on s'est heurté jusqu'à présent à une impossibilité matérielle : on a beau interposer entre le foyer et le cylindre des chambres et de longs circuits où le courant dépose des particules solides qu'il entraîne et où il perd son aspect fuligineux, on n'arrive pas à une purification complète ; il ne tarde pas à se former dans le cylindre un épais cambouis qui entraîne au bout de quelques heures un arrêt complet de la machine. — Ces nettoyages fréquents sont une gêne considérable ; il serait bien à désirer que l'on trouvât quelque moyen de les supprimer.

Machines à air chaud. — Les plus connues sont les deux types d'Ericcson, que nous connaissons dans tous leurs détails.

Au point de vue de la théorie mécanique de la chaleur, le premier type, celui qui a recours au régénérateur est évidemment le meilleur, puisqu'il ne laisse point échapper dans l'atmosphère la chaleur qu'on a communiquée à la masse gazeuse et qu'au contraire il la lui soutire pour la rendre à la masse suivante ; mais, le régénérateur, formé d'une quantité de toiles métalliques accolées, constitue une résistance secondaire considérable et il a fallu y renoncer.

Quant au second type d'Ericcson, il est absolument vicieux, puisqu'il réchauffe l'air pendant sa détente et pendant son travail sur le piston, et que cet air échauffé s'échappe dans l'atmosphère.

Le *desideratum* d'une machine à air chaud est d'échauffer l'air dans un foyer séparé, puis de l'amener dans un cylindre, où il se détend en se refroidissant, et il faudrait prolonger la détente jusqu'à ce que la température devînt égale à celle de l'air extérieur. Mais il faut bien se garder de réchauffer l'air pendant son action, car la chaleur que vous lui communiquez ainsi, il va l'emporter tout à l'heure sans qu'elle soit le moins du monde transformée en travail.

Le premier type d'Ericcson avait bien l'inconvénient de maintenir l'air en contact avec le foyer pendant sa détente, mais au moins lui reprenait-on par le régénérateur la chaleur qu'on lui avait ainsi communiquée.

C'est ce qu'on ne fait pas dans le second type d'Ericcson, et c'est ce qui explique sa grande consommation de combustible.

M. Belou a construit et fait fonctionner quelques machines à air chaud, dont le principe est identique à celui qui consiste à produire de la vapeur d'eau dans le foyer même ; il comprime de l'air à plusieurs atmosphères et le lance dans un foyer clos; il recueille le produit gazeux de la combustion, le purifie dans une série de chambres et conduits, avant de l'amener dans un cylindre où il agit par sa force expansive. — On s'oppose à la formation trop rapide du cambouis en envoyant dans le cylindre de grandes quantités d'eau de savon; mais, quoi qu'il en soit, les particules entraînées s'amassent peu à peu, et la machine s'arrête au bout de quelques heures; il faut alors procéder à un nettoyage.

C'est malheureux, car le rendement de cette machine est excellent, et elle ne consomme pas un kilogramme de charbon par cheval de couche et par heure.

M. Franchot a présenté un modèle, que nous ne croyons pas avoir été exécuté en grand, d'une machine à air chaud à deux cylindres, dans laquelle il faisait grand usage du régénérateur en toiles métalliques : nous ne signalons cette machine que pour mémoire. — Combes en trouvait le principe excellent.

Pour en finir avec les machines à air chaud, rappelons encore la formule de Clausius, qui nous apprend que le rapport entre la portion de chaleur transformée en travail et la chaleur totale communiquée à une masse gazeuse est donnée par la formule

$$\frac{T_1 - T_0}{T_1},$$

dans lesquelles les lettres T^1 et T^0 représentent les températures absolues de la masse gazeuse au commencement et à la fin de l'action.

Pour augmenter le rendement des machines thermiques, il faut donc étendre l'écart des températures initiale et finale; c'est impossible avec la vapeur saturée qui ne tarde point à prendre des pressions auxquelles rien ne résiste, et on ne dépasse guère dix atmosphères, il est cependant désirable que l'on monte plus haut. — Pour les gaz et en particulier pour l'air, la même difficulté n'existe pas; cependant, il faut remarquer que pour doubler leur pression, il faut augmenter leur température de 273°, et lorsqu'on atteint des températures élevées les gaz et la vapeur sèche elle-même attaquent les métaux et les matières organiques qui se trouvent dans le cylindre; des oxydations se produisent, et les appareils sont rapidement mis hors d'état; le graissage est du reste rendu impossible, cela contribue à augmenter les grippements.

Machines à gaz d'éclairage. — Les machines à gaz d'éclairage semblent au premier abord bien supérieures aux machines à vapeur, car la combustion se produit dans le cylindre même, il ne s'en va point de chaleur dans une cheminée; tout le calorique reste emmagasiné dans la masse gazeuse qui, par la détente, le transforme en travail. — Mais, l'échauffement est très-brusque, et la température du mélange peut s'élever à 2,000°; seulement, la masse gazeuse a un faible poids et une petite capacité calorifique, de sorte qu'en somme elle contient assez peu de chaleur; les parois métalliques qui l'entourent absorbent la plus grande part de cette chaleur, et, en effet, on est forcé de les refroidir sans cesse pour les empêcher de s'oxyder et de se détruire; le mélange, qui s'échappe après la détente, n'est jamais amené à la température de l'air extérieur, et, de ce fait, il y a encore une certaine quantité de chaleur entraînée.

Enfin, le gaz d'éclairage coûte très-cher, et les machines à gaz jusqu'à présent n'ont pas été économiques; avec du gaz à bon marché, elles parviendraient sans doute à constituer un bon moteur.

Le rendement calorifique du moteur Lenoir, n'est guère que de $\frac{1}{25}$ comme dans une bonne machine à vapeur.

Dans la machine Hugon, le rendement calorifique est presque moitié plus grand que dans le moteur Lenoir ; cependant, cette machine est encore plus coûteuse que la machine à vapeur.

En résumé, la théorie mécanique de la chaleur n'a pas dit son dernier mot : elle n'a pas encore mis sous une forme palpable et bien évidente les principes qui doivent guider d'une manière absolue les constructeurs de machines thermiques. Elle fournit cependant quelques indications précieuses qu'il convient de mettre à profit.

NOTIONS DE RÉSISTANCE DES MATÉRIAUX

Généralités. — Pour terminer ce cours complet de mécanique, nous avons pensé qu'il convenait de donner ici quelques notions sur la résistance des matériaux. Il est indispensable en effet de connaître les dimensions qu'il est bon d'adopter pour les organes des machines : celui qui choisit des dimensions de hasard ou de sentiment construira presque toujours des machines défectueuses ; certaines parties trop fortes augmentent en pure perte la dépense et les résistances passives ; d'autres, trop faibles, compromettent la solidité de l'ensemble, et fléchissent sous les efforts qu'elles sont chargées de transmettre.

Alors, la transmission du travail ne se fait plus suivant les lois que nous avons données, lesquelles supposent l'invariabilité de forme dans les solides. Nous savons bien que cette invariabilité ne se rencontre pas dans les solides naturels, et que ceux-ci se déforment toujours sous l'action la plus faible ; mais, il appartient à l'ingénieur de rechercher pour les éléments des machines des formes et des dimensions susceptibles de donner les moindres déformations possibles, de manière à réaliser sensiblement l'hypothèse de l'invariabilité des systèmes.

Cette recherche est une application de la mécanique que l'on connaît sous le nom de résistance des matériaux.

La résistance des matériaux est contenue tout entière dans les deux problèmes suivants :

1° Étant donné un corps déterminé de forme, et soumis à un certain nombre de forces, quelles déformations va-t-il subir sous l'influence de ces forces ?

2° Réciproquement, connaissant les déformations qu'un corps a subies, déterminer les forces auxquelles il s'est trouvé soumis.

La solution exacte de ces problèmes exigerait la connaissance absolue de la physique moléculaire. Si l'on arrivait à déterminer pour chaque molécule les efforts qui la sollicitent, on pourrait la considérer comme isolée et calculer son mouvement, indépendamment des molécules voisines. Le mouvement de chaque molécule étant connu, la déformation totale se trouverait par là déterminée.

Malheureusement, la théorie moléculaire est trop peu avancée pour qu'il soit possible d'entrer dans la voie précédente qui, dès l'abord, se présente comme hérissée de difficultés. Aussi, dans les traités pratiques, faut-il recourir à une méthode plus simple basée sur des résultats expérimentaux et sur des hypothèses plausibles.

De la sorte, ce n'est point l'exactitude mathématique que l'on obtient, et il ne faut jamais attacher aux résultats des calculs de résistance plus de précision qu'ils n'en comportent.

Ce sont des renseignements précieux, qui en général s'écartent peu de la vérité, et qui fournissent une approximation bien suffisante dans la pratique.

Des diverses espèces de déformations. — On distingue plusieurs espèces de déformations simples :

1° L'extension des corps prismatiques ; c'est l'allongement que ces corps subissent sous l'influence d'une force dirigée suivant leur axe.

2° La compression des mêmes corps ; c'est l'inverse de l'extension.

3° Le cisaillement ou glissement transversal ; imaginez une section transversale d'un corps et deux forces parallèles à cette section, dirigées en sens contraire et agissant l'une à droite, l'autre à gauche de la section, il tend à se produire un glissement dans le plan de là section, c'est ce qu'on appelle le cisaillement.

4° Il y a flexion, lorsque les plans de deux sections transversales ne font plus entre eux le même angle qu'ils faisaient auparavant, l'intersection de ces deux plans étant restée parallèle à elle-même.

5° Il y a torsion, lorsque les plans de deux sections transversales parallèles ont tourné l'un par rapport à l'autre d'un certain angle autour de leur perpendiculaire commune.

En général, un corps n'est pas soumis seulement à l'une de ces déformations simples : plusieurs déformations, telles que la flexion et la torsion, coexistent et produisent une déformation complexe, dans laquelle il faut rechercher les mouvements élémentaires.

De l'extension des corps prismatiques. Expériences. — On comprend sans peine comment on peut arriver à découvrir la loi expérimentale de l'extension : on place verticalement une tige prismatique, que l'on encastre solidement par le haut dans une mâchoire inébranlable, et dans l'axe de laquelle on fait agir par le bas des poids variables posés sur un plateau de balance.

A chaque poids correspond un allongement ; on réunit dans un tableau et en regard les uns des autres les poids et les allongements correspondants, et l'on cherche une formule algébrique qui comprenne les résultats de ce tableau, ou bien encore on les représente par une courbe plane à coordonnées rectangulaires.

C'est à Wertheim que l'on doit les principales expériences sur l'extension Les allongements se mesurent en marquant sur la tige prismatique deux repères très-fins, que l'on observe au cathétomètre ; on arrive ainsi à connaître à chaque instant la distance des deux repères, et par suite l'allongement de la tige par mètre de longueur.

De ces expériences résultent les lois suivantes :

1° L'allongement (l) d'une tige prismatique est proportionnel à la longueur L de cette tige ;

2° Il est proportionnel aussi à la charge P qui agit suivant l'axe ;

3° Il est inversement proportionnel à la section transversale S de la tige ;

4° Il est inversement proportionnel à un coefficient E, appelé coefficient d'élasticité longitudinale ; ce coefficient est caractéristique pour chaque substance et mesure la plus ou moins grande faculté d'extension que la substance possède.

Les lois de l'extension sont donc résumées dans la formule :

$$l = \frac{\text{L.P}}{\text{S.E}}$$

Coefficient d'élasticité. — Quand on dit que le coefficient d'élasticité est constant pour une substance donnée, on veut parler d'une substance toujours identique à elle-même et prise dans les mêmes conditions physiques. En réalité, le coefficient d'élasticité des substances, le fer par exemple, varie avec la structure moléculaire et la température de chaque échantillon.

Toutefois, les variations sont assez peu importantes pour qu'on puisse les négliger dans la pratique et adopter un coefficient moyen d'élasticité.

Limite d'élasticité. — Les lois de l'extension sont empiriques, et, comme toutes les lois empiriques, elles ne sont applicables qu'entre certaines limites. Les lois véritables sont beaucoup plus complexes, et ne se réduisent pas à des relations du premier degré. Mais la formule précédente satisfait parfaitement aux résultats de l'expérience dans les conditions usuelles.

Voici ce qui se passe lorsqu'on soumet un prisme à des tractions croissantes :

Le prisme s'allonge peu à peu et finit par se rompre lorsque la traction atteint une valeur qui dépend de la nature du prisme.

Tant que les tractions sont faibles et ne dépassent point le tiers de celle qui détermine la rupture, les allongements varient proportionnellement à la charge. ces allongements ne sont point permanents, ils disparaissent avec la traction qui les a produits, et, lorsqu'on supprime cette traction, les prismes reprennent leur longueur initiale.

Ce retour à la longueur initiale est dû à l'élasticité de la matière, et l'on appelle limite d'élasticité la charge pour laquelle les allongements commencent à devenir permanents.

En réalité, quelque faible que soit la traction, il y a toujours allongement, permanent ainsi qu'on l'a prouvé par des expériences très-précises ; mais, jusqu'à la limite d'élasticité, l'allongement permanent est peu sensible et l'on peut n'en pas tenir compte.

Ainsi, pour le fer, il n'y a guère d'allongement permanent que lorsque la traction atteint la moitié de la charge de rupture.

Or, jamais, dans la pratique, on ne fait travailler le fer au tiers de la charge de rupture : les allongements permanents ne sont donc jamais à craindre et l'on peut toujours appliquer les lois simples de l'extension.

Il est à remarquer que l'allongement, dû à l'extension, est toujours accompagné d'une diminution de la section transversale, et d'un accroissement de volume ; ces phénomènes sont d'importance secondaire ; et il est rare qu'on s'en occupe.

La durée de la traction influe aussi sur l'allongement ; en général, celui-ci augmente peu à peu avec le temps, et semble tendre vers une limite déterminée pour une charge donnée. Cette circonstance n'est point à négliger dans les constructions.

La formule qui donne l'allongement

$$l = \frac{P.L}{S.E}$$

se met souvent sous une forme plus simple :

$$E = \frac{P}{S} : \frac{l}{L} = \frac{p}{\gamma}$$

ce qui peut s'énoncer ainsi :

Le coefficient d'élasticité est le rapport constant qui existe entre la charge rapportée à l'unité de surface et l'allongement rapporté à l'unité de longueur.

D'où ces règles simples :

L'allongement par mètre courant est le quotient de la charge par mètre carré par le coefficient d'élasticité.

La charge par mètre carré est le produit de l'allongement par mètre courant par le coefficient d'élasticité.

TABLEAU DES COEFFICIENTS D'ÉLASTICITÉ DE DIVERSES SUBSTANCES, PRIS AU-DESSOUS DE LA LIMITE D'ÉLASTICITÉ.

Fer forgé. . . . . . . 20,200,000,000, ou $2,02 \times 10^{10}$
Fil de fer. . . . . $2,18 \times 10^{10}$
Tôle ordinaire. . . . . $1,80 \times 10^{10}$
Fonte de fer. . . . . $1,20 \times 10^{10}$ à 5×10^{9};
    on peut adopter en moyenne d'après Hodg-
    kinson la valeur. . . . . 9×10^{9}
Chêne, pin, sapin, mélèze. 1,250,000,000 ou $1,25 \times 10^{9}$

Nous avons dit que pour certaines substances le coefficient d'élasticité était très-variable; la fonte en est un exemple frappant. Au grand pont en fonte de Tarascon, MM. Desplaces et Collet-Meygret, ont fait de nombreuses expériences et n'ont cru pouvoir adopter pour des pièces de fonte de grande dimension transversale que le coefficient 6×10^{9}.

Les pièces de fonte épaisses sont en effet dépourvues d'homogénéité : lors du coulage, la surface se refroidit plus vite que l'intérieur et subit une sorte de trempe qui lui donne une grande dureté; l'intérieur au contraire se refroidit lentement et ne peut se contracter librement, à moins qu'il ne se forme des cavités.

Suivant l'épaisseur de la pièce de fonte, on aura donc un métal moyen de qualités variables, et l'on devra adopter un coefficient d'élasticité variable. Pour des pièces minces, ce coefficient pourra être élevé et atteindre $1,2 \times 10^{10}$; pour des pièces larges, il devra descendre jusqu'à 6×10^{9}.

Toutes les fois qu'une tige prismatique est soumise à une traction suivant son axe, il y a allongement permanent ; mais, pour le fer, par exemple, cet allongement n'est permanent que lorsque la traction dépasse 15 kilogrammes par centimètre carré.

On n'en arrive jamais là dans la pratique.

En somme, on peut admettre, pour les calculs de la pratique, que les lois de l'extension, et particulièrement la proportionnalité des allongements aux charges, sont parfaitement exactes. Mais, il faut se garder d'appliquer les formules fournies par ces lois à des cas pour lesquels ces lois ne sont plus vraies, c'est-à-dire au delà de la limite d'élasticité.

Il ne faut pas oublier que dans les formules l'unité de force est le kilogramme et l'unité de surface le mètre carré. Certains auteurs prennent pour unité le centimètre carré ; c'est beaucoup plus commode et on se familiarise rapidement avec cet usage qui demande toutefois un peu d'attention.

Dans le cas où l'on adopterait le centimètre carré pour unité, il faudrait diviser par 10,000 ou 10^{4} les nombres du tableau précédent : il en résulte une notable simplification.

Résistance des divers corps à la rupture par extension. — Nous ven on
de faire l'étude de l'extension pour des charges qui ne dépassent pas la limite
d'élasticité; lorsque les charges sont plus considérables et vont sans cesse en
augmentant, la proportionnalité des allongements aux charges n'existe plus, les
allongements permanents augmentent, la substance se désagrége, et il arrive un
moment où sa résistance est vaincue par la charge. C'est alors que la rupture se
produit.

L'aspect des surfaces de rupture varie avec la constitution moléculaire des
substances.

La fonte de fer s'allonge sans cesse à mesure que la charge augmente : la rupture se produit tout d'un coup sans être annoncée par aucun phénomène; les
surfaces de rupture sont presque planes, d'un aspect cristallin. Il en est de même
de la fonte d'acier.

Le fer forgé, soumis à la traction, voit sa section s'amincir de plus en plus
en un endroit donné, et la rupture arrive lorsque l'amincissement a atteint une
certaine limite : dans la cassure, la structure fibreuse est parfaitement accusée.

Les bois à grosses fibres, comme le sapin, s'allongent d'abord; quand on approche de la rupture, on entend parfaitement la désorganisation intérieure se
produire, certaines fibres se rompent bruyamment; les craquements augmentent
sans cesse jusqu'à ce que la rupture arrive. Les surfaces de séparation montrent
les restes des grosses fibres isolées et saillantes.

Cet effet ne se produit pas dans les bois à petites fibres serrées : la rupture est
brusque, et la constitution fibreuse n'est guère accusée par la cassure; les dentelures sont peu profondes.

Charges de rupture. — Les charges de rupture sont indépendantes de la
longueur des prismes et proportionnelles à leur section transversale. Ces charges sont constantes pour une substance donnée prise dans des conditions identiques.

Pour caractériser une substance, il suffit donc de connaître quel est par centimètre carré de section transversale le poids qui détermine la rupture.

L'expérience est facile à faire; en voici les résultats que nous avons eu déjà
l'occasion de citer dans une autre partie de l'ouvrage :

TABLEAU DES CHARGES DE RUPTURE PAR CENTIMÈTRE CARRÉ.

Fil de fer.	5000 à 9000	kilogrammes. . . .	ordinairement	7000ᵏ
Fer en barres de.	2500 à 6000	—	—	4000
Tôle de fer..	3500 à 4000	—	—	5000
Fonte de fer.	900 à 1450	—		
Pin et chêne.	800	—	—	
Pin sauvage et mélèze.. .	1050 à 1150	—		
Sapin du Nord.	600 à 900	—		
Sapin des Vosges.	400	—		

Là encore on voit qu'il n'y a rien de précis dans les nombres précédents, et
qu'il faut en général adopter une moyenne.

Lorsqu'on a à exécuter un travail important avec des matériaux de provenance
déterminée, il sera toujours plus sage de se livrer à une série d'expériences sur
ces matériaux mêmes, afin de déterminer directement les coefficients d'élasticité
et les charges de rupture qu'il convient d'adopter.

Coefficient de sécurité. — Il est clair que, dans la pratique, on ne doit point imposer aux matériaux des tractions même voisines de la charge de rupture, car, avec le temps, ces tractions suffiraient à désagréger les pièces mises en œuvre, et l'on n'obtiendrait du reste qu'une stabilité douteuse, incapable de subsister avec une mince surcharge accidentelle.

Les constructeurs ont donc été amenés à adopter une limite de charge qu'il ne fallait point dépasser dans la pratique.

Pour le fer, on prend le $\frac{1}{6}$ de la charge de rupture; cette fraction $\frac{1}{6}$ est ce qu'on appelle le coefficient de sécurité.

Pour les autres substances, il convient d'adopter comme coefficient de sécurité le $\frac{1}{10}$ de la charge de rupture, c'est-à-dire que ces substances ne doivent pas être soumises à une traction supérieure au $\frac{1}{10}$ de celle qui déterminerait leur rupture.

Ces coefficients de sécurité sont consacrés par l'expérience : ils donnent une solidité suffisante sans entraîner dans une dépense exagérée de matière.

Du tableau ci-dessus, il résulte que la résistance du fer à la rupture est d'environ 36 kilogrammes par millimètre carré.

Avec le coefficient de sécurité $\frac{1}{6}$, c'est une charge maxima de 6 kilogrammes par millimètre carré qu'il est permis d'imposer au fer.

Cette charge maxima de 6 kilogrammes est, en effet, prescrite par les règlements pour le fer et la tôle.

Les mêmes règlements prescrivent de ne soumettre la fonte qu'à des tractions égales au plus à 1 kilogramme par millimètre carré; ici, le coefficient de sécurité est bien inférieur à $\frac{1}{6}$; mais, la constitution de la fonte est tellement variable, et celle-ci résiste d'une manière si peu régulière à l'extension, qu'on a cru sage de réduire à 1 kilogramme par millimètre carré la charge maxima qu'il convenait de lui imposer d'une manière continue.

La résistance de certains métaux, tels que le fer, varie-t-elle avec le temps dans certaines conditions? On l'a affirmé, et l'on a dit que le fer fibreux soumis à des trépidations continues, comme dans les essieux de wagons, changeait de constitution moléculaire et passait à l'état cristallin en perdant une partie de sa résistance à la rupture. Cette affirmation est plutôt théorique que pratique, car elle n'a pas été absolument justifiée par l'expérience.

De la compression des corps prismatiques. — Un corps prismatique, soumis à une compression suivant son axe, se raccourcit, et, si l'on cherche la loi qui lie les raccourcissements aux charges et à la section, tant qu'il ne s'agit que de prismes de faible longueur non susceptibles de fléchir, on reconnaît que ces lois sont les mêmes que celles de l'extension.

Le raccourcissement l est proportionnel à la longueur L du prisme à la charge P, inversement proportionnel à la section S et à un coefficient E′, caractéristique pour chaque substance, ce qui se résume par la formule :

$$l = \frac{L.P}{S.E'} ; \quad \text{ou} \quad E' = \frac{P}{S} : \frac{l}{L}$$

Le coefficient d'élasticité à la compression E′ est le rapport constant qui existe entre la charge rapportée à l'unité de surface et le raccourcissement rapporté à l'unité de longueur.

Cette formule n'est applicable que dans certaines limites, tant que la compression n'a point dépassé ce qu'on appelle la limite d'élasticité; dans ces conditions, le prisme reprend à peu près sa forme primitive lorsque la compression a cessé d'agir, et il ne se produit que des raccourcissements permanents insensibles. Au delà de la limite d'élasticité, qui correspond pour le fer à une charge de 15 à 18 kilogrammes par millimètre carré, les allongements permanents augmentent, et les coefficients E′ varient suivant une loi irrégulière. Ceci n'a pas d'importance, car, dans la pratique, on reste toujours en deçà de la limite d'élasticité; mais, il faut toujours avoir soin d'appliquer les formules dans les limites pour lesquelles elles sont vraies. Faute d'y avoir songé, on est arrivé plus d'une fois à des résultats absurdes.

Les expériences destinées à déterminer le coefficient E′ sont peu nombreuses : pour le fer, ce coefficient E′ est environ les $\frac{4}{5}$ du coefficient E relatif à l'extension. La différence entre les deux coefficients est moins grande pour la fonte.

Ces différences ont du reste été peu étudiées; elles sont sans grande importance dans la pratique. Généralement, on suppose égaux les deux coefficients E et E′.

Charges de rupture à la compression. — Les charges de rupture à la compression dépendent essentiellement de la longueur des prismes. En effet, on ne saisit pas tout d'abord comment la rupture peut se produire lorsque la compression est bien dans l'axe des fibres. Lorsque la tige soumise à l'effort possède une grande longueur, il se produit une flexion qui détermine une rupture par extension : mais, si la flexion ne peut se produire, la compression détermine une expansion latérale, une sorte de dilatation qui tend à séparer les molécules voisines; et, en effet, il arrive un moment où la séparation se produit, la matière s'écrase.

Nous devons donc, dans la rupture par compression, distinguer deux cas : 1° Le prisme comprimé est trop court pour que la flexion se produise; 2° le prisme comprimé a, relativement à sa largeur, une longueur assez grande pour que la flexion soit possible.

1° S'il s'agit d'un prisme court, d'apparence cubique, la charge de rupture est proportionnelle à la section, mais elle est indépendante de la longueur.

Pour le fer en général (fer forgé, tôle, fil de fer), la résistance à la rupture par compression est les $\frac{4}{5}$ de la résistance à la rupture par extension. Cependant, on admet en pratique que la résistance est la même, et, faisant application du même coefficient de sécurité, $\frac{1}{6}$, on adopte pour la charge maxima à imposer au fer par millimètre carré de section transversale, 6 kilogrammes. C'est le nombre prescrit par les règlements.

Pour la fonte, la résistance à la rupture par compression est bien supérieure à la résistance à la rupture par extension : elle est, d'après Hodgkinson, de 5,5 fois la résistance à l'extension, soit en moyenne de 63 kilogrammes par millimètre carré de section.

Vu le défaut d'homogénéité de la fonte, les règlements administratifs ont cru prudent d'adopter pour la fonte un très-faible coefficient de sécurité, et ont prescrit de ne faire travailler la fonte à la compression qu'à 5 kilogrammes par millimètre carré, lorsqu'il s'agit de pièces de pont.

Pour le chêne, la résistance à la compression est les $\frac{2}{3}$ de sa résistance à l'extension, soit $\frac{2}{3}$. 800 kilogrammes ou 533 kilogrammes par centimètre carré.

Pour le pin et le sapin et pour les bois blancs en général, la résistance à la rupture par compression n'est que la moitié de la résistance à l'extension, soit 400 à 500 kilogrammes par centimètre carré.

De ces nombres résulte ceci :

Au point de vue de la résistance, on doit faire en chêne les pièces soumises à des compressions et en sapin les pièces soumises à des extensions : on ne suit pas toujours cette règle, parce qu'on fait intervenir la question de durée ou la question de dépense.

2° Lorsque la longueur du prisme augmente par rapport à sa largeur, la résistance diminue très-rapidement, parce qu'il se produit une flexion de la tige prismatique, qui devient alors une sorte de ressort en arc de cercle soumis à un effort dirigé suivant sa corde.

La théorie mathématique de ce phénomène a été faite; mais elle est assez complexe et assez peu pratique pour qu'il soit inutile de la donner ici. Il faut, en somme, se contenter des résultats d'expérience, que nous avons relatés en traitant de l'exécution des travaux.

Les observations les plus complètes et les plus intéressantes sont dues à Hodgkinson, dont le mémoire a été traduit par M. l'ingénieur des ponts et chaussées Pirel. Nous en avons donné des extraits et nous rappellerons les principaux résultats :

Une colonne de fonte, dont la longueur varie de 0 à 5 fois le diamètre, se rompt toujours par écrasement simple.

Lorsque la longueur est comprise entre 5 et 25 fois le diamètre, le phénomène de la rupture est mixte; il y a à la fois écrasement simple et flexion.

Enfin, quand la longueur dépasse 25 fois le diamètre, c'est toujours par flexion que la rupture se produit.

Dès que la flexion a commencé, elle tend à s'accroître rapidement même pour une faible augmentation de la compression.

Lorsque les extrémités des colonnes sont encastrées, la résistance est trois fois plus forte que lorsqu'elles sont arrondies : aussi constitue-t-on l'encastrement en haut et en bas au moyen de chapiteaux et d'embases solidement boulonnées.

A égalité de matière employée, il est avantageux de donner à la colonne une forme renflée au milieu : on augmente la résistance de $\frac{1}{7}$ ou de $\frac{1}{8}$; cela se conçoit, car on doit rendre la flexion moins facile.

A égalité de matière, les colonnes creuses résistent beaucoup mieux que les colonnes pleines : la fonte, coulée sur une moindre épaisseur, s'est mieux trempée, et l'accroissement du diamètre total rend la flexion moins facile. Il est indispensable que la colonne creuse soit d'épaisseur bien uniforme, sans quoi la résistance serait illusoire.

Voici, d'après M. Lowe, les formules qui donnent les charges de rupture pour les colonnes pleines en fer et en fonte :

Colonnes en fonte. . . . . $N = \dfrac{N'}{1,45 + 0,00537 \left(\dfrac{l}{d}\right)^2}$

Colonnes en fer. . . . . $N = \dfrac{N'}{1,55 + 0,0005 \left(\dfrac{l}{d}\right)^2}$

Dans ces formules, N est la charge réelle de rupture, N' la charge de rupture correspondant à la section de la colonne s'il y avait compression simple, quantité que nous avons fixée plus haut, l la hauteur de la colonne, et d son diamètre.

Ces formules ne sont applicables qu'autant que la hauteur est au moins égal à 20 fois le diamètre.

Elles montrent que, si les colonnes en fonte sont plus résistantes que celles en fer dans les cas ordinaires, elles le sont moins au contraire lorsque la hauteur devient très-grande par rapport au diamètre ; la colonne en fer est alors plus résistante.

Résistance au cisaillement ou à la rupture transversale. — Il est facile de déterminer expérimentalement cette résistance au cisaillement ; il suffit d'encastrer solidement une tige de section connue, et de chercher à la rompre au moyen d'un effort transversal exercé le plus près possible de l'encastrement. La rupture se produit dans une section transversale, et, divisant la charge par cette section, on obtient la résistance à la rupture par unité de surface. Si le corps est fibreux, toutes les fibres se trouvent coupées transversalement.

On reconnaît que la charge de rupture est proportionnelle à la section pour les métaux, qui sont les substances les plus intéressantes au point de vue pratique, l'expérience montre que la résistance à la rupture par cisaillement est sensiblement proportionnelle à la résistance à la rupture par extension, et que la première est à peu près les $\frac{4}{5}$ de la seconde.

Cependant, on admet d'ordinaire que les deux résistances sont égales, et l'on adopte le même coefficient de sécurité $\frac{1}{6}$, et par suite la même charge maxima dans les calculs. C'est ce que l'on fait notamment pour les rivets et les boulons.

Presque toujours, l'effet de cisaillement est bien moindre que les effets d'extension ou de compression, et, si les pièces sont assez fortes pour résister à ceux-ci, à plus forte raison résistent-elles à ceux-là. Cependant, il est bon de ne pas le perdre de vue, et de vérifier toujours si les conditions de résistance au cisaillement sont satisfaisantes.

Résistances au glissement transversal et longitudinal dans les corps fibreux. — Dans les corps grenus ou cristallisés, homogènes dans toutes les directions, il suffit de considérer la résistance transversale au cisaillement.

Mais, dans les corps fibreux, il faut distinguer, outre les résistances à l'extension et à la compression : 1° la résistance au cisaillement, qui intervient lorsque l'on tend à couper les fibres transversalement ; 2° la résistance au glissement transversal des fibres les unes sur les autres ; 3° la résistance au glissement longitudinal de ces mêmes fibres les unes sur les autres.

Le glissement transversal des fibres se produit surtout dans la torsion, et nous aurons lieu de revenir alors sur ce sujet.

Quant au glissement longitudinal, il n'est guère étudié et offre du reste peu d'importance. Lorsqu'on a à le considérer pour les métaux, on suppose que la résistance au glissement longitudinal est égale à la résistance au glissement transversal.

DE LA FLEXION DES PIÈCES DROITES.

Résistance d'une pièce encastrée à une extrémité et libre à l'autre extrémité. — Les pièces droites peuvent fléchir de bien des manières : la plus intéressante et celle dont nous rencontrerons le plus fréquemment l'application dans le calcul est la flexion d'une pièce prismatique encastrée à un bout et libre à l'autre bout.

On dit qu'il y a encastrement, lorsqu'une pièce est maintenue absolument immobile sur une certaine partie de sa longueur *abmn*. L'encastrement s'obtient soit en scellant la pièce dans une muraille, soit en l'engageant entre deux mâchoires inébranlables.

L'encastrement a pour effet d'empêcher la flexion dans la partie encastrée : ainsi, dans la figure, la section *ab* reste verticale, quelle que soit la force appliquée à l'autre extrémité de la tige et quelle que soit la flexion que cette tige subisse.

Nous allons donc étudier la résistance d'une pièce prismatique *abcd* encastrée à son extrémité *ab*, et libre à l'extrémitée *cd* qui supporte un poids P.

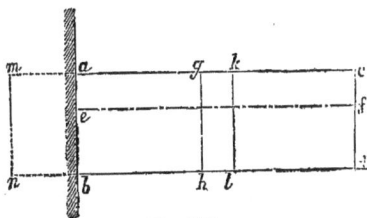
Fig. 416.

Sous l'influence de ce poids, la tige, se courbe, et, pour nous rendre compte de ce qui se passe, nous ferons plusieurs hypothèses.

Nous considérerons la tige prismatique comme formée d'un faisceau de fibres soudées entre elles, et parallèles aux arêtes du contour extérieur telles que *ac* et *bd*. On appelle fibre axiale celle qui contient les centres de gravité des sections transversales.

Après la courbure, nous admettrons que toutes les fibres se sont également courbées, et que tous leurs points sont restés à la même distance de l'arête extérieure *ac*.

Nous admettrons en outre : 1° que tous les points, qui se trouvaient primitivement dans la section transversale *gh*, se trouvent encore après la flexion dans une même section plane g_1h_1, normale à l'arête supérieur *ac*; 2° que les sections conservent leur forme et leurs dimensions primitives ; 3° que la flexion est assez faible pour que nous puissions appliquer les lois simples relatives à l'extension et à la compression (cela suppose que la limite d'élasticité n'est nulle part dépassées).

Grâce à ces hypothèses, qui, évidemment, ne sont pas l'exacte expression de la vérité, l'étude de la flexion, d'apparence si compliquée, va devenir relativement facile.

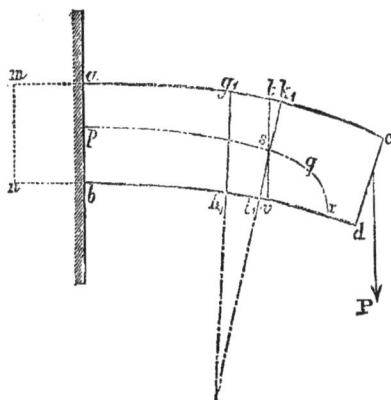
Fig. 417.

Il est vrai qu'on ne pourra accorder aux résultats du calcul une confiance absolue : cependant l'expérience a prouvé que les hypothèses précédentes se trouvaient à peu près d'accord avec ce qui se passe dans la pratique. On peut donc les adopter avec certitude, du moment qu'il s'agit de constructions usuelles et de systèmes connus.

Le problème de la flexion se divise en deux parties distinctes : 1° Déterminer l'extension ou la compression qui règne en un point donné d'une fibre déterminée ; 2° trouver après la flexion la forme de chacune des fibres.

Cette seconde partie du problème est la plus compliquée, et, à la rigueur, on peut s'en passer dans la pratique ; elle nous entraînerait trop loin et nous la laisserons de côté pour le moment, nous réservant de la traiter, s'il y a lieu, lorsque nous étudierons les ponts métalliques.

Nous ne nous occuperons donc pas de la déformation, et nous cherchons seulement les pressions qui règnent dans les sections transversales ;

Les deux sections transversales voisines, *gh* et *kl*, primitivement parallèles, ne le sont plus après la flexion, puisque toutes deux, g_1h_1 et k_1l_1, sont normales à la fibre supérieure (*ac*) ; elles vont se couper suivant une droite projetée en O.

D'après cela, il est clair que l'intervalle *kg* a augmenté, tandis que *hl* a diminué : il y a donc eu extension des fibres à la partie supérieure, contraction à la partie inférieure. L'extension est maxima pour la fibre supérieure (*ac*) et va en diminuant à mesure que l'on descend ; de même, la compression est maxima pour la fibre inférieure *bd* et va en diminuant à mesure qu'on s'élève. Les efforts les plus grands s'exercent donc sur la fibre supérieure et sur la fibre inférieure.

Puisque l'une est étirée et l'autre comprimée, il doit y avoir dans la partie centrale un élément de fibre pour laquelle on passe de l'extension à la compression, et qui, lui, n'est soumis à aucun effort : l'ensemble de ces éléments constitue ce qu'on appelle la fibre ou mieux l'axe neutre. L'axe neutre n'est pas, en général, parallèle aux fibres de la tige ; souvent même il se trouve en dehors de cette tige. Dans le cas qui nous occupe, l'axe neutre a la forme (*pqr*) ; tout ce qui est au-dessus est soumis à des efforts de tension, tout ce qui est au-dessous est soumis à des efforts de compression.

Revenons à nos deux sections voisines, *gh* et *kl*, qui, après la flexion, sont en g_1h_1 et k_1l_1 : la section k_1l_1 rencontre l'axe neutre en *s* ; par le point *s* menons une parallèle *tv* à g_1h_1. Le triangle tsk_1, correspondra à l'allongement des fibres situées au-dessus de l'axe neutre et parallèles à la base tk_1 du triangle ; le triangle vsl_1 correspondra au contraire au raccourcissement des fibres situées au-dessous de l'axe neutre et parallèles à la base vl_1 du triangle.

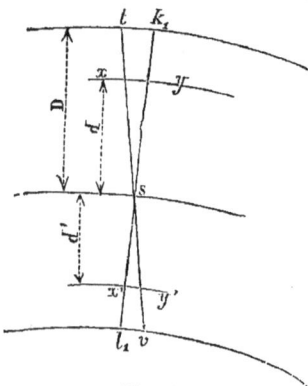

Fig. 418.

Considérons une fibre *xy* située à une distance (*d*) de l'axe neutre, et appelons *x* sa tension, elle est proportionnelle à l'allongement *xy* de cette fibre. La tension maxima existe sur la fibre extrême tk_1, appelons R la valeur que cette tension ne doit pas dépasser, valeur qui dépend du coefficient de sécurité que l'on adopte, et supposons que la tension en tk_1 soit précisément égale à R.

Vu la proportionnalité des allongements aux pressions, on aura :

$$\frac{x}{R} = \frac{xy}{tk_1} = \frac{d}{D} \qquad x = \frac{R}{D}d.$$

Telle est la valeur de la tension à la distance *d* de l'axe neutre ; appliquée à un élément $d\omega$ de section transversale, cette tension sera $\frac{Rd}{D}d\omega$, et son moment par rapport à la perpendiculaire en S au plan de la figure sera :

$$R\frac{d^2}{D} \cdot d\omega.$$

Au lieu d'une fibre tendue, si nous avons une fibre comprimée, elle sera comprise dans le triangle l_1sv ; admettons que la résistance à l'extension est la même que la résistance à la compression, ce qui s'écarte peu de la vérité pour le fer, le triangle $sx'y'$ étant semblable au triangle stk_1 nous trouverons encore

$$\frac{x'}{\mathrm{R}} = \frac{x'y'}{tk_1} = \frac{d'}{\mathrm{D}},$$

et le moment de la compression x' par rapport à la normale en S au plan de la figure sera donné par :

$$\mathrm{R}\frac{d'^2}{\mathrm{D}} \cdot d\omega.$$

La somme des moments des forces moléculaires qui agissent dans la section lk sera donc

$$\frac{\mathrm{R}}{\mathrm{D}} \Sigma d^2 . d\omega.$$

La quantité $\Sigma d^2 d\omega$ n'est autre que le moment d'inertie de la section transversale du prisme par rapport à l'axe S contenu dans son plan.

D'ordinaire, on désigne par I ce moment d'inertie.

Le moment de résistance de la pièce dans la section kl est donc égal à $\dfrac{\mathrm{RI}}{\mathrm{D}}$; cette section doit résister aux forces extérieures qui agissent entre elles et l'extrémité libre de la pièce. Son moment de résistance doit donc être égal au moment des forces extérieures, pris par rapport au même axe.

Dans le cas qui nous occupe, si nous négligeons le poids de la pièce elle-même, les forces extérieures se réduisent au poids P, appliqué à l'extrémité libre cd, et leur moment est égal au produit de P par la distance (l) qui sépare la section kl de l'extrémité libre.

L'équation d'équilibre se réduira donc à :

$$\frac{\mathrm{R}.\mathrm{I}}{\mathrm{D}} = \mathrm{P}.l$$

Par cette équation nous pourrons : 1° connaissant la forme et les dimensions de la pièce prismatique, déterminer le poids P qu'il est permis de lui faire supporter à son extrémité libre ; 2° ou bien, connaissant le poids P qu'il s'agit de supporter, déterminer le moment d'inertie I de la section transversale de la pièce ; le problème est alors indéterminé, car il est évident qu'il existe une infinité de sections possédant le même moment d'inertie.

Des solides d'égale résistance. — Dans les pièces à section transversale symétrique (rectangulaire, circulaire, ou en double T), on admet que l'axe neutre se confond avec la fibre axiale : la plus grande distance D, qui sépare une fibre de l'axe neutre, est alors égale à la moitié $\dfrac{h}{2}$ de la hauteur de la pièce, et l'équation d'équilibre, que nous venons d'écrire plus haut, devient

$$\frac{\mathrm{RI}}{\left(\dfrac{h}{2}\right)} = \mathrm{P}.l., \quad \text{d'où} \quad = \mathrm{R}\frac{\mathrm{P}.h.l.}{2\mathrm{I}}$$

La valeur de R déterminée par cette formule pour chaque section transversale donne l'effort maximum qui s'exerce dans cette section.

Si la section transversale est constante, on voit que la tension maxima R variera proportionnellement à l; elle sera nulle à l'extrémité libre de la pièce et maxima près de l'encastrement.

La section devra évidemment être telle qu'elle puisse résister à l'effort maximum près de l'encastrement, mais alors elle sera beaucoup trop forte sur le reste de la longueur, et le travail du métal sera fort mal utilisé.

C'est cette remarque qui a donné l'idée de recourir aux formes qu'on appelle solides d'égale résistance, et qui sont telles que l'effort maximum R est constant dans toutes les sections transversales.

1° Prenons comme premier exemple une pièce encastrée en (ab) et à section transversale rectangulaire de largeur constante mais de hauteur variable, et proposons-nous de déterminer la courbe (bde) de telle sorte que la tension maxima R soit la même dans toutes les sections.

La section transversale faite par le plan (cd), est un rectangle $(mnpq)$, dont la largeur (a) est la largeur constante de la pièce et dont la hauteur est y; cette

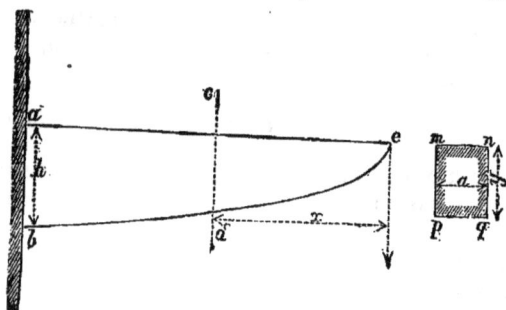

Fig. 419.

section est à une distance x de l'extrémité de la poutre, et cette distance est le bras de levier de la force extérieure P qui sollicite la pièce.

L'effort maximum R dans cette section (cd) est donné par l'équation

$$R = \frac{P.y.x}{2I}.$$

I moment d'inertie d'un rectangle par rapport à son axe est égal à $\frac{1}{12} ay^3$.

La valeur de R devient alors

$$\frac{6Px}{ay^2} = R$$

Cette valeur de R doit être constante, quelle que soit la section; on a donc entre les deux variables x et y la relation

(1) $R.a.y^2 = 6P.x.$

Mais, les quantités x et y sont les coordonnées du point d par rapport aux axes rectangulaires (ea) et (eP). L'équation (1) représente donc la courbe inférieure du solide; c'est une parabole du second degré qui a pour axe l'horizontale (ea).

2° Nous pouvons réaliser le solide d'égale résistance d'une autre manière encore, en adoptant pour la poutre une hauteur constante h au lieu de y et une largeur variable y au lieu de (a) : l'équation (1) se modifie comme il suit :

$$Ry.h^2 = 6Px,$$

ce qui signifie que le rapport $\dfrac{y}{x}$ est constant, c'est-à-dire qu'en plan, la pièce de

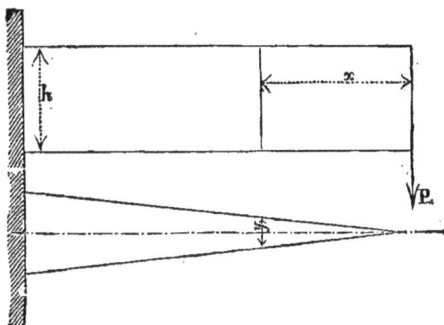

Fig. 420.

hauteur constante est effilée en triangle isocèle dont la base est à l'encastrement et la pointe à l'extrémité de la poutre.

5° Enfin, nous pouvons encore chercher une autre forme de solide d'égale résistance, en nous imposant la condition que toutes les sections rectangulaires

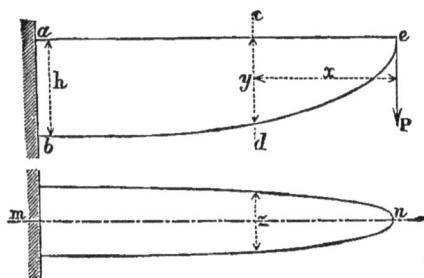

Fig. 421.

transversales soient semblables, c'est-à-dire que le rapport de leurs deux dimensions soit constant.

A l'équation :

(1) $$Rzy^2 = 6Px$$

il faut joindre la relation de similitude

(2) $$\frac{y}{z} = k$$

Éliminant y entre les équations (1) et (2), nous trouvons :

(3) $$R.k.z^3 = 6Px.$$

C'est le profil de la pièce en plan : ce profil est une parabole du 3ᵉ degré ayant pour axe le milieu (mn) de la pièce.

Éliminant z entre les équations (1) et (2), nous trouvons :

(4) $Ry^3 = 6.P.k.x$

c'est le profil vertical (bde) de la pièce, autre parabole du 3ᵉ degré.

Le plus souvent, on remplacera ces profils courbes par des profils rectilignes, s'en approchant le plus possible en les enveloppant.

4° Enfin, proposons-nous de déterminer la forme d'égale résistance dans le cas

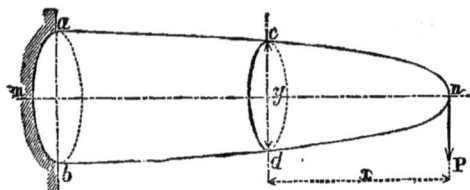

Fig. 422.

où on voudrait que la pièce fût un solide de révolution autour de l'horizontale (mn).

Nous avons vu que, dans la section (cd), l'effort maximum était donné par l'équation

(1) $R = \dfrac{P.y.x}{2i}$

i est le moment d'inertie du cercle de section transversale par rapport à son diamètre horizontal, y étant le diamètre de ce cercle, son moment d'inertie

$$I = \frac{\pi}{64} y^4$$

et l'équation (1) devient

(2) $R = \dfrac{32.P.x}{\pi.y^3}$

Si l'on veut que R soit constant dans toutes les sections, on aura pour déterminer le profil méridien de la pièce, l'équation

$$\pi.R.y^3 = 32.P.x,$$

qui représente une parabole de troisième degré $acndb$, facile à construire par points.

Dans la pratique, on substituera à cette parabole deux lignes droites concourantes, et la surface de révolution deviendra un simple tronc de cône droit.

Nous nous sommes étendu assez longuement sur ces formes d'égale résistance parce qu'elles ont une grande importance dans les machines ; bien des constructeurs les imaginent de sentiment ; la théorie précédente les détermine d'une manière suffisamment exacte.

RÉSISTANCE D'UNE PIÈCE DROITE REPOSANT SUR DEUX APPUIS DANS LE CAS
D'UNE CHARGE UNIQUE

Nous venons d'étudier la résistance d'une pièce encastrée à un bout et libre à l'autre bout, auquel est appliquée une force unique P.

Reprenons la même étude pour une pièce horizontale de forme symétrique, reposant sur deux appuis, et soumise à une charge unique P appliquée en un point quelconque de la portée.

On admet que l'axe neutre coïncide avec la fibre axiale de la pièce, et que la

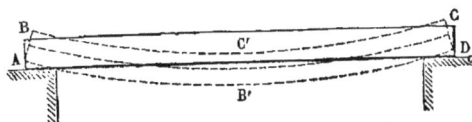

Fig. 423.

déformation se produit comme le montre la figure 423, la moitié supérieure de la pièce étant tout entière comprimée et la moitié inférieure tout entière soumise à l'extension.

Soit donc une pièce horizontale prismatique de longueur l et de hauteur h

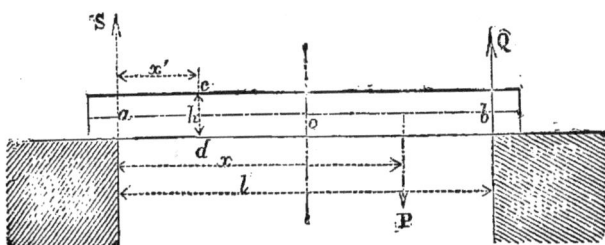

Fig. 424.

soumise à l'effort vertical P, qui agit à une distance x de l'extrémité (a).

L'effort P transmet aux appuis (a) et (b) des pressions égales respectivement à

$$P \frac{l-x}{l} \quad \text{et} \quad P.\frac{x}{l};$$

réciproquement les appuis rendent à la pièce des réactions S et Q égales en valeur absolue et directement opposées aux pressions précédentes, de sorte que l'on peut considérer la pièce comme libre dans l'espace et débarrassée de ses appuis, pourvu qu'on lui applique en (a) et (b) les réactions S et Q.

Ceci posé, cherchons la tension maxima R qui s'exerce dans une section telle que (cd) : cette tension s'exerce sur la fibre extrême, c'est-à-dire à une distance $\frac{h}{2}$ de l'axe neutre. Donc le moment de résistance de la section est égal, d'après ce que nous avons vu plus haut, à

$$\frac{\text{R}l}{\left(\frac{h}{2}\right)} = \frac{2\text{R}.\text{I}}{h},$$

ce moment de résistance doit faire équilibre à toutes les forces extérieures qui sollicitent la pièce entre la section (cd) et l'extrémité de droite (b).

En faisant abstraction du poids de la pièce, ces forces se réduisent au poids P, dont le moment par rapport à l'axe horizontal de la section (cd) est P $(x-x')$ et à la réaction Q ou P.$\frac{x}{l}$, dont le moment est P.$\frac{x}{l}$ $(l-x')$; ce dernier moment est de sens contraire au précédent.

L'équation d'équilibre s'écrira donc :

$$\frac{2R.I}{h} = P(x - x') - P\frac{x}{l}(l - x')$$

On voit que la tension maxima est proportionnelle à P et varie suivant la position de ce poids P ainsi que de la section (cd).

Supposons d'abord la section (cd) fixe, et faisons varier le poids P ; tant qu'il est à gauche de la section (cd), il n'entre point par lui-même dans l'équation d'équilibre, il n'y a que le moment de la réaction Q qui fasse équilibre au moment résistant, et l'on a :

(1) $$\frac{2R.I}{h} = -P\frac{x}{l}(l - x')$$

Quand le poids P passe à droite de la section (cd), entre cette section et l'extrémité (b) l'équation d'équilibre est celle que nous avons écrite plus haut :

(2) $$\frac{2RI}{h} = P(x - x') - \frac{Px}{l}(l - x')$$

Lorsque le poids P est à l'aplomb de (a), x est nul, la tension en (cd) est nulle aussi : tout l'effort agit sur l'appui. Le poids P variant de (a) à (cd) c'est l'équation (1) qui s'applique, x croit de 0 à x', et la tension maxima R dans la section (cd) va sans cesse croissant. Le poids P variant de (cd) à (b), c'est-à-dire x de x' à l, le second membre de l'équation (2) varie de $-P\frac{x'}{l}(l - x')$ à 0 ; sa dérivée par rapport à x est $P\frac{x'}{l}$, toujours positive, donc la fonction va sans cesse en croissant, et comme elle est toujours négative, cela signifie qu'elle diminue en valeur absolue. C'est la valeur absolue du moment qui nous intéresse seule : un moment positif correspond au poids P placé à la droite de la section (cd) et un moment négatif correspond à la réaction Q.

De tout cela résulte que le moment des forces extérieures, et par suite la tension maxima R dans une section donnée, prennent leur plus grande valeur absolue lorsque la charge P passe précisément à l'aplomb de la section considérée.

Le moment maximum est égal à $-P\frac{x'}{l}(l - x')$ et la tension maxima R est fournie par l'équation ;

(3) $$\frac{2RI}{h} = -\frac{Px'}{l}(l - x')$$

laquelle équation permet : 1° connaissant la section, de déterminer R ; 2° connaissant la limite R et la hauteur h de la pièce, de déterminer le moment d'inertie I de la pièce.

Cherchons maintenant dans quelle section un poids P, qui parcourt la pièce (ab) produira l'effort le plus grand de tous. Pour chaque section en particulier, l'effort maximum résulte de l'équation (3) ; pour trouver le plus grand de ces maximums, il faut chercher le maximum du second membre de l'équation (3) dans lequel on suppose x' variable.

Ce maximum, en valeur absolue, est le même que celui du produit $x'(l - x')$.

La somme des deux facteurs de ce produit étant constante et égale à l, le maximum de produit a lieu lorsque les deux facteurs sont égaux, ce qui donne

$$x' = \frac{l}{2}, \quad \text{et} \quad \frac{2RI}{h} = -\frac{P}{l} \cdot \frac{l}{2} \cdot \frac{l}{2} = -\frac{Pl}{4}$$

Ainsi, le poids P produit la plus grande tension lorsqu'il se trouve à l'aplomb du milieu de la poutre, et cette plus grande tension existe précisèment dans la section médiane.

Veut on dans ce cas donner à la pièce la forme d'un solide d'égale résistance,

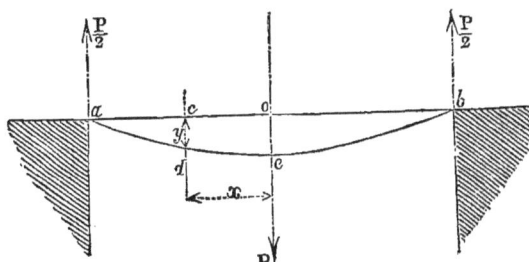

Fig. 425.

la face supérieure restant horizontale, et la section de forme régulière avec largeur constante (a) et hauteur variable y au lieu de (h).

Pour une section (cd), située à une distance x de la verticale OP, l'équation d'équilibre est :

$$\frac{2RI}{y} = Px - \frac{P}{2}\left(\frac{l}{2}+x\right) = \frac{Px}{2} - \frac{Pl}{4} = P\left(\frac{x}{2}-\frac{l}{4}\right)$$

Le moment d'inertie $I = \frac{1}{12} ay'$ équa tion devient donc :

$$\frac{R.a.y^2}{6} = P\left(\frac{x}{2}-\frac{l}{4}\right);$$

le profil inférieur de la pièce est donc une parabole du second degré (aeb),

On pourrait chercher d'autres formes d'égale résistance comme nous l'avons fait pour une pièce encastrée : nous engageons le lecteur à traiter la question comme exercice.

RÉSISTANCE D'UNE PIÈCE PRISMATIQUE ENCASTRÉE A CHAQUE EXTRÉMITÉ.

Nous avons déjà défini l'encastrement en traitant de la résistance d'une pièce encastrée à un bout et libre à l'autre bout. Il s'agit maintenant d'une pièce prismatique ($abcd$), portant sur deux appuis A et B et encastrée à l'aplomb de ces appuis. L'encastrement signifie que les abouts des pièces, qui reposent sur les appuis, ne fléchissent aucunement ; les sections ab, cd restent donc immobiles et verticales.

La partie centrale de la poutre fléchit comme le montrent les lignes pointillées; au milieu de la poutre, il y a donc compression des fibres en (e) et extension en *g* ; au contraire, en approchant des appuis, vers *ab* et *cd*, il y a extension des fibres supérieures et compression des fibres inférieures.

Ainsi, lorsqu'on suit une fibre, telle que *bb'e*, on trouve d'abord une tension en *b*, cette tension va en diminuant et se change en compression, la compression

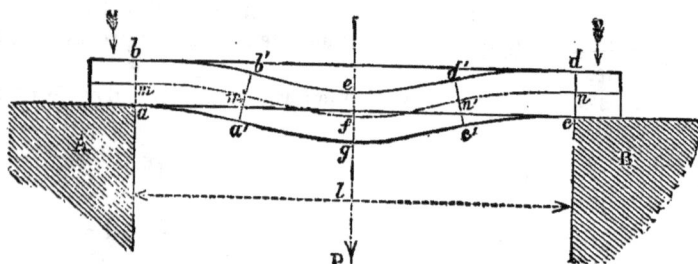

Fig. 426.

est maxima en (*e*) ; il y a un élément de la fibre où l'on passe de l'extension à la compression, cet élément *b'* n'est donc soumis à aucun effort. A ce point de passage correspond un changement dans la courbure des fibres ; de *b* en *b'*, l'extension entraîne la forme convexe, et de (*b'*) en (*e*) la compression entraîne la forme concave. Pour la fibre inférieure *aa'g*, l'effet inverse se produit.

L'axe neutre, que nous admettons toujours être en coïncidence avec la fibre axiale, est donc une courbe *mm'f* qui présente un point d'inflexion en *m'*.

Dans les sections *a'b'*,*c'd'*, il ne s'exerce aucun effort de tension et de compression. Ceci nous amène à supposer que la poutre est sciée suivant ces sections neutres, et divisée en trois parties :

1° La partie médiane *a'b'c'd'*, qui résiste comme une poutre simple posée sur deux appuis.

2° Les deux parties latérale *a'b' ab*, *c'd' cd*, qui résistent comme des poutres encastrées à une extrémité *ab* et libres à l'autre extrémité.

Nous savons calculer la résistance de chacune de ces parties ; mais il faudrait avant tout connaître leurs longueurs respectives, afin de déterminer la position des sections neutres.

Cette détermination ne peut se faire qu'en recourant à la théorie de la déformation, que nous avons volontairement laissée de côté.

Voici le résultat qu'elle indique : les sections neutres sont sensiblement situées au quart de la longueur totale de la poutre. On trouvera en effet que la distance *fm'* est comprise entre $\frac{mf}{2}$ et $\frac{mf}{\sqrt{3}}$, ou entre 0,500 *mf* et 0,577 *mf*.

Nous serons donc assurés d'une approximation bien suffisante dans la pratique, si nous admettons que les sections neutres *a'b'*,*c'd'* sont au quart de la longueur de la pièce à partir de chaque extrémité.

La pièce supportant un poids P placé en son milieu, sa résistance se calculera comme il suit :

1° Pour la partie médiane, *a'b'c'd'*, nous avons à appliquer les résultats relatifs à une poutre reposant sur deux appuis, de longueur $\frac{l}{2}$ et chargée en son milieu d'un poids P ;

La plus grande tension R a lieu dans la section centrale (*eg*) et sa valeur est fournie par l'équation.

(1) $$\frac{2\mathrm{RI}}{h} = -\frac{\mathrm{P}l}{8}.$$

2° Pour les parties extrêmes, telles que $ab\ a'b'$, il faut les considérer comme des pièces encastrées en ab et soumises en $a'b'$ à un effort égal à $\frac{\mathrm{P}}{2}$; la plus grande tension R a lieu dans la section extrême (av) et a encore pour valeur celle qu'on déduit de l'équation

$$\frac{2\mathrm{RI}}{h} = +\frac{\mathrm{P}l}{8}$$

La seule différence est que le moment des forces extérieures a changé de signe: sa valeur absolue est restée la même.

Ce résultat nous apprend qu'une poutre absolument encastrée à chaque extrémité est capable de résister, sans plus de fatigue, à un poids double de celui qu'elle supporte lorsqu'elle est simplement posée sur deux appuis.

C'est un principe général bien facile à retenir.

L'encastrement s'obtient dans la pratique soit en boulonnant les abouts de la pièce sur les supports A et B, soit en surchargeant ces abouts au moyen de poids assez puissants pour empêcher tout mouvement de bascule.

Si l'on se proposait de trouver une forme d'égale résistance pour une poutre encastrée à ses deux extrémités, il n'y aurait qu'à combiner ensemble les formes d'égale résistance calculées pour les pièces encastrées seulement à un bout et pour les pièces reposant simplement sur deux appuis.

Cisaillement. — En combinant les deux formes d'égale résistance, nous obtenons des sections nulles à l'emplacement des sections neutres $a'b'$ et $c'd'$, ce qui est évidemment absurde dans la pratique.

Ce résultat tient à ce que nous avons tenu compte seulement de la résistance à la flexion: en général, c'est elle qui donne les efforts les plus considérables, et, du moment qu'une pièce est assez forte pour résister à la flexion, elle est d'ordinaire beaucoup plus forte qu'il ne faut pour résister au cisaillement.

Cependant, le phénomène du cisaillement ne doit jamais être perdu de vue, notamment dans les pièces d'égale résistance.

Ainsi, une pièce, reposant simplement sur deux appuis et chargée d'un poids P en son milieu, est soumise à ses extrémités à des efforts de cisaillement égaux à $\frac{\mathrm{P}}{2}$; il faut donc que la section transversale en cet endroit soit calculée de manière à ne point se couper sous cet effort.

De même, pour la pièce encastrée dont nous nous occupions tout à l'heure, il existe dans les sections neutres $a'b'$ et $c'd'$ des efforts de cisaillement égaux à $\frac{\mathrm{P}}{2}$; les sections neutres ne sauraient donc être nulles, et elles doivent être au moins assez fortes pour ne pas se couper sous cet effort de cisaillement.

RÉSISTANCE DES PIÈCES SOUMISES A DES CHARGES UNIFORMÉMENT RÉPARTIES SUR TOUTE LEUR LONGUEUR

Nous venons d'étudier la résistance des pièces soumises à une charge unique P, placée de manière à produire la plus grande tension possible. Nous allons reprendre rapidement les calculs en supposant les pièces soumises à des charges uniformément réparties et d'une valeur égale à p par mètre courant, de sorte que la charge totale d'une pièce de longueur l sera pl, et, si cette pièce repose sur deux appuis, la réaction de chaque appui sera $\dfrac{pl}{2}$.

1° *Pièce encastrée à une extrémité et libre à l'autre.* — Considérons la section cd, située à une distance x de l'extrémité libre, le moment de résistance de cette section est $\dfrac{2RI}{h}$; pour qu'il y ait équilibre, ce moment doit être égal à la somme des moments des forces extérieures qui agissent entre la section (cd) et l'extrémité libre (fig. 427).

La charge étant de p par mètre courant, sera de px sur la longueur x, et, en composant toutes les forces élémentaires, on peut les considérer comme remplacées par une charge totale px, appliquée à une distance $\dfrac{x}{2}$ de la section (cd).

Le moment de toutes les forces extérieures est donc simplement : $\dfrac{px^2}{2}$, et l'équation d'équilibre s'écrit :

$$\frac{2RI}{h} = \frac{px^2}{2}$$

La tension maxima R augmente donc avec x, et elle est maxima pour la section d'encastrement (ab), car on a alors :

(1) $$\frac{2RI}{h} = \frac{pl^2}{2}$$

La charge totale portée par la pièce est pl, au lieu de P, et le second membre de l'équation (1) est $pl.\dfrac{l}{2}$ au lieu de $P.l$; à charge totale égale, la tension maxima, sera donc moitié moindre avec une charge uniformément répartie qu'avec une charge unique appliquée à l'extrémité libre de la pièce.

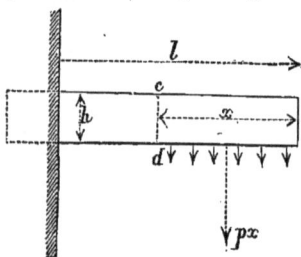

Fig. 427.

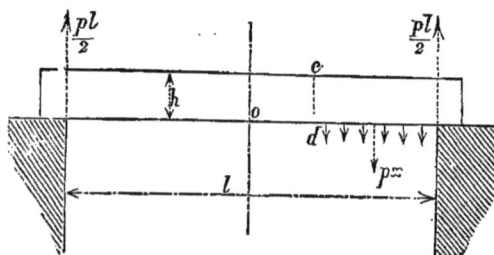

Fig. 428.

Autrement dit, à tension égale, la pièce peut supporter une charge uniformément répartie double de la charge unique appliquée à son extrémité.

Nous engageons le lecteur à calculer les formes d'égale résistance dans le cas de la charge uniformément répartie, comme nous l'avons fait pour la charge unique.

2° *Pièce reposant simplement sur deux appuis.* — Les réactions des appuis sont $\dfrac{pl}{2}$: le moment de résistance d'une section (cd) est $\dfrac{2RI}{h}$ (fig. 428).

Si cette section est située à une distance x de l'extrémité de la pièce, le moment des forces extérieures comprendra : 1° le moment de la résultante px des charges élémentaires, ce moment est $p\dfrac{x^2}{2}$, 2° le moment de la réaction $\dfrac{pl}{2}$ de l'appui, ce moment est $-\dfrac{plx}{2}$.

L'équation d'équilibre s'écrira donc :

$$\frac{2RI}{h} = \frac{px^2}{2} - \frac{plx}{2} = \frac{px}{2}(x-l) = -\frac{px}{2}(l-x).$$

Considérant le second membre seulement en valeur absolue, ce qui suffit puisqu'il s'agit d'un moment, nous trouvons que son maximum correspond à celui du produit $x(l-x)$; la somme des deux termes de ce produit étant constante, il sera maximum lorsque les deux termes seront égaux, soit pour $x = \dfrac{l}{2}$, et l'on aura alors :

(1)
$$\frac{2RI}{h} = -\frac{pl^2}{8} = -pl.\frac{l}{8}.$$

La charge totale de la pièce est égale à pl, admettons que cette charge soit la même que la charge unique P, le second nombre de l'équation (1) est, avec la charge uniforme, $pl.\dfrac{l}{8}$, et, avec la charge unique, $P\dfrac{l}{4}$; sa valeur est donc double dans ce cas.

D'où résulte, qu'une charge unique appliquée au milieu de la pièce donne une tension maxima double de celle qu'on obtient avec la même charge uniformément répartie.

Autrement dit, à égalité de tension, la pièce peut être chargée deux fois plus lorsqu'on répartit la charge uniformément au lieu de la placer tout entière au milieu.

3° **Pièce encastrée à ses deux extrémités.** — C'est, comme nous l'avons vu, une combinaison de la pièce reposant sur deux appuis et de la pièce encastrée à une extrémité seulement.

Le calcul est analogue à celui que nous avons fait pour la charge unique ; la charge uniforme que peut supporter la poutre encastrée est double de celle que peut supporter la poutre posée simplement sur deux appuis, et l'équation d'équilibre est :

$$\frac{2RI}{h} = -\frac{pl^2}{16},$$

ce qui détermine la tension maxima R, ou bien la charge p par mètre courant lorsque la tension maxima par unité de surface ainsi que les dimensions de la pièce sont déterminées.

VÉRIFICATION DE LA STABILITÉ D'UNE PIÈCE

On donne une pièce ainsi que les charges auxquelles elle est soumise : en général, le poids de la pièce n'est pas négligeable, et il faut l'ajouter aux forces extérieures. Ce poids lui-même peut être dans bien des cas suffisant pour amener à lui seul la rupture.

Quoi qu'il en soit, si l'on veut reconnaître la stabilité d'une pièce de section variable, il faut dans chaque section chercher : 1° l'effort tranchant ou effort de cisaillement P ; 2° le moment dû aux forces extérieures X.

Si nous désignons par S la section transversale considérée, et par R l'effort tranchant que la pièce supportera par unité de surface, on aura :

(1)
$$\frac{P}{S} = R.$$

De cette équation on déduit immédiatement la valeur de R, et l'on voit si cette valeur est inférieure au maximum que l'expérience a indiqué comme ne devant pas être dépassé.

Le fer est la substance que l'on rencontre le plus souvent dans la pratique ; ainsi que nous l'avons dit, on ne doit le faire travailler d'aucune manière à plus de 6 kilogrammes par millimètre carré, soit à 6,000,000 kilogrammes par mètre carré.

Suivant l'unité de surface adoptée, l'équation (1) devra donc fournir pour R une valeur au plus égale à 6 ou 6,000,000.

Nous engageons le lecteur à choisir dans ses calculs pour unité de surface le centimètre carré ou le millimètre carré de préférence au mètre carré : les calculs sont à la sorte notablement simplifiés au point de vue du nombre des chiffres. Lorsqu'il s'agit de métaux, le millimètre carré est encore ce qu'il y a de plus simple. Lorsqu'il s'agit de bois, le millimètre carré ne donne guère que des nombres décimaux, de sorte que, pour mettre tout d'accord et avoir toujours des nombres entiers, il serait peut-être préférable de choisir pour unité le centimètre carré.

La stabilité de chaque section étant vérifiée au point de vue du cisaillement, reste à la vérifier en ce qui touche la flexion.

La section étant symétrique et ayant pour hauteur h, si on admet, comme nous l'avons fait jusqu'à présent, que l'axe neutre coïncide avec la fibre axiale. le moment de résistance d'une section dont I est le moment d'inertie est représenté par $\frac{2RI}{h}$; ce moment de résistance doit faire équilibre au moment X des forces extérieures comprises entre la section considérée et l'extrémité de la pièce.

Par suite, l'équation d'équilibre s'écrit :

$$\frac{2RI}{h} = X, \quad \text{d'où l'on tire :} \quad R = \frac{Xh}{2I}$$

L'inconnue R résulte de cette équation, et l'on sera certain de la stabilité au point de vue de la flexion, si la valeur de R ainsi trouvée est inférieure à 6 kilogrammes, le millimètre étant choisi pour unité ou à 6,000,000 kilogrammes, si c'est le mètre qu'on a conservé pour unité.

S'il s'agit d'une pièce à section irrégulière, les vérifications précédentes devront être faites pour toutes les sections ; mais c'est un cas qui ne se présente jamais dans la pratique. On rencontre soit des solides d'égale résistance, dans lesquels on sait que la tension est la même dans toutes les sections, soit, le plus souvent, des pièces à section constante.

Il suffit donc de vérifier la stabilité pour la section dans laquelle les efforts sont les plus grands : nous avons déterminé dans les paragraphes précédents la position des sections soumises aux plus grands efforts ; par suite, elles sont connues, et l'on n'a qu'à leur appliquer les deux équations :

$$R = \frac{P}{S} \quad \text{et} \quad R = \frac{Xh}{2I},$$

et à voir si les valeurs de R qu'on en tire sont inférieures au nombre que la pratique indique comme limite de sécurité.

Les vérifications précédentes ont été très-simples, parce que nous avons admis que les pièces résistaient également bien à la tension et à la compression, et que la limite R était la même pour ces deux genres d'efforts. Ce n'est pas absolument vrai ; cependant, pour les métaux, l'hypothèse est parfaitement fondée, et la différence est trop faible pour qu'on en tienne compte dans des calculs qui ne sont eux-mêmes que des approximations.

CALCUL D'UNE PIÈCE DEVANT RÉSISTER A UNE CHARGE DONNÉE.

Le calcul d'une pièce devant résister à une charge donnée est, en général, un problème indéterminé, car, on conçoit tout d'abord que bien des pièces de formes différentes peuvent résister à des efforts donnés.

De plus, il y a toujours quelque chose d'inconnu dans la question, c'est le poids même de la pièce qui intervient pour augmenter les charges extérieures. Lorsqu'il est faible relativement aux autres forces, on n'en tient pas compte. On peut, si l'on veut, en tenir compte par ce qu'on appelle la règle des fausses positions ; on commence par calculer la pièce en négligeant son poids ; des dimensions ainsi calculées on déduit le poids ; on recommence les calculs en l'y introduisant ; de ces nouveaux calculs on déduit de nouvelles dimensions, et par suite un second poids plus fort que le précédent ; on recommence encore les calculs avec ce second poids, et on en déduit un nouveau poids plus rapproché, et ainsi de suite, jusqu'à ce qu'on ait trouvé deux résultats consécutifs assez concordants.

Mais l'opération est longue et pénible, et l'on n'a pas besoin de tant d'approximation dans la pratique : presque toujours, on peut conclure de l'expérience quel sera sensiblement le poids de la pièce, et c'est avec ce poids de convention que l'on opère.

Quoi qu'il en soit, revenons à la détermination de la forme de notre pièce : supposons qu'il s'agisse d'une pièce à section symétrique, comme celles dont nous avons plus haut déterminé la résistance dans divers cas, nous saurons dans quelles sections s'exercent le plus grand effort tranchant P, et le plus grand moment X des forces extérieures ; connaissant en outre le plus grand effort R de cisaillement, d'extension ou de compression, que l'on ne doit jamais dépasser si l'on veut rester dans les règles de la stabilité (nous supposons que la valeur de R est la même dans les trois genres d'efforts, ce qui est à peu près vrai pour le fer, mais est faux pour les autres substances), et, désignant par S la section transversale de la pièce, on aura pour déterminer cette section S les deux équations :

$$(1) \qquad \frac{P}{S} \leqq R \qquad\qquad (2) \qquad R \leqq \frac{Xh}{2I}$$

Pour employer le moins de matière possible, il est évident que l'on suppose le maximum R réalisé ; c'est pourquoi l'on transforme en équations les expressions (1) et (2) qu'il suffirait, au point de vue seul de la stabilité, de considérer comme des inégalités.

Choisissons une pièce de section rectangulaire, de largeur (a) et de hauteur h, sa section S est égale à ah, et son sommet d'inertie à $\frac{1}{12}ah^3$. Les équations (1) et (2) s'écriront :

$$\frac{P}{ah} = R \qquad R = \frac{6.Xh}{ah^3} = \frac{6X}{ah^2}$$

Faisons P $=$ 10,000 kilogrammes, X $=$ 50,000 kilogrammes; la tension R qu'on ne doit pas dépasser est, ainsi que nous l'avons vu, de 6,000,000 de kilogrammes. 'où résultent les équations numériques :

$$(3) \qquad ah = \frac{10.000}{6.000.000} = \frac{1}{600} \qquad\qquad (4) \qquad ah^2 = \frac{500.000}{6.000.000} = \frac{5}{100}$$

Divisant (4) par (3), il vient :

$$h = \frac{5}{100} : \frac{1}{600} = 30;$$

donc la hauteur h du rectangle est égale à 30 mètres, et sa largeur (a) est égale à

$$\frac{1}{600.30} = \frac{1}{18000} = 0^m.000055.$$

Ces résultats sont évidemment absurdes, et personne ne fera jamais une poutre dont la section transversale aura 30 mètres de haut sur un demi-millimètre de largeur.

Ceci nous apprend qu'il ne faut pas vouloir satisfaire à la fois aux deux équations (1) et (2) qui ont trait, la première au cisaillement, et la seconde à la flexion; celle-ci est de beaucoup la plus importante, nous la prendrons donc toute seule, nous déterminerons par elle les dimensions de la pièce, et nous verrons ensuite si ces dimensions vérifient non plus l'équation (1), mais tout simplement l'inégalité $\frac{P}{S} < 6{,}000{,}000$. Cela suffit évidemment pour être certain de la stabilité.

Opérons donc sur l'équation :

$$(4) \qquad\qquad ah^2 = \frac{5}{100}$$

Il est évident que la solution est indéterminée puisqu'on a une équation pour deux inconnues (a) et (h).

Mais il arrive presque toujours que, l'une des dimensions, par exemple la hauteur est, vu les nécessités de la construction, forcément comprise entre certaines limites, et que l'on peut la déterminer à l'avance; la largeur (a) résulte alors de l'équation (4).

Ainsi, lorsqu'il s'agit d'une poutre en fer, on admet que, pour la bonne utilisation du métal, il convient d'adopter pour la hauteur le $\frac{1}{10}$ de la portée. Si, dans le cas qui nous occupe, la portée de la pièce est de 15 mètres, sa hauteur devra être 1^m,50, et par suite sa largeur (a) sera donnée par l'équation :

$$a = \frac{0,5}{1,5 \times 1,5} = 0^m,022$$

La pièce aura donc une hauteur de $1^m,50$ et une largeur de $0^m,022$, ce qui est missible.

Sa section sera $1,5 \times 0,022$ ou $0,^{mq}033$; la quantité $\dfrac{P}{S}$ deviendra

$$\frac{10.000}{0.033} = \frac{10.000.000}{33},$$

ce qui est bien au-dessous du maximum R qui est de $6,000.000$; la résistance au cisaillement sera bien plus que satisfaite, la résistance à la flexion ne le sera que tout juste.

Au point de vue du cisaillement, la résistance de la pièce ne dépend que de la valeur absolue de sa section transversale; mais, au point de vue de la flexion, l'aire de la section a peu d'influence, c'est surtout de la forme qu'il faut tenir compte.

A défaut de calcul, l'expérience de tous les jours nous l'apprend; tout le monde sait, par exemple, qu'une planche mince fléchit bien plus facilement lorsqu'on la pose à plat que lorsqu'on cherche à la plier posée de champ.

Mais un calcul simple va nous renseigner plus complétement à ce sujet :

L'équation d'équilibre pour la flexion est

$$R = \frac{Xh}{2I};$$

le moment X des forces extérieures étant constant, on se propose de déterminer le rapport $\dfrac{h}{I}$ de telle sorte que R soit minimum. Il faut donc trouver le minimum de $\dfrac{h}{I}$ ou le maximum de $\dfrac{I}{h}$, et à ce maximum correspondra la tension minima, ou la résistance maxima de la pièce.

Cherchons dans trois cas simples les variations de ce rapport $\dfrac{I}{h}$:

1° Soit une pièce à section rectangulaire. L'aire S de cette section est égale à ah et son moment d'inertie I à $\dfrac{1}{12}ah^3$, ou bien $\dfrac{1}{12}Sh^2$; le rapport $\dfrac{I}{h}$ se met donc sous la forme $\dfrac{1}{12}Sh$, et l'on voit que ce rapport n'est point constant en même temps que la section S de la pièce; il varie proportionnellement à h et croît indéfiniment avec cette hauteur.

Théoriquement, la pièce la plus résistante serait celle qui aurait une hauteur infinie, et par conséquent une largeur nulle : la véritable signification de ce résultat est qu'il faut toujours placer de champ les pièces rectangulaires et leur donner une forme aussi aplatie que possible.

Pour les pièces de bois, on ne peut pas aller très-loin dans cette voie, car on s'exposerait au flambage, et leur largeur est d'ordinaire les $\dfrac{7}{10}$ de leur hauteur.

Pour les pièces métalliques, le flambage est moins à craindre, et le rapport de la largeur à la hauteur est souvent très-faible.

2° Soit une pièce à section elliptique dont (a) et (h) sont les axes; la surface est $\dfrac{\pi ah}{4}$, le moment d'inertie est $\dfrac{1}{64}\pi ah^3$ ou $\dfrac{1}{16}Sh^2$. Le rapport $\dfrac{h}{I}$ devient donc $\dfrac{1}{16}Sh$.

Les résultats sont les mêmes que tout à l'heure ; à section constante, la résistance est proportionnelle à la hauteur h et devient théoriquement infinie en même temps que cette hauteur.

Si nous considérons un rectangle et une ellipse de même section S et de même hauteur h, le rectangle est plus résistant que l'ellipse, car avec lui le rapport $\frac{I}{h}$ est $\frac{1}{12} Sh$, et avec l'ellipse ce rapport n'est que $\frac{1}{16} Sh$.

3° Mais la forme la plus favorable à la résistance est encore la forme en double T, que l'on rencontre si fréquemment dans la pratique, et que représente la figure ci-jointe. La matière est portée pour la plus grande partie dans les branches extrêmes, et la tranche verticale ou âme qui relie ces deux branches possède une section relativement faible.

Théoriquement, supposons-la nulle, et admettons que chaque branche ait une section $\frac{S}{2}$ égale à la moitié de la section totale : le moment d'inertie par rapport à l'axe xy sera égal à deux fois le produit $\frac{S}{2} \frac{h^2}{4}$, c'est-à-dire que le moment d'inertie $I = \frac{Sh^2}{4}$, et le rapport $\frac{I}{h} = \frac{1}{4} Sh$.

Là encore la résistance varie proportionnellement à la hauteur de la pièce ; le produit Sh n'a plus pour coefficient que $\frac{1}{4}$ au lieu de la fraction $\frac{1}{12}$, coefficient relatif à la section rectangulaire.

A égalité de hauteur et de section, le double T est donc trois fois plus résistant que le rectangle.

Il ne s'agit, bien entendu, que du double T théorique à âme nulle ; dans la pratique, l'âme a toujours une valeur notable et le coefficient du produit Sh est moindre que $\frac{1}{4}$. La résistance du double T n'atteint donc jamais le triple de la résistance du rectangle, mais elle s'en rapproche d'autant plus que l'âme a une section plus faible.

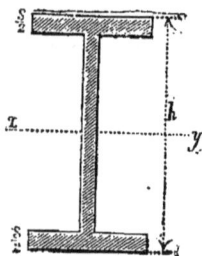

Fig. 429.

DE LA TORSION DES PRISMES.

La torsion est un des phénomènes dont l'étude est le plus difficile ; ce n'est donc qu'un simple aperçu que nous voulons en donner, et nous nous limiterons aux pièces prismatiques. Ce sont pour ainsi dire les seules que l'on fasse travailler par torsion ; et même, presque toujours, les axes soumis à la torsion sont cylindriques.

Soit le prisme AB, formé d'un faisceau de fibres parallèles entre elles et parallèles à la ligne AB qui joint les centres de gravité des sections extrêmes. La section inférieure A est fixe et n'éprouve pendant la torsion aucun mouvement de rotation autour de l'axe ; la section B est soumise à l'effort d'un couple transversal, formé des deux forces $\frac{P}{2}$ situées chacune à une distance D de l'axe du prisme ; les forces extérieures se réduisent donc à ce couple transversal, dont le moment par rapport à l'axe AB est PD.

Reste à calculer le moment de toutes les forces moléculaires développées dans une section transversale quelconque. C'est ce moment que M. Bresse propose d'appeler moment d'intorsibilité du prisme, de même qu'on appelle moment d'inflexibilité le moment $\dfrac{2RI}{h}$ de toutes les forces moléculaires que la flexion développe dans la section transversale du prisme.

Si l'on se demande comment la déformation peut se produire, on ne fera point difficulté d'admettre comme peu éloignées de la vérité les deux hypothèses suivantes :

1° Chaque section transversale tourne tout d'une pièce, c'est-à-dire que la position relative de toutes ses molécules reste constante pendant la torsion.

2° Chaque fibre longitudinale telle que (mn) se transforme en un arc d'hélice tel que (mn'); ce qui revient à dire que les déplacements transversaux tels que nn' sont proportionnels à la distance (nm) qui sépare la section considérée de la section fixe **A**.

Ce sont ces hypothèses qui vont servir de base à nos calculs.

Prenons deux sections transversales adjacentes, elles éprouvent une rotation relative autour de leur axe commun, et les molécules de l'une glissent sur les molécules de l'autre; il est clair que l'amplitude de ce glissement est variable, et qu'elle

Fig. 450.

est d'autant plus forte que la molécule considérée est plus éloignée de l'axe de rotation.

Le plissement des fibres en forme d'hélice est donc d'autant plus accusé que ces fibres sont plus éloignées de l'axe du prisme; quant à cet axe lui-même, qui contient les centres de gravité des sections transversales, il reste droit.

L'amplitude du glissement étant variable pour chaque élément de section, nous trouvons en chaque élément une réaction moléculaire, variable elle-même, et que l'on peut considérer comme proportionnelle à l'amplitude du glissement, pourvu que l'effort n'ait point dépassé la limite d'élasticité, ce qui n'arrive pas dans la pratique.

Les réactions moléculaires étant proportionnelles aux amplitudes de glissement, sont proportionnelles aux distances qui séparent les molécules du centre de gravité de la section; en effet, l'angle de rotation est le même pour toutes les molécules de la section, puisqu'elles gardent leur position relative, et les arcs de déplacement sont proportionnels aux rayons de rotation.

Ainsi, si R est la tension (rapportée à l'unité de surface) qui s'exerce sur la molécule p, la plus éloignée de l'axe O, la tension y qui s'exerce sur la molécule q, située à une distance x de l'axe, sera donnée par l'équation :

$$\frac{y}{R} = \frac{x}{r} \qquad y = x\,\frac{R}{r}$$

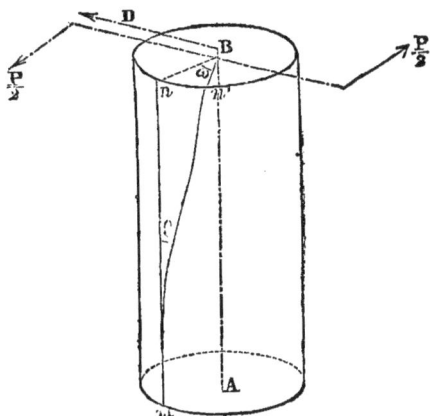

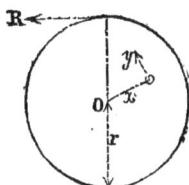

54

Si l'on considère autour du point q un élément $d\omega$, il supportera une tension égale à $\dfrac{R}{r}.x.d\omega$, dont le moment par rapport à l'axe vertical projeté en 0 sera $\dfrac{R}{r}\,x^2 d\omega$.

Le moment de toutes les tensions que l'on rencontre dans la section est représentée par l'intégrale $\dfrac{R}{r}\displaystyle\int x^2 d\omega$, et l'équation d'équilibre entre le moment des forces extérieures et la somme des moments des forces moléculaires s'écrit :

$$(1) \qquad\qquad PD = \frac{R}{r}\int x^2 d\omega = \frac{R}{r}\,M$$

M est le moment d'inertie de la section transversale du prisme par rapport à un axe normal à son plan et passant par son centre de gravité.

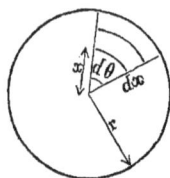

Connaissant la forme du prisme, l'équation précédente donnera la tension maxima R par unité de surface si l'on connaît le couple extérieur qui produit la torsion; et, inversement, si l'on se donne R, on calculera la valeur du couple extérieur correspondant.

Nous avons calculé les moments d'inertie M que nous reproduisons ici pour un cercle et pour un carré.

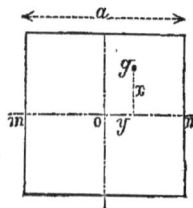

1° Pour un cercle, considérons un secteur $d\theta$, et une portion annulaire de ce secteur, située à une distance x de l'axe et d'épaisseur dx, elle a pour moment d'inertie la quantité $x.d\theta.dx.x^2$, ou $x^3.dx.d\theta$. Le moment d'inertie total s'obtiendra en intégrant deux fois cette quantité, d'abord de o à r, puis de o à 2π.

Fig. 431.

$$M = \int_0^{2\pi} d\theta \int_0^r x^3\,dx = \int_0^{2\pi} \frac{r^4}{4}\,d\theta = 2\pi\,\frac{r^4}{4} = \pi\,\frac{r^4}{2} \quad \text{ou} \quad \pi\,\frac{d^4}{32},$$

si l'on désigne par d le diamètre du cercle.

2° Pour un carré de côté (a), nous obtiendrons le moment d'inertie de la façon suivante.

Soit un élément $(d\omega)$ situé à une distance K de l'axe, son moment d'inertie par rapport à la normale en O est $K^2 d\omega$, màis $K^2 = x^2 + y^2$, $\Sigma K^2 d\omega = \Sigma x^2 d\omega + \Sigma y^2 d\omega = 2\Sigma x^2\,d\omega$. Le moment d'inertie par rapport à la normale en O est donc le double du moment d'inertie par rapport à l'axe transverse (mn) : celui-ci est égal à $\frac{1}{12}\,a^4$, le premier est par suite égal à $\frac{1}{6}\,a^4$.

L'équation de la résistance à la torsion s'écrira :

1° Dans le cas d'une section circulaire;

$$PD = \frac{R}{r}.\pi.\frac{d^4}{32} = \frac{2R}{d}.\pi.\frac{d^4}{32} = \frac{R.\pi}{16}\,d^3$$

2° Dans le cas d'une section carrée (la plus grande distance r à l'axe étant $\dfrac{a\sqrt{2}}{2}$)

$$PD = \frac{2R}{a\sqrt{2}}\,\frac{a^4}{6} = \frac{R}{3\sqrt{2}}\,a^3$$

Nous engageons le lecteur à chercher les équations de résistance pour d'autres formes de sections; mais les deux précédentes sont à peu près les seules que l'on rencontre dans la pratique.

Des expériences ont été faites pour reconnaître quelle est la tension maxima par unité de surface capable de produire la rupture par torsion des pièces prismatiques.

Voici les résultats des expériences :

Il y a rupture lorsque la tension maxima, c'est-à-dire la tension qui s'exerce sur l'élément le plus éloigné de l'axe du prisme, atteint :

Pour le fer forgé ordinaire.	45 kilog.,	par millimètre carré,
Pour un fer forgé excellent et de petite dimension.	70	—
Pour la fonte..	30	—
Pour l'acier fondu.	100	—
Pour le cuivre..	20	—
Pour le bois de chêne.	2,8	—
Pour le bois de sapin.	2,4	—

Ces résultats vont nous permettre de calculer le diamètre d'un arbre quelconque, pourvu qu'on connaisse le couple qui lui est appliqué.

Exemple, on a un arbre cylindrique en fonte, soumis à l'action d'un poids transversal P = 100 kilogrammes, situé à 0^m, 50 ou 500 millimètres de l'axe; le moment des forces extérieures est $100 \times 500 = 50,000$. L'équation de résistance est :

(1)
$$50.000 = \frac{R.\pi}{16} d^3.$$

et cette équation donnera le diamètre (d) pourvu que l'on connaisse la tension maxima R que l'on ne veut pas dépasser.

Cette tension maxima R dépend du coefficient de sécurité que l'on adopte; pour la flexion, nous avons vu que le coefficient de sécurité était $\frac{4}{6}$; pour la torsion, il est beaucoup plus faible, on peut l'évaluer à $\frac{1}{33}$. Ainsi, on ne fait point travailler par torsion le fer forgé à plus de 2^{kg},1 et la fonte à plus de 0^{kg},9 par millimètre carré.

Nous devons donc faire dans l'équation (1) R = 0,9, et il en résulte pour (d) la valeur

$$d^3 = \frac{16.50000}{0,9.3,14} \text{ ou } d = \sqrt[3]{221429}$$

Le diamètre $(d$ est donc compris entre 65 et 70 millimètres, et l'on sera certain de la résistance si on le prend égal à 0^m,07.

Les formules précédentes sont indépendantes de la longueur l de la pièce; et cela se conçoit, car, ce qui intervient dans la résistance, c'est la rotation relative de deux sections voisines, et, cette rotation relative est la même sur toute la longueur de la pièce pourvu que le couple des forces extérieures soit constant.

La longueur l de la pièce supposée cylindrique, étant mesurée par l'arête (nm) l'angle total de rotation des sections est l'angle dont une molécule (n) de la section extrême s'est déplacée autour du centre de gravité A de cette section. En effet, la position relative des points d'une section transversale ne change pas et la rotation est la même pour tous (fig. 430).

Soit donc ω l'angle (nBn') de torsion; appelons θ l'angle (nmn') dont est déviée une fibre de la périphérie, c'est-à-dire l'angle sous lequel l'hélice (*n'm*) rencontre les génératrices primitives du cylindre.

Il semble rationnel d'admettre que cet angle est proportionnel à l'effort de glissement R auquel sont soumises les fibres de la périphérie, de sorte qu'en désignant par G un coefficient, fixe pour une substance donnée, nous pouvons poser :

(1)
$$\theta = \frac{R}{G}.$$

D'autre part, l'arc *nn'* est égal à B*n*.ω ou $\frac{d}{2}\omega$; et, si l'on développe le cylindre sur son plan tangent le long de l'arête (*mn*), le triangle *nmn'* se transforme en un triangle rectangle dans lequel

$$nn' = nm.\, \text{tang } \theta, \quad \text{ou} \quad \frac{d}{2}\omega = l.\, \text{tang } \theta,$$

ou encore

(2)
$$d.\omega = 2l.\theta.$$

car l'angle θ est toujours assez petit pour qu'on puisse le substituer à sa tangente trigonométrique.

Remplaçant dans (2) θ par sa valeur tirée de (1), il vient

(3)
$$\omega = \frac{2l.R.}{d.G}$$

Mais nous avons trouvé plus haut l'équation qui donne la valeur de R en fonction du moment PD ou X des forces extérieures, cette équation est :

$$X = \frac{R}{r}\, M = \frac{2R}{d}\, M, \quad \text{d'où :} \quad R = \frac{X.d}{2M},$$

et, si l'on remplace R par cette valeur dans l'équation (3), on a :

(4)
$$\omega = \frac{l.X}{G.M}.$$

Telle est la formule qui permet de calculer l'angle de torsion ω, pourvu que l'on connaisse le coefficient d'élasticité de torsion G.

Ce coefficient G est en moyenne de 450,000,000 pour le bois, 6,000,000,000 pour le fer forgé ordinaire, 4,000,000,000 pour la fonte, le mètre étant choisi pour unité de longueur. Si l'unité de longueur est le centimètre ou le millimètre, il faut diviser les chiffres précédents par 10,000 ou par 1,000,000.

Résultats d'expérience et formules servant à fixer les dimensions des éléments de machines. — Nous bornerons la théorie de la résistance des matériaux à ce court exposé qui, cependant, doit suffire à faire comprendre la généralité des calculs, et qui donne les moyens de déterminer la grandeur de presque tous les éléments de machines. Nous allons résumer dans ce qui suit les résultats d'expérience, et donner les formules principales en expliquant sommairement la manière dont elles ont été obtenues ; et, pour présenter un ensemble complet, nous reprendrons en même temps les formules de résistance, déjà étudiées dans le cours de machines, telles que celles qui traitent des câbles et des courroies.

Coefficients de frottement. — La théorie du frottement a été donnée en détail au chapitre II du cours de machines.

On trouve les coefficients relatifs au frottement de glissement réunis dans les tableaux des pages 201 à 204.

Les coefficients relatifs au frottement de roulement sont à la page 218.

Résistance des engrenages. — Les dimensions des circonférences primitives ont été déterminées en cinématique, ainsi que la forme des dents ; à la page 230 du cours de machines, nous avons déterminé le frottement dans les engrenages. Reste à fixer l'épaisseur à donner aux dents d'une roue d'engrenage, qui doivent transmettre normalement un effort déterminé.

La première chose à faire est de connaître cet effort P ; généralement, on ne le donne pas directement dans la pratique. On donne seulement le travail T que l'arbre de la roue dentée doit transmettre à la seconde, et le nombre N de tours de cet arbre, et il faut en déduire l'effort P.

Si R est le rayon de la roue dentée, la vitesse V d'un point de sa circonférence est $2\pi RN$, et le travail transmis à la seconde est le produit de cette vitesse par l'effort P ; d'autre part, ce travail transmis est une donnée T de la question et l'on a :

$$T = 2\pi R.N.P \quad \text{d'où l'on déduit P.}$$

Exemple : une roue de $0^m,50$ de rayon fait 60 tours à la minute et doit transmettre un travail de 30 chevaux, quel est l'effort supporté par les dents ?

La vitesse d'une dent est $2\pi.0,50$ ou $3^m,14$ à la seconde ; le travail est de 50×75 ou 2,250 kilogrammètres, l'effort à transmettre par la roue dentée sera donc

$$\frac{2250}{3.14} = 716 \text{ kilogrammes.}$$

C'est un effort considérable ; on voit qu'il varie en raison inverse de la vitesse ; si donc on transmet le même travail avec un arbre animé d'une vitesse très-grande, l'effort à supporter par les dents diminuera en sens inverse, il en sera de même de leurs dimensions, de leur poids et de leur prix.

C'est par suite un immense avantage de substituer, toutes les fois que cela est possible, des transmissions rapides à des transmissions lentes ; on est certain d'économiser de la sorte beaucoup de matière, et, qui plus est, de diminuer notablement les résistances passives, telles que les frottements qui sont proportionnels aux charges.

C'est le principe simple et fertile que M. Hirn a si heureusement appliqué à son câble télodynamique, principe que les bons constructeurs ne doivent jamais perdre de vue.

L'effort P est donc déterminé ; on le suppose appliqué à l'extrémité de la dent, et celle-ci résiste comme un solide d'égale résistance encastré dans la couronne de la roue : soit l la saillie de la dent sur la couronne, b son épaisseur à la base, et (a) la largeur de la roue ou celle de la dent.

$\frac{P}{a}$ est l'effort exercé sur la dent par unité de largeur, c'est-à-dire pour une section rectangulaire d'épaisseur b et de longueur 1 ;

le moment d'inertie I de cette section est $\frac{1}{12} b^3$;

et l'équation de résistance, que nous avons démontréc,

$$\frac{2RI}{h} = Pl,$$

s'écrit :

$$\frac{2R.\frac{1}{12}b^3}{b} = \frac{P}{a}l. \quad \text{ou} \quad R = \frac{6.P.l}{a.b^2},$$

ce qui donne :

(1)
$$b = \sqrt{\frac{6}{R}}\,\sqrt{P}\,\sqrt{\frac{l}{a}}$$

Lorsque les dents sont en fonte, on ne les fait travailler par extension qu'à 0kr,9 par millimètre carré.

En prenant pour unité de longueur le millimètre, on posera R = 0,9 ; les bons constructeurs font d'ordinaire :

$$l = 1,5.b \quad \text{et} \quad a = 6b ; \quad \text{l'équation (1) devient alors}$$

$$b = \sqrt{\frac{6}{0,9}}\,\sqrt{P}\,\sqrt{\frac{1,5}{6}} = \sqrt{P}\,\sqrt{\frac{1,5}{0,9}} = \sqrt{P}\,\sqrt{\frac{15}{9}} = 1,3\,\sqrt{P}.$$

Exemple : L'effort à transmettre est de 100 kilogrammes $\sqrt{P}$ est égal à 10, ce qui donne :

$b = 13$ millimètres, $a = 6 \times 13 = 78$ millimètres, $l = 1,5.b = 20$ millimètres.

Pour des roues armées de dents en bois, on a l'habitude de prendre : $l = b$ et $a = 4b$. Le maximum de tension R est indiqué, suivant l'espèce de bois, au tableau que nous avons donné précédemment.

Ce qu'on rencontre le plus souvent, ce sont les dents en fonte : elles ont l'avantage de faire corps avec la couronne ou jante et de n'offrir aucun jeu d'assemblage ; elles durent longtemps et sont d'une exécution facile dans les cas ordinaires ; mais, dans les transmissions parfaites, il faut les tailler et les profiler avec soin après la fonte, ce qui entraîne des frais considérables ; puis, si par un choc quelconque, une dent d'une roue vient à se briser, il faut mettre la roue entière au rebut, elle n'a plus que la valeur de la ferraille.

Aussi, la roue avec jante en fonte dans laquelle sont implantées des dents en bois, est-elle encore d'un usage général. Elle est économique, car une dent brisée ou une denture usée se remplacent facilement, et elle a l'avantage de donner beaucoup moins de bruit qu'une denture en fonte, à moins que celle-ci ne soit une œuvre de précision. L'inconvénient est que les dents en bois prennent à la longue beaucoup de jeu dans leur alvéole, et qu'il faut les retoucher fréquemment. On rencontre la denture en bois dans beaucoup de grands rouets d'usine engrenant avec de petits pignons en fonte.

Il est facile, grâce aux formules et aux données précédentes, de dresser un tableau qui donnera dans chaque cas l'épaisseur à adopter pour les dents des roues.

La jante d'une roue dentée a la même largeur que la dent, et son épaisseur est prise d'ordinaire égale à celle de la dent à sa base.

Jusqu'à 1m,30 de diamètre, on ne donne que quatre bras à une roue dentée ; de 1m,30 à 2m,50 on en donne six ; de 2m,50 à 5 mètres, huit, et au delà, dix. Les bras ont en général une section en croix ; on calculera cette section en considérant le bras comme un solide encastré dans le moyeu et soumis à son extrémité libre à l'effort que la jante reçoit tangentiellement.

Résistance des câbles en chanvre ou en fer. — On trouvera ce qui est relatif à la roideur des cordes et à la perte de force qui en résulte à la page 250 du cours de machines.

L'élément des cordages est le fil de caret, qui résulte de la juxtaposition des fibres de chanvre ; la filature comprend deux opérations principales : disposer les fibres parallèlement à elles-mêmes, puis les tordre énergiquement les unes sur les autres pour obtenir un frottement et par suite une resistance convenable.

La résistance à la rupture d'un fil de caret est en moyenne de 80 kilogrammes ; il est prudent de ne point lui faire porter plus de la moitié de ce poids, soit 40 kilogrammes ou 2,5 à 3 kilogrammes par millimètre carré.

Câbles en chanvre. — Encore, sont-ce là des nombres tout à fait exceptionnels, et, pour les admettre, il faut être certain de la bonne qualité du chanvre, de la bonne fabrication et du bon état du cordage.

Dans un service courant, lorsqu'on se sert de bons cordages ordinaires, il est convenable de se limiter non à la moitié mais au $\frac{1}{8}$ de la charge de rupture précédente, c'est-à-dire qu'un cordage ne doit pas travailler à plus de 1 kilogramme par millimètre carré.

Donc, si l'on appelle (d) le diamètre d'un cordage, exprimé en millimètres, et P la charge à laquelle ce cordage est soumis, l'équation de résistance, sera :

$$\frac{\pi d^2}{4} = \text{P.,} \quad \text{ou} \quad d = \sqrt{\frac{4}{\pi}} \sqrt{\text{P}} \cdot$$

d'où résulte la formule pratique :

$$d = 1,1\sqrt{\text{P}} \quad \text{ou tout simplement} \quad d = \sqrt{\text{P}},$$

qui donne la valeur de (d) en millimètres.

Un câble, dont on se sert dans un atelier bien à l'abri de l'humidité, conserve plusieurs années sa résistance ; à l'humidité, il s'altère rapidement, et dans les puits de mines notamment, il ne faut guère compter sur une durée supérieure à six mois.

Câbles en fil de fer. — C'est pourquoi dans les puits de mines on a recours aux câbles en fil de fer, dont nous avons déjà parlé à la page 254 du cours de machines.

On prend d'excellent fil de fer : en commettant six fils on forme un toron, et, pour obtenir le câble on enroule les torons autour d'une âme en chanvre goudronné, destinée à donner de la flexibilité au câble. Souvent même, chaque toron élémentaire porte lui-même une âme en chanvre.

Pour résister à la même charge, on donne au câble en fer un diamètre moitié de celui du câble en chanvre.

Ce diamètre est donc donné en millimètres par la formule :

$$d = \frac{1}{2}\sqrt{\text{P}}$$

Résistance des chaînes. — A côté des câbles, il faut placer les chaînes en fer qui servent aux mêmes usages. On distingue trois genres de chaînes : 1° la chaîne ordinaire à maillons elliptiques ou en ovale'allongé, renforcée ou non par des étançons; 2° la chaîne à la Vaucanson et 3° la chaîne Gall. Nous les avons décrites en cinématique.

1° La plus commune est la chaîne ordinaire.

On fait quelque fois le maillon elliptique A, et alors voici comment on pourrait en calculer la résistance : il faut considérer que le maillon se déforme, qu'il s'al·

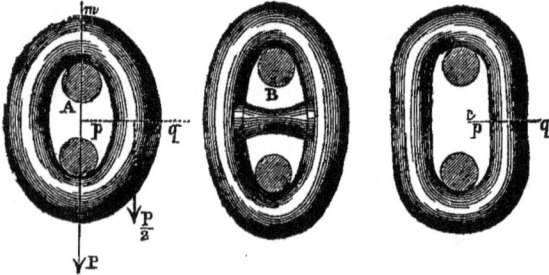

Fig. 432.

longe dans le sens de la traction et se rétrécit dans le sens transversal. Il suffit évidemment d'étudier la déformation d'un quadrant tel que *mnpq*; on considère la pièce (*mnpq*) comme encastrée en *mn*, en effet la section *mn* reste verticale et ne fléchit point, et comme soumise en *pq* d'abord à un effort vertical égal à la moitié $\frac{P}{2}$ de la charge et de plus à un couple de rotation produit par le changement dans la courbure.

Si l'on fait le calcul'complétement, on trouve que le diamètre (*d*) d'un maillon est donné en millimètres par la formule

$$d = 0.4\sqrt{P}$$

Mais, la forme elliptique adoptée pour le maillon est trop favorable à la déformation et on doit la rejeter, pour recourir à la forme B lorsqu'on fabrique une chaîne étançonnée et à la forme C lorsqu'on fabrique une chaîne ordinaire.

Cette forme C se compose de deux demi-cercles extrêmes raccordés par des parties droites; il est clair qu'elle donne lieu à des déformations bien moins considérables et que par suite on peut la considérer comme résistant simplement par traction.

C'est ce que font en général les constructeurs, qui considèrent que chaque section (*pq*) doit être suffisante pour résister à la moitié $\frac{P}{2}$ de la charge. Si (*d*) est le diamètre de cette section en millimètres, et qu'on ne veuille point la faire travailler à plus de 6 kilogrammes par millimètre carré (limite ordinaire de sécurité), on aura pour déterminer (*d*) l'équation d'équilibre

$$\frac{\frac{P}{2}}{\frac{\pi d^2}{4}} = 6, \quad \text{ou} \quad d = \sqrt{\frac{1}{3\pi}}\sqrt{P},$$

ce qui donne approximativement

$$d = \frac{1}{3}\sqrt{\text{P}}.$$

Le coefficient 0,4 que nous avons trouvé tout à l'heure est remplacé par $\frac{1}{3}$; en pratique, la différence est insensible ; cependant, il vaut mieux préférer le premier nombre qui donne plus de sécurité.

La forme intermédiaire B est celle qui convient le mieux pour l'étançonnement : on conçoit bien l'utilité de l'étançon, il s'oppose à l'aplatissement du maillon et diminue la déformation.

A égalité de section, le maillon étançonné est plus résistant, et dans ce cas on peut en calculer le diamètre en millimètres par la formule

$$d = 0,3\sqrt{\text{P}} \quad \text{au lieu de} \quad d = 0,4\sqrt{\text{P}}$$

D'après M. Résal, le diamètre de la section transversale du maillon serait donné par la formule

$$d = 0,57\sqrt{\text{P}} \ ;$$

cette formule conduirait à augmenter notablement la résistance. En somme, les premières formules donnent de bons résultats dans la pratique, et c'est d'elles qu'il faut se servir.

La marine soumet ses chaînes aux essais suivants :

14 kilogrammes par millimètre carré de la double section d'une chaîne non étançonnée ;

17 kilogrammes par millimètre carré de la double section d'une chaîne étançonnée.

On prend d'ordinaire pour poids d'une chaîne quatre fois le poids d'une tige droite de même longueur que la chaîne et de même diamètre que la section transversale d'un maillon.

2° La chaîne à la Vaucanson se calculera en admettant qu'un côté latéral de chaque maillon résiste par traction à la moitié de la charge totale.

3° La chaîne de Gall est composée, comme on sait, de deux cours de plaquettes en tôle accolées, réunis par des boulons en fer forgé ; chaque plaquette porte donc un œil en bas et un œil en haut, et une plaquette d'un maillon est comprise entre deux plaquettes du maillon qui la précède et de celui qui la suit. Les côtés des maillons ont donc alternativement les uns n et les autres $n + 1$ plaquettes.

Il faut calculer le $\frac{1}{2}$ maillon de n plaquettes de telle sorte que sa section transversale totale puisse résister par traction à la demi-charge totale $\frac{\text{P}}{2}$.

Un point important à considérer en outre est la résistance du boulon. Il est soumis, à chacune de ses extrémités, à un effort de cisaillement égal à $\frac{\text{P}}{2}$ et il doit résister avec sécurité à cet effort.

C'est habituellement au diamètre (d) des boulons que l'on rapporte les dimensions des plaquettes :

L'écartement ou l'espace libre entre les plaquettes est de   4 d.

La largeur des plaquettes   3 d.

et, en désignant par e l'épaisseur des plaquettes, par n le nombre de ces plaquettes qui composent un côté de maillon, on doit avoir :

$$(2n + 1)\, e = 6d,$$

équation qui donne n lorsqu'on connaît (e) et inversement.

Des courroies. — La transmission par courroies est une des plus fréquentes;
nous l'avons étudiée à la page 257 du cours de machines.

Nous avons montré que la tension de la courroie du brin conducteur était supérieure à celle du brin conduit, et que de plus la tension variait aux divers points
de contact de la courroie avec les poulies qu'elle embrasse.

Quoi qu'il en soit, nous avons donné le moyen de déterminer la tension
maxima, à laquelle la courroie est soumise, en fonction de la puissance et de la
résistance appliquées à la circonférence des poulies.

On connaît donc les forces les plus grandes qui pourront agir sur les circonférences des poulies et on déterminera en conséquence les dimensions de celles-ci,
comme nous l'avons fait pour les roues d'engrenage.

D'autre part, on déterminera la section transversale des courroies d'après les
résultats suivants :

Le cuir de mouton ne doit pas travailler à plus de. .	0^k,22 par millimètre carré,
Le cuir de veau — —	. . 0^k,25 —
Le cuir de vache — —	. . 0^k,54 —
Le cuir blanc de cheval —	— . . 0^k,54 —
Le cuir mince de cheval —	— . . 0^k,44 —

Nous avons vu que les courroies ne devaient point être appliquées sur des poulies cylindriques, mais sur des poulies bombées, de telle sorte qu'elles tendent
toujours à être ramenées à la partie centrale de ces poulies.

Les courroies sont un excellent moyen de transmission, lorsqu'elles n'ont pas
à transmettre des efforts considérables ; on peut du reste transmettre un travail
donné avec un faible effort et une grande vitesse. Elles ne donnent point de choc
ni de bruit, et, lorsqu'il se produit une résistance accidentelle, elles peuvent
glisser sur leurs poulies, on évite ainsi des ruptures de mécanisme ; elles permettent d'établir la transmission entre deux arbres assez éloignés, et de changer
à volonté le sens de la transmission suivant qu'on les place droites ou croisées.
Mais elles ont l'inconvénient de glisser quelquefois et d'interrompre momentanément la transmission, de transmettre aux axes des tensions plus considérables
que celles transmises par les roues dentées, et par suite d'augmenter le frottement ; enfin elles s'allongent peu à peu et finissent par tomber, à moins qu'on ne
les resserre.

En somme, lorsqu'on veut une transmission perfectionnée, il vaut mieux recourir aux bons engrenages ; mais, dans la plupart des cas ordinaires, les courroies rendent de précieux services.

Le minimum de largeur des courroies est de quatre centimètres et le maximum
de vingt centimètres.

Les courroies de dimension moyenne s'assemblent à recouvrement ; l'un des
bouts recouvre l'autre de 0,20 à 0,25, on perce des trous correspondants, dans
lesquels on fait passer des lanières : quelquefois, on emploie l'assemblage à bou-
cles comme celui des ceintures, mais alors il arrive souvent que le cuir se déchire.

Les fortes courroies sont assemblées à recouvrement avec plusieurs lignes de rivets.

Câbles télodynamiques. — Des courroies, il faut rapprocher les câbles télodynamiques; ils sont en fil de fer, et ne travaillent qu'à de faibles tensions avec de grandes vitesses, de manière à transmettre néanmoins un travail considérable. Il est facile d'en calculer la section eu égard à la tension maxima qu'ils doivent supporter.

RÉSISTANCE DES ARBRES DE ROTATION HORIZONTAUX.

Les arbres de rotation comprennent deux parties qui travaillent de manière bien différente, savoir : les tourillons et le corps de l'arbre.

Tourillons. — Les tourillons d'un arbre de rotation horizontal sont les bouts parfaitement cylindriques par lesquels cet arbre repose sur les coussinets de ses paliers; les axes des deux tourillons doivent être exactement dans le prolongement l'un de l'autre, ils représentent l'axe géométrique de l'arbre de rotation.

Il est à remarquer tout d'abord qu'un tourillon ne travaille jamais par torsion; car les couples de torsion de puissance ou de résistance sont appliquées entre les tourillons et ceux-ci ne sont soumis à aucune force transversale qui gêne leur mouvement de rotation.

Un tourillon n'a donc à résister qu'à deux efforts : 1° le cisaillement que la charge de l'arbre tend à produire sur le bord intérieur du tourillon ; 2° l'effort de flexion qui résulte aussi de la charge de l'arbre, et qui tend à relever l'axe du tourillon par rapport à l'horizontale.

Appelons P la charge maxima transmise par l'arbre à son palier A; la réaction de ce palier sur le tourillon est aussi égale à P et dirigée vers le haut comme le montre la flèche. L'arbre sera en équilibre dans l'espace, sans le secours d'aucun support, si l'on ajoute aux forces extérieures qui le sollicitent les réactions des coussinets telles que P.

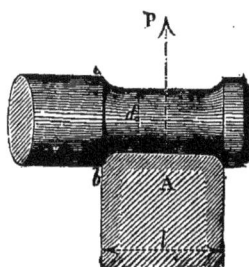

Fig. 455.

1° La section (ab) du tourillon doit résister à l'effort de cisaillement P, et, si nous désignons par R la tension par unité de surface qui est considérée comme limite de sécurité, nous aurons d'abord

$$\frac{P}{\frac{\pi d^2}{4}} = R. \qquad (1) \qquad d = \sqrt{\frac{4}{\pi R}}\,\sqrt{P}$$

2° Cette même section (ab) du tourillon doit posséder un moment fléchissant capable de résister au moment des forces extérieures comprises entre (ab) et l'extrémité libre de la pièce ; ces forces extérieures se réduisent à la réaction P du tourillon, et leur moment à $P\frac{l}{2}$, en désignant par l la longueur du tourillon.

Le moment fléchissant, que nous avons mis sous la forme générale $\frac{2Rl}{h}$, s'écrit ici :

$$\frac{2R \cdot \frac{1}{64}\pi d^4}{d} = \frac{R.\pi.d^3}{32},$$

et l'équation d'équilibre entre le moment fléchissant et le moment des forces extérieures devient :

$$\frac{R.\pi.d^5}{32} = P\frac{l}{2}, \quad \text{ou} \quad (2) \quad d = \sqrt[3]{\frac{16}{R\pi}}\,\sqrt[3]{P.l}$$

Si l'on veut être certain que le tourillon résistera à la flexion et au cisaillement, l faut prendre les deux valeurs de (d) données par les équations (1) et (2) et adopter la plus grande. Celle que donne l'équation (1) est indépendante de la longueur l du tourillon ; au contraire, celle que donne l'équation (2) est proportionnelle à la racine cubique de la longueur du tourillon.

On pourrait faire que les deux résistances au cisaillement et à la flexion fussent égales ; il suffirait pour cela d'égaler les deux valeurs de (d) fournies par les équations (1) et (2), ce qui donne :

$$(3) \qquad d^2 = \frac{4}{\pi R}.P = \frac{16}{\pi R}.P\frac{l}{d}, \quad \text{ou} \quad \frac{l}{d} = \frac{1}{4},$$

en admettant que la tension maxima R soit la même pour le cisaillement que la flexion.

Ainsi, il suffirait de prendre la longueur égale au quart du diamètre, et de déterminer ce diamètre par l'équation (1) pour être certain que le tourillon résisterait également bien au cisaillement et à la flexion.

Mais, en pratique, la longueur du tourillon est toujours bien supérieure au quart de son diamètre, et il faut recourir à la fois aux équations (1) et (2) pour déterminer les dimensions de ce tourillon.

Il est à remarquer, en outre, que l'existence d'un tourillon est chose trop importante pour qu'on n'adopte pas un coefficient de sécurité beaucoup plus faible que celui $\frac{1}{6}$, adopté pour les grosses pièces.

On supposera donc,

S'il s'agit de tourillons en fer forgé de première qualité.. . $R = \frac{1}{15}$ 70 kilogrammes.

—   en fonte   —   .. . $R = \frac{1}{15}$ 30 kilogrammes.

D'autre part, l'expérience permet de fixer le rapport $\left(\frac{l}{d}\right)$ qu'il convient d'adopter entre la longueur d'un tourillon et son diamètre. L'ensemble des observations indique pour le meilleur rapport à adopter.

$$(4) \qquad\qquad l = 1,2\,d.$$

Si nous revenons à l'équation (3)

$$d^2 = \frac{16}{\pi R}\frac{l}{d}P \quad \text{ou} \quad d = \sqrt{\frac{16}{\pi R}.\frac{l}{d}}\,\sqrt{P}.$$

cette équation nous donnera le diamètre des tourillons en fonction de la charge P qu'ils supportent.

Pour des tourillons en fonte, il faut prendre $R = \frac{1}{15}$ 30 = 2, et le diamètre est donné en millimètres par la formule :

$$d = 1,8\sqrt{P}$$

Pour des tourillons en fer forgé, il faut prendre $R = \frac{1}{15}70$, et le diamètre est donné en millimètres par la formule :

$$d = 1,2\sqrt{P}$$

C'est-à-dire qu'à égalité de résistance le diamètre d'un tourillon en fer forgé n'est que les $\frac{2}{3}$ du diamètre d'un tourillon en fonte.

Il sera facile d'après ces formules de dresser, soit des tableaux graphiques, soit des tables qui donneront les diamètres en fonction des charges.

Arbre soumis à un effort de torsion. — Lorsqu'un arbre cylindrique de diamètre (d) est soumis à l'action d'une force P, située dans un plan transversal à une distance D de l'axe, cet arbre se tord dans la partie comprise entre la puissance et la résistance, ses fibres droites se transforment en hélice, et la torsion dépend de l'intensité du moment moteur.

Nous avons vu plus haut que le moment d'intorsibilité d'un cylindre était égal à $\frac{R\pi}{16}d^3$, expression dans laquelle R est la tension maxima qui se produit dans une section de l'arbre ; cette tension est rapportée à l'unité de surface, et c'est à la périphérie de l'arbre qu'on la trouve.

D'autre part, le moment des forces extérieures est PD.

L'équation d'équilibre s'écrira donc :

$$PD = \frac{R.\pi}{16}d^3.,$$

et cette équation donnera la valeur du diamètre de l'arbre :

$$(1) \qquad d = \sqrt[3]{\frac{16}{R.\pi}} \sqrt[3]{PD}$$

Il faut connaître d'abord la tension maxima R que l'on veut adopter.

Comme il est nécessaire d'arriver à une sécurité parfaite, l'expérience a indiqué qu'il convenait d'adopter pour coefficient de sécurité $\frac{1}{33}$.

Ainsi, pour le fer forgé, on fera . . . . $R = 2^k,1$
— pour la fonte . . . . $R = 0^k,9$
— pour le bois de chêne . . . . $R = \frac{1}{33} \cdot 2^k,8$.

Le millimètre et le kilogramme étant les unités choisies, on exprimera P en kilogrammes, D en millimètres, et la formule (1) donnera le diamètre de l'arbre en millimètres. Introduisant les données numériques précédentes dans cette formule (1) on trouvera sensiblement :

Pour le fer forgé . . . . $d = 1,36 \sqrt[3]{PD}$ ⎫
Pour la fonte . . . . $d = 1,81 \sqrt[3]{PD}$ ⎬ P est exprimé en kilogrammes
Pour le bois . . . . $d = 4 \sqrt[3]{PD}$ ⎭ D et d en millimètres.

Il est rare que l'on donne directement la force P et son bras de levier; on connaît plutôt le travail en chevaux N que l'arbre doit transmettre et le nombre n de tours que cet arbre doit faire à la minute. C'est en fonction de ces données qu'il convient d'exprimer le diamètre (d).

Le travail de la force P, appliquée à la distance D de l'axe, est égal à Pv en appelant v la vitesse exprimée en mètres du point d'application de cette force, et ce travail est égal à N fois 75 kilogrammètres, d'où résulte la première équation :

$$(2) \qquad\qquad P.v = 75.N.$$

D'autre part, l'espace parcouru par le point d'application de la force P en une minute est égal à n fois la circonférence de rayon D; et comme le rayon D est exprimé en millimètres, l'espace parcouru par ce point en une seconde est donné en mètres par $\dfrac{2\pi.D.n}{1000.60}$, d'où l'équation :

$$(3) \qquad\qquad v = \frac{2\pi.D.n}{60.1000}$$

Des équations (2) et (3) on tire

$$PD = \frac{1000.60 \times 75}{2\pi} . \frac{N}{n}$$

Portant cette valeur de PD dans l'équation (1), il vient :

$$d = \sqrt[3]{\frac{16.60.75.1000}{2\pi^2 R}} \ \sqrt[3]{\frac{N}{n}}$$

Introduisons maintenant les valeurs du cofficient R, savoir : $2^{kg},1$ pour le fer forgé, $0^{kg},9$ pour la fonte, $\frac{1}{33}.2,8$ pour le bois de chêne, nous arriverons aux trois expressions

$$d = 120 \sqrt[3]{\frac{N}{n}}, \text{ fer forgé}$$
$$d = 160 \sqrt[3]{\frac{N}{n}}, \text{ fonte}$$
$$d = 355 \sqrt[3]{\frac{N}{n}}, \text{ bois}$$

d est exprimé en millimètres.
N en chevaux vapeur.
n nombre de tours de l'arbre à la minute.

Arbres soumis à la fois à des efforts de torsion et de flexion. — Il arrive souvent que des arbres de rotation sont soumis à la fois à des efforts de flexion et à des efforts de torsion. Cela arrive même toujours lorsque l'on veut tenir compte du poids des arbres horizontaux ; mais, généralement on néglige ce poids.

Imaginez un arbre de roue hydraulique, il est soumis à un effort de torsion résultant de la puissance qu'il transmet par exemple par une roue d'engrenage ; mais, en outre, tout le poids de la roue hydraulique est reporté par des couronnes sur deux ou plusieurs sections de cet arbre, et ce poids détermine un effort de flexion.

Admettons deux couronnes : l'effort de flexion est maximum dans la section transversale correspondant aux couronnes ; c'est donc là qu'il faut placer le plus de matière : entre les deux couronnes, les efforts sont constants pour toutes les sections, et l'arbre doit être cylindrique. Au contraire, entre les sections correspondant aux couronnes et les extrémités de l'arbre près des tourillons, l'effort de flexion va en diminuant et l'on peut adopter pour l'arbre une forme tronc-conique.

En général, voici comment on pourra opérer :

On admet que les résistances respectives des pièces à la torsion et à la flexion ne se modifient pas respectivement, et que chacune persiste séparément en son entier, bien que l'autre existe aussi. On calcule donc en chaque point les moments de torsion et de flexion : on en déduit les valeurs de la section de l'arbre en ce point, et on adopte la plus grande de ces valeurs. De la sorte, on est certain de ne point dépasser la limite de sécurité que l'on s'est posée.

Mais, l'hypothèse de la coexistence des deux espèces de résistances est loin d'être démontrée, et peut amener à des résultats un peu faibles lorsque les moments de flexion et de torsion diffèrent médiocrement l'un de l'autre ; en général, la différence est très notable, et l'on conçoit bien que l'hypothèse ne peut conduire à de mauvais résultats ; mais, si les deux moments étaient sensiblement égaux, il serait plus prudent d'opérer autrement : On pourrait calculer l'arbre pour résister à la torsion, puis lui donner un renfort tel que ce renfort suffît à lui seul pour résister à la flexion. Toutefois, on risquerait de la sorte d'obtenir des dimensions trop fortes.

Ces indications succinctes suffiront, nous l'espérons, à guider le lecteur dans le calcul d'un arbre quelconque.

Des arbres verticaux. — Comme nous l'avons vu en cinématique, les arbres verticaux reposent par un pivot cylindrique sur une crapaudine en bronze. La base inférieure du pivot est plus ou moins convexe, de telle sorte que le diamètre du cercle de contact avec la crapaudine ait une valeur déterminée.

Ce diamètre du cercle de contact dépend de la pression transmise par l'arbre sur la crapaudine.

Dans les arbres ordinaires, on évite l'usure, l'échauffement et le grippement des surfaces, en calculant la surface de contact de telle sorte que la pression ne dépasse pas 20 kilogrammes par centimètre carré.

Ayant donc le poids total P de l'arbre vertical et de ses accessoires, on obtiendra le diamètre du pivot en centimètres au moyen de l'équation :

$$\frac{P}{\frac{\pi d^2}{4}} = 20.$$

C'est là ce qui convient pour un arbre vertical à vitesse moyenne.

Pour un arbre vertical animé d'une faible vitesse, le diamètre du pivot s'obtient par l'équation :

$$d = 1{,}4\sqrt{P} ;$$

P est exprimé en kilogrammes et d en millimètres.

Pour un arbre vertical animé d'une grande vitesse et faisant (n) tours à la minute, il convient d'adopter pour le diamètre en millimètres la valeur

$$d = 0{,}000224.P.n$$

Balancier de machine à vapeur. — On trouvera dans le cours de machines à vapeur divers types de balanciers. La figure ci-jointe donne l'élévation du balancier que l'on rencontre le plus souvent. Longitudinalement, il a une forme d'égale résistance; transversalement, sa section est un double T avec nervure médiane.

Tant que les dimensions ne sont pas très très-considérables, il convient à tous les points de vue de recourir à un balancier en fonte ; mais quand les balanciers,

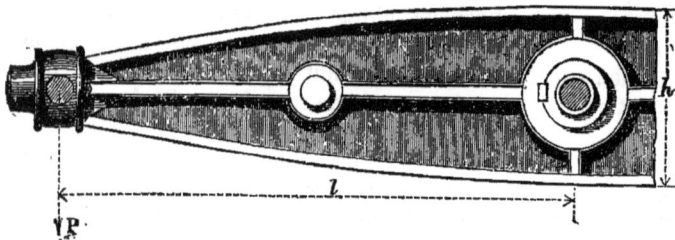

Fig. 434.

arriveraient à peser 15 ou 20 tonnes, il n'est plus possible de les fabriquer en fonte, si on veut les obtenir homogènes ; on les fait alors en fer forgé, ou mieux en tôle comme des poutres composées. On en trouvera des exemples dans les grandes machines puissantes.

Pour le calcul de ce genre de pièces, on ne tient pas compte de la nervure médiane que l'on considère comme un renfort s'opposant au flamblage.

Le balancier, à branches égales, est soumis d'un côté à une puissance P et de l'autre à une résistance égale; sa fibre axiale se courbe donc en restant horizontale, au milieu, à l'aplomb des tourillons. La section transversale du milieu n'est soumise à aucune flexion; par suite, on peut considérer chaque branche du balancier comme un solide encastré à un bout et soumis à l'autre à une force P normale à la fibre axiale.

Si l est la longueur du demi-balancier, le moment maximum des forces extérieures est Pl et le moment fléchissant de la section médiane du balancier doit lui faire équilibre. Si nous appelons h la hauteur de cette section médiane, et I son moment d'inertie par rapport à son axe horizontal, le moment fléchissant sera $\frac{2RI}{h}$, et l'on aura pour équation d'équilibre

$$(1) \qquad\qquad \frac{2RI}{h} = Pl$$

Ce qui donne une forme indéterminée, à moins qu'on n'établisse certaines relations entre les dimensions de la pièce.

La longueur totale $2l$ du balancier est d'ordinaire égale à trois fois la course du piston moteur.

La hauteur h du balancier en son milieu est le tiers de sa demi-longueur l :

$$h = \frac{1}{3} l$$

La section transversale en double T a une largeur constante pour les branches du T ; c'est-à-dire qu'en plan horizontal le balancier est limité longitudinalement par deux lignes parallèles. Soit e cette largeur constante ; elle est d'ordinaire égale au $\frac{1}{12}$ de la hauteur h ; on ne la fait plus forte que lorsqu'on supprime la nervure médiane, et qu'on adopte des formes ramassées comme dans certaines machines de bateaux.

Ainsi, la hauteur h du double T est déterminée en fonction de l, et sa largeur e est déterminée en fonction de h. L'équation (1) fournira son moment d'inertie I, et de ce moment d'inertie on déduira l'épaisseur uniforme à donner à l'âme et aux branches du balancier.

Pour le profil en long, on adopte la forme parabolique d'égale résistance ; dans le cas où l'on composerait un balancier avec des tôles et cornières au lieu de fonte, on substituerait au profil courbe un profil rectiligne l'enveloppant, et cela serait d'une exécution plus facile.

Fig. 455.

Le nombre R est la tension, limite de sécurité, que l'on peut faire supporter par unité de surface soit à la fonte soit au fer. Nous avons indiqué plus haut les diverses valeurs de R ; elles sont égales au $\frac{1}{6}$ des charges de rupture par flexion.

Le corps du balancier est donc complétement déterminé par ce qui précède. Reste à fixer les dimensions des tourillons de l'axe central et ceux des extrémités, ce que l'on fera par les formules exposées précédemment.

Calcul des manivelles. — Une manivelle se compose d'une pièce plus ou moins longue fixée normalement sur un axe de rotation et terminée à son autre extrémité, soit par une manette si la manivelle est mue à bras d'homme, soit par un tourillon engagé dans l'œil de la tête d'une bielle, laquelle bielle est actionnée par une tige de piston, soit directement, soit par l'intermédiaire d'un balancier. L'effort P agit donc sur le tourillon de la manivelle et, si l est la longeur de celle-ci, le moment de la puissance par rapport à l'arbre de rotation est Pl (fig. 456).

La manivelle entraîne l'arbre dans son mouvement en lui imprimant une certaine torsion ; on peut la considérer comme une pièce soumise uniquement à la flexion, et encastrée à son extrémité.

Sa section transversale à cette extrémité résultera donc de l'équation

$$(1) \qquad \frac{2RI}{h} = P.l$$

Cette section est habituellement rectangulaire ; l'épaisseur transversale e est constante sur toute la longueur, et elle est d'ordinaire égale à $\frac{1}{6}$ de la dimension h, prise dans la section xy.

Connaissant le rapport des deux côtés de cette section rectangulaire, ainsi que son moment d'inertie I fourni par l'équation (1), on a tout ce qu'il faut pour déterminer la section, pourvu que l'on adopte pour R la valeur qui convient au métal mis en œuvre.

On construit des manivelles en fonte ; mais il est préférable de les faire en fer forgé, car c'est un organe essentiel dans une machine à vapeur, organe dont la rupture peut causer les plus graves accidents. Si une manivelle vient à se briser, le piston s'emporte et compromet l'existence du cylindre, la bielle qui réunit la tige du piston au bouton de la manivelle s'arcboute le plus souvent et produit des effets énormes de dislocation.

Le tourillon ou bouton a de la manivelle, ainsi que son arbre b ont leurs diamètres déterminés par les formules que nous avons données précédemment.

Ce bouton et cet arbre sont solidement enchâssés dans des manchons qui ter-

minent la manivelle à chaque bout, et ces manchons débordent la manivelle comme on le voit sur la figure, et le raccordement se fait par des arcs de cercle.

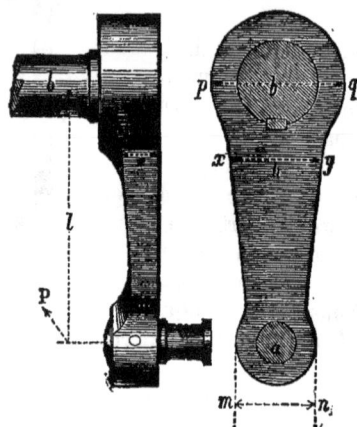

Le diamètre du manchon (*mn*) est sensiblement égal à 2,5 fois le diamètre du bouton *a*, et le diamètre du manchon *pq* à 2,2 fois le diamètre de l'arbre *b*.

La dimension (*h*) n'est pas constante ; on limite latéralement le corps de la manivelle, soit à des paraboles si on coule la pièce en fonte, soit à des lignes droites si on la fait en fer forgé, afin d'obtenir le profil d'égale résistance.

Des manivelles il faut rapprocher les arbres coudés que l'on calculera d'une manière analogue.

La tige du piston d'une machine actionne la manivelle par l'intermédiaire d'une bielle ; si l'on veut se reporter aux dessins de machines à vapeur que nous avons donnés, on trouvera la représentation d'un certain nombre de bielles, et l'on en saisira à simple vue l'agencement et les détails.

Fig. 456.

Il n'y a que les bielles des grandes machines qui s'exécutent en fonte ; dans ce cas, afin d'avoir plus de résistance et des épaisseurs de fonte moins considérables, on adopte la section en croix. Il est plus prudent de construire les bielles en fer forgé, et l'on choisit alors une section carrée ou cylindrique. Quelque chose de meilleur encore, c'est la bielle en acier, qui, à résistance égale, est beaucoup plus légère et donne lieu à moins de résistances passives.

Le calcul d'une bielle n'est pas commode, car elle est soumise à des efforts plus ou moins obliques : on ne peut donc en calculer la section en la supposant simplement pressée suivant son axe, car elle est exposée à flamber et à se courber comme le ferait une colonne verticale trop longue ; il est indispensable d'éviter toute déformation sensible, si l'on veut obtenir une bonne transmission. Il faut donc se régler pour les dimensions à adopter sur les bons modèles qui ont bien réussi, et prendre aussi pour guide cette harmonie qui doit exister entre les dimensions de toutes les pièces d'une machine, harmonie que le constructeur expérimenté saisit parfaitement à l'œil.

Cette question de proportionnalité harmonique est du reste générale en construction. Toutes les fois que l'œil n'est point satisfait par l'ensemble, c'est qu'une ou plusieurs des pièces constitutives sont trop faibles ou trop fortes, et il convient de les modifier.

Considérations générales sur l'emploi des matériaux. — Le constructeur doit toujours avoir présents à l'esprit quelques principes élémentaires faciles à retenir.

1° Lorsqu'une pièce présente des défauts, et qu'on est forcé de l'employer néanmoins, il faut s'arranger de manière à placer ces défauts aux environs de la fibre neutre, c'est-à-dire aux endroits qui travaillent le moins.

Ainsi, dans les pièces en bois, les nœuds et la carie partielle de quelques fibres sont des causes notables de diminution de la résistance ; on aura donc soin de placer les parties noueuses ou malsaines là où les efforts sont minimums.

Dans une pièce supportant des efforts d'extension dans le sens des fibres, un défaut, une crevasse, parallèles aux fibres n'ont pas grande importance et peuvent être tolérés, car ils ne nuisent point à la résistance longitudinale ; au contraire, une coupure, une crevasse, transversales aux fibres, sont très-dangereuses, puisqu'elles ont pour effet de réduire la section qui résiste aux efforts.

Lorsqu'une pièce supporte des efforts de compression, c'est l'effet inverse qui se produit ; toute crevasse transversale est peu importante, puisque l'effort, qui est parallèle aux fibres, tend à appliquer l'un contre l'autre les bords de la crevasse. Au contraire, une crevasse parallèle aux fibres détruit leur adhérence réciproque, et les expose à flamber plus facilement lorsqu'elles sont comprimées suivant leur axe.

Lorsqu'une pièce est soumise à des efforts de flexion, une poutre par exemple, nous avons vu que certaines fibres étaient comprimées et d'autres tendues, et qu'il y avait une fibre neutre, c'est-à-dire soustraite à toute action. Ceci posé, tout défaut situé dans le voisinage de la fibre neutre n'a pas grand inconvénient ; une fracture transversale sera dangereuse dans les parties soumises à la tension ; inversement, une fracture longitudinale sera dangereuse dans les parties soumises à la compression et sans inconvénient dans les parties soumises à l'extension.

Lorsqu'un arbre est soumis à un effort de torsion, les efforts tendent à produire des glissements dans les sections transversales; donc, toute cassure dans une section transversale sera dangereuse, tandis qu'une crevasse parallèle aux fibre n'altérera guère la résistance.

2° La remarque précédente trouve une application fort importante en pratique dans la manière dont on doit composer les paquets de fers que l'on chauffe pour les porter ensuite soit à la forge, soit au laminoir pour les transformer en des pièces déterminées.

Ainsi, les paquets destinés à fournir des tirants en fer soumis à l'extension ou des arbres soumis à la torsion seront composés avec de longues tiges accolées parallèlement et soudées les unes aux autres par un martelage énergique. L'adhérence des tiges peut être imparfaite sans qu'il y ait grand risque pour la résistance.

Lorsqu'une pièce doit résister à la flexion, on peut la composer avec des lames de fer accolées les unes aux autres et placées de champ, c'est-à-dire verticalement si la pièce est horizontale et soumise à des poids verticaux.

Nous avons calculé, dans la section des chaudières à vapeur (page 499), quelle épaisseur il convenait de donner au corps cylindrique d'une chaudière à l'intérieur duquel s'exerce une pression effective p; il était inutile de reproduire ici ces calculs que l'on appliquera facilement à un réservoir quelconque. En ce qui touche la construction de ces réservoirs cylindriques qui s'exécutent presque toujours en feuilles de tôle rivées, on aura soin de ne pas placer les feuilles le sens du laminage parallèles aux génératrices, parce que les crevasses tendent toujours à se produire dans le sens du laminage, et c'est le long des génératrices que s'exerce le plus grand effort d'extension. On enroulera donc les feuilles transversalement sur le cylindre, de manière à placer le sens du laminage suivant la section droite. Mais il est préférable encore de constituer les parois du cylindre avec des feuilles ou rubans enroulés en hélice et soudés les uns aux autres.

3° Nous répéterons encore ici la recommandation déjà faite dans le traité de l'*Exécution des travaux :* c'est d'avoir soin de donner aux pièces en fonte une épaisseur uniforme et peu considérable. On y arrive en adoptant les sections évidées, par exemple, en forme de croix. Lorsque l'épaisseur de la fonte est considérable, la surface se refroidit rapidement au contact de l'air, et se solidifie, tandis que l'intérieur est encore liquide; cette partie liquide ne peut plus se contracter librement, et, lorsqu'elle se solidifie, il s'y forme des cavités, des poches plus ou moins grandes, très-nuisibles à la résistance. La fonte au contact de l'air subit, du reste, une sorte de trempe, qui en augmente la dureté, et il y a avantage à développer le plus possible la surface exposée à l'air.

4° Le constructeur intelligent cherchera, du reste, à combiner les exigences de la résistance avec celles de l'économie, de la facilité d'exécution et du bon fonctionnement des appareils. Il évitera les modèles nombreux, qui multiplient la dépense, et les dispositions vicieuses au point de vue dynamique, qui on pour effet d'augmenter les frottements et l'usure; il recherchera les formes d'exécution facile, qui sont d'une énorme importance pour les organes délicats dont la main d'œuvre fait souvent presque tout le prix; pour les pièces lourdes et massives, dont la valeur dépend surtout de la quantité de matière qu'elles renferment, il faudra viser à l'économie de matière, en adoptant les formes qui donnent la résistance voulue avec le minimum de volume; enfin, une considération importante, sans laquelle les machines les mieux combinées et les mieux exécutées peuvent fonctionner fort mal, c'est la facilité du montage. Le montage doit toujours pouvoir être effectué, vérifié et corrigé par un bon ouvrier ordinaire.

OBSERVATION SUR LES CALCULS DE RÉSISTANCE

L'objet de cette théorie, dit Edmond Bour dans son cours de l'École polytechnique, est de donner autant que possible aux constructeurs des règles précises et sûres leur permettant de fixer les proportions et les dimensions des diverses parties qui constituent un édifice, une machine. Ce qui distingue ces problèmes de tous les autres, c'est que, lorsqu'on est en présence d'une construction à élever, et que la question d'en déterminer les proportions se trouve posée, il faut, coûte que coûte, en avoir une solution bonne ou mauvaise. Or on peut y arriver de deux manières différentes.

La méthode des praticiens consiste à suivre les leçons des maîtres expérimentés et à étudier les modèles laissés par l'antiquité. Chacun, selon sa spécialité, reconnaît les dimensions des constructions importantes du même genre qui sont célèbres par leurs heureuses dispositions et leur longue durée. Accidentellement, on a vu périr des édifices, et, en se rendant compte des causes de leur destruction, on apprend à se mettre à l'abri de pareilles catastrophes, et l'on arrive assez vite à poser deux limites plus ou moins rapprochées entre lesquelles on pourra se tenir sans craindre de compromettre la solidité de son œuvre d'une part et, d'autre part, sans gaspiller inutilement l'argent, la main d'œuvre, les matériaux. Par exemple, on veut faire un mur d'escarpe destiné d'une manière régulière à supporter une certaine charge de terre, et, à un moment donné, à résister autant que possible au choc des boulets; on a des modèles laissés par Vauban dans les circonstances les plus variées, on les connaît, on les étudie, on cherche quel est celui d'entre eux duquel on se rapproche le plus sous le rapport du terrain, des matériaux, du climat, etc...; c'est celui-là qui servira de modèle avec les modifications commandées par les circonstances, qui ne sauraient dans deux cas différents se trouver tout à fait identiques. Il faut, pour appliquer ces méthodes, un certain esprit de rapprochement, de combinaison de calcul, joint à de longues études préparatoires aussi solides que variées; c'est tout cela qu'on appelle la pratique.

Il est clair que ces procédés qu'on aurait tort de flétrir inconsidérément du nom de routine suffiront dans un grand nombre de cas. Si l'on veut, par exemple, construire une maison à Paris, on pourra sans grandes difficultés arriver à faire une maison qui durera plus ou moins; peut-être n'aura-t-on pas apporté dans certains détails toute l'économie possible, toute la perfection désirable, mais ce sont-là des considérations un peu secondaires; le but que l'on se proposait est rempli; on a fait une construction stable.

Malheureusement, ces ressources font trop souvent défaut. Quand on se trouve en présence de constructions qui répondent à des besoins inconnus d'une autre époque, ou encore de matériaux nouveaux, comme le fer, la fonte, l'acier, et nombre d'autres éléments qui s'introduisent maintenant dans les constructions, la pratique n'est plus guère d'aucune utilité et il faut chercher autre chose.

On cherche alors à aborder directement la question au moyen des ressources que peuvent fournir l'expérience et la théorie. Voici quelle est à peu près la marche à suivre : on fait d'abord une étude physique et expérimentale, non pas précisément de la question en elle-même, ce qui est rarement abordable, mais des éléments simples de cette question.

Veut-on, par exemple, faire un pont en fer? On étudiera les propriétés des matériaux qu'on doit employer au point de vue spécial des conditions où ces matériaux vont se trouver placés; la forme la plus convenable à donner à la construction pour que chaque partie soit dans les meilleures conditions de résistance et de durée; les précautions à prendre pour se tenir en garde contre certains accidents ou du moins pour en atténuer les effets, etc.; puis, on posera une hypothèse simple représentant avec une exactitude suffisante les données de l'observation; et l'on appliquera le calcul en se basant sur cette hypothèse, qu'on aura soin de mettre en évidence bien nettement sans en déguiser le côté faible et plus ou moins douteux. Enfin, il faudra terminer par la vérification expérimentale des résultats du calcul, et ces résultats ne devront être regardés comme vrais que dans les limites pour lesquelles la pratique les aura vérifiés.

C'est ce que nous venons de faire dans notre étude succincte de la résistance des matériaux. Nous avons posé cette hypothèse simple : les déformations sont proportionnelles aux efforts qui les déterminent. Nous avons pris cette hypothèse comme base de nos calculs, et les résultats se sont trouvés d'accord avec les résultats de l'expérience.

Mais nous avons vu que l'hypothèse n'était vraie qu'entre certaines limites, qu'on ne dépasse guère dans la pratique, on peut donc avoir pleine confiance dans les calculs que nous en avons déduits, mais il faut toujours se souvenir qu'il faut rester dans les limites de l'expérience, et que les calculs de la résistance ne sont applicables qu'autant qu'on ne dépasse pas la limite d'élasticité des matériaux mis en œuvre.

En ce qui touche les pièces des machines, nous avons allié les résultats du calcul et les résultats de la pratique; nous avons pris comme point de départ les dimensions ayant donné de bons effets dans la pratique, et nous en avons tiré des formules générales.

C'est en s'appuyant ainsi sur la théorie et sur la pratique que l'on peut marcher sans crainte dans les calculs de résistance des matériaux et qu'on arrive à de bons résultats.

Nous rappellerons avant de finir la loi de proportionnalité harmonique qui doit exister entre les divers éléments d'une construction quelconque. L'ingénieur, qui a vécu dans l'étude des bons modèles et qui les possède gravés dans la mémoire, reconnaît à l'inspection d'une machine si telle ou telle partie est trop faible ou trop forte; l'œil doit toujours être satisfait de l'ensemble.

FIN.

PARIS. — IMP. SIMON RAÇON ET COMP., RUE D'ERFURTH, 1.